H. Mohr P. Schopfer

Lehrbuch der
Pflanzenphysiologie

Dritte, völlig neubearbeitete und erweiterte Auflage

Mit 639 Abbildungen

Springer-Verlag
Berlin Heidelberg New York 1978

Professor Dr. HANS MOHR
Professor Dr. PETER SCHOPFER

Biologisches Institut II der Universität, Lehrstuhl für Botanik
Schänzlestraße 9 – 11, 7800 Freiburg i. Br.

ISBN 3-540-08739-7   3. Aufl. Springer-Verlag Berlin Heidelberg New York
ISBN 0-387-08739-7   3rd ed. Springer-Verlag New York Heidelberg Berlin

ISBN 3-540-04654-2 2. Aufl. Springer-Verlag Berlin Heidelberg New York
ISBN 0-387-04654-2 2nd ed. Springer-Verlag New York Heidelberg Berlin

CIP-Kurztitelaufnahme der Deutschen Bibliothek. Mohr, Hans. Lehrbuch der Pflanzenphysiologie / H. Mohr; P. Schopfer. – 3. Aufl. – Berlin, Heidelberg, New York: Springer, 1978.
NE: Schopfer, Peter.

Satz, Druck und Bindearbeiten: Konrad Triltsch, Graphischer Betrieb, Würzburg.
2131/3130-543210

An den Studenten

Die vorliegende 3. Auflage des Lehrbuchs wurde neu geschrieben und gestaltet, da sich seit dem Erscheinen der 1. bzw. 2. Auflage die Situation auf dem Buchmarkt völlig verändert hat. Dem Biologiestudenten stehen heutzutage eine ganze Reihe von einführenden Darstellungen der Pflanzenphysiologie zur Verfügung. Außerdem sind einige Teile der 1. Auflage in das Lehrbuch „Biologie" des Springer-Verlages eingegangen.

Nach Inhalt und Form wendet sich das neue Buch an den *fortgeschrittenen* Biologiestudenten. Es ist nach den Ansprüchen, die es erhebt, und nach den Voraussetzungen, die es macht, an den Vorlesungen über Pflanzenphysiologie orientiert, die nach dem Freiburger Lehrplan im 5. oder 6. Semester, also *nach* dem Vorexamen, gehört werden sollen.

Einige Leitlinien haben sich bei den ersten Auflagen bewährt. Sie wurden deshalb bei der Neugestaltung des Lehrbuchs beibehalten:

Obgleich der Text auf das Lehrbuch „Biochemie der Pflanzen" (von KINDL und WÖBER), auf die „Experimente zur Pflanzenphysiologie" (von SCHOPFER) und auf das Lehrbuch „Biologie" des Springer-Verlages abgestimmt wurde, kann auch die 3. Auflage der „Pflanzenphysiologie" als ein in sich geschlossenes Lehrbuch benützt werden.

Die Originalliteratur wird bevorzugt im Zusammenhang mit Abbildungen und Tabellen zitiert. Außerdem sind am Ende eines jeden Kapitels einige neuere, zusammenfassende Darstellungen aufgeführt, die uns für ein vertieftes Studium geeignet erscheinen. Dadurch ist der unmittelbare Kontakt mit der Originalliteratur gewährleistet, obgleich der eigentliche Text weitgehend frei von Referenzen bleibt.

Das Buch ist einheitlich illustriert. Die Originalvorlagen und Neuentwürfe wurden in der jeweils angemessenen Technik von Frau IRMGARD DIRR und Frau UTE MEURER umgezeichnet.

Die Einheiten und Dimensionen wurden auf den neuesten Stand gebracht. Soweit wie möglich wurden die SI-Einheiten gebraucht. Manche der verwendeten Einheiten werden dem Leser noch fremd erscheinen; sie sind daher in einem Anhang (→ S. 576) übersichtlich zusammengestellt. In den Abbildungen und Tabellen erscheinen die Dimensionen in eckigen Klammern.

Methodische Fragen und praktische Anwendungen der Pflanzenphysiologie sind stärker berücksichtigt worden als in den früheren Auflagen. Diese Modifikation wird, wie wir hoffen, das Interesse des Studenten für die wissenschaftstheoretischen Grundlagen und für die praktischen Konsequenzen unserer Disziplin wecken oder steigern.

Wo immer es angemessen erschien, haben wir uns bemüht, die Physiologie als exakte Wissenschaft darzustellen, deren Gesetzmäßigkeiten sich auf quantitative, experimentelle Daten beziehen. Daher spielen quantitative Darstellungen auch bei den Illustrationen eine dominierende Rolle. In der Regel wird der in einer Abbildung dargestellte Sachverhalt in einer ausführlichen Legende besprochen. Dies erschien uns aus mehreren Gründen vorteilhaft. Einmal kann im fortlaufenden Text der „rote Faden" konsequenter verfolgt werden. Zum anderen bilden eine Abbildung und der unmittelbar zu ihrem Verständnis notwendige Text auch räumlich eine Einheit. Dieses Vorgehen hat jedoch zur Folge, daß auch allgemein wichtige Information häufig nicht im fortlaufenden Text, sondern in den Legenden steht. *Text und Legenden müssen daher mit derselben Aufmerksamkeit studiert werden.* Auch die 3. Auflage beabsichtigt keine umfassende, sondern eine *repräsentative* Darstellung der Pflanzenphysiologie. Wir haben uns bei der Neuauflage bemüht, in der Auswahl der Themen das Buch ausgewogen zu gestalten und in allen Teilen dem Erkenntnisfortschritt anzupassen.

Unser Dank gilt den Mitarbeitern, die uns bei der Herstellung des Manuskripts unermüdlich unterstützt haben: Frau DIRR, Frau MEURER und Frau DUELL bei den Abbildungen; Frau HOFFMANN, Frau JANSTER, Frau PAYNE, Frau REDEPENNING beim Manuskript und Herr PFAFF bei den Korrekturen. Eine Reihe von Fachkollegen haben uns durch die Überlassung von z. T. unveröffentlichten Abbildungsvorlagen und elektronenmikroskopischen Aufnahmen unterstützt. Unser Freund und Kollege E. SCHÄFER hat uns mit seiner konstruktiven Kritik bei vielen Fragen geholfen.

Unser Dank gilt auch Herrn Dr. K. F. SPRINGER und den Mitarbeitern des Springer-Verlages für sachkundige Beratung und vertrauensvolles Entgegenkommen.

Freiburg i. Br., Sommer 1978   H. MOHR
                                                    P. SCHOPFER

Inhaltsverzeichnis

1. Zur Zielsetzung der Physiologie 1

Das Selbstverständnis der Physiologie . . . 1
Heterogenität der Physiologie 1
Grenzen des Reduktionismus 2
Die pragmatische Haltung 3
Gesetzesaussagen in der Biologie 3
Allsätze in der Physiologie 4
Systemtheorie 5
Leitende Gesichtspunkte 5
Biochemie und Physiologie 6

2. Einige theoretische Grundlagen
   der Physiologie 7

Prinzipien wissenschaftlichen Arbeitens . . . 7
Bezugsgrößen 8
Das Kausalitätsprinzip in der Physiologie . . 8
Einfaktorenanalyse 9
Mehrfaktorenanalyse 10
Formulierung von Sätzen 13
Merkmale und Variabilität 13
Darstellung von Daten 16
Das Problem der Extrapolation 17

3. Die Hierarchie der Komplexität 18

4. Die Zelle als Konstrukt 23

5. Die Zelle als morphologisches System . . . 24

Zelle und Evolution 24
Die meristematische Pflanzenzelle 24
Die ausgewachsene Pflanzenzelle 32
Die verholzte Pflanzenzelle 37

6. Die Zelle als genphysiologisches System . . 41

Die Lokalisation der genetischen Information . 41
Chromatin und Chromosomen 41
Die RNA der Zelle 45
Paradigmen der Molekularbiologie 47
Das JACOB-MONOD-Modell der Regulation . . 50
Die Kaskadenregulation bei Eukaryoten . . 55
Genom, Plastom, Chondrom, Plasmon . . . 55

7. Die Zelle als teilungsfähiges System . . . 59

Der Zellcyclus 59
Die Regulation der Mitoseintensität 62
Die Determination der Teilungsebene 63
Zellcyclus und Zelldifferenzierung 64

8. Polarität – eine Grundeigenschaft
   der Zelle 65

Phänomene 65
Die Bedeutung der Zellpolarität 66
Polaritätsinduktion durch Licht 66
Polaritätsinduktion durch polarisiertes Licht . 67
Polarität und bioelektrisches Feld 68
Polarität und Signalsubstanz 68

9. Kern-Plasma-Wechselwirkungen
   bei Acetabularia 70

Der Organismus 70
Die Vorzüge von *Acetabularia* als experimen-
   telles System 71
Einflüsse des Plasmas auf den Primärkern . . 71
Die Bedeutung des Kerns für die spezifische
   Morphogenese 72
Kernabhängige, spezifische Enzymsynthese . 74
Enzymsynthese und Formmerkmale 75
Kern-Plastiden-Beziehungen 75

10. Intrazelluläre Morphogenese 77

Morphogenese der Mitochondrien 77
Morphogenese der Plastiden 80
Morphogenese der Microbodies 86

11. Die Zelle als energetisches System 90

Der 1. Hauptsatz der Thermodynamik 90
Der 2. Hauptsatz der Thermodynamik 91
Die Zelle als offenes System, Fließgleichge-
   wicht 92
Das chemische Potential 94
Das chemische Potential von Wasser 95
Die Anwendung des Wasserpotential-Kon-
   zepts auf den Wasserzustand der Zelle . . 97
Das chemische Potential von Ionen 102

Das Membranpotential   103
Energetik biochemischer Reaktionen   105
Phosphatübertragung und Phosphorylierungs-
  potential   107
Redoxsysteme und Redoxpotential   108

12. Die Zelle als metabolisches System . . . 114

Die biologische Katalyse   114
Metabolische Kompartimentierung der Zelle .   119
Transportmechanismen an Biomembranen   .   121
Stoffaufnahme der Zelle   124
Energietransformation an Biomembranen . .   129
Prinzipien der metabolischen Regulation . .   130

13. Photosynthese als Energiewandlung . . . 135

**14. Photosynthese als Funktion
  des Chloroplasten** 139

Die Elemente des Photosyntheseapparates . .   139
Der photochemische Bereich   146
Die Pigmentsysteme der Rot- und Blaualgen .   155
Der photosynthetische Elektronentransport .   158
Der Mechanismus der Photophosphorylierung   162
Der biochemische Bereich   163
Ein kurzer Blick auf die bakterielle Photosyn-
  these   172

15. Energiegewinnung durch Dissimilation . . 174

16. Die Dissimilation der Kohlenhydrate . . . 176

Glycolyse   177
Fermentation (alkoholische Gärung und
  Milchsäuregärung)   178
Citratcyclus und Atmungskette   179
Cyanid-resistente Atmung   183
Oxidative Phosphorylierung   184
Oxidativer (dissimilatorischer) Pentosephos-
  phatcyclus   186

17. Die Mobilisierung von Reservefett 188

Lipolyse, β-Oxidation der Fettsäuren und
  Glyoxylatcyclus   191
Aufbau von Saccharose aus Succinat   192
Anhang: Acetatverwertung bei Grünalgen . .   192

18. Die Photorespiration 194

Photosynthese von Glycolat   194
Metabolisierung des photosynthetischen Gly-
  colats   196
Anhang: Glycolatstoffwechsel bei Grün- und
  Blaualgen   198

**19. Die Regulation des dissimilatorischen
  Gaswechsels** 199

Der Respiratorische Quotient   201
Regulation des Kohlenhydratabbaus   202

Anhang: Weitere Oxidasen pflanzlicher Zellen   207

**20. Das Blatt als photosynthetisches
  System** 210

Messung der Photosyntheseintensität   211
Brutto- und Nettophotosynthese   212
Begrenzende Faktoren der apparenten Photo-
  synthese   214
Photosynthetische Adaptationsfähigkeit des
  Blattes   218
Temperaturabhängigkeit der apparenten Pho-
  tosynthese   220
Der Einfluß von Sauerstoff auf die apparente
  Photosynthese   222
Die Regulation des CO_2-Austausches durch
  die Stomata   222

21. C_4-Pflanzen und CAM-Pflanzen 230

Das C_4-Syndrom   230
Der C_4-Dicarboxylatcyclus   234
Ökologische Aspekte des C_4-Syndroms . . .   236
CAM, eine Alternative zur C_4-Photosynthese .   238
Isotopendiskriminierung bei der CO_2-Fixie-
  rung   241

22. Stoffwechsel anorganischer Ionen 244

Mineralernährung der Pflanze   244
Essentielle Mikroelemente   246
Funktion der Nährelemente im Stoffwechsel .   246
Salzexkretion bei Halophyten   248

23. Der Stoffwechsel des Wassers 251

**24. Ökologischer Kreislauf der Stoffe
  und der Strom der Energie** 253

Die Kreisläufe von Kohlenstoff und Sauer-
  stoff   253
Der Kreislauf des Stickstoffs   255
Der Strom der Energie   257

25. Biogenetischer Stoffwechsel 259

Primärer und sekundärer Stoffwechsel . . .   259
Der Shikimatweg   262
Die Biogenese des Chlorophylls   262

26. Physiologie der Entwicklung 267

Grundlegende Phänomene   267
Physiologie des Wachstums   270
Physiologie der Differenzierung   290
Physiologie der Morphogenese   299

27. Photomorphogenese 311

Der Lichtfaktor   311
Wirkungsspektren   311

Farbstoffe 312
Das Phytochromsystem 313
Die Hochintensitätsreaktion (HIR) 317
Die multiple Wirkung von Phytochrom . . 320
Enzyminduktion und -repression durch Phytochrom 323
Bedeutung von lag-Phasen bei der Phytochromwirkung 326
Phytochromwirkungen auf dem Niveau der RNA 328
Musterbildung bei der Photomorphogenese . 330
Zeitliche Muster bei der Enzyminduktion durch Phytochrom 333
Überlegungen zur Primärwirkung des Phytochroms bei der Photomorphogenese . . 335
Signalübertragung zwischen Organen 339
Phytochromwirkungen auf die Entwicklung grüner Pflanzen 341
Phytochrom und endogene Kontrollfaktoren . 343
Wechselwirkungen von Phytochrom und Cryptochrom. 344

28. Wirkungen ultravioletter Strahlung . . . 346

Licht, Infrarot, Ultraviolett (UV) 346
Der inaktivierende Effekt des kurzwelligen UV. 346
Die selektive Inaktivierung der Chloroplastenbildung durch kurzwelliges UV 348
Wirkungen des kurzwelligen UV auf Blütenpflanzen. 349
Der molekulare Mechanismus der destruktiven UV-Wirkung 349
Photoreaktivierung 351
Ein positiver UV-Effekt bei der Synthese von Flavonglycosiden. 352

29. Wirkungen ionisierender Strahlung . . . 354

Anregende und ionisierende Strahlung . . . 354
Die Bedeutung ionisierender Strahlung für die experimentelle Biologie 354
Typen ionisierender Strahlung 355
Zum Vorgang der Ionisation 355
Quantitative Angaben über Strahlung . . . 355
Ionisierungsdichte 356
Zur Treffertheorie 356
Wirkungen ionisierender Strahlung auf DNA . 358
Reparatur von Strahlenschäden an der DNA . 358
Strahlenwirkung auf Proteine 358
Einige Phänomene zur Strahlenwirkung auf Organismen 359

30. Photomorphogenese bei Pilzen 362

Pilze als Untersuchungsobjekte der Entwicklungsphysiologie 362
Repräsentative Fallstudien 362

Ein biochemisches Modell für die Photomorphogenese bei Pilzen: die Biosynthese von Carotinoiden. 365

31. Physiologie der Hormonwirkungen 368

Ein Überblick 368
Cytokinine. 370
Gibberelline 373
Abscisinsäure 379
Äthylen (Äthen) 381
Regulation der Mitoseaktivität durch Hormone 386
Sequentielle Wirkung von Hormonen . . . 387
Hormonelle Integration bei der Samen- und Fruchtentwicklung 388
Wechselwirkung zwischen Hormonen und Licht?. 390
Zur praktischen Verwendung der Hormone . 390

32. Blütenbildung und Photoperiodismus . . 392

Blütenbildung und Florigen 392
Photoperiodismus 394
Pfropfexperimente und Florigen 399
Blütenbildung und Gibberelline 401
Photoperiodische Phänomene unabhängig von der Blütenbildung 402
Die Bedeutung des Photoperiodismus . . . 402

33. Physiologie der circadianen Rhythmen . . 404

Photoperiodismus und physiologische Uhr . . 404
Die physiologische Uhr und die Umwelt . . 405
Weitere ausgewählte Phänomene zur circadianen Rhythmik 408
Die endogene Rhythmik als Systemeigenschaft 415
Die Kopplung zwischen der inneren Uhr und den physiologischen Reaktionen 415

34. Physiologie der Temperaturwirkungen . . 417

Homoio- und Poikilothermie bei Pflanzen . . 417
Die Temperatur der Pflanze 418
Physiologische Temperatureffekte 420

35. Physiologie der Seneszenz, der Ruhezustände und der Keimung . . . 424

Seneszenz. 424
Ruhezustände und Keimung 429

36. Physiologie der Regeneration 438

Grundphänomene 438
Ergebnisse von Organkulturen 438
Ein technischer Einschub: Gewebekulturen. . 440
Beweisführung für die Omnipotenz spezialisierter Zellen 441

Parasexuelle Hybridisierung   446
Physiologische Prozesse bei der Regeneration .   447
Zusammenwirken mehrerer Faktoren bei der
    Regeneration   448
Regenerationsexperimente mit Blütenbildung .   448

37. Physiologie der Transplantationen . . .   450

Das Pfropfen als Technik der Pflanzenphysio-
    logie   450
Chimären   451
Anhang: Endotrophe Mykorrhiza   452

38. Physiologie der Tumorbildung   455

Wundtumoren, verursacht durch ein Pflanzen-
    virus   455
Wurzelhalsgallen   456
Genetische Tumoren   457
Zur Theorie der Krebsentstehung   458

39. Physiologie des Wasserferntransports . .   460

Die beiden Transportsysteme der Pflanze . .   460
Wasserbilanz   460
Die Leitbahnen   461
Klassische Experimente   463
Transpiration   466
Obere Grenze für die Höhe von Bäumen . . .   469
Permanenter Welkepunkt   469
Analogiemodell für den Wassertransport in
    einer Pflanze   470
Verteilung des Wasserpotentials in einem
    Baum   473
Ein Blick auf die Wurzel   474
Guttation und Wurzeldruck   474

40. Physiologie des Ionentransports   476

Salzresistenz   476
Ionenaufnahme   477

**41. Physiologie des Ferntransports organischer
    Moleküle**   480

Das Problem   480
Die Leitbahnen   482
Transportmoleküle   484
Zum Mechanismus des Siebröhrentransports .   485
Bidirektionelle Translocation   487
Ein Blick auf die Wurzel   487
Regulation der Translocations-Intensität
    durch Phytochrom   488
Ein kurzer Vergleich der Transportsysteme . .   488

**42. Physiologie der Bewegungen I:
    Freie Ortsbewegungen**   490

Die Bewegung der Rhizome   490
Die freie Ortsbewegung begeißelter mona-
    doider Zellen   491

Die freie Ortsbewegung begeißelter Zellen
    unter dem Einfluß von Licht   493
Die Phototaxis von *Euglena gracilis*   494
Wirkungsspektren der Phototaxis   496
Theorie der Phototaxis   497
Simultaner oder sukzedaner Vergleich von
    Lichtsignalen?   497

**43. Physiologie der Bewegungen II:
    Phototropismen**   498

Erscheinungsformen des Phototropismus . .   498
Der Polarotropismus   500
Das Wirkungsspektrum beim Phototropismus
    des Dikotylenkeimlings   502
Die Geschwindigkeit der phototropischen Be-
    wegung   502
Der Phototropismus der Gramineen-Koleop-
    tile   504
Das Wirkungsspektrum beim Phototropismus
    der Gramineen-Koleoptile   507
Der Phototropismus von Sporangiophoren .   508
Der Phototropismus von Sproßachsen,
    ein Rückblick   511

**44. Physiologie der Bewegungen III:
    Geotropismen**   513

Grundphänomene   513
Das *Chara*rhizoid   515
Das Statolithen-Konzept   516
Die geotropische Reiz-Reaktionskette in der
    Gramineen-Koleoptile   518
Die Induktion der geotropischen Reaktion . .   520
Geotropische Experimente mit Wurzeln . . .   521
Geotropismus und Phytochrom   522
Schlußbemerkung   522

**45. Physiologie der Bewegungen IV:
    Weitere Bewegungsvorgänge**   523

Der Chemotropismus der Pollenschläuche . .   523
Rankenbewegungen   524
Turgorbewegungen   526
Aktive und auffällige intrazelluläre Bewe-
    gungen   531

46. Physiologie elektrischer Phänomene . . .   536

Ausgangslage   536
Geeignete Objekte   536
Elektrische Potentialdifferenzen an Einzel-
    zellen   536
Erklärung des Membranpotentials   537
Lichtabhängige Ionenpumpen   538
Aktionspotentiale   539
Schluß   541

47. Physiologie der Sexualität   542

1. Beispiel: Gametogenese bei *Chlamydo-
    monas*   542

2. Beispiel: Gametenlockstoffe bei Braunalgen 543
3. Beispiel: Hormonale Integration bei der geschlechtlichen Fortpflanzung von *Oedogonium* 546
4. Beispiel: Ein Sexualhormon bei der Bierhefe, *Saccharomyces cerevisiae* 547
5. Beispiel: Antheridiol, ein Sexualhormon von *Achlya* 549
Ein terminologischer Nachsatz 549
Befruchtung bei den Blütenpflanzen 551

48. Physiologie des Generationswechsels . . 553

Das Problem 553
Vergleichend-entwicklungsgeschichtliche Daten. 554
Experimentelle Daten 555
Ein ontogenetisches Modell 556
Genetische Variabilität bei homosporen Farnen 556
Die obligatorische Photomorphogenese der Farngametophyten 557

49. Physiologie und Ertragsbildung 560

Zur Situation 560
Zur Terminologie 560
Systemsynthese, Produktsynthese 560
Physiologie der Speicherung 561
Produktionsfaktoren 562
Ertragsgesetze 563
Ein ökonomischer Aspekt: Rentabilität der Düngung 565
Fixierung von atmosphärischem Stickstoff (N_2) 565
Resistenz der Pflanzen gegen Anti-Produktionsfaktoren 569
Herbicide 570
Wachstumsregulatoren 572
Produktivität und Photorespiration 573
Eine photoelektrochemische Zelle 574

Anhang 576

Zitierte Literatur 579

Sachverzeichnis 587

1. Zur Zielsetzung der Physiologie

Das Selbstverständnis der Physiologie

Das Selbstverständnis der modernen Physiologie ist reichlich verschwommen. Die Erfolge der Biochemie haben das Selbstbewußtsein der Physiologen gemindert und nicht selten eine Profilneurose verursacht, die sich bis zur Feststellung steigert, die Physiologie „halte sich meist im Vorhof der Probleme auf". Die folgenden Bemerkungen sollen einen konstruktiven Beitrag zu der Frage leisten, welche Bedeutung heutzutage der Physiologie innerhalb der experimentellen Biologie zukommt. Wir gehen dabei von dem klassischen Selbstverständnis der Physiologie aus, wie es sich z. B. in den Einleitungskapiteln bedeutender physiologischer Lehrbücher implizit oder explizit manifestiert. Der Gegenstand der Physiologie, so heißt es, sei das Lebensgeschehen. Die Aufgabe der Physiologie sei die Funktionsanalyse von Lebewesen.

Ihrem Selbstverständnis nach ist die Physiologie eine quantitative (oder exakte) Wissenschaft. Die Zielsetzung der Physiologie ist deshalb darauf gerichtet, quantitative Funktionstheorien aufzustellen, die das Verhalten des ins Auge gefaßten Individuums oder der Art derart zuverlässig beschreiben, daß auch im strengen Sinn quantitative Prognosen möglich werden. Die von WERNER REICHARDT ausgearbeitete Theorie der Muster-induzierten Flugorientierung der Stubenfliege kann derzeit als Prototyp und Vorbild einer derartigen Funktionstheorie gelten.

Darüber hinaus versteht sich die Physiologie als Gesetzeswissenschaft. Sie möchte nicht nur quantitative Funktionstheorien über bestimmte Lebensvorgänge und bestimmte Lebewesen aufstellen, sondern auch — in Analogie zur Physik — generelle Sätze mit Gesetzescharakter formulieren.

Den Wunsch, wenigstens manchen Sätzen der Physiologie die Sicherheit und Verbindlichkeit physikalischer Gesetze zukommen zu lassen, haben die Physiologen seit jeher gehegt. Eines der bedeutendsten Werke der klassischen Physiologie, das 1852 erschienene Lehrbuch der Physiologie von CARL LUDWIG, beginnt mit dem Satz: „Die wissenschaftliche Physiologie hat die Aufgabe, die Leistungen des Tierleibs festzustellen und sie aus den elementaren Bedingungen desselben mit Notwendigkeit herzuleiten." Nach ERWIN BÜNNING ist die „Naturbetrachtung" des Physiologen darauf gerichtet, „jedes Geschehen auf mathematisch formulierbare Gesetze zurückzuführen".

Der so verstandenen Zielsetzung der Physiologie stellen sich gewaltige Widerstände entgegen. Die Objekte der Physiologie, die *lebendigen Systeme*, treten in einer historisch bedingten, riesigen Mannigfaltigkeit auf, und sie sind sehr viel komplizierter als die Objekte der Physik, die *nicht-lebendigen Systeme*. Daraus ergeben sich einige Konsequenzen.

Heterogenität der Physiologie

Die Formulierung allgemeiner Gesetze (Allsätze im Sinn der Wissenschaftstheorie) ist wegen der riesigen Mannigfaltigkeit der Systeme schwierig. Häufig formuliert die Physiologie deshalb eingeschränkte (= partikuläre) Allsätze, das heißt solche Gesetzesaussagen, die lediglich für eine beschränkte Zahl von Arten (oder Sippen) Gültigkeit haben. Damit hängt natürlich die bereits klassische Einteilung der Physiologie in Human-, Tier- und Pflanzenphysiologie zusammen. Es ist indessen nicht nur die riesige Mannigfaltigkeit der Objekte, welche die Formulierung von Allsätzen erschwert;

die Vervielfachung der Methoden und der damit einhergehende Zerfall der Physiologie in
unzählige *methodisch* geprägte Disziplinen und
Spezialitäten macht die integrierende Arbeit zu
einem formidablen Unternehmen. Wir alle wissen, daß bei jedem einzelnen Forscher die Begrenztheit des Wissens, der Arbeitskraft und
der geistigen Kapazität dem Bemühen, die divergierenden physiologischen Disziplinen zusammenzuführen, Grenzen setzt. Im Prinzip aber
bleibt der Anspruch der Physiologie, generelle
oder partikuläre Allsätze formulieren zu können, uneingeschränkt erhalten. Die praktischen
Schwierigkeiten, die erfahrungsgemäß auftreten, liegen in unserer Begrenztheit, nicht in der
prinzipiellen Natur der Sache.

Grenzen des Reduktionismus

Das zweite schwierige Problem der Physiologie
ist die *Terminologie*. Das Diktum, daß die Leistungsfähigkeit einer wissenschaftlichen Disziplin durch die Leistungsfähigkeit der von ihr
gebrauchten Begriffe begrenzt wird, gilt in besonderem Maße für die Physiologie. Der rigorose Reduktionismus, d. h. die konsequente *begriffliche* Reduktion der Physiologie auf Physik,
hat sich als nicht praktikabel erwiesen. Damit
meinen wir den folgenden Sachverhalt: Die Eigenständigkeit der Physiologie als Wissenschaft
beruht nicht darauf, daß die lebendigen Systeme irgendwelche metaphysischen, der Wissenschaft nicht zugänglichen Komponenten enthielten. Die Eigenständigkeit der Physiologie
ist vielmehr darauf zurückzuführen, daß lebendige Systeme so hochgradig kompliziert sind,
daß für die Theorienbildung in der Physiologie
Begriffe gebraucht werden, welche in den
Theorien der Physik, etwa in der Quantentheorie, keine Rolle spielen.

Die Physiologie benötigt bei der Theorienbildung unbedingt eine große Zahl von Begriffen, wie z. B. die Begriffe „Appetenz" oder
„Reiz", oder die Begriffe „Kompartiment",
„Enzym", „Chromosom" und „Gen", die in der
Physik nicht gebraucht werden. Die Verfeinerung der Theorienbildung in der modernen
Physiologie geht zwar Hand in Hand mit der
Eliminierung solcher spezifisch biologischer
Begriffe; es scheint aber zweifelhaft, ob der
Versuch überhaupt zweckmäßig ist, die Theorie
der ungeheuer komplizierten lebendigen Syste

me aus der Theorie der Atome deduzieren zu
wollen. Eine direkte Bestimmung von Daten
und eine Verwendung dieser Daten für die
Theorienbildung erscheinen vernünftiger.

Ein Beispiel: Das erklärte Ziel der Molekulargenetik war eine Zeitlang die Reduktion der
Genetik auf Physik. Um dieses Ziel zu erreichen, müßten spezifisch biologische Begriffe
wie Gen, Chromosom, Operon, Repressor,
Meiosis, Allel, in physikalische Begriffe übergeführt werden. Es müßte also z. B. möglich sein,
den Begriff „Gen" in einer physikalischen Terminologie, also letztlich in der Begrifflichkeit
der Quantentheorie, neu zu definieren. Die
heutigen Biologiestudenten haben sich an diese
Tendenz bereits angepaßt. Wenn man im Vordiplom die Aufgabe stellt: Definieren Sie den
Begriff „Gen", erhält man in der Regel nicht
mehr die Antwort der „Mendelgenetik"; es
wird vielmehr etwa folgendermaßen definiert:
Ein Strukturgen ist ein zur Transkription fähiger Abschnitt auf einem DNA-Makromolekül,
der ein Protein codiert. Die exakte quantentheoretische Behandlung komplizierter aperiodischer Makromoleküle bereitet indessen noch
immer große Schwierigkeiten. Diese sind zwar
durch Näherungsverfahren im Prinzip zu überwinden; die derzeitige Terminologie und Argumentationsweise der Molekulargenetik (oder
Molekularphysiologie) erfüllt jedoch, verglichen mit der quantentheoretischen Behandlung einfacher Systeme, noch nicht einmal näherungsweise die Ansprüche einer physikalischen Theorie.

Dieses Beispiel mag zeigen, wie weit man
selbst in der Molekularphysiologie von einer
exakten Reduktion der Physiologie auf Physik
noch entfernt ist. Wir müssen uns damit abfinden, daß erfolgreiche Reduktion *innerhalb* der
Physik, z. B. die Reduktion der klassischen
Thermodynamik auf statistische Mechanik
oder die Bildung der Einheit stiftenden Quantentheorie oder der Relativitätstheorie, viel
eher möglich ist als eine Reduktion von Biologie auf Physik.

Indessen gibt es ähnliche Situationen auch
innerhalb der Physik. Zum Beispiel ist die Existenz der Chemie als eigenständige Wissenschaft im Zeitalter der Quantentheorie darauf
zurückzuführen, daß es unpraktisch ist, die
Theorie komplexer Moleküle aus der Theorie
der Atome zu deduzieren. Es ist zumindest arbeitstechnisch vorteilhafter, in der Chemie eine
direkte Bestimmung von Daten vorzunehmen

und diese für die Theorienbildung zu verwenden. Selbstverständlich wird damit der prinzipielle Anspruch der Quantentheorie, sie könne der *gesamten* Chemie eine quantitative physikalische Grundlage geben, nicht tangiert. Dieser prinzipielle Anspruch besteht uneingeschränkt.

Die pragmatische Haltung

Man wird in der Physiologie (wie in der Chemie) bezüglich der Terminologie auch weiter so verfahren müssen, daß man den Reduktionismus so weit wie möglich treibt. Jenseits der durch die praktische Vernunft gesetzten Grenzen soll man sich aber nicht scheuen, spezifisch *physiologische* Begriffe zu bewahren bzw. neu einzuführen; wenn nötig, durch eine operationale Definition. Der grundsätzlichen Schwierigkeit, daß die Begriffe der einzelnen physiologischen Disziplinen häufig nicht ineinander übergeführt werden können, kann man durch Terminologie-Kommissionen vermutlich kaum begegnen. Diese Schwierigkeit wird solange andauern, bis entweder die Physiologie definitiv in eine Vielzahl von Disziplinen zerfallen ist — von der Molekularphysiologie bis hin zur Verhaltensphysiologie — die ihr jeweils eigenes Vokabular gebrauchen und nicht mehr ernsthaft miteinander kommunizieren, oder bis das Unternehmen einer „Allgemeinen Physiologie" von Erfolg gekrönt ist. Mit *Allgemeiner Physiologie* meinen wir jene Disziplin, deren Zielsetzung ausdrücklich auf die Formulierung von Allsätzen, auf die Formulierung von Gesetzesaussagen, gerichtet ist. Diese Zielsetzung impliziert eine weitgehende terminologische Einigung innerhalb der physiologischen Disziplinen; sie ist also per definitionem Einheit stiftend.

Der komplementäre (nicht feindliche!) Partner der *Allgemeinen* Physiologie ist die *Spezielle* Physiologie, die sich das Ziel setzt, „die Eigenheiten des Individuums und der Art" zu erforschen. Der Wunsch, zu einer Allgemeinen Physiologie beizutragen, hat in der Pflanzenphysiologie eine lange Tradition. WILHELM PFEFFER, der Begründer unserer Disziplin, wollte die Pflanzenphysiologie ausdrücklich als Teilgebiet einer *allgemeineren* Wissenschaft verstanden wissen. Er schrieb 1880: „Eine solche allgemeine Physiologie hat insbesondere

nach dem Zusammenhang und nach dem Wesentlichen in der Mannigfaltigkeit der Erscheinungen zu suchen und so zugleich nach Gewinnung der Fundamente zu streben, die wiederum zur Orientierung in der Mannigfaltigkeit unentbehrlich sind."

Gesetzesaussagen in der Biologie

Die Aussagen der Wissenschaft erfolgen durch singuläre Sätze (Tatsachen) oder durch generelle Sätze (Gesetze). Die höchste Stufe an Wissenschaftlichkeit ist dann erreicht, wenn generelle Sätze, die den logischen Charakter von Allsätzen haben, formuliert werden können. Allsätze sind solche Gesetzesaussagen, die universell gelten, das heißt für alle Systeme der Wirklichkeit. Die Erhaltungssätze der Physik sind zum Beispiel solche Allsätze. Von *eingeschränkten* (partikulären) Allsätzen spricht man dann, wenn man anzeigen will, daß die Gesetzesaussagen lediglich für bestimmte Systeme (oder Systemklassen) Gültigkeit haben. Die Gesetzesaussagen der *Vergleichenden* Biologie sind vortreffliche Beispiele für partikuläre Allsätze in der Biologie. Diese partikulären Allsätze sind unter anderem dadurch ausgezeichnet, daß bei ihnen eine mathematische Formulierung nicht angemessen wäre. Es ist zu bedauern, daß die logische Qualität und die wissenschaftstheoretische Bedeutung dieser Allsätze der vergleichenden Biologie dem Schüler und auch dem Studenten heutzutage kaum noch zum Bewußtsein kommen. Erkenntnislogisch haben diese Allsätze durchaus die Qualität der Erhaltungssätze in der Physik. Es hat zum Beispiel die Aussage, das Amboß-Hammer-Gelenk der Säugetiere sei dem primären Kiefergelenk niederer Wirbeltiere, dem Quadratum-Articulare-Gelenk, homolog, zweifellos Gesetzescharakter. Es gibt mit großer Wahrscheinlichkeit kein Säugetier, auf welches diese Aussage nicht zutrifft. Noch ein anderes Beispiel für diese Art von Gesetz: Der Inhalt des sogenannten Embryosacks der Blütenpflanzen stellt eine weibliche Geschlechtspflanze, einen weiblichen Gametophyten dar. Diese Aussage hat ebenfalls Gesetzescharakter, da sie ganz allgemein für alle Blütenpflanzen gilt. Solche Beispiele könnten beliebig vermehrt werden. Aus ihnen kann man folgendes lernen: Im biologischen Gesetz will man etwas Allgemeines ausdrükken; man will eine Aussage machen, die für eine Vielzahl von Systemen exakt verbindlich ist. Die Art, wie diese Aussage gemacht wird, ob zum Beispiel mathematisch oder nicht, ist dabei zweitrangig, falls den logischen und semantischen Ansprüchen der Wissenschaft Genüge getan ist. Die eben genannten Beispiele sind das Resultat von Beobachtung und Vergleich, sind also Resultate einer vergleichenden Forschung. Diese Gesetze der vergleichenden Biologie haben erkenntnislogisch denselben Rang wie jene Gesetze, welche die Physik oder die Physiologie formuliert. Es wird vermutlich immer so bleiben, daß jeder, der mit Aussicht auf Erfolg Physiologie an höheren Systemen betreiben will, zuerst die Gesetze der vergleichenden Biologie kennenlernen muß. Diese Gesetze beschreiben *phänomenologisch* die wichtigsten spezifischen Eigenschaften der lebendigen Systeme, also jene Systemeigenschaften, durch welche sich die überaus komplexen, im Verlauf einer genetischen Evolution entstandenen lebendigen Systeme von den relativ einfachen physikalischen Systemen unterscheiden. Wir stellen uns jetzt die Frage, ob auch die moderne *Physiologie* Allsätze formulieren kann, die für die Gesamtheit (oder doch zumindest für definierte Klassen) lebendiger Systeme gelten und die nicht trivial sind.

Allsätze in der Physiologie

Wir haben uns längst daran gewöhnt, daß die Allsätze der Physik auch in der Physiologie gelten. Es gibt, wie wir alle wissen, kein Argument dafür, daß irgendwelche Gesetze der Physik bei der Theorienbildung in der Physiologie nicht verwendet werden dürften. Der Umstand, daß manche Gesetze der Physik für den Gebrauch in der Physiologie nicht optimal formuliert sind, schränkt diese prinzipielle Aussage nicht ein.

Die Eigenständigkeit der Physiologie gegenüber der Physik erweist sich auf dem Niveau der Allsätze darin, daß die Physiologie Allsätze formuliert, die in der Physik nicht benötigt werden (→ S. 47). Als Beispiel für einen Allsatz, der sowohl in der Physik als auch in der Physiologie eine Rolle spielt, sei der Satz $\Delta G \neq 0$ angeführt. Dies ist ein Allsatz, der für alle *offenen Systeme* gilt. *Alle* lebendigen Systeme sind offene Systeme; aber nur *manche* physikalischen Systeme

sind offene Systeme. Der Satz $\Delta G \neq 0$ ist also in der Biologie ein Allsatz, in der Physik ein *partikulärer* Allsatz, da er hier nur für eine bestimmte Systemklasse gilt. Mit dem Satz $\Delta G \neq 0$ will man in der Physiologie zum Ausdruck bringen, daß lebendige Systeme sich grundsätzlich nicht im thermodynamischen Gleichgewicht befinden und sich diesem Gleichgewicht auch nicht etwa asymptotisch nähern. Jedes Reaktionsgeschehen in einem lebendigen System gehorcht, isoliert betrachtet, den Gesetzen der klassischen Thermodynamik; die einzelnen Reaktionen sind aber im Gesamtsystem derart miteinander verknüpft, daß es im lebendigen System zu keiner generellen Einstellung des thermodynamischen Gleichgewichts kommt. Die Ausschaltung jener Systemeigenschaften, die das $\Delta G \neq 0$ ermöglichen, führt zum „Tod". Der Tod ist also charakterisiert durch einen mehr oder minder schnellen Zerfall in das thermodynamische Gleichgewicht. Man kann den Allsatz $\Delta G \neq 0$ auch so erläutern, daß jedes lebendige System der beständigen Zufuhr freier Enthalpie bedarf, um dem Tod, d. h. dem thermodynamischen Gleichgewicht zu entgehen. Auch mit dem Entropiebegriff läßt sich der gemeinte Sachverhalt prägnant ausdrücken: Das lebendige System bedarf der beständigen Zufuhr „negativer Entropie", um der beständigen Produktion an „positiver Entropie" entgegen zu wirken. Der Zustand maximaler Entropie, das thermodynamische Gleichgewicht, ist mit den Systemeigenschaften eines *lebendigen* Systems nicht verträglich.

Unter dem Gesichtspunkt der *Organisation* läßt sich der Sachverhalt folgendermaßen beschreiben: Ein lebendiges System ist durch „organisierte Komplexität" ausgezeichnet. Seine Komponenten sind also *nicht* zufallsmäßig zusammengefügt. Die bei der *Entwicklung* des lebendigen Systems, zum Beispiel im Zuge der Zelldifferenzierung, investierte (genetische) Information steckt in der „organisierten Komplexität". Wird diese zerstört und erlaubt man anschließend eine völlige Durchmischung der Komponenten, so regeneriert sich das System nicht von selber, da die hierfür notwendige Information bei der Zerstörung der Systemeigenschaften vernichtet wurde, auch wenn diese Zerstörung ohne jeden Verlust an stofflichen Komponenten geschah. Die „Selbstorganisation" (self assembly), die beim TMV-Partikel und weitgehend auch noch beim T_4-Bakteriophagen funktioniert, ist aus prinzipiellen Gründen auf dem Niveau der Zelle und des vielzelligen, differenzierten Systems nicht mehr möglich.

Systemtheorie

Der trivial anmutende Allsatz $\Delta G \neq 0$ ist natürlich einer Verfeinerung zugänglich. Bereits 1946 schlug PRIGOGINE vor, bei der Thermodynamik biologischer Systeme von den Reversibilitäts- und Gleichgewichtsapproximationen der klassischen Thermodynamik abzugehen und statt dessen eine Thermodynamik irreversibler Vorgänge einzuführen. PRIGOGINES Theorie ergab, daß bei einem offenen System (alle lebendigen Systeme *sind* offene Systeme) die Zunahme der Entropie pro Zeiteinheit ein Minimum darstellt, wenn sich das System im steady state, im Fließgleichgewicht ($\rightarrow$ S. 92), befindet. In generalisierter Form besagt der Allsatz von PRIGOGINE, daß die gesamte Energieentwertung eines offenen Systems sich vermindert, wenn das System einen steady state anstrebt und *im* steady state am geringsten ist *. Andererseits ist zu erwarten, daß beim Entwicklungsgeschehen, das Differenzierung und Morphogenese einschließt, eine konstitutive Abweichung von einem steady state auftritt. Dies bedeutet, daß die Intensität der Energieentwertung unter diesen Umständen ansteigt. Die Erfahrungen bezüglich des energetischen Wirkungsgrads bei der Morphogenese stehen im Einklang mit dieser Schlußfolgerung aus dem PRIGOGINEschen Allsatz. Mit diesem Beispiel wollten wir einen physiologischen Allsatz einführen und gleichzeitig herausstellen, welche immense Bedeutung die methodischen Ansätze und die Aussagen der Allgemeinen Systemtheorie für die Physiologie besitzen. Innerhalb der Biologie ist die Physiologie die Systemwissenschaft par excellence. Die große Chance der Physiologie besteht in der *konsequenten* und umfassenden (das heißt über die Kybernetik hinausgehenden) Einbeziehung der systemtheoretischen Arbeitsweisen in ihr intellektuelles Methodenarsenal. Die neueren Entwicklungen innerhalb der Physikalischen Chemie können der Physiologie

---

* Das sog. PRIGOGINEsche Theorem gilt nur für Zustände, die nicht allzu weit vom Gleichgewicht entfernt sind, so daß Größen wie μ, T, usw. wenigstens in Teilvolumina definierbar sind ($\rightarrow$ S. 92).

auch hierbei als Vorbild und Richtschnur dienen. Vielleicht gelingt es mit Hilfe der Systemtheorie, der Zersplitterung und Überspezialisierung in unserem Fach entgegenzuwirken und einen Weg zu öffnen, der in Analogie zur Physik der Jahrhundertwende zu der wissenschaftlich begründeten Formulierung einer größeren Zahl von Allsätzen und partikulären Allsätzen führt.

Ein System ist ein Gebilde aus Elementen (Komponenten), die miteinander in „Wechselwirkung" (gemeint sind definierte Beziehungen) stehen. Wenn alle Elemente eines Systems und ihre quantitativen Wechselwirkungen bekannt sind, ergeben sich *alle* Eigenschaften des gesamten Systems (Systemanalyse).

Die „Wechselwirkung" hat die Konsequenz, daß das System Eigenschaften zeigt, die an den isolierten Elementen nicht erkannt werden können. Diese Systemeigenschaften sind der Ausdruck „organisierter Komplexität". Man sieht unmittelbar ein, daß ein noch so genaues Studium der einzelnen Elemente in vitro eine Erkenntnis der Systemeigenschaften *nicht* erlaubt. Eine rigorose Analytik, welche die „organisierte Komplexität" zerstört, führt zum Verlust genau jener Eigenschaften, die es zu erkennen gilt. Die Molekularisierung der Elemente genügt also nicht; erst die komplementäre Erforschung der Systemeigenschaften in vivo, unter Erhaltung der „organisierten Komplexität", macht die Molekularisierung der Elemente physiologisch relevant.

Dies gilt generell: Am klassischen Beispiel des Cytochroms und der Atmungskette, am Beispiel des Chlorophylls und der Elektronentransportkette der Photosynthese, am Beispiel des Phytochroms und der Photomorphogenese kann man sich diese Gesichtspunkte ebenso klar machen wie am Östradiol und am Modell der hormonalen Steuerung des mensuellen Cyclus.

Leitende Gesichtspunkte

Im folgenden sind jene Gesichtspunkte zusammengefaßt, die bei der Niederschrift des vorliegenden Lehrbuchs eine hervorragende Rolle gespielt haben, auch wenn dies nicht in jedem Kapitel explizit zum Ausdruck kommt.

1. Die physiologische Forschung sollte sich konsequent an Systemmodellen orientieren, die

im Stil der Systemtheorie formuliert und demgemäß quantifizierbar sind.

2. Die Modelle sollten anpassungsfähig sein. Damit meinen wir die Eigenschaft, daß sie durch die Änderung weniger Parameter eine quantitative Beschreibung der in *verschiedenen* lebendigen Systemen gegebenen Situationen erlauben („Übermodelle"). Dies würde den Weg zu einer Allgemeinen Physiologie eröffnen. Die „Übermodelle" dürfen nicht trivial sein. Es ist wenig sinnvoll, Generalisierung durch Simplifizierung, also auf Kosten von Realismus und Präzision, erreichen zu wollen.

3. Biologische Effektormoleküle (zum Beispiel Phytochrom, Hormone, Regulator-Metaboliten) können in ihrer wirklichen Bedeutung nur erkannt werden, wenn man sie als Elemente von Systemen auffaßt.

4. Ein und dasselbe Effektormolekül kann auch im selben Organismus völlig verschieden wirken, je nachdem, in welche „organisierte Komplexität", in welches *System*, es als Element eintritt.

5. Bei in vitro-Studien geht in der Regel die „organisierte Komplexität", der Systemcharakter, mehr oder minder verloren. Die Entscheidung über die biologische Relevanz einer in vitro-Studie fällt deshalb im *physiologischen* Experiment. Die Kunst, am intakten Organismus, d. h. bei voller Erhaltung der „organisierten Komplexität", sinnvolle Experimente anzustellen, bleibt die Grundlage der experimentellen Biologie.

Dieses Postulat steht nicht im Gegensatz zu der Tendenz, die Systemelemente zu molekularisieren. Das System als black box, definiert durch input und output, ist auch nach einer stochastischen Verfeinerung unbefriedigend. Das Postulat besagt aber, daß eine Molekularisierung der Systemelemente nur dann sinnvoll ist, wenn parallel dazu die Beziehungen zwischen den Elementen unter Erhaltung der Systemeigenschaften erforscht werden.

Biochemie und Physiologie

Biochemie und Physiologie sind Partner, die unabdingbar aufeinander angewiesen sind. Die Abb. 1 soll aufzeigen, in welcher Weise die biochemisch-analytischen und die physiologisch-systemerhaltenden Arbeitsrichtungen kooperieren müssen, damit die experimentelle Biologie ihren Auftrag erfüllen kann. Dieser Auftrag lautet: Erklärung der biologischen Systeme durch quantitative Systemmodelle, deren Elemente molekularisiert sind und deren Systemeigenschaften die in vivo-Komplexität berücksichtigen.

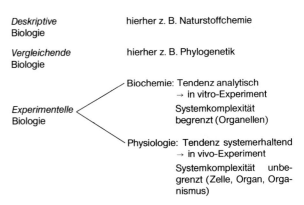

Abb. 1. Gliederung der Biologie. Sie soll die komplementäre Funktion der biochemisch-analytischen und der physiologisch-systemerhaltenden Arbeitsrichtungen innerhalb der experimentellen Biologie zum Ausdruck bringen. Die Physiologen verwenden häufig biochemisch-analytische Methoden und sind in dieser Hinsicht weitgehend von den Fortschritten der analytischen Biochemie abhängig. Die Wechselwirkung zwischen den Disziplinen ist also noch enger, als es die Abbildung unmittelbar anzeigt

Weiterführende Literatur

BECHT, G.: Systems Theory, the Key to Holism and Reductionism. BioScience **24**, 569 – 579 (1974)

BERTALANFFY, L. VON: General System Theory. London: The Penguin Press, 1971

GLANSDORFF, P., PRIGOGINE, I.: Thermodynamic Theory of Structure, Stability and Fluctuations. New York: Wiley-Interscience, 1971

MOHR, H.: Zur Zielsetzung der Physiologie. Naturwiss. Rdsch. **28**, 154 – 160 (1975)

MOHR, H.: Der Begriff der Erklärung in Physik und Biologie. Naturwissenschaften **65**, 1 – 6 (1978)

POGGIO, T., REICHARDT, W.: A theory for the pattern-induced flight orientation of the fly *Musca domestica*. Kybernetik **12**, 185 – 203 (1973)

2. Einige theoretische Grundlagen der Physiologie

Prinzipien wissenschaftlichen Arbeitens

Ihrem Selbstverständnis nach ist die Physiologie eine quantitative (oder exakte) Naturwissenschaft. Die Verfahren der Erkenntnisgewinnung sind also im Prinzip dieselben wie in den anorganischen Naturwissenschaften; allerdings sind die Objekte der Forschung in der Biologie sehr viel komplizierter als in Physik und Chemie. Aus dieser Tatsache ergeben sich die besonderen Schwierigkeiten, denen sich die physiologische Forschung gegenübersieht.

Prinzipiell geht der Weg der Erkenntnisgewinnung aus von experimentellen oder Beobachtungsdaten, die mit Hilfe genau definierter Methoden gewonnen werden. Die Ausgangsdaten liefern die Grundlage für die Hypothesenbildung (Induktion). Die formulierte Hypothese gestattet Schlußfolgerungen (Deduktion). Die Schlußfolgerungen können im Experiment auf ihre Richtigkeit geprüft werden. Aus dem erfolgreichen Wechselspiel von Induktion und Deduktion resultiert schließlich die gesicherte Theorie (Abb. 2).

Die Grundlagen aller Erkenntnisgewinnung sind also *Beobachtungsdaten* und *experimentelle Daten*. Sind sie falsch, ist alles weitere sinnlos. Charakteristisch für die wissenschaftliche Arbeit ist also, daß nur solche Daten berücksichtigt werden, die mit Hilfe *zuverlässiger* Methoden gewonnen wurden (Fakten). Die Methoden müssen so sicher beherrscht und beschrieben werden, daß Beobachtungen und experimentelle Resultate jederzeit reproduziert werden können. Wer absichtlich oder grob fahrlässig falsche „Fakten" für sicher ausgibt, scheidet aus dem Bereich der Naturwissenschaften aus. Die intellektuelle Ehrlichkeit gehört wesentlich zur wissenschaftlichen Arbeit.

Wichtig ist die Art der Frage, die wir im Experiment an das biologische System richten.

Nur solche Fragen sind „sinnvoll", die im Prinzip auch beantwortet werden können. Dabei können „sinnlose" Fragen durch einen Fortschritt der Technik zu „sinnvollen" werden (z. B. die Frage, wie die Rückseite des Mondes aussieht oder die Frage nach der Menge an Phytochrom in einem Organ).

Zuverlässige Methoden sind die Voraussetzung für die Datengewinnung. In der Regel geht man in der Forschung von bereits etablierten („bewährten") Methoden aus. Der Forscher muß aber jederzeit bereit sein, die theoretischen und materiellen Methoden, deren er sich bedient, zu modifizieren, falls sich ihre Unzulänglichkeit erweist. Der Fortschritt der Naturwissenschaften ist in erster Linie auf die Verbesserung der Begriffe und der experimentellen Methoden zurückzuführen.

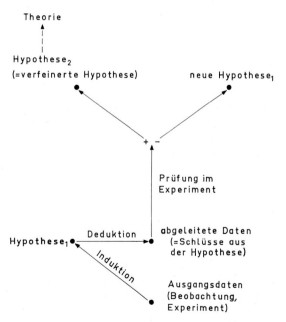

Abb. 2. Diese Skizze soll den Erkenntnisprogreß der Wissenschaft veranschaulichen. (Nach Mohr, 1977)

Bezugsgrößen

Eine *Bezugsgröße* (= Bezugssystem) ist ein Parameter, der hinsichtlich der jeweiligen Fragestellung das zu untersuchende System in geeigneter Weise repräsentiert. Meßgrößen, also Versuchsdaten, sind im allgemeinen nur dann sinnvoll zu verwenden, wenn sie mit einer Bezugsgröße in Beziehung gebracht werden (z. B. Anthocyanmenge/20 Kotyledonenpaare, Protein-Stickstoff/mg Trockenmasse des Gewebes). Die richtige Wahl des Bezugssystems ist daher entscheidend wichtig. Diese Wahl ist abhängig von der Fragestellung und von den Eigenschaften des untersuchten Objektes. Die Bezugsgröße sollte möglichst einfach und ohne wesentliche Versuchsfehler bestimmbar sein. Es gibt für eine bestimmte Fragestellung theoretisch sinnvolle, wenig brauchbare und unsinnige Bezugssysteme. Unsinnig ist eine Bezugsgröße z. B. dann, wenn sie Veränderungen zeigt, die keinen unmittelbaren Zusammenhang mit der Meßgröße aufweisen, z. B. Chlorophyllgehalt/Einheit Frischmasse. Die Frischmasse, die zum größten Teil auf den Wassergehalt des Gewebes zurückzuführen ist, kann beispielsweise leicht tagesperiodische Schwankungen zeigen, die mit dem Chlorophyllgehalt nichts zu tun haben.

Beispiele für Bezugssysteme. 1. Die Bezugsgröße ist konstant und braucht daher nicht bestimmt zu werden (z. B. Anthocyangehalt/20 Kotyledonenpaare). In diesen Fällen, in denen als Bezugssystem eine biologische Einheit gewählt wird, ist darauf zu achten, daß die experimentelle Beeinflussung, die zur Änderung der Meßgröße (z. B. Anthocyangehalt) führt, den Zustand der Bezugsgröße nicht wesentlich beeinflußt. 2. Die Bezugsgröße ist zwar keine biologische Einheit, sie kann aber experimentell konstant gehalten werden, z. B. Gesamt-Stickstoff bei Keimlingen, die nur Wasser erhalten. 3. Ein häufig verwendetes Bezugssystem ist die Trockenmasse. Sie ist in vielen Fällen ein sinnvolles Maß für Wachstum. Auch der DNA-Gehalt kann als ein Maß für Wachstum (Zellvermehrung) dienen, falls Endopolyploidie ausgeschlossen oder berücksichtigt wird. Auch der Protein-Stickstoff kann ein gutes Maß für Wachstum sein (z. B. ng Chlorophyll/mg Protein).

Als Richtschnur beim physiologischen Arbeiten können die folgenden Sätze dienen:

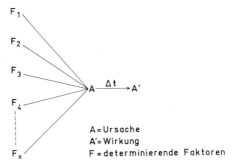

Abb. 3. Eine Formulierung für das Kausalitätsprinzip, die andeuten soll, in welcher Form dieses Prinzip bei der biologischen „Kausalforschung" in der Regel vorausgesetzt wird. (Nach MOHR, 1977)

1. Wenn irgend möglich, sollte man mehrere Bezugsgrößen bestimmen und sich nicht von vornherein auf eine bestimmte festlegen (z. B. Trockenmasse *und* DNA als Maß für Wachstum). 2. Frischmasse ist als Bezugssystem nur in seltenen Fällen sinnvoll. 3. Es gibt kein ideales und allgemein verbindliches Bezugssystem. Das jeweils geeignete Bezugssystem muß durch Messungen und durch Nachdenken gefunden werden.

Das Kausalitätsprinzip in der Physiologie

Die Physiologie, so heißt es häufig, sei identisch mit biologischer „Kausalforschung". Die Struktur dieser Kausalforschung wird aber in der Regel nicht explizit dargestellt. Dies führt leicht zu Mißverständnissen, da die biologische „Kausalforschung" erkenntnislogisch stets als „Faktorenanalyse" angesehen werden muß. * Die Abb. 3 illustriert das Kausalitätsprinzip, wie es (in der Regel implizit) der biologischen Forschung zugrunde gelegt wird. Das Kausalitätsprinzip enthält den Zeitfaktor und den (philosophischen) Begriff Determination. Man kann es als „Wenn-dann-Satz" formulieren: Wenn x Faktoren ($F_1 \ldots F_x$) den Zustand A

---

* Wir verwenden den (kaum ersetzbaren) Begriff „Faktorenanalyse" in einer allgemeinen, durch die Abb. 3 anschaulich gemachten Bedeutung. In der Psychologie bedeutet „Faktorenanalyse" eine mit psychologischen Theorien eng verflochtene statistische Methode. Der klassische Bereich der Faktorenanalyse in der Psychologie ist die Theorie der Intelligenz.

determinieren und aus A mit der Zeit A′ folgt, dann gilt allgemein: Wenn sich irgendwo der Zustand A (determiniert durch die Faktoren $F_1 \ldots F_x$) einstellt („Ursache"), dann wird sich die „Wirkung" A′ mit der Zeit *und mit Notwendigkeit* einstellen. Wir können in der biologischen „Kausalforschung" an einem gegebenen System nicht mehr tun als einen oder mehrere Faktoren im Experiment zu variieren und die resultierenden Effekte anhand geeigneter Merkmale auf dem Niveau der „Wirkung" zu messen. Merkmale sind solche Eigenschaften von Lebewesen, die man mit wissenschaftlichen Methoden messen kann.

Einfaktorenanalyse

Wir benutzen den Faktor F_1 in der Abb. 3 als variablen Faktor (experimentelle Variable) und betrachten lediglich den einfachsten Fall, nämlich daß der Faktor F_1 entweder fehlt oder vorhanden ist. Für diese Alternativsituation gilt folgender Formalismus (unter Benutzung der Abb. 3): Ursache-Wirkungszusammenhang

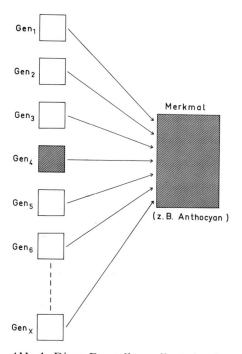

Abb. 4. Diese Darstellung dient der formalen Veranschaulichung der Gen-Merkmal-Beziehung. Der Begriff „Merkmal" wird hier im Sinn der klassischen Genetik gebraucht, zum Beispiel ist die auf Anthocyansynthese beruhende Rotfärbung eines Blütenblattes ein Merkmal. (Nach MOHR, 1970)

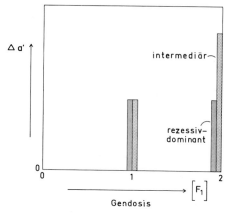

Abb. 5. Mit dieser Darstellung (Merkmalsträger diploid) sollen zwei Fälle des quantitativen Zusammenhangs zwischen Faktormenge (Gendosis) und Merkmalsgröße veranschaulicht werden. Der erste Fall: Die Reaktionsgröße $\Delta a'$ ist proportional der Faktormenge (intermediäre Vererbung). Der zweite Fall: Die Faktormenge 1 saturiert das System. Die Faktormenge 2 bringt keine Vermehrung von $\Delta a'$, da andere Faktoren das Ausmaß an $\Delta a'$ limitieren (rezessiv-dominante Vererbung). (Nach MOHR, 1970)

ohne F_1: $a \xrightarrow{\Delta t} a'$ (Merkmalsgröße ohne F_1); Ursache-Wirkungszusammenhang mit F_1: $A \xrightarrow{\Delta t} A'$ (Merkmalsgröße mit F_1); A′ und a′ unterscheiden sich um die Merkmalsgrößendifferenz $\Delta a'$; $A' = a' + \Delta a'$. Wenn keine Wechselwirkung zwischen F_1 und den übrigen Faktoren vorliegt, so kann $\Delta a'$ als eine Funktion von F_1 angesehen werden, auch wenn wir die übrigen Faktoren ($F_2 \ldots F_x$) und damit den größten Teil der Ursache (für das betreffende Merkmal) nicht kennen. Dieser Zusammenhang gilt natürlich auch, wenn der Faktor F_1 quantitativ abgestuft ist: $\Delta a' = f$(Menge von F_1); $F_2 \ldots F_X =$ konst. Der einfachste Fall liegt vor, wenn für $F_1 = 0$ auch $a' = 0$ ist. Ist $a' = 0$, so nennen wir die Merkmalsgröße $\Delta a'$ die „Reaktionsgröße".

Hierzu ein Beispiel aus der klassischen Genetik (Abb. 4): x Faktoren (in diesem Fall Gene genannt) bringen das Merkmal „Anthocyan" hervor. Wenn auch nur eines dieser Gene (wir nehmen an, das Gen_4) defekt ist, tritt die als Merkmal Anthocyan operationalisierte Wirkung nicht auf. Das Auftreten der Wirkung hängt also von dem Gen_4 ab, obgleich natürlich alle x Gene zum Merkmal Anthocyan beitragen:

$$\Delta a' = f \text{ (Menge an } Gen_4)_{Gen\ 1-3,\ Gen\ 5-x = konst.,} \quad (1\ a)$$
$$\text{Umwelt konst.}$$

Man kann den Zusammenhang auch formulieren als

$$\Delta a' = k \cdot \text{Menge an Gen}_4 , \qquad (1\,b)$$

wobei das k die Beiträge aller übrigen Faktoren (Gen 1 – 3, Gen 5–x, Umweltfaktoren) berücksichtigt.

Für den quantitativen Zusammenhang zwischen Gendosis und Merkmalsgröße gibt es zwei Möglichkeiten, die als rezessiv-dominante bzw. intermediäre Vererbung bekannt sind (Abb. 5).

Mehrfaktorenanalyse

Wir beschränken uns auf die Behandlung der Zwei-Faktoren-Analyse. Auf ein (im Sinne der Abb. 3) durch x–2 Faktoren definiertes System a wirken simultan die beiden variablen Faktoren F_1 und F_2 ein. Wie verhält sich $\Delta a'$, eine ins Auge gefaßte Reaktionsgröße, unter dem *simultanen* Einfluß von F_1 und F_2? Zeigen F_1 und F_2 Wechselwirkungen, so kann keine *allgemein* gültige Prognose über den zu erwartenden Zusammenhang $\Delta a' = f(F_1, F_2)$ gemacht werden. Zeigen hingegen F_1 und F_2 keine Wechselwirkung, so kann mit Hilfe eines geeigneten Modells (Abb. 6) das Verhalten einer Merkmalsgröße $\Delta a'$ unter dem *simultanen* Einfluß von F_1 und F_2 erklärt werden.

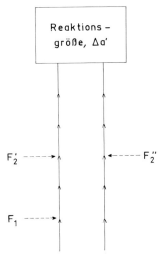

Abb. 6. Dieses Modell gibt an, wie zwei Faktoren (F_1, F_2) simultan auf ein System a → a' einwirken können. Die Veränderung des Systems (Merkmalsgrößendifferenz $\Delta a'$) kann über eine oder über zwei *getrennte* Reaktionssequenzen („Kausalketten") hervorgebracht werden. (Nach SCHOPFER, 1970)

Multiplikative Verrechnung. 1. Beispiel: Regulation der Intensität des Hypokotylwachstums beim Senfkeimling (*Sinapis alba;* → Abb. 327) durch die Faktoren Phytochrom (operational Dauer-Dunkelrotlicht; → S. 313) und Saccharose. In diesem Fall setzen wir die Merkmalsgröße *ohne* die beiden variablen Faktoren (a') = 1. Die Reaktionsgröße $\Delta a'$ wird auf a' bezogen. Unter den gewählten Standardbedingungen fördert Phytochrom die Wachstumsintensität mit oder ohne Saccharosezufuhr um den Faktor 0,2 (d. h. das Wachstum wird auf 20% reduziert). Saccharose $(0,1 \text{ mol} \cdot l^{-1})$ fördert das Wachstum mit oder ohne Phytochrom um den Faktor 1,5. Die Interpretation stützt sich auf das Modell der Abb. 6. Wirken die beiden Faktoren Phytochrom und Saccharose gleichzeitig, aber *unabhängig voneinander* auf die gleiche Kausalkette (Abb. 6, *links*), so herrscht *multiplikative Verrechnung*. Als Formel:

$$\Delta a'_{F_1, F_2} = \Delta a'_{F_1} \cdot \Delta a'_{F_2} . \qquad (2\,a)$$

In Worten: Die von beiden Faktoren gemeinsam hervorgebrachte Reaktionsgröße ist bei konstanter Konzentration des einen Faktors stets proportional der Reaktionsgröße, die der andere Faktor bewirkt.

Angewendet auf unser Beispiel:

$$\Delta a'_{\text{Phytochrom, Saccharose}} = 0,2 \cdot \Delta a'_{\text{Saccharose}},$$
$$\Delta a'_{\text{Phytochrom, Saccharose}} = 1,5 \cdot \Delta a'_{\text{Phytochrom}}.$$

2. Beispiel: A $\xrightarrow{\Delta t}$ A' sei das Anthocyan produzierende System des Senfkeimlings. $\Delta a'$ sei die in einem bestimmten Zeitraum produzierte Menge an Anthocyan (→ Abb. 244). F_1 sei das durch Licht eingestellte, physiologisch aktive Phytochrom (P_{fr}; → Abb. 318), F_2 sei das Antibioticum Chloramphenicol (→ Abb. 59). Wie Abb. 7 zeigt, wird die durch P_{fr} bewirkte Anthocyansynthese (Wasserkontrolle) durch simultan verabreichtes Chloramphenicol (CAP) gesteigert (gleichsinnige Wirkung). CAP allein hat keine Wirkung. Die Kinetiken zeigen mit und ohne CAP eine konstante Steigung und einen im Prinzip gleichen Verlauf. Damit sind die wesentlichen Voraussetzungen für die Anwendung des Modells in Abb. 6 erfüllt. Wir gehen nun experimentell so vor, daß wir den Lichtfaktor (und damit die Steigung der Wasserkontrolle) variieren und die Konzentration (Dosis) an CAP im freien Diffusionsraum des Keimlings (also den Faktor F_2) konstant halten. Das Resultat (Tabelle 1) zeigt, daß innerhalb der Fehlergrenzen gilt:

Abb. 7. Die Kinetik der Anthocyanakkumulation im Senfkeimling unter dem Einfluß von Dauerlicht (Standard-Dunkelrot, → S. 317) mit und ohne Chloramphenicol. Ohne Licht, das heißt ohne P_{fr} (→ S. 313), produziert der Senfkeimling kein Anthocyan. Die beiden Kinetiken sind lediglich in der Steigung verschieden. Zumindest im mittleren Bereich können sie als Ausdruck eines Fließgleichgewichts aufgefaßt werden. (Nach WAGNER et al., 1967)

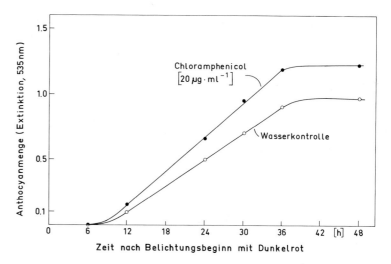

Zeit nach Belichtungsbeginn mit Dunkelrot

[Intensität der Anthocyansynthese]$_{\text{Licht, CAP}}$
$= 1{,}52 \cdot$ [Intensität der Anthocyansynthese]$_{\text{Licht}}$.

Bei der Interpretation beziehen wir uns wieder auf die Abb. 6 (*links*). Allerdings ist in diesem 2. Beispiel $a' = 0$. In diesem Fall lautet die Formel für *multiplikative Verrechnung*:

$$\Delta a'_{F_1, F'_2} = m \cdot \Delta a'_{F_1} , \qquad (2\,b)$$

wobei m eine Konstante ist.

In Worten ausgedrückt: Die Reaktionsgröße („Wirkung") mit zwei Faktoren ist ein definiertes Vielfaches oder ein Bruchteil (m) der Reaktionsgröße, die man mit einem Faktor erhält, unabhängig vom Ausmaß der Reaktionsgröße $\Delta a'_{F_1}$. Wenn $m > 1$, so wirken die beiden Faktoren in der gleichen Richtung, wenn $m < 1$, so wirken die beiden Faktoren gegensinnig. Die Konstante m ist natürlich verschieden, je nachdem, welcher der beiden Faktoren als Variable bzw. als Parameter dient. Falls ein Faktor allein keine Reaktionsgröße hervorbringen kann (wie im vorliegenden Fall das CAP), sind F_1 und F'_2 in der Gl. 2 b nicht austauschbar. Das empirische Resultat (Tabelle 1) wird also von dem theoretischen Modell (Abb. 6, *links*) damit erklärt, daß die beiden Faktoren P_{fr} und CAP unabhängig voneinander *dieselbe* biogenetische Sequenz beeinflussen. Die *molekulare* Deutung geht dahin, daß P_{fr} über Enzyminduktion, CAP über eine Erhöhung des pools an Phenylalanin wirkt.

Numerisch additive Verrechnung. Die theoretische Alternative zu der eben dargestellten Situation besteht darin, daß die beiden variablen Faktoren (F_1 und F''_2 in Abb. 6) völlig unabhängige Reaktionsketten beeinflussen, die zum gleichen Merkmal führen. In diesem Fall herrscht *numerisch additive Verrechnung*:

$$\Delta a'_{F_1, F''_2} = \Delta a'_{F_1} \pm \Delta a'_{F''_2}. \qquad (2\,c)$$

In Worten: Die Reaktionsgröße, die F_1 und F''_2, simultan verabreicht, bewirken, setzt sich additiv aus den Reaktionsgrößen zusammen, welche die Faktoren, einzeln verabreicht, bewirken. Ein 1. Beispiel für numerisch additive Verrechnung: Das Hypokotylwachstum des Senfkeimlings (→ Abb. 327) wird durch P_{fr} (opera-

Tabelle 1. Die Anthocyansynthese des Senfkeimlings (*Sinapis alba*) unter dem gleichzeitigen Einfluß von Standard-Dunkelrot (P_{fr}; → S. 317) und Chloramphenicol (CAP, $20\,\mu g \cdot ml^{-1}$) als Beispiel für eine exakte Zwei-Faktoren-Analyse. Die Messung des Anthocyans erfolgte 15 h nach Lichtbeginn (Extinktion bei 535 nm). Es wird der Effekt ausgenützt, daß die physiologische Wirksamkeit des Standard-Dunkelrots mit dem Photonenfluß zunimmt (HIR; → S. 317) (1/1 DR = Standard-Dunkelrot). (Nach LANGE und BIENGER, 1970)

Relativer Photonenfluß	Anthocyanmenge mit CAP (CAP-Wert)	Anthocyanmenge ohne CAP (H_2O-Wert)	CAP-Wert H_2O-Wert
1/1 DR	0,293	0,198	1,48
1/10 DR	0,228	0,149	1,53
1/100 DR	0,125	0,081	1,54

Theoretische Erwartung:
CAP-Wert = Konstante · H_2O-Wert.
Experimenteller Befund:
CAP-Wert = 1,52 · H_2O-Wert.

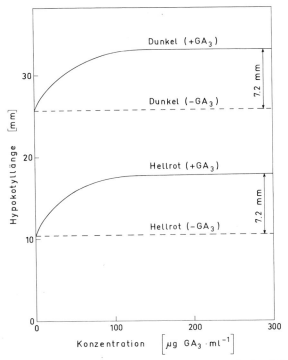

Abb. 8. Ein empirisches Beispiel für numerisch additive Verrechnung. Gemessen wird das Hypokotylwachstum beim Senfkeimling. Die Konzentrations-Effekt-Kurven für von außen zugeführte Gibberellinsäure (GA$_3$) sind beim Wachstum im Dunkeln und beim Wachstum im Standard-Dauerhellrot gleich. GA$_3$ fördert das Hypokotylwachstum, Hellrot hemmt das Hypokotylwachstum. Hellrot wirkt, ebenso wie Dunkelrot, über P$_{fr}$. Die Messung der Hypokotyllänge erfolgte 72 h nach Aussaat (25° C). (Nach MOHR und APPUHN, 1962)

tional, durch hellrotes Licht) und exogene Gibberellinsäure (GA$_3$) beeinflußt. Die experimentelle Analyse zeigt, daß sich der Gesamteffekt der beiden Faktoren auf die Merkmalsgröße (Hypokotyllänge) numerisch additiv zusammensetzt aus dem hemmenden Lichteffekt und dem fördernden GA$_3$-Effekt (Abb. 8). Daraus läßt sich der Schluß ziehen, daß GA$_3$ (zumindest beim Senfkeimling) kein Glied in der Kausalkette zwischen P$_{fr}$ und dem Zellwachstum sein kann (→ S. 390). Ein 2. Beispiel ist die Induktion der Carotinoidsynthese bei *Mycobacterium marinum* durch die Faktoren Licht und Antimycin A. Man findet eine perfekt additive Wirkung der beiden Faktoren. Der Schluß ist unabweisbar, daß die beiden Faktoren an zwei völlig unabhängigen Stellen im anabolischen Stoffwechsel der Carotinoide eingreifen. Vermutlich handelt es sich um zwei

Orte der Carotinoidsynthese in verschiedenen Zellkompartimenten.

Wechselwirkungen. Findet man experimentell weder eine multiplikative noch eine numerisch additive Verrechnung, so liegt eine *Wechselwirkung* zwischen den variablen (und/oder konstanten) Faktoren vor. In diesen Fällen ist eine Erklärung schwierig, da man mit vielen Möglichkeiten rechnen muß. Ein verhältnismäßig einfaches Modell für die Erklärung von additiver Interaktion ist die kompetitive Hemmung bei Enzymreaktionen, die längst ein integraler Bestandteil der Michaelis-Menten-Theorie der Enzymwirkung geworden ist (→ S. 116). In der Physiologie ist der Fall besonders interessant, daß zwei Effektoren (beispielsweise Hormone) um ein und denselben Receptor konkurrieren. Liegt diese Situation vor, so muß man erwarten, daß selbst die *relative* Wirkung des einen Faktors vom Ausmaß der Wirkung des anderen Faktors abhängt. Die Wirkungen der beiden Faktoren sind also nicht, wie im Fall der multiplikativen oder numerisch additiven Verrechnung, unabhängig voneinander. Ein Beispiel: Die „Wuchsstoffe" IES und 2,4-D (→ Abb. 282) steigern beide die Wachstumsintensität von Sproßachsen- oder Koleoptilsegmenten (→ Abb. 274). Die Konzentrations-Effekt-Kurven sind für die beiden Substanzen zwar nicht identisch (2,4-D hat eine geringere molare Wirksamkeit als IES), können aber durch eine einfache Transformation ineinander übergeführt werden. Falls die beiden Substanzen an der gleichen Stelle wirken, wobei die molare Wirksamkeit (interpretiert als Affinität) von 2,4-D geringer ist als die von IES, so kann man voraussagen, daß ein Zusatz von 2,4-D bei einer saturierenden IES-Konzentration die Wachstumsintensität reduzieren wird. Die Prognose läßt sich experimentell bestätigen. Die Interpretation lautet, daß die beiden Substanzen um den gleichen Receptor konkurrieren, wobei IES eine höhere Affinität besitzt.

Die meisten Formen der Wechselwirkung sind zu kompliziert als daß sie sich mit einfachen Modellen interpretieren ließen. Immerhin aber sollte dieser Abschnitt über Zweifaktorenanalyse gezeigt haben, welche Bedeutung den strengen, quantitativen Modellen auch in der Physiologie bei der Erklärung von Sachverhalten zukommt. Indem sie sich an strengen, quantitativen Modellen orientiert, ersetzt die moderne physiologische Forschung allmählich das „theoretische blinde" Experimentieren (die Sammlung quantitativer, aber theoretisch irrelevanter physiologischer Daten) durch den Versuch, in Analogie zur Physik im physiologischen Experiment partikuläre Allsätze auf ihre Gültigkeit hin zu prüfen. Erst wenn Theorie und Experiment in der Physiologie generell in ein gesundes Verhältnis gebracht sind, wird man die Physiologie im strengen Sinne eine quantitative und exakte Wissenschaft nennen dürfen.

Formulierung von Sätzen

Die Aussagen der Wissenschaft erfolgen durch singuläre Sätze (Tatsachen) oder durch generelle Sätze (Gesetze). Dies gilt auch für die Physiologie. Die singulären Sätze werden in der Physiologie in der Regel dadurch zum Ausdruck gebracht, daß die Meßdaten in geeigneten Koordinatensystemen angeordnet werden. Die in der Abb. 9 wiedergegebene empirische Wachstumskurve zum Beispiel ist zunächst nichts anderes, als eine günstige Darstellung von Meßdaten. Etwas „Gesetzhaftes" kommt aber darin zum Ausdruck, daß das Wachstum während der ganzen Versuchsdauer strikt einer exponentiellen Funktion folgt. Die mathematische Formulierung lautet:

$$N_t = N_0 \cdot e^{k \cdot t}, \tag{3}$$

wobei: N_t = Zahl der Glieder zum Zeitpunkt t;

N_0 = Zahl der Glieder zum Zeitpunkt 0;

k = Wachstumskonstante (= relative Wachstumsintensität).

Die Gleichung ist ein mehr oder minder genereller Satz, da exponentielles Wachstum häufig und bei ganz verschiedenen Systemen vorkommt.

Bei manchen anderen biologischen Gesetzen wäre eine mathematische Formulierung nicht angemessen, zum Beispiel bei den meisten Gesetzesaussagen der *vergleichenden* Biologie. Ein Beispiel: Die verbale Formulierung für das *Grundgesetz der Spermatophyten* („Der Inhalt des Embryosacks ist einem weiblichen Gametophyten homolog") ist ebenso prägnant und eindeutig („exakt") wie die Gl. (3).

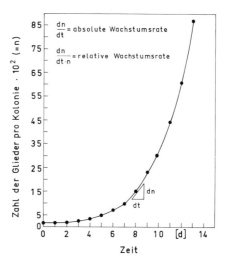

Abb. 9. Wachstumsverlauf einer Kolonie (Klon) der Wasserlinse (*Lemna minor*) unter Kulturbedingungen. Die Ausgangszahl der Laubglieder (N_0) ist mit 100 angenommen. (Nach WAREING und PHILLIPS, 1970)

Die Allgemeingültigkeit ist im Fall des „Grundgesetzes" sogar höher (partikulärer Allsatz). Die optimale Formulierung biologischer Gesetze, ob zum Beispiel mathematisch oder nicht, ist ein Problem, das ad hoc und pragmatisch gelöst werden muß.

Merkmale und Variabilität

Die Aussagen der Physiologie sind in der Regel quantitative Aussagen über Populationen. Populationen sind Kollektive von Individuen, die sich in bezug auf Merkmale gemeinsam behandeln lassen. Merkmale sind direkt meßbare Eigenschaften lebendiger Systeme. In der Regel zeigen die Individuen einer Population ein bestimmtes Merkmal in verschiedenem Ausmaß. Dieses Phänomen nennt man Variabilität (oder Variation). Populationen lassen sich quantitativ durch Merkmale und deren Häufigkeitsverteilung charakterisieren.

Man unterscheidet unter dem Gesichtspunkt der Variabilität zwei Klassen von Merkmalen: Alternativmerkmale (z. B. die Geschlechtstypen ♀ und ♂) und gleitende (= abgestufte = quantitative) Merkmale (z. B. das Körpergewicht). Die Häufigkeitsverteilung bei Alternativmerkmalen wird in der Regel durch Prozentangaben zum Ausdruck gebracht, z. B. 25% Keimung, entsprechend 75% Nichtkei-

Dunkel　　　　　**1min Hellrot**　　　　　**1min Hellrot +**
　　　　　　　　　　　　　　　　　　　　　　1min Dunkelrot

Abb. 10. Beispiel für ein physiologisches Alternativmerkmal, Keimung/Nicht-Keimung. Objekt: Achänen von *Lactuca sativa.* Das Verhalten der Achänenpopulation bezüglich dieses Merkmals wird durch die Angabe „% Keimung" exakt beschrieben. Pro Achäne ist die Keimung ein Alles-oder-Nichts-Prozeß; pro Population ist die Keimung ein quantitativer Prozeß. Die Abbildung bringt zum Ausdruck, daß die Keimung der Achänen vom Licht beeinflußt wird. Die Lichtwirkung erfolgt über das Phytochromsystem (→ S. 313). (Nach MOHR, 1972)

mung (Abb. 10). Die Variabilität eines gleitenden Merkmals in einer Population kann quantitativ durch die Verteilungsfunktion beschrieben werden. Wir veranschaulichen dies am Beispiel der Hypokotyllänge des Senfkeimlings (→ Abb. 327). Dabei behalten wir im Auge, daß quantitative Merkmale in der Regel nicht zeitunabhängig sind. Die Verteilungsfunktion für ein bestimmtes Merkmal kann sich im Verlauf der Entwicklung auch bei einer synchronisierten Population durchaus ändern.

Wir bestimmen die Verteilungsfunktion für das Merkmal Hypokotyllänge bei 72 h alten Senfkeimlingen. Zuerst messen wir möglichst viele Hypokotyle möglichst genau (Basisdaten, Ausgangsdaten). Dabei ergeben sich Hypokotyllängen zwischen 13 und 38 mm. Von der Zuverlässigkeit (Präzision, Güte) der Basisdaten hängt natürlich die Präzision aller weiterführenden Aussagen ab. Dann teilen wir die Population nach aufsteigender Merkmalsgröße in

Größenklassen ein, z. B. kommen alle Hypokotyle zwischen 15,6 und 18,5 mm in die Größenklasse 17, alle Hypokotyle zwischen 18,6 und 21,5 in die Größenklasse 20, usw. Die Häufigkeit, mit der die Individuen der Population in den einzelnen Größenklassen vorkommen, die Klassenhäufigkeit, trägt man als Funktion der Merkmalsgröße auf. Dies ist die *Verteilungsfunktion* (Abb. 11). Sie ist kontinuierlich, nahezu symmetrisch und glockenförmig, und damit der theoretischen Normalverteilung (Abb. 12) recht ähnlich. Man erhält eine Normalverteilung, so besagt die Theorie, immer dann, wenn an der Ausprägung eines Merkmals viele, unabhängig voneinander wirkende Faktoren beteiligt sind. Wenn die Verteilungsfunktion für ein Merkmal normal ist, also wenigstens näherungsweise der GAUSSschen Verteilung folgt, kann die Population im Hinblick auf das in Frage stehende Merkmal charakterisiert werden durch den Mittelwert M (das arithmetische

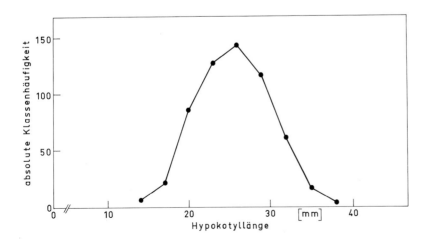

Abb. 11. Häufigkeitsverteilung einer Population von Senfkeimlingen (*Sinapis alba*) bezüglich der Hypokotyllänge 72 h nach Aussaat (25° C). Die Verteilungsfunktion ist einer Normalverteilung recht ähnlich. (Nach MOHR, 1972)

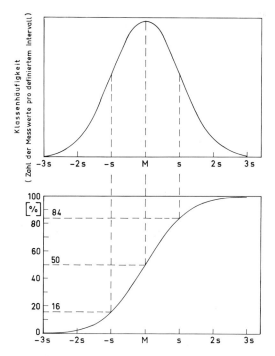

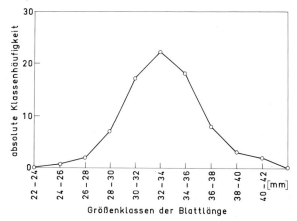

Abb. 13. Symmetrische Verteilungsfunktion für Blattgröße. Objekt: Eine Sorte von *Glycine max*. Bei 80 gleichaltrigen und unter möglichst gleichen Bedingungen aufgewachsenen Keimpflanzen wurde die Länge des kleineren der beiden Primärblätter bestimmt. Da die Verteilungsfunktion symmetrisch ist, ist das arithmetische Mittel die geeignete Maßzahl. (Nach Bünning, 1953)

Abb. 12. Die Normalverteilung als Gauss-Kurve (*oben*) und als Summenprozentkurve (*unten*). Die Normalverteilung ist eine kontinuierliche Verteilung. Sie heißt Gauss-Verteilung, weil sie in der für die Naturwissenschaften grundlegenden Fehlertheorie des berühmten Mathematikers C. F. Gauss (1777–1855) eine entscheidende Rolle spielt. Die Normalverteilung wird durch zwei Parameter, den

Mittelwert $M = \dfrac{\Sigma\, x_i}{n}$ (das arithmetische Mittel) und

die Standardabweichung $s = \pm \sqrt{\dfrac{\Sigma\,(M - x_i)^2}{n-1}}$ charak-

terisiert. Im allgemeinen werden für die Parameter der theoretischen Verteilungsfunktion griechische Symbole (μ, ϱ), für ihre Schätzwerte lateinische (M, s) verwendet. Anstelle von M wird auch das Symbol $\bar{x}$ verwendet. Die Normalkurve hat ihre Wendepunkte bei $\pm s$. Die Wendetangenten schneiden die Abszissenachse an den Stellen $\pm s$. 68% der Meßwerte liegen innerhalb dieser Grenzen

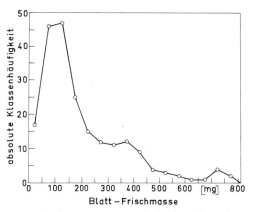

Abb. 14. Asymmetrische (schiefe) Verteilungsfunktion für Blattgewicht. Objekt: *Cornus mas*. Bei 211 Blättern wurde die Frischmasse bestimmt. Einteilung der Klassen: 0–50 mg, 50–100 mg usw. Die Verteilungsfunktion ist extrem asymmetrisch. (Nach Bünning, 1953)

Mittel) und durch die Standardabweichung s, die ein Maß ist für die Variabilität des Merkmals in der Population.

Die Erklärung der phänotypischen Variabilität kann nur aufgrund von Experimenten erfolgen. Man muß hierbei die Gesamtvariabilität (= phänotypische Variabilität) in ihre Komponenten (= Teilvariabilitäten) aufgliedern: genetische Variabilität, umweltbedingte Variabilität, altersbedingte Variabilität. Die genetische Variabilität läßt sich durch die Verwen-

dung von Klonen eliminieren; die umweltbedingte Variabilität läßt sich in modernen Phytotronanlagen weitgehend ausschalten; die altersbedingte Variabilität ist gering, falls man eine hochgradige Synchronisation der Population erreicht.

Nicht immer sind die Verteilungsfunktionen normal oder doch wenigstens einigermaßen symmetrisch (Abb. 13, 14). Bei asymmetrischer Verteilung wird die Charakterisierung der Population schwierig, z. B. kommen Mo-

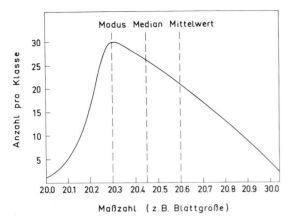

Abb. 15. Eine asymmetrische Verteilungsfunktion mit Modus, Median und Mittelwert (arithmetisches Mittel), die jeweils einen verschiedenen Wert haben. Der Modus (= Dichtemittel) ist jener Wert (der Merkmalsgröße), bei dem die größte Klassenhäufigkeit vorliegt. Der Median (= Zentralwert) ist jener Wert, der eine gleiche Zahl von Meßwerten auf beiden Seiten hat. Der Mittelwert M, das arithmetische Mittel, ist jedem geläufig: $M = \frac{\Sigma\, x_i}{n}$. Im Fall einer symmetrischen Verteilung fallen Modus, Median und Mittelwert zusammen (→ Abb. 12)

Tabelle 2. Körpermasse und Atmungsintensität verschiedener Säugetiere. (Nach BAKER und ALLEN, 1968)

Tierart	Körpermasse [g]	Atmungs- intensität [$\mu l\, O_2 \cdot g^{-1} \cdot h^{-1}$]
Maus	25	1580
Ratte	225	872
Kaninchen	2 200	466
Hund	11 700	318
Mensch	70 000	202
Pferd	700 000	106
Elefant	3 800 000	67

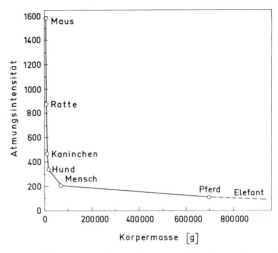

Abb. 16. Atmungsintensität verschiedener Säugetiere (*Ordinate*) als Funktion ihrer Körpermasse (Daten aus Tabelle 2). Beide Koordinaten sind linear. (Nach BAKER und ALLEN, 1968)

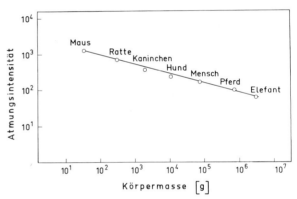

Abb. 17. Atmungsintensität verschiedener Säugetiere als Funktion ihrer Körpermasse (Daten aus Tabelle 2). Beide Koordinaten sind logarithmisch gestaucht. Diese Darstellung hat den Vorteil, daß auch ein extremer Bereich von Maßzahlen in einer Darstellung vereinigt werden kann. Außerdem treten dabei manchmal Zusammenhänge in Erscheinung, die bei linear geteilten Koordinaten nicht auffallen. (Nach BAKER und ALLEN, 1968)

dus, Median und Mittelwert als repräsentative Maßzahlen in Frage (Abb. 15). Der Mittelwert (= arithmetisches Mittel) ist nur dann als charakteristische Maßzahl für die Basisdaten gerechtfertigt, wenn eine symmetrische Verteilung vorliegt. Die Kenntnis der Verteilungsfunktion ist deshalb eine unabdingbare Voraussetzung für die sachgerechte Verarbeitung der Basisdaten.

Darstellung von Daten

Welche Darstellung erfahren repräsentative Maßzahlen (z. B. M ± s) in der Physiologie? Wir wählen als Beispiel eine Serie von Maßzahlen, die Körpergewicht und Atmungsintensität bei verschiedenen Säugetieren betreffen. Darstellung in Tabellenform (Tabelle 2): Man sieht, daß die (Durchschnitts-)Maus eine viel

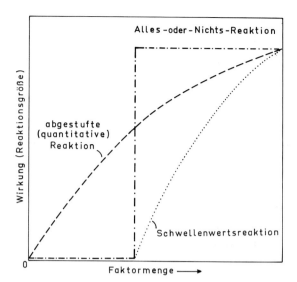

Abb. 18. Der prinzipielle Gegensatz zwischen einer abgestuften Reaktion, bei der der funktionale Zusammenhang zwischen Faktormenge und Merkmalsgröße durch den Nullpunkt extrapoliert (→ Abb. 347) und einer Schwellenwertsreaktion, bei der eine Wirkung erst ab einer bestimmten Faktormenge eintritt. Die Schwellenwertsreaktion kann darüber hinaus den Charakter einer Alles-oder-Nichts-Reaktion haben (→ Abb. 344)

höhere Atmungsintensität besitzt als der (Durchschnitts-)Elefant und daß die übrigen Säugetiere dazwischen liegen. Die Darstellung als Kurvenzug mit linearen Koordinaten (Abb. 16) ist vielleicht anschaulicher, bringt aber keine weitere Erkenntnis. Erst die Darstellung im doppellogarithmischen Koordinatensystem läßt erkennen, daß ein gesetzhafter Zusammenhang besteht und daß sich auch der Mensch in diesen Zusammenhang einfügt

(Abb. 17). Man sieht an diesem Beispiel, daß die Darstellung der Maßzahlen in der Physiologie häufig darüber entscheidet, ob aus Primärdaten und Maßzahlen eine Erkenntnis entsteht.

Das Problem der Extrapolation

Als Extrapolation bezeichnet man in der Physiologie Aussagen über den Verlauf einer Funktion außerhalb eines Gebiets, in dem der Kurvenverlauf durch Maßzahlen eindeutig gerechtfertigt ist. Die Extrapolation ist zuerst stets mit Unsicherheiten behaftet; sie kann aber in der Regel nicht umgangen werden, wenn es sich um die Abschätzung der Wirkung sehr kleiner oder sehr großer Faktormengen (→ Abb. 189) handelt. Man darf aber keinesfalls davon ausgehen, daß der funktionale Zusammenhang zwischen Faktormenge und Wirkung notwendigerweise durch den Nullpunkt des Koordinatensystems extrapoliert. Vielmehr muß man im Auge behalten, daß bei biologischen Systemen auch Schwellenwertsreaktionen auftreten (Abb. 18).

Weiterführende Literatur

BÜNNING, E.: Theoretische Grundfragen der Physiologie. Stuttgart: Piscator, 1949
HALBACH, U., KATZL, F.: Die Ursachen der Variabilität. Biologie in unserer Zeit **4**, 58 – 63 (1974)
MOHR, H.: Lectures on Structure and Significance of Science. Berlin-Heidelberg-New York: Springer, 1977
NACHTIGALL, W.: Biologische Forschung. Heidelberg: Quelle und Meyer, 1972
WEBER, E.: Grundriß der Biologischen Statistik, 7. Auflage. Stuttgart: Fischer, 1972

3. Die Hierarchie der Komplexität

Ein bestimmtes Volumen Wasser, in ein Gefäß eingeschlossen, bezeichnen wir als ein *homogenes System*. Dasselbe gilt für eine wäßrige Lösung, die zum Beispiel Kochsalz oder Zucker enthält. Solche homogenen Systeme lassen sich verhältnismäßig leicht experimentell und theoretisch untersuchen. Es gibt aber kein lebendiges System, das man als homogenes System auffassen dürfte. Auch die einfachste Protocyte ist kein „mit Enzymen und Substraten gefüllter Sack". Alle lebendigen Systeme sind mehr oder minder kompartimentiert. Bei genauer Betrachtung zeigt sich, daß auch reines Wasser und erst recht Lösungen, die Ionen enthalten, „Strukturen" aufweisen (Abb. 19); die Komplexität der Strukturen nimmt aber ungeheuer zu, sobald wir lebendige Systeme in Betracht ziehen.

Dies hängt damit zusammen, daß die lebendigen Systeme eine Vielzahl komplizierter Moleküle enthalten (Abb. 20, 21) und mehr oder minder stark kompartimentiert sind. Wir betrachten jetzt einige Stufen in der Skala steigender Komplexität. Die Bakterienzelle (Abb. 22) enthält vielleicht 10^9 Moleküle, darunter eine große Zahl verschiedener Makromoleküle (z. B. Proteine, Nucleinsäuren, Mureine). Die im elektronenmikroskopischen Bild feststellbare Kompartimentierung ist zwar bescheiden; aber auch der Ungeübte erkennt leicht, daß eine Bakterienzelle auf keinen Fall als homogenes System angesehen werden darf. Die Zelle der Eukaryoten (Abb. 23) ist strukturell viel komplizierter als die Bakterienzelle. Eine solche Zelle enthält vielleicht 10^{12} Moleküle; die Kompartimentierung ist offensichtlich, selbst

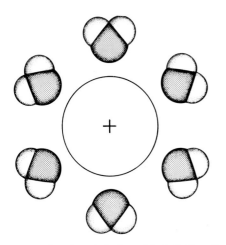 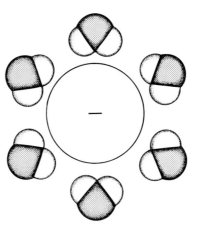

Abb. 19. Ein einfaches Modell für die Anordnung von Wassermolekülen um positive oder negative Ionen in Lösung. Die Wassermoleküle haben eine Dipolstruktur, d. h. die Schwerpunkte der negativen Ladung (Sauerstoff) und der positiven (Wasserstoff) fallen nicht zusammen. Das Wassermolekül weist deshalb ein Dipolmoment auf (= Produkt aus Ladungsgröße und -abstand). Aufgrund ihrer Dipolnatur werden die Wassermoleküle nicht nur von einfachen Kationen und Anionen angezogen, sondern auch von Makromolekülen oder Oberflächen (Membranen), sofern diese ein Ladungsmuster besitzen. Unter sich treten die Wassermoleküle über Wasserstoff-Brücken zusammen (→ Abb. 239). Die Bindungsenergie von Wasserstoff-Brücken liegt zwischen 8 und 40 kJ · mol⁻¹

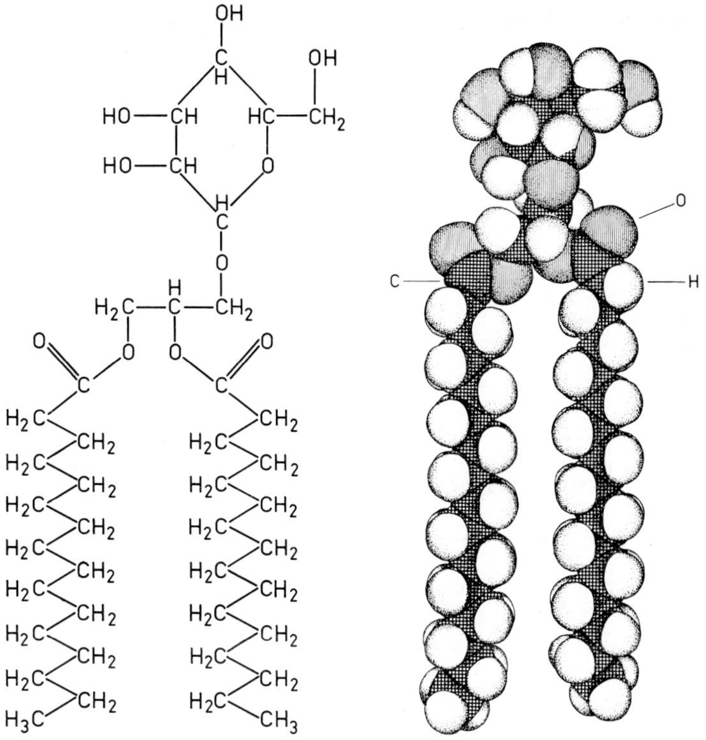

Abb. 20. Das Monogalactosyllipid-Molekül als Prototyp eines mittelgroßen, biologisch bedeutsamen Moleküls. Es besteht aus zwei lipophilen Fettsäuremolekülen, die über ein Glycerinmolekül mit einem hydrophilen Galactosemolekül verbunden sind. Das Gesamtmolekül besitzt somit eine polare Struktur. Es ist deshalb für den Einbau in Biomembranen besonders geeignet. Die Thylakoidmembranen der Chloroplasten enthalten große Mengen an Mono- und Digalactosyllipiden. Um die Molekülstruktur zu veranschaulichen, ist sowohl die konventionelle Schreibweise (*links*) als auch das Atomkalottenmodell (*rechts*) angegeben. Oben ist jeweils die Galactose; die „Schwänze" der Fettsäuren sind nach unten gerichtet. (Nach KREUTZ, 1966)

wenn man lediglich das Lichtmikroskop als Instrument der Strukturanalyse heranzieht. Wenn man im Rahmen einer biochemischen Analyse die Zelle „homogenisiert", verliert man sehr viel Information. Dies muß man bei der Bestimmung und Interpretation biochemischer Funktionsdaten stets im Auge behalten.

Die höhere Pflanze und das höhere Tier (Abb. 24) enthalten Billionen von Zellen, die weder gleich, noch zufallsmäßig zusammengefügt sind. Die Zellen sind vielmehr *differenziert* und in einer *spezifischen* Weise zusammengefügt. Die Zellen bilden Gewebe und Organe (Abb. 25), die Organe konstituieren den Organismus. Es ist eine triviale Forderung, daß die Untersuchungsmethoden der Physiologie die strukturelle Komplexität berücksichtigen müssen. Dieser Forderung kann man in der Praxis indessen nur selten wirklich nachkommen. Wenn man zum Beispiel bei einer biochemischen Analyse nolens volens ein Wurzelsegment als homogenes System betrachtet, verzichtet man offensichtlich auf einen Großteil der Information, die in dem Wurzelsegment steckt.

Drei weitere Momente vergrößern die Schwierigkeiten, vor denen wir stehen, wenn wir lebendige Systeme strukturell und funktionell verstehen wollen.

1. Die lebendigen Systeme sind stets *offene* Systeme. Sie tauschen mit ihrer Umgebung beständig Materie, Energie und Information aus. Offene Systeme sind theoretisch sehr viel schwerer zu behandeln als geschlossene oder isolierte Systeme.

2. Die lebendigen Systeme sind in beständiger Entwicklung befindliche Systeme. Zumindest langfristig kann sich kein lebendiges System in einem zeitunabhängigen Zustand halten. Lebendige Systeme können deshalb nur durch ihren gesamten Entwicklungsgang (Ontogenie) vollständig charakterisiert werden, nicht durch einen Querschnitt an einer bestimmten Stelle der Ontogenie.

3. Die hierarchisch organisierten höheren lebendigen Systeme können nicht voll verstanden werden, wenn man sich auf die Analyse der Elemente beschränkt. In einem höheren System muß ein bestimmter Satz von Elementen (z. B. Zellen) nicht nur an und für sich und im Hinblick auf die Frage studiert werden, was sich innerhalb der Elemente abspielt. Die ebenso wichtige Frage ist, in welcher Weise die Elemente in die höhere Einheit (z. B. in ein

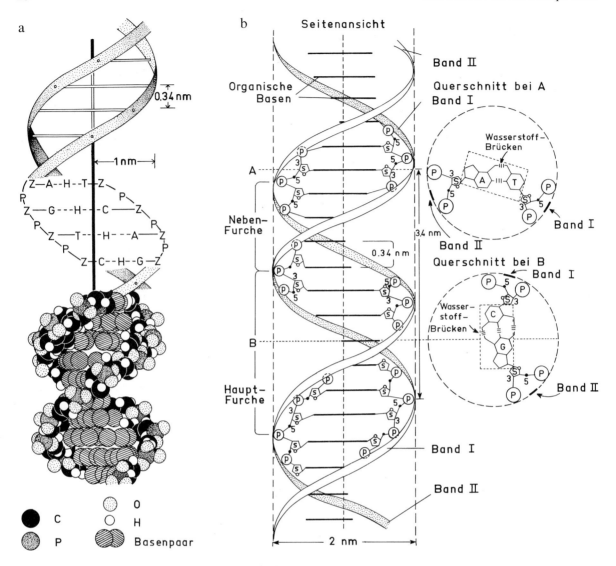

Abb. 21 a und b. Die DNA als Repräsentant der aperiodischen, biologisch bedeutsamen *Makromoleküle*. Das Molekulargewicht der nativen DNA liegt in der Größenordnung von 10^9 dalton. (a) Drei verschiedene Möglichkeiten, die Doppelhelix-Struktur der DNA im Modell wiederzugeben. *Oben:* Die Bänder repräsentieren die Phosphat-Zucker-Sequenz, die Querbalken repräsentieren die Basenpaarung zwischen A und T bzw. G und C. *Mitte:* Die Bausteine werden durch Buchstaben symbolisiert: P, Phosphat; Z, Desoxyribose; A, Adenin; T, Thymin; G, Guanin; C, Cytosin; H, Wasserstoff. *Unten:* Raumfüllendes Atomkalottenmodell. (Nach SWANSON, 1960.) (b) Eine präzise Wiedergabe des WATSON-CRICK-Konzepts der DNA (hydratisierte „B"-Form des Moleküls). *Links:* Das Molekül ist in Seitenansicht gezeichnet, als wäre es in einen durchsichtigen Zylinder mit einer zentralen Achse eingeschlossen (gestrichelte Linien). Die Basenpaare (stark ausgezogene Linien) sind flache Moleküle, die den zentralen Bereich des Zylinders einnehmen. *Rechts:* Querschnitte durch das DNA-Molekül. Die Basenpaare sind durch Thymin (T) und Adenin (A) (Querschnitt A) und durch Cytosin (C) und Guanin (G) (Querschnitt B) repräsentiert. Die für die Basenpaarung essentiellen Wasserstoffbrücken sind in dieser Aufsicht erkennbar. Von der Seite gesehen, sind die Basenpaare jeweils 0,34 nm auseinander. Von oben gesehen, sind sie jeweils um 36° gegeneinander versetzt. Deshalb sind die stark ausgezogenen Linien, die in der Seitenansicht die Basenpaare repräsentieren, verschieden lang. Die Bänder repräsentieren auch in diesem Modell das Phosphat-Zucker-Rückgrat des Moleküls. An einigen günstig gelegenen Positionen ist die molekulare Zusammensetzung des Rückgrats angedeutet (P, Phosphat; S, Desoxyribose). Der Sauerstoff der Desoxyribose ist als kleiner Kreis eingetragen, die Kohlenstoffpositionen 3 und 5 der Pentose sind numeriert. Auf diese Weise kommt die antiparallele Orientierung der beiden

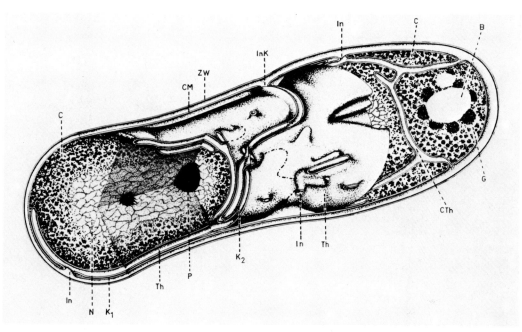

Abb. 22. Räumliches Modell einer vegetativen Zelle des obligat phototrophen Bacteriums *Rhodopseudomonas palustris* (Zell-Vorderende): B, Granula von Poly-β-hydroxybuttersäure; C, ribosomenhaltiges Cytoplasma; CM, Plasmamembran; G, Ribosomenaggregate (?); In, InK, Invaginationen der Plasmamembran; N, Nucleoplasma; P, Polyphosphat-Granula; ZW, Zellwand; Th, Thylakoidsystem, mit Querthylakoid, CTh; K_1, Kontaktzone zwischen Plasmamembran und Thylakoiden; K_2, Kontakt zwischen Thylakoiden. (Zeichnung H.-D. TAU-SCHEL)

Abb. 23. Das Modell einer Zelle aus dem Assimilationsparenchym eines Blattes von *Vallisneria spiralis*. Eingetragen sind nur solche Strukturen, die man mit dem Lichtmikroskop erkennen kann: Mittellamelle, Primärwand, Plasmodesmen, wandständiger Plasmaschlauch, große, mit ungefärbtem Zellsaft gefüllte Vacuole. Im Protoplasma: Kern mit Nucleolus, Chloroplasten mit Grana, Mitochondrien

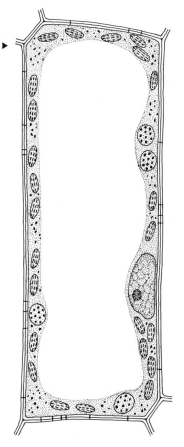

Rückgrate gut zum Ausdruck. Die Kontinuität der Rückgrate wird durch die Bänder repräsentiert, die auf der Oberfläche des imaginären Zylinders verlaufen. Die beiden Bänder sind um etwa 120° getrennt. Da die azimutale Distanz weniger als 180° beträgt, kommt es zur Bildung der alternierenden Haupt- und Nebenfurchen. Die Querschnitte zeigen, daß jedes Rückgrat etwa ein Viertel des Durchmessers in den Zylinder hineinragt. Obgleich nur die Basen in der Ebene der Querschnitte liegen, wurden auch die Phosphat- und Pentosemoleküle in die Querschnittsebene projiziert, um ihre Position in bezug zu den Basen und zu den Bändern zu markieren. (Nach ETKIN, 1973)

Eiche

Schimpanse

Abb. 24. Die Eiche und der Schimpanse repräsentieren die kompliziertesten lebendigen Systeme, die während der genetischen Evolution entstanden sind. Bemerkenswert ist, daß die Pflanze dem Tier bezüglich der biosynthetischen Leistungsfähigkeit weit überlegen ist. Dies äußert sich auch in dem höheren Gehalt an nicht-repetitiver DNA pro Genom (→ Tabelle 5, S. 44). Auch in der Individualentwicklung zeigt die Pflanze die höhere Komplexität. Während die Entwicklung des Schimpansen (und aller höheren Tiere) dem vergleichsweise einfachen Diplontenschema gehorcht, ist die Entwicklung der Eiche durch einen Generationswechsel gekennzeichnet. Der Differenzierungsgrad auf der Ebene der Zellen ist bei der Pflanze etwas geringer als beim Tier. Außerdem bilden die Pflanzen niemals Muskel- und Nervenzellen

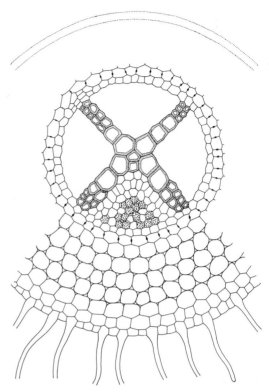

Abb. 25. Modellartige Darstellung einer Dikotylenwurzel im Querschnitt. Man erkennt von außen nach innen: Rhizodermis mit Wurzelhaaren, sechs Cortexschichten (Rinde), Endodermis (mit CASPARYschem Streifen) als innerste Cortexschicht, Pericykel (äußerste Schicht des Zentralzylinders). Im Zentralzylinder sind Xylemplatten und Phloemstränge in Form eines radialen Leitbündels angeordnet

Blatt) integriert sind. Molekularbiologie und Zellbiologie sind deshalb jeweils ein Etappen- und nicht ein Endziel biologischer Forschung an höheren Systemen. Auch die Physiologie ist nur ein Element in der Hierarchie der wissenschaftlichen Disziplinen. In den Worten von SIR GEORGE PORTER: * „The highest wisdom has but one science, the science of the whole, the science explaining the creation and man's place in it".

---

* Englischer Physikochemiker, geb. 1920. Er untersuchte vor allem die ultraschnellen chemischen Reaktionen. Zusammen mit NORRISH und EIGEN erhielt er 1967 den Nobelpreis für Chemie.

4. Die Zelle als Konstrukt

Die Zelle ist das kleinste, für sich lebens- und vermehrungsfähige biologische System und damit der *elementare* Baustein höherer biologischer Systeme. Die Zelle ist ein Konstrukt. Mit diesem Begriff aus der Wissenschaftstheorie bezeichnet man eine für die intellektuelle Organisation der realen Welt brauchbare geistige Erfindung. In der Wirklichkeit gibt es eine große Zahl verschiedenartiger Zelltypen. Ihre gemeinsamen Züge bringt das Konstrukt zum Ausdruck. Das jeweilige Interesse des Wissenschaftlers bestimmt diejenigen Eigenschaften des Konstrukts, die besonders hervorgehoben werden. Eine Darstellung der pflanzlichen Zelle, die den Begriff „Freier Diffusionsraum" erläutern soll (→ Abb. 42) wird anders ausfallen als jene Darstellungen, welche die osmotischen Eigenschaften oder das postembryonale Wachstum in den Vordergrund rücken (→ Abb. 32, 104). Das Konstrukt Zelle tritt in zwei Sub-Konstrukten auf: *Eucyte* und *Protocyte.* Die Eucyte gilt für die Zellen der Flagellaten und aller aus ihnen im Laufe der Evolution entstandenen Pflanzen und Tiere (*Eukaryoten*). Die Protocyte gilt für die Zellen der Bakterien und Blaualgen, die man als *Prokaryoten* zusammenfaßt. Die Zellen dieser primitiven Organismen sind wesentlich kleiner (Abb. 26) und einfacher gebaut als die Zellen der Eukaryoten. Prokaryoten und Eukaryoten weichen in

der Tat derart stark voneinander ab (→ Abb. 22 und 27), daß sie nicht auf einen gemeinsamen stammesgeschichtlichen Ursprung zurückgeführt werden können. In einem Buch über Pflanzenphysiologie interessieren uns in erster Linie die Eigenschaften der Eukaryotenzelle (Eucyte).

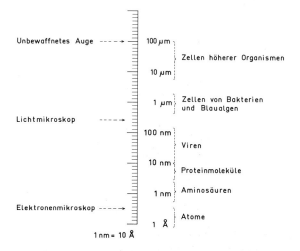

Abb. 26. Ein logarithmischer Maßstab zum Vergleich der Auflösungskraft von Auge, Lichtmikroskop und Elektronenmikroskop mit den Dimensionen von Zellen, Makromolekülen, einfachen Molekülen und Atomen. Die früher beliebte Einheit 1 Å ist ab 1. 1. 78 nicht mehr zugelassen (Gesetz über Einheiten im Meßwesen)

5. Die Zelle als morphologisches System

Zelle und Evolution

Die Biochemie und Struktur der Eucyte ist im Gesamtbereich der Eukaryoten einheitlicher als man nach drei Milliarden Jahren Evolution annehmen möchte. Diese auffällige Einheitlichkeit der Zellstruktur im Tier- und Pflanzenreich erlaubt den Schluß, daß schon bei den präkambrischen Flagellaten, von denen wahrscheinlich die genetische Evolution des Tier- und Pflanzenreichs ihren Ausgang nahm, die Grundstruktur der Zelle in so großer Vollkommenheit ausgebildet war, daß sie im Verlauf der Evolution nur noch wenig „verbessert" werden konnte. Die Evolution ist deshalb *nicht* in erster Linie eine Angelegenheit der Zelle; vielmehr kamen die Fortschritte der Evolution dadurch zustande, daß vielzellige Systeme mit Differenzierung und Arbeitsteilung entstanden.

Die relative Einheitlichkeit der Zell*struktur* repräsentiert eine relative Einheitlichkeit der Zell*funktion:* Viele Vorgänge des Grundstoffwechsels, der Energieverarbeitung und der Informationsübertragung laufen in allen Eukaryotenzellen recht ähnlich ab. Immerhin bestehen zwischen der Zellstruktur bei höheren Tieren und Pflanzen einige Unterschiede, die auch in unserem Zusammenhang von Bedeutung sind. Beispielsweise ist der Wachstumsmodus bei der typischen Pflanzenzelle völlig verschieden von dem typischer tierischer Zellen. Beim Wachstum der Pflanzenzelle kommt es zu einer Ausdehnung des zentralen Zellsaftraumes (Vacuole), der schließlich bis über 4/5 des Zellvolumens einnimmt (→ Abb. 39). Die Durchschnittsgröße ausgewachsener Pflanzenzellen liegt weit über jener von tierischen Gewebezellen. Durch die Ausbildung von zentraler Vacuole und semipermeablem, peripherem Plasmaschlauch wird die Pflanzenzelle zu einem *osmotischen System.* Sie bedarf einer reißfest-elasti-schen Zellwand, um nicht zu platzen. Bei der tierischen Zelle treten Wandbildungen (außer im Binde- und Stützgewebe) ganz zurück. Hier ist auch der Zellsaftraum als Abladeplatz für lokale Exkrete nicht erforderlich. Der Abfall des Zellstoffwechsels wird beim Tier über die Blutbahn und zentrale Exkretionsorgane (Nieren) beseitigt. Der pflanzliche Organismus hingegen verfügt über keine zentralen Exkretionsorgane. Hier muß jede Zelle ihre Stoffwechselschlacken selbst unterbringen, entweder in der Wand oder in der Vacuole. Nur in Ausnahmefällen treten exkretorische Drüsen auf (→ S. 249). Im ganzen gesehen sind jedoch die Unterschiede zwischen Tier- und Pflanzenzellen gering, zumal im Vergleich zu den oft sehr ins Auge fallenden Unterschieden zwischen Zellen ein und desselben Organismus, die im Zuge der Differenzierung und Spezialisierung auftreten. Diesem Gesichtspunkt wenden wir uns jetzt zu.

Die meristematische Pflanzenzelle

Wir wählen als repräsentative Pflanzenzelle zunächst eine embryonale, d. h. noch teilungsbereite Zelle, wie sie in den Sproß- oder Wurzelvegetationspunkten einer Blütenpflanze vorkommt (Abb. 27). Wir können das Zellmodell gliedern in *Zellwand, Protoplast* und *Vacuolen.* Nach dem klassischen, in erster Linie von der Cytogenetik geprägten Sprachgebrauch wird der Protoplast (das Protoplasma) gegliedert in *Zellkern* (Nucleus) und *Cytoplasma.* Heutzutage neigt man dazu, die semiautonomen Organellen *Plastide* und *Mitochondrion* aus dem Cytoplasma auszugliedern. Wir verwenden den Begriff *Cytoplasma* stets in diesem eingeengten Sinn. Das Cytoplasma kann man demnach aufteilen in *Partikel* (z. B. Ribosomen) und *Membransysteme* (z. B. das endoplasmatische Reti-

- Einheitlichkeit der Zellstruktur (seit erster Eucyde im Präkambrium, 3 Mrd)
  ⟶ Einheitlichkeit d. Zellfunktion;

Meristemat. ~~Zelle~~ Pfl. Zelle .

① Zellwand , ② Protoplast, ③ Vakuolen;

ad ②: Kompartimentisierg (man kann nicht mehr sinnvoll von Stoff-
kann. sprechen!) durch Elementarmembranen (m. Lipiden u.
Proteinen)
innere Form: Tonoplast, äußere: Plasmalemma;

aus E R (= Netzwerk aus haltbierter (Elem. membranen) bestehen :
~~Zellwand~~ Zellmembranen (Kernhülle) in Verb.m. (ER) → Golgi-Apparat (aus
Dictyosomen) Golgi-→ Zellmembranen (Plasmalemma);
Vesikel
außerd. Plastiden (Chlorpl., Mitochondr, u.a.)

auf ER sind viele Ribosomen (Protein + Nucleotide) ;

im Cytoplasma auch Mikrotubuli (aus Tubulin; Colchicin +Fus.
→ Lyg. → Auflösung d. Tubuli → z.B.: bei Mitose)

ad ①: Mittellamelle (D-Galacturonsäure , α-1,4 -glycosid. Bdg
⟶ Protopektion [viele Me²⁺])

Primärwand (aus Matrix [ähl. Mittellamelle], u. Elementarfibrill-
lenⓧ u. Mikrofibrillen [aus Zellulose und ande Zucker])
bei jung. Pfl. Fibrille zeigt hohe ~~Ausrichtung~~ ~~Zelle~~ ~~Fus.~~ (sind licht. elastisch)

Ⓘ in Zellwand Plasmodesmen (m. Elem.-Membran und ER)

__Ausgewachsene Zelle__

es entsteht Sekundärwand; innerhalb d. Zellwand wird
– Wasser, – Ionen und – org. Subst. frei bewegl. (Wasser frei gepackt)
soweit es nicht mit in d. Zellwand lokalisierten Polys. in
W.W. kommt. (freier Diffusionsraum.)

__Verholzung__

Lignin – Polymerisat aus versch. C₉-Komponenten:

Ausgangssubst. f. ⟶

und 2 Aminos. : Phenylalanin

u. Tyrosin

Mechanismus d. Lignifizierung ist weitgehend
ungeklärt.

culum) einerseits und das *Grundplasma* andererseits.

Als Grundplasma gilt heute jener Teil des Cytoplasmas, der auch im Elektronenmikroskop unstrukturiert erscheint. Der Begriff Grundplasma ist also, wie viele Begriffe der Biologie, *operational* definiert.

Der Protoplast ist nach außen, zur Zellwand hin, von der *Plasmamembran (Plasmalemma)* umschlossen. Die *Tonoplastenmembranen* bilden die Grenzen zwischen Protoplast und Vacuolen. Eine Gliederung des Zellmodells kann auch den Gesichtspunkt betonen, daß die Eucyte neben Plasmamembran und Tonoplastenmembranen auch Cytomembranen (Membranen *innerhalb* des Protoplasten) enthält. Die zarten, sublichtmikroskopischen Biomembranen (Elementarmembranen, 4 bis 10 nm im Querschnitt) sind ringsum geschlossen und trennen daher einen Innenraum von einer jeweiligen Außenwelt. Im Elektronenmikroskop erscheint eine quergeschnittene Elementarmembran nach der üblichen Präparation als dunkle Linie, bei guter Auflösung als Doppellinie (Abb. 28). Ein zur Zeit beliebtes molekulares Modell der Elementarmembran geht von zwei Phospholipidschichten (monolayers) aus, die eine Doppelschicht (bilayer) bilden (Abb. 29). Das eigentliche Membranmodell (Abb. 30) besteht aus der Lipidmatrix mit globulären Proteinen als integralen Bestandteilen. Manche Proteine („Tunnelproteine") können die ganze Matrix durchziehen und somit einen „Proteinkontakt" zwischen dem Innenraum und der Außenwelt des von der Elementarmembran umschlossenen Kompartiments bilden.

Kompartimente sind membranumschlossene Reaktionsräume. Es ist ein Charakteristikum der Eucyte, daß sie in Kompartimente gegliedert ist. Dieser Gliederung, die in ihrem vollen Umfang erst durch die Elektronenmikroskopie aufgedeckt worden ist, liegt eine entsprechende Vielfalt von „Elementarmembranen" zugrunde. Sie alle umschließen jeweils ein bestimmtes Kompartiment, trennen also den Kompartimentinhalt von der Umgebung ab. Dies gilt für die Plasmamembran und die Tonoplastenmembranen ebenso, wie für die flach aneinander entlanglaufenden Doppelmembranen, die kollabierte Kompartimente umschließen [Cisternen des endoplasmatischen Reticulums (= ER) und der Dictyosomen]. Die Kernhülle mit ihren charakteristischen Poren (→ Abb. 32) ist

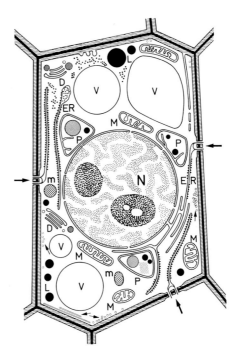

Abb. 27. Feinbau-Schema („Modell") einer meristematischen Pflanzenzelle. N, Nucleus mit Chromatin, 2 Nucleolen, Kernhülle mit Kernporen; ER, endoplasmatisches Reticulum, stellenweise mit Ribosomenbesatz; D, Dictyosomen (Elemente des Golgi-Apparates); V, Vacuolen; M, Mitochondrien; P, Plastiden (hier als Proplastiden); m, Microbodies; L, Lipidkörper (Oleosomen). Die Zelle ist von der semipermeablen Plasmamembran (Plasmalemma), weiterhin von der primären Zellwand (dreischichtig, schraffiert) umgeben. Die kräftigen Pfeile deuten auf primäre Tüpfelfelder mit Plasmodesmen. Die dünneren Pfeile innerhalb der Zelle weisen auf Quer- und Längsschnitte von Mitkrotubuli. In der postembryonalen Phase des Zellwachstums werden die Vacuolen stark vergrößert und vereinigen sich zum zentralen Zellsaftraum. Während der weiteren Entwicklung können sich besonders Zellwände und Plastiden stark verändern. In tierischen Eucyten treten gewisse Kompartimente zurück oder fehlen ganz (Vacuolen, Zellwände, Plastiden). Im Gegensatz zu tierischen Zellen findet man in den Pflanzenzellen keine partikulären Lysosomen (der intrazellulären Verdauung dienende Organellen). Aufgrund der Beobachtung, daß die Vacuolen vielfach lytische Enzyme enthalten, neigt man heute zu der Auffassung, daß die Vacuolen — insbesondere die Zentralvacuolen — den Lysosomen der tierischen Zellen funktionell entsprechen. Die Dictyosomen tierischer Zellen sind häufig zu einem, auch im Lichtmikroskop sichtbaren Golgi-Apparat vereinigt. Außerdem findet sich in tierischen Zellen fast stets ein Centriolenpaar. (Verändert nach SITTE, 1965)

als eine lokale Differenzierung des endoplasmatischen Reticulums aufzufassen. Sie ist — als Perinuclearcisterne — eine typische Doppelmembran. Auch die Membranhülle der Mitochondrien und Plastiden ist doppelt, weist aber keine Poren auf.

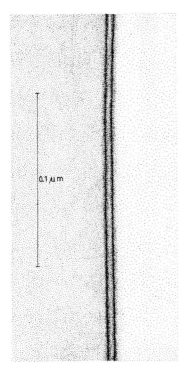

Abb. 28. Ein Schnitt durch das Plasmalemma. Objekt: Wurzelendodermis bei *Clivia miniata. Links vom Plasmalemma:* Zellwand (CASPARYscher Streifen); *rechts:* Protoplasma. Die als Doppellinie erkennbare, einzelne Elementarmembran darf nicht als „Doppelmembran" bezeichnet werden. Dieser Begriff wird nur verwendet, wenn zwei Elementarmembranen parallel verlaufen. Dies ist dann der Fall, wenn das von einer Elementarmembran umschlossene Kompartiment flach ausgebildet ist, z. B. bei den ER-Cisternen oder bei der Kernhülle. (Nach SITTE, 1961)

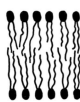

Abb. 29. Ein schematischer Querschnitt durch eine Phospholipid-Doppelschicht (bilayer). Die ausgefüllten Kreise repräsentieren die hydrophilen Köpfe der Phospholipid-Moleküle, die Wellenlinien repräsentieren die lipophilen (hydrophoben) Fettsäureketten (Doppelschwänze). Die Doppelschicht ist etwa 4,5 nm dick. (Nach SINGER und NICOLSON, 1972)

In die verwirrende Vielfalt der Kompartimente läßt sich eine gewisse Ordnung bringen, wenn man ihren Inhalt vergleicht. Es gibt plasmatische Kompartimente, in denen eine Vielfalt von verschiedenen Enzymen tätig ist, und nicht-plasmatische. Beispiele für nicht-plasmatische Kompartimente liefern die Vacuolen, die Binnenräume von ER und Golgi-Cisternen, sowie die Räume zwischen Außen- und Innenmembranen der Mitochondrien und Plastiden. Dagegen ist das innere Kompartiment der Mitochondrien und Plastiden (die Matrix) plasmatisch, ebenso natürlich das Grundplasma und das Karyoplasma.

Manche Kompartimente können nur aus ihresgleichen hervorgehen und bei Verlust nicht de novo aus anderen Kompartimenten regeneriert werden. Daher verfügen alle Eucyten in wenigstens qualitativ gleichartiger Weise über diese Kompartimente. Dennoch ist Zelldifferenzierung und -spezialisierung vielfach mit einer drastischen Verschiebung des Anteiles einzelner Kompartimente am Kompartiment Zelle verbunden. Insofern liegen hier wichtige Probleme für eine Beschreibung und Erforschung der Zelldifferenzierung.

Die Kompartimentierung der Eucyte ist ein sichtbarer Ausdruck dafür, daß die Zelle kein homogenes System ist. In der Tat sind die einzelnen Molekültypen in der Zelle nicht gleichmäßig verteilt, obgleich die Dimension der Zelle (etwa $100\,\mu m$) eine Gleichverteilung durch Diffusion innerhalb weniger Sekunden ermöglichen würde. Einige Beispiele: Manche Moleküle kommen nur in den Plastiden vor, etwa das Chlorophyll, die Carotinoide oder die Enzyme des CALVIN-Cyclus. Andere Molekültypen findet man nur in den Mitochondrien, zum Beispiel die Cytochromoxidase. Anthocyanmoleküle werden zwar im Cytoplasma gebildet; akkumuliert werden sie jedoch ausschließlich in der Zentralvacuole. Die meiste DNA der Zelle befindet sich im Kern. Kleine Fraktionen hat man in den Plastiden und in den Mitochondrien lokalisieren können.

Viele Moleküle sind und bleiben also auf bestimmte Kompartimente beschränkt. Dies wird auf zwei Wegen erreicht: 1. Die Elementarmembranen, von denen die Kompartimente umschlossen sind, erweisen sich für manche Moleküle als impermeabel. Beispielsweise kann das $NAD/NADH_2$ die Innenmembran der Chloroplasten nicht durchdringen. 2. Die Moleküle sind innerhalb der Kompartimente an

Strukturen gebunden. Die freie Diffusion wird dadurch unterbunden. Zum Beispiel sind die Chlorophyllmoleküle in vivo an Membranproteine der Thylakoide gebunden (Chlorophyll-Protein-Komplexe). Die Kompartimentierung der Moleküle macht die Anwendung des Begriffs Konzentration häufig unmöglich. Dieser Begriff ist lediglich für die Beschreibung homogener Systeme geeignet. Man sagt besser *Gehalt* = Menge pro Zelle (z. B. nmol/Zelle) und macht zusätzlich Angaben über die Kompartimentierung.

Die Bedeutung der Kompartimentierung für die Verarbeitung der Moleküle soll durch die Abb. 31 illustriert werden. Die Kompartimente seien durch Diffusionsbarrieren gegeneinander isoliert. Die Kompartimentierung der Enzyme hat zur Folge, daß ein und dasselbe Molekül in den verschiedenen Kompartimenten unterschiedlich umgesetzt wird.

Bei der Behandlung der Differenzierung in vielzelligen Systemen werden wir uns klarmachen, daß die Differenzierung, d. h. die Entstehung verschiedenartiger Zelltypen auf der Basis gleicher genetischer Information, ebenfalls zu einer Kompartimentierung von Molekülen (einschließlich Enzymen) führt. Ein Beispiel: Die normalen Epidermiszellen einer Blütenpflanze enthalten kein Chlorophyll. Anthocyan hingegen tritt häufig nur in Epidermiszellen auf.

Wir kehren zum Strukturmodell der Eucyte (Abb. 27) zurück. Das *endoplasmatische Reticulum (ER)*, ein kollabiertes Kompartiment, ist in den meristematischen Pflanzenzellen besonders stark ausgebildet. Es handelt sich um ein dreidimensionales Netzwerk aus meist flächig ausgebreiteten Blasen (Cisternen), welches das Grundplasma durchzieht. Das ER ist nicht nur ein Produkt der elektronenmikroskopischen Fixierungstechnik. Mit Hilfe des Phasenkontrastverfahrens kann man gelegentlich auch in lebenden Zellen das ER beobachten. Das dreidimensionale Schlauch-Cisternensystem des ER bildet auch die von Poren durchbrochene Kernhülle (Abb. 32, 33). Röhrenförmige Fortsätze des ER ziehen durch die Plasmodesmen von Zelle zu Zelle. Die Annahme liegt nahe, daß der Innenraum der Röhren und Cisternen, ein nicht-plasmatisches Kompartiment, im Dienst der schnellen, gerichteten Stoffleitung steht. Außerdem ist das ER letztlich der Bildungsort des *Endomembransystems* der Zelle, zu dem neben der Kernhülle und den äußeren Hüllmembranen von Plastiden und Mitochon-

drien auch die Plasmamembran, die Dictyosomenmembranen, die Microbodymembranen und der Tonoplast gehören.

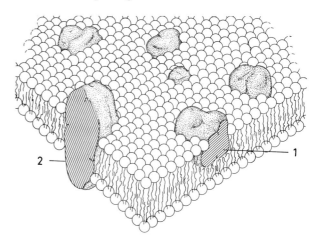

Abb. 30. Ein dreidimensionales Modell einer Zellmembran, die aus einer Phospholipid-Doppelschicht und globulären Proteinen besteht. Die Proteine treten in zwei Typen auf: Einige liegen an oder nahe einer Membranoberfläche (1), andere durchdringen die Membran völlig (2). Die Lipid-Doppelschicht muß als der strukturelle Rahmen der Membran angesehen werden. Die Proteine (und Glycoproteine) der Membran sind in der Doppelschicht verankert. Funktionell können die Proteinmoleküle Strukturkomponenten, Enzyme oder Transportkatalysatoren (Translocasen) sein. Als „Pumpen" bewegen sie aktiv, d. h. unter Arbeitsleistung, Material durch die Membran (→ Abb. 130). Die Verschiedenheit der Membranen beruht in erster Linie auf der Verschiedenheit der Membranproteine. (Nach SINGER und NICOLSON, 1972)

Das Modell von SINGER und NICOLSON wurde als *fluid mosaic*-Modell bekannt. Das durch die Proteine bestimmte Mosaik wird weder als statisch noch als zufallsmäßig angesehen. Vielmehr wird die Membran mit einer zweidimensionalen, viscosen Lösung verglichen, in der sowohl die Lipide als auch die Proteine eine erhebliche Bewegungsfreiheit besitzen. Anderseits besteht eine enge Beziehung zwischen der Anordnung der Proteine und der Membranfunktion. Es ist die nicht-zufallsmäßige Anordnung spezifischer Proteine, welche der Membran ihre Spezifität verleiht. Der vielfach erhobene Befund, daß sich die Elementarmembranen nach biochemischer Zusammensetzung und Funktion wesentlich unterscheiden können, wird also durch die spezifische Anordnung spezifischer Proteine in der Lipidmatrix erklärt. Das *fluid mosaic*-Modell ist nicht universell anwendbar. Es muß Zellmembranen geben, die viel starrer sind („kristalline" oder gelartige Lipidmatrix). Beispielsweise sind die Phänomene des Polarotropismus (→ S. 500) mit dem Konzept einer fluid membrane nicht zu vereinbaren

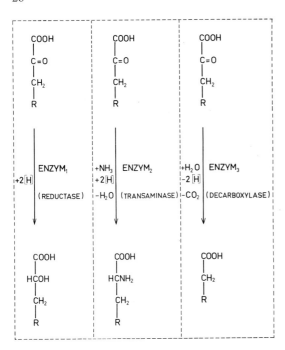

Abb. 31. Diese Skizze soll die Bedeutung der Kompartimentierung von Enzymen veranschaulichen. Ein und dasselbe Substrat wird in den verschiedenen Kompartimenten verschieden verarbeitet

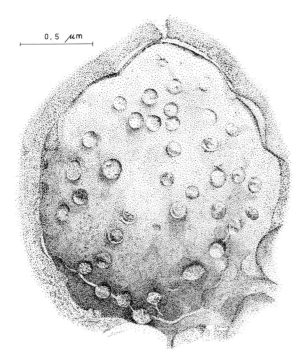

0,5 μm

Abb. 32. Ein Blick auf die Oberfläche des Zellkerns einer Hefezelle (*Saccharomyces cerevisiae*). Die Kernhülle ist mit Poren durchsetzt. (Nach einer mit Hilfe der Gefrierätztechnik hergestellten Aufnahme von MOOR, 1965)

Die plasmaseitige Oberfläche der Elementarmembranen, die das ER bilden, ist häufig mit sphärischen bis elipsoiden Partikeln von etwa 15 nm Durchmesser besetzt. Es handelt sich hierbei um *Ribosomen*. Man unterscheidet „rauhes", d. h. mit Ribosomen besetztes ER und „glattes" ER, an dem keine Ribosomen sitzen. Dies ist ein deutlicher Hinweis auf die funktionelle Heterogenität des ER. Biochemisch bestehen die Ribosomen aus RNA und Protein zu etwa gleichen Teilen. Die Ribosomen spielen eine wesentliche Rolle bei der Proteinsynthese. An ihnen erfolgt die Bildung der Polypeptidketten. Der Umstand, daß die Ribosomen häufig in Gruppen (Polyribosomen = Polysomen; → Abb. 185) auftreten, ist auf ihre Funktion zurückzuführen. Die an ER-gebundenen Polysomen gebildeten Polypeptide werden in den Intermembranraum abgegeben (→ Abb. 56). Ribosomen finden sich nicht nur an ER-Membranen, sondern auch „frei" im Grundplasma (*links oben* in Abb. 27). Bei meristematischen Zellen ist das Grundplasma in der Regel dicht mit Ribosomen durchsetzt. Dies ist ein struktureller Indikator für eine intensive Proteinsynthese, wie sie für rasch wachsende, meristematische Zellen charakteristisch ist.

Auch die Proplastiden und die Mitochondrien enthalten Ribosomen in ihrem inneren, plasmatischen Kompartiment (Matrix). Die Ribosomen dieser Organellen sind etwas kleiner als jene des Cytoplasmas (→ S. 46, Abb. 191). Die *Mitochondrien* sind Zellorganellen, die wie die Plastiden von einer aus zwei Membranen bestehenden Hülle umgeben sind. Da die innere Membran Falten ausbildet, erstreckt sich der Intermembranraum auch in das Lumen der Organelle (Abb. 34; → Abb. 185). Die Genese und die metabolische Funktion der Mitochondrien werden in späteren Kapiteln ausführlich behandelt.

Der *Golgi-Apparat* einer Pflanzenzelle besteht meist aus mehreren Elementen (*Dictyosomen*). Ein einzelnes Dictyosom hat einen Durchmesser von etwa 1 μm (→ Abb. 26) und besteht gewöhnlich aus einem Stapel von 3 – 7 flachen Golgi-Cisternen, die seitlich Bläschen (Golgi-Vesikel) abgeben (Abb. 35). Die Randpartien der Dictyosomen lassen im Elektronenmikroskop vielfach ein stark ausgedehntes, tubulöses Netzwerk erkennen.

Die Anzahl und die Anordnung der Dictyosomen in der pflanzlichen Eucyte sind nach Zelltyp und Zellfunktion recht verschieden.

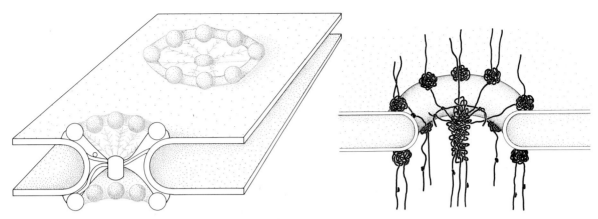

Abb. 33. Strukturmodelle von Porenkomplexen der Kernhülle. Der Rand der kreisförmigen Membranpore ist beiderseits mit 8 symmetrisch angeordneten, globulären Untereinheiten eines Ringwulstes (Annulus) besetzt. Der Porenkanal ist von amorphem Material (im rechten Schema nicht dargestellt) und Fibrillen erfüllt. Die Mitte der Pore nimmt gewöhnlich ein Zentralgranulum ein. Es repräsentiert wahrscheinlich Nucleoprotein-Material, das vom Kernraum in das Cytoplasma übertritt. (Nach FRANKE, 1970)

Beispielsweise zeigt sich ein Zusammenhang zwischen Sekretbildung bei pflanzlichen Drüsenzellen und der Zahl und Aktivität der Dictyosomen. In kleinen Flagellaten tritt oft nur ein Dictyosom auf, in den Rhizoiden von *Chara* (→ Abb. 567) mehr als 25 000. Die einzelnen Dictyosomen sind vielfach polar gebaut: Sie bilden nur auf einer der beiden Flachseiten Golgi-Vesikel (*Sekretionsseite*), während die andere Seite unvollständige Zisternen erkennen läßt (*Regenerationsseite*). Die Regenerationsseite eines Dictyosoms ist häufig einer ER-Cisterne unmittelbar benachbart: ein Hinweis auf den Membranfluß vom ER zu den Dictyosomen. Auf der Sekretionsseite der Dictyosomen werden Golgi-Vesikel gebildet, die Sekrete enthalten.

In der meristematischen Pflanzenzelle steht der Golgi-Apparat in erster Linie im Dienste der Synthese und des Transports von Zellwandmaterial (Pektine, Hemizellulosen). Das Wandmaterial wird innerhalb der Golgi-Cisternen gebildet und in die Golgi-Vesikel verpackt. Geleitet von den Mikrotubuli und in Bewegung gehalten von den Mikrofilamenten (→ nächsten Abschnitt) „wandern" die Golgi-Vesikel an die Oberfläche des Protoplasten. Dort fusioniert die Vesikel*membran* mit der Plasmamembran. Es existiert also ein Membranfluß vom ER über die Dictyosomen hin zur Plasmamembran. Der Vesikel*inhalt* gelangt bei der Verschmelzung von Vesikelmembran und Plasmamembran nach außen, in die Zellwand. Man nimmt heutzutage an, daß die „Bläschen", aus deren Fusion bei der Zellteilung die Zellplatte entsteht, Golgi-Vesikel darstellen. Nach dieser Vorstellung würde der Inhalt der Golgi-Vesikel zumindest einen Teil des Materials der Zellplatte liefern, die Membranen der Golgi-Vesikel hingegen würden zu Plasmalemma werden. Die Abb. 36 gibt einen Eindruck davon, wie man sich die zentrifugale Bildung der Zellplatte aus Golgi-Vesikeln bei den höheren Pflanzen vorstellen kann.

Die Synthese von Zellulose (β-D-1,4-Glucan) erfolgt erst an der Oberfläche der Zelle (am Plasmalemma?), nicht in den Dictyosomen. Es

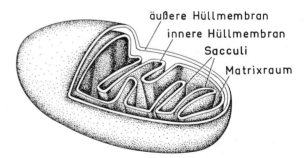

Abb. 34. Dreidimensionales Strukturmodell eines pflanzlichen Mitochondrions. Die Einstülpungen der inneren Membran, an der die respiratorische Energietransformation (Elektronentransport der Atmungskette, Phosphorylierung von ADP) stattfindet, hat die Gestalt von *Sacculi.* Man kennt auch Mitochondrien mit septumartigen, parallel angeordneten Falten (*Cristae*) oder röhrenförmigen Oberflächenvergrößerungen (*Tubuli*)

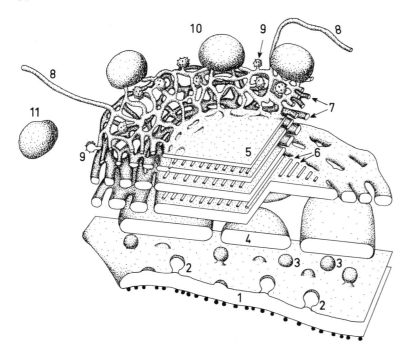

Abb. 35. Räumliches Modell eines aktiven, polaren Dictyosoms mit 5 Golgi-Cisternen und einer Cisterne des endoplasmatischen Reticulums (ER, unten). 1, ER-Cisterne mit Ribosomen an der vom Dictyosom abgewandten Membran; 2, Bildung von ER-Vesikeln; 3, freie ER-Vesikel; 4, Kompartiment einer entstehenden Golgi-Cisterne an der Regenerationsseite des Dictyosoms; 5, Golgi-Cisterne an der Sekretionsseite mit tubulär-netzförmiger Randpartie; 6, interzisternale Fibrillen; 7, anastomosierende Tubuli; 8, weitreichende Tubuli; 9, Bildung von kleinen Golgi-Vesikeln; 10, Bildung von größeren Golgi-Vesikeln; 11, reife Golgi-Vesikel. Die Cisternenhöhe nimmt in Richtung zur Sekretionsseite ab. (Nach SIEVERS, 1973)

gibt aber Hinweise darauf, daß die β-D-1,4-Glucan-Synthase in Golgi-Vesikeln zu jenen Stellen an der Zelloberfläche gebracht wird, wo die Zellulosesynthese und die Orientierung der Mikrofibrillen stattfinden. Eine weitere wichtige Funktion des Golgi-Apparats ist die covalente Anlagerung von Zuckermolekülen an bestimmte Proteine, also die Bildung von Glycoproteinen. Die Polypeptide werden am ER synthetisiert, in Vesikeln zum Golgi-Apparat transportiert, dort durch Glycosyltransferasen an definierten Stellen mit verschiedenen Hexosen (meist Mannose, Glucose, Glucosamin) verknüpft und schließlich in den Golgi-Vesikeln z. B. zur Zellwand oder zur Vacuole transportiert. Glycoproteine spielen nicht nur als Bestandteile der Zellwand (→ S. 33), sondern auch als Membrankomponenten und Enzyme (z. B. Proteasen, Peroxidasen) eine große Rolle. Auch die bei der Samenreifung in der Vacuole deponierten Speicherproteine enthalten Kohlenhydrate.

Im wandnahen Cytoplasma der meristematischen Pflanzenzelle (Abb. 27) beobachtet man röhrenförmige Gebilde mit einem Durchmesser von etwa 25 nm (Wanddicke 5 nm). Man nennt sie *Mikrotubuli.* Es handelt sich um starre, hohle Stäbchen, die aus gleichartigen, globulären Proteinbausteinen (Tubulin) aufgebaut sind. Die Stäbchen werden als „eine Art internes

Skelett in der Zelle" angesehen. Das Cytoplasma kann die Mikrotubuli rasch auf- und abbauen. Der Mechanismus und die Regulation dieser Vorgänge sind ebensowenig geklärt wie die Art der Orientierung der Mikrotubuli durch die Zelle. Bei der Kernteilung treten Mikrotubuli besonders auffällig in Erscheinung. Sie bilden dann die sogenannten „Fasern" der Teilungsspindel. Die altbekannte antimitotische Wirkung von Colchicin wird darauf zurückgeführt, daß sich dieser Stoff mit dem löslichen Tubulin verbindet und so das Wachstum der Mikrotubuli blockiert.

Wahrscheinlich fungieren Mikrotubuli generell als Gleitschienen, beispielsweise für die Golgi-Vesikel auf ihrem Weg zum Plasmalemma. Die treibende Kraft für die Bewegung der Golgi-Vesikel geht aber nicht von den Mikrotubuli aus, sondern von kontraktilen Mikrofilamenten, auf deren Existenz in der Pflanzenzelle z. B. die auffällige Plasmaströmung hinweist.

Die *Zellwand* gehört nicht mehr zum Protoplasten, sondern zum nicht-lebendigen Bereich der Zelle. Eine enzymatische Auflösung der Zellwand führt *nicht* zum Tod des Protoplasten. Allerdings „bemüht" sich der Protoplast, die Zellwand zu regenerieren. Die pflanzliche Zelle grenzt mit der *Mittellamelle* an die sie umgebenden Zellen. Die Mittellamelle geht aus der Primordialwand (=Zellplatte) hervor, die

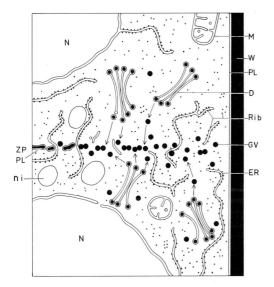

Ein grobes Modell (Abb. 37) soll den Zusammenhalt der Makromoleküle in der elektronenmikroskopisch amorphen Mittellamelle veranschaulichen. Wie das Modell andeutet, sind Mg^{2+}- und Ca^{2+}-Ionen für die Stabilität der Mittellamelle wichtig. Tatsächlich lassen sich zuweilen Zellen einfach dadurch voneinander trennen, daß man die Ca^{2+}-Ionen der Mittellamelle entzieht.

Auf die Mittellamelle folgt die *Primärwand*, die beiderseits vom Protoplasten her angebaut wird. Sie besteht aus zwei wesentlich verschiedenen Bestandteilen, nämlich aus der gallertig-zähen, elektronenmikroskopisch amorphen Grundsubstanz (= Matrix), die aus ähnlichem Material besteht wie die Mittellamelle, und aus der elektronenmikroskopisch erkennbaren Ge-

Abb. 36. Modell der Zellplattenbildung aus Golgi-Vesikeln. Die untere Teilabbildung gibt den markierten Ausschnitt aus der oberen Abbildung bei stärkerer Vergrößerung wieder. Die Hüllmembran der freien Golgi-Vesikel wurde nicht eingezeichnet, da sie sich bei kontrastiertem Vesikelinhalt nicht deutlich abhebt. Sie ist jedoch stets vorhanden, wie Bilder mit nicht kontrastiertem Vesikelinhalt zeigen. N, Tochterkerne; ZP, Zellplatte; M, Mitochondrien; W, Zellwand; PL, Plasmalemma; D, Dictyosomen; Rib, Ribosomen; GV, Golgi-Vesikel; ER, endoplasmatisches Reticulum; ni, nicht identifiziert. (Nach SIEVERS, 1965)

bei der Zellteilung im Bereich des Phragmoplasten angelegt wird und zwar mit Hilfe der Polysaccharide (Pektine, Hemizellulosen) aus den Golgi-Vesikeln (→Abb. 36). Die in der makromolekularen, wasserunlöslichen Substanz der Mittellamelle quantitativ vorherrschenden Pektinsäuremoleküle sind lineare Makromoleküle aus dem Baustein D-Galacturonsäure. Die Bausteine sind über α-1,4-glycosidische Bindungen miteinander verknüpft. Die Polygalacturonsäuremoleküle (= Pektinsäuremoleküle) sind untereinander vernetzt, bevorzugt über mehrwertige Metallionen, zum Beispiel Ca^{2+}.

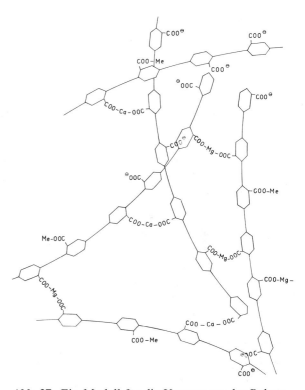

Abb. 37. Ein Modell für die Vernetzung der Polygalacturonsäuremoleküle in der Mittellamelle. Ca^{2+}- und Mg^{2+}-Ionen halten über Doppelsalzbindungen die linearen Makromoleküle zusammen. Mit Me sind Methylveresterungen der Carboxylgruppen bezeichnet. Auch die wasserunlöslichen Pektine (Protopektine) weisen in einem geringen Ausmaß diese Methylveresterungen auf. Die Veresterungen behindern die Doppelsalzbildung. Weitgehend veresterte Polygalacturonsäuremoleküle, beispielsweise in den Zellwänden der Pomoideen-Früchte, sind deshalb, im Gegensatz zu den Protopektinen, gut wasserlöslich (echte Pektine)

rüstsubstanz, den Elementarfibrillen (2 bis 4 nm Durchmesser) und den Mikrofibrillen (5 bis 30 nm Durchmesser), die in die Grundsubstanz eingebettet sind. Die Fibrillen sind flexibel und elastisch, aber zugleich äußerst reißfest. Die Mikrofibrillen liegen in den Primärwänden häufig ohne Vorzugsrichtung (Streuungstextur, Folientextur; → Abb. 40).

Die Primärwände enthalten hochpolymere *Zellulosemakromoleküle,* also β-D-1,4-Glucan. Mit dem Polarisationsmikroskop, das hier wegen der starken Anisotropie der Zellulose zur Analyse verwendet werden kann, läßt sich zeigen, daß der Zellulosegehalt der Primärwand meist unter 5% liegt. Die langgestreckten, unverzweigten Zellulosemakromoleküle sind in den Elementar- und Mikrofibrillen lokalisiert. Bei Grünalgen, wie etwa *Valonia*-Arten, deren Wandstruktur (→ Abb. 40) sehr ähnlich ist wie bei den Blütenpflanzen, bestehen die Mikrofibrillen nur aus Zellulose, bei den höheren Pflanzen hingegen findet man in den Elementar- und Mikrofibrillen neben der Zellulose auch Makromoleküle, die als Bausteine andere Zucker, zum Beispiel Xylose, Arabinose oder Mannose, enthalten. Man nennt diese Substanzen *Hemizellulosen.*

Das Fibrillengerüst in der Primärwand junger Pflanzenzellen ist noch locker und leicht zu verschieben („plastisch"). Es setzt dem Zellwachstum kaum Widerstand entgegen. In den Zellwänden der *ausgewachsenen* Pflanzenzellen liegen die Fibrillen dann sehr viel dichter und bilden ein zwar noch elastisches, aber nicht mehr plastisches Gerüstwerk.

Mittellamelle und Primärwand sind von *Plasmodesmen* durchzogen, die häufig in Gruppen vorkommen (primäre Tüpfelfelder). Ein Plasmodesmos ist eine Röhre von etwa 60 nm Durchmesser, die von Plasmamembran ausgekleidet ist. Beidseitig der Wand setzt sich diese Auskleidung in den Plasmamembranen der aneinander grenzenden Zellen fort. Plasmodesmen sind häufig von einem strangartigen Gebilde längs durchzogen. Nach der vorherrschenden Auffassung steht der zentrale Plasmastrang (Desmotubulus), der einen Plasmodesmos durchquert, in offener Verbindung mit dem endoplasmatischen Reticulum (ER) der angrenzenden Zellen (Abb. 38). Der Desmotubulus stellt (nach dieser Auffassung) eine Mikrotubulus-ähnliche Modifikation der normalen ER-Membran dar. Der Desmotubulus soll ausschließlich aus sphärischen Proteinuntereinheiten bestehen. Plasmodesmenmodelle sind für die Theorie des symplastischen Stoff- und Signaltranports zwischen Pflanzenzellen grundlegend wichtig (→ S. 339).

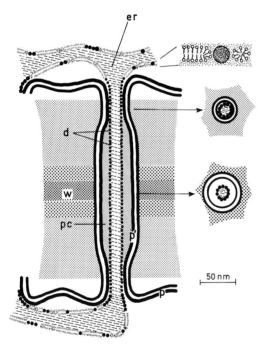

Abb. 38. Eine Interpretation der Ultrastruktur eines Plasmodesmos. Das Modell impliziert eine Kontinuität zwischen dem beiderseitigen endoplasmatischen Reticulum (ER) und dem Desmotubulus (zentraler Strang). Während das normale ER dem normalen Doppelschicht-Modell einer Biomembran entspricht (→ Abb. 30), soll die Membran des Desmotubulus ausschließlich aus sphärischen Proteinuntereinheiten bestehen. d, Desmotubulus; er, endoplasmatisches Reticulum; p, Plasmalemma; p′, Plasmalemma im Plasmodesmos; pc, Plasmodesmoshöhle; w, Zellwand. (Nach ROBARDS, 1971)

Die ausgewachsene Pflanzenzelle

Aus den meristematischen, embryonalen Zellen der Vegetationspunkte entstehen während der Ontogenie einer Pflanze eine Vielzahl spezialisierter Zelltypen. Wir fassen lediglich einen Zelltyp ins Auge, nämlich die photosynthetisch aktive Zelle aus dem Assimilationsparenchym eines Blattes (→ Abb. 23). Die Umbildung der embryonalen Zelle zur Assimilationszelle ist mit einer starken Volumenzunahme, mit *Zellwachstum,* verbunden (Abb. 39). Während des Zellwachstums dehnen sich die kleinen Vacuo-

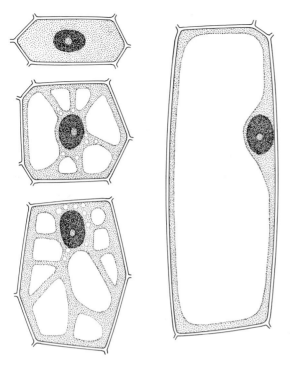

Abb. 39. Eine einfache Darstellung des Zellwachstums. Die Zellen sind im optischen Längsschnitt abgebildet („modelliert"). Es sind nur wenige Strukturen und Kompartimente eingetragen (Zellwand, Cytoplasma, Zellkern, Vacuolen). Alle übrigen Strukturen wurden bei dieser Darstellung, die das postembryonale Wachstum der Pflanzenzelle betonen soll, ignoriert

len, die auch in der embryonalen Zelle bereits vorliegen, aus und verschmelzen schließlich zu einer großen zentralen Vacuole, welche den Zellsaft enthält. Der Protoplast bildet schließlich nur noch einen dünnen, geschlossenen Wandbelag. Der Tonoplast grenzt den Protoplasten gegen die Vacuole ab. Im Protoplasten der ausgewachsenen Zellen findet man alle jene Partikel, Organellen und Kompartimente, die wir bereits im Protoplasten der embryonalen Zelle kennengelernt haben. Ein wesentlicher Aspekt beim Zellwachstum ist das Verhalten der Zellwand. Man muß sich vorstellen, daß beim Flächenwachstum der Wand die schon vorhandenen Wandlagen — Mikrofibrillen und Matrix — auf eine größere Fläche verteilt werden. Dadurch wird der Primärwandkomplex dünner. Gleichzeitig werden aber vom Plasma her neue Wandlagen (= Lamellen) der Primärwand zugeführt. Durch diese beständige „Apposition" wird erreicht, daß die Wand

ihre Dicke behält oder gar vergrößert. Die Zunahme der Wandsubstanz ist allerdings mit dem Flächenwachstum der Zellen häufig nicht streng korreliert. Beim Wachstum der Zellen eines Hypokotyls (*Sinapis alba*) nimmt zum Beispiel die Wandsubstanz prozentual sehr viel weniger zu als die Zelloberfläche. Die Textur, d. h. die Anordnung der Mikrofibrillen in der Wand, kann sich beim Zellwachstum ändern. Innerhalb der später apponierten Lamellen sind die Mikrofibrillen mehr oder minder ausgerichtet. Oft haben dabei unmittelbar übereinanderliegende Lamellen eine unterschiedliche Texturrichtung, so daß eine Art „Sperrholzkonstruktion" zustande kommt (Abb. 40).

Die Entstehung einer zentralen Vacuole und die Ausbildung einer hochgradig reißfesten und elastischen Zellwand — im Gegensatz zur plastischen Wand der embryonalen Zelle — sind wesentliche Voraussetzungen für die osmotischen Eigenschaften der ausgewachsenen Pflanzenzelle. Die Abb. 23 zeigt das Modell einer ausgewachsenen Zelle aus dem Assimilationsparenchym eines Blattes. Es sind nur solche Strukturen eingetragen, die man an der lebendigen Zelle bei höchster Auflösungskraft des Lichtmikroskops erkennen kann.

Die Zellwand (Primärwand) der Assimilationsparenchymzelle hat den Charakter eines zwar derben, aber elastischen Saccoderms. Über die Architektur der pflanzlichen Zellwand gibt es noch kein Paradigma (= allgemein akzeptierte Lehrmeinung). Es sind aber neuerdings detaillierte Strukturmodelle vorgeschlagen worden, die auf biochemischen Analysen bestimmter Zelltypen beruhen. Das in Abb. 41 wiedergegebene Modell beruht auf biochemisch-analytischen Studien der Zellwand von *Acer platanoides*-Zellen, die in einer Zellsuspensionskultur herangewachsen sind. Drei Gesichtspunkte erscheinen besonders wichtig: 1. Die Zellwand enthält ein charakteristisches Glycoprotein mit einem relativ hohen Hydroxyprolingehalt als integralem Bestandteil. 2. Mit Ausnahme der Zellulose sind alle Makromoleküle der Zellwand covalent verknüpft. Selbst die Bindung zwischen der Zellulose und den anderen Zellwandpolymeren scheint die Stärke einer covalenten Bindung zu besitzen. 3. Solange es zu keiner Apposition *sekundärer* Zellwandschichten, beispielsweise Korkschichten, kommt, bleiben Mittellamelle und Zellwand nicht nur stark quellfähig, sondern auch leicht durchlässig für Wasser. Der hohe Was-

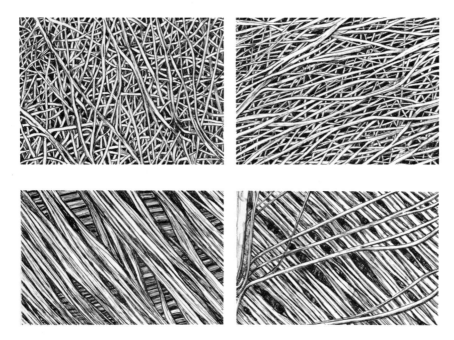

Abb. 40. Anordnung der Mikrofibrillen in der Zellwand von *Valonia ocellata.* Die Wand ist in Oberflächenansicht gezeigt. *Links oben:* Frühes Stadium der Wand mit zufallsmäßiger Anordnung der Mikrofibrillen. *Rechts oben:* Späteres Stadium mit Tendenz zur Paralleltextur der Mikrofibrillen. *Unten:* Ausgewachsene Primärwand. Die Mikrofibrillen sind mehr oder minder parallel in Lamellen angeordnet. Die Vorzugsrichtung wechselt von Lamelle zu Lamelle um einen bestimmten Winkel. (Nach STEWARD und MÜHLETHALER, 1953)

sergehalt und die Omnipermeabilität des Primärwandkomplexes für wasserlösliche Stoffe ist ein Charakteristikum der pflanzlichen Zellwand. Der Protoplast ist also unter physiologischen Bedingungen stets von einer geschlossenen Wasserschicht umgeben, die von der Zellwand getragen wird. Die Vorstellung eines *freien Diffusionsraumes* für wasserlösliche Stoffe rings um die Plasmamembran bedarf indessen einer Einschränkung (Abb. 42). Bei geladenen Teilchen muß man damit rechnen, daß ihre Beweglichkeit im freien Diffusionsraum durch die Wechselwirkung mit geladenen Stellen der Wand oder der äußeren Oberfläche der Plasmamembran eingeschränkt wird (→ S. 124).

Der mit Wachstum und Differenzierung verbundene Übergang von der embryonalen zur ausgewachsenen, spezialisierten Pflanzenzelle ist auch auf dem Niveau der Zellorganellen (Mitochondrien, Plastiden, Microbodies) mit erheblichen Änderungen verknüpft. Diese *Morphogenese der Zellorganellen* behandeln wir deshalb in einem eigenen Kapitel (→ S. 77). An dieser Stelle fassen wir lediglich einige weitere Unterschiede zwischen der embryonalen und der ausgewachsenen Pflanzenzelle kurz zusammen. In der ausgewachsenen Zelle ist die Ribosomendichte in der cytoplasmatischen Matrix in der Regel deutlich verringert. Dies geht einher mit einer verringerten Kapazität für Proteinsynthese. Auch der Zellkern ist gewöhnlich kleiner und weniger aktiv. Seine nunmehr

linsenförmige (und nicht mehr kugelige) Gestalt ist ebenfalls ein Indikator für reduzierte Aktivität. Auch die Nucleolen — Zwischenstationen der Ribosomenbildung — haben sich entsprechend verkleinert. Die auffälligsten Änderungen zeigen die Plastiden. Aus den kleinen Proplastiden (<1 μm) der meristematischen Zellen sind die *Chloroplasten* (etwa 5 μm) entstanden, die für die Photosynthese zuständigen Organellen (Abb. 43). Eine aus zwei Elementarmembranen bestehende Hülle umschließt eine Matrix und ein darin eingebettetes Membransystem. Der Raum zwischen den beiden Hüllmembranen muß als ein nicht-plasmatisches Kompartiment aufgefaßt werden; dagegen ist der von der inneren Hüllmembran umschlossene Matrixraum ein plasmatisches Kompartiment. Es enthält die *Thylakoide,* flache, membranöse Hohlräume (Cisternen), die mehr oder minder parallel zur langen Achse der Organelle verlaufen und entweder zu Granastapeln vereinigt sind oder als einzelne Stromathylakoide den Matrixraum durchziehen. Der Innenraum der Thylakoide ist wiederum ein nicht-plasmatisches Kompartiment. Die Thylakoidmembranen sind die Träger der Photosynthesepigmente. In ihnen spielen sich die unmittelbar lichtabhängigen und die ersten biochemischen Reaktionen der Photosynthese (→ S. 139) ab. Der Matrixraum zwischen den Stromathylakoiden ist von einer feingranulären Substanz erfüllt. In ihr befinden sich die was-

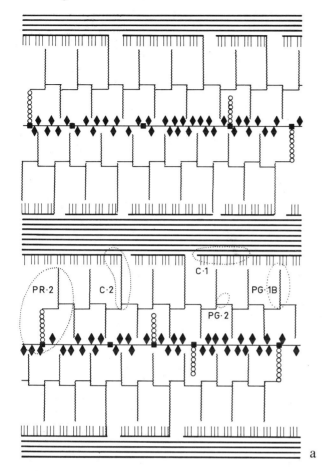

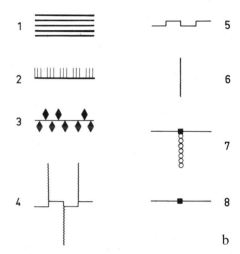

Abb. 41. (a) Der bislang detaillierteste Strukturvorschlag für eine pflanzliche Primärwand. Das Modell basiert auf Untersuchungen der Wand von *Acer platanoides*-Zellen, die in einer Zellsuspensionskultur (→ Abb. 479) gewachsen waren. Es ist nicht klar, inwieweit dieses Modell verallgemeinert werden kann. Ein wesentlicher Punkt in diesem Modell ist die Auffassung, daß mit Ausnahme der Zellulose die Makromoleküle der Zellwand covalent verknüpft sind. Selbst die Wasserstoffbrückenbindung zwischen Zellulose und dem Xyloglucan scheint die Stärke einer covalenten Bindung zu besitzen. Das Modell ist zwar nicht quantitativ; die einzelnen Zellwandkomponenten sind aber in etwa den richtigen Proportionen wiedergegeben. Die eingekreisten Areale sind repräsentative Wandfraktionen, die durch die im Experiment eingesetzten hydrolytischen Enzyme freigesetzt werden. Die Fraktionen PG · 1B und PG · 2 werden durch Endopolygalacturonase freigesetzt, die Fraktionen C · 1 und C · 2 durch Endoglucanase und die Fraktion PR · 2 durch Pronase. (b) Erläuterung der verwendeten Symbole: 1, Zellulose, Elementarfibrillen; 2, Xyloglucan; 3, Wandprotein mit Arabinosyltetrasacchariden, die glycosidisch an die Hydroxyprolinreste gebunden sind; 4, Pektinpolysaccharide; 5, die Rhamnogalacturonan-Hauptkette der Pektinpolysaccharide; 6, Arabinan und 4-verknüpfte Seitenketten der Pektinpolymeren; 7, 3,6-verknüpftes Arabinogalactan, gebunden an Serin des Wandproteins; 8, nicht-substituierte Serylreste des Wandproteins. (Nach KEEGSTRA et al., 1973)

serlöslichen Enzyme für die Fixierung und Reduktion des CO_2 im Rahmen des CALVIN-Cyclus (→ S. 163). In der Matrix bilden sich auch Stärkekörner, und man findet mit dem Elektronenmikroskop in diesem Bereich regelmäßig Lipidtröpfchen (Plastoglobuli). Zusammen mit den Chloroplasten treten in der autotrophen Pflanzenzelle spezielle Organellen, die *Blatt-Peroxisomen,* auf. Die Genese und Funktion dieser mit den Glyoxysomen der Fettspeicherzellen verwandten Microbodies wird an anderer Stelle behandelt (→ S. 86).

Die meisten Bilder („Modelle") pflanzlicher Zellen zeigen diese im Schnitt. Man kann sich nach diesen Modellen häufig keine richtige Vorstellung von der räumlichen Er-

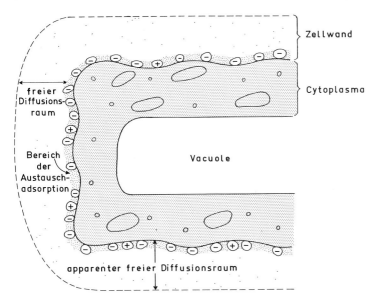

Abb. 42. Eine Darstellung der pflanzlichen Zelle, die den Begriff *freier Diffusionsraum* erläutern soll. Wasser, Ionen und gelöste Moleküle können sich im dreidimensionalen Netzwerk der Zellwände in den pflanzlichen Geweben durch freie Diffusion bewegen. Diesen Bereich nennt man freien Diffusionsraum (water free space). Sein Volumen kann (z. B. in der Rinde mancher Wurzeln) bis zu 25% des gesamten Gewebevolumens betragen. Bei Ionen muß man stets damit rechnen, daß ihre Beweglichkeit im freien Diffusionsraum durch die Wechselwirkung mit strukturgebundenen Ladungen (Ad-

sorption) eingeschränkt wird. Die reversible (Austausch-)Adsorption von Ionen in Wurzeln kann man mit Hilfe radioaktiver Isotope leicht nachweisen. Kationen werden stärker adsorbiert als Anionen. Für die Ionen ergibt sich ein *apparenter freier Diffusionsraum*, der sich aus dem freien Diffusionsraum und dem *Bereich der Austauschadsorption* zusammensetzt. Die Begriffe *freier Diffusionsraum*, *Bereich der Austauschadsorption*, *apparenter freier Diffusionsraum* müssen operational, also experimentell, definiert werden. (In Anlehnung an PRICE, 1970)

Tabelle 3. Die Zahl der Flächen pro Zelle bei Pflanzenzellen verschiedener Herkunft. (Nach Angaben von HULBARY, 1944)

Herkunft der Zellen	Durchschnittliche Zahl der Flächen pro Zelle
Kompaktes Markgewebe (*Ailanthus glandulosa*)	14
Lockeres Rindengewebe aus Internodien (*Elodea spec.*)	9
Gewebe aus dem Sproßvegetationspunkt (*Elodea spec.*)	14 [a]

[a] Die Zahl von 14 Flächen pro Zelle wurde auch bei anderen Objekten festgestellt. Sie scheint für wenig spezialisierte Zellen, die kompakte Gewebe mit nur kleinen Interzellularräumen bilden, charakteristisch zu sein.

scheinung einer Pflanzenzelle machen. Die Tabelle 3 und die Abb. 44 zeigen, daß die Pflanzenzelle meist viele Flächen besitzt, mit denen sie an andere Zellen grenzt. Im Durchschnitt grenzen z. B. die aus dünnwandigem Markparenchym entnommenen Zellen der Abb. 44 an jeweils 14 andere Zellen. Da die Zellen über Plasmodesmen miteinander in Verbindung stehen, ist die strukturelle Voraussetzung für eine enge Wechselwirkung der Zellen innerhalb eines Gewebes gegeben (*Symplast*).

Im Zuge des postembryonalen Zellwachstums bildet sich allmählich die Zentralvacuole, der *Zellsaftraum*, aus (→Abb. 39). MATILE hat auf der Basis cytochemischer und biochemischer Evidenz die Hypothese entwickelt, daß die Vacuole der Pflanzen eine Organelle darstellt, die den Lysosomen der tierischen Zellen funktionell entspricht. Untersuchungen an dem verhältnismäßig leicht zugänglichen Zellsaft aus den Zentralvacuolen der Internodialzellen von *Nitella* (→ Abb. 593) unterstützen diese Auf-

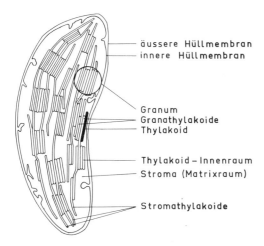

äussere Hüllmembran
innere Hüllmembran

Granum
Granathylakoide
Thylakoid

Thylakoid–Innenraum
Stroma (Matrixraum)

Stromathylakoide

Abb. 43. Strukturmodell eines Chloroplasten aus einer höheren Pflanze. Das Modell beruht auf elektronenmikroskopischen Studien an Längsschnitten durch die in Abb. 23 dargestellten linsenförmigen Chloroplasten (→ Abb. 142). Das Modell betont den Gesichtspunkt, daß der Innenraum der Thylakoide vom Matrixraum völlig getrennt ist. In dem durch die innere Hüllmembran des Chloroplasten definierten „plasmatischen" Kompartiment befinden sich also weitere Kompartimente: Die von den Thylakoidmembranen umschlossenen Innenräume der Thylakoide. Die Ultrastruktur des Chloroplasten ist für die Theorie der Photosynthese von grundlegender Bedeutung. (Nach TREBST und HAUSKA, 1974)

fassung. Beispielsweise kommen die saure Phosphatase und die Carboxypeptidase (Leitenzyme der Lysosomen) fast ausschließlich im Zellsaft vor. Man kann heute davon ausgehen, daß die Zentralvacuole der ausgewachsenen Pflanzenzelle zumindest einige Eigenschaften der Lysosomen besitzt.

Die verholzte Pflanzenzelle

Die entscheidenden Voraussetzungen für die Evolution der Landpflanzen waren zwei physiologische Erfindungen. Die *Synthese des Lignins* und die *Inkrustation von Zellwänden mit Lignin,* die sogenannte *Verholzung.* Die dem Wasserferntransport und der Festigung des Vegetationskörpers dienenden Zellen (Tracheenelemente, Tracheiden, Holzfasern) bilden nach Abschluß des Zellwachstums eine Sekundärwand aus (Abb. 45), die neben Zellulose, Pektinen und Hemizellulosen einen erheblichen Ligninanteil enthält (20 bis 35%). Auch Mittellamelle und Primärwand lagern Lignin ein. Die auf diese Weise „verholzten" Zellwände statten die Zellen mit einer hohen Zug- und Bruchfestigkeit aus, wobei die Elastizität des Saccoderms zum Teil erhalten bleibt. Die Unbenetzbarkeit durch Wasser ist ein weiteres Charakteristikum. Derartige Zellen eignen sich besonders gut als Festigungselemente und als Leitelemente für den Wasserferntransport der Landpflanzen.

Lignin ist ein amorphes, isotropes Mischpolymerisat, das im wesentlichen aus drei monomeren Bausteinen, den sekundären Phenylpropanen Coniferyl-, Sinapyl- und p-Cumarylalkohol aufgebaut ist (Abb. 46). In geringen Mengen kommen aber auch die homologen Zimtsäuren und Zimtaldehyde vor. Die bekannte Rotfärbung des Holzes mit Phloroglucin/HCl geht beispielsweise auf Zimtaldehyde zurück. Die Zusammensetzung des Lignins variiert bei den verschiedenen Pflanzengruppen erheblich. Zwar findet man stets alle drei Bausteintypen, aber in unterschiedlicher Relation: Laubholzlig-

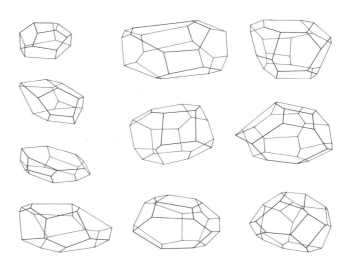

Abb. 44. Eine dreidimensionale Darstellung der Oberfläche typischer Pflanzenzellen (Parenchymzellen aus dem kompakten Markgewebe von *Ailanthus glandulosa*). Im Durchschnitt grenzen die Zellen an jeweils 14 Nachbarn. (Nach HULBARY, 1944)

Abb. 45. Querschnitt durch eine Holzfaserzelle. Die Schichtenfolge in der Zellwand von außen nach innen: Mittellamelle (*schwarz*) und Saccoderm (*weiß*); Sekundärwand (*Punktraster*). In ihr lassen sich folgende Schichten unterscheiden (→ Abb. 50): Außen eine dünne Übergangsschicht (S_1), meist mit flacher Schrauben- oder Folientextur; die massive Hauptschicht der Sekundärwand (S_2) mit mehr oder weniger steiler Schrauben- bzw. Fasertextur; innen die dünne, aber besonders resistene Tertiärlamelle (S_3) mit wieder flacher Textur. Der S_3-Lamelle ist innen eine Warzenschicht aufgelagert. In der Sekundärwand sind 3 Tüpfelkanäle zu erkennen. (Nach SITTE, 1973)

Abb. 47. Übersicht über die Reaktionen, die zur Bereitstellung der Ligninmonomeren führen (→ Abb. 245). Die Monomeren sind sekundäre Phenylpropane, die sich von primären Phenylpropanen des Grundstoffwechsels, insbesondere von der Aminosäure Phenylalanin, ableiten. (Formeln von Ferulasäure und Sinapinsäure → Abb. 46)

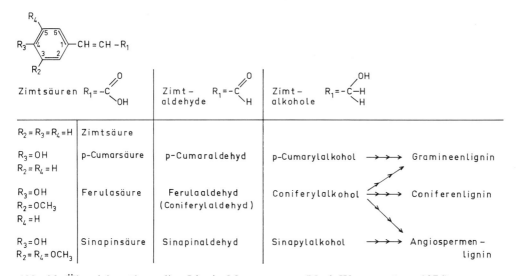

Abb. 46. Übersicht über die Lignin-Monomeren. (Nach WEISSENBÖCK, 1976)

nin weist einen hohen Sinapylanteil auf, während das Lignin der Nadelhölzer überwiegend aus Coniferylbausteinen besteht. Das Lignin der Gramineen (z. B. das Strohlignin) ist durch einen hohen Cumarylanteil charakterisiert. Die im Cytoplasma erfolgende Synthese der monomeren Ligninbausteine nimmt ihren Ausgang von primären Phenylpropanen, den beiden aromatischen Aminosäuren Phenylalanin und Tyrosin (Abb. 47). Das Schlüsselenzym für die Abzweigung der sekundären Phenylpropane aus dem Grundstoffwechsel ist die Phenylalaninammoniumlyase (PAL) (nur bei den Gramineen spielt auch die Tyrosinammoniumlyase eine Rolle). Es entstehen trans-Zimtsäure (bzw. trans-p-Cumarsäure). Das Enzym Zimtsäure-

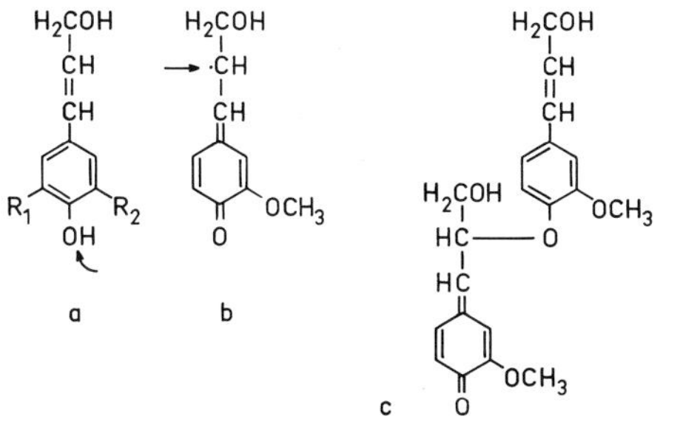

Abb. 48. (a) Coniferylalkohol; der Peroxidasean-griff, der die Radikalbildung (und damit die Poly-merisation) einleitet, erfolgt am para-Hydroxyl (Pfeil). (b) Eine energetisch begünstigte Radikal-struktur von dehydrogeniertem (Pfeil) Coniferylal-kohol. (c) Chinonmethid, eine der zahlreichen Strukturmöglichkeiten für Dilignole aus Coniferylal-kohol. Dieses und andere Dimere können beliebig miteinander reagieren, wobei die Addition neuer Li-gnoleinheiten in allen Richtungen des Raumes erfol-gen kann. (Nach SITTE, 1973)

hydroxylase (CAH) katalysiert die Bildung der p-Cumarsäure aus Zimtsäure; eine Pheno-lase katalysiert die Hydroxylierung von p-Cu-marsäure zu Kaffeesäure. Die Methylierung der Kaffeesäure zu Ferulasäure (Enzym: Cate-chol-3-O-Methyltransferase), die Hydroxylie-rung zu 5-Hydroxyferulasäure und die Um-wandlung der 5-OH-Ferulasäure zu Sinapin-säure sind die weiteren Schritte, die zu den Lig-ninvorstufen führen. Eine Dehydrierungspoly-merisation der monomeren Vorstufen führt zum Lignin. Die Vorstufen werden durch eine Peroxidase am para-Hydroxyl dehydrogeniert (Abb. 48). Dadurch entstehen freie Radikale, die nun untereinander über verschiedene Lig-nol-Zwischenstufen (Abb. 48 c) reagieren kön-nen. Das letztlich entstehende amorphe, op-tisch inaktive Mischpolymerisat nennt man *Lig-nin.* Die Polymerisationsvorgänge, die von den Radikalen ausgehen, laufen ohne enzyma-

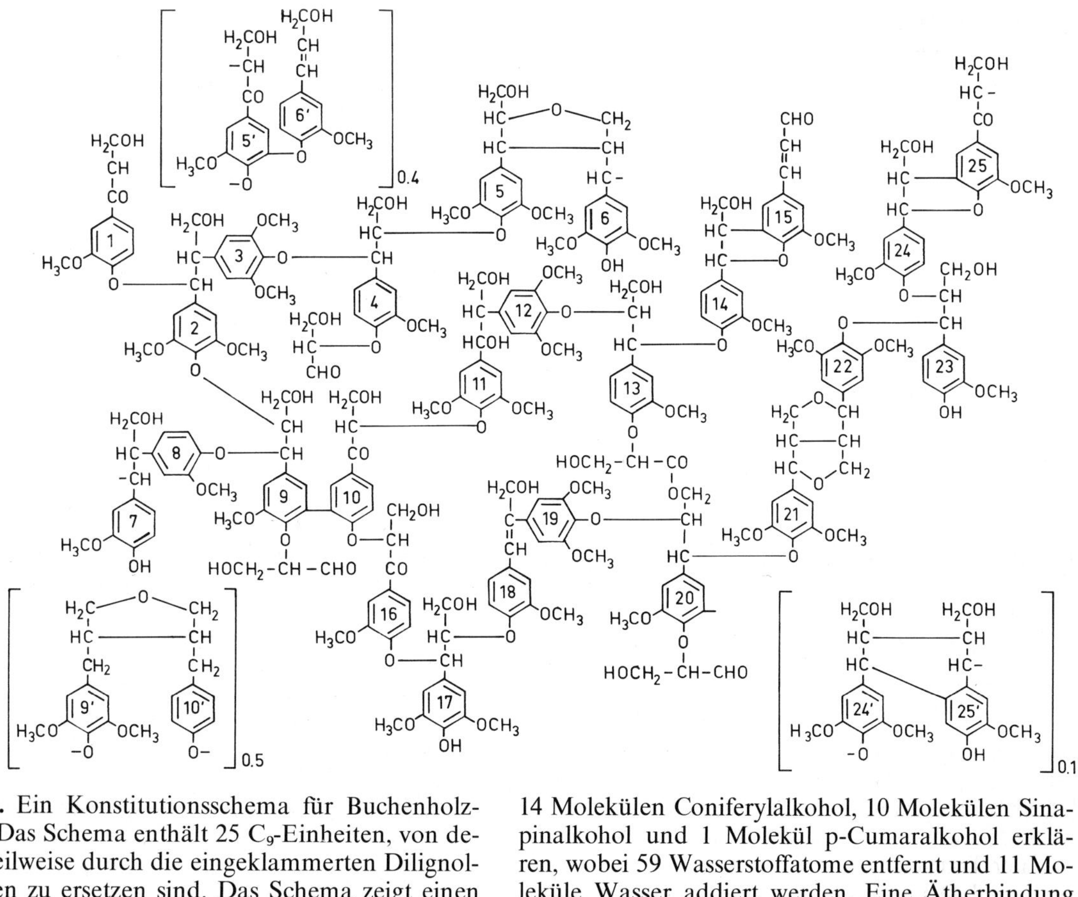

Abb. 49. Ein Konstitutionsschema für Buchenholz-lignin. Das Schema enthält 25 C_9-Einheiten, von de-nen 6 teilweise durch die eingeklammerten Dilignol-einheiten zu ersetzen sind. Das Schema zeigt einen repräsentativen Ausschnitt aus einem etwa 10–20-mal größeren „Molekül" des Buchenholzlignins, in dem die 10 Verknüpfungsarten der Monomeren zu-fallsmäßig verteilt sind. Die Konstitution läßt sich durch die oxidative Kupplung eines Gemisches aus

14 Molekülen Coniferylalkohol, 10 Molekülen Sina-pinalkohol und 1 Molekül p-Cumaralkohol erklä-ren, wobei 59 Wasserstoffatome entfernt und 11 Mo-leküle Wasser addiert werden. Eine Ätherbindung mit Zellwandpolysacchariden wäre z. B. in der C_9-Einheit Nr. 6 oder 7 möglich. Die dargestellte Struk-tur dürfte sowohl für das Angiospermen- als auch für das Coniferenlignin einigermaßen repräsentativ sein. (Nach WEISSENBÖCK, 1976)

tische Katalyse ab. Die Bausteine und die mindestens 10 verschiedenen Verknüpfungsorte sind deshalb im Lignin stochastisch verteilt. Man kann dem Lignin, im Gegensatz zu anderen Biopolymeren wie Proteinen oder Nucleinsäuren, keine definierte Struktur und kein bestimmtes Molekulargewicht zuweisen. Die Polymerisation wird durch die Verfügung über die Monomeren begrenzt und qualitativ gesteuert. Ein Konstitutionsschema für Buchenholzlignin ist in Abb. 49 dargestellt.

Die Einlagerung von Lignin in die Wandschichten kann man mit Hilfe der *Ultraviolett-Mikrophotographie* verfolgen: Lignin hat um 240 nm eine starke Absorptionsbande, die übrigen Wandbestandteile absorbieren bei dieser Wellenlänge kaum. Die Lignifizierung einer Zellwand, beispielsweise in einer vom Kambium abgegliederten Tracheen- oder Tracheideninitiale, erfaßt nicht nur die Sekundärwand, sondern auch die Mittellamelle und die Primärwand (Abb. 50). Die primären Wandbestandteile erfahren sogar eine besonders intensive Lignifizierung. Man kann davon ausgehen, daß das Quellungswasser des Pektingels (Matrix) durch das hydrophobe, in allen Richtungen des Raumes wachsende Lignin verdrängt wird. Diese Inkrustierung führt zu einer zunehmenden Starrheit und Unbenetzbarkeit der Zellwände.

Der gegenwärtigen Forschung stellen sich vor allem folgende Fragen (nach WEISSENBÖCK): 1. In welchen Kompartimenten des Protoplasten werden die Monomeren synthetisiert? 2. Ist eine lignifizierende Zelle autonom, d. h. synthetisiert jede Zelle ihr eigenes Lignin? 3. Wie erfolgt der Transport der Vorstufen aus dem Cytoplasma in die Zellwand, also in den extraplasmatischen Raum? 4. Wird die eigentliche Inkrustation, die Einlagerung des Dehydrierungspolymerisats in die Wand, gesteuert? Wenn ja, von welchen Faktoren? Die vorliegenden Antworten auf diese Fragen befriedigen nicht. Beispielsweise ist die postulierte Beteiligung von ER und Dictyosomen an Synthese und Transport der Monomeren nicht genügend dokumentiert.

Weiterführende Literatur

ALBERSHEIM, P.: The walls of growing plant cells. Sci. American, April 1975, pp. 81 – 95

GRISEBACH, H.: Biochemistry of lignification. Naturwissenschaften **64**, 619 – 625 (1977)

GUNNING, B. E. S., ROBARDS, A. W. (eds.): Intercellular Communication in Plants: Studies on Plasmodesmata. Berlin-Heidelberg-New York: Springer 1976

LEHMANN, H., SCHULZ, D.: Die Pflanzenzelle. Stuttgart: Ulmer, 1976

MORRÉ, D. J.: Membrane biogenesis. Annual Rev. Plant Physiol. **26**, 441 – 481 (1975)

ROBARDS, A. W.: Ultrastruktur der pflanzlichen Zelle. Stuttgart: Thieme, 1974

SIEVERS, A.: Golgi-Apparat. In: Grundlagen der Cytologie. Hirsch, G. C., Ruska, H., Sitte, P. (Hrsg.). Jena: VEB Gustav Fischer Verlag, 1973

SINGER, S. J., NICOLSON, G. L.: The fluid mosaic model of the structure of cell membranes. Science **175**, 720 – 731 (1972)

SITTE, P.: Allgemeine Morphologie der Pflanzenzelle. In: Grundlagen der Cytologie. Hirsch, G. C., Ruska, H., Sitte, P. (Hrsg.). Jena: VEB Gustav Fischer Verlag, 1973

WEISSENBÖCK, G.: Ligninbiosynthese und Lignifizierung pflanzlicher Zellwände. Biologie in unserer Zeit **6**, 140 – 147 (1976)

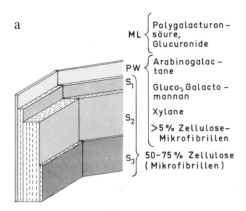

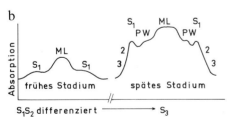

Abb. 50. (a) Zellwandaufbau und chemische Zusammensetzung der Wandschichten: ML, Mittellamelle; PW, Primärwand; S_{1-3}, Sekundärwand (Details → Legende zu Abb. 45). (b) Lignifizierungsverlauf in einer Tracheidenwand von *Pinus radiata*. Dargestellt sind Densitometerkurven von UV-Mikrophotographien (Profil durch die Wand): Je mehr Lignin, um so mehr Absorption in der betreffenden Wandschicht. (Nach WEISSENBÖCK, 1976)

6. Die Zelle als genphysiologisches System

Die Lokalisation der genetischen Information

Man begegnet häufig dem Satz, die genetische Information einer Zelle sei in Form von DNA in den Chromosomen des Zellkerns lokalisiert. Diese Feststellung ist jedoch unzureichend. Viele experimentelle Daten der klassischen Genetik zwingen uns vielmehr zu der Vorstellung, daß die genetische Information der Zelle in den Chromosomen (*Genom*), im Cytoplasma (Cytoplasmon, kurz: *Plasmon*), in den Plastiden (*Plastom*) und in den Mitochondrien (*Chondrom*) lokalisiert ist. Das Erbgut der Zelle kann man also demgemäß aufteilen in Kerngene, Plasmagene, Plastogene und Chondriogene. Die auf den *Chromosomen* lokalisierte genetische Information ist von der Genetik deshalb in den Vordergrund gerückt worden, weil sie sich am leichtesten im Vererbungsexperiment untersuchen läßt. Im Hinblick auf die Funktion der Zelle kann man die übrigen Gene jedoch nicht ignorieren. Genom, Plasmon, Plastom und Chondrom müssen aufeinander „abgestimmt" sein, wenn eine störungsfreie Funktion der Zelle gewährleistet sein soll. Plasmon, Plastom und Chondrom sind ein Ausdruck für die „Spezifität des Plasmas". Passen Genom und plasmatische Spezifität nicht genau zusammen, vertragen sich aber noch einigermaßen, so treten mehr oder minder starke Störungen auf, die man bei der Ontogenie gewisser Artbastarde (z. B. in den Gattungen *Epilobium* und *Oenothera*) gut beobachten kann.

Chromatin und Chromosomen

Im Zellkern befindet sich das *Chromatin,* welches während der Mitose bzw. Meiose in Form

kompakter, manövrierfähiger *Chromosomen* in Erscheinung tritt (Transportform). Leider geben auch die besten lichtmikroskopischen Bilder spiralisierter Metaphasenchromosomen (Abb. 51) keinen befriedigenden Einblick in die Struktur des kondensierten Chromatins. Während der Interphase sind besonders jene Chromatinpartien stark aufgelockert (dispers), die bezüglich der Replication oder Transkription gerade aktiv sind. Andere, bezüglich der Transkription nicht aktive Partien liegen auch während der Interphase in kondensierter Form vor (*Heterochromatin*). Das trifft unter Umständen (zumal bei extrem spezialisierten Zellen) für den größten Teil des Chromatins zu. Das Muster der Chromatinauflockerung ist also oft gewebespezifisch und kann als ein (wenn auch

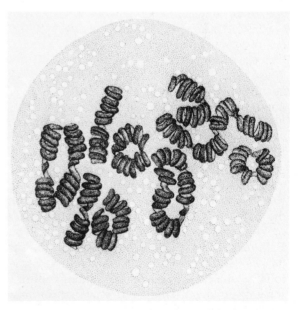

Abb. 51. Blick auf die Metaphasenplatte (1. Metaphase) bei der Meiosis der Pollenmutterzellen. Objekt: *Tradescantia virginiana.* (Nach Darlington und La Cour, 1942)

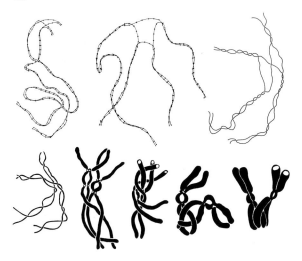

Abb. 52. Quadrivalente zwischen Pachytän und Diakinese. Objekt: Meiosechromosomen von *Allium porrum*, einer autotetraploiden Art. (Nach LEVAN, 1940)

stark vergröberter) Ausdruck für unterschiedliche Gen-Aktivität angesehen werden.

Wir wissen heute, daß eine starke Auflockerung des Chromatins Voraussetzung nicht nur für die Bildung von Genprodukten (Transkription) ist, sondern auch für die Replication der DNA und für die Rekombination. Bezeichnenderweise erfolgt die DNA-Replication im Heterochromatin, das während der gesamten Interphase in stark kondensierter Form vorliegt und genetisch weitgehend inert ist, erst am Ende der S-Phase, d. h. nach Abschluß der DNA-Replication in den euchromatischen, aufgelockerten Chromatinbereichen (→Abb.70). In den Anfangsstadien der meiotischen Prophase, wo es zu Homologenpaarung und crossing over kommt, liegen die Chromosomen als weitgehend entfaltete Fäden (*Chromonemen*) vor, die nur an gewissen Stellen kleine, kondensierte Bereiche tragen, die *Chromomeren*. Daß weitgehend entfaltete und entschraubte, homologe oder identische Chromonemen zur Paarung bzw. Bündelbildung neigen, wird auch durch die *polytänen Chromosomen* dokumentiert. Diese „Riesenchromosomen" können infolge von Endomitosen bei Tieren und Pflanzen auftreten. Es handelt sich bei jedem polytänen Chromosom um ein Chromosomenbündel. Voraussetzung für die Bildung von Riesenchromosomen ist eine gestreckt-fibrilläre Gestalt der durch Endomitose entstandenen „Endochromosomen". Nur in dieser Form können die Endochromosomen in Bündeln vereint bleiben.

Diese Voraussetzung ist nur selten erfüllt, so daß *Endopolyploidie* weit häufiger angetroffen wird als das Vorkommen von Riesenchromosomen. Die Bildung von Chromosomen aus dem Chromatin des Interphasekerns beruht auf einem Kondensationsprozeß (Abb. 52). Die Chromonemen schrauben oder falten sich in noch kaum verstandener Weise zu kompakten Chromosomen auf. (Lediglich die Nucleolus-Bildungsstellen bleiben von diesem Verdichtungsprozeß ausgenommen; sie erscheinen daher an Metaphasechromosomen als „sekundäre Einschnürung"). Auch die Chromomere der Leptotän- und Pachytän-Chromosomen entsprechen lokalen Aufschraubungen des wahrscheinlich überall gleich dicken Chromonemas. Es ist in einigen Fällen gelungen, Chromomeren durch mechanischen Zug zu „entfalten", ohne die Kontinuität des Chromonemas zu zerstören.

Die biochemische Analyse von Chromatin ergab, daß die folgenden Makromoleküle in dieser Struktur vorkommen: DNA, RNA, Protein. Das Protein läßt sich in zwei Fraktionen (Histone und Nicht-Histone) zerlegen (Abb. 53). Die Menge an DNA pro Genom ist erwartungsgemäß bei Eukaryoten sehr viel größer als bei Phagen oder Bakterien (Tabelle 4). Pflanzen besitzen besonders viel DNA. Schwierigkeiten wirft die Tatsache auf, daß auch nahe verwandte Arten derselben Gattung, z. B. bei *Lathyrus* (→ Tabelle 4), sehr verschiedene Mengen an DNA pro Zelle aufweisen. Da bei-

Tabelle 4. Menge an DNA pro Zelle (Prokaryoten) oder pro haploidem Genom (Eukaryoten). (Nach REES, 1976)

Organismus	DNA-Menge [pg]
T4-Phagen	0,00022
Escherichia coli (*E. coli*)	0,0045
Eukaryoten:	
Saccharomyes cerevisiae	0,026
Drosophila melanogaster	0,10
Maus	2,50
Mensch	3,20
Lathyrus angulatus	4,50
Lathyrus silvestris	11,63
Salamander salamander [a]	32,0
Picea alba [a]	50,0

[a] Nach NAGL (1976).

de *Lathyrus*-Arten diploid sind (2 n = 14), kann die Variation der DNA-Menge nicht auf Polyploidie zurückzuführen sein. Taxonomisch sind die beiden *Lathyrus*-Arten eng verwandt. Es ist deshalb unwahrscheinlich, daß die eine Art, *Lathyrus silvestris,* dreimal so viele Gene braucht, wie die andere Art, *Lathyrus angulatus.* Auf jeden Fall ist die Komplexität der Entwicklung oder der Stoffwechselleistungen eines höheren Organismus mit der Menge an DNA kaum korreliert. Man erklärt sich die Variation der DNA-Menge hauptsächlich damit, daß erhebliche Teile der DNA vervielfacht (repetitiv) sind, also aus multiplen Kopien gleicher oder doch sehr ähnlicher Nucleotidsequenz (Basensequenz) bestehen.

Eine historische Reminiszenz: Der überzeugende Nachweis für die Hypothese, daß DNA das genetische Material ist, wurde 1944 erbracht. Die Struktur der DNA wurde 1953 formuliert (→ Abb. 21). In den folgenden Jahren hat man dann immer klarer erkannt, wie entscheidend wichtig die Struktur der DNA für die DNA-Replication und für die Transkription ist. Aufgrund dieser Ergebnisse war die Auffassung der frühen 60er Jahre gerechtfertigt, daß ein Gen durch die präzise und einzigartige Sequenz der Nucleotidbasen charakterisiert sei und daß die genetische DNA der Chromosomen eine Kette verschiedener Gene darstelle. Man war geneigt, die Größe des Genoms (Desoxyribonucleotidpaare pro Zelle) als ein Maß für die Anzahl verschiedener Gene pro Genom anzusehen. Es war deshalb zunächst überraschend, als 1964 entdeckt wurde, daß ein großer Teil der DNA in den Zellen der Maus aus multiplen Kopien gleicher oder doch sehr ähnlicher Basensequenz besteht.

Die Überraschung hat sich gelegt. Vervielfachte DNA-Sequenzen wurden bei allen Systemen entdeckt, die man bisher daraufhin untersucht hat. Die Menge an multipler DNA ist aber sehr verschieden. Bakterien enthalten zwar einige Kopien jener Gene, welche die ribosomale RNA codieren; die anderen Gene scheinen aber alle als Einzelkopien vorzuliegen. Alle Organismen dürften von gewissen Spezialgenen (Gene für ribosomale und transfer-RNA) jeweils mehrere oder viele Kopien enthalten. Insofern kann man sagen, daß multiple DNA universell vorkommt. Es scheint jedoch, daß vervielfachte DNA-Sequenzen in großer Zahl und mit hoher Frequenz lediglich bei den höheren (d. h. evolutionistisch fortgeschrittenen) Systemen vorkommen.

Bei *Drosophila melanogaster* sind etwa 20% der chromosomalen DNA aus hochgradig repetitiven Nucleotidsequenzen zusammengesetzt,

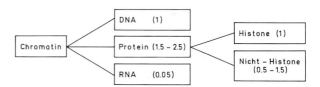

Abb. 53. Chromatin, das komplexe Material im Kern der Eukaryotenzelle, besteht aus DNA, Protein und einer kleinen Menge an RNA. Man findet zwei verschiedene Proteinsorten: Die relativ einheitlichen, basischen Histone (Molekulargewicht $5 \cdot 10^3 - 20 \cdot 10^3$ dalton) und die sehr variablen Nicht-Histonproteine (NHP) (Molekulargewicht $3 \cdot 10^3 - 500 \cdot 10^3$ dalton). Die Zahlen deuten die Molrelationen an. (Nach STEIN et al., 1976.) Man findet bei allen Eukaryoten etwa ebensoviel Histon wie DNA; der NHP-Anteil hingegen variiert erheblich (bei Pflanzen scheint er gelegentlich weit höher als 1,5 zu sein). Auch die Enzyme des Chromatins rechnet man zum NHP, beispielsweise die wohlbekannten DNA- und RNA-Polymerasen, gewisse Proteasen, Proteinkinasen, usw. Die etwa 20 bekannten Histone lassen sich in 5 Gruppen einteilen (H1, H2A, H2B, H3, H4). Die Histone sind — evolutionistisch gesehen — konservative Proteine. Beispielsweise ist die Aminosäuresequenz des H4-Histons aus Kalbsthymus fast identisch mit der Sequenz des H4-Histons aus Erbsen. Abgesehen vom H1-Histon (sehr lysinreich) treten die Histone in etwa äquimolaren Mengen auf; die NHP-Fraktion hingegen ist in jeder Hinsicht sehr vielfältig. Man geht heute davon aus, daß die relativ kleinen Histone in erster Linie Strukturelemente des Chromatins sind, während die meisten Proteine der NHP-Fraktion irgendwie an der Regulation der Genaktivität (Transkription) beteiligt sind. Die NHP bilden ein organspezifisches Muster. Man glaubt, daß diese NHP-Muster mit der *differentiellen* Genaktivität in den verschiedenartig differenzierten Zellen zusammenhängen. Es gibt aber Hinweise dafür, daß die organspezifischen Eigenschaften des Gesamtchromatins nicht ausschließlich auf das organspezifische NHP-Muster zurückzuführen sind

beim Weizen mehr als 60%. Tabelle 5 zeigt, daß die Menge an nicht-repetitiver DNA innerhalb der Gattung *Lathyrus* recht konstant ist, im Gegensatz zu dem repetitiven Anteil. Es scheint, daß viele der repetitiven Sequenzen im

Tabelle 5. Menge an repetitiver und nicht-repetitiver DNA [pg] bei *Lathyrus*-Arten mit unterschiedlichen DNA-Mengen, pro haploidem Genom. (Nach NARAYAN und REES, 1976)

Art	Gesamt-DNA	Nicht-repetitive DNA	Repetitive DNA
L. articulatus	12,45	5,48	6,98
L. nissolia	13,20	5,41	7,78
L. clymenum	13,75	5,23	8,52
L. ochrus	13,95	5,58	8,37
L. aphaca	13,97	5,17	8,80
L. cicera	14,18	5,96	8,22
L. sativus	17,15	5,23	11,90
L. tingitanus	17,88	6,93	10,95
L. hirsutus	20,27	6,17	14,10

Eukaryotengenom nicht transkribiert werden (→ Abb. 66). Die eigentümliche nucleäre Satelliten-DNA, die man häufig ihrer etwas unterschiedlichen Dichte wegen von der übrigen DNA des Zellkerns abtrennen kann, besteht zum Beispiel aus hochgradig repetitiver DNA, die z. T. nucleoläre DNA (codiert rRNA) darstellt und z. T. im Bereich des lichtmikroskopisch definierten Heterochromatins lokalisiert ist. Bereits die klassische Genetik hat den Beweis geliefert, daß in den Regionen des konstitutiven Heterochromatins keine Gene nachzuweisen sind. Manche Forscher gehen jedoch davon aus, daß die Transkriptionseinheiten aus einem Strukturgen und unmittelbar angrenzenden, repetitiven DNA-Sequenzen bestehen. Die neueren Vorstellungen über die Bildung und Verarbeitung von HnRNA im Zellkern (→ Abb. 65) legen solche Vorstellungen nahe.

Wie sind die verschiedenen Makromoleküle des Chromatins miteinander verknüpft? Die wichtigste Frage zur molekularen Chromosomenstruktur scheint gelöst zu sein: *Die Chromosomen der Eukaryoten sind „uninemisch" gebaut*, d. h. sie besitzen eine einzige DNA-Doppelhelix pro Chromatide. Die Vorstellung einer uninemischen Grundstruktur (ein Chromonema in einem normalen, nicht-polytänen Chro-

mosom) wurde bereits von der klassischen Cytogenetik bevorzugt. Viele genetische Befunde, vor allem die normale Rekombination und die Manifestierung somatischer Mutationen noch in derselben Generation, auch das Auftreten von Chromosomenbrüchen nach Bestrahlung, sind schwer verständlich, wenn von jedem Gen in einer diploiden Zelle nicht nur zwei, sondern mehrere bis viele Kopien in parallelen Strängen vorliegen. Nur eine von ihnen kann ja unmittelbar von einem Mutationsereignis betroffen sein. In mehreren Fällen konnte darüber hinaus der Nachweis erbracht werden, daß sich ein Chromosom bei der Replication im Prinzip genauso verhält wie eine DNA-Doppelhelix. Die Vermehrung erfolgt also semikonservativ. Dieser Befund wäre bei Mehrsträngigkeit somatischer Chromosomen schwer verständlich. Die uninemische Grundstruktur findet eine besonders starke Stütze in dem Nachweis, daß sowohl Hefe- als auch *Drosophila*zellen DNA-Moleküle mit einem Molekulargewicht enthalten, das genau dem DNA-Gehalt einzelner Chromosomen entspricht.

Eine weitere, wichtige Frage betrifft die Längskontinuität von DNA-Strängen in einem Chromonema. Diese Frage ist für Eukaryoten von besonderer Bedeutung. Während die (haploide) DNA-Menge in einer *E. coli*-Zelle einer DNA-Doppelhelix von gut 1 mm Länge entspricht (sie ist durch Radioautographie lichtmikroskopisch sichtbar gemacht worden), liegen die entsprechenden Helix-Längen einzelner Chromosomen bei höheren Organismen meist im Meterbereich. Es ist schwer vorstellbar, daß so lange und zusätzlich in sehr komplizierter Weise aufgeschraubte und gefaltete DNA-Stränge überhaupt noch in die Einzelstränge auseinandergedrillt werden können (noch dazu in verhältnismäßig kurzer Zeit), wie es für die Replication notwendig ist. Pulsmarkierungsexperimente mit ^{3}H-Thymidin haben tatsächlich gezeigt, daß während der S-Phase (Replicationsphase zwischen zwei Mitosen; → Abb. 70) die DNA eines Chromosoms an mehreren Stellen gleichzeitig repliziert werden kann. Es ist daher unwahrscheinlich, daß Chromonemen von einem Ende zum anderen kontinuierlich durchrepliziert werden.

Damit erhebt sich die Frage, ob in den Chromosomen von Eukaryoten durchgehende DNA-Doppelhelices vorliegen (wie im Genophor = „Chromosom" von *E. coli*), oder ob kürzere DNA-Abschnitte durch andersartige Verbindungsstücke (linkers) längs miteinander verbunden sind. Wenn die zweite Alternative zutrifft, wäre vor allem an Verbindungsstücke aus Protein zu denken. Nun liegt bei Eukaryoten die DNA des Kernes (nDNA) tatsächlich fast stets als Nucleoprotein-Komplex vor. Es steht außer Zweifel, daß zumindest die Histon-Proteine am Zustandekommen der Chromosomenstruktur ausschlaggebend beteiligt sind. Andererseits hat sich aber bis heute kein überzeugender Beleg dafür finden lassen, daß Proteine als Verbindungsstücke zwischen DNA-Filamenten etwa den Längszusammenhalt der Chromonemen und die lineare Anordnung der Genloci in den Kopplungsgruppen gewährleisten. Nach wie vor erscheint es daher wahrscheinlich, daß ein Chromosom nur eine einzige, sehr lange DNA-Doppelhelix enthält. Die gedanklichen Schwierigkeiten, die sich daraus im Hinblick auf die DNA-Replication ergeben, sind heute weitgehend entschärft. Wir wissen jetzt, daß kleine Diskontinuitäten in einem Teilstrang einer DNA-Doppelhelix durch die Aktivität besonderer Enzyme relativ leicht wieder beseitigt werden können. Solche Diskontinuitäten treten mit Sicherheit bei Rekombinationsprozessen auf. Die Annahme erscheint plausibel, daß auch bei der Replication Einstrang-Diskontinuitäten induziert werden, die eine stückweise Replication ermöglichen und anschließend wieder beseitigt werden. Es gibt experimentelle Befunde, die einen solchen diskontinuierlichen Replicationsmechanismus auch für die DNA von *E. coli* nahelegen.

Über die eigentliche Struktur des Chromatins war bis vor kurzem nur bekannt, daß die Histone hierbei eine wesentliche Rolle spielen. Erst 1974 erschienen die ersten Publikationen über den Feinbau des Chromatins. Eine besondere Rolle spielte hierbei neben der *Elektronenmikroskopie* und der *Röntgenbeugung* die Anwendung der *Neutronenstreuung*. Man kann mit Hilfe dieser Methode zwischen Protein und DNA unterscheiden. Aufgrund der physikalischen Messungen und der biochemisch-analytischen Daten wird nunmehr eine perlschnurartige Struktur des Chromatins angenommen. Die „Schnur" zwischen den „Perlen" besteht in erster Linie aus DNA. Die elektronenmikroskopisch sichtbaren „Perlen" repräsentieren gleichartige morphologische Einheiten, die aus DNA und Histonen aufgebaut sind. Sie werden neuerdings als *v*-Körper oder *Nucleosomen* bezeichnet (Durchmesser 13 nm, Teilchengewicht

etwa 240 000 dalton). Ein Nucleosom (mitsamt „Schnur"-DNA) enthält etwa 200 Nucleotidpaare der DNA sowie jeweils 8 Histonmoleküle (je zwei H2A-, H2B-, H3- und H4-Histonmoleküle; das H1-Histon, das in den Nucleosomen nicht vorkommt, ist im Bereich der „Schnur" lokalisiert. Es spielt eine Rolle bei der Bildung von Superstrukturen, z. B. bei der Bildung der Chromosomen). Die Konformation der DNA in den Nucleosomen ist noch nicht aufgeklärt. Eine DNAse-Behandlung der Nucleosomen ergab eine leichte Zugänglichkeit der DNA für das abbauende Enzym. Zuerst wird die „*Schnur*"-DNA abgebaut (etwa 40 Nucleotide lang). Der weitere Abbau führt dann zu einer „*core*"-DNA mit etwa 140 Nucleotidpaaren. Man nimmt an, daß dies die DNA der eigentlichen „Perlen" ist (nucleosome core: 140 Nucleotidpaare, 8 Histonmoleküle, etwa 10 nm Durchmesser, Molekulargewicht etwa 200 000 dalton). Die DNA ist offenbar um die Histone, die den eigentlichen Kern bilden, herumgewunden. Ein detailliertes Strukturmodell, das den Kontakt zwischen Protein und DNA beschreiben würde, liegt derzeit noch nicht vor. Das Chromatin enthält den größten Teil der DNA einer Eukaryotenzelle. Kleine DNA-Fraktionen findet man auch in den Chloroplasten und in den Mitochondrien ($\rightarrow$ Abb. 67). Die DNA dieser Organellen ist „nackt" (ähnlich wie die DNA der Protocyten), also *nicht* mit basischen Proteinen beladen. Die alte „Symbiontenhypothese", wonach sich phylogenetisch die Mitochondrien der Eukaryotenzelle von endosymbiontischen Bakterien und die Chloroplasten von Cyanophyten ableiten, hat auch durch diese Befunde eine Wiederbelebung erfahren.

Die RNA der Zelle

Jedes RNA-Molekül wird an der DNA mit Hilfe von RNA-Polymerasen gebildet. Den Vorgang nennt man *Transkription* (= Umschreibung der spezifischen Nucleotidsequenz der DNA in spezifische Nucleotidsequenz von RNA). Man muß mindestens drei Sorten von RNA unterscheiden (Abb. 54): Die *messenger RNA* (mRNA) trägt die Information für die Aminosäuresequenz der Proteine; die *transfer RNA* (tRNA) verbindet sich mit den aktivierten Aminosäuren und bringt sie an die Riboso-

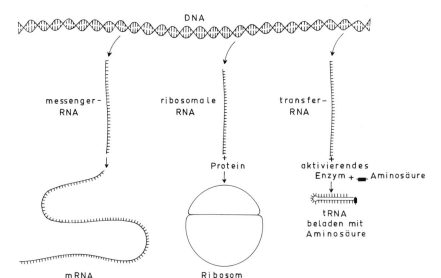

Abb. 54. Für die Protein-synthese sind mehrere RNA-Typen erforderlich. Sie werden alle an der DNA gebildet. Die Funktion der drei angeführten RNA-Typen wird im Text erläutert. Da es uns lediglich auf die prinzipielle Darstellung ankommt, wird das einfachere „Haarnadel"-Modell der transfer-RNA verwendet, obgleich das „Kleeblatt"-Modell der „tatsächlichen" Struktur der transfer-RNA näher kommt

men heran; die *ribosomale RNA* (rRNA) ist neben verschiedenen Proteinen ein Konstituent der Ribosomen.

Die *Ribosomen*, die wir bereits als die Orte der Proteinsynthese kennengelernt haben (→ Abb. 27), sind kleine (15–20 nm), globuläre bis elliptische Partikel, die man durch ihr Sedimentationsverhalten in der Ultrazentrifuge charakterisieren kann. Prokaryoten (Bakterien und Cyanophyten) haben 70S-Ribosomen, während im Cytoplasma der Eukaryoten 80S-Ribosomen vorkommen. Die Chloroplasten enthalten jedoch ebenfalls kleine (70S) Ribosomen; die der Mitochondrien sind etwas größer (meist um 78S).

Die Ribosomen lassen sich in Untereinheiten mit Sedimentationskonstanten von 60S und 40S (Cytoplasma) bzw. 50S und 30S (bei Bakterien und Chloroplasten) zerlegen (Abb. 55). Die Ribosomen bestehen etwa zur Hälfte aus RNA und zur Hälfte aus Protein. Bei der Deproteinisierung pflanzlicher Ribosomen erhält man als Hauptfraktionen $1,3 \cdot 10^6$ und $0,7 \cdot 10^6$ dalton große RNA-Ketten, welche von der 60S- bzw. 40S-Untereinheit cytoplasmatischer Ribosomen stammen. Beim prokaryotischen Ribosomentyp der Plastiden und Bakterien sind die entsprechenden Moleküle etwas kleiner ($1,1 \cdot 10^6$ bzw. $0,56 \cdot 10^6$ dalton). Die 60S-bzw. 50S-Untereinheit enthält außerdem noch eine $40 \cdot 10^3$ dalton-RNA. Für die 78S-Ribosomen der Mitochondrien, welche bei manchen niederen Pflanzen (z. B. Hefen) keine niedermolekulare RNA enthalten, hat man für die beiden langen Ketten ähnliche Werte wie für

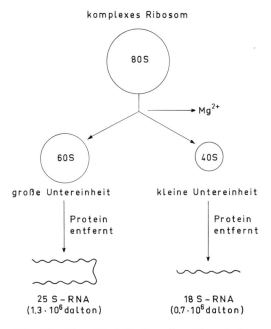

Abb. 55. Ein Modell für die Dissoziation eines pflanzlichen 80S-Ribosoms in 60S- und 40S-Untereinheiten durch die Entfernung von Mg^{2+}-Ionen. Bei Deproteinisierung liefern die Untereinheiten 25S-bzw. 18S-RNA. Man erhält diese RNA-Sorten auch dann, wenn man das 80S-Ribosom direkt deproteinisiert. Die niedermolekulare 5S-RNA ($40 \cdot 10^3$ dalton) der großen Untereinheit wurde weggelassen. (Nach BONNER, 1965.) Zur Erinnerung: Die Svedberg-Einheit S beträgt 10^{-13} s. Sie wurde gewählt, weil die Svedberg-Konstante S_k für viele Proteine zwischen $1 \cdot 10^{-13}$ s und $100 \cdot 10^{-13}$ s liegt. Die Svedberg-Konstante ist folgendermaßen definiert: $S_k = \mu s/b$ [s], wobei μs Sedimentationsgeschwindigkeit und b Zentrifugalbeschleunigung der Ultrazentrifuge bedeuten

80S-Ribosomen gemessen. Die Gene für die rRNA der cytoplasmatischen Ribosomen liegen im Bereich des Nucleolus (bzw. der Nucleoli). Diese Struktur enthält etwa 80% der RNA des Zellkerns. Das meiste davon wird für die Bildung der Ribosomen verwendet.

Wir werden später im Zusammenhang mit der Bildung von mRNA ($\to$ Abb. 65) die Tatsache näher besprechen, daß bei der Biosynthese von RNA primär Polynucleotide entstehen, die wesentlich größer sind als die Endprodukte. Im Fall der rRNA werden die großen rRNA-Ketten der beiden Untereinheiten ($1,3 \cdot 10^6$ bzw. $0,7 \cdot 10^6$ dalton) als ein riesiges, zusammenhängendes Polynucleotid von etwa $2,4 \cdot 10^6$ dalton gebildet, das außerdem noch Nucleotidsequenzen enthält, die nicht erhalten bleiben ($\to$ S. 56).

Die ribosomalen Proteine, die im Cytoplasma synthetisiert werden, müssen irgendwie in den Zellkern gelangen, da der Zusammenbau der Ribosomen im Nucleolus erfolgt. Während die Proteine der *E. coli*-Ribosomen bereits weitgehend charakterisiert sind (stark basische Proteine mit einem hohen Gehalt an Arginin und Lysin), ist die Erforschung der etwa 80 verschiedenen Ribosomenproteine und ihrer Anordnung im Ribosom bei den Eukaryoten weniger weit fortgeschritten. Man kann aber heute davon ausgehen, daß im Gegensatz zu den Viren bei den Ribosomen die RNA nicht völlig von Proteinen eingehüllt ist. Vielmehr dürften größere Teile der rRNA an der Oberfläche der Ribosomen liegen.

Die sog. HnRNA (= *heterogene nucleäre RNA*) ist die im Zellkern gebildete Vorstufenform der mRNA. Sie enthält außer dem messenger-Bereich noch eine zusätzliche, um ein Vielfaches längere Polynucleotidkette. Während die tatsächliche mRNA — je nach Größe der zu codierenden Proteine — bis ungefähr 4000 Nucleotide enthält, kann die HnRNA bis 30 000 Nucleotide umfassen. Bevor die mRNA den Zellkern verläßt, werden erhebliche Teile der HnRNA abgebaut. Diese Nucleotidketten befinden sich in erster Linie vor dem 5'-Ende der mRNA und enthalten bevorzugt repetitive Sequenzen. Die am 3'-Ende befindlichen *Poly(A)-Anteile* bleiben hingegen erhalten und gelangen mit der eigentlichen mRNA ins Cytoplasma. Die ausschließlich aus Adeninmolekülen (bis etwa 200) aufgebaute Poly(A)-Sequenz wird erst nach der Transkription an die mRNA am 3'-Ende angehängt ($\to$ Abb. 66). Auch die Biosynthese der tRNA erfolgt primär über die Bildung einer längeren Polynucleotidkette, die anschließend auf die spätere Primärstruktur „zurückgestutzt" wird. Die tRNA enthält neben den klassischen 4 Basen in relativ großer Menge sog. seltene, z. B. methylierte Basen. Dieser Umstand und das relativ niedrige Molekulargewicht (ca. 25 000 dalton) waren wesentliche Voraussetzungen für die erfolgreiche Basensequenzanalysen der tRNA. Die vollständige Basensequenzanalyse der Alanin-tRNA aus Hefe wurde bereits 1965 abgeschlossen.

Paradigmen der Molekularbiologie

Proteinsynthese. Die Proteinsynthese findet an den Ribosomen statt. Wir gehen davon aus, daß ein Gen die Aminosäuresequenz und damit die Spezifität eines jeden Proteins bestimmt. Außerdem machen wir die Voraussetzung, daß das „zentrale Dogma" der Molekularbiologie, DNA$\to$RNA$\to$Protein, in der Eukaryotenzelle ohne Einschränkung gilt.

Die Abb. 56 stellt die Kardinalpunkte der cytoplasmatischen Proteinsynthese in der Eu-

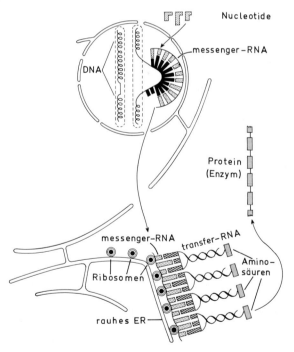

Abb. 56. Ein Modell, welches geeignet erscheint, das zentrale Dogma der Molekularbiologie (DNA $\to$ RNA $\to$ Protein) zu illustrieren. Das Modell wird im Text näher erläutert. (In Anlehnung an KARLSON, 1963.) Das Modell hat nur illustrativen Wert

karyotenzelle heraus. *Erstens:* Der Genotyp hat seinen Sitz in der DNA und zwar in der linearen Sequenz der vier Nucleotidsorten in dem einzelnen DNA-Strang. Gene sind Abschnitte auf DNA-Makromolekülen. *Zweitens:* Die Nucleotidsequenz der DNA-Einzelstränge wird in komplementäre Sequenzen umgeschrieben, wobei einfache Eins-zu-eins-Regeln befolgt werden. Von den 4 Basen (Adenin, Thymin [bzw. Uracil], Guanin, Cytosin) schreiten jeweils nur die Paare Guanin-Cytosin und Adenin-Thymin (Uracil) zur Basenpaarung. Dies gilt sowohl für die Replication der DNA als auch für die Transkription, d. h. für die Bildung von mRNA, rRNA und tRNA. Die Basenpaarung bestimmt auch die Struktur der doppelsträngigen DNA-Moleküle (→ Abb. 21). Deshalb enthalten beide Stränge dieselbe Information. Sie codieren denselben Genotyp. *Drittens:* Die in mRNA umgeschriebene Sequenz eines der beiden komplementären DNA-Stränge wird in die Aminosäuresequenz eines Proteins übersetzt (Translation). Dabei wird eine universell gültige Übersetzungsvorschrift benützt. Dieser nicht-überlappende Triplettcode (drei Nucleotide pro Aminosäure) wird meist „genetischer Code" genannt. *Viertens:* Die Sekundär-, Tertiär- und Quartärstruktur der Proteine ist eine Folge der linearen Sequenz der Aminosäuren (Primärstruktur). Dreidimensionale Strukturen können also in eindimensionalen Sequenzen codiert werden. *Fünftens:* Die Merkmale des

Organismus, der Phänotyp, werden von der Struktur der Proteine bestimmt. *Zusammengefaßt:* Die derzeitige Auffassung geht dahin, daß die Information für jede dreidimensionale Struktur (jedes Merkmal) letztlich in einer linearen Nucleotidsequenz niedergelegt ist.

Einige Details: Die Bildung aktivierter Aminosäuren und die Beladung der tRNA-Moleküle mit ihnen läßt sich mit den beiden folgenden Formeln beschreiben:

$$1. \ RCH(NH_2)COOH + ATP \tag{4}$$

$$\downarrow \ \textit{aktivierendes Enzym}$$

$$RCH(NH_2)\underset{\underset{O}{\|}}{C} \sim \text{(P)}-Adenosin + \text{(P)} \sim \text{(P)}$$

$$2. \ Aminoacyl\text{-}AMP + tRNA \longrightarrow \tag{5}$$

$$Aminoacyl\text{-}tRNA + AMP$$

Für jede Protein-Aminosäure gibt es mindestens ein spezifisches „Aminosäure-aktivierendes Enzym" (Aminoacyl-tRNA-Synthetase) und mindestens eine spezifische tRNA. Ein tRNA-Molekül besitzt jeweils zwei Spezifitäten. *Erstens* übernimmt die tRNA stets die „richtige" Aminosäure, *zweitens* kann die tRNA mit einem Nucleotid-Triplett (Anticodon) das entsprechende Nucleotid-Triplett der mRNA (das

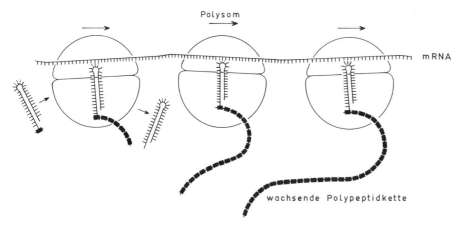

Abb. 57. Die Übersetzung (Translation) der genetischen Information von der mRNA in Protein macht die Anordnung von Aminosäuren zu einer Polypeptidkette in einer Sequenz erforderlich, die durch die Codon-Sequenz der mRNA gegeben ist. Die mit der jeweiligen Aminosäure beladenen tRNA-Moleküle erkennen mit ihrem Anticodon das für die Amino-säure spezifische Codon. Diese Vorgänge spielen sich im Bereich der Ribosomen ab. In dem Modell kommt die Auffassung zum Ausdruck, daß die Ribosomen während der Polypeptidsynthese an der mRNA entlanglaufen. (In Anlehnung an GORINI, 1966)

Codon) nach dem Prinzip der Basenpaarung „erkennen".

Bei der Proteinsynthese bewegen sich der mRNA-Strang und die Ribosomen relativ zueinander (Abb. 57). Dabei findet die Translation statt. Bevor ein bestimmtes Ribosom am Ende der mRNA angelangt ist, kann sich bereits ein weiteres Ribosom mit dem Anfang des mRNA-Moleküls in Verbindung setzen und in den Translationsprozeß eintreten. Im steady state vermögen etwa 5 bis 15 (bei sehr langen mRNA-Molekülen bis zu 40) Ribosomen gleichzeitig an ein und derselben mRNA den Translationsprozeß zu vollziehen. Den Komplex von mehreren Ribosomen mit mRNA nennt man ein *Polysom* (→ Abb. 185).

Das Problem der Regulation. Im Gegensatz zur potentiell unbeschränkten Lebensdauer der Gene *muß* die Lebensdauer mancher Proteinmoleküle (speziell der Enzymmoleküle) begrenzt sein. Ein Proteinumsatz ist die Voraussetzung dafür, daß eine Zelle ihre Enzymausstattung ändern und sich somit umdifferenzieren bzw. an die jeweiligen Bedingungen anpassen kann. Diese Fähigkeit, die Regulation, billigt man jeder Zelle zu. Eine besonders rasche Regulationsfähigkeit ist dann zu erwarten, wenn nicht nur die Proteinmoleküle, sondern auch die RNA-Moleküle (speziell jene der mRNA) eine relativ kurze Lebensdauer aufweisen, bevor sie durch Ribonucleasen abgebaut werden. Die beschränkte Lebensdauer von RNA und Protein ist experimentell erwiesen. Allerdings muß man mit sehr verschieden stabilen RNA- und Proteinmolekülen rechnen. Bei Bakterien kennt man mRNA mit einer Lebensdauer von wenigen Minuten, bei der siphonalen Grünalge *Acetabularia* hingegen muß man mit mRNA rechnen, die über Wochen stabil ist. Die Enzyme der wachsenden Bakterienzelle sind in der Regel stabil; viele Enzyme der Eukaryotenzelle haben hingegen eine sehr begrenzte Lebensdauer (→ Abb. 134).

Die Intensität von Synthese und Abbau eines bestimmten Enzyms bestimmen die jeweilige Konzentration des Enzyms in der Zelle (Abb. 58; → Abb. 133). Bei den üblichen Enzymbestimmungen wird diese stationäre Konzentration erfaßt. Die Zunahme der Enzymmenge pro Zeiteinheit ist natürlich nur dann ein Maß für Enzymsynthese, wenn der Abbau zu vernachlässigen ist. Wir werden später an Beispielen lernen, daß auch in ein und demsel-

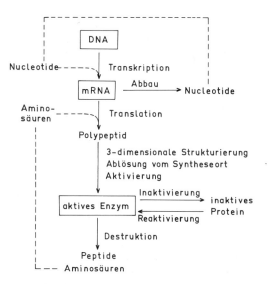

Abb. 58. Ein deskriptives (illustrierendes) Modell für die Regulation der Menge eines Enzyms in einer Zelle. In der Eukaryotenzelle ist die jeweilige Konzentration eines Enzyms (z. B. Enzymaktivität pro Bezugseinheit) das Resultat der Intensität von Synthese und Abbau (→ Abb. 133). Dasselbe gilt für die mRNA. Für den Fall einer stationären Enzymkonzentration gilt:

$$c_E = c_{RNA} \cdot k_s \cdot k_d^{-1} \qquad (6)$$

(c_E, Enzymkonzentration; c_{RNA}, Konzentration der beteiligten mRNA; k_s, k_d, Reaktionskonstanten für die Synthese bzw. Destruktion des Enzyms). Bei wachsenden Bakterien erfolgt die Konzentrationsabnahme eines Enzyms vorwiegend durch Verdünnung infolge Zellteilung. Wird die Enzymsynthese eingestellt, so vermindert sich die Enzymmenge pro Zelle bei jeder Zellteilung um die Hälfte

ben Gewebe die einzelnen Enzyme sehr unterschiedliche Synthese- und Abbauintensitäten zeigen können (→ S. 324).

Die Regulation der Enzymsynthese kann bei der Transkription oder (und) bei der Translation erfolgen. Die Regulation am Gen erscheint ökonomischer, weil sich das System die Bildung von nicht genutzter mRNA erspart.

Spezifische Inhibitoren. Die Genphysiologie ist bei ihrer experimentellen Arbeit auf die Verwendung spezifischer Inhibitoren der Transkription und Translation angewiesen. Das Adjektiv „spezifisch" muß in jedem Fall gerechtfertigt werden. Unspezifische Inhibitoren, z. B. solche, die primär die Zellatmung oder die Phosphorylierung hemmen, sind in der Regel für die Belange der Genphysiologie uninteressant. Außerdem muß man bei der Annahme vorsichtig sein, der an Bakterien ausgearbeitete Wirkmechanismus eines Inhibitors sei ohne weiteres auf die Vorgänge in der Eukaryotenzelle zu übertragen. Die Abb. 59 zeigt die Formeln häufig benützter Inhibitoren. Der Wirkmechanismus dieser Moleküle sei wenigstens angedeutet.

Actinomycin D ist ein hochgradig spezifischer Inhibitor der Transkription. Die Substanz wird an bestimmte Stellen der DNA-Doppelhelix (→ Abb. 21) gebunden. Dadurch wird die Funktion der RNA-Polymerase gehemmt (→ Abb. 62). Es ist wahrscheinlich, daß Actinomycin D außer an die Doppelhelix noch an andere genphysiologisch wichtige Moleküle oder Strukturen in der Zelle gebunden wird. Nach PENMAN soll Actinomycin D in spezifischer Weise auch die translationale Initiation (→ Abb. 66) hemmen.

Puromycin hemmt generell die Translation. Seine hemmende Wirkung auf die Proteinsynthese rührt daher, daß diese Substanz als ein Analogon von Aminoacyl-tRNA fungieren kann. Mit der Bildung von Peptidyl-Puromycin wird das „Wachstum" der Polypeptidketten vorzeitig abgeschlossen. Die unfertigen, funktionsunfähigen Polypeptidketten werden von den Polysomen abgelöst.

Chloramphenicol hemmt ebenfalls die Proteinsynthese. Da diese Substanz von den leichteren Ribosomen der Bakterien, Chloroplasten und Mitochondrien sehr viel stärker gebunden wird als von den 80S-Ribosomen im Cytoplasma von Pflanzen und Tieren, kann man mit geeigneten Konzentrationen von Chloramphenicol die autonome Proteinsynthese der Chloroplasten und Mitochondrien weitgehend hemmen, ohne daß die cytoplasmatische Proteinsynthese signifikant beeinträchtigt wird.

Cycloheximid hingegen hemmt die Proteinsynthese bevorzugt an den 80S-Ribosomen. Durch eine geeignete Konzentration dieser Substanz ist es also möglich, die cytoplasmatische Proteinsynthese weitgehend lahmzulegen, ohne die plastidäre und mitochondriale Proteinsynthese erheblich zu beeinflussen. Neuerdings haben *Cordycepin* und *α-Amanitin* als Inhibitoren eine erhebliche Verbreitung gefunden. Cordycepin (= 3'-Desoxyadenosin) wirkt nach Umwandlung in das Triphosphat als Hemmstoff der nuclearen Polyadenylierung (→ Abb. 66). Bei geringer Dosierung hat Cordycepin einen nur geringen Effekt auf die Transkription; bei Verabreichung höherer Dosen findet man jedoch auch eine Transkriptionshemmung. Bei geringer Dosierung hemmt Cordycepin in erster Linie die Polyadenylat-Polymerase (das Poly(A)-synthetisierende Enzym). α-Amanitin, ein Peptid aus *Amanita phalloides*, das in vitro recht spezifisch die RNA-Polymerase II aus dem Nucleoplasma hemmt, scheint in vivo auch unspezifische Effekte hervorzurufen; beispielsweise soll es auch auf die nucleoläre RNA-Polymerase I und auf die Stabilität von Polysomen wirken.

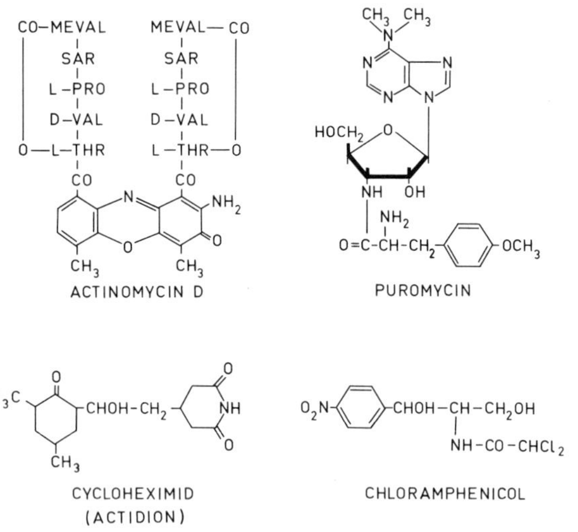

Das JACOB-MONOD-Modell der Regulation

An dem Darmbakterium *Escherichia coli* (= *E. coli*) und an einigen Viren, die es infizieren, hat man das Problem der Regulation der Enzymsynthese besonders gut studiert und allgemein wichtige Hypothesen aufgestellt. Es ist notwendig, diese Vorstellungen wenigstens kurz zu skizzieren, weil sich die Hypothesenbildung zur Regulation *kernhaltiger* Systeme oft an ihnen orientiert. Nicht alle Enzyme, welche eine Bakterienzelle herstellen kann, werden beständig gebildet. Vielmehr muß man zum Beispiel unterscheiden zwischen *konstitutiven Enzymen* (sie werden ständig produziert) und *adaptiven Enzymen* (sie werden erst oder nur dann gemacht, wenn sie gebraucht werden).

Abb. 59. Die Formeln für einige häufig benützte, hochgradig spezifische Inhibitoren der Transkription bzw. Translation

Die *adaptive Enzymbildung* ist eine hochgradig ökonomische Einrichtung, welche es den heterotrophen Systemen gestattet, die Enzymsynthese rasch auf das jeweilige Angebot an organischen Molekülen im Substrat einzustellen, natürlich nur im Rahmen der durch die genetische Information festgelegten Reaktionsnorm. Wenn zum Beispiel das Produkt einer Biosynthesekette von außen der Zelle angeboten wird, so fehlt in vielen Fällen nach einiger Zeit die ganze Sequenz der für die Biosynthese der betreffenden Substanz notwendigen Enzyme in der Zelle. Es kommt offenbar zu einer spezifischen *Repression* der Synthese dieser Enzyme unter dem Einfluß des *Effektors* (*Endprodukt-Repression*). Auch die *Induktion* von Enzymsynthesen unter dem Einfluß eines von außen angebotenen Effektors kann man beobachten, besonders günstig bei katabolischen Enzymen (d. h. bei Enzymen, die bei der Dissimilation in Funktion treten). Eine Reihe katabolischer Enzyme werden von der Bakterienzelle nur dann in größeren Quantitäten gebildet, wenn das betreffende Molekül im Medium angeboten wird. Ein bekanntes Beispiel ist das Enzym *β-Galactosidase*, welches in den Zellen von *E. coli* erst dann in großen Mengen gebildet wird, wenn Lactose oder ein entsprechendes *β-Galactosid* im Medium angeboten wird (Abb. 60). Das Enzym spaltet Lactose in Glucose und Galactose. Neben der *β-Galactosidase* werden noch zwei weitere Enzyme durch die Lactose induziert: Eine *Galactosid-Permease*, welche die Lactose (oder andere Galactoside) in das Zellinnere befördert, und eine *Trans-Acetylase*, deren physiologische Funktion unbekannt ist. Die Induktion der drei Enzyme ist strikt koordiniert, d. h. die relativen Syntheseintensitäten der drei Enzyme (etwa bezogen auf die Syntheseintensität von *β-Galactosidase*) sind konstant und unabhängig vom Ausmaß der Induktion. Die eben erwähnte Enzyminduktion ist in zweifacher Hinsicht sehr spezifisch:

1. Galactoside steigern die Syntheseintensität der genannten drei Enzyme ohne andere Systeme zu beeinflussen.
2. Ausschließlich Galactoside üben den Induktionseffekt aus.

Unter den Modellen, die für die Deutung von Induktion und Repression vorgeschlagen wurden, hat sich die Hypothese von JACOB und MONOD am besten bewährt. Sie basiert nicht nur auf biochemischen, sondern vor allem auf *genetischen Daten*, die in erster Linie an *E. coli* gewonnen wurden.

Das ursprünglich (1961) von JACOB und MONOD vorgeschlagene Modell (Abb. 61) ent-

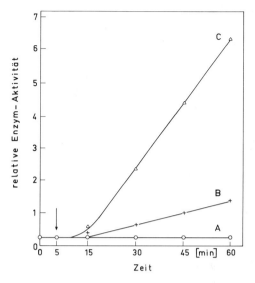

Abb. 60. Induktion der β-Galactosidase bei *Escherichia coli*. Zu einer Zellsuspension von *E. coli* werden zum Zeitpunkt t = 5 min folgende Zusätze gemacht: A, kein Zusatz; B, Methyl-β-D-thiogalactosid (= Induktor) plus 5-Methyltryptophan (ein Hemmstoff der Proteinsynthese); C, Methyl-β-D-thiogalactosid. (Nach HOLLDORF und FÖRSTER, 1966)

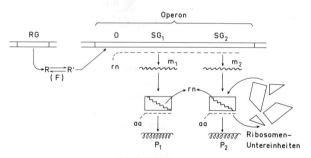

Abb. 61. Ein Modell für die Regulation der adaptiven Enzymsynthese bei Bakterien. Die Symbole bedeuten: RG, Regulatorgen; R, Repressor. R wird in Gegenwart des Effektors F in R′ umgewandelt. Dies gilt unabhängig davon, ob R den Operator O blockiert (und R′ inaktiv ist) oder ob sich R′ mit dem Operator verbindet. Im ersten Fall ist F ein Induktor, im zweiten Fall ein Co-Repressor; O, Operator (= Operatorgen); SG_1, SG_2, Strukturgene; rn, Ribonucleotide; m_1, m_2, mRNA, an SG_1 bzw. SG_2 hergestellt; aa, Aminosäuren; P_1, P_2, Proteine, hergestellt an den mit m_1 und m_2 assoziierten Ribosomen. Rechts ist die *reversible Desaggregation* der Ribosomen symbolisch angedeutet. (Nach JACOB und MONOD, 1961)

hält alle Elemente, die man für ein formales Verständnis von Induktion und Repression braucht. Besonders wichtig ist der Gesichtspunkt, daß die Regulation primär *negativ* ist, d. h. über eine Hemmung funktioniert. Zur Terminologie ist zu sagen, daß man wohl am besten alle Moleküle, die im Sinn einer Induktion oder Repression der Enzymsynthese wirksam sind, als *Effektoren* bezeichnet. In dem Modell treten zwei Sorten von Effektoren auf,

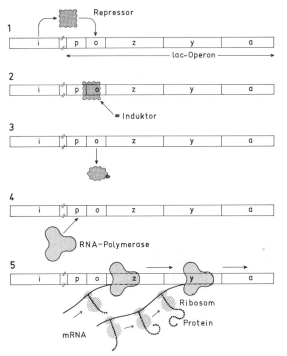

Abb. 62. Die Repressorfunktion wird am Beispiel des lac-Repressors illustriert, der die Gene des Lactose-Operons (lac-Operon) kontrolliert. Die Strukturgene des lac-Operons sind das z-Gen (es codiert die *β*-Galactosidase), das y-Gen (es codiert das Permeaseprotein) und das a-Gen (es codiert eine Transacetylase unbekannter Funktion). Die Stadien 1 – 5 illustrieren folgenden Prozeß: Der Repressor, der am i-Gen gebildet wird, verbindet sich mit der DNA im Operatorbereich O und blockiert damit die Transkription der Strukturgene des lac-Operons. In Gegenwart eines Induktors (Lactose oder ein anderes Galactosid), der sich mit dem Repressor verbindet und dessen Gestalt verändert, löst sich der Repressor von der DNA; das Operon ist transkriptionsbereit. Die RNA-Polymerase beginnt nunmehr von der Promotorregion p aus, an der DNA die entsprechende oligocistronische (d. h. von einigen Genen abstammende) mRNA zu bilden. Diese wird an den Ribosomen (Polysomen) für die Proteinsynthese verwendet. Die mRNA hat eine kurze Lebensdauer. (Nach PTASHNE und GILBERT, 1970)

nämlich *Induktoren* (sie bewirken eine Induktion der Enzymsynthese) und *Co-Repressoren* (sie bewirken eine Repression der Enzymsynthese).

Das Modell der Abb. 61 deutet den Befund, daß bei Zugabe eines katabolisch verwertbaren Substrats (F) bestimmte Enzyme (P_1 und P_2) de novo gebildet werden. Die DNA-Regionen, in denen sich die genetische Information für die beiden Enzyme befindet (die betreffenden Struktur-Gene) gehören zu einem *Operon*, dessen Aktivität von einem *Operatorgen* reguliert wird. Das Operon in unserem Modell enthält also zwei Strukturgene und ein unmittelbar vor den Strukturgenen lokalisiertes Operatorgen. Lediglich die Strukturgene tragen genetische Information für Enzyme. Das Operatorgen (= Operator) bestimmt, ob an den Strukturgenen des von ihm dirigierten Operons mRNA (m_1, m_2) gebildet werden kann oder nicht. Befindet sich im Medium kein Substrat F, so blockiert ein *Repressor* (R), der von einem *Regulatorgen* gebildet wird, den Operator und damit das ganze Operon. Gibt man das Substrat F hinzu, fängt das Operon an zu arbeiten, weil der Effektor F (in diesem Fall Induktor genannt) den Repressor zu inaktivieren vermag (R'). Dadurch wird der Operator entblockiert. Ist das Substrat F verbraucht, kann R den Operator wieder stillegen. Das Modell deutet auch den Befund, daß bei Zugabe eines Endprodukts F die Synthese der Enzyme, die zu der betreffenden Reaktionskette gehören (P_1, P_2), eingestellt wird (Repression). In diesem Fall bildet der Effektor F (Co-Repressor genannt) mit dem Produkt R des Regulatorgens (Apo-Repressor) einen wirksamen Repressor R', welcher den Operator des Operons stillegt. Ist F aufgebraucht, kann das Operon wieder arbeiten, weil der Apo-Repressor R allein das Operatorgen nicht zu blockieren vermag. Im Fall der Repression wird also das Produkt des Repressorgens durch den Effektor aktiviert, im Fall der Induktion hingegen inaktiviert. *Die Repressorsubstanz muß in jedem Fall zwei Spezifitäten haben:* Sie muß mit einem bestimmten Effektor spezifisch reagieren können und sie muß in der Lage sein, eine bestimmte Operatorregion zu erkennen. Das JACOB-MONOD-Modell hat 1961, als es vorgetragen wurde, deshalb so viel Begeisterung erweckt, weil es die Genregulation, die man für eine extrem komplizierte Sache gehalten hatte, mit Hilfe von drei Elementen erklärt: *Repressor, Operator* und *Effektor*.

Ein grundsätzlich wichtiges Problem war die chemische Identifizierung des Repressors. Im Fall des lac-Repressors (dies ist der Repressor für das lac-Operon; → Abb. 62) ist dies gelungen. Der lac-Repressor ist ein schwach saures Protein, das aus 4 identischen Untereinheiten mit einem Molekulargewicht von jeweils $38 \cdot 10^3$ dalton besteht. Der lac-Repressor verbindet sich ganz spezifisch mit der Operatorregion des lac-Operons. Ist durch eine Mutation auch nur eine Base im Bindungsbereich verändert, so wird das Repressorprotein nicht mehr gebunden. Bemerkenswert ist auch, daß das Repressorprotein ausschließlich mit der nativen Doppelhelix der DNA reagiert. Der Repressor verbindet sich nicht mit DNA-Einzelsträngen. Wenn der Repressor an den Operator gebunden ist, wird die *RNA-Polymerase* daran gehindert, die Transkription zu starten. Das Regulationsmodell der Abb. 62 betont diesen Gesichtspunkt.

Abbildung 63, die noch einmal die lac-Region des *E. coli*-Genophors zeigt, betont eine *positive* Kontrolle des lac-Operons, die mit dem Phänomen der *Katabolitrepression* zusammenhängt. Die Expression des lac-Operons wird unterdrückt, wenn Glucose, eine bessere Kohlenstoffquelle als Lactose, im Medium vorhanden ist. Über einen Mechanismus, den man im Detail noch nicht versteht, bewirkt die Gegenwart von Glucose eine verminderte Konzentration von intrazellulärem Adenosin-3′,5′-Monophosphat (*cyclisches AMP*). Das cyclische AMP ist für die Expression des lac-Operons notwendig, da dieser Effektor das *catabolite gene activator protein* (CAP) aktiviert, das seinerseits die Transkription des lac-Operons durch RNA-Polymerase stimuliert. Die Kontrolle der Genexpression beim lac-Operon wird also durch die Wechselwirkung von *drei* Proteinen — lac-Repressor, RNA-Polymerase, CAP — mit bestimmten DNA-Sequenzen in der p-o-Region des lac-Operons bewirkt (→ Abb. 63). Diese Sequenzen wurden zunächst genetisch definiert: Die Funktion einer jeden Sequenz wurde erschlossen aus phänotypischen Veränderungen, die entstehen, wenn die Sequenzen durch Mutationen verändert werden. Neuerdings ist es gelungen, die gesamte Nucleotidsequenz der lac-p-o-Region (122 Nucleotide) vollständig zu bestimmen. Auch die Erkennungsstellen für die drei genannten regulierenden Proteine wurden identifiziert, eine immense Leistung der Molekularbiologie.

Viele Regulationen der Enzymsynthese können auf der Basis der eben skizzierten Modelle gedeutet werden. Die Modelle genügen aber *nicht*, um sich verständlich zu machen, was geschieht, wenn eine Bakterienzelle (zum Beispiel *Bacillus subtilis*) zur Sporenbildung übergeht. Man kann sich diese *intrazelluläre Morphogenese* wohl nur mit der Hypothese verständlich machen, daß bestimmte Gene, die während der logarithmischen Wachstumsphase

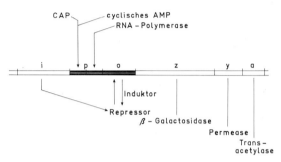

Abb. 63. Eine Veranschaulichung der *positiven* Kontrolle des lac-Operons auf dem *E. coli*-„Chromosom" (Genophor). Auch bei dieser Darstellung wurde die lac-p-o-Region stark gedehnt im Vergleich zur Größe der Gene i, z, y und a. (Nach Dickson et al., 1975)

nicht benützt wurden, nunmehr in Funktion treten. Es muß während der Sporenbildung zu einer Transkription spezifischer genetischer Loci kommen. Tatsächlich unterscheidet sich die mRNA eines Bacteriums (*Bacillus subtilis*, *Bacillus cereus*) während der logarithmischen Wachstumsphase qualitativ von der mRNA während der Sporenbildung. Die für die Sporulation benötigten, zusätzlichen Gene müssen in einer wohlgeordneten Sequenz in Aktion treten, wenn der wohlgeordnete Ablauf der intrazellulären Morphogenese gewährleistet sein soll. Die intrazelluläre Morphogenese ist offenbar das Resultat einer *differentiellen Genaktivierung* durch einen *intrazellulären Effektor*. Es ist evident, daß die einfachen Modelle der adaptiven Enzymsynthese die Frage nach der Kausalität der intrazellulären Morphogenese nicht erklären können. Neuerdings konnte ein *Sporogen* genannter Faktor aus Bakterienzellen (*B. cereus*) isoliert und kristallin gewonnen werden, der in der Lage ist, Zellen vom vegetativen Zustand in den Zustand der Sporenbildung zu überführen. Die Auffassung erscheint berechtigt, daß dieser Faktor letztlich Strukturgene in

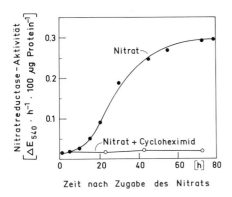

Abb. 64. Kinetik der Induktion der Nitratreductase durch Nitrat. Objekt: Die Wasserpflanze *Lemna minor*. ● Medium mit 5 mmol $KNO_3 \cdot l^{-1}$; ○ Medium mit 5 mmol $KNO_3 \cdot l^{-1}$ plus 10 μg Cycloheximid · ml⁻¹. Nitrat und Cycloheximid wurden zum Zeitpunkt Null zugegeben. Die Anzucht erfolgte auf einem ammoniumhaltigen Medium. Cycloheximid ist ein spezifischer Hemmstoff der Proteinsynthese an den 80 S-Ribosomen des Cytoplasmas der Eukaryoten (→ Abb. 59). (Nach STEWART, 1968)

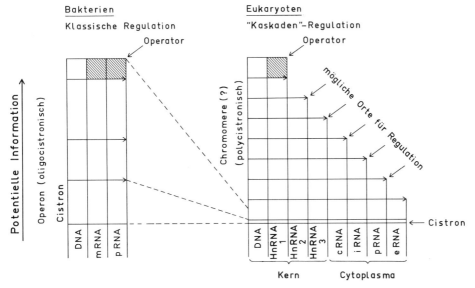

Abb. 65. Gegenüberstellung zweier Modelle der Regulation der Proteinsynthese. *Links:* Das am JACOB-MONOD-Modell orientierte Bakterienmodell; *rechts:* das für die Eukaryotenzelle von SCHERRER und MARCAUD vorgeschlagene Kaskadenmodell.

Bakterienmodell: Die Information eines Operons wird von der DNA in ein oligocistronisches mRNA-Molekül umgeschrieben (Transkription). Die mRNA wird total (entweder als ein Molekül oder in cistronischen Abschnitten) für die Bildung der entsprechenden Proteine verwendet. Die gesamte Information der Strukturgene des Operons manifestiert sich also bei der Proteinsynthese. Der Informationsgehalt der DNA des Operons entspricht dem Informationsgehalt des Produkts der Transkription (mRNA) und dem Informationsgehalt der RNA, die bei der Translation am Polysom verwendet wird (pRNA). Ob die Operatorregion (schraffiert) in die Vorgänge der Transkription und Translation einbezogen wird, wird offen gelassen.

Eukaryotenmodell: Der Informationsgehalt der DNA einer Transkriptionseinheit wird auf ein polycistronisches HnRNA-Molekül umgeschrieben. Auf dem Weg vom Chromosom zu den Translationsstellen (Polysomen) im Plasma wird aus der ursprünglichen HnRNA eine monocistronische, funktionelle Sequenz herausgeschnitten. Im Zusammenhang mit diesen Vorgängen wird ein Teil der ursprünglichen RNA eliminiert. Im Verlauf dieser Kaskadenregulation wird also über eine Reihe von Stufen der Informationsgehalt der ursprünglichen RNA mehr oder minder stark „zusammengestrichen", so daß sich nur ein Teil der ursprünglichen Information bei der Translation manifestieren kann. Die hierbei mögliche Regulation spielt bei den Eukaryoten offenbar eine wesentliche Rolle.

Die Symbole bedeuten: HnRNA 1 – 3, verschiedene Stadien der heterogenen Kern-RNA; cRNA, cytoplasmatische RNA, die gerade den Zellkern verlassen hat; iRNA, Informations-RNA, die in Form von Informosomen gespeichert („neutralisiert") ist; pRNA, mRNA im Polysomenverband; eRNA, derjenige Teil der pRNA, dessen Information tatsächlich beim Vorgang der Proteinbildung (Translation) benützt wird. (Nach SCHERRER und MARCAUD, 1967)

Betrieb zu setzen vermag, deren Funktion für die Sporenbildung gebraucht wird. Der Mechanismus der Sporogen-Bildung und der Sporogen-Wirkung (d. h. die Sequenz der molekularen Einzelschritte) ist aber nicht aufgeklärt.

Die Kaskadenregulation bei Eukaryoten

Eine Reihe experimenteller Befunde bei Eukaryoten lassen sich zwanglos mit dem einfachen JACOB-MONOD-Modell (Abb. 61) erklären. Als Beispiel führen wir die bei vielen Pflanzen nachgewiesene Induktion der Nitratreductase durch das Substrat Nitrat an (Abb. 64). Die formale Analogie zum Lactosemodell ist offensichtlich. Es gibt jedoch keine Beweise dafür, daß Nitrat ein Induktor im Sinne des JACOB-MONOD-Modells ist.

Im Lauf der letzten Jahre hat jedoch insbesondere die Untersuchung der RNA (z. B. in Vogelerythrocyten) viele Hinweise gegeben, daß das JACOB-MONOD-Modell die tatsächlichen Verhältnisse bei Eukaryoten nicht befriedigend repräsentiert. SCHERRER und MARCAUD haben bereits 1967 als Alternative ein Modell vorgeschlagen, das sie *Kaskadenregulation* nennen (Abb. 65). Dieses Modell impliziert, daß die Regulation der Enzymsynthese in der Eukaryotenzelle ein Mehrstufenprozeß ist, im Gegensatz zur klassischen Operonregulation, wo Transkription und Translation eng gekoppelt sind und die Regulation ausschließlich bei der Transkription erfolgt (→ Abb. 62). Nach dem SCHERRER-MARCAUD-Modell wird die Information, die schließlich in die Aminosäuresequenz der Proteine übersetzt wird, auf verschiedenen Stufen aus der ursprünglichen mRNA selektiert. Das native Transkript, das am Chromosom entsteht, enthält (diesem Modell zufolge) sehr viel mehr Sequenzen als jene mRNA, die schließlich für die Translation im Cytoplasma herangezogen wird. Ein Teil der im Überschuß an den Chromosomen gebildeten RNA wird nach dem SCHERRER-MARCAUD-Modell sofort wieder zerstört (damit wird der Befund gedeutet, daß die native Kern-RNA, die HnRNA, einen hohen Umsatz zeigt). Lediglich eine stabilisierte Fraktion der ursprünglichen RNA tritt in die cytolasmatische Protein-Synthese ein (→ Abb. 66). Das Modell nimmt mehrere regulatorische Stufen, sowohl im Kern als auch im Plasma, an, auf denen mRNA ver-

nichtet oder gespeichert wird. Vorübergehend gespeicherte, mit Hilfe von Protein stabilisierte mRNA soll in Form von *Informosomen* in der Eukaryotenzelle vorliegen.

Das SCHERRER-MARCAUD-Modell hat sich im Prinzip bewährt. Eine darauf aufbauende, moderne Formulierung für den regulierten Fluß genetischer Information vom Zellkern ins Cytoplasma zeigt die Abb. 66. Freilich lassen die zur Zeit gängigen Regulationsmodelle für die Eukaryotenzelle noch viele Fragen offen, beispielsweise die Frage, welche Faktoren nach welcher Strategie die Verarbeitung (Reifung) der nucleären RNA vornehmen. Molekularbiologisch ist das Eukaryotenmodell viel weniger exakt als etwa das für *E. coli* geltende Modell der Abb. 61. Der Wert des Eukaryotenmodells sollte in erster Linie darin gesehen werden, daß es viele experimentelle Befunde zusammenfaßt und uns eindrucksvoll klar macht, daß das JACOB-MONOD-Modell für das Verständnis der Regulation in der Eukaryotenzelle nicht hinreicht.

Genom, Plastom, Chondrom, Plasmon

Die Genetik hat sich lange Zeit bevorzugt mit dem Genom befaßt. Das Studium jener Gene, die sich in anderen Kompartimenten der Zelle befinden, wurde aufgrund von Vorurteilen maßgebender Genetiker vernachlässigt, obgleich CORRENS und BAUR bereits 1909 das *Plastom* entdeckt hatten. Die erste Analyse von Chondrommutanten (petite-Mutanten) erfolgte 1949 durch EPHRUSSI. Anfang der 60er Jahre wurde DNA und RNA in Plastiden und Mitochondrien nachgewiesen (Abb. 67).

Da die Bedeutung von Plastom und Chondrom für die *Morphogenese* der pflanzlichen Zellorganellen in einem eigenen Kapitel (→ S. 77) herausgestellt wird, fassen wir an dieser Stelle lediglich die prinzipiellen genetischen Einsichten zusammen. Sowohl bei Plastiden als auch bei Mitochondrien ist man heute der Auffassung, daß sie trotz des Besitzes eigener DNA genphysiologisch weitgehend von Kern und Cytoplasma beherrscht werden (Abb. 68). In beiden Fällen wird nur ein Bruchteil (weniger als 10%) der in der Organelle vorkommenden Proteine auch an den organelleneigenen Ribosomen synthetisiert. Vermutlich sind diese Proteine auch in der Organellen-DNA codiert;

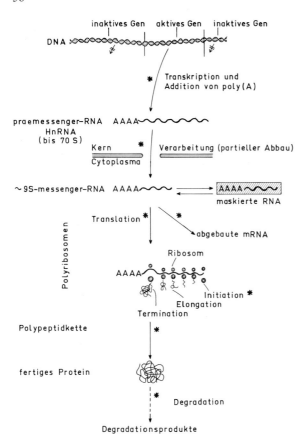

Abb. 66. Der Fluß genetischer Information vom Zellkern ins Cytoplasma — der Weg der *Genexpression* — kann an verschiedenen Kontrollpunkten (*) reguliert werden. In der Regel enthält jede somatische Zelle eines Organismus alle Gene; in verschieden spezialisierten („differenzierten") Zellen kommen aber jeweils verschiedene Gene zur Expression („aktive Gene").

Transkription: Die Nucleotidsequenz der Gene (DNA) wird in eine entsprechende Nucleotidsequenz der RNA umgeschrieben. Das primäre Produkt dieser Transkription ist eine hochmolekulare, der Molekülgröße nach sehr heterogene Vorstufen-RNA, an die am 3′OH-Ende eine Poly(A)-Sequenz, d. h. ein Strang von Adenylsäurenucleotiden (A), angehängt wird. Die Poly(A)-Sequenzen sind in der Regel 50–200 Nucleotide lang. Die heterogene, nucleare RNA (HnRNA, auch praemessenger-RNA genannt) wird — so glaubt man — zu der eigentlichen messenger-RNA (mRNA) verarbeitet (verkürzt), die den Zellkern verläßt. Abgesehen von der Poly(A)-Sequenz werden die nicht-informatorischen Sequenzen der HnRNA innerhalb des Zellkerns völlig abgebaut. Trotz vieler Bemühungen ist es bisher nur im Fall der Globin-mRNA gelungen, eine spezifische nucleare RNA zu isolieren, die nur eine bestimmte mRNA enthält.

Falls die mRNA nicht vorübergehend inaktiviert („maskiert") oder sogleich abgebaut wird, nimmt sie mit den cytoplasmatischen 80 S-Ribosomen Kontakt auf und wird in eine Polypeptidkette übersetzt (*Translation*). Für das Einsetzen der Translation (*Initiation*) und für die Verlängerung der Polypeptidketten (*Elongation*) sind neben GTP und ATP auch spezifische Proteine („Faktoren") erforderlich. Außerdem kann die mRNA nur durch die Vermittlung von Methionyl-tRNA an die 80 S-Ribosomen gebunden werden.

Die Polypeptidkette kann auf verschiedene Weise weiter modifiziert werden, beispielsweise durch *limitierte Proteolyse*, bis das fertige, funktionsfähige Protein vorliegt. Auch die aktiven Proteine besitzen in der Regel eine nur beschränkte Lebensdauer. Sie werden durch proteolytische Enzyme schließlich wieder völlig abgebaut („Degradation"), spätestens bei der gesteuerten Seneszenz der pflanzlichen Organe (→ S. 424). Es gibt Hinweise darauf, daß sowohl die HnRNA im Kern als auch die mRNA im Cytoplasma mit Protein verbunden sind. Die Ribonucleoproteinpartikel (RNP) im Kern sind große Aggregate (*nuclearer Informator*); die globulären Partikel dieses Komplexes nennt man *Informofere.* Die RNP im Cytoplasma sind kleiner; man nennt sie *Informosomen.* Die Verarbeitung der HnRNA findet erst nach der Bildung des Informatorkomplexes statt. Auch im Informosomenverband soll noch eine Verarbeitung der mRNA stattfinden können (pretranslational processing). Der noch nicht befriedigend abgeklärte Informoferen-Informosomen-Aspekt ist in der Abbildung nicht veranschaulicht.

Eine weitere Einschränkung: es gibt auch mRNA ohne Poly(A)-Sequenz, z. B. die mRNAs der meisten Histone. Dies zeigt, daß die Poly(A)-Sequenz für die Translation nicht essentiell ist. Es gibt anderseits Hinweise, daß zwischen der Poly(A)-Sequenz und der Stabilität der mRNA ein enger Zusammenhang besteht. Noch ein Hinweis auf die Bedeutung der maskierten mRNA: die maskierte, im Cytoplasma gespeicherte mRNA ist fest an Proteine gebunden, die sowohl eine Translation der mRNA als auch eine Degradation verhindern. Die Kontrolle des Demaskierungsprozesses ist ein wesentlicher Regulationsmechanismus, zumindest während der frühen Embryonalentwicklung der Eukaryoten oder bei der sukzessiven Entwicklung von Stiel, Wirtel und Hut bei *Acetabularia* (→ Abb. 82)

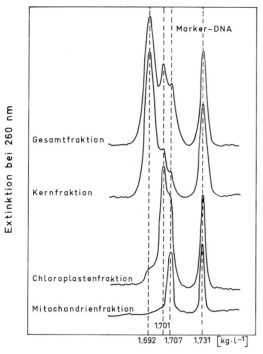

Auftriebsdichte im CsCl-Gradient

Abb. 67. Der biochemische Nachweis von nucleärer, plastidärer und mitochondrialer DNA. Objekt: Hypokotyl von Gurkenkeimlingen (*Cucumis sativus*). Die aus dem gesamten Gewebe, bzw. aus der Kern-, Chloroplasten- und Mitochondrienfraktion gewonnene DNA wurde, zusammen mit der aus *Micrococcus lysodeikticus* stammenden Marker-DNA, auf einem isopyknischen CsCl-Dichtegradienten bis zur Gleichgewichtseinstellung zentrifugiert. Anschließend wurde das DNA-Profil optisch ausgemessen. Man erkennt bei der Gesamtfraktion eine Aufspaltung in 3 überlappende Banden unterschiedlicher Dichte, welche sich durch spezifische Anreicherung in den verschiedenen Zellfraktionen als Kern-, Plastiden- bzw. Mitochondrien-DNA identifizieren lassen. Der Dichtewert der nucleären DNA variiert bei verschiedenen Arten, so daß sich nicht immer eine so klare Aufspaltung wie in diesem günstigen Fall ergibt. Auch ist bei den meisten anderen Pflanzen der Kern-DNA-Gehalt sehr viel größer als hier (nur ca. 0,7 pg pro haploidem Genom; → Tabelle 4, S. 42), so daß die Banden der Organellen-DNA leicht überdeckt werden können. (Nach KADOURI et al., 1975)

man hat dafür aber nur in wenigen Fällen direkte Hinweise. Ein solcher Fall ist das Chloroplastenenzym *Ribulosebisphosphatcarboxylase,* dessen große Untereinheit im Chloroplast, die kleine Untereinheit dagegen im Cytoplasma synthetisiert wird (→ S. 81). Die Beweisführung

erfolgte auf genetischem Weg: Zwei kreuzbare Tabakarten unterscheiden sich im Muster der typischen Spaltprodukte der großen Untereinheit (d. h. in der Primärstruktur des Polypeptids). Das artspezifische Muster der Spaltprodukte wird bei der Kreuzung uniparental vererbt und zwar ausschließlich über diejenige Art, welche über die Eizelle die Plastiden beisteuert (*matrokliner Erbgang*). In ähnlicher Weise gelang auch das komplementäre Experiment: Die Information für die kleine Enzym-Untereinheit zeigt einen MENDEL-Erbgang (uniforme F_1; eine im Verhältnis 3:1 aufspaltende F_2) und muß daher in der Kern-DNA codiert sein. Zu entsprechenden Resultaten (mendelnder Erbgang) gelangte man bei vielen anderen Plastidenproteinen, beispielsweise beim Ferredoxin oder bei den an der Chlorophyll- und Carotinoidsynthese beteiligten Enzymen.

Die genetische Information von Kern, Plastiden und Mitochondrien steht nicht einem unspezifischen Cytoplasma gegenüber. Vielmehr besitzt auch das Cytoplasma „Spezifität". In den meisten Experimenten der Genetik kommt diese Spezifität deshalb nicht zum Ausdruck, weil man Individuen *derselben Art* kreuzt. Es werden also solche Gameten zur Befruchtung gebracht, die hinsichtlich ihrer plasmatischen Spezifität — hinsichtlich ihres Plasmons — völlig oder doch nahezu völlig übereinstimmen. Es ist natürlich falsch, aus der Nicht-

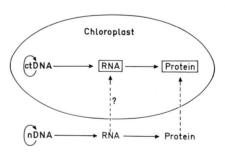

Abb. 68. Eine Illustration des Sachverhalts, daß die Proteine eines Chloroplasten zum Teil in der organelleneigenen DNA (ctDNA) zum Teil im Genom (nDNA) codiert sind. Man weiß heute, daß die Codierung im Genom quantitativ weit überwiegt. Die meisten Proteine der Organelle werden an den 80 S-Ribosomen des Cytoplasmas gebildet und anschließend in die Organelle eingeschleust. Die sog. Autonomie der Organelle ist also sehr begrenzt. Ein entsprechendes Bild ergibt sich für die Mitochondrien. Bislang gibt es keinen überzeugenden Beweis für die Translation nucleärer mRNA an Chloroplasten- (oder Mitochondrien-)Ribosomen

Nachweisbarkeit des Plasmons bei innerartlichen Kreuzungen auf die Nicht-Existenz des
Plasmons zu schließen. Die Realität des Plasmons erweist sich im Kreuzungsexperiment
dann, wenn reziproke Kreuzungen nicht-iden-
tische Resultate liefern und weder Plastom
noch Chondrom für eine Erklärung der reci-
proken Unterschiede in Betracht kommen. Viele diesbezügliche Experimente sind mit Arten
der Gattungen *Epilobium, Oenothera* und
Streptocarpus durchgeführt worden. Kreuzungen zwischen Arten und Gattungen sind indessen nur selten möglich. Ein interspezifischer
oder intergenerischer Hybrid ist nur dann
lebensfähig, wenn die Kerngene, die Plastogene, die Chondriogene und die „Plasmagene"
wenigstens einigermaßen aufeinander abgestimmt sind (→ S. 446).

Man ist geneigt, anzunehmen, daß auch die
Plasmagene ihrer chemischen Natur nach
DNA-Moleküle sind. Es gibt hierfür aber keine
Beweise. Es ist möglich, daß Strukturen des Cytoplasmas, denen die Fähigkeit zur identischen
Replication zukommt (z. B. Biomembranen),
ebenfalls als Träger genetischer Information
angesehen werden müssen. Es ist also nicht
auszuschließen, daß genetische Information
auch unabhängig von der DNA existiert.

Weiterführende Literatur

ALLFREY, V. G., BAUTZ, E. K. F., MCCARTHY, B. J.,
SCHIMKE, R. T., TISSIÈRES, A. (eds.): Organiza-
tion and Expression of Chromosomes. Berlin:
Abakon, 1976

BIRKY, C. W.: The inheritance of genes in mitochondria and chloroplasts. BioScience **26**, 26 – 33
(1976)

BRYANT, J. A. (ed.): Molecular Aspects of Gene Ex-
pressions in Plants. New York: Academic Press,
1976

BÜCHER, Th., NEUPORT, W., SEBALD, W., WERNER,
S. (eds.): Genetics and Biogenesis of Chloro-
plasts and Mitochondria. Amsterdam: North-
Holland, 1976

BÜCHER, Th., SIES, H. (eds.): Inhibitors, Tools in Cell
Research. Berlin-Heidelberg-New York: Springer, 1969

Cold Spring Harbor Symposia on Quantitative Biology, Vol. 38: Chromosome Structure and Func-
tion. Cold Spring Harbor, N. Y.: Cold Spring
Harbor Laboratory, 1974

HARDELAND, R., MILLOTAT, W.: Posttranskriptiona-
le Regulation bei Eukaryonten. Naturw. Rdsch.
29, 386 – 393 (1976)

JONES, K., BRANDHAM, P. E. (eds.): Current Chromosome Research. Amsterdam: North-Holland,
1976

LUKAS, H., HARDELAND, R.: Transkription und
Translation von mRNA bei Eukaryonten. Naturw. Rdsch. **29,** 341 – 349 (1976)

PRICE, H. J.: Evolution of DNA content in higher
plants. Botanical Rev. **42,** 27 – 52 (1976)

STEIN, G. S., STEIN, J. S., KLEINSMITH, L. J.: Chro-
mosomal proteins and gene regulation. Sci. American, February 1975, pp. 46 – 57

7. Die Zelle als teilungsfähiges System

Der Zellcyclus

Eine Zelle entsteht prinzipiell aus der Teilung einer Mutterzelle. Im Fall einer meristematischen (embryonalen) Pflanzenzelle läßt sich der Sachverhalt der Zellteilung mit der Feststellung beschreiben, daß sich alle wesentlichen Bestandteile einer Zelle zuerst verdoppeln und das ganze System sich alsdann in zwei Hälften teilt (Zellreplication). Eine Wandbildung zwischen den Tochterzellen schließt die Zellteilung ab (Abb. 69, *unten*). Mit dem Begriff autosynthetischer Zellcyclus bezeichnet man die Vorgänge zwischen einer Zellreplication und der nächsten. Bei der Beschreibung des Zellcyclus stehen in der Regel die Replication der DNA, der Chromosomen und des Zellkerns im Vordergrund. Diese Vorgänge bestimmen auch die

Abb. 69. *Oben:* Die Zellpolarität als Grundlage für die inäquale Zellteilung (erste Teilung der Gonospore von *Equisetum spec.*). Die Zellpolarität wird durch einseitige Belichtung festgelegt („induziert"). *Unten:* Morphologisch äquale Teilung einer embryonalen Zelle aus einem Blattprimordium. Die verschiedenartigen Zellphänotypen der Tochterzellen (Epidermiszelle bzw. Assimilationsparenchymzelle) sind darauf zurückzuführen, daß verschiedenartige Faktoren auf die Tochterzellen einwirken (Milieu I bzw. Milieu II). In einem stationären (im Fließgleichgewicht befindlichen) Meristem wird sich im Durchschnitt eine der beiden Tochterzellen funktionell spezialisieren („differenzieren"), während die andere embryonal bleibt und wieder in den Zellcyclus eintritt. Während die Kernteilung völlig äqual ist, erfolgt die Aufteilung des Cytoplasmas auf die Tochterzellen häufig inäqual (*oben*). Es ist fraglich, ob bei der normalen Entwicklung Tochterzellen jemals völlig identisch sind. Die neue Zellwand wird in der Regel senkrecht zur Längsachse der Mutterzelle eingezogen (*unten*). Offensichtlich bestimmt die Längsachse der Mutterzelle die Lage der Teilungsspindel

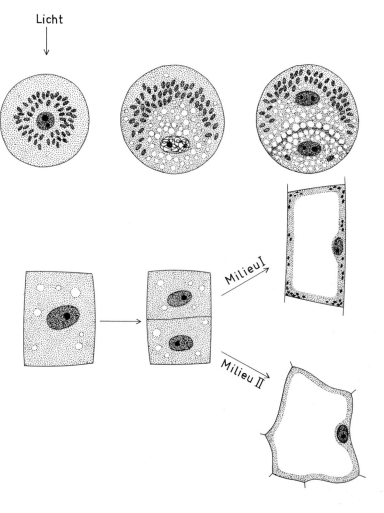

Licht

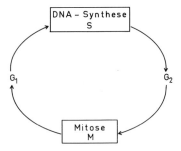

Abb. 70. Die konventionelle, einfache Darstellung des autosynthetischen Zellcyclus. Das auffälligste Ereignis im Interphasenkern ist die Synthese von DNA (S-Phase). Dieser Vorgang nimmt nur eine relativ kurze Zeit in Anspruch. Mitose und DNA-Synthese sind durch die längere präsynthetische (G_1) und die etwas kürzere postsynthetische (G_2) Phase getrennt. In pflanzlichen Meristemen dauert der autosynthetische Zellcyclus etwa 17 – 32 h, von denen die Mitose 1,5 – 4 h benötigt. Innerhalb der Mitose dauert die Telophase in der Regel am längsten

Einteilung des Zellcyclus in verschiedene Phasen (Abb. 70, 71). Wegen der großen Bedeutung des Genoms erscheint diese Betonung gerechtfertigt. Man muß sich aber stets darüber im klaren sein, daß der Zellcyclus neben dem besonders auffälligen Chromosomencyclus eine Reihe weiterer Prozesse einschließt (Kernhüllencyclus, Nucleolencyclus, Spindelcyclus, Plastidencyclus, Plasmalemmacyclus). Der Mechanismus der Integration der verschiedenen Cyclen ist nicht klar; die vielen Beispiele für eine Entkopplung der Teilprozesse (beispielsweise Endopolyploidie bei Hemmung des Spindelcyclus) deuten aber darauf hin, daß die Kopplung elastisch ist und auf verschiedenen Stufen erfolgt.

Mit dem Begriff *Mitose* bezeichnet man den lichtmikroskopisch analysierbaren Vorgang der äqualen Kernteilung: Es werden aus einem Zellkern zwei gleiche, äquivalente Tochterker-

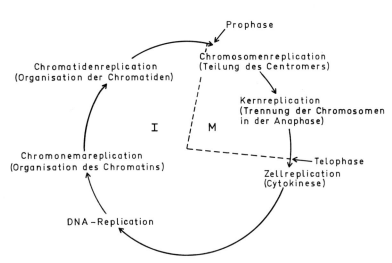

Abb. 71. Die wesentlichen Ereignisse beim mitotischen Zellcyclus. (Nach DYER, 1976.) Die eigentliche Mitose (M) betrifft Veränderungen von Chromosomen, Nucleolen, Kernhülle und Teilungsspindel. Die Replication der DNA und der Chromosomenproteine und die Vereinigung der Komponenten zum funktionellen Chromatin („Organisation") erfolgen in der Interphase (I). Es ist erwiesen, daß die DNA-Replication in den verschiedenen Regionen des Chromatins zu etwas verschiedenen Zeiten stattfindet. Dies gilt wahrscheinlich auch für andere Prozesse der Interphase. Die basischen Kernproteine (Histone) werden gleichzeitig mit der DNA synthetisiert, die Nicht-Histonproteine (NHP) werden hingegen bevorzugt in der späten Interphase und in der frühen Prophase der Mitose vermehrt. Die RNA-Synthese hört in der Mitte der Prophase

auf und wird erst gegen das Ende der Telophase hin wieder aufgenommen. Es scheint, daß an den kondensierten („aufspiralisierten") Chromosomen die Transkription kaum möglich ist. Bei der Chromatidenreplication entstehen zwei diskrete, in jeder Hinsicht gleiche Untereinheiten, die sich dann zu Beginn der Prophase zu den Tochterchromosomen kondensieren. Normalerweise folgt auf die Chromatidenreplication eine Kondensierung („Aufspiralisierung"); die Bildung von Riesenchromosomen zeigt aber, daß die Chromatidenreplication auch dann wiederholt erfolgen kann, wenn die Kondensierung der Chromatiden unterbleibt. Bei den Angiospermen desintegriert die Kernhülle in der späten Prophase; zur gleichen Zeit lösen sich auch die Nucleolen auf

Abb. 72. Mitose im Endosperm von *Haemanthus katharinae*. Der Zeichnung liegt eine Photographie zugrunde, die mit einem Differential-Interferenz-Mikroskop (Zeiss-Nomarski) hergestellt wurde. Bei diesem Verfahren lassen sich nicht nur die Chromosomen, sondern auch Details der Spindel-Organisation im Leben beobachten. Die Spindel ist für die Trennung der Chromosomen notwendig, nicht hingegen für die Chromosomenreplikation. (Nach BAJER und ALLEN, 1966)

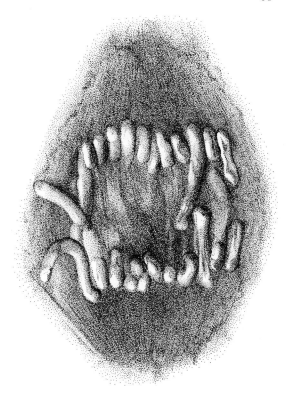

ne gebildet. Bei diesem Vorgang treten die kompakten Transportformen der Chromosomen in Erscheinung (Abb. 72). Die Strukturänderungen („Spiralisierung", „Entspiralisierung"; → Abb. 51) und Bewegungen der Chromosomen sowie die Ausbildung der Teilungsspindel bestimmen die bekannte Einteilung des Mitoseablaufs in *Prophase, Metaphase, Anaphase* und *Telophase*.

Die Verdoppelung der Chromosomen (identische Chromatidenreplikation) erfolgt bezüglich der DNA semikonservativ während der sogenannten *Interphase* (Abb. 73). Die basischen Kernproteine (Histone) werden gleichzeitig mit der DNA repliziert, die Nicht-Histonproteine (NHP) des Zellkerns werden hingegen bevorzugt in der späten Interphase und in der frühen Prophase vermehrt.

In der Regel folgt auf die Mitose die *Cytokinese* (mitotische Zellteilung). Die meisten Zellen einer Pflanze sind bekanntlich einkernig. Die *Polytänie*, die Bildung polyploider Kerne und die Entstehung mehrkerniger Zellen (beispielsweise im Tapetum der Antheren, bei der Bildung von Tracheengliedern oder Milchröhren) können als Abweichungen von der Regel angesehen werden, daß eine pflanzliche Zelle üblicherweise *einen* haploiden oder diploiden Zellkern enthält. Die Abweichungen von der

Regel zeigen jedoch, daß Chromatidenreplikation, Mitose und Cytokinese nicht *notwendigerweise* miteinander gekoppelt sind.

Nicht nur Chromosomen und Zellkern, sondern *alle* wichtigen Konstituenten der Zelle müssen sich irgendwann vor Beginn der Cytokinese replizieren, wenn gewährleistet sein soll, daß sie in der Tochterzelle repräsentiert sind. Dies gilt insbesondere für die semi-autonomen Zellorganellen (Plastiden, Mitochondrien). Es ist wahrscheinlich, daß auch diese Organellen nur durch Teilung aus ihresgleichen entstehen können. Allerdings können im Verlauf des Zellcyclus Plastiden und Mitochondrien so klein werden (Proplastiden, Promitochondrien), daß sie auch mit dem Elektronenmikroskop kaum mehr eindeutig zu identifizieren sind und somit ihre Kontinuität während des Zellcyclus nicht mehr direkt zu beweisen ist. Dies hat gelegentlich zu der Auffassung geführt, diese Organellen entstünden de novo aus „Membranen". Die Ergebnisse der Plastiden- und Mitochondrien*genetik* falsifizieren diese Hypothese.

Im Normalfall erfolgt die Cytokinese, nachdem alle Replicationsvorgänge abgeschlossen sind. Das erste sichtbare Zeichen für eine ablaufende Cytokinese ist eine Ansammlung von Golgi-Vesikeln im Bereich des Spindeläqua-

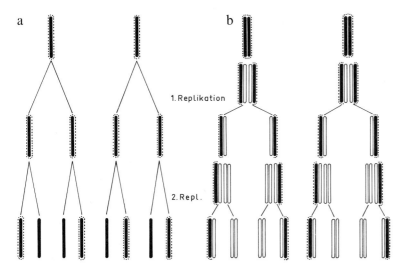

Abb. 73 a und b. Modellhafte Darstellung der Replication und Segregation der DNA in den Chromosomen höherer Organismen (z. B. in den Wurzelspitzen von *Vicia faba*). Die Zellen teilen sich zunächst einige Male in einem Medium, das radioaktiv markiertes Thymidin enthält. Vor Beginn der 1. Replication werden die Zellen in ein „kaltes" Medium, d. h. in ein Medium mit unmarkiertem Thymidin, überführt.   (a)   Cytologisch-autoradiographisch beobachtbare Daten. Die radioaktiv markierten Chromosomen sind durch die punktierte Umrandung angedeutet. (b) Deutung der Beobachtungsdaten auf dem Niveau der Chromatiden. Radioaktiv markierte Chromatiden sind schwarz, unmarkierte sind weiß gehalten. Resultat: Semikonservative Replication der DNA und der Chromatiden, d. h. der neu hinzukommende Partnerstrang wird als Ganzes neu synthetisiert (*unmarkiert*) und der Matrizenstrang bleibt als Ganzes erhalten (*markiert*). (Nach HESS, 1966)

tors. Die Vesikel bilden, vielleicht unter dem richtenden Einfluß von Mikrotubuli, die Zellplatte. Dieser auffällige Prozeß beginnt im Zentrum der Spindel und breitet sich zentrifugal bis zur Wand hin aus (→ Abb. 36).

Die Regulation der Mitoseintensität

Man hat in vielen physiologischen Experimenten nach Substanzen gesucht, welche die Mitoseaktivität auslösen bzw. erhöhen. Mit Hilfe bestimmter Testsysteme lassen sich solche Substanzen nachweisen, z. B. mit Hilfe von Gewebekulturen (→ Abb. 403). Man entnimmt ein steriles Gewebestück aus dem Mark der Sproßachse einer Tabakpflanze und bringt es auf Nähragar (Agar mit Nährsalzen, gewissen Vitaminen und geeigneten Zuckern als C-Quelle). Es erfolgt kein Wachstum. Fügt man jetzt bestimmte Substanzen zu, zum Beispiel IES (→ Abb. 269) und Kinetin (→ Abb. 385), so stellt sich üppiges Wachstum ein. Die Richtung der Teilungsebenen ist aber nicht reguliert; es entsteht somit ein amorphes Gewebe, ein *Kallus*.

Wir wollen uns noch einmal klar machen, welche Einblicke in die Kausalität der Mitose man mit Hilfe dieser *Faktorenanalyse* gewinnen kann (→ S. 8). Die Argumentation lautet: x Faktoren sind notwendig, damit Mitosevorgänge in den Zellen des isolierten Tabakgewebes ablaufen können. Diese x Faktoren sind die *Ursache* für die *Wirkung* Mitose (→ Abb. 3). Von den x Faktoren kennen wir zwei: IES und Kinetin. Die anderen Faktoren sind in unserem Testsystem in solchen Mengen vorhanden, daß sie nicht begrenzend wirken. Es gilt also:

$$x \text{ Faktoren} \rightarrow \text{Mitosen}$$
$$x - 2 \text{ Faktoren} \rightarrow \text{keine Mitosen}$$
$$(x-2) \text{ Faktoren} + \text{IES} + \text{Kinetin} \rightarrow \text{Mitosen}.$$

Eine besondere Bedeutung gewinnen die mit solchen Testsystemen gewonnenen Resultate dann, wenn es wahrscheinlich ist, daß die im Testsystem erfaßten „teilungsauslösenden Substanzen" auch in situ für die Regulation der Mitoseaktivität verwendet werden. Es ist sehr wahrscheinlich, daß die IES, die im Testsystem bereits in sehr geringen Konzentrationen teilungsauslösend wirkt, in der Pflanze als „Mitosehormon" fungiert.

Ein weiteres Beispiel: Die Teilung von Zellen (*Acer pseudoplatanus*) in Zellsuspensionskulturen (→ Abb. 479) erfolgt nur in Gegenwart von Auxin, beispielsweise 2,4-D (→ Abb. 282). Die Abb. 74 zeigt den grundlegenden Befund, daß die in einer Kultur maximal erreichbare Zellzahl von der Konzentration des Auxins im Medium zum Zeitpunkt Null abhängt. Hingegen ist die Steigung der Wachstumsfunktion bis 8 d nach Versuchsbeginn unter den verschiedenen Bedingungen (1, 2, 3) gleich. Die Befunde dieser Studie legen den Schluß nahe, daß Auxin der begrenzende Faktor für die maximal erreichbare Zellzahl ist, wenn die Ausgangskonzentration unter 10^{-6} mol · l^{-1} liegt. Ist die Auxinkonzentration im Medium höher, dürfte Nitratstickstoff der begrenzende Faktor für die maximal erreichbare Zellzahl sein.

Die molekularen Einzelschritte, die bei der Auslösung der Mitose in der Eukaryotenzelle ablaufen, sind trotz vieler Bemühungen noch nicht aufgeklärt. Man kann davon ausgehen, daß stets eine Wechselwirkung zwischen Kern und Plasma im Spiel ist. Eine der zur Zeit diskutierten Hypothesen besagt, daß die Phosphorylierung der sehr lysinreichen H1-Histonfraktion des Chromatins unter dem Einfluß eines cytoplasmatischen Signals den auslösenden Schritt der Mitose (Einleitung der Chromosomenkondensation) darstellt. Für diese Untersuchungen hat sich der Schleimpilz *Physarum polycephalum* als besonders geeignet erwiesen.

Die Determination der Teilungsebene

Bei der Morphogenese der Tiere spielen Ortsbewegungen von Zellen („morphogenetische Bewegungen") häufig eine große Rolle. Hingegen sind die Zellen der Pflanze durch feste Wände in ihrer Lage fixiert. Die Morphogenese der Pflanzen erfolgt deshalb ausschließlich über die Determination der Teilungsebene (= Ebene der neuen Zellwand) und über die Regulation des postembryonalen Zellwachstums (→ Abb. 39). Wir stellen uns die Frage, welche Faktoren die Teilungsebene bestimmen. Die Lage der Teilungsebene ist bestimmt durch die Lage der Spindelpole: Die Zellplatte bildet sich in der Äquatorialebene senkrecht zur Spindelachse aus (→ Abb. 75). In den Fällen, in denen eine Zellpolarität nachweisbar ist (häufig erkennbar an einer sichtbaren Strukturasymmetrie der Mutterzelle; → Abb. 69, *oben*), fallen Polaritätsachse und Spindelachse zusammen. Die Lage der Teilungsebene ist also durch die Polarität der Mutterzelle determiniert. Es ist wohl stets damit zu rechnen, daß die Lage der künftigen Teilungsebene festgelegt ist, *bevor* sich die Mitosespindel ausbildet. Man hat beobachtet, daß an den Stellen, an denen die künftige Zellplatte an das Plasmalemma stoßen wird, schon vor Einsetzen der Mitose eine lokale Ansammlung von Mikrotubuli erfolgt. Die Frage bleibt offen, ob eine „lokale Differenzierung" der Plasmamembran in der Mutterzelle die Ansammlung der Mikrotubuli bestimmt

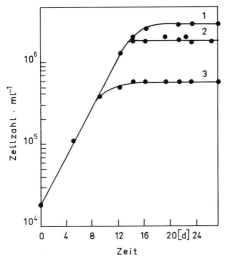

Abb. 74. Der Einfluß der initialen 2,4-D-Konzentration auf die Zellteilungen in einer Zellsuspensionskultur von *Acer pseudoplatanus*. Die für das Inoculum verwendeten Zellen stammen von einer Zellsuspensionskultur im logarithmischen Wachstum. Das Kulturmedium enthielt $2 \cdot 10^{-7}$ mol 2,4-D · l^{-1}. Zum Zeitpunkt Null wurde ein 10 ml-Aliquot der Stammkultur in 250 ml frisches Medium übertragen. Die 2,4-D-Konzentrationen des frischen Mediums betrugen: $4 \cdot 10^{-6}$ mol · l^{-1} (1), $8 \cdot 10^{-7}$ mol · l^{-1} (2) und $2 \cdot 10^{-7}$ mol · l^{-1} (3). (Nach LEGUAY und GUERN, 1975.) Die wahrscheinliche Erklärung für die in dieser Abbildung mitgeteilten Beobachtungen ist, daß 2,4-D über einen Schwellenwertsmechanismus (Alles-oder-Nichts-Reaktion, → Abb. 18) seine regulierende Funktion ausübt. Solange die 2,4-D-Konzentration in den Zellen über einem bestimmten Wert liegt, ist die Mitoseintensität unabhängig von der 2,4-D-Menge im Medium. Sinkt die 2,4-D-Konzentration unter den Schwellenwert, so wird das Auxin zum absolut limitierenden Faktor der Mitoseintensität. Diese Erklärung für den Kurvenverlauf schließt die Annahme ein, daß das 2,4-D beim Wachstum der Kultur verbraucht wird

und welche Faktoren gegebenenfalls diese „lokale Differenzierung" bewirken. Unsere positive Einsicht in den Mechanismus der Determination der Teilungsebene geht kaum über die Feststellung hinaus, daß die Lage der Teilungsebene in erster Linie durch die Polarität der Mutterzelle bestimmt wird. In günstigen Fällen (→ Abb. 69, *oben*) läßt sich zeigen, daß die Polaritätsachse bei Einzelzellen durch Außenfaktoren (beispielsweise Licht) festgelegt wird. Bei kompakten Meristemen ist die Frage nach den determinierenden Faktoren der Zellpolarität kaum analysiert, zumal die sich teilenden meristematischen Zellen oft keine ausgeprägte Strukturasymmetrie aufweisen (→ Abb. 69, *unten*).

Zellcyclus und Zelldifferenzierung

Gelegentlich wird die Hypothese vertreten (z. B. von dem prominenten Zellbiologen HOLTZER), daß Zelldifferenzierung (Umdifferenzierung im Sinn der Abb. 285) eine mitotische Zellteilung voraussetzt. Aus den Schwierigkeiten, diese Hypothese mit den Tatsachen in Einklang zu bringen, hat sich der Zirkelschluß entwickelt, in allen jenen Fällen, in denen sich Zellfunktionen unabhängig von einer

vorangegangenen Mitose oder DNA-Replication ändern, handle es sich nicht um „wirkliche" Zelldifferenzierung. Auf Pflanzenzellen trifft die HOLTZERsche Hypothese offensichtlich nicht zu. Es gibt viele Beispiele für grundlegende, bleibende Änderungen der Zellfunktionen ohne vorangegangene Mitose. Beispielsweise erfolgt die dramatische Transformation von Speicherkotyledonen in Laubblätter, die durch Phytochrom ausgelöst wird, ohne daß es zu signifikanten Zellteilungen kommt (→ Abb. 328).

Weiterführende Literatur

CLAY, W. F., BARTELS, P. G., KATTERMANN, F. R. H.: Mechanism of nuclear DNA replication in radicles of germinating cotton. Proc. Natl. Acad. Sci. USA **73**, 3220 – 3223 (1976)

JOKUSCH, B. M.: Neuere Forschungen über Zellzyklus und Kernteilung am Schleimpilz *Physarum polycephalum.* Naturwiss. **62**, 283 – 289 (1975)

MOORE, D. M.: Plant Cytogenetics. London: Chapman and Hall, 1976

NAGL, W.: Zellkern und Zellzyklen. Stuttgart: Ulmer, 1976

PAWELETZ, N.: Hundert Jahre Mitoseforschung. Naturw. Rdsch. **27**, 359 – 370 (1974)

REINERT, J., HOLTZER, H. (eds.): Cell Cycle and Cell Differentiation. Berlin-Heidelberg-New York: Springer, 1976

8. Polarität — eine Grundeigenschaft der Zelle

Phänomene

In der Theorie der organismischen Form nehmen die Begriffe Polarität und Polaritätsachse eine zentrale Stellung ein. Bei der höheren Pflanze (Kormus) wird die grundlegende Wurzel-Sproß-Polarität im Regelfall bereits bei der ersten Teilung der Zygote im Embryosack festgelegt (→ Abb. 252). Diese Teilung ist inäqual. Bei einer inäqualen Teilung entstehen aus einer Mutterzelle zwei ungleiche Tochterzellen (Abb. 75). Diese Art von Zellteilung spielt bei der ganzen Entwicklung der höheren Organismen eine entscheidende Rolle. In der Regel ist die erste Teilung einer Keimzelle (Zygote, Spore) eine solche inäquale Zellteilung. Beispielsweise liefert die erste Teilung einer keimenden *Equisetum*-Spore (→ Abb. 69) eine kleine Rhizoidzelle und eine größere Prothalliumzelle.

Aus dieser gehen durch weitere Teilungen die Zellen des Prothalliums hervor.

Die polaren Eigenschaften von Organen und Organismen sind das Resultat der Polarität von Zellen. Die Organpolarität (und damit auch die Zellpolarität) ist in der Regel sehr stabil. Die Stabilität der Organpolarität beim Auxintransport wird auf S. 279 behandelt. Ein klassisches Beispiel für stabile Organpolarität, das bereits VÖCHTING beschrieben hat, zeigt die Abb. 76. Ein Stück eines entblätterten, diesjährigen Weidenzweigs (*Salix spec.*) regeneriert unter günstigen Bedingungen Sprosse am morphologisch apikalen Ende und Wurzeln am morphologisch basalen Ende, unabhängig von der Orientierung zur Schwerkraft. Wird das Stück Weidenzweig in mehrere Teile zerschnitten oder in der Mitte geringelt, so wird jeder der Teile die polaren Regenerationsleistungen

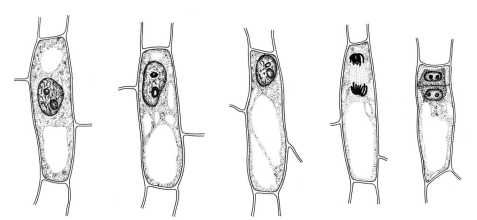

Abb. 75. Eine inäquale Zellteilung bei der Bildung einer Spaltöffnungsmutterzelle im jungen Blatt der Küchenzwiebel (*Allium cepa*). Die Polaritätsachse der Mutterzelle läßt sich vor Beginn der Zellteilung unschwer erkennen (*links*). Die kleinere, aber plasmareiche Tochterzelle (Spaltöffnungsmutterzelle) führt noch eine weitere Zellteilung durch, bei der die beiden Schließzellen entstehen. Da die Äquatorialebene bei dieser Teilung parallel zur Polaritätsachse liegt, entstehen zwei gleiche Tochterzellen (äquale Teilung). (Nach BÜNNING, 1953)

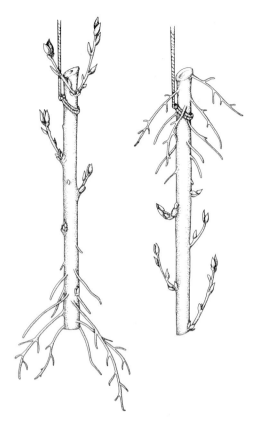

Abb. 76. Organpolarität bei den Regenerationsleistungen eines Weidenzweigs im Dunkeln. *Links:* Ein Stück Weidenzweig bei normaler Orientierung, aufgehängt in feuchter Luft. *Rechts:* Ein entsprechendes Stück in inverser Lage zur Schwerkraft. Das morphologisch basale Ende (Wurzelpol) bildet Wurzeln, das morphologisch apikale Ende (Sproßpol) bildet Sproßregenerate. Die *geotropische Orientierung* der Regenerate richtet sich jeweils nach der Schwerkraft. (Nach PFEFFER, 1904)

Die Bedeutung der Zellpolarität

Wie kann man sich eine inäquale Teilung (→ Abb. 75) verständlich machen? Die *Kern*teilung ist äqual, eine typische Mitose. Ebenso können wir damit rechnen, daß jede Tochterzelle genügend Plasmon, Plastom und Chondrom erhält, um omnipotent zu bleiben. Das Cytoplasma mit den Organellen wird aber *verschieden* auf die beiden Tochterzellen verteilt. Dies hat die Konsequenz, daß die Tochterkerne in verschiedenes „Milieu" geraten. Dadurch kommt es offenbar zu einer unterschiedlichen Aktivität des Genoms. Die Folge ist, daß die beiden Tochterzellen verschiedene Zellphänotypen ausbilden.

Die Grundlage für jede inäquale Teilung ist somit die Polarität der Mutterzelle (→ Abb. 75, *links*). Mit dem Begriff *Zellpolarität* will man zum Ausdruck bringen, daß das Cytoplasma nicht überall in der Zelle dieselben Eigenschaften besitzt. Die Eigenschaften ändern sich vielmehr von einem Pol der Zelle bis zum gegenüberliegenden Pol, also entlang einer *Polaritätsachse*. Ist die Polarität der Zelle fixiert, spricht man von einer *Strukturpolarität*. Diese stabile Polarität hat wahrscheinlich ihren Sitz in den peripheren Bereichen des Cytoplasmas, vermutlich im Plasmalemma. Bei vielen pflanzlichen Keimzellen kann die Zellpolarität durch Außenfaktoren induziert werden. Dieses Phänomen bietet die Möglichkeit, die Entstehung der Zellpolarität experimentell zu untersuchen.

Polaritätsinduktion durch Licht

Die *Equisetum*-Spore (→ Abb. 69) besitzt keineswegs von vornherein eine stabile Polaritätsachse. Vielmehr ist die Spore zunächst kugelsymmetrisch (→ Abb. 69, *links*). Erst bei der Keimung beobachtet man eine polare Verschiebung von Kern, Plastiden und Mitochondrien. Diese Vorgänge müssen als Manifestationen einer entstandenen Strukturpolarität aufgefaßt werden. Die Strukturpolarität bestimmt auch die Äquatorialebene und damit die Lage der ersten Zellwand. Die Lage der Polaritätsachse in der keimenden Spore kann durch Licht festgelegt werden. Wirksam ist nur kurzwelliges Licht (λ<520 nm). Der Rhizoidpol entsteht an jener Stelle der Zelle, wo am wenigsten Licht absorbiert wird, bei einseitiger

zeigen (Sproßregeneration am jeweils apikalen, Wurzelregeneration am jeweils basalen Ende). VÖCHTING konnte ausschließen, daß irgendwelche „äußeren Kräfte" für die qualitativ unterschiedlichen Regenerationsleistungen der Zweigenden verantwortlich sind. Er mußte eine „innere Ursache" postulieren, die er *Polarität* (präziser Organpolarität) nannte. Die Organpolarität ist nicht auf Sproßachsen beschränkt. Auch Wurzeln zeigen entsprechende, polare Regenerationsleistungen.

Eine Voraussetzung für die Erklärung der Organpolarität ist die Erklärung der Zellpolarität. Erst in neuerer Zeit ist es gelungen, dieses Problem einer Lösung näher zu bringen.

Abb. 77. Diesem Modell liegt folgende Hypothese zugrunde: Die apolare Keimzelle (z. B. die *Equisetum*-Spore) besitzt eine *latente Polarität*. Diese kann durch den Außenfaktor Licht reversibel (labil) orientiert werden. Erfolgt keine Störung dieser Orientierung, geht mit der Zeit die labile Polarität in eine stabile Strukturpolarität über. Diese manifestiert sich dann als morphologische Polarität (→ Abb. 69). (In Anlehnung an HAUPT, 1962)

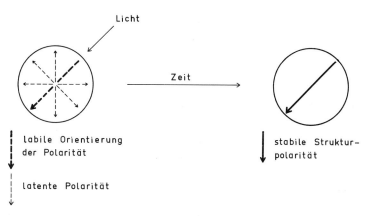

Belichtung also auf der lichtabgewandten Seite der Spore. Der übliche Ausdruck „Induktion der Zellpolarität durch Licht" kennzeichnet den Sachverhalt nur oberflächlich. Genauer betrachtet handelt es sich um die Ausrichtung einer latent vorhandenen Polarität durch Licht (Abb. 77). Diese Orientierung der Polarität durch Licht kann nur während einer sensiblen Phase geschehen. Wird in diesem Zeitraum die Polaritätsachse nicht durch Licht orientiert, erfolgt eine *autonome Stabilisierung*.

Polaritätsinduktion durch polarisiertes Licht

Wir verwenden als Beispiel die Zygoten von *Fucus*-Pflanzen. Die derben, marinen Braunalgen der Gattung *Fucus* entlassen Eizellen und Spermatozoen (→ Abb. 606). Die Befruchtung erfolgt im Wasser. Die Zygoten und die Keimlinge lassen sich verhältnismäßig leicht experimentell handhaben. Die Zygote ist zunächst sphärisch und kugelsymmetrisch. Die Ausbildung der Zellpolarität kann ähnlich beschrieben werden wie bei der *Equisetum*-Spore

(Abb. 78). Auch bei der *Fucus*-Zygote entsteht der Rhizoidpol an der dunkelsten Stelle der Zelle (Abb. 79). Die Vorwölbung am Rhizoidpol ist das erste sichtbare Zeichen für die Zygotenkeimung. Die erste Zellteilung ist inäqual; es entstehen eine prospektive Rhizoidzelle und eine primäre Thalluszelle (Apikalzelle). Im senkrecht auf die Wachstumsebene auffallenden linear polarisierten Blaulicht ($\lambda < 520$ nm) keimen die Zygoten von *Fucus* mit ihrem Rhizoid (bzw. Rhizoiden bei Zwillingsbildungen) in der Schwingungsebene des 𝕰-Vektors aus (Abb. 79, *rechts*). Dieser auch bei anderen Keimzellen (Pilzsporen, Moossporen, Farnsporen) auftretende „polarotropische Effekt" konnte für die Lösung der Frage herangezogen werden, wo in der Zelle die bei der Polaritätsinduktion wirksamen Photoreceptormoleküle lokalisiert sind. Das von JAFFE vorgeschlagene Modell (perikline Anordnung der langgestreckten Photoreceptormoleküle in einer dichroitischen Struktur in der Nähe des Plasmalemmas) erklärt überzeugend die im Zusammenhang mit dem Polarotropismus gemachten Beobachtungen (Abb. 80). Die für die Polaritätsinduktion verantwortlichen Photoreceptormoleküle liegen also in einer Region, in der später auch die stabile Polarität ihren Sitz hat.

Abb. 78. Die Entstehung der Keimlingspolarität beim Sägetang (*Fucus serratus*). Das befruchtete Ei zeigt zunächst differentielles Zellwachstum (Bildung einer Ausstülpung am Rhizoidpol) und erst dann eine differentielle Zellteilung (=inäquale Zellteilung). (Nach BENTRUP, 1971)

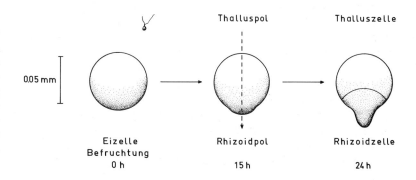

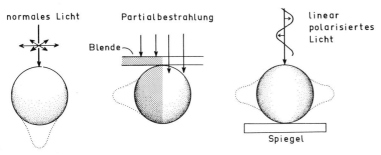

Abb. 79. Polaritätsinduktion durch Licht bei der *Fucus*-Zygote. *Links:* Normales, d. h. in allen Richtungen senkrecht zum Pfeil schwingendes Licht fällt von oben (also einseitig) auf die Zelle. Durch die Schattenwirkung des Zellinhalts entsteht ein starkes Gefälle. Der untere Teil der Zelle liegt im relativen Dunkel. *Mitte:* Die Blende erzeugt in der Zelle ein Gefälle des Lichtflusses, das unabhängig von der Lichtrichtung ist. Am dunkelsten ist unter diesen Bedingungen die linke Seite der Zelle. *Rechts:* Hier wird von oben linear polarisiertes Licht eingestrahlt, das in der Zeichenebene schwingt (elektrischer Vektor). Das Licht wird von den dichroitisch orientierten Photoreceptormolekülen nur in jenen Teilen der Zelle absorbiert, die mehr oder minder parallel zum elektrischen Vektor orientiert sind. Die Zelle ist also oben und unten am hellsten. Der Spiegel sorgt dafür, daß ein zusätzliches Gefälle (wie im Fall *links*) nicht ins Spiel kommt. (Nach BENTRUP, 1971)

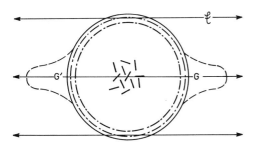

Abb. 80. Das Modell einer *Fucus*-Zygote. Es soll zeigen, daß die Photoreceptormoleküle in den zu Rhizoiden auswachsenden Regionen (G und G′) am wenigsten Licht absorbieren, wenn die Photoreceptoren in der unmittelbaren Nähe der Zelloberfläche angeordnet und periklin orientiert sind. Das linear polarisierte Licht fällt in diesem Modell senkrecht auf die Papierebene und schwingt in der durch die Doppelpfeile angegebenen Richtung (elektrischer Vektor). Die Striche innerhalb der Zygote repräsentieren die Achsen der maximalen Lichtabsorption der Photoreceptormoleküle, die Punkte seien Photoreceptormoleküle, die senkrecht zur Papierebene liegen. Die Photoreceptormoleküle, die zwischen der polaren und der äquatorialen Region liegen, sind nicht eingetragen. (Nach JAFFE, 1958)

Polarität und bioelektrisches Feld

Die Polarität der *Fucus*-Zygote kann auch durch ein externes elektrisches Feld induziert werden. Dasselbe gilt für die Gonosporen der daraufhin untersuchten *Equisetum*- und *Funa-*

ria-Arten. Bei der *Fucus*-Zygote gelang JAFFE 1966 der Nachweis, daß die keimende Zelle synchron mit der Differenzierung in Thallus- und Rhizoidpol ein elektrisches Feld aufbaut. Das Feld entsteht als Folge eines Ca^{2+}-Einstroms am Rhizoidpol und eines K^+-Ausstroms am Apikalpol. Die Feldrichtung ist demgemäß mit der Zellpolarität korreliert. Das Cytoplasma des apikalen Zellpols ist relativ elektronegativ. Es gibt gute Gründe für die Hypothese, daß das extern angelegte elektrische Feld primär über eine lokale Änderung der elektrischen Potentialdifferenz am Plasmalemma (Membranpotential) wirkt; es ist aber nicht klar, ob im Fall der Polaritätsinduktion durch Licht der Aufbau eines elektrischen Feldes ein Glied in der Kausalkette zwischen der Lichtabsorption und der Ausbildung der Strukturpolarität darstellt.

Polarität und Signalsubstanz

Im Dunkeln und bei Abwesenheit von künstlichen Signalen, z. B. ohne elektrische Felder oder chemische Gradienten, orientiert die *Fucus*-Zygote ihre Polarität am Substrat, sofern dieses eine Diffusionsbarriere darstellt (Abb. 81). Diese Orientierung (Rhizoidpol am Substrat) ist für die Festsetzung der *Fucus*-Keimlinge am natürlichen Standort (Felsen in der Brandung) entscheidend wichtig. In diesem

Abb. 81. Polaritätsinduktion durch Signalsubstanz. Die Zygote gibt während ihrer Entwicklung beständig Signalsubstanz in das Seewasser ab. Durch eine Strömung (*Mitte*) oder eine Diffusionsbarriere (*rechts*) ergeben sich räumliche Konzentrationsunterschiede, die den Rhizoidpol determinieren. Die Orientierung des künftigen Rhizoids ist gestrichelt angedeutet. (Nach BENTRUP, 1971)

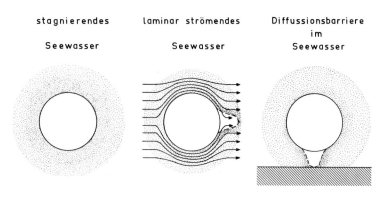

stagnierendes Seewasser | laminar strömendes Seewasser | Diffussionsbarriere im Seewasser

Fall orientiert sich die Zygote mit Hilfe einer Signalsubstanz, die sie allseitig ins Wasser abscheidet. Im stagnierenden Seewasser (*links*) ist die Signalsubstanz symmetrisch um die Zygote verteilt. Im laminar strömenden Wasser (*Mitte*) ergibt sich ein Konzentrationsgefälle, da sich die Signalsubstanz im Strömungsschatten besser halten kann als an der übrigen Oberfläche. Auch eine Diffusionsbarriere (*rechts*) führt zu einem Konzentrationsgefälle, da die Diffusion der Signalsubstanz in Richtung Barriere aufgehalten wird. Die Zygote legt den Rhizoidpol immer dort an, wo die relativ höchste Konzentration der Signalsubstanz herrscht.

Weiterführende Literatur

BENTRUP, F. W.: Räumliche Zelldifferenzierung. Umschau **71**, 335 – 339 (1971)

BÜNNING, E.: Polarität und inäquale Teilung des pflanzlichen Protoplasten. In: Handbuch der Protoplasmaforschung, Band 8. Wien: Springer, 1958

HAUPT, W.: Die Entstehung der Polarität in pflanzlichen Keimzellen, insbesondere die Induktion durch Licht. Erg. Biol. **25**, 1 – 32 (1962)

VÖCHTING, H.: Über Organbildung im Pflanzenreich. Bonn: Cohen, 1878

9. Kern-Plasma-Wechselwirkungen bei Acetabularia

Die im Mittelmeer und anderen südlichen Meeren vorkommenden siphonalen Grünalgen der sessilen Gattung *Acetabularia* (*Dasycladales*) sind geradezu ideale Objekte für das Studium der Beziehungen zwischen Kern und Plasma, z. B. im Hinblick auf die Frage, wie genetische Information der Chromosomen bei Eukaryoten in *spezifische* Morphogenese umgesetzt werden kann. Die andere Frage, wie das Verhalten des Kerns vom Plasma her reguliert werden kann, läßt sich an diesem Objekt ebenfalls untersuchen. Auch für das Studium der Kooperation von Genom und Plastom hat sich *Acetabularia* als besonders geeignet erwiesen. Die neuerdings im Vordergrund stehende Frage nach der zeitlichen Organisation und Regulation der Genexpression vereinigt diese Aspekte.

Der Organismus

Die Ontogenie der repräsentativen Art *Acetabularia mediterranea,* die von HÄMMERLING 1931 in die physiologische Forschung eingeführt wurde, ist in groben Zügen auf der Abb. 82 dargestellt. Die Zygote entsteht durch die Fusion von zwei Isogameten. Sie keimt zu einem ungegliederten, zylindrischen Stiel aus. Dieser besitzt an seinem unteren Ende ein gelapptes Rhizoid, das den einzigen Kern der siphonalen Pflanze enthält. Der größte Teil des Stielvolumens wird von einer Vacuole eingenommen. Der periphere Plasmaschlauch enthält viele Chloroplasten. Am apikalen Pol bildet der Stiel vergängliche Haarwirtel und schließlich einen „Hut". Dieser Hut oder Schirm ist im fertigen Zustand in etwa 75 Strahlen („Kammern") gegliedert, die Cystenbehälter darstellen. Die Cysten sind Gametan

gien homolog. Der Stiel wächst zunächst sowohl in die Länge als auch in die Breite, beides exponentiell. Der maximale Durchmesser — unter bestimmten Standardbedingungen im

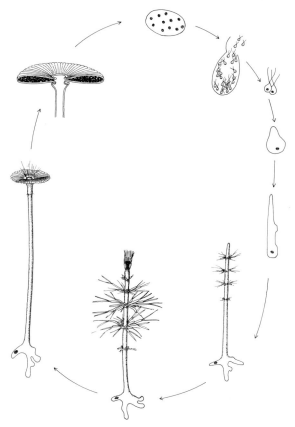

Abb. 82. Einige Stadien aus der Ontogenie von *Acetabularia mediterranea.* Zur Größenordnung: Länge des ausgewachsenen Stiels, 30 – 60 mm; Durchmesser des Schirms, bis 10 mm. Die Länge des Stiels und die Größe des Huts (= Schirm) hängen von den Lichtbedingungen ab. Starkes Licht fördert die Entwicklung des Huts und drosselt das Stielwachstum. Die neuerdings in die Forschung eingeführte *A. major* ist noch größer: Länge bis 20 cm, Durchmesser des Huts bis 25 mm

Laboratorium — beträgt 0,3 – 0,4 mm. Er ist einige Zeit vor der Hutbildung erreicht. Danach wächst der Stiel bis zur Hutbildung nur noch in die Länge, und zwar linear. Die Endlänge des Stiels beträgt 30 – 60 mm. Sie wird unter günstigen experimentellen Bedingungen in etwa 3 Monaten erreicht. Für die Hutbildung ist ein weiterer Monat notwendig. Der Hut erreicht etwa 10 mm Durchmesser. Das Wachstum des siphonalen Systems ist also langsam. Unter diesem Gesichtspunkt ist *Acetabularia* kein günstiges Versuchsobjekt. Der Zellkern der Zygote besitzt ein Volumen von etwa $4 \cdot 10^{-9}$ mm³. Das Volumen des üblicherweise im Rhizoid liegenden *Primärkerns* beträgt unmittelbar vor der Hutbildung etwa 10^{-3} mm³. Das Kernvolumen hat also während des Wachstums um den Faktor 10^6 zugenommen. Um den Riesenkern (im Vergleich zum Gesamtsystem ist er natürlich nach wie vor sehr klein) läßt sich unter dem Elektronenmikroskop eine 0,3 – 1 μm dicke, cytoplasmatische Schale beobachten. Bei jungen Kernen ist diese Schicht nur etwa 10 nm dick. Ist der Hut „reif", so beginnt der Riesenkern zu desintegrieren. (Die Meiose findet entweder vor, während oder unmittelbar nach dem Zerfall des Primärkerns statt). Aus dem Zerfallsprozeß soll *ein* „Sekundärkern" hervorgehen, der sich noch im Rhizoid mitotisch in viele (etwa 7000 – 15 000) *Sekundärkerne* teilt. Diese werden durch eine gerichtete Plasmaströmung in die Hutstrahlen transportiert, wo einkernige Cysten (= Ruhestadien) gebildet werden. In der geschlossenen Cyste finden erneut viele Mitosen statt. Schließlich kommt es zur Bildung von *Gameten*. Die Hüte zerfallen; die Cysten sinken zum Grund. Nach einer Ruheperiode öffnen sich die Cysten; die Gameten werden frei. Sie können paarweise kopulieren. Die Zygote wächst unmittelbar zum Keimschlauch aus, während sich substratwärts das Rhizoid bildet.

Die Vorzüge von Acetabularia als experimentelles System

Teile des siphonalen Systems (auch kernlose Teile) zeigen eine ungewöhnliche *Regenerationsfähigkeit*. Man kann verhältnismäßig leicht Pfropfungen durchführen, d. h. Teile einer Pflanze auf eine andere transplantieren. Die Teile wachsen zusammen. Erfolgreiche *Trans-*

plantationen sind auch zwischen Individuen verschiedener Arten möglich. Man kann leicht kernlose Systeme herstellen, z. B. durch Abschneiden des Rhizoids oder durch Entnahme des Primärkerns. Diese kernlosen Teile können erstaunlich lange „überleben". (Auf die Dauer ist natürlich auch bei *Acetabularia* der Zellkern nicht zu entbehren.) Der Primärkern kann einer Pflanze entnommen und einer anderen implantiert werden (*Kerntransplantation*). In geeigneten Medien können die Kerne extrazellulär für einige Zeit „überleben" und dabei „gewaschen", d. h. von anhaftendem Plasma befreit werden. Die Ontogenie des siphonalen Systems ist mit einer sehr charakteristischen Morphogenese verbunden. Die Hüte der einzelnen Arten sind auffällig verschieden. Die Aufeinanderfolge von *Stiel-*, *Wirtel-* und *Hutbildung* illustriert besonders anschaulich das Phänomen der mehrmaligen Umdifferenzierung bei der Entwicklung einer Zelle (→ Abb. 313).

Einflüsse des Plasmas auf den Primärkern

Der Primärkern kann verfrüht zur Desintegration gebracht werden, wenn man Stiele mit reifen Hüten auf Rhizoide mit einem jungen Primärkern pfropft (Abb. 83, *unten*). Die Desintegration des Primärkerns kann verhindert werden, wenn man den zuerst gebildeten Hut und die in der Folge gebildeten „Regenerationshüte" beständig entfernt (Abb. 83, *oben*). Solche Systeme lassen sich jahrelang züchten, ohne daß sich der Primärkern in der „normalen" Weise (→ Ontogenie) verändert. Die übliche Desintegration des Primärkerns, die Bildung der Sekundärkerne, die Cystenbildung usw. kommen aber ganz „normal" zustande, sobald man den zuletzt gebildeten Hut am System beläßt. Man kann aus diesen Befunden den Schluß ziehen, daß bei der normalen Entwicklung das Verhalten des Primärkerns von dem reifen Hut her reguliert wird. Der Primärkern paßt sich auch hinsichtlich seiner Größe dem Zustand des Plasmas an. Wenn man zum Beispiel einen Rhizoidlappen, der einen Primärkern maximaler Größe enthält, isoliert, beobachtet man eine schnelle und drastische Reduktion des Kern- und des Nucleolarvolumens (Abb. 83, *oben*). Auch die cystoplasmatische

Schicht um die Kernhülle wird wieder dünn
wie bei jungen Kernen. Mit fortschreitender
Regeneration des Stiels wächst auch der Kern
wieder heran.

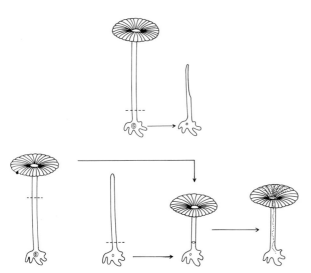

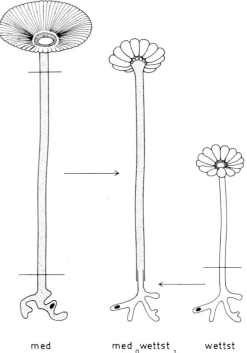

med   med₀wettst₁   wettst

Abb. 83. Einige Experimente mit *Acetabularia mediterranea,* welche die Wirkung des Plasmas auf den
Primärkern demonstrieren. *Oben:* Wenn man den
reifen Hut entfernt, schrumpft der Primärkern und
seine Desintegration unterbleibt. *Unten:* Wenn man
einen reifen Hut auf ein junges Rhizoid pfropft, löst
man die Desintegration des Primärkerns verfrüht
aus. (Nach GIBOR, 1966)

Abb. 84. Ein kernloses Stielstück von *Acetabularia
mediterranea* (med) wird auf ein kernhaltiges Rhizoid von *Acetabularia wettsteinii* (wettst) transplantiert. Die zusammengesetzte Pflanze (med$_0$wettst$_1$)
bildet einen *wettsteinii*-Hut. (Nach HÄMMERLING,
1934; BÜNNING, 1953)

Die Bedeutung des Kerns für die spezifische Morphogenese

Die Spezifität der Morphogenese äußert sich
bei den verschiedenen Arten von *Acetabularia*
in erster Linie bei der *Hutbildung.* Wir fragen:
Welche Faktoren bestimmen die Spezifität der
Morphogenese im Zusammenhang mit der
Hutbildung? Ist es der Kern oder sind es Faktoren des Plasmas? (Mit dem Ausdruck „Plasma"
bezeichnet man die jeweilige Zelle minus
Kern.)

Ein grundlegendes Experiment. Man transplantiert Stielabschnitte von *A. mediterranea* auf ein
kernhaltiges Hinterstück von *A. wettsteinii* und
beobachtet die Morphogenese des zusammengesetzten Systems (Abb. 84). Resultat: Die Morphogenese des Hutes richtet sich zunächst etwas nach der Herkunft des Vorderstücks, bald
aber definitiv nach der Herkunft des Kerns.

Man kann folgende Hypothese bilden: Vom
Kern werden *„morphogenetische Substanzen"*
abgegeben, welche die Information, wie der
Hut aussehen soll, vom Kern ins Plasma tragen. Diese morphogenetischen Substanzen sind
im Stiel nicht homogen verteilt; sie werden
vielmehr apikal angereichert. Man kann die experimentell gewonnene Information folgendermaßen zusammenfassen (Abb. 85, *oben* und
Mitte): Die spezifische Morphogenese (im Hinblick auf die Hutbildung) kann auch in Abwesenheit des Kerns vonstatten gehen. Sie wird
aber begrenzt durch die Menge an morphogenetischen Substanzen, die vom Kern ins Plasma abgegeben wurde, bevor die Kernentnahme
erfolgte. Diese Substanzen sind besonders im
Apikalteil des Stiels akkumuliert und offenbar
ziemlich „langlebig".

Interspezifische Kernübertragungen (Abb. 85,
unten). Primärkerne lassen sich auch zwischen
verschiedenartigen Pflanzen übertragen, z. B.

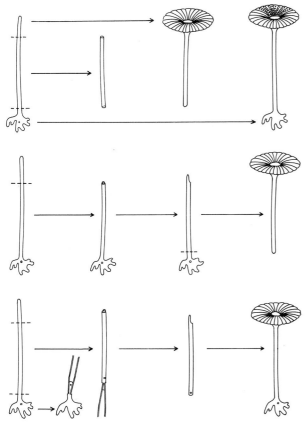

Abb. 85. Einige Experimente mit *Acetabularia mediterranea*, welche die Wirkung des Primärkerns auf das Plasma demonstrieren. *Oben:* Das mittlere Stielstück bleibt am Leben, wächst aber nicht. Das apikale Stück entwickelt einen Hut. Das kernhaltige Rhizoid regeneriert eine normale Pflanze. *Mitte:* Man schneidet die Stielspitze, welche die morphogenetischen Substanzen für die Hutbildung enthält, ab. Wenn man nun einige Tage wartet und erst dann das mittlere Stielstück abtrennt, ist dieses zur Hutbildung fähig. Offenbar haben sich in der Zwischenzeit morphogenetische Substanzen in diesem Stielstück angereichert. *Unten:* Implantiert man dem mittleren Stielstück einen Primärkern, setzt nach einigen Tagen die Regeneration zu einer normalen Pflanze ein. (Nach GIBOR, 1966)

von *A. mediterranea* nach *A. crenulata* und umgekehrt. Die übertragenen Kerne sind praktisch frei von Plasma. Die Resultate der Experimente mit Kernübertragung verifizieren die Hypothese, die sich aufgrund der Transplantationsexperimente ergeben hat. Die Kerne geben morphogenetische Substanzen an das Plasma ab, welche die Information für die Spezifität der Morphogenese tragen. Wir erwähnen nur einige Befunde: Implantiert man einen Pri-

märkern von *A. mediterranea* (med_1) in kernfreies Plasma von *A. crenulata* ($cren_0$), erhält man zunächst einen intermediären Hut mit Tendenz nach med. Schneidet man den jungen Hut ab und verfolgt die Bildung des 2. oder 3. Regenerationshutes, so findet man reine med-Hüte. Die reziproke Übertragung ($cren_1$ in med_0) liefert entsprechende Resultate. Offenbar werden die morphogenetischen Substanzen, die sich in dem entkernten System zum Zeitpunkt der Implantation befinden, allmählich durch die von dem implantierten Kern abgegebenen morphogenetischen Substanzen ersetzt. Stellt man durch Transplantation mehrkernige Systeme her, so erhält man einen jeweils konstanten Typ intermediärer Hüte, zum Beispiel:

$cren_3med_1$: beinahe reiner cren-Hut
$cren_2med_1$: Hut mit starker cren-Tendenz
$cren_1med_1$:⎫ genau gleich aussehende
$cren_2med_2$:⎭ intermediäre Hüte
$cren_1med_2$: Hut mit starker med-Tendenz
$cren_1med_3$: beinahe reiner med-Hut

Kontrollen:

$cren_{2-4}$ reine cren-Hüte
med_{2-4} reine med-Hüte

Man muß aus diesen Befunden den Schluß ziehen, daß die Morphogenese von den beiden Kernen *gleichzeitig* gesteuert werden kann.

Die biochemische Natur der „morphogenetischen Substanzen". Es gibt eine Reihe von Hinweisen, daß die morphogenetischen Substanzen den Charakter von RNA haben. Neben biochemischen Daten (Bestimmung der RNA-Synthese mit und ohne Kern) und cytochemischen Daten (Beobachtungen der Abgabe von RNA aus dem Kern an das Plasma) sind es vor allem die Effekte spezifischer Inhibitoren (→ Abb. 59), welche diese Auffassung stützen.

Actinomycin D blockiert, in niedrigen Konzentrationen appliziert, relativ spezifisch die Bildung morphogenetischer Substanzen im Zellkern von *A. mediterranea*. Die Funktion der bereits im Plasma befindlichen morphogenetischen Substanzen wird nicht wesentlich beeinflußt. *Puromycin* hingegen blockiert die Morphogenese völlig, gestattet aber die kontinuierliche Abgabe morphogenetischer Substanzen an das Plasma. Da in Anwesenheit von Puromycin die morphogenetischen Substanzen offenbar nicht oder nur wenig verbraucht werden, kommt es zu einer Akkumulation.

Die momentan zur Verfügung stehenden Daten sprechen dafür, daß die artspezifischen morphogenetischen Substanzen, die der Primärkern von *Acetabularia* abgibt, den Charakter relativ langlebiger mRNA haben. Die artspezifische Morphogenese der *Acetabularia* beruht auf einer artspezifischen Gestaltung der Zellwand. Dafür werden artspezifische Enzymsysteme gebraucht. Da die artspezifische Hutbildung ein komplizierter Morphogeneseschritt ist, dürften die artspezifischen morphogenetischen Substanzen eine Vielzahl von mRNA-Sorten enthalten.

Die besonders wichtige Frage, an welcher Stelle der Sequenz

$$\text{DNA} \xrightarrow{\text{Transkription}} \text{RNA} \xrightarrow{\text{Translation}} \text{Protein}$$

reguliert wird, läßt sich bei *Acetabularia* im Hinblick auf Stiel-, Wirtel- und Hutbildung eindeutig beantworten. *Die Regulation erfolgt auf der Ebene der Translation.* Dies folgt allein schon aus der Tatsache, daß die *Acetabularia*-Pflanze nach der Entfernung des Kerns zunächst fortfährt, Stiel und Wirtel zu bilden, bevor die Hutbildung einsetzt. Detaillierte Experimente mit Hilfe der genannten Inhibitoren zeigen, daß die für die Spezifität der Hutbildung verantwortlichen Gene lange vor Beginn der Hutbildung aktiv sind, und zwar gleichzeitig mit den für die Stiel- und Wirtelbildung verantwortlichen Genen. Im Cytoplasma liegen also in Form von RNA alle Informationen (Stiel-, Wirtel-, Hutbildung) gleichzeitig vor. Sofort realisiert wird aber nur die Information für Stiel- und Wirtelbildung, die Information für Hutbildung wird zunächst in inaktiver Form gespeichert. Die Realisierung dieser Information beginnt erst einige Wochen später. Die zeitliche Aufeinanderfolge von Stiel-, Wirtel- und Hutbildung beruht also nicht darauf, daß die für diese Prozesse verantwortlichen Gene nacheinander aktiv werden, sondern darauf, daß die in Form von RNA im Plasma gleichzeitig vorhandenen Informationen nacheinander „abgerufen" werden. Wann Hutbildung stattfindet, wird also auf der Ebene der Translation entschieden. Der Mechanismus dieser Regulation (d. h. die zeitliche Abfolge der Elementarschritte) ist zur Zeit noch unbekannt. Man nimmt an, daß der stabile messenger jeweils in Form von RNP-Partikeln (RNA, gebunden an Protein, → S. 56) vorliegt. Die auf Vorrat gemachte RNA wird durch die Protein-

bindung vorübergehend stabilisiert (z. B. gegen die Wirkung von Nucleasen abgeschirmt) und zeitlich geordnet in die Translation eingebracht (→ Abb. 66). In einem kernlos gemachten Stück *Acetabularia* (→ Abb. 85) ist die Lebensdauer des messenger-Systems unnatürlich lang. Ist ein Kern vorhanden, also unter natürlichen Bedingungen, so ist die Lebensdauer viel geringer. Dies zeigen Kerntransplantationsexperimente besonders deutlich.

Kernabhängige, spezifische Enzymsynthese

Wie sind unter Zugrundelegung des Dogmas DNA → mRNA → spezifisches Protein die Transplantations- und Implantationsexperimente zu deuten? Im Prinzip folgendermaßen: Ein A-Kern, in B-Plasma verbracht, veranlaßt die Bildung von A-Enzymen, welche allmählich die B-Enzyme ersetzen. Dies ist deshalb möglich, weil auch die Enzymmoleküle, ebenso wie der messenger, nur eine begrenzte „Lebensdauer" besitzen (→ Abb. 132). Es kommt also zu einer A-spezifischen Morphogenese. Da A- und B-Plasmon nicht verschieden sind — soweit die Funktion des Primärkerns in Frage steht —, ist es auch verständlich, daß das B-Plasma die vom A-Kern kommende mRNA benützen kann.

Es läßt sich tatsächlich zeigen, daß verschiedene Primärkerne, die sich im gleichen Plasma befinden, die Bildung verschiedener Enzyme veranlassen. Man hat zum Beispiel eine saure Phosphatase daraufhin untersucht. Dieses Enzym ist in den nahe verwandten Arten *Acetabularia calyculus* (cal) und *Acicularia schenkii* (acic) etwas verschieden. Kerntransplantationen liefern folgende Resultate:

$\text{cal}_1 \text{ acic}_1$: beide Enzymtypen (Kontrollexperiment),

$\text{cal}_0 \text{ acic}_1$: Enzymtyp acic (jedenfalls nach einiger Zeit),

$\text{cal}_1 \text{ acic}_0$: Enzymtyp cal (jedenfalls nach einiger Zeit).

Experimente bezüglich der Bildung von Isoenzymen (→ S. 120) der Malat-Dehydrogenase (MDH) ergaben ähnliche Resultate. Im Fall der $\text{cren}_1 \text{med}_0$-Kombination (d. h. ein Kern von *Acetabularia crenulata* im Plasma von *A. mediterranea*) wird das Isoenzym-Muster innerhalb von 4 Wochen auf den cren-Typ umgesteuert (Abb. 86). Auch bei der Kombination med$_1$acic$_0$ (d. h. ein Kern von *Acetabularia mediterranea* im Plasma von *Acicularia schenkii*) erfolgt regelmäßig eine Umstellung auf das für *A. mediterranea* typische Isoenzymmuster.

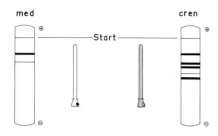

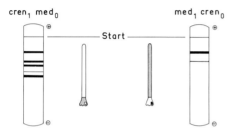

Abb. 86. Heterologe Transplantationsexperimente zwischen *Acetabularia mediterranea* (med) und *Acetabularia crenulata* (cren). *Oben:* Das gelelektrophoretisch aufgetrennte Isoenzymmuster (Malat-Dehydrogenase aus dem Plasma) der Ausgangsarten ist charakteristisch verschieden. *Unten:* Innerhalb von 4 Wochen nach der Transplantation hat sich das Isoenzymmuster kernspezifisch umgestellt. Es bedeuten: cren$_1$med$_0$, Kern von cren, Plasma von med; med$_1$cren$_0$, Kern von med, Plasma von cren. (Nach SCHWEIGER et al., 1967)

Wie schon erwähnt, geht in einem kernlos gemachten Plasma (z. B. med$_0$) die Enzymsynthese langfristig weiter und zwar gemäß dem früher vorhanden gewesenen Kern. Wir haben diese Tatsache mit der Existenz langlebiger mRNA gedeutet. Unter dem Einfluß eines heterolog implantierten Kerns (z. B. cren$_1$) werden die ursprünglichen (z. B. med) Isoenzyme eliminiert und durch cren-Isoenzyme ersetzt. Der neue Kern bewirkt also nicht nur die Synthese der ihm gemäßen Isoenzyme; er verursacht auch die Eliminierung der bereits vorhandenen Isoenzyme. Der „Mechanismus" dieser Regulation ist noch ungeklärt. Man geht davon aus, daß mRNA in Abwesenheit des Zellkerns stabiler ist. Anders ausgedrückt: In Anwesenheit des Kerns ist das turnover der mRNA hoch. Von besonderem Interesse ist, daß zumindest ein Teil der gemessenen MDH-Aktivität an die Chloroplasten gebunden ist. Demgemäß bedeuten die Resultate, daß Chloroplastenenzyme von der Kern-DNA codiert werden und daß auch die Chloroplastenenzyme unter dem Einfluß des neuen Kerns ausgetauscht werden.

Neuerdings ist es gelungen, von heterologen Transplantaten die F$_1$-Generation aufzuziehen und die MDH dieser Pflanzen zu untersuchen. Primärkerne wurden in der üblichen Weise aus *Acetabularia mediterranea* und *Acetabularia crenulata* isoliert und in kernlose Vorderstücke von *Acetabularia cliftonii* transplantiert. Die so gewonnenen Kombinationen wurden bis zur Hut- und Cystenbildung gebracht. Die Morphogenese der Pflanzen, die nach Freisetzen der Gameten und nach Kopulation entstanden, entsprach völlig der Art, von der die Kerne der Elterngeneration stammten. Auch das Isoenzymmuster der MDH der F$_1$-Generation wird von den heterologen Kernen der Elterngeneration determiniert.

Enzymsynthese und Formmerkmale

Die intrazelluläre Bildung eines räumlichen Musters ist bei der Morphogenese der *Acetabularia*-Zelle besonders offensichtlich. Sie findet z. B. in der Artspezifität der Hüte ihren Ausdruck. Das Problem, wie auf der Ebene der Moleküle die artspezifische Enzymsynthese zur artspezifischen intrazellulären Morphogenese führt, ist völlig ungeklärt. Dies gilt, wie wir noch sehen werden, generell für den Zusammenhang von spezifischer Enzymsynthese und spezifischen Formmerkmalen. Hier liegt eines der schwierigsten Probleme der Entwicklungsphysiologie.

Kern-Plastiden-Beziehungen

Auch bei den Acetabularien sind die Chloroplasten semiautonom. Dies bedeutet, daß zwar ein Teil der genetischen Information, die für Aufbau und Funktion der Chloroplasten gebraucht wird, in der Chloroplasten-DNA codiert ist, andererseits aber der Nachweis geführt werden kann, daß auch die Kerngene für die Chloroplastengenese unmittelbar wichtig sind. APEL hat zum Beispiel Hinweise gefunden, daß selbst Membranproteine der Chloroplasten von Kerngenen codiert werden. In heterologen Transplantationsexperimenten (Prinzip → Abb. 86) wurde gefunden, daß zumindest einige der Proteine der 70S-Plastidenribosomen im Kern codiert sind und an den 80S-Ribosomen des Plasmas gebildet werden. Hingegen ist die RNA der 70S-Ribosomen ein Transkriptionsprodukt der Organellen-DNA. *Rifampicin* (ein Derivat des gegen Bakterien gerichteten Antibioticums *Rifamycin;* es hemmt spezifisch die DNA-abhängige RNA-Polymerase der Prokaryoten und Chloroplasten) hemmt die Chlorophyllsynthese sowohl in kernlosen als auch in kernhaltigen Acetabularien. Diese Befunde weisen darauf hin, daß das Plastom zumindest für die Chlorophyll*akkumulation* benötigt wird.

Weiterführende Literatur

APEL, K., SCHWEIGER, H. G.: Nuclear dependency of chloroplast proteins in *Acetabularia.* Eur. J. Biochem. **25,** 229 – 238 (1972)

HÄMMERLING, J.: Entwicklungsphysiologische und genetische Grundlagen der Formbildung bei der Schirmalge *Acetabularia.* Naturwiss. **22,** 829 – 836 (1934)

HÄMMERLING, J.: Nucleo-cytoplasmic interactions in *Acetabularia* and other cells. Ann. Rev. Plant Physiol. **14,** 65 – 92 (1963)

SCHWEIGER, H. G.: Nucleocytoplasmic interaction in *Acetabularia.* In: Handbook of Genetics. R. C. King (ed.). New York: Plenum, 1976, Vol. 5

SCHWEIGER, H. G., MASTER, R. W., WERZ, G.: Nuclear control of a cytoplasmic enzyme in *Acetabularia.* Nature **216,** 554 – 557 (1967)

ZETSCHE, K.: Steuerung der Zelldifferenzierung bei der Grünalge *Acetabularia.* Biol. Rdsch. **6,** 97 – 112 (1968)

10. Intrazelluläre Morphogenese

Unter *Morphogenese* verstehen wir die Entstehung und Veränderung der spezifischen Form (Gestalt, Struktur, Organisation) bei der Entwicklung des Organismus (→ S. 299). Das Resultat der Morphogenese ist der gegliederte, physiologisch organisierte und integrierte Pflanzenkörper. Morphogenese läßt sich auf verschiedenen Stufen der Integration lebendiger Systeme beobachten. In diesem Kapitel beschäftigen wir uns mit der untersten Stufe, der Morphogenese des Protoplasten.

Die Eucyte enthält eine erhebliche Zahl verschiedener Kompartimente — z. B. ER-Cisternen, Chloroplasten, Vacuolen — welche, ebenso wie die ganze Zelle, einer beständigen Entwicklung unterliegen. Dies gilt auch für die nicht mehr teilungsbereite Zelle. Die intrazelluläre Entwicklung hängt meist unmittelbar mit der funktionellen Zellspezialisierung im Zuge der Gewebedifferenzierung im vielzelligen Organismus zusammen. Sie wird wie diese einerseits durch organismuseigene Faktoren und andererseits durch Umweltfaktoren gesteuert. Ein für die photoautotrophe Pflanze zentral bedeutsamer Umweltfaktor ist das Licht. Dieser Faktor läßt sich experimentell besonders leicht handhaben. Nicht zuletzt deswegen ist die *Photomorphogenese* von Zellorganellen ein besonders gut untersuchter Aspekt der intrazellulären Morphogenese.

Die molekularen Mechanismen des Wachstums und der Differenzierung intrazellulärer Strukturen und die dabei wirksamen regulatorischen Wechselwirkungen werden zur Zeit intensiv erforscht. Trotzdem steht man auch auf diesem Gebiet am Anfang. Wir müssen uns hier auf einige repräsentative Beispiele auf der Ebene der Zellorganellen beschränken.

Morphogenese der Mitochondrien

Die Mitochondrien sind die Orte der Energiegewinnung bei der oxidativen Dissimilation (→ S. 179). Daneben besitzen sie eine Reihe weiterer metabolischer Funktionen, z. B. im Zusammenhang mit der Metabolisierung von Fett oder dem photosynthetischen Glycolatstoffwechsel (→ Abb. 186, 192). Diese essentiellen Zellorganellen werden als genetisch semi-autonome, ihre genetische Information selbst replizierende Systeme bei der Zellteilung an die Tochterzellen weitergegeben. Während der Zellentwicklung vermehren sich die Mitochondrien durch Teilung, welche vermittels einer einfachen Septenbildung und Durchschnürung der Organelle bewerkstelligt wird. Wachstum erfolgt durch Vergrößerung der Membranfläche (interkalarer Einbau neuer Komponenten), Zunahme der Matrixproteine und Replication der in mehreren identischen Kopien vorliegenden mitochondrialen DNA (mtDNA). Dieses ringförmige Molekül besitzt bei Pflanzen eine etwa 6mal größere Konturlänge (ca. 30 μm, entsprechend $70 \cdot 10^6$ dalton) als bei Tieren. Die Informationskapazität würde theoretisch für die Codierung von etwa 100 Polypeptiden von je 50 000 dalton ausreichen. Wie bei tierischen Mitochondrien werden aber neben der mt-rRNA und zumindest einem Teil der mt-tRNA nur wenige Polypeptide in der Organelle selbst codiert und transkribiert. An Mitoribosomen synthetisiert (und wahrscheinlich auch an der mtDNA transkribiert, obwohl der direkte Beweis dafür noch aussteht) werden z. B. die 3 größten der aus 7 Untereinheiten bestehenden Cytochromoxidase und eine Untereinheit des dimeren Apo-Cytochrom *b*. Auch 4 der 9 Untereinheiten der mitochondrialen ATPase (Kopplungsfaktor F_1; → S. 185) sind mitochondrialen Ursprungs. Die anderen Polypeptide dieser Enzyme und die allermeisten der restlichen Mitochondrienproteine (z. B. die Enzyme des Citratcyclus, das Apo-Cytochrom *c*, die mtRNA-Polymerase oder die Proteine der Mitoribosomen) sind Kern-codiert, werden an Cytoribosomen synthetisiert und erst dann auf noch weitgehend unbekanntem Weg in die Mitochondrien verfrachtet (Abb. 87). Diese Zusammenhänge konnten vor allem durch den gezielten Einsatz spezifischer Inhibitoren der cytoplasmatischen bzw. mitochondrialen Proteinsynthese (z. B. Cycloheximid bzw. Chloramphenicol; → S. 59) und durch Identifikation der Produkte der Proteinsynthese isolierter Mitochondrien unter Verwendung heterotropher Pflanzen (*Saccharomyces, Neurospora*) aufgeklärt werden.

Die Entwicklung des voll funktionstüchtigen Mitochondrienkompartiments setzt also eine enge, präzis regulierte Kooperation zwischen den beiden genetischen Systemen voraus. Der Kern steuert bei dieser Kooperation nicht nur über 90% der genetischen Information bei, sondern übt wahrscheinlich auch weitgehend die Kontrollfunktion aus. Bei *Saccharomyces cerevisiae* hat man Mutanten isoliert, welche die Fähigkeit zur Synthese einer funktionstüchtigen mtDNA eingebüßt haben (extrachromosomale petite-Mutanten). Diese Zellen bilden trotzdem morphologisch nahezu normal erscheinende Mitochondrien aus, welche allerdings Atmungsdefekte aufweisen. Andererseits kennt man verschiedene Kern-Mutanten, welche trotz intakter mitochondrialer Proteinsynthese nicht zu einer normalen Akkumulation deren Produkte fähig sind. Bei höheren Pflanzen sind bisher keine lebensfähigen Mitochondrien-Mutanten bekannt geworden.

Mitochondrien sind morphologisch vielgestaltige Organellen. Bei Hefe und *Euglena* besteht das Chondriom unter bestimmten Bedingungen aus einem einzigen, irregulär verzweigten Riesenmitochondrion, welches die ganze Zelle in Form eines Netzwerks durchzieht. Diese Riesenorganelle kann sich in viele kleine Mitochondrien aufspalten. In höheren Pflanzen treten in der Regel kleine, ei- bis zigarrenförmige Formen mit irregulär angeordneten Einstülpungen (*Sacculi*) der inneren Hüllmembran auf (→ Abb. 34). Die relative Oberfläche der inneren Membran (Sitz der Atmungskette und der Phosphorylierung; → S. 179) ist mit der Stoffwechselaktivität der Zellen korreliert. Daher treten in verschiedenen Geweben des Organismus auch morphologisch verschieden differenzierte Mitochondrien auf (Mitochondrien-Polymorphismus). Ein ausgedehntes inneres Membransystem (hohe *Sacculi*-Dichte) ist ein charakteristisches Merkmal der Mitochondrien stark atmender Zellen, z. B. in jungen Wurzeln oder im reifen Spadix von *Arum maculatum* (→ Tabelle 15, S. 199).

Die phänotypische Plastizität der Mitochondrien-Morphogenese dokumentiert sich besonders eindrucksvoll bei der Anpassung des respiratorischen Apparats an die O$_2$-Konzentration

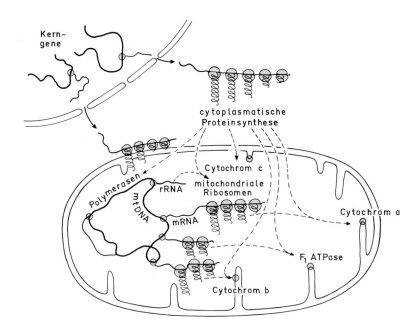

Abb. 87. Schematische Darstellung der Kooperation zwischen Genom (Kern), Chondrom (Mitochondrion), 80 S-Ribosomen (Cytoplasma) und 78 S-Ribosomen (Mitochondrienmatrix) bei der Transkription und Translation mitochondrialer Proteine. Es ist die Vorstellung angedeutet, daß ein Teil der cytoplasmatischen Ribosomen an der äußeren Mitochondrienhüllmembran festsitzen und ihre Proteine in den Intermembranraum abgeben, von wo sie leicht in die innere Hüllmembran gelangen können. (Nach BIRKY, 1976)

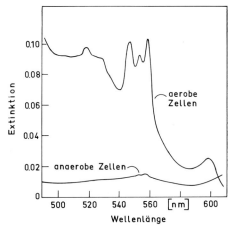

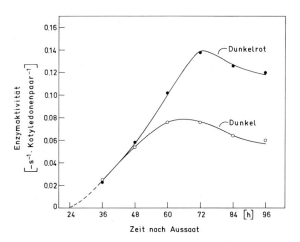

Abb. 88. Absorptionsspektren (77 K) intakter Hefezellen, welche unter aeroben bzw. anaeroben Bedingungen angezogen wurden. Objekt: Bäckerhefe (*Saccharomyces cerevisiae*), jeweils 100 mg Zellen · ml^{-1}. Vor dem Einfrieren wurden die Cytochrome mit Dithionit reduziert. Das Spektrum für anaerob gewachsene Zellen ist 2fach überhöht dargestellt. Im Spektrum der aerob gewachsenen Zellen treten die Gipfel von Cyt aa_3, Cyt b (mehrere Komponenten) und Cyt c deutlich hervor (→ Tabelle 14, S. 181). Im Spektrum der anaerob gewachsenen Zellen erkennt man nur Spuren von Cyt b_1. (Nach CRIDDLE und SCHATZ, 1969)

Abb. 89. Das Auftreten des Mitochondrienenzyms *Cytochromoxidase* während der frühen Keimlingsentwicklung. Objekt: Kotyledonen von *Sinapis alba* (25° C). Dunkelrotes Licht, welches über die Hochintensitätsreaktion des Phytochromsystems wirksam wird (→ S. 317), steigert die Bildung dieses Enzyms. Auch Succinatdehydrogenase und Fumarase verhalten sich ähnlich. Im ungekeimten Samen liegt die Enzymaktivität unter der Nachweisgrenze. Die Enzymaktivität wurde hier als Reaktionskontante 1. Ordnung (^1k [s^{-1}]) gemessen (→ S. 118, → Abb. 180). (Nach BAJRACHARYA et al., 1976)

der Umwelt. Hält man eine Kultur von *Saccharomyces cerevisiae* unter anaeroben Bedingungen auf Glucose (+ Hefeextrakt), so kann dieser fakultative Anaerobier seine gesamte Stoffwechselenergie auf fermentativem Wege (alkoholische Gärung) gewinnen (→ S. 178). Unter diesen Bedingungen werden die funktionslos gewordenen Mitochondrien innerhalb weniger Stunden zu kleinen (Durchmesser ca. 0,5 μm), elektronenmikroskopisch nur noch schwer identifizierbaren Strukturen reduziert. Diese *Promitochondrien* besitzen zwar noch mtDNA und einige Enzyme wie z. B. ATPase (Kopplungsfaktor F_1; → S. 185), aber fast keine Cytochrome mehr (Abb. 88). Auch andere Komponenten des Elektronentransportsystems fehlen, oder sind zumindest stark reduziert. Bei Zufuhr von O_2 entwickeln sich die Promitochondrien, welche offenbar hauptsächlich der Konservierung der mtDNA dienen, wieder innerhalb weniger Stunden zu normalen Mitochondrien. Dieser modulatorische Entwicklungsprozeß eignet sich naturgemäß besonders gut zur Erforschung der molekularen Vorgänge bei der Mitochondrienmorphogenese. Bezeichnenderweise beobachtet man die reversible Promitochondrien-Bildung auch bei den extrachromosomalen petite-Mutanten.

Auch bei der höheren Pflanze treten spezialisierte Mitochondrientypen auf. Eine ähnliche Rückentwicklung wie bei anaerob gehaltenen Hefezellen beobachtet man im Embryo zum Abschluß der Samenreifung (Desiccationsphase; → Abb. 471), wenn sich die zuvor respiratorisch aktiven Mitochondrien zu kleineren, wenig strukturierten Promitochondrien rückbilden, wobei wahrscheinlich die meisten respiratorischen Enzyme verloren gehen. Während der Keimung des Samens entstehen daraus wieder hochorganisierte Organellen, welche den steilen Atmungsanstieg des jungen Keimlings vermitteln (→ Abb. 330). Beim Senfkeimling (*Sinapis alba*) kann Licht über die Bildung von photomorphogenetisch aktivem Phytochrom (→ S. 313) eine steuernde Rolle ausüben. Diese Umsteuerung betrifft sowohl die Bildung aktiver Atmungsenzyme (Abb. 89), als auch strukturelle Aspekte der Mitochondrien-Morphogenese (Abb. 90). Ähnliche Phänomene konnten auch bei der Adaptation der fakulta-

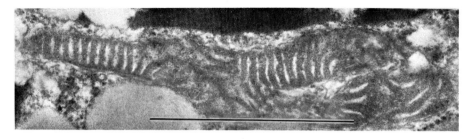

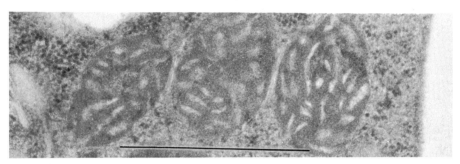

Abb. 90. Die strukturelle Entwicklung der Mitochondrien in etiolierenden und im Licht wachsenden Kotyledonen. Objekt: 4 – 5 d alte Keimlinge von *Sinapis alba* (25° C). Die Keimlinge wurden entweder bei völliger Dunkelheit angezogen (*oben*) oder nach 36 h Anzucht im Dunkeln für 84 h mit dunkelrotem Licht zur Aktivierung des Phytochromsystems bestrahlt (*unten*). Unter diesen Bedingungen (wie auch im Weißlicht) entstehen Mitochondrien des sacculären Typs, wie sie auch für andere Pflanzenzellen typisch sind. In den etiolierten Kotyledonen treten dagegen Mitochondrien mit parallel ausgerichteten *Cristae* (→ Abb. 34) auf. Der Strich repräsentiert 1 μm. (Nach SCHOPFER et al., 1975)

tiv anaerob lebensfähigen Koleoptile von Reis (*Oryza sativa*) an O_2-Mangelbedingungen beobachtet werden. Dieses Organ kann sich bei der normalerweise unter Wasser ablaufenden Keimung der Karyopse auch unter völligem O_2-Abschluß normal entwickeln (→ S. 203). Es entstehen dabei spezifisch differenzierte Mitochondrien mit gestapelten *Crista*-Membranen, welche einen stark verminderten Gehalt an Cytochromen aufweisen. In Gegenwart von O_2 bilden sich dagegen normale, sacculäre Mitochondrien aus. Die funktionelle Bedeutung dieser strukturellen Modifikation des inneren Membransystems durch Dunkelheit bzw. Anaerobiosis ist noch unbekannt.

Morphogenese der Plastiden

Auch die Plastiden sind semi-autonome, ihre DNA selbst replizierende Organellen der Eucyte. Sie kommen wie die Mitochondrien wahrscheinlich in allen Zellen der autotrophen Pflanze vor und vermehren sich durch Teilung.

Die Plastiden-DNA (ctDNA) ist ein ringförmiges Molekül mit einer Konturlänge von etwa 45 μm ($100 \cdot 10^6$ dalton). Der Chloroplast enthält zwischen 20 und 60 Kopien der ctDNA; er ist wie das Mitochondrion „polyenergid". Die Anzahl der bekannten Gene ist auch hier sehr viel geringer als die theoretische Speicherkapazität der ctDNA für genetische Information. Neben der hochmolekularen Vorstufe für die ct-rRNA (ca. $2,7 \cdot 10^6$ dalton) und die ct-tRNAs werden wahrscheinlich weniger als 10 der mehr als 70 Plastidenproteine in der Plastide codiert und transkribiert (die genaue Zahl dürfte bei niederen Pflanzen, z. B. bei Grünalgen, höher liegen als bei Blütenpflanzen). Man nimmt an, daß die ct-mRNA ausschließlich an den 70S-Ribosomen der Plastiden abgelesen wird und daß keine Einschleusung extraplastidärer mRNAs stattfindet. Es gibt allerdings noch keine eindeutigen experimentellen Belege, welche einen Transfer von Information zwischen Plastiden und Cytoplasma auf der mRNA-Ebene ausschließen würden.

Zu den in der Plastide synthetisierten Polypeptiden gehört, neben 2 – 3 Untereinheiten der Chloroplasten-ATPase (Kopplungsfaktor CF$_1$; → S. 163) und einigen Komponenten der Thylakoidmembran, mit Sicherheit die große Untereinheit der *Ribulosebisphosphatcarboxylase* (→ Abb. 168). Dieses Enzym (525 000 dalton) besteht aus 8 großen (ca. 55 000 dalton) und wahrscheinlich ebenfalls 8 kleinen (ca. 14 000 dalton) Untereinheiten. Letztere sind im Kern codiert und werden an Cytoribosomen synthetisiert (→ S. 57). Die Carboxylase, welche nur im Plastidenkompartiment vorkommt, ist identisch mit dem Fraktion-I-Protein, das in Laubblättern bis zu 50% des gesamten löslichen Zellproteins ausmacht (etwa 6 g pro g Chlorophyll!). Die Bildung der großen Untereinheit dieses Enzymes ist sicher der mengenmäßig bei weitem dominierende Vorgang bei der Proteinsynthese sich entwickelnder Chloroplasten. Er erfordert eine präzise Koordination der beiden beteiligten Proteinsynthesesysteme, über die man bereits gewisse mechanistische Vorstellungen hat (Abb. 91). Es ist jedoch noch völlig ungeklärt, wie der massenhafte Transport der kleinen Untereinheit durch die (keine sichtbaren Poren aufweisende) Chloroplastenhülle hindurch erfolgt.

In den verschiedenen Geweben der höheren Pflanze treten Plastiden sehr unterschiedlicher Struktur und Funktion auf. Diese phänotypischen Modifikationen sind in vielfacher Weise ineinander umwandelbar. Die Plastide der grünen Blätter ist der *Chloroplast* (→ Abb. 43). Chloroplasten können durch Teilung aus ihresgleichen entstehen. Im ruhenden Embryo des Samens überdauern die Plastiden in Form strukturell rückgebildeter *Proplastiden,* welche nach der Keimung in den ergrünenden Organen (z. B. in den Kotyledonen) zu Chloroplasten differenziert werden (Abb. 92). Die Proplastiden der Embryonalorgane ruhender Samen unterscheiden sich von den Proplastiden meristematischer Zellen dadurch, daß sie direkt durch Rückbildung aus Chloroplasten entstehen können. Die jungen Embryonen vieler Pflanzen entwickeln in der Samenanlage zunächst Chloroplasten, welche zu einer aktiven Photosynthese befähigt sind. Während der späteren Stadien der Samenreifung findet dann ein Abbau des Chlorophylls und der Thylakoide statt. Dieser (regressive) Differenzierungsprozeß kann nach der Keimung wieder in umgekehrter Richtung vollzogen werden.

In heterotrophen Geweben (z. B. in der Wurzel) entstehen *Leukoplasten,* welche in der

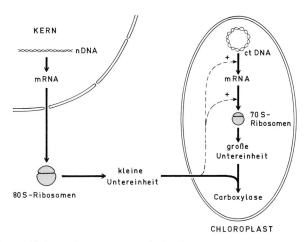

Abb. 91. Ein Modell für die Integration der Synthese der großen und kleinen Untereinheit der Ribulosebisphosphatcarboxylase. Die kleine Untereinheit wird vom nucleo-cytoplasmatischen Proteinsynthesesystem, die große vom plastidären Proteinsynthesesystem gebildet. Das Modell impliziert, daß die kleine Untereinheit als positiver Effektor für die Transkription und/oder Translation der großen Untereinheit dient. Das Modell erklärt z. B. den Befund, daß eine Hemmung der Synthese der kleinen Untereinheit an den Cytoribosomen rasch zu einer Hemmung der Synthese der großen Untereinheit führt. (In Anlehnung an ELLIS, 1975.) Neuerdings konnte man zeigen, daß die 80 S-Ribosomen eine 20 000 dalton große Vorstufe der kleinen Untereinheit synthetisieren, welche beim Transport durch die Chloroplastenhülle auf 14 000 dalton verkürzt wird (→ HIGHFIELD und ELLIS, 1978)

Form von *Amyloplasten* als Depot für die Stärkeablagerung Verwendung finden. Auch aus Chloroplasten können unter Reduktion der Thylakoide Leukoplasten werden. Die Synthese von Stärke ist in der höheren Pflanze stets an das Plastidenkompartiment gebunden. Auch die stärkefreien Leukoplasten dürften in der Zelle wichtige Aufgaben erfüllen, z. B. die Synthese von Fettsäuren. Im Verlauf der Seneszenz von Laub- und Blütenblättern oder Früchten werden Chloroplasten häufig in Carotinoid-reiche *Chromoplasten* umgewandelt, welche eine gelbe bis rote Verfärbung dieser Organe hervorrufen. Hierbei akkumulieren sich selektiv Carotinoide (membrangebunden, in Plastoglobuli konzentriert oder als Kristalle), während das Chlorophyll selektiv verschwindet. Man kennt eine ganze Reihe morphologischer Chromoplastentypen (Abb. 93). Auch dieser Weg der Plastidendifferenzierung ist im Prinzip keine Einbahnstraße; zumindest man-

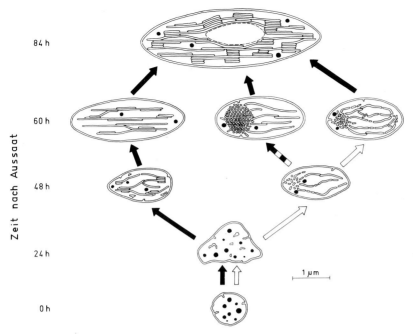

Abb. 92. Die Morphogenese der Plastiden in der jungen Keimpflanze (schematisch). Objekt: Kotyledonen von *Sinapis alba* (25° C). *Dunkle Pfeile:* Entwicklung im Weißlicht (7000 lx); *helle Pfeile:* Entwicklung im Dunkeln; *unterbrochener Pfeil:* Entwicklung in Dunkelheit nach 4 Lichtpulsen (Hellrot, nach 36, 40, 44, 48 h). Das durch die Hellrotpulse aktivierte Phytochrom bewirkt u. a. eine auffällige Vergrößerung des Prolamellarkörpers. Nach Überführung dieser „Super-Etioplasten" ins Weißlicht (welches den Block bei der Chlorophyllsynthese beseitigt; → Abb. 95), beobachtet man eine gegenüber dem Etioplasten stark beschleunigte Granabildung. Dunkelrotes Licht (756 nm), unmittelbar nach dem Hellrot gegeben, revertiert die Hellrotwirkung (→ S. 317). (Nach GIRNTH, aus MOHR, 1977)

che Chromoplasten können wieder zu Chloroplasten umdifferenziert werden. Über die Steuerung dieser morphogenetischen Vorgänge durch Faktoren des extraplastidären Bereiches der Zelle weiß man noch sehr wenig. Auf jeden Fall bleibt auch bei funktionell und strukturell tiefgreifenden Veränderungen des Plastidenkompartiments die ctDNA erhalten und garantiert damit die Kontinuität des Plastoms während der Zellentwicklung.

Im Gegensatz zu den allermeisten niederen Pflanzen (bis hin zu den Gymnospermen) ist die Ausbildung funktionstüchtiger Chloroplasten bei den Angiospermen strikt lichtabhängig. Bei diesen Pflanzen treten in etioliertem, ergrünungsfähigem Gewebe *Etioplasten* auf. Die Etioplasten enthalten bereits fast alle molekularen Bestandteile des Chloroplasten (wenn auch meist in nur geringer Menge), außer Chlorophyll. An dessen Stelle findet man relativ kleine Mengen an *Protochlorophyllid* und der veresterten Form des Pigments, *Protochlo-rophyll* (→ Abb. 246), welche sich vom Chlorophyll(id) *a* nur durch eine Doppelbindung am Ring IV unterscheiden. Dieses grünliche Pigment liegt zum größten Teil Protein-gebunden, als *Protochlorophyllid-Holochrom,* im parakristallinen *Prolamellarkörper* (Abb. 94) der Etioplasten vor.

Die Umwandlung des Etioplasten zum Chloroplasten bei der lichtinduzierten Ergrünung von Blättern vollzieht sich in mehreren Schritten. Als Auslöser-Reaktion dient wahrscheinlich die Photokonversion des Protochlorophyllids zum Chlorophyllid *a* am Holochrom. Es handelt sich um eine lichtkatalysierte Hydrierung der Doppelbindung am Ring IV des Moleküls (Abb. 95), welche von einer charakteristischen Änderung des Absorptionsspektrums begleitet ist. Anhand dieses Effekts kann man die Photoreaktion spektralphotometrisch auch an intakten Blättern messen (Abb. 96). Das Holochrom kann aus etiolierten Blättern im Dunkeln isoliert werden, ohne die Fähigkeit

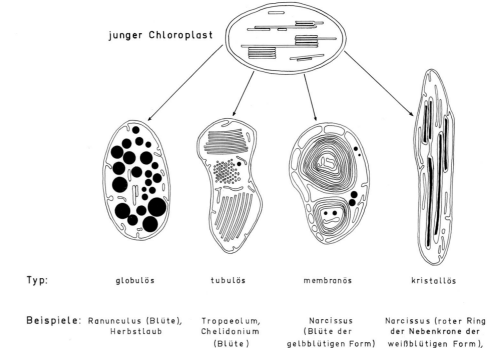

junger Chloroplast

Typ: globulös   tubulös   membranös   kristallös

Beispiele: Ranunculus (Blüte),   Tropaeolum,   Narcissus   Narcissus (roter Ring
Herbstlaub   Chelidonium   (Blüte der   der Nebenkrone der
(Blüte)   gelbblütigen Form)   weißblütigen Form),
Daucus (Wurzel)

Abb. 93. Die verschiedenen Chromoplastentypen der Spermatophyten. *Chromoplasten von Blüten und Früchten* entstehen in der Regel aus frühen Chloroplasten-Entwicklungsstadien. Ihre Differenzierung geht häufig mit Teilungen, stets aber mit der Neusynthese von Membranelementen, Carotinoiden und anderen Komponenten einher. Als Carotinoid-Trägerstrukturen können dienen: *Plastoglobuli* (Lipidtropfen), gebündelte *Tubuli*, konzentrische *Membrankonvolute* und membranumschlossene *Carotinoidkristalle.* Die Typen sind in der Reihenfolge ihrer Häufigkeit im Pflanzenreich dargestellt; am häufigsten treten globulöse Chromoplasten auf. Lediglich im Falle der *Herbstlaubchromoplasten* ist die Vorstellung berechtigt, Chromoplasten seien Seneszenzprodukte ehemaliger Chloroplasten. In diesem Fall beobachtet man keine erhebliche biogenetische Aktivität, sondern vielmehr einen Abbau von Membranen, Ribosomen, Matrixproteinen, Chlorophyllen usw. Die Carotinoide bleiben jedoch weitgehend erhalten und sammeln sich in den Plastoglobuli an. (Nach einer Vorlage von SITTE; → SITTE, 1977)

zur Photokonversion zu verlieren. Es handelt sich um ein komplexes Protein mit mehreren, nicht covalent gebundenen Protochlorophyllid-Molekülen. Die Photoreduktion (Abb. 97) läuft ohne Zusatz eines Reduktanten in weniger als 10^{-5} s ab (selbst unter $0°$ C). Der noch unbekannte [H]-Donator muß ein Bestandteil des Proteins sein, der dem Protochlorophyllid unmittelbar benachbart liegt. Das Wirkungsspektrum dieser Reaktion zeigt, daß das Photoreceptorpigment der Photohydrierung des Protochlorophyllid-Holochrom selbst ist (Abb. 98).

Nach erfolgter Phototransformation des Pigments beobachtet man eine Desorganisation des Prolamellarkörpers und eine Reorganisation des Materials zu Membranen (→ Abb. 94). Es ist noch unklar, ob dieser Prozeß alleine durch die Pigmentumwandlung ausgelöst wird, oder ob eine zusätzliche Lichtreaktion beteiligt ist. Die Tubuli verschmelzen zu anfangs noch perforierten Doppelmembranen, die man *Primärthylakoide* nennt. Aus diesen entstehen durch Einbau weiterer Proteine und Lipide schließlich die Thylakoide, welche sich durch lokales Flächenwachstum und Überschiebung zu Granastapeln aufschichten können (→ Abb. 143). Bereits wenige Minuten nach Belichtungsbeginn läßt sich in günstigen Fällen das Einsetzen des photosynthetischen Elektronentransports und der Photophosphorylierung messen; die Organisation der ersten funktionsfähigen Photosysteme (→ S. 152) muß also außerordentlich rasch erfolgen. Die volle Photosyntheseaktivität erreichen die Chloroplasten

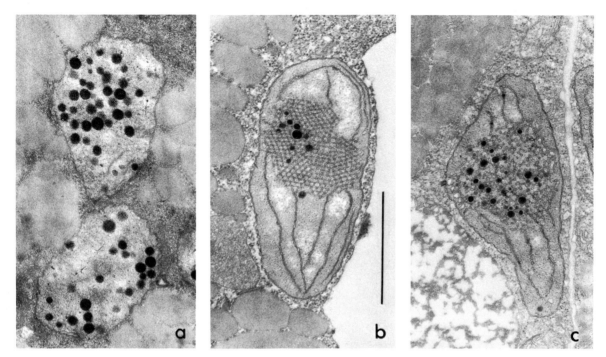

Abb. 94 a – c. Die Bildung von Etioplasten im Dunkeln und der Zerfall der parakristallinen Struktur des Prolamellarkörpers von Etioplasten nach Belichtung. Objekt: Kotyledonen von *Sinapis alba.* (a) Propastide mit vielen Plastoglobuli aus einer gerade gekeimten Pflanze; (b) Etioplast einer für 3 d (25° C) in völliger Dunkelheit angezogenen Pflanze. Man erkennt den hochgeordneten, aus tubulären Strukturen zusammengesetzten Prolamellarkörper. Ein erheblicher Teil des Materials der Tubuli besteht aus Protochlorophyllid-Holochrom. (c) Nach einer kurzen Belichtung mit intensivem Weißlicht geht die parakristalline Struktur verloren, und die Umorganisation der Tubuli zu Membranen wird eingeleitet. Der Strich repräsentiert 1 μm in allen 3 Teilabbildungen. (Nach Aufnahmen von BERGFELD, 1977)

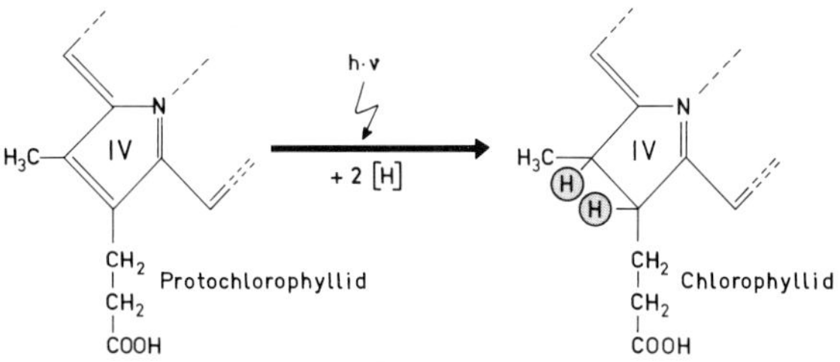

Abb. 95. Die Photokonversion von Protochlorophyllid zu Chlorophyllid *a* durch Hydrierung einer Doppelbindung am Ring IV des Moleküls (→ Abb. 144)

jedoch meist erst nach vielen Stunden, wenn die Reaktionszentren voll mit Antennenpigmenten ausgestattet sind.

Das am Holochrom frisch gebildete Chlorophyllid *a* wird mit Phytol zu Chlorophyll *a* verestert und auf die verschiedenen Pigment-Protein-Komplexe der wachsenden Thylakoidmembran umgeladen. (Die Apoproteine müssen zum größten Teil aus dem Cytoplasma importiert werden.) Diese Reorganisationsprozesse äußern sich in charakteristischen spektralen Veränderungen des Pigments (SHIBATA-*shift;* → Abb. 96). Ein Teil des Chlorophyllids *a* wird in Chlorophyll *b* (→ Abb. 246) umgewandelt, welches, ebenfalls an Protein gebunden, in die Membran gelangt.

Wenn die Chloroplastenentwicklung von vornherein im starken Licht abläuft, unterbleibt die Bildung eines Prolamellarkörpers. Dieser bildet sich jedoch stets dann, wenn die Phototransformation des Protochlorophyllids nicht rasch genug ablaufen kann, d. h. wenn sich Protochlorophyllid und andere Membrankomponenten anstauen (z. B. im Dämmerlicht). Der Prolamellarkörper ist also als Zwischenstufe der Thylakoidbildung mit Speicherfunktion für Membranelemente aufzufassen, welche im Licht übersprungen werden kann (→ Abb. 92).

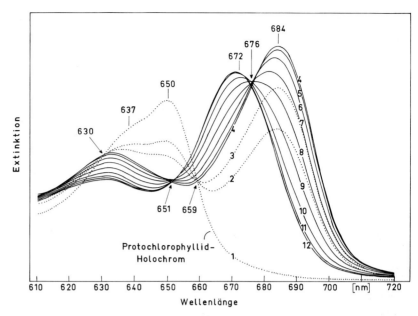

Abb. 96. In vivo-Absorptionsspektren der Photokonversion von Protochlorophyllid zu Chlorophyllid *a*. Objekt: Primärblätter von Bohnenkeimlingen (*Phaseolus vulgaris;* 10 d alt, 25° C). Die Kurve 1 zeigt die langwellige Absorptionsbande von Protochlorophyllid-Holochrom (Gipfel bei 650 nm; der Nebengipfel bei 637 nm geht ebenfalls auf Protochlorophyllid zurück, das jedoch etwas anders gebunden ist als die Hauptfraktion. Diese Form ist wahrscheinlich eine unmittelbare Vorstufe des photoaktiven Holochroms). Die Kurven 2 – 4 wurden innerhalb weniger Minuten jeweils sofort nach einem schwachen elektronischen Lichtblitz gemessen. Man erkennt den stufenweisen Aufbau eines Gipfels bei 684 nm (Chlorophyllid *a*) auf Kosten des 637/650 nm-Doppelgipfels. Nach vollständiger Transformation (Kurve 4) beobachtet man, daß der 684 nm-Gipfel im Dunkeln langsam nach 672 nm wandert (Kurve 4 – 12, Abstand jeweils etwa 5 min). Diese spontane Reaktion wird nach ihrem Entdecker als SHIBATA-*shift* bezeichnet. Sie dauert im vorliegenden Fall bei 25° C etwa 1 h. Anschließend wandert der Chlorophyll(id)-Gipfel langsam nach 678 nm zurück. Die genaue Ursache dieser langsamen Dunkelreaktionen ist unbekannt. Wahrscheinlich hängen sie mit der molekularen Umordnung bei der Bildung der Thylakoidmembran zusammen, bei der das frisch gebildete Chlorophyllid *a* vom Holochrom auf verschiedene andere Proteine umgeladen wird. Während dieser Zeit findet auch die Veresterung des Pigments mit Phytol statt. Die Absorptionseigenschaften des Chlorophyll(id)s hängen von der molekularen Umgebung des Moleküls ab (→ Abb. 148). Die Pfeile weisen auf Punkte gleicher Absorption (isosbestische Punkte) hin. Das photochemisch inaktive Protochlorophyll besitzt in vivo einen Absorptionsgipfel bei 628 nm, der hier nicht deutlich hervortritt. (Nach einer Vorlage von BJÖRN)

Phytochrom greift in vielfältiger Weise regulierend in die Chloroplastenbildung ein. Neben der Kapazität der Chlorophyllsynthese (welche erst mit Hilfe von Weißlicht sichtbar gemacht werden muß; → Abb. 248) werden Komponenten des photosynthetischen Elektronentransportsystems (z. B. Ferredoxin und Plastocyan), Lipide (Galactosyllipide, Carotinoide) und Enzyme des CALVIN-Cyclus unter dem Einfluß von dunkelrotem Licht stark vermehrt. Hellrote Lichtpulse oder Dauerbestrahlung mit dunkelrotem Licht um 720 nm, welches über die Hochintensitätsreaktion des Phytochroms (→ S. 317) wirksam wird, führen zur Entstehung von voluminösen „Super-Etioplasten" mit großen Prolamellarkörpern und einem artifiziell überhöhten Gehalt an Ribosomen und Enzymprotein, aber ohne ins Gewicht fallende Mengen an Chlorophyll und daher ohne funktionsfähigen Photosyntheseapparat (→ Abb. 92). Durch die Verwendung von dunkelrotem Licht können Phytochromwirkung und Chlorophyllbildung, welche im Weißlicht gleichzeitig auftreten, getrennt werden. Man ist aufgrund derartiger Experimente zu der Vorstellung gekommen, daß Phytochrom generell zu einer drasti-

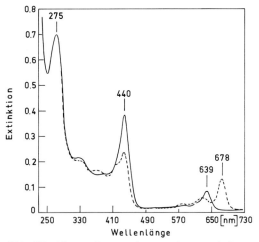

Abb. 97. Absorptionsspektrum des gereinigten Protochlorophyllid-Holochroms aus etiolierten Bohnenblättern vor (——) und nach (– – –) Phototransformation des Chromophors. Die Absorptionsgipfel sind in vitro zu kürzeren Wellenlängen verschoben (→ Abb. 96). Die 275 nm-Bande geht auf den Proteinanteil zurück. (Nach SCHOPFER und SIEGELMAN, 1968)

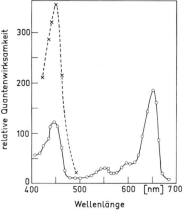

Abb. 98. Wirkungsspektrum für die Phototransformation von Protochlorophyllid zu Chlorophyllid *a*. Objekt: Etiolierte Maisblätter (*Zea mays*). Das Wirkungsspektrum gibt unter bestimmten experimentellen Voraussetzungen (→ S. 311) das Absorptionsspektrum des Photoreceptorpigments (hier Protochlorophyllid-Holochrom) der untersuchten physiologischen Reaktion (hier der Bildung von Chlorophyllid *a* aus Protochlorophyllid) wieder. Eine dieser Voraussetzungen ist das Fehlen von lichtschwächenden Schirmpigmenten. Die verwendeten Maisblätter enthielten jedoch große Mengen an Carotinoiden, welche das Licht unterhalb 500 nm selektiv schwächen, bevor es vom Protochlorophyllid absorbiert werden kann. Dies führt zu einer Depression des Blaugipfels im Wirkungsspektrum (*ausgezogene Kurve*). Bei Verwendung carotinoidfreier Maisblätter (Albino-Mutante) tritt dieses experimentelle Artefakt nicht auf (*unterbrochene Kurve*). (Nach KOSKI et al., 1951)

schen Steigerung der Kapazität der plastidären Synthesebahnen führt, wobei, wie das Beispiel Ribulosebisphosphatcarboxylase (Abb. 99) zeigt, eine intensive Kooperation zwischen Cytoplasma bzw. Kern einerseits und Plastidenkompartiment andererseits gefordert werden muß. Die Rolle der Protochlorophyllid→Chlorophyllid *a*-Phototransformation ist auf die Bildung der Chlorophylle (und alle davon abhängenden Folgeprozesse) beschränkt. Bei der normalen Entwicklung im Weißlicht sind die Phytochromwirkung und die Protochlorophyllidkonversion fein aufeinander abgestimmt.

Morphogenese der Microbodies

Microbodies sind kleine, meist kugelige Organellen, welche von einer *einfachen* Membran umgeben sind und in ihrer proteinösen Matrix Katalase, einige Oxidasen und eine Reihe anderer Enzyme enthalten. Sie stellen mit Enzymen gefüllte Zellkompartimente ohne eigene DNA und ohne eigenen Proteinsyntheseapparat dar. Der gemeinsame Nenner der Microbody-Funktion ist ihre Fähigkeit, bestimmte Metaboliten oxidativ unter Peroxid-Bildung abzubauen. Dazu dienen stets Flavin- (oder Cu^{2+}-) haltige Oxidasen, welche O_2 nicht zu H_2O, sondern zu H_2O_2 reduzieren. Katalase zersetzt dieses starke Zellgift zu $H_2O + \frac{1}{2} O_2$. Dieser Typ katabolischer Prozesse ist wahrscheinlich stets in Microbodies kompartimentiert.

Bisher sind eine ganze Reihe funktionell verschiedener Microbodyformen bekannt geworden, welche in der Regel nur in bestimmten Phasen der Zellentwicklung auftreten. Die Hefe *Candida boidinii* bildet z. B. Microbodies (*Peroxisomen*) aus, welche eine Alkoholoxidase (→ Tabelle 16, S. 208) und Katalase enthalten, wenn man sie auf Methanol wachsen läßt. Andere Peroxisomen enthalten Uratoxidase neben Katalase und sind am Purinabbau beteiligt. (Auch die Peroxisomen der Säugerniere und -leber haben neben dem Aminosäureabbau durch Aminosäureoxidase vor allem die Funktion von *Uricosomen*.) In der höheren Pflanze treten Microbodies vor allem in zwei funktionell klar definierten Formen auf, den *Glyoxysomen* der Fettspeichergewebe und den *Blatt-Peroxisomen* der grünen Blätter. Diese beiden Typen sind strukturell nicht unterscheidbar; ihre Charakte-

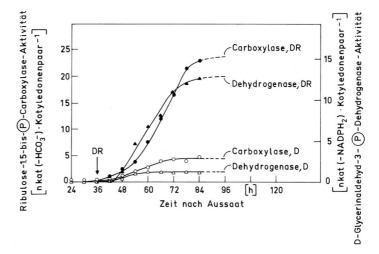

Abb. 99. Die Entwicklung der Plastidenenzyme Ribulosebisphosphatcarboxylase und Glycerinaldehydphosphatdehydrogenase (NADP) während der frühen Keimlingsentwicklung. Objekt: Kotyledonen von *Sinapis alba* (25° C). Dunkelrotes Dauerlicht (DR, ab 36 h nach der Aussaat), d. h. die Hochintensitätsreaktion des Phytochromsystems (→ S. 317), steigert die Bildung beider Enzyme in Abwesenheit von Chlorophyllsynthese (D, Dunkelkontrolle). (Nach BRÜNING et al., 1975)

risierung erfolgt daher anhand spezifischer Leitenzyme. Glyoxysomen enthalten vor allem die Enzyme des Fettsäure-Abbaus und sind funktionell eingespannt in die Fett→Kohlenhydrat-Transformation während der ersten Entwicklungsphase junger Keimpflanzen (→ Abb. 186). Leitenzyme sind *Isocitratlyase* und *Malatsynthase*. Aktive Glyoxysomen sind eng an die als Lipidspeicher dienenden *Oleosomen* angelagert (→ Abb. 185). Blatt-Peroxisomen enthalten u. a. Enzyme des Glycolatkatabolismus, der parallel zur photosynthetischen CO_2-Fixierung abläuft (→ Abb. 192). Als Leitenzyme werden hier meist *Glycolatoxidase* und *Hydroxypyruvatreductase* angesehen (obwohl diese Enzyme wie die meisten anderen Blatt-Peroxisomenenzyme auch in den Glyoxysomen vorkommen). Aktive Blatt-Peroxisomen sind an die Chloroplasten angelagert (→ Abb. 191).

Microbodies sind cytoplasmatische Organellen. Ihr Entstehungsort ist das endoplasmatische Reticulum, wo die Microbody-Enzyme auf bestimmte Signale hin synthetisiert und in peripher entstehende Membranknospen „verpackt" werden, welche sich später vom ER abschnüren. Dabei werden manche Enzyme (z. B. die der β-Oxidation bei Glyoxysomen; → Abb. 186) fest in der Microbody-Membran verankert, deren sonstiges Protein- und Lipidmuster dem der ER-Membran gleicht. Microbodies entstehen also im Gegensatz zu Chloroplasten und Mitochondrien de novo und können auch wieder restlos destruiert werden (wahrscheinlich unter Mitwirkung der Vacuole, dem lytischen Kompartiment der Zelle; → S. 36). Die Halbwertszeit für die Lebensdauer der

Glyoxysomen im *Ricinus*-Endosperm (→ S. 191) liegt beispielsweise in der Größenordnung von 10 h (30° C). Es existiert daher ein beständiger Fluß von Membranmaterial und Enzymprotein vom ER durch die Microbody-Population hindurch zum Ort der Destruktion. Die Differenzierung der Microbodies findet offenbar am ER statt, wo die Membranbildung und die Synthese verschiedener Enzymsätze quantitativ und qualitativ reguliert werden kann. Ein derartiger *Membranfluß* ist charakteristisch für viele cytoplasmatische Membranen, z. B. für die Membranen des aktiven Golgi-Apparats (→ S. 28), vielleicht auch für die äußere der beiden Hüllmembranen von Chloroplasten und Mitochondrien.

Die Glyoxysomen und Blatt-Peroxisomen der höheren Pflanze unterscheiden sich unter anderem in der Rolle des Lichtes bei ihrer Morphogenese. Glyoxysomen werden als typische Microbodies fetthaltiger Gewebe im Endosperm oder in fettspeichernden Kotyledonen nach der Keimung gebildet, ohne daß hierfür Licht erforderlich wäre (Abb. 100 a). Dagegen ist die Genese von Blatt-Peroxisomen lichtabhängig (Abb. 100 b). Als Photoreceptorpigment dient wiederum *Phytochrom*. Dieses zentrale photomorphogenetische Effektormolekül koordiniert also die Chloroplasten- und Peroxisomendifferenzierung im Blatt. Eine interessante Situation ergibt sich in solchen Kotyledonen, welche nach der Mobilisierung des Speicherfetts im Licht zu grünen Blättern umdifferenziert werden können (z. B. bei *Helianthus, Cucumis, Sinapis* und vielen anderen Dikotylen). Diese Kotyledonen bilden zunächst (unabhän-

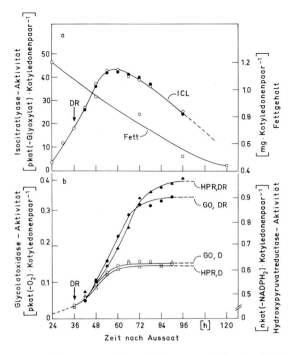

Abb. 100 a und b. Entwicklung von Microbody-Enzymen während der frühen Keimlingsentwicklung. Objekt: Kotyledonen von *Sinapis alba* (25° C). (a) Die Entstehung und das Verschwinden des glyoxysomalen Leitenzyms *Isocitratlyase* (ICL) erfolgt unabhängig vom Licht. (b) Die peroxisomalen Enzyme *Glycolatoxidase* (GO) und *Hydroxypyruvatreductase* (HPR) treten erst später auf; ihre Bildung wird durch dunkelrotes Dauerlicht (DR, ab 36 h nach der Aussaat) stark gefördert (→ Abb. 99). D, Dunkelkontrolle (offene Symbole). (Nach HOCK et al., KAROW und MOHR, VAN POUCKE et al.; aus SCHOPFER et al., 1975)

gig vom Licht) Glyoxysomen und später (durch Phytochrom induziert) Blatt-Peroxisomen aus. In der Übergangsphase treten Microbodies auf, welche beide Funktionen in sich vereinen (Abb. 101). Offenbar wird in den Microbody-bildenden Bereichen des ER von einem bestimmten Zeitpunkt an die Produktion von glyoxysomalen Enzymen langsam auf peroxisomale Enzyme umgestellt, wobei Phytochrom einen stimulierenden Einfluß hat. Durch das turnover der Organellen bedingt, dominieren nach einiger Zeit die Zwischenformen („Glyoxyperoxisomen") und schließlich die reinen Peroxisomen in der Microbody-Population. Dieses Konzept der Glyoxysomen→Peroxisomen-Transformation wurde am Beispiel des Senfkeimlings entwickelt. Es steht im Widerspruch zu den älteren Vorstellungen, welche entweder von einer Umwandlung fertiger Microbodies durch selektiven Abbau und Import von Enzymen, oder von zwei unabhängig regulierten, ontogenetisch verschiedenen Microbody-Populationen ausgingen.

Weiterführende Literatur

BIRKY, C. W., PERLMAN, P. S., BYERS, T. J. (eds.): Genetics and Biogenesis of Mitochondria and Chloroplasts. Columbus: Ohio State University Press, 1975

BOARDMAN, N. K., LINNANE, A. W., SMILLIE, R. M. (eds.): Autonomy and Biogenesis of Mitochondria and Chloroplasts. Amsterdam: North-Holland, 1971

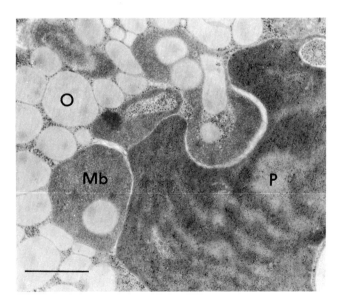

Abb. 101. Microbodies aus der Übergangsphase von glyoxysomaler zu peroxisomaler Funktion in ergrünungsfähigen Fettspeicherkotyledonen. Objekt: *Sinapis alba.* Die Keimlinge wurden nach 36 h Anzucht im Dunkeln für 48 h mit dunkelrotem Licht bestrahlt. Man erkennt, daß individuelle Microbodies (Mb) sowohl mit Oleosomen (O, Lipidkörper) als auch mit der Plastide (P) räumlich eng assoziiert sind. Dies kann als Indiz für ihre gleichzeitige Funktion als Glyoxysomen und Blatt-Peroxisomen angesehen werden (→Abb. 186, 192). Der Strich repräsentiert 1 μm. (Nach SCHOPFER et al., 1976)

FREDERICK, S. E., GRUBER, P. J., NEWCOMB, E. H.: Plant microbodies. Protoplasma **84**, 1 – 29 (1975)

GERHARDT, B.: Zur Funktion der Microbodies. Biologie in unserer Zeit **4**, 169 – 178 (1974)

GERHARDT, B.: Microbodies/Peroxisomen pflanzlicher Zellen. Cell Biology Monographs, Vol. 5. Wien – New York: Springer, 1978

HIGHFIELD, P. E., ELLIS, R. J.: Synthesis and transport of the small subunit of chloroplast ribulose bisphosphate carboxylase. Nature **271**, 420 – 424 (1978)

ÖPIK, H.: Mitochondria. In: Dynamic Aspects of Plant Ultrastructure. Roberts, A. W. (ed.). Maidenhead: McGraw-Hill, 1974

SAGER, R.: Cytoplasmic Genes and Organelles. New York: Academic Press, 1972

SCHOPFER, P., BAJRACHARYA, D., FALK, H., THIEN, W.: Phytochrom-gesteuerte Entwicklung von Zellorganellen (Plastiden, Microbodies, Mitochondrien). Ber. Deutsch. Bot. Ges. **88**, 245 – 268 (1975)

11. Die Zelle als energetisches System

Alle Lebensprozesse sind mit energetischen Zustandsänderungen verknüpft. Daher spielen energetische Betrachtungen auf fast allen Ebenen der Physiologie eine entscheidende Rolle. *Energie* (d. h. die Fähigkeit *Arbeit* zu leisten) tritt in der anorganischen Natur in verschiedenen Erscheinungsformen auf (z. B. als mechanische Energie, Lichtenergie, elektrische Energie oder Wärmeenergie). Im Rahmen der Physik beschreibt die *Thermodynamik* die Gesetzmäßigkeiten, nach denen die verschiedenen Energieformen ineinander umgewandelt werden können. Diese Gesetze und die dafür geprägten Begriffe wie *Enthalpie, freie Enthalpie, Entropie, chemisches Potential* usw. können im Prinzip auch auf die lebendigen Systeme angewandt werden. Die Auffassung erscheint berechtigt, daß sich lebendige und nicht-lebendige Systeme lediglich im Grad ihrer Komplexheit unterscheiden und daß demgemäß alle Gesetze der Physik wenigstens potentiell auch Gesetze der Biologie sind. Dies bedeutet allerdings nicht, daß die physikalischen Gesetze ausreichen, um die biologischen Systeme *erschöpfend* zu beschreiben. Gerade bei der Anwendung der Thermodynamik auf die Energetik lebendiger Systeme zeigen sich die enormen Schwierigkeiten, welche stets dann auftreten, wenn komplexe Systeme radikal vereinfacht werden müssen, um für eine gesetzhafte Beschreibung überhaupt zugänglich zu werden. Dieses Vorgehen hat zur Folge, daß die formalistische, energetische Betrachtung biologischer Prozesse meist fiktive Resultate liefert, die häufig nur qualitative Aussagen über reale Prozesse zulassen. Trotz dieser gravierenden Einschränkungen ist die *Bioenergetik* — die Thermodynamik lebendiger Systeme — ein sehr leistungsfähiges Instrument, um die Richtung und die energetische Ausbeute biologischer Reaktionen im Prinzip verständlich zu machen. Für diesen Zweck wird die Bioenergetik in den folgenden Kapiteln häufig herangezogen. Wir müssen uns daher in den folgenden Abschnitten kurz mit den Grundlagen dieser biophysikalischen Wissenschaft vertraut machen, wobei wir uns weitgehend auf den Bereich der *reversiblen* Thermodynamik beschränken. Wir verzichten also auf den Begriff der *Zeit* und betrachten lediglich *Gleichgewichtszustände*, genauer gesagt: *Unterschiede zwischen Gleichgewichtszuständen*. (Diese Einengung hindert naturgemäß die exakte Anwendung dieser Thermodynamik auf alle Prozesse, die nicht mit unendlich langsamer Intensität ablaufen.) Einige Aspekte der *Kinetik*, der Wissenschaft von den *Prozessen*, werden im Kapitel 12 (→ S. 114) behandelt.

Der 1. Hauptsatz der Thermodynamik

Nach dem, was wir uns über das Verhältnis von Physik und Biologie klargemacht haben, ist es selbstverständlich, daß dieser Hauptsatz, der Satz von der Erhaltung der Energie, ohne jede Einschränkung auch für lebendige Systeme gilt. Man kann ihn z. B. so formulieren:

$$\Delta U = \Delta A + \Delta Q, \qquad (7)$$

d. h. die Änderung der *inneren Energie* U (genauer: die Energiedifferenz zwischen zwei Zuständen U_1, U_2) eines *geschlossenen Systems* (zeigt Austausch von Energie, aber nicht von Materie mit der Umgebung) läßt sich quantitativ wiederfinden in der Arbeitsleistung ΔA und (oder) im Wärmeaustausch ΔQ. ΔA und ΔQ können positiv oder negativ sein. Die Zustandsgröße ΔU beschreibt die Änderung des Energieinhalts des Systems, völlig unabhängig davon, auf welche Weise und wie schnell diese Änderung zustande kommt. Verglichen werden lediglich Ausgangs- und Endzustand; über den Weg und den Mechanismus der Änderung wird nichts ausgesagt. Für ein energetisch *abgeschlossenes System* (*isoliertes System*, kein Austausch von Energie und Materie mit der Umgebung) ist $\Delta U = 0$, d. h. U = konst. Daher läßt sich der 1. Hauptsatz auch folgendermaßen formulieren: *Die Energie des Universums bleibt konstant.*

Der 2. Hauptsatz der Thermodynamik

Die Notwendigkeit dieses Satzes resultiert aus der Ungleichwertigkeit verschiedener Energieformen bezüglich der Fähigkeit, Arbeit zu leisten, oder genauer gesagt, aus der Tatsache, daß Energie, die sich gleichmäßig in einem abgeschlossenen System verteilt hat, keine Arbeit mehr leisten kann und daher „entwertete" Energie darstellt. Dies läßt sich anhand eines einfachen Gedankenexperiments veranschaulichen (Abb. 102). An diesem Experiment können wir uns auch klar machen, daß jedes energetische Ungleichgewicht (Gefälle) *mit Notwendigkeit* einem Gleichgewichtszustand zustrebt, was einer „Entwertung" der Energie gleichkommt. Die Thermodynamik beschreibt diese „Entwertung" mit dem Begriff der *Entropie*-Zunahme (Zunahme der „ungeordneten" Energie). Die Wärmeenergie hat in diesem Zusammenhang eine große Bedeutung, weil bei allen realen Energieumwandlungen Reibungswärme und damit automatisch Entropie entsteht. Daher kann man z. B. elektrische oder chemische Energie mit einem Wirkungsgrad von 100% in Wärmeenergie umwandeln; für den umgekehrten Vorgang ist ein 100%iger Wirkungsgrad dagegen ausgeschlossen. Der 2. Hauptsatz (der Satz von der beschränkten Umwandelbarkeit von Wärme in Arbeit) kann daher folgendermaßen formuliert werden: Bei einem spontan ablaufenden Vorgang erhöht sich in einem abgeschlossenen System stets die Zustandsgröße Entropie und strebt einem Höchstwert zu (*thermodynamisches Gleichgewicht*), oder: „*Die Entropie des Universums nimmt zu.*" Dieser Vorgang ist nicht umkehrbar. Daher laufen alle Prozesse, bei denen Energieumwandlungen beteiligt sind, freiwillig nur in einer (exakt vorhersagbaren) Richtung ab. Der Ablauf in der Gegen-

richtung läßt sich nur erzwingen, indem (in einem nicht abgeschlossenen System) eine ausreichende Menge an arbeitsfähiger Energie von außen zugeführt wird.

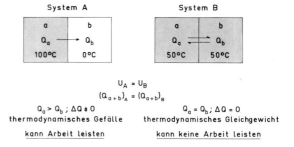

Abb. 102. Gedankenexperiment zur Veranschaulichung des 2. Hauptsatzes der Thermodynamik. Wir betrachten zwei abgeschlossene Systeme A und B (z. B. 2 Kupferblöcke mit gleichem Volumen und gleichem Energieinhalt U). Beide Systeme bestehen aus zwei gleichartigen, geschlossenen Teilsystemen (a, b) welche bei A einen unterschiedlichen, bei B einen identischen Wärmeinhalt Q haben. Bei *gleichem* U kann in System A beim Temperaturausgleich ein Teil der Wärmeenergie als arbeitsfähige Energie erhalten werden (z. B. könnte man theoretisch einen Kühlschrank *innerhalb* des Systems A betreiben) während dies in System B nicht möglich ist. System B befindet sich im thermodynamischen Gleichgewicht

Eine häufig gebrauchte Formulierung für den 2. Hauptsatz ist:

$$\Delta U = \Delta F + T \cdot \Delta S. \qquad (8)$$

In Worten: Jede Änderung der *inneren Energie* U besteht im Prinzip aus zwei Komponenten, einem arbeitsfähigen Teil ΔF (Änderung der *freien Energie*) und einem nicht zur Arbeit fähigen Teil $T \cdot \Delta S$ (Änderung der *Entropie* S, multipliziert mit der absoluten Temperatur T).

ΔU ist definiert für ein isothermes System konstanten Volumens V, d. h. Volumenarbeit $P \cdot \Delta V$ findet nicht statt, und der Druck P stellt daher eine variable Größe dar. In der Biologie interessieren jedoch fast ausschließlich *isobare* Vorgänge. Daher ist es in diesem Fall sinnvoll, U durch eine andere Zustandsgröße, definiert für P = konst., zu ersetzen, indem man die Volumenarbeit einbezieht:

$$\Delta H = \Delta U + P \cdot \Delta V. \qquad (9)$$

H nennt man *Enthalpie*. Die Reaktionsenthalpie ΔH beschreibt den Energieumsatz einer Reaktion (z. B einer Verbrennungsreaktion) zusätzlich zur Volumenarbeit unter isobaren und isothermen Bedingungen und ist daher synonym mit dem Begriff der „Wärmetönung" der Chemiker. Der arbeitsfähige Anteil der Enthalpie heißt *freie Enthalpie* * und wird mit dem Symbol G abgekürzt. Es gilt:

$$\Delta G = \Delta H - T \cdot \Delta S. \qquad (10)$$

In Worten: Die Differenz an freier Enthalpie ist derjenige Teil der Reaktionsenthalpie, der bei einem freiwillig ablaufenden Prozeß maximal in Arbeit umgesetzt werden kann.

Der Begriff der freien Enthalpie ist für die Bioenergetik von entscheidender Bedeutung. Im Gegensatz zu ΔH, welches lediglich angibt, ob eine Reaktion *exotherm* oder *endotherm* abläuft, liefert ΔG das Kriterium für die Fähigkeit zur Leistung von Arbeit (*exergonischer* oder *endergonischer* Ablauf) und damit das Kriterium für die Spontaneität einer Reaktion. Obwohl ΔG und ΔH häufig gleiches Vorzeichen haben, gibt es z. B. auch viele endotherme Prozesse, die spontan ablaufen (etwa das Lösen von Kochsalz in Wasser).

Merke:

1. Reaktionen laufen prinzipiell nur dann spontan (deswegen aber nicht unbedingt schnell!) ab, wenn die freie Enthalpie im System *verringert* (d. h. die Entropie gesteigert) wird ($\Delta G < 0$, *exergonische* Reaktion, ΔG erhält ein *negatives* Vorzeichen).
2. Reaktionen, bei denen die freie Enthalpie im System *zunimmt*, bedürfen der Zufuhr an freier Enthalpie ($\Delta G > 0$, *endergonische* Reaktion, ΔG erhält ein *positives* Vorzeichen).
3. Der Zustand $\Delta G = 0$ charakterisiert den Zustand maximaler Entropie, d. h. das thermodynamische Gleichgewicht.

Die Zelle als offenes System, Fließgleichgewicht

Die Hauptsätze der reversiblen Thermodynamik beschreiben zunächst definitionsgemäß den energetischen Zustand *geschlossener* Systeme. Demgegenüber sind lebendige Systeme jedoch thermodynamisch *offene* Systeme, d. h. sie stehen in einem beständigen Austausch von Energie *und Materie* mit ihrer Umgebung. Jede Zelle nimmt ununterbrochen Energie und Materie (z. B. in Form energiereicher organischer Moleküle) auf und gibt wieder Energie und Materie an die Umgebung ab. Im stationären Zustand (steady state) sind Zustrom und Abfluß von Energie und Materie gleich groß, d. h. der Zustand des Systems Zelle bleibt bezüglich dieser beiden Parameter konstant. Diesen stationären Zustand nennt man *Fließgleichgewicht*. Obwohl sich eine solche Zelle nicht merkbar verändert, hat dieser *Stoff-Wechsel* irreversible Konsequenzen: Freie Enthalpie wird in „entwertete" Energie ($T \cdot \Delta S$) umgewandelt und aus „Nährstoffen" werden „Abfallprodukte". Auch wenn die Zelle nicht im stationären Zustand lebt (indem sie z. B. bestimmte biochemische oder morphogenetische Leistungen vollbringt), produziert sie als exergonisches System beständig Entropie, d. h. sie nimmt in der Bilanz stets mehr freie Enthalpie auf, als sie speichern kann. Im Fließgleichgewicht kann ein System beständig auf das thermodynamische Gleichgewicht ($\Delta G = 0$) hinstreben — und daher Arbeit leisten — ohne diesen Zustand je zu erreichen. Bei Unterbrechung der Energiezufuhr bricht das Fließgleichgewicht zusammen, das System erreicht nach einiger Zeit unabwendbar das thermodynamische Gleichgewicht. Für lebendige Systeme bedeutet dies den Tod.

Wodurch werden Umsatz und stationäre Konzentrationen eines im Fließgleichgewicht befindlichen Systems bestimmt? Es ist offensichtlich, daß die klassische Gleichgewichtsthermodynamik für die energetische Beschreibung offener Systeme, bei der nicht Zustände, sondern Kräfte, Flüsse, Intensitäten („Geschwindigkeiten") und Widerstände eine entscheidende Rolle spielen, prinzipiell versagt. Ihre praktische Anwendung ist nur dann sinnvoll, wenn sich ein biologischer Prozeß wenigstens näherungsweise als ein reversibler Vorgang betrachten läßt. Die Hereinnahme der Zeit als Parameter macht die Theorie der Energetik offener Systeme mathematisch schwierig und unanschaulich. Eine bedeutsame Konsequenz dieser *Thermodynamik irreversibler Prozesse*, in welcher als wichtigste neue Größe die zeitliche Zunahme der Entropie (dS/dt) auf-

---

* In der älteren Literatur wird G häufig irrtümlich als „freie Energie" bezeichnet. Die *freie Enthalpie* ist identisch mit der *Gibbs free energy* des angelsächsischen Schrifttums.

tritt, ist z. B., daß der Zustand des Fließgleichgewichts durch ein Minimum an Entropieproduktion ausgezeichnet ist (PRIGOGINE). Aber auch diese Theorie ist nur auf kleine Abweichungen vom Gleichgewichtszustand anwendbar, wie sie bei lebendigen Systemen nur selten realisiert sein dürften. Bis jetzt ist es jedenfalls nur in einfachen Fällen gelungen, die irreversible Thermodynamik auf biologische Prozesse anzuwenden. Ein vergleichsweise sehr einfaches Modellsystem ist das folgende (BERTALANFFY, 1953):

Wir betrachten eine einfache monomolekulare Reaktion $A \underset{k_2}{\overset{k_1}{\rightleftharpoons}} B$ mit den Reaktionskonstanten k_1 und k_2. In einem abgeschlossenen System würde sich das thermodynamische Gleichgewicht einstellen, welches durch die Gleichgewichtskonstante K charakterisiert ist ($\Delta G = 0$):

$$K = \frac{k_1}{k_2} = \frac{c_B}{c_A} = \text{konst.} \qquad (11)$$

Nun gehen wir über zum offenen System, indem wir annehmen, diese Reaktion verlaufe unter Bedingungen, wo A und B mit *konstant* gehaltenen Vorräten (a, b) außerhalb des Systems über Diffusionsprozesse (Diffusionskonstanten u_1 und u_2) in Verbindung stehen:

$$a \overset{u_1}{\longleftrightarrow} \left(A \underset{k_2}{\overset{k_1}{\rightleftharpoons}} B \right) \overset{u_2}{\longleftrightarrow} b. \qquad (12)$$

Die Differentialgleichungen für das System lauten:

$$\frac{dc_A}{dt} = u_1 (c_a - c_A) - k_1 \cdot c_A + k_2 \cdot c_B, \qquad (13)$$

$$\frac{dc_B}{dt} = u_2 (c_b - c_B) + k_1 \cdot c_A - k_2 \cdot c_B. \qquad (14)$$

Es bedeuten: c_A, c_B, die Konzentrationen innerhalb des Systems; c_a, c_b, die Konzentrationen außerhalb des Systems (seien konstant!).

Die stationäre Konzentration von A und B, $\bar{c}_A$ und $\bar{c}_B$, erhält man, wenn man $dc_A/dt = dc_B/dt = 0$ setzt. Die Rechnung ergibt:

$$\bar{c}_A = \frac{k_2 (u_1 \cdot c_a + u_2 \cdot c_b) + u_1 \cdot u_2 \cdot c_a}{u_1 \cdot u_2 + u_1 \cdot k_2 + u_2 \cdot k_1} = \text{konst.} \qquad (15)$$

$$\bar{c}_B = \frac{k_1 (u_1 \cdot c_a + u_2 \cdot c_b) + u_1 \cdot u_2 \cdot c_b}{u_1 \cdot u_2 + u_1 \cdot k_2 + u_2 \cdot k_1} = \text{konst.} \qquad (16)$$

Die stationären Konzentrationen von A und B sind also konstant, obgleich beständig ein Ein- und Ausstrom von Reaktanten stattfindet. Da im stationären Zustand Einstrom = Ausstrom ist, gilt $u_1 = u_2$ und daher:

$$\frac{\bar{c}_A}{\bar{c}_B} = \frac{k_2 (c_a + c_b) + u \cdot c_a}{k_1 (c_a + c_b) + u \cdot c_b}. \qquad (17)$$

Man kann aus dieser einfachen Formulierung zweierlei entnehmen: 1. Bei $u = 0$ (Unterbrechung des Stromes) stellt sich das thermodynamische Gleichgewicht ein: Gl. (17) geht in Gl. (11) über. 2. Bei $u \neq 0$ verschiebt eine relative Erhöhung von c_a das Fließgleichgewicht zugunsten von $\bar{c}_A$, während eine Erhöhung von c_b die umgekehrte Wirkung hat. Man sieht ferner aus den Gleichungen, daß die stationäre Konzentration in einem Fließgleichgewicht sehr viel schwieriger zu verstehen ist als die Gleichgewichtskonzentration in einem thermodynamischen Gleichgewicht.

Im Gegensatz zur Gleichgewichtskonzentration in einem geschlossenen System kann die stationäre Konzentration in einem Fließgleichgewicht sehr wohl durch Katalysatoren beeinflußt werden. Ein Blick auf die obigen Gleichungen zeigt, daß sich bei Veränderung der Reaktionskonstanten (k_1, k_2) oder der Diffusionskonstanten (u_1, u_2) die stationären Konzentrationen ändern. Bei einem im Fließgleichgewicht befindlichen System interessieren nicht nur die stationären Konzentrationen, sondern auch andere Größen, z. B. der stationäre *Strom* I (Gesamtdurchsatz durch das System, $mol \cdot s^{-1}$) und der Fluß J (der auf den durchströmten Querschnitt bezogene Durchsatz, $mol \cdot m^{-2} \cdot s^{-1}$). Im Gegensatz zum querschnittsabhängigen Fluß ist der Strom an jeder Stelle entlang der Stoffbewegung derselbe. Der stationäre Strom ist eine typische *Systemeigenschaft*, die nicht einfach aus der *Summation* der Eigenschaften von Einzelelementen des Systems resultiert (→ S. 5).

Wenn man also ein Fließgleichgewicht beschreiben will, genügt es nicht, die stationären Konzentrationen (pool-Größen) der Reaktanten zu bestimmen; man muß vielmehr auch wissen, wie schnell die Reaktanten umgesetzt werden. Erst wenn stationäre Konzentration und Umsatzintensität (turnover) bekannt sind, kann man sich eine Vorstellung davon machen, welche Rolle ein Reaktant spielt.

Die Anwendung der Theorie der Fließgleichgewichte auf lebendige Systeme ist schwierig. Man befindet sich deshalb erst in den Anfängen. Zwar kann man heute bereits Teilsysteme der Zelle, z. B. die im Grundplasma lokalisierte Glycolyse oder die in den Mitochondrien lokalisierte Atmungskette, mit der Begrifflichkeit des Fließgleichgewichts beschreiben; es besteht aber noch keine Möglichkeit, eine ganze Zelle als Fließgleichgewicht darzustellen.

Man muß sich weiterhin klar machen, daß zumindest vielzellige lebendige Systeme im allgemeinen nicht in einem idealen Fließgleichgewicht oder als quasi-stationäre Systeme vorliegen. Sie müssen vielmehr als „in beständiger Entwicklung befindliche Systeme" aufgefaßt werden. Materie und Energie strömen beständig durch sie hindurch; Einstrom und Ausstrom sind aber nicht gleich.

Das chemische Potential

Für die Beschreibung des energetischen Zustandes offener chemischer Systeme ist der Begriff des *chemischen Potentials* μ_j eine fundamentale Größe. Darunter versteht man die *freie Enthalpie pro mol* einer bestimmten chemischen Komponente j in einem Gemisch mehrerer solcher Komponenten, also z. B. diejenige von Na-Ionen in einer wäßrigen Lösung von NaCl. Wir können μ_j gedanklich zerlegen in eine Reihe von Einzelpotentiale, welche in ihrer Summe die freie Enthalpie dieser speziellen Teilchensorte ausmachen. Es gilt daher:

$$\mu_j = \underset{\substack{\text{konstanter} \\ \text{Bezugsterm}}}{\mu_j^0} + \underset{\substack{\text{Konzentra-} \\ \text{tionsterm}}}{\mathbf{R} \cdot T \cdot \ln a_j}$$

$$+ \underset{\substack{\text{Druck-} \\ \text{Volumenterm} \\ (= n_j \cdot \mathbf{R} \cdot T)}}{P \cdot \bar{V}_j} + \underset{\substack{\text{elektri-} \\ \text{scher Term}}}{\mathbf{F} \cdot E \cdot z_j} + \underset{\substack{\text{Gravita-} \\ \text{tionsterm}}}{\mathbf{g} \cdot h \cdot m_j}. \qquad (18)$$

Es bedeuten: $\mathbf{R}$, Gaskonstante ($= 8{,}314\,\text{J} \cdot \text{mol}^{-1} \cdot \text{K}^{-1}$); T, absolute Temperatur; a_j, Aktivität von j (unter idealen Bedingungen gleich Konzentration c_j); P, Druck; $\bar{V}_j$, partielles Molalvolumen von j*; $\mathbf{F}$, FARADAY-Konstante ($= 96{,}49\,\text{kJ} \cdot \text{V}^{-1} \cdot \text{mol}^{-1}$); E**, elektrische Spannung; z_j, Ladungszahl von j; $\mathbf{g}$, Gravitationskonstante ($= 9{,}806\,\text{m} \cdot \text{s}^{-2}$); h, Höhe; m_j, Molmasse

von j; n_j, Molzahl von j. Durch die Wahl der Konstanten erhält jeder Einzelterm die Dimension einer Energie pro mol. Da μ_j eine relative Größe ist, wird außerdem ein konstanter Referenzwert μ_j^0 erforderlich, der jedoch bei einer Differenzbildung herausfällt. Für die Zustandsänderung (-differenz) A → B gilt:

$$(\mu_j)_A \to (\mu_j)_B\,,$$

und daher auch:

$$\Delta\mu_j = (\mu_j)_B - (\mu_j)_A = \Delta\,(\mathbf{R} \cdot T \cdot \ln a_j) \qquad (19)$$
$$+ \Delta\,(P \cdot \bar{V}_j) + \Delta\,(\mathbf{F} \cdot E \cdot z_j) + \Delta\,(\mathbf{g} \cdot h \cdot m_j).$$

In Worten: Die Änderung des chemischen Potentials von j ist bestimmt durch die Summe der Differenzen im *Konzentrationspotential, Druckpotential, Ladungspotential* und *Gravitationspotential.*

Damit haben wir einen einfachen Ausdruck für die vielseitige Arbeitsfähigkeit des Partialsystems j gewonnen, den wir nun auf verschiedene energetische Prozesse anwenden können. Um verschiedene Partialsysteme quantitativ vergleichen zu können, ist es erforderlich, einheitliche *Standardbedingungen* zu definieren. Ein Partialsystem j befindet sich dann im *Standardzustand,* wenn $\mu_j = \mu_j^0$ ist, d. h. alle weiteren Summanden in Gl. (18) gleich Null sind. Daraus folgt für den Standardzustand von j: $T \cdot \ln a_j = 0$, d. h. $a_j = 1$; $P \cdot \bar{V}_j = 0$, d. h. $P = 0$; $E \cdot z_j = 0$, d. h. $E = 0$; $h \cdot m_j = 0$, d. h. $h = 0$. Für die Praxis sind folgende allgemeine Konventionen festgelegt: $a_j = 1\,\text{mol} \cdot \text{kg}^{-1}$***, $P = 0 = 1\,\text{bar}$ Normaldruck, $E = 0$ Volt. Als Bezugsniveau für h kann z. B. der Meeresspiegel oder die Erdoberfläche dienen. Als Standardtemperatur ist

---

* $\bar{V}_j$ ist definiert als diejenige Volumenzunahme eines Systems, welche durch Zugabe eines mol j erzeugt wird. Wegen der bei der Mischung von Stoffen auftretenden Volumenänderungen ist $\bar{V}_j$ nur näherungsweise gleich dem in der Praxis meist verwendeten Molvolumen von j.

** In der elektrophysiologischen Literatur wird für die elektrische Spannung das Symbol E bevorzugt. In der Physik ist das Symbol U gebräuchlich.

*** Die thermodynamisch korrekte Konzentrationsangabe für eine Lösung ist hier *1-molal* (d. h. 1 mol j pro 1 kg *Lösungsmittel*). Nur bei sehr verdünnten Lösungen ist 1-molal≈1-molar (1 mol j pro 1 l *Lösung*). Trotzdem wird in der Biochemie in der Regel mit *molaren* Konzentrationen gearbeitet.

298 K (25 °C) festgelegt. Allerdings hat man in speziellen Fällen (z. B. beim Wasserpotential, s. u.) auf eine Standardtemperatur, und damit auf eine allgemeine Vergleichbarkeit der μ-Werte, verzichtet.

Mit Hilfe dieser Konventionen läßt sich μ_j im Prinzip für jeden beliebigen Zustand relativ zu einem eindeutig definierten Standardzustand ausdrücken. μ_j hat die Dimension einer *Energie pro mol*. Die allgemeine Einheit für Energie ist 1 Joule (J) = 1 kg $\cdot$ m^2 $\cdot$ s^{-2} = 1 W $\cdot$ s. Für die Umrechnung der früher üblichen Energieeinheit cal in J gilt: 1 cal = 1/0,23885 J = 4,1868 J.

Das chemische Potential von Wasser

Wir betrachten Gl. (18) für den Spezialfall j = H$_2$O. Da es sich um ein elektrisch neutrales Molekül handelt (z_{H_2O} = 0), gilt:

$$\mu_{H_2O} = \mu_{H_2O}^0 + \mathbf{R} \cdot T \cdot \ln a_{H_2O}$$
$$+ P \cdot \bar{V}_{H_2O} + \mathbf{g} \cdot h \cdot m_{H_2O}. \qquad (20)$$

Diese Formel beschreibt den energetischen Zustand des Wassers als Summe seines Konzentrations-, Druck- und Gravitationspotentials (bezogen auf den Standardzustand $\mu_{H_2O}^0$) in einer Mischung von H$_2$O mit beliebig vielen anderen Teilchen, also z. B. in einer wäßrigen Lösung, wie sie in der Zellvacuole vorliegt. $\mathbf{R}$, $\bar{V}_{H_2O}$*, $\mathbf{g}$, m_{H_2O} sind Konstanten; man erkennt also, daß der Energieinhalt des Partialsystems H$_2$O von seiner Aktivität, von der Temperatur, vom Druck und der Höhe abhängt. Für Wasser unter Standardbedingungen ** ist $\mu_{H_2O} = \mu_{H_2O}^0$. Ein Anstieg von P über den normalen Luftdruck oder eine Erhöhung der Lage lassen μ_{H_2O} gegenüber dem Standardzustand ansteigen. Wird jedoch reines Wasser durch Zugabe anderer Teilchen *verdünnt*, so sinkt seine Aktivität

---

* $\bar{V}_{H_2O}$ ist nur bei hoher Wasserkonzentration (stark verdünnte Lösung) praktisch konstant ($\approx$ 18,0 ml $\cdot$ mol^{-1}). Diese Komplikation wird in der Praxis meist ignoriert.

** Die Aktivität a eines Lösungsmittels ist, anders als die eines Lösungsgutes (i), als Molfraktion definiert: $a_{H_2O} \approx c_{H_2O} = N_{H_2O} = n_{H_2O}/(n_{H_2O} + \Sigma\, n_i)$. Im Standardzustand (reines Wasser) ist $N_{H_2O} = 1$, bzw. $N_{H_2O}/\bar{V}_{H_2O} = 55,6$ mol $\cdot$ l^{-1}. Weiterhin geht man hier von isothermen Bedingungen aus; für $\mu_{H_2O}^0$ soll die jeweilige Temperatur des untersuchten Systems gelten.

(= effektive Konzentration) und damit auch sein relativer Energieinhalt ab. Der Übergang von reinem Wasser zur Lösung bedeutet also eine *Verminderung* von μ_{H_2O} gegenüber $\mu_{H_2O}^0$. Umgekehrt bedeutet die Verdünnung einer Lösung mit reinem Wasser eine Verminderung des Konzentrationspotentials der gelösten Teilchen und eine Erhöhung des Konzentrationspotentials von Wasser. Die gelösten Teilchen (das Lösungsgut i) bezeichnet man in diesem Zusammenhang als *Osmoticum,* dessen (effektive) Konzentration durch die *Osmolalität* *** ausgedrückt wird. Das Konzentrationspotential des Osmoticums ist:

$$\pi = \mathbf{R} \cdot T \cdot \ln \sum_i a_i. \qquad (21\text{ a})$$

Für verdünnte Lösungen geht Gl. (21 a) in die VAN'T HOFFsche Beziehung über:

$$\pi \approx \mathbf{R} \cdot T \cdot \sum_i a_i. \qquad (21\text{ b})$$

Die Größe π ist bekannt als der *osmotische Wert* = *potentieller osmotischer Druck* einer Lösung, welcher mit Hilfe eines Osmometers ($\rightarrow$ S. 98) als *aktueller osmotischer Druck* gemessen werden kann. π beschreibt also das *osmotische Potential* einer Lösung.

Eine Lösung kann entweder durch das Konzentrationspotential des Wassers oder — unter umgekehrtem Vorzeichen — durch das Konzentrationspotential des Osmoticums (= osmotisches Potential) charakterisiert werden. Zwischen den beiden Potentialen besteht daher folgender Zusammenhang ($a_{H_2O} \approx N_{H_2O}$**):

$$\pi = -\frac{\mathbf{R} \cdot T}{\bar{V}_{H_2O}} \ln a_{H_2O}, \quad \text{oder:}$$

$$\mathbf{R} \cdot T \cdot \ln a_{H_2O} = -\pi \cdot \bar{V}_{H_2O}. \qquad (22)$$

Mit Hilfe dieser Beziehung und der Umformung $m = \varrho \cdot \bar{V}$ (ϱ = Dichte) läßt sich Gl. (20)

*** Die *osmolale Konzentration* einer Lösung betrifft im Gegensatz zur molalen Konzentration nur das osmotisch wirksame Lösungsgut (d. h. diejenigen Teilchen, welche von einer semipermeablen Membran zurückgehalten werden). Eine 1-osmolale Lösung enthält 1 mol osmotisch aktive Teilchen plus 1 kg Wasser. Eine 1-molale NaCl-Lösung ist daher etwa 2-osmolal, falls die Membran für Na$^+$ und Cl$^-$ impermeabel ist.

vereinfachen:

$$\mu_{H_2O} = \mu_{H_2O}^0 - \pi \cdot \bar{V}_{H_2O}$$
$$+ P \cdot \bar{V}_{H_2O} + \mathbf{g} \cdot h \cdot \varrho_{H_2O} \cdot \bar{V}_{H_2O},$$

oder:

$$\frac{\mu_{H_2O} - \mu_{H_2O}^0}{\bar{V}_{H_2O}} = P - \pi + \mathbf{g} \cdot h \cdot \varrho_{H_2O}. \qquad (23)$$

Der Quotient auf der linken Seite der Gl. (23) wird definiert als das *Wasserpotential* Ψ einer Lösung. Diese Größe ist in der Pflanzenphysiologie von entscheidender Bedeutung: Ψ beschreibt die *freie Enthalpie pro Einheitsvolumen Wasser* in einer Lösung, bezogen auf den Standardzustand von H_2O, und erlaubt daher Aussagen über die Richtung der Wasserdiffusion (= *Osmose*).

Merke:

1. Wasser strömt spontan (deswegen aber nicht unbedingt schnell!) nur von Orten mit *höherem* (positiverem) zu Orten mit *niedrigerem* (negativerem) Ψ, d. h. entlang eines abfallenden Ψ-Gradienten. Hierbei wird die freie Enthalpie des Wassers verringert (exergonischer Prozeß).

2. Demgemäß kann Wasser nur unter Energieaufwand von einem Ort mit *niedrigerem* Ψ zu einem Ort mit *höherem* Ψ transportiert werden (endergonischer Prozeß).

3. Zwischen Orten gleichen Ψ-Werts findet keine Netto-Diffusion von Wasser statt, d. h. es herrscht thermodynamisches Gleichgewicht ($\Delta\Psi = 0$).

4. Als Nullpunkt der Ψ-Skala („Normalwasserpotential", $\Psi = 0$) dient per Definition der Standardzustand des Wassers (reines H_2O bei Normaldruck, -niveau und -temperatur).

5. Ψ wird durch eine Zunahme von P und h erhöht und durch eine Zunahme von π erniedrigt.

P und π sind temperaturabhängig [→ Gl. (18, 21)]. Beide Größen steigen bei Temperaturerhöhung an. Dies bleibt jedoch hier unberücksichtigt, da Ψ stets in Bezug auf einen Standardzustand gleicher Temperatur betrachtet wird. Bei Normaldruck und -niveau wird Ψ alleine von π bestimmt und ist daher

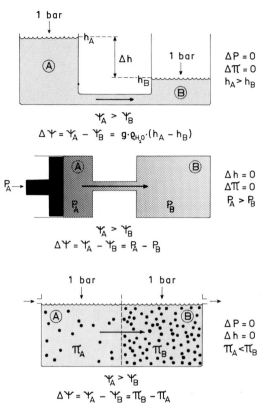

Abb. 103. Drei einfache Gedankenexperimente zur Veranschaulichung der Bedeutung des Wasserpotentials für die spontane (exergonische) Strömung von Wasser [→ Gl. (23)]. *Oben:* Wasser strömt von höherem auf niedrigeres Niveau. $\Delta\Psi$ beruht auf einem Unterschied im Gravitationspotential von Ψ_A und Ψ_B. *Mitte:* Wasser strömt von einem Ort hohen Drucks zu einem Ort niederen Drucks. $\Delta\Psi$ beruht auf einem Druckgefälle zwischen A und B. *Unten:* Wasser strömt (z. B. durch eine semipermeable Membran) von einer verdünnten zu einer konzentrierten Lösung. Diesen Vorgang nennt man *Osmose*. $\Delta\Psi$ beruht auf einem Unterschied im osmotischen Potential (π) der Lösungen A und B. Allen drei Beispielen ist gemeinsam, daß der Wasserstrom dem Gefälle von Ψ (in Richtung zu negativeren Werten) folgt, und daß ein Zustand angestrebt wird, in dem $\Delta\Psi = 0$ ist (Gleichgewicht zwischen A und B) und daher kein Wassernettostrom mehr erfolgt. Außerdem wird deutlich, daß es für den Wasserstrom nicht auf den Absolutwert von Ψ, sondern auf $\Delta\Psi$-Werte ankommt

≤ 0. Zur Veranschaulichung der Zusammenhänge zwischen Ψ, P, π und h dient Abb. 103.

Ψ und alle Summanden in Gl. (23) haben die Dimension einer *Energie $\cdot$ Volumen^{-1}* = Kraft $\cdot$ Fläche^{-1} = *Druck;* sie werden daher in bar (= 10^{-5} Newton $\cdot$ m^{-2} = 10^{-5} Pascal) gemessen. Für die Umrechung der früher üblichen Einheit at (Atmosphäre) gilt: 1 at = 1/0,987 bar = 1,01 bar.

Die Anwendung des Wasserpotential-Konzepts auf den Wasserzustand der Zelle

Da Pflanzen über keine aktiven Mechanismen zur Erhöhung des Wasserpotentials („Wasserpumpen") verfügen, wird Wasser in ihnen ausschließlich passiv bewegt, d. h. es folgt einem abfallenden Ψ-Gradienten. Wassertransport ist in der Pflanze also stets exergonisch, d. h. $\Delta\Psi$ ist negativ (– $\Delta\Psi$ in Analogie zu – ΔG).

Wir betrachten eine ausgewachsene Zelle, deren Wände elastisch geblieben sind, d. h. nicht verholzt, verkorkt oder kutinisiert wurden. Ein einfaches Modell dieses Systems (in dem lediglich solche Eigenschaften berücksichtigt sind, welche wir für ein Verständnis der *os-*

motischen Eigenschaften dieser Zelle brauchen) besteht aus 3 wesentlichen Elementen: *Zellwand, wandständiger Protoplasmabelag* und *Vacuole* (Abb. 104). Die Wand einer solchen Zelle ist praktisch *omnipermeabel* (→ Abb. 42). Sie gestattet ohne wesentlichen Diffusionswiderstand eine Umspülung des Protoplasten mit Wasser und Ionen. Die Wand ist sehr reißfest, aber nicht starr, sondern elastisch dehnbar (→ S. 33). Sie hat also die Eigenschaften eines geschmeidigen Korsetts. Wie kommt die Stabilität einer solchen Zelle zustande? Antwort: Durch das Zusammenwirken von Zellwand und Vacuole. Dieses Zusammenwirken wird durch bestimmte Eigenschaften des Protoplasten ermöglicht, der als mehr oder minder dünner, geschlossener Belag der Wand anliegt. Dieser Plasmasack kann nämlich in erster Näherung als *semipermeabel* angesehen werden (d. h. er stellt in beiden Richtungen eine unbedeutende Diffusionsbarriere für Wasser, hingegen eine sehr hohe Diffusionsbarriere für gelöste Moleküle und Ionen dar). Der Zellsaftraum (Vacuole) enthält eine wäßrige Lösung mit einer Vielzahl anorga-

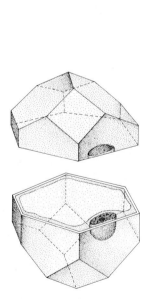
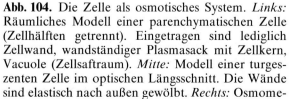
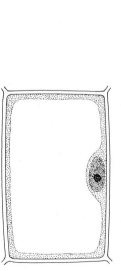
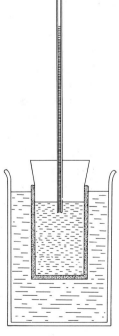

Abb. 104. Die Zelle als osmotisches System. *Links:* Räumliches Modell einer parenchymatischen Zelle (Zellhälften getrennt). Eingetragen sind lediglich Zellwand, wandständiger Plasmasack mit Zellkern, Vacuole (Zellsaftraum). *Mitte:* Modell einer turgeszenten Zelle im optischen Längsschnitt. Die Wände sind elastisch nach außen gewölbt. *Rechts:* Osmometer („PFEFFERsche Zelle") im Längsschnitt bestehend aus Innenmedium (Lösung), porösem Gefäß mit semipermeablen Eigenschaften, Außenmedium (Wasser) und Steigrohr. Dieses physikalische Analogie-Modell repräsentiert das System Zelle (*Mitte*) hinsichtlich seiner osmotischen Eigenschaften erstaunlich gut

nischer und organischer Ionen und Moleküle; zuweilen befinden sich in der Vacuole auch Makromoleküle (Proteine und Pektine) oder sekundäre Pflanzenstoffe, z. B. Anthocyane oder Flavonolglycoside als Farbstoffe. Durch die gelösten Stoffe (i. a. 0,2 – 0,8-osmolal) erhält die Vacuolenflüssigkeit ein beträchtliches osmotisches Potential [$\pi = 5 - 20$ (100) bar; → Gl. (21)]. Da die Zellwand im allgemeinen eine sehr wenig konzentrierte Lösung (also praktisch reines Wasser) enthält, besteht in diesem System ein π-Gradient (→ Abb. 103, *unten*), der potentielle Energie zum Transport von Wasser liefern kann.

Das Osmometer-Modell. Ein physikalisches System, welches nach diesem Prinzip funktioniert, ist das Osmometer, das in seiner einfachsten Form (PFEFFERsche Zelle) in Abb. 104 modellhaft dargestellt ist. Dieses Gerät dient zur Bestimmung des osmotischen Potentials einer Lösung mittels Messung des potentiellen osmotischen Drucks. Dazu folgende Überlegung: Das äußere Gefäß (Außenraum) des Osmometers enthalte reines Wasser unter Standardbedingungen, das innere Gefäß (Innenraum) eine Lösung. Das innere Gefäß ist ein Tonzylinder, der eine semipermeable (praktisch nur für Wassermoleküle durchlässige) anorganische Membran trägt. Verschlossen ist der Tonzylinder mit einem Stopfen, der von einem Steigrohr durchbohrt wird. Da die Wasserkonzentration (mol H_2O pro Volumeneinheit) außen größer

Tabelle 6. Die Anwendung des Osmometer-Modells auf die parenchymatische Pflanzenzelle (→ Abb. 104)

Es entsprechen sich:

Osmometer-Modell	Pflanzenzelle
Außenraum mit Wasser	Der praktisch mit Wasser gesättigte, freie Diffusionsraum der Zellwand
Innenraum mit Lösung	Vacuole mit Zellsaft
Anorganische, semipermeable Haut im Tonzylinder	Semipermeabler Protoplasmabelag
Wassersäule im Steigrohr (Manometer)	Reißfeste, aber elastische Zellwand

ist als innen, besteht ein „Diffusionsdruck", der Wasser vom Außenraum in den Innenraum treibt. Präziser: Wasser diffundiert in Richtung des Ψ-Gefälles. Der Nettostrom von Wasser kommt erst dann zum Erliegen, wenn der hydrostatische Druck im Steigrohr die weitere Akkumulation von Wasser im Innenraum verhindert. Dann ist $\Delta\Psi = 0$ bzw. $\pi = P$. Derjenige hydrostatische Druck, der das weitere Einströmen von Wasser in den Innenraum verhindert, repräsentiert also den *potentiellen osmotischen Druck* (= osmostisches Potential) der Innenlösung. (Für genaue Messungen hält man das Volumen, und damit die Konzentration der Innenlösung, durch Anlegen eines Gegendrucks konstant. Der im Gleichgewicht notwendige Gegendruck ergibt dann genau π.)

Das Gesetz, nach dem das ideale Osmometer arbeitet, ist einfach. Es wird beschrieben durch Gl. (23) unter Weglassung des hier bedeutungslosen Gravitationsterms ($\Delta h = 0$):

$$\Psi = P - \pi. \tag{24}$$

In Worten: Das Wasserpotential einer Lösung wird bestimmt durch den Druck, unter dem die Lösung steht und durch ihr osmotisches Potential. Ψ wird durch P erhöht und durch π erniedrigt (verschiedene Vorzeichen!). Für $\Psi = 0$ ($\Delta\Psi = 0$) ist $\pi = P$.

Die Zelle als Osmometer-Analogon. Die sich entsprechenden Systemelemente der Zelle und des Osmometers (→ Abb. 104) sind in Tabelle 6 gegenübergestellt. Man erkennt, daß zwischen den beiden Systemen eine verblüffende funktionelle Analogie besteht. Man darf aber nicht übersehen, daß es sich um ein reines Analogie-Modell handelt. Alle Eigenschaften der Zelle außer den osmotischen werden von diesem Analogie-Modell völlig vernachlässigt. Frage: Wie lange kann die Vacuole aus der Umgebung Wasser aufnehmen? Antwort: Bis Ψ_V ($\Psi_{Vacuole}$) genauso groß geworden ist, wie Ψ_W (Ψ_{Wand}). Im Gleichgewicht ist also $\pi_V = P_W$ [→ Gl. (24)]. Der Wanddruck P_W ist derjenige Druck, der von der elastisch gespannten Zellwand auf Protoplast und Vacuole ausgeübt wird. P_W darf nicht verwechselt werden mit dem *in der Wand herrschenden Druck* $P_{außen}$, welcher definitionsgemäß gleich Null gesetzt ist (Normaldruck = 1 bar; → S. 94). Damit Gleichgewicht herrscht, müssen Protoplast und Vacuole einen der Größe von P_W entsprechenden

Gegendruck auf die Zellwand ausüben. Diesen Gegendruck bezeichnet man als *Turgordruck* oder einfach als *Turgor* (P_V). Zwischen Protoplasma und Vacuole besteht praktisch kein Druckunterschied, d. h. $P_W = -P_V = -P_{Plasma}$. Der Turgor ist nur im Gleichgewicht im Betrag gleich groß wie der Wanddruck. Wenn der Turgor den Wanddruck betragmäßig übersteigt, wird die Zellwand irreversibel (plastisch) gedehnt. Auf diese Weise wird das Volumenwachstum der Zelle energetisch bewerkstelligt („hydraulisches" Wachstum; → S. 283).

Die in Gl. (24) gegebene Formulierung des Wasserpotentials entspricht formal der klassischen, auf PFEFFER zurückgehenden Gleichung für die „osmotischen Zustandsgrößen" der Zelle:

$$S_z = O_z - W \qquad (25)$$

(S_z = Saugkraft, O_z = osmotischer Wert, W = Wanddruck). Saugkraft und Wasserpotential unterscheiden sich im Prinzip nur im Vorzeichen: Eine *positive* Saugkraft entspricht einem *negativen* Wasserpotential. Außerdem muß man stets beachten, daß Ψ auf den Standardzustand von Wasser ($\Psi = 0$) bezogen ist. Darüber hinaus herrscht Saugkraft zwischen zwei Orten immer dann, wenn eine *Differenz* im Ψ-Wert vorliegt. S_z ist daher eigentlich mit $-\Delta\Psi$ homolog. Wir werden uns im folgenden strikt an das thermodynamisch begründete Wasserpotentialkonzept halten.

Das Matrixpotential. Wendet man Gl. (24) auf die Zelle an, so ignoriert man die Komplikation, daß in diesem osmotischen System nicht nur gelöste Teilchen, sondern auch kolloidale Strukturen und Oberflächen als osmotisch aktive Komponenten auftreten. So ist z. B. Ψ_W keineswegs gleich Null, selbst dann nicht, wenn die Wandflüssigkeit aus reinem H_2O bestünde. Dies hat seinen Grund in den Wechselwirkungen zwischen H_2O-Molekülen und der Oberfläche hydrophiler Makromoleküle, wie sie in Form der Zellulose und Pektine als Gerüstwerk in der Zellwand vorliegen (→ S. 33). Da es nicht sinnvoll ist, die osmotische Wirkung dieser Strukturen mit ihrer „Konzentration" in Zusammenhang zu bringen, definiert man ein *Matrixpotential* τ, welches separat neben dem osmotischen Potential aufgeführt wird:

$$\Psi = P - \pi - \tau. \qquad (26\,a)$$

Das Matrixpotential, das sich eindrucksvoll an einem Stück Filterpapier demonstrieren läßt, das mit seiner Unterkante im Wasser hängt, spielt z. B. eine große Rolle für das Wasserpotential im Boden (Bodenkolloide als Matrix) und im Protoplasma (Makromoleküle, Membranen, Ribosomen u. a. als Matrix). Neben den kolloidalen Effekten liefert die Kapillarität makromolekularer Strukturen einen wichtigen Beitrag zu τ, das z. B. in keimenden Samen bis 1000 bar betragen kann. Das Matrixpotential läßt sich wie π als „potentieller Matrixdruck" messen.

Nomenklatorische Schwierigkeiten. In der pflanzenphysiologischen Literatur hat es sich seit einigen Jahren eingebürgert, die Gl. (26 a) wie folgt zu formulieren:

$$\Psi_{gesamt} = \Psi_P + \Psi_\pi + \Psi_\tau. \qquad (26\,b)$$

Nach dieser Formulierung setzt sich das Wasserpotential eines wäßrigen Mischsystems additiv aus drei Komponenten zusammen, welche den Einfluß von P, π und τ auf den energetischen Zustand von Wasser beschreiben. Nach Gl. (26) ist $\Psi_P = P$, $\Psi_\pi = -\pi$ und $\Psi_\tau = -\tau$. In diesem Zusammenhang wird Ψ_π auch als „osmotisches Potential" bezeichnet. Diese Formulierung ist insofern verwirrend, als es sich bei Ψ_π nicht um das Konzentrationspotential des Osmoticums [$= \pi$; → Gl. (21)], sondern um die durch das Osmoticum bewirkte Komponente des Wasserpotentials handelt. Entsprechend wird Ψ_τ auch als „Matrixpotential" bezeichnet. Korrekt wäre, Ψ_π und Ψ_τ als *osmotisches* bzw. *matrikales Wasserpotential* zu bezeichnen. Wir bleiben hier bei den von der Physikalischen Chemie her vertrauten, *positiven* Potentialen π und τ, welche als positive Drücke gemessen werden können und (im Gegensatz zu P) einen negativen Beitrag zum Wasserpotential leisten (d. h. Ψ erniedrigen).

Das osmotische Zustandsdiagramm der Zelle. Wir betrachten das Volumen des Protoplasten in Abhängigkeit vom Wasserpotential außerhalb des Protoplasten, welches sich durch Zugabe eines Osmoticums erniedrigen läßt. Die Volumenänderung kann z. B. mikroskopisch verfolgt werden (→ Abb. 105). Eine Zelle wird als *vollturgeszent* bezeichnet, wenn $\Psi_V = -\tau_W$, d. h. P_W maximal groß ($= \pi_V$) ist. Die vollturgeszente Zelle ist, ähnlich wie ein aufgepump-

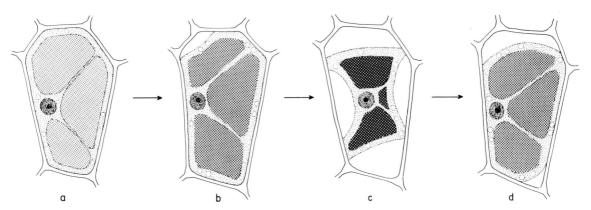

Abb. 105 a – d. Zellen aus der unteren Epidermis eines Blattes von *Rhoeo discolor*. Im Zellsaft sind Anthocyane gelöst. (a) Vollturgeszenz in Wasser; (b, c) Plasmolyse in 0,5 mol $KNO_3 \cdot l^{-1}$ (frühes und spätes Stadium); (d) Deplasmolyse nach Übertragung in Wasser. (In Anlehnung an SCHUMACHER, 1962)

ter Gummireifen, strukturell enorm stabil. Für die meisten Pflanzenzellen liegt π_V im Bereich von 5 – 20 bar; es sind jedoch auch schon über 100 bar gemessen worden (z. B. bei bestimmten Halophyten). Turgorverlust führt zum Welken und damit zum Stabilitätsverlust der Pflanze. Auf der Ebene der Zelle führt starker Turgorverlust meist zur *Plasmolyse* (Abb. 105). Dieses Phänomen kann in geeigneten Zellen dadurch erzeugt werden, daß man ihnen von außen eine Lösung anbietet, deren osmotisches Potential (den gelösten Stoff nennt man das „Plasmolyticum") wesentlich höher ist, als das der Vacuole. Ist der Plasmasack für das Plasmolyticum undurchlässig, so strömt solange Wasser aus der Vacuole in den mit der umgebenden Lösung im Gleichgewicht stehenden freien Diffusionsraum der Zellwand, bis sich die Wasserpotentiale im Außenraum und in der Vacuole angeglichen haben. Die Vacuole verkleinert sich; der Plasmasack löst sich von der Zellwand ab. Die gerade beginnende Ablösung (→ Abb. 105 b) bezeichnet man als *Grenzplasmolyse*. Ersetzt man die Außenlösung durch Wasser, so tritt *Deplasmolyse* ein (→ Abb. 105 d), weil nunmehr solange Wasser von außen in die Vacuole einströmt, bis wieder die volle Turgeszenz erreicht ist. Starke Plasmolyse übersteht die Zelle jedoch nicht ohne irreversible Schädigung; z. B. reißen dabei häufig die Plasmodesmen.

Mit Hilfe von Gl. (26) läßt sich das reversible osmotische System Zelle hinsichtlich der Parameter Ψ, P, π und τ quantitativ beschreiben und in Form eines Zustandsdiagramms darstellen (Abb. 106).

Man muß sich stets vor Augen halten, daß in den verschiedenen Kompartimenten unterschiedliche Komponenten das Wasserpotential hauptsächlich bestimmen:

$$\text{Vacuole:} \quad \Psi_V \approx P_W - \pi_V \; (\tau_V \approx 0),$$
$$\text{Plasma:} \quad \Psi_{Plasma} = P_W - \pi_{Plasma} - \tau_{Plasma}$$
$$(P_{Plasma} = P_V),$$
$$\text{Wand:} \quad \Psi_W \approx -\tau_W \; (P_a = 0, \pi_W \approx 0).$$

Im Gleichgewicht gilt stets:

$$\Psi_V = \Psi_{Plasma} = \Psi_W \; (= \Psi_{Zelle}).$$

Die experimentelle Messung von π und Ψ. Für eine hinreichend verdünnte Lösung kann π nach Gl. (21 b) berechnet werden, indem man molale Konzentrationen einsetzt. Bei höheren Konzentrationen ist wegen der zunehmenden Differenz zwischen Konzentration und Aktivität eine empirische, indirekte Messung erforderlich (über den osmotischen Druck im Osmometer, oder die Gefrierpunkt- bzw. Dampfdruckerniedrigung gegenüber reinem Wasser). Diese Methoden werden auch für π-Bestimmungen in extrahiertem Zellsaft verwendet. In situ-Messungen basieren auf der Beobachtung von Grenzplasmolyse mit einem definierten Plasmolyticum (Abb. 107) oder Schrumpfungsmessungen an Gewebestücken. Die hierbei erhaltenen Werte gelten exakt nur für die turgorfreie Zelle. In der vollturgeszenten Zelle (größeres Volumen; → Abb. 106) liegen meist etwa 10 – 15% niedrigere Werte vor.

Gl. (24) gibt an, wie man $\Psi_V = \Psi_{Zelle}$ messen kann: Man bestimmt diejenige Osmolalität,

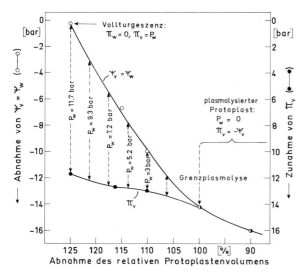

Abb. 106. Das osmotische Zustandsdiagramm der Zelle. Objekt: Zellen aus dem Blattstiel von *Helianthus annuus*. Wir betrachten die zwei osmotischen Kompartimente *Zellwand* und *Vacuole*, welche durch den Protoplasmasack („semipermeable Membran") gegeneinander abgegrenzt sind. Das Wasserpotential der Wand kann durch die Zugabe eines Osmoticums zur Außenlösung experimentell variiert werden (Ψ, Wasserpotential; π, potentieller osmotischer Druck (= osmotischer Wert = osmotisches Potential); P, Flüssigkeitsdruck. Subskripte: V, Vacuole; W, Wand). Wir betrachten auf der Abszisse von links nach rechts die Abnahme des Protoplastenvolumens, welche durch eine experimentelle Verminderung von Ψ_W (= $\Psi_{Außenlösung}$) bewirkt wird. Alle Meßwerte beziehen sich auf *Gleichgewichtszustände*, d. h. es ist stets $\Psi_W = \Psi_V$ (d. h. $\Delta\Psi = 0$) eingestellt. Ausgehend vom Zustand der *Vollturgeszenz* (P_W maximal groß) nimmt Ψ_V gemäß Ψ_W ab. Dies erfolgt auf Kosten von P_W (= $-P_V$). Dagegen nimmt π_V leicht zu, da sich bei abnehmendem Volumen die Osmolalität in der Vacuole erhöht. Beim relativen Protoplastenvolumen 100% ist die Zellwand voll entspannt ($P_W = 0$); es tritt *Grenzplasmolyse* auf. Jede weitere Verminderung von $\Psi_W = \Psi_V$ führt zu einem entsprechenden Anstieg von π_V, da von nun an $\pi_V = -\Psi_V$. Bei manchen Zellen treten in diesem Bereich auch negative Drücke auf, da sich die Zellwand zusammen mit dem schrumpfenden Protoplasten einwölbt und dabei nach innen gespannt wird. In diesem Fall ist $\Psi_V > \pi_V$. (Nach Daten von CLARK, 1956; aus LEWITT, 1969)

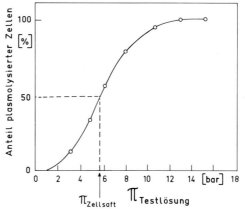

Abb. 107. Typische Resultate bei der Bestimmung des mittleren osmotischen Potentials π (= osmotischer Wert) einer Zellpopulation durch Grenzplasmolyse. Bei Grenzplasmolyse wird P gerade gleich Null und daher ist $\pi_V = -\Psi_V = \pi_{Testlösung}$. Man stellt nun unter dem Mikroskop fest, welches π eine Testlösung haben muß, damit sie bei 50% der Zellen des untersuchten Gewebes die ersten Anzeichen der Plasmolyse hervorbringt. Dieser Wert repräsentiert das mittlere osmotische Potential des Zellsafts unter diesen Bedingungen (P = 0). (Nach STRAFFORD, 1965)

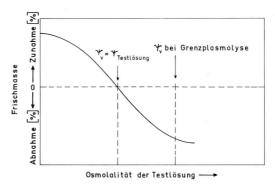

Abb. 108. Schematische Kurve für die Bestimmung des Wasserpotentials eines Gewebes (Stück aus einer Kartoffelknolle). Im Prinzip geht man folgendermaßen vor: Man bringt die zu prüfende Zelle (oder das Gewebestück) in Testlösungen verschiedener Osmolalität. Diejenige Testlösung, in der sich das Gewicht (oder das Volumen) der Zelle (Gewebestücks) nicht ändert, besitzt das Wasserpotential der Zelle (oder das mittlere Wasserpotential des Gewebes). (Nach STEWARD, 1964)

welche eine Testlösung besitzen muß, um im osmotischen Gleichgewicht ($\Psi_{Testlösung} = \Psi_V$) mit dem Zellsaft zu stehen (Abb. 108). Eine Methode, welche zur Ψ-Messung ganzer Sprosse verwendet wird, besteht darin, die Pflanze in

einer Kammer, aus der nur das Sproßende herausragt, langsam unter Druck zu setzen (SCHOLANDER-Bombe). Derjenige Druck, der für das Herauspressen einer gerade erkennbaren Menge Saft aus der (unter Normaldruck stehenden)

Schnittfläche benötigt wird, gibt direkt Ψ an. P_W (bzw. der Turgordruck) wird in der Regel nicht experimentell gemessen, sondern aus π_V und Ψ_V rechnerisch ermittelt.

Ähnlich wie beim Wasserzustand der Zelle ist die Wasserpotentialdifferenz $(-\Delta\Psi)$ die treibende Kraft für alle anderen Wasserbewegungen in der Pflanze. Diese grundlegende Größe bestimmt die energetisch begünstigte Richtung der Wasserströmung zwischen Zellkompartimenten (z. B. zwischen Chloroplast und Cytoplasma) genauso, wie zwischen Wurzel und Krone eines Baumes. Man darf allerdings nie vergessen, daß Ψ (bzw. $\Delta\Psi$) per Definition nur für den *Gleichgewichtszustand* gilt, d. h. dieser Begriff ist ungeeignet für eine adäquate energetische Beschreibung *strömenden* Wassers. Die kinetische Behandlung der Wasserströmung in einer Pflanze, die sich meist als *Fließgleichgewicht* beschreiben läßt, erfolgt im Kapitel über Wasserferntransport ($\rightarrow$ S. 470).

Das chemische Potential von Ionen

Gl. (20) beschreibt das chemische Potential von Wasser und allen anderen elektrisch neutralen Molekülen eines stofflich heterogenen Systems. Wir betrachten nun das chemische Potential *geladener* Teilchen, also z. B. von Ionen in einer wäßrigen Lösung. Da der energetische Zustand einer Ionenmenge wesentlich von ihrer elektrischen Ladung abhängt, müssen wir aus Gl. (18) folgende Glieder berücksichtigen:

$$\mu_i = \mu_i^0 + \mathbf{R} \cdot T \cdot \ln a_i + \mathbf{F} \cdot E \cdot z_i. \tag{27}$$

Wir betrachten also das chemische Potential einer Ionensorte i unter den vereinfachenden Bedingungen $\Delta P = 0$ und $\Delta h = 0$. Die Variablen dieser Gleichung sind die Aktivität a_i, die elektrische Spannung E und die Ladungszahl z_i, welche positiv oder negativ sein kann. Die FARADAYsche Konstante $\mathbf{F}$ gibt die elektrische Ladung für ein mol Elektronen an ($= 96\ 490$ Coulomb; 1 Coulomb $\cdot$ mol$^{-1} = 1$ J $\cdot$ V$^{-1} \cdot$ mol^{-1}). Der Ausdruck auf der rechten Seite von Gl. (27) wird auch als *elektrochemisches Potential* bezeichnet. Es besitzt im Unterschied zum Wasserpotential (J $\cdot$ l^{-1}) die Dimension J $\cdot$ mol^{-1} (Standardbedingungen $\rightarrow$ S. 94).

Das elektrochemische Potential bestimmt die Richtung der Ionenbewegung zwischen zwei Orten, z. B. zwischen zwei durch eine Membran getrennten Lösungen.

Merke:
1. Ionen wandern spontan stets in Richtung des abfallenden elektrochemischen Potentialgradienten (exergonischer Prozeß).
2. Der umgekehrte Vorgang, das Pumpen von Ionen gegen das elektrochemische Potentialgefälle, kann nur unter Zufuhr von freier Enthalpie vonstatten gehen (endergonischer Prozeß).
3. Ist die Differenz des elektrochemischen Potentials einer Ionensorte zwischen zwei Orten gleich Null, so herrscht thermodynamisches Gleichgewicht ($\Delta G = 0$), *auch wenn die Konzentrationen verschieden sind.*

Sind zwei Lösungen des Ions i durch eine elektrisch isolierende Membran voneinander getrennt, so gilt:

Lösung I: Membran   Lösung II:

$$\mu_i^I = \mu_i^0 + \mathbf{R} \cdot T \cdot \ln a_i^I + \mathbf{F} \cdot E^I \cdot z_i \qquad \mu_i^{II} = \mu_i^0 + \mathbf{R} \cdot T \cdot \ln a_i^{II} + \mathbf{F} \cdot E^{II} \cdot z_i$$

$$\Delta\mu_i = \mu_i^{II} - \mu_i^I = \mathbf{R} \cdot T \cdot \ln \frac{a_i^{II}}{a_i^I} + \mathbf{F} \cdot z_i (E^{II} - E^I). \tag{28}$$

Für das thermodynamische Gleichgewicht gilt $\mu_i^I = \mu_i^{II}$ und daher auch:

$$\mathbf{R} \cdot T \cdot \ln a_i^I + \mathbf{F} \cdot E^I \cdot z_i = \mathbf{R} \cdot T \cdot \ln a_i^{II} + \mathbf{F} \cdot E^{II} \cdot z_i . \tag{29 a}$$

Durch Umformung erhält man hieraus die NERNSTsche Gleichung:

$$\Delta E_N = E^{II} - E^I = \frac{\mathbf{R} \cdot T}{z_i \cdot \mathbf{F}} \cdot \ln \frac{a_i^I}{a_i^{II}} . \tag{29 b}$$

Man sieht, daß zwischen den beiden Lösungen eine elektrische Potentialdifferenz ΔE (= elektrische Spannung) auftritt, falls $a_i^I \neq a_i^{II}$. Durch Zusammenfassung der Konstanten und Einführung des dekadischen Logarithmus erhält man aus Gl. (29 b) die einfache Beziehung (25° C):

$$\Delta E_N = \frac{0{,}0591}{z_i} \cdot \lg \frac{a_i^I}{a_i^{II}} \ [V]. \qquad (29\ c)$$

Anhand dieser Beziehung kann man sich leicht klarmachen, daß bei einem effektiven Konzentrationsunterschied zwischen den beiden Lösungen vom 1 : 10 ($z_i = 1$) eine Spannungsdifferenz von 59,1 mV auftritt, d. h. es müßte eine Spannung dieses Wertes von außen (mit der richtigen Polung) angelegt werden, um das energetische Gleichgewicht einzustellen.

Das Membranpotential

Innerhalb der Zelle bzw. innerhalb eines Gewebes treten membranbegrenzte Lösungsräume unterschiedlicher ionischer Zusammensetzung auf. Da die Biomembranen in der Regel eine extrem niedrige elektrische Leitfähigkeit (ihre elektrische Durchschlagfestigkeit reicht bis ca. 300 kV $\cdot$ cm^{-1}) und eine mehr oder minder begrenzte Permeabilität für Ionen aufweisen, können elektrische Potentialunterschiede zwischen diesen Lösungsräumen auftreten, die man allgemein als *Membranpotentiale* (eigentlich „Transmembranpotentiale") bezeichnet. Während das nach Gl. (29) berechenbare NERNST-Potential (ΔE_N) per Definition einen Gleichgewichtszustand für ein bestimmtes Ion i beschreibt, ist das Membranpotential (ΔE_M) eine experimentelle Größe, welche sich aus der Summe der Potentiale vieler verschiedener Ladungsträger als aktuelles Mischpotential ergibt. Das Auftreten eines Membranpotentials bedeutet also stets, daß *kein* Gleichgewicht des elektrochemischen Potentials, integriert über alle beteiligten Ionensorten, zwischen zwei durch eine Biomembran getrennten Lösungsräumen besteht. Ein Membranpotential von Null bedeutet meist, daß sich die Einzelpotentiale gegenseitig kompensieren.

Membranpotentiale können drei Ursachen haben:

1. Wenn Anion und Kation eines Elektrolyten unterschiedlich schnell durch eine Membran diffundieren (ungleiche Permeabilitätskoeffizienten), ergibt sich eine elektrische Ladungsdifferenz, die man als *Diffusionspotential* bezeichnet.

2. Strukturgebundene Ionen (Festionen) können die Membran nicht penetrieren, binden jedoch entgegengesetzt geladene Ionen und führen daher zu Ladungsungleichgewichten (DONNAN-Potential).

3. Aktiver Transport von Ionen durch carrier ($\rightarrow$ S. 122), führt zu Ladungsunterschieden, wenn kein Gegenion mittransportiert wird (*elektrogene Ionenpumpe*). Wenn das DONNAN-Potential vernachlässigbar ist, gilt daher für das Membranpotential:

$$\Delta E_M = \Delta E_D + I_e \cdot R_M \qquad (30)$$

(ΔE_D, Diffusionspotential; I_e, elektrischer Strom, den die elektrogene Pumpe erzeugt; R_M, OHMscher Widerstand der Membran bei blockierter Pumpe).

Die Messung von Membranpotentialen an pflanzlichen Zellen erfolgt mit Mikroeinstichelektroden, welche vorsichtig in das Cytoplasma oder die Vacuole eingeführt werden. Als Referenzsystem dient in der Regel der Lösungsraum außerhalb der Zelle, der mit einer Bezugselektrode in Kontakt steht (Abb. 109). Naturgemäß

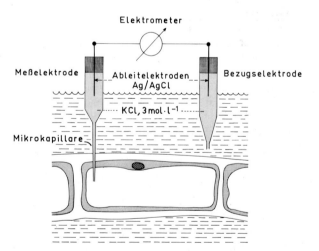

Abb. 109. Meßanordnung zur Ableitung des Vacuolenpotentials. Die Zelle wird mit der Spitze einer Mikroglaskapillare angestochen, wobei der Turgorverlust minimal gehalten werden muß. Über die konzentrierte KCl-Lösung (Salzbrücke) und die Ag/AgCl-Ableitelektrode besteht eine leitende Verbindung zwischen Vacuolensaft und Elektrometer. Über eine ähnlich aufgebaute Bezugselektrode wird der Kontakt zur extrazellulären Lösung hergestellt

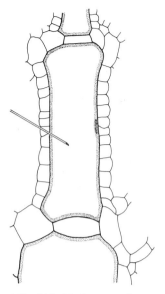

Abb. 110. Es ist angedeutet, wie mit Hilfe einer feinen Kanüle der Zellsaft aus den großen Internodiumzellen der *Chara-* bzw. *Nitella*-Arten (→ Abb. 590) entnommen werden kann. In ähnlicher Weise kann auch eine Elektrode eingeführt werden. Die *Nitella*-Arten sind für diese Experimente besonders geeignet, da bei ihnen die Internodien nur aus der bis zu 10 cm langen Internodiumzelle bestehen, die „Berindung", die für die meisten *Chara*-Arten charakteristisch ist, fehlt. (Nach einer Zeichnung von HÄCKER)

Tabelle 7. Membranpotentialmessungen an einigen coenoblastischen Algenzellen. Man erkennt, daß das Vacuolenpotential E_V (zwischen Vacuole und Außenmedium) weitgehend auf die negative Spannung zwischen Cytoplasma und Außenmedium (E_C) zurückgeht, während zwischen Cytoplasma und Vacuole ($E_{V/C}$) in der Regel keine erhebliche Potentialdifferenz auftritt. Es gilt: $E_V = E_C + E_{V/C}$. (Nach MACROBBIE, 1970; aus LÜTTGE, 1973)

	E_V	E_C	$E_{V/C}$
		[mV]	
Süß- und Brackwasseralgen:			
Nitella flexilis	− 155	− 170	+ 15
Nitella translucens	− 122	− 140	+ 18
Chara corallina	− 152	− 170	+ 18
Hydrodictyon africanum	− 90	− 116	+ 26
Meeresalgen:			
Halicystis ovalis	− 80	− 80	0
Valonia ventricosa	+ 17	− 71	+ 88
Acetabularia mediterranea	− 174	− 174	± 0

sind die coenoblastischen Riesenzellen mancher Algen, z. B. von *Chara* (Abb. 110), *Nitella Acetabularia, Valonia, Halicystis,* besonders günstige Objekte elektrophysiologischer Forschung (→ Tabelle 7). Potentialmessungen an derartigen Zellen haben regelmäßig ergeben, daß sowohl das Cytoplasma als auch der Vacuoleninhalt normalerweise ein gegenüber dem Außenmedium negatives Potential (meist im Bereich von − 50 bis − 200 mV) besitzen. Da die pflanzliche Zellwand die Eigenschaften eines Kationenaustauschers besitzt, bildet sie gegen verdünnte Salzlösungen ebenfalls ein negatives Potential aus (DONNAN-Potential). Das an vacuolisierten Pflanzenzellen gemessene „Membranpotential" (Vacuolenpotential; → Abb. 109) stellt also die Summe mehrerer Einzelpotentiale dar, die nur bei günstigen Objekten separat gemessen werden können (Tabelle 7).

ΔE_M gibt den aktuellen Spannungsabfall dE/dx zwischen zwei durch eine Membran getrennten Lösungen an und ist daher maßgebend für die treibende Kraft des spontanen Ladungsausgleichs. Dieser kann in der Regel nur durch Austausch von Ionen zwischen beiden Lösungen erfolgen. Jede beteiligte Ionensorte hat das Bestreben, sich derart auf die beiden Lösungsräume zu verteilen, daß Gl. (28) erfüllt ist ($\Delta\mu = 0$). Man kann sich anhand dieser Beziehung leicht klar machen, daß Gleichgewicht für ein bestimmtes Ion i bei gegebenen ΔE_M nicht etwa beim Ausgleich der effektiven Konzentrationen ($a_i^I = a_i^{II}$), sondern beim Ausgleich der *Summen von elektrischem und Konzentrations-Potential* gegeben ist. Dies ist bei derjenigen Verteilung a_i^I/a_i^{II} der Fall, welche $\Delta E_N = \Delta E_M$ einstellt. Man kann also durch Berechnung von ΔE_N aus den experimentell gemessenen Konzentrationswerten [Gl. (29 c), S. 103] und Vergleich mit ΔE_M herausfinden, ob sich eine Ionensorte im elektrochemischen Gleichgewicht befindet. Dies ist immer dann zu erwarten, wenn das Ion, ähnlich wie H_2O, *passiv* (d. h. ausschließlich dem Potentialgefälle folgend) durch die Membran permeieren kann (→ S. 123). Ist $\Delta E_N \neq \Delta E_M$, so folgt daraus entweder, daß die Membran impermeabel für dieses Ion ist, oder daß ein Mechanismus existiert, welcher das Ion unter Energieaufwand von der einen nach der anderen Seite der Membran bewegt. $\Delta E_N - \Delta E_M$ ist dann ein Maß für den Energiebedarf dieser Ionenpumpe. Der elektrogene Ionentransport durch Pumpen (→ S. 123) ist der wichtigste Faktor für die Aufrechterhaltung elektrischer Potentialdifferenzen an Biomembranen (→ Tabelle 13, S. 127).

Energetik biochemischer Reaktionen

Wir haben Gl. (18) bisher dazu benützt, die Energetik der räumlichen Verteilung verschiedener Komponenten in einem System zu verstehen. Der gleiche Formalismus läßt sich auch auf die Energetik chemischer Stoffumsetzungen bei homogener Verteilung der Komponenten (Reaktanten) anwenden. Eine chemische Reaktion, z. B. die Reaktion $A + B \rightleftharpoons C + D$, läuft solange spontan ab, bis sich ein Gleichgewicht zwischen den Aktivitäten der Reaktionspartner eingestellt hat (Massenwirkungsgesetz):

$$K = \frac{a_C \cdot a_D}{a_A \cdot a_B}. \tag{31}$$

Die Gleichgewichtskonstante K gibt also an, bei welcher Konzentrationsverteilung eine Mischung von Reaktionspartnern im thermodynamischen Gleichgewicht ($\Delta G = 0$) vorliegt. Jede Abweichung von K durch eine Konzentrationsänderung einer oder mehrerer Reaktionspartner bedeutet $\Delta G \neq 0$, d. h. die Reaktion wird solange spontan in die eine oder andere Richtung laufen, bis K wieder erreicht ist. Es wird damit deutlich, daß in diesem Fall der Konzentrationsterm in Gl. (18) (das Konzentrationspotential) jedes einzelnen Reaktanten für die Energetik der Reaktion maßgeblich ist, d. h. es gilt ($P = 0$, $E = 0$, $\Delta h = 0$) *:

$$\begin{aligned} \Delta G = &- \mu_A - \mu_B + \mu_C + \mu_D \\ = &- \mu_A^0 - \mu_B^0 + \mu_C^0 + \mu_D^0 \\ &+ R \cdot T \cdot (- \ln a_A - \ln a_B + \ln a_C + \ln a_D). \end{aligned}$$

---

* 1. Die Vorzeichen sind hier (willkürlich) dadurch festgelegt, daß man die Reaktionsgleichung von links nach rechts liest: $A + B \rightarrow C + D$. Für diesen Fall wird ΔG durch *Erhöhung* von a_A oder a_B *negativer*, d. h. die Reaktion ist in Richtung des Pfeils exergonisch. 2. Die freie Enthalpie G wird hier, genauso wie μ_j, als *intensive* Größe verwendet und hat daher die Dimension einer *Energie pro mol* ($J \cdot mol^{-1}$). In der klassischen Thermodynamik, z. B. im 2. Hauptsatz (→ S. 92), wird G häufig als *extensive* Größe aufgefaßt und hat dann die Dimension einer *Energiemenge* (J).

Nach Umformung ergibt sich:

$$\Delta G = \Delta G^0 + R \cdot T \cdot \ln \frac{a_C \cdot a_D}{a_A \cdot a_B}. \tag{32}$$

In dieser Formel ist ΔG^0 die Summe der einzelnen chemischen Potentiale unter Standardbedingungen (μ^0), d. h. die freie Reaktionsenthalpie der Gesamtreaktion unter Standardbedingungen. ΔG^0 ist hier definiert als die Menge an freier Enthalpie, die umgesetzt wird, wenn 1 mol eines bestimmten Reaktanten gemäß der Summenformel bei 25° C, 1 bar Druck (Normaldruck) und unter Aufrechterhaltung der Standardaktivitäten aller Reaktanten in das entsprechende Produkt umgewandelt wird.

In der Biochemie ist es üblich, aus praktischen Gründen folgende Modifikationen an den Standardbedingungen anzubringen: 1. Es werden *molare* Konzentrationen ($mol \cdot l^{-1}$) verwendet. 2. Die Standardkonzentration für Wasser ist $55,6\ mol \cdot l^{-1}$ (nicht $1\ mol \cdot l^{-1}$). 3. Die Standardkonzentration für Protonen ist 10^{-7} $mol \cdot l^{-1}$, d. h. pH = 7 (nicht 0). Die bei pH 7 gemessenen Werte der freien Reaktionsenthalpie werden meist durch das Symbol ' kenntlich gemacht: $\Delta G'$, $\Delta G^{0'}$. Diese von den *physikalischen* Standardbedingungen (pH = 0) abweichenden *physiologischen* Standardbedingungen (pH = 7) sind erforderlich, da biochemische (enzymatische) Reaktionen meist in der Nähe des Neutralpunktes vonstatten gehen.

Gl. (32) gibt die freie Enthalpie einer Reaktion in Abhängigkeit vom Verhältnis der effektiven Reaktantenkonzentrationen an. Setzt man in Gl. (32) Standardaktivitäten ($1\ mol \cdot l^{-1}$) ein, so wird $\Delta G = \Delta G^0$, d. h. das Reaktionsgemisch befindet sich im Standardzustand. Setzt man dagegen die Gleichgewichtsaktivitäten aus Gl. (31) ein, so erhält man ($\Delta G = 0$):

$$\Delta G^0 = - R \cdot T \cdot \ln K. \tag{33}$$

Diese wichtige Beziehung zeigt, daß die freie Standard-Enthalpie einer Reaktion in einer einfachen Beziehung zur Gleichgewichtskonstanten steht. Gl. (33) liefert eine einfache Methode zur experimentellen Bestimmung von ΔG^0-Werten.

Merke:

1. ΔG gibt nicht den Energieinhalt einer Substanz wider, sondern beschreibt den Energie-

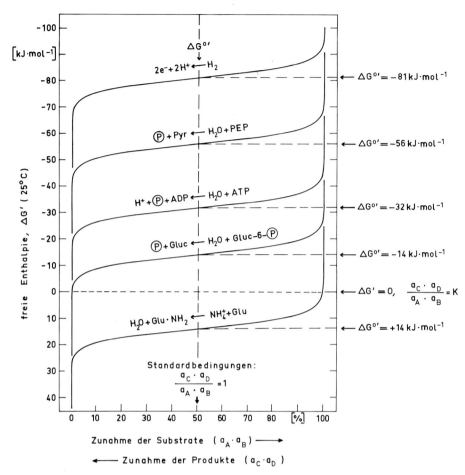

Abb. 111. Die Abhängigkeit von $\Delta G'$ (pH 7) von $\Delta G^{0'}$ und den relativen Aktivitäten der Reaktanten $(a_C \cdot a_D)/(a_A \cdot a_B)$ bei 5 typischen metabolischen Reaktionen [→ Gl. (32), Tabelle 8]. Die Kurven kommen von $\Delta G' = +\infty$ und gehen nach $\Delta G' = -\infty$. Im Wendepunkt sind die Standardbedingungen ($\Delta G^{0'}$) gegeben. Im Schnittpunkt mit der horizontalen Linie bei $\Delta G' = 0$ ist die Gleichgewichtskonstante K erreicht. Es wird deutlich, daß die Reaktionsgemische im Bereich um den Wendepunkt energetisch gut gepuffert sind. Eine 10fache (100fache) Erhöhung der relativen Produktkonzentrationen verschiebt $\Delta G'$ nur um 5,7 (11,4) kJ · mol^{-1} in positiver Richtung. Eine Erniedrigung führt zu entsprechender Verschiebung in negativer Richtung. In den Bereichen extremer Konzentrationsunterschiede zwischen Substraten und Produkten führen hingegen winzige Konzentrationsänderungen zu starken Änderungen von $\Delta G'$

umsatz einer chemischen *Reaktion* in einer *definierten Richtung*.

2. ΔG gibt den Betrag an Arbeit an, den ein chemisches Reaktionssystem unter definierten Bedingungen (isotherm, isobar) maximal leisten kann bzw. mindestens zugeführt bekommen muß.

3. Eine Reaktion läuft in derjenigen Richtung spontan ab, für die ΔG negativ ist (exergonische Reaktion).

4. Der Verlauf in der Gegenrichtung (ΔG positiv) ist nur unter Zufuhr von freier Enthalpie möglich (endergonische Reaktion).

5. Bei Reaktionsgleichgewicht (K eingestellt) ist $\Delta G = 0$.

6. Der Betrag der freien Standard-Enthalpie ($\pm \Delta G^0$) ist um so größer, je mehr das K des Reaktionssystems von 1 abweicht.

In Abb. 111 werden die geschilderten Zusammenhänge an konkreten Beispielen quantitativ erläutert. Tabelle 8 enthält K- und $\Delta G^{0'}$-Werte für einige wichtige Stoffwechselreaktionen. Obwohl diese Werte wiederum keinerlei Aussage darüber zulassen, wie schnell und über welche Zwischenschritte eine Reaktion

Tabelle 8. Gleichgewichtskonstanten und freie Standard-Enthalpiewerte (pH 7) für einige wichtige Stoffwechselreaktionen. Die $\Delta G^{0'}$-Werte beziehen sich auf einen Molumsatz des erstgenannten Reaktanten. Bei Umkehrung der Reaktionsrichtung muß das Vorzeichen entsprechend verändert werden (P = Phosphat). (Nach HOLLDORF, 1964)

Reaktion	K'	$\Delta G^{0'}$ [kJ·mol^{-1}]
ATP + H$_2$O → ADP + Ⓟ + H$^+$	$3{,}5 \cdot 10^5$	− 32
Glycerin + Ⓟ → Glycerin-1-Ⓟ + H$_2$O	$2{,}9 \cdot 10^{-2}$	+ 8,8
Glucose-6-Ⓟ + H$_2$O → Glucose + Ⓟ	$2{,}6 \cdot 10^2$	− 14
Glucose-6-Ⓟ → Glucose-1-Ⓟ	$5{,}7 \cdot 10^{-2}$	+ 7,1
Glucose-6-Ⓟ → Fructose-6-Ⓟ	$4{,}3 \cdot 10^{-1}$	+ 2
Phosphoenolpyruvat + H$_2$O → Pyruvat + Ⓟ	$6 \cdot 10^9$	− 56
Glucose → 2 Äthanol + 2 CO$_2$	$5 \cdot 10^{45}$	− 260
Glucose + 6 O$_2$ → 6 CO$_2$ + 6 H$_2$O	10^{506}	−2880
Glutamat + NH$_4^+$ → Glutamin + H$_2$O	$3{,}1 \cdot 10^{-3}$	+ 14
Glutamat + NH$_4^+$ + ATP → Glutamin + ADP + P + H$_2$O	$1{,}4 \cdot 10^3$	− 18
NAD(P)H + H$^+$ + ½ O$_2$ → NAD(P) + H$_2$O	$1{,}2 \cdot 10^{38}$	− 220

abläuft, sind sie für die Beurteilung des Stoffwechselgeschehens einer Zelle von großer Bedeutung. Wir erkennen z. B., daß Glucose als Substrat der oxidativen Dissimilation theoretisch etwa 10mal mehr freie Enthalpie liefern kann, als in der alkoholischen Gärung. Weiterhin haben $\Delta G^{0'}$-Werte große Bedeutung für die Beurteilung der Richtung *gekoppelter Reaktionen* (Reaktionsketten) wie sie für den Zellstoffwechsel charakteristisch sind. Es gilt grundsätzlich, daß eine Reihe gekoppelter Reaktionen nur dann in einer bestimmten Richtung ablaufen kann, wenn der Gesamtprozeß in der Bilanz exergonisch ist. Dies läßt sich durch Addition der einzelnen ΔG-Werte (unter Beachtung der Vorzeichen) einfach berechnen. In einer derartigen, insgesamt exergonischen Reaktionskette können einzelne Schritte durchaus auch endergonisch sein; die Sprünge dürfen jedoch nicht so groß sein, daß eine unüberwindbare energetische Barriere entsteht. Aus Abb. 111 läßt sich z. B. entnehmen, daß die Hydrolyse von Phosphoenolpyruvat energetisch gut ausreicht, um ADP zu phosphorylieren ($\Delta G^{0'}$ für den Gesamtprozeß ist $(-56) - (-32) = -24$ kJ·mol^{-1}). Dies gilt in einem weiten Bereich um den Standardzustand. Die Hydrolyse von Glucose-6-phosphat hingegen würde nur bei unrealistisch niedrigem Produkt/Substrat-Quotienten eine ATP-Bildung unterhalten können. Andererseits kann die ATP-Hydrolyse in einem weiten Konzentrationsspielraum Glucose zu Glucose-6-phosphat phosphorylieren. Bei der Anwendung derartiger energetischer Überlegungen auf die Zelle darf man allerdings nie vergessen, daß dieses komplizierte System kein homogener Reaktionsraum ist und daß die thermodynamischen Standardbedingungen nicht (oder nur näherungsweise) erfüllt sind. Man muß daher im Einzelfall kritisch prüfen, ob ΔG-Werte sinnvoll zu verwenden sind oder nicht.

Phosphatübertragung und Phosphorylierungspotential

Ein Großteil der zellulären Energietransformationen verläuft über den Austausch von Phosphatgruppen; die Umsetzungen der organischen Phosphorsäureverbindungen spielen daher im Stoffwechsel und bei einer Vielzahl von zellulären Arbeitsleistungen eine grundlegende Rolle. Die freie Enthalpie der Hydrolyse der Phosphatester bzw. -anhydride bezeichnet man auch als *Phosphorylierungspotential;* es ist ein Maß für die Bereitschaft der Moleküle, Phosphat auf geeignete Acceptormoleküle zu übertragen. Je negativer das Phosphorylierungspotential, desto höher ist diese Bereitschaft. ATP (*Adenosintriphosphat*) liegt im mittleren Bereich der Phosphorylierungspotentialskala (→ Abb. 111). Das Adenylatsystem eignet sich daher in besonderem Maße, als energieübertragendes Cosubstrat zwischen exergonischen und endergonischen Bereichen des Stoffwechsels zu vermitteln. ATP ist die „Energiewährung" der Zelle. Es wird vor allem im Zuge der oxidativen Dissimilation (Atmungskette; → S.179) — in autotrophen Zellen auch in der Photosynthese (Photophosphorylierung; → S. 162) — gewonnen und bei einer Vielzahl endergonischer Prozesse wieder verbraucht. So müssen viele organische Moleküle (z. B. Aminosäuren) mittels ATP in einen reaktionsbereiten Zustand versetzt werden, bevor sie als Bausteine für eine synthetische Reaktion (z. B. Proteinsynthese) verwendet werden können (Prinzip der *Substrataktivierung*). Die Hydrolyse von ATP liefert die Energie für den aktiven Transport von Ionen und Molekülen durch Biomembranen (→ S. 123) und für die Bewegungsprozesse, welche durch kontraktile Elemente (Muskelfasern, Geißeln) bewirkt werden (→ S. 491). Die Rolle des ATP bei der energetischen Kopplung von metabolischen Reaktionen ist in Abb. 112 veranschaulicht. Wegen seiner Funktion als „Transportmolekül" für Phosphorylierungspotential hat ATP in der Zelle einen enorm hohen Umsatz: Im menschlichen Körper werden täglich etwa 70 kg ATP produziert und wieder verbraucht. Seine stationäre Konzentration im Gewebe liegt jedoch bei nur $0,5 - 2,5 \ \mathrm{g \cdot kg^{-1}}$.

Um den energetischen Zustand des Adenylatsystems in der Zelle integrierend zu erfassen, wurde der Begriff der *Energieladung*, definiert durch

$$EL = \frac{c_{ATP} + 0,5 \ c_{ADP}}{c_{ATP} + c_{ADP} + c_{AMP}} \qquad (34)$$

(ATKINSON, 1968), geprägt. Dieser Quotient gibt die halbe mittlere Anzahl von anhydridartig gebundenen Phosphatgruppen pro Adeninmolekül in einer Mischung der drei Adeninnucleotide an. Die Energieladung unterscheidet sich vom Phosphorylierungspotential des Adenylatsystems vor allem durch die Ignorierung des anorganischen Phosphats. Sie ist daher eine empirische Größe, die energetisch nicht definierbar ist. In wachsenden Zellen mit aktivem Stoffwechsel liegt die Energieladung meist im Bereich von $0,7 - 0,9$. Während der exponentiellen Wachstumsphase einer *Escherichia coli*-Kultur mißt man z. B. Werte um 0,8. In der stationären Phase, wenn die Kohlenstoffquelle aufgebraucht ist, tritt ein Abfall auf 0,5 ein. Fällt die Energieladung unter den Wert 0,5, so kann die Stoffwechselhomöostasis normalerweise nicht mehr aufrecht erhalten werden. Die Zellen sterben ab, falls die Enzyme nicht z. B. durch Dehydratisierung in ihrer Aktivität gehemmt werden. Ruhende Zellen, z. B. Sporen, sind durch eine sehr niedrige Energieladung ausgezeichnet (um 0,1). In Erbsensamen steigt die Energieladung bei der Keimung von 0,25 (trockener Same) auf 0,6 (Same mit austretender Keimwurzel) an.

Redoxsysteme und Redoxpotential

Chemische Reaktionen, bei denen Elektronen (e^-) von einem Reaktanten auf einen anderen übertragen werden, bezeichnet man als *Redoxreaktionen*. Da die Fähigkeit zur Elektronenübertragung physikalisch einfach gemessen werden kann (Abb. 113), werden solche Reaktionen meist nicht durch ΔG, sondern durch das *Redoxpotential* charakterisiert.

Einen Elektronen-abgebenden Reaktanten bezeichnet man als *Reduktant* („Reduktionsmittel"), einen Elektronen-aufnehmenden Reaktanten als *Oxidant* („Oxidationsmittel"). Bei biochemischen Redoxreaktionen werden häufig Elektronen gemeinsam mit Protonen übertragen. Man spricht dann von *aktivem Wasserstoff* ($e^- + H^+ = [H]$) und *Wasserstoffübertragung*. Bei dem Begriff *Reduktionsäquivalent* unterscheidet man nicht zwischen e^- und [H].

Redoxreaktionen können in einer elektrochemischen Zelle elektrische Arbeit leisten (Abb. 113). Die Reaktanten in einer Halbzelle bezeichnet man als *Redoxsystem* (z. B. $Fe^{2+} \rightleftharpoons Fe^{3+} + e^-$, allgemein: Reduktant $\rightleftharpoons$ Oxidant $+ z \cdot e^-$). Die Arbeitsfähigkeit eines Redoxsystems hängt ab vom Konzentrationsver-

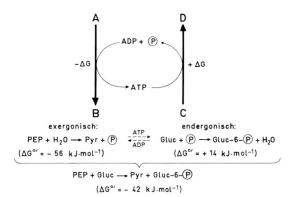

Abb. 112. Die Rolle des Adenylatsystems bei der Kopplung exergonischer und endergonischer Reaktionen (*Prinzip des gemeinsamen Zwischenprodukts*). Als quantitatives Beispiel ist die Kopplung der Hydrolyse von Phosphoenolpyruvat (PEP) zu Pyruvat (Pyr) mit der Phosphorylierung von Glucose (Gluc) zu Glucose-6-phosphat dargestellt

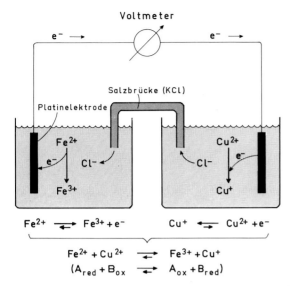

Abb. 113. Elektrochemische Zelle. In der linken Halbzelle befinden sich $FeCl_2$ und $FeCl_3$ im Verhältnis 1 : 1, in der rechten Halbzelle eine entsprechende Lösung von $CuCl_2$ und $CuCl$. In beide Lösungen tauchen chemisch inerte Elektroden (Platin) ein, welche über ein hochohmiges Spannungsmeßgerät miteinander verbunden sind. Der Stromkreis wird durch eine konzentrierte Salzlösung (Salzbrücke) zwischen den Halbzellen geschlossen. Da Fe^{2+} eine stärkere Tendenz zur Abgabe von Elektronen besitzt als Cu^+ ($\rightarrow$ Abb. 114), laufen die Reaktionen in der durch die Pfeile angegebenen Richtung spontan ab. Das Voltmeter zeigt (bei stromfreier Messung) die Potentialdifferenz ΔE (Differenz des „Elektronendrucks") an. ΔE ist proportional zur Menge an potentieller elektrischer Arbeit, welche die Zelle maximal leisten kann. In einer homogenen Mischung der beiden Halbzellenlösungen würde die Redoxreaktion in gleicher Weise ablaufen; die dabei frei werdende Energie würde jedoch in Form von Wärme auftreten

hältnis zwischen Reduktant und Oxidant und von der Potentialdifferenz zur zweiten Halbzelle. Der energetische Zustand eines Redoxsystems wird daher durch das *elektrochemische Potential* [Gl. (27), S. 102] beschrieben. Die Veränderung der Konzentration eines Ladungsträgers bei einer Redoxreaktion ist formal dasselbe, wie die Veränderung der Konzentration eines Ladungsträgers bei der Diffusion durch eine elektrisch isolierende Membran ($\rightarrow$ S. 102). Daher gilt auch für ein Redoxsystem die NERNSTsche Gleichung [Gl. (28), S. 102] sinngemäß:

$$\Delta E = E_0 + \frac{R \cdot T}{z \cdot F} \cdot \ln \frac{a_{ox}}{a_{red}} . \qquad (35)$$

ΔE bezeichnet man als *Redoxpotential*. Die wirksamen Konzentrationen von Oxidant und Reduktant sind a_{ox} und a_{red}; z ist die pro Formelumsatz übertragene Anzahl von Elektronen. E_0 ist eine Stoffkonstante, die auf μ^0 [Gl. (18), S. 94] zurückgeht. Sie beschreibt das Redoxpotential unter Standardbedingungen (siehe unten). Da in Gl. (28) die Potentialänderungen nur bei einem Stoff betrachtet werden, fällt diese Konstante dort heraus.

In der elektrochemischen Zelle ($\rightarrow$ Abb. 113) kann die elektrochemische Arbeitsfähigkeit eines Redoxsystems immer nur in bezug auf ein zweites Redoxsystem bestimmt werden. Um nun verschiedene Redoxsysteme auf einer einheitlichen Skala vergleichen zu können, benötigt man ein allgemeines Bezugsredoxsystem, dessen elektrisches Potential willkürlich gleich Null gesetzt wird. Nach einer physikalisch-chemischen Konvention wurde das Potential der „Standard-Wasserstoffelektrode" (Halbzelle mit oberflächenaktiviertem Platindraht, umspült von H_2-Gas bei 1 bar Druck, pH 0, 25° C) zum Nullpunkt der Redoxskala gewählt; die auf dieser Skala gemessenen Redoxpotentiale werden durch E_h gekennzeichnet.[*] Die elektrische Potentialdifferenz, die sich für ein bestimmtes Redoxsystem unter Standardbedingungen (25° C, 1 bar Druck, a_{red}, $a_{ox} = 1$ mol $\cdot$ l^{-1}, pH 0) gegen die Standard-Wasserstoffelektrode einstellt, bezeichnet man als das *Standardredoxpotential* E_0. (Obwohl auch E_0 immer eine Potential*differenz* beschreibt, verzichtet man hier [wie beim Wasserpotential; $\rightarrow$ Gl. (23), S. 96] auf das Symbol Δ, da es sich um eine Differenz gegen den Nullpunkt der Redoxskala handelt.) Setzt man in Gl. (35) Standardaktivitäten ein, so wird $\Delta E = E_0$.

Merke:

1. Das Redoxpotential E_h ist ein Maß für den „Elektronendruck" eines Redoxsystems (allgemein: $A \rightleftharpoons A^+ + e^-$) gegen die Standard-Wasserstoffelektrode ($H_2 \rightleftharpoons 2 H^+ + 2 e^-$).
2. Ein Redoxsystem mit negativem E_h kann Elektronen an die Standard-Wasserstoffelektrode abgeben (es wirkt *reduzierend*).

---

[*] In der Praxis verwendet man heutzutage die experimentell viel leichter zu handhabende *Kalomel*-Elektrode (Hg/Hg_2Cl_2) oder die *Chlorsilber*-Elektrode ($Ag/AgCl$), welche gegenüber der Wasserstoffelektrode ein Standardpotential von +240 mV bzw. +210 mV besitzen.

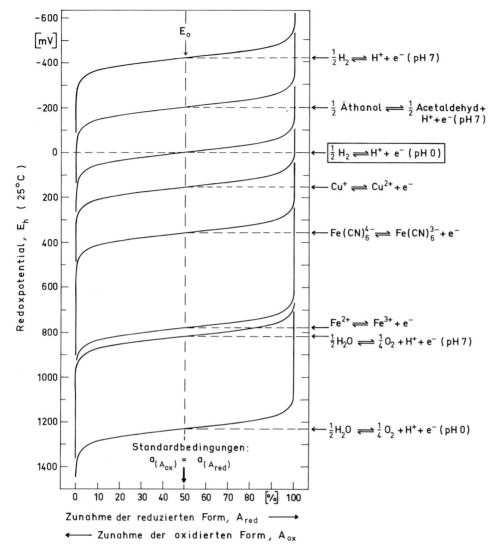

Abb. 114. Die Abhängigkeit des Redoxpotentials E_h von E_0 und dem Verhältnis Oxidant/Reduktant nach der NERNSTschen Gleichung [→ Gl. (35), S. 109]. Im Wendepunkt der Kurven sind Standardbedingungen (E_0) gegeben. Änderung des pH-Wertes führt zu einer Parallelverschiebung der Kurven bei Redoxsystemen, an denen Protonen beteiligt sind. Man erkennt, daß Redoxsysteme um den Wendepunkt eine maximale Pufferkapazität besitzen. Eine 10fache (100fache) Erhöhung der Konzentration eines Partners verschiebt E_h um nur 59 (118) mV. Dies entspricht $\Delta G = 5,7$ (11,4) kJ·mol^{-1}. Alle Redoxsysteme sind als *Ein*elektronenübergänge formuliert (z = 1). Für z = 2 ist die Steilheit im Wendepunkt auf die Hälfte reduziert [→ Gl. (35), S. 109]

3. Umgekehrt nimmt ein Redoxsystem mit positivem E_h Elektronen von der Standard-Wasserstoffelektrode auf (es wirkt *oxidierend*).
4. Grundsätzlich kann ein *negativeres* Redoxsystem ein *positiveres* Redoxsystem reduzieren (über die Reaktionsgeschwindigkeit können wiederum keinerlei Aussagen gemacht werden).

In Abb. 114 ist die Redoxskala anhand einiger Beispiele veranschaulicht.

Wenn an einem Redoxsystem Protonen beteiligt sind — und das ist bei biochemischen Reaktionen sehr häufig der Fall — so ist das Redoxpotential pH-abhängig. Es ist daher sinnvoll, auch hier wieder auf die physiologische Standardbedingung pH = 7 überzugehen (→ S. 105). Da $\mathbf{R} \cdot \mathbf{T} \cdot \mathbf{F}^{-1} \cdot \lg a_{H^+} = -0,0591$ pH

Tabelle 9. Standard-Redoxpotentiale (E_0') einiger wichtiger biologischer Redoxsysteme. (Nach HOLLDORF, 1964; MAHLER und CORDES, 1967)

Redoxsystem	E_0' (pH 7) [mV]
Ferredoxin$_{red}$/Ferredoxin$_{ox}$	− 430
H_2/2 H$^+$	− 420
2 Cystein/Cystin	− 340
NAD(P)H$_2$/NAD(P)	− 320
H$_2$S/S(rhombisch)	− 240
Riboflavin$_{red}$/Riboflavin$_{ox}$	− 210
Lactat/Pyruvat	− 190
Succinat/Fumarat	30
Ascorbat/Dehydroascorbat	80
H$_2$O$_2$/½ O$_2$ (Oxidation von H$_2$O$_2$)	300
Chlorophyll a$_{I(red)}$/Chlorophyll a$_{I(ox)}$	450
H$_2$O/½ O$_2$	815
2 H$_2$O/H$_2$O$_2$ (Oxidation von H$_2$O)	1350

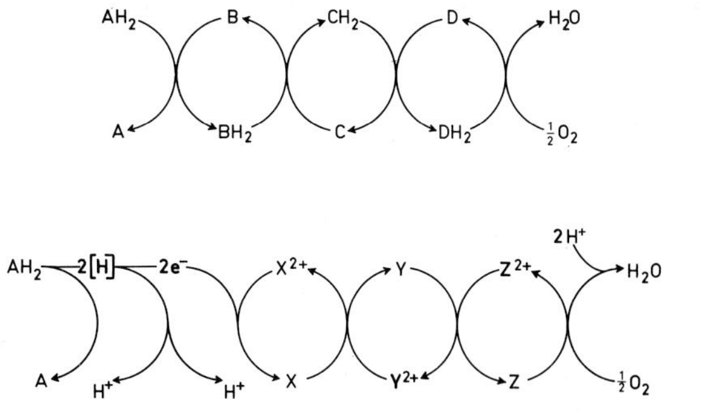

Abb. 115. Ein allgemeines Modell für eine Wasserstofftransportkette (*oben*) und eine Elektronentransportkette (*unten*). Im Fall der Wasserstofftransportkette laufen die Protonen zusammen mit den Elektronen; im Fall der Elektronentransportkette gehen die Protonen als H$^+$ in Lösung, und die Elektronen laufen allein die Kette hinunter bis zum Sauerstoff (Bildung von O^{2-}). Protonen und Sauerstoffionen vereinigen sich alsdann zu H$_2$O. (In Anlehnung an RAMSAY, 1965)

[→ Gl. (29 c), S. 103; z = 1; 25° C], ist die Wasserstoffelektrode bei pH 7 um $7 \cdot 59 \approx 420$ mV negativer als die Standard-Wasserstoffelektrode (pH 0). Für alle pH-abhängigen Redoxsysteme vom Typ $AH \rightleftharpoons A + H^+ + e^-$ gilt daher:

$$E_0' \text{ (pH 7)} = E_0 - 420 \text{ mV}. \qquad (36)$$

In Tabelle 9 sind E_0'-Werte einiger wichtiger biologischer Redoxsysteme zusammengestellt.

Koppelt man zwei Redoxsysteme mit unterschiedlichem Redoxpotential zusammen, so gibt das negativere an das positivere System Elektronen ab, bis das thermodynamische Gleichgewicht erreicht ist. Für die Reaktion $A_{red} + B_{ox} \rightleftharpoons A_{ox} + B_{red}$ gilt daher analog zu Gl. (32) (→ S. 105):

$$\Delta E_h = \Delta E_0 + \frac{R \cdot T}{z \cdot F} \cdot \ln \frac{a_{(A_{ox})} \cdot a_{(B_{red})}}{a_{(A_{red})} \cdot a_{(B_{ox})}}, \qquad (37)$$

wobei

$$\Delta E_0 = E_0^A - E_0^B \quad \text{ist.}$$

Da das Redoxpotential die elektrochemische Arbeitsfähigkeit pro Elektron bei einer elektronenübertragenden chemischen Reaktion beschreibt, steht es in einem einfachen Zusammenhang mit der freien Reaktionsenthalpie [→ Gl. (27), S. 102]:

$$\Delta G = z \cdot F \cdot \Delta E_h . \qquad (38)$$

Im Zellstoffwechsel spielt die Übertragung von Elektronen bzw. [H] eine zentrale Rolle. Sowohl im Photosyntheseapparat der Chloroplasten als auch im respiratorischen Apparat der Mitochondrien liegen Ketten gekoppelter Redoxsysteme (Abb. 115) vor, welche an spezielle Biomembranen gebunden sind. Daneben arbeitet eine Vielzahl nicht strukturgebundener Redoxenzyme (*Oxidoreduktasen*) in anderen Stoffwechselbereichen. Die zellulären Redoxsysteme überstreichen einen Bereich von ca. 1400 mV auf der Redoxskala (von $E_0' \approx$ − 600 mV für das durch Lichtquanten angeregte Chlorophyll a$_I$ bis $E_0' = 815$ mV für das System H$_2$O/O$_2$).

Sowohl die Photosynthese als auch die Dissimilation müssen als komplexe Redoxprozesse aufgefaßt werden: Bei der Photosynthese wird Kohlenstoff von seiner maximal oxidierten Stufe (CO$_2$) mit Hilfe von Lichtenergie in stark reduzierte Verbindungen (z. B. Kohlenhydrate, [CH$_2$O]$_n$) überführt, welche im Rahmen der Dissimilation wieder unter Energiefreisetzung zurück zu CO$_2$ oxidiert werden können. In den beteiligten metabolischen Reaktionsketten sind an mehreren Stellen Elektronentransferreaktionen eingeschaltet (→ S. 158, 180). Als Transportmoleküle für Reduktionsäquivalente, welche zwischen reduzierenden und oxidierenden Reaktionen vermitteln, dienen vor allem Nicotinadenindinucleotide (NADH$_2$/NAD bzw. NADPH$_2$/NADP), welche hier eine ganz ähn-

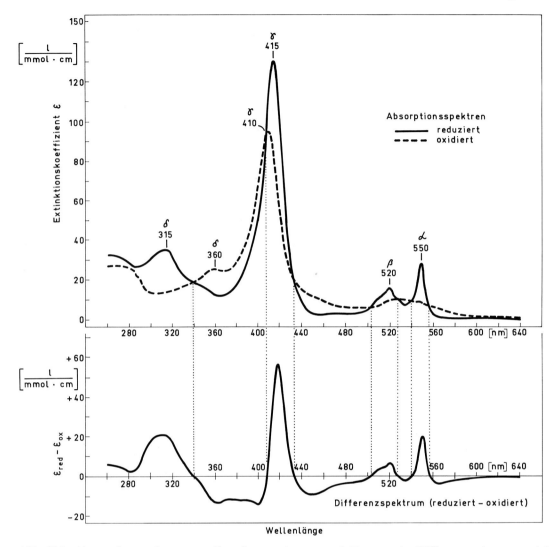

Abb. 116. Absorptionsspektren von Cytochrom *c* im reduzierten und oxidierten Zustand (→ Abb. 178). Reduziertes Cytochrom ist durch 4 Absorptionsbanden (α, β, γ, δ) charakterisiert. Bei der Oxidation verschwinden die α- und β-Bande, während die γ- und die δ-Bande verschoben werden. Mißt man die Absorptionsdifferenz zwischen reduziertem und oxidiertem Cytochrom *c* als Funktion der Wellenlänge, so erhält man ein *Differenzspektrum,* welches durch charakteristische Gipfel und Nullstellen (= Schnittpunkte der Absorptionsspektren, sog. *isosbestische Punkte*) ausgezeichnet ist. Das Differenzspektrum wird, im Gegensatz zum Absorptionsspektrum, durch die Anwesenheit anderer Pigmente in der Meßprobe nicht beeinflußt

liche Funktion besitzen wie das Adenylatsystem beim Phosphattransfer.

Die meisten chromophoren Redoxsysteme (z. B. Hämoproteine, Flavoproteine, Ferredoxine, NADH$_2$ u. a.) ändern in charakteristischer Weise ihr Absorptionsspektrum, wenn sich ihr Reduktionszustand ändert (Abb. 116). Diese Eigenschaft läßt sich auch in der lebenden Zelle („in vivo") zur spektralphotometrischen Identifizierung eines Redoxsystems ausnützen.

Durch Titration mit einer geeigneten Redoxsubstanz bekannten Potentials kann relativ einfach das *Mittelpunktpotential* E_m gemessen werden. (Das Symbol E_m verwendet man immer dann anstelle von E_0', wenn das System zwar zu 50% reduziert vorliegt, die anderen Standardbedingungen jedoch aus experimentellen Gründen nicht exakt eingehalten werden können.) Kinetische Messungen der Absorptionsänderungen von Redoxsystemen an isolierten

Chloroplasten, Mitochondrien, oder an intakten Zellen haben grundlegende Einblicke in die physikalischen Teilprozesse der biologischen Energietransformation geliefert (→ Abb. 137, 153, 180).

Weiterführende Literatur

Bertalanffy, L. von, Beier, W., Laue, R.: Biophysik des Fließgleichgewichts, 2. Aufl. Braunschweig: Vieweg, 1977

Broda, E.: The Evolution of the Bioenergetic Processes. Oxford: Pergamon Press, 1975

Dainty, J.: The water relations of plants. In: The Physiology of Plant Growth and Development. Wilkins, M. B. (ed.). London: McGraw-Hill, 1969, pp. 419 – 452

Dainty, J.: The ionic relations of plants. In: The Physiology of Plant Growth and Development. Wilkins, M. B. (ed.). London: McGraw-Hill, 1969, pp. 453 – 485

Dainty, J.: Water relations of plant cells. In: Encyclopedia of Plant Physiology, New Series. Lüttge, U., Pitman, M. G. (eds.). Berlin-Heidelberg-New York: Springer, 1976, Vol. 2, Part A, pp. 12 – 35

Findlay, G. P., Hope, A. B.: Electrical properties of plant cells: Methods and findings. In: Encyclopedia of Plant Physiology, New Series. Lüttge, U., Pitman, M. G. (eds.). Berlin-Heidelberg-New York: Springer, 1976, Vol. 2, Part A, pp. 52 – 92

Kinzel, H.: Grundlagen der Stoffwechselphysiologie. Stuttgart: Ulmer, 1977

Lange, O. L., Kappen, L., Schulze, E.-D.: Water and Plant Life. Problems and Modern Approaches. Berlin-Heidelberg-New York: Springer, 1976

Lehninger, A. L.: Bioenergetik. Stuttgart: Thieme, 1974, 2. Aufl.

Morris, J. G.: Physikalische Chemie für Biologen. Weinheim: Verlag Chemie, 1976

Nobel, P. S.: Introduction to Biophysical Plant Physiology. San Francisco: Freeman, 1974

12. Die Zelle als metabolisches System

Lebendige Systeme sind in ständiger Umsetzung befindliche Systeme. Die Moleküle und Molekülaggregate (Feinstrukturen), die eine Zelle aufbauen, haben eine Lebensdauer, die meist sehr viel kürzer ist als die der Zelle. Der beständige Aufbau und Abbau (*Umsatz, turnover*), der in einem stationären System durch *Fließgleichgewichte* (→ S. 92) beschrieben werden kann, macht die Zelle zu einem stofflich hochgradig dynamischen Gebilde. Darüber hinaus ist die Zelle durch die zeitabhängigen Eigenschaften *Wachstum, Differenzierung* und *Morphogenese* ausgezeichnet, welche eine kontrollierte Abweichung vom stationären Zustand bedingen und zusätzliche Anforderungen an die metabolische Leistungsfähigkeit und das Regulationsvermögen der Zelle stellen. In den folgenden Abschnitten soll ein kurzer Überblick über die grundlegenden Mechanismen und Gesetzmäßigkeiten des Stoffwechsels gegeben werden.

Die biologische Katalyse

Aktivierungsenergie. Die klassische Energetik macht, wie wir bereits gesehen haben (→ S. 92), Aussagen über die *Spontaneität* einer chemischen Reaktion, nicht aber über ihre *Intensität* („*Geschwindigkeit*"). Tatsächlich laufen die wenigsten spontanen Reaktionen mit meßbarer Intensität ab, wenn man die Reaktanten unter Standardbedingungen zusammenbringt. So ist z. B. die Wasserbildung aus den Elementen (die Knallgasreaktion $2 H_2 + O_2 \rightleftharpoons 2 H_2O$; $\Delta G^0 = -240$ kJ/mol H_2O) ein stark exergonischer Prozeß. Ein Gemisch der beiden Gase ist jedoch *metastabil*, d. h. es reagiert erst dann, wenn man z. B. durch Erwärmung einen bestimmten Mindestbetrag an Energie, die freie

Enthalpie der Aktivierung (ΔG^*) zuführt, um die Reaktanten in einen reaktionsbereiten („aktivierten") Zustand zu versetzen (Abb. 117). Die Intensität chemischer Reaktionen ist daher eine Funktion der Temperatur.

Die Abhängigkeit der Reaktionskonstanten (k) von der Temperatur (T) wird durch die ARRHENIUS-Gleichung beschrieben:

$$k = k_0 \cdot e^{-A \cdot \mathbf{R}^{-1} \cdot T^{-1}},$$

oder:

$$\ln k = \ln k_0 - \frac{A}{\mathbf{R} \cdot T}. \tag{39}$$

k_0 und A sind die empirisch zu ermittelnden ARRHENIUS-Konstanten, die ihrerseits wieder temperaturabhängig sind. Dies kann jedoch innerhalb kleiner Temperaturintervalle (z. B. $\pm 10°$ C) in der Regel vernachlässigt werden. Die Konstante k_0 beinhaltet die Aktivierungsentropie ΔS^*. Die *Aktivierungsenergie* A wird vom Enthalpieglied bestimmt ($A = \Delta H^* + \mathbf{R} \cdot T$, wobei $\mathbf{R} \cdot T \approx 2,5$ kJ $\cdot$ mol^{-1} im physiologischen Temperaturbereich ist). Die nach Gl. (39) definierte Aktivierungsenergie A bezieht sich also auf die Menge an *Wärmeenergie*, welche einem Reaktionsgemisch zur „Aktivierung" zugeführt werden muß, und darf nicht mit der *freien Aktivierungsenthalpie* [$\Delta G^* = -\mathbf{R} \cdot T \cdot \ln (k \cdot h \cdot k^{-1} \cdot T^{-1})$, wobei h, PLANCKsche Konstante; k, BOLTZMANNsche Konstante] verwechselt werden. Man kann jedoch bei den meisten biochemischen Reaktionen davon ausgehen, daß sich die Entropie beim Übergang der Reaktanten in den „aktivierten" Zustand nur unwesentlich ändert, so daß $\Delta G^* \approx \Delta H^*$ ist [→ Gl. (10), S. 92].

Nach Gl. (39) ergibt sich ein linearer Zusammenhang zwischen ln k und T^{-1}. Eine graphische Darstellung der Funktion ln k =

$-(A \cdot R^{-1}) \cdot T^{-1} + \ln k_0$ (entspricht $y = -ax + b$) kann zur Berechnung von k_0 und A verwendet werden (ARRHENIUS-Diagramm; → Abb. 215).

Die Temperaturabhängigkeit einer Reaktion ist um so stärker, je größer A ist.

In der Praxis wird die Temperaturabhängigkeit eines Prozesses häufig durch den *Temperaturquotienten* Q_{10} charakterisiert, der die empirisch gemessene Änderung der Reaktionsintensität (Reaktionskonstante k) bei einer Temperaturänderung um 10° C angibt:

$$Q_{10} = \frac{k_{T+10}}{k_T}. \qquad (40)$$

Der Q_{10}-Wert ist ebenfalls nur in erster Näherung temperaturunabhängig. Er steht mit der ARRHENIUS-Aktivierungsenergie in folgendem Zusammenhang:

$$\ln Q_{10} = \frac{A}{R} \left(\frac{1}{T} - \frac{1}{T+10} \right). \qquad (41)$$

Normalerweise liegt der Q_{10} chemischer Reaktionen im Bereich von $2 - 4$ (physiologischer Temperaturbereich).

Nahezu alle organischen Moleküle sind im physiologischen Temperaturbereich metastabil. Ohne die Existenz des „Aktivierungsenergie-Berges" (→ Abb. 117) wäre die Akkumulation organischer Materie und damit die Aufrechterhaltung des lebendigen Zustandes (als ein vom thermodynamischen Gleichgewicht weit entfernter Zustand) unmöglich. Die Schranke der Aktivierungsenergie schützt vor der spontanen Entladung der gespeicherten chemischen Energie. Andererseits muß im Zellstoffwechsel die Möglichkeit bestehen, diese Barriere für bestimmte Umsetzungen gezielt zu überwinden, ohne dabei unphysiologische Methoden (z. B. Erhitzung) zu benützen. Dies ist die Aufgabe der *biologischen Katalyse.*

Enzymatische Katalyse. Durch einen Katalysator kann die Aktivierungsenergie eines chemischen Systems herabgesetzt werden. Fügt man z. B. dem Knallgasgemisch Platin in feinverteilter Form zu, so kann die H_2O-Bildung auch bei Zimmertemperatur ablaufen, weil die Gasmoleküle an der Platinoberfläche in einen so reaktionsfähigen Zustand versetzt werden, daß bereits die Zufuhr eines sehr kleinen Betrages an Aktivierungsenergie ausreicht, um das Reaktionsgeschehen in Gang zu setzen. Ebenso kön-

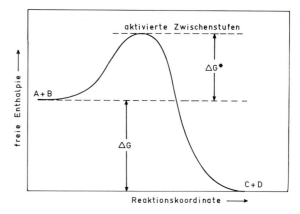

Abb. 117. Der Zusammenhang zwischen der freien Aktivierungsenthalpie (ΔG^*) und der freien Reaktionsenthalpie (ΔG) bei einer chemischen Reaktion (schematisch). Die exergonische Reaktion $A + B \rightarrow C + D$ kann nicht direkt unter Freisetzung von ΔG ablaufen (metastabiler Zustand). Erst nach Zufuhr von ΔG^* kann — durch Bildung aktivierter Zwischenstufen — der „Energieberg" überwunden werden. Es wird deutlich, daß ΔG^* beim Reaktionsgeschehen wieder quantitativ freigesetzt wird

nen fast alle biochemischen Reaktionen im physiologischen Temperaturbereich nur unter dem Einfluß von Biokatalysatoren, den *Enzymen,* mit meßbarer Intensität ablaufen. Die Reduktion der Aktivierungsenergie durch Enzyme ist meist beträchtlich. So wird z. B. die Aktivierungsenthalpie (ΔH^*) der hydrolytischen Spaltung von Fett durch Lipase von 55 auf $18 \, kJ \cdot mol^{-1}$ vermindert (→ Tabelle 10). Enzy-

Tabelle 10. Der Zerfall von Wasserstoffperoxid ($2 \, H_2O_2 \rightarrow 2 \, H_2O + O_2$, $\Delta G^{0'} = -100 \, kJ/mol \, H_2O_2$) unter dem Einfluß von Katalysatoren (vergleichbare Mengen). Katalase ist ein Hämoprotein (Protohämatin als prosthetische Gruppe), welches das in der Zelle entstehende H_2O_2 sehr wirkungsvoll „entgiften" kann. (z. T. nach GRAY, 1971)

	Aktivierungs-enthalpie (ΔH^*) [kJ/mol H_2O_2]	k [rel. Einheiten]
Kein Katalysator	75	1
Anorganischer Katalysator (*Platin*)	49	10^4
Biologischer Katalysator (*Katalase*)	23	10^7

me sind also Katalysatoren, welche die Einstellung des thermodynamischen Gleichgewichts biochemischer Reaktionen *beschleunigen*, ohne seine Lage (Gleichgewichtskonstante K) zu verändern. ΔG ist daher unabhängig von der Anwesenheit eines Enzyms [→ Gl. (33), S. 105]. Enzyme können lediglich die Intensität solcher Reaktionen erhöhen, die thermodynamisch möglich (d. h. exergonisch) sind.

Alle Enzyme, die man bisher isoliert hat, sind Proteine; entweder handelt es sich um reine Polypeptide (z. B. Ribonuclease) oder es ist mit dem Protein (Apoenzym) ein nicht-proteinöser Bestandteil (prosthetische Gruppe) verbunden. Die Isolierung der Enzyme aus den lebendigen Systemen muß mit den mildesten Methoden der Proteinchemie erfolgen, da eine Denaturierung der empfindlichen, in einer bestimmten dreidimensionalen Konfiguration vorliegenden Proteine im allgemeinen einen irreversiblen Verlust der katalytischen Fähigkeiten mit sich bringt. Zu den klassischen Verfahren (z. B. Aussalzen in konzentrierten Ammoniumsulfatlösungen) sind neuerdings viele moderne Methoden (z. B. verschiedene Formen der Elektrophorese und der Chromatographie) hinzugekommen. Viele Enzyme können heute kristallin gewonnen werden. Allerdings ist die Kristallisierung als Reinheitskriterium bei den Proteinmakromolekülen nicht so zuverlässig wie bei kleineren Molekülen.

Verglichen mit den anorganischen Katalysatoren (z. B. Platin) sind die Enzyme durch besondere Eigenschaften ausgezeichnet:

1. Enzyme sind *außerordentlich effektive* Katalysatoren. Unter optimalen Bedingungen können sie die Reaktionsintensität um den Faktor $10^7 - 10^{11}$ erhöhen (Tabelle 10, S. 115). Die Umsatzzahl (Anzahl von umgesetzten Substratmolekülen pro Enzymmolekül pro min) liegt in der Regel im Bereich von 10^3, kann aber in extremen Fällen auch 10^6 betragen.

2. Die enzymatische Katalyse ist meist *hochgradig spezifisch* in bezug auf Substrat und Reaktionstyp. Die meisten Enzyme sind in der Lage, kleine sterische Unterschiede zwischen organischen Molekülen (z. B. zwischen dem L- und D-Isomer eines Substrats) zu „erkennen" (es gibt allerdings auch Enzyme mit Spezifität für eine Gruppe verwandter Substrate). Ferner katalysiert ein bestimmtes Enzym meist nur *eine* der thermodynamisch möglichen Reaktionen seines Substrats. Die Spezifität des Enzyms ist im Prinzip durch die Aminosäuresequenz seiner Polypeptidketten determiniert und steht damit unter der Kontrolle der genetischen Information der Zelle (→ Abb. 47).

Enzymkinetik. Jedes Enzymmolekül besitzt mindestens ein *aktives Zentrum*, an dem das Substrat zunächst gebunden und dann umgesetzt wird. Die enzymatische Katalyse verläuft also im Prinzip über folgende Schritte:

$$E + S \underset{k_{-1}}{\overset{k_{+1}}{\rightleftharpoons}} ES \overset{k_{+2}}{\longrightarrow} E + P \qquad (42)$$

(E, Enzym; S, Substrat; ES, Enzym-Substrat-Komplex; P, Produkt; k_{+1}, k_{-1}, k_{+2}, Reaktionskonstanten). Man kann meist davon ausgehen, daß die Dissoziation des Enzym-Substrat-Komplexes die langsamste — und daher intensitätsbestimmende — Teilreaktion des Gesamtprozesses ist. Unter dieser Voraussetzung erhält man eine hyperbolische Sättigungskurve, wenn man die Reaktionsintensität (gemessen z. B. als mol umgesetztes Substrat [oder gebildetes Produkt] pro s unter stationären Bedingungen) als Funktion der Substratkonzentration (Enzymkonzentration = konst.) aufträgt (Abb. 118 a). Nach MICHAELIS und MENTEN (1913) läßt sich diese Substrat-Sättigungskurve der Reaktionsintensität $(- dc_s/dt)$ durch folgende einfache Beziehung beschreiben, welche formal der LANGMUIRschen Adsorptionsisothermen entspricht:

$$\frac{- dc_s}{dt} = \frac{v_{max} \cdot c_s}{c_s + K_m}. \qquad (43\ a)$$

Das Minuszeichen charakterisiert die Reaktion als Substrat*abnahme*. v_{max} (= konst.) ist die Reaktionsintensität bei Substratsättigung des Enzyms, c_s ist die Substratkonzentration. K_m nennt man MICHAELIS-*Konstante*. Nach Gl. (43 a) gilt für $- dc_s/dt = \frac{1}{2} v_{max}$:

$$\tfrac{1}{2} v_{max} (c_s + K_m) = v_{max} \cdot c_s,$$

oder:

$$K_m = c_s. \qquad (44)$$

K_m ist also definiert als diejenige Substratkonzentration, welche unter stationären Bedingungen (Fließgleichgewicht) das Enzym mit halbmaximaler Intensität arbeiten läßt. Diese dynamische Größe läßt sich experimentell einfach bestimmen (Abb. 118 b). Sie ist ein wichtiges Kriterium für die Beurteilung der kinetischen

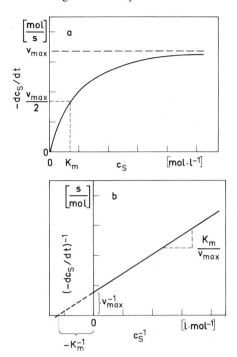

Abb. 118 a und b. Die Abhängigkeit einer enzymatisch katalysierten Reaktion von der Substratkonzentration bei konstanter Enzymkonzentration. (a) Die hyperbolische Sättigungskurve kommt dadurch zustande, daß mit steigender Substratkonzentration immer mehr Enzymmoleküle in den ES-Komplex überführt werden. Sein Zerfall ist der „geschwindigkeitsbestimmende" Prozeß für die Gesamtreaktion. Die Reaktionsintensität wird maximal (und damit unabhängig von der Substratkonzentration), wenn das Enzym völlig mit Substrat gesättigt ist (v_{max}). Bei halbmaximaler Intensität ($v_{max}/2$) ist genau die Hälfte des Enzyms mit Substrat gesättigt, da die Reaktionsintensität stets proportional zur ES-Konzentration ist ($-dc_S/dt = k_{+2} \cdot c_{ES}$). Die MICHAELIS-Konstante K_m ist definiert als die Substratkonzentration bei $-dc_S/dt = \frac{1}{2} v_{max}$. Für $|k_{-1}| \gg |k_{+2}|$ wird $K_m = K_s$, der Dissoziationskonstanten des ES-Komplexes. (b) LINEWEAVER-BURK-Diagramm. Trägt man die hyperbolische Sättigungskurve in doppeltreziproker Darstellung auf, so erhält man eine Gerade, aus deren Schnittpunkten mit den Koordinaten K_m und v_{max} ermittelt werden können. Umformung von Gl. (43 a) ergibt:

$$\frac{1}{-dc_S/dt} = \frac{K_m}{v_{max}} \cdot \frac{1}{c_s} + \frac{1}{v_{max}}. \qquad (43\ b)$$

Die Gleichung hat also die allgemeine Form $y = ax + b$

Leistungsfähigkeit eines Enzyms. Darüber hinaus läßt sich der MICHAELIS-MENTEN-Formalismus auch auf viele andere physiologische Vorgänge anwenden, die einer hyperbolischen Sättigungskurve folgen (→ Abb. 210, 274). Für Enzymreaktionen liegt K_m meist im Bereich von $10^{-2} - 10^{-5}$ mol · l^{-1}.

Merke:

1. Eine *große* MICHAELIS-Konstante bedeutet, daß das Enzym eine *hohe* Substratkonzentration braucht, um die halbmaximale Reaktionsintensität zu erreichen. Man sagt, das Enzym habe eine geringe „Affinität" zum Substrat. Eine *kleine* MICHAELIS-Konstante bedeutet demgemäß eine große „Affinität" * zum Substrat.

2. K_m ist unabhängig von der Enzymkonzentration, kann jedoch durch Cofaktoren (z. B. durch kompetitive Inhibitoren; → Abb. 119) beeinflußt werden. Sind an einer Reaktion mehrere Substrate beteiligt, so kann man für jedes Substrat einen unabhängigen K_m-Wert messen.

Messung der Enzymaktivität. Dank ihrer spezifischen katalytischen Eigenschaften können Enzyme in vitro sehr präzis gemessen werden, auch wenn sie, wie z. B. in einem Rohextrakt aus Pflanzenmaterial, mit anderen Zellinhaltstoffen stark verunreinigt sind. Man mißt in der Regel die Reaktionsintensität bei sättigender Substratkonzentration (v_{max}). Es ergibt sich eine Kinetik 0. Ordnung ($-dc_s/dt = {}^0k_{+2}$ [mol · s^{-1}]), deren linearer Anstieg proportional zur Enzymaktivität ist. Die Standardeinheit der Enzymaktivität ist das *katal* (Symbol: *kat;* Umsatz von 1 mol Substrat pro s bei definierter Temperatur, meist 25° C, und optimalen Reaktionsbedingungen, z. B. optimalem pH).** Bei Enzymmessungen bewegt sich die Aktivität normalerweise im Bereich von nkat-pkat.

---

* Da K_m eine kinetisch abgeleitete Größe ist, bedeutet eine große „Affinität" hier nicht ohne weiteres eine hohe Festigkeit der Bindung zwischen Enzym und Substrat (→ Lehrbücher der Biochemie). Bei der Anwendung von Gl. (43) auf komplexe physiologische Prozesse ergibt sich eine „apparente K_m", welche die kinetischen Eigenschaften des gesamten Reaktionssystems charakterisiert und daher nicht ohne weiteres mit einem bestimmten Reaktionsmechanismus (etwa einer Enzymreaktion) in Zusammenhang gebracht werden darf (→ z. B. Abb. 210).

** In der älteren Literatur findet man auch andere Einheiten, z. B. „μmol Substrat (Produkt) pro min".

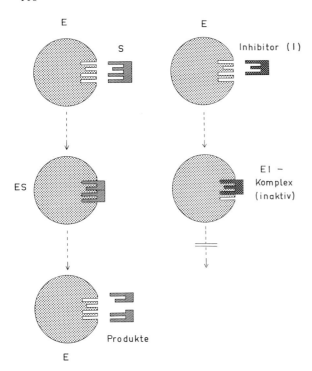

Abb. 119. Ein Modell für das Phänomen der kompetitiven Hemmung der Enzymaktivität (E, Enzym; S, Substrat; ES, Enzym-Substrat-Komplex). Substrat und Inhibitor konkurrieren um das aktive Zentrum (Bindungsstelle) der Enzymmoleküle, daher hängt die Aktivität einer Enzympopulation vom Verhältnis Substrat/Inhibitor ab. Für die Konzentrationsabhängigkeit der Inhibitorwirkung ergibt sich ebenfalls eine Sättigungskurve (→ Abb. 118), welche die „Affinität" der Bindungsstelle für den Inhibitor angibt. (In Anlehnung an MCELROY, 1961)

Merke: Das *katal* beschreibt operational die (maximale) Enzymaktivität unter standardisierten Bedingungen in vitro. Es ist nur dann, wenn keine Komplikationen (z. B. Anwesenheit von Inhibitoren) auftreten, ein Maß für die *Menge* an Enzymmolekülen in einer Extrakt-Probe. Die in vivo-Aktivität des Enzyms in der lebenden Zelle liegt fast immer wesentlich niedriger. Sie kann daher durch verschiedene Faktoren (z. B. Substratkonzentration, pH, modulatorische Steuerfaktoren) modifiziert werden (→ S. 132).

Es gibt Fälle, wo sich die Enzymaktivität nicht in katal ausdrücken läßt, z. B. wenn die Reaktion mit einer Kinetik 1. Ordnung abläuft $(-dc_s/dt = {}^1k_{+1} \cdot c_s \,[\mathrm{mol} \cdot \mathrm{s}^{-1}])$. In diesem Fall ist die Enzymaktivität gegeben durch ${}^1k_{+1}\,[\mathrm{s}^{-1}]$ (→ z. B. Abb. 89). Auch wenn aus methodi-

schen Gründen die Substrat- bzw. Produktkonzentration nur relativ gemessen werden kann, muß die Enzymaktivität in relativen Einheiten ausgedrückt werden (→ z. B. Abb. 60).

Modulation der Enzymaktivität. Die Aktivität der Enzyme wird durch das Reaktionsmilieu beeinflußt. Neben dem pH-Wert spielen häufig bestimmte Kationen (z. B. Mg^{2+}, Zn^{2+}, Mn^{2+}, Co^{2+}) als essentielle Cofaktoren der katalytischen Aktivität eine Rolle. Auch organische Moleküle können mehr oder minder spezifisch Enzyme in ihrer Aktivität fördern (Aktivatoren) oder hemmen (Inhibitoren). Von *kompetitiver Inhibition* spricht man, wenn das aktive Zentrum eines Enzyms von einem Molekül reversibel besetzt wird, das nicht umgesetzt werden kann (Abb. 119). Kompetitive Inhibitoren sind den natürlichen Substraten strukturell meist sehr ähnlich (Strukturanaloge). Ein bekanntes Beispiel ist die Hemmung der *Succinat*($HOOC - CH_2 - CH_2 - COOH$)-Dehydrogenasereaktion durch *Malonat* ($HOOC - CH_2 - COOH$).

Eine Anzahl von Enzymen folgt nicht dem klassischen MICHAELIS-MENTEN-Formalismus, was man z. B. daran erkennt, daß die Substratabhängigkeit nicht einer hyperbolischen, sondern einer *sigmoiden* Sättigungskurve folgt (Abb. 120). Die „Affinität" des Enzyms für das Substrat („K_m") ist in diesem Fall eine Funktion der Substratkonzentration. Der Verlauf der Kurve kann häufig durch niedermolekulare Aktivatoren oder Inhibitoren beeinflußt werden. Eine molekulare Erklärung für diese Phänomene ist die folgende: Die katalytische Aktivität dieser — stets aus mehreren (meist 4) Untereinheiten bestehenden — Enzyme wird durch niedermolekulare Effektoren beeinflußt, welche nicht am aktiven Zentrum, sondern an einer *anderen* Stelle des Moleküls (*allosterisches Zentrum*) gebunden werden. Eine strukturelle Ähnlichkeit zwischen Substrat und Effektor ist daher nicht erforderlich. Man spricht in diesem Fall von *allosterischer* Aktivierung (oder Hemmung) bzw. von *allosterischen* Enzymen. Der gebundene *allosterische* Effektor bewirkt häufig eine Veränderung in der Protein-Tertiärstruktur nicht nur der betroffenen, sondern auch in den noch Effektor-freien Untereinheiten. Dies geschieht in der Weise, daß die Bindung von weiteren Effektormolekülen an diese Untereinheiten erleichtert (oder erschwert) wird. Diese Wechselwirkung zwischen den Untereinheiten

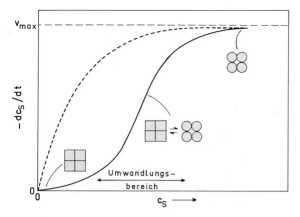

Abb. 120. Die Beziehung zwischen Substratkonzentration (c_S) und Reaktionsintensität ($- dc_S/dt$) bei einem allosterischen Enzym, das durch sein Substrat kooperativ aktiviert wird (homotroper Effekt). Zum Vergleich ist die MICHAELIS-MENTEN-Hyperbel (– – – –) eingetragen. Die Untereinheiten des Enzyms können entweder in der enzymatisch inaktiven (Quadrate) oder in der enzymatisch aktiven (Kreise) Konformation vorliegen. Bei niedriger Substratkonzentration liegt nur inaktives Enzym vor. In einem relativ eng begrenzten Bereich von c_S bewirkt das Substrat eine kooperative Konformationsänderung, welche zur aktiven Enzymform führt. [Nach dem „Alles-oder-Nichts"-Modell von MONOD, WYMAN und CHANGEUX (1965) werden alle Untereinheiten eines Enzymmoleküls gleichzeitig umgewandelt. Nach dem alternativen „induced fit"-Modell von KOSHLAND, NEMETHY und FILMER (1966) können die Untereinheiten sequentiell in die andere Konformation überführt werden]

bezeichnet man als positive (oder negative) *Kooperativität*. Die Kooperativität ist um so höher, je steiler die sigmoide Sättigungskurve (→ Abb. 120) im Wendepunkt verläuft.

In manchen Fällen hat das Substrat selbst die Rolle eines allosterischen Effektors (*homotroper* Effekt); es fördert kooperativ die Umwandlung seinesgleichen. Die Folge ist eine mehr oder minder steile Schwelle in der Substrat-Sättigungskurve des Enzyms (→ Abb. 120). Solche Enzyme sind also unterhalb einer bestimmten Substratkonzentration praktisch inaktiv, werden aber durch ein geringfügiges Ansteigen der Substratkonzentration in einem ganz bestimmten Bereich auf volle Aktivität gebracht. Wenn die Kurve um den Wendepunkt sehr steil ist, spricht man von einem *Schwellenwert* der Substratkonzentration, bei dessen Über- bzw. Unterschreiten die Enzymaktivität nach einem *Alles-oder-nichts-Mechanismus*

durch das Substrat an- oder ausgeschaltet werden kann. Es ist evident, daß Enzyme mit solchen Eigenschaften eine große regulatorische Bedeutung im Zellstoffwechsel besitzen. Dasselbe gilt auch für Enzyme, die durch andere als Substratmoleküle spezifisch allosterisch in ihrer Aktivität moduliert werden (*heterotroper* Effekt). In diesem Fall erhält man eine sigmoide Abhängigkeit der Enzymaktivität von der Konzentration des *Effektors,* der z. B. ein Endprodukt der Stoffwechselbahn, in die das Enzym eingespannt ist, sein kann (→ Abb. 135). Es gibt auch Fälle, in denen das Enzym durch den Einfluß eines allosterischen *Effektors* von der hyperbolischen zur sigmoiden *Substrat*sättigungskurve übergeht.

Metabolische Kompartimentierung der Zelle

Die Zelle ist kein homogenes System. Die einzelnen Molekültypen sind in der Zelle nicht gleichmäßig verteilt, obgleich ihre Dimension (etwa 100 μm) eine Gleichverteilung durch Diffusion innerhalb weniger Sekunden ermöglichen würde (Tabelle 11). Die Zelle ist also nicht einfach ein mit Enzymen und Substraten gefüllter Sack, sie ist vielmehr in ein kompliziertes System einzelner Reaktionsräume (Kompartimente; → S. 25) untergliedert, welche jedoch in kontrollierter Wechselwirkung miteinander stehen. Unter einem metabolischen Zellkompartiment verstehen wir ganz allgemein einen Zellbereich, in dem für ein bestimmtes Molekül homogene Reaktionsbedin-

Tabelle 11. Die Diffusionsintensität des Farbstoffs Fluorescein (Molekulargewicht 332 dalton) aus einer Lösung (10 g · l⁻¹) in reines Wasser (20° C). Man sieht, daß die Diffusion bis zum mm-Bereich sehr schnell verläuft. Ihre Intensität („Geschwindigkeit") nimmt jedoch mit zunehmender Strecke drastisch ab. (Nach SCHUMACHER, 1962)

Zeit	1 s	10 s	30 s	1 min	1 h	1 d	1 Monat
Zurückgelegte Strecke [mm]	0,09	0,28	0,48	0,68	5,2	26	140

gungen herrschen. Die Summe aller Moleküle eines bestimmten Typs in einem Kompartiment stellt also eine homogene Population dar, man bezeichnet sie als *pool.* Ein metabolisches Kompartiment muß nicht unbedingt membranumgrenzt sein; dieser Begriff ist daher nicht notwendigerweise den morphologischen Begriffen wie Organelle, Vesikel, Cisterne usw. gleichzusetzen.

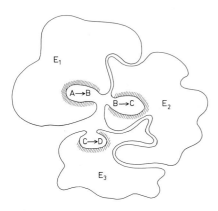

Abb. 121. Modell für einen Multienzymkomplex (Dreienzymsystem). Die Enzyme, welche die Sequenz A $\overset{E_1}{\to}$ B $\overset{E_2}{\to}$ C $\overset{E_3}{\to}$ D katalysieren, sind so angeordnet, daß die Diffusionswege der Moleküle A, B, C minimal sind. Die gestrichelten Areale sollen die aktiven Zentren der Enzyme repräsentieren. Sie umschließen *Mikrokompartimente.* (In Anlehnung an DAVIES, 1961)

gleichzusetzen (→ Abb. 27). Die meisten Organellen, z. B. die Chloroplasten oder die Mitochondrien, müssen in mehrere Kompartimente aufgegliedert werden. Auch das Innere und die Oberfläche von Membranen oder anderer Zellstrukturen (z. B. von Ribosomen oder Multienzymkomplexen) haben den Charakter von metabolischen Kompartimenten (Abb. 121). Daher ist auch das Grundplasma der Zelle kein homogener Reaktionsraum.

Die Kompartimentierung ist ein allgemeines, *funktionelles* Organisationsprinzip der Zelle, welches der Ordnung und Kanalisierung des Stoffwechselgeschehens dient. Durch die *Kompartimentierung der Enzyme* (→ Abb. 31) werden Reaktionswege voneinander isoliert und funktionelle Einheiten geschaffen, welche eine spezifische Leistung im Rahmen des Zellstoffwechsels vollbringen können (Beispiele: Die Kompartimentierung der Enzyme des CALVIN-Cyclus oder des Citratcyclus in der Matrix der Chloroplasten bzw. Mitochondrien). Im Zell-

stoffwechsel treten nicht selten gegenläufig gerichtete Reaktionssequenzen auf, welche eine Separierung in getrennte Reaktionsräume unumgänglich machen (z. B. Fettsäuresynthese im Grundplasma und in den Plastiden, Fettsäureabbau in Glyoxysomen). Häufig sind verschiedene Kompartimente durch den Besitz von *Isoenzymen* unterschiedlicher katalytischer Eigenschaften ausgezeichnet. (Unter Isoenzymen versteht man Enzyme eines Organismus, welche die gleiche Reaktion katalysieren, sich aber in anderen Eigenschaften, z. B. in der MICHAELIS-Konstante, unterscheiden und durch biochemische Methoden, z. B. durch Elektrophorese, getrennt werden können.)

Die *Kompartimentierung metabolischer Substrate und Produkte* erlaubt eine gezielte Speicherung bestimmter Moleküle, abgetrennt von den sie umsetzenden Enzymen. So können z. B. in der Zellvacuole große Mengen an organischen Säuren (z. B. Malat) oder *sekundären Pflanzenstoffen* (z. B. Anthocyan) deponiert werden, deren Konzentration tödlich für das Zellplasma wäre. Auch die Zellwand (→ S. 33) dient häufig als Deponie für giftige Produkte. Da die Pflanze im Gegensatz zum Tier nicht über ein Exkretionssystem verfügt, muß sie in der Regel durch Kompartimentierung mit ihren nicht gasförmigen Ausscheidungsprodukten fertig werden.

Die Kompartimentierung des Stoffwechsels hat zur Folge, daß ein und dieselbe Substanz in der Zelle in mehreren pools vorkommen kann, die u. U. in bezug auf Größe und turnover stark unterschiedlich sind. So können z. B. Aminosäuren in relativ großen, metabolisch weitgehend inaktiven pools (wahrscheinlich in der Vacuole) gespeichert werden, während im Cytoplasma kleine, aber hochaktive pools für die Proteinsynthese benutzt werden. Die quantitative Bestimmung der Aminosäurekonzentration eines Extraktes, der durch Homogenisierung ganzer Zellen hergestellt wird, liefert unter diesen Bedingungen offensichtlich keine vernünftigen Resultate über die für die Proteinsynthese zur Verfügung stehenden Aminosäuremengen. Dieses Beispiel weist nachdrücklich darauf hin, daß die Zerstörung der Zellkompartimente bei biochemischen Analysen notwendigerweise mit einem beträchtlichen Verlust an Information über das untersuchte System verbunden ist. Aus ähnlichen Gründen sind auch Experimente zur Aufklärung von Stoffwechselwegen, bei denen den Zellen eine radioaktiv markierte Vorstufe von außen appliziert wird, mitunter sehr problematisch, da man nicht sicher ist, ob sie in verschiedenen pools unterschiedlich „verdünnt" wird. Die Kompartimentierung der Moleküle macht die Anwendung des Begriffs „Konzentration" auf die Zelle häufig wenig sinnvoll, da dieser Begriff im Grunde nur für homogene Systeme geeignet ist (→ S. 27).

Kompartimente bzw. die in ihnen lokalisierten pools können in begrenztem Umfang kommunizieren. Biomembranen sind nicht nur isolierende Diffusionsbarrieren, sondern auch Vermittler eines kontrollierten, häufig gerichteten, selektiven Austausches von ungeladenen organischen Molekülen und Ionen.

Transportmechanismen an Biomembranen

Diffusion und Permeation. Den spontanen, lediglich durch das Konzentrationsgefälle (chemisches Potential) getriebenen Transport von Teilchen im Raum nennt man *Diffusion*. Diese gerichtete Bewegung einer Population von Teilchen beruht auf der zufallsmäßigen (ungeordneten) Wärmebewegung (BROWNsche Molekularbewegung). Das 1. FICKsche Diffusionsgesetz (Abb. 122 a) wird häufig für den Fluß J (die Diffusionsintensität = „Diffusionsgeschwindigkeit" bezogen auf den Querschnitt F [mol · m^{-2} · s^{-1}]), formuliert:

$$J = -D \frac{dc}{dx}. \qquad (45)$$

Man erkennt, daß die Diffusionsintensität direkt proportional zur Steilheit des Konzentrationsgefälles – dc/dx [mol · m^{-3} · m^{-1}] ist. Der Diffusionskoeffizient D [m^2 · s^{-1}] ist definiert als diejenige Menge an Substanz, die unter definierten Bedingungen von Druck und Temperatur pro Zeiteinheit durch den Einheitsquerschnitt bei einem Konzentrationsgefälle von 1 mol · m^{-4} diffundiert. Ein Vergleich der Diffusionskoeffizienten (→ Lehrbücher der Physikalischen Chemie) zeigt, daß die Diffusion in Lö-

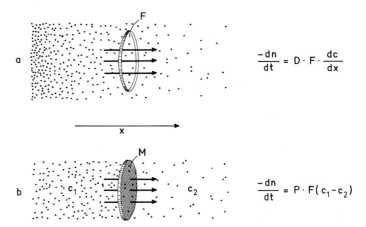

Abb. 122 a und b. Diese Skizze soll die Gesetze der Diffusion im freien Raum und durch eine Membran veranschaulichen. (a) Für die Diffusionsintensität im freien Raum (z. B. Gasmoleküle in Luft oder Zukkermoleküle in Wasser) gilt das 1. FICKsche Gesetz. Es bedeuten: dn/dt, Anzahl von Teilchen, die während des Zeitabschnittes dt durch die senkrecht zur Diffusionsrichtung gedachte Grenzfläche F diffundieren; – dc/dx, Konzentrationsgradient entlang der Diffusionskoordinate x; D, Diffusionskoeffizient, eine Konstante, die bei isobaren und isothermen Bedingungen nur von der Natur des Teilchens (vor allem von der Größe) und vom Diffusionsmedium abhängt. Das Minuszeichen charakterisiert den exergonischen Charakter der Diffusion. Das Gesetz gilt nur für die Diffusion im *freien Raum*. Die Diffusion in einer Röhre wird durch das HAGEN-POISEUILLEsche Gesetz [→ Gl. (120), S. 463] beschrieben. (b) Diffusion durch eine als Diffusionsbarriere wirkende Membran. Ersetzt man die imaginäre Grenzfläche bei (a) durch eine Membran (M), so tritt an die Stelle des Diffusionskoeffizienten D der Permeabilitätskoeffizient P, der zusätzlich noch von Dicke und Aufbau der Membran abhängt. Für P ≪ D stellen sich in beiden Teilräumen Diffusionsgleichgewichte ein; die treibende Kraft der Membranpermeation ist daher die Konzentrationsdifferenz c$_1$ – c$_2$. (Bei realen Systemen müssen auch hier die Konzentrationen durch Aktivitäten ersetzt werden.) (In Anlehnung an LÜTTGE, 1973)

sungen und Festkörpern sehr viel langsamer vonstatten geht als im Gasraum. Die Diffusionskoeffizienten im Gasraum sind bei gleicher Temperatur um den Faktor 10^4 größer.

Das 2. FICKsche Diffusionsgesetz, eine partielle Differentialgleichung 2. Ordnung, macht Aussagen über die Konzentration c als Funktion der Zeit t und des Ortes x (D = konst.):

$$\left(\frac{\partial c}{\partial t}\right)_x = D \left(\frac{\partial^2 c}{\partial x^2}\right)_t. \tag{46}$$

Aus Gl. (46) folgt z. B.: $x^2 \sim D \cdot t$ (wobei x = Abstand vom Anfangsort). Man sieht, daß die zurückgelegte Strecke nicht der Zeit, sondern der Wurzel aus der Zeit proportional ist. Aus dem 2. FICKschen Gesetz resultiert eine wichtige Konsequenz (→ Tabelle 11, S. 119): In den Dimensionen der Zelle (10 – 100 μm) geht der Molekültransport durch Diffusion sehr schnell. Ein Glucosemolekül z. B. hat die Chance, innerhalb einer Sekunde vermittels der Diffusion von einem Zellende zum anderen zu gelangen. Ohne die Errichtung von Diffusionsbarrieren und ohne den Einbau von Molekülen in Strukturen wären daher in der Zelle stoffliche — und damit auch energetische — Ungleichgewichte nur im Sekundenbereich existent. Dies ist ein weiterer entscheidender Grund für die Notwendigkeit einer rigorosen intrazellulären Kompartimentierung.

Die *Permeation* von Teilchen durch eine Membran, welche der Diffusion einen mehr oder minder großen Widerstand entgegensetzt, kann als Sonderfall der freien Diffusion aufgefaßt werden (Abb. 122 b). Es gilt für den Fluß von Teilchen durch eine Membran mit einer nicht-begrenzenden Zahl von Durchlaßstellen * in Analogie zum 1. FICKschen Gesetz:

$$J = -P (c_1 - c_2). \tag{47}$$

Im Gegensatz zu D (Fläche pro Zeiteinheit) hat der *Permeabilitätskoeffizient* P die Dimension einer Leitfähigkeit = reziproker Widerstand [$m \cdot s^{-1}$]. Diese empirisch z. B. nach Gl. (47) zu messende Größe hat für den Transport durch

---

* Gl. (47) gilt nicht mehr für die Massenströmung durch eine Membran. Daher verwendet man für die Permeation von H_2O die allgemeinere, thermodynamisch abgeleitete Beziehung $J = -L_P \cdot \Delta\Psi$, wobei L_P = hydraulischer Leitfähigkeitskoeffizient [$m \cdot s^{-1} \cdot bar^{-1}$].

Biomembranen eine große Bedeutung: Sie legt bei gegebener Konzentrationsdifferenz die Intensität der Permeation einer Teilchensorte durch eine Membran fest.

Spezifität des Membrantransports. Biomembranen sind funktionell vor allem dadurch ausgezeichnet, daß sie in bezug auf die Permeation von Molekülen und Ionen hochgradig selektiv sind. Die für eine Vielzahl von Verbindungen bestimmten Permeabilitätskoeffizienten überstreichen eine Skala von 8 Zehnerpotenzen. Außerdem ist die Permeabilität der Biomembranen häufig *vektoriell* ausgerichtet, d. h. in der einen Richtung bevorzugt, und *stereospezifisch*, d. h. auf eins von mehreren Isomeren beschränkt. Diese Spezifität geht weit über diejenige artifizieller semipermeabler Membranen hinaus. (Da biologische Membranen, etwa das Plasmalemma, für H_2O sehr viel leichter permeabel als für die allermeisten anderen Teilchen sind, kann man sie im Zusammenhang mit den osmotischen Zelleigenschaften trotzdem in guter Näherung in beiden Richtungen als semipermeabel betrachten; → S. 97.)

Wie kann man die selektive Permeabilität biologischer Membranen verstehen? Die *Lipid-Filter-Theorie* versucht die Selektivität vor allem unter Berücksichtigung struktureller Parameter zu deuten. Diese Hypothese geht von dem Aufbau der Membranen aus Lipid und Protein (→ S. 25) aus, welche ein Muster von hydrophilen und lipophilen „Poren" besitzen soll. Diese Öffnungen, die unter 0,5 nm weit sein sollen, darf man sich wegen der dynamischen Struktur der Membranen keinesfalls als dauerhafte Löcher vorstellen, sondern eher als in statistischer Weise sich öffnende und schließende Membranzonen. Obwohl sich einige Befunde zwanglos durch die Lipid-Filter-Theorie deuten lassen (z. B. können Wasser und fettlösliche Moleküle besonders leicht permeieren, kleine Moleküle werden vor großen häufig bevorzugt), reicht der Siebeffekt nicht aus, um die hohe Selektivität des Membrantransports für Moleküle und Ionen verständlich zu machen. Man muß vielmehr annehmen, daß in die Membranen spezifische Transportstellen eingebaut sind, welche in Analogie zu Enzymen den Durchtritt ganz bestimmter Teilchen erleichtern. Man nennt diesen Vorgang *katalysierten Transport*, für den die *Träger-(carrier-)Hypothese* ein mechanistisches Modell liefert (Abb. 123). Da die Transportstellen nur in be-

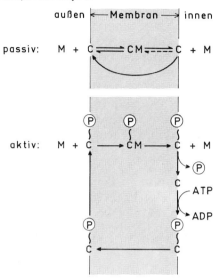

Enzymkatalyse:

$$S + E \rightleftharpoons ES \rightleftharpoons E + P$$

Transportkatalyse:

außen ←—Membran—→ innen

passiv: $M + C \rightleftharpoons CM \rightleftharpoons C + M$

aktiv: $M + C \longrightarrow CM \longrightarrow C + M$

Abb. 123. Die Analogie zwischen der enzymatischen Katalyse durch ein Enzym E und der Transportkatalyse durch einen carrier (Träger) C. Nach der carrier-Hypothese bindet das Trägermolekül (ein Protein) das zu transportierende Molekül M auf der Membranaußenseite. Der CM-Komplex gelangt auf die Membraninnenseite, wo sich beide Komponenten wieder voneinander lösen. Der unbeladene carrier geht wieder in die Ausgangsposition zurück. Diese grobe Modellvorstellung beschreibt den Mechanismus der Trägerkatalyse nur in erster Näherung. Es ist jedoch evident, daß man auch auf diesen Prozeß, ähnlich wie auf die enzymatische Katalyse, den MICHAELIS-MENTEN-Formalismus (→ S. 116) anwenden kann. K_m beschreibt in diesem Fall eine Situation, in der gerade die Hälfte des carriers beladen ist. In der Tat hat man viele biologische Transportprozesse gefunden, welche die MICHAELIS-MENTEN-Gleichung (hyperbolische Sättigungskurve; → Abb. 118) erfüllen. Beim *passiven* Transport wird lediglich der Ausgleich eines Konzentrationsunterschiedes erleichtert. Der *aktive* Transport benötigt Stoffwechselenergie und kann Konzentrationsunterschiede erzeugen. Als hypothetisches Beispiel ist ein carrier-Kreislauf dargestellt, bei dem der carrier C durch ATP aktiviert wird. Die Existenz von carriern wurde bereits um 1900 von dem Pflanzenphysiologen PFEFFER postuliert. Bis heute ist es nur in wenigen Fällen (bei Mikroorganismen) gelungen, carrier auch molekular zu charakterisieren

grenzter Zahl in der Membran vorliegen, erreicht der Transportfluß bei höheren Substratkonzentrationen einen Sättigungswert und folgt daher nicht mehr Gl. (47), sondern Gl. (43)

(→ S. 116). Operationale Kriterien für den katalysierten Transport sind daher (neben der Spezifität) hyperbolische Sättigungskurven, welche durch eine MICHAELIS-Konstante charakterisiert werden können [→ Gl. (44), S. 116; → Abb. 118], und kompetitive Hemmung durch Strukturanaloge (d. h. der Nachweis von Konkurrenz ähnlicher Moleküle oder Ionen um dieselbe Transportstelle).

Passiver und aktiver Transport. Im einfachsten Fall bewirkt die Transportkatalyse eine Erhöhung der passiven Permeabilität für ein bestimmtes Teilchen; die Einstellung des energetischen Gleichgewichts wird beschleunigt. Dies ist das charakteristische Merkmal des passiven, katalysierten Membrantransports, den man auch als *katalysierte Permeation* bezeichnet. Konzentrierungsarbeit kann eine solche *Translocase* naturgemäß nicht leisten. Immer wenn ein Transportvorgang *gegen* das Gefälle des chemischen Potentials erfolgen soll, muß zusätzlich freie Enthalpie in der einen oder anderen Form zugeführt werden. Dies könnte z. B. dadurch geschehen, daß der carrier (oder das zu transportierende Molekül) zuerst durch Phosphorylierung mit ATP in einen aktiven Zustand versetzt wird, um den Transportprozeß in Gang zu bringen. Die Kopplung an eine energieliefernde Reaktion ermöglicht *endergonische* Transportprozesse, welche durch den Zellstoffwechsel *gesteuert* werden können. Dies sind die beiden wesentlichen Merkmale, welche den aktiven Membrantransport vom passiven unterscheiden. Die Mechanismen des aktiven Membrantransports können daher funktionell als *Pumpen* beschrieben werden. Über die Kopplung von Transport und energieliefernder Reaktion bestehen bisher nur hypothetische Vorstellungen. Der Nachweis der Stoffwechselabhängigkeit wird meist durch die hemmende Wirkung von Photosynthese- oder Atmungsinhibitoren geführt.

Merke:

1. Anelektrolyte werden dann *aktiv* transportiert, wenn sie unter direktem Einsatz metabolischer Energie (meist freie Enthalpie der ATP-Hydrolyse) *gegen* einen *Konzentrationsgradienten* (Konzentrationspotential) bewegt werden.

2. Entsprechend werden Elektrolyte *aktiv* transportiert, wenn sie *gegen* einen Gradient des *elektrochemischen Potentials* bewegt werden (→ S. 102).

Diese thermodynamischen und biochemischen Kriterien sind die einzigen, welche den aktiven Transport operational eindeutig charakterisieren. Für die freie Diffusion in einer wäßrigen Lösung mißt man in der Regel Q_{10}-Werte [→ Gl. (40), S. 115] von 1,2 – 1,5, während die Diffusion durch Membranen — ähnlich wie die enzymatische Katalyse — durch $Q_{10} = 2 – 3$ ausgezeichnet ist. Ein $Q_{10} \geqq 2$ ist daher kein hinreichendes Kriterium für *aktiven* Transport. Auch andere Indikationen der Stoffwechselabhängigkeit (z. B. Hemmbarkeit durch metabolische Inhibitoren) sind alleine kein absolut zuverlässiger Nachweis. *Stoffwechselabhängiger Transport* kann im Prinzip auch durch die Wirkung metabolischer Effektoren (z. B. kompetitiver Inhibitoren) auf einen passiven Transportkatalysator zustande kommen.

Häufig sind an den aktiven Transport eines Moleküls (Ions) passive Transportvorgänge gekoppelt. Die aktive Akkumulation eines Kations z. B. führt aus Gründen der Elektroneutralität in der Regel zum *Cotransport* (Symport) von Anionen oder *Gegentransport* (Antiport) anderer Kationen. Auch der Transport von Wasser ist ein Cotransport (→ S. 97). Diese sekundären Transportprozesse können ebenfalls zu einer Konzentrierung führen ("passive Akkumulation"). Man erkennt, daß es u. U. schwierig wird, zu entscheiden, welcher von mehreren gleichzeitig ablaufenden Transportprozessen der eigentlich aktive ist.

Shuttle-Transport. Diese Form des indirekten metabolischen Transports spielt neben dem direkten Transport durch Träger an den Grenzmembranen von Organellen (Mitochondrien, Chloroplasten) eine bedeutende Rolle. Als Beispiel soll der indirekte Pyridinnucleotid-Transport an der inneren Mitochondrienmembran dienen. Intakte Mitochondrien sind für NAD und $NADH_2$ praktisch impermeabel. Trotzdem findet in intakten Zellen ein reger Austausch von Pyridinnucleotid-Wasserstoff zwischen Cytoplasma (Glycolyse) und Mitochondrien (Atmungskette) statt (→ Abb. 173). Wie Abb. 124 zeigt, wird in diesem Fall durch ein System gekoppelter Enzym- und Transportreaktionen ein indirekter Transfer von $NADH_2$ durch die Membran ermöglicht. Es liegt auf der Hand, daß derartige shuttle-(= "Pendelverkehr"-)Mechanismen ebenfalls leicht durch den Stoffwechsel reguliert werden können. Im Gegensatz zu $NADH_2$ erfolgt der Transport von ATP aus den Mitochondrien direkt durch Trägerkatalyse.

Stoffaufnahme der Zelle

Ionenaufnahme. Die Zelle kann die Aufnahme und Abgabe von Ionen mit Hilfe der im letzten Abschnitt geschilderten Mechanismen in einem weiten Umfang aktiv beeinflussen. Damit wird das Stoffwechselgeschehen weitgehend unabhängig vom chemischen Milieu der Umwelt. Für die Ionenaufnahme der typischen Pflanzenzelle müssen 3 wesentliche Kompartimente berücksichtigt werden, welche durch geschlossene Membranen (Plasmalemma, Tonoplast) scharf voneinander getrennt sind (→ Abb. 42):

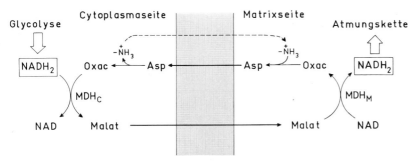

Abb. 124. Einer der 3 bisher an der inneren Mitochondrienmembran nachgewiesenen shuttle-Transportmechanismen für Pyridinnucleotid-Wasserstoff. Auf der Cytoplasmaseite wird Oxalacetat (Oxac) mit $NADH_2$ zum Transportmolekül Malat reduziert, welches auf der Matrixseite wieder unter $NADH_2$-Bildung reoxidiert wird. Zum Rücktransport muß Oxac zu Aspartat (Asp) aminiert werden. Die Aminogruppe wird durch einen gekoppelten Glutamat-Oxoglutarat-shuttle wieder in das Mitochondrion zurücktransportiert. Alle 3 Membrantransporte werden durch carrier vermittelt. MDH_C, MDH_M, cytoplasmatische bzw. mitochondriale Malatdehydrogenase

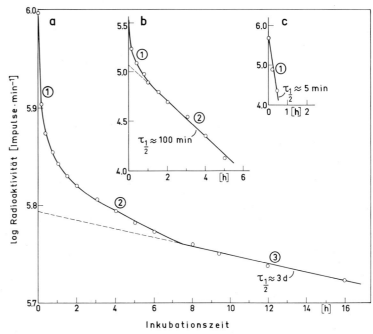

Abb. 125 a – c. Die Messung des K⁺-Efflux aus der Zelle durch Isotopenaustausch („Isotopenauswaschkinetik"). Objekt: Isolierte Wurzeln von *Zea mays*. Die Wurzeln wurden in KCl-Lösung ($0,2\ \text{mmol} \cdot \text{l}^{-1}$) inkubiert, welche $^{86}\text{Rb}^+$ als radioaktiven Marker enthielt (K^+ und Rb^+ können sich bezüglich der Aufnahme vollwertig ersetzen). Nach dieser Aufladeperiode (Einstellung eines Fließgleichgewichts: Influx = Efflux) wurden die Wurzeln bei $t = 0$ in nicht-markierte KCl-Lösung ($0,2\ \text{mmol} \cdot \text{l}^{-1}$, 3° C) überführt und die Anreicherung von Radioaktivität im Außenmedium verfolgt. Die 3 Äste der Gesamtkinetik (a) lassen sich durch Serienschaltung von 3 Effluxprozessen interpretieren: Vacuole ³⟶ Cytoplasma ²⟶ apparenter freier Diffusionsraum der Zellwand ¹⟶ Außenmedium. Durch Extrapolation des Astes ③ und Subtraktion von der Gesamtkinetik läßt sich die Kinetik der Äste ①+② darstellen (b). Entsprechend erhält man die Kinetik des Astes ① (c). Die poolGrößen der 3 Kompartimente für K^+ erhält man aus den extrapolierten Schnittpunkten mit der Ordinate. Aus der Größe des Zellwandpools (→ S. 477) kann man außerdem das Volumen des apparenten freien Diffusionsraumes berechnen (gleiche K^+-Konzentration!). Man erhält in der Regel Werte von $10 - 25\%$ des Gewebevolumens. (Nach LÜTTGE, 1973, verändert)

1. *Apparenter freier Diffusionsraum der Zellwand*, 2. *Cytoplasma*, 3. *Vacuole* (die mehr oder minder vielfältige Untergliederung jedes dieser Großkompartimente kann hier unberücksichtigt bleiben). In bezug auf den Stofftransport sind diese 3 Kompartimente in Serie „geschaltet". Die beteiligten Ionenflüsse kann man mit Hilfe der Isotopenaustauschkinetik sehr präzise und spezifisch messen (Abb. 125). Aus der — im typischen Fall dreiphasigen — Kurve der Isotopenanreicherung lassen sich die Zeitkonstanten (bzw. Halbwertszeiten) für 3 unterschiedlich schnelle, in Serie arbeitende Transportprozesse bestimmen, welche den 3 oben angeführten Kompartimentgrenzen zugeordnet werden können. Die Halbwertszeiten für die Entleerung des apparenten freien Diffusionsraumes der Zellwand ($\tau_{1/2}$ = Sekunden bis Minu-

ten), des Cytoplasmas ($\tau_{1/2}$ = Minuten bis Stunden) und der Vacuole ($\tau_{1/2}$ = Stunden bis Tage) sind stark verschieden. Ähnliche Resultate erhält man auch bei der Messung der Beladungskinetik, welche in analoger Weise durchgeführt werden kann (→ Abb. 520).

Für die Aufnahme eines Ions scheint es häufig mehrere Mechanismen in der Zelle zu geben, welche sich kinetisch unterscheiden lassen. Mißt man die Ionenaufnahme über einen weiten Konzentrationsbereich, so erhält man in der Regel komplexe Sättigungskurven mit mindestens zwei eindeutig verschiedenen Plateaus (Abb. 126). Man muß daraus schließen, daß es mindestens zwei Aufnahmemechanismen (*System* 1 und *System* 2) gibt. System 1 (v_{max} und K_m klein) arbeitet bereits bei sehr niedriger Ionenkonzentration (etwa ab $1\ \mu\text{mol} \cdot \text{l}^{-1}$ in

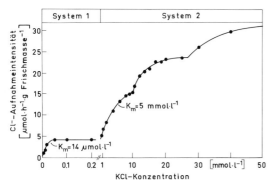

Abb. 126. Die Intensität der Cl⁻-Aufnahme als Funktion der KCl-Konzentration. Objekt: Isolierte Wurzeln von *Hordeum vulgare*. Chlorid-verarmte Wurzeln wurden für 20 min bei 30° C in KCl-Lösung inkubiert, welche $^{36}Cl^-$ als radioaktiven Marker enthielt. Aus der aufgenommenen Radioaktivität wurde die absolute Cl⁻-Aufnahme berechnet. Beachte den unterschiedlichen Maßstab für System 1 und System 2 auf der Abszisse! Der diskontinuierliche Kurvenverlauf im Bereich des Systems 2 deutet darauf hin, daß es sich hierbei um 3 verschiedene Aufnahmemechanismen mit abweichenden kinetischen Eigenschaften handelt. (Nach ELZAM et al., 1964)

Abb. 126), hat also eine hohe Affinität für das betreffende Ion. System 2 (v_{max} und K_m groß) arbeitet nur bei hoher Konzentration (ab $1 mmol \cdot l^{-1}$ in Abb. 126), hat also eine geringe Affinität für das Ion. System 1 ist eine Funktion des Plasmalemmas. Über die Lokalisierung des Systems 2 besteht noch keine Einigkeit. Folgende konkurrierende Hypothesen werden zur Zeit diskutiert: 1. System 2 arbeitet im Tonoplast (Serienschaltung), 2. System 2 arbeitet neben System 1 im Plasmalemma (Parallelschaltung). 3. Es gibt, eventuell in beiden Membranen, Systeme mit multiphasischen Eigenschaften, bei denen K_m und v_{max} beim Überschreiten diskreter Schwellenwertskonzentrationen regulato-

risch verändert werden. Ein entsprechender Mechanismus konnte kürzlich bei einem Transportsystem für Hexosen experimentell belegt werden (→ S. 128). Man muß wohl damit rechnen, daß es auch bei der carrier-Funktion allosterische Regulationsmechanismen (→ S. 118) gibt.

Die Tabelle 12 zeigt, daß die Ionenzusammensetzung der Vacuolenlösung stark von derjenigen des Außenmediums abweichen kann. Für die Entscheidung, ob ein bestimmtes Ion aktiv oder passiv in die Zelle transportiert wird, zieht man in der Regel das NERNST-Kriterium heran (→ Tabelle 22, S. 250).* Entspricht das aus der gemessenen Konzentrationsverteilung eines Ions berechnete NERNST-Potential dem Membranpotential, so bedeutet dies eine passive Verteilung gemäß dem Gleichgewicht des elektrochemischen Potentials (→ S. 104). Entsprechend deutet eine Differenz zwischen ΔE_M und ΔE_N auf aktiven Transport (wobei allerdings indirekt aktiv wirkende Mechanismen, z. B. Cotransport, noch nicht ausgeschlossen sind). Bei elektrophysiologischen Messungen an Algenzellen (→ Abb. 109) hat sich gezeigt, daß K^+ meist passiv aufgenommen wird (Tabelle 13). Trotzdem sind die Zellen in der Lage, K^+ *gegen* einen steilen Konzentrationsgradienten aufzunehmen (→ Tabelle 12). Die treibende Kraft dieser K^+-Akkumulation ist das negative Membranpotential am Plasmalemma (→ Tabelle 7, S. 104). Die Tabelle 13 zeigt ferner, daß auch der K^+-Transport durch den Tonoplast im allgemeinen passiv erfolgt. Im Gegensatz zu K^+ wird Na^+ aus dem Cytoplasma durch beide Grenzmembranen aktiv her-

---

* Man muß dabei allerdings berücksichtigen, daß diese Beziehung nur für den Gleichgewichtszustand streng gültig ist. Liegt ein ins Gewicht fallender Nettofluß vor, so muß die USSING-TEORELL-Beziehung herangezogen werden (→ S. 538).

Tabelle 12. Die Ionenkonzentrationen im Vacuolensaft von *Nitella clavata* im Vergleich zum Außenmedium (weiches Süßwasser). (Nach HOAGLAND und DAVIS, 1929)

	K^+	Na^+	Ca^{2+}	Mg^{2+}	Cl^-	SO_4^{2-}	$H_2PO_4^-$	Summe
	$[mmol \cdot l^{-1}]$							
Außenmedium	0,51	1,2	2,6	6,0	1,0	1,34	0,008	12,66
Vacuolensaft	49,3	49,9	26,0	21,6	101,1	26,0	1,7	275,6

ausgepumpt (der Einstrom erfolgt passiv). Am Plasmalemma von *Nitella flexilis* ($\Delta E_M =$ -170 mV; $\rightarrow$ Tabelle 13) hat man z. B. für Na^+ ein $\Delta E_N = -40$ mV berechnet. Es gibt auch bei pflanzlichen Zellen Hinweise für eine K^+/Na^+-Austauschpumpe mit ATPase-Aktivität, wie sie bei tierischen Zellen vorkommt. Manche Zellen können H^+ aktiv sezernieren. Diese H^+-Pumpe spielt z. B. bei der Ionenadsorption an Wurzelhaaren (Kationenaustausch mit Bodenkolloiden) eine entscheidende Rolle ($\rightarrow$ S. 477). K^+, Cs^+ und Rb^+ konkurrieren um den gleichen carrier, Na^+ und Li^+ um einen anderen. Weitere Paare konkurrierender Ionen sind Ca^{2+}/Sr^{2+}, Cl^-/Br^- und SO_4^{2-}/SeO_4^{2-}.

Nach dem NERNST-Kriterium werden auch die Anionen Cl^-, NO_3^-, $H_2PO_4^-$ und SO_4^{2-} aktiv in der Zelle akkumuliert. Wahrscheinlich gibt es für die Mehrzahl der Makronährelemente, die in Form von Ionen aufgenommen werden ($\rightarrow$ S. 244), ebenso wie für die Exkretion von Ionen ($\rightarrow$ S. 248), spezifische Pumpen oder Co-transport-Mechanismen im Plasmalemma. Dies schließt eine gleichzeitige passive Permeation dieser Ionen nicht aus. Bis zu einem gewissen Grad sind Biomembranen für alle Ionen auch passiv permeabel. Man muß sich vorstellen, daß die Ionenpumpen beständig gegen einen passiven Gegenfluß arbeiten, wodurch die Möglichkeit für rasch regulierbare Fließgleichgewichte gegeben ist.

Die freie Enthalpie für die endergonische Ionenakkumulation wird durch die oxidative Dissimilation der Mitochondrien oder — in autotrophen Zellen — durch die Photosynthese bereitgestellt. Als biochemisches Bindeglied dient wahrscheinlich ausschließlich das Adenylatsystem ($\rightarrow$ S. 107). Bringt man Zellen aus reinem Wasser in eine anorganische Nährlösung, so steigt ihre Atmungsintensität stark an (Abb. 127). Diese „Salzatmung" steht häufig in einem stöchiometrischen Zusammenhang mit der Ionenaufnahme. Die Intensität der Ionenaufnahme und die Intensität der Zellatmung verlaufen häufig parallel (Abb. 128).

Bei Algen findet man stets eine starke Abhängigkeit der Ionenaufnahme vom Licht. Im Wirkungsspektrum ($\rightarrow$ S. 311) dieses Effekts erweist sich Chlorophyll als das verantwortliche Photoreceptormolekül. Für mehrere Pumpen konnte man zeigen, daß sie alleine vom Photosystem I der Photosynthese (cyclische Photophosphorylierung; $\rightarrow$ S. 161) mit ATP versorgt werden können. Auch die Zellen grüner Blätter

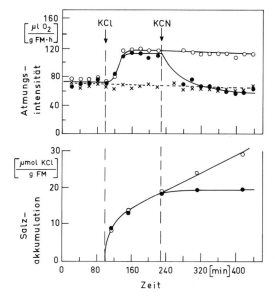

Abb. 127. Induktion der Sauerstoffaufnahme durch Ionenaufnahme („Salzatmung"). Objekt: Xylemparenchym-Scheiben von Karottenwurzeln (25° C). Das isolierte Gewebe wurde zunächst für 115 h in Wasser inkubiert, um die Wundatmung abklingen zu lassen. x – – – x, Wasserkontrolle; o——o, Zugabe von 10 mmol $KCl \cdot l^{-1}$ nach 100 min; •——•, Zugabe von 10 mmol $KCl \cdot l^{-1}$ nach 100 min und von 1 mmol $KCN \cdot l^{-1}$ nach weiteren 130 min. Man erkennt, daß das Atmungsgift CN^- ($\rightarrow$ Abb. 179) die über die „Grundatmung" hinaus induzierte „Salzatmung" und gleichzeitig die Ionenaufnahme hemmt. Die Meßwerte sind auf g Frischmasse (FM) bezogen. (Nach ROBERTSON und TURNER, 1945)

Tabelle 13. NERNST-Potential (ΔE_N, aus gemessenen Konzentrationen berechnet) und Membranpotential (ΔE_M, elektrophysiologisch gemessen) für K^+ am Plasmalemma (Außenmedium/Cytoplasma) und am Tonoplast (Cytoplasma/Vacuole) einiger coenoblastischer Algenzellen. Aus einer Übereinstimmung von ΔE_N und ΔE_M kann man schließen, daß K^+ passiv durch die beiden Grenzmembranen transportiert wird. (Nach HIGINBOTHAM, 1973)

	Plasmalemma		Tonoplast	
	ΔE_N	ΔE_M	ΔE_N	ΔE_M
	[mV]			
Nitella flexilis	-179	-170	$+11$	$+15$
Nitella translucens	-171	-140	$+12$	$+18$
Chara corallina	-178	-173	$+22$	$+18$
Valonia ventricosa	-92	-71	-9	$+88$

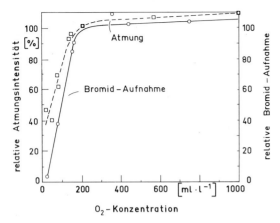

Abb. 128. Die relative Br⁻-Aufnahme (Anionenaufnahme) und die relative Atmungsintensität dünner Gewebescheiben aus Kartoffelknollen in Abhängigkeit von der O_2-Konzentration. Beide Phänomene zeigen einen sehr ähnlichen Kurvenverlauf. (Nach STEWARD, 1964)

verbrauchen im Licht photosynthetisch gebildetes ATP für die Ionenaufnahme.

Aufnahme von Anelektrolyten. Dieses Kapitel ist bis jetzt sehr viel weniger gründlich erforscht worden als die Ionenaufnahme. Im allgemeinen können auch die autotrophen pflanzlichen Zellen organische Moleküle (Zucker, Aminosäuren u. a.) gut aufnehmen und akkumulieren. Die Erfüllung der Kriterien für den aktiven Transport (→ S. 123) und die häufig beobachtbare Stereospezifität der Aufnahme haben auch hier zur Anwendung der carrier-Hypothese geführt. Viele lipidlöslichen Stoffe können jedoch wahrscheinlich ohne Vermittlung eines Trägers durch das Plasmalemma permeieren.

Ein sehr interessantes Aufnahmesystem für Hexosen ist für *Chlorella vulgaris* beschrieben worden. Diese Zellen bilden bei Überführung in Hexose-haltiges Medium innerhalb von etwa 15 min ein carrier-System für Hexosen im Plasmalemma aus. Bei Wegnahme der Hexosen verschwindet das System wieder mit einer Halbwertszeit von 4–6 h. Die Induktion wird durch Inhibitoren der Proteinsynthese (→ Abb. 59) spezifisch gehemmt. Der Transport verbraucht Energie; er kann zu einer mehr als 1000fachen Anreicherung von Hexosen in der Zelle führen. Die Energieversorgung erfolgt durch die Atmung, und, unter anaeroben Bedingungen, auch durch das Photosystem I der Photosynthese oder die Fermentation. Pro trans-

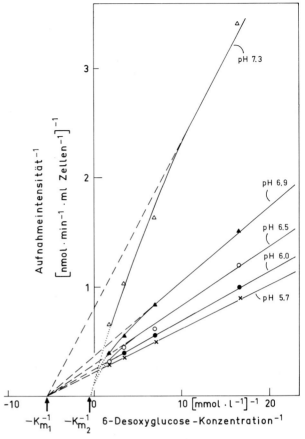

Abb. 129. Die Hexose-Aufnahme als Funktion der Hexose-Konzentration und des extrazellulären pH-Wertes (LINEWEAVER-BURK-Darstellung; → Abb. 118 b). Objekt: *Chlorella vulgaris*. Da biogene Hexosen (z. B. Glucose) in der Zelle rasch abgebaut werden, wurde die nichtmetabolisierbare 6-Desoxyglucose (³H-markiert) verwendet. Die Kurven extrapolieren für *niedrige* Hexosekonzentrationen und *niedrige* pH-Werte zu $K_{m1} \approx 0,3$ mmol · l^{-1}. Für *hohe* Hexosekonzentrationen und *hohe* pH-Werte ergibt sich $K_{m2} \approx 50$ mmol · l^{-1} Man kann aus diesen Daten schließen, daß bei hoher Protonenkonzentration (pH ≦ 6,3) ein carrier mit hoher Affinität für Hexosen (K_m klein) arbeitet, während bei niedrigerer Protonenkonzentration ein carrier mit niedriger Affinität (K_m groß) vorliegt. (Nach KOMOR und TANNER, 1974)

portiertem Hexosemolekül wird 1 ATP verbraucht. Der Aufnahmemechanismus kann mit Hexose gesättigt werden; v_{max} und K_m hängen jedoch stark vom pH des Außenmediums ab (Abb. 129). Bei pH ≦ 6,3 wird für jedes Hexosemolekül 1 Proton cotransportiert. Bei höheren pH-Werten verschwindet der H⁺-Cotransport und die aktive Aufnahme geht in eine kataly-

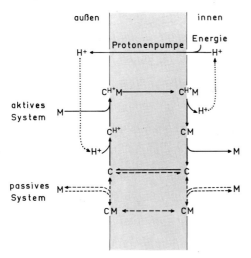

Abb. 130. Modell des zweiphasigen Hexoseaufnahmesystems von *Chlorella* (→ Abb. 129). Der carrier C liegt bei niedrigem pH in der protonierten Form (C^{H^+}) vor, welche für das aktive Aufnahmesystem (*ausgezogene Pfeile*) verantwortlich ist. C^{H^+} wird im Zellinneren (pH >7) deprotoniert und verliert dabei seine hohe Affinität für Hexose (M). Auf diese Weise wird die Irreversibilität der Aufnahme gewährleistet. Um eine Anreicherung von Protonen in der Zelle zu vermeiden, ist eine auswärts arbeitende Protonenpumpe erforderlich. Wird das pH durch einen Puffer auch im Außenmedium hoch gehalten, arbeitet der carrier in beiden Richtungen in der unprotonierten Form (passives System, geringe Affinität für Hexose; *unterbrochene Pfeile*). Für die Protonierung des carriers ($C + H^+ \to C^{H^+}$) wurde $K_m = 0{,}14$ μmol · l⁻¹ bestimmt, d. h. der carrier liegt bei pH 6,85 zur Hälfte in der protonierten Form vor. (Nach KOMOR und TANNER, 1974)

sierte Permeation über. Der intrazelluläre pH-Wert liegt über 7. Diese Befunde können durch ein carrier-Modell gedeutet werden, welches einen endergonischen Hexosetransport durch einen carrier (C^{H^+}) vorsieht, der bei niedriger Protonenkonzentration (pH groß) deprotoniert wird und in dieser Form ein passiv arbeitender Transportkatalysator mit einer verminderten Affinität für Hexosen ist (Abb. 130). Der unmittelbare Energielieferant für das aktive System ist die elektrochemische Potentialdifferenz des Protonengradienten [→ Gl. (48 b), S. 130] über das Plasmalemma, der durch Aufwand von Stoffwechselenergie (ATP-getriebene Protonenpumpe) aufrechterhalten werden muß. Da das Membranpotential um – 135 mV (innen negativ) liegt, ist die treibende Kraft des Protonengradienten recht hoch. Die Protonenpumpe

dient hier dazu, eine intrazelluläre Ansäuerung, welche zur Nivellierung des Gradienten führen würde, zu verhindern. Der Protonentransport aus der Zelle ist demnach der eigentlich aktive Prozeß in diesem System, die Hexoseaufnahme erfolgt passiv durch Cotransport beim exergonischen H^+-Rückstrom. Es ist denkbar, daß der endergonische Anelektrolytentransport stets durch Ionenpumpen angetrieben wird. Diese Kopplung ist in hohem Maße sinnvoll, da hierbei nicht nur der Konzentrationsgradient des Ions, sondern auch das Membranpotential zur Arbeitsleistung ausgenützt werden kann [Gl. (27), S. 102].

Energietransformation an Biomembranen

Wir haben gesehen, daß der aktive Ionentransport durch Membranen vom Zellstoffwechsel über das Adenylatsystem energetisch angetrieben wird, wobei Membran-„ATPasen" eine wichtige katalytische Funktion bei der Transformation von Phosphorylierungspotential in elektrochemisches Potential besitzen. Von der Energetik her gesehen besteht kein Grund, warum dieser Prozeß nicht auch in der umgekehrten Richtung ablaufen könnte. In der Tat konnte man an isolierten Membranen zeigen, daß bestimmte Proteinkomplexe, welche eine ATP-spaltende Aktivität besitzen, bei Anwesenheit eines ausreichend steilen Ionengradienten auch als *ATP-Synthasen* funktionieren können. Diese Komplexe werden als *Kopplungsfaktor* oder einfach als reversible „ATPase" bezeichnet. In der Zelle werden wahrscheinlich vor allem Protonengradienten für die ATP-Bildung ausgenützt. Aus Gl. (29 c) bzw. (38) (→ S. 103/111) ergibt sich, daß ein pH-Unterschied von 1 einer freien Reaktionsenthalpie (elektrochemische Potentialdifferenz) von 5,7 kJ · mol⁻¹ entspricht, was ausreichen würde, um ADP in einer 6 : 1-Stöchiometrie zu phosphorylieren (→ Tabelle 8, S. 107). Im konkreten Fall muß allerdings das aktuelle Membranpotential berücksichtigt werden. Die „arbeitsfähige" *elektrische* Potentialdifferenz ($\Delta E_M - \Delta E_N$; → S. 104) eines Protonengradienten ist nach Gl. (29) (→ S. 102):

$$\Delta E_{H^+} = \Delta E_M - 2{,}303 \cdot \frac{R \cdot T}{F} \cdot \Delta pH$$
$$= \Delta E_M - 0{,}0591 \, \Delta pH. \qquad (48\,a)$$

Die *elektrochemische* Potentialdifferenz des Gradienten ist dann [→ Gl. (38), S. 111]:

$$\Delta\mu_{H^+} = \mathbf{F} \, (E_M - 0{,}0591 \, \Delta pH). \qquad (48\,b)$$

Nach der *chemiosmotischen Hypothese* von MITCHELL (1961) soll sowohl die oxidative Phosphorylierung (→ S. 184) in der Atmungskette (innere Mitochondrienmembran), als auch die photosynthetische Phosphorylierung (→ S. 162) an den Thylakoiden über diesen Mechanismus erfolgen (Abb. 131). Diese allgemeine Hypothese postuliert, daß ein exergonischer, vektorieller Elektronentransport („Elektronenpumpe") durch Cotransport von H^+ einen Protonengradienten aufbaut, welcher seinerseits die Phosphorylierung durch eine vektoriell arbeitende „ATPase" antreibt. Dieser Mechanismus ist zwar noch nicht uneingeschränkt akzeptiert, konnte jedoch in den letzten Jahren experimentell an mehreren Membransystemen gut untermauert werden (→ S. 136). Da jedoch in den Augen mancher Forscher noch nicht zweifelsfrei entschieden werden konnte, ob der pH-Gradient ein essentielles Glied oder ein

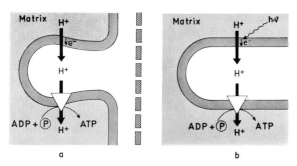

Abb. 131 a und b. Modelle der Elektronentransportgekoppelten Phosphorylierung nach der MITCHELL-Hypothese für die Atmungskettenphosphorylierung an der inneren Mitochondrienmembran (a) und die photosynthetische Phosphorylierung an der Thylakoidmembran (b). Nach dieser Vorstellung bewirkt der vektorielle Elektronentransport einen Cotransport von Protonen. Der entstehende Protonengradient kann beim H^+-Rückstrom durch eine vektoriell arbeitende (anisotrope) „ATPase" zur ATP-Synthese ausgenützt werden. Bei dieser Anordnung erzeugt der Elektronentransport eine Ansäuerung des Außenraumes bei Mitochondrien und des Thylakoidinnenraums bei Chloroplasten. Beide Voraussagen der MITCHELL-Hypothese konnten experimentell verifiziert werden. Substanzen, welche die passive Membranpermeabilität für H^+ heraufsetzen (z. B. Nigericin oder Gramicidin), zerstören den Protonengradienten und „entkoppeln" die Phosphorylierung

Nebenprodukt der membrangebundenen Phosphorylierung ist, werden auch heute noch andere Alternativen diskutiert (z. B. die Beteiligung eines chemischen Zwischengliedes oder einer Konformationsänderung der Membran).

Der strukturgebundene Elektronentransport ist der zweite wesentliche energietransformierende Prozeß, der an bestimmten Biomembranen abläuft. Hierbei wird die freie Enthalpie reduzierter Redoxsysteme für eine vektorielle Ladungstrennung ausgenützt (*Elektronenpumpe*). Die beiden wesentlichen Elektronentransportketten der Zelle werden im Zusammenhang mit der Photosynthese (→ S. 158) und der oxidativen Dissimilation (→ S. 179) behandelt.

Prinzipien der metabolischen Regulation

Der lebende Zustand der Zelle ist durch typische Systemeigenschaften wie *Fließgleichgewicht*, *Homöostasis** und *Entwicklung* ausgezeichnet, welche eine hochgradige Ordnung des metabolischen Geschehens in Raum und Zeit unabdingbar machen. Diese Ordnung muß durch ein kompliziertes Netzwerk integrierter Kontrollmechanismen beständig überwacht und gesteuert werden. Nur durch eine rigorose Regulation aller metabolischer pools und aller Umsatz- und Transportintensitäten kann die Zelle als quasistabiles System existieren und als solches auf Änderungen der Umwelt angemessen reagieren. Einige essentielle Voraussetzungen für die Regulierbarkeit des Zellmetabolismus, z. B. die dynamische Kompartimentierung und die Existenz von Fließgleichgewichten, haben wir bereits in früheren Abschnitten (→ S. 92, 119) kennengelernt. Es können hier nur die wichtigsten Elemente des metabolischen Kontrollsystems kurz behandelt werden.

Die zentralen Angriffspunkte der metabolischen Regulation sind die Träger katalytischer Aktivität, Enzyme und Transportkatalysatoren (carrier). Da die prinzipiellen Mechanismen bei beiden recht ähnlich sind, können wir uns

---

* Unter *Homöostasis* verstehen wir die Gesamtheit der endogenen Regelvorgänge, die im Organismus (bzw. in der Zelle) ein stabiles inneres Milieu gewährleisten (→ S. 268).

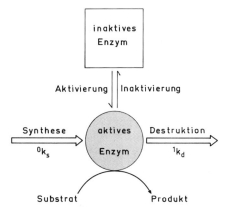

Abb. 132. Die prinzipiellen Angriffsstellen für die Regulation des aktiven Enzympools in der Zelle: *Synthese, Destruktion* und *Modulation des Aktivitätszustandes*

hier auf die Enzyme beschränken. Die Aktivität eines Enzyms kann in der Zelle auf zweierlei Weise reguliert werden:

1. Durch Veränderung der *Enzymkonzentration* und 2. durch Veränderung des *Aktivitätszustandes* (*Modulation*) der vorhandenen Enzymmoleküle (Abb. 132). Die beiden Typen der Regulation werden zu unterschiedlichen Zwecken eingesetzt. Die Erhöhung oder Erniedrigung der Enzymkonzentration ist ein relativ aufwendiger und zeitbedürftiger Prozeß (Stunden); er dient der längerfristigen, „strategischen" Regulation, insbesondere für die Steuerung der Genexpression im Rahmen der Zellentwicklung (→ S. 49). Der Aktivitätszustand eines Enzyms kann demgegenüber sehr viel schneller (Sekunden) *moduliert* werden. Dieses Prinzip wird daher vor allem für „taktische" Regulationsaufgaben eingesetzt. In der Regel beschränkt sich die Steuerung auf einzelne, an strategisch günstiger Stelle (z. B. nach einer Verzweigungsstelle) eingegliederte *Regulatorenzyme,* welche als Schrittmacher den metabolischen Strom durch einen Stoffwechselabschnitt determinieren.

Regulation des Enzymgehalts. Als Folge der differentiellen Genexpression (→ S. 291) verfügt jede Zelle über ein spezifisches, räumliches und zeitliches Enzymmuster. Die einzelnen Enzyme sind in der Regel nicht stabil, sondern befinden sich in einem beständigen turnover. Im Gegensatz zu den Mikroorganismen, welche Enzyme durch rasches Teilungswachstum innerhalb we-

niger Generationen stark verdünnen können, mußten die höheren Organismen spezifische Abbaumechanismen für Enzyme entwickeln, um steuerbare Fließgleichgewichte zu ermöglichen. Die Änderung der Konzentration c_E eines Enzympools mit der Zeit als Funktion von Synthese und Destruktion kann folgendermaßen formuliert werden:

$$\frac{dc_E}{dt} = {}^0k_s - {}^1k_d \cdot c_E, \qquad (49)$$

wobei:

$${}^0k_s = \text{Intensität} \; (= \text{Reaktionskonstante})$$
der Enzymsynthese
(Reaktion 0. Ordnung),

$${}^1k_d \cdot c_E = \text{Intensität der Enzymdestruktion}$$
(Reaktion 1. Ordnung).

Im Fließgleichgewicht ist $dc_E/dt = 0$, und daher:

$${}^0k_s = {}^1k_d \cdot c_E. \qquad (50)$$

Man kann aus dieser Formulierung ablesen, daß — unabhängig davon, welche Zahlenwerte ^0k_s und ^1k_d annehmen — stets ein Gleichgewicht zwischen Synthese und Destruktion angestrebt wird (Abb. 133). Die Lage dieses Fließgleichgewichts (d. h. die Größe des stationären Enzympools) hängt nicht von den Anfangsbedingungen, sondern nur vom Verhältnis der beiden Konstanten ab. Der Enzympegel ist daher z. B. durch eine Variation der Syntheseintensität leicht regulierbar: Bei einer Erhöhung (Erniedrigung) von ^0k_s wird c_E auf ein entsprechend höheres (niedrigeres), wiederum *stationäres* Niveau eingestellt. Die Dauer der Umstellung und damit die Trägheit (Hysterresis) des Systems hängt von ^1k_d ab.

Obwohl nach Gl. (50) die stationäre Konzentration eines Enzympools theoretisch auch über eine Änderung von k_d reguliert werden kann, hat man in den meisten Fällen eine Regulation über k_s gefunden. Die Kontrolle (Induktion oder Repression) der Enzymsynthese kann entweder auf der Ebene der Translation von mRNA an den Ribosomen, oder auf der Ebene der DNA-Transkription (Regulation der Genaktivität) stattfinden (→ Abb. 66). (Die Begriffe Enzyminduktion bzw. Enzymrepression werden in der Regel operational, d. h. ohne mechanistische Implikationen, für die Regula-

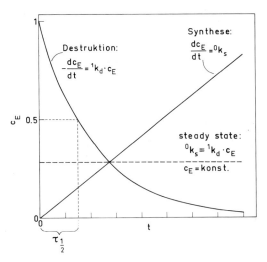

Abb. 133. Das Prinzip der Einstellung eines stationären Gleichgewichts (c_E = konst.) zwischen Enzymsynthese (Annahme: Reaktion 0. Ordnung) und Enzymdestruktion (Annahme: Reaktion 1. Ordnung) nach Gl. (49) ($\rightarrow$ S. 131). Man erkennt, daß sich bei einem Anstieg von c_E durch Erhöhung der Syntheseintensität (^0k_s) auch die Intentisät der Destruktion ($^1k_d \cdot c_E$) erhöht, bis die beiden Prozesse wieder — bei einem größeren c_E als vorher — ins Gleichgewicht gekommen sind. Die Lebensdauer eines Enzyms im turnover wird durch die Halbwertszeit ($\tau_{1/2}$) charakterisiert. Zwischen $\tau_{1/2}$ und ^1k_d besteht ein einfacher Zusammenhang: $\tau_{1/2} = \ln 2 /\, ^1k_d$

tion von Enzympools verwendet; $\rightarrow$ S. 324). Als Auslöser der adaptiven Enzymsynthese tritt eine Vielzahl von Metaboliten und Regulatormolekülen auf. Häufig findet man z. B., daß Substrate die Enzyme für ihre Weiterverarbeitung induzieren. So induziert z. B. NO_3^- die Nitratreductase in höheren Pflanzen ($\rightarrow$ Abb. 64); NH_4^+ reprimiert diese Enzymbildung. Bei fakultativ heterotrophen Algen induziert Glucose die Enzyme des Kohlenhydratkatabolismus und reprimiert die Enzyme des autotrophen Stoffwechsels (Glucose-Effekt). Acetat induziert in diesen Zellen die Glyoxylatcyclus-Enzyme ($\rightarrow$ S. 193). Ein durch Hexosen induzierbares Aufnahmesystem für Hexosen bei *Chlorella* haben wir auf S. 128 kennengelernt. Beispiele für Hormon- und Phytochrom-induzierte Enzymsynthesen werden auf S. 375 und S. 324 behandelt. Im Gegensatz zu einigen gut untersuchten bakteriellen Induktionssystemen ($\rightarrow$ S. 50) ist bisher bei eukaryotischen Pflanzen noch kein Induktionsmechanismus molekular völlig aufgeklärt worden. Die hier erwähnten Auslöser der adaptiven Enzymsynthese können

nur im operationalen Sinn als „Effektoren" bezeichnet werden, da sie, zumindest in vielen Fällen, nur indirekt auf die Enzymsynthese Einfluß nehmen dürften.

Da verschiedene Enzyme in ein und derselben Zelle meist stark abweichende Halbwertszeiten besitzen (meist im Bereich von Stunden bis Tagen), müssen sehr spezifisch arbeitende Destruktionsmechanismen vorhanden sein. Über die molekulare Grundlage dieser Spezifität gibt es bisher nur vage Vorstellungen. Ein allgemeiner Abbau durch proteolytische Enzyme kann dieses Phänomen jedenfalls nicht ausreichend erklären. Eine wesentliche Voraussetzung für die Anwendbarkeit von Gl. (49) ($\rightarrow$ S. 131) ist ein Reaktionsgeschehen 1. Ordnung für die Destruktion (d. h. Begrenzung der Reaktionsintensität durch das Substrat). Enzymturnovermessungen mit radioaktiv markierten Enzymen oder die Messung der Destruktionskinetik bei gehemmter Synthese ($k_s = 0$; Abb. 134) haben in vielen Fällen gezeigt, daß diese Voraussetzung zumindest mittelfristig erfüllt ist.

Regulation des Aktivitätszustandes bei konstantem Enzymgehalt. Wenn eine inaktive, präformierte Enzymform durch einen irreversiblen Prozeß (z. B. durch partielle Proteolyse) in das aktive Enzym überführt wird, spricht man von einer *Proenzym* $\rightarrow$ *Enzym*-Umwandlung. Manche Enzyme werden auch durch covalente Bindung von niedermolekularen Substanzen (z. B. Adenylrest oder Phosphat) in ihrer katalytischen Aktivität modifiziert. Wenn diese Modifikation wiederum enzymkatalysiert ist, ergibt sich die Möglichkeit, in einer *Enzymkaskade* mehrerer solcher Elemente eine stufenweise Verstärkung eines Eingangssignals (analog den Vorgängen in einem Photomultiplier) zu erzeugen. Solche covalenten Mechanismen hat man bei Pflanzen bisher noch wenig gefunden. Eine viel wichtigere Rolle spielen Enzyme, deren Aktivität durch nicht-covalente Bindung von Liganden gesteuert werden kann. Da dieser Regulationstyp praktisch trägheitsfrei und voll reversibel arbeiten kann, bezeichnet man ihn als *Modulation* ($\rightarrow$ S. 118). Neben allgemeinen Milieufaktoren, wie pH, Redoxpotential und Ionenstärke treten besonders Kationen als Aktivitätsmodulatoren bei bestimmten Enzymen auf ($\rightarrow$ S. 248). Spezifischer können kompetitive (isosterische) Inhibitoren wirken, welche das Substrat vom aktiven Zentrum des Enzyms verdrängen und dadurch zu einer Erhöhung der

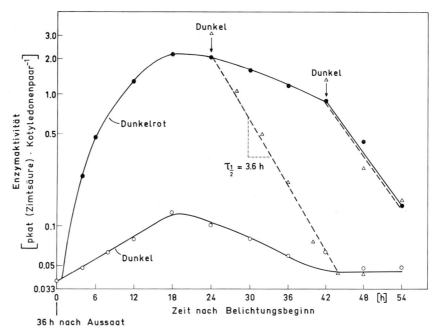

Abb. 134. Enzymregulation durch Synthese und Destruktion. Objekt: Phenylalaninammoniumlyase in den Kotyledonen des Senfkeimlings (*Sinapis alba*). Die Synthese dieses Enzyms wird durch Phytochrom kontrolliert und kann daher durch Belichtung mit dunkelrotem Licht induziert werden (→ Abb. 331). Beim Abschalten des Lichts nach 24 h wird die Synthese unterbrochen, der Abfall der Enzymaktivität erfolgt nach einer Reaktion 1. Ordnung (logarithmisch geteilte Ordinate!) mit einer Halbwertszeit von 3,6 h. Ab 42 h nach Belichtungsbeginn ist auch im Licht die Synthesekapazität erloschen. Die Lichtkinetik kommt also durch eine zeitlich begrenzte Erhöhung von ^0k_s bei konstantem ^1k_d zustande. Im Bereich von etwa 18–24 h nach Belichtungsbeginn ist $^0k_s = {}^1k_d \cdot c_E$. (Nach Daten von TONG und SCHOPFER, 1975)

apparenten MICHAELIS-Konstanten führen. Nichtkompetitiv wirken die *allosterischen* Modulatoren (→ S. 118), welche entweder v_{max} oder K_m modifizieren. Die sigmoiden Substratsättigungskurven (→ Abb. 120) mancher allosterisch regulierter Enzyme erweisen sich in diesem Zusammenhang regeltechnisch als sehr vorteilhaft: Durch eine kleine Konzentrationsänderung des allosterischen Effektors im richtigen Bereich kann eine starke Änderung der Enzymaktivität bewirkt werden. Allosterische Enzyme funktionieren also im Prinzip wie eine Elektronenröhre, wobei die Gitterspannung der Konzentration des allosterischen Effektors analog ist.

Bei einem Enzym mit normaler, hyperbolischer Sättigungskurve muß sich die Effektorkonzentration um einen Faktor von 80 ändern, damit die Reaktionsgeschwindigkeit von 10% auf 90% des maximalen Wertes steigt. Bei Enzymen mit sigmoider Sättigungskurve wird dieser Regelbereich bereits bei 3- bis 6facher Kon-

zentrationsänderung eines Effektors erreicht. Schwellenwertsmechanismen sind extreme Spezialfälle allosterischer Regulation.

Als isosterische bzw. allosterische Modulatoren (Effektoren) kommt eine große Zahl von Metaboliten in Frage. Eine dominierende Rolle spielen dabei die Glieder des Adenylatsystems (ATP, ADP, AMP, Phosphat) und die wasserstoffübertragenden Cosubstrate [NAD(P), NAD(P)H$_2$], was mit der Regulation des Energiestoffwechsels (Vermeidung von Konflikten zwischen katabolischen und anabolischen Sequenzen) zusammenhängt.

Die Integration der Regulationsmechanismen zum Kontrollsystem. Die Erforschung der Verschaltung metabolischer Steuermechanismen mit den Methoden der Systemtheorie und der Kybernetik ist bisher nicht über relativ kleine Teilbereiche hinausgekommen. Kybernetische Funktionsmodelle, die sich vorwiegend an der elektronischen Technik orientieren, sind, ge-

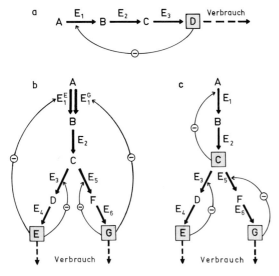

Abb. 135 a – c. Regelsysteme mit Endprodukthemmung. (a) Einfache Endprodukthemmung. Das Produkt D hemmt das erste Enzym seiner Synthesebahn. Es ergeben sich die Eigenschaften eines Regelkreises: Steigt D (z. B. durch eine Verminderung des Verbrauchs) über den „Sollwert" an, so reduziert es automatisch die Intensität seiner Bildung an der strategisch günstigsten Stelle. Entsprechend ergibt sich bei einem Abfall von D eine Ankurbelung seiner Bildung. Auf diese Weise kann der pool von D auch bei variablem Verbrauch — innerhalb des Regelbereichs des Systems — konstant gehalten werden. (b) Doppelte Regelung an einer Verzweigungsstelle. Die Endprodukte E und G hemmen sowohl unmittelbar nach der Verzweigung, als auch am Anfang der Synthesebahn, wo 2 Isoenzyme jeweils durch E oder G reguliert werden können. Auf diese Weise können die Teilströme nach E und G trotz gemeinsamer Zwischenschritte individuell geregelt werden. (c) Regelung an einer Verzweigungsstelle. Beim Anstau von E wird der Strom nach G umgeleitet. Erst wenn dort ebenfalls Überfluß herrscht, wird C angehäuft und schaltet damit die ganze Sequenz ab. Sowohl Typ (b) als auch Typ (c) sind z. B. in Teilbereichen des biosynthetischen Aminosäurestoffwechsels als allosterische Mechanismen realisiert

messen an der Realität, noch sehr grob. Ein wichtiges Prinzip bei der Steuerung metabolischer Reaktionsketten bzw. -netze ist die *Rückkopplung* (feedback). Darunter versteht man die Steuerung eines Enzyms (durch Induktion/ Repression der Synthese oder Modulation) durch das Produkt der betreffenden Synthesebahn (Abb. 135 a). Ein solches Regulationssystem erfüllt die Kriterien eines *Regelkreises:* Eine „Störung" im Produktpool wird durch verstärkte oder verminderte Synthese wieder ausgeglichen. Es handelt sich also um einen Mechanismus zur Aufrechterhaltung der Homöostasis in einem begrenzten Stoffwechselbereich. Kompliziertere Regelsysteme erhält man z. B. durch hierarchische oder sequenzielle Verknüpfung mehrerer Regelkreise (Abb. 135 b, c). Diese Systeme ermöglichen Homöostasis in verzweigten und, bei kreuzweiser Verschaltung, zwischen getrennten Stoffwechselbahnen. Sie stehen im Dienste der Koordination parallel ablaufender metabolischer Sequenzen. Beispiele für solche Regelsysteme höherer Ordnung kennt man bisher vor allem aus dem Aminosäure- und Nucleotid-Stoffwechsel. Da die zellulären pools an Aminosäuren und Nucleotiden meist verschwindend klein sind, muß die Produktion dieser Bausteine für die Protein- bzw. Nucleinsäuresynthese sehr präzise ausbalanciert sein.

Weiterführende Literatur

Dugal, B. S.: Allosterie und Cooperativität bei Enzymen des Zellstoffwechsels. Biologie in unserer Zeit **3**, 41 – 49 (1973)

Kinzel, H.: Grundlagen der Stoffwechselphysiologie. Stuttgart: Ulmer, 1977

Lüttge, U.: Stofftransport der Pflanzen. Heidelberger Taschenbücher, Bd. 125. Berlin-Heidelberg-New York: Springer, 1973

Lüttge, U., Pitman, M. G. (eds.): Transport in Plants II, Part A, Cells. Encyclopedia of Plant Physiology, New Series. Berlin-Heidelberg-New York: Springer, 1976, Vol. 2, Part A

Morris, J. G.: Physikalische Chemie für Biologen. Weinheim: Verlag Chemie, 1976

Nissen, P.: Uptake mechanisms: Inorganic and organic. Ann. Rev. Plant Physiol. **25**, 53 – 79 (1974)

Poole, R. J.: Energy coupling for membrane transport. Ann. Rev. Plant Physiol. **29**, 437 – 460 (1978)

Schwarz, M.: The relationship of ion transport to phosphorylation. Ann. Rev. Plant Physiol. **22**, 469 – 484 (1971)

Stadtman, E. R.: Mechanisms of enzyme regulation in metabolism. In: The Enzymes. Boyer, P. D. (ed.), 3. ed. New York: Academic Press, 1970, Vol. 1, pp. 397 – 459

13. Photosynthese als Energiewandlung

Die universelle Energiequelle der Biosphäre ist die Sonne. Bei den in der Sonne ablaufenden Kernfusionsprozessen wird Materie in Energie umgewandelt (z. B. 4 Protonen → Heliumkern + 2 Positronen + 4,5 · 10^{-12} J), welche in Form von elektromagnetischer Strahlung (**h** · ν) in den Weltraum abgegeben wird. Die Energieverteilung der Sonnenstrahlung entspricht in erster Näherung dem kontinuierlichen Emissionsspektrum eines schwarzen Körpers bei etwa 5800 K. Durch Streuverluste und selektive Absorption von Quanten in der Erdatmosphäre wird das Sonnenspektrum modifiziert (Abb. 136), wobei der Energiefluß der Strahlung von 1,4 kW · m^{-2} (Solarkonstante) auf ≦0,9 kW · m^{-2} (Meeresniveau) reduziert wird. Etwa die Hälfte davon entfällt auf den Spektralbereich von 300 – 800 nm (das „optische Fenster" der Atmosphäre; → Abb. 136), welcher mitten in dem Bereich photochemisch wirksamer Strahlung (ca. 100 ≦ λ ≦ 1000 nm) liegt (→ S. 346).

Die Quantenenergie läßt sich nach der Formel

$$E = \mathbf{h} \cdot \nu = \mathbf{h} \cdot \mathbf{c} \cdot \lambda^{-1} \tag{51}$$

leicht berechnen (**h** = 6,626 · 10^{-34} J · s, PLANCKsche Konstante; ν, Frequenz; **c** = 3 · 10^8 m · s^{-1}, Lichtgeschwindigkeit; λ, Wellenlänge). Danach entspricht der Wellenlängenbereich 300 bis 800 nm einem Quantenenergiebereich von 400 bis 150 kJ · mol^{-1}. Aus Gl. (38) (→ S. 111) folgt, daß mit dieser Energie theoretisch 1 mol Elektronen auf der Redoxskala um etwa 4,0 – 1,5 V in negativer Richtung verschoben werden könnte (1 kJ · mol Quanten^{-1} entspricht 1,036 · 10^{-2} eV · Quant^{-1}).

Durch die Photosynthese der autotrophen Pflanzen kann die Energie des auf die Erdoberfläche fallenden Sonnenlichtes (maximal etwa 500 W · m^{-2}, geliefert von einem Photonenfluß von etwa 2 mmol · m^{-2} · s^{-1}) in biologisch nutzbare Energie (chemisches Potential) transformiert werden. Die Pflanzen verbrauchen dafür weniger als 1% der auftreffenden Strahlungsenergie. Diese wird mit Hilfe von Pigmenten absorbiert und in elektrochemisches Potential umgewandelt, welches über mehrere Stufen (Elektronentransport, Protonentransport, Re-

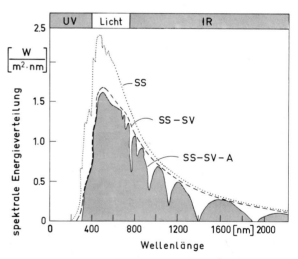

Abb. 136. Das Spektrum der Sonnenstrahlung. SS, Solarstrahlung (vor Filterung durch die Erdatmosphäre). SS – SV, Solarstrahlung minus Streuverlust in der Atmosphäre. SS – SV – A, die auf die Erdoberfläche (Meeresniveau) auftreffende Strahlung, welche zusätzlich durch selektive Absorption (A) in der Atmosphäre reduziert ist. Diese Kurve (λ_{max} = 470 nm) gilt für wolkenlosen Himmel bei senkrechter Einstrahlung (90°). Für flachere Einstrahlwinkel verschiebt sich der Gipfel zu längeren Wellenlängen (für 10° ist λ_{max} ≈ 650 nm). Die Banden bei 900, 1100, 1400 und 1900 nm gehen auf die Absorption durch Wasserdampf und CO_2 zurück. Die Ozonschicht in der Stratosphäre ist für die Eliminierung des UV-Anteils (λ < 300 nm) der Solarstrahlung verantwortlich. (Nach NILSEN 1971)

doxreaktionen, Phosphatübertragungen) die Energie für die Synthese energiereicher organischer Moleküle liefert:

anorganische Moleküle (z. B. H_2O, CO_2)

$$\xrightarrow{\text{Energie des Lichts}} \qquad (52)$$

organische Moleküle (z. B. Zucker).

Man hat geschätzt, daß auf diesem Weg global jährlich etwa $3 \cdot 10^{18}$ kJ an chemischer Energie, gebunden an $2 \cdot 10^{11}$ t fixierten Kohlenstoff, aus Lichtenergie erzeugt werden. Das sind weniger als 0,1% der in einem Jahr auf die Erdoberfläche fallenden Strahlungsenergie. Trotz der geringen Ausbeute ist die photosynthetische Energietransformation der grundlegende bioenergetische Prozeß auf der Erde. Mit Ausnahme der chemoautotrophen Bakterien (→ S. 256) hängt alles Leben mittelbar oder unmittelbar von der Photosynthese der Pflanzen ab. Diese Abhängigkeit erstreckt sich bis zur Rohstoff- und Energieversorgung der modernen Technik: Kohle, Erdöl und Erdgas sind Photosyntheseprodukte der Pflanzen früherer Erdepochen. Die Energie, die unsere Autos antreibt, wurde ursprünglich einmal von Pflanzen aus dem Sonnenlicht gewonnen.

Im Gegensatz zu anderen pflanzlichen Photoreceptorsystemen, welche nicht zur Energietransformation, sondern zur Informationsübertragung dienen (*Lichtsensor*-Funktion, z. B. Phytochrom; → S. 313) besitzt der Photosyntheseapparat die typischen Eigenschaften eines *Lichtwandlers:* Die Pigmentmoleküle sind in dichter Packung in Membranen angeordnet, wo ihre Anregungsenergie mit hohem Wirkungsgrad in chemisches Potential überführt werden kann.

Das einfachste Photosynthesesystem, das bisher bekannt geworden ist, besitzt das halophile Bakterium *Halobacterium halobium.* Dieser Organismus bildet im Licht unter anaeroben Bedingungen in seiner Zellmembran großflächige, pigmentierte Zonen (*Purpurmembran*) aus, welche zu 25% aus Lipid und zu 75% aus dem Retinal-Proteinkomplex *Bacteriorhodopsin* bestehen. Das in einer hexagonalen Gitterstruktur angeordnete Chromoprotein unterscheidet sich nur geringfügig vom Rhodopsin, dem Sehpigment der Tiere. Wie dieses kann das Bacteriorhodopsin bei Belichtung reversibel gebleicht werden: Durch eine lichtinduzierte Konformationsänderung verschwindet der Absorptionsgipfel bei 560–570 nm und dafür tritt ein schwächerer Gipfel bei 412 nm auf (Abb. 137). Diese Veränderung des Spektrums wird bei Verdunkelung innerhalb weniger Millisekunden spontan wieder rückgängig gemacht. Da die Dunkelreaktion viel schneller abläuft als die Lichtreaktion, liegt das Photogleichgewicht auch bei hohen Lichtintensitäten stark auf der Seite des 560 nm-Komplexes. Bei intakten, anaerob gehaltenen Zellen tritt simultan mit der Lichtbleichung des Pigments ein Transport von Protonen aus der Zelle auf, der als pH-Abfall im Außenmedium gemessen werden kann (Abb. 138). Der Protonengradient bricht bei Verdunkelung, oder bei Zugabe von

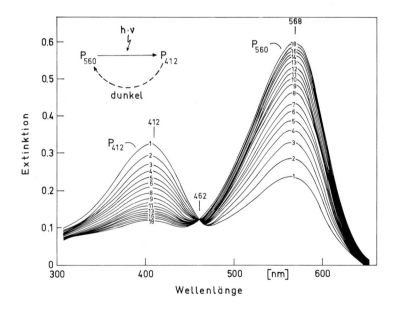

Abb. 137. Die photochemische Bleichung des Bacteriorhodopsins in isolierten Purpurmembranen von *Halobacterium halobium.* Zur Anreicherung der gebleichten Form wurde die Dunkelreversion mit Hilfe einer äthergesättigten Salzlösung stark verlangsamt. Unmittelbar nach einer starken Belichtung zeigt das Spektrum eine maximale Absorption bei 412 nm (Kurve 1). Die folgenden Kurven wurden jeweils im Abstand von etwa 3 s im Dunkeln gemessen. Man erkennt, daß P_{560} (mit einer Kinetik 1. Ordnung, $\tau_{1/2} \approx 15$ s) spontan aus P_{412} regeneriert wird (isosbestischer Punkt bei 462 nm). (Nach OESTERHELT, 1974)

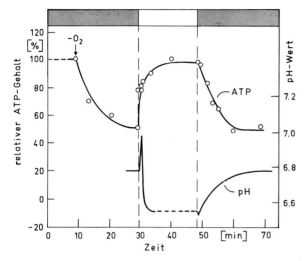

Abb. 138. Die Kinetiken der pH-Änderung im Außenmedium und der Photophosphorylierung bei *Halobacterium halobium* im Licht/Dunkel-Wechsel. Die Bakteriensuspension wurde im Dunkeln durch Sauerstoffentzug anaerob gemacht (Hemmung der respiratorischen Protonenpumpe; $-O_2$). Bei Belichtung wird (nach einem kurzen Überschießen) der H^+-Gradient aufgebaut und gleichzeitig setzt eine Intensivierung der ATP-Bildung ein (gemessen als Vergrößerung des stationären ATP-pools). Nach etwa 5 min hat sich ein neues Fließgleichgewicht des H^+-Transports und der Phosphorylierung eingestellt. Bei Verdunkelung gehen die Fließgleichgewichte wieder in ihre ursprüngliche Lage zurück. (Nach OESTERHELT, 1974, verändert)

„Entkopplern" (Substanzen, welche die Permeabilität der Membran für H^+ erhöhen; → Abb. 179), wieder zusammen.

Offensichtlich arbeitet das Bacteriorhodopsin in diesem Organismus als vektorielle (auswärts gerichtete) *Protonenpumpe* (→ S. 129). Sie setzt die Energie des Lichts unmittelbar in einen Protonengradienten um. Durch eine reversible „ATPase", welche vektoriell in der Zellmembran orientiert ist, kann das elektrochemische Potential des Protonengradienten zur Synthese von ATP ausgenützt werden (Abb. 139). Bei konstanter Belichtung stellt sich ein Fließgleichgewicht zwischen dem photochemischen Cyclus und der Phosphorylierung ein. Dieser Mechanismus ist einer der überzeugendsten Belege für die chemiosmotische Hypothese der Phosphorylierung (→ S. 130). Er zeigt in beispielhafter Weise die essentiellen Elemente eines Photosynthesesystems.

Im Vergleich zu *Halobacterium* ist der Photosyntheseapparat der chlorophyllhaltigen Organismen wesentlich komplizierter, aber auch leistungsfähiger. Hier sind z. B. stets mehrere Pigmente als Photoreceptoren wirksam. Außerdem verläuft die Energietransformation über einen membrangebundenen Elektronentransport, wobei Reduktionsäquivalente (neben ATP) für den Stoffwechsel geliefert werden können. Bei den Pflanzen (ausschließlich der

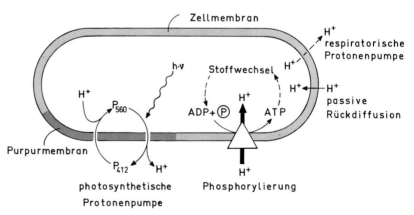

Abb. 139. Der Photosyntheseapparat von *Halobacterium halobium*. Das Pigment der Purpurmembran (Bacteriorhodopsin) wird durch Absorption von Lichtquanten von der P_{560}- in die P_{412}-Form reversibel umgewandelt („gebleicht"). Mit dieser Umwandlung ist der auswärtsgerichtete Transport von H^+ (1 H^+ pro absorbiertes Quant) verbunden (Protonenpumpe). Das elektrochemische Potential des damit erzeugten Protonengradienten kann mit Hilfe einer einwärts gerichteten ATP-Synthase („ATPase") zur

ATP-Bildung ausgenützt werden (Photophosphorylierung). Die Photosynthese übernimmt die Energieversorgung der Zelle nur unter anaeroben Bedingungen. Bei Anwesenheit von O_2 erzeugt eine durch die Atmung angetriebene Protonenpumpe den H^+-Gradient. Außerdem kann H^+ auch passiv rückdiffundieren. Dieser Prozeß wird durch „Entkoppler" (→ Abb. 179) stark gefördert. (Nach OESTERHELT, 1974, verändert)

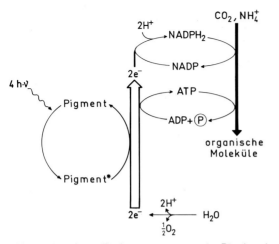

Photochemie   Elektronentransport   Biochemie
  (ps – ns)   (ms)   (s)

Abb. 140. Übersichtsschema, welches die drei funktionellen Bereiche der Photosynthese höherer Pflanzen zeigt. Diese Bereiche sind u. a. durch erheblich verschiedene Reaktionszeiten charakterisiert (1 ps = 10^{-12} s, 1 ns = 10^{-9} s, 1 ms = 10^{-3} s)

thetische Sauerstoffproduktion der Pflanzen ist die einzige natürliche Quelle für O_2 auf der Erde. Die Photosynthese liefert also nicht nur die energiereichen Substrate für den Stoffwechsel (die „Nährstoffe" der heterotrophen Organismen), sondern auch den Sauerstoff für die oxidativen Prozesse bei der Dissimilation (Atmung).

Wir werden uns, von einigen Exkursen abgesehen, in den folgenden Abschnitten mit der Photosynthese der höheren Pflanze beschäftigen, welche Chloroplasten als spezielle Photosyntheseorganellen besitzt. Dabei verwenden wir den Begriff „Photosynthese" im Sinne der Gl. (52) (→ S. 136), d. h. wir schließen neben der eigentlichen Energiewandlung auch die biochemischen Folgeprozesse, welche zur Synthese organischer Moleküle führen, mit ein (Abb. 140).

photosynthetischen Bakterien; → S. 172) wird H_2O als universeller Elektronendonator des photosynthetischen Elektronentransports verwendet (*Photolyse des Wassers*):

$$H_2O \xrightarrow{\text{Pigmente}} 2\,e^- + 2\,H^+ + \tfrac{1}{2}O_2\,. \qquad (53)$$

Daher ist diese Photosynthese stets mit der Bildung von Sauerstoff verbunden. Die photosyn-

Weiterführende Literatur

Böger, P.: Photosynthese in globaler Sicht. Natw. Rdsch. **28**, 429 – 435 (1975)

Calvin, M.: Solar energy by photosynthesis. Science **184**, 375 – 381 (1974)

Hall, D. O.: Photobiological energy conversion. FEBS Letters **64**, 6 – 16 (1976)

Oesterhelt, D., Gottschlich, R., Hartmann, R., Michel, H., Wagner, G.: Light energy conversion in Halobacteria. In: Microbial Energetics. Haddock, B. A., Hamilton, W. A. (eds.). London: Cambridge University Press, 1977, pp. 333 – 349

14. Photosynthese als Funktion des Chloroplasten

Mit Ausnahme der photosynthetischen Bakterien und der Blaualgen besitzen die Pflanzen spezielle Photosynthese-Organellen, die *Chloroplasten*. Dieser Plastidentyp verfügt als energetisch autarkes und genetisch semi-autonomes System (→ S. 80) über eine Vielzahl biogenetischer Potenzen. Man kann heute die Chloroplasten aus pflanzlichem Gewebe, z. B. aus Blättern, im photosynthetisch voll aktiven Zustand isolieren und die biophysikalischen und biochemischen Teilprozesse der Photosynthese unbeeinflußt vom restlichen Zellstoffwechsel im Reagensglas untersuchen. Da sich Chloroplasten besonders reichlich und schonend aus den zarten Blättern des Spinats isolieren lassen, ist diese Pflanze ein bevorzugtes Untersuchungsobjekt der Photosyntheseforschung geworden. Die Zellen bestimmter Grünalgen, z. B. von *Chlorella* (Abb. 141), bestehen zum größten Teil aus einem großen Chloroplasten und können daher in erster Näherung für experimentelle Zwecke ebenfalls als Chloroplastenäquivalente angesehen werden. In der Tat wurde in Ermangelung intakt isolierter Chloroplasten der Mechanismus der Photosynthese in den 50er Jahren, vor allem im biochemischen Bereich, weitgehend an Algenzellen (*Chlorella*, *Scenedesmus*) aufgeklärt.

Durch die intensive methodische Forschung der letzten 20 – 30 Jahre ist es gelungen, den Photosyntheseapparat der Chloroplasten in funktionsfähige Teile zu zerlegen und deren Eigenschaften zu studieren. Dabei gehen naturgemäß viele Systemeigenschaften des intakten Chloroplasten verloren. In günstigen Fällen ist eine funktionelle Rekonstitution zuvor isolierter Chloroplastenbestandteile gelungen. Unsere heutigen Kenntnisse über den Mechanismus der Photosynthese verdanken wir in erster Linie dem kombinierten Einsatz analytischer und physiologischer (bevorzugt systemerhaltender) Untersuchungsmethoden an Chloroplasten.

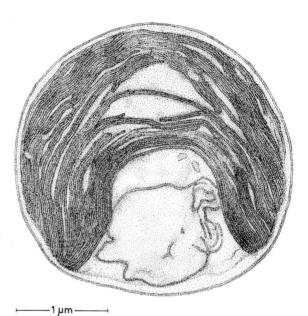

├──────1 µm──────┤

Abb. 141. Darstellung einer elektronenmikroskopischen Aufnahme von *Chlorella pyrenoidosa.* Anzucht bei 1000 lx. Die Thylakoide des becherförmigen Chloroplasten sind unter diesen Schwachlichtbedingungen besonders dicht ausgebildet und miteinander verbunden. Echte Grana treten jedoch nicht auf. (Nach TREHARNE et al., 1964)

Die Elemente des Photosyntheseapparates

Struktur der Chloroplasten. Im Lichtmikroskop (maximale Auflösung ca. 250 nm) zeigen sich die Chloroplasten als grüngefärbte, meist plan-konvexe bis linsenförmige Partikel mit einem maximalen Durchmesser von 5 – 10 µm. Bei höchster Auflösung erkennt man ein Muster von dunkelgrünen Zonen (*Grana*) auf hellerem Untergrund. Die Feinstruktur der Chloroplasten kennt man erst seit der Erfindung des

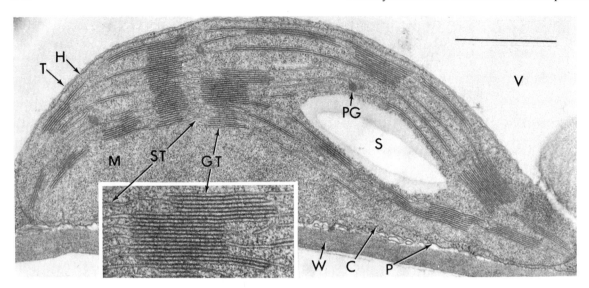

Abb. 142. Elektronenmikroskopisches Abbild eines typischen granahaltigen Chloroplasten im Querschnitt. Objekt: Blatt von *Spinacia oleracea.* GT, Granathylakoide; ST, Stromathylakoide; C, Cytoplasma mit Cytoribosomen; H, Chloroplasten-Hülle (Doppelmembran); M, Chloroplasten-Matrix (Stroma) mit Plastiden-Ribosomen; P, Plasmalemma; PG, Plastoglobulus; S, Stärkekorn; T, Tonoplast; V, Vacuole; W, Zellwand. Die Aufnahme zeigt einen Ausschnitt aus der Protoplasma-Schicht zwischen Wand und Zentralvacuole einer Palisadenparenchymzelle. Der Strich repräsentiert 1 μm. (Nach einer Aufnahme von FALK)

Elektronenmikroskops. Bei einer maximalen Auflösung von 0,2 nm liefert das Elektronenmikroskop Abbilder einer komplexen Intimstruktur (Abb. 142). Man erkennt die Doppelmembran der *Chloroplastenhülle,* welche das Chloroplastenlumen gegen das Cytoplasma abgrenzt. Der Binnenraum wird von einem komplizierten Membrankörper durchzogen, welcher in eine feingranuläre Matrix (*Stroma*) eingebettet ist. Üblicherweise gliedert man dieses Membransystem in zwei Bereiche: Die als flachgedrückte, gestapelte Blasen (Cisternen) erscheinenden Doppelmembranen nennt man *Granathylakoide* oder *Granakompartimente* (ein solcher Stapel entspricht einem Granum des lichtmikroskopischen Abbildes). Die großflächigen, nicht gestapelten Doppelmembranen, welche eine vielfache Verbindung zwischen den Grana herstellen, nennt man *Stromathylakoide.* Alle Thylakoidflächen sind parallel zur Ebene des maximalen Chloroplastenquerschnitts ausgerichtet.

Durch sorgfältige Analyse aufeinanderfolgender Ultradünnschnitte eines Chloroplasten kann man sich eine Vorstellung von der dreidimensionalen Struktur des Thylakoidsystems machen (Abb. 143). Hierbei wurden in Einzelheiten leicht abweichende Befunde gemacht, was jedoch nicht erstaunlich ist, da das Thyla-

koidsystem hochgradig dynamisch ist und durch Außenfaktoren, vor allem durch Licht, drastisch modifiziert werden kann (→ S. 218). Übereinstimmend hat sich ergeben, daß die Stromathylakoide keine Röhren, sondern großflächige, parallel angeordnete Doppelmembranen sind, welche die Matrix in lockerem Abstand durchziehen. Senkrecht dazu werden diese Membranblätter von Granathylakoidstapeln durchbrochen, wobei an der Kontaktzone Verbindungsgänge zwischen den beiden Thylakoidtypen auftreten. Die Stroma- und Granathylakoidmembranen eines Chloroplasten umschließen daher einen gemeinsamen, vielfach gegliederten, elektronenoptisch leeren Hohlraum. Die Frage nach der funktionellen Bedeutung der komplizierten Gliederung des Thylakoidmembrankörpers ist nicht leicht zu beantworten. Bei den Chloroplasten vieler niederer Pflanzen (z. B. bei *Chlorella*; → Abb. 141) ist das innere Membransystem wesentlich einfacher organisiert (keine deutliche Trennung in Grana- und Stromathylakoide), ohne daß dies zu einem erkennbaren Nachteil führt. Auch bei Phanerogamen kommen als Sonderfall granafreie Chloroplasten vor, welche allerdings auch funktionell eine Sonderstellung einnehmen (→ S. 232).

a

b

c

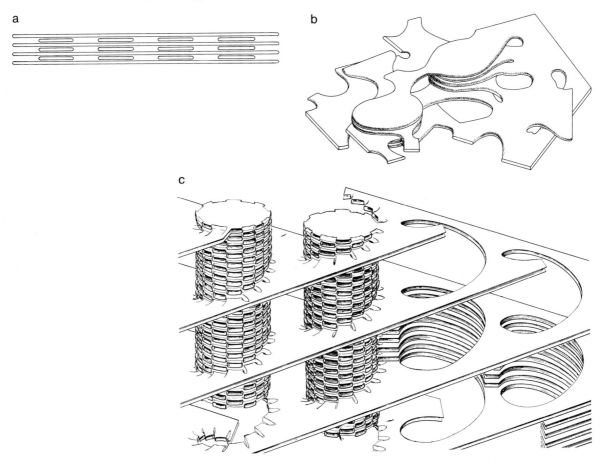

Abb. 143 a – c. Strukturmodelle des Thylakoidsystems. Diese Modelle charakterisieren den Erkenntnisprogreß von 10 Jahren. (a) Einfaches, zweidimensionales Modell. (Nach MENKE, 1960). (b) Einfaches dreidimensionales Modell, welches zeigt, wie man sich die Granabildung durch lokales Membranwachstum, Ausstülpung und lokale Überschiebung verständlich machen kann. (Nach WEHRMEYER, 1964.) (c) Komplizierteres Modell, welches durch Ausmessung von Serienschnitten bei verschiedenen Angiospermen-Chloroplasten gewonnen wurde. Im Gegensatz zu Modell (b) besitzt hier jedes Granathylakoid regelmäßig zu 8 Stromathylakoiden eine offene Verbindung. Da jedes Stromathylakoid schraubig (stets rechtsdrehend) um die Grana angeordnet ist, ergibt sich ein wendeltreppenartiger Verlauf der aufeinanderfolgenden Verbindungsgänge einer Stromathylakoidfläche zu den einzelnen Granathylakoiden. In der linken Hälfte ist nur jeder 8. Stromathylakoidausschnitt (= eine kontinuierliche Fläche) eingezeichnet. Rechts sind alle Stromathylakoide eingezeichnet und die Granathylakoide weggelassen. Das Modell ist, um das architektonische Prinzip zu zeigen, stark idealisiert. Normalerweise zeigt das Thylakoidsystem einen weit geringeren geometrischen Ordnungsgrad (→ Abb. 142). (Nach PAOLILLO, 1970)

Struktur der Thylakoide. Die Thylakoidmembran ist der Ort der photosynthetischen Lichtreaktionen. Sie beherbergt die Photosynthesepigmente und die Enzyme der Elektronentransportkette und der Photophosphorylierung. Über die genaue Anordnung dieser Funktionselemente in der Membran herrschen heute trotz intensiver Bemühungen noch keine einheitlichen Vorstellungen. Die quantitative Analyse der 7 nm dicken Thylakoidmembran ergibt eine Zusammensetzung aus etwa 50% Protein und 50% Lipid. Die Lipidfraktion besteht zu über 40% aus den für Plastidenmembranen spezifischen *Galactolipiden* (→ Abb. 20). Etwa 20% der Lipidmasse entfällt auf Chlorophyll (Abb. 144). Der Rest verteilt sich auf Phospholipide (9%), Sulfolipide (4%), Carotinoide (Abb. 144; 3%), Chinone (3%) und Sterole

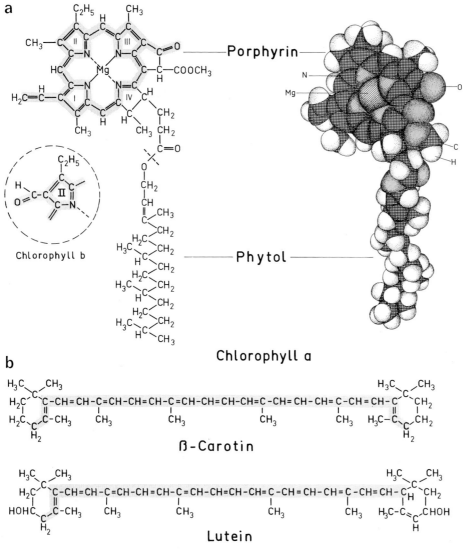

Chlorophyll b

Chlorophyll a

Porphyrin

Phytol

ß-Carotin

Lutein

Abb. 144 a und b. Pigmente der Thylakoidmembran. (a) Die *Chlorophylle a* und *b* bestehen aus einem hydrophilen Porphyrin-„Kopf" (Mg^{2+} als Zentralatom, charakteristischer Cyclopentanonring am Pyrrolring III) und einem lipophilen Phytol-„Schwanz". (b) Die weitgehend symmetrisch aufgebauten *Carotinoide* sind stark lipophile Moleküle. Sie bestehen aus Isopreneinheiten (C_5) mit einem oder zwei terminalen Ringsystemen (Jononring). Neben den Hauptkomponenten *β-Carotin* und *Lutein* (ein Vertreter der *Xanthophylle*, mit Hydroxylgruppe am Ringsystem) kommen in der Thylakoidmembran *α-Carotin, Violaxanthin* und *Neoxanthin* vor. Die Bereiche konjugierter Doppelbindungen sind hervorgehoben. (z. T. nach KREUTZ, 1966)

(2%). Der Proteinanteil besteht vorwiegend aus mehr oder minder fest in die Membran integrierten Enzymproteinen und Pigment-Protein-Komplexen. Ob es daneben noch Proteine mit reiner Strukturfunktion gibt, ist umstritten.

Die genaue Kenntnis der molekularen Architektur der Thylakoidmembran ist für ein Verständnis ihrer Funktion von entscheidender Bedeutung. Man hat heute die Vorstellung, die

Membran bestehe im Prinzip aus einheitlichen, deutlich abgegrenzten Protein- bzw. Lipidschichten, zugunsten von weniger starren Modellen aufgegeben. Viele Fachleute neigen zu der Vorstellung einer zumindest partiell flüssigen Lipidphase (vorwiegend Galactolipide) als Membranmatrix, in welche verschiedene Proteine bzw. Proteinkomplexe nach einem dreidimensionalen, flexiblen Muster eingelagert oder aufgelagert sind (fluid mosaic-Membranmodell; → Abb. 30). Es sind im wesentlichen 3 moderne strukturanalytische Methoden, auf deren Anwendung die gegenwärtigen Thylakoidmembranmodelle zurückgehen:

1. Röntgenkleinwinkelstreuung. Röntgenstrahlen werden an periodischen Strukturen (z. B. Kristallgittern) in charakteristischer Weise abgelenkt. Aus den fotografischen Streuungsdiagrammen kann man die relative Elektronendichteverteilung der untersuchten Struktur ermitteln. Entsprechende Messungen an Thylakoiden ergaben eine sehr niedrige Elektronendichte in der mittleren Membranzone, welche von zwei Zonen mit unterschiedlich hoher Elektronendichte zur Stromaseite bzw. zum Thylakoidinnenraum hin abgegrenzt wird (Abb. 145 a). Da die erhaltenen Werte die *mittlere* Elektronendichte der drei Membranzonen wiedergeben, muß man aus diesem Profil nicht notwendigerweise auf eine einfache Dreischichtung der Membran (aliphatische Lipidschicht/Porphyrinschicht/Proteinschicht) schließen.

2. Gefrierätzung. Bei dieser elektronenmikroskopischen Präparationstechnik werden in Wasser tiefgefrorene Membranpräparate mechanisch aufgebrochen. Nach Absublimieren einer dünnen Eisschicht entsteht ein Relief von Bruchkanten und -flächen, das (als Abdruck) im Elektronenmikroskop analysiert werden kann. Untersucht man die Thylakoidmembran mit dieser Methode, so kann man insgesamt 4 verschieden strukturierte Oberflächen unterscheiden (Abb. 145 b). Eine Zuordnung dieser 4 Flächen wurde möglich, nachdem es sich herausstellte, daß die Bruchlinie bevorzugt durch die zentrale, hydrophobe Membranzone verläuft, wobei komplementäre Reliefbilder entstehen, welche ein regelmäßiges Mosaik von Erhebungen und Vertiefungen zeigen. Aus diesen Untersuchungen ergibt sich, daß die Thylakoidmembran von unterschiedlich großen Partikeln mit der Dimension von Proteinmolekülen oder -komplexen durchsetzt ist. Diese Partikel tauchen mehr oder weniger tief in die Membranmatrix ein. Die innere und die äußere Membranhälfte sind deutlich verschieden aufgebaut.

Die Feinstrukturdaten (Abb. 145 b) lassen sich ohne Widerspruch mit den Elektronendichte-Daten vereinbaren (Abb. 145 c). Das resultierende molekulare Modell erklärt die Resultate beider Methoden, zumindest qualitativ.

Es ist jedoch noch ein reines Strukturmodell, welches z. B. keine Hinweise über die funktionelle Bedeutung der beobachteten Partikel oder Anhaltspunkte über die Lokalisierung der Photosynthesepigmente liefert. Neuere Untersuchungen mit der Gefrierätztechnik haben gezeigt, daß die großen Partikel vorwiegend auf diejenigen Membranbereiche beschränkt sind, welche im Granastapel an ein Nachbarthylakoid grenzen (partition-Bereich), während die kleinen Partikel auch in den Stroma-exponierten Thylakoidbereichen vorliegen. In der Kontaktzone der partitions liegen große und kleine Partikel in einem regelmäßigen, komplementären Muster vor (Abb. 145 d).

3. Immunologische Lokalisierung von Membranbestandteilen. Aus biochemischen Analysen weiß man, daß die Thylakoidmembran eine beträchtliche Anzahl verschiedener Enzymproteine und Pigment-Protein-Komplexe enthält, wobei eine eindeutige Unterscheidung meist nicht möglich ist. Es ist häufig nicht leicht, diese Proteine in undenaturierter Form aus der Membran herauszulösen. Trotz dieser Schwierigkeit konnte man in den letzten Jahren die meisten Enzyme des photosynthetischen Elektronentransports und der Photophosphorylierung (→ S. 158) isolieren und molekular charakterisieren. Damit stand der Weg offen für die Herstellung spezifischer, gegen definierte Proteine (und andere Membranbestandteile) gerichtete Antikörper, welche als molekulare „Sonden" zum chemischen Abtasten der Membranoberfläche eingesetzt werden können. Da ein Antikörper wegen seiner Größe nur dann mit seinem membrangebundenen Antigen reagieren kann, wenn dieses von außen zugänglich ist, kann auf diese Weise zwischen oberflächlichen und tiefer liegenden Membrankomponenten unterschieden werden. Eine erfolgreiche Antigen-Antikörper-Reaktion läßt sich entweder durch Agglutination der Membranen oder durch Hemmung der katalytischen Funktion des Antigens zeigen. Mit dieser Methode ließ sich nachweisen, daß von den Enzymen z. B. der Kopplungsfaktor (CF_1, „ATPase"), Ferredoxin und Ferredoxin-NADP-Oxidoreductase (→ S. 158) auf der Stromaseite der Membran liegen. Dasselbe gilt, zumindest zum Teil, auch für die Lipide (Galacto- und Sulfolipide, Lutein, Chlorophyll, Plastochinon). Andere Komponenten, z. B. Plastocyan und Cytochrom *f* (→ S. 158) dürften dagegen tiefer in der Membran verborgen liegen.

a

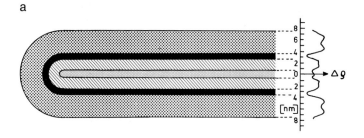

b

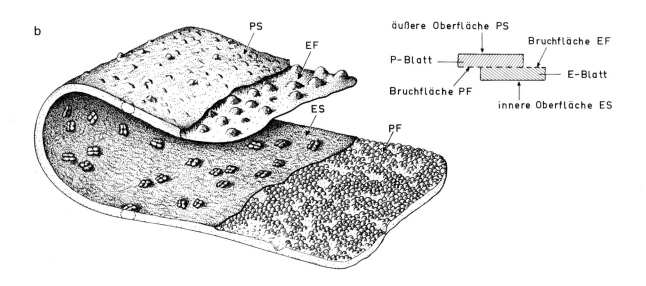

äußere Oberfläche PS

Bruchfläche EF

P-Blatt

E-Blatt

Bruchfläche PF

innere Oberfläche ES

c

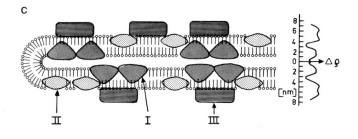

d

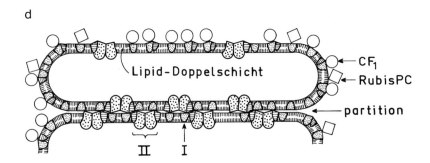

Lipid-Doppelschicht

CF₁

RubisPC

partition

Abb. 145 a – d

Abb. 145 a – d. Strukturmodelle der Thylakoidmembran höherer Pflanzen. Diese Beispiele demonstrieren die unmittelbare Abhängigkeit aufgestellter Modelle von der jeweils angewendeten experimentellen Methode. (a) Das mit der *Röntgenkleinwinkelstreuung* ermittelte Elektronendichteprofil ($\Delta\varrho$) zeigt deutlich, daß die Thylakoidmembran asymmetrisch aufgebaut ist. Die Elektronendichte im Thylakoidinnenraum entspricht der des H_2O. Die Membran zeigt (von innen nach außen) Zonen mit hoher (2,3 nm), sehr niedriger (1,1 nm) und sehr hoher (3,7 nm) Elektronendichte. Da die gemessenen Elektronendichtewerte in etwa denjenigen von aliphatischen Lipiden, Porphyrinringen (Chlorophyll) bzw. Protein entsprechen, hat man aus diesen Daten zunächst eine distinkte dreischichtige Lamellenstruktur der Thylakoidmembran abgeleitet. (Nach KREUTZ, 1966). (b) Feinstrukturelles Modell (Ausschnitt aus dem Thylakoid eines Granastapels), das die Resultate der *Gefrierätztechnik* zusammenfaßt. Man kann mit dieser Methode 2 Typen unterschiedlich großer Partikel unterscheiden, welche in einem bestimmten Muster in eine homogen erscheinende Matrix eingebettet erscheinen. Bricht man die Membran in der Mitte auf, so bleiben die größeren Partikel an der Bruchfläche EF des E-Blattes, die kleineren an der Bruchfläche PF des P-Blattes haften. Die großen Partikel ragen aus der inneren Oberfläche des Thylakoids (ES) deutlich heraus und zeigen dort eine Gliederung in 4 Untereinheiten. (Nach PARK und PFEIFHOFER, 1969.) (c) Molekulares Strukturmodell, welches die Elektronendichte- und Feinstrukturdaten berücksichtigt. Die Membranmatrix wird als Lipid-Doppelschicht (hydrophober Bereich innen) angenommen. Die großen Partikel (I=eine der 4 Untereinheiten) und kleinen Partikel (II) werden als Proteinkomplexe interpretiert, welche asymmetrisch über den Membranquerschnitt angeordnet sind. Außerdem sind Oberflächenpartikel (III) eingezeichnet. Durch die Anordnung der Proteine in zwei verschiedenen Ebenen ergibt sich eine Elektronendichteverteilung, welche mit dem gemessenen Profil in Übereinstimmung steht. (Nach KIRK, 1971). (d) Weiter verfeinertes molekulares Strukturmodell, welches die periodisch-komplementäre Anordnung der kleinen (I) und großen (II) Partikel in der Kontaktzone (partition) der Granathylakoide berücksichtigt. Diese Anordnung, die durch geometrische Vermessung der Strukturen auf den gefriergeätzten Bruchflächen PF und EF nachgewiesen werden konnte, führt zu einem optimalen Kontakt zwischen den großen und den kleinen Partikeln benachbarter Thylakoide. Es gibt gute Hinweise, daß die beiden Partikeltypen das Photosystem I bzw. das Photosystem II beinhalten (→ S. 153), welche auf diese Weise in der Kontaktzone der Thylakoide funktionell gekoppelt werden. Die variable (von der Lichtbehandlung der Blätter abhängige) Größe der Partikel (I=8 – 12 nm, II=13 – 18 nm Durchmesser) deutet darauf hin, daß die Photosysteme in unterschiedlichem Ausmaß mit Antennenpigment-Protein-Komplexen (*schraffiert*) besetzt sein können. Die an das Stroma grenzenden Membranbezirke sind mit leicht ablösbaren Partikeln besetzt, welche sich als Kopplungsfaktor (CF₁) und Ribulosebisphosphatcarboxylase (RubisPC) identifizieren lassen. (Nach STAEHELIN, 1976, verändert)

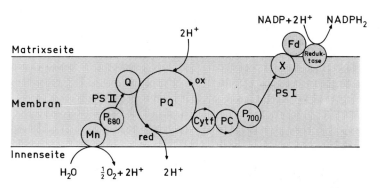

Abb. 146. Funktionelles Thylakoid-Membranmodell, wie es sich nach der Analyse isolierter Membranen mit *spezifischen Antikörpern* (und anderen molekularen „Sonden") unter Einbezug zusätzlicher biochemischer Information ergibt. Nach diesem Modell erfolgt die Wasserspaltung auf der Innenseite, während die NADP-Reduktion auf der Außenseite der Membran stattfindet. Die in dem Modell vorkommenden Komponenten werden später näher erläutert (→ Abb. 162, S. 159). (Nach TREBST und HAUSKA, 1974)

Neben Antikörpern haben auch andere molekulare „Sonden", welche den photosynthetischen Elektronentransport an bestimmten Stellen hemmen (→ Abb. 163), in ähnlicher Weise zu einem funktionellen Strukturmodell (Abb. 146) beigetragen. Obwohl diese Methode bisher noch nicht zu einem völlig widerspruchsfreien Bild über die Lagebeziehungen der funktionellen Membrankomponenten geführt hat, sind ihre prinzipiellen Resultate, z. B. die Stromaorientierung der NADP-Reduktion, für den Mechanismus der Photosynthese von großer Bedeutung (→ S. 162).

Nach dem heutigen Kenntnisstand darf man sich die Thylakoidmembran auf keinen Fall als starres, unveränderliches Gebilde vorstellen. Sie ist vielmehr ein hochgradig dynamisches System, dessen molekulare Zusammensetzung und Konformation (einschließlich des räumlichen Musters seiner Komponenten), einem raschen Wechsel unterliegen können. Diese Flexibilität geht jedoch einher mit einer ebenso hochgradigen Ordnung beim Ablauf der energietransformierenden Prozesse. Die energietransformierenden Funktionseinheiten müssen daher als hochgeordnete Bereiche innerhalb der dynamischen Membran angesehen werden.

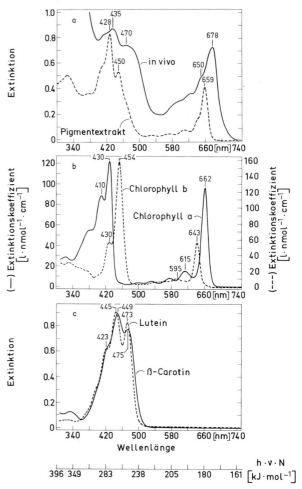

Abb. 147 a – c. Spektroskopische Eigenschaften der Photosynthesepigmente. Objekt: Blatt der Zimmerlinde (*Sparmannia africana*). (a) Extinktionsspektren eines intakten Blattes (in vivo) und eines Rohextraktes der Photosynthesepigmente (Pigmentextrakt). (b) Extinktionsspektren von chromatographisch gereinigtem Chlorophyll *a* und Chlorophyll *b*. In den Thylakoiden kommen die beiden Chlorophylle im Verhältnis Chl *a* : Chl *b* = 2,3 : 1 vor. (c) Extinktionsspektren von β-Carotin und Lutein, den beiden hauptsächlichen Carotinoiden der Chloroplasten. Als Lösungsmittel diente jeweils Diäthyläther

Der photochemische Bereich

Photosynthesepigmente. In den Thylakoiden kommen die Pigmente Chlorophyll *a*, Chlorophyll *b* und mehrere Carotinoide vor (→ Abb. 144). Absorptionsspektren (Abb. 147) geben darüber Auskunft, in welchem Spektralbereich diese Moleküle bevorzugt Quanten absorbieren. Die Pigmente treten in der Thylakoidmembran in gebundener Form auf. Man kann z. B. mit verschiedenen Methoden der Membranfraktionierung (Ultraschall, Auflösen in Detergentien usw.) pigmenthaltige Membranbruchstücke isolieren, welche noch einzelne Teilreaktionen der Photosynthese in vitro durchführen können. Diese Fragmente enthalten ihrerseits wiederum eine Reihe von Chlorophyll-Protein-Komplexen mit unterschiedlichem Chlorophyll *a/b*-Verhältnis und leicht abweichenden Absorptionsspektren (Abb. 148). Letzteres rührt daher, daß die Porphyrinringe der Chlorophylle im Inneren der Proteinmoleküle liegen und dort in Wechselwirkung mit unterschiedlich polaren Gruppen treten (in ähnlicher Weise ändert reines Chlorophyll sein Absorptionsspektrum in Abhängigkeit von der Polarität des Lösungsmittels).

Welchen Beitrag leisten die einzelnen Pigmente zur photosynthetischen Energietransformation? Diese Frage kann anhand von *Wirkungsspektren* (→ S. 311) beantwortet werden. Man mißt bei der Bestimmung von Photo-

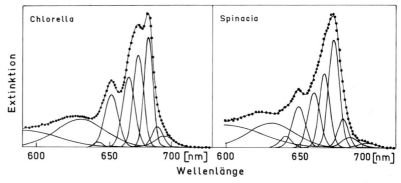

Abb. 148. Der spektroskopische Nachweis mehrerer Chlorophyll-Protein-Komplexe in den Thylakoiden. Objekte: *Chlorella vulgaris* und *Spinacia oleracea*. Zur besseren Identifizierung wurden die Extinktionsspektren (●●●●) der Thylakoidpräparationen bei − 196° C gemessen, wobei durch „Einfrieren" molekularer Bewegungen (Rotation, Translation; → Abb. 150) eine Schärfung der einzelnen Banden auftritt. Diese Spektren wurden mit Hilfe eines Computers in ein Gemisch von GAUSSschen Verteilungskurven unterschiedlicher Höhe und Position zerlegt, welche zusammenaddiert (ausgezogene Linie durch die Punkte) gerade die experimentelle Kurve ergeben. Man kann mit dieser Methode bei höheren Pflanzen und Grünalgen regelmäßig 4 Chlorophyll *a*-Formen (Gipfel bei 662, 670, 677, 684 nm) und 2 Chlorophyll *b*-Formen (Gipfel bei 640, 650 nm) identifizieren. Daneben treten meist noch 1 − 2 längerwellige, schwache Banden (ebenfalls Chlorophyll *a*) auf. (Nach FRENCH et al., 1972)

synthesewirkungsspektren die Photosyntheseintensität in Form der O_2-Produktion oder CO_2-Aufnahme bei einem Quantenfluß [mol · cm⁻² · s⁻¹], welcher für alle verwendeten Wellenlängen im linearen Ast der Lichtfluß-Effektkurve (→ Abb. 208) liegt. Dies ist die wichtigste Bedingung dafür, daß die Photosyntheseintensität bei der Wellenlänge λ proportional zur Absorptionswahrscheinlichkeit und damit zum Extinktionskoeffizienten ε_λ des verantwortlichen Pigments ist.

Abbildung 149 zeigt, daß das Photosynthesewirkungsspektrum im roten Spektralbereich sehr gut mit dem in vivo-Absorptionsspektrum übereinstimmt. Die Auflösung des Wirkungsspektrums reicht allerdings nicht aus, um auch hier zwischen verschiedenen Chlorophyll-Formen zu unterscheiden. Im dunkelroten (>690 nm) und blauen (<500 nm) Spektralbereich ist die Wirkung geringer, als man aufgrund der Absorption erwarten würde. Die Ursache dafür ist im langwelligen Bereich der EMERSON-Effekt (→ S. 153), im kurzwelligen Bereich vor allem die schlechte Ausnutzung der von Carotinoiden absorbierten Lichtquanten für die Photosynthese (→ Abb. 154).

Quantenmechanische Grundlagen der Lichtabsorption. Pigmentmoleküle (Photoreceptormoleküle für den sichtbaren Spektralbereich) sind stets durch ausgedehnte π-Elektronensysteme

ausgezeichnet (→ Abb. 144). Da nach Gl. (51) (→S. 135) jeder Wellenlänge eine bestimmte Quantenenergie zugeordnet ist (→ Abb. 147), kann man dem Absorptionsspektrum eines Pigments direkt die energetische Lage der möglichen Anregungszustände entnehmen. Wir behandeln hier

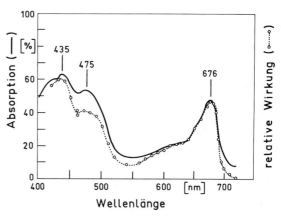

Abb. 149. Wirkungsspektrum der photosynthetischen O_2-Produktion. Objekt: *Chlorella pyrenoidosa*. Zum Vergleich ist das in vivo-Absorptionsspektrum der Algensuspension eingezeichnet, welches durch die Absorption von Chlorophyll *a* und *b* bzw. Carotinoiden geprägt ist (→ Abb. 147). Theoretisch müßte das *Extinktionsspektrum* mit dem Wirkungsspektrum verglichen werden (→ S. 311). Bei geringer Zelldichte treten jedoch keine erheblichen Unterschiede zwischen Extinktion und Absorption auf (Extinktion = log [1 − Absorption]⁻¹). (Nach HAXO, 1960)

stellvertretend das Anregungsschema des Chlorophyll a (Abb. 150). Dieses Pigment wird nur durch Quanten aus dem roten und violetten Spektralbereich elektronisch angeregt, wobei delokalisierte Außenelektronen (π-Elektronen) auf höhere Orbitale (Singulettzustände) angehoben werden (π → π*). Das für die violette Absorptionsbande verantwortliche Singulett (S_2) ist so instabil, daß die beim $S_2 \to S_1$-Übergang frei werdende Energie vollkommen als Wärme verloren geht. Unabhängig von der Wellenlänge der Anregung befinden sich alle angeregten Moleküle, wegen der sehr kurzen Lebensdauer der Vibrations- und Rotationsanregung, nach etwa 1 ps im tiefsten Rotationsterm des S_1-Zustandes. Bei dem langsameren $S_1 \to S_0$-Übergang konkurrieren mehrere energietransformierende Prozesse miteinander, wobei naturgemäß derjenige mit der kürzesten Halbwertszeit dominiert. Für die Photosynthese bedeutsam sind die Erzeugung eines elektrisch polarisierten Zustandes (Abgabe „energiereicher" Elektronen, Initiation einer *Redoxreaktion*) und der *Energietransfer,* welcher eine extrem schnelle Energiewanderung innerhalb einer Gruppe dichtgepackter Pigmentmoleküle ermöglicht. Da der angeregte Triplett-Zustand noch wesentlich stabiler als der S_1-Zustand ist, kann er theoretisch mit viel besserem Wirkungsgrad für die relativ langsamen photochemischen Prozesse ausgenützt werden. In der Tat ist bei photochemischen Reaktionen, welche durch Chlorophyll in Lösung ausgelöst werden, stets der Triplett-Zustand beteiligt. In der intakten Thylakoidmembran ist jedoch Triplett-Chlorophyll unter normalen physiologi-

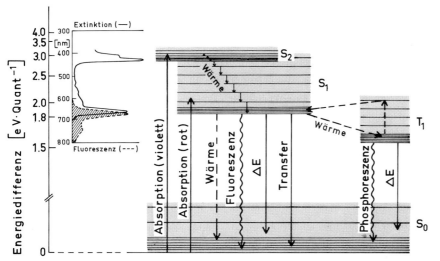

Abb. 150. Termschema (JABLONSKI-Diagramm) von Chlorophyll a (vereinfacht). Das Pigment kann, entsprechend seinem Absorptionsspektrum, durch Quanten aus dem roten und dem violetten Spektralbereich vom Grundzustand (S_0) in distinkte elektronische Anregungszustände überführt werden (π → π*-Übergänge; $\tau_{1/2} \approx 10^{-15}$ s), die man 1. und 2. *Singulett* (S_1 bzw. S_2) nennt. Jeder dieser elektronischen Terme besteht aus mehreren Vibrationstermen (Abstand ca. 0,1 eV), welche ihrerseits wieder aus mehreren Rotationstermen (Abstand ca. 0,01 – 0,001 eV) zusammengesetzt sind (nur jeweils beim tiefsten Vibrationsterm angedeutet). S_1 und S_2 unterscheiden sich stark in ihrer Lebensdauer. Der Übergang $S_2 \to S_1$ ist wegen der gegenseitigen Überlappung so schnell ($\tau_{1/2} \approx 10^{-12}$ s), daß die Energiedifferenz ausschließlich in Wärme umgewandelt werden kann. Dasselbe gilt für die Übergänge innerhalb der elektronischen Terme. Der Übergang $S_1 \to S_0$ ($\tau_{1/2} \approx 10^{-9}$ s) ist ausreichend langsam (keine Überlappung), um vor allem andere Energieumwandlungen (Emission eines Lichtquants = *Fluoreszenz*; Emission eines energiereichen Elektrons = *photochemische Redoxreaktion,* ΔE; strahlungsloser *Energietransfer* zu Nachbarmolekül) zu gestatten. Der Übergang zum angeregten *Triplett* ($S_1 \to T_1$) ist mit einer Umkehrung des Elektronenspins verbunden. Da dies nur langsam rückgängig gemacht werden kann, ist T_1 ein sehr stabiler Term; der Übergang $T_1 \to S_0$ ($\tau_{1/2} \approx 10^{-2}$ s) liefert daher eine relativ lang anhaltende Lichtemission (*Phosphoreszenz,* $\lambda_{max} \approx 750$ nm). Wegen der starken Überlappung von S_1 und T_1 ist (unter Verbrauch von Vibrationsenergie) auch der Übergang $T_1 \to S_1$ möglich. Die Folge $S_1 \to T_1 \to S_1$ führt zu einer *verzögerten Fluoreszenz.* Neben dem Extinktionsspektrum ist das — etwas zu geringerer Energie verschobene — Fluoreszenzemissionsspektrum eingezeichnet

schen Bedingungen praktisch nicht nachweisbar, während sich der S_1-Zustand durch die Fluoreszenz deutlich zu erkennen gibt.

Die als Fluoreszenzlicht abgegebene Energie ist für die Photosynthese verloren. Die Fluoreszenzausbeute (Φ_F = Anzahl emittierter Quanten/Anzahl absorbierter Quanten) steht daher in direktem Zusammenhang mit dem energetischen Wirkungsgrad der Photosynthese. Es gilt:

$$\Phi_F = \frac{k_F}{k_F + k_W + k_P} \qquad (54)$$

(k_F, k_W, k_P, Reaktionskonstanten der am 1. Singulett ansetzenden Prozesse: Fluoreszenz, strahlungsloser Übergang unter Wärmebildung, photochemische Reaktion). Bei einer Chlorophyll-Lösung ($k_P = 0$) liegt Φ_F bei etwa 0,3, während im intakten Chloroplasten unter optimalen Photosynthesebedingungen Werte um 0,03 gemessen werden können. Offensichtlich konkurrieren hier photochemische Prozesse sehr erfolgreich um die Anregungsenergie. Man bezeichnet diese Verminderung der Fluoreszenzausbeute als *quenching* (Löschung). Jede Störung der Photosynthese, welche sich auf die photochemische Primärreaktion auswirkt, führt zu einem geringeren quenching und damit zu einer höheren Fluoreszenzausbeute. Dies läßt sich z. B. mit Photosynthesehemmstoffen leicht zeigen. Die Tatsache, daß man bei der Messung der optimalen photosynthetischen Quantenausbeute ganz in die Nähe des theoretischen Wertes (1 O_2/8 absorbierte Quanten; → S. 161) kommt, zeigt, daß die Thylakoidmembran unter geeigneten Bedingungen praktisch jedes absorbierte Quant photochemisch nützen kann, d. h. $k_P \gg k_F + k_W \approx 1$ ns^{-1}. Dies wiederum setzt einen hochgradig geordneten, auf schnellen Energietransfer und Ladungstrennung optimierten photochemischen Apparat voraus, der in dieser Hinsicht Eigenschaften besitzt, wie man sie von kristallinen Festkörpern (Halbleitern) kennt (→ S. 151).

Die experimentell vielfach belegte Konkurrenz zwischen den photochemischen Prozessen und der Fluoreszenzemission spricht eindeutig für das 1. Singulett als den für die photosynthetische Energietransformation relevanten Term. Daraus folgt, daß von jedem absorbierten Quant — auch aus dem Blaubereich — ein konstanter Betrag von 1,8 eV (174 kJ · mol^{-1}) für die Photosynthese zur Verfügung steht.

Funktion der Pigmente. Aus Messungen der Quantenausbeute bei Blitzlichtexperimenten weiß man, daß die Chlorophyllmoleküle der Thylakoidmembran auch funktionell uneinheitlich sind (→ Abb. 148). EMERSON und ARNOLD führten bereits 1932 mit *Chlorella*-Zellen ein sehr einfaches, aber ungemein bedeutsames Experiment durch, das zur Annahme von mindestens zwei funktionell verschiedenen Chlorophylltypen zwingt, welche in Pigmentkollektiven kooperieren. In diesen Experimenten wurde die Quantenausbeute [mol O_2/mol absorbierte Quanten] bei einem Lichtblitz gemessen, welcher so kurz war (10 µs), daß das Chlorophyll in dieser Zeit nur einmal durch einen photochemisch wirksamen Anregungscyclus gehen kann. Wenn die Blitzstärke ausreichend groß war, um *alle* Chlorophyllmoleküle praktisch gleichzeitig anzuregen, ergab sich der sehr niedrige Wert von 1/2400 O_2-Molekülen pro absorbierendem Chlorophyllmolekül. Bei Verringerung der Blitzstärke wurde die Quantenausbeute zunehmend besser und strebte schließlich bei sehr schwachen Blitzen den theoretischen Wert 1/8 (→ S. 161) an. Aus diesem Experiment folgt, daß nur bei ausreichend niedrigem Quantenfluß die Energie aller absorbierter Quanten für die photochemische Dunkelreaktion verwendet werden kann. Bei hohem Quantenfluß kann nur noch jedes 300. absorbierte Quant (2400/8) ausgenützt werden, d. h. es gibt unter diesen Bedingungen auf jedes photochemisch aktive Chlorophyllmolekül 300 absorbierende, aber photochemisch inaktive Chlorophyllmoleküle, welche ihre Anregungsenergie auf andere Weise (z. B. durch Fluoreszenz) abgeben. Dieses zunächst widersprüchlich erscheinende Resultat läßt sich folgendermaßen deuten (Abb. 151): Es gibt in der Thylakoidmembran funktionelle Kollektive, welche aus photochemisch aktiven (*Reaktionszentren*) und photochemisch inaktiven Chlorophyllmolekülen (*Antennenpigmente*) zusammengesetzt sind, und zwar in einem mittleren Verhältnis von 1 : 300. Bei ausreichend niedrigem Quantenfluß wird die Energie jedes irgendwo im Kollektiv absorbierten Quants zum Reaktionszentrum geleitet, welches dann für eine kurze Zeit besetzt ist, d. h. keine weitere Energie aufnehmen kann. Mit zunehmendem Quantenfluß wird die Wahrscheinlichkeit immer größer, daß das Reaktionszentrum während der rund 1 ns, welche nach der Absorption durch ein Antennenpigment zur Verfügung stehen (→ Abb.

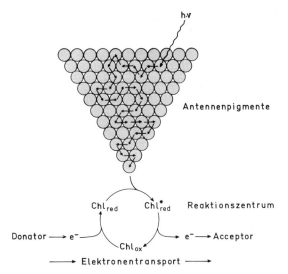

Abb. 151. Stark vereinfachtes Modell eines photosynthetischen Pigmentkollektivs. Die Energie der im Bereich der Antennenpigmente absorbierten Quanten werden (nach Verlust eines kleinen Anteils in Form von Wärme; → Abb. 150) durch strahlungslose Energiewanderung zu einem photochemisch aktiven Reaktionszentrum geleitet, welches als Elektronenpumpe in einer Elektronentransportkette funktioniert: Es nimmt in einem Kreislauf „energiearme" Elektronen von einem Donator auf und gibt „energiereiche" Elektronen an einen passenden Acceptor ab

150), gerade nicht aufnahmebereit ist. Bei sättigendem Quantenfluß ist das Reaktionszentrum dauernd besetzt (saturiert), daher sinkt die Quantenausbeute auf 1/300 des optimalen Wertes ab. Die Folgeprozesse (Dunkelreaktionen) im Reaktionszentrum (einschließlich der zur O_2-Bildung führenden Reaktionen) sind also offenbar sehr viel langsamer als die Photoreaktionen im Kollektiv. Die Dauer des langsamsten Schrittes bei der Regeneration (Totzeit) des Reaktionszentrums kann ebenfalls mit Hilfe von Blitzlichtexperimenten gemessen werden (Abb. 152).

Durch eine einfache Rechnung läßt sich abschätzen, daß die Quantenausbeute der Photosynthese in einem normalen grünen Blatt, das dem vollen Sonnenlicht (ca. 10^5 lx bzw. 2 mmol Photonen $\cdot$ m^{-2} $\cdot$ s^{-1}) ausgesetzt ist, wegen der begrenzten Kapazität der Dunkelprozesse weit unter dem optimalen Wert bleibt. Obwohl die Photosynthese unter diesen Bedingungen auf Hochtouren läuft, kann nur etwa jedes 25. absorbierte Lichtquant ausgenützt werden. Andererseits wird deutlich, daß der Photosyntheseapparat mit unverminderter Intensität weiterarbeiten kann, wenn die Einstrahlung um mehrere Größenordnungen erniedrigt wird. Bei niedrigen Quantenflüssen, wenn das einzelne Chlo-

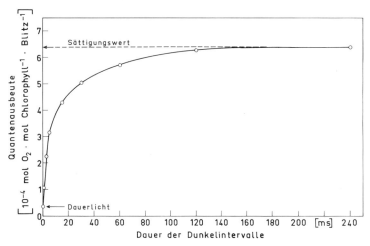

Abb. 152. Die Quantenausbeute der Photosynthese im periodischen Blitzlicht als Funktion der Länge der Dunkelpause zwischen den Blitzen. Objekt: *Chlorella*-Zellen (30° C). Es wurde eine Folge kurzer (0,5 ms), intensiver Blitze (Anregung aller Pigmentmoleküle) verwendet, daher kann die Anzahl der Chlorophyllmoleküle proportional zur Anzahl der absorbierten Quanten gesetzt werden. Die Ausbeute pro Blitz erreicht einen maximalen Wert erst bei Dunkelintervallen >100 ms. Diese Zeitspanne reicht

also gerade aus, um das Reaktionszentrum voll zu regenerieren. Unterhalb 100 ms fällt die Ausbeute pro Blitz stark ab und erreicht für Dauerlicht ein Minimum. Als Halbwertszeit ergibt sich etwa 5 ms. Die Kurve gibt also die Kinetik für die Verarbeitung der Photoprodukte durch die photosynthetischen Dunkelreaktionen (die „Entladung" = Totzeit des Reaktionszentrums) an. Bei Spinatchloroplasten liefern entsprechende Experimente eine wesentlich geringere Halbwertszeit ($\tau_{1/2} \approx 0.6$ ms). (Nach KOK, 1956)

rophyllmolekül im Mittel nur alle paar Sekunden von einem Lichtquant getroffen wird, wirkt sich die Lichtsammelfunktion der Antennenpigmente im Kollektiv voll aus.

Energietransfer in den Pigmentkollektiven. Die angeführte Deutung für die Quantenflußabhängigkeit der Quantenausbeute impliziert eine praktisch verlustfreie (d. h. extrem schnelle) Wanderung der Quantenenergie innerhalb eines Pigmentkollektivs, welche beim Reaktionszentrum endet. Dieser zwischenmolekulare Energietransfer kann in der Tat direkt experimentell gezeigt werden: Bestrahlt man Thylakoide mit Wellenlängen, welche bevorzugt von Chlorophyll *b* (oder Carotin) absorbiert werden, so tritt Fluoreszenz von Chlorophyll *a* auf.

Für die gerichtete, schnelle ($\tau_{\frac{1}{2}} \approx 1$ ps) Energiewanderung kommt vor allem Resonanztransfer auf der Ebene der S_1-Anregung ($\rightarrow$ Abb. 150) in Frage. Hierbei wird durch das oszillierende elektrische Feld des angeregten Elektrons ein Elektron des im S_0-Zustand befindlichen Empfängermoleküls in Resonanz versetzt, was eine Anhebung auf S_1 zur Folge hat. Voraussetzung hierfür ist eine präzise Orientierung der elektrischen Dipole und eine Überlappung der Elektronenwolken beider Moleküle, d. h. eine äußerst dichte, hochgeordnete Packung (Abstand wenige nm zwischen den Molekülzentren). Außerdem müssen sich die beteiligten Anregungszustände energetisch stark überlappen (sichtbar an einer Überlappung des Fluoreszenzemissionsspektrums des abgebenden mit dem Absorptionsspektrum des aufnehmenden Pigments). Da bei diesem Transfer stets ein kleiner Energiebetrag als Wärmebewegung verloren geht ($\rightarrow$ Differenz zwischen Absorptions- und Fluoreszenzspektrum von Chlorophyll *a* in Abb. 150), erfolgt die Energieübertragung bevorzugt auf Pigmente mit etwas geringerer Anregungsenergie (längerwelliger Absorptionsbande). Statistisch gesehen erfolgt daher die Energiewanderung zwangsläufig gerichtet, und zwar zu demjenigen Chlorophyll mit dem langwelligsten Absorptionsgipfel im Kollektiv, welches dadurch die Rolle einer *Energiefalle* zugewiesen bekommt.

Man kann aus Thylakoiden einen Chlorophyll *a*-Proteinkomplex isolieren, dessen S_1-Absorptionsbande bis nach 698–703 nm verschoben ist. Dieses P_{700} hat offensichtlich die Eigenschaften einer Energiefalle im Kollektiv.

Darüber hinaus unterscheidet sich dieser Komplex von anderen Chlorophyllformen durch das Fehlen von Fluoreszenz. Dafür zeigt das P_{700} eine lichtinduzierte Änderung des Absorptionsspektrums (Bleichung), wie sie für photochemisch aktive Pigmente ($\rightarrow$ Abb. 137) charakteristisch ist.

Bildung von chemischem Potential. Die vom P_{700} bewirkte photochemische Reaktion ist ein Redoxprozeß. Im Grundzustand kann das P_{700} Elektronen von einem geeigneten Donator-Redoxsystem aufnehmen; im angeregten Zustand kann es Elektronen an einen Acceptor mit etwa 1 V negativerem Potential abgeben:

Grundzustand:
$$Chl_{ox} + e^- \rightarrow Chl_{red}, \quad E_0' = 450 \text{ mV}, \quad (55)$$

angeregter Zustand:
$$Chl_{red}^* \rightarrow Chl_{ox} + e^-, \quad E_0' \leqq -550 \text{ mV}. \quad (56)$$

Im Dunkeln liegt das P_{700} in der reduzierten Form vor. Im Licht befindet sich stets ein Teil in der oxidierten (gebleichten) Form. Aufgrund dieser spezifischen spektroskopischen Eigenschaft kann P_{700} in Chloroplasten selektiv gemessen werden, obwohl es nur einen winzigen Bruchteil des Gesamtchlorophylls der Thylakoide ausmacht (Abb. 153). Geeignete Redoxsubstanzen (z. B. Ferricyanid) oxidieren das P_{700} auch im Dunkeln. Belichtung oder chemische Oxidation erzeugen ein charakteristisches Elektronenspinresonanz-(ESR-)Signal, welches mit dem Auftreten ungepaarter Spins bei der Oxidation des P_{700} zum P_{700}^+-Radikal gedeutet werden kann.

P_{700} ist also ein lichtabhängiges Redoxenzym und besitzt damit auch die *chemischen* Eigenschaften eines Reaktionszentrums ($\rightarrow$ Abb. 151). Die zugehörigen Antennenpigmente sind verschiedene, proteingebundene Chlorophyll *a*-Formen, welche möglicherweise kaskadenartig (gemäß der Lage ihrer roten Absorptionsbande; $\rightarrow$ Abb. 148) angeordnet sind, um einen gerichteten Energietransfer zu begünstigen.

Das Redoxpotential des angeregten P_{700} reicht bei weitem aus, um das elektronegativste Redoxsystem der Chloroplasten, das *Ferredoxin* ($E_0' = -430$ mV) zu reduzieren. Andererseits kann P_{700} aufgrund seines relativ niedrigen Redoxpotentials im Grundzustand (450 mV) keine Elektronen von H_2O (815 mV; $\rightarrow$ Tabelle 9, S. 111) übernehmen. Dieser Teilbereich des

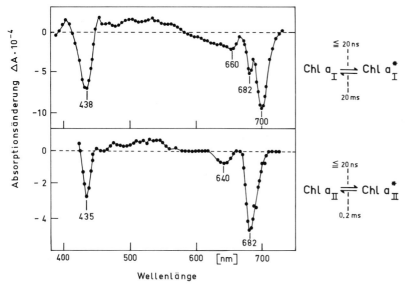

Abb. 153. Die Identifizierung der Reaktionszentren von Photosystem I (P_{700}) und Photosystem II (P_{680}) durch repetitive Blitzlichtspektroskopie. Objekt: Spinatchloroplasten. Bei dieser Methode werden durch kurze Lichtblitze (z. B. 10 µs) ausgelöste Absorptionsänderungen (welche häufig erst nach mehrtausendfacher Wiederholung der Messung und Mittelwertsbildung erkennbar werden) gemessen. Dabei findet man ein Gemisch überlagerter Absorptionsänderungen, welche sich jedoch aufgrund verschiedener Schnelligkeit der Anstiegs- und Abfallkinetik voneinander trennen lassen und bestimmten photosynthetischen Teilreaktionen zugeordnet werden können. Die Höhe der Absorptionsänderung ΔA in Abhängigkeit von der Wellenlänge des Meßlichtes ergibt das Differenzabsorptionsspektrum der beteiligten Pigmentmoleküle. Im Differenzspektrum (Licht minus Dunkel) bedeuten negative Gipfel eine lichtinduzierte Absorptionsabnahme (Bleichung) gegenüber der Dunkelprobe. *Oben:* Wellenlängenabhängigkeit einer rasch ansteigenden und langsam abfallenden Absorptionsänderung, welche durch das Auftreten von oxidiertem (gebleichtem) P_{700} verursacht wird (unter Bedingungen, wo Plastochinon den Elektronentransport limitiert; → Abb. 163). *Unten:* Wellenlängenabhängigkeit einer 100mal schneller abfallenden Absorptionsänderung, welche das Spektrum von P_{680} liefert. Auf ähnliche Weise konnten auch andere spektroskopisch meßbare Redoxsysteme (z. B. Cytochrome, Plastochinon) bezüglich ihrer Reaktionskonstanten gemessen werden. (Nach WITT, 1971)

Elektronentransports wird von einem zweiten Photosystem angetrieben, dessen Reaktionszentrum durch ein proteingebundenes Chlorophyll *a* mit einer Absorptionsbande um 682 nm (P_{680}) gebildet wird (Abb. 153). P_{680} ist ein Redoxenzym, das im Grundzustand ausreichend positiv ist, um Elektronen von H_2O zu übernehmen. Auf der reduzierenden Seite reicht das P_{680} bis etwa −200 mV. Die im Kollektiv mit dem P_{680} kooperierenden Antennenpigmente bestehen aus Chlorophyll *a*, Chlorophyll *b* und Carotin.

Mit Hilfe von artifiziellen Redoxsubstanzen gelingt es im Experiment, die von P_{700} bzw. P_{680} energetisch gespeisten Teilbereiche des Elektronentransports auch einzeln arbeiten zu lassen. Das P_{700}-System benötigt als Elektronendonator ein Redoxsystem mit einem Redoxpotential von ≦ 450 mV (z. B. Ferricyanid, Dichlorophenolindophenol, Ascorbat) und einen Acceptor bei −400 bis −600 mV (z. B. Methylviologen). Andererseits kann das P_{680}-System unter O_2-Bildung Elektronen von Wasser z. B. auf Ferricyanid oder Dichlorophenolindophenol übertragen (→ S. 160).

Funktionelle Verknüpfung der beiden Photosysteme. Man nennt die beiden Pigmentkollektive *Photosystem I* (PS I; P_{700} = Chl a_I im Reaktionszentrum) und *Photosystem II* (PS II; P_{680} = Chl a_{II} im Reaktionszentrum). Beide Photosysteme sind als lichtgetriebene Elektronenpumpen aufzufassen, welche in zwei verschiedenen, aber partiell überlappenden Bereichen der Redoxskala arbeiten. Wegen ihrer unterschiedlichen Pigmentzusammensetzung zeigen die beiden Systeme eine ungleiche spektrale Abhängigkeit: PS I absorbiert besser im dunkelroten Bereich (um 700 nm), während PS II wegen der relativ starken Beteiligung von Chlorophyll *b* um 650 nm besser als PS I absorbiert.

PS I und PS II sind hintereinander in der vom H_2O zum NADP führenden Elektronentransportkette angeordnet. Dies folgt z. B. aus dem EMERSON-Effekt. Bestrahlt man Chloroplasten mit Licht längerer Wellenlängen (>680 nm), so fällt die sonst recht konstante Quantenausbeute stark ab. Auch um 650 nm zeigt die Quantenausbeute eine Abweichung nach unten (Abb. 154). Bestrahlt man jedoch *gleichzeitig* mit 720 und 650 nm, so ist die Quantenausbeute wieder so groß wie im Bereich um 600 nm. Die Fluoreszenzausbeute verhält sich komplementär dazu. Dieser von EMERSON 1957 entdeckte Steigerungseffekt beruht darauf, daß absorbiertes dunkelrotes Licht nur dann (über PS I) optimal für die O_2-Entwicklung ausgenützt werden kann, wenn kürzerwelliges Licht, das von PS II absorbiert wird, zugegen ist. Der Steigerungseffekt tritt auch auf, wenn die beiden Wellenlängen nacheinander gegeben werden, vorausgesetzt die Dunkelpause ist ausreichend kurz (BLINKS-Effekt). Die HILL-Reaktion mit Ferricyanid (→ S. 160) und die cyclische Photophosphorylierung (→ S. 161) zeigen keinen EMERSON-Effekt. Dieser tritt aber prinzipiell dann auf, wenn die gemessene Reaktion von der Funktion beider Photosysteme abhängt (z. B. bei der HILL-Reaktion mit

NADP). Der EMERSON-Effekt kann dazu verwendet werden, die Wirkungsspektren von PS I und PS II zu messen (Abb. 155).

Mit Hilfe der Blitzlichtspektroskopie (→ Abb. 153) konnte gezeigt werden, daß dunkelrotes Licht (720 nm) das P_{700} in die oxidierte Form verschiebt; anschließende Hellrotbestrahlung (638 nm) reduziert das P_{700} wieder zum Teil. Die Chlorophyll-Fluoreszenz in vivo ($\lambda_{max} = 685$ nm), welche fast ausschließlich auf PS II zurückgeht, kann durch selektive Anregung von PS I gelöscht werden. Diese Experimente zeigen direkt die Kooperation (Serienschaltung) der beiden Photosysteme im Elektronentransport. Man muß den Schluß ziehen, daß PS I und PS II zumindest in Teilbereichen der Thylakoidmembran eng benachbart liegen. Es gibt gute Anhaltspunkte dafür, daß dies in denjenigen Membranzonen gegeben ist, wo die Granathylakoide aneinander gelagert sind (partitions; → Abb. 145 d). In allen an das Stroma grenzenden Membranbezirken ist wahrscheinlich nur PS I-Aktivität vorhanden. Gleichzeitig fehlen hier nach den feinstrukturellen Untersuchungen die „großen" Membranpartikel (→ Abb. 145 d) weitgehend.

Desaktivierung der Pigmente bei Energieüberangebot. Wir haben bereits die Fluoreszenz, welche in vivo fast ausschließlich vom PS II ausgeht, als eine Überlaufreaktion für Quanten bei lichtgesättigter Photosynthese kennengelernt (→ S. 149). Dieses „Energieventil" reicht je-

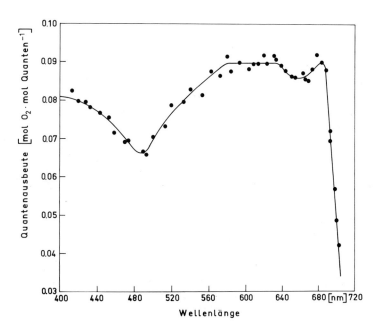

Abb. 154. Die Abhängigkeit der maximalen photosynthetischen Quantenausbeute ($\Phi_{max} =$ mol O_2/mol absorbierte Quanten unter optimalen Bedingungen) von der Wellenlänge bei monochromatischer Bestrahlung. Objekt: *Chlorella pyrenoidosa*. Es wurde die Abhängigkeit der stationären O_2-Entwicklung von der Wellenlänge gemessen unter Bedingungen, wo alle eingestrahlten Quanten absorbiert und mit maximaler Ausbeute zur O_2-Produktion genutzt werden können (minimaler Quantenfluß!). Der maximal erreichte Wert von 0,09 O_2 pro Quant (= 11 Quanten pro O_2) liegt etwas unter dem theoretischen Wert von 0,12 (8 Quanten pro O_2; → S. 161), wahrscheinlich weil die Photorespiration (→ S. 194) unberücksichtigt blieb. (Nach EMERSON und LEWIS, 1943, verändert)

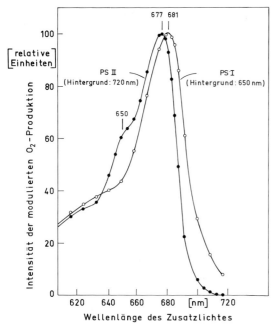

Abb. 155. Wirkungsspektren der beiden Photosysteme (PS I, PS II), welche auf der Basis des EMERSON-Effekts ausgearbeitet wurden. Objekt: Spinatchloroplasten. Die Kurve mit einem Gipfel bei 677 nm wurde folgendermaßen erhalten: Die Reaktionszentren der beiden Photosysteme wurden durch ein konstantes, starkes Hintergrundlicht von 720 nm in einem bestimmten stationären Zustand gehalten. Man erhält unter diesen Bedingungen eine konstante O_2-Produktionsintensität. Zusätzlich wurde ein mit 90 Hertz moduliertes, schwaches Zusatzlicht von 610 – 720 nm eingestrahlt. Bei der polarographischen Messung der O_2-Produktionsintensität wurde nur die mit 90 Hertz modulierte O_2-Produktion gemessen, welche direkt die durch das Zusatzlicht bewirkte Steigerung repräsentiert. Das Ausmaß der Steigerung ist abhängig von der Absorption im Photosystem II. Die Beteiligung von Chlorophyll *b* an diesem Photosystem wird durch die Schulter bei 650 nm angezeigt. In entsprechender Weise erhält man bei 650 nm-Hintergrundlicht, welches bevorzugt im Photosystem II absorbiert wird, und variablem, moduliertem Zusatzlicht eine modulierte O_2-Bildung, welche das Wirkungsspektrum von Photosystem I (Gipfel bei 681 nm) ergibt. (Nach JOLIOT et al., 1968)

doch bei hohen Quantenflüssen nicht aus, um die Chlorophylle vor photooxidativer Zerstörung zu bewahren. Messungen haben ergeben, daß durch die Fluoreszenz allenfalls 5 – 10% des Überangebots an Quanten unschädlich gemacht werden kann. Nach neueren Befunden kommt den Carotinoiden, welche zumindest

zum Teil recht ineffektive Antennenpigmente sind (→ Abb. 149), eine Lichtschutzfunktion zu. Man weiß schon lange, daß viele pflanzliche Albino-Mutanten sehr wohl Chlorophyll akkumulieren können, wenn man sie in schwachem Licht hält. Der genetische Defekt betrifft nicht die Chlorophyll-, sondern die Carotinoidbildung, ohne die das Chlorophyll, das ja von einer hohen O_2-Konzentration umgeben ist, in hellem Licht (im angeregten Zustand) schneller photooxidiert als gebildet wird. Blitzlichtspektroskopische Untersuchungen (→ Abb. 153) mit ultraschnellen Blitzen, welche bis in den Bereich metastabiler Anregungszustände reichen (20 ns), haben eine Sequenz von Triplett-Übergängen ergeben, welche bei sehr hohen Lichtflüssen eine gegenüber der Fluoreszenz 3 – 4mal effektivere strahlungslose Desaktivierung von Chlorophyll (Wärmeabgabe) ermöglichen (Abb. 156). Diese Energieableitung über Tripletts kann als Pendant zur Energiesammlung über den 1. Singulettzustand aufgefaßt werden. Außerdem wirken die Carotinoide auch direkt als Schirmpigmente im Blau/UV-Bereich. Dies wird z. B. durch den beträchtlichen Carotinoidgehalt der (chlorophyllfreien) Chloroplastenhülle nahegelegt. In dem gelben Membransystem dominiert das Xanthophyll Violaxanthin (Diepoxid), welches im Licht über das Monoepoxid Antheraxanthin in Zeaxanthin umgewandelt wird (De-Epoxidation). Die Rückreaktion (Epoxidation) läuft auch im Dunkeln ab. Dieser „Epoxidcyclus" der Xanthophylle ist auch in den Thylakoiden nachweisbar. Die Lichtwirkung erfolgt über die

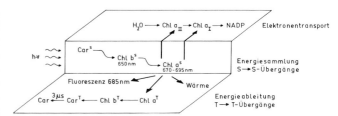

Abb. 156. Modell der Lichtreaktionen bei der Photosynthese welche über Singulett-Anregung (S) bzw. Triplett-Anregung (T) verlaufen. Die Darstellung weist darauf hin, daß das angeregte Chlorophyll *a* (welches außerordentlich empfindlich für eine Oxidation durch O_2 ist; *Photooxidation*) bei Energieüberangebot durch Carotinoide desaktiviert („gequencht") werden kann, welche hierbei eine Triplett-Anregung erfahren. Car^T gibt seine Energie dissipativ an die Umgebung ab. (Nach WITT, 1976, verändert)

Photosynthesepigmente [sie kann z. B. durch Anregung des Chlorophylls mit Rotlicht ausgelöst werden und ist mit DCMU (→ Abb. 163) hemmbar]. Die Funktion des Epoxidcyclus ist unbekannt.

Die Pigmentsysteme der Rot- und Blaualgen

Wir wollen an dieser Stelle kurz einen Seitenblick auf zwei Gruppen autotropher Organismen werfen, bei denen der photochemische Teil des Photosyntheseapparates in charakteristischer Weise modifiziert ist. Die Blaualgen (*Cyanophyta*) sind prokaryotische Pflanzen, welche keine Chloroplasten, sondern einen „offenen" Photosyntheseapparat besitzen. Die einfachen Thylakoidmembranen sind meist konzentrisch in der Zellperipherie angeordnet. Die Plastiden (Rhodoplasten) der Rotalgen (*Rhodophyta*) sind ebenfalls von einzeln liegenden Thylakoiden durchzogen (Abb. 157). Bei beiden Algengruppen tragen die Photosynthesemembranen ein regelmäßiges Muster von Partikeln mit etwa 40 nm Durchmesser. Man nennt diese Strukturen *Phycobilisomen*.

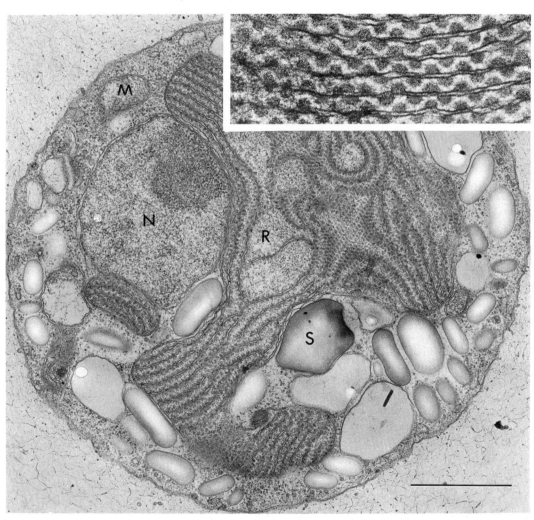

Abb. 157. Der Photosyntheseapparat der Rotalgen. Objekt: *Porphyridium cruentum*. Die elektronenmikroskopische Aufnahme zeigt eine Zelle mit Zellkern (N), Rhodoplasten (R) mit Phycobilisomen-tragenden Thylakoiden, Mitochondrien (M). Diese Organismen bilden Assimilationsstärke (Florideenstär-ke, S) nicht in den Plastiden, wie die meisten anderen Pflanzen, sondern im Cytoplasma. Die Länge des Strichs entspricht 1 μm. Der Ausschnitt zeigt Thylakoide mit regulär angeordneten Phycobilisomen. (Nach GANTT und CONTI, 1966)

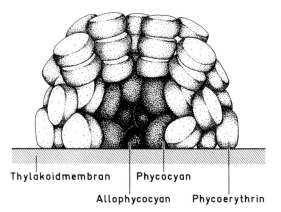

Thylakoidmembran   Phycocyan

Allophycocyan   Phycoerythrin

Abb. 158. Modell eines angeschnittenen Phycobilisoms der Rotalge *Porphyridium cruentum.* Im Zentrum (*schwarz*) liegt ein Allophycocyan-Kern, welcher direkt mit dem Chlorophyll *a* der Thylakoidmembran in Verbindung steht. Nach außen ist dieser Kern von einer Phycocyanschale (*dunkler punktiert*) und einer Phycoerythrinschale (*heller punktiert*) umgeben. Dieses Modell konnte durch differentielles Ablösen der beiden Schalen und Charakterisierung der exponierten Komponenten mit Hilfe von Antikörpern experimentell verifiziert werden. (Nach GANTT et al., 1976)

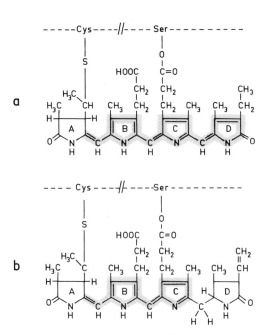

Abb. 159 a und b. Vorgeschlagene Struktur der Chromophore (Phycobiline) der Biliproteine *Phycocyan* (*Allophycocyan*) und *Phycoerythin.* (a) *Phycocyanobilin,* (b) *Phycoerythrobilin.* Die Chromophore sind im Biliprotein über die Ringe A und C esterartig an Aminosäurereste gebunden und können durch Hydrolyse in HCl oder Methanol abgespalten werden. (Nach O'CARRA und O'EOCHA, 1976)

Die Phycobilisomen (Abb. 158) können mit geeigneten Detergentien von den Thylakoiden abgelöst und isoliert werden. Dabei ergibt sich, daß diese Partikel ausschließlich aus verschiedenen *Biliproteinen* aufgebaut sind. Das Chlorophyll *a* (Chlorophyll *b* kommt bei diesen Algen nicht vor), und die Carotinoide sind dagegen auf die Membran beschränkt. Biliproteine, zu denen auch das Phytochrom gehört (→ Abb. 319), bestehen aus einem offenkettigen Tetrapyrrol (*Phycobilin,* Abb. 159) als Chromophor, welches covalent an Protein gebunden ist. Das Molekulargewicht verschiedener Phycobiliproteine liegt zwischen 50 000 und 270 000 dalton. Es treten stets 2 Typen von Untereinheiten (α, β; 12 000 – 20 000 dalton) mit je 1 – 2 Chromophoren auf. Die Phycobiline sind strukturell mit den Gallenfarbstoffen verwandt; ihr Biosyntheseweg zweigt nach dem Protoporphyrin von der Porphyrinbiosynthese ab (→ Abb. 246). In den Phycobilisomen kommen, in unterschiedlicher Zusammensetzung, die Biliproteine *Phycoerythrin* (rot), *Phycocyan* (blau) und *Allophycocyan* (blau) vor. Bei einzelnen Arten treten im Proteinanteil modifizierte Formen dieser 3 Pigmentklassen auf. Allophycocyan ist stets nur in relativ kleinen Mengen vorhanden. Die Biliproteine können über 40% des gesamten Zellproteins bzw. 25% der Zelltrockenmasse ausmachen.

Phycobiliproteine besitzen vergleichsweise einfach strukturierte Absorptionsspektren mit Gipfeln im grünen bis hellroten Spektralbereich (Abb. 160). Dies ist gerade derjenige Wellenlängenbereich, der von den grünen Pflanzen als „optisches Fenster" ausgespart wird (→ Abb. 149). Rot- und Blaualgen besiedeln häufig tiefere Wasserzonen (unterhalb der Zone der Grün- und Braunalgen), in welche bevorzugt grünes Licht vordringt.

Wirkungsspektren zeigen, daß die Biliproteine als periphere Antennenpigmente der Pigmentkollektive von Blau- und Rotalgen aufzufassen sind (Abb. 161). Die Chromophore der einzelnen Pigmentmoleküle sind in den Phycobilisomen so dicht zusammengelagert, daß ein effektiver Energietransfer (>80% Ausbeute) in der Richtung Phycoerythrin → Phycocyan → Allophycocyan stattfinden kann (heterogener Resonanztransfer). Sehr wahrscheinlich liegen die 3 Pigmente im Phycobilisom in 3 aufeinanderfolgenden Schalen vor. Das Zentrum wird durch Allophycocyan gebildet, welches direkt der Thylakoidmembran aufliegt und seine

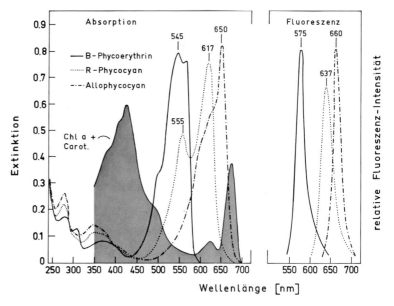

Abb. 160. Extinktions- und Fluoreszenzemissionsspektren der Biliproteine aus den Phycobilisomen der Rotalge *Porphyridium cruentum* (Phosphatpuffer, pH 6,8; nicht aggregierte Formen). Zum Vergleich ist das Spektrum eines Gemisches aus Chlorophyll *a* und Carotinoiden eingezeichnet (*schraffiert*). Man erkennt, daß sich Extinktions- und Fluoreszenzspektren benachbarter Pigmente in einem weiten Bereich überschneiden. Die Phycobilisomen der untersuchten Kultur bestanden aus 84% Phycoerythrin, 11% Phycocyan und 5% Allophycocyan. Die Phycobiline der Cyanophyten (C-Phycobiline) zeigen etwas abweichende Absorptionsbanden. Das Phycocyan der Rotalgen (R-Phycocyan) enthält sowohl Phycocyanobilin als auch Phycoerythrobilin. (Nach GANTT und LIPSCHULTZ, 1974)

Anregungsenergie an Chlorophyll *a*-Antennenpigmente abgeben kann (→ Abb. 158). Dieses Modell wird auch durch spektroskopische Daten gestützt. Isolierte Phycobilisomen von *Porphyridium cruentum* fluoreszieren bei 675 nm (aggregiertes Allophycocyan), wenn sie bei 545 nm (Phycoerythrin) angeregt werden. Bei intakten Blaualgenzellen kann Chlorophyll *a*-Fluoreszenz durch Anregung von Phycocyan erzeugt werden.

Die durch die Biliproteine aufgefangene Quantenenergie wird zum allergrößten Teil zum Reaktionszentrum des Photosystems II geleitet. Das Photosystem I besteht dagegen überwiegend aus Chlorophyll *a*-Pigmenten und Carotinoiden. Da sich die beiden Pigmentkollektive in ihrem Absorptionsspektrum viel weniger als bei den grünen Pflanzen (→ Abb. 155) überschneiden, macht sich der EMERSON- bzw. BLINKS-Effekt bei den Blau- und Rotalgen besonders drastisch bemerkbar. Diese Pflanzen sind daher günstige Objekte für die Erforschung der Interaktion zwischen den beiden Photosystemen.

Die Pigmentzusammensetzung der Phycobilisomen wird durch Licht gesteuert. Hellrotes Licht fördert die Bildung von Phycocyan während im grünen Licht die Bildung von Phycoerythrin bevorzugt wird (*chromatische Adaptation*). Chlorophyll *a* und die Carotinoide sind in die Steuerung nicht einbezogen. Bei der Blaualge *Tolypothrix tenuis* wurde gezeigt, daß diese Umorganisation im Bereich der Antennenpigmente durch kurze Lichtpulse induzierbar ist und dann im Dunkeln abläuft. Das Wirkungsspektrum für die Umorganisation zeigt einen Gipfel bei 660 nm (Phycocyan-Induktion) und 550 nm (Phycoerythrin-Induktion). Lichtimpulse der beiden Wellenlängen revertieren ihre Wirkung gegenseitig. Dieses wahrscheinlich ebenfalls auf Biliproteine zurückgehende *sensorische Photoreaktionssystem* wird in ähnlicher Weise auch bei der Photomorphogenese von Blaualgen wirksam und stellt offenbar eine Analogie zum Phytochromsystem der höheren Pflanzen dar (→ S. 313).

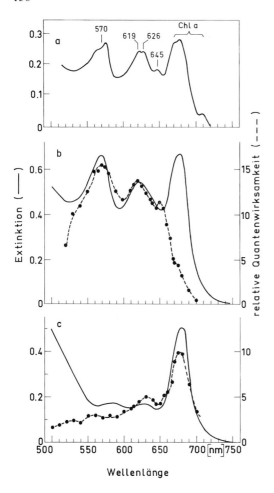

Abb. 161 a – c. Extinktions- und Wirkungsspektren bei der Blaualge *Aphanocapsa* 6701 (Anzucht bei 2500 lx). (a) Extinktionsspektrum intakter Zellen bei – 196° C. Die durch tiefe Temperatur „geschärften" Gipfel lassen sich wie folgt zuordnen: 570 nm, C-Phycoerythrin; 619 nm, C-Phycocyan; 626 und 645 nm, Allophycocyan; 670 – 710 nm, verschiedene Chlorophyll *a*-Formen (→ Abb. 148). Die Pigmentanalyse ergab 49% Phycoerythrin, 41% Phycocyan und 10% Allophycocyan. (b) Wirkungsspektrum (O_2-Produktion) und Extinktionsspektrum (25° C). Man erkennt, daß hauptsächlich die von den 3 Biliproteinen absorbierten Wellenlängen photosynthetisch wirksam sind. Das besonders effektive Allophycocyan wird wegen seiner geringen Konzentration im Extinktionsspektrum nicht aufgelöst. Die Chlorophyll *a*-Absorption macht sich lediglich in einer schwachen Schulter bei 675 nm bemerkbar. (c) Bei diesem Experiment wurden Zellen verwendet, welche unter Stickstoffmangel ihre Biliproteine abgebaut hatten. Man erkennt, daß unter diesen Bedingungen Chlorophyll *a* die Funktion des maßgeblichen Antennenpigments übernimmt (die Schulter bei 655 nm dürfte auf restliches Allophycocyan zurückgehen). (Nach LEMASSON et al.,1973)

Der photosynthetische Elektronentransport

Offenkettiges System. Unter dem offenkettigen (nichtcyclischen) Elektronentransport versteht man eine Sequenz von Redoxsystemen, welche, unter Einschluß beider Photosysteme, vom H_2O zum NADP führt. Verbunden damit läuft eine ATP-Bildung (*nichtcyclische Photophosphorylierung*) ab. Das ursprünglich 1960 von HILL und BENDALL aufgestellte, heute weitgehend akzeptierte „Zickzack"-Schema erhält man, wenn man diese Redoxkette in ein Redoxpotentialdiagramm einträgt (Abb. 162). Eine genaue Einordnung aller in den Thylakoiden nachgewiesenen Redoxenzyme ist noch nicht möglich. Andererseits muß man einige Komponenten fordern, welche bis heute noch nicht molekular identifizierbar sind. Vor allem über den Mn-katalysierten Elektronentransport vom H_2O zum Chl a_{II} weiß man noch sehr wenig. Das angeregte Chl a_{II} gibt die Elektronen an den (Fluoreszenz-)*Quencher* Q ($E_m \approx -150mV$) ab, welcher sie an *Plastochinon* (≈ 0 mV) weiterleitet. Manche Experimente deuten darauf hin, daß mehrere Redoxketten einen gemeinsamen Plastochinonpool als „Elektronenpuffer" besitzen und an dieser Stelle Elektronen austauschen können. Es folgen *Cytochrom f* (370 mV) und das Cu-haltige *Plastocyan* (400 mV), welche beide eng mit dem Chl a_I (450 mV) verbunden sind. Der unmittelbare Elektronenacceptor X (≤ -550 mV) des Chl a_I^* konnte noch nicht genau identifiziert werden. Wahrscheinlich handelt es sich um ein Eisen-Schwefel-Protein. Gut bekannt ist dagegen das Eisen- und Schwefel-haltige *Ferredoxin* (– 430 mV), welches sein Elektron über ein Flavoprotein (*Ferredoxin-NADP-Oxidoreductase*) auf den Endacceptor NADP überträgt. Außerdem sind am Elektronentransportsystem mindestens 2 weitere Cytochrome (Cyt b_6, Cyt b_{559}) beteiligt, welche bisher funktionell noch nicht eindeutig eingeordnet werden können. Außerhalb der Photosysteme folgt der Elektronentransport stets einem mehr oder minder starken Gefälle zu positiveren Potentialwerten und ist daher exergonisch. Man kann anhand der Abb. 162 feststellen, daß von der maximal zur Verfügung stehenden freien Enthalpie der Lichtreaktionen (ca. 1,8 eV · Quant^{-1}) nur jeweils etwa die Hälfte (ca. 1 eV · Elektron^{-1}) in chemischer Form aufgefangen werden kann.

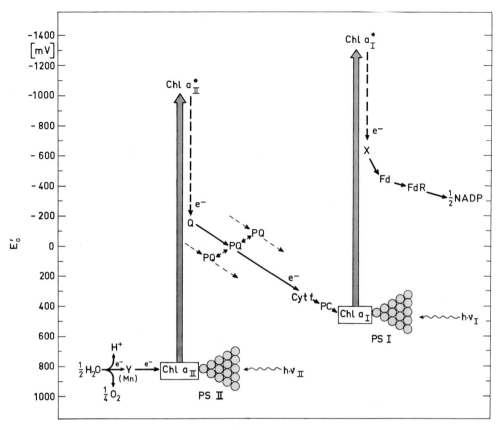

Abb. 162. Elektronentransport der Photosynthese ("Zickzack"-Schema). Die Länge der dicken Pfeile gibt die Potentialdifferenz pro Elektronen an, welche der theoretisch maximal nutzbaren Anregungsenergie eines Lichtquants (1,8 eV) entspricht. Die einzelnen Redoxsysteme sind auf der Höhe ihres Standardpotentials (E'_0, E_m) eingetragen. Y, manganhaltiger Donator von Chl a_{II} (P_{680}); Q (Quencher), Acceptor von Chl a^*_{II}; PQ, Plastochinon (Knotenpunkt mehrerer Elektronentransportketten); Cyt f, Cytochrom f; PC, Plastocyan; X, Acceptor von Chl a^*_I (P_{700}); Fd, Ferredoxin; FdR, Ferredoxin-NADP-Oxidoreductase. (In Anlehnung an WITT, 1971)

Bei der Aufklärung der photosynthetischen Elektronentransportkette, insbesondere bei der funktionellen Reihung der einzelnen Elemente dieses linearen Systems, wurden verschiedene biophysikalische und biochemische Wege eingeschlagen, welche hier nur im Prinzip angeführt werden können:

1. Wirkungsspektren für die Oxidation bzw. Reduktion von Elektronenüberträgern. Nach dem Zickzack-Modell (→ Abb. 162) muß man erwarten, daß die intermediäre Redoxkette zwischen den beiden Photosystemen durch PS I oxidiert und durch PS II reduziert wird. Wirkungsspektren ergaben z. B. für das Cytochrom *f*, dessen Redoxzustand anhand des Differenzspektrums (→ Abb. 116) in isolierten Chloroplasten leicht gemessen werden kann, daß

eine Anregung von PS I zur Oxidation, eine Anregung von PS II dagegen zur Reduktion dieser Komponente führt. Ein ähnliches Resultat wurde für Plastochinon und P_{700} gefunden.

2. Messung der Kinetiken für Oxidation/ Reduktion einzelner Elektronenüberträger mit der repetitiven Blitzlichtspektroskopie (→ Abb. 153). Mit dieser Methode läßt sich der Weg der Elektronen direkt kinetisch verfolgen. So wurde z. B. aufgrund einer PS II-induzierten Absorptionsänderung bei 320 nm, welche genauso schnell ($\tau_{1/2} = 0,6$ ms) wie die Löschung der Chlorophyll-Fluoreszenz, aber langsamer als die induzierte Absorptionsänderung des Plastochinons ($\tau_{1/2} = 20$ ms) erfolgt, die Existenz des Redoxsystems Q gefolgert. Obwohl die Blitzlichtspektroskopie auch das Differenzspektrum

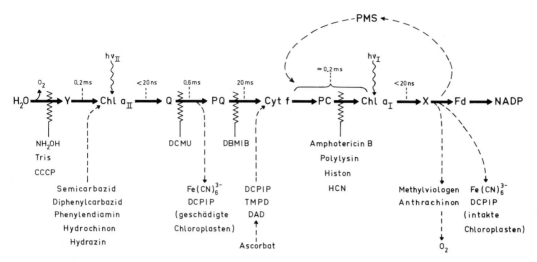

Abb. 163. Photosynthetische Elektronentransportkette mit den Wirkstellen einiger *Hemmstoffe* (Tris, Tris(hydroxymethyl)aminomethan; CCCP, Carbonylcyanid-chlorophenylhydrazon; DCMU, 3(3,4-Dichlorophenyl)-1,1-dimethylharnstoff; DBMIB, Dibromothymochinon), *Elektronendonatoren* (DCPIP, 2,6-Dichlorophenolindophenol; TMPD, N,N,N′,N′-Tetramethyl-p-phenylendiamin; DAD, Diaminodurol-2,3,5,6-Tetramethyl-p-phenylendiamin) und *Elektronenacceptoren.* Phenazinmethosulfat (PMS) katalysiert den cyclischen Elektronentransport mit PS I. Außerdem sind die Halbwertszeiten für einige Elektronenübergänge eingetragen. (Kinetische Daten nach WITT, 1971)

von Q geliefert hat, ist seine molekulare Natur noch nicht geklärt. Möglicherweise handelt es sich um ein spezielles Chinon.

Die Halbwertszeiten einzelner Reaktionen sind in Abb. 163 eingetragen. Man erkennt, daß die Oxidation des Plastochinons ($\tau_{1/2} = 20$ ms) der langsamste und daher intensitätsbestimmende Schritt des Gesamtprozesses ist. Ein ähnlicher Wert wurde bereits als Totzeit der photosynthetischen O_2-Entwicklung im periodischen Blitzlicht ermittelt ($\rightarrow$ Abb. 152).

3. Aufgliederung des Systems in Teilsequenzen mit Hilfe spezifischer Inhibitoren und künstlicher Elektronendonatoren und -acceptoren. Nach jahrelanger, intensiver Suche stehen heute eine beträchtliche Zahl von Substanzen zur Verfügung, welche den Elektronentransport an definierten Stellen unterbrechen. In den Teilsequenzen kann dann der Elektronentransport, u. U. nach Zusatz unphysiologischer Elektronen-abgebender bzw. -aufnehmender Substanzen, weiter ablaufen. Artifizielle Redoxsysteme wurden im Prinzip erstmalig 1937 von HILL für diesen Zweck eingesetzt. HILL zeigte, daß aufgebrochene Chloroplasten im Licht Ferricyanid zu Ferrocyanid reduzieren können, wobei kein CO_2 verbraucht, aber in stöchiometrischen Mengen O_2 entwickelt wird. Dieses Experiment, das als HILL-*Reaktion* in die Geschichte

der Photosyntheseforschung eingegangen ist, charakterisierte die Photosynthese erstmalig als Elektronentransportprozeß, der seinen Ausgang nicht vom CO_2, sondern vom H_2O nimmt. Heute kennt man eine Vielzahl von ähnlich wirksamen „HILL-Reagentien", welche an unterschiedlichen Stellen der Kette Elektronen acceptieren können. Ebenso ist an verschiedenen Stellen eine Elektroneninjektion durch Redoxsubstanzen möglich. Maßgebend für die experimentelle Einschleusung bzw. Abzweigung von Elektronen durch Redoxsubstanzen ist neben einem passenden Redoxpotential eine ausreichend hohe Reaktionsintensität. Einige gebräuchliche Hemmstoffe bzw. Elektronendonatoren und -acceptoren sind in Abb. 163 eingetragen. Man sieht, daß z. B. PS I alleine arbeiten kann, wenn man den Elektronentransport nach dem PS II durch DCMU unterbricht und als Ersatz $DCPIPH_2$ (+ Ascorbat) zusetzt. Als Acceptor kann endogenes Ferredoxin oder Methylviologen dienen. Mit dieser Testreaktion für PS I-Aktivität konnte man in desintegrierten (mit Ultraschall, Detergentien u. a.) Thylakoidpräparationen Partikel nachweisen und isolieren, welche nur noch PS I und die zugehörigen Redoxenzyme enthalten. Entsprechend gelang die Isolierung von PS II-angereicherten Partikeln. Eine Rekonstitution der Funktion des gekoppelten Systems (Elektronentransport von Diphenylcarbazid zum NADP) kann erreicht werden, wenn beide Partikelfraktionen unter Zugabe von Plastocyan, Ferredoxin, Ferredoxin-NADP-Oxidoreductase und Lecithin (als Bindemittel) wieder zusammengefügt werden.

Durch diese und viele andere experimentelle Resultate ist das Zickzack-Schema in den letzten Jahren sehr gut begründet worden. Es steht auch in guter Übereinstimmung mit der experimentell gemessenen Quantenausbeute ($\Phi = 1$ mol O_2 pro $8 - 10$ mol absorbierter Lichtquanten unter optimalen Bedingungen): Für jedes abgegebene O_2 müssen 4 Elektronen je zweimal die Energie eines Lichtquants zugeführt bekommen.

Cyclisches System. ARNON, auf den die Entdeckung der Photophosphorylierung in isolierten Chloroplasten (1954) zurückgeht, konnte zeigen, daß in den Thylakoiden auch ein cyclischer Elektronentransport stattfindet, der von nur einem Photosystem angetrieben wird. Als Redoxsysteme sind Ferredoxin und wahrscheinlich Cytochrom b_6 ($E_m = -40$ mV) beteiligt. Offensichtlich werden in diesem Fall die Elektronen vom Ferredoxin wieder über einige Zwischenstationen zum Chl a_I zurückgeleitet, wobei natürlich keine Reduktionsäquivalente, sondern nur Phosphorylierungspotential gewonnen werden kann (*cyclische Photophosphorylierung*). Dieses cyclische System ist spezifisch durch Antimycin A, nicht aber durch DCMU hemmbar ($\rightarrow$ Abb. 163), zeigt das Wirkungsspektrum des PS I und eine relativ niedrige Lichtsättigung. In isolierten, aufgebrochenen Chloroplasten geht die Fähigkeit zum cyclischen Elektronentransport (offenbar wegen des Verlusts von leicht auswaschbarem Ferredoxin) verloren, kann aber durch Zusatz von Ferredoxin oder eines geeigneten artifiziellen Redoxkatalysators (z. B. PMS; $\rightarrow$ Abb. 163) wiederhergestellt werden.

Die Beziehungen zwischen offenkettigem und cyclischem Elektronentransport sind bis heute noch nicht ganz klar. Der cyclische Weg könnte z. B. durch einen Kurzschluß im Bereich des PS I innerhalb des nichtcyclischen Systems zustandekommen. Dies würde bedeuten, daß die beiden alternativen Wege am Ferredoxin um die Elektronen konkurrierten. Nach einer anderen Hypothese sind die beiden Elektronentransportsysteme räumlich getrennt und arbei-

ten mit zwei verschiedenen PS I-Pigmentkollektiven. Der Befund, daß das PS II (gekoppelt an PS I) in höheren Pflanzen auf die partition-Bereiche der Grana beschränkt ist, während die Stromathylakoide nur über PS I-Aktivität verfügen ($\rightarrow$ S. 153), ist ein starkes Indiz für die zuletzt genannte Vorstellung. Beim Ergrünen von Blättern im Licht ($\rightarrow$ S. 82) tritt bereits nach kurzer Zeit (Minuten) cyclischer Elektronentransport auf. Das O_2-produzierende, offenkettige System folgt erst einige Zeit (meist Stunden) später, parallel zur Akkumulation von Chlorophyll b und zur Entstehung der Granastapel.

Die physiologische Bedeutung des cyclischen Elektronentransports liegt offenbar in der zusätzlichen Bereitstellung von ATP, vor allem in Situationen, wo Reduktionsäquivalente (NADPH$_2$) im Überschuß vorhanden sind (z. B. wenn unter anaeroben Bedingungen die respiratorische Phosphorylierung gehemmt ist). Eine unmittelbare Abhängigkeit von dieser ATP-Quelle wurde bei vielen endergonischen Transportprozessen, z. B. bei der lichtabhängigen Aufnahme von Ionen ($\rightarrow$ S. 127) und Anelektrolyten ($\rightarrow$ S. 128) nachgewiesen. Außerdem liefert die cyclische Photophosphorylierung, zumindest unter anaeroben Bedingungen, ATP für die Hexose $\rightarrow$ Stärke-Umwandlung und für die N_2-Fixierung ($\rightarrow$ S. 171) und Photokinese ($\rightarrow$ S. 493) photosynthetisierender Prokaryoten. Die Kohlenhydratsynthese aus CO_2, welche sowohl NADPH$_2$ als auch ATP benötigt ($\rightarrow$ S. 164), kann dagegen auch mit der nichtcyclischen Photophosporylierung auskommen; sie wird jedoch durch das cyclische System gefördert.

Ein „pseudocyclischer" Elektronentransport mit Phosphorylierung kommt zustande, wenn das Ferredoxin des offenkettigen Systems Elektronen auf O_2 überträgt ($\frac{1}{2} O_2 + 2 e^- + 2 H^+ \rightarrow H_2O$). Auch durch diese sog. MEHLER-Reaktion, die zunächst in vitro gefunden wurde, kann die ATP-Bildung von der NADP-Reduktion entkoppelt werden. In welchem Umfang dieser Weg auch in vivo (als Überlaufreaktion für überschüssige Reduktionsäquivalente?) Bedeutung hat, bedarf noch weiterer Klärung.

Die verschiedenen Mechanismen zur ATP-Bildung im Rahmen der Photosynthese und der Respiration unterliegen einer strikten, übergeordneten Kontrolle. Dies zeigt sich, wenn eine Änderung äußerer Bedingungen (z. B.

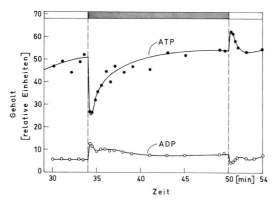

Abb. 164. Kinetik des intrazellulären ATP-Gehaltes bei Umstellung von Licht- auf Dunkelstoffwechsel. Objekt: *Chlorella pyrenoidosa*. Man erkennt, daß der ATP-Gehalt nach Blockierung der Photophosphorylierung durch Verdunklung zunächst kurz absinkt, jedoch bereits nach 10 min (durch verstärkte respiratorische Phosphorylierung) wieder auf den ursprünglichen Wert eingestellt wird. Die „Energieladung" der Zelle (→ S. 108) ist also offenbar unabhängig vom Licht-Dunkelwechsel. Bei erneuter Belichtung beobachtet man ein Überschießen in der anderen Richtung. Derartige Übergangsreaktionen sind charakteristisch für Regelvorgänge bei pools mit raschem turnover. Der ADP-Gehalt verhält sich komplementär zum ATP-Gehalt. (Nach BASSHAM und KIRK, 1968)

aerob → anaerob, Licht → Dunkel) ein Umschalten zwischen verschiedenen Mechanismen erforderlich macht. Bei derartigen Umstellungen wird der zelluläre ATP-pool durch rasch wirkende Regelprozesse weitgehend konstant gehalten (Abb. 164). Unterschiedliche Produktionsintensität (bzw. wechselnder Bedarf) von Phosphorylierungspotential in verschiedenen Stoffwechselsituationen wird in der Regel durch Anpassung des ATP-turnovers bei konstant gehaltenem pool bewerkstelligt (Stoffwechselhomöostasis; → S. 268).

Der Mechanismus der Photophosphorylierung

Die Thylakoide werden durch Licht in einen energiereichen Zustand versetzt, der zur Erzeugung von Phosphorylierungspotential ausgenützt werden kann. Wie erfolgt die Kopplung dieser beiden Prozesse? Die Anregung von Elektronen durch die Photosysteme ist mit ei-

nem ebenso schnellen (<20 ns) Aufbau eines elektrischen Feldes (10^5 V · cm^{-1}) quer zur Thylakoidmembran (Außenseite negativ) verbunden, welches mit Hilfe der repetitiven Blitzlichtspektroskopie von WITT und Mitarbeitern 1967 entdeckt wurde. Dieses Feld, das im Dauerlicht ein Membranpotential (→ S. 103) von etwa – 100 mV erzeugt, ist ein Ausdruck des energetisierten Zustandes der Membran. Es konnte gezeigt werden, daß PS I und PS II jeweils die Hälfte des Feldes erzeugen. Diese Befunde weisen auf eine funktionelle Ausrichtung der Photosysteme in der Membran hin (Elektronen-abgebende Seite nach außen), wie sie auch aufgrund struktureller Daten postuliert wird (→ Abb. 146).

Während der Zerfallszeit des Feldes nach einem kurzen Blitz (Transport von einem Elektron durch die Kette) baut sich mit einer Halbwertszeit von 20 ms ein pH-Gradient quer zur Membran auf, der im Dunkeln wieder mit $\tau_{1/2} \approx 1$ s nivelliert wird. Zwischen Elektronen- und Protonentransport besteht unter diesen Bedingungen ein stöchiometrischer Zusammenhang: Pro Elektron werden 2 Protonen in entgegengesetzter Richtung transportiert (H$^+$/e$^-$ = 2). Die Elektronentransportkette besitzt also offenbar 2 Protonenpumpstellen (→ Abb. 165). Hemmung eines der beiden Photosysteme resultiert in einer Halbierung des Protonentransports. Unter Dauerlichtbedingungen stellt sich an der Thylakoidmembran eine Differenz ΔpH$\approx$3 ein (z. B. innen pH 5, wenn außen pH 8 aufrecht erhalten wird), d. h. ein H$^+$-Konzentrationsunterschied von 1 : 1000. Der H$^+$-Gradient wird durch einen entgegengesetzt gerichteten Gradienten divalenter Kationen (Mg^{2+}) elektrisch partiell kompensiert. Diese experimentellen Befunde werden von einem Elektronentransportmodell gedeutet, welches in Abb. 165 dargestellt ist. Es kommt im wesentlichen dadurch zustande, daß das Zickzack-Schema (→ Abb. 162) so in der Membran angeordnet wird, daß der Elektronentransport obligatorisch mit einem zweifachen, vektoriellen H$^+$-Transport gekoppelt ist. Das cyclische Elektronentransportsystem arbeitet wahrscheinlich in analoger Weise mit einer Elektronenpumpe.

Wie kann dieser lichtinduzierte, elektrisch energetisierte Zustand der Membran in Phosphorylierungspotential transformiert werden? Die Kopplung muß offensichtlich delokalisiert erfolgen, d. h. sie ist nicht an eine bestimmte

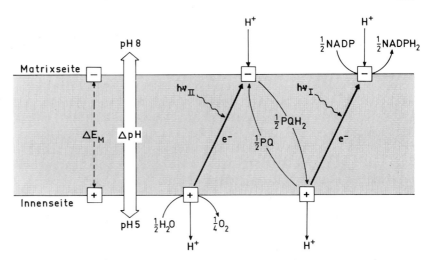

Abb. 165. Elektronentransportmodell der Photosynthese, welches den lichtgetriebenen Aufbau eines elektrischen Feldes (Membranpotential ΔE_M) und den Protonentransport (ΔpH) deutet. Eine wichtige Rolle besitzt das Plastochinon (PQ), welches in seiner reduzierten Form (PQH$_2$) Protonen bindet und durch die Membran transportiert. Der Transfer eines zweiten Protons kommt indirekt durch H$^+$-Bildung bei der Wasserspaltung (innen) und H$^+$-Verbrauch bei der NADP-Reduktion (außen) zustande. Dieses Modell wird durch direkte Lokalisierungsexperimente mit Antikörpern gestützt ($\rightarrow$ Abb. 146). (In Anlehnung an WITT, 1971)

Stelle des Elektronentransports gebunden. Eine Antwort auf diese Frage liefert die MITCHELL-Hypothese ($\rightarrow$ S. 130), welche eine durch das elektrochemische Potential eines Protonengradienten angetriebene Phosphorylierung an einer anisotrop in der Membran arbeitenden ATP-Synthase („ATPase") postuliert. Ein solches Enzym liegt in Form des „Kopplungsfaktors" (CF$_1$) auf der Matrixseite der Membran ($\rightarrow$ Abb. 145 d). Obwohl nach Ansicht mancher Forscher noch nicht ausreichend experimentell verifiziert, um andere Alternativen auszuschließen, steht diese Hypothese in Übereinstimmung mit einer Fülle von Daten. So konnte z. B. gezeigt werden, daß die Anlegung eines künstlichen Protonengradienten ($\Delta pH = 3,5$) an Thylakoide eine ATP-Bildung im Dunkeln hervorruft. Die Phosphorylierung funktioniert nur mit geschlossenen Thylakoiden. Eine Erhöhung der Membranpermeabilität für H$^+$ durch „Entkoppler" (z. B. 2,4-Dinitrophenol oder Gramicidin D) führt zu einer Blockierung der Photophosphorylierung ohne Beeinträchtigung des Elektronentransports.

Im sättigenden Dauerlicht, wo sich ein Fließgleichgewicht zwischen H$^+$-Influx und H$^+$-Efflux einstellt, ist für die Phosphorylierung von ADP in den Chloroplasten $\Delta G \approx 70$ kJ $\cdot$ mol^{-1} bestimmt worden. Die freie Enthalpie der energetisierten Thylakoidmembran läßt sich nach Gl. (48) ($\rightarrow$ S. 129) und Gl. (38) ($\rightarrow$ S. 111) berechnen: Für $\Delta E_M = -100$ mV und $\Delta pH = 3$ ergeben sich -27 kJ pro mol H$^+$, welches in den Matrixraum zurückfließt. Neueste Messungen haben in der Tat gezeigt, daß unter diesen Bedingungen etwa 3 H$^+$ durch die „ATPase" zurückfließen müssen, um 1 ATP zu synthetisieren. Da H$^+$/e$^-$ = 2 ist, ergibt sich eine Ausbeute von ⅔ ATP pro transportiertem Elektron. Dieses Verhältnis wird jedoch bei kleineren ΔE_M- und ΔpH-Beträgen ungünstiger, da sich dann die Kopplung zwischen H$^+$-Transport und Phosphorylierung verschlechtert. Der Befund, daß bei niederen Quantenflüssen das Verhältnis zwischen ATP-Bildung und NADPH$_2$-Bildung absinkt, dürfte damit in Zusammenhang stehen.

Der biochemische Bereich

Die energiereichen Produkte des photosynthetischen Elektronen- und Protonentransports, NADPH$_2$ und ATP, fallen auf der Matrixseite der Thylakoidmembran an ($\rightarrow$ Abb. 146, 165) und stehen damit für alle endergonischen Reaktionen zur Verfügung, für welche im Plastidenkompartiment Enzyme und Substrate vorhanden sind. Diese Reaktionen spielen sich im Stroma ab, das zum größten Teil aus Enzymprotein (und Ribosomen) besteht. An isolierten Chloroplasten läßt sich zeigen, daß dieser anabolische Stoffwechsel prinzipiell auch im Dunkeln ablaufen kann, wenn ausreichende Mengen an $NADPH_2$ und ATP aus anderen Quellen zur Verfügung stehen. Es handelt sich also um biochemische Vorgänge, welche nur mittelbar von der photosynthetischen Energiewandlung abhängen und daher im Prinzip auch in nichtgrünen Pflanzenteilen (z. B. in der Wurzel) ablaufen können, dort allerdings unter Aufwand von dissimilatorisch bereitgestellter freier Enthalpie. Der photosynthetische Stoffwechsel der Chloroplasten ist also weniger durch die Art seiner Produkte charakterisiert, als vielmehr durch den Umstand, daß er nicht auf Kosten zellulärer Energiereserven abläuft und daher zu einer *Nettoproduktion* organischer Moleküle führt.

Der anabolische Stoffwechsel der Chloroplasten ist außerordentlich vielseitig; er umfaßt praktisch alle Stoffgruppen des zellulären Grundstoffwechsels. Dies wird besonders deutlich während der Chloroplastenentwicklung (z. B. in einem jungen, ergrünenden Blatt; → S. 82). In ihrer Wachstums- und Differenzierungsphase synthetisieren die Chloroplasten für ihren eigenen Bedarf große Mengen an Lipiden, Proteinen, RNA, DNA, Chlorophyll und Carotinoiden. Obwohl die meisten Proteine der Chloroplasten im Cytoplasma synthetisiert werden, ist die Proteinsyntheseleistung wachsender Chloroplasten wegen der Massenproduktion weniger Polypeptid-Species sehr hoch. Das sog. „Fraktion-I-Protein" der Chloroplasten kann bis zu 50% des gesamten löslichen Zellproteins grüner Blätter ausmachen. Dieses in der Natur bei weitem häufigste Protein ist identisch mit dem Enzym Ribulose-1,5-bisphosphatcarboxylase (→ S. 166), welches zum größten Teil (große Untereinheiten; → S. 81) in den Chloroplasten codiert ist und auch dort synthetisiert wird.

Die Vielfalt der von Chloroplasten hergestellten Photosyntheseprodukte hängt von ihrem Entwicklungszustand und den äußeren Lebensbedingungen der Pflanze ab. In den reifen Chloroplasten ausgewachsener Zellen verlagert sich die Syntheseleistung auf wenige Massenprodukte, welche ins Cytoplasma exportiert werden. Es sind dies vor allem Kohlen-

hydrate (Triose), Glycolat und Aminosäuren. Da ATP und ADP, im Gegensatz zu $NADPH_2$/NADP, relativ leicht durch shuttle-Mechanismen (→ S. 124) über die Chloroplastengrenze verfrachtet werden können, kommunizieren die Adenylatpools der Chloroplasten und des Cytoplasmas miteinander, nicht jedoch die der Pyridinnucleotide. Daher kann auch ATP als Exportmolekül photosynthetisch aktiver Chloroplasten angesehen werden. Die Wirksamkeit dieser direkten Energieversorgung des Cytoplasmas zeigt sich z. B. bei der lichtabhängigen, ATP-getriebenen Aufnahme von Ionen und ungeladenen Molekülen in die Zelle (→ S. 127). Außerdem ermöglicht die Adenylat-Kommunikation zwischen den Kompartimenten eine homöostatische Regulation der oxidativen ATP-Produktion in den Mitochondrien (→ Abb. 164). Der selektive Transport von Metaboliten spielt sich an der inneren Chloroplastenhüllmembran ab, welche über entsprechende carrier-Systeme verfügt. Die äußere Hüllmembran ist dagegen für kleine Moleküle weitgehend unspezifisch permeabel.

Fixierung und Reduktion von CO_2. Die Biosynthese von Kohlenhydraten ist der mengenmäßig bei weitem wichtigste biochemische Prozeß in den Chloroplasten. Die klassische Formulierung der Photosynthese lautet daher:

$$6\ CO_2 + 12\ H_2O \rightarrow C_6H_{12}O_6 + 6\ H_2O + 6\ O_2$$
$$(\Delta G^{0\prime} = 480\ kJ/mol\ CO_2$$
$$\text{oder } 2880\ kJ/mol\ Glucose). \qquad (57)$$

Hinter dieser summarischen Formel verbirgt sich ein komplizierter biochemischer Mechanismus, mit dessen Hilfe CO_2 unter Verbrauch von ATP und $NADPH_2$ in Zucker umgewandelt wird:

$$CO_2 + 3\ ATP + 2\ NADPH_2 \rightarrow$$
$$[CH_2O] + H_2O + 3\ ADP + 3\ \textcircled{P} + 2\ NADP$$
$$(\Delta G^{0\prime} = -57\ kJ/mol\ CO_2). \qquad (58)$$

Die Aufklärung dieses Mechanismus gelang zu Beginn der 50er Jahre einem Team um M. CALVIN. CALVIN und seine Mitarbeiter verwendeten Suspensionen von Grünalgen (z. B. *Chlorella;* → Abb. 141, 249), und fütterten diese im Licht mit radioaktiv markiertem CO_2 ($^{14}CO_2$), welches erst wenige Jahre zuvor in die biochemische Forschung eingeführt worden war. (Nachdem es später gelang, voll intakte

Abb. 166. Kurzzeitmarkierung photosynthetischer Intermediärprodukte mit ^{14}C bei stationärer Photosynthese. Objekt: *Chlorella pyrenoidosa* (25° C). Die belichteten Zellen wurden zur Zeit Null mit $^{14}CO_2$ versetzt. In den folgenden 30 s wurde das Auftauchen des radioaktiven Kohlenstoffs in den verschiedenen Verbindungen gemessen. In den Analysen wurde 70 – 80% des aufgenommenen $^{14}CO_2$ erfaßt. (Nach Daten von BASSHAM und KIRK, 1960)

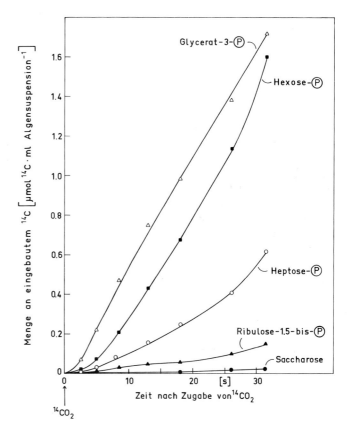

Chloroplasten aus Spinatblättern zu isolieren, wurden die Experimente mit prinzipiell gleichem Resultat auch an diesem Objekt durchgeführt.) Die Algen wurden nach verschieden langen Zeiten mit kochendem Alkohol extrahiert und das erhaltene Metabolitengemisch mit papierchromatographischen Methoden aufgetrennt. Die Messung der Radioaktivität in den einzelnen Metaboliten als Funktion der Einbauzeit lieferte Kinetiken, welche es erlaubten, das anfängliche Stück des Weges, den der Kohlenstoff des CO_2 nimmt, aus der Reihenfolge abzulesen, mit welcher die verschiedenen Metabolitenpools markiert wurden. Es zeigte sich, daß das früheste, faßbare Produkt der CO_2-Fixierung das *Glyceratphosphat* ist (mit der radioaktiven Markierung in der Carboxylgruppe). Nach 1 s Einbauzeit befindet sich die aufgenommene Radioaktivität noch zu über 70% an dieser Stelle. Anschließend verteilt sie sich immer mehr auf andere Metabolite (Abb. 166). Bereits nach weiteren 30 s findet man mehr als 20 Substanzen markiert, darunter mehrere Zucker (Triosen [C_3], Tetrosen [C_4], Pentosen [C_5], Hexosen [C_6], Heptosen [C_7]),

welche stets in Form von Mono- oder Bisphosphaten vorliegen. Die pools dieser „primären" Intermediärprodukte sind im Fließgleichgewicht nach 2 – 4 min durchmarkiert (→ Abb. 167, *links*), erkennbar an der konstanten spezifischen Radioaktivität (Radioaktivität pro Substanzmenge). Deutlich später (>10 min) erreichen die „sekundären" Produkte wie Saccharose und verschiedene Aminosäuren einen Sättigungswert an ^{14}C. Weitere Information lieferten Experimente, bei denen die Änderung der pool-Größen beteiligter Metabolite nach einer Störung des photosynthetischen Fließgleichgewichts gemessen wurden (z. B. Abb. 167).

Durch eine systematische kinetische Analyse nach den in Abb. 166 und 167 dargestellten Prinzipien konnte schließlich der *reduktive Pentosephosphat-Cyclus* (CALVIN-Cyclus) formuliert werden (Abb. 168). Die energetischen Schlüsselreaktionen in diesem Kreislauf sind die Reduktion der Carboxylgruppe zur Aldehydgruppe auf der C_3-Stufe (Synthese einer *Triose* durch die Glycerinaldehydphosphatdehydrogenase) unter Verbrauch von ATP und $NADPH_2$ ($\Delta G^{0'} = 18$ kJ · mol^{-1}; in vivo stellt

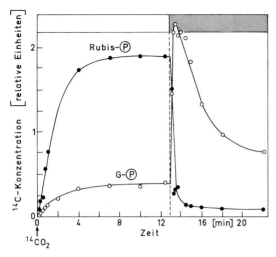 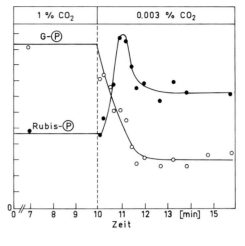

Abb. 167. Die Verschiebung der pool-Größen von Glyceratphosphat (G-Ⓟ) und Ribulosebisphosphat (Rubis-Ⓟ), ausgelöst durch Unterbrechung der photosynthetischen Lichtreaktion bzw. der CO_2-Versorgung. Die Resultate dieser Experimente werden durch die Funktion der beiden Verbindungen im CALVIN-Cyclus (→ Abb. 168) erklärt.
Links: Licht → Dunkel-Übergang. Objekt: *Chlorella pyrenoidosa* (25° C, Begasung mit 400 µl $CO_2 \cdot l^{-1}$). Der Algensuspension wurde zur Zeit Null $^{14}CO_2$ zugesetzt. Beide pools erreichen konstante Radioaktivität nach etwa 4 min. Nach 13 min wurde das Licht abgeschaltet. Rubis-Ⓟ fällt rasch auf einen niedrigen Wert ab, *kann also in einer lichtunabhängigen Reaktion weiterverarbeitet werden.* G-Ⓟ steigt zu

nächst an und fällt erst später langsam ab. *G-Ⓟ kann also im Dunkeln noch eine Zeitlang gebildet werden, während seine (schnelle) Weiterverarbeitung sofort gehemmt wird* (die langsame Abnahme des G-Ⓟ-pools geht auf oxidativen Abbau und Umwandlung in Alanin zurück). (Nach PEDERSEN et al. 1966). *Rechts:* Übergang von 10 ml $CO_2 \cdot l^{-1}$ auf 30 µl $CO_2 \cdot l^{-1}$. Objekt: *Scenedesmus obliquus* (6° C, Dauerlicht). In diesem Fall verhalten sich die beiden pools umgekehrt. Offensichtlich ist die Bildung von G-Ⓟ eine CO_2-abhängige Reaktion, nicht jedoch seine Weiterverarbeitung. Rubis-Ⓟ wird CO_2-unabhängig gebildet und unter CO_2-Mangel angestaut. (Nach BASSHAM et al., 1954)

sich jedoch wegen dem hohen Angebot an ATP und $NADPH_2$ im Licht ein stationäres Gleichgewicht bei $\Delta G \leqq -7 \text{ kJ} \cdot \text{mol}^{-1}$ ein) und die Phosphorylierung des Ribulosephosphats zum CO_2-Acceptor *Ribulosebisphosphat*. Die CO_2-Fixierung durch die Ribulosebisphosphatcarboxylase erfolgt in einer ATP- und $NADPH_2$-unabhängigen Reaktion ($\Delta G^{0'} = -35 \text{ kJ} \cdot \text{mol}^{-1}$, in vivo $\Delta G \approx -40 \text{ kJ} \cdot \text{mol}^{-1}$), wobei über eine extrem instabile C_6-Verbindung 2 Glyceratphosphatmoleküle entstehen. Dieses C_3-Molekül dient nicht nur als Ausgangspunkt für die Kohlenhydratsynthese, sondern auch für die Fettsäure- und Aminosäurebildung.

Nach neueren Erkenntnissen dienen nicht Hexosephosphate, sondern Triosephosphate (vor allem Dihydroxyacetonphosphat) als Transportmetaboliten für den Export des Kohlenhydrats ins Cytoplasma. Die Triose kann dort in den Zuckerstoffwechsel eingeschleust werden. Auch Glyceratphosphat kann leicht zwischen Chloroplast und Cytoplasma verscho

ben werden. Es gibt also offenbar mehrere metabolische Verbindungswege zwischen CALVIN-Cyclus und Glycolyse (Abb. 169). Ein Teil des frisch gebildeten Assimilats wird im Chloroplasten gespeichert, vor allem durch die Synthese von Assimilationsstärke (→ Abb. 142), wobei für die Aktivierung der Glucosebausteine zusätzlich ATP verbraucht wird.

Die bei Tag akkumulierte Depotstärke kann bei Nacht wieder mobilisiert werden (transitorische Stärke; → Abb. 169). Es entsteht wieder Glucose-6-Phosphat, welches über den dissimilatorischen Pentosephosphatcyclus (→ Abb. 182) abgebaut bzw. in andere Intermediärprodukte, z. B. Triosen oder Glyceratphosphat, umgesetzt werden kann (Abb. 170). Diese dissimilatorischen Reaktionen spielen sich ebenfalls in den Chloroplasten ab, wobei ein Teil der CALVIN-Cyclus-Enzyme in „umgekehrter" Richtung benützt werden können (→ Abb. 169). Eine störende Kompetition zwischen dem assimilatorischen Weg (CALVIN-

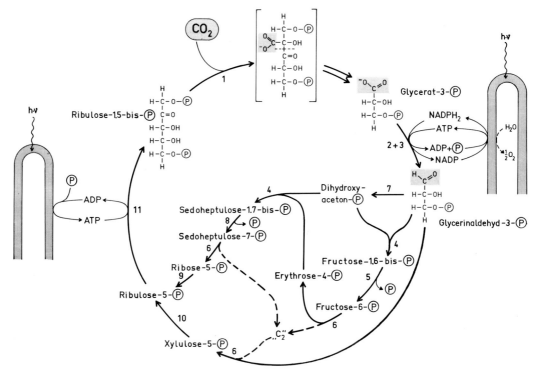

Abb. 168. Der CALVIN-Cyclus (reduktiver Pentosephosphatcyclus). Pro Umlauf wird 1 CO_2 fixiert (Ribulosebisphosphatcarboxylase, 1) und 2 $NADPH_2$ + 3 ATP verbraucht. 3 Umläufe sind für die Nettosynthese einer Triose nötig. Die energieumsetzenden Reaktionen des Kreislaufs sind an die Lichtreaktion in den Thylakoiden gekoppelt (Phosphoglyceratkinase + Glycerinaldehydphosphatdehydrogenase, 2+3). In der unteren Hälfte sind die verschiedenen Umbaureaktionen auf der Ebene der Zuckerphosphate dargestellt: Kondensation (Aldolase, 4), Kettenverlängerung (Transketolase, 6), Hydrolyse von Phosphatestern (Phosphatasen, 5, 8), Phosphorylierung (Ribulosephosphatkinase, 11), und intramolekulare Umordnung (Triosephosphatisomerase, 7; Pentosephosphatisomerasen, 9, 10). Die Produktion von Glycolat (→ Abb. 169) wird in diesem Schema nicht berücksichtigt. (In Anlehnung an BASSHAM, 1971)

Cyclus) und dem dissimilatorischen Weg wird dadurch verhindert, daß strategisch günstig plazierte Enzyme des CALVIN-Cyclus (z. B. Ribulosebisphosphatcarboxylase, Glycerinaldehydphosphatdehydrogenase(NADP), Ribulosephosphatkinase und die beiden Phosphatasen) nur im Licht in aktivem Zustand vorliegen. Verdunklung führt nach wenigen Minuten zur Inaktivierung. Die plastidäre Glucose-6-Phosphatdehydrogenase (dissimilatorischer Pentosephosphatcyclus; → Abb. 182) ist dagegen im Dunkeln aktiv und im Licht gehemmt (→ Abb. 170 b). Der Mechanismus dieser *Enzymaktivitätsmodulation* in den nichtüberlappenden Bereichen beider Cyclen ist noch nicht ganz klar. Wirkungsspektren der Lichtaktivierung und Hemmstoffexperimente deuten auf die Photosynthesepigmente als verantwortliche Photoreceptormoleküle. Da viele dieser Enzyme in vitro eine ausgeprägte Mg^{2+}- und pH-Abhängigkeit zeigen und durch negatives Redoxmilieu (z. B. hohes $NADPH_2$/NADP-Verhältnis) aktiviert werden, könnte sowohl der photosynthetische Ionentransport (→ S. 162), als auch die NADP-Reduktion für diese Regulation verantwortlich sein. Im Falle der Ribulosebisphosphatcarboxylase konnte z. B. gezeigt werden, daß die im Licht eintretende Alkalisierung des Stromas (→ S. 162) ausreicht, um das Enzym (inaktiv bei pH<7,2, maximal aktiv um pH 8,2) vom inaktiven Zustand auf volle Aktivität zu bringen. Außerdem fällt die MICHAELIS-Konstante für CO_2 von 25 μmol · l^{-1} (pH 7,2) auf 7 μmol · l^{-1} (pH 8,8) ab. Im Gegensatz dazu besitzt die plastidäre Glucose-6-Phosphatdehydrogenase ihr pH-Optimum bei 7,3; bei pH 8,2 ist das Enzym inaktiv. In mehreren Fällen wurden sigmoide Sub-

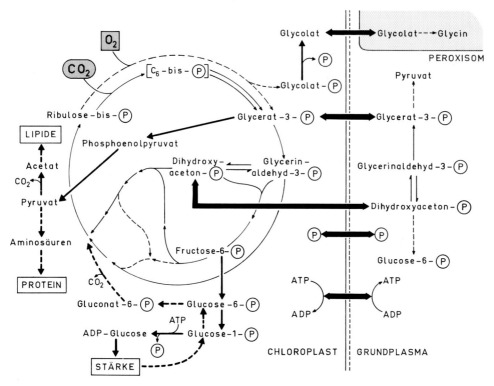

Abb. 169. Metabolismus und Translocation des im CALVIN-Cyclus gebildeten Photosyntheseprodukts. Aus dem Cyclus können an verschiedenen Stellen Metaboliten abgezogen werden. Der Chloroplast kann u. a. *Polysaccharide, Aminosäuren* und *Fettsäuren* selbständig synthetisieren, wie sich z. B. an isolierten, belichteten Chloroplasten demonstrieren läßt. Der Zuckerexport der Chloroplasten ins Cytoplasma erfolgt im wesentlichen über *Dihydroxyacetonphosphat.* Ein Phosphattranslocator transportiert Dihydroxyacetonphosphat und Glyceratphosphat im Austausch mit Phosphat nach außen. C$_4$- bis C$_7$-Zuckerphosphate (z. B. Glucosephosphat) können dagegen den Chloroplasten nicht verlassen. *Adenyla-* *te* werden durch shuttle-Mechanismen transloziert. Außerdem ist die Translocation von *Glycolat,* dem Produkt der Oxygenasereaktion der Ribulosebisphosphatcarboxylase (→ S. 194) in die Peroxisomen eingetragen. Der Glycolatexport der Chloroplasten spielt eine große Rolle für die Photorespiration (→ S. 194). Die Stärke dient als Speicherform für Kohlenhydrate im Chloroplasten. Als aktivierte Zwischenstufe der Stärkesynthese dient ADP-Glucose (nicht UDP-Glucose wie bei der Synthese von Saccharose; → Abb. 186). Die transitorisch deponierte Stärke kann nach phosphorolytischer Spaltung zu Glucose-1-phosphat wieder in den Metabolismus eingeführt werden

strat-Sättigungskurven (→ S. 118) nachgewiesen. Wir haben hier ein erstes Beispiel für eine allosterische Regulation von Schlüsselenzymen eines metabolischen Flusses im Dienste der zellulären Homöostasis vor uns, welche es der Pflanze im Prinzip erlaubt, auch während der Nacht ihren Stoffwechsel (und damit z. B. ihr Wachstum) ohne Unterbrechung weiterzuführen. Im Rahmen der längerfristig wirksamen Entwicklungskontrolle reguliert das Licht auch die *Synthese* der CALVIN-Cyclus-Enzyme, wobei Phytochrom als Photoreceptormolekül dient (→ Abb. 99).

Neuerdings gibt es Anhaltspunkte dafür, daß die Stärke nach Abbau zu Hexosephosphat auch über die Glycolyse in Triosephosphat umgesetzt werden kann. Die entsprechenden Enzyme, einschließlich der Phosphofructokinase, konnten in Spinatchloroplasten in ausreichend hoher Aktivität nachgewiesen werden. Dieser Weg vermeidet den beim oxidativen Pentosephosphatcyclus unausweichlichen Kohlenstoff-Verlust durch CO_2-Bildung.

Reduktion und Fixierung von Nitrat und Sulfat. Die Makronährelemente N und S (→ S. 244) werden von der Pflanze wie C in maximal oxidierter Form (NO$_3^-$, SO$_4^{2-}$) aufgenommen. Da sie in organischen Molekülen nur als $\overset{+}{N}H_3$-bzw. SH-Gruppen Verwendung finden, müssen

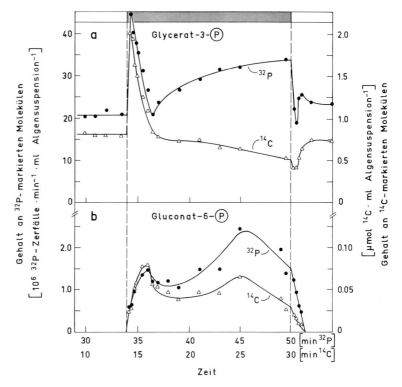

Abb. 170 a und b. Das Wechselspiel zwischen assimilatorischem und dissimilatorischem Metabolitenfluß beim Übergang Licht → Dunkel → Licht. Objekt: *Chlorella pyrenoidosa* (25° C). Die Algen wurden im Licht mit $^{14}CO_2$ und $^{32}PO_4^{3-}$ 14 bzw. 34 min vormarkiert, um alle primären Metaboliten des CALVIN-Cyclus mit beiden Isotopen durchzumarkieren (nicht jedoch freie Zucker und Stärke). In der Dunkelperiode kann kein weiteres ^{14}C aus $^{14}CO_2$, sondern nur noch ^{32}P eingebaut werden (oxidative Phosphorylierung). Solange die ^{14}C- und ^{32}P-Kinetiken parallel laufen, wird daher frisch synthetisiertes (^{14}C-markiertes) Assimilat umgesetzt. Eine relative Erhöhung der ^{32}P-Kinetik bedeutet eine zusätzliche Bildung nur ^{32}P-markierter Moleküle aus dissimilatorischen Quellen. (a) Der steile Gipfel des doppeltmarkierten Glyceratphosphats unmittelbar nach Verdunklung geht auf den Anstau im blockierten CALVIN-Cyclus zurück, welcher von einem Abfließen in andere Produkte (z. B. Alanin) gefolgt wird (→ Abb. 167). Nach etwa 2 min setzt die dissimilatorische Bildung (Glycolyse) von einfachmarkiertem (^{32}P) Glyceratphosphat ein. Bei Wiederbelichtung fällt auch glycolytisch gebildetes Glyceratphosphat sofort ab. Daraus folgt, daß der plastidäre und der cytoplasmatische Glyceratphosphat-pool miteinander kommunizieren. (b) Das im Licht nicht meßbare Gluconatphosphat (dissimilatorischer Pentosephosphatcyclus) steigt im Dunkeln zunächst in doppeltmarkierter Form stark an. Später kommen einfachmarkierte (^{32}P) Moleküle hinzu. Die durch Verdunklung induzierten Veränderungen sind bei Wiederbelichtung voll reversibel. Bei Hemmung des photosynthetischen Elektronentransports steigt Gluconatphosphat auch im Licht an. (Nach BASSHAM, 1971)

diese Ionen zunächst in ihre maximal reduzierte Form umgewandelt werden. Die Fähigkeit zur biologischen Nitrat- und Sulfatreduktion ist auf das Pflanzenreich (einschließlich vieler Bakterien) beschränkt, welches auch in dieser Hinsicht die Existenzgrundlage aller übrigen Organismen bildet. In heterotrophen Organen, z. B. in der Wurzel, können diese Reduktionen mit Hilfe von dissimilatorisch gewonnenen Reduktionsäquivalenten durchgeführt werden. In grünen Pflanzen wird der überwiegende Anteil an reduziertem N und S in den Blättern unter Verwendung von Lichtenergie gewonnen.

Die Umwandlung des Nitrats in Aminostickstoff erfolgt in 3 Stufen (Abb. 171):

$$1.\ NO_3^- + NAD(P)H_2 \rightarrow$$
$$NO_2^- + NAD(P) + H_2O. \tag{59}$$

Diese Reaktion wird durch die *Nitratreductase* katalysiert, welche im Cytoplasma lokalisiert ist. Die Synthese des Enzyms wird durch NO_3^-

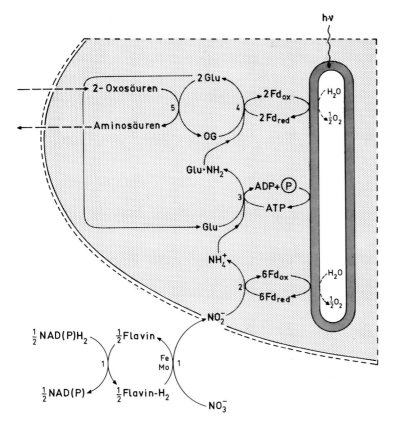

Abb. 171. Die photosynthetische Reduktion und Fixierung des Stickstoffs. Die Reduktion des Nitrats zum Nitrit durch die Flavin, Cytochrom *b*, Eisen und Molybdän enthaltende *Nitratreductase* (1) verläuft im Cytoplasma. Nitrit wird im Chloroplasten durch *Nitritreductase* (2) unter Oxidation von Ferredoxin (Fd) zum Ammoniumion reduziert. Dieses wird durch *Glutaminsynthetase* (3) an Glutamat (Glu) gebunden, wobei ATP verbraucht wird. Glutamin (Glu · NH₂) wird mit 2-Oxoglutarat (OG) durch *Glutamatsynthase* (4) zu 2 Molekülen Glutamat umgesetzt, wobei wiederum reduziertes Ferredoxin notwendig ist (reduktive Aminierung). In der Bilanz entsteht ein Molekül Glutamat, welches die Aminogruppe durch Transaminierung (5) auf andere 2-Oxosäuren (z. B. Pyruvat) weitergeben kann. In Chloroplasten kommt auch eine *Glutamatdehydrogenase(NADP)* vor; ihre Aktivität ist jedoch relativ gering. (In Anlehnung an LEA und MIFLIN, 1974)

induziert (→ Abb. 64) und durch NH_4^+ reprimiert.

$$2.\ NO_2^- + 6\ \text{Ferredoxin(red)} + 8\ H^+ \rightarrow$$
$$NH_4^+ + 6\ \text{Ferredoxin(ox)} + 2\ H_2O. \qquad (60)$$

Diese Reaktion wird durch das Hämoprotein *Nitritreductase* (Sirohäm als prosthetische Gruppe) katalysiert, welches spezifisch für den Elektronendonator Ferredoxin ist, und läuft in der Chloroplastenmatrix ab. Auch hier regulieren NO_3^- und NH_4^+ die Enzymsynthese. In intakt isolierten Spinatchloroplasten kann man eine Nitritreduktion mit der im Blatt gemessenen Intensität (etwa $10 - 20\ \mu\text{mol} \cdot \text{mg}$ Chlorophyll$^{-1} \cdot$ h^{-1}) durch Belichtung auslösen. DCMU (→ Abb. 163) hemmt die Reaktion. Die Nitritreduktion ist also energetisch direkt an den nichtcyclischen Elektronentransport gekoppelt.

Bei den Blaualgen ist auch die Nitratreductase ein Ferredoxin-abhängiges Enzym, welches an die Thylakoidmembran gebunden ist. Bei diesen Organismen ist also die gesamte Reduktion von NO_3^- zu NH_4^+ direkt an den photosynthetischen Elektronentransport gekoppelt. Man konnte neuerdings aus *Anacystis nidulans*

eine Membranfraktion präparieren, welche ohne weitere Zusätze im Licht NO_3^- zu NH_4^+ unter O_2-Entwicklung reduziert. Diese „HILL-Reaktion" eignet sich also im Prinzip zu einer Biokonversion von Lichtenergie in chemische Energie.

$$3.\ NH_4^+ + 2\text{-Oxoglutarat} + 2\ [H] + ATP \rightarrow$$
$$\text{Glutamat} + H_2O + ADP + \textcircled{P}. \qquad (61)$$

Die Überführung des Ammoniumions in organische Bindung erfolgt im Chloroplasten vorwiegend durch eine zweistufige, Ferredoxin- und ATP-abhängige (und damit lichtabhängige) Reaktion, in welcher Glutamin als Zwischenprodukt auftritt. Das produzierte Glutamat kann als Aminogruppendonor für verschiedene 2-Oxosäuren (z. B. Pyruvat, Oxalacetat) im und außerhalb des Chloroplasten dienen (Transaminierung).

Auch in diesem Stoffwechselbereich ist man auf homöostatische Kontrollmechanismen gestoßen. Bei *Chlorella*, welche bis zu 30% des fixierten CO_2 über Glyceratphosphat und Pyruvat für die Synthese von Alanin und anderen Aminosäuren verwenden kann, fand man eine starke Förderung der Pyruvatkinase (Pyruvat → Phosphoenolpyruvat; → Abb. 169) bei gleichzeitiger Hemmung der Saccharosesynthese durch NH_4^+. Dieses Regulationssystem steuert offenbar die Verteilung des fixierten Kohlenstoffs zwischen Protein- und Kohlenhydratsynthese.

Intakt isolierte Chloroplasten der siphonalen Grünalge *Acetabularia* (→ S. 70) synthetisieren im Licht praktisch alle biogenen Aminosäuren aus CO_2 und NO_2^-. Es ist jedoch nicht sicher, ob dieser hohe Grad an biosynthetischer Autonomie auch für die Chloroplasten höherer Pflanzen zutrifft. In der inneren Hüllmembran der Spinatchloroplasten wurde neben dem bereits erwähnten Phosphat-Translocator (→ Abb. 169) ein carrier-Mechanismus für Dicarbonsäuren (Oxalacetat, 2-Oxoglutarat, Aspartat, Glutamat, Malat, Succinat, Fumarat) nachgewiesen.

Isolierte Chloroplasten reduzieren Sulfat im Licht bis zur Stufe des Sulfids. Das SO_4^{2-} wird zunächst durch ATP aktiviert (Bildung von Phosphoadenosinphosphosulfat = „aktives Sulfat") und — an ein Trägerprotein gebunden — von der Sulfatreductase mittels Ferredoxin zur SH-Gruppe reduziert, welche auf das Acceptormolekül O-Acetylserin übertragen wird. Der Komplex zerfällt unter Bildung von Cystein.

Photosynthetische H_2-Produktion. Viele primitive Grünalgen (z. B. *Chlamydomonas* und *Scenedesmus*) und Blaualgen können (wie auch manche Bakterien) ein Enzym bilden, welches molekularen Wasserstoff aktiviert:

$$H_2 \xrightleftharpoons{\text{Hydrogenase}} 2\,H^+ + 2\,e^- . \qquad (62)$$

Die Hydrogenase, welche durch O_2 inaktiviert wird, ist in diesen Organismen funktionell an Ferredoxin gekoppelt und eröffnet somit zwei interessante metabolische Möglichkeiten:

1. Der Elektronentransport wird unter anaeroben Bedingungen zur Produktion von H_2 benützt. Diese Reaktion, welche bei O_2-Mangel offenbar der Entledigung überschüssiger Reduktionsäquivalente dient, läßt sich in vitro auch mit Spinatchloroplasten plus Bakterienhydrogenase durchführen. Sie ermöglicht theoretisch die biologisch katalysierte Konversion von Sonnenenergie in hochwertigen, „sauberen" Brennstoff ($H_2O \xrightarrow{h \cdot \nu} H_2 + \frac{1}{2} O_2$) und wird daher zur Zeit auf ihre technologische Anwendbarkeit hin geprüft.

2. H_2 wird über die Vermittlung von Ferredoxin als Elektronenquelle für die NADP-Reduktion verwendet und ermöglicht damit in einer H_2-haltigen Atmosphäre eine Kohlenhydratsynthese ohne O_2-Entwicklung. Dieser als „Photoreduktion" bekannte Prozeß setzt nur die Aktivität des Photosystems I voraus. Die Lichtabhängigkeit betrifft daher wahrscheinlich nur die Bereitstellung von ATP durch die cyclische Photophosphorylierung. Die „Photoreduktion" durch Hydrogenase dürfte eine große Rolle gespielt haben, als die Erdatmosphäre noch reich an H_2 und frei von O_2 war, d. h. vor der Evolution des O_2-produzierenden Photosyntheseapparats.

Photosynthetische N_2-Fixierung. Manche Blaualgen besitzen (wie gewisse Bakterien; → S. 565) einen Enzymkomplex, der die Reduktion und damit die Fixierung von molekularem Stickstoff ermöglicht:

$$N_2 + 6\,e^- + 8\,H^+ + 12{-}15\,ATP \xrightarrow{\text{Nitrogenase}}$$
$$2\,NH_4^+ + 12{-}15\,ADP + 12{-}15\,\textcircled{P} . \qquad (63)$$

$\downarrow$

Aminosäuren

Die ebenfalls sehr O_2-empfindliche Nitrogenase, welche gleichzeitig auch die Reduktion von Acetylen zu Äthylen katalysiert (und meist anhand dieser Reaktion gemessen wird), kann Elektronen vom Ferredoxin übernehmen. Der Bedarf an ATP (die genaue Stöchiometrie ist noch offen) wird über die Photophosphorylierung gedeckt. Bei den nicht photosynthetisierenden N_2-Fixierern (z. B. bei den Knöllchenbakterien; → S. 566) wird die N_2-Fixierung mit Hilfe dissimilatorisch freigesetzter Energie durchgeführt. Da Nitrogenase auch Hydrogenase-Aktivität besitzt, können die N_2-Fixierer prinzipiell auch H_2 produzieren. Andererseits wird unter anaeroben Bedingungen auch H_2 als Elektronenquelle für die N_2-Reduktion verwendet.

Die N_2-Fixierung läuft in den *Heterocysten* (besonders differenzierte Zellen vieler fädiger Blaualgen), welche bezeichnenderweise ein inaktives Photosystem II besitzen und daher kein O_2 produzieren, mit hoher Intensität ab. Man muß annehmen, daß das an der Nitrogenasereaktion beteiligte Ferredoxin über eine stark exergonische Reaktion reduziert wird, welche ihrerseits von der Photosynthese der Nachbarzellen energetisch gespeist wird. Als Transportmolekül dient wahrscheinlich Maltose, welche in den Heterocysten dissimiliert wird. Generell gilt, daß sowohl die N_2-Fixierung als auch die H_2-Bildung ein streng anaerobes Milieu voraussetzen und daher nicht in Zellen mit photosynthetischer O_2-Produktion ablaufen können. N_2 (als einzige Stickstoffquelle) induziert die Ausbildung von Heterocysten durch Umdifferenzierung normaler Zellen im Faden; hierbei wird der H_2O-spaltende Apparat des Photosystems II inaktiviert.

Die Blaualge *Anabaena azollae*, welche als Symbiont in Blatthöhlen des Wasserfarns *Azolla caroliniana* lebt, fixiert und exportiert Stickstoff, wenn der Farn auf N-armem Medium wächst. Ihre Nitrogenase kann jedoch zu einer intensiven photosynthetischen H_2-Produktion umfunktioniert werden, indem man den Farn reichlich mit Nitrat versorgt. Die Blatthöhlen sind mit einer membranartigen Hülle ausgekleidet, welche von Haarzellen des Wirts durchbrochen wird. Auch dieses System bietet sich möglicherweise zur biotechnologischen Energiekonservierung an.

Ein kurzer Blick auf die bakterielle Photosynthese

Die Purpurbakterien (*Rhodospirillaceae, Chromatiaceae*) und die grünen Schwefelbakterien (*Chlorobiaceae*) zählen zu den photosynthetisierenden (phototrophen) Organismen. Sie bilden unter anaeroben Bedingungen im Licht pigmenthaltige, vesikuläre oder flächige Membransysteme (Chromatophoren) aus, welche die Funktion von Thylakoiden besitzen. Diese Strukturen entstehen als Einstülpungen aus der cytoplasmatischen Membran und tragen gleichzeitig auch Enzyme des dissimilatorischen Elektronentransports. Als Antennenpigmente treten Bacteriochlorophylle und Carotinoide auf. Die chemische Struktur der Bacteriochlorophylle weicht nur wenig von der der Chlorophylle ab. Deutlich verschieden sind dagegen die Absorptionsspektren, welche bei den Bacteriochlorophyllen *a* und *b* weit in den infraroten Bereich reichen (langwelliger Gipfel in vivo im Bereich von 800 – 890 bzw. um 1000 nm). In den grünen Bakterien kommt *Chlorobium*-Chlorophyll (Bacteriochlorophyll *c*) mit einem langwelligen Gipfel bei 725 – 750 nm vor. Als Quantenenergiefalle des aus 50 – 100 Antennenpigmentmolekülen (*Chlorobiaceae* = 1000 – 2000) bestehenden Kollektivs dient ein für die photochemische Reaktion (Elektronentransport) spezialisierter Bacteriochlorophyll *a*-Protein-Komplex (P_{870}), dessen Mittelpunktspotential im Grundzustand bei etwa 450 mV liegt. Das bakterielle Photosystem ist also in mancher Hinsicht analog zum Photosystem I der grünen Pflanzen aufgebaut.

Die photosynthetisierenden Bakterien sind mehr oder minder obligate Anaerobier. Ihre Photosynthese liefert kein O_2, da ein dem Photosystem II der grünen Pflanzen entsprechendes Pigmentkollektiv fehlt. Diese Organismen können daher auch nicht H_2O als Elektronendonator für ihren Elektronentransport verwenden. Das bakterielle Photosystem führt jedoch eine effektive cyclische Photophosphorylierung durch. An dem zugrunde liegenden cyclischen Elektronentransport durch das P_{870} sind mindestens ein Cytochrom *c* (Elektronendonator, $E_m \approx 300$ mV) und Ubichinon (Elektronenacceptor, $E_m = -50$ mV) beteiligt. Außerdem kann dieses Photosystem formal auch einen offenkettigen Elektronentransport antreiben, welcher Elektronen von geeigneten Substraten (z. B. H_2S, Thiosulfat, Succinat, Propionat u. a.) auf NAD übertragen kann. Die Elektronentransportkette ist im Detail noch nicht bekannt. Viele Forscher neigen heute zu der Vorstellung, daß es sich hierbei um die respiratorische Elektronentransportkette (Atmungskette) handelt, welche unter Verbrauch des von der cyclischen Photophosphorylierung gelieferten ATP in umgekehrter Richtung zur Reduktion von NAD eingesetzt werden kann. Unabhängig davon, wie der Weg der Elektronen durch die Redoxsysteme der Chromatophorenmembran verläuft, gilt auch für die photosynthetische Kohlenhydratsynthese der phototrophen Bakterien (welche wie die Chloroplasten über den CALVIN-Cyclus verfügen):

$$CO_2 + 2\,H_2A \xrightarrow{h \cdot \nu} [CH_2O] + H_2O + 2\,A. \quad (64)$$

Im Falle der Chloroplasten und Blaualgen steht A für Sauerstoff, im Falle der Bakterien für Schwefel oder einen entsprechenden Donatorrest. Diese bereits 1931 von VAN NIEL aufgestellte Beziehung bringt das gemeinsame Grundprinzip der beiden Photosynthesesysteme zum Ausdruck. Die phototrophen Bakterien repräsentieren einen phylogenetisch alten, an eine O_2-arme Umgebung angepaßten, primitiven Photosynthesetyp, der nach der Evolution des wasserspaltenden Photosyntheseapparats als Relikt in bestimmten ökologischen Nischen (z. B. in anaeroben Zonen stehender Gewässer) erhalten blieb.

Weiterführende Literatur

ANDERSON, J. M.: The molecular organization of chloroplast thylakoids. Biochem. Biophys. Acta **416**, 191 – 235 (1975)

BARBER, J. (ed.): The Intact Chloroplast. Topics in Photosynthesis. Amsterdam: Elsevier, 1976, Vol. 1

BONNER, J., VARNER, J. E.: Plant Biochemistry, 3. ed. New York: Academic Press, 1976

BRODA, E.: The Evolution of the Bioenergetic Processes. Oxford: Pergamon Press, 1975

CLAYTON, R. K.: Photobiologie. Weinheim: Verlag Chemie, 1975

GIVAN, C. V., HARWOOD, J. L.: Biosynthesis of small molecules in chloroplasts of higher plants. Biol. Reviews **51**, 365 – 406 (1976)

GOVINDJEE (ed.): Bioenergetics of Photosynthesis. New York: Academic Press, 1975

GREGORY, R. P. F.: Biochemistry of Photosynthesis, 2. ed. London: Wiley, 1977

HEBER, U.: Metabolite exchange between chloroplasts and cytoplasm. Ann. Rev. Plant Physiol. **25**, 393 – 421 (1974)

HOPPE, W., LOHMANN, W., MARKL, H., ZIEGLER, H.: Biophysik. Berlin-Heidelberg-New York: Springer, 1977

KELLY, G. J., LATZKO, E., GIBBS, M.: Regulatory aspects of photosynthetic carbon metabolism. Ann. Rev. Plant Physiol. **27**, 181 – 205 (1976)

RABINOWITCH, E., GOVINDJEE: Photosynthesis. New York: Wiley, 1969

TREBST, A., AVRON, M. (eds.): Photosynthesis I. Encyclopedia of Plant Physiology, New Series. Berlin-Heidelberg-New York: Springer, 1977, Vol. 5

WITT, H. T.: Coupling of quanta, electrons, fields, ions and phosphorylation in the functional membrane of photosynthesis. Results by pulse spectroscopic methods. Quart. Review Biophys. **4**, 365 – 477 (1971)

15. Energiegewinnung durch Dissimilation

Die bei der Photosynthese unter Aufwand von Lichtenergie aufgebauten, energiereichen Moleküle dienen nur teilweise als Bausteine für das weitere Wachstum der Pflanze. Ein erheblicher Anteil des Assimilats wird vielmehr in geeigneter Form und an geeignetem Ort gespeichert, um zu gegebener Zeit unter Freisetzung von Energie wieder *dissimiliert* zu werden. Auf diese Weise kann die autotrophe Pflanze für eine begrenzte Zeit unabhängig von der Energiezufuhr aus der Umwelt leben. Ihr Stoffwechsel gleicht unter diesen Bedingungen weitgehend dem der heterotrophen Organismen. In der Tat kann man auf der Ebene der Gewebe bzw. Zellen auch bei der — als Ganzes — autotrophen Pflanze von Heterotrophie sprechen. So sind z. B. die meisten Epidermiszellen des Blattes und die Gewebe der Wurzel in der Re-

gel völlig auf die Ernährung durch die photosynthetisch aktiven Zellen angewiesen. Im Gegensatz zur Assimilation ist die Dissimilation nicht auf bestimmte Gewebe beschränkt, sondern eine Eigenschaft aller lebenden Zellen.

Bei der Dissimilation werden grundsätzlich energiereiche Moleküle unter Freisetzung von Energie in mehr oder minder große Bruchstücke zerlegt. Ein großer Teil der freien Enthalpie dieses Prozesses kann mit Hilfe von molekularen Energieüberträgern [NAD(P)H$_2$ oder andere Redoxsysteme, Adenylatsystem] aufgefangen und den energiebedürftigen, *anabolischen* Stoffwechselbereichen zugeführt werden. Dabei wird ein Großteil der organischen Moleküle wieder zu den anorganischen Ausgangsstoffen, CO_2 und H_2O, zerlegt (Abb. 172):

organische Moleküle (z. B. Zucker)
$$\xrightarrow{+\Delta G}$$
anorganische Moleküle (z. B. CO_2, H_2O). (65)

Dies ist die Umkehrung der allgemeinen Photosynthesegleichung [→ Gl. (52), S. 136]. Ähnlich wie die Photosynthese verläuft auch die dissimilatorische Energietransformation über eine Vielzahl enzymkatalysierter Einzelreaktionen, die zu komplizierten Stoffwechselbahnen zusammengefügt sind. Letztere bilden in ihrer Gesamtheit den *katabolischen* Bereich des Zellstoffwechsels. Man kann die Dissimilation formal in 2 Abschnitte gliedern:
1. Die Freisetzung von Reduktionsäquivalenten ([H] = e$^-$ + H$^+$) aus den wasserstoffreichen, organischen Substraten unter CO_2-Bildung:

$$C_xH_yO_z \rightarrow y\,e^- + y\,H^+ + x\,CO_2. \quad (66)$$

2. Die Reduktion von O$_2$ durch [H] unter Bildung von H_2O:

$$2\,e^- + 2\,H^+ + \tfrac{1}{2}\,O_2 \rightarrow H_2O \quad (67)$$

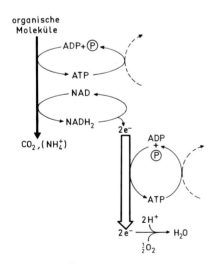

Abb. 172. Übersicht über die Energietransformation bei der oxidativen Dissimilation (→ Abb. 140). Der dicke Pfeil symbolisiert den Elektronentransport durch die Atmungskette; die unterbrochenen Pfeile symbolisieren den endergonischen Stoffwechsel

Die Reduktionsäquivalente liegen nicht frei vor, sondern sind stets an Redoxsysteme (z. B. $NAD/NADH_2$) gebunden. Beide Abschnitte sind exergonisch und können daher zur Gewinnung von Phosphorylierungspotential ausgenützt werden. Den dissimilatorischen Gaswechsel (CO_2-Abgabe bzw. O_2-Aufnahme) bezeichnet man als *Atmung* (Respiration). Gleichung (67) liefert eine einfache Formulierung für den dissimilatorischen Elektronentransport, die *Atmungskette*. Dieser quantitativ dominierende energieliefernde Prozeß ist mit einem Verbrauch von O_2 aus der Atmosphäre verbunden, das hier die Rolle eines Elektronenacceptors besitzt. Auch aus Gl. (66) und (67) ist die Beziehung der Dissimilation zur Photosynthese direkt erkennbar [→ Gl. (53), S. 138]. Außer dieser *aeroben* Dissimilation gibt es in der Zelle auch eine Reihe *anaerober* Dissimilationsbahnen, welche jedoch mit relativ beschränkter Ausbeute an metabolisch nutzbarer Energie arbeiten.

Neben freier Enthalpie können aus den dissimilatorischen Reaktionsbahnen auch an vielen Stellen Moleküle entnommen werden, welche als Bausteine für die Synthese von Zellmaterial dienen. Katabolischer und anabolischer Metabolismus sind daher eng miteinander verzahnt (→ S. 259).

Die Teilabschnitte der Dissimilation laufen in verschiedenen Kompartimenten der Zelle ab, welche in zweckmäßiger Weise miteinander kooperieren. Zum Verständnis des Gesamtprozesses ist daher nicht nur die Sequenz der einzelnen Reaktionsschritte, sondern auch die *Kompartimentierung* der beteiligten Enzyme (bzw. Enzymkomplexe) und der *Transport* von Metaboliten über die Kompartimentgrenzen von entscheidender Bedeutung (→ S. 119). Während man über die Kompartimentierung in vielen Fällen bereits recht gut Bescheid weiß, ist der Mechanismus des Metabolit-Transports über die Kompartimentgrenzen bisher noch wenig erforscht.

Weiterführende Literatur

KINZEL, H.: Grundlagen der Stoffwechselphysiologie. Stuttgart: Ulmer, 1977

16. Die Dissimilation der Kohlenhydrate

Bei den meisten Pflanzen sind Kohlenhydrate mit der allgemeinen Zusammensetzung $[CH_2O]_n$ die mengenmäßig wichtigsten Substrate der Dissimilation. Der vollständige (aerobe) Abbau der Kohlenhydrate läßt sich formal als Umkehrung der Photosynthese von Glucose [→ Gl. (57), S. 164] formulieren:

$$C_6H_{12}O_6 + 6\ O_2 + 6\ H_2O \rightarrow 12\ H_2O + 6\ CO_2$$
$$(\Delta G^{0'} = -2880\ kJ/mol\ Glucose). \tag{68}$$

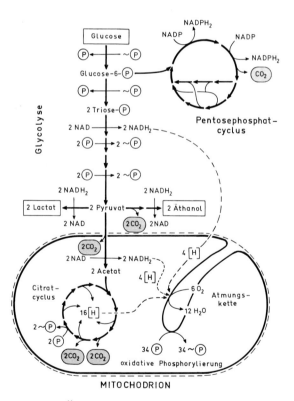

Abb. 173. Übersicht über die Dissimilation von Kohlenhydrat (Hexose), unter besonderer Hervorhebung der Reduktions- und Phosphorylierungspotential produzierenden Reaktionen. (Für weitere Details, → Abb. 175, 176, 177, 182)

Die Änderung der freien Enthalpie unterscheidet sich daher bei beiden Summengleichungen nur im Vorzeichen.

Kohlenhydrate werden in den höheren Pflanzen meist in Form von Stärke (*Amylose* = 1,4-α-Glucan plus *Amylopektin* = 1,4-α, 1,6-α-Glucan) gespeichert. Seltener dienen *Fructosane* (Polymere aus Fructose, z. B. Inulin), *Mannane* (Heteropolymere aus Mannose plus Glucose oder Galactose), oder das Disaccharid *Saccharose* als Speicherform. Bei Prokaryoten und Pilzen tritt das dem Amylopektin ähnliche *Glycogen* auf. Euglenophyceen besitzen das 1,3-β-Glucan *Paramylon*. *Laminarin* und *Florideenstärke* sind komplexe Glucane der Braun- bzw. Rotalgen. Diese Speicherkohlenhydrate sind in der Regel in bestimmten Organellen, z. B. in den zu *Amyloplasten* differenzierten Plastiden in fester Form abgelagert („Stärkekörner"; → Abb. 142). Sie können daher eine extrem hohe Konzentration erreichen, ohne die Zelle osmotisch zu belasten. Der Abbau bis zur Hexosestufe erfolgt entweder hydrolytisch (bei Stärke durch *Amylasen* und *Maltase*) oder phosphorolytisch (durch *Phosphorylasen*), wobei direkt Glucosephosphat entsteht.

Der quantitativ dominierende Abbauweg für Hexosen (Abb. 173) ist die *Glycolyse*, welche zum *Pyruvat* führt. Daneben können Hexosephosphate über den *oxidativen Pentosephosphatcyclus* zu Pentosen und CO_2 abgebaut werden. In Abwesenheit von O_2 tritt *Fermentation* ein, wobei das Pyruvat aus der Glycolyse in die Gärungsprodukte *Äthanol* oder *Lactat* umgewandelt wird. Die bisher erwähnten Prozesse spielen sich im Grundplasma der Zelle ab. In Gegenwart von O_2 wird das glycolytische Pyruvat in den Mitochondrien über den *Citratcyclus* mit der angekoppelten *Atmungskette* vollends zu CO_2 und H_2O zerlegt. Die bei die-

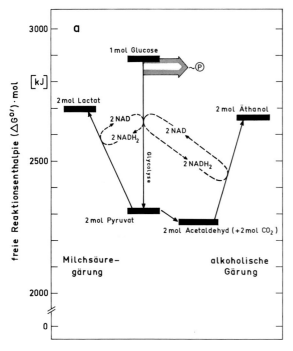

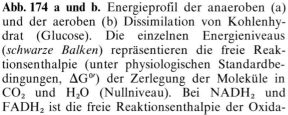

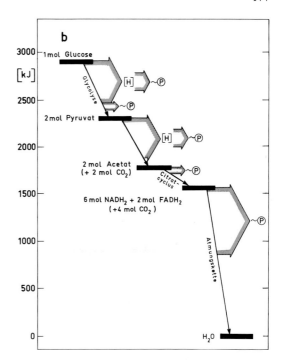

Abb. 174 a und b. Energieprofil der anaeroben (a) und der aeroben (b) Dissimilation von Kohlenhydrat (Glucose). Die einzelnen Energieniveaus (*schwarze Balken*) repräsentieren die freie Reaktionsenthalpie (unter physiologischen Standardbedingungen, $\Delta G^{0\prime}$) der Zerlegung der Moleküle in CO_2 und H_2O (Nullniveau). Bei $NADH_2$ und $FADH_2$ ist die freie Reaktionsenthalpie der Oxidation zu NAD bzw. FAD zugrunde gelegt. Die Dicke der horizontalen Pfeile repräsentiert den Anteil von $\Delta G^{0\prime}$, der unter Standardbedingungen in Form von Reduktionsäquivalenten ([H]) bzw. ATP ($\sim$ⓅD) aufgefangen werden könnte. Da in vivo keine Standardbedingungen herrschen, können diese Modelle nicht quantitativ auf die Zelle übertragen werden

sen insgesamt stark exergonischen Prozessen stufenweise freigesetzte Energie kann zu einem erheblichen Teil als Phosphorylierungspotential (ATP) aufgefangen werden, wobei das NAD/NADH₂-Redoxsystem als Vermittler beteiligt ist (Abb. 174).

Glycolyse

Diese im Grundplasma ablaufende Reaktionssequenz zerlegt Glucose (und damit auch alle in Glucose transformierbaren Kohlenhydrate) in 2 Moleküle Pyruvat *:

$$C_6H_{12}O_6 + 2\ ADP + 2\ Ⓟ + 2\ NAD \rightarrow$$
$$2\ C_3H_4O_3 + 2\ ATP + 2\ NADH_2 \tag{69}$$
$$(\Delta G^{0\prime} = -80\ kJ/mol\ Glucose).$$

---

* Wir folgen hier dem neueren Sprachgebrauch. Ursprünglich wurde der Begriff „Glycolyse" für den Abbau von Glucose zu Lactat geprägt.

Bei dem vielstufigen Prozeß werden insgesamt 2 ATP verbraucht und 4 ATP produziert (Abb. 175). In der Bilanz werden also 2 ATP pro Glucose gewonnen; man spricht daher von der glycolytischen *Substratkettenphosphorylierung*. Außerdem tritt ein stark exergonischer Oxidationsschritt auf (Glycerinaldehydphosphat → Glyceratphosphat + 2 [H]), wobei NAD als [H]-Acceptor dient. Auch in anderen Details ist — unter Berücksichtigung der Richtungsumkehr — die Ähnlichkeit mit Reaktionen des CALVIN-Cyclus unverkennbar (→ Abb. 168). Obwohl die glycolytische Phosphorylierung an Oxidationsreaktionen gekoppelt ist, verläuft sie ohne Beteiligung von O_2. Die freigesetzten Reduktionsäquivalente werden auf NAD übertragen. Es ist evident, daß die Glycolyse nur dann ablaufen kann, wenn das gebildete NADH₂ durch Kopplung an eine [H]-verbrauchende Reaktion beständig wieder zu NAD regeneriert wird.

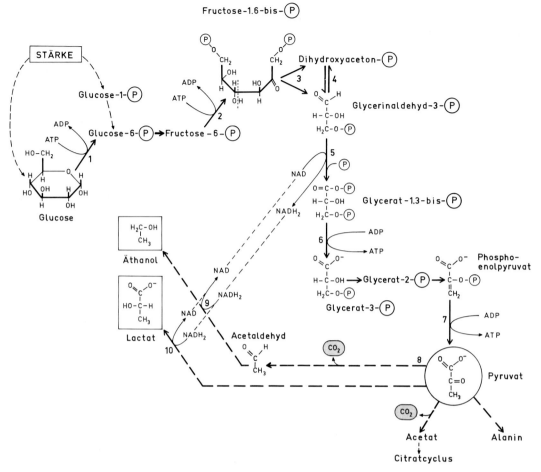

Abb. 175. Die Glycolyse (EMBDEN-MEYERHOF-Weg) einschließlich alkoholischer Gärung und Milchsäure-Gärung. Man kann diese Reaktionssequenz in 5 Abschnitte gliedern: 1. Aktivierung der Hexose mit 2 ATP (Hexokinase, 6-Phosphofructokinase, 1,2). 2. Spaltung der Hexose in 2 isomere Triosen (Aldolase, 3), welche leicht ineinander umwandelbar sind (Triosephosphatisomerase, 4). 3. Oxidation eines Aldehyds zur Säure (NAD-abhängige Glycerinaldehydphosphatdehydrogenase, 5). 4. Stufenweise Hydrolyse energiereicher Phosphatgruppen unter ATP-Bildung (Phosphoglyceratkinase, Pyruvatkinase, 6,7). 5. Das Produkt Pyruvat kann entweder im Citratcyclus zu CO_2 abgebaut werden (*aerobe* Dissimilation; → Abb. 176), oder es wird im Rahmen der Fermentation (*anaerobe* Dissimilation) zu Acetaldehyd decarboxyliert (Pyruvatdecarboxylase, 8), der weiter zu Äthanol reduziert wird (Alkoholdehydrogenase, 9). Als Alternative kann Pyruvat direkt zu Lactat reduziert werden (Lactatdehydrogenase, 10). Beide Gärungsprozesse verbrauchen die zuvor im Schritt 5 freigesetzten Reduktionsäquivalente wieder quantitativ

Fermentation (alkoholische Gärung und Milchsäuregärung)

Unter O_2-Mangel können die bei der Glycolyse anfallenden Reduktionsäquivalente nicht zur Gewinnung von Phosphorylierungspotential ausgenützt werden. An die Stelle der Wasserbildung treten andere Abfangreaktionen für [H], welche stets eine relativ stark reduzierte organische Verbindung liefern, die unter den gegebenen Bedingungen nicht weiter metabolisiert werden kann und sich daher anhäuft. Dies ist die allgemeine Definition einer *Fermentation* oder *Gärung*. Während Mikroorganismen eine große Zahl verschiedener Gärungsprodukte liefern können, sind es bei den höheren Pflanzen im wesentlichen *Äthanol* und/oder *Lactat,* die sich unter anaeroben Bedingungen in den Zellen akkumulieren. Beide Verbindungen entstehen im Grundplasma aus Pyruvat, dem Endprodukt der Glycolyse (→ Abb. 174 a, 175). Die anaerobe Dissimilation von Glucose zu Äthanol bzw. Lactat läßt sich daher folgendermaßen formulieren:

$$C_6H_{12}O_6 + 2\ ADP + 2\ \text{\textcircled{P}} \rightarrow$$
$$2\ C_2H_5OH + 2\ ATP + 2\ CO_2 \qquad (70)$$

$(\Delta G^{0\prime} = -160\ kJ/mol\ Glucose)$,

$$C_6H_{12}O_6 + 2\ ADP + 2\ \text{\textcircled{P}} \rightarrow$$
$$2\ C_3H_6O_3 + 2\ ATP \qquad (71)$$

$(\Delta G^{0\prime} = -120\ kJ/mol\ Glucose)$.

Die in der Glycolyse freigesetzten Reduktionsäquivalente ($NADH_2$) werden quantitativ für die Bildung von Äthanol bzw. Lactat verbraucht; sie treten daher in den Bilanzgleichungen nicht auf. Da die ATP-Ausbeute der Glycolyse relativ bescheiden ist, sind beide Prozesse stark exergonisch und laufen daher unter erheblicher Wärmebildung ab. Das Energieprofil der Fermentation (→ Abb. 174 a) veranschaulicht diese Zusammenhänge auf der Basis von ΔG-Werten unter Standardbedingungen.

Die mit der Freisetzung von CO_2 verbundene alkoholische Gärung ist besonders von den fakultativen Anaerobiern der Gattung *Saccharomyces* (Hefe) bekannt. Diese Organismen sind seit der bahnbrechenden Entdeckung BUCHNERs (1897), der die alkoholische Gärung in einem zellfreien Hefeextrakt nachwies und das aktive Prinzip „Zymase" nannte, zu einem Standardobjekt der Enzymologie geworden („Enzym" heißt „in Hefe"). Viele Hefezellen können ihren gesamten ATP-Bedarf durch anaeroben Abbau von Zuckern zu Äthanol decken, der als reduziertes Abfallprodukt ausgeschieden wird. Besonders gut adaptierte Hefestämme können bis zu 120 g Äthanol · l^{-1} im Medium ertragen. Auch die Zellen der höheren Pflanzen sind bei O_2-Mangel zur alkoholischen Gärung befähigt, ihre Toleranzgrenze für Äthanol liegt jedoch meist unter 30 g · l^{-1}.

Die Milchsäuregärung liefert kein CO_2. Dieser Weg (→ Abb. 175), der z. B. im Muskel in großem Umfang zur anaeroben ATP-Gewinnung benutzt wird, ist auch bei vielen Pflanzen nachgewiesen worden (z. B. in Kartoffelknollen und keimenden Erbsen; → Abb. 199). Er spielt jedoch meist eine quantitativ geringere Rolle als die alkoholische Gärung.

Citratcyclus und Atmungskette

Unter aeroben Bedingungen verläuft der Endabbau des Pyruvats in den Mitochondrien, deren innere Hüllmembran (die äußere ist frei permeabel für alle Metaboliten) über einen Pyruvat-Translocator verfügt (→ Abb. 173). Die Mitochondrien enthalten die Enzyme zur vollständigen Zerlegung der Carbonsäure in CO_2. Die dabei freigesetzten Reduktionsäquivalente werden in einem membrangebundenen Elektronentransportsystem („Atmungskette") zur ATP-Gewinnung ausgenützt und schließlich mit O_2 zur Reaktion gebracht (Endoxidation). Auch das in der Glycolyse entstehende [H] kann mit Hilfe eines shuttle-Transportmechanismus (→ Abb. 124) in die Mitochondrien verfrachtet, und dort reoxidiert werden. Da die Umwandlung der Redoxenergie in Phosphorylierungspotential mit einem außerordentlich hohen Umsatz an freier Enthalpie verbunden ist (→ Abb. 174 b), hat man die Mitochondrien auch als die „Kraftwerke der Zelle" bezeichnet.

Der *Citratcyclus* (Abb. 176) entzieht den eingeschleusten aktivierten Acetateinheiten unter Verbrauch von Wasser alle verfügbaren Reduktionsäquivalente; außerdem wird 1 ATP (bei höheren Tieren GTP) gebildet:

$$CH_3COSCoA + ADP + \text{\textcircled{P}} + 3\ H_2O \rightarrow$$
$$2\ CO_2 + 8\ [H] + ATP + CoASH. \qquad (72)$$

Die Änderung der freien Enthalpie ist bei dieser Bilanzgleichung relativ gering ($\Delta G^{0\prime} \approx -100\ kJ/mol\ Acetat$; → Abb. 174 b), d. h. es geht innerhalb des Cyclus nur wenig Energie ungenützt verloren. Außer der Fähigkeit zur Freisetzung von Reduktionsäquivalenten besitzt der Citratcyclus eine wichtige Funktion für die Bereitstellung der C-Gerüste von Stoffwechselbausteinen, vor allem von Aminosäuren. Da diese Metaboliten andererseits auch in den Kreislauf eingeschleust werden können, bezeichnet man den Citratcyclus als „Sammelbecken" für Stoffwechselzwischenprodukte.

Während die meisten Citratcyclusenzyme in der Mitochondrienmatrix vorliegen, ist die Atmungskette im inneren Membransystem (→ Abb. 34) dieser Organellen lokalisiert. Die von der Matrixseite her als $NADH_2$ angelieferten Reduktionsäquivalente werden über eine Kaskade von Redoxenzymen geleitet und schließlich mit O_2 zu H_2O vereinigt. Da Succi-

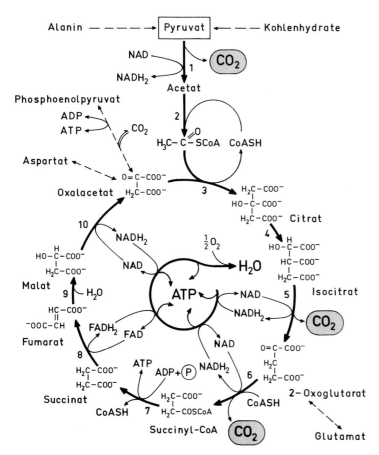

Abb. 176. Der Citratcyclus (KREBS-Cyclus, Tricarbonsäurecyclus) einschließlich oxidativer Phosphorylierung. Durch oxidative Decarboxylierung entsteht aus Pyruvat Acetat (Pyruvatdehydrogenase, 1) welches in aktivierter Form (Coenzym A, 2) durch Verknüpfung mit Oxalacetat in den Cyclus eingeschleust wird (Citratsynthase, 3). Das entstehende Citrat wird nach Isomerisierung (Aconitase, 4) unter Reduktion von NAD zu 2-Oxoglutarat decarboxyliert (Isocitratdehydrogenase, 5). Nach weiterer Decarboxylierung und NAD-Reduktion entsteht in einer komplizierten Reaktionsfolge, in der Succinyl-CoA als Zwischenprodukt auftritt (Multienzymkomplex, 6, 7), Succinat, welches mit Hilfe von FAD zu Fumarat reduziert wird (Succinatdehydrogenase, 8).

Durch Wasseranlagerung an Succinat (Fumarathydratase, 9) entsteht Malat, aus dem unter NAD-Reduktion das Acceptormolekül für Acetat, Oxalacetat, regeneriert werden kann (Malatdehydrogenase, 10). In der Bilanz wird in einem Umlauf Acetat zu 2 CO_2 abgebaut, wobei an 4 Stellen Reduktionsäquivalente auf NAD bzw. FAD übertragen werden. Außerdem entsteht 1 ATP (Schritt 7). $NADH_2$ und $FADH_2$ liefern den Wasserstoff an die Atmungskette ($\rightarrow$ Abb. 177), wo die Reduktionsäquivalente zur Gewinnung von ATP ausgenützt und schließlich auf O_2 übertragen werden. 2-Oxoglutarat und Oxalacetat sind die wichtigsten Knotenpunkte für kommunizierende Stoffwechselbahnen

natdehydrogenase ($\rightarrow$ Abb. 176) selbst fest in die Membran eingebaut ist, kann der im Citratcyclus entstehende, an FAD gebundene Wasserstoff direkt in die Atmungskette eingeschleust werden. Die respiratorische Elektronentransportkette (Abb. 177) der inneren Mitochondrienmembran besitzt eine nicht nur äußerliche Ähnlichkeit mit der Redoxkette zwischen den beiden photosynthetischen Reak-

tionszentren ($\rightarrow$ Abb. 162). Auch hier spielen *Cytochrome* (Tabelle 14) eine zentrale Rolle als Elektronenüberträger, wobei das Fe-Zentralatom des Porphyrins zwischen dem 2wertigen (reduzierte Form) und dem 3wertigen (oxidierte Form) Zustand pendelt (Abb. 178; $\rightarrow$ Abb. 116). Man konnte bisher in der Membran 3 – 4 Flavoproteine (mit FMN als prosthetischer Gruppe), etwa ebenso viele Cytochrome vom *b*-Typ, je

Abb. 177. Schema des respiratorischen Elektronentransportsystems der inneren Mitochondrienmembran. Die im Verlauf des Citratcyclus freigesetzten Reduktionsäquivalente werden in Form von NADH$_2$ oder FADH$_2$ in die Kette eingeführt. Als Acceptoren für [H] fungieren Flavoproteine (in einem Potentialbereich von -150 bis $175\,\text{mV}$), welche die Elektronen über die Cytochrome b, c und a ($\rightarrow$ Tabelle 14) zum O$_2$ leiten. Der größte Teil des Ubichinons liegt bei der pflanzlichen Atmungskette wahrscheinlich nicht in der Hauptkette. Weiterhin ist für Pflanzen ein HCN-resistenter Nebenweg, welcher von der Flavoproteinstufe ausgeht, charakteristisch. Die mit dem Elektronentransport gekoppelten 3 Phosphorylierungsschritte sind rechts oben angedeutet

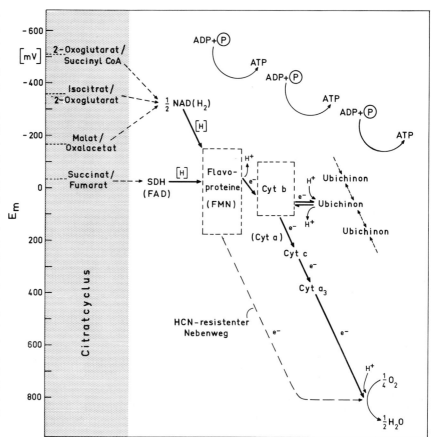

2 Cytochrome vom a- und c-Typ, Ubichinon und eine Reihe von Eisen-Schwefel-Proteinen nachweisen. Die Reihenfolge dieser Komponenten im Elektronentransport ist im Detail noch unklar. Man weiß jedoch, daß auch bei Pflanzen, ebenso wie in der einfacher aufgebauten (und besser erforschten) Atmungskette tierischer Mitochondrien, Flavoproteine am Anfang stehen. Darauf folgen Cytochrom b und Cytochrom c. Die Übertragung der Elektronen auf O$_2$ katalysiert der Cytochromoxidasekomplex ($=$ Cytochrom $a + a_3$). Ubichinon scheint bei Pflanzen nicht im Hauptweg, sondern in einem Nebenschluß zu einem Cytochrom b (oder einem Flavoprotein) zu liegen. Es besitzt, ganz ähnlich wie das Plastochinon bei der Photosynthese ($\rightarrow$ Abb. 162), die Funktion eines Elektronenspeichers und verbindet damit mehrere Elektronentransportketten miteinander.

Die Identifizierung und quantitative Bestimmung der Komponenten des Elektronen-

Tabelle 14. Absorptionsmaxima und Mittelpunktspotentiale (E$_m$) der bisher in Mitochondrien höherer Pflanzen nachgewiesenen Cytochrome. Die Benennung der b- und c-Cytochrome erfolgt nach der Position der α-Bande bei Raumtemperatur (Differenz: 3 nm). (Nach KULL, 1972)

	Absorptionsmaxima (reduzierte Form, 77 K) [nm]			E$_m$ (pH 7,2) [mV]
	α	β	γ	
Cyt a	600	–	438, 445	190
Cyt a_3	603	–	445	380
Cyt b-556	553	525 – 529	430	75
Cyt b-560	557	525	423	42
Cyt b-565	562	534	427	-77
Cyt b_7	560	529		-30
Cyt c-550	547	525	415	235
Cyt c-552	549	517	419	235

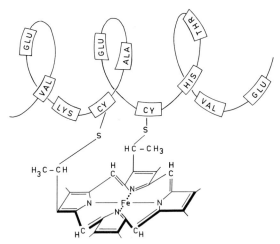

Abb. 178. Cytochrom *c* als Beispiel eines proteingebundenen Porphyrins mit Fe als Zentralatom (Hämin *a*). Das Hämin ist über Thioäther-Bindungen an zwei Cysteinreste des Proteins gebunden. Die Aminosäuresequenz des relativ kleinen Proteins (12 000 dalton) ist bekannt, ebenso die Tertiärstruktur. Da das Hämin tief im Inneren der geknäuelten Aminosäurekette liegt, ist (im Gegensatz zum Cytochrom a_3; → Abb. 179) das Fe weder für O_2, noch für die Komplexbildner HCN oder CO leicht zugänglich. Bei Pflanzen kommen zwei Cytochrom *c*-Typen vor, die sich in der Proteinkomponente unterscheiden (→ Tabelle 14, S. 181). (Nach KARLSON, 1974)

transports erfolgt auch hier meist durch Messung der charakteristischen Absorptionsspektren. Die Cytochrome als intensiv rot-braun gefärbte Substanzen eignen sich hierzu besonders gut (→ Abb. 116). Man hat in den letzten Jahren Methoden entwickelt, um Mitochondrien praktisch unbeschädigt aus Pflanzenmaterial zu isolieren. An solchen Präparaten kann man den Elektronentransport nach Zugabe verschiedener Substrate (z. B. Succinat oder Malat) anhand der O_2-Aufnahme oder der Absorptionsänderungen der Redoxsysteme in vitro studieren. Ähnlich wie bei Chloroplasten (→ S. 160) dienen spezifische Hemmstoffe, welche den Elektronentransport an definierten Stellen blockieren (Abb. 179) und artifizielle Elektronendonatoren und -acceptoren (soweit sie die Mitochondrienhülle frei permeieren können) als weitere Hilfsmittel für die Aufklärung des Elektronentransportweges. Mit Ausnahme von Cytochrom *c* lassen sich die Redoxenzyme meist nicht leicht in nativer Form aus der Mitochondrienmembran herauslösen. Ihre funktionellen Eigenschaften sind jedoch auch in gebundener Form gut meßbar (Abb. 180). Die Identifizierung der Cytochromoxidase als Endglied der Atmungskette durch WARBURG und

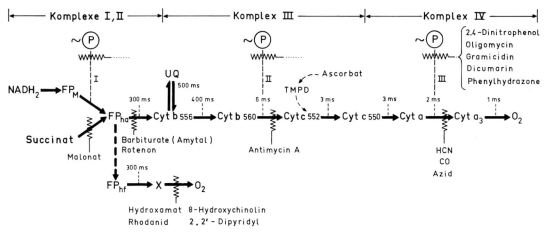

Abb. 179. Respiratorische Elektronentransportkette mit den Wirkstellen einiger Hemmstoffe (FP_M, FP_{ha}, FP_{hf}, Flavoproteine; UQ, Ubichinon; X, nicht identifizierte Oxidase; TMPD, N,N,N′,N′-Tetramethyl-p-phenylendiamin). Vergleiche dazu Abb. 163. Der HCN-resistente Nebenweg zweigt beim FP_{ha} ab (unterbrochene Linie). Dieser Weg wird durch Cytochromoxidase-Hemmer (HCN, Azid, CO) und Antimycin A nicht beeinträchtigt, wohl aber durch einige andere Schwermetall-Komplexbildner. Die 3 Phosphorylierungsstellen I, II, III werden durch „Entkoppler" inaktiviert. Aufgrund von Fraktionie-

rungsexperimenten gliedert man heute den Elektronentransport in 4 strukturelle Komplexe, welche in der Reihenfolge $NADH_2 \rightarrow I \rightarrow III \rightarrow IV \rightarrow O_2$, bzw. Succinat $\rightarrow II \rightarrow III \rightarrow IV \rightarrow O_2$ in Serie arbeiten. UQ und Cyt *c* werden als mobile Bindeglieder angesehen. Die Halbwertszeiten für die Oxidation der Redoxsysteme liegen im vorderen Bereich der Kette um 2 Größenordnungen höher als im hinteren Bereich (24° C). Der Grund für diese scharfe Trennung zwischen zwei kinetisch verschiedenen „Domänen" des Elektronentransports ist noch nicht bekannt. (Nach IKUMA, 1972, verändert)

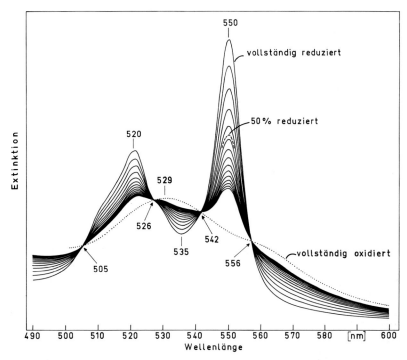

Abb. 180. Die Oxidation von exogenem Cytochrom *c* durch Mitochondrien in vitro. Objekt: Isolierte Mitochondrien aus Wurzeln von *Pisum sativum*. In diesem Experiment wurde eine Mitochondriensuspension in Phosphatpuffer mit reduziertem Cytochrom *c* (aus Pferdeherz) in Gegenwart von O_2 inkubiert. Reduziertes Cytochrom *c* reagiert nicht mit O_2. Da die Mitochondrien in diesem hypotonischen Medium aufbrechen, wird das gelöste Cytochrom *c* für die Cytochromoxidase zugänglich. Die Änderung des Absorptionsspektrums von Cytochrom *c* im Bereich der α- und β-Bande ($\rightarrow$ Abb. 116) wurde im Abstand von etwa 30 s gemessen. Die Absorptionsverminderung bei 550 bzw. 520 nm erfolgt nach einer Reaktion 1. Ordnung. Die Halbwertszeit $\tau_{1/2} = \ln 2/k$ ist ein Maß für die Aktivität der Cytochromoxidase bei O_2-Sättigung. Die Pfeile deuten auf einige isosbestische Punkte (Punkte mit gleichem Extinktionskoeffizient) der Spektren von reduziertem und oxidiertem Cytochrom *c*. (Nach einer Vorlage von BJÖRN)

NEGELEIN (1928) ist ein klassisches Beispiel der quantitativen Wirkungsspektrometrie ($\rightarrow$ S. 311). Bei diesem Experiment wurde die Hemmung der Cytochromoxidase durch hohe Konzentrationen von Kohlenmonoxid ausgenutzt. CO bildet mit dem Eisen des Hämins einen labilen Komplex, der bei Absorption eines Lichtquants wieder gespalten wird. Das Wirkungsspektrum für die Aufhebung der CO-Hemmung der O_2-Aufnahme gibt daher das Absorptionsspektrum des Cytochromoxidase-CO-Komplexes wieder (Abb. 181).

Cyanid-resistente Atmung

Ein außerordentlich wirksamer Inhibitor der Cytochromoxidase ist HCN ($\rightarrow$ Abb. 179), welches einen sehr stabilen Komplex mit dem Hämin-Eisen eingeht, seinen Valenzwechsel verhindert, und damit den Elektronentransport in der gesamten Atmungskette zum Erliegen bringt. Im Gegensatz zu den meisten Tieren gibt es jedoch bei Pflanzen einen zusätzlichen Nebenweg für Elektronen, der durch HCN nicht gehemmt werden kann. Die Abzweigung des *HCN-resistenten Elektronentransportweges* erfolgt vor der Antimycin A-Hemmstelle, wahrscheinlich im Bereich der Flavoproteine ($\rightarrow$ Abb. 177, 179). Aber auch Ubichinon kann über den Nebenweg reduziert werden. Die HCN-unempfindliche Endoxidase dieses Weges ist noch nicht identifiziert; sie ist ebenfalls Teil der inneren Mitochondrienmembran. Mit Ausnahme des reifen *Spadix* vieler Araceen, wo er zur Wärmeproduktion verwendet wird ($\rightarrow$ S. 204), ist die metabolische Funktion dieses

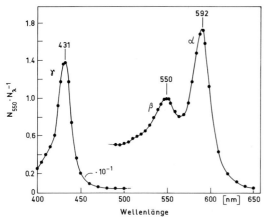

Abb. 181. Wirkungsspektrum der Spaltung des Cytochromoxidase-CO-Komplexes durch Licht. Objekt: Suspension von *Saccharomyces cerevisiae*. Auf der Ordinate ist die relative Quantenwirksamkeit N_λ^{-1} (bezogen auf die Quantenwirksamkeit $N_{550nm}^{-1} = 1$) für die Aufhebung der mit CO (800 ml $CO \cdot l^{-1} + 200$ ml $O_2 \cdot l^{-1}$) vergifteten O_2-Aufnahme durch Licht unter stationären Bedingungen dargestellt ($\rightarrow$ S. 312). Der kürzerwellige Bereich des Spektrums ist um den Faktor 10 gestaucht. CO und O_2 konkurrieren miteinander an den O_2-Bindungsstellen des Cyt a_3. Die Gleichgewichtskonstante für die Bildung des Cyt a_3-CO-Komplexes wird durch elektromagnetische Anregung des Porphyrins erniedrigt. Daher erhöhen die vom Porphyrin absorbierten Lichtquanten die Zugänglichkeit der Bindungsstellen für O_2, was sich in einer Steigerung der O_2-Aufnahmeintensität auswirkt. Unter der (hier gegebenen) Voraussetzung, daß die Quantenausbeute unabhängig von λ ist, besteht ein linearer Zusammenhang zwischen $N_\lambda^{-1}/N_{550nm}^{-1}$ und $\varepsilon_\lambda/\varepsilon_{550nm}$, dem relativen Extinktionskoeffizient des absorbierenden Cyt a_3-CO-Komplexes ($\rightarrow$ S. 312). Die Absorptionsspektren von Cyt a_3 und seinem CO-Komplex unterscheiden sich nur geringfügig ($\rightarrow$ Tabelle 14, S. 118). Der β-Gipfel tritt nur beim CO-Komplex auf. (Nach CASTOR und CHANCE, 1955)

Nebenweges noch weitgehend unklar. In vielen Geweben wird er offenbar nur dann in erheblichem Umfang benützt, wenn die Atmungskette blockiert ist. Da unter diesen Bedingungen die freiwerdende Redoxenergie nur an der ersten Phosphorylierungsstelle als ATP aufgefangen werden kann, nimmt man an, daß es sich um eine Art „Überlaufventil" zur Eliminierung überschüssiger Reduktionsäquivalente handelt, also um einen Mechanismus zur modulatorischen Regulation der Effektivität der Atmungskettenphosphorylierung (partielle Entkopp-

lung) unter Vermeidung der aeroben Fermentation ($\rightarrow$ S. 204).

Die Kapazität des HCN-resistenten Elektronentransports ist bei verschiedenen Pflanzen recht unterschiedlich. Während dieser Seitenweg bei jungen Geweben, z. B. in Keimlingen, meist wenig entwickelt ist, zeigen ruhende Samen und alternde Gewebe häufig eine starke HCN-resistente Komponente der O_2-Aufnahme. Dies kann soweit gehen, daß HCN-Vergiftung in manchen Geweben sogar zu einer Förderung der O_2-Aufnahme führt ($\rightarrow$ Abb. 199). Bei Wurzeln ist nur die HCN-sensitive Atmungskomponente mit der Ionenaufnahme korreliert, nicht jedoch die HCN-resistente „Grundatmung" ($\rightarrow$ Abb. 127). In frisch isolierten Segmenten aus Kartoffelknollen oder Karottenwurzeln ist die O_2-Aufnahme zunächst HCN-empfindlich. Die nach wenigen Stunden einsetzende, starke „Wundatmung" ist dagegen HCN-resistent.

Oxidative Phosphorylierung

In die Atmungskette sind 3 Phosphorylierungsstellen eingebaut: Stelle I im Bereich der Flavoproteine, Stelle II zwischen Cytochrom b_{560} und Cytochrom c_{552} und Stelle III zwischen Cytochrom a und Cytochrom a_3 ($\rightarrow$ Abb. 179). An allen 3 Stellen tritt ein Redoxpotentialsprung auf, der ausreicht, um 1 ATP pro 2 transportierte Elektronen zu bilden [$\Delta G = 32$ kJ $\cdot$ mol^{-1} entspricht $\Delta E = 165$ mV für $z = 2$; $\rightarrow$ Gl. (38), S. 111]. Die vereinfachte Summengleichung der Atmungskettenphosphorylierung lautet:

$$\left.\begin{array}{l}3\ NADH_2 + 9\ ADP + 9\ \textcircled{P} \\ FADH_2 + 2\ ADP + 2\ \textcircled{P}\end{array}\right\} + 2\ O_2 \rightarrow$$

$$\left.\begin{array}{l}9\ ATP + 3\ NAD \\ 2\ ATP + FAD\end{array}\right\} + 4\ H_2O \qquad (73)$$

$$(\Delta G^{0'} = -230\ kJ/mol\ O_2).$$

Für die Dissimilation von Pyruvat über Citratcyclus und Atmungskette kann man, unter Voraussetzung von Standardbedingungen, folgende Rechnung aufmachen ($\rightarrow$ Abb. 176):

$$C_3H_4O_3 + 2,5\ O_2 + 3\ H_2O \rightarrow 3\ CO_2 + 5\ H_2O$$

$$(\Delta G^{0'} = -1150\ kJ/mol\ Pyruvat), \qquad (74)$$

$$15\ ADP + 15\ \circledP \rightarrow 15\ ATP + 15\ H_2O$$
$$(\Delta G^{0\prime} = 440\ kJ/15\ mol\ ATP), \tag{75}$$

Summe:

$$C_3H_4O_3 + 2,5\ O_2 + 15\ ADP + 15\ \circledP \rightarrow$$
$$3\ CO_2 + 17\ H_2O + 15\ ATP \tag{76}$$
$$(\Delta G^{0\prime} = -710\ kJ/mol\ Pyruvat).$$

Es können also theoretisch rund 40% der freien Enthalpie dieses komplexen Prozesses in Phosphorylierungspotential überführt werden.

Unter Berücksichtigung der in der Glycolyse und bei der Pyruvatdecarboxylierung freigesetzten Reduktionsäquivalente liefert der oxidative Abbau von Glucose über Glycolyse, Citratcyclus und Atmungskette theoretisch 38 ATP. Das ist etwa 20mal mehr als die Fermentation [→ Gl. (70), (71), S. 179]. Es ist daher leicht verständlich, warum Gärungen in der Regel sehr viel intensiver (starke CO_2- und Wärmeproduktion!) als die Atmung ablaufen.

Die ATP-Ausbeute bei der Oxidation verschiedener Substrate wird durch das stöchiometrische Verhältnis zwischen ATP-Bildung und O_2-Verbrauch (P/O-Quotient) dargestellt. Dieser Quotient gibt an, wieviel ATP pro 2 e^- ($\frac{1}{2}\ O_2$) gebildet wird. Er liegt theoretisch für Succinat bei 2 und für alle durch das NAD/ $NADH_2$-System reduzierbaren Substraten bei 3 (→ Abb. 177, 179). Bei der HCN-resistenten Atmung ist P/O = 1, da hier nur die erste Phosphorylierungsstelle benützt wird. Der P/O-Quotient ist also ein Maß für die Kopplung zwischen Elektronenfluß und Phosphorylierung. Mit schonend isolierten Mitochondrien kann man in der Regel 50 – 75% des theoretischen Wertes erreichen. Das Ausmaß der Kopplung läßt sich auch daran ablesen, inwieweit das Verhältnis ADP/ATP den Elektronenfluß (und damit den O_2-Verbrauch) steuert (*respiratorische Kontrolle*). Bei streng gekoppelter Phosphorylierung läßt sich durch Zusatz von ATP die O_2-Aufnahme isolierter Mitochondrien hemmen oder sogar eine Umkehrung des Elektronentransports erzwingen. Andererseits kann man durch sog. „Entkoppler" (z. B. 2,4-Dinitrophenol; → Abb. 179, → S. 163) die Kontrolle des Elektronenflusses durch das Adenylatsystem der Mitochondrien aufheben. Diese Substanzen bewirken daher eine starke Beschleunigung des Elektronentransportes und der O_2-Aufnahme.

Der Mechanismus der oxidativen Phosphorylierung war — und ist z. T. auch heute noch — eine heiß diskutierte Frage. Die Hypothese der chemischen Kopplung postuliert ein energetisiertes chemisches Zwischenprodukt („squiggle"), welches bei seiner Relaxation die Energie auf das ADP-phosphorylierende System überträgt. Trotz intensiver Suche ließ sich ein solches Zwischenprodukt (oder eine Energie-konservierende Konformationsänderung) bisher nicht eindeutig nachweisen. Dagegen lassen sich viele experimentelle Befunde mit der chemiosmotischen Hypothese der Phosphorylierung von MITCHELL (→ S. 130) besonders einfach deuten: 1. Die innere Mitochondrienmembran ist für H^+ und OH^- impermeabel. 2. Der Elektronentransport durch die Atmungskette führt zu einer Anreicherung von H^+ auf der Außenseite der Membran, d. h. zu einem *Protonengradienten*. An jeder Phosphorylierungsstelle werden nach neueren Befunden 3 – 4 H^+ pro 2 e^- nach außen transloziert. Für Succinat als Substrat der Atmungskette liegt das $H^+/$ O-Verhältnis, wie zu erwarten, um ein Drittel niedriger als für $NADH_2$. 3. Substanzen, die als Entkoppler bekannt sind (z. B. Gramicidin), erhöhen die Permeabilität der Membran für H^+ und verhindern damit den Aufbau eines H^+-Gradienten. 4. Die Membran trägt auf der Matrixseite einen H^+-translozierenden ATPase-Komplex (F_1, mitochondrialer Kopplungsfaktor). 5. Durch Anlegen eines künstlichen H^+-Gradienten kann man in isolierten Mitochondrien ATP-Synthese bewirken. Es ist daher recht wahrscheinlich, daß auch bei der oxidativen Phosphorylierung, ähnlich wie bei anderen membrangebundenen Phosphorylierungen (→ S. 137, 162), Protonenpumpen (d. h. Transportarbeit) eine vermittelnde Rolle für die Transformation von Reduktionspotential in Phosphorylierungspotential spielt. Vielleicht spielt Ubichinon, analog zum Plastochinon der Thylakoidmembran (→ Abb. 162), für den $H^+/$ e^--Cotransport durch die innere Mitochondrienmembran an den 3 Phosphorylierungsstellen eine entscheidende Rolle.

In aktiven Mitochondrien findet ein intensiver Import (vor allem Pyruvat, ADP und Phosphat) und Export (vor allem ATP und HCO_3^-) von Metaboliten statt. Während die äußere Hüllmembran für die meisten Moleküle frei permeabel ist, besitzt die innere Membran carrier-Systeme für die Intermediärprodukte des Citratcyclus und für Adenylate. Man kennt

z. B. einen spezifischen carrier, der Phosphat durch Cotransport mit H$^+$ (oder Gegentransport mit OH$^-$) durch die Membran schleust (→ S. 124). Ein Adeninnucleotid-carrier tauscht ADP gegen ATP aus. Während beide Nucleotide gleich gut nach außen transportiert werden, ist ADP beim Einwärtstransport stark bevorzugt. Diese Diskriminierung ist allerdings abhängig von Energie (aktiver Transport von ADP), welche direkt von der Atmungskette geliefert wird. Der asymmetrische Adenylattransport führt dazu, daß das Phosphorylierungspotential in den Mitochondrien niedriger gehalten wird als außerhalb. Die Bedeutung dieses Systems für die homöostatische Kontrolle des ATP-Pegels in der Matrix und für die regulierte Kommunikation der Mitochondrien mit dem Cytoplasma ist evident.

Der Wasserstoff der Pyridinnucleotide kann auf indirektem Weg, über einen shuttle-Mecha-

nismus, in die Mitochondrien transportiert werden (→ Abb. 124). Allerdings besitzen pflanzliche Mitochondrien (im Gegensatz zu tierischen) sowohl in ihrer äußeren Membran als auch an der Außenseite ihrer inneren Membran NADH$_2$-Dehydrogenasen und können mit diesen Enzymen exogenes NADH$_2$ auch direkt oxidieren. Die Funktion dieser Dehydrogenasen ist noch unklar.

Oxidativer (dissimilatorischer) Pentosephosphatcyclus

Dieser Kreislauf (Abb. 182) ist über weite Strecken eine Umkehrung des CALVIN-Cyclus (→ Abb. 168), der in der Tat durch Stillegung bzw. Aktivierung weniger Enzyme, in oxidativer Richtung, zur Dissimilation der Chloro-

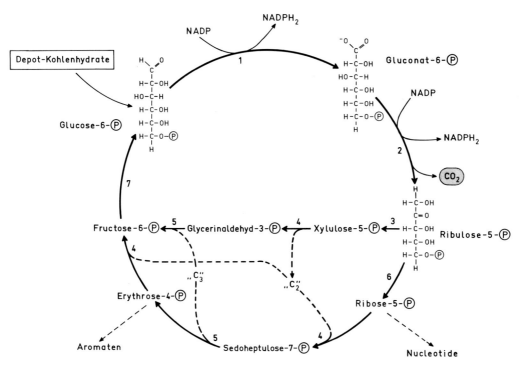

Abb. 182. Der oxidative Pentosephosphatcyclus. Pro Umlauf wird ein CO_2 gebildet (Phosphogluconatdehydrogenase, 2). Außerdem werden an 2 Stellen Reduktionsäquivalente in Form von NADPH$_2$ freigesetzt (Glucose-6-phosphatdehydrogenase, 1, und Reaktion 2). In der unteren Hälfte sind die verschiedenen Umbaureaktionen auf der Ebene der Zuckerphosphate dargestellt: Epimerisierung (Ribulosephosphat-3-epimerase, 3), Kettenverlängerung ($C_5 + C_5 = C_7 + C_3$; Transketolase, 4), Umbau ($C_7 +$ $C_3 = C_6 + C_4$; Transaldolase, 5), Isomerisierung (Ribosephosphatisomerase, 6; Glucosephosphatisomerase, 7). Formal ergeben 6 Umläufe den schrittweisen Abbau von einer Hexose zu 6 CO_2, wobei 12 NADP reduziert werden. Der Cyclus hat jedoch keine vorwiegend dissimilatorische Funktion, sondern liefert vor allem Zuckerbausteine (z. B. Pentosen für Nucleinsäuren und Erythrose für Aromaten; → Abb. 245) und NADPH$_2$ für den anabolischen Stoffwechsel

plastenstärke eingesetzt wird (→ S. 166). Die Enzyme des oxidativen Pentosephosphatcyclus sind außer in den Chloroplasten auch im Grundplasma pflanzlicher Zellen vorhanden. Die Aufgabe dieses Cyclus ist weniger die Freisetzung von Energie, sondern 1. die Produktion verschiedener Zucker, vor allem Pentosen, für synthetische Zwecke und 2. die Bereitstellung von reduziertem NADP. Im Gegensatz zum $NADH_2$ kann $NADPH_2$ nicht direkt in der Atmungskette reoxidiert werden, sondern dient als Lieferant von Reduktionsäquivalenten für reduktive Biosynthesen (z. B. von Fettsäuren und Aromaten; → Abb. 245). Der oxidative Pentosephosphatcyclus des Cytoplasmas steht also weitgehend im Dienste des anabolischen Stoffwechsels. Das Verhältnis zwischen Glycolyse und oxidativem Pentosephosphatcyclus ist daher von der Stoffwechsellage der Zelle abhängig. In biosynthetisch aktiven Geweben erreicht die CO_2-Produktion im Pentosephosphatcyclus Werte bis zu einem Drittel der CO_2-Produktion im Citratcyclus.

Weiterführende Literatur

IKUMA, H.: Electron transport in plant respiration. Ann. Rev. Plant Physiol. **23,** 419 – 436 (1972)

KINDL, H., WÖBER, G.: Biochemie der Pflanzen. Berlin-Heidelberg-New York: Springer, 1975

PALMER, J. M.: The organization and regulation of electron transport in plant mitochondria. Ann. Rev. Plant Physiol. **27,** 133 – 157 (1976)

RICHTER, G.: Stoffwechselphysiologie der Pflanzen, 3. Aufl. Stuttgart: Thieme, 1976

SOLOMOS, T.: Cyanide-resistant respiration in higher plants. Ann. Rev. Plant Physiol. **28,** 279 – 297 (1977)

WISKICH, J. T.: Mitochondrial metabolite transport. Ann. Rev. Plant Physiol. **28,** 45 – 69 (1977)

17. Die Mobilisierung von Reservefett

Die Samen der höheren Pflanzen sind meist reichlich mit Speicherstoffen ausgestattet, welche nach der Keimung mobilisiert und für die Entwicklung des jungen Keimlings verbraucht werden. Die junge Pflanze muß von diesen Vorräten solange leben, bis sie ihren Photosyntheseapparat aufgebaut hat und dadurch zur Autotrophie befähigt wird. Nach der Lokalisierung des Speichermaterials kann man im Prinzip zwei Typen von Samen unterscheiden (Abb. 183): 1. *Samen mit Endospermspeicherung* (z. B. bei Gymnospermen, Cocospalme, Tomate und den Caryopsen der Gräser; (→ Abb. 468) in Sonderfällen tritt auch ein *Perisperm* auf) und 2. *Samen mit Kotyledonenspeicherung* (z. B. bei

vielen Leguminosen, Cruciferen und Compositen). Es gibt auch Arten, bei denen beide Möglichkeiten realisiert sind (z. B. *Trigonella*). Die Speicherstoffe sind vor allem *Polysaccharide* (meist Stärke), *Proteine* (spezielle Glycoproteine) und *Fette* (Triglyceride mit verschiedenen, meist ungesättigten, Fettsäuren). Diese drei Speicherstoffe liegen allerdings bei den verschiedenen Arten in sehr unterschiedlichen Mengen vor. So speichern z. B. die Gramineen im Endosperm ihrer Karyopsen vorwiegend Stärke. In den Kotyledonen vieler Leguminosen überwiegt Speicherprotein, während die Cruciferen typische Vertreter der Pflanzen mit vorwiegend fetthaltigen Kotyledonen sind.

Die in Form von Aleuronkörpern deponierten Speicherproteine liefern bei ihrem Abbau durch Proteasen und Glycosidasen Aminosäuren bzw. Hexosen. Der Abbau der Polysaccharide zu Zuckern wurde im vorigen Kapitel behandelt (→ S. 176). Diese beiden Speicherstoffe können also durch einfache Hydrolyse in Transportmetaboliten überführt werden, welche geeignet sind, um über die Leitungsbahnen des Phloems (→ S. 484) zu den Orten des Bedarfs in den wachsenden Achsenorganen des Keimlings (Hypokotyl, Radicula) verfrachtet zu werden.

Fette (in Form von Ölen) bilden bei den Samen vieler höherer Pflanzen den weitaus überwiegenden Teil des Speichermaterials (bis zu 70% der Trockenmasse). Dies hängt wahrscheinlich damit zusammen, daß Fett wegen seiner hydrophoben Eigenschaften und seinem extrem niedrigen Sauerstoffgehalt [→ Gl. (77), S. 192] ein idealer Speicherstoff ist, der dem Samen ein Maximum an Energiereserven bei minimalem Gewicht ermöglicht. Im Endosperm (bzw. in den Kotyledonen) liegt das Speicherfett in kugeligen, von einer einfachen (nicht membranösen) Hülle umschlossenen Fetttröpf-

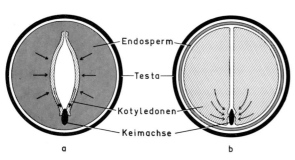

Abb. 183 a und b. Die beiden Typen der Stoffspeicherung bei Samen (Dikotylen). (a) *Endospermspeicherung* (z. B. bei *Ricinus*); (b) *Kotyledonenspeicherung* (z. B. bei der Walnuß). Bei (a) besitzen die Kotyledonen während der Speicherstoffmobilisierung im Endosperm die Funktion von *Saugorganen,* welche Saccharose und Aminosäuren aus dem Endosperm aktiv resorbieren und in die Keimlingsachse transportieren. Die Endospermspeicherung ist wahrscheinlich der evolutionistisch ältere Typ. Dieses Stadium wird bei (b) während der Samenreifung auf der Mutterpflanze durchgemacht. Bei beiden Samentypen tritt das Problem der Translocation des Speichermaterials von den Speichergeweben in die wachsenden Achsenorgane Hypokotyl und Radicula auf (*Pfeile*)

Abb. 184. Die Keimung von *Ricinus communis* (Wunderbaum, *Euphorbiaceae*). *Links:* Mediane Schnitte durch den ungekeimten Samen. Die häutigen, großflächigen Kotyledonen stehen in direktem Kontakt zum Endosperm. *Mitte:* Stadium maximaler Fettmobilisierung im Endosperm (ca. 6 d nach der Quellung des Samens (25° C)). *Rechts:* Nach Übergang zum autotrophen Wachstum (ca. 10 d nach der Samenquellung). Die Samen sind gegenüber den Keimlingen 5fach vergrößert dargestellt. E, Endosperm; H, Hypokotyl; K, Kotyledonen; R, Racicula; T, Testa. (Nach TROLL, 1954, verändert)

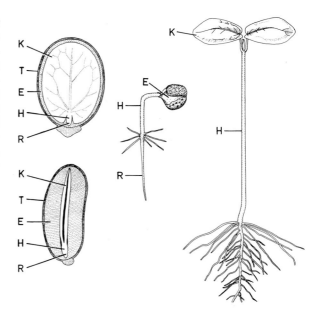

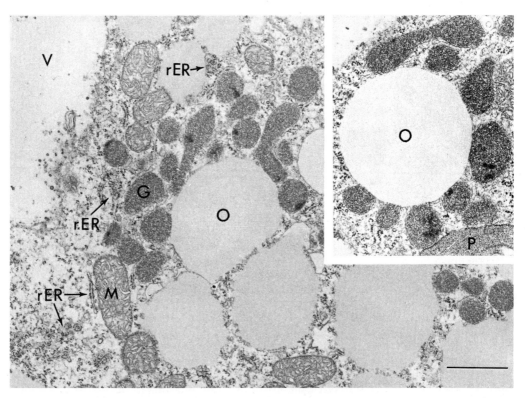

Abb. 185. Feinstruktur der Endospermzellen keimender Samen von *Ricinus communis*. In ungekeimten Samen wird das Zellumen zum größten Teil von dicht gepackten Lipidkörpern (Oleosomen, O) ausgefüllt. Während der Keimung entstehen Glyoxysomen (G), welche sich an die Oleosomen anlagern (*Ausschnitt oben rechts*) und die „Verdauung" der freigesetzten Fettsäuren durchführen (→ Abb. 186). Die elektronenmikroskopische Aufnahme stammt von 6 d alten Keimpflanzen (25° C), in deren Endosperm der Fettabbau in vollem Gang ist. Neben Glyoxysomen und Oleosomen findet man im Endosperm Mitochondrien (M), Proplastiden (P), Vacuolen (V) und Cisternen des endoplasmatischen Reticulums mit Ribosomenbesatz („rauhes" ER), welches in Aufsicht spiralige Polysomen erkennen läßt (z. B. *links unten*). Der Strich repräsentiert 1 μm. (Nach VIGIL, 1970)

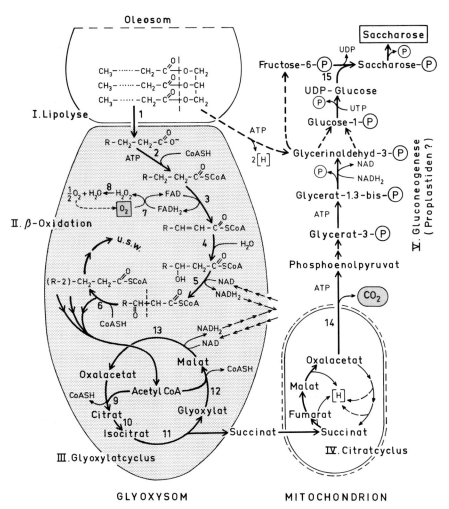

Abb. 186. Die Transformation von Fett in Kohlenhydrat (Saccharose) in Fettspeichergeweben von Samen. Dieser Weg läßt sich in 5 Teilbereiche gliedern:

I. Lipolyse: Spaltung von Fett in Fettsäuren und Glycerin durch Lipase (1) an der Oleosomenhülle.

II. β-Oxidation der Fettsäuren (an der Innenseite der Glyoxysomenmembran): Der Acylrest wird mit CoA aktiviert (Thiokinase, 2). Nach Wasserstoffentzug durch FAD (Acyldehydrogenase, 3) wird H_2O an die Doppelbindung angelagert (Enoylhydratase, 4), nochmals Wasserstoff entzogen (Hydroxyacyldehydrogenase, 5) und schließlich zwischen dem 2. und 3. C-Atom gespalten (Ketoacyl-Thiolase, 6). Der um ein C_2-Stück verkürzte Fettsäurerest kann erneut in den Cyclus eintreten. Das im Schritt 3 gebildete $FADH_2$ wird durch O_2 reoxidiert (7). Das hierbei entstehende H_2O_2 wird durch Katalase (8) gespalten.

III. Glyoxylatcyclus (in der Glyoxysomenmatrix): Zwei Acetatreste aus der β-Oxidation werden in diesem Cyclus zu Succinat umgewandelt. Die Schritte 9 und 10 verlaufen wie im Citratcyclus (→ Abb. 176). Schlüsselenzyme sind Isocitratlyase (11), welche Isocitrat in Glyoxylat und Succinat spaltet und Malat

synthase (12), welche Glyoxylat mit einem weiteren Acetyl-CoA zu Malat vereinigt. Durch Reduktion (Malatdehydrogenase, 13) entsteht daraus wieder der Acetatacceptor Oxalacetat. Die Reoxidation des in der β-Oxidation und im Glyoxylatcyclus gebildeten $NADH_2$ erfolgt außerhalb der Glyoxysomen (shuttle-Transport über eine glyoxysomale Glutamat-Oxalacetat-Transaminase), entweder im Cytoplasma (Bildung von Glycerinaldehydphosphat) oder in den Mitochondrien.

IV. Über Teilreaktionen des *Citratcyclus* in den Mitochondrien (→ Abb. 176) wird Succinat zu Oxalacetat oxidiert.

V. Gluconeogenese (außerhalb der Mitochondrien, wahrscheinlich in den Proplastiden): Oxalacetat wird durch Phosphoenolpyruvatcarboxykinase (14) zu Phosphoenolpyruvat decarboxyliert, welches über die glycolytische Reaktionskette zu Hexosephosphaten führt (→ Abb. 175). Die Verknüpfung von Fructose und Glucose zu Saccharose über Uridindiphosphat-Glucose (Saccharosephosphatsynthase, 15) findet wahrscheinlich im Cytoplasma statt. In Fettspeichernden Kotyledonen beobachtet man auch eine transitorische Stärkebildung

chen vor, die man als *Oleosomen* bezeichnet (→ Abb. 185). Der Ursprung dieser Partikel konnte bisher nicht eindeutig aufgeklärt werden.

Wegen der Notwendigkeit eines Langstreckentransports über die Leitbündel des jungen Embryos muß auch das Speicherfett zunächst in den Transportmetaboliten Saccharose umgewandelt werden. Diese *Fett → Kohlenhydrat-Transformation* spielt sich in allen fettspeichernden Zellen in prinzipiell gleicher Weise ab. Ein beliebtes Objekt für die Untersuchung der komplexen biochemischen Vorgänge ist das Endosperm des keimenden Samens von *Ricinus communis* (Abb. 184, 185). Ein reifer *Ricinus*-Same enthält etwa 260 mg Fett und 15 mg Kohlenhydrate. Zwei d nach der Quellung setzt eine intensive Fettverdauung im Endosperm ein, welche nach etwa 5 d ihr Optimum erreicht (25° C). Zu diesem Zeitpunkt werden etwa 2 mg Saccharose · h⁻¹ von den Kotyledonen des Embryos resorbiert. Bereits nach weiteren 4 d ist der Fettvorrat weitgehend erschöpft (50 mg), dafür enthält der Keimling nun 230 mg Kohlenhydrate. In diesem Stadium streifen die Kotyledonen die absterbenden Endospermreste ab, ergrünen und entwickeln sich zu normalen Laubblättern.

Abb. 187 a – g. Die Lokalisierung von Schlüsselenzymen der Fett → Kohlenhydrat-Transformation in Fettspeicherzellen. Objekt: Endosperm keimender Samen von *Ricinus communis.* In diesem Experiment wurde nach 5 d Ankeimung bei 30° C das Endospermgewebe in einem isotonischen Medium (0,4 mol Saccharose · l⁻¹) schonend homogenisiert. Die hierbei erhaltene Organellensuspension wurde auf einen Dichtegradienten (300 – 600 g Saccharose · l⁻¹) geschichtet und für 4 h bei 100 000 × g zentrifugiert. Hierbei wandern die Organellen als Bande in den Gradient ein, bis sie die Position ihrer eigenen Schwebedichte (ϱ) erreicht haben (Gleichgewichtszentrifugation), und werden dadurch getrennt. Nach Fraktionierung des Gradienten wurde die Verteilung des Proteins (a) und einiger Glyoxysomen- und Mitochondrienenzyme (b–g) gemessen (→ Abb. 186). Durch ähnliche Experimente konnte gezeigt werden, daß die Enzyme der β-Oxidation hier ausschließlich in den Glyoxysomen vorkommen. (Nach Daten von BREIDENBACH et al., 1968)

Lipolyse, β-Oxidation der Fettsäuren und Glyoxylatcyclus

Während der ersten 8 d nach der Quellung des *Ricinus*-Samens spielt sich im Endosperm ein außerordentlich aktiver Stoffwechsel ab (Abb. 186). Das Fett der Oleosomen wird zunächst durch eine fest an die Hülle dieser Organellen gebundene Lipase in die wasserlöslichen Komponenten Glycerin und Fettsäuren gespalten. Das freigesetzte Glycerin kann über Glyce-

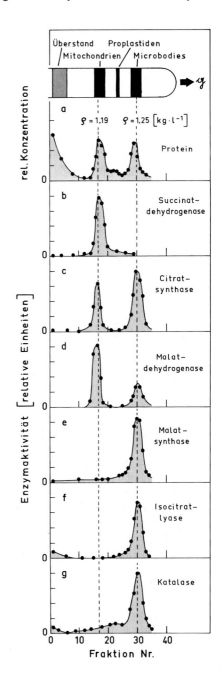

rinphosphat leicht zum Aldehyd oxidiert werden und bekommt damit unmittelbaren Anschluß an die Glycolyse. Die mengenmäßig viel gewichtigeren Fettsäuren werden durch *β-Oxidation* schrittweise in C_2-Einheiten (Acetat) zerlegt, welche dann im *Glyoxylatcyclus* zur C_4-Säure Succinat zusammengefügt werden. Die Enzyme der β-Oxidation und des Glyoxylatcyclus sind in speziellen Organellen, den *Glyoxysomen*, lokalisiert. Dieser für Fett-verdauende Gewebe charakteristische Microbody-Typ (→ S. 86) wurde 1967 im *Ricinus*-Endosperm entdeckt. Wegen der allgemein für Microbodies charakteristischen hohen Schwebedichte ($\varrho \approx 1,25 \text{ kg} \cdot 1^{-1}$) im Saccharose-Dichtegradienten konnte man Glyoxysomen von den anderen Zellorganellen (Mitochondrien, Plastiden) trennen und ihre Enzymausstattung ermitteln (Abb. 187). Die Glyoxysomen erscheinen nach der Keimung in großer Zahl in den Endospermzellen und treten dort in engen Membrankontakt mit den abzubauenden Oleosomen (→ Abb. 185). Das bei der β-Oxidation anfallende H_2O_2 wird durch die stets in Microbodies reichlich vorhandene Katalase beseitigt. Im keimenden *Ricinus*-Endosperm ist die β-Oxidation ausschließlich auf die Glyoxysomen beschränkt. Dies gilt jedoch wahrscheinlich nicht generell, da man in anderen pflanzlichen Geweben, ähnlich wie bei Tieren, Fettsäureabbau auch in den Mitochondrien findet.

Aufbau von Saccharose aus Succinat

Zunächst wird der Citratcyclus in den Mitochondrien benützt, um Succinat in Oxalacetat umzuwandeln, welches nun als Substrat der *Gluconeogenese* dient. Nachdem mit Hilfe von ATP und einem Decarboxylierungsschritt die Einschleusungsreaktion von Pyruvat in den Citratcyclus (→ Abb. 176) umgangen wurde, kann die Reaktionsfolge der Glycolyse — in umgekehrter Richtung — bis zur Hexosephosphat-Stufe durchlaufen werden. Unter weiterem Verbrauch von Phosphorylierungspotential entsteht schließlich das Disaccharid Saccharose. Als Bilanz ergibt sich folgende Summengleichung (berechnet für das Fett Triolein):

$$C_{57}H_{104}O_6 + 36,5\,O_2' \rightarrow \qquad (77)$$
$$3,625\,C_{12}H_{22}O_{11} + 13,5\,CO_2' + 12,125\,H_2O.$$

Aus dieser Formulierung wird deutlich, daß die Umwandlung von Fett in Kohlenhydrat einer partiellen oxidativen Dissimilation des Fetts gleichkommt, wobei jedes vierte C-Atom der Fettsäuren veratmet wird. Es fallen dabei erhebliche Mengen an Reduktionspotential (vorwiegend in Form von $NADH_2$) an, welche wahrscheinlich zum größten Teil über die Atmungskette zur ATP-Synthese genutzt werden können. Für die Aktivierung von Intermediärprodukten werden insgesamt knapp 60 ATP pro Fettmolekül verbraucht. Diese Zahlen veranschaulichen den enormen Energieumsatz, der mit der Fettmobilisierung verbunden ist. Außerdem wird verständlich, warum fetthaltige Samen bei der Keimung ganz besonders auf eine ausreichende Zufuhr von O_2 angewiesen sind.

Die Glyoxysomen mit ihrem spezifischen Satz von Enzymen werden bei der Keimung neu gebildet. In der Karyopse von Gerste und Weizen geht vom keimenden Embryo ein Hormonsignal (Gibberellin) aus, welches die Bildung von Glyoxysomen in den fetthaltigen Aleuronzellen des Endosperms (→ Abb. 390) induziert. Dieses Signal veranlaßt dort gleichzeitig die Synthese und Ausschüttung von Hydrolasen, z. B. von Amylase, zur Verdauung der Stärke (→ S. 375). Beim *Ricinus*-Endosperm hat man keinen Hinweis dafür gefunden, daß ein Hormonsignal des Embryos zur Einleitung der Glyoxysomengenese notwendig wäre. Die glyoxysomalen Enzyme werden kurz nach dem Anlaufen der Keimvorgänge de novo synthetisiert. Dies spielt sich wahrscheinlich an bestimmten Bezirken des endoplasmatischen Reticulums ab. Die Glyoxysomen entstehen dann als Ausknospungen des cytoplasmatischen Membransystems, in welche die Enzyme einwandern und auf diese Weise „verpackt" werden. Nach dem 5. Keimungstag nehmen die Glyoxysomen im *Ricinus*-Endosperm wieder ab. Ihr Material wird zusammen mit dem restlichen Cytoplasma verdaut und ebenfalls vom Embryo resorbiert.

Anhang: Acetatverwertung bei Grünalgen

Viele Grünalgen sind in der Lage, mit Hilfe des Glyoxylatcyclus Acetat als Kohlenstoffquelle auszunützen. Da meist außerdem noch Licht benötigt wird, spricht man hier von *photoheterotrophem* Wachstum, im Gegensatz zum *photoautotrophen* Wachstum auf CO_2. Setzt man diese Zellen von CO_2-Medium auf ein Acetat-Medium um, so steigen innerhalb weniger Stunden die Enzyme des Glyoxylatcyclus auf einen hohen Pegel an. Man hat heute gute Anhaltspunkte dafür, daß diese substratinduzierte Enzymsynthese auf einer koordinierten Derepression derjenigen Gene beruht, welche für diese Enzyme codieren. Die Synthese der Ribulosebisphosphatcarboxylase wird in diesen Organismen durch Acetat reprimiert, steigt jedoch beim Umsetzen auf CO_2-Medium im Licht drastisch an. Es handelt sich hier um einen typischen Fall metabolischer Anpassung an die Umwelt durch differentielle Enzymsynthese, gesteuert auf der Ebene der Transkription.

Weiterführende Literatur

BREIDENBACH, R. W.: Microbodies. In: Plant Biochemistry. Bonner, J., Varner, J. E. (eds.), 3rd ed. New York: Academic Press, 1976, pp. 91 – 114

GERHARDT, B.: Microbodies/Peroxisomen pflanzlicher Zellen. Cell Biology Monographs. Wien-New York: Springer, 1978, Vol. 5

RICHTER, G.: Stoffwechselphysiologie der Pflanzen, 3. Aufl. Stuttgart: Thieme, 1976

18. Die Photorespiration

Der dissimilatorische Stoffwechsel der grünen Pflanze ist nicht, wie man lange Zeit glaubte, unabhängig vom Licht. Vielmehr ist bei den meisten autotrophen Pflanzen die Atmung (CO_2-Abgabe und O_2-Aufnahme) im Licht um ein Mehrfaches höher als im Dunkeln. Dies läßt sich z. B. aus dem Befund schließen, daß in zuvor belichteten Blättern sofort nach dem Abstoppen der CO_2-Aufnahme durch Verdunklung noch einige Minuten lang ein starker Ausstoß von CO_2 gemessen werden kann. Diesen lichtabhängigen Gaswechsel nennt man *Photorespiration* oder *Lichtatmung*. Der auf assimilierende Zellen beschränkte Atmungsprozeß unterscheidet sich grundsätzlich von den bisher besprochenen CO_2-bildenden und O_2-verbrauchenden Reaktionen der Mitochondrien, z. B. durch eine viel geringere Affinität zum O_2. Die mitochondriale O_2-Aufnahme der meisten Gewebe ist wegen der niedrigen $K_m(O_2)$ der Cytochromoxidase ($\rightarrow$ Tabelle 16, S. 208) bereits bei $10 - 20$ ml $O_2 \cdot l^{-1}$ in der Atmosphäre gesättigt, die Photorespiration dagegen nicht einmal in reiner O_2-Atmosphäre von 1 bar. Außerdem ist die Photorespiration durch DCMU ($\rightarrow$ Abb. 163) vollständig hemmbar, nicht aber durch HCN. Auch CO_2 hemmt diesen Prozeß stark, während O_2 ihn fördert. Untersucht man dagegen die Atmung grüner Blätter im Dunkeln, so findet man alle Merkmale der mitochondrialen Atmungsvorgänge, welche auf Citratcyclus und Atmungskette zurückgehen. Es muß sich also bei der Photorespiration um einen grundsätzlich anderen biochemischen Vorgang als bei der Dunkelatmung handeln.

Photosynthese von Glycolat

Die Photorespiration steht, wie die Hemmung durch DCMU andeutet, in engem Zusammenhang mit der Photosynthese. Durch Experimente mit $^{14}CO_2$ konnte man in der Tat zeigen, daß das Substrat der photorespiratorischen CO_2-Bildung unmittelbar aus der Photosynthese stammt. Da die Dunkelatmungsprozesse wegen der Konkurrenz um ADP im Licht mehr oder minder gehemmt sein dürften ($\rightarrow$ Abb. 205, 216), geht der Atmungsgaswechsel im belichteten Blatt weitgehend auf die Photorespiration zurück. Der größte Teil des gebildeten CO_2 stammt aus der Carboxylgruppe von Glycolat, welches ein schnell markierbares Produkt des CALVIN-Cyclus ist (Abb. 188). Die Biochemie der Glycolatbildung ist noch nicht völlig geklärt. Es ist jedoch ziemlich sicher, daß ein erheblicher Teil aus dem Ribulosebisphosphat stammt. Das CO_2-fixierende Enzym des CALVIN-Cyclus, die Ribulosebisphosphatcarboxylase, besitzt nämlich eine Doppelfunktion; sie katalysiert neben der CO_2-Fixierung auch die Spaltung von Ribulosebisphosphat unter O_2-Verbrauch zu Glycolatphosphat plus Glyceratphosphat:

$$\text{Rubis-}\textcircled{P} \xrightarrow[\text{Carboxylase}]{+ CO_2} [C_6] \rightarrow 2 \text{ Glycerat-}\textcircled{P} \quad (78)$$

$$\textit{Rubis-}\textcircled{P}$$

$$\text{Rubis-}\textcircled{P} \xrightarrow[+ O_2]{\textit{Oxygenase}} \text{Glycolat-}\textcircled{P} + \text{Glycerat-}\textcircled{P} . \quad (79)$$

Die beiden Reaktionen sind nicht unabhängig: CO_2 ist ein kompetitiver Inhibitor ($\rightarrow$ Abb. 119) der Oxygenasereaktion bezüglich O_2, während O_2 die Carboxylasereaktion entsprechend hemmt (Abb. 189). Niedrige O_2- und hohe CO_2-Konzentrationen fördern daher die Carboxylierung und hemmen die Oxygenierung von Ribulosebisphosphat. Eine weitere re-

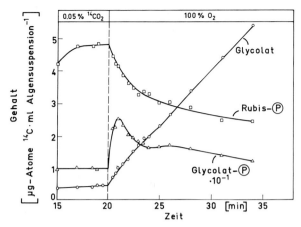

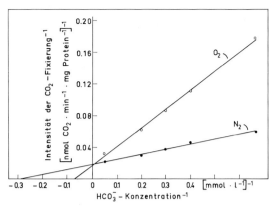

Abb. 188. Der Einfluß von O_2 auf die Synthese von Glycolat durch den CALVIN-Cyclus. Objekt: *Chlorella pyrenoidosa*. Die Algenkultur wurde zunächst bei 20° C im Licht mit $^{14}CO_2$ in Luft gefüttert, um alle photosynthetischen Intermediärprodukte mit ^{14}C durchzumarkieren. Dann wurde die Begasung schlagartig von Luft auf reines O_2 umgestellt. Nach chromatographischer Auftrennung des Algenextraktes wurden die Konzentrationsverschiebungen von Glycolat, Glycolatphosphat und Ribulose-1,5-bisphosphat (Rubis-Ⓟ) anhand der Radioaktivität gemessen (→ Abb. 167). Da die CO_2-Fixierung unterbrochen wurde, unterbleibt die Nachlieferung von Rubis-Ⓟ. Gleichzeitig mit dessen Abfall steigt das Intermediärprodukt Glycolat-Ⓟ vorübergehend, und das Produkt Glycolat stetig an. Die Kinetiken stehen qualitativ in Übereinstimmung mit der Sequenz Rubis-Ⓟ → Glycolat-Ⓟ → Glycolat. Allerdings ist die Intensität der Glycolatsynthese in O_2 etwa doppelt so hoch, als man aufgrund der stationären Glycolat-Ⓟ-Konzentration (bei 30 – 34 min) erwarten würde. Dies deutet darauf hin, daß — zumindest in 100% O_2 — Rubis-Ⓟ nicht die einzige Quelle für Glycolat im CALVIN-Cyclus ist. (Nach BASSHAM und KIRK, 1973)

gulatorisch wichtige Eigenschaft dieses Enzyms ist die unterschiedliche Temperaturabhängigkeit der beiden Reaktionen, welche dazu führt, daß die Oxygenasereaktion bei höheren Temperaturen überproportional gefördert wird (Abb. 190). Dies steht in Übereinstimmung mit der Beobachtung, daß die Intensität der Photorespiration bei Temperaturerhöhung stärker zunimmt, als die Intensität der lichtgesättigten Photosynthese (→ S. 220).

Es muß jedoch betont werden, daß die Ribulosebisphosphatoxygenase-Reaktion möglicherweise nicht die einzige Quelle für photosynthetisches Glycolat ist. Man kann z. B. auch unter O_2-Abschluß eine lichtabhängige Glycolatproduktion beobachten.

Abb. 189. Der Einfluß von Sauerstoff auf die Aktivität der Ribulosebisphosphatcarboxylase in vitro (gereinigtes Enzym aus Blättern von *Glycine max*, 25° C). Die Substrat-Sättigungskurven sind in der LINEWEAVER-BURK-Darstellung (→ Abb. 117) gezeichnet. Man erkennt, daß v_{max} unter N_2 und O_2 identisch ist (gleicher Ordinatenabschnitt!), während $K_m(HCO_3^-)$ durch O_2 stark vergrößert wird. Dies sind die Kriterien für eine kompetitive Hemmung des Enzyms durch O_2. Die hemmende Wirkung von O_2 geht darauf zurück, daß es als Substrat für die Oxygenase-Reaktion dieses Enzyms dient (→ Abb. 188), welche ihrerseits kompetitiv durch CO_2 gehemmt wird. CO_2 und O_2 konkurrieren also als Substrate um dasselbe Enzym, welches jedoch eine etwa 10mal geringere Affinität (10mal größere K_m) für O_2 als für CO_2 besitzt. Für das unmittelbare Substrat des Enzyms, CO_2, ergibt sich eine etwa 100mal kleinere K_m als für HCO_3^-. (Nach LAING et al., 1974)

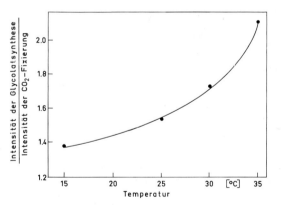

Abb. 190. Der Einfluß der Temperatur auf das Verhältnis Oxygenaseaktivität/Carboxylaseaktivität der Ribulosebisphosphat-carboxylase/-oxygenase in vitro (gereinigtes Enzym aus Blättern von *Glycine max*, O_2-gesättigte Lösung mit 2,5 mmol HCO_3^- · l^{-1}, pH 8,5). Die Aktivierungsenergie ist für beide Reaktionen gleich (etwa 70 kJ · mol^{-1}; → Abb. 215). Der progressive Anstieg der Oxygenaseaktivität geht darauf zurück, daß $K_m(HCO_3^-)$ mit der Temperatur ansteigt, während $K_m(O_2)$ mit der Temperatur leicht abfällt. (Nach LAING et al., 1974)

Metabolisierung des photosynthetischen Glycolats

Das im Licht in großen Mengen synthetisierte Glycolat kann in den Chloroplasten nicht weiterverarbeitet werden. Seine Metabolisierung erfolgt bei der höheren Pflanze in speziellen Microbodies, welche für assimilierende Blattzellen typisch sind und daher als *Blatt-Peroxisomen* bezeichnet werden (→ S. 86). Diese Microbodies sind von den Glyoxysomen der Fettspeicherzellen (→ Abb. 185) strukturell nicht unterscheidbar, enthalten aber einen abweichenden Satz von Enzymen und sind in auffälliger Weise eng an Chloroplasten angelagert (Abb. 191). Die wesentlichsten enzymatischen Funktionen der Blatt-Peroxisomen sind 1. die Oxidation von Glycolat zu Glyoxylat mit O_2 durch die *Glycolatoxidase* (wobei H_2O_2 entsteht, das durch *Katalase* unschädlich gemacht

wird), und 2. die anschließende Aminierung des Glyoxylats zu Glycin (Abb. 192). Das Glycin wird nun in die Mitochondrien weiterverfrachtet, wo es unter Desaminierung und Decarboxylierung zu Serin verarbeitet werden kann. Diese Reaktion liefert das bei der Photorespiration freigesetzte CO_2. Das Serin kann zur Proteinsynthese verwendet, oder, wie man wiederum von Markierungsexperimenten mit ^{14}C weiß, über Glycerat in Zucker umgewandelt werden. Diese Gluconeogenese verläuft wahrscheinlich ebenfalls in den Peroxisomen und Chloroplasten.

Die Photorespiration beruht also vorwiegend auf einem lichtgetriebenen metabolischen Kreislauf von organischer Substanz, wobei an mindestens zwei Stellen O_2 verbraucht und an einer Stelle CO_2 gebildet wird. Jedes vierte C-Atom, das in den Cyclus eintritt, wird als CO_2 abgegeben. Die physiologische Bedeutung dieses Kreislaufes ist bis heute noch nicht befriedi-

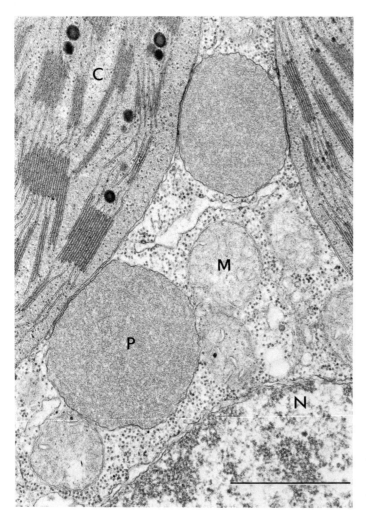

Abb. 191. Blatt-Peroxisomen. Objekt: Mesophyllzellen des Blattes von *Nicotiana tabacum*. Diese Microbodies sind eng an die äußere Hüllmembran von Chloroplasten angelagert. Die Kontaktstellen dienen wahrscheinlich dem Import von Glycolat aus dem Chloroplastenstroma. Man erkennt deutlich die *einfache* Hüllmembran und die homogene, feingranuliert erscheinende Matrix der Peroxisomen. Die Größenunterschiede zwischen den (als schwarze Punkte hervortretenden) cytoplasmatischen und plastidären Ribosomen treten deutlich hervor (→ S. 46). N, Nucleus; C, Chloroplast; P, Peroxisom; M, Mitochondrion. Der Strich repräsentiert 1 μm. (Nach Frederick und Newcomb, 1969)

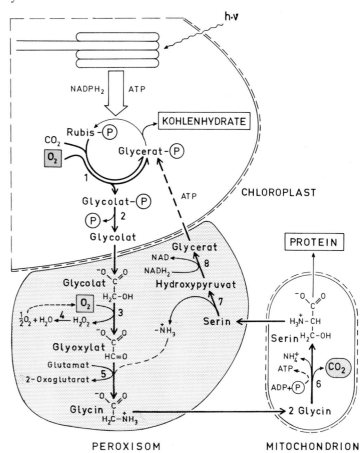

Abb. 192. Der photorespiratorische Glycolatweg. Der CALVIN-Cyclus produziert im Licht über die Oxygenase-Reaktion der Ribulosebisphosphatcarboxylase (1) Glycolatphosphat, welches durch eine Phosphoglycolatphosphatase (2) dephosphoryliert wird. Glycolat wird von den Chloroplasten in die Peroxisomen exportiert und dort durch Glycolatoxidase (FMN als prosthetische Gruppe, 3) mit O_2 zu Glyoxylat oxidiert, wobei H_2O_2 entsteht, das durch Katalase (4) gespalten wird. Glyoxylat wird durch Transaminierung (Glutamat-Glyoxylat-Aminotransferase, 5) zu Glycin umgesetzt, welches in die Mitochondrien exportiert wird. Dort entsteht aus 2 Glycin unter Desaminierung und Decarboxylierung Se-rin (6). Diese Aminosäure kann für die Proteinsynthese dienen oder wird (zum größten Teil) in den Peroxisomen über Hydroxypyruvat (Serin-Glyoxylat-Aminotransferase, 7) und Glycerat (Hydroxypyruvat-reductase, 8) wieder in den Kohlenhydratstoffwechsel der Chloroplasten eingeschleust. Die Anwesenheit von Malatdehydrogenase und Glutamat-Oxalacetat-Aminotransferase in Peroxisomen spricht für die Möglichkeit eines $NAD/NADH_2$-shuttles zwischen Peroxisomenmatrix und Cytoplasma ($\rightarrow$ Abb. 124). In ausgewachsenen Blättern kann über 50% des photosynthetisch fixierten Kohlenstoffs durch diese Nebenschleife des CALVIN-Cyclus fließen. (In Anlehnung an TOLBERT, 1971)

gend geklärt. Auf jeden Fall bringt die Photorespiration eine erhebliche Einbuße in der Energieausbeute der Photosynthese mit sich; sie wird daher auch treffend als das „Leck" des CALVIN-Cyclus bezeichnet. In vielen Pflanzen kann nämlich die Nettofixierung von CO_2 durch O_2-Entzug um 50 – 100% gesteigert werden ($\rightarrow$ S. 234). Dieser Effekt geht sicher zum größten Teil auf die Hemmung der beiden O_2-verbrauchenden Reaktionen bei der Photorespiration zurück. Zwar hat man neuerdings gefunden, daß die Glycinoxidation in den Mitochondrien grüner Blätter mit einer O_2-Aufnahme verbunden ist und zur ATP-Synthese führt (P/O-Quotient = 3; $\rightarrow$ S. 185) und daher offenbar über $NAD/NADH_2$ an die Atmungskette gekoppelt ist. Dies kann jedoch schwerlich als alleinige Rechtfertigung für den enormen Durchsatz von Kohlenstoff durch den Glycolatweg herangezogen werden. Manche Forscher sehen in den Peroxisomen Überbleibsel urtümlicher Atmungsorganellen aus vergangenen Epochen der Evolution und in der Photorespiration einen nicht überwundenen evolutionistischen Defekt des autotrophen Stoffwechsels. Wahrscheinlicher erscheint die Annahme, daß die Oxygenaseaktivität eine unvermeidbare Eigenschaft der Ribulosebisphosphatcarboxylase ist. In der Tat hat man die beiden Aktivitäten bisher bei allen Pflanzen einschließlich der phototrophen Bakterien gekoppelt gefunden. Die Photorespiration wäre dann vor allem als Entgiftungsmechanismus für Glycolat anzusehen.

Anhang: Glycolatstoffwechsel bei Grün- und Blaualgen

Grün- und Blaualgen produzieren im Licht große Mengen an Glycolat, welches zum Teil ins Medium ausgeschieden wird (photosynthetische Glycolatexkretion). Anstelle der Glycolatoxidase der höheren Pflanzen besitzen diese Algen eine *Glycolatdehydrogenase* (ebenfalls mit einem Flavin als prosthetischer Gruppe), welche nicht O_2, sondern einen anderen, noch nicht genau identifizierten, Elektronenacceptor reduziert. Im in vitro-Test können dafür artifizelle Acceptoren, z. B. Dichlorophenolindophenol, verwendet werden. Das Enzym ist bei *Euglena* teilweise in den Mitochondrien lokalisiert und dort in die Atmungskette eingegliedert (ähnlich wie Succinatdehydrogenase; → Abb. 177). Der P/O-Quotient für Glycolat beträgt 1,7. Der Elektronentransport vom Glycolat zu O_2 wird durch Antimycin und HCN gehemmt (→ Abb. 179). Bei Blaualgen ist das Enzym an die Thylakoidmembran gebunden, in welcher, ähnlich wie bei den phototrophen Bakterien, Funktionen des photosynthetischen und dissimilatorischen Elektronentransports vereinigt sind.

Weiterführende Literatur

FOCK, H.: Die Lichtatmung der grünen Pflanzen. Eine kritische Darstellung der bisher erarbeiteten Ergebnisse. Biol. Zbl. **89**, 545 – 572 (1970)

GOLDSWORTHY, A.: Photorespiration. Botan. Rev. **36**, 321 – 340 (1970)

SCHNARRENBERGER, C., FOCK, H.: Interactions among organelles involved in photorespiration. In: Encyclopedia of Plant Physiology, New Series. Stocking, C. R., Heber, U. (eds.). Berlin-Heidelberg-New York: Springer, 1976, Vol. 3, pp. 185 – 234

SERVAITES, J., OGREN, W. L.: Oxygen inhibition of photosynthesis and stimulation of photorespiration in soybean cells. Plant Physiol. **61**, 62 – 67 (1978)

19. Die Regulation des dissimilatorischen Gaswechsels

Wie beim Tier bezeichnet man auch bei der Pflanze den dissimilatorischen Gasaustausch (CO_2-Abgabe und O_2-Aufnahme) mit der Umgebung als *Atmung*. Das vorige Kapitel hat gezeigt, daß es sich hierbei keineswegs um einen einheitlichen biochemischen Prozeß handelt. Es gibt vielmehr eine ganze Reihe von Stoffwechselreaktionen, bei denen O_2 als Substrat benötigt wird. Ebenso treten mehrere unabhängige Decarboxylierungsschritte auf ($\rightarrow$ Abb. 173, 186, 192). Da man nicht erwarten kann, daß grundsätzlich konstante, stöchiometrische Beziehungen zwischen O_2-Aufnahme und CO_2-Abgabe herrschen, ist es nicht gleichgültig, ob man die Atmung anhand der CO_2-Abgabe oder der O_2-Aufnahme bestimmt. Die „Atmung" ist daher ein physiologisch zweideutiger Begriff, den man nie ohne Klarstellung, welcher der beiden Gasaustauschvorgänge gemeint ist, benützen sollte. Auch die Ausbeute an konservierter freier Enthalpie ist bei den verschiedenen Dissimilationswegen recht unterschiedlich, so daß es nicht statthaft ist, von der Intensität der Atmung unmittelbar auf die Ausbeute an Nutzenergie zu schließen. Das Beispiel der Milchsäuregärung [$\rightarrow$ Gl. (71), S. 179] zeigt, daß Dissimilation keineswegs notwendigerweise mit Atmung verbunden sein muß.

Man bestimmt die Atmung entweder als Intensität der CO_2-Abgabe [$-$ mol $CO_2 \cdot s^{-1}$] oder der O_2-Aufnahme [mol $O_2 \cdot s^{-1}$]. Zum Vergleich verschiedener Gewebe ($\rightarrow$ Tabelle 15) benutzt man in der Regel die Trockenmasse als Bezugssystem. Beide Atmungsparameter, welche heute sowohl in geschlossenen Systemen als auch im Durchfluß an intakten Pflanzen kontinuierlich gemessen werden können, sind komplexe physiologische Größen. Sie sind nicht nur von der Aktivität verschiedener Stoffwechselwege, sondern auch von den Transportverhältnissen zwischen Pflanze und Umwelt bezüglich CO_2 und O_2 abhängig. Trotz dieser, im Prinzip für alle physiologischen Größen charakteristischen Komplexität in bezug auf die zugrunde liegenden biochemischen Mechanismen, liefert die Analyse der Atmungsprozesse intakter Pflanzen bzw. deren Organe oder Gewebe wichtige Informationen über das quantitative Ausmaß verschiedener Dissimilationsbahnen in vivo und die hierbei wirksamen Regulationsmechanismen.

Tabelle 15. Atmungsintensitäten verschiedener Pflanzen, bezogen auf die Trockenmasse. Temperatur: um 25° C. Zum Vergleich sind zwei tierische Gewebe angeführt. Bei manometrischen Messungen wird die CO_2-Abgabe meist in µl (bei 1 bar) statt in mol angegeben ($\rightarrow$ Fußnote S. 212). (Nach verschiedenen Autoren)

Objekt	Intensität der CO_2-Abgabe [$-$ µl $CO_2 \cdot h^{-1} \cdot$ mg Trockenmasse^{-1}]
Pisum sativum (trockener Same)	$1,2 \cdot 10^{-4}$
Cladonia rangiferina (Thallus)	$8 \cdot 10^{-2}$
Solanum tuberosum (Knolle)	1
Chlorella pyrenoidosa (Zellsuspension)	1
Spinacia oleracea (Blatt)	5
Sinapis alba (3 d alte Keimlinge ohne Wurzel)	5
Zea mays (Wurzelspitze)	9
Lilium spec. (Pollen)	25
Saccharomyces cerevisiae (aerobe Zellsuspension)	60 – 100
Arum maculatum (Appendix des Spadix, aufblühende Infloreszenz)	200 – 400
Ratte, Leber	7
Ratte, Gehirn	11

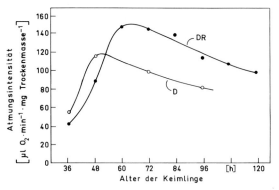

Abb. 193. Der Einfluß von Phytochrom auf die „Große Periode der Atmung (O_2-Aufnahme)" bei der Samenkeimung. Objekt: Kotyledonen von *Sinapis alba*. Die Anzucht der Keimlinge (25° C) erfolgte entweder im Dunkeln (D) oder unter kontinuierlicher Bestrahlung mit dunkelrotem (DR) Licht. Man erkennt, daß die O_2-Aufnahme durch Phytochrom (→ S. 313) etwas verzögert wird, jedoch ein höheres Optimum erreicht (→ Abb. 330). (Nach HOCK und MOHR, 1964)

Die Atmung der Pflanze hängt naturgemäß von einer Vielzahl äußerer und innerer Faktoren ab und ist daher quantitativ sehr variabel (Tabelle 15, S. 199). Hohe Atmungsintensitäten treten nicht nur bei rasch wachsenden Geweben auf, sondern auch als Folge von Umweltstreß (z. B. bei Frost, Verwundung, Infektion) oder als Seneszenzphänomen (→ S. 206). Verschiedene Gewebe einer Pflanze atmen meist sehr verschieden intensiv, abhängig von der speziellen Arbeitsleistung der Zellen. So ist z. B. die O_2-Aufnahme der Wurzel mit der aktiven Aufnahme von Nährsalzen korreliert („Salzatmung"; → Abb. 127). Dieses Beispiel zeigt außerdem, daß die Atmung ein außerordentlich dynamischer Prozeß ist, der sehr rasch reguliert werden kann. Auch der Entwicklungszustand der Pflanze beeinflußt die Atmung. Ruhende Samen führen im getrockneten Zustand einen sehr geringen, aber gut meßbaren Gaswechsel durch. Bei der Keimung steigt die Intensität der Atmungsvorgänge kurzfristig steil an. Sie erreicht nach wenigen Tagen ein Optimum und fällt dann wieder auf einen niedrigeren Wert ab. Dieser für junge Keimlinge typische Atmungsverlauf, der auf die vorübergehende Mobilisierung und Metabolisierung der Speicherstoffe zurückgeht, wird als „Große Periode der Atmung" bezeichnet. Ihr Verlauf kann durch Licht beeinflußt werden, wobei Phytochrom als Photoreceptormolekül dient (Abb. 193). Hierbei wird jedoch sowohl der ATP-pool als auch die „Energieladung" (→ S. 108) im Rahmen der Stoffwechselhomöostasis konstant gehalten. Die „MICHAELIS-Konstante" für die O_2-Aufnahme durch Hefezellen liegt bei $6 \cdot 10^{-7}$ mol $\cdot$ l^{-1} (19° C). Sie ist somit 400mal kleiner als die O_2-Konzentration von luftgesättigtem Wasser (→ Tabelle 16, S. 208). Die Cytochromoxidase der Atmungskette besitzt also eine ungewöhnlich hohe Affinität für ihr Substrat O_2 und arbeitet daher selbst bei niedriger O_2-Konzentration noch unter Substratsättigung. Aus diesem Grund werden auch relativ kompakte Organe von Landpflanzen ohne ausgeprägte Interzellularen (z. B. Rüben oder Früchte) durch einfache Diffusion normalerweise ausreichend mit O_2 versorgt. Ein spezielles Transportsystem für

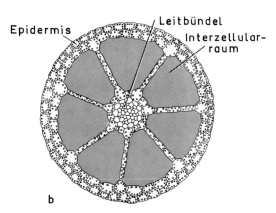

Abb. 194 a und b. Querschnitte durch Aerenchym (Durchlüftungsgewebe) von Wasserpflanzen. Objekte: (a) *Ranunculus aquatilis* (submerses Wasserblatt); (b) *Elatine alsinastrum* (Stengel). Die Epidermis besitzt Chloroplasten, aber keine Stomata und keine Cuticula. (Nach SCHOENICHEN und REINKE; aus STOCKER, 1952)

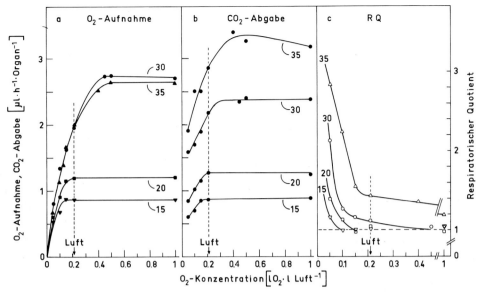

Abb. 195 a – c. Intensität der O_2-Aufnahme und der CO_2-Abgabe als Funktion der O_2-Konzentration (bei ≈ 1 bar) der Luft und der Temperatur. Objekt: aerob gewachsene (20–25° C) Wurzelspitzen (5 mm) von *Allium cepa*. Die Messungen erfolgten bei 15, 20, 30 und 35° C. (a) O_2-*Sättigungskurven der O_2-Aufnahme*. Man erkennt, daß die Diffusionsintensität des O_2 durch das Gewebe bei >20° C nicht mehr ausreicht, um die Cytochromoxidase in Luft zu sättigen. Die O_2-Aufnahme erreicht bei etwa 30° C ein Optimum und fällt bei höheren Temperaturen (wahrscheinlich wegen destruktiver Effekte) wieder ab. (b) O_2-*Sättigungskurven der CO_2-Abgabe*. Dieser Prozeß fällt bei niedrigen O_2-Konzentrationen viel weniger stark ab, als die O_2-Aufnahme. Die optimale Intensität wird erst bei $\geqq 35°$ C erreicht. (c) *Respiratorischer Quotient* (RQ; → S. 201). Bei niederer O_2-Konzentration ist der RQ >1; das Überwiegen der CO_2-Abgabe über die O_2-Aufnahme geht auf die Beteiligung der alkoholischen Gärung zurück. Mit steigender O_2-Konzentration nähert sich der RQ dem Wert 1 (reine oxidative Dissimilation). Der *Extinktionspunkt* der Gärung bezeichnet diejenige O_2-Konzentration, bei der der RQ gerade 1 wird. Unterhalb des Extinktionspunktes nimmt die Intensität der Fermentation zu und die der oxidativen Dissimilation ab. Man erkennt, daß diese regulatorisch wichtige Größe stark von der Temperatur abhängt. (Nach Daten von BERRY und NORRIS, 1949)

O_2, wie z. B. der Blutkreislauf der Tiere, ist nicht erforderlich. Da der Diffusionskoeffizient (→ S. 121) für O_2 im Wasser etwa 10^4mal kleiner ist als in der Luft, trifft dies jedoch für partiell submers wachsende Wasserpflanzen (z. B. Seerosen) nicht mehr zu. Diese Formen bilden daher in den Sprossen oder Blättern ein Leitgewebe für Gase (Aerenchym, Abb. 194) aus, welches die untergetaucht lebenden Organe nach dem Schnorchelprinzip mit Luftsauerstoff versorgt (→ S. 203).

Damit die Diffusion von O_2 in das Innere eines Organs nicht zu einem begrenzenden Faktor (→ S. 214) wird, darf eine bestimmte Intensität des O_2-Verbrauchs nicht überschritten werden. Da der Q_{10} (→ S. 115) für die Diffusion nahe bei 1, für die respiratorische O_2-Aufnahme dagegen im Bereich von 2–3 liegt, kann es in intensiv atmenden Organen (z. B. bei höhe-

ren Temperaturen) auch in Luft zu einem O_2-Defizit und den damit verbundenen Stoffwechselumsteuerungen kommen (Abb. 195). Eine ähnliche Situation tritt bei der Keimung vieler Samen auf, wo die geringe Permeabilität der Samenschale eine volle O_2-Sättigung des aktiv atmenden Gewebes nicht zuläßt.

Der Respiratorische Quotient

Das Verhältnis zwischen CO_2-Abgabe und gleichzeitig gemessener O_2-Aufnahme bezeichnet man als *Respiratorischen Quotienten*. Er ist folgendermaßen definiert:

$$RQ = \frac{\text{mol } CO_2^{\nearrow} \cdot \Delta t^{-1}}{\text{mol } O_2^{\swarrow} \cdot \Delta t^{-1}}. \tag{80}$$

Der RQ kann indirekte Anhaltspunkte über die Natur des veratmeten Substrats und die relative Intensität konkurrierender Dissimilationsprozesse liefern. Dies läßt sich einfach anhand der Summenformeln verschiedener CO_2-produzierender und O_2-verbrauchender Stoffwechselwege demonstrieren:

1. Vollständige Dissimilation von Kohlenhydrat:

$$C_6H_{12}O_6 + \mathbf{6}\ O_2 \rightarrow \mathbf{6}\ CO_2 + 6\ H_2O; \qquad (81)$$

$$RQ = \frac{6}{6} = 1,00.$$

2. Vollständige Dissimilation von organischen Säuren (z. B. Citrat):

$$C_6H_8O_7 + \mathbf{4,5}\ O_2 \rightarrow \mathbf{6}\ CO_2 + 4\ H_2O; \qquad (82)$$

$$RQ = \frac{6}{4,5} = 1,33.$$

3. Vollständige Dissimilation von Fett (z. B. Triolein):

$$C_{57}H_{104}O_6 + \mathbf{80}\ O_2 \rightarrow \mathbf{57}\ CO_2 + 52\ H_2O; \qquad (83)$$

$$RQ = \frac{57}{80} = 0,71.$$

4. Partielle Dissimilation von Kohlenhydrat (alkoholische Gärung):

$$C_6H_{12}O_6 \rightarrow \mathbf{2}\ CO_2 + 2\ C_2H_5OH; \qquad (84)$$

$$RQ = \infty.$$

5. Umbau von Fett in Kohlenhydrat [→ Gl. (77), S. 192]:

$$RQ = \frac{13,5}{36,5} = 0,37. \qquad (85)$$

Bei den meisten Geweben mißt man unter Normalbedingungen einen RQ im Bereich von 0,97 – 1,17, was auf eine oxidative Dissimilation von Kohlenhydrat [Gl. (81)] als dominierenden Prozeß schließen läßt. Abweichungen von dieser Situation treten z. B. bei reifen Früchten auf, welche O-reiche (= H-arme) organische Säuren dissimilieren [Gl. (82)]. Keimende Samen machen meist während der „Großen Periode der Atmung" ein vorübergehendes Stadium mit RQ<1 durch. Die RQ-Er-

niedrigung ist besonders drastisch bei Samen mit hohem Fettgehalt. Im *Ricinus*-Endosperm beobachtet man einen RQ um 0,4, in Übereinstimmung mit Gl. (85). Beim 60 h alten Senfkeimling (→ Abb. 193) mißt man Werte um 0,6, welche sich durch Überlagerung von Gl. (85) (Kotyledonen) mit Gl. (81) (Restkeimling) ergeben [Gl. (83)]. Andere Samen durchlaufen in der frühen Phase der Keimung wegen der ungenügenden Permeation von O_2 durch die Testa eine partiell anaerobe Phase mit Gärungsstoffwechsel. Dies führt vorübergehend zu RQ-Werten von 1,3 – 1,5 [Gl. (81) und (84)]. In ähnlicher Weise können hohe Temperaturen bei aktiv atmenden Geweben zu einem hohen RQ führen (→ Abb. 195 c).

Auch der anabolische Stoffwechsel beeinflußt den RQ, insbesondere, wenn dabei Reduktionsäquivalente aus der Dissimilation abgezweigt werden und sich damit die O_2-Aufnahme verringert. So zeigen z. B. Wurzeln mit aktiver NO_3^--Reduktion RQ-Werte bis 1,7. Auch Fett-synthetisierende Gewebe (z. B. in Samenanlagen) zeigen ähnlich hohe Werte.

Regulation des Kohlenhydratabbaus

Steuerung der Entwicklung durch Sauerstoff. Der fermentative Abbau von Zuckern ist als eine Anpassung an O_2-Mangelbedingungen aufzufassen, welche es der Zelle erlaubt, ihre ATP-Produktion zumindest einige Zeit lang aufrechtzuerhalten, wenn die Atmungskette nicht — oder nur unzureichend — arbeiten kann. Allerdings ist diese anaerobe Dissimilation nicht nur energetisch ineffektiv, sondern auch mit der Hypothek einer Anhäufung reduzierter Abfallprodukte (Äthanol, Lactat) belastet (→ S. 178). Wenn diese Stoffe nicht abgeführt werden können, führt die Fermentation nach einiger Zeit unweigerlich zur Selbstvergiftung der Zellen. Obwohl aus diesen Gründen der Ausnützung der Fermentation zur Energiegewinnung bei den Landpflanzen enge Grenzen gesetzt sind, können manche Arten immerhin tagelang in O_2-freier Atmosphäre mit Hilfe der Fermentation überleben.

Im Wasser lebende, heterotrophe Pflanzen sind meist sehr gut an anaerobe oder semiaerobe Bedingungen angepaßt und können notfalls ihre gesamte Entwicklung durch Fermentation bestreiten (z. B. manche Hefen). Auch Sumpfpflanzen, deren Samen in anaeroben Wasserzonen zur Keimung kommen, können in diesem Lebensabschnitt ausschließlich von der fermentativen Energieversorgung existieren. Ein gut untersuchtes Beispiel hierfür ist der Reis, dessen Karyopsen auch unter völligem Ausschluß von O_2 mit normaler Intensität keimen (Abb. 196). Dabei werden selektiv die Enzyme des Gärungsstoffwechsels (z. B. Alkoholdehydrogenase) induziert. Der Embryo bildet (auch im Licht) eine lange, dünne Koleoptile aus, welche nach Erreichen der Wasseroberfläche als Schnorchel dient. Erst dann werden in der Koleoptile funktionstüchtige Mitochondrien ausgebildet ($\rightarrow$ S. 80). Wenn der Embryo ausreichend mit O_2 versorgt werden kann, beginnt die auf aeroben Stoffwechsel eingestellte Keimwurzel zu wachsen. Das Längenwachstum der Koleoptile wird zu diesem Zeitpunkt abrupt eingestellt, und der Keimling bildet ergrünende Blätter aus, welche sich durch die Koleoptile nach oben schieben. Läßt man Reiskaryopsen in Luft keimen, bleibt der Stoffwechsel aerob, und auch die Entwicklung gleicht der des Weizens oder anderer Gräser. Neuerdings wird das Längenwachstum submerser Reiskoleoptilen auch mit dem Hormon Äthylen in Zusammenhang gebracht ($\rightarrow$ S. 383). Die O_2-abhängigen morphogenetischen Umsteuerungen beim Reis haben große Ähnlichkeit mit dem Etiolement verdunkelter Keimpflanzen ($\rightarrow$ S. 320; das Phytochromsystem wird in Reiskeimlingen nur

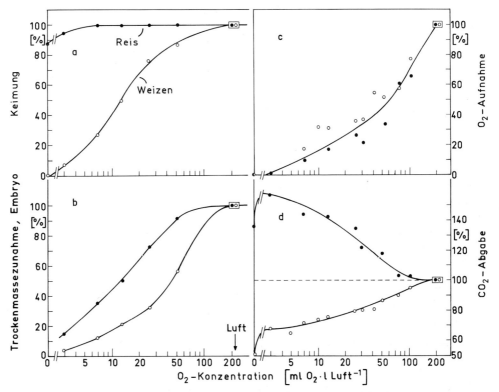

Abb. 196 a – d. Keimung, Wachstum und Gaswechsel als Funktion des O_2-Partialdrucks der Atmosphäre bei zwei an unterschiedliche Standorte angepaßten Gräsern. Objekte: *Oryza sativa* (●) und *Triticum vulgare* (○) (30° C). Die Ordinatenwerte sind stets auf die Werte für Luft (= 100%) bezogen. (a) Keimung; (b) Wachstum des Embryos zwischen 12. und 108. h nach der Keimung; (c, d) O_2-Aufnahme bzw. CO_2-Abgabe ca. 30 h nach der Keimung. Man erkennt, daß Reis bezüglich Keimung und Embryowachstum sehr viel besser an anaerobe Bedingungen angepaßt ist als Weizen. Die höhere Kapazität zur Fermentation (alkoholische Gärung) zeigt sich beim Reis an der bis zu 150% betragenden CO_2-Abgabe (RQ≫1!). Der PASTEUR-Effekt ist evident. Im Gegensatz dazu hemmen niedrige O_2-Konzentrationen die CO_2-Abgabe beim Weizen. Trotzdem treten auch hier RQ-Werte >1 auf. Bezüglich der relativen O_2-Aufnahme unterscheiden sich die beiden Gräser jedoch nicht signifikant. In Luft liegt der RQ für Reis bei 0,96 und für Weizen bei 0,92. (Nach Daten von TAYLOR, 1942)

unter aeroben Bedingungen aktiv). Auch bei Hefen steuert O_2 den Aufbau des respiratorischen Apparats in den Mitochondrien ($\rightarrow$ S. 79).

Steuerung durch Modulation der Enzymaktivität. Neben der längerfristig wirksamen Entwicklungskontrolle, welche mit einer Regulation der *Synthese* spezifischer Enzyme in Zusammenhang steht, wird das Verhältnis zwischen oxidativer und fermentativer Energiegewinnung im Rahmen der *metabolischen Homöostasis* geregelt. Führt man z. B. einer gärenden Hefesuspension O_2 zu, so wird die Fermentation innerhalb von wenigen Sekunden gehemmt, und der Verbrauch von Glucose vermindert sich. Dieses ebenso rasch reversible Phänomen, das sich drastisch auf den RQ auswirkt [$\rightarrow$ Gl. (84)], bezeichnet man nach seinem Entdecker als PASTEUR-Effekt. Die Abhängigkeit der RQ-Erniedrigung von der O_2-Konzentration (Abb. 195) charakterisiert die Fähigkeit einer fakultativ anaeroben Pflanze, unter den gegebenen Umweltbedingungen die Fermentation zugunsten der oxidativen Dissimilation zu unterdrücken. Bei 25° C und 1 bar liegt der *Extinktionspunkt* der Fermentation ($\rightarrow$ Abb. 195 c) für die meisten pflanzlichen Gewebe im Bereich von $10 - 50$ ml $O_2 \cdot l^{-1}$. Bei der stark gärenden Bierhefe hingegen wird der Extinktionspunkt selbst bei Begasung mit reinem O_2 nicht erreicht. Die Induktion der Fermentation durch hohe Zuckerkonzentrationen wird als „inverser PASTEUR-Effekt" bezeichnet. Auch in Tumorgewebe und aktiv wachsenden Meristemen reicht die O_2-Konzentration der Luft nicht aus, um die Gärung völlig zu unterdrücken („aerobe Fermentation").

In keimenden Samen tritt häufig ein PASTEUR-Effekt auf, besonders bei Kohlenhydratspeichernden Arten. Fetthaltige Samen (z. B. von *Sinapis alba*) zeigen keinen ausgeprägten PASTEUR-Effekt. Bei diesem Samentyp bleibt die CO_2-Produktion in Abwesenheit von O_2 aus verständlichen Gründen ($\rightarrow$ Abb. 186) stark gehemmt.

Der PASTEUR-Effekt beruht nicht auf einer direkten Hemmwirkung von O_2 auf die Fermentation, sondern auf einer multiplen metabolischen Rückkopplung zwischen Atmungskette und Glycolyse durch das Adenylat- und das $NADH_2$/NAD-System. Dies folgt z. B. aus dem Befund, daß eine Entkopplung von Elektronentransport und Phosphorylierung durch Dinitrophenol ebenso wie eine Vergiftung der Cytochromoxidase mit HCN ($\rightarrow$ Abb. 179) auch in Gegenwart von O_2 eine Fermentation induzieren kann. Ein wesentliches Stellglied in diesem Regelkreis ist die Aktivität der *Phosphofructokinase* ($\rightarrow$ Abb. 175), welche multivalente regulatorische Eigenschaften ($\rightarrow$ S. 118) besitzt. Das Enzym wird unter anderem durch ATP kooperativ allosterisch gehemmt und durch Phosphat aktiviert. Daher fällt der Umsatz dieses Schrittmacherenzyms der Glycolyse ab, sobald die cytoplasmatische Konzentration von ATP bzw. Phosphat über einen kritischen Wert („Schwellenwert") steigt bzw. unter einen kritischen Wert fällt ($\rightarrow$ S. 133). In ähnlicher Weise drosselt in einer zweiten Stufe das sich anstauende Glucose-6-Phosphat die *Hexokinase* und damit den Glucoseverbrauch. Auch die *Pyruvatkinase* ($\rightarrow$ Abb. 175) wird durch Adenylate reguliert, allerdings nicht kooperativ. Da Phosphoenolpyruvat ein allosterischer Inhibitor der Phosphofructokinase ist, besteht die Möglichkeit zur sequentiellen Regulation beider glycolytischer Schlüsselreaktionen.

Die Glycolyse ist also ein Beispiel für ein integriertes modulatorisches System von Regelkreisen, welches offensichtlich die Aufgabe besitzt, die Konzentrationen des Adenylatsystems — und damit das Phosphorylierungspotential — in der Zelle konstant zu halten (oder zumindest größere Ausschläge zu dämpfen), wenn sich Bedarf oder Produktion kurzfristig ändern. Tatsächlich beobachtet man bei der Umstellung aerob atmender Zellen auf anaerobe Bedingungen meist keine drastischen Änderungen des ATP-Spiegels, obwohl der glycolytische Strom um ein Mehrfaches ansteigt. Wie zu erwarten, fällt der stationäre Spiegel von Fructose-6-Phosphat ab, während derjenige von Fructosebisphosphat steil ansteigt (Abb. 197).

Eine weitere Regulationsstelle liegt bei der Verteilung des Pyruvats zwischen oxidativem und fermentativem Kanal. Hier ist es die Konkurrenz um das gemeinsame Cosubstrat $NADH_2$ ($\rightarrow$ Abb. 173), welche bei aktiver Atmungskette den fermentativen Weg zugunsten des oxidativen Weges blockiert. Außerdem ist $NADH_2$ ein kompetitiver Inhibitor (bezüglich NAD) der Pyruvatdehydrogenase ($\rightarrow$ Abb. 176).

Wärmeerzeugung durch Atmung (Thermogenese). Unter thermodynamischen Standardbedingungen wäre die Ausbeute an chemisch konser-

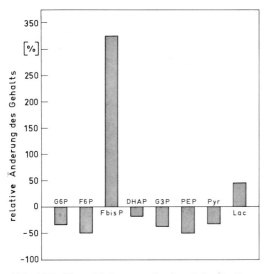

Abb. 197. Verschiebungen in den Metaboliten-pools der Glycolyse beim Übergang von aeroben (Luft) zu anaeroben (N₂) Bedingungen. Objekt: gealterte, sterile Wurzelscheiben von *Daucus carota* (30° C). (Frisch geschnittene Gewebescheiben zeigen keinen PASTEUR-Effekt.) Die nach 20 min N₂-Begasung gemessenen Metaboliten-Konzentrationen sind als prozentuale Änderung des Ausgangswertes (Luft) eingetragen. Die Anordnung von links nach rechts entspricht der Reihenfolge in der Glycolyse (Glucose-6-Ⓟ → Fructose-6-Ⓟ → Fructose-bis-Ⓟ → Dihydroxyaceton-Ⓟ → Glycerat-3-Ⓟ → Phosphoenolpyruvat → Pyruvat → Lactat). Bei dieser Art der Auftragung geben sich Regulationsstellen (Schrittmacherenzyme) durch starke, entgegengesetzt gerichtete Konzentrationssprünge zu erkennen (Crossover-Theorem). (Nach Daten von FAIZ-UR-RAHMAN et al., 1974)

vierter Energie bei der oxidativen Dissimilation von Hexosen ca. 40% (→ S. 185). In der lebenden Zelle dürfte dieser Wert in der Regel eher unter- als überschritten werden. Dies bedeutet, daß bei der Dissimilation als Nebenprodukt stets erhebliche Wärmemengen entstehen (unter Standardbedingungen wären es 1660 kJ/mol Glucose). Wegen der umweltoffenen Konstruktion der poikilothermen höheren Pflanze (→ S. 417) wird diese Wärme normalerweise rasch abgeleitet und führt daher nicht zu einer wesentlichen Erwärmung der atmenden Organe über die Umgebungstemperatur. In einigen Fällen jedoch wird die Dissimilation geradezu zur Aufheizung von Organen eingesetzt. Ein solcher Fall ist der keulenförmige Fortsatz (*Appendix*) des Spadix vieler Araceen-Infloreszen-

zen, z. B. bei der Kesselfallenblume von *Arum maculatum* (Abb. 198). Vor der Öffnung der Spatha werden in diesem Organ große Mengen an Stärke deponiert. Auf ein photoperiodisch gesteuertes, hormonelles Signal der (noch unreifen) staminaten Blüten hin setzt im Appendix ein dramatischer Anstieg der Atmung ein, während sich gleichzeitig die Spatha öffnet. Innerhalb eines halben Tages werden 75% der Trockensubstanz des Organs „verheizt", wobei Spitzenwerte der CO₂-Abgabe von 100 ml · h⁻¹ · Organ⁻¹ auftreten (25° C). Der RQ liegt nahe bei 1; es ist also keine Fermentation beteiligt. Die freie Enthalpie dieses Dissimilationsprozesses wird vollständig in Wärmeenergie umgesetzt. Die Temperatur im Appendix liegt etwa 20° C über der Umgebungstemperatur. (Unterbindet man die Luftkonvektion, so treten Übertemperaturen von 50° C auf.) Bei Abwesenheit von O₂ unterbleibt der Atmungsanstieg und die Wärmeproduktion.

Die metabolische Aufheizung des Appendix, welche am späten Nachmittag sonniger Tage einsetzt, erreicht in den Abendstunden ihr Maximum. Sie dient dazu, gleichzeitig produzierte Duftstoffe (NH₃ und Aasgeruch verbreitende Amine oder Indol) zu verdampfen. Diese locken bestimmte Insekten an, welche in den Blütenkessel gleiten und dort die zu diesem Zeitpunkt empfänglichen Narben bestäuben. (Die staminaten Blüten werden erst später reif, kurz bevor die von sterilen Blüten gebildeten Reusenhaare abtrocknen und den Weg nach außen freigeben. Der Appendix stirbt anschließend ab.) Die Thermogenese beruht also auf einem exakt im Entwicklungsablauf der Infloreszenz einprogrammierten, regulierten Seneszenzvorgang, der im Dienst der geschlechtlichen Fortpflanzung steht.

Während der Entwicklung des Appendix tritt eine starke Erhöhung der Mitochondrienzahl pro Zelle ein. Außerdem nehmen die Mitochondrien an Volumen zu, und ihr Lumen wird dichter von *Cristae* durchzogen (→ S. 79). Die Enzyme des Citratcyclus und der Atmungskette steigen ebenfalls steil an. Obwohl im Appendix auch während der Thermogenese Cytochromoxidase nachweisbar ist, kann die O₂-Aufnahme des Gewebes durch Antimycin A, CO oder HCN nicht gehemmt werden. Auch in den isolierten Mitochondrien ist die O₂-Abgabe resistent gegen diese Inhibitoren der Atmungskette. Hemmstoffe der HCN-resistenten Atmung (→ Abb. 179) sind dagegen sehr wirk-

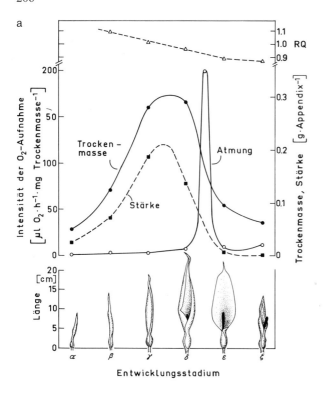

Abb. 198 a und b. Atmung des Spadix der Araceen-Infloreszenz während der Thermogenese. Objekt: *Arum maculatum.* (a) Auf der Abszisse sind verschiedene Entwicklungsstadien der Infloreszenz aufgetragen. Atmung und Trockensubstanzgehalt wurden am isolierten Appendix von im Freiland gesammelten Exemplaren gemessen (20° C). Bis zum Stadium γ dauert die Entwicklung etwa 2 Wochen. Der Anstieg der Trockenmasse vor diesem Zeitpunkt geht vor allem auf eine starke Synthese von Stärke zurück. Die Stadien δ und ε dauern nur 1 d bzw. 2 bis 3 d. Die Periode starker Wärmeentwicklung ($\leqq 0{,}5$ d) liegt zwischen den Stadien δ und ε. Der Respiratorische Quotient (RQ) bleibt stets in der Nähe von 1. (Nach Daten von JAMES und BEEVERS, 1950, bzw. LANCE 1972). (b) Anordnung der Blüten an der Basis des Spadix

sam. Offenbar wird in diesen Mitochondrien ausschließlich der HCN-unempfindliche Nebenweg des Elektronentransports zum O_2 (→ Abb. 177) benützt, welcher die frei werdende Redoxenergie, wegen der Umgehung der 2. und 3. Phosphorylierungsstelle, unmittelbar in Wärmeenergie verwandelt. Es gibt neuerdings Anhaltspunkte dafür, daß hierbei zunächst H_2O_2 als Produkt des Elektronentransports auftritt, welches in der stark exothermen Katalasereaktion in H_2O und ½ O_2 gespalten wird.

Klimakterische Atmung. Viele Früchte, z. B. Äpfel, Bananen und Tomaten, zeigen einige Zeit nach der Ernte ein Klimakterium, das sich durch einen 2 – 3fachen Anstieg der Atmung (CO_2-Abgabe und O_2-Aufnahme) ankündigt. Dieses zeitlich ebenfalls genau programmierte Seneszenzphänomen (der „Anfang vom Ende"; → S. 424) ist mit einer Reihe biochemischer Veränderungen im Fruchtfleisch verbunden, z. B. mit einer Auflösung der Pektine in der Zellwand („Mehlig-werden" von Äpfeln) und einer Hydrolyse von Stärke in Zucker. Durch Äthylen kann der Eintritt des Klimakteriums (in dessen Verlauf die Frucht selbst Äthylen ausscheidet; → S. 428) beschleunigt werden, während CO_2 diesen regressiven Entwicklungsschritt hemmt.

Auch in diesem Fall beobachtet man bei O_2-Entzug meist keine Fermentation, sondern lediglich eine Unterdrückung des Klimakteriums. HCN hemmt die klimakterische Atmung nicht, sondern führt sogar in vielen Früchten zu einer drastischen Steigerung von O_2-Aufnahme und CO_2-Abgabe, einschließlich einer Intensi-

Abb. 199 a – d. Die unterschiedliche Empfindlichkeit verschiedener Gewebe für HCN. Objekte: *Pisum sativum*, 5 d alte Keimlinge (a, c), *Annona cherimola* (Cherimoya-Frucht, b, d). Die Keimlinge (Früchte) wurden mit 180 µl HCN · 1 Luft^{-1} begast (20° C, 1 bar). *Unten* sind die stationären Konzentrationen einiger glycolytischer pools dargestellt. Man erkennt, daß HCN in Erbsenkeimlingen (O_2-Aufnahme vollständig HCN-sensitiv) eine aerobe Fermentation (RQ = 1,5 – 2) induziert, wobei der ATP-Gehalt absinkt. Bei der klimakterischen Cherimoya-Frucht dagegen führt HCN zu einer parallelen Steigerung von O_2-Aufnahme und CO_2-Abgabe (RQ = 1) bei erhöhtem ATP-Gehalt. In beiden Geweben tritt in Gegenwart von HCN eine erhebliche Steigerung der Glycolyseintensität ein; die regulatorischen Zusammenhänge sind jedoch völlig verschieden (PASTEUR-Effekt bzw. Induktion einer HCN-resistenten Atmung). (Nach SOLOMOS und LATIES, 1976)

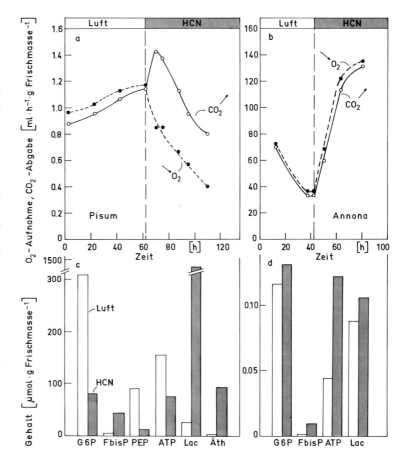

vierung des glycolytischen Stromes (Abb. 199). Dies wird verständlich, wenn man daran denkt, daß bei der Benützung des HCN-resistenten Elektronentransportweges nur die erste Phosphorylierungsstelle der Atmungskette benützt wird, und daher theoretisch dreimal mehr Substrat durch die Glycolyse geschleust werden muß, um die gleiche ATP-Menge zu erzeugen. Die physiologische Bedeutung der HCN-resistenten Atmung bei Früchten ist noch weitgehend unklar. Das Seneszenz-beschleunigende Hormon Äthylen wirkt in verblüffend ähnlicher Weise wie HCN steigernd auf die klimakterische Atmung. Man vermutet daher, daß der HCN-resistente Elektronentransportweg ein Angriffspunkt dieses gasförmigen Hormons bei Früchten ist.

Anhang: Weitere Oxidasen pflanzlicher Zellen

Neben der Cytochromoxidase und der noch nicht identifizierten Endoxidase des HCN-resistenten Atmungsweges treten bei Pflanzen eine ganze Reihe weiterer Oxidasen auf, deren physiologische Funktion meist nur unzureichend geklärt ist. Sie stehen jedoch alle nicht in Verbindung zur oxidativen Phosphorylierung. Obwohl häufig, in vitro-Messungen zufolge, jedes einzelne dieser Enzyme in ausreichender Aktivität vorliegt, um theoretisch den gesamten O_2-Verbrauch zu katalysieren, dürfte ihr tatsächlicher Beitrag zur Atmung in den meisten Geweben nicht sehr hoch sein. Es handelt sich um Kupfer- oder Flavoproteine, deren Affinität zu O_2 deutlich geringer ist als die der Cytochromoxidase (Tabelle 16). Mit Ausnahme von Ascorbatoxidase und Phenoloxidase reduzieren alle

Tabelle 16. Einige Oxidasen pflanzlicher Zellen, welche extramitochondriale O_2-verbrauchende Reaktionen katalysieren. Ihre Affinität zu O_2 ist sehr viel niedriger (größere MICHAELIS-Konstante) als die der Cytochromoxidase. EC = *Enzym Code*. (Nach verschiedenen Autoren)

Enzym	EC	$K_m(O_2)$ $[mol \cdot l^{-1}]$, 25 °C	Prosthetische Gruppe
Ascorbatoxidase	1.10.3.3	$3 \cdot 10^{-4}$	Cu
Phenoloxidasen	1.10.3.1/2	ca. 10^{-5}	Cu
Uratoxidase	1.7.3.3	ca. $2 \cdot 10^{-4}$	Cu
Glycolatoxidase	1.1.3.1	ca. 10^{-4}	FMN
D-Aminosäureoxidase	1.4.3.3	$2 \cdot 10^{-4}$	FAD
Glucoseoxidase (in Pilzen)	1.1.3.4	$2 \cdot 10^{-4}$	FAD
Alkoholoxidase (in Pilzen)	1.1.3.13	?	FAD
Oxalatoxidase (in Moosen)	–	?	Flavin
Cytochromoxidase	1.9.3.1	ca. 10^{-7}	Hämin mit Fe, Cu

Die O_2-Konzentration einer mit Luft (210 ml $O_2 \cdot l^{-1}$) gesättigten, wäßrigen Lösung beträgt 5,9 ml $\cdot l^{-1} = 263$ μmol $\cdot l^{-1}$ (25 °C, 1 bar).

aufgeführten Enzyme das O_2 zu H_2O_2 und nicht zu H_2O; bei vielen ist die Lokalisierung (zusammen mit Katalase) in Microbodies nachgewiesen. Einige dieser Oxidasen stehen im Dienste des Katabolismus spezieller Substrate, welche nicht über die üblichen Wege abgebaut werden können (z. B. Uratoxidase, D-Aminosäureoxidase). Glycolatoxidase ist ein Schlüsselenzym der photorespiratorischen Glycolatdissimilation in den Blattperoxisomen (→ Abb. 192).

Die Gruppe der Phenoloxidasen setzt eine Vielzahl von Monophenolen und/oder Diphenolen zu den entsprechenden Chinonen um, welche dann in einer nicht enzymatisch katalysierten Reaktion zu hochmolekularen, meist braun bis schwarz gefärbten *Melaninen* kondensieren können. Diese Reaktion spielt sich beim Absterben von Zellen ab, wenn die bevorzugt in der Zellwand lokalisierten Enzyme mit dem Zellsaft in Kontakt kommen. Darauf beruhen die lokalen Verfärbungen bei beschädigten Äpfeln, Kartoffeln, Bananen oder manchen Pilzen. Diese Reaktion ist wahrscheinlich primär als Infektionsabwehrmechanismus aufzufassen, der z. B. in Blättern eine rasche Isolation von Krankheitsherden erlaubt (→ S. 569). Die Verfärbung von Tee- oder Tabakblättern bei der sog. „Fermentation" geht nicht auf Mikroorganismen zurück, sondern auf eine Umsetzung von Tanninen (komplexe Phenole) durch die pflanzlichen Phenoloxidasen.

Die in vielen Geweben (z. B. im Kürbisfleisch) in hoher Aktivität vorkommende Ascorbatoxidase steht in dem unbewiesenen Verdacht, die Endoxidase einer spezifisch pflanzlichen Atmungskette zu sein:

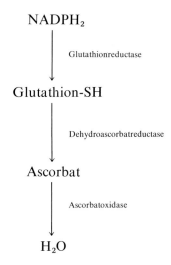

NADPH$_2$

    Glutathionreductase

Glutathion-SH

    Dehydroascorbatreductase

Ascorbat

    Ascorbatoxidase

H$_2$O

Alle Enzyme dieser Kette sind in pflanzlichen Zellen nachweisbar; ob sie allerdings in der postulierten Weise kooperieren, ist fraglich. Zumindest ein Teil der Ascorbatoxidase ist Bestandteil der Zellwand. Die Glutathionreductase dürfte ein Plastidenenzym sein. In frischem Pflanzenmaterial liegt das Ascorbat/Dehydroascorbat-Redoxsystem, dessen Funktion in

Pflanzen ebenso unbekannt ist wie die der Oxidase, zu mehr als 95% in der reduzierten Form vor.

Außerdem gibt es auch in Pflanzen eine Reihe von *Oxygenasen* (Enzyme, welche O_2 in ein Substrat einbauen). Ein Beispiel ist die pflanzenspezifische *Lipoxygenase,* welche in fetthaltigen Samen während der Keimung auftritt und eine Hydroperoxid-Gruppe in bestimmte ungesättigte Fettsäuren einführt (→ S. 325).

Es sei noch erwähnt, daß auch im endoplasmatischen Reticulum Flavoproteine und Cytochrome nachgewiesen werden konnten, welche wahrscheinlich Glieder einer extramitochondrialen „Atmungskette" unbekannter metabolischer Funktion sind.

Weiterführende Literatur

MEEUSE, B. J. D.: Thermogenic respiration in aroids. Ann. Rev. Plant Physiol. **26,** 117 – 126 (1975)

TURNER, J. F., TURNER, D. H.: The regulation of carbohydrate metabolism. Ann. Rev. Plant Physiol. **26,** 159 – 186 (1975)

20. Das Blatt als photosynthetisches System

Im Kapitel 14 (→ S. 139) wurde die Photosynthese als eine Funktion des Systems „Chloroplast" betrachtet, wobei naturgemäß die vielfachen Wechselbeziehungen zwischen dem Photosynthesegeschehen und den anderen Bereichen des Stoffwechsels der Zelle (z. B. der Dissimilation) ausgeklammert blieben. Ebensowenig fanden die im einzelnen recht komplizierten Zusammenhänge zwischen der Photosynthese und der strukturellen Organisation der höheren Pflanze Berücksichtigung. Diese *physiologischen* Aspekte der Photosynthese sollen nun nachgeholt werden. Das Photosyntheseorgan der Kormophyten ist das Blatt

(→ Abb. 509). Abbildung 200 zeigt das typische Photosynthesewirkungsspektrum eines Blattes, wobei deutliche quantitative Unterschiede gegenüber dem *Chlorella*-Wirkungsspektrum (→ Abb. 149) sichtbar werden. Der wichtigste Unterschied ist die vor allem bei dickeren Blättern stark ins Gewicht fallende Lichtstreuung im Gewebe, welche zu einer gesteigerten optischen Weglänge und damit zu einer erhöhten Absorptionswahrscheinlichkeit für die eingestrahlten Quanten führt. Da sich dieser Effekt naturgemäß besonders stark im Bereich geringer Pigmentabsorption auswirkt, beobachtet man eine mehr oder minder starke Nivellie-

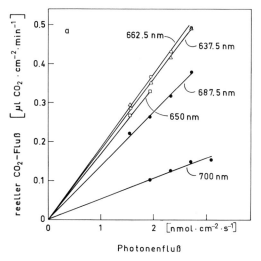

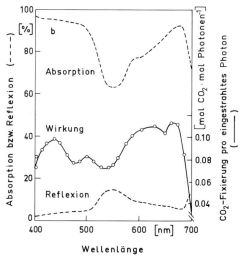

Abb. 200 a und b. Typisches Photosynthese-Wirkungsspektrum eines Blattes (reelle Photosynthese; → Abb. 203). Objekt: *Phaseolus vulgaris.* (a) Einige typische Photonenfluß-Effektkurven (linearer Bereich der Lichtkurve; → Abb. 208). (b) Aus der Steigung derartiger Kurven berechnetes Wirkungsspektrum im Vergleich mit dem Absorptions- und dem Reflexionsspektrum des Blattes. Da die Absorption der Photonen im Blau- und Rotbereich nahezu voll-

ständig ist, kann man an diesen Punkten die Quantenausbeute abschätzen (ca. $\frac{1}{9}$ $CO_2 \cdot$ Photon^{-1}). Absorptions- und Wirkungsspektrum des Blattes einer Landpflanze weisen wegen der multiplen Lichtstreuung keine so markante Depression zwischen dem Blau- und dem Rotgipfel auf, wie dies bei *Chlorella* (und anderen Wasserpflanzen) gefunden wurde (→ Abb. 149). (Nach BALEGH und BIDDULPH, 1970)

rung von Absorptions- und Wirkungsspektrum. Das Blatt ist also ein sehr viel effektiverer Lichtabsorber als eine Chlorophyll-Lösung vergleichbarer Konzentration. Auch die photosynthetische Quantenausbeute des Blattes zeigt eine gegenüber *Chlorella* quantitativ abweichende Wellenlängenabhängigkeit (vgl. Abb. 201 und 154).

Der Übergang vom System „Chloroplast" zum System „Blatt" bringt eine erhebliche Zunahme des Komplexitätsgrades mit sich, was sich, wie auch schon im vorigen Kapitel, in einer charakteristischen physiologischen Methodik und Begrifflichkeit niederschlägt. Außerdem treten z. T. drastische Unterschiede zwischen verschiedenen Pflanzen auf, welche auch hier eine *vergleichend* physiologische Betrachtung notwendig machen. Die Landpflanzen haben sich während der Evolution physiologisch an eine Vielzahl verschiedener Biotope angepaßt, welche sehr unterschiedliche Anforderungen in bezug auf die Überlebenstüchtigkeit stellen. Hierbei wurde auch der Photosyntheseapparat rigoros auf eine hohe Effektivität unter den jeweiligen Umweltbedingungen optimiert. Die verschiedenen Wege der Optimierung, welche naturgemäß an Pflanzen klimatisch extremer Standorte besonders deutlich in Erscheinung treten, betreffen in erster Linie die quantitative Abstimmung zwischen den Kapazitäten der einzelnen Bereiche des Photosynthesegeschehens im Blatt. Die heutigen Landpflanzen existieren mit Hilfe ihres Photosyntheseapparats in Regionen der Erdoberfläche, welche Photonenflüsse zwischen 20 und 7000 μmol $\cdot$ cm^{-2} $\cdot$ d^{-1}, Temperaturen zwischen -5 und $+50°$ C und Wasserpotentialwerte zwischen 0 und -100 bar (Ψ_{Boden}) bzw. weniger als -1000 bar (Ψ_{Luft} bei 50% relativer Luftfeuchtigkeit) aufweisen. Die enorme Spannweite dieser zentralen Umweltfaktoren, die zudem weitgehend unabhängig voneinander variieren, bedingt eine Vielzahl von ökologischen Abwandlungen des Photosynthesesystems „Blatt". Diese Abwandlungen betreffen praktisch nie den *photochemischen* Bereich der Photosynthese. So ist z. B. die Zusammensetzung und Größe der Pigmentkollektive bei den meisten Pflanzen sehr ähnlich. Die Modifikationen liegen vielmehr vor allem im Bereich des Elektronentransports, der CO_2-Fixierung und der strukturellen Organisation des Photosyntheseapparats im Blatt. Dazu gehört z. B. neben der Anordnung der assimilierenden Zellen und ihrer Verbindung zu den Leitungsbahnen des Stofftransports auch die Steuerung der CO_2-Zufuhr durch die Epidermis, welche zwangsläufig mit der Abgabe von Wasserdampf an die Atmosphäre verknüpft ist. Eine ausreichende Versorgung des Photosyntheseapparats mit Substrat ist nicht zuletzt deshalb ein erhebliches physiologisches Problem, weil das Verhältnis von CO_2 zu O_2 in der Atmosphäre hierfür sehr ungünstig ist (0,32 ml $\cdot$ l^{-1} zu 210 ml $\cdot$ l^{-1} = 0,0015).

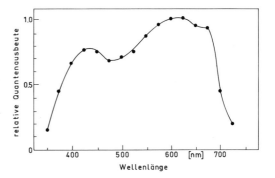

Abb. 201. Die photosynthetische Quantenausbeute Φ_{max} (CO_2-Aufnahme) von Blättern als Funktion der Wellenlänge. Die Kurve stellt Mittelwerte von 22 Arten höherer Pflanzen dar. Der Wert 1 entspricht der Quantenausbeute $\Phi_{max} = 0,07 - 0,08$ mol $CO_2 \cdot$ mol absorbierte Photonen^{-1}. (Nach Daten von McCREE aus BJÖRKMAN, 1973)

Die ökologischen Anpassungen des Photosyntheseapparats können in zwei Kategorien eingeteilt werden: 1. Genetisch fixierte Merkmale, welche im Laufe der Evolution erworben wurden. 2. Phänotypische Modifikationen, welche — innerhalb der genetisch festgelegten Reaktionsbreite — als direkte, adaptive Reaktion auf Umweltfaktoren aufzufassen sind. Bei vielen Pflanzen besitzt der Photosyntheseapparat in der Tat eine außerordentlich große modifikatorische Plastizität, welche eine kurzfristige Akklimatisation an wechselnde Umweltbedingungen gestattet. In diesem Fall ist es die *Fähigkeit* zur Adaptation, welche sich während der Evolution als genetisches Merkmal herausgebildet hat.

Messung der Photosyntheseintensität

Unter der *Photosyntheseintensität* (= „Photosyntheserate" oder „-geschwindigkeit") versteht man den photosynthetischen Stoffumsatz pro

Zeiteinheit. Die Grundgleichung [→ Gl. (86)] gibt an, welche Meßgrößen für den Stoffumsatz in Frage kommen. Es sind dies praktisch die *O₂-Abgabe*, die *CO₂-Aufnahme* und die *Produktion an organischem Material* („Trockenmasse"). Die O_2-Abgabe charakterisiert im wesentlichen die Intensität des offenkettigen Elektronentransports, während die CO_2-Aufnahme die Intensität des CALVIN-Cyclus widerspiegelt. Die photosynthetische NO_2^--Reduktion schlägt sich z. B. hier nicht nieder. Die Trockenmassezunahme ist ein integrierendes Maß für die Nettoproduktion des Photosyntheseapparats an organischen Molekülen. Da die Ausbeute und die chemische Natur des Assimilats variieren kann, liefern die 3 Meßgrößen nicht notwendigerweise identische Resultate. Nur wenn die Photosynthese praktisch der klassischen Summenformel

$$6\ CO_2 + 6\ H_2O \to C_6H_{12}O_6 + 6\ O_2 \qquad (86)$$

folgt, besteht ein einfacher Zusammenhang zwischen O_2-Abgabe, CO_2-Aufnahme und Trockensubstanzzunahme. Unter diesen Bedingungen ist der *Assimilatorische Quotient*

$$AQ = \frac{\text{mol } O_2 \cdot \Delta t^{-1}}{\text{mol } CO_2 \cdot \Delta t^{-1}} = 1, \qquad (87)$$

d. h. O_2-Abgabe und CO_2-Aufnahme kompensieren sich. Neuere Messungen haben ergeben, daß der AQ von Blättern häufig über 1 (etwa bei 1,3) liegen dürfte. Aus methodischen Gründen (Möglichkeit zur kontinuierlichen Analyse am intakten System) wird meist die Messung von O_2 und CO_2 der Trockenmassebestimmung vorgezogen. Bei vergleichenden Untersuchungen an verschiedenen Blättern bestimmt man in der Regel den Gas*fluß* J_{O_2} oder J_{CO_2}, d. h. die Photosyntheseintensität (= Gas*strom*) bezogen auf die Blattfläche (z. B. mol $CO_2 \cdot m^{-2} \cdot h^{-1}$) *.

Brutto- und Nettophotosynthese

Der CO₂-Kompensationspunkt Γ. Auch die photoautotrophen Mesophyllzellen des Blattes verfügen über die Enzyme für die oxidative Dissimilation organischer Moleküle. Der hier-

---

* Die häufig noch verwendeten Konzentrationsangaben in Volumen- oder Partialdruckeinheiten sind druckabhängig (Luftdruck!) und daher nicht immer eindeutig.

durch bedingte respiratorische Gaswechsel (O_2-Aufnahme und CO_2-Abgabe; → S. 199) läßt sich an verdunkelten Blättern ohne Schwierigkeit messen. Auch im Licht findet in diesem Organ beständig Dissimilation statt, welche sich dem photosynthetischen Stoffwechsel überlagert. Hält man ein Blatt in einem abgeschlossenen Luftvolumen bei sättigendem Lichtfluß (= Beleuchtungsstärke), so wird zunächst die CO_2-Konzentration des Gasraumes durch die Photosynthese vermindert. Dieser Prozeß kommt jedoch lange vor Erschöpfung des CO_2-Gehaltes im Gefäß zum Halt. Es stellt sich eine bestimmte CO_2-Konzentration ein, welche sich auch langfristig nicht mehr ändert, obwohl das Blatt weiterhin beständig CO_2 fixiert (Abb. 202). Der gleiche Wert pendelt sich in Luft ein, welche man durch das Interzellularensystem eines belichteten Blattes leitet. Es muß also unter diesen Bedingungen ein Gleichgewichtszustand zwischen Photosynthese (CO_2-Aufnahme) und Atmung (CO_2-Abgabe) herrschen, d. h. beide Prozesse laufen mit gleicher Intensität ab. Die sich einstellende Gleichgewichtskonzentration an CO_2 bezeichnet man als *CO₂-Kompensationspunkt Γ* (Gamma). Diese stark temperaturabhängige (→ Abb. 216) Größe ist von entscheidender Bedeutung für die Beurteilung der photosynthetischen Leistungsfähigkeit eines Blattes hinsichtlich der Ausnützung des CO_2-Reservoirs der Atmo-

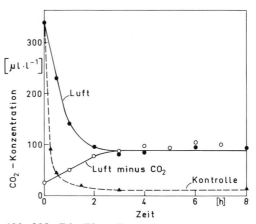

Abb. 202. Die Einstellung des CO_2-Kompensationspunktes Γ in einem abgeschlossenen Gasraum. Objekt: Blätter von *Sambucus nigra* (10 000 lx Weißlicht, 24 – 28° C). Die Blätter (30 cm²) wurden zur Zeit Null in einem Glasgefäß (6 l) mit Luft oder CO_2-verarmter Luft eingeschlossen. In einem Kontrollexperiment wurde die CO_2-Absorption durch ein KOH-getränktes Filtrierpapierstück in Luft verfolgt. (Nach GABRIELSEN, 1948)

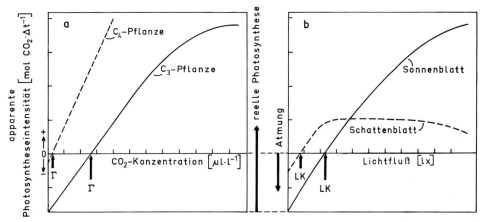

Abb. 203 a und b. Zur Definition der reellen bzw. apparenten Photosynthese und der beiden Kompensationspunkte (schematisch). (a) Der *CO₂-Kompensationspunkt* (Γ) gibt an, bei welcher CO_2-Konzentration die reelle Photosynthese gleich der Atmung, d. h. die apparente Photosynthese gleich Null ist. Dieser Wert stellt sich in der Atmosphäre eines abgeschlossenen Gasraumes bei lichtgesättigter Photosynthese ein, wenn ein Fließgleichgewicht des Gaswechsels herrscht. Im Gegensatz zu den meisten Arten („C₃-Pflanzen"), welche einen gut meßbaren Γ-Wert zeigen, sind die „C₄-Pflanzen" durch $\Gamma \approx 0$ ausgezeichnet (→ S. 231). (b) Der *Lichtkompensationspunkt* (LK) gibt an, bei welchem Lichtfluß die reelle

Photosynthese gleich der Atmung, d. h. die apparente Photosynthese gleich Null ist. Dieser Lichtfluß stellt in Luft (ca. 320 µl $CO_2 \cdot l^{-1}$) ein Fließgleichgewicht der beiden gegenläufigen Prozesse ein. Schattenblätter (-pflanzen) unterscheiden sich von Sonnenblättern (-pflanzen) durch einen niedrigeren LK-Wert, eine niedrigere Atmungsintensität im Dunkeln (Ausgangspunkt der Kurven auf der Ordinate) und eine höhere apparente Photosyntheseintensität bei niedrigen Lichtflüssen. Außerdem liegt das Maximum der apparenten Photosynthese wesentlich niedriger. Bei starker Bestrahlung ist häufig eine Lichthemmung zu beobachten

sphäre. Ein niedriges Γ bedeutet eine hohe Intensität der CO_2-Fixierung gegenüber der CO_2-Ausscheidung (d. h. eine relativ hohe „Affinität" des Blattes für CO_2). Ein hohes Γ läßt dagegen auf eine niedrige Intensität des CO_2-fixierenden Systems — im Verhältnis zur Atmungsintensität — schließen (Abb. 203 a). Die maximale CO_2-Konzentrationsdifferenz zwischen dem Blattinnern und der Außenluft ist 320 minus Γ µl $\cdot$ l⁻¹. Bei den meisten höheren Pflanzen liegt Γ (25° C) um $60 - 100$ µl $\cdot$ l⁻¹, d. h. bei $20 - 30 \%$ der natürlichen CO_2-Konzentration der Luft. In speziellen Fällen hat man jedoch auch viel niedrigere Γ-Werte (< 10 µl $\cdot$ l⁻¹) gemessen (→ S. 231).

Der Lichtkompensationspunkt. Ein Gleichgewicht zwischen photosynthetischem und dissimilatorischem CO_2-Gaswechsel läßt sich auch durch Variation des Lichtfaktors erzielen. Man hält ein Blatt bei konstanter CO_2-Konzentration (Luft) und bestimmt denjenigen Lichtfluß, bei dem die CO_2-Aufnahme gerade gleich der CO_2-Abgabe (bzw. die O_2-Abgabe gerade gleich der O_2-Aufnahme) ist. Dieser Lichtfluß

wird als *Lichtkompensationspunkt* der Photosynthese definiert. Besitzt ein Blatt (oder eine Pflanze) einen hohen Lichtkompensationspunkt, so benötigt sie relativ viel Licht, um ihre Atmung durch Photosynthese auszugleichen. Umgekehrt kann ein Blatt (oder eine Pflanze) mit niedrigem Lichtkompensationspunkt noch bei relativ geringem Lichtfluß eine photosynthetisch kompensierte Kohlenstoffbilanz aufrechterhalten. Diese Größe charakterisiert also die Leistungsfähigkeit des Blattes hinsichtlich der Ausnützung des Lichtes. Sie gibt den minimalen Lichtfluß für das langfristige Überleben einer photoautotrophen Pflanze an.

Der Lichtkompensationspunkt variiert innerhalb weiter Grenzen. In der Regel mißt man bei Pflanzen lichtarmer Standorte („Schattenpflanzen") niedrige Werte (um 100 lx), während lichtexponierte Pflanzen („Sonnenpflanzen") hohe Werte ($500 - 800$ lx) zeigen (Abb. 203 b). Häufig unterscheiden sich auch Schatten- und Sonnenblätter einer Pflanze (z. B. eines Baumes) um mehrere hundert lx. Bei dichter Belaubung kann der Lichtfluß im Innern einer Baumkrone selbst bei hellem Sonnenschein unter dem Kompensationspunkt liegen, was meist zur frühzeitigen Seneszenz (→ S. 424) der dort lokalisierten Blätter führt.

Reelle und apparente Photosynthese. Nach dem oben Gesagten ist klar, daß die Netto-Photosyntheseleistung des Blattes nicht mit der tatsächlichen Produktionsintensität des Photosyntheseapparates in den Chloroplasten identisch ist. Es kommt vielmehr darauf an, welcher Anteil des Brutto-Photosyntheseproduktes nach Abzug der Atmungsverluste übrig bleibt. Man bezeichnet die Brutto- und Netto-Photosynthese auch als *reelle* (wahre) bzw. *apparente* Photosynthese. Es gilt:

$$\left(\frac{\text{mol } CO_2 \text{ fixiert}}{\Delta t}\right)_{\text{apparent}} = \left(\frac{\text{mol } CO_2 \text{ fixiert}}{\Delta t}\right)_{\text{reell}}$$

$$- \left(\frac{\text{mol } CO_2 \text{ produziert}}{\Delta t}\right)_{\text{reell}}. \quad (88)$$

An den Kompensationspunkten der Photosynthese für CO_2 bzw. Licht ist die apparente Photosynthese gleich Null, unabhängig davon, wie groß die reelle Photosynthese und die Atmung sind. Die Zusammenhänge sind in Abb. 203 schematisch erläutert. Abbildung 204 zeigt quantitative „Lichtkurven" (→ Abb. 208) der Blätter von 3 Arten, welche an verschiedene Umweltbedingungen angepaßt sind.

Licht- und Dunkelatmung. Das Verhältnis zwischen reeller und apparenter Photosynthese hängt von einer großen Zahl von Faktoren ab und ist daher sehr variabel. Eine wichtige Frage in diesem Zusammenhang ist, welchen Umfang die respiratorische CO_2-Bildung der Pflanze im Licht annimmt. Man kann wohl bei den meisten Pflanzen davon ausgehen, daß die mitochondriale Atmung (Citratcyclus, Atmungskette) im belichteten Blatt mehr oder minder stark gehemmt ist (KOK-Effekt). Dafür sprechen z. B. Untersuchungen, in denen mit Hilfe von Isotopenmarkierung der photosynthetische und der respiratorische Gaswechsel getrennt gemessen wurde (Abb. 205). An die Stelle der mitochondrialen Atmung tritt im hellen Licht die 2–5mal intensivere Photorespiration (→ S. 194), welche bis zu 50% des frisch gebildeten Photosyntheseprodukts wieder in die anorganischen Komponenten zerlegen kann. In Abb. 206 ist die Überlagerung der beteiligten Gaswechselprozesse schematisch dargestellt.

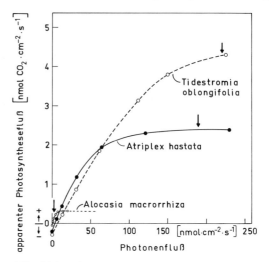

Abb. 204. Die Lichtabhängigkeit des apparenten Photosyntheseflusses bei drei an verschiedene Standorte angepaßten Arten. Objekte: *Tidestromia oblongifolia* (besiedelt extrem heiße und trockene Geröllhalden, z. B. im Death Valley, USA; gehört zu den „C_4-Pflanzen", → S. 230; → Abb. 224), *Atriplex hastata* (besiedelt helle Standorte der gemäßigten Zone), *Alocasia macrorrhiza* (besiedelt den extrem lichtarmen Boden des tropischen Regenwalds). Die Pfeile geben den durchschnittlichen Photonenfluß während der Lichtperiode am Wuchsort an. Man erkennt, daß hohe Lichtsättigung mit einem hohen Lichtkompensationspunkt gekoppelt ist. Daher hätten die beiden lichtliebenden Arten am Standort der extremen Schattenpflanze *Alocasia* trotz ihrer potentiell hohen photosynthetischen Leistungsfähigkeit eine negative apparente Photosynthese und wären daher dort längerfristig nicht lebensfähig. *Tidestromia* ist die photosynthetisch (potentiell) leistungsfähigste, *Alocasia* die photosynthetisch (potentiell) effektivste der 3 Arten. (Nach BJÖRKMAN aus BERRY, 1975)

Begrenzende Faktoren der apparenten Photosynthese

Die Intensität der apparenten Photosynthese des Blattes unter natürlichen Bedingungen wird durch eine Vielzahl äußerer und innerer (organismuseigener) Faktoren beeinflußt: *Licht, CO_2-Konzentration, O_2-Konzentration, Temperatur, Luftzirkulation, Wasserzustand, Ionenversorgung, Entwicklungszustand, Blattmorphologie, Chlorophyllgehalt, Aktivität der photosynthetischen und respiratorischen Enzyme, Diffusionswiderstand für Gase an der Epidermis* usw.

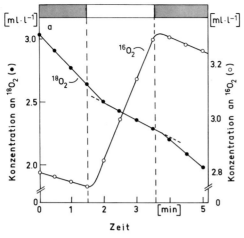 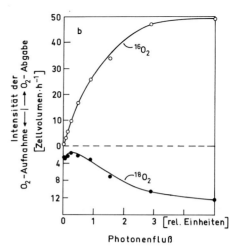

Abb. 205 a und b. Getrennte Bestimmung der respiratorischen O_2-Aufnahme und der photosynthetischen O_2-Abgabe. Objekt: Zellsuspension der Blaualge *Anacystis nidulans* (bei ungefähr der O_2-Konzentration luftgesättigten Wassers, 30° C). Die Zellen wurden vor der Messung in natürlichem $H_2{}^{16}O$ mit O_2 begast, welches mit dem schweren Isotop ^{18}O markiert war. Die Konzentrationen von $^{16}O_2$ und $^{18}O_2$ im Medium wurden mit Hilfe eines Massenspektrometers gemessen, das über eine O_2-durchlässige Membran direkt an das Reaktionsgefäß angeschlossen war. (a) Kinetik der beiden Prozesse beim Übergang Dunkel → Schwachlicht → Dunkel. Man erkennt, daß die O_2-Aufnahme unter diesen Bedingungen im Licht gehemmt wird (KOK-Effekt). (b) Photonenfluß-Effektkurve der beiden Prozesse. Man erkennt, daß die Intensität der O_2-Aufnahme nur bei niedrigen Photonenflüssen gehemmt wird. Bei höheren Photonenflüssen tritt dagegen eine starke Förderung auf, welche eine ähnliche Lichtabhängigkeit wie die O_2-Abgabe zeigt. DCMU (→ Abb. 163) hemmt nur die fördernde Wirkung hoher Photonenflüsse. Daraus kann man schließen, daß Lichthemmung und Lichtförderung der O_2-Aufnahme auf zwei verschiedene Reaktionen zurückgehen (mitochondriale Atmung bzw. Photorespiration). (Nach Hoch et al., 1963)

Abb. 206. Der prinzipielle Verlauf der Lichtfluß-Effektkurve der apparenten Photosynthese in Nullpunktnähe. Reelle Photosynthese und Photorespiration steigen von Null proportional mit dem Lichtfluß an. Die mitochondriale Atmung („Dunkelatmung") ist im Dunkeln maximal und wird mit zunehmendem Lichtfluß gehemmt. Durch Addition der 3 Kurven erhält man die Lichtfluß-Effektkurve der apparenten Photosyntheseintensität. Der relative Beitrag der einzelnen Gaswechselprozesse zur apparenten Photosyntheseintensität dürfte bei verschiedenen Pflanzen stark variieren

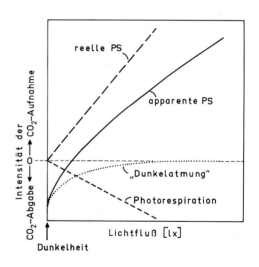

Diese Faktoren zeigen nicht nur eine unterschiedlich ausgeprägte zeitliche Stabilität, sondern häufig auch eine komplexe gegenseitige Wechselwirkung. Es ist daher praktisch unmöglich, dieses Multifaktorensystem, welches treffend als ein „*circulus vitiosus* voneinander abhängiger Engpässe" bezeichnet wurde, als Ganzes quantitativ zu erfassen. Realisierbar ist dagegen der folgende prinzipielle Ansatz: 1. Man hält alle (bekannten und unbekannten) Faktoren konstant, mit Ausnahme eines einzigen, welcher als experimentelle Variable dient. 2. Man bestimmt unter steady state-Bedingungen den quantitativen Zusammenhang zwischen der Dosis des variierten Faktors und der erzielten physiologischen Wirkung (*Dosis-Effektkurve*) auf dem Hintergrund der Wirkung der anderen (konstanten) Faktoren. 3. Man versucht, anhand dieser Kurve zu einer möglichst einfachen mathematischen Gleichung für die Dosis-Effekt-Beziehung zu kommen, in welcher nur solche Größen vorkommen, die physiologisch relevant und operational definierbar sind. Diese Beziehung, welche das Verhalten des Systems bei beliebiger Dosis quantitativ beschreibt, gilt natürlich zunächst nur unter den Bedingungen, welche durch die konstant gehaltenen Faktoren festgelegt sind. Eine weitergehende Gültigkeit der aufgestellten Beziehung — und damit ein zunehmender Gesetzescharakter — kann erreicht werden, wenn es gelingt, weitere Faktoren als Variable in die Gleichung einzubeziehen. Das Ziel dieses systemanalytischen Ansatzes (→ S. 5) ist es, eine quantitative Beschreibung (meist in Form einer mathematischen Formel) zu finden, welche es erlaubt, das Verhalten des Systems unter einem veränderten Satz von Faktoren zu berechnen. Außerdem gibt diese Beschreibung wertvolle Hinweise über die möglichen Wechselwirkungen zwischen verschiedenen Faktoren.

Die Aufstellung einer allgemeinen Gleichung für das System Blatt, welche die Photosyntheseintensität als Funktion auch nur der wichtigsten äußeren und inneren Faktoren beschreibt, erscheint — zumindest heute noch — als praktisch unlösbares Problem. Wir müssen uns hier darauf beschränken, das Prinzip der

Faktorenanalyse (→ S. 9) auf zwei einfache Beispiele anzuwenden.

Die Verrechnung der Faktoren Lichtfluß und CO_2-Konzentration. Die „Dosis-Effektkurven" für diese beiden Faktoren sind in Abb. 207 und 208 in prinzipieller Form dargestellt. In beiden Fällen ergeben sich typische Sättigungskurven, die wir hier nur qualitativ analysieren wollen. Anhand von Abb. 207 kann man sich klarmachen, daß die Photosyntheseintensität bei hohem Lichtfluß (Starklicht) in einem weiten Bereich praktisch proportional mit der CO_2-Konzentration ansteigt, dann von der Geraden abbiegt und schließlich in den horizontalen Sättigungsbereich übergeht. Die normale CO_2-Konzentration der Luft ($320\ \mu l \cdot l^{-1}$ bei 1 bar) ist bei den meisten Pflanzen nicht ausreichend, um die apparente Photosynthese zu sättigen (→ Abb. 224). (Man kann deshalb in solchen Fällen erfolgreich mit CO_2 „düngen".) Mißt man die *CO_2-Konzentrations-Effektkurve* bei niedrigem Lichtfluß (Schwachlicht), so zeigt sich bei sehr geringer CO_2-Konzentration keine Abweichung von der Starklichtkurve; der lineare Ast der Schwachlichtkurve ist jedoch wesentlich kürzer. Demgemäß wird auch die CO_2-Sättigung bei niedrigerer CO_2-Konzentration erreicht. In Abb. 208 ist der Lichtfluß als Variable auf der Abszisse eingetragen (*Lichtfluß-Effektkurve*; → Abb. 204); die CO_2-Konzentration wird konstant gehalten. Für verschiedene CO_2-Konzentrationen erhält man eine ähnliche Kurvenschar wie in Abb. 207. Es ergibt sich

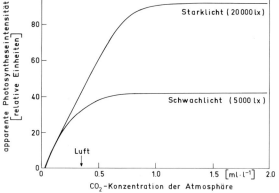

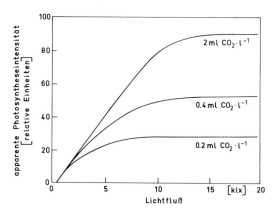

Abb. 207. CO_2-Konzentrations-Effektkurven der apparenten Photosynthese. Diese Kurven zeigen in prinzipieller Form die Begrenzung der Photosyntheseintensität durch die CO_2-Konzentration bei hohem und niedrigem Lichtfluß. (Nach FRENCH, 1962, verändert)

Abb. 208. Lichtfluß-Effektkurven der apparenten Photosynthese. Diese Kurven zeigen in prinzipieller Form die Begrenzung der Photosyntheseintensität durch den Lichtfluß bei drei verschiedenen CO_2-Konzentrationen. (Nach FRENCH, 1962, verändert)

etwa aus Abb. 208, daß die reelle Photosyntheseintensität nur bei hoher CO_2-Konzentration über einen weiten Bereich proportional mit dem Lichtfluß ansteigt. Im Fall der apparenten Photosynthese hängt die Steigung im linearen Ast der Kurven vom Verhältnis reelle Photosynthese/Photorespiration ab und ist — unter sonst optimalen Bedingungen — ein Maß für die Quantenausbeute der (apparenten) Photosynthese ($\rightarrow$ Abb. 200).

Wie kann man die in Abb. 207 und 208 dargestellten Zusammenhänge deuten? BLACKMAN (1905) hat auf diesen Sachverhalt das ursprünglich von LIEBIG für die Abhängigkeit des pflanzlichen Wachstums von der Ionenversorgung aufgestellte *Prinzip des limitierenden (= begrenzenden) Faktors* angewendet. Dieses Prinzip sagt aus, daß die Intensität eines physiologischen Prozesses, auf den mehrere Faktoren einwirken, stets von demjenigen Faktor bestimmt (limitiert) wird, der sich gerade im relativen Minimum befindet. Vergrößert man diesen Faktor, so steigt die Intensität des Prozesses unter seinem Einfluß an, bis plötzlich ein anderer Faktor ins relative Minimum gerät und damit abrupt das weitere Ansteigen der Dosis-Effektkurve unterbricht. Danach müßten die Lichtfluß-Effektkurven der Photosynthese also den in Abb. 209 dargestellten, prinzipiellen Verlauf haben.

Bereits HARDER (1921) hat gezeigt, daß die Dosis-Effektkurven der Photosynthese im mittleren Bereich stets eine allmähliche Krümmung aufweisen und das Prinzip vom limitierenden Faktor daher nur für Grenzsituationen gilt. Abb. 208 zeigt dies deutlich: Nur in der Nähe des Nullpunktes ist Licht der einzige limitierende Faktor. Sobald sich die Kurven aufspalten, hängt die Photosyntheseintensität auch von der CO_2-Konzentration ab, welche zunehmend an Einfluß gewinnt und schließlich nach Erreichen der Lichtsättigung zum einzigen limitierenden Faktor werden kann. Fazit: In einem weiten Bereich hängt die Photosyntheseintensität von beiden Faktoren ab, welche *gemeinsam* begrenzend wirken, wobei sich die absolute Wirkung eines Faktors nach der jeweiligen Konzentration (Intensität) des anderen Faktors richtet. Daraus folgt allgemein, daß ein physiologischer Prozeß, auf den n Faktoren einwirken, theoretisch auch durch n Faktoren gleichzeitig limitiert, d. h. in seinem Ausmaß kontrolliert, werden kann. Die einzelnen Wirkungen der n Faktoren werden nach einem zunächst unbekann-

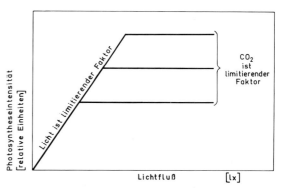

Abb. 209. Theoretischer Verlauf der Lichtfluß-Effektkurven bei Zugrundelegung des BLACKMAN-LIEBIGschen Prinzips vom limitierenden Faktor. Im proportional ansteigenden Ast ist der Lichtfluß der limitierende und damit intensitätsbestimmende Faktor. Die Kurven brechen abrupt ab, wenn der Lichtfluß die durch die jeweilige CO_2-Konzentration gesetzte Schwelle übersteigt, d. h. der Lichtfluß wird als limitierender Faktor von der CO_2-Konzentration *ohne Übergang* abgelöst

ten Modus im reagierenden System miteinander verrechnet ($\rightarrow$ S. 10). Nur in extremen Grenzfällen dominiert ein einzelner Faktor so stark, daß er als *der* limitierende Faktor angesehen werden kann.

Quantitative Analyse von Lichtfluß-Effektkurven. Dosis-Effektkurven der Photosynthese lassen sich häufig mit guter Näherung als Hyperbeln beschreiben, auf welche formal die MICHAELIS-MENTEN-Formel [$\rightarrow$ Gl. (43), S. 116] anwendbar ist. Für die Abhängigkeit der Photosyntheseintensität v von der Lichtintensität I gilt dann:

$$v = \frac{v_{max} \cdot I}{I + K_I}, \tag{89}$$

wobei v_{max} hier die Photosyntheseintensität bei Lichtsättigung repräsentiert. Die Lichtintensität (= Lichtstrom) wird hier analog zur Substratkonzentration eingesetzt. K_I ist eine Systemkonstante, welche, analog zur MICHAELIS-Konstante, diejenige Lichtintensität charakterisiert, für welche $v = v_{max}/2$ ist [$\rightarrow$ Gl. (44), S. 116]. In Abb. 210 wird diese Beziehung auf Dosis-Effektkurven angewendet, welche sich ausschließlich bezüglich der Anzuchtbedingungen (Starklicht oder Schwachlicht) des Pflanzenmaterials unterscheiden. Abbildung 210 a zeigt ein für viele lichtliebende Arten charakteristisches

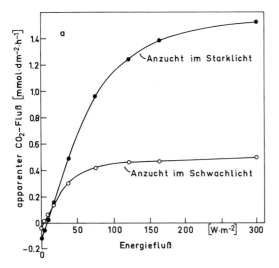 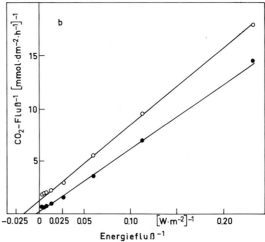

Abb. 210 a und b. Die funktionelle Adaptation des Photosyntheseapparats an die Lichtbedingungen während der Anzucht. Objekt: Blätter von *Sinapis alba* (16 h Licht/8 h Dunkel, 23/18° C). Genetisch gleiche Pflanzen wurden bei 90 W · m^{-2} (Starklicht) bzw. 5 W · m^{-2} (Schwachlicht) angezogen. (a) Ener-giefluß-Effektkurven der apparenten Photosynthese. (b) Doppelt-reziproke Auftragung der beiden Sättigungskurven nach LINEWEAVER-BURK, nach Korrektur bezüglich der Dunkelatmung. (Nach Daten von GRAHL und WILD, 1972)

Phänomen: Individuen, die im Starklicht herangewachsen sind, zeigen eine wesentlich höhere Photosynthesekapazität als solche aus einer lichtarmen Umgebung. Die doppelt-reziproke Darstellung nach LINEWEAVER-BURK (Abb. 210 b) ergibt Geraden, welche sich hinsichtlich der Schnittpunkte mit der Ordinate (v_{max}^{-1}) und der Abszisse ($- K_I^{-1}$) unterscheiden (→ Abb. 118). Man kann also dieser Darstellung unmittelbar entnehmen, daß die Starklichtpflanzen nicht nur eine höhere Lichtsättigung (v_{max}) erreichen, sondern auch einen höheren K_I-Wert, d. h. sie besitzen eine geringere „Affinität" für Licht. Die beiden Kurven verrechnen daher nicht einfach multiplikativ. Dieser Verrechnungstyp (→ S. 10) wäre dann gegeben, wenn lediglich v_{max} unterschiedlich wäre. Unter Berücksichtigung der Tatsache, daß die CO_2-Konzentration der Luft normalerweise der gewichtigste limitierende Faktor der Photosynthese ist (→ Abb. 207), kann man die Daten der Abb. 210 wie folgt interpretieren: Bei der Starklichtmodifikation ist die Kapazität für die Aufnahme und Bindung von CO_2 wesentlich erhöht. Daher wirkt sich der CO_2-Faktor hier weniger stark limitierend aus als in der Schwachlichtmodifikation. Andererseits wird offenbar der Photosyntheseapparat im Schwachlicht stärker in Hinsicht auf die Ausnützung der auffallenden Lichtquanten opti-miert und erreicht daher eine halbmaximale Lichtsättigung bereits bei relativ niedrigem Lichtfluß (zu ganz ähnlichen Schlüssen waren wir bereits bei der Besprechung der Kompensationspunkte gekommen; → S. 212).

Photosynthetische Adaptationsfähigkeit des Blattes

Abbildung 210 liefert den Beleg für eine umweltabhängige Modifikation des Photosyntheseapparats. Es handelt sich bei dieser Adaptation um einen komplexen morphogenetischen Prozeß, der eine Vielzahl funktioneller und struktureller Merkmale des Blattes umfaßt (Abb. 211). Die für morphogenetische Prozesse charakteristische wechselseitige Abstimmung bei der Umsteuerung einzelner Parameter des Systems (z. B. die funktionell gegenläufige Veränderung von v_{max} und K_I im obigen Beispiel) tritt auch hier deutlich hervor. Dazu einige weitere experimentelle Fakten: Starklicht verschiebt den Lichtkompensationspunkt zu höheren Werten (→ Abb. 210 a) und steigert den Gehalt an Photosyntheseenzymen (z. B. den der Ribulosebisphosphatcarboxylase) um ein Mehrfaches. Der Chlorophyllgehalt ändert sich

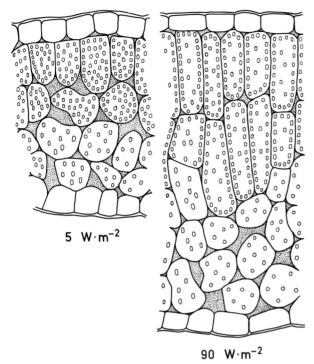

5 W·m⁻²

90 W·m⁻²

Abb. 211. Die morphogenetische Adaptation des Blattes an die Lichtbedingungen während der Anzucht. Objekt: *Sinapis alba.* Die Schwachlichtmodifikation (5 W · m⁻²) zeigt ein einschichtiges Palisadenparenchym, dessen Zellen sich nur wenig vom Schwammparenchym unterscheiden. Im Starklicht (90 W · m⁻²) sind die beiden Gewebe wesentlich stärker differenziert. Die Umstellung vom Schwach- auf den Starklichtphänotyp erfolgt innerhalb von 5 d. (Nach GRAHL und WILD, 1973)

jedoch nicht wesentlich. Bei vielen Pflanzen ist die Stomatadichte der Blattepidermis, und damit der Diffusionswiderstand für CO_2, eine Funktion der Lichtbedingungen. Tomatenblätter besitzen im Schwachlicht (20 W · m⁻²) hypostomatische Blätter (ca. 100 Stomata · mm⁻² in der unteren Epidermis). Im Starklicht (100 W · m⁻²) werden zusätzlich auch in der oberen Epidermis Stomata entwickelt (ca. 30 Stomata · mm⁻²). Die Umstellung kann in einem jungen, wachsenden Blatt bereits 3 d nach dem Wechsel der Lichtbedingungen beobachtet werden. Die anatomischen Unterschiede zwischen Stark- und Schwachlichtphänotyp sind in Abbildung 211 am Beispiel von *Sinapis alba* dargestellt. Bei dieser Pflanze hat man auf der biochemischen Ebene folgende typische Befunde gemacht: Bei Starklichtpflanzen liegt, bezogen auf die Blattfläche, die Pho-

tosyntheseintensität bei Lichtsättigung 3mal höher als bei Schwachlichtpflanzen, obwohl der Gehalt an Chlorophyll und Carotinoiden etwa gleich groß ist. Das Chlorophyll/P_{700}-Verhältnis ist ebenfalls sehr ähnlich. Jedoch kommt in der Starklichtpflanze eine nichtcyclische Elektronentransportkette auf ein P_{700}-Molekül (d. h. auf ein Reaktionszentrum), gegenüber 0,3 Ketten in der Schwachlichtpflanze. Offenbar ist die cyclische Photophosphorylierung in der Schwachlichtpflanze besonders ausgeprägt. Es ist evident, daß die Akklimatisierung der Pflanze an den Lichtfaktor auch im molekularen Bereich tiefgreifende Veränderungen nach sich zieht.

Die adaptiven Fähigkeiten einer Pflanze, d. h. ihre Reaktionsbreite gegenüber Umwelteinflüssen (→ S. 305), ist in der Regel genetisch streng festgelegt. Dies trifft nicht nur auf der

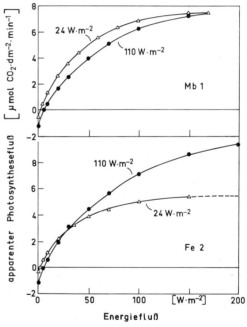

Abb. 212. Die Adaptationsfähigkeit an Stark- und Schwachlichtbedingungen bei zwei Ökotypen (Klone) der Art *Solanum dulcamara.* Der Ökotyp Mb 1 stammt aus einem schattigen Schilfbestand aus der Nähe von Frankfurt, Fe 2 von einer offenen Sanddüne der Insel Fehmarn. Beide Typen wurden im Starklicht (110 W · m⁻²) bzw. Schwachlicht (24 W · m⁻²) bei sonst gleichen Bedingungen angezogen. Die Lichtkurven lassen erkennen, daß Fe 2 ein hohes Maß an Anpassungsfähigkeit zeigt, nicht aber Mb 1. Die Aktivität der Ribulosebisphosphatcarboxylase zeigte eine entsprechende Anpassung. (Nach GAUHL, 1969)

Ebene der Arten zu, sondern auch auf Ökotypen ein und derselben Art, welche sich im Verlauf der Evolution an bestimmte Umweltbedingungen genetisch angepaßt haben. Als Beispiel hierfür ist in Abbildung 212 die Modifikabilität von *Solanum dulcamara* durch den Lichtfluß angeführt. Genetische Schwachlichtpflanzen haben meist eine geringere Adaptationsfähigkeit.

Temperaturabhängigkeit der apparenten Photosynthese

Die Temperatur des Blattes ist ein wesentlicher Faktor der Photosyntheseintensität. Sie hängt ihrerseits in komplizierter Weise von äußeren und inneren Faktoren ab (z. B. von der Lufttemperatur, dem Lichtfluß, der Luftturbulenz und der Transpirationsintensität). Abweichungen von $\pm 10°$ C zwischen Blatt- und Umgebungstemperatur sind daher nicht ungewöhnlich.

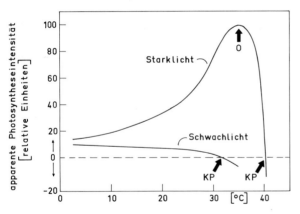

Abb. 213. Temperaturkurven (Abszisse: Blatt-Temperatur) der apparenten Photosynthese im Stark- und Schwachlicht (schematisch). Im Bereich von 0 – 30° C steigt die Photosyntheseintensität im Starklicht an (bei einer Temperaturerhöhung von 10° C u. U. um mehr als das Doppelte, $Q_{10} > 2$; die Steigung der Kurve nimmt mit steigender CO_2-Konzentration zu). Oberhalb des *Temperaturoptimums* (etwa 35° C, O) fällt die apparente Photosyntheseintensität steil ab, da die Atmung (Photorespiration und mitochondriale Atmung) hier stark erhöht ist. Der (obere) *Temperatur-Kompensationspunkt* (KP) wird bei etwa 40° C überschritten. Im Schwachlicht ist die *reelle* Photosynthese praktisch temperaturunabhängig. Die Intensität der *apparenten* Photosynthese nimmt jedoch wegen der Steigerung der Atmung bei Temperaturerhöhung ab

Für photochemische Reaktionen und Diffusionsprozesse liegt der Q_{10}-Wert in der Regel nahe bei 1. Biochemische Reaktionen sind dagegen stark temperaturabhängige Vorgänge ($Q_{10} \geqq 2$; → S. 115). Daraus folgt, daß die Temperaturabhängigkeit der reellen Photosynthese mit zunehmender Lichtsättigung zunimmt. Dies führt zwischen 0 und etwa 30° C zu einer Steigerung der apparenten Photosyntheseintensität im Starklicht, nicht jedoch im Schwachlicht (Abb. 213). Versorgt man ein Blatt saturierend mit Licht und CO_2, so begrenzt die Aktivität der Enzyme des Photosyntheseapparats (vor allem der Ribulosebisphosphatcarboxylase) die Intensität der CO_2-Fixierung. Temperaturkurven der Photosynthese zeigen unter diesen Bedingungen ein ausgeprägtes *Optimum* (Abb. 213). Die Lage dieses Optimums und des *oberen Temperatur-Kompensationspunktes* unterliegt einer ganz ähnlichen (modifikatorischen und genetischen) Anpassung an die Umwelt wie wir sie beim Lichtfluß kennengelernt haben (→ S. 218). Bei (höheren) Pflanzen arktischer Regionen liegt das Photosyntheseoptimum um 15° C. Wüstenpflanzen erreichen dagegen Werte bis 47° C (→ S. 237). Abbildung 214 zeigt, daß das Temperaturoptimum und der obere Temperaturkompensationspunkt der apparenten Photosynthese einer Pflanze im Laufe der Vegetationsperiode an die sich ändernden Umweltbedingungen angepaßt werden können.

Die Temperaturabhängigkeit eines physiologischen Prozesses läßt sich durch die *Aktivierungsenergie* A charakterisieren, welche in einem einfachen Zusammenhang mit dem Q_{10}-Wert steht [→ Gl. (41), S. 115]. Man erhält A, indem man die Temperaturkurve der Photosynthese als ARRHENIUS-Diagramm darstellt (Abb. 215). Vergleichende Untersuchungen haben gezeigt, daß die Aktivierungsenergie der lichtgesättigten Photosynthese stets um 70 kJ · mol^{-1} beträgt, was ziemlich genau dem Wert für die Ribulosebisphosphatcarboxylase-Reaktion entspricht. Starke artspezifische Unterschiede treten jedoch in der *Länge* des linearen Astes der ARRHENIUS-Kurve auf (→ Abb. 215). Pflanzen warmer Standorte sind dadurch ausgezeichnet, daß die Kurve erst bei höheren Temperaturen von der Geraden abweicht (d. h. das Optimum (→ Abb. 213) wird bei höherer Temperatur erreicht).

Wie kann man diese Zusammenhänge molekular deuten? Zunächst muß man aus der einheitlichen Aktivierungsenergie der photosynthetischen CO_2-Fixierung den Schluß ziehen, daß die Ribulosebisphosphatcarboxylase (und wahrscheinlich auch die anderen Photosyntheseenzyme) in allen Pflanzen die gleiche Temperaturabhängigkeit besitzt, d. h. die Enzyme selbst sind nicht an unterschiedliche Temperaturbedingungen adaptierbar. Die spezifischen Unterschiede in der Lage des Temperaturoptimums könnten theoretisch auf spezifische Unterschiede in der Wärmestabilität der Enzyme zurückzuführen sein. In der Regel ist jedoch die Inaktivierung von Enzymen erst bei wesentlich höheren Temperaturen ein ins Gewicht fallender Faktor. Ein entscheidender Grund für das Abbiegen der ARRHENIUS-Kurven ist vielmehr in der Tatsache zu suchen, daß bei höheren Temperaturen die Intensität der

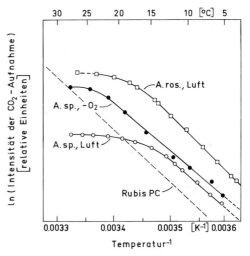

Abb. 215. Temperaturabhängigkeit (Blatt-Temperatur) des apparenten Photosyntheseflusses bei 2 *Atriplex*-Arten (sättigender Lichtfluß, 320 µl $CO_2 \cdot l^{-1}$, Anzucht bei $20-25°$ C). *A. sp.: Atriplex patula* ssp. *spicata; A. ros.: Atriplex rosea.* Zum Vergleich ist die Temperaturkurve der Ribulosebisphosphatcarboxylase-Reaktion bei optimaler CO_2-Konzentration eingezeichnet (RubisPC). Die Kurven sind als ARRHENIUS-Diagramm gezeichnet (ln Reaktionsintensität pro Blattfläche gegen T^{-1}). Nach der ARRHENIUS-Gleichung [→ Gl. (39), S. 114] ergibt sich bei dieser Auftragung theoretisch eine Gerade, deren Steigung proportional zur Aktivierungsenergie A ist. Man erkennt, daß die experimentellen Kurven bei niederen Temperaturen der ARRHENIUS-Gleichung perfekt folgen. Hieraus kann man einen einheitlichen Wert für A (ca. 70 kJ · mol^{-1}; entspricht $Q_{10} \approx 3$) berechnen. Die Kurven biegen bei unterschiedlichen Temperaturen von der Geraden ab. *A. rosea* erreicht also ein höheres Temperaturoptimum als *A. spicata.* Bei reduzierter O_2-Konzentration (15 ml · l^{-1}; „– O_2") wird das Optimum bei *A. spicata* zu höheren Temperaturen verschoben. *A. spicata* ist eine C_3-Pflanze, während *A. rosea* eine C_4-Pflanze ist (→ S. 230). (Nach BJÖRKMAN und PEARCY, 1971)

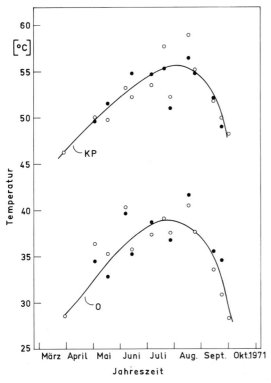

Abb. 214. Die Anpassung der Temperaturabhängigkeit der apparenten Photosynthese an die Jahreszeit. Objekt: *Hammada scoparia* (*Chenopodiaceae*). Sowohl das *Temperaturoptimum* (O), als auch der *obere Temperatur-Kompensationspunkt* (KP) zeigen einen maximalen Wert im Juli–August. Eine Bewässerung der Pflanzen (●) ergibt keinen Unterschied gegenüber den natürlichen, sehr trockenen Bedingungen (○). Die Daten wurden im Jahre 1971 in der Negev-Wüste (Israel) gewonnen. (Nach LANGE et al., 1975)

Photorespiration wesentlich stärker zunimmt als die der reellen Photosynthese (→ Abb. 190). (Aus diesem Grund ist auch der CO_2-Kompensationspunkt Γ stark temperaturabhängig; → Abb. 216.) Eine Hemmung der Photorespiration durch Entzug von O_2 führt daher zu einer Erhöhung des Temperaturoptimums der apparenten Photosynthese (→ Abb. 215). Wärmeliebende Pflanzen zeichnen sich offenbar durch eine besonders geringe relative Photorespiration aus. Auch hier stoßen wir wieder auf das Verhältnis zwischen Photosynthese und Atmung als einem zentralen Parameter bei der

Anpassung des Photosyntheseapparates an die Umwelt. Bei hohen Temperaturen können auch der durch Stomataverschluß (Wasser-Streß!) bedingte, hohe Diffusionswiderstand und die erniedrigte Wasserlöslichkeit für CO_2 als limitierende Faktoren der Photosynthese in Erscheinung treten.

Der Einfluß von Sauerstoff auf die apparente Photosynthese

In einer O_2-freien Atmosphäre läuft die apparente Photosynthese der meisten Pflanzen („C_3-Pflanzen"; → S. 231) 1,5–2mal intensiver ab als in normaler Luft (210 ml $O_2 \cdot l^{-1}$), und zwar sowohl bei hohem als auch bei niedrigem Lichtfluß. O_2 *hemmt* also die apparente Photosyntheseintensität. Dieses Phänomen, das man nach seinem Entdecker WARBURG-Effekt nennt, hat wahrscheinlich mehrere molekulare Ursachen. Einmal ist es möglich, daß O_2 als Elektronenacceptor am Ferredoxin auftritt, was zu einem

Kurzschluß des nichtcyclischen Elektronentransports führt (pseudocyclischer Elektronentransport; → S. 161). Wichtiger sind in normaler Luft wohl zwei Wirkstellen im Bereich des Kohlenhydratstoffwechsels: 1. O_2 ist ein Substrat der Glycolatphosphat-Synthese und ein kompetitiver Inhibitor der CO_2-Fixierung durch die Ribulosebisphosphatcarboxylase (→ Abb. 189). 2. O_2 ist ein Substrat der Glycolatoxidase, welche die partielle Dissimilation photosynthetisch gebildeten Glycolats einleitet. Diese beiden Reaktionen sind die O_2-verbrauchenden Schritte im Rahmen der Photorespiration (→ Abb. 192). Man kann daher den WARBURG-Effekt im Bereich der CO_2-Assimilation als eine O_2-bedingte *Förderung* der Photorespiration auf Kosten der Photosynthese beschreiben.

Bei den meisten Pflanzen führt der WARBURG-Effekt unter natürlichen Bedingungen zu einer deutlichen (bis zu 50%) Verminderung der photosynthetischen Effektivität (ausgedrückt z. B. als Quantenausbeute der CO_2-Nettofixierung). Dies läßt sich auch an der Beziehung zwischen O_2-Konzentration und CO_2-Kompensationspunkt ablesen, der ja ein Maß für die „Affinität" des Blattes für CO_2 darstellt (→ S. 212). Abbildung 216 zeigt, daß diese Beziehung durch eine Gerade dargestellt werden kann, deren Steigung von der Temperatur abhängt. Pflanzen, die von Natur aus ein sehr geringes Γ zeigen, sind vom WARBURG-Effekt praktisch nicht betroffen (→ S. 231). Weiterhin wird in Abb. 216 deutlich, daß die Effektivität der photosynthetischen CO_2-Fixierung durch niedrige Temperaturen wesentlich gesteigert wird. Ebenso wirkt eine Erhöhung der CO_2-Konzentration, da hierdurch die hemmende Wirkung des O_2 sehr wirksam zurückgedrängt werden kann.

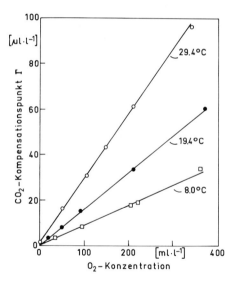

Abb. 216. Der Zusammenhang zwischen O_2-Konzentration und CO_2-Kompensationspunkt Γ der Photosynthese bei drei verschiedenen Blattemperaturen. Objekt: Blätter von *Atriplex patula* (100 W $\cdot$ m^{-2} bei 400–700 nm). Die Geraden extrapolieren gegen den Nullpunkt. Dies ist ein weiterer experimenteller Beleg für die Lichthemmung der mitochondrialen CO_2-Produktion („Dunkelatmung"), welche normalerweise bereits bei <50 ml $\cdot$ l^{-1} mit O_2 gesättigt ist (→ S. 200). (Nach BJÖRKMAN et al., 1970)

Die Regulation des CO_2-Austausches durch die Stomata

Die Diffusion des photosynthetischen Substrats CO_2, das in relativ geringer Konzentration (derzeit etwa 320 μl $\cdot$ l^{-1}) in der Atmosphäre vorkommt, zum Ort seines Verbrauchs in den Chloroplasten ist ein entscheidend wichtiger Teilprozeß des Photosynthesegeschehens. Bei stationärer Photosynthese entwickelt sich auf dieser Strecke ein CO_2-Konzentrationsgradient, dessen Steilheit von der Photosyntheseintensität abhängt. Entlang dieses Gradienten erfolgt im Licht ein Nettofluß von CO_2. Anders als bei der Cytochromoxidase der Mitochondrien ($\rightarrow$ Tabelle 16), ist die Affinität der Ribulosebisphosbisphosphatcarboxylase für ihr Substrat CO_2 im Verhältnis zum CO_2-Angebot in der Atmosphäre sehr gering ($K_m = 10 - 20\ \mu mol \cdot l^{-1}$ bei pH 7,9 und 25° C; in Wasser, welches mit Luft im Gleichgewicht steht, lösen sich bei 25° C und 1 bar nur $10\ \mu mol = 230\ \mu l\ CO_2 \cdot l^{-1}$). Da die der Blattepidermis aufgelagerte Cuticula weitgehend undurchlässig für CO_2 ist, erfolgt der CO_2-Einstrom praktisch ausschließlich durch die Stomata, welche in einem spezifischen Muster entweder nur auf der Blattunterseite (hypostomatische Blätter), oder auf beiden Blattflächen (amphistomatische Blätter) angeordnet sind.

Dem Nettofluß von CO_2 (J_{CO_2}) in das Blatt stehen mehrere Diffusionsbarrieren im Wege. Nach dem 1. FICKschen Gesetz [$\rightarrow$ Gl. (45), S. 121] erhält man:

$$J_{CO_2} = -D\,\frac{\Delta c_{CO_2}}{\Delta x}, \quad \text{bzw.} \qquad (90\ a)$$

$$J_{CO_2} = -\frac{(c_{CO_2})_{\text{Atmosphäre}} - (c_{CO_2})_{\text{Chloroplast}}}{r}, \qquad (90\ b)$$

wobei $r = \Delta x \cdot D^{-1}$ als *Diffusionswiderstand* (Dimension $s \cdot m^{-1}$) definiert ist [r^{-1}, die *Leitfähigkeit*, hat dieselbe Bedeutung wie der Permeabilitätskoeffizient P; $\rightarrow$ Gl. (47), S. 122]. Diese Formulierung des FICKschen Gesetzes ist direkt analog zum OHMschen Gesetz. In Anbetracht der komplexen Situation im Blatt ist es sinnvoll, den Gesamt-Diffusionswiderstand (r_{total}) in eine Reihe von Einzelwiderstände aufzulösen. Dies kann z. B. folgendermaßen geschehen:

$$r_{\text{total}} = r_a + r_l + r_w + r_k . \qquad (91)$$

Abbildung 217 veranschaulicht den Diffusionsweg des CO_2 unter Einbeziehung der Atmungsprozesse. Der *äußere Widerstand* r_a ist durch die Gestalt des Blattes und die Dicke der CO_2-Grenzschicht ($\rightarrow$ S. 467) an seiner Außenseite bedingt. Der *Stomatawiderstand* r_l ist eine Funktion der Dichte und Öffnungsweite der Stomata. r_w ist der Widerstand, den das CO_2 beim Übergang von der Gasphase der Interzellularen (ca. 50% des Blattvolumens) in die wäß-

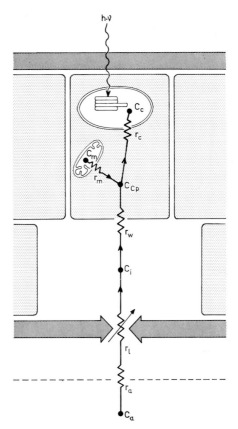

Abb. 217. Einfaches Modell des photosynthetischen CO_2-Transportes von der Außenluft in die Chloroplasten des Blattes unter Berücksichtigung der Atmungsvorgänge. Der CO_2-Strom ist in Analogie zum Strom von Elektrizität in einem System von Widerständen dargestellt. r_a, r_l, r_w, r_c, r_m, Diffusionswiderstände an Grenzfläche, Epidermis, Zellwand, Chloroplastenhülle, Mitochondrienhülle; c_a, c_i, c_{Cp}, c_c, c_m, CO_2-Konzentrationen von Außenluft, Atemhöhle, Cytoplasma, Chloroplast, Mitochondrion. Die chemischen „Widerstände" der Enzyme sind nicht eingezeichnet. Die Widerstände an den Membranen sind verhältnismäßig klein und werden daher häufig vernachlässigt. (In Anlehnung an LARCHER, 1974)

rige Phase (10^4mal kleineres D!) der Zellwände zu überwinden hat. Die Diffusionswiderstände der Zellmembranen und des Cytoplasmas sind meist vernachlässigbar klein. Obwohl nicht direkt am Diffusionsprozeß beteiligt (und daher nicht dem FICKschen Gesetz, sondern der MICHAELIS-MENTEN-Kinetik unterworfen), pflegt man auch den durch die Aktivität der enzymatischen CO_2-Fixierung bedingten „*chemischen Widerstand*" r_k einzubeziehen. Die Summe

$r_w + r_k$ wird auch als *Mesophyllwiderstand* r_m bezeichnet. Während r_w und r_k für ein bestimmtes Blatt bei sättigenden Lichtbedingungen als konstant angesehen werden können, sind r_a und r_l hochgradig variabel. Der maßgebende Teilwiderstand bei ruhiger Luft ist r_a. Anderseits kann r_l den Gesamtwiderstand bei bewegter Luft maßgeblich bestimmen. Bei Stomataverschluß ist $r_l \approx r_{total} \approx \infty$. Damit werden die Stomata zu den entscheidenden Pforten, an denen unter natürlichen Bedingungen der Nettofluß von CO_2, J_{CO_2}, in das Blatt (und zwangsläufig damit gekoppelt, der Nettofluß von H_2O, J_{H_2O}, aus dem Blatt) reguliert werden kann.

Der stomatäre Diffusionswiderstand (meist $>100\,s \cdot m^{-1}$) ist nicht grundsätzlich der begrenzende Faktor für die Intensität der CO_2-Fixierung. Abbildung 218 zeigt, daß r_l (hier dargestellt als Leitfähigkeit, r_l^{-1}) bei turgeszenten Blättern sehr gut an die maximal mögliche Photosyntheseintensität angepaßt sein kann. Man kann daher in der Regel davon ausgehen, daß bei angepaßten Pflanzen unter normalen Bedingungen (bewegte Luft, gute Wasserversorgung, mittlere Lichtflüsse) die CO_2-Konzentration der Interzellularen nur wenig von der Außenluft abweicht und daß nicht r_l, sondern die Kapazität der enzymatischen Reaktionen in den Chloroplasten (d. h. r_k) den Flaschenhals des Photosyntheseflusses darstellt. Bei Pflanzen mit niedrigem Γ („C_4-Pflanzen"; → S. 230) beobachtet man allerdings eine deutliche Begrenzung des CO_2-Einstromes durch die Stomata, welche bereits bei sehr niedrigen CO_2-Konzentrationen ($<100\,\mu l \cdot l^{-1}$) wirksam wird.

Die Regulation der stomatären Öffnungsweite dient offenbar bei einer turgeszenten Pflanze vor allem dazu, r_l der jeweiligen Photosyntheseintensität anzupassen, d. h. nicht unnötig groß werden zu lassen. Eine wichtige Rolle spielt hierbei die Tatsache, daß die Wasserdampfdiffusion in einer linearen Beziehung zur stomatären Leitfähigkeit (r_l^{-1}) steht [→ Gl. (90b), S. 223], während die Photosynthese eine Sättigungskurve bezüglich CO_2 zeigt. Daher wird, zumindest bei höheren CO_2-Konzentrationen im Blatt, die Transpiration durch ein hohes r_l viel stärker eingeschränkt als die Photosynthese. Auf diese Weise kann ein optimaler Kompromiß zwischen CO_2-Assimilation und transpiratorischem Wasserverlust erzielt werden ($J_{CO_2} \cdot J_{H_2O}^{-1}$ ist maximal). Bei Blättern, welche unter Wasserstreß stehen, gilt dies nicht mehr. In diesem Fall wird r_l u. U. weit über den Wert angehoben, der einen noch sättigenden CO_2-Einstrom erlaubt (→ Abb. 218), d. h. r_l wird dann zum limitierenden Faktor der Photosynthese. Es ist daher verständlich, daß die Photosyntheseintensität und der Wasserzustand des Blattes die Öffnungsweite der Stomata vermittels zweier getrennter Kontrollsysteme beeinflussen (Abb. 219).

Der CO_2-abhängige Regelkreis. Im turgeszenten Blatt besteht eine enge Korrelation zwi-

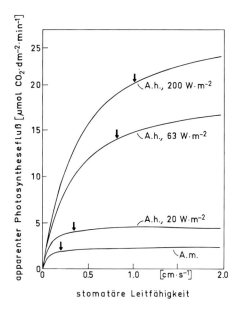

Abb. 218. Der apparente Photosynthesefluß von Blättern in normaler Luft bei Lichtsättigung als Funktion der stomatären Leitfähigkeit (= Stomatawiderstand^{-1}) für CO_2. Objekte: *Alocasia macrorrhiza* (A. m.), eine extreme Schattenpflanze des tropischen Regenwalds, die dort unter stark lichtlimitierten Bedingungen wächst; *Atriplex patula* ssp. *hastata* (A. h.), eine Sonnenpflanze, welche bei drei verschiedenen Lichtenergieflüssen angezogen wurde. Die Kurven wurden durch indirekte Messungen ermittelt. Die Pfeile bezeichnen die Leitfähigkeitswerte, die sich in vollturgeszenten Blättern bei sättigendem Lichtfluß in Luft tatsächlich einstellen. Die maximalen Photosyntheseintensitäten variieren in Abhängigkeit von genetischen bzw. Umwelt-bedingten Faktoren (→ Abb. 210). Man erkennt, daß der Diffusionswiderstand der Stomata unter den gegebenen Bedingungen in keinem Fall ein ins Gewicht fallender limitierender Faktor ist (d. h. eine weitere Erhöhung der Leitfähigkeit würde keine wesentliche Verbesserung mehr bringen). (Nach BJÖRKMAN, 1973)

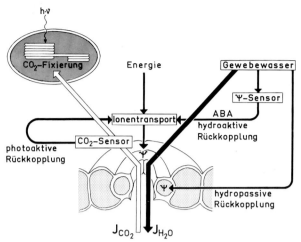

Abb. 219. Modell der Regelung des stomatären Gastransports (Flüsse J_{CO_2}, J_{H_2O}) durch den CO_2-Regelkreis und den H_2O-Regelkreis. Der „CO_2-Sensor" der Schließzellen („Stellglieder") mißt die CO_2-Konzentration („Regelgröße") in der Atemhöhle, welche durch eine variable „Störgröße" (z. B. Licht) beeinflußt wird, und regelt das Wasserpotential (Ψ) des Stomas (und damit Stomaweite bzw. CO_2-Fluß) auf einen vorgegebenen konstanten „Sollwert" der CO_2-Konzentration ein (*photoaktive* Rückkopplung). Das *hydroaktive* Rückkopplungssystem regelt in entsprechender Weise nach Maßgabe des Wasserpotentials im Mesophyll, wobei das Hormon Abscisinsäure (ABA) als Signalüberträger beteiligt ist. Direkte, *hydropassive* Rückkopplung besteht zwischen dem Wasserzustand der Schließzellen und dem des gesamten Blattes. (In Anlehnung an RASCHKE, 1975)

schen stomatärer Öffnungsweite und Photosyntheseintensität. Abbildung 220 zeigt, daß die Halbwertszeit für die Öffnungs- und Schließbewegung nur wenige Minuten beträgt. Das Wirkungsspektrum für die photonastische Stomaöffnung spiegelt im Prinzip das Absorptionsspektrum der Photosynthesepigmente wider. Es gibt Hinweise dafür, daß zusätzlich auch ein Blaulicht-Photoreceptor an der Steuerung der Öffnungsbewegung beteiligt ist. DCMU ($\rightarrow$ Abb. 163) und andere Photosynthesehemmer blockieren die Öffnungsbewegung bzw. führen im Licht zum Verschluß der Stomata. Diese lassen sich jedoch anschließend trotz Gegenwart von DCMU mit CO_2-freier Luft wieder öffnen.

Auch im Dunkeln kann man die Stomata zur Öffnung veranlassen, indem man die Interzellularen des Blattes mit CO_2-freier Luft spült. Ein ähnliches Resultat erhält man mit isolierten Epidermisstreifen, welche bei manchen Pflanzen ohne Beschädigung des Stomaapparates gewonnen werden können und daher günstige Untersuchungsobjekte für manche Fragestellungen sind. Der entscheidende Faktor für die Regulation der Stomaweite ist also nicht das Licht direkt, sondern die CO_2-Konzentration im Gasraum des Blattes, welche durch die wechselnde Intensität der photosynthetischen CO_2-Fixierung (und aller dabei beteiligten Faktoren) „gestört" werden kann. Von daher

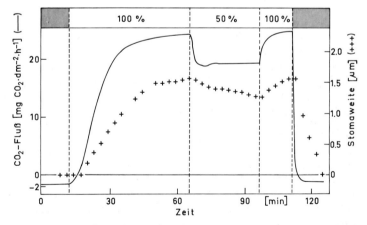

Abb. 220. Die Kinetik der mittleren Stomaweite und der CO_2-Aufnahme eines Blattes im Licht-Dunkel-Wechsel. Objekt: *Zea mays*. Die Stomaweite wurde rechnerisch aus Leitfähigkeitsmessungen ermittelt (linearer Zusammenhang), welche mit Hilfe eines Porometers durchgeführt wurden. Dieses Gerät mißt den Gasfluß, den man durch Anlegen einer bestimmten Druckdifferenz (hier 10 cm Wassersäule) durch das Blatt drücken kann. Die amphistomatischen Blätter vom Mais sind naturgemäß für solche Messungen besonders geeignet. Man erkennt, daß die Stomaweite mit einer leichten Verzögerung auf die Änderung des Lichtflusses reagiert. (Nach RASCHKE, 1966)

ist auch die bezüglich des Lichtfaktors inverse Stomaregulation bei den CAM-Pflanzen (→ S. 240) leicht verständlich.

Die Abhängigkeit der Reaktionsgeschwindigkeit der Stomata von der CO_2-Konzentration im Blatt folgt einer Sättigungskurve. Bei Mais erfolgt die Schließbewegung mit halbmaximaler Geschwindigkeit im Dunkeln wie im Licht bei etwa 200 μl $CO_2 \cdot l^{-1}$ (entspricht einer wäßrigen Lösung von etwa 7 $\mu mol \cdot l^{-1}$). Diese apparente „MICHAELIS-Konstante" charakterisiert die Empfindlichkeit des Sensormechanismus für CO_2 bei dieser Pflanze. Der (molekular noch unbekannte) CO_2-Sensor kann also die CO_2-Konzentration sehr empfindlich messen und daher auch relativ geringfügige Abweichungen von dem endogen vorgegebenen Sollwert präzise registrieren. Durch Rückkopplung wird solange ein Signal an die turgorregulierenden Kontrollsysteme abgegeben, bis die Abweichung korrigiert ist (→ Abb. 219). Dieses System weist also alle wesentlichen Kriterien eines homöostatisch wirkenden Regelkreises auf, der im Bestreben, die CO_2-Konzentration konstant zu halten, eine automatische Anpassung des CO_2-Flusses in das Blatt an den variablen Bedarf des Photosyntheseapparats ermöglicht (d. h. das Produkt $J_{CO_2} \cdot r_l$ bleibt konstant).

Der H_2O-abhängige Regelkreis. Im allgemeinen sind Stomata unempfindlich für Änderungen des Wasserpotentials im Blatt, solange ein bestimmter Schwellenwert von Ψ (meist zwischen -7 und -18 bar) nicht unterschritten wird. Sinkt Ψ auf negativere Werte ab, so schließen sich die Stomata schnell und meist vollständig, weitgehend unabhängig von der Intensität der Photosynthese. Unter diesen Bedingungen übernimmt der *hydroaktive* Regelkreis (→ Abb. 219) die Kontrolle über die Stomaweite. Dieses System hat offenbar die Funktion eines Sicherheitsventils für die Transpiration. Auch hier ist der Sensormechanismus noch unbekannt. Man hat jedoch kürzlich gefunden, daß das Hormon Abscisinsäure (ABA, → S. 379) eine Rolle bei der Signalübermittlung spielt. Der ABA-Pegel im Blatt steigt bei einer stärkeren Erniedrigung von Ψ (Wasser-Streß) innerhalb von wenigen Minuten steil an. Im Experiment läßt sich durch ABA ein rascher und vollständiger Spaltenverschluß erzielen, der bei Entfernung von ABA wieder voll reversibel ist.

Bei einigen Pflanzen hat man gefunden, daß der CO_2-Regelkreis und der H_2O-Regelkreis über ABA funktionell verknüpft sind. Der CO_2-Regelkreis schließt die Stomata bei Erhöhung der CO_2-Konzentration nur dann, wenn eine geringe (im hydroaktiven System unterschwellige) ABA-Konzentration im Transpirationsstrom vorliegt, d. h. ABA macht die Stomata für CO_2 empfindlich. Umgekehrt sensibilisiert CO_2 die ABA-abhängige Schließbewegung. Es ist offensichtlich, daß dadurch die Flexibilität des gesamten Regelsystems wesentlich erweitert wird. ABA hat hier nicht nur die Rolle eines Botenstoffes beim Transpirationsschutz, sondern auch eine übergeordnete endokrine Funktion bei der gegenseitigen Abstimmung von Photosynthese und Wasserhaushalt. In der Tat ließ sich experimentell zeigen, daß ein Zusatz von ABA zum Transpirationsstrom die „Wasserausbeute" der Photosynthese, die man in diesem Zusammenhang durch den Quotienten Photosynthesefluß/Transpirationsfluß ($= J_{CO_2} \cdot J_{H_2O}^{-1}$) definiert, wesentlich steigern kann. Dieses Hormon hat daher potentiell eine große Bedeutung für die Agrikultur (→ S. 560).

Der Wasserzustand der Epidermis (bzw. des ganzen Blattes) hat bei ins Gewicht fallender cuticulärer Transpiration auch einen direkten Einfluß auf die Stellung der Schließzellen. Eine *hydropassive Öffnung* (→ Abb. 219) tritt z. B. dann auf, wenn der Druck der Nachbarzellen nachläßt. Diese passiven Effekte sind jedoch häufig von kurzer Dauer, da sie durch die aktiven Regelsysteme wieder ausgeglichen werden.

Hydraulik der Stomabewegung. Stomata müssen funktionell als hydraulische Ventile aufgefaßt werden. Ihre Bewegungsmechanik erfüllt die Kriterien einer Nastie (→ S. 526). Ein selektiver Anstieg des Turgordrucks in den Schließzellen führt zur Öffnung. Die Schließung erfolgt, wenn der Turgorunterschied zu den Nachbarzellen wieder ausgeglichen wird. Häufig sind die Schließzellen von zwei relativ großen Nebenzellen begleitet, welche mit ihnen zusammen den Stomaapparat bilden. Die Nebenzellen haben meist Speicherfunktion für Ionen bzw. H_2O und bilden ein nachgiebiges Widerlager für die Schließzellen. Im Laufe der Evolution haben sich verschiedene Typen von Stomaapparaten herausgebildet, welche sich in anatomischen und mechanischen Eigenschaf-

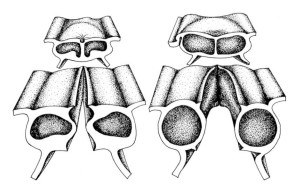

Abb. 221. Die Formveränderung der Schließzellen bei der Öffnungsbewegung. Objekt: Blatt von *Vicia faba*. Die in der Aufsicht bohnenförmigen Zellen öffnen zwischen sich einen Spalt, wenn die Zellwand durch den Druckanstieg *in Längsrichtung* des Stomas gedehnt wird. Die Struktur der Zellwand läßt eine Ausdehnung nur in Richtung der gekrümmten Längsachsen der Schließzellen zu. Die Krümmung nimmt bei Druckanstieg zu; die Schließzellen stoßen sich voneinander ab; der Spalt weitet sich. Es wird deutlich, daß sich die (sehr pektinreiche) Zellwand, die im geschlossenen Zustand etwa 50% des Zellvolumens einnimmt, an Dicke stark abnimmt, wobei jedoch der *äußere* Zellumfang nicht wesentlich verändert wird. Zwischen Änderung der Spaltweite und Änderung des Schließzellenlumens besteht ein linearer Zusammenhang: Öffnung des Spalts von 2 auf 12 µm Weite entspricht ungefähr einer Verdopplung des Zellumens (von 2,6 auf 4,8 pl). Außerdem besteht eine lineare Beziehung zwischen Spaltweite und -fläche und daher auch zwischen Spaltweite und Stomatawiderstand^{-1}. (Nach einer unveröffentlichten Vorlage von RASCHKE und DICKERSON, 1973)

ten unterscheiden. Bei den Gräsern z. B. haben die Schließzellen hantelförmige Gestalt; die mittleren, englumigen Zellbereiche, die den Spalt bilden, werden durch eine starke Volumenzunahme der blasbalgartig erweiterungsfähigen Zellenden auseinandergerückt. Ein bei Dikotylen häufiger Typ ist in Abb. 221 dargestellt.

Bei allen Stomaapparaten wird die Öffnungsbewegung durch ein Absenken des Wasserpotentials in den Schließzellen relativ zur Umgebung ausgelöst, was einen passiven Einstrom von Wasser, und damit einen Turgoranstieg, zur Folge hat. Der lokale Ψ-Abfall resultiert aus einer drastischen Zunahme des osmotischen Potentials (osmotischer Wert π; → S. 95). Plasmolytische Messungen (→ Abb. 107) haben ergeben, daß π in den geöffneten Schließzellen auf 30 – 45 bar ansteigen kann.

Wie erfolgt die Osmoregulation der Schließzellen? Bereits 1856 hat VON MOHL die Hypothese begründet, daß bei der photoaktiven Öffnung osmotisch aktive Moleküle (Zucker) in den Schließzellen synthetisiert und in ihrer Vacuole akkumuliert würden. Später wurde die Hydrolyse von Stärke in Zucker als der wesentliche Prozeß angesehen (LLOYD, 1908). Als wichtiges Indiz diente dabei die auffällige Ausbildung aktiver, Stärke-akkumulierender Chloroplasten in den Schließzellen (normale Blatt-Epidermiszellen besitzen in der Regel sehr kleine, rudimentäre Chloroplasten). Tatsächlich hat man häufig im Zusammenhang mit der Öffnung einen Abbau der Stärkekörner in den Schließzellenchloroplasten beobachten können. Die Freisetzung von Zuckern ist jedoch bei weitem nicht ausreichend, um den π-Anstieg quantitativ zu erklären. Heute weiß man, daß hier nicht Zucker, sondern Ionen eine entscheidende Rolle bei der π-Erzeugung spielen. In mehr als 50 Arten konnte man einen schnellen Transport von K^+ zwischen Schließzellen und Nachbarzellen nachweisen (Abb. 222), ähnlich wie er auch bei der nastischen Blattbewegung (→ S. 529) gefunden wurde. Die Elektroneutralität kann beim Maisstoma etwa zur Hälfte durch einen Cotransport von Cl^- gewährleistet werden (wobei die Nebenzellen als Speicher für K^+ und Cl^- dienen). Bei *Vicia faba* hat man keine derartige Verschiebung von Cl^- gefunden. Hier übernehmen vorwiegend organische Säuren (vor allem Malat), welche die Schließzellen selbst produzieren, die elektrische Neutralisation des einströmenden K^+. Die gemessene Akkumulation von K^+ plus dem zugehörigen Anion reicht aus, um den beobachteten π-Anstieg quantitativ zu erklären (→ Abb. 222). Die lichtabhängigen Ionenverschiebungen sind mit raschen Elektropotentialänderungen verbunden, welche mit Mikroelektroden (→ Abb. 109) meßbar sind. An den Schließzellen von Zwiebelkotyledonen konnte man weniger als 45 s nach dem Einschalten des Lichts eine Hyperpolarisierung bis zu 50 mV messen. Bei Verdunkelung beobachtete man eine noch raschere Depolarisierung in der gleichen Größenordnung.

Es gibt bisher noch keinerlei Anhaltspunkte für die Existenz einer K^+-Pumpe in den Schließzellen. Die Membranpotentialmessungen sprechen vielmehr dafür, daß auch K^+ passiv, d. h. entlang eines elektrochemischen Potentialgradienten transportiert wird

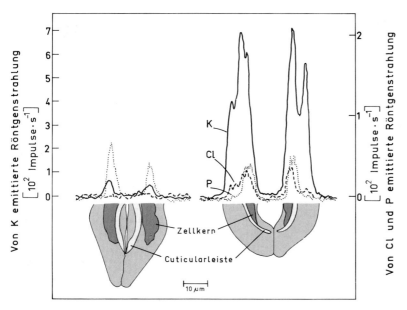

Abb. 222. Die spezifische Akkumulation von K⁺ in den Schließzellen bei der Öffnungsbewegung. Objekt: Isolierte, untere Epidermis von *Vicia faba*-Blättern. Die relativen Konzentrationen an K, Cl und P wurden nach Gefriertrocknung der Zellen mit Hilfe einer Elektronenstrahl-Mikrosonde (Strahl von 0,5 μm Durchmesser) gemessen. Bei dieser Methode werden die einzelnen Elemente durch energiereiche Elektronenstrahlung zur Emission einer charakteristischen Röntgenstrahlung angeregt, deren Intensität in erster Näherung proportional zur Konzentration der Elemente ist. Die Kurven zeigen Konzentrationsprofile quer zur langen Achse des geschlossenen (*links*) und geöffneten (*rechts*) Stomas. Während sich die Konzentrationen an P (dessen Profil vor allem durch die Zellkerne bestimmt wird) und Cl nur wenig verändern, steigt K bei der Öffnungsbewegung drastisch an (die Relativwerte der 3 Elemente sind untereinander nicht direkt vergleichbar; die Kurven sind jedoch ungefähr im richtigen Verhältnis gezeichnet). In absoluten Einheiten: K steigt im Stoma von 0,2 auf 4,3 pmol (0,9 mol · l⁻¹) an, Cl von 0 auf 0,2 pmol. Gemessen (Grenzplasmolyse) wurde ein π-Anstieg von 19 auf 35 bar. Dies entspricht unter Berücksichtigung der Volumenänderung (→ Abb. 221) einer Zunahme osmotisch aktiver Teilchen um 4,8 pmol. Theoretisch sind 3,6 pmol K-Malat (oder 5,4 pmol K-Citrat) erforderlich, um diese Osmolarität zu erzeugen. (Nach HUMBLE und RASCHKE, 1971)

(→ S. 123). Da man gleichzeitig mit dem K⁺-Einstrom eine Sekretion von H⁺ gemessen hat, ist es nicht unwahrscheinlich, daß auch hier primär ein H⁺-Gradient aktiv aufgebaut wird, der das elektrochemische Potential für einen (passiven) Gegentransport von K⁺ liefert. Der eigentliche Primärprozeß bei der Auslösung der Stomadeformation könnte demnach die Inbetriebnahme einer Protonenpumpe, gekoppelt mit der Bildung von H⁺ plus Malat (= undissoziierte Äpfelsäure) aus Reservestoffen, mutmaßlich Stärke, sein.

Neuerdings hat man gefunden, daß die CO₂-Fixierung der Schließzellen, ähnlich wie in C₄-Pflanzen und CAM-Pflanzen (→ S. 235, 238), durch Phosphoenolpyruvatcarboxylase erfolgt und zur Bildung von Malat (und Aspartat) führt. Der CALVIN-Cyclus scheint in diesen Zellen völlig zu fehlen. Die Schließzellen sind also bezüglich der Kohlenhydrate auf einen Import aus den Mesophyllzellen angewiesen. Die (cytoplasmatische) Phosphoenolpyruvatcarboxylase fixiert CO₂ im Unterschied zur Ribulosebisphosphatcarboxylase auch im Dunkeln. Im Einklang damit hat man beobachtet, daß Schließzellen sowohl im Licht als auch im Dunkeln (und unabhängig vom Öffnungszustand) CO₂ an Phosphoenolpyruvat binden. Es ist denkbar, daß diese Reaktion als Sensormechanismus für die Messung der CO₂-Konzentration in der Atemhöhle benutzt wird.

Weiterführende Literatur

BERRY, J. A.: Adaptation of photosynthetic processes to stress. Science **188**, 644 – 650 (1975)

BJÖRKMAN, O.: Comparative studies on photosynthesis in higher plants. In: Photophysiology. Giese, A. C. (ed.). New York: Academic Press, 1973, Vol. VIII, pp. 1 – 63

BOARDMAN, N. K.: Comparative photosynthesis of sun and shade plants. Ann. Rev. Plant Physiol. **28,** 355 – 377 (1977)

BURRIS, R. H., BLACK, C. C. (eds.): CO$_2$-Metabolism and Plant Productivity. Baltimore: University Park Press, 1976

CHOLLET, R., OGREN, W. L.: Regulation of photorespiration in C$_3$ and C$_4$ species. Bot. Rev. **41,** 137 – 179 (1975)

HEATH, O. V. S.: Physiologie der Photosynthese. Stuttgart: Thieme, 1972

JACKSON, W. A., VOLK, R. J.: Photorespiration. Ann. Rev. Plant Physiol. **21,** 385 – 426 (1970)

RASCHKE, K.: Stomatal action. Ann. Rev. Plant Physiol. **26,** 309 – 340 (1975)

ZELITCH, I.: Photosynthesis, Photorespiration, and Plant Productivity. New York: Academic Press, 1971

21. C₄-Pflanzen und CAM-Pflanzen

Die photosynthetische Leistungsfähigkeit einer Pflanze kann man z. B. durch die Menge an organischer Substanz definieren, welche unter optimalen Umweltbedingungen pro Flächen- und Zeiteinheit akkumuliert wird. Hierbei spielen die ökologischen Bedingungen des Standorts, an den die Pflanze angepaßt ist, eine entscheidende Rolle. Dies gilt insbesondere für den Faktor Licht ($\rightarrow$ Abb. 204). Sonnenpflanzen, welche noch die höchsten natürlichen Lichtflüsse ausnützen können, besitzen theoretisch eine besonders hohe photosynthetische Leistungsfähigkeit. Nun sind allerdings Standorte mit hohen Lichtflüssen häufig auch durch hohe Temperaturbelastung (fördert die Photorespiration; $\rightarrow$ S. 195) und gravierenden Wassermangel (erfordert einen hohen Diffusionswiderstand für Gase an den Stomata; $\rightarrow$ S. 223) ausgezeichnet. Letzteres gilt auch für salzreiche Standorte, wo der hohe osmotische Wert (niedriges Wasserpotential) der Bodenlösung einen Wasserstreß begünstigt. Beide Bedingungen behindern also im Prinzip eine optimale Ausnutzung des Lichts durch die Photosynthese.

Unter den xerophytischen Bewohnern (semi-)arider oder salzreicher Biotope gibt es zwei Gruppen von Pflanzen, welche durch bemerkenswerte strukturelle und funktionelle Anpassungen des Photosyntheseapparats an die speziellen Anforderungen ihrer Umwelt hervortreten. Die „C₄-Pflanzen" besitzen die Fähigkeit, die Photorespiration durch einen zusätzlichen, äußerst effektiven Fixierungsmechanismus für CO_2 auszuschalten. Die „CAM-Pflanzen" sind in der Lage, CO_2-Fixierung und Synthese von organischer Substanz zeitlich getrennt durchzuführen. Beide Gruppen sind taxonomisch heterogen; die oft verblüffenden Gemeinsamkeiten innerhalb dieser Gruppen müssen als konvergente Bildungen angesehen werden. Die C₄-Pflanzen umfassen z. B. fast alle panicoiden und chloridoid-eragrostoiden Gräser (u. a. die Kulturpflanzen Mais, Zuckerrohr, *Sorghum*), die gesamten Amaranthaceen, manche Chenopodiaceen, Euphorbiaceen und Portulacaceen. In der Gattung *Atriplex* kommen nebeneinander C₄- und C₃-Arten vor, welche sogar miteinander kreuzbar sind. Auch eine Composite konnte kürzlich als C₄-Pflanze identifiziert werden. Die Evolution dieser Arten spielte sich meist im tropischen Klimabereich ab. Die CAM-Pflanzen umfassen in der Regel die sukkulenten Formen der Crassulaceen, Cactaceen, Compositen, Euphorbiaceen und Liliaceen; aber auch z. B. die Bromeliaceen *Tillandsia usneoides* und *Ananas sativus* oder die Gymnosperme *Welwitschia mirabilis*. In der Gattung *Euphorbia* sind neben Arten mit konventioneller Photosynthese („C₃-Pflanzen") sowohl C₄-Pflanzen als auch CAM-Pflanzen vertreten.

Das C₄-Syndrom

Die C₄-Pflanzen zeichnen sich durch eine Reihe anatomischer, physiologischer und biochemischer Unterschiede vor ihren „normalen" Verwandten aus. Diese Anomalien werden im *C₄-Syndrom* (Tabelle 17) zusammengefaßt. Sie sind teilweise schon lange bekannt; ihre biologische Deutung gelang jedoch erst in den letzten Jahren, als der photosynthetische CO_2-Stoffwechsel dieser Pflanzen näher erforscht wurde. Anlaß dazu war der zunächst verwirrende Befund, daß in den Blättern einiger Gräser mit außergewöhnlich hoher Stoffproduktion (z. B. Mais, Zuckerrohr) nicht wie sonst die *C₃-Säure* Glyceratphosphat ($\rightarrow$ Abb. 166), sondern die *C₄-Säure* Malat (plus Aspartat und Oxalacetat) als erstes Fixierungsprodukt des

Tabelle 17. Die wichtigsten physiologischen und strukturellen Unterschiede zwischen C_4-Pflanzen und C_3-Pflanzen. (Die Zahlen geben Durchschnittswerte an, welche in Sonderfällen auch unter- oder überschritten werden können.)

	C_4-Pflanzen	C_3-Pflanzen
1. Erstes faßbares CO_2-Fixierungsprodukt	C_4-Säuren (Malat, Aspartat, Oxalacetat)	C_3-Säure (Glyceratphosphat)
2. Apparenter Photosynthesefluß	hoch $(60 - 100 \text{ mg } CO_2 \cdot dm^{-2} \cdot h^{-1})$	niedrig $(\leqq 30 \text{ mg } CO_2 \cdot dm^{-2} \cdot h^{-1})$
3. Lichtsättigung des apparenten Photosyntheseflusses	hoch $(400 - 600 \text{ W} \cdot m^{-2})$	niedrig $(\leqq 200 \text{ W} \cdot m^{-2})$
4. CO_2-Kompensationspunkt Γ	niedrig, temperaturunabhängig $(< 10 \mu l \ CO_2 \cdot l^{-1})$	hoch, temperaturabhängig $(50 - 100 \mu l \ CO_2 \cdot l^{-1})$
5. Photorespiration (Blatt)	nicht nachweisbar	vorhanden (bis 50% der reellen Photosynthese)
6. WARBURG-Effekt	nicht nachweisbar	vorhanden
7. Temperaturoptimum (app. Photosynthese)	$30 - 45° \text{ C}$	$10 - 25° \text{ C}$
8. Blattanatomie	Kranztyp	Schichtentyp
9. Chloroplastendimorphismus	vorhanden	fehlt
10. $^{13}C/^{12}C$-Verhältnis des Assimilats	relativ hoch $(\delta^{13}C \approx - 15‰ \text{ [a]})$	relativ niedrig $(\delta^{13}C \approx - 30‰ \text{ [a]})$

[a] $\delta^{13}C = \left(\dfrac{(^{13}C/^{12}C)_{Probe}}{(^{13}C/^{12}C)_{Standard}} - 1 \right) \cdot 10^3 \ [‰] \ (\rightarrow S.\ 241)$.

CO_2 auftritt (Abb. 223). Dieses Resultat begründete die Unterscheidung von „C_3-Pflanzen" und „C_4-Pflanzen".

Neben der meist außergewöhnlich hohen apparenten Photosyntheseintensität, verbunden mit hoher Lichtsättigung ($\rightarrow$ Abb. 204), besitzen die C_4-Pflanzen eine außerordentlich hohe Affinität (niedrige „MICHAELIS-Konstante") für CO_2 (Abb. 224), und einen niedrigen, weitgehend temperaturunabhängigen CO_2-Kompensationspunkt (Abb. 225), der häufig unter der Nachweisgrenze liegt. Damit hängt zusammen, daß ihre Blätter keine meßbare Photorespiration zeigen. Daher ist hier die apparente gleich der reellen Photosynthese und eine Hemmung durch O_2 (WARBURG-Effekt) entfällt zwangsläufig ($\rightarrow$ S. 222). Es ist auch verständlich, daß das Temperaturoptimum der apparenten Photosynthese unter diesen Bedingungen höhere Werte annehmen kann, als in Gegenwart der Photorespiration ($\rightarrow$ S. 221).

Die C_4-Pflanzen sind auch anatomisch leicht zu erkennen. Der Blattquerschnitt zeigt hier einen grundsätzlich andersartigen Aufbau des Assimilationsgewebes als bei den C_3-Pflanzen: Anstelle der zwei horizontalen Schichten

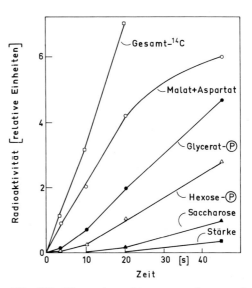

Abb. 223. Kurzzeitmarkierung photosynthetischer Intermediärprodukte mit ^{14}C bei stationärer Photosyntheseintensität im Blatt einer C_4-Pflanze. Objekt: *Saccharum officinale* (Zuckerrohr). Es wird deutlich, daß das fixierte ^{14}C in den ersten 5 s nach Beginn der $^{14}CO_2$-Begasung praktisch ausschließlich in den C_4-Säuren Malat und Aspartat auftaucht (Oxalacetat konnte wegen seines kleinen pools und seiner Instabilität hier nicht erfaßt werden). Glyceratphosphat und die daraus über den CALVIN-Cyclus gebildeten Folgeprodukte Hexosephosphat, Saccharose und Stärke werden anschließend mit zunehmender Verzögerung markiert ($\rightarrow$ Abb. 166). (Nach HATCH, 1971)

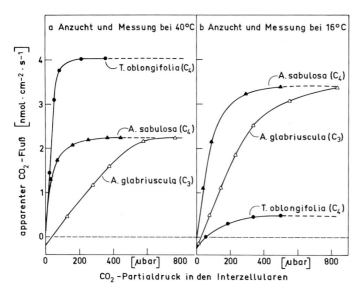

Abb. 224 a und b. CO₂-Konzentrations-Effektkurven der apparenten Photosynthese bei C₃- und C₄-Pflanzen. Objekte: *Tidestromia oblongifolia* (besiedelt extrem heiße Geröllhalden, z. B. im Death Valley, USA; → Abb. 204, → S. 237), *Atriplex sabulosa, Atriplex glabriuscula* (besiedeln humide, kühlere Küstenregionen um den Nordatlantik). (a) Die Pflanzen wurden bei einer Blattemperatur von 30 – 40° C (entspricht dem Wüstenstandort) angezogen. Die Messung der CO₂-Aufnahme erfolgte bei 40° C und 1,6 mmol Photonen · m⁻² · s⁻¹ in Luft mit experimentell variierter CO₂-Konzentration in den Inter- zellularen des Blattes (d. h. der Stomatawiderstand ist als limitierender Faktor des CO₂-Flusses ausgeschaltet). (b) Anzucht und Messung bei einer Blatt- temperatur von 16° C, sonst identische Bedingungen wie bei (a). Die extrem hohe Affinität der beiden C₄- Arten für CO₂ (Steilheit des Kurvenanstiegs) treten unter beiden Bedingungen klar hervor. Die Wüsten- pflanze entwickelt jedoch nur bei ihrer ursprüng- lichen Standortstemperatur das charakteristische, extrem hohe Sättigungsniveau der Photosynthese für CO₂. Bei niedrigeren Temperaturen verkümmert diese Art. (Nach BJÖRKMAN et al., 1975)

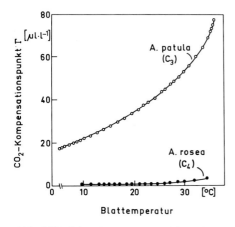

Abb. 225. Die Temperaturabhängigkeit des CO₂-Kompensationspunktes bei C₃- und C₄-Pflanzen. Objekte: *Atriplex patula* (C₃; → Abb. 216) und *Atriplex rosea* (C₄; → Abb. 215). Beide Arten wurden unter identischen Bedingungen angezogen und gemessen (25° C, Energiefluß: 100 W · m⁻² bei 400 – 700 nm, Atmosphäre: Luft). (Nach BJÖRKMAN et al., 1970)

Palisadenparenchym und Schwammparen- chym findet man bei den C₄-Pflanzen um die Leitbündel eine konzentrische Anordnung von zwei Zellagen, einer inneren *Leitbündelscheide* mit großen, stärkereichen Chloroplasten und einem äußeren „Kranz" kleinerer, locker ste- hender *Mesophyllzellen* (Abb. 226). Diesen röh- renartigen Aufbau des Assimilationsparen- chyms bezeichnet man als *Kranztyp.* Bei man- chen Gräsern unter den C₄-Pflanzen tritt außerdem ein auffälliger *Chloroplastendimor- phismus* auf. Die Chloroplasten der Scheiden- zellen sind durch das weitgehende Fehlen von Granastapeln und durch einen mehr oder min- der reduzierten nichtcyclischen Elektronen- transport vom H₂O zum NADP ausgezeichnet. Auch die HILL-Reaktion (→ S. 160) läuft viel weniger intensiv als in den Mesophyllzellen ab, was darauf hindeutet, daß die Aktivität des Photosystems II spezifisch vermindert ist. Im belichteten Blatt findet man jedoch in den

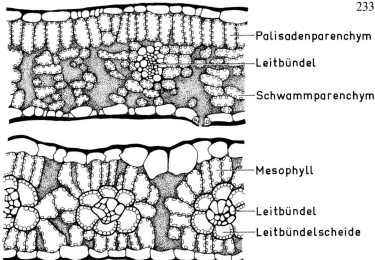

Palisadenparenchym

Leitbündel

Schwammparenchym

Mesophyll

Leitbündel

Leitbündelscheide

Abb. 226. Blattaufbau (Querschnitt) bei typischen C₃- und C₄-Pflanzen. Objekte: *Helleborus purpurescens* (C₃, *oben*), *Zea mays* (C₄, *unten*). C₃-Pflanzen besitzen eine zweischichtige, tafelförmige Anordnung des Assimilationsparenchyms und kleine, meist chlorophyllfreie Scheidenzellen um die Leitbündel. Bei den C₄-Pflanzen ist das ebenfalls zweischichtige Assimilationsparenchym radiär um die Leitbündel angeordnet: Die Leitbündelscheide besteht aus großen Zellen mit auffällig voluminösen Chloroplasten. Dieses röhrenförmige Gewebe ist außen mit locker stehenden, schraubig angeordneten Mesophyllzellen besetzt. HABERLANDT hat bereits 1896 den Begriff „Kranztyp" für diese Anordnung geprägt. (Nach Photographien von FALK)

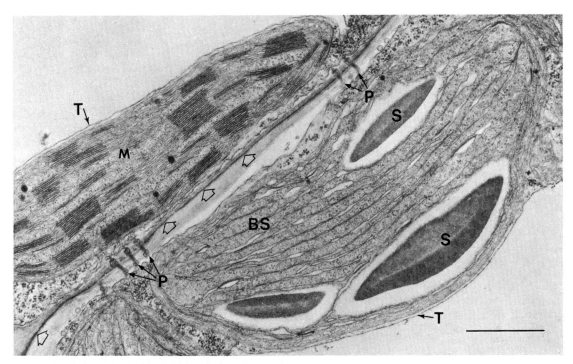

Abb. 227. Der Chloroplastendimorphismus im Blatt der C₄-Gräser. Objekt: *Zea mays.* Die elektronenmikroskopische Aufnahme zeigt einen Ausschnitt entlang der diagonal im Bild verlaufenden Zellwand zwischen einer Mesophyllzelle (*links*) und einer Leitbündelscheidenzelle (*rechts*). Die breiten Pfeile bezeichnen eine suberinisierte Grenzschicht in der Zellwand, welche von 2 Gruppen von Plasmodesmata (P) durchbrochen wird. *Links* ein granahaltiger, stärkefreier Mesophyllchloroplast (M); *rechts* ein granafreier, stärkehaltiger (S) Bündelscheidenchloroplast (BS). Beide Chloroplasten sind nur durch eine ganz dünne Cytoplasmaschicht gegen den die Vacuole begrenzenden Tonoplasten (T) abgesetzt. Der Strich repräsentiert 1 μm. (Nach GUNNING und STEER, 1975)

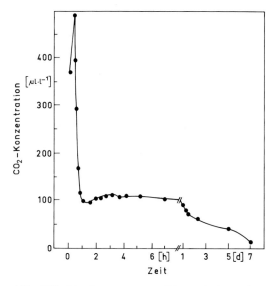

Abb. 228. Konkurrenz um CO_2 zwischen einer C_3-Pflanze und einer C_4-Pflanze. Objekte: *Glycine max* (Soja, C_3) und *Zea mays* (Mais, C_4). Die beiden Pflanzen wurden zusammen in ein Plexiglasgefäß (7 l Luft) bei 33° C und einem Lichtfluß von $2 \cdot 10^4$ lx gasdicht eingeschlossen. Anschließend wurde die CO_2-Konzentration des Gasraumes zu verschiedenen Zeiten gemessen. Man erkennt, daß die CO_2-Konzentration nach 1 h zunächst auf ca. $100 \, \mu l \cdot l^{-1}$ (Γ von *Glycine max*) abfällt. Nach 1 d setzt ein weiterer Abfall ein, der schließlich bis in die Nähe des Nullpunkts (Γ von *Zea mays*) führt. In dieser zweiten Phase macht die C_4-Pflanze noch eine positive Nettophotosynthese, während die C_3-Pflanze eine positive Nettoatmung macht und daher ständig Kohlenstoff an die C_4-Pflanze verliert. Während die C_4-Pflanze weiter wächst, treten bei der C_3-Pflanze vom 3. d an Anzeichen von Seneszenz (Vergilbung, Proteinabbau, Blattabwurf) auf. Entzieht man der Atmosphäre das O_2, so tritt keine Seneszenz ein. (Nach WIDHOLM und OGREN, 1969)

Tabelle 18. Die Wirkung geringer O_2-Konzentrationen auf das Wachstum von C_3- und C_4-Pflanzen (24–29 °C, $320 \, \mu l \, CO_2 \cdot l^{-1}$, Lichtfluß 50–70 W · m⁻²). (Nach Daten von BJÖRKMAN et al., 1967)

	Zunahme der Trockenmasse [mg · d⁻¹ · Pflanze⁻¹]	
	210 ml $O_2 \cdot l^{-1}$	25–50 ml $O_2 \cdot l^{-1}$
Zea mays	127	147
Phaseolus vulgaris	56	118

Scheidenchloroplasten große Mengen an Stärke, im Gegensatz zu den normal mit Grana ausgestatteten Mesophyllchloroplasten (Abb. 227). Beide Chloroplastentypen besitzen ein aktives Photosystem I.

Die hohe photosynthetische Leistungsfähigkeit der C_4-Pflanzen läßt sich durch folgendes Experiment drastisch demonstrieren: Man hält eine C_4- und eine C_3-Pflanze zusammen in einem abgeschlossenen Gasvolumen unter sättigenden Lichtbedingungen. Nach kurzer Zeit hat die C_4-Pflanze die CO_2-Konzentration der Atmosphäre unter den Kompensationspunkt der C_3-Pflanze gedrückt. Dies führt zu einer *negativen* apparenten Photosynthese und bald darauf zum Tod der C_3-Pflanze (Abb. 228). Anderseits kann man die Photosynthese der C_3-Pflanzen wesentlich steigern (bis in den Bereich der C_4-Pflanzen), indem man diese bei verminderter O_2-Konzentration (Tabelle 18) oder erhöhter CO_2-Konzentration hält. Durch beide experimentellen Kunstgriffe werden die spezifischen Nachteile der C_3-Pflanzen gegenüber den C_4-Pflanzen im Prinzip eliminiert.

Der C_4-Dicarboxylatcyclus

Die verschiedenen, scheinbar unzusammenhängenden Anomalien der C_4-Pflanzen werden funktionell verständlich, wenn man den metabolischen Weg des photosynthetisch fixierten CO_2 verfolgt. Dabei ist es von entscheidender Bedeutung, Mesophyllzellen und Scheidenzellen (bzw. ihre Chloroplasten) gesondert zu betrachten. Mit Hilfe schonender Aufschlußmethoden ist es in den letzten Jahren gelungen, beide Zelltypen intakt zu isolieren und daraus die jeweiligen Chloroplasten zu gewinnen. Bei enzymatischen Untersuchungen am Mais und ähnlichen C_4-Pflanzen zeigte sich, daß die Enzyme des CALVIN-Cyclus ausschließlich in den Scheidenchloroplasten lokalisiert sind. Die Mesophyllzellen enthalten dafür eine im Cytoplasma lokalisierte, hochaktive *Phosphoenolpyruvatcarboxylase*, welche HCO_3^- plus Phosphoenolpyruvat unter Phosphatabspaltung zu Oxalacetat umsetzt ($\Delta G^{0'} = -30$ kJ/mol CO_2). Dieses wird unter Verbrauch von photosynthetisch produziertem $NADPH_2$ im Chloroplastenkompartiment zu Malat reduziert, wo auch der HCO_3^--Acceptor Phosphoenolpyruvat unter

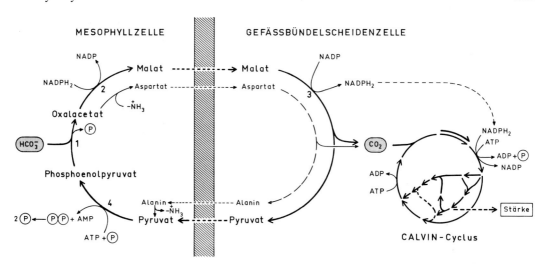

Abb. 229. Der C$_4$-Dicarboxylatcyclus (HATCH-SLACK-Cyclus). Die Reaktionen des Cyclus erstrecken sich über zwei benachbarte Zelltypen, welche miteinander kooperieren. In den Mesophyllzellen wird HCO$_3^-$ (welches aus dem CO$_2$-pool der Interzellularen nachgeliefert wird) durch die Phosphoenolpyruvatcarboxylase (1) an Phosphoenolpyruvat gebunden. Das entstehende Oxalacetat wird durch Malatdehydrogenase (2) unter Verbrauch von NADPH$_2$ zu Malat reduziert, welches als Transportmolekül in die Scheidenzellen gelangt, in deren Chloroplasten durch eine decarboxylierende Malatdehydrogenase („Malatenzym", 3) wieder CO$_2$ freigesetzt wird. Auf diese Weise kann der CALVIN-Cyclus verstärkt mit Substrat versorgt werden; außerdem werden 2 Reduktionsäquivalente aus der Photosynthese der Mesophyllzellen beigesteuert. Das verbleibende Pyruvat gelangt zurück in die Mesophyllzellen, wo es unter ATP-Verbrauch (Pyruvat, Phosphat-Dikinase, 4) das HCO$_3^-$-Acceptormolekül Phosphoenolpyruvat regeneriert. Dies ist die energieverbrauchende Reaktion des Cyclus, welche von der Photophosphorylierung der Mesophyllchloroplasten unterhalten wird. Neben Malat kann auch Aspartat als Transportmolekül für CO$_2$ (nicht für [H]!) dienen; dieser Weg dominiert bei den „Aspartatbildnern" unter den C$_4$-Pflanzen. Aus Aspartat entsteht Oxalacetat, welches ebenfalls in Pyruvat und CO$_2$ gespalten werden kann. Pyruvat liefert nach Aminierung das Transportmolekül Alanin

Verbrauch von photosynthetisch produziertem ATP aus Pyruvat regeneriert werden kann (Abb. 229).

Die photosynthetische CO$_2$-Fixierung der Mesophyllzellen führt also *nicht* zur Synthese von Kohlenhydraten. Das fixierte CO$_2$ bleibt vielmehr als terminale Carboxylgruppe (C$_4$) des Malat erhalten. Das so gebildete Malat wird durch die Kanäle der Plasmodesmata in die Scheidenzellen transportiert. Deren Chloroplasten besitzen eine sehr aktive, decarboxylierende Malatdehydrogenase („Malatenzym"), welche das importierte Malat wieder in CO$_2$ plus Pyruvat spaltet. Letzteres gelangt zurück in die Mesophyllzellen und schließt damit den Kreislauf.

Der C$_4$-Cyclus zeigt bei verschiedenen Gruppen Modifikationen, welche wahrscheinlich mit dem polyphyletischen Ursprung der C$_4$-Pflanzen zusammenhängen. So dient z. B. bei den meisten panicoiden Gräsern *Malat,* bei den eragrostoiden Gräsern dagegen *Aspartat* als hauptsächliches Transportvehikel für CO$_2$ (→Abb. 229). Man unterscheidet daher „Malatbildner" und „Aspartatbildner". Auch bei den Dikotylen treten diese beiden Typen von C$_4$-Pflanzen auf. Die Malatbildner transportieren pro CO$_2$ auch 2 [H] zum CALVIN-Cyclus. Damit dürfte die nur bei diesen Arten beobachtete Reduktion des nichtcyclischen Elektronentransports der Scheidenchloroplasten in Zusammenhang stehen. Der CO$_2$-freisetzende Schritt in den Scheidenzellen wird bei den Malatbildnern von einer *NADP-Malatdehydrogenase* („Malatenzym") katalysiert. Bei vielen Aspartat-bildenden Arten tritt eine *Phosphoenolpyruvatcarboxykinase* an diese Stelle, welche das nach Transaminierung gebildete Oxalacetat unter ATP-Verbrauch zu Phosphoenolpyruvat decarboxyliert. Andere Aspartatbildner benützen hierzu die in den Mitochondrien lokalisierte Sequenz *Aspartat → Oxalacetat → Malat →*

Pyruvat + *CO₂*, wobei der letzte Schritt von einer *NAD-abhängigen Malatdehydrogenase* katalysiert wird.

Im Prinzip dient also der C₄-Dicarboxylatcyclus nicht zur Nettofixierung von Kohlenstoff, sondern zum Sammeln von CO_2 im Bereich der Mesophyllzellen („CO_2-Antenne"). Das CO_2 wird, gebunden an eine C₄-Säure, in den Einzugsbereich des CALVIN-Cyclus transportiert und dort konzentriert. Mit Hilfe von ¹⁴CO₂ konnte man in der Tat zeigen, daß diese lichtgetriebene „CO_2-Pumpe" eine bis zu 10fache Steigerung (auf $20-60\,\mu mol \cdot l^{-1}$) der CO_2-Konzentration, bezogen auf den Dunkelwert, liefern kann. Da die Ribulosebisphosphatcarboxylase bei der CO_2-Konzentration luftgesättigten Wassers ($10\,\mu mol \cdot l^{-1}$ bei 25° C) nicht annähernd mit CO_2 gesättigt ist ($K_m\,(CO_2) = 10-20\,\mu mol \cdot l^{-1}$; → S. 223), hat dieser Konzentrierungseffekt einen drastischen Einfluß auf die Intensität des CALVIN-Cyclus (nicht zuletzt deswegen, weil eine hohe CO_2-Konzentration die $K_m\,(CO_2)$ des Enzyms erniedrigt; → Abb. 189). Andererseits wird die CO_2-Konzentration im gaserfüllten Interzellularraum des Blattes durch den C₄-Dicarboxylatcyclus auf einem sehr niedrigen Wert gehalten. Im Extremfall ist es möglich, $\Gamma < 10\,\mu l\,CO_2 \cdot l^{-1}$ aufrechtzuerhalten, was einer Gleichgewichtskonzentration von $6,7\,\mu l\,CO_2 \cdot l^{-1}$ (bei 30° C und 1 bar Druck) in Wasser entspricht. Für die nicht CO_2, sondern HCO_3^- umsetzende Phosphoenolpyruvatcarboxylase hat man *in vitro* $K_m\,(HCO_3^-) = 7\,\mu mol \cdot l^{-1}$ gemessen. Dieser Wert ist in Wasser (bei 30° C und pH 7,9) eingestellt, welches mit einer Atmosphäre von $3,8\,\mu l\,CO_2 \cdot l^{-1}$ im Gleichgewicht steht. Die Rechnung zeigt, daß die Affinität der (O_2-unempfindlichen) Phosphoenolpyruvatcarboxylase für ihr Substrat ausreicht, um den niedrigen Γ-Wert der C₄-Pflanzen zu erklären.

Bei biochemischen Untersuchungen hat sich herausgestellt, daß auch in den Blättern der C₄-Pflanzen eine an den CALVIN-Cyclus gekoppelte Photorespiration abläuft (allerdings meist in geringerem Ausmaß als in den C₃-Pflanzen). Die peroxisomalen Enzyme sind weitgehend auf die Scheidenzellen beschränkt. Es ist evident, daß das photorespiratorische CO_2 im Bereich der Mesophyllzellen praktisch vollständig abgefangen und wieder in die Scheidenzellen zurückgepumpt werden kann. Dies erklärt das Fehlen einer außerhalb des Blattes meßbaren Photorespiration und das

Fehlen des WARBURG-Effekts bei den C₄-Pflanzen.

Der C₄-Dicarboxylatcyclus erfordert zusätzliche Energie von der „Lichtreaktion" der Photosynthese, wie folgende Bilanz zeigt (→ Abb. 229):

Mesophyllzellen:

$$CO_2^{\swarrow} + Pyruvat + NADPH_2 + 2\,ATP \rightarrow \atop Malat + NADP + 2\,ADP + 2\,\textcircled{P} \qquad (92)$$

Scheidenzellen:

$$Malat + NADP \rightarrow Pyruvat \atop + NADPH_2 + CO_2^{\nearrow} \qquad (93)$$

Summe:

$$CO_2^{\swarrow} + 2\,ATP \rightarrow 2\,ADP + 2\,\textcircled{P} + CO_2^{\nearrow}. \quad (94)$$

Die Transport- und Konzentrierungsarbeit des C₄-Dicarboxylatcyclus erfordert also zusätzlich zu den 3 mol ATP im CALVIN-Cyclus weitere 2 mol ATP pro mol fixiertes CO_2. Diese Verminderung des energetischen Wirkungsgrades (d. h. der Quantenausbeute für die CO_2-Assimilation) wird sicher zu einem großen Teil durch das Fehlen einer Photorespiration des Blattes wieder wett gemacht. Es ist jedoch unverkennbar, daß C₃-Pflanzen lichtarmer Standorte eine höhere Quantenausbeute der apparenten Photosynthese erreichen können, als die Starklicht-adaptierten C₄-Pflanzen (→ Abb. 204).

Bei den Malatbildnern unter den C₄-Pflanzen ist auch die Photosynthese von Stickstoffverbindungen (→ Abb. 171) einseitig in die Mesophyllchloroplasten verlagert. Nitratreduktase, Nitritreduktase, Glutaminsynthetase und Glutamatsynthase sind hier zum überwiegenden Teil in den Mesophyllzellen lokalisiert. Auch dieser Befund steht in Übereinstimmung mit der verminderten Photosystem II-Kapazität der granalosen Scheidenchloroplasten.

Ökologische Aspekte des C₄-Syndroms

Aus dem vorigen Abschnitt tritt klar hervor, daß die C₄-Pflanzen im Prinzip besonders gut geeignet sind, bei hohen Lichtflüssen die von Natur aus niedrige CO_2-Konzentration der Luft zu einer hohen photosynthetischen Stoffproduktion zu nutzen. Dies läßt sich in der Tat an C₄-Pflanzen wie Mais oder Zuckerrohr beispielhaft beobachten (→ S. 573). Vor allem bei den Bewohnern arider Biotope findet der C₄-Dicarboxylatcyclus darüber hinaus Verwendung als Mechanismus zur Verminderung des Wasserverlusts durch die stomatäre Transpiration, welche ja zwangsläufig an die CO_2-Aufnahme ins Blatt gekoppelt ist (→ S. 224).

Der Angelpunkt dieses Teilaspekts des C₄-Syndroms ist wiederum der niedrige Γ-Wert im Gasraum des Blattes. Wegen der erhöhten Affinität des Photosyntheseapparats für CO_2 kann der Diffusionswiderstand für CO_2 — und damit auch für H_2O — an den Stomata entsprechend erhöht werden, ohne die Intensität der CO_2-Fixierung wesentlich zu beeinträchtigen. In der Tat ist auch der Regelbereich der CO_2-Konzentration für die photonastische Einstellung der Stomaweite bei den C₄-Pflanzen verändert. Die zuvor mit CO_2-freier Luft geöffneten Stomata des belichteten Maisblattes schließen sich bereits, wenn die Außenluft $100\,\mu l\ CO_2 \cdot l^{-1}$ erreicht. Dagegen bleiben die Stomata der C₃-Pflanze Weizen unter den gleichen Bedingungen selbst bei der natürlichen CO_2-Konzentration der Luft noch voll geöffnet (Abb. 230). Während durchschnittliche C₃-Pflanzen etwa 800 g Wasser transpirieren müssen, um 1 g Trockenmasse zu bilden, benötigen C₄-Pflanzen dafür meist weniger als die Hälfte. Im Extremfall kann der C₄-Dicarboxylatcyclus sogar ausschließlich der Konservierung von Wasser dienen (Tabelle 19, S. 238). Er trägt dann nicht zur Steigerung der Wachstumsintensität bei, sondern zur Erhöhung der Überlebensfähigkeit bei Dürrebelastung.

Es ist sicher kein Zufall, daß die Geröllhalden im Death Valley (Kalifornien), dem heißesten Platz der westlichen Hemisphäre (tägliche Durchschnittstemperatur im Juli 39° C), praktisch ausschließlich von C₄-Pflanzen besiedelt sind. Für die dort vorkommende Amaranthacee *Tidestromia oblongifolia* hat man ein Temperaturoptimum der apparenten Photosynthese von 47° C gemessen (was nur noch von den Blaualgen heißer Quellen übertroffen wird). Selbst bei dieser hohen Temperatur ist die CO_2-Aufnahme am natürlichen Standort (Energiefluß ca. $900\,W \cdot m^{-2}$) noch nicht mit Licht gesättigt (→ Abb. 204). Da die tiefgründigen Wurzeln die Pflanze einigermaßen mit Wasser versorgen können, dürfte in diesem Fall nicht die Dürrebelastung, sondern vor allem die Op-

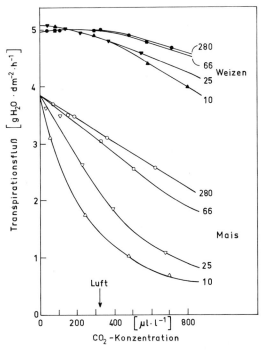

Abb. 230. Der Einfluß der CO_2-Konzentration der Außenluft auf die stomatäre Transpiration bei einer C₃- und einer C₄-Pflanze im Licht. Objekte: Isolierte Blätter von *Triticum aestivum* (C₃) und *Zea mays* (C₄); 30,5° C. Zunächst wurden die Stomata durch Begasung mit CO_2-freier Luft im Licht maximal geöffnet. Gemessen wurde der stationäre Transpirationsfluß, der sich anschließend bei Bestrahlung mit Weißlicht (10, 25, 66, 280 $W \cdot m^{-2}$ im Bereich 400 – 700 nm) und Begasung mit Luft verschiedener CO_2-Konzentrationen einstellt. Man erkennt, daß die Stomata der C₄-Pflanze viel empfindlicher auf eine Erhöhung der CO_2-Konzentration und des Energieflusses reagieren, als die der C₃-Pflanze. (Nach Akita und Moss, 1972)

timierung des Kohlenstoffhaushalts im Vordergrund stehen (→ Abb. 224). Die im Winter im Ruhezustand verharrende Pflanze kann im Sommer ihre Trockenmasse durch Photosynthese alle 3 d verdoppeln.

Die Ausbildung des C₄-Syndroms ist genetisch programmiert, wie sich z. B. durch Kreuzungsexperimente zwischen C₃- und C₄-Arten innerhalb der Gattung *Atriplex* zeigen läßt (intermediäre F₁- und aufspaltende F₂-Generation; die einzelnen Merkmale des C₄-Syndroms werden unabhängig vererbt). Umweltbedingungen haben hier einen nur verhältnismäßig geringen Einfluß. Jedoch entwickelt sich z. B. der Chloroplastendimorphismus bei Mais und ähnlichen Gräsern erst einige Zeit nach dem

Tabelle 19. Das Verhältnis von Photosynthese und Transpiration bei zwei *Atriplex*-Arten, welche zur Gruppe der C$_4$-Pflanzen bzw. C$_3$-Pflanzen gehören. Die Pflanzen wurden für 6 Wochen unter gleichen Bedingungen bei 20 – 32 °C im Gewächshaus angezogen. (Nach Daten von SLATYER, 1970)

	Atriplex spongiosa (C$_4$)	*Atriplex hastata* (C$_3$)
	Natürlicher Wuchsort:	
	Semiaride Wüstenzonen Australiens (endemisch)	Humide Küstenregionen Australiens (aus Europa eingeschleppt)
Apparente Photosynthese [mg CO$_2 \cdot$ dm$^{-2} \cdot$ h^{-1}]	44	45
Photorespiration des Blattes [mg CO$_2 \cdot$ dm$^{-2} \cdot$ h^{-1}]	0	15
Nächtliche Dunkelatmung [mg CO$_2 \cdot$ dm$^{-2} \cdot$ h^{-1}]	7	6
Γ [µl CO$_2 \cdot$ l^{-1}]	0	86
Transpiration [g H$_2$O $\cdot$ dm$^{-2} \cdot$ h^{-1}]	2,5	6,6
Stomatärer Diffusionswiderstand für CO$_2$, r$_1$ [s $\cdot$ cm^{-1}]	2,0 } 3,2	0,6 } 3,2
Mesophyllwiderstand für CO$_2$, r$_m$ [s $\cdot$ cm^{-1}]	1,2	2,6
Photosynthesefluß/Transpirationsfluß J$_{CO_2} \cdot$ J$_{H_2O}$, [mg CO$_2 \cdot$ g H$_2$O^{-1}]	18	6,8

Ergrünen der Keimpflanze. Junge Blätter besitzen gleichartige (granahaltige) Chloroplasten in Mesophyll- und Scheidenzellen und führen wahrscheinlich zunächst noch eine normale C$_3$-Photosynthese durch. Die Granastapel verschwinden dann später im Zuge der funktionellen Ausprägung des C$_4$-Syndroms.

CAM, eine Alternative zur C$_4$-Photosynthese

CAM ist eine Abkürzung für *C*rassulacean *A*cid *M*etabolism. Diese Bezeichnung geht auf den schon seit langem bekannten Befund zurück, daß viele Sukkulenten in ihren fleischigen Blättern oder Sprossen große Mengen an Säuren, vor allem *Malat*, speichern können. Da der leicht am pH-Wert des Preßsaftes meßbare Säuregehalt bei Nacht stark ansteigt und bei Tag wieder abfällt, spricht man auch vom „di-

urnalen Säurerhythmus" der Sukkulenten. Der Stärkegehalt der Blätter verändert sich genau gegenläufig zum Säuregehalt. Erst die letzten Jahre haben eine befriedigende Erklärung für dieses lange Zeit als Kuriosum betrachtete Phänomen geliefert. Die CAM-Pflanzen können nämlich den carboxylierenden Abschnitt des C$_4$-Dicarboxylatcyclus während der Nacht dazu benützen, CO$_2$ im Dunkeln zu fixieren (Abb. 231). Die dazu benötigten großen Mengen an Phosphoenolpyruvat werden durch Dissimilation von Stärke bereitgestellt. Das gebildete Malat wird in den stets großen Zellvacuolen deponiert, wobei Konzentrationen von etwa 0,1 mol $\cdot$ l^{-1} (pH 3,5) erreicht werden. Der „fleischige" Charakter der meisten CAM-Pflanzen hängt wahrscheinlich vor allem mit der Notwendigkeit einer hohen Speicherkapazität für Malat im Zellsaft zusammen. Bei Tag wird der Malatspeicher wieder durch den decarboxylierenden Abschnitt des C$_4$-Dicarboxylatcyclus geleert und das dabei freigesetzte CO$_2$ dem CALVIN-Cyclus zugeführt (Abb. 232).

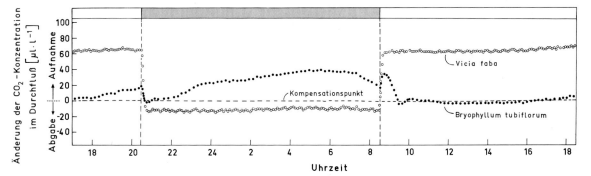

Abb. 231. Der tagesperiodische Verlauf des apparenten CO_2-Gaswechsels bei einer CAM-Pflanze und einer normalen C_3-Pflanze. Objekte: *Bryophyllum tubiflorum* (*Crassulaceae*, CAM) und *Vicia faba* (C_3). Auf der Ordinate ist die Abnahme ($+$) bzw. Zunahme ($-$) der CO_2-Konzentration der Luft nach Passieren einer Assimilationsküvette mit dem entsprechenden Pflanzenmaterial aufgetragen. Die CO_2-Konzentration im Gasstrom wurde kontinuierlich mit einem Ultrarot-Absorptionsschreiber (URAS) über 24 h hinweg gemessen. Man erkennt, daß sich die beiden Pflanzen invers verhalten: Die C_3-Pflanze gibt nachts CO_2 ab und nimmt tagsüber CO_2 auf.

Die CAM-Pflanze macht nachts (ab 22 Uhr) eine Netto-Aufnahme von CO_2 und bleibt die meiste Zeit des Tages auf dem Kompensationspunkt stehen. Ab 18 Uhr setzt jedoch auch im Licht wieder eine CO_2-Aufnahme ein. Auch das Nachlaufen der CO_2-Aufnahme am Ende der Dunkelperiode zeigt, daß der CAM-Gaswechsel nicht einfach durch das Ein- und Ausschalten des Lichts gesteuert wird. Zu Beginn und am Ende der Lichtperiode sind wahrscheinlich einige Stunden lang beide Carboxylierungssysteme bei geöffneten Stomata aktiv. (Nach Meßdaten von KLUGE, 1973)

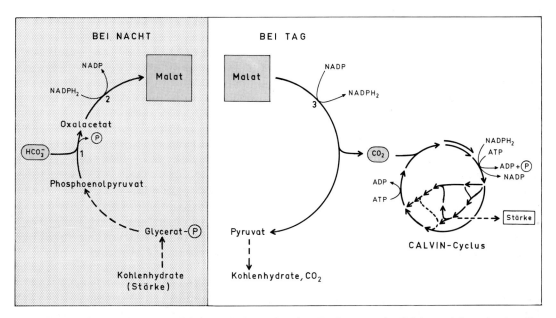

Abb. 232. Der Mechanismus der CO_2-Fixierung bei den CAM-Pflanzen ($\rightarrow$ Abb. 229). *Bei Nacht* (CALVIN-Cyclus inaktiv) wird HCO_3^- durch Phosphoenolpyruvatcarboxylase (1) an Phosphoenolpyruvat gebunden, welches durch den Abbau von Stärke zur Verfügung gestellt wird. Das entstehende Oxalacetat wird durch Malatdehydrogenase (2) zu Malat reduziert und in der Zellvacuole akkumuliert. *Bei Tag* erfolgt eine Entleerung des Malatspeichers in das Cytoplasma, wo durch eine decarboxylierende Malatdehydrogenase („Malatenzym", 3) CO_2 freigesetzt wird, welches den CALVIN-Cyclus mit Substrat versorgt. Die Phosphoenolpyruvatcarboxylase ist bei Tag, wahrscheinlich wegen der hohen Malatkonzentration im Cytoplasma, inaktiv

Parallel zu diesen metabolischen Prozessen geht konsequenterweise eine *inverse* Rhythmik der Stomaregulation. Die Stomata sind während der kühleren Nacht (geringere Wasserpotentialdifferenz zur Atmosphäre, daher geringe Transpiration) geöffnet, aber während der photosynthetisch aktiven Tagesperiode geschlossen. Die Regelung erfolgt auch hier über die CO_2-Konzentration (nachts niedrig, tags hoch) in den Atemhöhlen des Blattes. Auf diese Weise kann eine erhebliche Drosselung des Wasserverlusts erzielt werden, ohne daß dadurch eine entsprechend große Einbuße bei der CO_2-Fixierung hingenommen werden muß. Die CAM-Pflanzen haben also auf einem anderen Weg als die C$_4$-Pflanzen die zwangsläufig erscheinende Kopplung von CO_2-Aufnahme und Transpiration durchbrochen. Während die C$_4$-Pflanzen die beiden Abschnitte des C$_4$-Dicarboxylatcyclus *gleichzeitig*, aber *räumlich* getrennt in zwei verschiedenen Zelltypen ablaufen lassen können (und damit eine Verbesserung des Verhältnisses zwischen CO_2-Fixierung und Transpiration erreichen), sind bei den CAM-Pflanzen CO_2-Fixierung und Photosynthese *zeitlich* getrennt. Hierdurch wird eine noch wesentlich effektivere Konservierung von Wasser erreicht. Im Tagesmittel transpiriert eine durchschnittliche, an Trockenheit angepaßte CAM-Pflanze pro g erzeugte Trockenmasse etwa 50 – 100 g H_2O, d. h. rund 10mal weniger als eine vergleichbare C$_3$-Pflanze.

Die Mechanismen für die regulatorische Abstimmung zwischen der Dunkelfixierung von CO_2 und der Malatdecarboxylierung bzw. der photosynthetischen CO_2-Fixierung im Licht sind noch weitgehend unerforscht. Malat und Oxalacetat sind in vitro effektive Inhibitoren der Phosphoenolpyruvatcarboxylase. Daher nimmt man an, daß während der Lichtperiode die Konkurrenz zwischen den beiden Carboxylasen, welche ja bei den CAM-Pflanzen im Gegensatz zu den C$_4$-Pflanzen in denselben Zellen lokalisiert sind, auch in vivo durch einen Anstieg der Malatkonzentration im Cytoplasma zugunsten der Ribulosebisphosphatcarboxylase entschieden wird (Endprodukthemmung; → S. 134). Dieses Enzym ist seinerseits im Dunkeln inaktiv (→ S. 167). Die Steuerung des Malattransports in die und aus der Vacuole (aktiver Import bei Nacht, Export bei Tag) dürfte auf noch unbekannte, durch Effektoren modulierbare carrier-Mechanismen im Tonoplast zurückgehen. Möglicherweise ist

das Umschalten von Import auf Export nach Erreichen der Malat-Speicherkapazität der Vacuole der Grund für die Reduktion der CO_2-Fixierung vor Beendigung der Dunkelperiode (→ Abb. 231). Das Einsetzen einer Netto-CO_2-Aufnahme einige Stunden vor dem Ende der Lichtperiode dürfte mit der Erschöpfung des Malatspeichers zusammenhängen (→ Abb. 231).

Überführt man eine zuvor im natürlichen Licht-Dunkel-Wechsel periodisch nachts CO_2 fixierende Pflanze von *Kalanchoe blossfeldiana* (→ Abb. 233) in konstantes Dauerlicht, so wird die Rhythmik der CO_2-Fixierung, Gewebeansäuerung und Stomabewegung für eine Reihe von Tagen fortgesetzt. Auch die Aktivität der Phosphoenolpyruvatcarboxylase und des Malatenzyms oszillieren unter diesen Bedingungen mit 12 h gegeneinander versetzter Periode weiter. Diese Daten zeigen, daß bei der Steuerung des CAM-Stoffwechsels auch eine „innere Uhr" beteiligt ist, welche in ähnlicher Weise bei vielen tagesperiodischen Phänomenen eine Rolle spielt (→ S. 404).

Der Beitrag des C$_4$-Dicarboxylatcyclus zur CO_2-Fixierung der CAM-Pflanzen kann in einem erstaunlich weiten Umfang variieren. Bei vielen Vertretern dieser Gruppe von Pflanzen konnte man zeigen, daß die Ausbildung eines diurnalen Säurerhythmus unmittelbar von den ökologischen Gegebenheiten des Standorts bestimmt wird. Trockenheit, kurze Tage, kühle Nächte und Salzbelastung fördern das Auftreten einer nächtlichen CO_2-Fixierung. Häufig führen dieselben Pflanzen unter gemäßigteren Bedingungen eine normale CO_2-Fixierung bei geöffneten Stomata während eines erheblichen Teils des Tages durch. CAM ist also, zumindest bei vielen Arten dieser Gruppe, eine fakultative Eigenschaft, deren quantitative Ausprägung von der Umwelt gesteuert wird. Man kann daher nicht ohne weiteres von Sukkulenz auf das Auftreten des CAM schließen.

Bei dem halophytischen *Mesembryanthemum crystallinum* lassen sich die CAM-Symptome durch Gießen mit einer NaCl-Lösung (0,35 mol · l^{-1}) innerhalb von 2 Wochen induzieren. Die Wüstenpflanzen *Opuntia basilaris* und *Agave deserti* halten unter extrem trockenen Bedingungen ($\Psi_{Boden} < \Psi_{Pflanze}$) ihre Stomata ständig geschlossen, was zu einem inneren Zirkulieren des CO_2 zwischen Atmung und Photosynthese ohne Nettogewinn an Kohlenstoff führt. Dieser in bezug auf das Wachs-

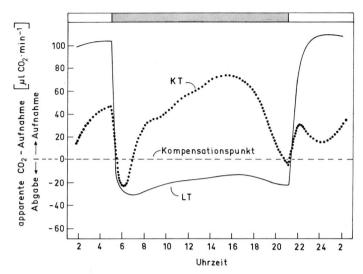

Abb. 233. Die Umsteuerung zwischen normaler C_3-Photosynthese und CAM-Photosynthese durch Veränderung der täglichen Photoperiode. Objekt: *Kalanchoe blossfeldiana* Var. Tom Thumb (Kurztagpflanze). Die Pflanzen wurden unter konstanten Bedingungen als Klonkultur angezogen und dann für 6 Wochen entweder im Kurztag (KT, 8 h Licht/16 h Dunkel) oder im Langtag (LT, 8 h Licht/16 h Dunkel, nach 8 h unterbrochen von 15 min Störlicht) bei 12 000 lx unter sonst identischen Bedingungen gehalten. Die Photosyntheseperiode ist also in beiden Fällen praktisch gleich lang. Das photoperiodische Steuersystem registriert das Programm (Kurztag plus Störlicht) als Langtag ($\rightarrow$ S. 397). Die Messung des CO_2-Gaswechsels erfolgte kontinuierlich mit einem URAS ($\rightarrow$ Abb. 231). (Andere Varietäten dieser Art führen auch unter Langtagbedingungen CAM durch.) (Nach ZABKA und CHATURVEDI, 1975)

tum stationäre Zustand („Nullwachstum") wird nur nach einem Regen für wenige Tage unterbrochen, während der die Pflanzen CAM und damit kurzfristig eine Nettophotosynthese durchführen können. Dies ist wohl das extremste Beispiel für die Ausnützung des CAM hinsichtlich der Überlebensfähigkeit einer Pflanze unter Bedingungen, wo Wasser der dominierende begrenzende Faktor für die Existenz von Leben ist. Andererseits konnte kürzlich gezeigt werden, daß längerdauernde Bewässerung (12 Wochen lang $\Psi_{Boden} \approx 0$ bar) *Agave deserti* in eine normale C_3-Pflanze umfunktioniert, welche ihre Stomata bei Tag öffnet und bei Nacht schließt. Die Wasserpotentialdifferenz zwischen Pflanze und Boden hat hier offensichtlich einen entscheidenden regulatorischen Einfluß auf den Mechanismus der photosynthetischen CO_2-Fixierung.

Bei einer Varietät der von der Blühinduktion her als Kurztagpflanze bekannten Crassulacee *Kalanchoe blossfeldiana* ($\rightarrow$ Abb. 418) steht auch die Ausprägung des CAM unter der Kontrolle der Tageslänge. Diese Pflanze lebt unter Langtagbedingungen als normale C_3-Pflanze und geht beim Unterschreiten einer kritischen Tageslänge zum CAM über (Abb. 233). Dabei verringert sich ihr Wasserverbrauch auf ein Drittel.

Isotopendiskriminierung bei der CO_2-Fixierung

Das CO_2 der Atmosphäre enthält zu 1,11% das stabile Kohlenstoffisotop ^{13}C. Bei der photosynthetischen CO_2-Fixierung werden $^{13}CO_2$ und $^{12}CO_2$ mit verschiedener Intensität verwendet, offenbar weil sie wegen der Massendifferenz bei der Carboxylierungsreaktion nicht in gleicher Weise als Substrat akzeptierbar sind. Wegen dieses Isotopeneffekts besitzen alle organischen Substanzen, welche auf die Photosynthese zurückgehen, einen gegenüber dem CO_2 der Luft verminderten ^{13}C-Gehalt (dies gilt in noch stärkerem Maße für das noch schwerere Isotop ^{14}C). Die Diskriminierung zwischen ^{13}C und ^{12}C kann sehr empfindlich in einem Massenspektrometer gemessen werden. Sie wird in Form des $\delta^{13}C$-Wertes ($\rightarrow$ Tabelle 17, S. 231) ausgedrückt.

Das organische Material verschiedener Pflanzen ist bezüglich seines Gehaltes an schweren Kohlenstoffisotopen nicht identisch. Auf diese Tatsache stieß man zunächst bei archäologischen Studien, als die Radiocarbon-Datierungsmethode bei fossilen Resten von Maispflanzen ein scheinbar geringeres Alter als bei Holzproben der gleichen Fundstelle lieferte. Systematische Untersuchungen zeigten darte. Systematische Untersuchungen zeigten dar-

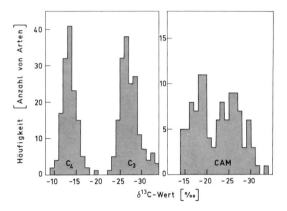

Abb. 234. δ^{13}C-Werte bei C$_4$-Pflanzen, C$_3$-Pflanzen und CAM-Pflanzen. Die massenspektroskopische Bestimmung des relativen ^{13}C-Gehaltes erfolgte an veraschtem Material ganzer Pflanzen von Arten, welche sich aufgrund anderer Merkmale ($\rightarrow$ Tabelle 17, S. 231) eindeutig einem der drei Photosynthesetypen zuordnen ließen. Die Häufigkeitsdiagramme (Verteilungsfunktionen) zeigen, daß sich, trotz einiger Schwankungen um die Mittelwerte, C$_4$-Pflanzen und C$_3$-Pflanzen getrennten Populationen bezüglich des δ^{13}C-Wertes zuordnen lassen. Im Gegensatz dazu ergeben sich bei den sehr viel variabler erscheinenden CAM-Pflanzen Andeutungen für eine Aufspaltung in zwei Teilpopulationen. Da die analysierten CAM-Pflanzen unter sehr verschiedenen Standortbedingungen aufgewachsen waren, steht dieses Resultat in Übereinstimmung mit der fakultativen Verwendung des C$_4$-Fixierungsweges für CO$_2$ bei dieser Gruppe von Pflanzen. (Nach Osmond und Ziegler, 1975)

niedrigere (stärker negative) ^{13}C-Werte (ca. -23 bis $-34‰$), welche auf die hohe Diskriminierung der beiden Isotope durch die Ribulose-bisphosphatcarboxylase zurückgehen. Ein relativ hoher δ^{13}C-Wert des Photosyntheseprodukts kann daher als sehr zuverlässiges diagnostisches Kriterium dafür verwendet werden, daß dem Calvin-Cyclus ein akzessorisches CO$_2$-Fixierungssystem durch die Phosphoenolpyruvatcarboxylase vorgeschaltet ist.

Die Bestimmung des δ^{13}C-Wertes hat vielfältige Anwendung im Bereich der Systematik, Ökologie und Nahrungsmittelanalytik gefunden. So kann man z. B. ohne Schwierigkeit feststellen, ob eine Probe chemisch reiner Saccharose aus Zuckerrüben oder aus Zuckerrohr gewonnen wurde (oder ob Honig, der auf Nektar von C$_3$-Pflanzen zurückgeht, mit Rohrzucker „gestreckt" wurde). Wenn Tiere sich vorwiegend von C$_4$-Pflanzen ernähren, nimmt ihre Körpersubstanz ebenfalls einen hohen δ^{13}C-Wert an, der sich u. U. auch weiter in der Nahrungskette fortpflanzt.

Bei CAM-Pflanzen verschiedener Standorte hat man eine große Variationsbreite des δ^{13}C-Wertes gefunden (-14 bis $-33‰$; $\rightarrow$ Abb. 234), wie man es aufgrund der physiologischen Flexibilität dieser Pflanzen erwarten muß. Der δ^{13}C-Wert kann in diesem Fall Information über den Umfang der nächtlichen CO$_2$-Vorfixierung durch den C$_4$-Dicarboxylatweg liefern. Die Kurztagpflanze *Kalanchoe blossfeldiana* produziert im Langtag organisches Material mit δ^{13}C $= -23‰$, im Kurztag dagegen mit δ^{13}C $= -13‰$ ($\rightarrow$ Abb. 233). In ähnlichem Ausmaß kann sich ein niedriger Wert des Wasserpotentials im Boden (z. B. durch Trockenheit oder Salzbelastung) unter sonst konstanten Umweltbedingungen auf den δ^{13}C-Wert auswirken.

aufhin, daß in der Tat charakteristische Unterschiede im δ^{13}C-Wert bei verschiedenen Photosynthesetypen auftreten (Abb. 234). C$_4$-Pflanzen sind stets durch einen relativ hohen ^{13}C-Wert (ca. -10 bis -18%) ausgezeichnet. Dies beruht auf einem verhältnismäßig geringen Diskriminierungsvermögen der Phosphoenolpyruvatcarboxylase zwischen ^{13}C und ^{12}C. Normale C$_3$-Pflanzen liefern dagegen wesentlich

Weiterführende Literatur

Bishop, D. G., Reed, M. L.: The C$_4$ pathway of photosynthesis: Ein Kranz-Typ Wirtschaftswunder? In: Photochemical and Photobiological Reviews. Smith, K. C. (ed.). New York, London: Plenum Press, 1976, Vol. 1, pp. 1–69

Björkman, O., Berry, J.: High-efficiency photosynthesis. Scient. American **229** (Heft 4), 80–93 (1973)

BLACK, C. C.: Photosynthetic carbon fixation in relation to net CO_2 uptake. Ann. Rev. Plant Physiol. **24**, 253 – 286 (1973)

BURRIS, R. H., BLACK, C. C. (eds.): CO_2-Metabolism and Plant Productivity. Baltimore: University Park Press, 1976

HATCH, M. D., OSMOND, C. B.: Compartmentation and transport in C_4 photosynthesis. In: Encyclopedia of Plant Physiology, New Series. Stocking, C. R., Heber, U. (eds.). Berlin-Heidelberg-New York: Springer, 1976, Vol. 3, pp. 144 – 184

HATCH, M. D., OSMOND, C. B., SLATYER, R. O.: Photosynthesis and Photorespiration. New York: Wiley, 1971

KLUGE, M.: Die Sukkulenten: Spezialisten im CO_2-Gaswechsel. Biologie in unserer Zeit **2**, 121 – 128 (1972)

KLUGE, M., TING, I. P.: Crassulacean Acid Metabolism. In: Ecological Studies, Vol. 30. Berlin-Heidelberg-New York: Springer 1978 (im Druck)

OSMOND, C. B.: Crassulacean acid metabolism: A curiosity in context. Ann. Rev. Plant Physiol. **29**, 379 – 414 (1978)

SCHOPFER, P.: Erfolgreiche Photosynthese-Spezialisten: Die „C_4-Pflanzen". Biologie in unserer Zeit **3**, 172 – 183 (1973)

22. Stoffwechsel anorganischer Ionen

Mineralernährung der Pflanze

Bei der Behandlung der Photosynthese und der Dissimilation organischer Moleküle (→ S. 136, 174) hatten wir es im wesentlichen mit dem Stoffwechsel von Kohlenstoff, Wasserstoff und Sauerstoff zu tun. Neben diesen mengenmäßig dominierenden Elementen (90 – 95% der Trockenmasse) spielen in der Pflanze eine große Zahl weiterer Elemente eine Rolle, welche ebenfalls in anorganischer Form aufgenommen und verwertet werden können. Diese mineralischen „Nährelemente" stehen der Pflanze als Ionen, gelöst in einem wäßrigen Medium (z. B. im Meerwasser) zur Verfügung. Die Landpflanzen nehmen anorganische Ionen normalerweise über die Wurzel aus der Bodenlösung auf. Die unlöslichen Bestandteile des Bodens (Quarz, Tonmineralien, Humus) haben häufig Speicherfunktion für Ionen, sind jedoch selbst keine essentiellen Voraussetzungen für das Pflanzenwachstum. Diese Erkenntnis verdanken wir SACHS, der um 1860 die *hydroponische Kultur* von Pflanzen auf Lösungen anorganischer Salze einführte (Abb. 235).

KNOP entwickelte kurz darauf die erste, empirisch vielfach getestete und bewährte Rezeptur einer Nährlösung (Tabelle 20 a). Die klassische „KNOPsche Nährlösung" enthält alle Komponenten, welche die Pflanze normalerweise für ihr Wachstum benötigt. Die in Tabelle 20 a aufgeführten Kationen und Anionen repräsentieren die mineralischen *Makroelemente* der Pflanzenernährung, d. h. sie gehören neben C, H und O zu denjenigen Elementen, welche in erheblichen, leicht meßbaren Mengen benötigt werden. Darüber hinaus sind für eine vollständige Entwicklung der Pflanze eine Anzahl weiterer Elemente unentbehrlich, die nur in relativ geringen Quantitäten angeboten werden

Tabelle 20. Die Nährelemente der Pflanze und ihre Verwendung in künstlichen Nährlösungen. Die Grenze zwischen Makro- und Mikroelementen ist weitgehend willkürlich. Fe wird häufig auch zu den Mikroelementen gerechnet (→ Tabelle 21). (a) KNOPsche Nährlösung. Dieses Rezept wurde um 1860 unter Verwendung unvollständig gereinigter Chemikalien in Unkenntnis der Mikroelemente entwickelt. (b) HOAGLANDsche Nährlösung. (Nach ARNON und HOAGLAND, 1940; modifiziert nach CUMMING, 1967.) Hier wurden die Mikroelemente berücksichtigt. Außerdem wird Fe als Chelat („Sequestren" von Ciba-Geigy) angeboten, um seine Aufnahme zu erleichtern. Als Lösungsmittel dient destilliertes Wasser

Makroelemente: C, H, O, N, S, P, K, Ca, Mg, Fe

Mikroelemente: Cl, B, Mn, Zn, Cu, Mo

(a) Nährlösung nach KNOP	$[g \cdot l^{-1}]$	(b) Nährlösung nach HOAGLAND	$[g \cdot l^{-1} (mmol \cdot l^{-1})]$	
$Ca(NO_3)_2$	1,00	KNO_3	1,02	(10)
$MgSO_4 \cdot 7 H_2O$	0,25	$Ca(NO_3)_2$	0,492	(3)
KH_2PO_4	0,25	$NH_4H_2PO_4$	0,23	(2)
KNO_3	0,25	$MgSO_4 \cdot 7 H_2O$	0,49	(2)
KCl	0,12			
$FeSO_4$ (pH 5,7)	Spur	H_3BO_3	0,00286	(0,0463)
		$MnCl_2 \cdot 4 H_2O$	0,00181	(0,00915)
		$CuSO_4 \cdot 5 H_2O$	0,00008	(0,00032)
		$ZnSO_4 \cdot 7 H_2O$	0,00022	(0,00077)
		$H_2MoO_4 \cdot H_2O$	0,00009	(0,00050)
		Sequestren $(10 mg Fe^{3+} \cdot l^{-1})$ [Na,Fe-Äthylendiamino-di(o-hydroxyphenylacetat)] (pH 5,8)		

Tabelle 21. Der Gehalt an Nährelementen in Material von normal entwickelten Kulturpflanzen (Durchschnittswerte). (Nach STOUT und EPSTEIN, 1965)

Element	Gehalt		Relative Anzahl
	[mmol · kg Trockenmasse^{-1}]	[g · kg Trockenmasse^{-1}]	an Atomen (bezogen auf Mo)
Makroelemente:			
H	60 000	60	60 · 10^6
C	35 000	450	35 · 10^6
O	30 000	450	30 · 10^6
N	1 000	15	1 · 10^6
K	250	10	0,25 · 10^6
Ca	125	5	0,13 · 10^6
Mg	80	2	0,08 · 10^6
P	60	2	0,06 · 10^6
S	30	1	0,03 · 10^6
Mikroelemente:			
Cl	3	0,1	3000
B	2	0,02	2000
Fe	2	0,1	2000
Mn	1	0,05	1000
Zn	0,3	0,02	300
Cu	0,1	0,006	100
Mo	0,001	0,0001	1

müssen und die daher in den zu KNOPS Zeiten zur Verfügung stehenden Chemikalien alle in ausreichender Menge als Verunreinigungen enthalten waren. Erst die Herstellung hochgereinigter Chemikalien ermöglichte eine genaue Festlegung der Liste von *Mikroelementen* (Spurenelementen) der Pflanzenernährung, welche heutzutage den modernen Nährlösungen gesondert beigegeben werden (Tabelle 20 b).

Die Liste der allgemeinen, essentiellen Nährelemente umfaßt insgesamt 10 Makro- und 6 Mikroelemente (Tabelle 20), welche in sehr unterschiedlichen Mengen von der Pflanze benötigt werden (Tabelle 21). Darüber hinaus treten bei manchen Pflanzen zusätzliche Bedürfnisse auf, z. B. für SiO$_2$ als Gerüstsubstanz bei Diatomeen, Gräsern und Schachtelhalmen oder für Co bei allen Pflanzen, welche auf eine Symbiose mit N$_2$-fixierenden Bakterien (→ S. 566) angewiesen sind. Co ist ein Bestandteil des hierbei essentiellen *Cobalamins* (beim Menschen: Vitamin B$_{12}$). Auch Na und Se müssen in speziellen Fällen als Mikroelemente

angesehen werden. Bei einer künstlichen Nährlösung kommt es nicht nur auf die Vollständigkeit bezüglich aller benötigter Ionen, sondern auch auf die Gesamtionenstärke, das pH, die Pufferkapazität und das Verhältnis zwischen den einzelnen Ionen, die „Ionenbalance", an. Die Pflanze kann zwar im Prinzip an der Wurzelendodermis selektiv und aktiv Ionen auch aus einer sehr verdünnten Lösung akkumulieren (→ S. 124). Ein ungünstiges Verhältnis zwischen den angebotenen Ionen schränkt jedoch diese Fähigkeit mehr oder minder ein, z. B. dadurch, daß eine Ionenart durch eine antagonistische (um dieselbe Transportstelle konkurrie-

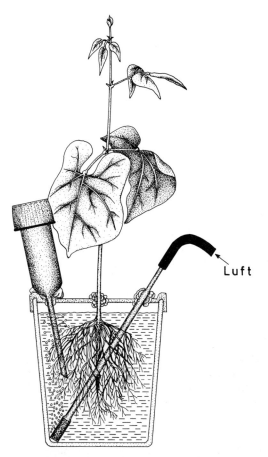

Luft

Abb. 235. Hydroponische Kultur einer Landpflanze. Eine wäßrige Lösung, welche alle essentiellen anorganischen Ionen in geringer Konzentration enthält und ausreichend belüftet wird, kann das natürliche Substrat „Boden" vollwertig ersetzen. Da die Zusammensetzung der Nährlösung im Experiment einfach verändert und kontrolliert werden kann, eignet sich diese Anzuchtmethode besonders für das Studium der Ionenaufnahme und -verwertung. Der Trichter *links* dient zum Nachfüllen von H$_2$O bzw. Nährlösung. (Nach EPSTEIN, 1972; verändert)

rende) Ionenart verdrängt wird. In der Regel ergibt sich für die Abhängigkeit des pflanzlichen Wachstums von der Konzentration eines Nährelements eine hyperbolische Sättigungskurve, wobei das Erreichen der Sättigung von der relativen Konzentration der anderen Nährelemente abhängt. Die Verrechnung unabhängiger limitierender Faktoren, welche gemeinsam auf einen physiologischen Prozeß einwirken, haben wir bereits bei der Besprechung der Photosynthesefaktoren Licht und CO_2 kennengelernt ($\rightarrow$ S. 216). Auch bei der Ionenaufnahme treten nicht selten Interaktionen zwischen verschiedenen Faktoren auf, wodurch der Verrechnungsmodus sehr kompliziert werden kann.

Essentielle Mikroelemente

Ein Element wird als *essentiell* für die pflanzliche Ernährung bezeichnet, wenn 1. die Pflanze ohne dieses Element ihren Lebenscyclus nicht vollständig durchführen kann, oder 2. das Element ein unersetzbarer Bestandteil von Molekülen ist, welche im Stoffwechsel der sich normal entwickelnden Pflanze unbedingt benötigt werden. Die Erfüllung eines der beiden Kriterien reicht aus, um ein chemisches Element als essentielles Nährelement zu klassifizieren. Die Entdeckung der Mikroelemente gelang meist mit Hilfe des 1. Kriteriums, welches besonders einfach operationalisierbar ist: Man hält eine Pflanze auf einer Nährlösung, welche alle Elemente mit Ausnahme des zu testenden Ions enthält. Ist das ausgelassene Element essentiell, so macht sich dies an einer oder mehreren Stellen der Ontogenie in charakteristischen, durch ähnliche Elemente nicht behebbaren, *Mangelsymptomen* gegenüber der auf Vollmedium wachsenden Kontrollpflanze bemerkbar. Man muß dabei neben einer ausreichenden Reinheit der verwendeten Chemikalien berücksichtigen, daß viele Pflanzen auch Mikroelemente in ihren Samen speichern können. Daher treten gelegentlich Mangelsymptome erst klar hervor, nachdem die endogenen Vorräte im Verlauf mehrerer, auf dem Mangelmedium angezogener, Generationen stark verdünnt wurden. Auf der anderen Seite treten z. B. bei landwirtschaftlich intensiv genutzten Böden gelegentlich Mangelsituationen durch das unterkritische Angebot eines Mikroelements auf,

welche sich unmittelbar in drastischen Krankheitsbildern ausdrücken. Mangel an Mikroelementen führt also meist nicht nur zu einer Verminderung des Wachstums bzw. des Ertrags, sondern darüber hinaus zu spezifischen Stoffwechsel- und Entwicklungsdefekten, welche häufig als Indikatoren für das Fehlen bestimmter Mikroelemente im Boden herangezogen werden können. So erzeugt z. B. Zn-Mangel bei Obstbäumen Zwergwuchs der Blätter und Internodien, was zu einer sehr charakteristischen Rosettenbildung an den Zweigenden führt. Fe-, Mn- und Mo-Mangel führt bei vielen Pflanzen zu *Blattchlorosen,* d. h. zum Verschwinden des Chlorophylls. Da dieser Defekt bevorzugt die Intercostalbereiche der Blätter betrifft, treten die Blattadern als grünes Netzwerk auffällig hervor. B-Mangel führt zum Absterben der Sproßspitzen und verleiht dem Gewebe einen ungewöhnlich harten, brüchigen Charakter. Diese Mangelkrankheiten können durch geeignete Mineraldüngung verhindert werden, wobei es natürlich auf die richtige Zusammenstellung und Dosierung der „Nährsalze" entscheidend ankommt. Ein guter Dünger soll die limitierenden Faktoren bei der mineralischen Ernährung der Pflanzen beseitigen, ohne zu einer unerwünschten Anreicherung anderer Bodenkomponenten zu führen und ohne das mikrobielle Leben im Boden nachteilig zu verändern. Dies gilt für Makro- und Mikroelemente gleichermaßen. Die Mineraldüngung ist ein außerordentlich wichtiger Aspekt der *Ertragsphysiologie,* welche sich mit der Optimierung der Ertragsleistung von Nutzpflanzen beschäftigt ($\rightarrow$ S. 560).

Funktion der Nährelemente im Stoffwechsel

Makroelemente. Neben C, H, O besitzen auch die anderen Makroelemente eine zentrale Bedeutung als Bestandteile biologischer Moleküle oder Molekülkomplexe. N, S und P sind z. B. in Aminosäuren bzw. Nucleotiden und den daraus zusammengesetzten Makromolekülen (Proteine, DNA, RNA) enthalten. Fe ist Bestandteil der Hämine, des Ferredoxins (neben S) und anderer Enzyme, Mg ist Bestandteil des Chlorophylls. K liegt wahrscheinlich immer als freies Kation vor. Es ist als „Milieufaktor" des Protoplasmas aufzufassen, der, zusammen mit dem antagonistisch wirkenden Ca^{2+}, den kolloidalen

Quellungszustand des Plasmas beeinflußt (K^+ erhöht, Ca^{2+} vermindert die Quellung). Außerdem besitzt K^+ Bedeutung als Cofaktor von Enzymen und als Osmoticum für Turgorbewegungen (→ S. 227). Ca^{2+} ist, zusammen mit Mg^{2+}, ein Bestandteil der Pektine in der Zellwand (→ Abb. 37) und ein wichtiger Faktor für die funktionelle und strukturelle Integrität von Biomembranen. Dies ist z. B. auch der Grund dafür, daß Wurzeln in Ca^{2+}-freier Nährlösung keine normale Ionenaufnahme durchführen können, sondern mehr oder minder toxische Effekte davontragen.

Die Makroelemente stehen der Pflanze unter natürlichen Bedingungen stets in ihrer maximal oxidierten Form (CO_2, H_2O, NO_3^-, SO_4^{2-}, $H_2PO_4^-$, K^+, Ca^{2+}, Mg^{2+}, Fe^{3+}) zur Verfügung. Wenn man vom Valenzwechsel des Fe in den Cytochromen (→ S. 180) absieht, behalten alle angeführten Kationen diesen Redoxzustand auch nach Aufnahme in die Zelle bei. Dasselbe gilt auch für Phosphat. Hingegen müssen Nitrat und Sulfat, ähnlich wie das CO_2, zunächst reduziert werden, bevor diese Elemente in organische Moleküle eingebaut werden können. Die Reduktion von NO_2^- zu NH_4^+ und von SO_4^{2-} zur – SH-Gruppe kann im Blatt im Rahmen der Photosynthese erfolgen (→ S. 168). Daneben können diese Reaktionen aber auch mit Hilfe von Reduktionsäquivalenten aus dem dissimilatorischen Stoffwechsel bewerkstelligt werden (z. B. in der Wurzel). Das Produkt der Sulfatreduktion ist die Aminosäure *Cystein*, welche als Ausgangssubstanz für alle anderen S-haltigen organischen Moleküle dient. Das Produkt der Nitratreduktion ist das *Ammoniumion*, das erst noch durch Verknüpfung mit einem Acceptormolekül fixiert werden muß. Dazu dient im Chloroplasten ein zweistufiger enzymatischer Prozeß mit Glutamat als Zwischenprodukt (→ Abb. 171). In heterotrophen Zellen tritt an diese Stelle eine mitochondriale Glutamatdehydrogenase, welche 2-Oxoglutarat reduktiv zu Glutamat aminiert:

Vom Glutamat kann die Aminogruppe durch eine Vielzahl spezifischer *Aminotransferasen* durch *Transaminierung* auf andere 2-Oxosäuren (z. B. Pyruvat, Succinat, Oxalacetat) übertragen und daraus die meisten anderen Aminosäuren gebildet werden.

Die Semiamide der Dicarbonsäuren *Glutamat* und *Aspartat* dienen in der Pflanze häufig als Speicher- und Transportmoleküle für N. Ihre Synthese erfolgt durch Addition einer weiteren Aminogruppe am terminalen C-Atom der Aminosäuren unter Verbrauch von ATP (→ Abb. 171):

$$\text{Glutamat} + NH_4^+ + ATP \underset{\textit{synthetase, } Mg^{2+}}{\overset{\textit{Glutamin-}}{\rightleftharpoons}}$$
$$\text{Glutamin} + ADP + ⓟ + H_2O. \tag{96}$$

In speziellen Pflanzen treten komplizierter gebaute Aminosäuren mit N-Speicherfunktion auf, z. B. das *Canavanin* bei vielen Leguminosen, welches in *Canalin* und *Harnstoff,* und dieser weiter in NH_3 und CO_2 zerlegt werden kann [→ Gl. (97), S. 248].

Die jungen Blätter und reifenden Samen von *Canavalia ensiformis* (Jackbohne) akkumulieren große Mengen an Canavanin, das bei dieser Pflanze die prinzipielle N-Speichersubstanz darstellt.

Auch das Phosphat, das als Ester- bzw. Anhydridbildner eine wichtige Rolle im Energiestoffwechsel der Zelle spielt, wird im Samen gespeichert. Dies geschieht in Form von *Phytin*, dem Ca^{2+}- bzw. Mg^{2+}-Salz der *Phytinsäure* (Abb. 236).

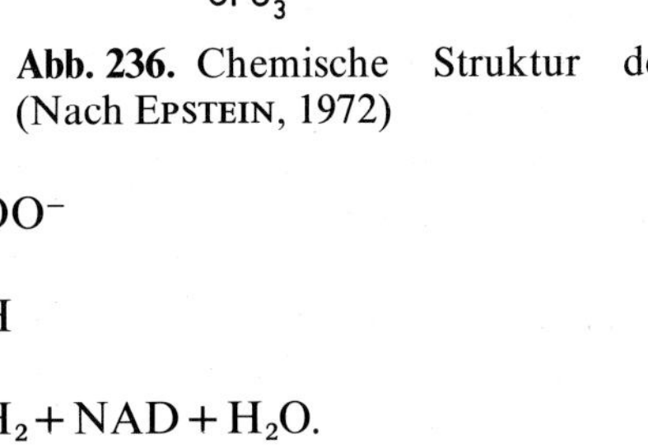

Abb. 236. Chemische Struktur der Phytinsäure. (Nach EPSTEIN, 1972)

$$
\begin{array}{l}
COO^- \\
| \\
C = O \\
| \\
CH_2 \quad + NH_4^+ + NADH_2 \\
| \\
CH_2 \\
| \\
COO^-
\end{array}
\underset{\textit{dehydrogenase}}{\overset{\textit{Glutamat-}}{\rightleftharpoons}}
\begin{array}{l}
COO^- \\
| \\
H_3\overset{+}{N} - CH \\
| \\
CH_2 + NAD + H_2O. \\
| \\
CH_2 \\
| \\
COO^-
\end{array}
\tag{95}
$$

$$
\begin{array}{cc}
\begin{array}{c}
\mathrm{COO^-} \\
| \\
\mathrm{H_3\overset{+}{N}-CH} \\
| \\
\mathrm{CH_2} \\
| \\
\mathrm{CH_2} \\
| \\
\mathrm{O} \\
| \\
\mathrm{NH} \\
---|--- \\
\mathrm{HN=C} \\
| \\
\mathrm{NH_2}
\end{array}
&
\begin{array}{c}
\mathrm{COO^-} \\
| \\
\mathrm{H_3\overset{+}{N}-CH} \\
| \\
\mathrm{CH_2} \\
| \\
\mathrm{CH_2} \\
| \\
\mathrm{O} \\
| \\
\mathrm{NH_2} \quad \text{Canalin}\\
+ \\
\mathrm{NH_2} \\
| \\
\mathrm{C=O} \\
| \\
\mathrm{NH_2}
\end{array}
\end{array}
\qquad (97)
$$

$$
\xrightarrow[+\,H_2O]{Arginase} \qquad\qquad \mathrm{C=O} \xrightarrow[+\,H_2O]{Urease} 2\,NH_3 + CO_2 .
$$

Canavanin   Harnstoff

Es handelt sich um das Hexaphosphat des *myo*-Inosits.

Mikroelemente. Diese stets nur in Spuren notwendigen Elemente haben in der Regel katalytische Funktionen als essentielle Cofaktoren von Enzymen. Viele Enzyme enthalten ein oder mehrere Metalle als fest eingebaute Komponenten des aktiven Zentrums, z. B. Zn^{2+} in Lactat- und Alkoholdehydrogenase, Cu^{2+} in verschiedenen Oxidasen ($\rightarrow$ Tabelle 16, S. 208), Mo^V/Mo^{VI} (gelegentlich zusammen mit Fe) in Flavinenzymen ($\rightarrow$ Abb. 171). Mo-Mangelpflanzen können keine aktive Nitratreductase bilden und entwickeln daher N-Mangelsymptome, die durch NH_4^+-Gaben größtenteils ausgeglichen werden können. Mn^{2+} ist wie auch das Makroelement Mg^{2+} als dissoziabler Cofaktor für die Aktivität vieler Enzyme unentbehrlich (z. B. bei Kinasen). Auch Phosphat und Sulfat sind als Enzymaktivatoren bekannt. Mn^{2+} und Cl^- besitzen eine noch nicht näher aufgeklärte katalytische Funktion beim Photosystem II der Photosynthese. Die metabolische Funktion von BO_3^{3-} war lange Zeit völlig unbekannt. Neuerdings glaubt man, daß dieses Anion eine wichtige Rolle bei der Regulation des Kohlenhydratstoffwechsels spielt. Borat hemmt den oxidativen Pentosephosphatcyclus ($\rightarrow$ Abb. 182), indem es einen Komplex mit Gluconat-6-phosphat eingeht. Dieser Cyclus läuft in B-Mangelpflanzen mit anomal hoher Intensität ab. B besitzt bereits bei relativ geringem Überangebot toxische Wirkungen.

Salzexkretion bei Halophyten

Pflanzen salzreicher Standorte (Salzsümpfe, Salzwüsten) zeichnen sich durch eine Reihe spezieller Eigenschaften aus, welche in direktem Zusammenhang mit der physiologischen Anpassung an die Salzbelastung stehen. Landbewohnende Halophyten nehmen in der Regel erhebliche Mengen an NaCl aus der Bodenlösung in den Transpirationsstrom auf, offenbar vor allem deswegen, weil sonst der Wasserpotentialgradient zu ungünstig für die Aufnahme von H_2O wäre. Viele dieser Salzpflanzen besitzen Mechanismen zur Eliminierung von NaCl aus den Geweben des Sprosses, insbesondere des Blattes. Bei halophytischen Plumbaginaceen, Tamarisken und bei verschiedenen Mangrovepflanzen (z. B. *Rhizophora, Avicennia*) treten meist mehrzellige *Salzdrüsen* auf (Abb. 237). Diese epidermalen Zellkomplexe entziehen den darunterliegenden Mesophyllzellen, mit denen sie durch zahlreiche Plasmodesmata verbunden sind, auf symplasmatischem Weg NaCl, um es in konzentrierter Form an der Blattoberfläche zu sezernieren, wo sich ein Belag von Salzkristallen bildet. Die Sekretion erfolgt aktiv, d. h. gegen den Gradienten des elektrochemischen Potentials, wie sich z. B. durch elektrophysiologische Messungen zeigen läßt. Bei der Plumbaginacee *Limonium vulgare* (deren Salzdrüsen wie bei *Statice* aufgebaut sind) fand man, daß die Drüsenzellen spezifisch Cl^- nach außen pumpen; der Na^+-Transport erfolgt als passiver Cotransport ($\rightarrow$ S. 124).

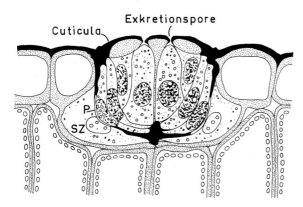

Abb. 237. Salzdrüse im Querschnitt. Objekt: Blatt von *Statice gmelini* (*Plumbaginaceae*). Die relativ komplexen Drüsen bestehen aus 16 *Drüsenzellen,* welche über 4 *Sammelzellen* (SZ) mit den chloroplastenhaltigen Mesophyllzellen in symplasmatischem Kontakt stehen. Die Drüsenzellen sind sowohl an der Blattoberfläche, als auch gegen die Nachbarzellen von einer für Ionen impermeablen Cutinschicht (schwarz gezeichnet) abgedichtet, welche nur an bestimmten Stellen durch Poren (P) unterbrochen ist. Die Analogie zum CASPARYschen Streifen der Wurzelendodermis (→ Abb. 521) ist offensichtlich. Bei höherer Auflösung (Elektronenmikroskop) erkennt man, daß die Drüsenzellen ein dichtes, organellenreiches Plasma ohne Zentralvacuole und ohne Chloroplasten enthalten. Auffällig sind die großen Zellkerne, die große Zahl von Mitochondrien und die zahlreichen Invaginationen des Plasmalemmas, welche offenbar zur Vergrößerung der sekretorisch aktiven Oberfläche dienen. (Nach RUHLAND, 1915; verändert)

Die Energie (ATP) für diese Ionenpumpe, welche wahrscheinlich im Plasmalemma lokalisiert ist, wird durch die besonders aktive Atmung der Drüsenzellen bereitgestellt. *Limonium* ist ein fakultativer Halophyt. Bringt man eine auf salzfreiem Medium angezogene Pflanze auf Salzmedium, so bildet sie innerhalb von etwa 3 h die Fähigkeit zur aktiven Cl⁻-Exkretion aus.

Manche halophytischen Chenopodiaceen besitzen auf ihrer Blattepidermis *Salzhaare* mit einer endständigen Blasenzelle, deren große Vacuole als Depot für NaCl dient. Bei mehrjährigen Arten sterben die Haare nach ihrer „Beladung" ab und werden durch neue ersetzt. Bei der einjährigen Art *Atriplex spongiosa* bleiben diese keulenförmigen Protuberanzen (Abb. 238) während der nur wenige Wochen während Lebensspanne eines Blattes erhalten. Bei dieser Art kann der Cl⁻-Gehalt der Blasenzellen bis 2 mol · l⁻¹ ansteigen (Anzucht auf 250 mmol NaCl · l⁻¹). Der Transport von Cl⁻ in die Vacuole der Blasenzelle erfolgt aktiv (Tabelle 22), wobei die Stielzelle, welche große feinstrukturelle Ähnlichkeit mit einer Drüsenzelle aufweist, eine wichtige Rolle spielen dürfte. Die Salzakkumulation wird durch Licht stark stimuliert (Abb. 238). Dieser Effekt ist durch DCMU (→ Abb. 163) hemmbar, also von einem aktiven photosynthetischen Elektronentransport abhängig. Da die Chloroplasten der Haarzellen wenig leistungsfähig sind, muß

Tabelle 22. Die Akkumulation von Cl⁻ in den Salzhaaren von *Atriplex spongiosa* (inkubierte Blattstreifen, 25 °C). Die Daten zeigen eine starke Konzentrations- und Elektropotentialdifferenz (negatives Membranpotential, ΔE_M) zwischen der Badelösung und dem Vacuolensaft der Blasenzelle. Da das NERNST-Potential (ΔE_N) für Cl⁻ positiv ist, ergibt sich bei Anlegung des NERNST-Kriteriums im Licht und im Dunkeln ein aktiver Cl⁻-Transport in die Vacuole (→ S. 104). Allerdings zeigt die erste Spalte, daß das System während der Aufnahme-Periode nicht im Gleichgewicht war. Im Licht tritt eine Nettozunahme von Cl⁻ in der Blasenzelle ein; daher wird die Steilheit des Gradienten ($\Delta E_M - \Delta E_N$), gegen den Cl⁻ gepumpt werden muß, durch das NERNST-Kriterium *unterschätzt;* umgekehrt wird der Gradient im Dunkeln *überschätzt.* Der Cl⁻-Transport in die Blasenzelle ist also zumindest im Licht eindeutig aktiv. (Nach OSMOND et al., 1969)

	$(c_{Cl^-})_{Vac}$ [µmol · g Frischmasse⁻¹]	$\dfrac{(c_{Cl^-})_{Bad}}{(c_{Cl^-})_{Vac}}$	$\Delta E_N (Cl^-)$ [mV]	ΔE_M [mV]
Anfangswert	26,2	0,19	43	− 89
42 h Dunkel	18,3	0,27	33	− 83
42 h Licht	33,8	0,15	49	− 105

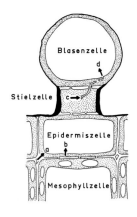

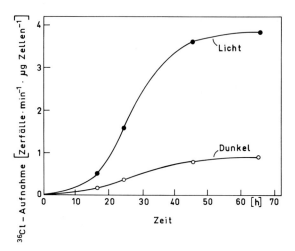

Abb. 238. Sekretion von NaCl in epidermale Salzhaare. Objekt: Blatt von *Atriplex spongiosa*. *Links:* Salzhaar mit apikaler Blasenzelle und Stielzelle im Querschnitt (schematisiert). Es sind 4 Stellen (Membranen) aus dem Transportweg von NaCl eingetragen: Übergang vom Apoplast in den Symplast (a), Überführung in die Vacuole der Epidermiszelle, welche ebenfalls NaCl speichert (b), Überführung von der Stielzelle in die Blasenzelle durch zellverbindende Stränge des endoplasmatischen Reticulums, welches dort Vesikel abschnürt (c), Vereinigung der Vesikel mit dem Tonoplast der Blasenzelle (d). Es ist noch unklar, in welcher Membran die für den aktiven Salztransport verantwortliche Ionenpumpe lokalisiert ist. Der dünne Plasmabelag der Blasenzelle enthält Chloroplasten (die jedoch photosynthetisch wenig aktiv sind) und, ebenso wie die Stielzelle, auffällig viele cytoplasmatische Vesikel. *Rechts:* Lichtabhängigkeit des Salztransports in die Blasenzelle. Blattstreifen wurden im Licht bzw. Dunkeln in KCl-Lösung (5 mmol · l^{-1}, mit ^{36}Cl$^-$ markiert) inkubiert und die Akkumulation von Radioaktivität in den Salzhaaren gemessen. Man erkennt, daß der Cl$^-$-Transport im Dunkeln gering ist, jedoch durch die Photosynthese drastisch gesteigert werden kann. (Nach OSMOND et al., 1969, verändert)

man annehmen, daß der photosynthetische Elektronentransport der Mesophyllzellen die Energie für den aktiven Ionentransport liefert. Dieses Objekt eignet sich naturgemäß besonders gut für die elektrophysiologische Untersuchung der Ionenakkumulation (→ Abb. 595).

Weiterführende Literatur

EPSTEIN, E.: Mineral Nutrition of Plants: Principles and Perspectives. New York: Wiley, 1972
HIGINBOTHAM, N.: The mineral absorption process in plants. Bot. Rev. **39**, 15 – 69 (1973)
LÜTTGE, U.: Salt glands. In: Ion Transport in Plant Cells and Tissues. Baker, D A., Hall, J. L. (eds.). Amsterdam: North Holland, 1975, pp. 335 – 376
MENGEL, K.: Ernährung und Stoffwechsel der Pflanze. Stuttgart: Fischer, 1968

23. Der Stoffwechsel des Wassers

Metabolisch aktive Gewebe bestehen zu 85–95% aus Wasser. Diese Substanz besitzt einzigartige physikalisch-chemische Eigenschaften, welche durch die lebendigen Systeme in vielfältiger Weise ausgenützt werden. Wasser ist im physiologischen Temperaturbereich eine Flüssigkeit mit relativ geringer Viskosität, hoher Dielektrizitätskonstanten (Dissoziationskonstante $= 10^{-14}$) und minimaler Quantenabsorption unterhalb 850 nm. Wegen seiner geringen Größe und seiner Dipolnatur ist H_2O ein hervorragendes Lösungsmittel für ein ungewöhnlich breites Spektrum stark polarer bis mäßig apolarer Teilchen, besonders für *Ionen*. Der polare Aufbau des H_2O-Moleküls (Abb. 239) ermöglicht die *Hydratisierung* von Kationen und Anionen, einschließlich der Makromoleküle wie Proteine, Nucleinsäuren, usw. (→ Abb. 19). Das Lösungsmittel Wasser ist chemisch relativ inert und auch von daher ein ideales Medium für die Diffusion und die chemischen Wechselwirkungen anderer Teilchen. Seine extrem hohe Verdampfungswärme (44 kJ · mol^{-1} bei 25° C), seine hohe Wärmekapazität und seine hohe Leitfähigkeit für Wärme machen Wasser darüber hinaus zu einem idealen Medium für die Thermoregulation (→ S. 418). Schließlich wird die geringe Kompressibilität des Wassers bei der osmotischen Erzeugung von Druck ausgenützt (die Pflanze als „hydraulisches" System; → S. 98). Viele der besonderen Eigenschaften des Wassers hängen mit seiner Fähigkeit zur Ausbildung von *Wasserstoffbrückenbindungen* zusammen (Abb. 239). Beim Schmelzen von kristallinem Wasser (Eis) bei 0° C werden unter Aufnahme von 6 kJ · mol^{-1} etwa 15% der Wasserstoffbrücken gespalten. Bei 25° C sind noch etwa 80% der Wasserstoffbrücken intakt (semikristalline Struktur). Es sind 32 kJ · mol^{-1} (= 73% der Verdampfungswärme) erforderlich, um diese Bin-

dungen bei der Verdampfung zu lösen. Eine weitere Konsequenz der Wasserstoffbrücken ist die hohe *Kohäsion* (Zerreißfestigkeit), welche zusammen mit der *Adhäsion* an geladene Oberflächen (Benetzungsfähigkeit) große Bedeutung für den Massentransport des Wassers in den kapillaren Gefäßen des Xylems besitzen (→ S. 461).

Neben seinen verschiedenen Funktionen im physikalisch-chemischen Bereich des Stoffwechsels ist Wasser auch direkt als Reaktionspartner an vielen biochemischen Umsetzungen beteiligt. Das H_2O/O_2-Redoxsystem markiert das positive Ende der biologischen Redoxskala (→ Abb. 114) und dient in dieser Eigenschaft bei der Photosynthese und bei der Atmungskette als energetischer Antipode zu den stark negativen Redoxsystemen der Zelle wie Ferredoxin, $NAD(H_2)$ usw. Die Trennung von Protonen und Hydroxylionen an Biomembranen durch Protonenpumpen führt zum Aufbau von Proto-

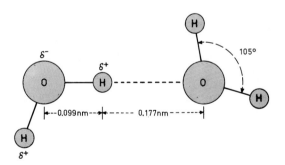

Abb. 239. Schematische Darstellung zweier Wassermoleküle, welche durch eine Wasserstoffbrückenbindung verknüpft sind. Diese elektrostatische Bindung beruht auf dem Dipolcharakter des Moleküls (positive Überschußladung am H, negative Überschußladung am O). Sie besitzt eine wesentlich geringere Bindungsenergie (ca. 20 kJ · mol^{-1}) als die covalente Bindung (ca. 400 kJ · mol^{-1}). (Nach NoBEL, 1974, verändert)

nengradienten, welche als Zwischenspeicher für chemische Energie bei der photosynthetischen und bei der respiratorischen Energietransformation dienen (→ Abb. 131). Die Phosphorylierung von ADP (z. B. $[ADP]^{3-} + HPO_4^{2-} + H^+ \rightarrow [ATP]^{4-} + H_2O$) ist im Grunde eine *Dehydratisierung* des ADP-Moleküls. Bei der Rückreaktion, der *Hydrolyse* des ATP, wird wieder H_2O verbraucht. Auch in vielen anderen Stoffwechselbereichen spielen Hydrolysen eine wichtige Rolle, z. B. bei der Zerlegung von Makromolekülen wie Stärke, Protein oder Nucleinsäuren in ihre niedermolekularen Bausteine. Diese durch die Gruppe der *Hydrolasen* katalysierten, katabolischen Reaktionen spielen sich außerhalb des eigentlichen Energiestoffwechsels ab; die freigesetzte Energie kann nicht gespeichert werden. Diese wenigen Beispiele zeigen, daß H_2O auch als Metabolit eine nahezu universelle Bedeutung in der Zelle besitzt. Schließlich sei noch an die Rolle der Protonenkonzentration als Milieufaktor für die Stoffumsetzungen des Protoplasmas erinnert. Das jeweils „richtige" pH ist bei den allermeisten Enzymen die wichtigste Voraussetzung für katalytische Aktivität.

Die höhere Landpflanze nimmt das Wasser in der Regel über die Wurzel aus dem Boden (in seltenen Fällen bei hoher Luftfeuchtigkeit auch durch Sproßteile oder Luftwurzeln aus der Atmosphäre) auf. Es besteht eine ununterbrochene Verbindung von dem Bodenwasser im Bereich der Wurzel über den Sproß bis hin zu den Orten der Transpiration an den Blättern. Die Energie für den gerichteten Strom von Wasser durch die Pflanze entstammt der Wasserpotentialdifferenz zwischen Boden und Atmosphäre (→ S. 466). Auch die Aufnahme von Wasser in den Protoplasten, der im freien Diffusionsraum der Zellwand allseitig von einem wäßrigen Milieu umgeben ist, erfolgt ausschließlich durch *Osmose*, energetisch angetrie-

ben durch $-\Delta\Psi$ (→ S. 96). Man hat bisher keinerlei Anhaltspunkte dafür gefunden, daß H_2O-Moleküle auf direkte Weise aktiv über Membranbarrieren hinweg gepumpt werden. Der stoffwechselabhängige Kurzstreckentransport von Wasser erfolgt vielmehr stets indirekt durch aktiven Transport eines Osmoticums (z. B. eines Kations), welches durch die lokale Erniedrigung von Ψ das Wasser passiv nachzieht.

Die Regulation der Wasserversorgung der Kormophyten erfolgt normalerweise durch eine Ψ-abhängige Einstellung des Diffusionswiderstandes für Wasserdampf an den Stomata der Blätter, in Abstimmung mit dem photosynthetischen CO_2-Transport (→ S. 224). Darüber hinaus gibt es neuerdings Anhaltspunkte dafür, daß auch die Intensität des Zellstoffwechsels durch das Wasserpotential in der Pflanze reguliert werden kann. An Sonnenblumen konnte man zeigen, daß durch Absenkung von Ψ_{Blatt} von -4 auf -15 bar nach dreitägigem Aussetzen der Wasserzufuhr die Quantenausbeute der Photosynthese, gemessen am intakten Blatt oder am isolierten Chloroplasten, von 0,08 auf 0,03 mol $CO_2 \cdot$ mol Photonen^{-1} (→ Abb. 200) abfällt. Dieser Effekt kann durch Aufhebung des Wasserstreß kurzfristig rückgängig gemacht werden. Auf welchem Wege Ψ den Photosyntheseprozeß beeinflußt, ist noch unbekannt. Ein weiteres Beispiel für die regulatorische Funktion von Ψ ist die durch Trockenheit bewirkte Induktion des CAM bei Sukkulenten (→ S. 240).

Weiterführende Literatur

LANGE, O. L., KAPPEN, L., SCHULZE, E.-D. (eds.): Water and Plant Life. Problems and Modern Approaches. Berlin-Heidelberg-New York: Springer, 1976

NOBEL, P. S.: Introduction to Biophysical Plant Physiology. San Francisco: Freeman, 1974

24. Ökologischer Kreislauf der Stoffe und der Strom der Energie

Wie die *Zelle* oder der *Organismus* sind auch die höheren Kategorien der belebten Natur, die *Ökosysteme,* durch beständigen Aufbau und Abbau gekennzeichnet. Die treibende Kraft des Stoffumsatzes ist hier wie dort die irreversible Umwandlung von freier Enthalpie (Sonnenenergie) in Entropie (Wärmebewegung der Materie). Der Ort der ökologischen Stoffumwälzung ist die *Biosphäre,* eine im Vergleich zu den Abmessungen der Erdkugel hauchdünne Schicht von allenfalls 20 km Mächtigkeit an den Kontaktzonen von Litho-, Hydro- und Atmosphäre. Für das Ökosystem Erde läßt sich dieser Stoffwechsel in Form von Kreisläufen der Elemente beschreiben, welche die lebendigen und die nicht lebendigen Bereiche der Natur zu quasi-stationären Systemen zusammenfassen. „Quasi-stationär" bedeutet in diesem Zusammenhang, daß diese Kreisläufe innerhalb geologisch kurzer Zeiträume mit guter Näherung als Fließgleichgewichte mit stationären pool-Größen betrachtet werden können. Längerfristig ergeben sich jedoch nicht zu übersehende Abweichungen vom Zustand des Fließgleichgewichts (z. B. die langfristige Akkumulation organischer Moleküle), d. h. auch das Ökosystem Erde zeigt das Phänomen der *Entwicklung.* Diese war in den vergangenen Erdepochen eng mit der biologischen Evolution verknüpft. In Zukunft wird außerdem in steigendem Umfang die menschliche Technik diese Entwicklung beeinflussen.

Die Kreisläufe von Kohlenstoff und Sauerstoff

Die einfachsten Summenformeln von Photosynthese und Atmung [→ Gl. (52), S. 136; Gl. (65), S. 174] bringen bereits zum Ausdruck, wie sich in der Natur Auf- und Abbau organi-
scher Moleküle bzw. Bildung und Verbrauch von O_2 und CO_2 zu einem stationären System zusammenfügen (Abb. 240). Tatsächlich sind die pool-Größen an CO_2 und O_2 in der Atmosphäre weitgehend konstant, obwohl der Umsatz hoch ist. Fünf Prozent des CO_2 der Atmosphäre werden jährlich in den Photosyntheseprozeß einbezogen. Ohne die beständige Dissimilation organischer Moleküle durch die heterotrophen Organismen wäre der CO_2-Vorrat der Atmosphäre theoretisch in etwa 20 Jahren durch die Pflanzen aufgebraucht. Für die vollständige Erneuerung des Luftsauerstoffs durch die Photosynthese werden 13 000 Jahre veranschlagt. Der Photosyntheseprozeß verbraucht jährlich mindestens $2{,}3 \cdot 10^{11}$ t H_2O. Da der gesamte Wasservorrat der Erde etwa $1{,}5 \cdot 10^{18}$ t beträgt, kann man abschätzen, daß der H_2O-pool in den vergangenen 400 Millionen Jahren, seit der Massenentwicklung der Landpflanzen, bereits etwa 60mal zersetzt und wieder regeneriert worden ist.

Durch die moderne Technik kehrt auch der in früheren Erdepochen deponierte, fossile Kohlenstoff (Kohle, Erdöl, Erdgas) in verstärktem Maß in den CO_2-pool der Atmosphäre zurück. Diese CO_2-Bildung erreicht bereits etwa ein Siebtel des Wertes, den man für die CO_2-Assimilation durch die Landpflanzen annimmt. Da die CO_2-Konzentration ein wichtiger limitierender Faktor der Photosynthese ist (→ S. 216), könnte die CO_2-Produktion durch die Technik theoretisch zu einer durchaus ins Gewicht fallenden Steigerung der Assimilation führen. Allerdings besitzen die Weltmeere mit ihrem riesigen Vorrat an $CaCO_3$ und $Ca(HCO_3)_2$ eine hohe Pufferkapazität für CO_2, die sich stabilisierend auf den CO_2-Partialdruck in der Atmosphäre auswirkt. Trotzdem steigt die CO_2-Konzentration in der Atmosphäre derzeit jährlich um etwa $0{,}7\ \mu\mathrm{l} \cdot \mathrm{l}^{-1}$ an.

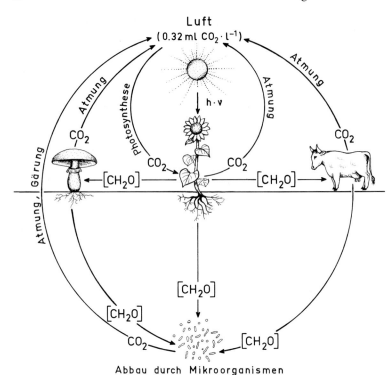

Abb. 240. Der Kreislauf des Kohlenstoffs im Fließgleichgewicht zwischen der photoautotrophen Pflanzenwelt und der heterotrophen Welt der Tiere und Mikroorganismen. Der endgültige Abbau (Mineralisation) der in den lebendigen Systemen festgelegten organischen Materie erfolgt in erster Linie durch Bakterien und Pilze, wobei neben der aeroben Dissimilation häufig fermentative Abbauwege (Gärungen) eingeschaltet sind. Neben CO_2, das in die Atmosphäre zurückkehrt, wird Kohlenstoff in Form von Carbonaten im Meerwasser deponiert. Messungen des $^{13}C/^{12}C$-Verhältnisses (→ S. 241) haben ergeben, daß etwa 18% des Kohlenstoffs der Sedimentgesteine biogenen Ursprungs sind

Der Kreislauf des Sauerstoffs in der Natur (Abb. 241) ist komplementär zum Kreislauf des Kohlenstoffs aufgebaut. Im Gegensatz zum CO_2 bei der Photosynthese ist O_2 wegen seiner relativ hohen Konzentration in der Atmosphäre für Land-besiedelnde Ökosysteme heutzutage kein global ins Gewicht fallender limitierender Faktor der Dissimilation. Im Wasser kann dagegen der O_2-Bedarf für die vollständige Mineralisierung abgestorbener Lebewesen häufig nicht mehr gedeckt werden, was zur Ablagerung von organischem Material führt. Der

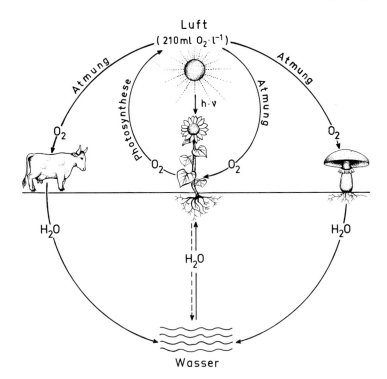

Abb. 241. Der Kreislauf des Sauerstoffs in der Natur (→ Abb. 240)

heutige O_2-pool der Atmosphäre und die von ihm herrührenden anorganischen Oxidations-produkte (Eisenoxide, Sulfate) sind zum aller-größten Teil biogenen Ursprungs. Erst das Auf-treten photosynthetisch aktiver Pflanzen auf der Organisationsstufe der Blaualgen vor mehr als 3 Milliarden Jahren ermöglichte eine Um-wandlung der ursprünglich *reduktiven* (mit ei-nem auf Gärungen und anaerober Photosyn-these basierenden Stoffwechsel), später *neutralen* Biosphäre in eine *oxidative* Biosphäre, in der sich die lebendigen Systeme als örtliche An-sammlungen reduzierter Kohlenstoffmoleküle beständig gegen die Energienivellierung durch Oxidation behaupten müssen. Außerdem er-möglichte die Anreicherung der Atmosphäre mit O_2 die Evolution der oxidativen Dissimila-tion („Atmung") als Mechanismus zur kontrol-lierten Oxidation der durch die Photosynthese erzeugten reduzierten Verbindungen zum Zweck der erneuten Energiefreisetzung. Auch der Ozongürtel der oberen Atmosphäre, der durch Absorption der harten UV-Strahlung (→ Abb. 136) die Ausbreitung des Lebens auf dem Land zunächst möglich machte, ist indi-rekt das Produkt der Photosynthese grüner Pflanzen (→ S. 346). Inzwischen haben sich quasi-stationäre Konzentrationen von O_2 und CO_2 in der Atmosphäre eingestellt, welche erheblich von den Werten abweichen, welche eine opti-male photosynthetische Substanzproduktion erlauben würden (→ S. 216, 222).

Der Kreislauf des Stickstoffs

Auch der ökologische Umsatz anderer biolo-gisch relevanter Elemente läßt sich in Form von Kreisläufen beschreiben. Hier soll lediglich der Kreislauf des wichtigen Makroelements *Stickstoff* kurz skizziert werden (Abb. 242). Dieses Element liegt in der Zelle in seiner ma-ximal reduzierten Form vor (Ammonium-Ver-bindungen). Es wird von der Pflanze normaler-weise als NO_3^- aufgenommen und zum Ammo-niumion reduziert. Der riesige Vorrat an N_2 in der Atmosphäre kann von den Pflanzen nicht unmittelbar ausgenützt werden. Die *assimilato-rische Nitratreduktion* ist eine spezifische Lei-stung der N-autotrophen Pflanzen und Bakte-rien (→ S. 168):

$$NO_3^- + 8\,e^- + 10\,H^+ \rightarrow NH_4^+ + 3\,H_2O \qquad (98)$$

$$\quad\quad\quad\quad\quad\quad\mid$$
$$\quad\quad\quad\quad\quad\models - - - \text{2-Oxosäure}$$
$$\quad\quad\quad\quad\quad\quad\downarrow$$
$$\quad\quad\quad\quad\quad\text{Aminosäure}$$

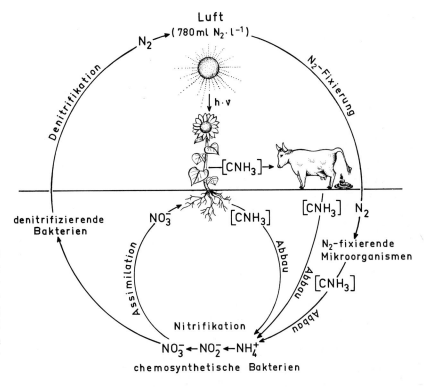

Abb. 242. Der Kreislauf des Stickstoffs in der Natur. Der Kreislauf zwischen organi-schem (–$\overset{+}{N}H_3$) und anorgani-schem (NO_3^-) Stickstoff steht über die Denitrifikation und die N_2-Fixierung mit dem N_2 der Atmosphäre in Verbin-dung

Alle anderen Organismen sind N-hetero-troph, d. h. auf die Zulieferung organischer N-Verbindungen (vor allem Protein) durch die N-Autotrophen unabdingbar angewiesen.

Die Mineralisierung des organischen Stickstoffs im Boden erfolgt durch den Prozeß der *Nitrifikation,* welcher sich an die Freisetzung des Ammoniumions aus Aminosäuren, Harnstoff usw. beim mikrobiellen Abbau organischer Substanz anschließt:

Aminosäure
$\downarrow$

$$NH_4^+ + 1\frac{1}{2} O_2 \rightarrow NO_2^- + 2 H^+ + H_2O \qquad (99)$$

$$NO_2^- + \frac{1}{2} O_2 \rightarrow NO_3^- \qquad (100)$$

insgesamt:

$$NH_4^+ + 2 O_2 \rightarrow NO_3^- + 2 H^+ + H_2O. \qquad (101)$$

Diese stark exergonischen Reaktionen werden von den chemoautotrophen (= chemolithotrophen) Bakteriengattungen *Nitrosomas* [Gl. (99)] und *Nitrobacter* [Gl. (100)] zur aeroben Energiegewinnung ausgenützt. Beide Gattungen kommen in gut durchlüfteten Böden regelmäßig vor und arbeiten dort „Hand in Hand", so daß sich kein NO_2^- anhäuft.

Die chemoautotrophen Organismen, zu denen z. B. auch die Knallgasbakterien und eine Reihe Schwefel- und Eisen-oxidierender Bakterien gehören, erzeugen ihre Stoffwechselenergie nicht durch Photosynthese, sondern durch *Chemosynthese,* d. h. durch Oxidation anorganischer Moleküle mit Luft-O_2. Sie sind in der Lage, mit dieser Redoxenergie CO_2 über den CALVIN-Cyclus zu fixieren. Heutzutage hängt dieser primitive autotrophe Stoffwechseltyp in der Regel indirekt von der photosynthetischen Produktion reduzierter anorganischer Moleküle (H_2S, H_2, NH_4^+) ab. Wegen der Abhängigkeit von O_2 kann diese Art der Chemoautotrophie erst nach dem Auftreten photoautotropher Organismen entstanden sein. Wahrscheinlich gehen die großen fossilen Salpeterlager an der chilenischen Küste auf die Tätigkeit nitrifizierender Bakterien zurück.

Die photoautotrophen Pflanzen, die heterotrophen Organismen und die nitrifizierenden Bakterien bilden einen Kreislauf für Stickstoff. Dieser Kreislauf ist jedoch nicht geschlossen; er steht vielmehr über die *Denitrifikation* und die *N₂-Fixierung* mit dem N₂-pool der Atmosphäre

in Verbindung ($\rightarrow$ Abb. 242). Als Denitrifikation oder *dissimilatorische Nitratreduktion* bezeichnet man einen mikrobiellen Prozeß, bei dem NO_3^- anstelle von O_2 als terminaler Elektronenacceptor der Atmungskette dient, wobei der Stickstoff entweder zu NH_4^+ reduziert, oder als N_2 (bzw. N_2O) freigesetzt wird:

$$NO_3^- + 8 e^- + 10 H^+ \rightarrow NH_4^+ + 3 H_2O, \qquad (102)$$

oder:

$$2 NO_3^- + 10 e^- + 12 H^+ \rightarrow N_2^? + 6 H_2O. \qquad (103)$$

Bei Kopplung an die Kohlenhydratdissimilation ergeben sich stark exergonische Reaktionen, z. B. (in nicht-stöchiometrischer Schreibweise):

$$NO_3^- + [CH_2O] \rightarrow N_2^? + CO_2^? + H_2O. \qquad (104)$$

Eine ähnliche Reaktion (Oxidation von Kohlenstoff und Schwefel durch Nitrat) spielt sich bekanntlich bei der Explosion von Schwarzpulver ab.

Im Gegensatz zur assimilatorischen Nitratreduktion kommt es den betreffenden, stets heterotrophen, Organismen (z. B. *Micrococcus, Aerobacter,* manche *Bacilli*) nicht auf die Gewinnung von reduziertem Stickstoff, sondern auf die Eliminierung von Reduktionsäquivalenten nach ihrer Ausnutzung für die oxidative Phosphorylierung an. Diese „Nitratatmung" ist also ein der aeroben Dissimilation homologer Vorgang, der sich während der Evolution aus der „Sauerstoffatmung" entwickelt haben dürfte. Alle Denitrifikanten können alternativ NO_3^- oder O_2 als terminalen Elektronenacceptor verwenden.

Die Denitrifikation führt, besonders leicht bei O_2-Mangel und hohem Nitratgehalt, zu einer Verarmung des Bodens an Stickstoff und besitzt daher u. U. erhebliche wirtschaftliche Bedeutung. Unter den weißen Schwefelbakterien (*Thiobacilli*) findet man Nitratatmer, welche Energie aus folgender (nicht stöchiometrisch geschriebenen) Reaktion freisetzen:

$$H_2S + NO_3^- \rightarrow SO_4^{2-} + N_2^? + H_2O. \qquad (105)$$

In diesem Fall sind Oxidant und Reduktant anorganische Moleküle.

Dem Entzug von Stickstoff aus dem Boden wird durch die Assimilation von Luft-N_2 (*N₂-Fixierung*) durch bestimmte prokaryotische Organismen entgegengewirkt. Im Vergleich zur biologischen N_2-Fixierung besitzt die durch elektrische Entladungen in der Atmosphäre bewirkte NO_3^--Bildung keine wesentliche Bedeutung. Die Umwandlung von N_2 in Ammoniumionen ist häufig, aber nicht prinzipiell, an die Photosynthese gekoppelt (→ S. 171). Außer vielen Cyanophyceen (z. B. *Nostoc, Anabaena*) sind eine Reihe von Bakterien zur N_2-Fixierung befähigt (z. B. *Azotobacter, Clostridium* [heterotroph] und *Chromatium, Chlorobium, Rhodospirillum* [photoautotroph]). Neben diesen freilebenden N_2-Fixierern spielen die symbiontischen Bakterien, z. B. die Gattung *Rhizobium* (Knöllchenbakterien) eine wichtige Rolle (→ S. 566). Die als Bacterioide in den Wurzelknöllchen vieler Leguminosen in einem anaeroben Milieu lebenden Bakterien werden im symbiontischen Gleichgewicht von der Wirtspflanze teilweise „verdaut", wobei der fixierte Stickstoff in den pflanzlichen Stoffwechsel übernommen wird. Bei der Verwesung der Pflanze gelangt dieser Stickstoff als NH_4^+ in den allgemeinen Kreislauf.

Im Rahmen der Agrikultur werden dem Stickstoffkreislauf heutzutage relativ große Mengen an NO_3^- zugeführt. Auch dieser Stickstoff stammt größtenteils aus dem N_2 der Atmosphäre (NH_3-Synthese nach dem HABER-BOSCH-Verfahren). Die Ausnützung des fossilen Nitrats (Salpeter-Lagerstätten) für die Mineraldüngung spielt heute praktisch keine Rolle mehr. Trotz des Aufschwungs der industriellen N_2-Bindung dürften auch heute noch schätzungsweise zwei Drittel oder mehr der gesamten N_2-Assimilation (jährlich $175 \cdot 10^6$ t) auf Bakterien und Blaualgen zurückgehen. Da die Atmosphäre etwa $3,8 \cdot 10^{15}$ t N_2 enthält, ist das turnover des N_2 sehr viel langsamer als das des O_2. Es ergibt sich jedoch aus diesen Zahlen, daß während der Evolution auch der N_2-pool der Atmosphäre oftmals in der Biosphäre assimiliert und wieder freigesetzt wurde.

Der Strom der Energie

Die lebendigen Systeme sind aktiv an der beständig auf der Erde ablaufenden Entwertung von Energie beteiligt. Die irreversible Umwandlung von negativer Entropie (= freie Enthalpie) in positive Entropie im Sinne des 2. Hauptsatzes der Thermodynamik ist der Motor des Lebens schlechthin. Wegen des gerichteten Ablaufs dieses fundamentalen Prozesses können die energetischen Umsetzungen in der Biosphäre nicht wie die stofflichen Umsetzungen als *Kreislauf*, sondern müssen als *Strom* beschrieben werden, in welchen Gefällestrecken und Staubecken eingefügt sind. Dieser Strom beginnt bei der photoautotrophen Pflanze, welche die einzigartige Fähigkeit besitzt, Lichtenergie in chemische Energie umzuwandeln (Abb. 243). Die freie Enthalpie der beim Photosyntheseprozeß aufgebauten organischen Moleküle ist die energetische Grundlage für die Existenz auch aller anderen lebendigen Systeme, einschließlich des Menschen. Die stufenweise Freisetzung der chemischen Energie zur Leistung von biologischer Arbeit in vielfältiger

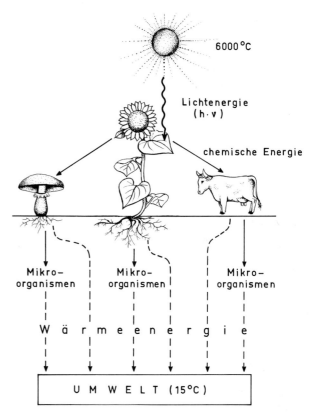

Abb. 243. Der Strom der Energie durch die Biosphäre. Die Energie der Lichtquanten, welche von der Sonne (einem schwarzen Strahler bei etwa 6000° C) abgegeben werden, wird durch die Photosynthese der grünen Pflanzen in den Bereich der lebendigen Systeme eingeführt. Die Energie verläßt, z. T. nach vielfachen Umwandlungen, die Biosphäre wieder als Wärmeenergie im physiologischen Temperaturbereich, letztlich als Wärmestrahlung eines schwarzen Strahlers bei etwa 15° C (mittlere Temperatur der Erdoberfläche)

Form geht mit einer Zerlegung der organischen Moleküle in ihre anorganischen Komponenten einher. Die Arbeitsfähigkeit, der thermodynamische „Wert", einer einmal als Lichtquant vom Chlorophyll absorbierten Energiemenge, nimmt beim Durchgang durch die lebendigen Systeme beständig ab. Letztlich wird alle Energie, die auf diese Weise Eingang in die lebendigen Systeme gefunden hat, als Wärme bei niedriger Temperatur, d. h. als nicht mehr arbeitsfähige, entwertete Energie in die anorganische Umwelt abgegeben und letztlich an das Weltall abgestrahlt. Dies geschieht u. U. erst nach längerer Speicherung, z. B. beim Abbau der Makromoleküle im Laufe der Verwesung oder beim Betrieb einer mit fossilen Brennstoffen beheizten Wärmekraftmaschine.

Die lebendigen Systeme können als energetisch und stofflich offene Systeme der natürlichen Tendenz zur Nivellierung aller energetischer Unterschiede — d. h. zur Einstellung des thermodynamischen Gleichgewichts ($\Delta G = 0$) — nur durch beständige Vernichtung negativer Entropie entgehen. Die einzige natürliche Quelle für negative Entropie, welche hierfür zur Verfügung steht, sind die Lichtquanten, welche von der Sonne in die Biosphäre einfallen.

Weiterführende Literatur

BEEVERS, L.: Nitrogen Metabolism in Plants. London: Arnold, 1976

BÖGER, P.: Photosynthese in globaler Sicht. Naturwiss. Rundschau **28**, 429 – 435 (1975)

BRODA, E.: Entwicklungsgeschichte des atmosphärischen Stickstoffs. Naturwiss. Rundschau **30**, 250 – 255 (1977)

CZYGAN, F.-C.: Der Stickstoff-Kreislauf in der Natur. Biologie in unserer Zeit **1**, 101 – 110 (1971)

SCHÖNBORN, W.: Der natürliche Kreislauf der Stoffe. Umschau **72**, 655 – 657 (1972)

25. Biogenetischer Stoffwechsel

In den vorigen Kapiteln zur Stoffwechselphysiologie standen die assimilatorischen und die dissimilatorischen Reaktionsbahnen des Stoffwechsels im Vordergrund. Dieser Bereich wird auch mit dem Begriff *Energiestoffwechsel* gekennzeichnet. Daneben umfaßt das Stoffwechselgeschehen eine Fülle synthetischer Prozesse, welche hier nur kurz gestreift werden können. Nicht nur die wachsende Pflanze muß beständig eine Vielzahl organischer Verbindungen neu aufbauen. Da viele Moleküle, z. B. die RNA und die Enzymproteine, einem mehr oder minder raschen turnover unterworfen sind (→ S. 131), muß die Pflanze auch dann einen aktiven, synthetischen Stoffwechsel durchführen, wenn keine Netto-Zunahme der Körpersubstanz erfolgt. Die *anabolischen* (aufbauenden) Stoffwechselprozesse sind im Gegensatz zu den *katabolischen* (abbauenden) Reaktionsbahnen stets endergonisch, d. h. sie verlaufen unter Verbrauch meist großer Mengen an photosynthetisch oder dissimilatorisch bereitgestellter freier Enthalpie. Als Energieüberträger dienen vorwiegend Phosphatanhydride (meist ATP) und Reduktionsäquivalente (meist als $NADPH_2$). Die Bausteine für die biogenetischen Stoffwechselprozesse sind in der Regel einfache Metaboliten aus der Glycolyse, dem Citrat- oder dem Pentosephosphatcyclus. Es handelt sich vor allem um Carbonsäuren (z. B. Acetat, Pyruvat, 2-Oxoglutarat und die daraus abgeleiteten Aminosäuren) und verschiedene Zucker (Triosen, Pentosen, Hexosen). Man pflegt diesen Bereich, in dem katabolische und anabolische Reaktionsbahnen zusammenlaufen, auch als *Intermediärstoffwechsel* zu bezeichnen.

Im grünen Blatt sind die Chloroplasten in erheblichem Umfang am anabolischen Stoffwechsel beteiligt. Diese Organellen verfügen z. B. über eine hohe Kapazität zur Synthese von Aminosäuren, Proteinen, Fettsäuren und Lipiden. Die Synthesen werden direkt von der Photosynthese mit freier Enthalpie (über $NADPH_2$ und ATP) versorgt.

Primärer und sekundärer Stoffwechsel

Die Biogenese der essentiellen Zellbestandteile läuft in allen Organismen in sehr ähnlicher Weise ab. Im Gegensatz zum Tier ist jedoch die Pflanze, insbesondere die höhere Landpflanze, darüber hinaus zur Synthese einer riesigen Zahl weiterer Verbindungen befähigt. Die Naturstoffchemie, welche sich mit der Isolierung biologischer Substanzen und der Aufklärung ihrer Biogenese beschäftigt, ist daher weitgehend Pflanzenbiochemie. Die allermeisten dieser Produkte gehören nicht zur molekularen Grundausstattung (*Primär-* oder *Grundstoffwechsel*) der Pflanzenzelle, sondern werden nur in ganz bestimmten Geweben (oder Organen) und in ganz bestimmten Entwicklungsstadien gebildet. Diese Verbindungen werden als *sekundäre Pflanzenstoffe* bezeichnet. Demnach ist beispielsweise Chlorophyll ein sekundärer Pflanzenstoff, da es nur in den photosynthetisch aktiven Zellen der Pflanze vorkommt. Dagegen ist etwa das Hämin im Cytochrom *c* ein unentbehrlicher Bestandteil jeder Zelle und muß daher dem Primärstoffwechsel zugerechnet werden. In manchen Fällen ist die Grenze zwischen Primär- und Sekundärstoffwechsel nicht eindeutig zu ziehen. Obwohl für sie in der Zelle kein unmittelbarer Bedarf besteht, wäre es falsch, die sekundären Pflanzenstoffe als im Prinzip entbehrliche „Luxusmoleküle" aufzufassen. Die physiologische Bedeutung dieser Substanzen tritt vielmehr in aller Regel auf der Ebene des Organismus klar hervor. Dieser wichtige Gesichtspunkt ist beim Chlorophyll unmittelbar deutlich, gilt aber z. B. auch für die Blütenfarbstoffe, den Holzstoff Lignin (→ S. 37) oder die Phytoalexine (→ S. 569). Die Bildung sekundärer Pflanzenstoffe ist also eine integrale Leistung der differenzierten Pflanze. Von daher ist auch verständlich, daß bei den höheren Pflanzen praktisch jede Art ein spezifisches Muster an sekundären Inhaltsstoffen besitzt, während der Grundstoffwechsel kaum verschieden ist. Die Fähigkeit zur Bildung bestimmter sekundärer Pflanzenstoffe kann aus diesem Grund häufig als taxonomisches Merkmal verwendet werden (*Chemotaxonomie*). Beispielsweise sind die *Betalaine* (z. B. *Betacyan,* der Farbstoff der roten Rübe, *Beta vulgaris*) charakteristisch für die *Centrospermae* (außer *Caryophyllaceae* und *Molluginaceae*), während die roten oder blauen Farben anderer höherer Pflanzen auf *Anthocyane* (Flavonoide) zurück-

gehen. Auch unter den Pigmenten des Fliegenpilzes (*Amanita muscaria*) treten Betalaine auf. Betalaine und Flavonoide sind chemisch völlig verschiedene Verbindungsklassen (Abb. 244; → Abb. 245). Beide Pigmente können (in der Regel als Glycoside) z. B. in den Vacuolen von Blütenblattzellen in hoher Konzentration akkumuliert werden und dienen dort als Signalfarbstoffe (→ S. 312).

Im Gegensatz zur Bildung der Komponenten des Primärstoffwechsels ist die Synthese und Akkumulation sekundärer Pflanzenstoffe ein Aspekt der im Zuge der Differenzierung eintretenden Zellspezialisierung. Die Kapazität einer Pflanze zur Bildung dieser Substanzen folgt daher einem distinkten räumlichen und zeitlichen Muster (→ S. 330) und unterliegt häufig der Kontrolle durch Umweltfaktoren (z. B. Licht). Beispielsweise ist die Fähigkeit eines Senfkeimlings zur Synthese von Jugend-Antho-

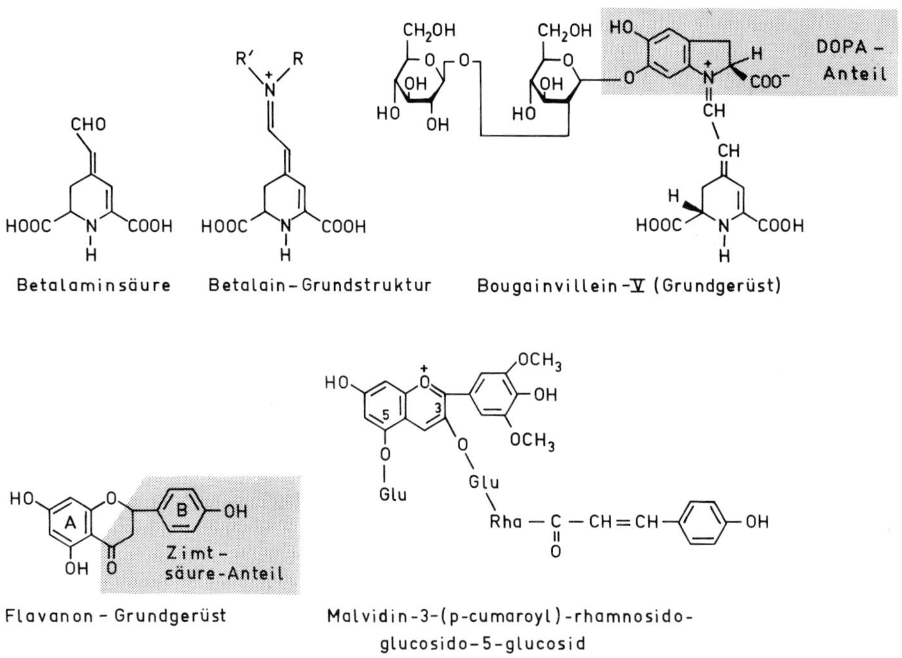

Abb. 244. Struktur der Betalaine und Flavonoide. *Oben:* Die *Betalaine* (rot bis violett gefärbte *Betacyane* und gelb gefärbte *Betaxanthine*) sind Immonium-Derivate der Betalaminsäure. Bei den Betacyanen ist das konjugierte System durch Cyclo-Dihydroxyphenylalanin (DOPA) erweitert, wodurch der Absorptionsgipfel von gelb nach rot verschoben wird. Als Beispiel für ein Betacyan dient das Bougainvillein-V (ein Betanidin-6-O-Glycosid mit Sophrose als Zuckerkomponente). (Nach REZNIK, 1975). *Unten:* Das Flavanon-Grundgerüst der *Flavonoide* entsteht aus der vom Phenylalanin abgeleiteten

Zimtsäure (→ Abb. 245). Der Ring A wird durch Ankondensation von 3 Acetateinheiten aufgebaut. Von dieser Grundstruktur leitet sich eine Vielzahl von gelb gefärbten Flavonen, Isoflavonen, und Flavonolen, sowie die rot bis blau gefärbten Anthocyanidine ab. Wie die meisten anderen Flavonoide treten letztere stets als Glycoside (= Anthocyane) auf. Als Beispiel für ein acyliertes Anthocyan dient ein Malvidinglycosid aus den Petalen der Petunie (Glu, Glucose; Rha, Rhamnose). In vielen Arten treten auch nicht-acylierte Anthocyane auf. (Nach HESS, 1964)

Tabelle 23. Übersicht über die Terpenoid-Familie. *Unten* ist die Startreaktion für die Biogenese längerkettiger Terpenoide dargestellt („Kopf-Schwanz"-Kondensation aktivierter C_5-Körper). Auf späteren Stufen treten auch „Schwanz-Schwanz"-Verknüpfungen auf. (→ Abb. 378)

Klasse	Summenformel (Grundgerüst)	Beispiele (einschließlich abgeleiteter Produkte)
Isopren	C_5H_8	Isopentenylpyrophosphat, „aktives Isopren"
Monoterpene	$C_{10}H_{16}$	Geraniol (Menthol, Kampfer, Citronellal)
Sesquiterpene	$C_{15}H_{24}$	Farnesol (Zingiberen, Ubichinon, Plastochinon, Abscisinsäure)
Diterpene	$C_{20}H_{32}$	Geranyl-Geraniol (Phytol, Kauren, Gibberellinsäure)
Triterpene	$C_{30}H_{48}$	Squalen (Steroide, Saponine)
Tetraterpene	$C_{40}H_{64}$	Phytoen, Carotine (Carotinoide, Sporopollenine)
Polyterpene	$(C_5H_8)_n$	Kautschuk, Guttapercha

Dimethylallylpyrophosphat (C_5) + Isopentenylpyrophosphat (C_5) → Geranylpyrophosphat (C_{10})

cyan unter allen Bedingungen auf die Epidermiszellen der Kotyledonen und die Subepidermiszellen des Hypokotyls beschränkt (→ Abb. 340). Licht kann (über Phytochrom) die Anthocyansynthese spezifisch in diesen beiden Geweben auslösen, allerdings nur in einem zeitlich eng begrenzten Abschnitt der Ontogenie (27 – 72 h nach der Aussaat, bei 25° C). Diese spezifische Stoffwechselleistung kann auf eine differentielle Induktion der Synthese bestimmter Enzyme zurückgeführt werden (→ S. 324). Das Beispiel illustriert die allgemeine Erfahrung, daß die Bildung sekundärer Pflanzenstoffe hervorragende Modellsysteme für die Erforschung der molekularen Vorgänge bei der Zelldifferenzierung abgeben.

Viele sekundäre Pflanzenstoffe haben große praktische Bedeutung für den Menschen. Zu den pharmakologisch bedeutsamen Verbindungen gehören, neben den von Bakterien und Pilzen gebildeten Antibiotica, vor allem die *Alkaloide:* N-haltige, meist basische Heterocyclen, welche auf den tierischen Organismus starke, bei höherer Dosis toxische Wirkungen ausüben (z. B. *Nicotin, Cocain, Morphin, Strychnin*). Die Fähigkeit zur Biosynthese dieser sehr heterogenen Gruppe von Verbindungen (bisher sind über 5000 bekannt) tritt besonders in einigen Pflanzenfamilien gehäuft auf (etwa bei

den *Solanaceae, Papaveraceae, Umbelliferae;* aber auch bei vielen Pilzen, z. B. bei *Claviceps purpurea*, dem Mutterkornpilz).

Eine weitere wichtige Gruppe sekundärer Pflanzenstoffe sind die *Terpenoide*. Diese Verbindungsklasse entsteht durch Verknüpfung von Isopreneinheiten (C_5H_8), welche ihrerseits aus Acetat entstehen (Tabelle 23). Durch mehrfache Verknüpfung von Isopentenylpyrophosphat-Bausteinen, dem „aktiven Isopren", kann eine riesige Zahl verschiedener Produkte synthetisiert werden, deren Fülle bisher noch nicht annähernd bekannt ist. Das Spektrum der isoprenoiden Verbindungen umfaßt neben den *Steroiden* und den Pflanzenhormonen *Gibberellinsäure* und *Abscisinsäure* auch makromolekulare Produkte wie *Kautschuk* und *Guttapercha*. Die „ätherischen Öle" und Harze, welche von vielen höheren Pflanzen in besonderen Drüsenzellen gebildet (und häufig nach außen abgegeben) werden, bestehen in der Regel aus über 500 meist terpenoiden Komponenten (vor allem Mono-, Di-, Sesquiterpene), welche z. T. flüchtig und daher als Duftstoffe wirksam sind.

Die sekundären Pflanzenstoffe zweigen an ganz verschiedenen Stellen vom Grundstoffwechsel ab (z. B. im Bereich von Aminosäuren, Zuckern oder Acetat). Für eine detaillierte Darstellung der Zusammenhänge zwischen Primär- und Sekundärstoffwechsel muß auf die am Ende des Kapitels angeführte Literatur verwiesen werden. Aus der Fülle der in Pflanzen vorkommenden Biosynthesewege ist im folgenden die Bildung von aromatischen Aminosäuren (Biogenese des Benzolrings) und von Chlorophyll (Biogenese des Porphyrinrings) herausgegriffen.

Der Shikimatweg

Die Biosynthesekette, welche vom Erythrosephosphat und Phosphoenolpyruvat zu den Aromaten führt, wurde ursprünglich an Bakterien aufgeklärt; sie ist jedoch auch in Pflanzen in prinzipiell gleicher Weise realisiert (Abb. 245). Ausgehend von einem C_7-Zucker erfolgt der Ringschluß zum Hexan (Dehydrochinat) unter [H]-Entzug und Phosphat-Abspaltung. Anschließend werden schrittweise unter Verbrauch von freier Enthalpie Doppelbindungen in den Ring eingefügt. Die C-Gerüste werden schließlich durch Transaminierung in die Aminosäuren *Tyrosin, Phenylalanin* und *Tryptophan* umgewandelt. Diese „essentiellen Aminosäuren" sind die Hauptquelle für aromatische Moleküle im tierischen Organismus.

Der metabolische Durchfluß im Shikimatweg wird durch Modulation der Aktivität von Schlüsselenzymen an den wechselnden Bedarf angepaßt (→ Abb. 135). Beispielsweise wirken die Endprodukte Tyrosin, Phenylalanin und Tryptophan als Inhibitoren der Aldolase-Reaktion, welche zum Heptulosonatphosphat führt (erste Reaktion der Sequenz). Die Bildung von Anthranilat aus Chorismat wird spezifisch durch Tryptophan gehemmt, während die zum Prephenat führende Reaktion durch Tyrosin und Phenylalanin spezifisch gehemmt wird.

Vor allem Phenylalanin und Tyrosin bilden Ausgangspunkte für eine große Zahl sekundärer Pflanzenstoffe. Aus Phenylalanin (manchmal in geringem Umfang auch aus Tyrosin) entstehen nach Eliminierung der Aminogruppe durch *Phenylalaninammoniumlyase* (→ S. 324) die Zimtsäuren und ihre Derivate, zu denen z. B. auch die phenolischen Alkohole des *Lignins* (→ S. 38) und die *Flavonoide* gehören. Die dunklen *Melaninpigmente,* manche *Alkaloide* und die *Betalaine* gehen dagegen auf Tyrosin zurück. Auch die Aminosäuren Phenylalanin, Tryptophan, Lysin und Ornithin dienen als Ausgangspunkt für die Alkaloidsynthese.

Die Biogenese des Chlorophylls

Die Biogenese der cyclischen Tetrapyrrole erfolgt in allen Organismen in prinzipiell gleicher Weise aus der Aminosäure *5-Aminolävulinat,* welche in Tieren und Bakterien aus Succinyl-CoA und Glycin gebildet werden kann. In höheren Pflanzen hat man jedoch diese Reaktion und das hierfür verantwortliche Enzym 5-Aminolävulinatsynthase nicht nachweisen können. Nach neueren Befunden ist es wahrscheinlich, daß zumindest bei der Chlorophyllsynthese in den Plastiden eine 5-Aminolävulinattransaminase beteiligt ist, wobei C_5-Säuren wie Glutamat und 2-Oxoglutarat als Vorstufen dienen. Die wichtigsten Schritte des Weges vom 5-Aminolävulinat zu den Chlorophyllen sind in Abb. 246 dargestellt.

Die Synthese der Chlorophylle wird in der Pflanze präzise reguliert. Bei den Angiospermen (vereinzelt auch bei niederen Pflanzen, z. B. bei *Euglena*) ist die Umwandlung von Protochlorophyllid zu Chlorophyllid *a* ein lichtabhängiger Schritt. In den Etioplasten eines im Dunkeln herangewachsenen Blattes häuft sich nur ein relativ kleiner pool von Protochlorophyllid an, welcher durch Belichtung in Sekundenbruchteilen in Chlorophyllid *a* umgewandelt werden kann (→ S. 82). Wird dieser pool durch einen Lichtblitz entleert, so setzt eine Nachsynthese von Protochlorophyllid ein. Diese Wiederauffüllungsreaktion kommt nach Erreichen der ursprünglichen pool-Größe (nach ca. 30 min bei 25° C) wieder zum Stillstand. Der pool kann nun durch einen weiteren Lichtblitz erneut geleert werden. (Auf diese Weise können Blätter auch durch periodische Lichtblitze zum Ergrünen gebracht werden.) Da im Dunkeln keine der Protochlorophyllid-Vorstufen in nachweisbaren Mengen vorliegt, muß man annehmen, daß die Biosynthesekette als Ganzes an- und abgeschaltet wird, wenn der Protochlorophyllid-pool entleert bzw. maximal gefüllt ist. Vermutlich hemmt das Protochlorophyllid durch Rückkopplung die Bildung des 5-Aminolävulinats. Dieses Regelsystem kann durch künstliche Zufuhr von 5-Aminolävulinat außer Kraft gesetzt werden. Inkubiert man etiolierte Blätter (oder isolierte Etioplasten) mit dieser Substanz im Dunkeln, so tritt eine starke Akkumulation von Protochlorophyllid ein, welches jedoch in einer nicht durch Licht transformierbaren Form vorliegt. Dieser experimentelle Befund zeigt, daß die Enzyme der Biosynthe-

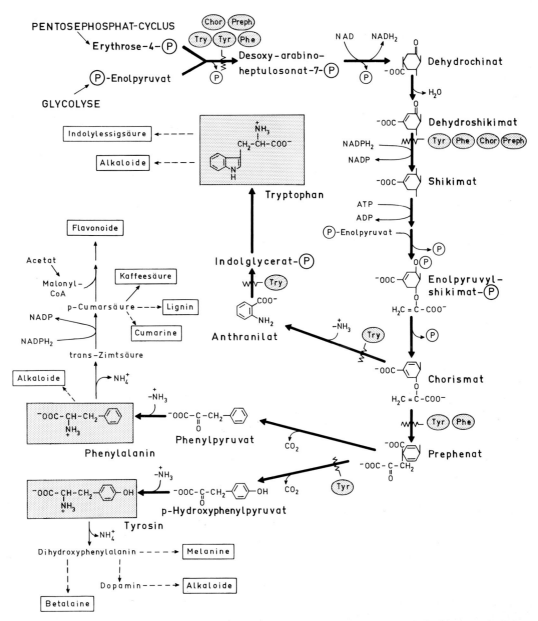

Abb. 245. Die Biogenese der aromatischen Aminosäuren (Tyrosin, Phenylalanin, Tryptophan) und einige davon abzweigende sekundäre Stoffwechselwege (vereinfachte Übersicht). Die Synthese des Benzolringsystems aus Erythrosephosphat und Phosphoenolpyruvat durch den Shikimatweg (*dicke Pfeile*) ist eine spezifische Stoffwechselleistung der Pflanzen und Bakterien. Diese dem Primärstoffwechsel zuzurechnende Biosynthesekette zeigt in typischer Weise, wie unter Aufwand von freier Enthal-

pie durch spezifische Enzyme komplexe Moleküle aufgebaut werden können. Die drei Aminosäuren dienen als Ausgangsstoffe für eine Reihe sekundärer Pflanzeninhaltsstoffe wie Lignin (→ Abb. 46 – 49), Flavonoide (→ Abb. 244) oder Alkaloide (*dünne Pfeile*). Phenylalanin (Phe), Tyrosin (Tyr), Tryptophan (Try), Chorismat (Chor) und Prephenat (Preph) greifen an verschiedenen Enzymen als regulatorische Inhibitoren modulierend in den Syntheseweg ein

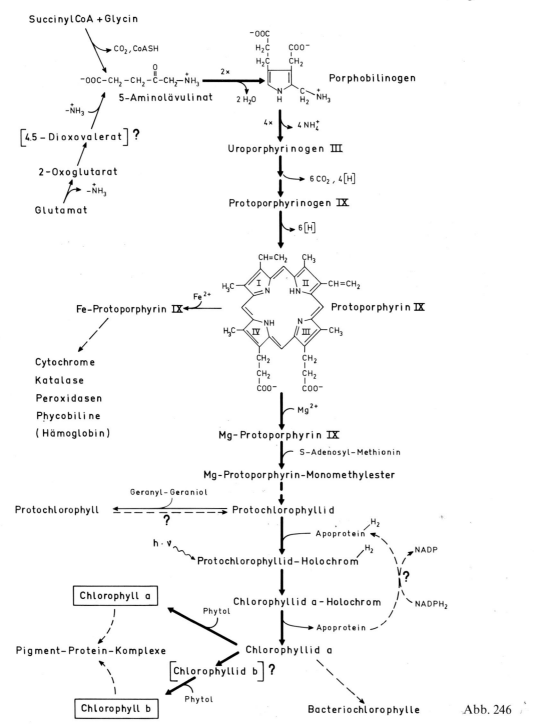

SuccinylCoA + Glycin

5-Aminolävulinat

[4.5 - Dioxovalerat]?

2-Oxoglutarat

Glutamat

Porphobilinogen

Uroporphyrinogen III

Protoporphyrinogen IX

Fe-Protoporphyrin IX

Cytochrome
Katalase
Peroxidasen
Phycobiline
(Hämoglobin)

Protoporphyrin IX

Mg-Protoporphyrin IX

Mg-Protoporphyrin-Monomethylester

Protochlorophyll   Protochlorophyllid

Protochlorophyllid-Holochrom

Chlorophyll a

Pigment-Protein-Komplexe

Chlorophyllid a - Holochrom

Chlorophyllid a

[Chlorophyllid b]?

Chlorophyll b

Bacteriochlorophylle   Abb. 246

sekette zwischen 5-Aminolävulinat und Protochlorophyllid auch im Dunkeln in aktiver
Form vorliegen; die Steuerstelle muß also vor
dieser Sequenz liegen.

Ergrünt ein Blatt in kontinuierlichem Licht,
so stellt sich nach einiger Zeit ein Fließgleichgewicht (→ S. 92) in der Chlorophyll-Biosyn-

thesekette ein, erkenntlich an einer linearen Akkumulationskinetik des Pigments. Dies bedeutet, daß die Anhäufung des Pigments im Licht
keinerlei Rückkopplung bezüglich seiner Bil-
dungsintensität zeigt. Oder anders ausgedrückt:
Die Lichtabsorption durch Chlorophyll ist für
seine Bildung unwesentlich. Bei niedrigen Pho-

Abb. 246. Die Biogenese von Chlorophyll *a*, Chlorophyll *b* und einiger anderer cyclischer Tetrapyrrole (vereinfachtes Schema). Die Sequenz beginnt mit der Verknüpfung von 2 Molekülen 5-Aminolävulinat zum Pyrrolringsystem (Porphobilinogen). Anschließend werden 4 Pyrrolringe zum Tetrapyrrol (Uroporphyrinogen III) zusammengefügt. Durch Decarboxylierung von 2 Propionat- und 4 Acetatseitenketten und [H]-Entzug entsteht das Protoporphyrin-Grundgerüst, welches die gemeinsame Vorstufe aller Tetrapyrrole, einschließlich der offenkettigen Phycobiline (→ Abb. 159, 319), ist. Nach Einbau von Mg^{2+} als Zentralatom und Esterbildung an der Propionatseitenkette des Rings III entsteht dort der für Chlorophylle charakteristische *Cyclopentanonring* (→ Abb. 144). Das so gebildete Protochlorophyllid wird entweder mit dem Diterpen Geranyl-Geraniol zum Protochlorophyll verestert oder dient als unmittelbare Vorstufe für die Synthese der Chlorophylle *a* und *b*. Die Reduktion zum Chlorophyllid *a* an dem als *Protochlorophyllid-Holochrom* bezeichneten Proteinkomplex ist bei den Angiospermen eine photochemische Reaktion, wobei 2 [H] von der Proteinkomponente auf den Ring IV des Chromophors übertragen werden (→ Abb. 95). Die wirksame Strahlung wird vom Protochlorophyllid selbst absorbiert (→ Abb. 98). Die Regeneration des reduzierten Apoproteins erfolgt wahrscheinlich durch $NADPH_2$. Nach der Photoreduktion löst sich das Chlorophyllid *a* zusammen mit einem Polypeptid vom Holochrom. Ein Teil wird auf noch unbekannte Weise in Chlorophyll *b* (→ Abb. 144) umgewandelt. Die Pigmente sind mit dem Diterpen Phytol zu Chlorophyll *a* und Chlorophyll *b* verestert und werden in dieser Form in die Pigment-Protein-Komplexe der Thylakoidmembran eingebaut. Einige der Zwischenschritte vom Protochlorophyllid zu den Chlorophyllen *a* und *b* sind von charakteristischen Änderungen im in vivo-Absorptionsspektrum begleitet (→ Abb. 96). Die Bedeutung des Protochlorophylls beim Ergrünungsprozeß ist noch unklar; wahrscheinlich dient es als Speicher für Protochlorophyllid. In einigen Pflanzen konnte man zu Beginn der Ergrünung auch eine direkte Umwandlung von Protochlorophyll in Chrorophyll *a* nachweisen. Nach neueren Befunden läuft die Chlorophyllbildung aus Chlorophyllid in mehreren Schritten ab: Chlorophyllid wird zunächst mit Granyl-Geraniol verestert, welches anschließend in 3 Hydrierungsschritten zum Phytolrest reduziert wird

Abb. 247. Die Wirkung von Phytochrom auf die Syntheseintensität von 5-Aminolävulinat. Objekt: Kotyledonen von *Sinapis alba*. Die Keimlinge wurden entweder ganz im Dunkeln angezogen oder von 24–60 h nach der Aussaat mit dunkelrotem Licht bestrahlt. Nach einer 10minütigen Inkubation mit Lävulinat (85 mmol · l⁻¹) erfolgte von der 60. h an in beiden Fällen eine kontinuierliche Belichtung mit Weißlicht (7000 lx, 25° C). Lävulinat, ein Strukturanalogon des 5-Aminolävulinats, ist ein kompetitiver Hemmstoff der Porphobilinogensynthase und führt daher zu einem Anstau des 5-Aminolävulinats (→ Abb. 246), dessen Akkumulationsintensität unter diesen Bedingungen als Maß für seine Syntheseintensität dienen kann. Man erkennt, daß die Vorbestrahlung der Keimlinge mit dunkelrotem Licht (Hochintensitätsreaktion des Phytochromsystems; → S. 317) zu einer drastischen Erhöhung der Syntheseintensität führt. Im Dunkeln unterbleibt die Akkumulation von 5-Aminolävulinat. Dies wird auf die Hemmung der 5-Aminolävulinatbildung durch das photokonvertierbare Protochlorophyllid zurückgeführt. (Nach MASONER und KASEMIR, 1975)

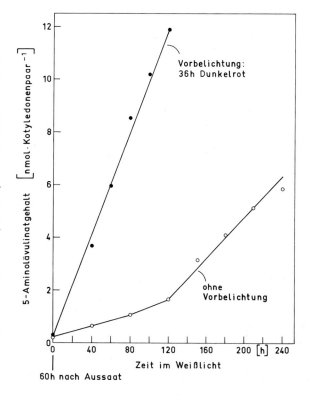

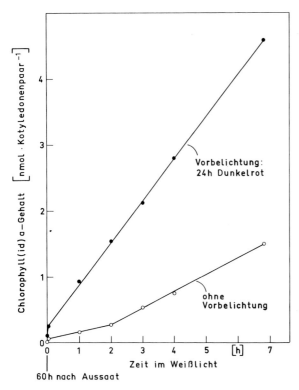

Abb. 248. Die Wirkung von Phytochrom auf die Akkumulation von Chlorophyll(id) *a*. Objekt: Kotyledonen von *Sinapis alba*. Die Keimlinge wurden entweder ganz im Dunkeln angezogen oder von 36–60 h nach der Aussaat mit dunkelrotem Licht bestrahlt. Von der 60. h an erfolgte in beiden Fällen eine kontinuierliche Belichtung mit Weißlicht (25° C). Der Lichtfluß (7000 lx) war ausreichend, um die Photokonversion des Protochlorophyllids zu saturieren, so daß die Kapazität der zum Protochlorophyllid führenden Synthesebahn die Intensität der Pigment-Akkumulation bestimmt. Wie bei vielen anderen etiolierten Pflanzen beobachtet man im Weißlicht nach der schnellen ($\tau_{1/2} < 10^{-5}$ s) Umwandlung des Protochlorophyllid-pools zunächst eine Phase langsamer Chlorophyll(id) *a*-Zunahme („lag-Phase"). Erst nach 2 h stellt sich eine lineare Akkumulationskinetik ein, welche dann über viele Stunden anhält. Eine Vorbestrahlung der Keimlinge mit dunkelrotem Licht vor der Weißlichtperiode eliminiert die lag-Phase und baut einen erhöhten Protochlorophyllid-pool und eine erhöhte Kapazität zur Protochlorophyllid-Nachlieferung auf. Dunkelrotes Licht aktiviert das Phytochromsystem über die „Hochintensitätsreaktion" (→ S. 317), führt jedoch nicht zur Photokonversion von Protochlorophyllid (→ Abb. 98). (Nach KASEMIR et al., 1973)

tonenflüssen wird die Intensität der Chlorophyll-Akkumulation durch die Protochlorophyllid-Phototransformation begrenzt. Bei saturierenden Photonenflüssen bildet dagegen die Kapazität zur Nachlieferung von 5-Aminolävulinat den begrenzenden Flaschenhals der Kette. Diese Kapazität wird durch Phytochrom stark gesteigert (Abb. 247). Der Effekt des Phytochroms (→ S. 313) auf die Kapazität der Chlorophyll-Biosynthesebahn kann sich naturgemäß nur dann sichtbar auswirken, wenn die Schranke der Protochlorophyllid-Photokonversion durch Photonen, welche vom Protochlorophyllid-Holochrom absorbiert werden können, beseitigt wird. Daher bleibt dieser Phytochromeffekt z. B. im dunkelroten Licht latent, kann jedoch durch Weißlicht „entwickelt" werden (Abb. 248).

Weiterführende Literatur

BONNER, J., VARNER, J. E. (eds.): Plant Biochemistry, 3rd ed., Kapitel 10–17. New York: Academic Press, 1976

GOODWIN, T. W. (ed.): Chemistry and Biochemistry of Plant Pigments, 2nd ed. New York: Academic Press, 1976

HARBORNE, J. B., MABRY, T. J., MABRY, H. (eds.): The Flavonoids. London: Chapman and Hall, 1975

KINDL, H., WÖBER, G.: Biochemie der Pflanzen. Berlin-Heidelberg-New York: Springer, 1975

LUCKNER, M.: Der Sekundärstoffwechsel in Pflanze und Tier. Stuttgart: Fischer, 1969

MILBORROW, B. V. (ed.): Biosynthesis and its Control in Plants. New York: Academic Press, 1973

PACKTER, N. M.: Biosynthesis of Acetate-Derived Compounds. London: Wiley, 1973

RICHTER, G.: Stoffwechselphysiologie der Pflanzen, 3. Aufl. Stuttgart: Thieme, 1976

ROBINSON, T.: The Biochemistry of Alkaloids. Berlin-Heidelberg-New York: Springer, 1968

SCHNEIDER, H. A. W.: Chlorophylle: Aspekte der Biosynthese und ihrer Regulation. Ber. Deutsch. Bot. Ges. **88**, 83–123 (1975)

26. Physiologie der Entwicklung

Grundlegende Phänomene

Die Bedeutung der Ontogenie. Lebendige Systeme müssen als in beständiger Entwicklung befindliche Systeme aufgefaßt werden. Diese Feststellung gilt für die Einzelzelle ebenso wie für das vielzellige System. Wenn man einen Organismus kennzeichnen will, muß man seine gesamte Ontogenie (Individualentwicklung) ins Auge fassen, nicht nur bestimmte Ausschnitte aus dieser Ontogenie.

Eine Ontogenie kann einfach sein, wie zum Beispiel die mit vegetativer Fortpflanzung verbundene Ontogenie der einzelligen Grünalge *Chlorella vulgaris* (Abb. 249) oder kompliziert, wie zum Beispiel die durch einen Generationswechsel (Sporophyt-Gametophyt) ausgezeichnete Ontogenie einer bedecktsamigen Blütenpflanze (Abb. 250). Die Ontogenie einer solchen Pflanze nimmt von der Zygote im Embryosack ihren Ausgang. In der Zygote ist die gesamte genetische Information, die sich während der Individualentwicklung manifestiert. enthalten. Der tatsächliche Ablauf der Ontogenie wird durch das Erbgut und durch modifizierende Umweltfaktoren festgelegt.

Betrachten wir nunmehr das Entwicklungsgeschehen auf der Ebene der Zellen. Lediglich im Zustand der Zygote ist der Sporophyt einer Blütenpflanze einzellig. Mitotische Zellteilungen führen bereits im Embryosack zur Vielzelligkeit (Abb. 251). Man kann damit rechnen, daß die Zellen des vielzelligen Systems, die letztlich alle über Mitosen aus der Zygote entstanden sind, die gesamte genetische Information der Zygote besitzen. Wir werden dieses grundlegend wichtige Phänomen (Bewahrung der Omnipotenz) in einem eigenen Abschnitt behandeln (→ S. 441).

Die Ontogenie eines vielzelligen Systems ist ein in Raum und Zeit geordnet ablaufender Prozeß. Die Zellen werden also nicht zufallsmäßig, sondern in einer bestimmten Ordnung zusammengefügt. Man sagt, das vielzellige System sei durch eine bestimmte *Organisation* ausgezeichnet. Die Entstehung dieser spezifischen Organisation bringt man mit dem Begriff *Morphogenese* zum Ausdruck. Ein System, welches durch eine spezifische Morphogenese ausgezeichnet ist, nennen wir einen *Organis-*

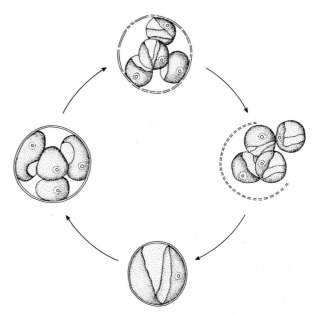

Abb. 249. Die Ontogenie der einzelligen Grünalge *Chlorella vulgaris.* Bei der vegetativen Fortpflanzung werden innerhalb der Zellwand der Mutterzelle Autosporen gebildet. Diese sind von vornherein der Mutterzelle isomorph und wachsen nach der Freisetzung zur Größe der Mutterzelle heran. Im Verlauf dieser Ontogenie kommen nur mitotische Zellteilungen vor. Sexualität, d. h. Meiosis und Befruchtung, hat man bei *Chlorella* nie beobachtet. (In Anlehnung an OLTMANNS, 1922)

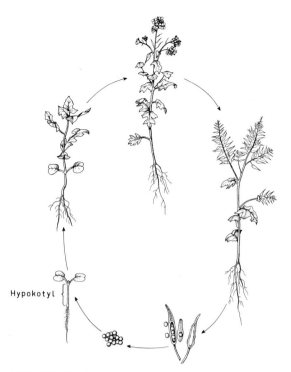

Hypokotyl

Abb. 250. Stadien aus der Ontogenie einer dikotylen Samenpflanze. Objekt: Senf, *Sinapis alba.* Eingetragen sind lediglich Stadien der Sporophytenentwicklung. Die Gametophyten (der Inhalt des reifen Embryosacks und die Pollenschläuche) spielen in der Entwicklungsphysiologie eine geringe Rolle. (Im Gegensatz dazu werden bei den Pteridophyten und Bryophyten in erster Linie die Gametophyten für entwicklungsphysiologische Experimente verwendet.) Die Samenkeimung (*links unten*) und die Blütenbildung (*links oben*) sind die Kardinalpunkte der Sporophytenentwicklung

mus, im Gegensatz etwa zu einer amorphen Gewebekultur, welche zwar ein vielzelliges System darstellt, aber im typischen Fall keine Organisation besitzt (→ Abb. 479). Wenn wir eine Gewebekultur cytologisch untersuchen, stellen wir fest, daß die Zellen mehr oder minder gleich aussehen. Die Zellen einer Blütenpflanze hingegen unterscheiden sich ganz außerordentlich nach Aussehen und Leistung: Sie sind *differenziert.* Diese Differenzierung der Zellen ist ein wesentlicher Aspekt der Entwicklung eines vielzelligen Organismus. Die Frage nach der „Kausalität" der Differenzierung ist eine der wesentlichen Fragen der Entwicklungsphysiologie. Die Entwicklung eines vielzelligen Systems ist durch drei Aspekte gekennzeichnet, durch Wachstum, durch Differenzierung und durch Morphogenese. *Wachstum* beschreibt be-

vorzugt die quantitative Seite der Entwicklung; *Differenzierung* betrifft das Verschiedenwerden von Zellen, Geweben und Organen; *Morphogenese* bezieht sich auf die Entstehung von Form und Organisation. Die Entwicklung eines vielzelligen Systems ist gekennzeichnet durch eine hochgradige Koordination innerhalb des Systems. Formelhaft ausgedrückt: Entwicklung = koordinierte Änderung von Merkmalen in Raum und Zeit.

Die Vorgänge im Embryosack. Der im Embryosack heranwachsende Embryo der Samenpflanzen (Abb. 251), eingehüllt in Endosperm und geschützt durch den Rest des Nucellus und die Integumente, ist experimentell kaum zugänglich. Man verwendet deshalb für entwicklungsphysiologische Studien bevorzugt die aus den Samen hervorgehenden Keimlinge (Abb. 250). Die Entwicklung im Embryosack, die zur Herstellung der Körpergrundgestalt führt, ist durch eine strenge *Entwicklungshomöostasis* gekennzeichnet. Der Begriff Entwicklungshomöostasis leitet sich von *Homöostasis* (Homöostasie) ab. Mit diesem Begriff, der von dem amerikanischen Physiologen W. B. CANNON (1871 – 1945) geprägt wurde, kennzeichnet man das Phänomen, daß wichtige Körperfunktionen eine weitgehende Konstanz zeigen. Wir wissen heute, daß es endogene Regelvorgänge sind, die es dem Körper ermöglichen, auch bei wechselnden Umweltbedingungen ein stabiles, inneres Milieu aufrechtzuerhalten, zum Beispiel einen konstanten Blutdruck oder eine konstante Körpertemperatur. Mit dem Begriff *Entwicklungshomöostasis* kennzeichnen wir das Phänomen, daß ein Organismus aufgrund endogener Steuervorgänge eine präzis in Raum und Zeit geordnete Entwicklung durchführt, die von der Umwelt nicht *spezifisch* beeinflußt werden kann. Der Begriff Entwicklungshomöostasis besagt nicht, daß die Entwicklung *starr* vonstatten geht. Der Entwicklungsprozeß kann vielmehr in vielen Fällen sehr elastisch auf äußere Störungen und anomale Umweltbedingungen reagieren. Entwicklungshomöostasis bedeutet aber, daß die Umwelt auch in solchen Fällen keinen *spezifischen* Einfluß auf den Entwicklungsablauf ausübt, beispielsweise die morphogenetischen Muster nicht verändert. Natürlich reagiert die Entwicklungshomöostasis sehr empfindlich auf Änderungen der genetischen Information. Die genaue Untersuchung zeigt z. B., daß sich die einzelnen Pflanzensip-

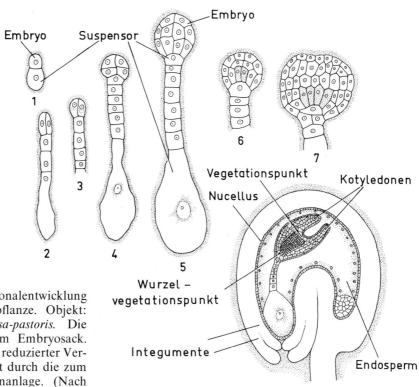

Abb. 251. Stadien der Embryonalentwicklung bei einer dikotylen Samenpflanze. Objekt: Hirtentäschel, *Capsella bursa-pastoris.* Die Entwicklung vollzieht sich im Embryosack. Die Teilabbildung 8 zeigt, mit reduzierter Vergrößerung, einen Längsschnitt durch die zum Samen heranreifende Samenanlage. (Nach HOLMAN und ROBBINS, 1939)

pen unter den Dikotylen bei der Entwicklung, die zur Körpergrundgestalt führt, charakteristisch unterscheiden (Abb. 252).

Generell gilt, daß sich (im Gegensatz zum triploiden Endospermkern) die Zygote erst nach einer gewissen Latenzzeit, die mehrere Tage betragen kann, teilt. Man hat beobachtet, daß die Zygote während dieser Zeit erheblich schrumpft, was in erster Linie auf die Verkleinerung der zentralen Vacuole zurückzuführen ist. Gleichzeitig erfolgt im Cytoplasma eine intensive Reorganisation: Die Menge an endoplasmatischem Reticulum nimmt zu; es kommt zu verstärkter Bildung von Ribosomen und Polysomen; die Mengen an Stärke, Protein, Nucleinsäuren und Zellwandmaterial nehmen zu.

Entwicklung und Chromosomensatz. Karyologische Untersuchungen an Gewebekulturen haben gezeigt, daß die Grundfunktionen der Zelle mit einer weiten Variation der Chromosomenzahl verträglich sind. Die in Raum und Zeit geordnete Entwicklung eines vielzelligen Organismus stellt hingegen viel höhere Anforderungen an die Konstanz des Chromosomensatzes. Zwar ist auch bei den höheren, normalerweise diploiden Pflanzen eine weitgehend

normale Entwicklung sowohl mit einem haploiden als auch mit einem polyploiden Chromosomensatz möglich (→ S. 444); ein Verlust der *Balance* im Chromosomenbestand, beispielsweise Aneuploidien, führt jedoch in der Regel zu mehr oder minder ausgeprägten Entwicklungsstörungen. Der *monosomische Zustand* (ein Chromosom fehlt in einem Exemplar) ist oft letal, auch wenn bei diploiden Organismen das homologe Chromosom noch vorhanden ist.

Auch bei überzähligen Chromosomen, beispielsweise *Trisomien* $(2n+1)$, findet man Störungen oder zumindest Abweichungen der Entwicklung. Beim Stechapfel (*Datura*) mit seinen 2×12 Chromosomen hat BLAKESLEE alle 12 möglichen Trisomien cytologisch gefunden und ihren Einfluß auf die Entwicklung, also letztlich auf den Phänotyp, konstatiert. Später wurden beim Mais (*Zea mays*) mit 2×10 Chromosomen entsprechende Beobachtungen gemacht. Die verhängnisvollen Auswirkungen von Trisomien auf die Entwicklung des Menschen, zum Beispiel die zum Down-Syndrom (Mongolismus) führende Trisomie 21, sind allgemein bekannt.

Die *Endopolyploidie* (eine durch Endomitosen verursachte Vervielfachung des normalen

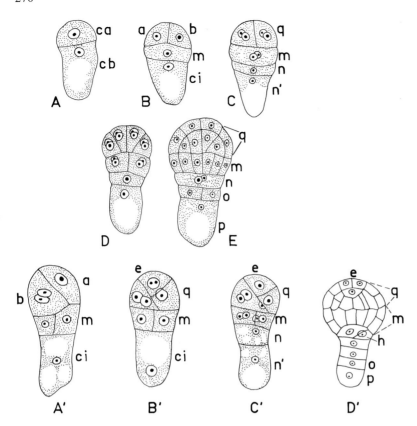

Abb. 252. Embryonalentwicklung bei Angiospermen. A – E, Astereen-Typ (*Senecio*-Variation, *Lactuca sativa*); A′ – D′, Astereen-Typ (*Geum*-Variation, *Geum urbanum*). Die Entwicklung von ca (cellule apicale) ist bei den beiden Variationen charakteristisch verschieden. Hingegen ist die Entwicklung von cb (cellule basale) bei beiden Variationen gleich. (Nach RUTISHAUSER, 1969)

Chromosomensatzes in bestimmten Geweben, z. T. verbunden mit starken Vergrößerungen des Zellkerns) kommt bei Pflanzen häufig vor. Es handelt sich um einen normalen Prozeß, der mit der funktionellen Spezialisierung der Zellen während der Entwicklung des Organismus zusammenhängt (→ S. 297).

Physiologie des Wachstums

Die Messung des Wachstums. Wachstum geht einher mit der irreversiblen Zunahme von Merkmalgrößen. Die Frage, wie Wachstum zu messen sei, läßt sich nicht allgemein beantworten. Die historisch bedingte, riesige Mannigfaltigkeit der lebendigen Systeme erlaubt auch in diesem Fall keine einfachen Regeln. Die Wahl des geeigneten Merkmals für Wachstum hängt vielmehr von den spezifischen Eigenschaften des lebendigen Systems und von dem Interesse des Beobachters ab. In Tabelle 24 sind einige Möglichkeiten angegeben, wie man das Wachstum eines lebendigen Systems messend verfolgen kann. Welche Möglich-

keiten man benützt, hängt von der Art der Fragestellung und von den Eigenschaften des lebendigen Systems ab. In jedem Fall muß die Wahl des Merkmals kritisch begründet werden. Einige Beispiele: Bedeutet die Zunahme der DNA eines Organs auch dann Wachstum, wenn Endopolyploidisierung vorliegt? Ist die Konstanz oder gar Abnahme der Trockensubstanz ein Zeichen dafür, daß kein Wachstum erfolgt? Offensichtlich nicht, denn ein Dunkel-

Tabelle 24. Einige häufig benützte Möglichkeiten, wie man das Wachstum eines vielzelligen lebendigen Systems messend verfolgen kann. Es ist oft von Vorteil, für ein- und dasselbe System mehrere Merkmale heranzuziehen. Man registriert Wachstum als:

Zunahme der Länge
Zunahme des Durchmessers
Zunahme des Volumens
Zunahme der Zellzahl
Zunahme der Frischmasse
Zunahme der Trockenmasse (= Trockensubstanz)
Zunahme der Gesamtprotein-Menge
Zunahme der DNA-Menge

keimling (→ Abb. 328), der ohne Frage Wachstum ausführt, verliert beständig Trockensubstanz. Vor derselben Schwierigkeit steht natürlich auch der Human- und der Tierphysiologe. Ein Beispiel: Welche Möglichkeiten für Wachstumsmessung stehen zur Verfügung, wenn man etwa bei menschlichen Populationen, zum Beispiel über eine Schulzeit hinweg, das Wachstum verfolgen will? In diesem Fall darf der Organismus nicht zerstört werden, ferner sollen die Messungen genau sein und rasch erfolgen. Man mißt deshalb meist die Zunahme des (Frisch-)Gewichts mit der Zeit und die Zunahme der Körperlänge mit der Zeit. Dabei kann man oft in Schwierigkeiten kommen, z. B. nehmen Kinder in einem bestimmten Zeitraum an Körperlänge zu und an Gewicht ab. Sind sie nun gewachsen? Auch bei Pflanzen ist die Zunahme der Frischmasse häufig kein geeignetes Maß für Wachstum.

Die Beschreibung des Wachstums. Erstes Beispiel: Das Hypokotylwachstum des Senfkeimlings (*Sinapis alba;* → Abb. 250). Unter Hypokotyl verstehen wir den Achsenabschnitt vom Wurzelansatz bis zum Kotyledonarknoten. Im Samen ist diese Struktur etwa 2 mm lang. Während und nach der Keimung wächst dieser Achsenabschnitt gewaltig in die Länge. Das Ausmaß des Längenwachstums wird durch Licht reguliert. Die Wachstumskurven der Abb. 253 gelten für Keimlinge, die unter genau kontrollierten Bedingungen im Dunkeln oder im Dauerlicht heranwachsen. Alle Bedingungen sind gleich, abgesehen vom Lichtfaktor. Sowohl im Dunkeln als auch im Licht zeigen die Wachstumskurven (Zunahme der Hypokotyllänge mit der Zeit) einen sigmoiden Verlauf (geringes Wachstum → starkes Wachstum → Abnahme des Wachstums → Endwert). Das Licht beeinflußt den Endwert und die Wachstumsintensität (= „-geschwindigkeit" = Zunahme der Hypokotyllänge pro Zeiteinheit). Die Abb. 254 zeigt die Wachstumsintensität in Abhängigkeit von der Zeit. Formal ist der Kurvenzug der Abb. 254 die 1. Ableitung der Wachstumskurve. Man sieht deutlich, daß das Steigen und Fallen der Wachstumsintensität des Hypokotyls im Licht stets geringer ist als im Dunkeln. Die Endlänge erreicht das Hypokotyl im Licht hingegen später als im Dunkeln.

Den sigmoiden Verlauf der Wachstumskurve beobachtet man ganz allgemein beim Wachstum von Organen, zum Beispiel bei Pri-

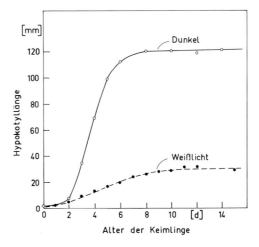

Abb. 253. Wachstumskurven für das Hypokotyl bei Senfkeimlingspopulationen (*Sinapis alba*). Die Keimlinge wachsen auf Nähragar unter genau definierten Bedingungen. Die einzige Umweltvariable ist das Licht (Dauer-Weißlicht bzw. Dunkel). Abszisse: Tage nach Aussaat der Samen. (Nach Daten von FEGER)

märwurzeln, Internodien, Blättern oder Früchten (→ Abb. 260) und beim Wachstum von Organismen (Abb. 255). Diese Zusammenhänge hat schon JULIUS SACHS, ein hervorragender Pflanzenphysiologe in der 2. Hälfte des 19. Jahrhunderts, richtig erkannt. Auf seinen Vorschlag hin nennt man die maximale Intensität des Wachstums die „Große Periode des Wachstums".

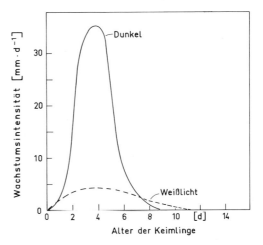

Abb. 254. Die Wachstumsintensität des Hypokotyls bei Senfkeimlingspopulationen (*Sinapis alba*). Bedingungen: → Legende zu Abb. 253. (Nach Daten von FEGER)

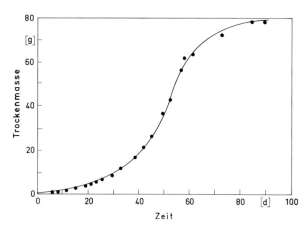

Abb. 255. Die Wachstumskurve einer Maispflanze (*Zea mays*). (Nach KIMBALL, 1965)

Wir versuchen jetzt, eine Wachstums*funktion* für das Hypokotylwachstum des Senfkeimlings im Licht und im Dunkeln zu finden. Dies setzt (abgesehen von streng standardisierten Bedingungen) voraus, daß das Licht nur über *ein* Reaktionsgeschehen wirksam wird. Wir arbeiten deshalb mit dunkelrotem Licht (Standard-Dunkelrot; ein Wellenband, das bezüglich des Phytochromsystems der Wellenlänge 718 nm entspricht). Dieses Licht wirkt ausschließlich über das Phytochromsystem; eine Bildung von Chlorophyll findet unter diesen Lichtbedingungen kaum statt (→ S. 85).

Die Abb. 256 zeigt die im Dunkeln und im Dauer-Dunkelrot gewonnenen, offensichtlich asymmetrischen sigmoiden Wachstumskurven des Hypokotyls von *Sinapis alba*. Ein quantitativer Vergleich der beiden Kurvenzüge ist bei dieser Art der Darstellung nicht möglich. Man versucht deshalb, durch eine Änderung der Koordinatenteilung Kurvenzüge zu erhalten, die einen Vergleich zulassen. Um dieses Ziel zu erreichen, führt man eine neue Zeitfunktion — die „biologische Zeit" s — ein, wodurch der asymmetrische Verlauf der Wachstumskurven in einen symmetrischen Verlauf überführt wird:

$$s = \log(t + z), \qquad (106)$$

wobei: t = physikalische Zeit; z = konst.

Die als Folge der Abszissentransformation nunmehr symmetrischen Wachstumskurven lassen sich in Geraden verwandeln, indem man die Ordinate nach dem GAUSSschen Integral teilt (Abb. 257). Ein Vergleich der Geraden ergibt u. a.: Das Hypokotylwachstum im Dunkeln und im Dunkelrot folgt derselben Gleichung (wir brauchen sie hier nicht zu behandeln); lediglich einige Konstanten sind im Dunkeln und im Licht verschieden. So liegt die „Geschwindigkeitskonstante" des Dunkelhypokotyls höher als die des Dunkelrot-Hypokotyls; das Hypokotyl braucht im Licht also länger, um den Endwert zu erreichen. Der kurze Querstrich in der Abb. 257 soll anzeigen, daß der Dunkelkeimling seine halbe Endlänge einige Stunden früher erreicht als der Lichtkeimling. Das Hypokotyl des Lichtkeimlings „lebt" also offensichtlich etwas langsamer als das Hypokotyl des Dunkelkeimlings. Damit stoßen wir auf ein allgemeines Problem: Wenn man genetisch gleiche, aber verschieden behandelte Systeme hinsichtlich ihres Wachstums vergleichen will, genügt es nicht, sie zu irgendeinem Zeitpunkt zu vergleichen. Man muß vielmehr die *Wachstumsfunktionen* vergleichen. Wachstumsfunktionen sind jedoch nur geeignete *Beschreibungen* von Wachstumsvorgängen. Die Interpretation („Erklärung") des Wachstums auf dem Niveau von Zellen und Molekülen wird durch Wachstumsfunktionen vorbereitet, aber nicht ersetzt.

Das Längenwachstum des Hypokotyls von *Sinapis alba* beruht fast ausschließlich auf Zell-Längenwachstum. Man möchte deshalb annehmen, die Zunahme der Hypokotyllänge reprä-

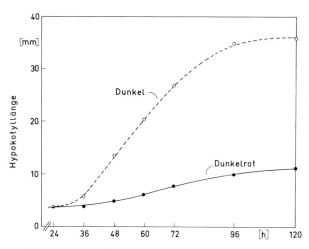

Abb. 256. Empirische Wachstumskurven für das Längenwachstum des Hypokotyls bei Senfkeimlingspopulationen, die im Dunkeln bzw. im Licht (Dauer-Dunkelrot) auf Keimpapier (getränkt mit aqua dest.) bei 25° C wachsen. Abszisse: Stunden nach Aussaat der Samen. (Nach Daten von HOCK)

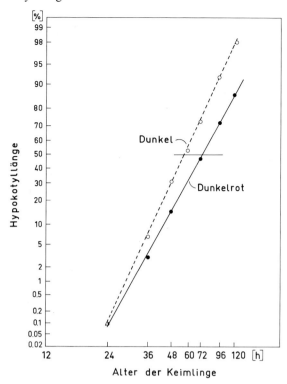

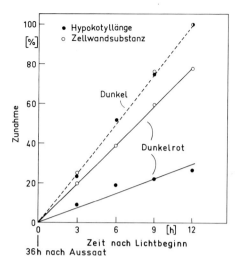

Abb. 258. Die Zunahme der Hypokotyllänge und der Zellwandsubstanz pro Hypokotyl (gemessen als Trockenmasse) im Dunkeln und im Licht (Dauer-Dunkelrot). Objekt: Keimlinge von *Sinapis alba*. Die Keimlinge wachsen auf Keimpapier, das mit aqua dest. getränkt ist. Das Dunkelrot bewirkt keine Photosynthese. (Nach Daten von STEINER)

Abb. 257. Die „sigmoiden" Wachstumskurven der Abb. 256 werden durch eine geeignete Koordinatentransformation (logarithmische Stauchung der Abszisse; Ordinatenteilung nach dem GAUSSschen Integral) in Geraden verwandelt. Mit Hypokotyllänge ist hier „Gesamtlänge minus Ausgangslänge" gemeint. Die Ausgangslänge ist nur wenig kleiner als die Länge 24 h nach Aussaat (→ Abb. 256). (Nach Daten von HOCK)

sentiere die Zunahme an Zellwandsubstanz. Dies ist aber nicht der Fall (Abb. 258). Das Hypokotyllängenwachstum (und damit das Zell-Längenwachstum) wird durch Licht (Dauer-Dunkelrot) weit stärker reduziert als die Zunahme der Zellwandsubstanz. Man sieht, daß die Zunahme der Zellwandsubstanz mit dem Zell-Längenwachstum kaum korreliert ist (→ S. 33).

Die Beschreibung des Wachstums. Zweites Beispiel: Das Wachstum einer Zellsuspension. Wie läßt sich das „Wachstum" einer Zellsuspension, z. B. bei einzelligen Algen, Hefen oder Bakterien quantitativ erfassen? Im Fall einer Zellsuspension ist es vernünftig, eine Zunahme der Zellzahl pro Volumeneinheit als „Wachstum" zu bezeichnen. Diese Größe läßt sich meist leicht und schnell bestimmen. Wenn man den

Logarithmus der Zellzahl pro Volumeneinheit in Abhängigkeit vom Alter der Kultur aufträgt, erhält man im allgemeinen den Kurvenverlauf der Abb. 259. Man erkennt, daß nach einer Anlauf-Phase (= lag-Phase) der Zuwachs pro Zeiteinheit eine Zeitlang proportional der bereits vorhandenen Zellzahl ist (exponentielle = logarithmische Phase = log-Phase). Dann sinkt die relative Wachstumsintensität und geht schließ-

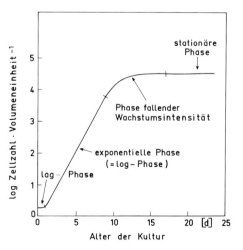

Abb. 259. Das Wachstum einer Population einzelliger Algen. Objekt: *Chlorella vulgaris* (→ Abb. 249)

lich gegen Null. Damit ist die stationäre Phase erreicht. Die Erschöpfung des Mediums, die starke Schwächung des Lichts in dichten Suspensionen, die steigende Konzentration hemmender Ausscheidungsprodukte sind dafür verantwortlich, daß die relative Wachstumsintensität sinkt. Die folgende Beobachtung zeigt, daß in der Tat die Anreicherung hemmender Ausscheidungsprodukte eine wesentliche Rolle spielt: Entnimmt man eine Probe Algen aus einer Suspension in der stationären Phase und bringt sie in ein neues Medium, so beginnen die Algen nicht sofort mit dem logarithmischen Wachstum; sie brauchen vielmehr eine gewisse Zeit der Anpassung (lag-Phase).

Die Phase des logarithmischen Wachstums läßt sich formal stets in gleicher Weise beschreiben, unabhängig vom System (→ Abb. 9): Der Zuwachs dN/dt sei proportional der bereits vorhandenen Menge N, die relative Wachstumsintensität $(dN/\Delta t) \cdot (1/N)$ sei also konstant.

Dann wird der Sachverhalt durch die folgende Differentialgleichung 1. Ordnung beschrieben:

$$\boxed{\frac{dN}{dt} = k \cdot N} \; ,$$

wobei: k = Wachstumskonstante,
              relative Wachstumsintensität.

Diese Gleichung ist durch Trennung der Variablen leicht zu lösen:

$$\frac{dN}{N} = k \cdot dt, \quad \int_{N_0}^{N} \frac{dN}{N} = \int_{t=0}^{t} k \cdot dt,$$

$$\int_{N_0}^{N} d \ln N = \int_{t=0}^{t} k \cdot dt,$$

$$\ln N - \ln N_0 = k \, (t - 0), \qquad \ln \frac{N}{N_0} = k \cdot t,$$

$$\frac{N}{N_0} = e^{k \cdot t}, \qquad \boxed{N = N_0 \cdot e^{k \cdot t}} \; . \qquad (107)$$

N_0 ist die Zellzahl pro Volumeneinheit zu Beginn des logarithmischen Wachstums.

Die Gl. (107) ist ein *partikulärer Allsatz,* da logarithmisches (exponentielles) Wachstum häufig und bei ganz verschiedenen Systemen vorkommt (→ S. 13).

Man hat immer wieder versucht, auch das Wachstum komplexerer Systeme mit einfachen Formeln näherungsweise zu beschreiben. Ein Beispiel ist die exponentielle Wachstumsgleichung für junge Bäume:

$$N = c \cdot a^n,$$

wobei: N = Gesamtzahl der Zweige pro
                Baum;
           c = Konstante (für den betreffenden
                Baum bzw. für die klonierte Population);
           a = Alter des Baums (in Jahren);
           n = exponentieller Wachstumsfaktor
                (bezüglich der Zweige pro Jahr).

Die einfache Gleichung funktioniert nur, solange der Verlust an Zweigen keine Rolle spielt. Die Gleichung ignoriert auch den oft auffälligen und wichtigen Unterschied zwischen Lang- und Kurztrieben.

Die Beschreibung des Wachstums. Drittes Beispiel: Das Wachstum der Frucht einer Kürbispflanze (Cucurbita pepo). Das Wachstum einer Kürbisfrucht (Beere, häufig parthenokarp) aus dem Fruchtknoten läßt sich am einfachsten dadurch verfolgen, daß man die Zunahme des Durchmessers mit der Zeit mißt. Da die Früchte allometrisch wachsen (→ S. 275), gewinnt man aus der Messung einer Dimension bereits einen guten Anhaltspunkt für das Wachstum der ganzen Frucht. Wie die Abb. 260 zeigt, findet man eine sigmoide Wachstumskurve. Durch eine logarithmische Teilung der Ordinate transformiert man den vorderen Teil dieser Kurve (bis zum 10. d) in eine Gerade (Abb. 261). Die Gerade hat die Form:

$$\ln D = k \cdot t + \ln D_0 , \qquad (108)$$

wobei: D_0 = Durchmesser zum Zeitpunkt des
                Beginns der Messungen;
           k   = Steigung.

Man kann die Gl. (108) auch schreiben:

$$D = D_0 \cdot e^{k \cdot t}$$

und erhält damit die oben bereits behandelte Gl. (107) für das logarithmische Wachstum mit k als Wachstumskonstante (= relative Wachstumsintensität).

Im Bereich des logarithmischen Wachstums ist der Zuwachs der Kürbisfrucht also proportional dem bereits vorhandenen Durchmesser. Damit hat man sicherlich ein Charakteristikum des Wachstumsvorgangs erfaßt, obgleich man keine Ahnung davon hat, wie das logarithmische Wachstum der Kürbisfrucht auf der Ebene der Zellen und Moleküle zustande kommt.

Die weitere Frage ist, welche Funktionen geeignet sind, eine sigmoide Wachstumsfunktion von dem Typ der Abb. 255, 260 *über den ganzen Verlauf hinweg* wenigstens näherungsweise zu beschreiben. Die sogenannte „logistische Wachstumsfunktion" hat sich hier besonders bewährt. Sie beschreibt das Abflachen der Wachstumskurve und die asymptotische Annäherung an einen Grenzwert.

Die logistische Wachstumsfunktion

$$N_t = \frac{K}{1 + \left(\dfrac{K}{N_0} - 1\right) e^{-r \cdot t}} \tag{109}$$

geht auf die Differentialgleichung

$$\frac{dN}{dt} = r \cdot N \cdot \frac{K - N}{K} \quad \text{zurück,}$$

wobei: N = bereits vorhandene Menge;
r = Wachstumskonstante;
K = Grenzwert.

Während man empirisch bestimmte, sigmoide Wachstumskurven (beispielsweise jene der Abb. 255, 260) mit der logistischen Wachstumsfunktion im nachhinein recht gut approximieren kann, ist die Verwendung dieser Funktion für *Prognosen* stets riskant. Beispielsweise hat sich die 1936 auf der Basis des logistischen Wachstumsmodells von Demographen gestellte Prognose, die Weltbevölkerung werde sich bis zum Jahr 2100 n. Chr. auf eine stationäre Zahl von 2,64 Milliarden Menschen einpendeln, als völlig falsch erwiesen. Im Jahr 1977 war die 4-Milliarden-Grenze bereits überschritten. Die Zunahme der Weltbevölkerung zeigt immer noch die Merkmale eines logarithmischen Wachstums. In manchen Regionen der Erde ist das Wachstum sogar „hyperexponentiell". Damit meint man, daß die relative Wachstumsintensität k mit der Zeit zunimmt.

Allometrisches Wachstum. Wenn man bei zwei- oder dreidimensionalen Systemen das

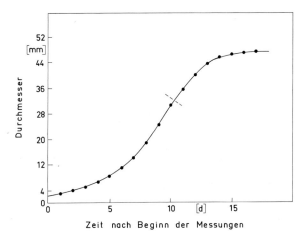

Abb. 260. Eine empirische Wachstumskurve, welche die Zunahme des Durchmessers beim Wachstum einer Kürbisfrucht (*Cucurbita pepo*) vom Fruchtknoten bis zur reifen Frucht wiedergibt. Beide Koordinaten sind linear geteilt. (Nach SINNOT, 1960)

Wachstum quantitativ beschreiben will, kommt es häufig darauf an, die Intensität des Wachstums in den verschiedenen Dimensionen zu erfassen. Die Entstehung der spezifischen Form des Organismus kann nur auf diese Weise quantitativ beschrieben werden. Es ist deshalb von großem Interesse, das relative Wachstum eines lebendigen Systems in den verschiedenen

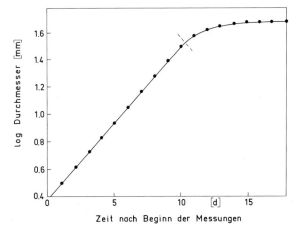

Abb. 261. Die Wachstumskurve der Abb. 260 ergibt bei logarithmischer Teilung der Ordinate in ihrem vorderen Teil eine Gerade. Bis zum Zeitpunkt 10 d läßt sich also das Wachstum der Kürbisfrucht als logarithmisches (= exponentielles) Wachstum auffassen. Das Fallen der Wachstumsintensität und die asymptotische Annäherung an einen Grenzwert lassen sich mit der logistischen Wachstumsfunktion näherungsweise beschreiben (→ Text)

Dimensionen zu messen. Diese Untersuchungen gehören in den Bereich der *Allometrie*.

1. Beispiel: Das allometrische Wachstum von Flaschenkürbissen, Lagenaria spec.

Bei den Flaschenkürbissen findet man verschiedene Rassen, die sich durch Form und Endgröße der Früchte unterscheiden. Wir betrachten zwei Rassen, die eine mit großen, die andere mit kleinen Beeren (Abb. 262) und stellen die Frage, inwiefern sich die beiden Rassen genetisch unterscheiden. Man geht folgendermaßen vor: Man verfolgt das Längen- und Breitenwachstum der Früchte bei beiden Rassen und trägt die Meßwerte in ein doppellogarithmisches Koordinatensystem ein. In beiden Fällen erhält man dieselbe Regressionsgerade. Das *relative* Wachstum ist also bei beiden Rassen dasselbe. Die Gerade ist gegen die Abszisse hin geneigt (Steigung<1), da das Wachstum in die Breite relativ rascher vonstatten geht als das Wachstum in die Länge. Das Beispiel zeigt: 1. Die Intensitäten von Längen- und Breitenwachstum sind über eine einfache Funktion miteinander verknüpft. Diese Funktion ist in beiden Rassen dieselbe. 2. Der genetische Unterschied zwischen den beiden Rassen — hinsichtlich der Früchte — betrifft lediglich die *Endgröße* der Kürbisse; die Gene für die „Gestaltbildung" der Frucht sind in beiden Rassen dieselben.

2. Beispiel: Das allometrische Wachstum von Farngametophyten.

Auf S. 558 wird dargestellt, daß die jungen Vorkeime des Wurmfarns (*Dryopteris filix-mas*) im Blaulicht die für Weißlicht charakteristische „normale" Entwicklung durchführen, im Rotlicht hingegen als Zellfäden wachsen (→ Abb. 620). Die „normale" Entwicklung der zweidimensionalen Prothallien ist durch einen Gestaltwandel gekennzeichnet: Die Prothallien werden mit der Zeit relativ breiter (Abb. 263). Man fragt sich, ob auch in diesem Fall das Längenwachstum und das Breitenwachstum über eine einfache Funktion

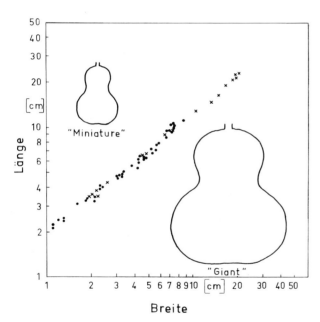

Abb. 262. Das relative Wachstum (Länge zu Breite) bei zwei Rassen von Flaschenkürbissen. Die Breite nimmt schneller zu als die Länge; das relative Wachstum ist jedoch bei der Rasse mit kleinen Früchten („Miniature", *Punkte*) dasselbe wie bei der Rasse mit großen Früchten („Giant", *Kreuze*). Obgleich also die Gestalt der reifen Früchte bei den beiden Rassen verschieden ist, dürfte die genetische Information für die Gestaltbildung der Früchte gleich sein. Der genetische Unterschied betrifft lediglich jene Gene, welche das Ende des Fruchtwachstums festlegen. (Nach SINNOTT, 1960)

Abb. 263. Beim „normalen" Wachstum der Farnprothallien im Weißlicht oder im Blaulicht nimmt die Breite relativ stärker zu als die Länge. *Links:* Prothallium von *Dryopteris filix-mas* im Standard-Blaulicht, 12 d nach der Sporenkeimung; *rechts:* 58 d nach der Sporenkeimung. Vergrößerung rechts ≪Vergrößerung links. (Nach MAY, 1964)

miteinander verknüpft sind. Dies ist in der Tat der Fall. Wenn man die maximale Länge und die maximale Breite der Prothallien über eine längere Zeit hinweg verfolgt und die Meßwerte in ein doppellogarithmisches Koordinatensystem einträgt, kann man die Meßpunkte einer Regressionsgeraden zuordnen (Abb. 264). Dieses allometrische Wachstum tritt im Rotlicht nicht auf; offenbar können sich die betreffenden Gene unter diesen Bedingungen nicht manifestieren.

Für beide Beispiele gilt, daß die Systeme durch proportionales Wachstum ihre Form ändern. Die Formänderung geschieht gesetzhaft. Die auf der Abb. 262 und Abb. 264 dargestell-

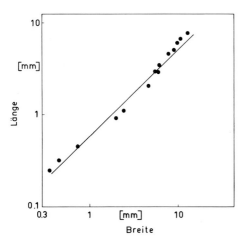

Abb. 264. Annähernd allometrisches Wachstum der Prothallien von *Dryopteris filix-mas* im Standard-Blaulicht. (Nach MAY, 1964)

ten Beziehungen lassen sich offenbar folgendermaßen beschreiben:

$$\log y = a \cdot \log x + \log b \,, \qquad (110)$$

wobei: y = Maßzahl auf der Ordinate;
  x = Maßzahl auf der Abzisse;
  a = Steigung der Geraden;
  b = eine Integrationskonstante.

Man kann die allometrische Gleichung auf folgendem Weg gewinnen: Die relative Wachstumsintensität in der einen Dimension stehe zu der relativen Wachstumsintensität in der anderen Dimension in einem konstanten Verhältnis *a*. Dann gilt:

$$\frac{dy/dt \cdot 1/y}{dx/dt \cdot 1/x} = a,$$

$$\text{oder:} \quad \frac{dy}{dx} \cdot \frac{x}{y} = a,$$

$$\text{oder:} \quad \frac{dy}{y} = a \cdot \frac{dx}{x} \,.$$

Die Integration liefert die Gleichung:

$$\log y = a \log x + \log b, \text{ oder:}$$

$$\boxed{y = b \cdot x^a} \,. \qquad (111)$$

Diese Formel für das allometrische Wachstum bedeutet also folgendes: Falls das Verhältnis *a* der relativen Wachstumsintensitäten in den beiden Dimensionen konstant ist, erhält man eine Gerade, wenn man die jeweiligen Maßzahlen logarithmisch gegeneinander aufträgt. Ist a = 1, so ist das Wachstum des Systems isometrisch; bei a < 1 spricht man von negativer Allometrie, bei a > 1 von positiver Allometrie. Natürlich ist die Feststellung einer allometrischen Beziehung nicht ein „Endziel" der Entwicklungsphysiologie; solche Formulierungen sind vielmehr als eine Voraussetzung für die „molekulare" Analyse jener Faktoren aufzufassen, welche die Koordination des Wachstums in einem mehrdimensionalen lebendigen System bewirken. Eine solche Analyse ist indessen bisher nicht möglich gewesen. Die Molekularbiologie des pflanzlichen Wachstums beschränkt sich weitgehend auf die Regulation des postembryonalen Zellängenwachstums (→ S. 33). In den nächsten Abschnitten wird geprüft, inwieweit eine „Erklärung" für das Phänomen des Zellwachstums derzeit möglich ist. Die *Faktorenanalyse* des Zellwachstums (im Sinn der Abb. 270) steht dabei im Vordergrund.

Die Regulation des Zellwachstums durch Auxin (Wuchshormon). Das Wachstum eines Organs oder eines Organismus ist langfristig stets auf Zellteilung und auf Zellwachstum zurückzuführen. Es gilt formelhaft:

Wachstum: Zellteilung plus Zellwachstum

Das Zellwachstum spielt bei der Entwicklung der Pflanzen eine entscheidende Rolle (→ Abb. 39), während es bei der Morphogenese der Tiere von untergeordneter Bedeutung ist. Organe oder Gewebe, die für eine Faktorenanalyse des Zellwachstums geeignet sind, müssen folgende Eigenschaften besitzen: Sie müssen aus weitgehend gleichen Zellen zusammengesetzt sein; Zellteilungen sollen praktisch nicht mehr ablaufen; die Zellen sollen in situ zu einem intensiven Wachstum befähigt sein; es soll sich um zylindrische Zellen handeln, die sich gleichmäßig über ihre ganze Länge hinweg in Richtung der Längsachse ausdehnen (hochgradig gerichtete, anisotrope Oberflächenvergrößerung). Es gibt solche Organe, zum Beispiel das Hypokotyl von Dikotylenkeimlingen (→ Abb. 250), oder die Koleoptile der Grami-

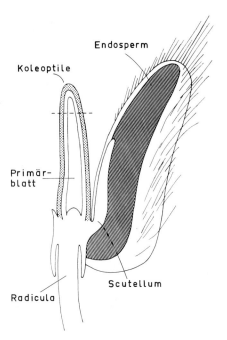

Abb. 265. Längsschnitt durch einen jungen Hafer-
keimling (*Avena sativa*). Das Koleoptilgewebe ist
hervorgehoben. (Nach BONNER und GALSTON, 1952)

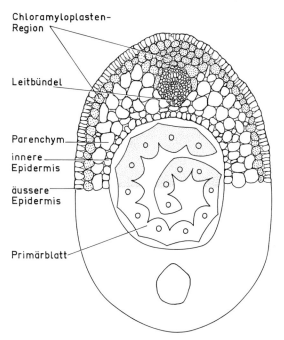

Abb. 266. Querschnitt durch eine Haferkoleoptile
samt Primärblatt in der in Abb. 265 angedeuteten
Höhe. Man sieht, daß die Koleoptile ein kompliziert
gebautes, blatthomologes Organ darstellt, das kei-
neswegs nur aus einheitlichen parenchymatischen
Zellen besteht. Trotzdem folgt das Wachstum des
Organs einer einfachen, homogenen Funktion
(→ Abb. 271). (Nach HINCHMAN, 1972)

neen. Bei beiden Organen ist das rapide Längenwachstum ausschließlich auf Zellwachstum
zurückzuführen.

Wir behandeln die Gramineenkoleoptile
am Beispiel des Hafers (*Avena sativa*) (Abb. 265
und 266). Die Koleoptile ist ein Organ des
Graskeimlings, das eine geschlossene Röhre
bildet, in der das Primärblatt und die Plumula
völlig eingeschlossen liegen. Nach der Keimung wächst die Koleoptile eine Zeitlang mit

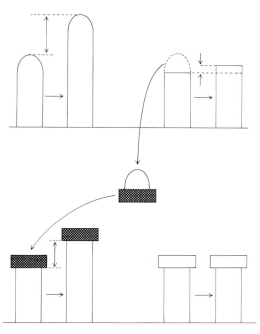

Abb. 267. Illustration einiger Experimente, die zeigen, daß in der Koleoptilspitze ein Wuchshormon
gebildet wird, welches in Agar eindiffunderen und
vom Agar in den Koleoptilstumpf übergehen kann.
Die intakte Koleoptile führt ein rasches Längenwachstum durch (*links oben*). Schneidet man die äußerste Spitze ab („Dekapitation"), erfährt das
Wachstum eine starke Reduktion (*rechts oben*). Um
die Bedeutung dieses Effektes verstehen zu können,
muß man wissen, daß die Zellen der Koleoptilspitze
selber nicht wachsen und daß die Versorgung der
Koleoptile mit organischen Molekülen vom Scutellum her geschieht, welches aus dem Endosperm die
Transportmoleküle übernimmt (→ Abb. 265). Der Effekt der Dekapitierung hat also mit mangelnder Ernährung nichts zu tun. Setzt man die Koleoptilspitze
für einige Zeit auf einen Agarblock (*Mitte*) und
bringt dann den Agarblock auf die Schnittfläche des
Koleoptilstumpfes, so können die Zellen wieder
wachsen (*links unten*). Ein Agarblock, der keinen
Kontakt mit einer Koleoptilspitze gehabt hat, bringt
keine Wachstumsförderung hervor (*rechts unten*).
(Nach GALSTON, 1961)

Abb. 268. Illustration einiger Experimente, welche den polaren Auxintransport im Koleoptilgewebe demonstrieren. *Rechts oben:* Auxin, das in einem Agarblock der apikalen Schnittfläche (A) eines Koleoptilsegments angeboten wird, gelangt in den der basalen Schnittfläche (B) angelegten Agarblock, unabhängig von der Orientierung des Segments bezüglich der Schwerkraft. *Rechts unten:* Bietet man das Auxin der basalen Schnittfläche an, erfolgt kein Transport durch das Segment. (Nach GALSTON, 1961)

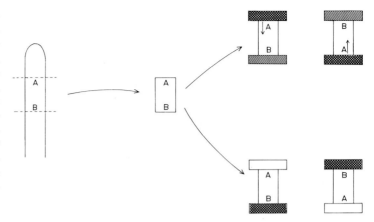

großer Intensität in die Länge (→ Abb. 271). Schließlich erreicht sie ihre Endlänge, und an der Spitze bricht das Primärblatt an einer vorbereiteten Stelle durch. Während der Wachstumsphase des Organs findet — zumindest im parenchymatischen Bereich — nur noch Zellwachstum statt.

Wir beschreiben jetzt Experimente, die darauf hinweisen, daß das Längenwachstum der Zellen in der Koleoptile durch ein Wuchshormon reguliert werden kann. Dabei behalten wir stets im Auge, daß das Zellwachstum mit Veränderungen in der kompliziert gebauten pflanzlichen Zellwand (Primärwand) einhergeht (→ S. 33).

Der physiologische Nachweis eines Wuchshormons ist im Prinzip auf der Abb. 267 dargestellt. Die Experimente zeigen, daß ein stofflicher Faktor von der Koleoptilspitze in den Agar und von dort in den Koleoptilstumpf übergegangen ist. Dieser Faktor wird in der Koleoptile *basipetal polar* geleitet, denn er veranlaßt die Zellen im subapikalen, mittleren und basalen Bereich der Koleoptile zum Wachstum. Man nennt diesen stofflichen Faktor *Wuchshormon (Auxin)*. Das Hormon wird in den Zellen der Koleoptilspitze gebildet und basipetal abtransportiert. Die intakten Zellen nahe der Schnittfläche der Koleoptilspitze sezernieren das Auxin aktiv. Ist die Schnittfläche mit Agar in Kontakt, kann sich das Auxin durch Diffusion in dem Agar gleichmäßig verteilen. Von den intakten Zellen der Schnittfläche des Koleoptilstumpfes kann das Auxin aus dem Agar aufgenommen werden. Die Zellen der Koleoptile müssen also die Fähigkeit haben, an ihrem apikalen Ende Auxin aufzunehmen und an ihrem basalen Ende Auxin aktiv zu sezernieren. Der strikt polare, basipetale

Transport von Auxin durch die Koleoptile (Abb. 268) ist auf diese Eigenschaft der parenchymatischen Koleoptilzellen zurückzuführen. Die Polarität des Auxintransports ist eine Manifestation der Zellpolarität in der Koleoptile (→ S. 65).

Das Auxin ist definitionsgemäß ein Hormon (→ S. 368). Es wird in einem bestimmten Gewebe, das selber nicht wachstumsfähig ist, hergestellt. Von seinem *Syntheseort* wird es zu seinem *Wirkort* im subapikalen und tiefer gelegenen Koleoptilbereich transportiert, d. h. zu solchen Geweben, die in der Lage sind, auf das Hormon zu reagieren (*kompetente Zellen*).

Die Isolierung und biochemische Identifizierung des Auxins war eine schwierige Aufgabe, weil auch dieses Hormon nur in sehr geringen Konzentrationen im Gewebe vorkommt. Nach der heutigen Auffassung ist der Hauptbestandteil des mit Agar abfangbaren Auxins Indol-(3)-essigsäure (= IES) (Abb. 269). Die Biogenese der IES erfolgt wahrscheinlich aus Tryptophan (→ S. 263).

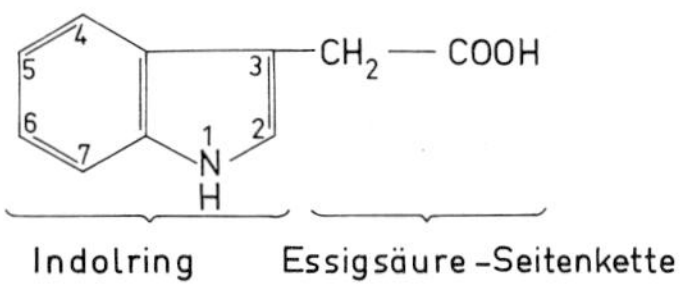

Abb. 269. Indol-(3)-essigsäure (= β-Indolyl-essigsäure), ein Wuchshormon der Pflanze (Abkürzung: IES)

Die Faktorenanalyse des Zellwachstums. Wir stellen nun die Frage, welche Einsicht in die Kausalität des Zellwachstums durch die Erkenntnis gewonnen wird, daß die Koleoptilspitze IES basipetal abgibt und daß diese IES bei

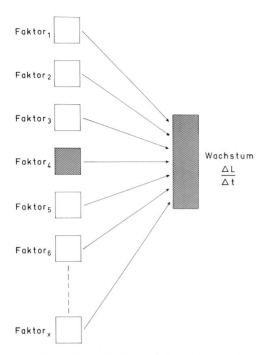

Abb. 270. Formale Veranschaulichung der Faktorenanalyse beim Zellwachstum. Der Faktor 4 sei ein intensitätsbegrenzender Faktor (*Wachstumsregulator*). Die übrigen Wachstumsfaktoren seien nicht limitierend. Unter diesen Umständen besteht eine einfache Beziehung zwischen dem Gehalt (Pegel, Spiegel) des Wachstumsregulators und der Wachstumsleistung (Wachstumsintensität $\Delta L/\Delta t$; → Abb. 274)

den Zellen im subapikalen, mittleren und basalen Koleoptilbereich Wachstum auslöst. Bei der Antwort auf diese Frage müssen wir uns daran erinnern, daß biologische Kausalforschung erkenntnislogisch gesehen stets *Faktorenanalyse* ist (→ Abb. 3). Übertragen wir das allgemeine Modell der Faktorenanalyse auf die Regulation des Zellwachstums in der Koleoptile (Abb. 270), ergibt sich für die IES die Klassifizierung als intensitätsbestimmender, *endogener Wachstumsregulator*. Die übrigen Faktoren bezeichnen wir als *Wachstumsfaktoren* oder auch als *Voraussetzungen für Wachstum:* Sie sind für das Zellwachstum notwendig, auch wenn sie normalerweise seine Intensität nicht regulieren. Beispielsweise können das ATP, die β-Glucansynthase oder der Turgordruck als Wachstumsfaktoren angesehen werden. Im Experiment, aber auch unter natürlichen Bedingungen, kann es leicht vorkommen, daß ein bislang nicht begrenzender Wachstumsfaktor

zum intensitätsbegrenzenden Faktor und damit zum Wachstumsregulator wird. Hierfür ein Beispiel: Bei Maiskeimpflanzen wurde gezeigt, daß bereits eine geringfügige Erniedrigung des Wasserpotentials im Boden (von $-0,1$ auf $-0,2$ bar) zu einer Reduktion des Zellwachstums führt. Wird das Wasserpotential wieder angehoben, so stellt sich (nach einem vorübergehenden „Überschießen") die ursprüngliche Wachstumsintensität wieder ein. Das *Wasserpotential im Boden* ist also im Sinne der Abb. 270 zumindest vorübergehend ein (exogener) Wachstumsregulator. Auch das *Phytochrom* (P_{fr}) (→ S. 313) tritt bei der Koleoptile als Wachstumsregulator in Erscheinung (Abb. 271). Nehmen wir an, beim *Dunkel*wachstum, also in Abwesenheit des Effektormoleküls P_{fr}, fungiere die IES als alleiniger Wachstumsregulator. Offensichtlich wird *im Licht* die Funktion der IES vom Phytochrom (P_{fr}) überspielt. Es gibt keinen Hinweis darauf, daß P_{fr} seine Wirkung über die IES entfaltet. Die an sich plausible Sequenz $P_{fr} \rightarrow [IES] \rightarrow \Delta L/\Delta t$ ist *unwahrscheinlich*. Natürlich muß man damit rechnen, daß die Intensität des Zellwachstums gleichzeitig von mehreren Wachstumsregulatoren bestimmt wird. In diesem Fall kann durch eine Mehrfaktorenanalyse (→ S. 10) festgestellt werden, ob die verschiedenen Wachstumsregulatoren in Wechselwirkung stehen oder unabhängig voneinander wirken.

Kann Auxin als *der* endogene Wachstumsregulator angesehen werden? — Kaum! Die derzeit verfügbare experimentelle Evidenz spricht entschieden gegen die Auffassung, daß im *intakten* System (Koleoptile, Sproßachse) Auxin als Wachstums*regulator* wirkt. Wahrscheinlich ist der Auxinpegel im intakten System saturierend, und andere Faktoren wirken regulierend. Beispielsweise könnte das Phytochrom das Wachstum der Koleoptile über eine Änderung des Turgordrucks oder über die Wasserpermeabilität (→ S. 283) regulieren. Erst nach der Dekapitierung einer Koleoptile oder einer Sproßachse wird das Auxin infolge seines raschen Umsatzes zum begrenzenden Faktor des Wachstums.

Ein letzter Blick auf die *Koleoptile:* Sie wird von der vergleichenden Biologie als blatthomologes Organ aufgefaßt. Die Abb. 271 bestätigt diese Interpretation. Sowohl die vorübergehende Steigerung als auch die vorgezogene Terminierung der Wachstumsintensität durch Licht (P_{fr}) ist charakteristisch für die *Blätter* der Mo-

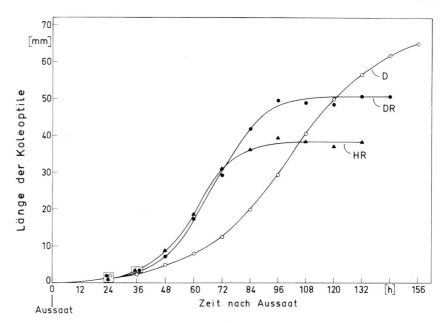

Abb. 271. Wachstum der Koleoptile von *Avena sativa* im Dunkeln (D) und im hellroten (HR) bzw. dunkelroten (DR) Dauerlicht. Die Lichtwirkung erfolgt über das Phytochrom (→ S. 313). Im Gegensatz zu den Dikotylen wirkt bei den Monokotylen auch bei Dauerlicht das Hellrot ähnlich stark wie das Dunkelrot. Die für Dikotylenkeimlinge charakteristische Hochintensitätsreaktion (HIR) des Phytochroms mit einem steilen Gipfel der spektralen Wirksamkeit im dunkelroten Spektralbereich (→ S. 318) tritt bei den Monokotylenkeimlingen nicht deutlich in Erscheinung. (Nach FIDELAK, 1973)

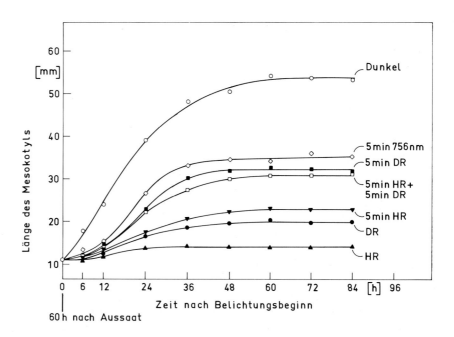

Abb. 272. Wachstum des Mesokotyls von *Avena sativa* im Dunkeln (D) und im hellroten (HR) bzw. dunkelroten (DR) Dauerlicht. Außerdem ist der Wachstumsverlauf eingetragen, den man erhält, wenn zum Zeitpunkt Null ein Lichtpuls mit HR, DR oder 756 nm-Licht gegeben wird. Der HR-Induktionseffekt ist durch einen nachfolgenden DR-Puls revertierbar, ein operationales Kriterium für Phytochrom als Photoreceptorpigment (→ S. 313). Auch das Dauerlicht wirkt über Phytochrom (→ Abb. 325). (Nach FIDELAK, 1973)

nokotylen. Das benachbarte *Mesokotyl*, ein Achsenorgan, reagiert auf Licht völlig anders (Abb. 272). Zwar wirkt auch in diesem Fall das Licht ausschließlich über Phytochrom (→ S. 313); es kommt aber stets zu einer *Hemmung* der Wachstumsintensität. Das Gramineenmesokotyl ist äußerst lichtempfindlich. Im hellroten Spektralbereich genügen etwa 20 pmol Photonen · m^{-2} für eine meßbare Reaktion (→ Abb. 347).

Die „primäre Wirkung" des Auxins beim Zellwachstum. Dies war lange Zeit eine zentrale

Frage der Wachstumsphysiologie. Sie kann immer noch nicht als gelöst betrachtet werden. Da in der Regel mit *Koleoptilsegmenten* gearbeitet wird, ist die physiologische Relevanz der Daten (d. h. die Bedeutung der Daten für ein Verständnis der Regulation *im intakten* System) nicht immer gewährleistet. Es kann aber kein Zweifel bestehen, daß im Fall von Segmenten die IES rasch, in der Größenordnung von Minuten, die Intensität des Zellwachstums ändern kann (Abb. 273). Die Frage ist, was innerhalb dieser Zeitspanne geschieht. Wir behandeln die Frage nach dem Mechanismus der IES-Wirkung unter verschiedenen Blickwinkeln.

1. Michaelis-Menten-Formalismus und Auxinwirkung. Man stellt Segmente (beispielsweise 5 mm lang) aus Koleoptilen her, die einige Stunden zuvor dekapitiert wurden und wegen des verhältnismäßig raschen Auxinumsatzes (→ S. 370) in der Zwischenzeit an endogenem Auxin verarmt sind. Die Koleoptilsegmente kommen in eine Pufferlösung (pH im schwach sauren Bereich, beispielsweise 5,5) mit 2% Rohrzucker. Die Wachstumsintensität der Koleoptilsegmente ist unter diesen Bedingungen

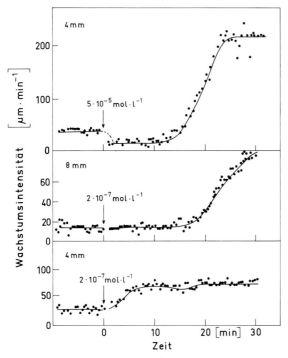

Abb. 273. Veränderung der Wachstumsintensität durch die Zugabe von IES (*Pfeil*). Objekt: 4 bzw. 8 mm lange Koleoptilsegmente von Mais (*Zea mays*). Die Konzentration der IES im Wachstumsmedium (pH 6,3; Phosphatpuffer) ist bei jeder Kurve angegeben. Es lassen sich zwei „schnelle" Effekte der IES unterscheiden: 1. Nach Zugabe niedriger IES-Konzentrationen (2 · 10^{-7} mol · l^{-1}) zu 4 mm-Segmenten beobachtet man nach 2 – 3 min eine Zunahme der Wachstumsintensität. Die erheblich längere lag-Phase bei 8 mm-Segmenten (etwa 15 min) dürfte in erster Linie darauf zurückzuführen sein, daß die Auxinaufnahme durch längere Segmente langsamer erfolgt als durch kurze. 2. Bei einer starken Erhöhung der Auxinkonzentration (z. B. 5 · 10^{-5} mol · l^{-1}) erfolgt eine vorübergehende Erniedrigung der Wachstumsintensität, bevor nach 10 – 15 min die Steigerung einsetzt. (Nach Rayle et al., 1970)

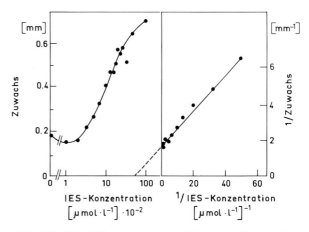

Abb. 274. Die Wachstumsintensität von Koleoptilsegmenten (*Avena sativa*) in Abhängigkeit von der IES-Konzentration im Inkubationsmedium. Die Segmente wurden nach der Entnahme aus der Koleoptile für 2 h auf einer gepufferten (pH 4,7) Rohrzuckerlösung (2%) gehalten (Verarmung an endogenem Auxin!). Dann wurde IES hinzugefügt und der Zuwachs über die nächsten 150 min gemessen. *Links:* Zuwachs als Funktion der IES-Konzentration im Medium. *Rechts:* Ein Lineweaver-Burk-Diagramm der Daten (1/Zuwachs gegen 1/IES-Konzentration). Das *endogene* Wachstum wird auf *endogene* IES zurückgeführt. (Nach Cleland, 1972)

eine Funktion der Konzentration des der Lösung zugefügten Auxins. Trägt man die mit suboptimalen IES-Konzentrationen erhaltenen reziproken Wachstumsintensitäten gegen die reziproke Auxinkonzentration auf (LINEWEAVER-BURK-Diagramm, → Abb. 118 b), so erhält man eine Gerade (Abb. 274). Dies bedeutet, daß man die MICHAELIS-MENTEN-Beziehung (→ S. 116) auf die Auxinwirkung anwenden kann. In dem Beispiel der Abb. 274 hat die MICHAELIS-Konstante (K_m) für IES einen Wert von etwa $6 \cdot 10^{-8}$ mol $\cdot$ l^{-1}. Die Tatsache, daß die Auxinwirkung der klassischen MICHAELIS-MENTEN-Beziehung gerecht wird, schließt ein „two point attachment" der IES aus. Diese früher favorisierte Hypothese besagt, daß ein Auxinmolekül mit zwei verschiedenen Receptorstellen gleichzeitig Kontakt aufnehmen muß, um wirksam werden zu können.

2. Die Rolle des Turgordrucks beim Zellwachstum.
Solange eine Zelle wächst, vergrößert sie ihr Volumen V und nimmt entsprechend Wasser auf (→ Abb. 106). Bezeichnen wir mit dem Symbol r die relative Wachstumsintensität dV/(dt $\cdot$ V), so muß auch die Intensität der Wasseraufnahme = r sein (wir betrachten zunächst nur das *stationäre* Wachstum). Die Intensität der Wasseraufnahme ist bestimmt durch einen Leitfähigkeitskoeffizienten (= Wasserpermeabilitätskoeffizienten) L und durch $\Delta\Psi$ (Differenz im Wasserpotential zwischen Medium und Zelle). Da $\Delta\Psi = \Delta\pi - P$ ist ($\Delta\pi$ = Differenz im osmotischen Potential zwischen Medium und Zelle; P = Turgordruck), so gilt:

$$r = L \cdot \Delta\Psi^* = L \,(\Delta\pi - P). \qquad (112)$$

Andererseits gilt für die genau studierten Objekte (*Nitella*zellen; → S. 593, und Zellen der *Avena*koleoptile) die empirische Beziehung:

$$r = m \,(P - Y), \qquad (113)$$

wobei: m = Extensibilitätsmodul, Plastizitätsmodul der Zellwand; Y = ein Schwellenwert an Druck, der aufgewendet werden muß, um die

---

* Korrekterweise müßte man hier anstelle von $\Delta\Psi$ in Übereinstimmung mit Gl. (47) (→ S. 122) $(c_1 - c_2)$ schreiben, wobei $c_{1,2}$ Wasserkonzentrationen bedeuten. Für die Belange dieses Abschnitts ist die Unterscheidung irrelevant.

Zellwand überhaupt zum plastischen Nachgeben zu bringen. Der Druck Y entspricht dem maximalen Turgordruck in dem elastischen Zellmodell der Abb. 106.

Die rechten Seiten der Gl. (112) und (113) müssen bei stationärem Wachstum gleich sein. Löst man für P, so ergibt sich

$$P = \frac{L \cdot \Delta\pi + m \cdot Y}{L + m} \qquad (114)$$

als jener Wert des Turgordrucks, der beim stationären Wachstum gewährleistet sein muß.

Die Frage ist, wie die Pflanzenzelle den aktuellen Turgordruck mißt und die resultierende Information für die Regulation des osmotischen Potentials und damit für die beständige Anpassung des Turgordrucks verwendet. Es gibt Hinweise darauf, daß die Messung und die Signalübertragung sowohl am Plasmalemma als auch am Tonoplasten erfolgen.

Setzt man Gl. (114) in Gl. (112) oder Gl. (113) ein, so folgt:

$$r = m \cdot L \, \frac{\Delta\pi - Y}{L + m}. \qquad (115)$$

Diese Gleichung zeigt, daß sowohl die Wasserpermeabilität als auch das Plastizitätsmodul der Zellwand die Wachstumsintensität beeinflussen. Je nachdem, wie groß die einzelnen Faktoren sind, vereinfacht sich die Gl. (115). Wenn beispielsweise die Wasserpermeabilität sehr groß ist, verglichen mit dem Plastizitätsmodul, so vereinfacht sich Gl. (115) zu

$$r = m \,(\Delta\pi - Y). \qquad (116)$$

Im Fall von *Nitella,* wo L extrem hoch und r relativ klein sind, konnte P direkt gemessen werden. Es wurde in Übereinstimmung mit Gl. (114) und (116) gefunden, daß $P \approx \Delta\pi$ ist. Im Fall von Koleoptilsegmenten oder Segmenten aus Erbsenepikotylen fallen hingegen alle Faktoren der Gl. (115) ins Gewicht. Diese Betrachtungen gelten für *stationäres* Wachstum. Der rasche Übergang von einer niedrigen Wachstumsintensität zu einer höheren (→ Abb. 273) stellt an eine quantitative Erklärung viel höhere Ansprüche. Auf jeden Fall können wir aber stets davon ausgehen, daß eine zur Änderung der Wachstumsintensität führende Wasseraufnahme und eine entsprechende Ausdehnung der Zellwand nur möglich

sind, wenn das Wasserpotential der Zelle unter
das Wasserpotential des Mediums fällt. Da
man schwerlich mit *raschen* Änderungen der
Osmolalität der Zellen rechnen kann, bleibt nur
die Erniedrigung des Schwellenwerts Y und/
oder eine Erhöhung des Faktors m als Erklärung für eine rasche Zunahme der Wachstumsintensität übrig.

3. Die Erhöhung der Extensibilität der Zellwand durch Auxin.

Man neigt heute zu der Auffassung, daß Auxin das Zellwachstum über die
Extensibilität der Zellwand reguliert. Dieser
Faktor wird bei Sproßachsen- und Koleoptilsegmenten durch Auxin erhöht, während sich
osmotisches Potential und Wasserpermeabilität
unter dem Einfluß von Auxin nicht wesentlich
(und vor allem nicht schnell!) ändern. *Wie
wirkt Auxin?* Man stellt sich vor, daß die undissoziierte IES durch Diffusion (passiv) in die Zellen aufgenommen, hingegen aktiv (mit Hilfe
von IES-Anionencarriern) als Anion abgegeben wird. Die Verteilung der carrier im Plasmalemma bestimmt die Richtung der Sekretion, z. B. die *polare* Sekretion (Abb. 275). Die
Richtung der Sekretion bestimmt die Transportrichtung im Gewebe, die Intensität der Sekretion bestimmt die Verweildauer der IES-Moleküle in einer Koleoptilzelle. Um wirken zu
können, müssen die IES-Moleküle an Recepto-
ren gebunden werden. HERTEL und Mitarbeiter
fanden Auxinbindungsstellen (Receptorprote-

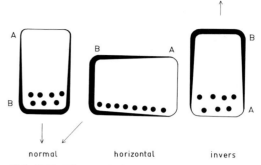

normal   horizontal   invers

Abb. 275. Ein Modell zur Illustration der Hypothese, daß die polare Auxinsekretion einer Koleoptilzelle (*Pfeil*) durch die stabile Polarität der Zelle maßgebend bestimmt wird. Die Verteilung der IES-
Anionencarrier im Plasmalemma wird durch die
Strukturpolarität der Zelle (→ S. 65) festgelegt. Die
mittlere Abbildung wird im Abschnitt über Geotropismus behandelt, ebenso die Bedeutung der Statolithen (→ S. 516). A, apikales Zellende; B, basales
Zellende; ●, Statolithen. (Nach HERTEL, 1962)

ine) am rauhen endoplasmatischen Reticulum.
Weitere Bindungsstellen am Plasmalemma
wurden physiologisch charakterisiert. Die
schnelle Wirkung der IES auf das Zellwachstum (→ Abb. 273) soll nach einem Vorschlag
von HAGER darauf zurückzuführen sein, daß
IES als Effektor einer ATPase am Plasmalemma wirkt (Abb. 276). In Anwesenheit von IES
arbeitet, diesem Modell zufolge, die ATPase als
Protonenpumpe, die H^+ durch das Plasmalemma in die Zellwand transportiert. Die Protonen

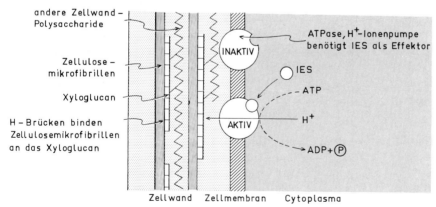

Abb. 276. Modellhafte Darstellung der möglichen
Rolle des Auxins als Effektor einer plasmalemmage-
bundenen Protonenpumpe (ATPase). In Anwesenheit von IES werden (diesem Modell zufolge) Protonen aus dem Cytoplasma in die Zellwand gepumpt,
wo sie die Auflösung von Wasserstoffbrücken verursachen, die die Xyloglucan-Polymeren an die Zellulosemikrofibrillen binden. Wenn die Zellwand unter

Turgordruck steht, soll die Ansäuerung zu einer relativen Bewegung der Xyloglucane gegenüber den
Mikrofibrillen und damit zu einer Ausdehnung (pla-
stische Extension) der Wand führen. (Nach DAVIES,
1973.) Eine Stimulierung der ATPase intakter Membranen durch Auxin wurde bislang nicht *unmittelbar*
beobachtet (CROSS et al., 1978).

erhöhen die Extensibilität der Zellwand. Das Modell der Auxinwirkung über eine Protonenpumpe (Abb. 276) wird durch experimentelle Daten eindrucksvoll gestützt. Beispielsweise läßt sich eine Protonensekretion von Koleoptilsegmenten in das Inkubationsmedium leicht messen, wenn an den Segmenten die Epidermis (und damit die diffusionshemmende Cuticula) vorher abgelöst wird. Die epidermisfreien Segmente reagieren erwartungsgemäß mit Wachstum auf eine Erhöhung der Protonenkonzentration im Medium. Das Pilztoxin *Fusicoccin,* ein Diterpenglycosid, welches das Wachstum von Koleoptilsegmenten induziert, bewirkt auch eine entsprechende Protonensekretion. Offenbar kann das Fusicoccin in dem Modell der Abb. 276 das Auxin funktionell ersetzen.

4. Langsame Wirkungen des Auxins. Zu den langsamen Wirkungen der IES gehört eine Stimulierung der RNA- und der Proteinsynthese, nach Maßgabe des Bedarfs beim Zellwachstum (→ Abb. 39). Demgemäß setzt die IES-stimulierte RNA- und Proteinsynthese mit Verzögerung ein; sie ist aber für ein länger dauerndes Wachstum unbedingt erforderlich. Die Tatsache, daß das durch Auxin bewirkte Zellwachstum auf eine intakte RNA- und Proteinsynthese angewiesen ist, stellt keinen zwingenden Beweis für die Hypothese dar, die IES wirke (nach der Bindung an das Receptorprotein) über eine differentielle Genaktivierung oder über eine Stimulierung der Proteinsynthese. Rasch, d. h. in der Größenordnung weniger Minuten, erfolgende Änderungen bestimmter Enzymaktivitäten als Folge einer Änderung der Auxinkonzentration konnten bisher noch nicht gefunden werden. Zusammenfassend läßt sich feststellen, daß die „langsamen" Effekte des Auxins gegenwärtig meist als Folgen, nicht als „Ursachen" des durch Auxin gesteigerten Zellwachstums angesehen werden. Einige Forscher neigen allerdings immer noch zu der Auffassung, die Wirkung der IES auf RNA- und Proteinsynthese sei auf eine direkte differentielle Genaktivierung durch das Hormon zurückzuführen.

Biologische Testverfahren für Auxin. Es stellt sich die Frage, ob Auxin eine Spezialität der Graskoleoptile ist, oder ob dieses Hormon generell bei den höheren Pflanzen vorkommt. Um diese Frage beantworten zu können, muß man zwei Voraussetzungen schaffen: Man muß

Extrakte aus pflanzlichen Geweben so sorgfältig herstellen, daß das möglicherweise vorhandene Auxin erhalten bleibt, und man muß geeignete biologische Tests * entwickeln, die zu entscheiden gestatten, ob ein bestimmter Extrakt Auxinaktivität enthält oder nicht.

Der klassische Test auf Auxin ist der sogenannte Krümmungstest der *Avena*koleoptile (Abb. 277). Häufiger als dieser zwar präzise, aber schwer zu handhabende Krümmungstest wird heutzutage der lineare Wachstumstest durchgeführt, für den man Koleoptilsegmente aus dem mittleren Koleoptilbereich verwendet. Man läßt die Segmente auf einer gepufferten Rohrzuckerlösung schwimmen. Da ihnen die Spitze fehlt, sind sie nach einigen Stunden an endogener IES verarmt. Gibt man nun Auxin hinzu, wird das Wachstum ausgelöst bzw. beschleunigt. Auch andere Organe und Gewebe sind für einen Auxintest zu gebrauchen, z. B. Segmente aus Erbsensproßachsen. Das Testsystem muß mit synthetischer IES geeicht werden. Wenn die initiale Wachstumsintensität (gemessen unmittelbar nach Einstellung des steady state) verwendet wird, findet man eine Sättigungskurve für die Konzentrations-Effekt-Beziehung (Abb. 278). Dieser Kurvenverlauf steht im Gegensatz zu der klassischen Optimumkurve für die IES-Wirkung, die seit Bonner (1933) für zutreffend gehalten wurde und in viele Lehrbücher eingegangen ist (Abb. 279). Die relative Hemmwirkung bei höheren Auxinkonzentrationen ist, wie Cleland (1972) gezeigt hat, auf eine Auxin-Saccharose-Wechselwirkung zurückzuführen, die nur dann ins Spiel kommt, wenn für die Bestimmung der Wachstumsintensität Langzeit-Wachstumsstudien (3 – 24 h) zugrunde gelegt werden. Dieses Beispiel zeigt nicht nur, daß auch bereits „klassische" Auffassungen falsch sein können; es weist auch eindringlich darauf hin, daß Endpunktbestimmungen (z. B. Segmentlänge 24 h

---

* Hormone kommen stets nur in sehr geringen Mengen vor. Oft ist eine millionenfache Anreicherung aus dem biologischen Ausgangsmaterial erforderlich, bevor das Hormon chemisch rein vorliegt. Für Anreicherung und Reindarstellung ist ein guter biologischer Test unentbehrlich. Auch nach der Konstitutionsaufklärung behält der biologische Test seine Bedeutung, falls die biochemische Bestimmung des Hormons für manche Fragestellungen nicht spezifisch oder nicht empfindlich genug ist. Dies trifft auf das Auxin zu.

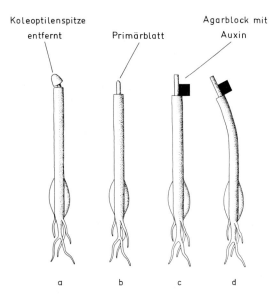

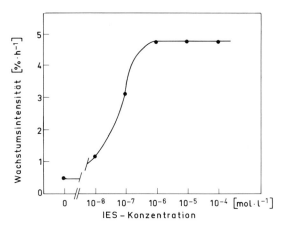

Abb. 278. Konzentrations-Effekt-Kurve für das Auxin-induzierte Wachstum von Koleoptilsegmenten (*Avena sativa*). Es wurde in diesem Fall die auf die Ausgangslänge der Segmente bezogene, anfängliche Wachstumsintensität (unmittelbar nach Einstellung des steady state-Wachstums) zugrunde gelegt. Es ergibt sich eine Sättigungskurve, keine Optimumkurve (→ Abb. 279). (Nach CLELAND, 1972)

Abb. 277 a – d. Der Krümmungstest auf Auxin, ausgeführt mit einer dekapitierten *Avena*koleoptile. Zuerst wird die Koleoptile dekapitiert, um die endogene Auxinproduktion auszuschalten (a). Nach 3 h wird nochmals ein kurzes Stück an der Spitze des Koleoptilenstumpfes abgeschnitten (b). Auf diese Weise verhindert man die Regeneration einer „physiologischen Spitze". Darunter versteht man das Gewebe in der Nähe der Schnittfläche, welches nach etwa 3 h die Fähigkeit erwirbt, Auxin zu produzieren. Die beiden Dekapitierungen bewirken eine sehr starke Reduktion des Auxinspiegels in der Koleoptile. Jetzt zieht man am Primärblatt, reißt es an der Basis ab und dekapitiert es ebenfalls. Nach diesen Operationen zeigt der Primärblattrest kein Wachstum mehr. Er kann als Stütze für den seitlich aufzusetzenden Agarblock verwendet werden (c). Den vermutlich auxinhaltigen Pflanzenextrakt hat man vorher auf ein kleines Volumen eingeengt und das Konzentrat einem Agarblöckchen zugeführt. Dieses Agarblöckchen setzt man asymmetrisch auf die Schnittfläche der dekapitierten Koleoptile. Da das Auxin strikt basipetal geleitet wird, fördert das aus dem Agarblock aufgenommene Auxin lediglich das Zellwachstum auf der einen Flanke. Es resultiert eine Krümmung des Organs (d), welche — wie man durch eine Eichkurve mit synthetischer IES feststellen kann — der Auxinkonzentration in dem Agarblock proportional ist. Liefert also ein bestimmter Extrakt unter genau standardisierten Testbedingungen eine bestimmte Krümmung, so kann man angeben, welcher IES-Konzentration der Auxingehalt des Extraktes entspricht. Leider sind die Ergebnisse eines biologischen Tests nicht immer eindeutig, z. B. muß man damit rechnen, daß in dem Extrakt mehrere Molekültypen mit Auxin-Wirksamkeit vorliegen oder daß Hemmstoffe mit dem Test interferieren. (Nach BONNER und GALSTON, 1952)

nach Auxinzugabe) zu falschen Schlüssen führen können. Es ist in der Physiologie *prinzipiell* notwendig, die zeitliche Veränderung einer Merkmalsgröße in *kurzen* Intervallen zu messen, also *kinetische* Studien auszuführen.

Mit Hilfe biologischer Tests hat man festgestellt, daß Faktoren, die in diesen Tests wirksam sind („Auxine"), in der Tat aus vielen Geweben gewonnen werden können, z. B. in verhältnismäßig großen Mengen aus Vegetationspunkten und jungen Blättern der Spermatophyten. Es handelt sich dabei meist, aber nicht immer, um IES. Man pflegt häufig folgende Einteilung vorzunehmen:

1. „Diffusionsfähiges" Auxin (gemeint ist solcher Wuchsstoff, der mit Agar von den Schnittflächen der Organe abgefangen werden kann).
2. „Freies" Auxin des Gewebes (extrahierbar in 1 bis 2 h bei 0° C mit organischen Lösungsmitteln).
3. „Gebundenes" Auxin des Gewebes (nur extrahierbar bei langfristiger Extraktion mit organischen Lösungsmitteln).

Die Auftrennung der Extrakte erfolgt heutzutage chromatographisch, meist mit den Mitteln der *Dünnschichtchromatographie*. Die Substanzen werden vom Chromatogramm eluiert und im Wuchsstofftest geprüft. Man fand da-

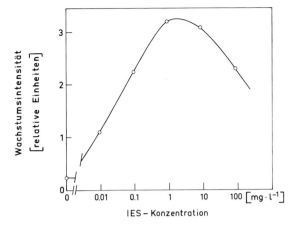

Abb. 279. Eine Konzentrations-Effekt-Kurve für die wachstumssteigernde Wirkung von IES im Erbsensegmenttest. Verwendet wurden in dem hier dargestellten Fall subapikale Segmente aus Sproßachsen etiolierter Erbsenpflanzen *(Pisum sativum).* Die Auswertung erfolgte einige h nach Zugabe der IES zum Medium (Endpunktbestimmung statt Messung der Kinetik; → Abb. 278). (Nach GALSTON, 1961)

bei, daß neben der IES auch dem *Indol-3-acetonitril* Auxinaktivität zukommt. Diese mit der IES verwandte Verbindung wurde aus Cruciferen isoliert. Die Substanz spielt wahrscheinlich in einigen Pflanzen bei der Biosynthese der IES aus *Glucobrassicin* die Rolle des Zwischenprodukts. Da das Molekül in geeigneten Testsystemen eine stärker wachstumsfördernde Wirkung ausübt als die IES, hat man das Indol-3-acetonitril früher auch als eigenständigen Wuchsstoff aufgefaßt. Neben den Indol-Auxinen fand man gelegentlich auch Auxine, die nicht Indolcharakter besitzen. Als Prototyp der Auxine kann auf alle Fälle die IES gelten, auf die wir uns deshalb beschränken. In der Regel entsteht die IES aus Tryptophan über Indol-3-acetaldehyd (→ Abb. 245).

Die multiple Wirkung der IES. Verwendet die höhere Pflanze die IES ausschließlich für die Regulation des Zellwachstums? Die Antwort auf diese Frage ist *nein*. Es gibt eine Vielzahl von Entwicklungsvorgängen bei höheren Pflanzen, die durch IES reguliert werden können. Wir erwähnen nur einige: Auxin kann in vielen Fällen die Mitoseaktivität eines Gewebes auslösen oder verstärken. In den üblichen Gewebekulturen aus Sproßachsen z. B. (→ Abb. 403) ist eine Mitoseaktivität nur möglich, wenn IES

im Medium angeboten wird. Auxin vermag in Sproßachsen die Teilungsaktivität im fasciculären Kambium oder im Kambiumring bei Holzpflanzen auszulösen. In der intakten Pflanze stammt diese IES in erster Linie aus der Endknospe. Eine Behandlung mit IES führt bei manchen Stecklingen, die spontan nur langsam oder gar nicht Adventivwurzeln bilden, zur raschen Wurzelbildung. Die *apikale Dominanz,* die Tatsache also, daß eine intakte Endknospe das Austreiben der Achselknospen verhindert, kann darauf zurückgeführt werden, daß die Endknospe IES in die Achse abgibt. Setzt man statt der Endknospe einen IES-haltigen Agarblock auf die Schnittfläche, so unterbleibt das Auswachsen der Achselknospen. Die IES ersetzt also die Endknospe hinsichtlich der apikalen Dominanz (Abb. 280). Diese wenigen Beispiele illustrieren, was der Ausdruck „multiple Wirkung der IES" bedeutet. Die IES ist funktionell hochgradig *unspezifisch.* Sie kann von der Pflanze für eine Vielzahl von Regulationen verwendet werden (Abb. 281). Die *Spezifität* einer durch IES ausgelösten Reaktion, z. B. die Adventivwurzelbildung an Stecklingen, hat also nichts mit der IES zu tun, sondern mit der *Kompetenz,* d. h. mit dem spezifischen Differenzierungszustand der Zellen und Gewebe, auf die sie wirkt. Es ist deshalb wenig sinnvoll, wenn man die IES im Fall der Adventivwurzelbildung z. B. als „wurzelbildenden Stoff" bezeichnet. Die IES ist ein *Auslöser,* nicht mehr. Die theoretischen Konsequenzen, die sich aus der multiplen Wirkung von Hormonen ergeben, werden wir im Zusammenhang mit der Phytochromwirkung behandeln (→ S. 320).

Synthetische Auxine. Die IES kann in ihren physiologischen Wirkungen durch andere Substanzen ersetzt werden, auch durch solche, die in lebendigen Systemen nicht hergestellt werden. Drei dieser synthetischen Auxine sind in Abb. 282 der IES gegenübergestellt. Die Moleküle zeigen eine gewisse strukturelle Ähnlichkeit mit IES.

Einige synthetische Auxine sind für die moderne Agrikultur von großer Bedeutung. Sie werden dort für viele Zwecke anstelle der IES verwendet, da sie billiger als diese hergestellt werden können und eine hohe, langanhaltende Wirksamkeit zeigen. Dies hängt in erster Linie damit zusammen, daß die Pflanze die fremden Moleküle nicht mit Hilfe spezifischer Enzyme abbauen kann. Die endogene Substanz IES

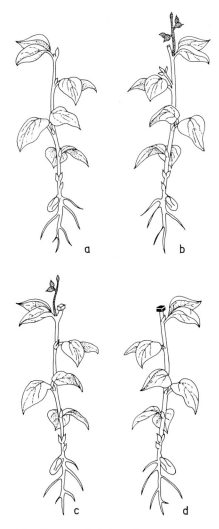

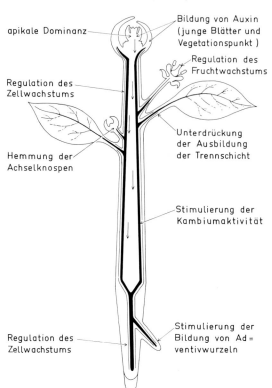

Abb. 281. Eine Illustration für die *multiple* Wirkung des Auxins. Ein weiterer charakteristischer Auxineffekt ist in der Abb. 397 beschrieben. (In Anlehnung an Steward, 1964)

Abb. 280 a – d. Eine Illustration für das Phänomen der *apikalen Dominanz*. Objekt: *Vicia faba*. Nach Entfernung der apikalen Endknospe (a) wachsen Seitenknospen (Achselknospen) aus (b). Bedeckt man die apikale Schnittstelle mit einem Agarblock, der Auxin enthält, so bleiben die Seitenknospen gehemmt (d). Ein Agarblock ohne Auxin hat keine Wirkung (c). (In Anlehnung an Bonner und Galston, 1952)

hingegen kann in der Pflanze durch Peroxidasen („*IES-Oxidasen*") zerstört werden. Die aus dem pflanzlichen Gewebe extrahierbare IES-Oxidaseaktivität ist in der Regel sehr hoch, so daß man in situ mit einer Trennung von Enzymen und Substrat rechnen muß. Über die Art der Kompartimentierung hat man keine genauen Vorstellungen. Einige Diphenole, beispielsweise Kaffeesäure (→ Abb. 245) sind in vitro sehr wirksame Inhibitoren der IES-Oxidaseaktivität.

Abb. 282. Das natürliche Auxin IES und drei in Forschung und Praxis häufig verwendete synthetische Auxine

Antiauxine. Mit diesem Begriff bezeichnet man Substanzen, die zwar selbst keine Auxinwirkung besitzen, aber *spezifisch* die Auxinwirkung verhindern. Die am besten bekannten Substanzen dieser Art sind 2,4,6-Trichlorphenoxyessigsäure (2,4,6-T) und p-Chlorphenoxyisobuttersäure (PCIB). Diese Moleküle blockieren, in geeigneter Dosis appliziert, sowohl die fördernden als auch die hemmenden Effekte des natürlichen Auxins. Beispielsweise hemmen diese Substanzen das auxininduzierte Längenwachstum von Koleoptilsegmenten. Wie wirken diese klassischen Antiauxine? Wir haben bereits erwähnt (→ S. 282), daß man eine Gerade erhält, wenn man die reziproke Wachstumsintensität v als Funktion der reziproken Auxinkonzentration c aufträgt (LINEWEAVER-BURK-Diagramm). Daraus haben wir den Schluß gezogen, daß das MICHAELIS-MENTEN-Modell der Enzym-Substrat-Wechselwirkung auf die Auxinwirkung anwendbar ist. Es gilt:

$$\frac{1}{v} = \frac{A_0}{c} + B_0, \qquad (117)$$

wobei A_0 und B_0 Konstanten sind. Die oben genannten Substanzen verursachen Änderungen von A_0 in Gl. (117). Sie müssen deshalb als spezifische, kompetitive Inhibitoren der primären Auxinwirkung aufgefaßt werden. Man erklärt die Wirkung der Antiauxine damit, daß diese Substanzen wegen ihrer dem Auxin ähnlichen Konfiguration die Receptorstellen für Auxin, beispielsweise am Plasmalemma, kompetitiv zu blockieren vermögen.

Auch solche Moleküle, die per Definition als synthetische Auxine gelten, können unter Umständen gegenüber dem Auxin als kompetitive Inhibitoren wirken. Hierfür ein Beispiel (→ S. 12): 2,4-D kann die IES bei der Regulation des Zellwachstums der *Avena*koleoptile vertreten. Die Konzentrations-Effekt-Kurven (Wachstumsintensität als Funktion der Konzentration, mol · l⁻¹) sind allerdings nicht identisch (2,4-D besitzt eine geringere molare Wirksamkeit), können aber durch einfache Transformation ineinander übergeführt werden. Die theoretische Analyse ergibt (→ S. 12), daß beide Moleküle an derselben Receptorstelle angreifen. Da die molare Wirksamkeit von 2,4-D geringer ist als die von IES, kann man voraussagen, daß bei saturierender IES-Konzentration ein Zusatz von 2,4-D die Wachstumsintensität reduzieren wird. Diese Prognose läßt sich experimentell bestätigen.

Wachstumsintensität und Protein- bzw. RNA-Synthese. Eine befriedigende formale und molekulare Analyse von Wachstumsvorgängen dürfte vorläufig nur dann möglich sein, wenn bezüglich der Wachstumsleistung steady state-Bedingungen vorliegen. Eine konstante Wachstumsintensität ist hierfür ein zuverlässiger Indikator. Wir vergleichen also im Rahmen einer Faktorenanalyse solche Systeme, die unter steady state-Bedingungen wachsen. Ein Beispiel: Verwendet wird das Achsensystem eines Senfkeimlings ohne Kotyledonen (Radicula, Hypokotyl, Plumula; Restkeimling); gemessen wird die Länge des Hypokotyls. Der Restkeimling ist bezüglich Stickstoff ein geschlossenes System. Die über Phytochrom erfolgende relative Wirkung des Lichts auf das Längenwachstum des Hypokotyls ist dieselbe wie beim intakten Keimling (→ S. 344). Die auf Zellwachstum zurückzuführende Wachstumsintensität des Hypokotyls ist im Dunkeln und im Licht (Dauer-Dunkelrot; → S. 314) konstant. Die Wachstumsintensitäten unterscheiden sich jedoch um den Faktor 8 (Abb. 283). Trotz stationären Wachstums nimmt der Proteingehalt des Hypokotyls beständig ab; ein Unterschied zwischen Dunkel- und Lichtkeimung ist nicht feststellbar (Abb. 284). Daraus muß man wohl den Schluß ziehen, daß allenfalls sehr kleine Änderungen in der Proteinfraktion der Hypokotylzellen mit der Regulation des Zellwachstums zu tun haben. Entsprechende Resultate erhielt man auch für die RNA. Eine befriedigende molekulare

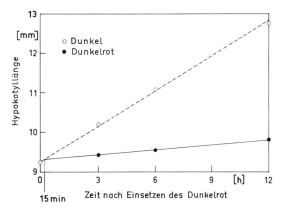

Abb. 283. Das Längenwachstum des Hypokotyls im Dunkeln und im Dauerlicht (Dunkelrot). Objekt: Restkeimlinge (Radicula, Hypokotyl, Plumula) von *Sinapis alba*. Während der gewählten Phase sind die Wachstumsintensitäten des Hypokotyls im Dunkeln und im Licht jeweils konstant. Sie unterscheiden sich aber um den Faktor 8. (Nach ROTH et al., 1970)

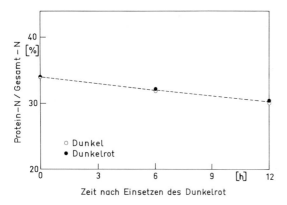

Abb. 284. Veränderungen des Proteingehalts im Hypokotyl des Restkeimlings von *Sinapis alba* unter den in Abb. 283 angegebenen Wachstumsbedingungen. Der Gesamtstickstoff im Restkeimling (die Bezugsgröße) ist konstant. (Nach MOHR et al., 1967)

Theorie der Regulation des Zellwachstums dürfte deshalb nur möglich sein, wenn man den Pegel stationärer Enzymaktivitäten mit der Intensität des stationären Zellwachstums in Beziehung bringen kann. Es erscheint von vornherein nicht sinnvoll, Gesamt-Protein oder Gesamt-RNA (bzw. größere Fraktionen davon) mit der Wachstumsleistung einer Zelle in Beziehung zu setzen.

Aus der Abb. 283 geht hervor, daß bereits etwa 15 min nach Einsetzen des dunkelroten Lichts die für diese Bedingung charakteristische, geringe Wachstumsintensität eingestellt ist. Mißt man mit Hilfe von ^{14}C-Uridin und ^{14}C-Leucin die RNA- bzw. Proteinsynthese des Hypokotyls, so findet man in dem geprüften Zeitraum (bis 30 min nach Einsetzen des Lichts) keinen Unterschied zwischen Dunkel- und Lichtkeimlingen. Daraus folgt, daß selbst die Isotopentechnik nicht genau genug ist, um Unterschiede in der RNA- und Proteinsynthese zu entdecken, die man mit der um den Faktor 8 : 1 verschiedenen Wachstumsintensität des Hypokotyls in eine kausale Beziehung bringen könnte.

Inhibitoren der RNA- oder Proteinsynthese, z. B. Actinomycin D, Puromycin oder Cycloheximid (→ Abb. 59), aber auch Inhibitoren der Zellatmung, z. B. Azid, hemmen das auxininduzierte Zellwachstum. Die Frage nach der Wirkungsweise dieser Inhibitoren bringt uns zurück zur Abb. 270. Die Inhibitoren hemmen die Bildung von Faktoren, die normalerweise Wachstumsfaktoren (und nicht Wachstums*re*-

gulatoren) sind, z. B. rRNA, Enzyme, ATP. Die genannten Inhibitoren hemmen das Wachstum bei hoher Wachstumsintensität stark, bei niedriger Wachstumsintensität (also bei geringer IES-Konzentration) hingegen nicht (oder kaum), da unter diesen Umständen die betroffenen Wachstumsfaktoren innerhalb des geprüften Zeitraums nicht limitierend werden. Bei geringer Wachstumsintensität reicht beispielsweise auch eine stark verminderte ATP-Synthese für die Befriedigung des Energiebedarfs der Zellstreckung noch voll aus.

Physiologie der Differenzierung

Der Begriff der Differenzierung. In einem adulten Säugetier oder im adulten Sporophyten einer Samenpflanze lassen sich mehrere hundert verschiedenartige Zelltypen unterscheiden. Dieses Phänomen fordert die Frage heraus, wie aus einer Keimzelle (Zygote, Spore) diese Mannigfaltigkeit der Zelltypen entstehen kann. Bei der Antwort auf diese Frage müssen wir davon ausgehen, daß die Vermehrung der Zellen im vielzelligen System über mitotische Zellteilungen erfolgt. Dies bedeutet, daß in aller Regel zumindest die im Zellkern deponierte genetische Information der Mutterzelle äqual auf die Tochterzellen verteilt wird (→ S. 59).

Der Tradition folgend, bezeichnet man den Vorgang des funktionellen und strukturellen Verschiedenwerdens der Zellen, Gewebe und Organe in der Ontogenie eines vielzelligen Systems mit dem Begriff *Differenzierung,* und man pflegt zu betonen, der „Mechanismus" der Differenzierung sei eines der großen Probleme der Biologie. Dies ist in der Tat der Fall.

Der Begriff Differenzierung wird auch innerhalb der Biologie in verschiedener Bedeutung benutzt. Das Problem der Differenzierung ist deshalb auch ein *begriffslogisches* Problem.

1. Die Verwendung des Begriffs Differenzierung in der deskriptiven Embryologie. Der beschreibende Embryologe versteht unter Differenzierung die von einem cytologisch einheitlichen, omnipotenten Ausgangsmaterial ausgehende Entwicklung von Zellen, Geweben und Organen nach verschiedenen Richtungen. Das Resultat ist, daß aus ehemals gleichartigen Zellen solche entstehen, die sich strukturell und funktionell sowohl untereinander als auch gegen-

über den embryonalen Zellen unterscheiden.
Die Betonung der *Zell*differenzierung erscheint
gerechtfertigt, da man heute allgemein davon
ausgeht, daß Unterschiede zwischen Geweben
und Organen auf Unterschiede zwischen Zellen
zurückzuführen sind. Allerdings zeigt bereits
die Beobachtung von Tüpfelkanälen, daß die
Zellen im Gewebeverband bei der Differenzierung mit höchster Präzision kooperieren. Die
Entwicklungsphysiologie kennt darüber hinaus
viele Beispiele für die *Wechselwirkung* von Zellen beim Prozeß der Differenzierung. Zellen
differenzieren sich in der Regel nicht autonom,
sondern aufgrund und nach Maßgabe von Signalen aus ihrer Umwelt (→ S. 308).

Das begriffliche Gegensatzpaar in der deskriptiven Embryologie lautet: embryonal —
differenziert.

**2. Die Verwendung des Begriffs Differenzierung
in der genphysiologisch orientierten Entwicklungsphysiologie.** Die Abb. 285 veranschaulicht
das Problem. Es sind 3 verschiedene Zellphänotypen ins Auge gefaßt, z. B. die Epidermiszellen, die als Sklereide ausgebildeten Idioblasten und die Palisadenparenchymzellen eines
Blattes (Abb. 286). Wir gehen von dem Paradigma aus, daß sich zumindest in den meisten

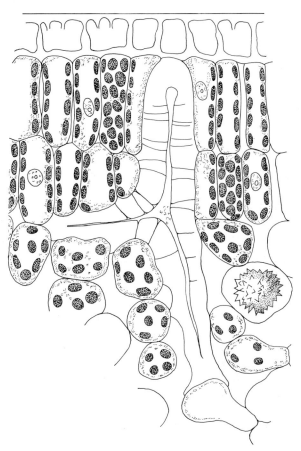

Abb. 286. Teil eines Querschnitts durch das Laubblatt von *Camellia japonica* mit einer Sklerenchym-
zelle (Sklereid). (Nach HABERLANDT, 1924)

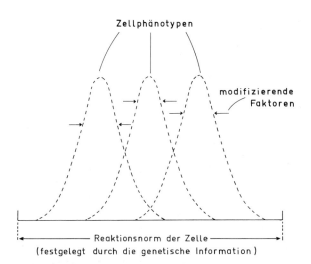

Abb. 285. Eine formale Veranschaulichung für das
Phänomen der Differenzierung. Mit dem Begriff
Zellphänotyp bezeichnen wir den jeweiligen Differenzierungszustand (das jeweilige Differenziertsein)
einer Zelle. *Differenzierung* ist die Überführung einer Zelle von einem Zellphänotyp in einen anderen.
Beispielsweise ist die Überführung einer Parenchymzelle in eine Tracheide ein Differenzierungsvorgang

Fällen bei der Herausbildung verschiedener
Zellphänotypen die genetische Information der
Zellen nicht verändert und daß nichts davon
verloren geht (→ S. 441). Mit anderen Worten:
Die Reaktionsnorm der Zellen wird im Vollzug
der Differenzierung nicht verändert. Außerdem
gehen wir davon aus, daß Zelldifferenzierung
mit *differentieller Genaktivität* zusammenhängt.
Mit diesem Begriff will man zum Ausdruck
bringen, daß in verschiedenartig differenzierten
Zellen unterschiedliche Anteile der genetischen
Information aktiv sind, oder aktiv gewesen
sind. Die qualitativ unterschiedliche Transkription in verschieden differenzierten Zellen desselben Organismus läßt sich mit den heute zur
Verfügung stehenden *RNA-DNA-Hybridisie-
rungstechniken* (Abb. 287) direkt demonstrieren. Wenn man z. B. Transkriptionsunterschie-
de zwischen Hypokotyl- und Kotyledonenzellen einer Senfpflanze nachweisen will, benötigt

man folgende Voraussetzungen: Einsträngige DNA, die alle Gene der Senfpflanze repräsentiert; radioaktiv markierte Hypokotyl-RNA; radioaktiv markierte Kotyledonen-RNA. Man läßt nun DNA und Hypokotyl-RNA solange hybridisieren, bis alle Sequenzen der DNA, mit denen die Hypokotyl-RNA hybridisieren kann, besetzt sind. Fügt man nun Kotyledonen-RNA hinzu, so beweist eine weitere Hybridisierung, daß in den Kotyledonenzellen auch solche Abschnitte der DNA transkribiert wurden und in Form von RNA vorliegen, die in den Hypokotylzellen bezüglich der Transkription inaktiv waren.

Was bedeutet *Differenzierung* im Zusammenhang mit der Abb. 285? Der Begriff bedeutet hier die Überführung eines bestimmten Zellphänotyps in einen anderen. Auch die embryonale Zelle ist unter dem genphysiologischen Gesichtspunkt als differenziert aufzufassen; auch sie ist funktionell spezialisiert, nämlich auf die Funktion der Zellteilung hin. Auch die embryonale Zelle exprimiert nur einen Teil — und zwar nur einen sehr kleinen Teil — der gesamten in ihr vorhandenen genetischen Information. Der logische Gegensatz zur *embryonalen* Zelle ist die *nicht mehr teilungsbereite, funktionell spezialisierte* Zelle (kurz, die *adulte* Zelle). Den Übergang einer embryonalen Zelle in eine spezialisierte, adulte Zelle sollten wir korrekterweise eine *Umdifferenzierung* nennen.

Tatsächlich verwenden wir heute den Begriff Differenzierung meist im Sinn einer Umdifferenzierung, ob wir uns dessen bewußt sind

oder nicht. Wir wissen, daß in der Regel auch die funktionell spezialisierte, adulte Pflanzenzelle einer weiteren Umdifferenzierung innerhalb der Reaktionsnorm zugänglich ist. Dabei ist der Umweg über eine Reembryonalisierung keineswegs obligatorisch. TORREY konnte beispielsweise zeigen, daß in Zellsuspensionskulturen von *Centaurea cyanus* einzelne isolierte Parenchymzellen in einzelne isolierte Xylemelemente (Tracheiden) übergehen. KOHLENBACH hat bewiesen, daß mechanisch isolierte Mesophyllzellen von *Zinnia elegans* sich in submerser Kultur zuerst strecken und dann ohne vorhergehende Zellteilung direkt zu Tracheiden werden. Wir können davon ausgehen, daß DNA-Synthese, Kern- oder Zellteilung dem Differenzierungsvorgang nicht notwendigerweise voranzugehen brauchen.

Es ist auffällig, daß unter normalen (d. h. nicht-pathologischen) Umständen bei Differenzierungen innerhalb der Reaktionsnorm nur bestimmte, klar unterschiedene Zellphänotypen entstehen, bei einem Blatt z. B. Epidermiszellen, Palisadenparenchymzellen, Schwammparenchymzellen, Schließzellen, Idioblasten. Daraus folgt, daß nur bestimmte Zellphänotypen möglich sind; vermutlich sind nur sie genphysiologisch ausbalanciert. Andererseits haben alle Zellphänotypen einer Pflanze eine Vielzahl gemeinsamer Eigenschaften: Sie bilden alle die gleichen Ribosomen, dieselbe Zellulose, das gleiche Phytochrom, die gleichen Cytochrome, die gleichen Dehydrogenasen, das gleiche ATP usw. Die Zellphänotypen überlap-

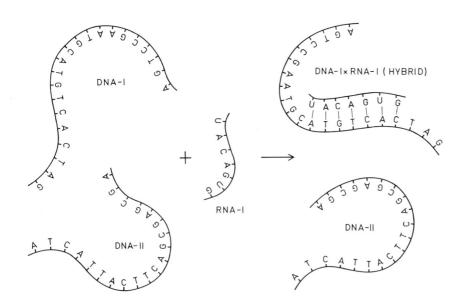

Abb. 287. *Hybridisierung* kann eintreten, wenn die Basensequenz eines RNA-Strangs mit der komplementären Basensequenz eines DNA-Einzelstrangs zusammentrifft. In dem hier angegebenen Modell hat die RNA-I etwa die gleiche Kollisionshäufigkeit mit der genetisch verwandten DNA-I und mit der DNA-II, zu der die RNA-I keine genetische Beziehung hat. RNA-I hybridisiert mit der DNA-I. (Nach SPIEGELMANN, 1964)

pen sich also und sind doch klar unterschieden. Vermutlich ist, genphysiologisch gesehen, die Überlappung weit größer als der Unterschied.

Determination und Differenzierung. Die Erkennung von Unterschieden zwischen Zellen hängt von der Leistungsfähigkeit der verwendeten Methoden ab. Oft kann das Verschiedensein von Zellen nur rückblickend aus dem Entwicklungsablauf erschlossen werden. Man pflegt für solche prospektiven Unterschiede den Begriff *Determination* zu verwenden. Determinierte Zellen sind also solche, deren künftiger Differenzierungszustand (funktioneller Zellphänotyp) bereits festgelegt ist, obgleich dies morphologisch, biochemisch oder biophysikalisch noch nicht feststellbar ist.

1. Beispiel: Die Zoneneinteilung der Wurzel. Bei der begrifflichen Gliederung einer Wurzel pflegt man Meristem, Determinationszone und Differenzierungszone zu unterscheiden (Abb. 288). Wächst die Wurzel im Fließgleichgewicht (steady state), so behalten die Zonen sowohl ihre Größe als auch ihre relative Lage. OEHLKERS hat treffend die Determination als „eine bestimmte Etappe auf dem Weg zur endgültigen Differenzierung" bezeichnet, „in der sich zwar noch nicht die besonderen Eigentümlichkeiten endgültig ausdifferenzierter Zellen abzeichnen, wohl aber Entscheidungen fallen und Vorbereitungen getroffen werden".

Die Abb. 288 zeigt anschaulich, daß Determination und Differenzierung im vielzelligen Organismus stets mit subtiler, nicht-zufallsmäßiger *Musterbildung* verbunden sind. Es ist deshalb unwahrscheinlich, daß zufallsmäßige Vorgänge bei Determination und Differenzierung eine Rolle spielen. Die Determination äußert sich auf dem Niveau der Gewebe und Organe als *Anlage eines Musters*, Differenzierung als *Ausbildung eines Musters* (→ S. 330).

2. Beispiel: Determination und Differenzierung bei der Bildung von Idioblasten. Auch im Fall von Idioblasten nennt man die determinierten Zellen *Initialen*. Hier gilt die Vergrößerung des Zellkerns, einschließlich der Nucleolen, als erstes sichtbares Zeichen der stattgehabten Determination. Die Abb. 289 faßt die von FOARD erhobenen experimentellen Befunde zusammen: Die unreifen Parenchymzellen im jungen Blatt von *Camellia japonica* differenzieren sich nicht autonom, sondern reagieren auf bestimm-

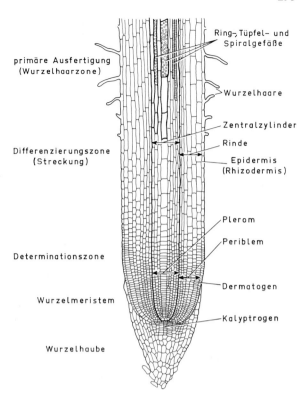

Abb. 288. Die Zoneneinteilung einer Wurzel. Neben dem *Meristem* lassen sich die Zonen der *Determination*, der *Differenzierung*, der *primären Ausfertigung* und der *sekundären Ausfertigung* unterscheiden. Die letztere Zone, die sekundäres Dickenwachstum einschließt, ist in dem vorliegenden Schema nicht erfaßt. (Nach OEHLKERS, 1956)

te experimentelle Eingriffe mit Änderungen der Differenzierungsrichtung. Allerdings entstehen dabei entweder Assimilationsparenchymzellen oder Sklereide, nichts anderes. Das Beispiel zeigt außerdem, daß Zellteilungen keine notwendige Voraussetzung für Umsteuerungen der Differenzierungsrichtung darstellen.

Differenzierung und Modulation. Die Bestimmung des jeweiligen Zellphänotyps, des jeweiligen Differenzierungszustandes, erfolgt durch *modifizierende Faktoren* (→ Abb. 285). Sie stammen offensichtlich entweder aus der Umwelt der Zelle oder resultieren aus der Polarität der Mutterzelle (→ Abb. 75). Die aus der Umwelt der Zelle stammenden Faktoren sind entweder *organismuseigene Faktoren* oder *Außenfaktoren*, beispielsweise Licht, Temperatur, oder Äthylen (→ S. 332). Den Außenfaktoren kommt beim Differenzierungsgeschehen der

(1) experimenteller Eingriff: Künstlicher Blattrand

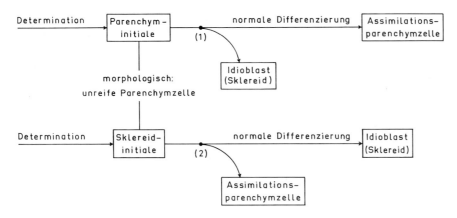

(2) experimenteller Eingriff: Blatt in Organkultur

Abb. 289. Experimentelle Umsteuerung während des Differenzierungsvorgangs. Objekt: Junge Blätter von *Camellia japonica*. Die Blattsklereide dieser Pflanze sind ein Beispiel für den sklerenchymatischen Typ von Idioblasten. Die großen, reich verzweigten, mit einer dicken, verholzten Wand ausgestatteten *Sklereide* (→ Abb. 286) unterscheiden sich in jeder Hinsicht von den *Assimilationsparenchymzellen,* in die sie eingebettet sind. Die Sklereide entstehen aus Parenchymzellen. Die *Sklereidinitialen,* d. h. die Zellen, die sich zu den reifen Sklereiden entwickeln werden, lassen sich während der ersten Phasen der Blattentwicklung von den *Parenchyminitialen* nicht unterscheiden. Erst wenn das Blatt 3 bis 5 cm groß ist, vergrößert sich der Zellkern der Sklereidinitiale in auffälliger Weise. Die Sklereide entwickeln sich normalerweise fast nur am Blattrand. Schafft man künstliche Blattränder (z. B. durch Entnahme von Blattstücken aus dem Zentralteil der Lamina), so entwickeln sich normale Sklereide an den künstlichen Blatträndern (1). Zellteilungen spielen hierbei keine Rolle. Isoliert man ein junges Blatt und läßt es auf einem flüssigen Nährmedium heranwachsen, so bilden sich keine Sklereide am Blattrand (2). Da sich Sklereid- und Parenchyminitialen im jungen Blatt (< 3 cm) morphologisch nicht unterscheiden lassen, kann man den Zeitpunkt nicht angeben, an dem die Determination in Richtung Sklereid oder Parenchymzelle erfolgt. Die Alternative ist deshalb nicht ausgeschlossen, daß sich Sklereide und Parenchymzellen aus ein und denselben, *bipotenten* Initialen differenzieren. Die ausdifferenzierten Assimilationsparenchymzellen ausgewachsener Blätter sind nicht mehr in der Lage, sich in Sklereide umzudifferenzieren. (Nach Daten von FOARD, 1960)

Pflanzen eine viel größere Bedeutung zu, als bei der Entwicklung der Tiere. Dies eröffnet der Pflanzenphysiologie die Möglichkeit für eine verhältnismäßig übersichtliche Faktorenanalyse der Differenzierung im Sinn der Abb. 3. Dieser Aspekt wird in dem Kapitel über Photomorphogenese dargestellt (→ S. 311).

Man stellt sich die Frage, ob die modifizierenden Faktoren beständig wirken müssen, um eine bestimmte Zelle in einem bestimmten Determinations- oder Differenzierungszustand zu halten, oder ob diese Faktoren lediglich die Einstellung eines stabilen Zustandes bewirken und dieser dann erhalten bleibt, solange keine weitere Umsteuerung durch andere modifizierende Faktoren erfolgt. Manche Phänomene (→ Abb. 289) sprechen für die zuletzt genannte Möglichkeit. Man muß die Funktion der modifizierenden Faktoren in diesen Fällen so auffassen, daß sie die Zelle aktiv von einem stabilen Zustand in einen anderen überführen (Abb. 290, *unten*). Nicht alle Differenzierungszustände einer Zelle sind indessen stabil. Um solche Fälle zu kennzeichnen, in denen ein labiler Differenzierungszustand nur vorübergehend besteht und sich der ursprüngliche, stabilere Zustand mit der Zeit wieder einstellt, hat man den Begriff *Modulation* geprägt (Abb. 290). Modulationen spielen im Leben der Organismen eine große Rolle.

Modulation des Wachstums. Das Längenwachstum eines Senfkeimlings (*Sinapis alba*) (→ Abb. 327) beruht auf dem Längenwachstum der Hypokotylzellen. Die Wachstumsintensität der Zellen kann durch Licht moduliert werden

Abb. 290. Bei der Differenzierung muß man zwei Fallgruppen unterscheiden. 1. Der erreichte Differenzierungszustand bleibt auch nach Entfernung des modifizierenden Faktors bestehen (*stabile Differenzierung:* Differenzierung im engeren Sinn). 2. Der ursprüngliche Differenzierungszustand stellt sich nach Entfernung des modifizierenden Faktors wieder ein (*Modulation*). Modulationen sind also instabile, leicht reversible Differenzierungen. (Nach WEISS, 1967)

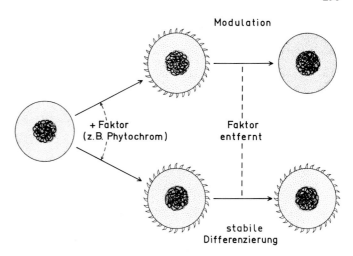

(Abb. 291). Der durch 5 min Licht in den Zellen erzeugte modulierende Faktor ist P_{fr}, das physiologisch aktive Phytochrom (→ S. 313). Das P_{fr} ist instabil. Es wird mit einer bestimmten Halbwertszeit abgebaut. Solange die Menge an P_{fr} in den Zellen des Hypokotyls über einem definierten Schwellenwert liegt, wird von den Zellen eine reduzierte Wachstumsintensität eingehalten. Unterschreitet der P_{fr}-Gehalt den Schwellenwert, stellen sich die Hypokotylzellen wieder auf die ursprüngliche Wachstumsintensität, also auf das Dunkelwachstum ein.

Modulation einer Stoffwechselbahn. Wir benützen den von BERTALANFFY eingeführten Begriff Fließgleichgewicht (steady state), um ein System zu kennzeichnen, dessen Strom a' konstant ist (→ S. 93). Das Fließgleichgewicht, gekennzeichnet durch a', läßt sich durch Hinzufügen eines Faktors F in einem bestimmten Ausmaß (Δa') und mit einer bestimmten zeitlichen Verzögerung (Δt) ändern. Die uns momentan interessierende Frage ist, ob die Änderung Δa' auch nach Entfernung des Faktors F erhalten bleibt, oder ob der Strom auf den ursprünglichen a'-Wert zurückgeht. Als experimentelles System verwenden wir wiederum den Senfkeimling (→ Abb. 327), als Stoffwechselbahn mit stationärem Ausstrom die Ascorbinsäure produzierende Stoffwechselbahn. Man weiß, daß der Senfkeimling unter dem Einfluß von aktivem Phytochrom (P_{fr}) die Intensität der Ascorbinsäure-Produktion steigert. Die genaue Untersuchung ergibt folgendes Bild (Abb. 292):

Abb. 291. Das Wachstum der Hypokotylzellen von *Sinapis alba* wird durch Licht moduliert. Der wirksame, durch Licht erzeugte Faktor ist P_{fr} (aktives Phytochrom; → S. 313). Da 5 min Hellrot mehr P_{fr} erzeugen als 5 min Dunkelrot (beide verabreicht zum Zeitpunkt 36 h), bleibt nach dem Hellrotpuls die reduzierte Wachstumsgeschwindigkeit länger eingestellt als nach dem Dunkelrotpuls. (Nach SCHOPFER und OELZE-KAROW, 1971)

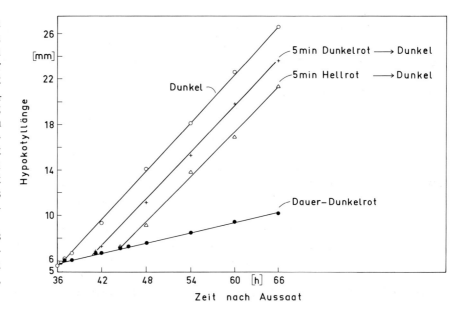

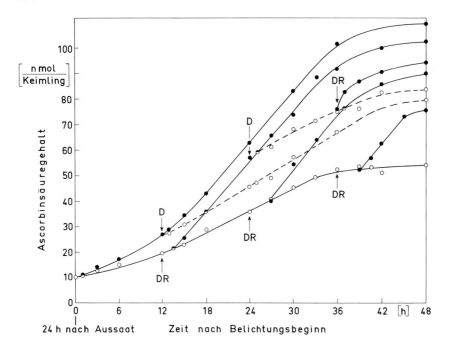

Abb. 292. Die Kinetik der Ascorbinsäure-Akkumulation in Keimlingen von *Sinapis alba* im Dunkeln (o——o, o– – –o) und unter dem Einfluß einer konstanten Konzentration an aktivem Phytochrom (P_{fr}), eingestellt durch Standard-Dunkelrot (●——●) (→ Abb. 318). Die Pfeile markieren den Beginn (DR) bzw. das Ende (D) der Dunkelrotbestrahlung. (Nach BIENGER und SCHOPFER, 1970)

Erzeugt man mit Hilfe von Dunkelrot P_{fr} im Keimling, so steigt die Produktionsintensität an Ascorbinsäure, nimmt man P_{fr} weg (indem man das Dunkelrot abschaltet), fällt die Produktionsintensität rasch auf die Dunkelintensität. Erzeugt man wieder P_{fr} (Zweitbelichtung), so steigt die Produktionsintensität wieder an. Die Kriterien einer *Modulation* sind offensichtlich erfüllt. *Allerdings gilt dies nur für die Produktionsintensität.* Faßt man die Änderungen der Ascorbinsäure-*Menge pro Keimling* (den Ascorbinsäure-pool) ins Auge, so verursacht das Dunkelrot eine stabile *Differenzierung*, da der Ascorbinsäure-pool auch nach Abschalten des Lichts nicht mehr auf den Dunkelwert zurückgeht. Die Entscheidung, ob ein Vorgang als stabile Differenzierung oder als Modulation anzusehen ist, hängt auch in anderen Fällen von der Betrachtungsweise ab. Die Modulation einer biogenetischen Bahn wird immer dann zu einer stabilen Differenzierung führen, wenn das Endprodukt stabil ist und wenn man massive Unterschiede zwischen den Zellen bezüglich des Endprodukts als Ausdruck von Differenziertsein betrachtet. Von JACOB und MONOD stammt folgende Definition: „We shall consider that two cells are differentiated with respect to each other if, while they harbor the same genome, the pattern of proteins which they synthesize is different." Wir gehen noch einen Schritt weiter. Wir betrachten auch solche Zel-

len als relativ zueinander differenziert, die sich in ihrem Gehalt an bestimmten Molekülen (Endprodukten) stark voneinander unterscheiden, selbst wenn ihre Proteinmuster nicht (mehr) *qualitativ* verschieden sein sollten.

Photomorphogenese bei Farngametophyten (→ Abb. 615). Unter natürlichen Lichtverhältnissen ist die frühe Ontogenie des Farngametophyten durch den raschen Übergang vom fädigen Protonema zum flächigen Prothallium charakterisiert. Experimentell kann man zeigen, daß dieser Übergang nur erfolgen kann, wenn der Keimling genügend kurzwelliges Licht (Blaulicht) erhält. Kultiviert man den Keimling ausschließlich im Rotlicht, so entsteht (ebenso wie im Dunkeln) ein Zellfaden. Im Blaulicht hingegen bildet sich (ebenso wie im Weißlicht) das „normale" zweidimensionale Prothallium (Abb. 293). Man fragt sich, ob die durch Blaulicht bewirkte Umsteuerung der Morphogenese im Sinn einer Modulation voll reversibel ist. Dies ist in der Tat der Fall. Wie die Abb. 293 zeigt, verhält sich die im Blaulicht zweischneidige Scheitelzelle des Prothalliums wie eine keimende Spore, sobald man anstelle von Blaulicht nur morphogenetisch unwirksames, längerwelliges Licht (Rotlicht) einstrahlt. Das aus der Scheitelzelle auswachsende *Sekundärchloronema* unterscheidet sich nicht von dem aus einer keimenden Spore entstehenden *Primär-*

chloronema. Der durch das Blaulicht in der Scheitelzelle eingestellte Differenzierungszustand (*Zwei*schneidige Scheitelzelle) ist also im Sinn einer Modulation voll reversibel.

Differenzierung und Regeneration. Die Elastizität des jeweiligen Differenzierungszustandes zeigt sich auch bei Regenerationsexperimenten. Wir werden diesem wichtigen Thema ein eigenes Kapitel widmen (→ S. 438); an dieser Stelle erwähnen wir lediglich ein besonders eindrucksvolles Regenerationsexperiment, in dem die biogenetische Kapazität für bestimmte sekundäre Pflanzenstoffe über die Sequenz Ausgangspflanze → Kallus → Regenerationspflanze verfolgt wurde (Abb. 294). Die Resultate zeigen, daß es im Zuge der Differenzierung von Sproßachse und Blatt zu einem partiellen oder totalen Verlust der biogenetischen Kapazität für bestimmte Alkaloide kommt. Die Fähigkeit zur Bildung der Alkaloide tritt jedoch wieder in Erscheinung, sobald man aus den Blatt- oder Sproßachsenzellen Gewebekulturen herstellt.

Das Problem der Differenzierung in heutiger Sicht. Wenn wir davon ausgehen (→ S. 441), daß bei der Differenzierung (= Ausbildung verschiedener Zellphänotypen auf der Basis des gleichen Genotyps) die Reaktionsnorm erhalten bleibt (Erhaltung der Omnipotenz), bleiben als „Mechanismen" der Differenzierung im wesentlichen die folgenden Möglichkeiten offen:

1. Differentielle DNA-Replication (= differentielle Genamplifikation),
2. Differentielle RNA-Synthese (= differentielle Transkription),
3. Differentielle Protein-Synthese (= differentielle Translation).

Das Problem ist, die für die Differenzierung maßgebenden determinierenden Faktoren zu identifizieren und die an der Differenzierung beteiligten „Mechanismen" (d. h. die Abfolge der molekularen Einzelschritte) aufzuklären. Hierbei hat sich der folgende Ansatzpunkt bewährt: Man kann die *Funktion einer somatischen Zelle* (d. h. einer Körperzelle in einem vielzelligen Organismus) in zwei Kategorien einteilen. Einerseits gibt es *essentielle Funktionen,* die für die Erhaltung und das Wachstum einer jeden Zelle unbedingt notwendig sind, z. B. die Glycolyse oder die Bildung von ATP. Andererseits gibt es *„Luxus"-Funktionen,* die zwar für die Existenz des vielzelligen Orga-

nismus oder für die Erhaltung der Art unentbehrlich sind, nicht aber für die Erhaltung und für das Wachstum der Einzelzelle, z. B. die Bildung von Muskelfasern, die Sekretion eines Hormons oder die Synthese eines Farbstoffs. Da sich die essentiellen Funktionen bei der Differenzierung meist nicht wesentlich ändern, kann man sie in der Regel bei einer Faktorenanalyse der Differenzierung nicht verwenden. Die Faktorenanalyse benützt deshalb in erster Linie solche Merkmale, die auf „Luxus"-Funktionen der Zelle zurückzuführen sind. Die *Bildung von Farbstoffen* (Melanin, Anthocyan) ist hierfür ein gutes Beispiel. Bei der Beschreibung der Differenzierung benützte man in der Vergangenheit bevorzugt morphologische Merkmale. Durch die Einführung des Elektronenmi-

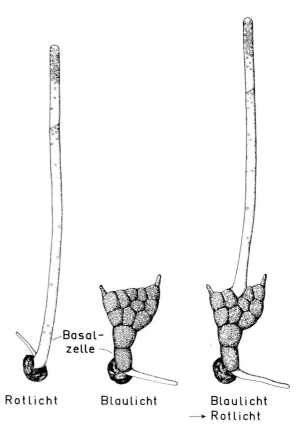

Abb. 293. Aus der keimenden Gonospore des Farns *Dryopteris filix-max* entwickelt sich nur dann das normale Prothallium, wenn genügend kurzwelliges Licht (Blaulicht) vorhanden ist. Im Rotlicht entsteht (ebenso wie im Dunkeln) ein Zellfaden (Chloronema). Der Effekt ist unabhängig von der Photosynthese. In der Regel entstehen die Sekundärchloronemen aus der Scheitelzelle des jungen Prothalliums. (Nach Bünning, 1958; Mohr, 1956)

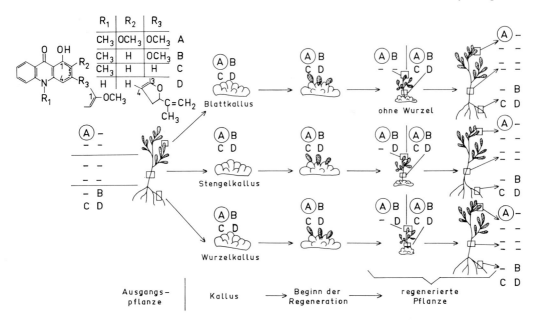

Abb. 294. Experimente mit intakten Pflanzen, Kalluskulturen und Regenerationspflanzen von *Ruta graveolens*. Angegeben ist die qualitative Zusammensetzung der *Acridin-Alkaloide* in Blatt, Sproßachse und Wurzel, in aus diesen Organen angelegten Kalluskulturen und in aus diesen Kalli regenerierten Pflanzen. Das Symbol – bedeutet, daß die entsprechenden Alkaloide (→ *links oben*) nicht nachweisbar sind. Besonders wichtig sind folgende

Befunde: 1. Kalli stimmen in ihrer Alkaloidzusammensetzung völlig überein, unabhängig vom Ausgangsorgan. 2. Die Regenerationspflanzen aus Wurzel-, Stengel- und Blattkalli stimmen in ihrer Alkaloidzusammensetzung mit der Ausgangspflanze, *nicht* mit dem Ausgangsorgan überein. A, Aborinin (wird nur im Licht gebildet); B, 1-Hydroxy-3-methoxy-N-methylacridon; C, 1-Hydroxy-N-methylacridon; D, Rutacridon. (Nach CzyGAN, 1975)

kroskops wurden die Möglichkeiten, spezifische Formmerkmale der Zellen zu identifizieren, gewaltig gesteigert. Andererseits jedoch ist das Problem, *wie* differentielle Genaktivität (und damit differentielle Enzymsynthese) zur Bildung räumlicher, morphologischer Muster führt, noch völlig ungeklärt. Dies gilt generell für den Zusammenhang von spezifischer Enzymsynthese und spezifischen Formmerkmalen. Hier liegt eines der ungelösten Probleme der Biologie. Die Chance für die Faktorenanalyse der Differenzierung liegt also vorläufig darin, verhältnismäßig einfache *biochemische Modellsysteme* zu finden, die es erlauben, den Vorgang der Zelldifferenzierung und seine Regulation durch definierte Faktoren Schritt für Schritt zu erforschen und mit einer molekularen Terminologie zu beschreiben. Besonders geeignet erscheinen solche biochemischen Differenzierungsvorgänge, die auf „Luxus"-Funktionen der Zellen zurückzuführen sind und die durch den leicht zu handhabenden Umweltfaktor Licht ausgelöst werden (biochemische Modellsysteme der Photomorphogenese; → S. 365).

Die Kardinalfrage der Entwicklungsphysiologie wird meist folgendermaßen formuliert: Wie kommt es, daß aus einer ursprünglich homogenen Zellpopulation verschiedenartige Zellen entstehen, die sich zu Mustern zusammenfügen? Wir glauben, daß diese Fragestellung den tatsächlichen Sachverhalten nicht gerecht wird. Es scheint, daß man mit zunehmender Schärfe der Betrachtung zu dem Resultat gelangt, daß es die „ursprünglich homogenen Zellpopulationen" während der Ontogenese gar nicht gibt. Beispielsweise kann man schwerlich davon ausgehen, daß es bei der Embryogenese der höheren Pflanzen (→ Abb. 252) zunächst zu homogenen Zellpopulationen kommt, die sich dann allmählich differenzieren. Auch ein Wurzelmeristem (→ Abb. 288) läßt sich kaum als homogene Zellpopulation auffassen. Der Augenschein deutet eher darauf hin, daß bei nahezu jeder Zellteilung Zellen entstehen, die zwar omnipotent, aber im Bezug zueinander bereits differenziert sind. Die Musterbildung bestimmt bereits die ersten Stadien der Embryogenese und erfaßt offenbar auch die Meristeme. Es scheint, daß die mathematischen Modelle, nach denen sich dissipative Raummuster aktivierter Regionen aus einer zunächst homogen angenommenen Konzentrationsverteilung bilden, keinen deutlichen Bezug zum tatsächlichen Ablauf von Differenzierung und Musterbildung bei der höheren Pflanze aufweisen.

Physiologie der Morphogenese

Zum Phänomen der Morphogenese. Morphogenese, d. h. Entstehung und Veränderung der spezifischen Form (Gestalt, Struktur, Organisation) mit der Zeit, ist ein Charakteristikum vielzelliger Organismen. Die Grundzüge der Organisation des Kormus (die Körpergrundgestalt) werden bereits bei der Embryonalentwicklung (Embryogenese) im Embryosack festgelegt (→ Abb. 251). Dies ist eine Phase intensiver Morphogenese. Die beiden anderen Phasen in der Ontogenie einer Samenpflanze, die sich ebenfalls durch auffällige Morphogenese auszeichnen, sind die Keimlingsentwicklung (Photomorphogenese) und die Blütenbildung (→ Abb. 250). Die Embryogenese der Spermatophyten ist in situ experimentell nur schwer zugänglich. Außerdem ist diese Phase durch eine strenge *Entwicklungshomöostasis* gekennzeichnet. Damit bezeichnet man den Umstand, daß die endogene, organismuseigene Regulation das Entwicklungsgeschehen bestimmt (→ S. 268). Außenfaktoren vermögen das Entwicklungsgeschehen nicht *spezifisch* zu beeinflussen. Man kann die Entwicklung natürlich durch unphysiologische Eingriffe hemmen oder stören, aber man kann die Entwicklung im Embryosack nicht *spezifisch regulieren*. Dies gilt für die inäquale Teilung der Zygote (und damit für die Entstehung der Wurzel-Sproß-Polarität) ebenso, wie für die Ausbildung der bei den Dikotylen stets gegenständig angelegten Kotyledonen sowie der Primär- und Folgeblattprimordien. In der Regel sind bei den Dikotylen auch die beiden ersten Laubblätter (Primärblatt und erstes Folgeblatt) noch gegenständig angelegt. Sie stehen, bezogen auf die Kotyledonen, noch weitgehend dekussiert. Der Übergang zur spiraligen (schraubigen) Blattstellung erfolgt allmählich. Diese gleitende Veränderung in der Blattstellung hängt mit der Größenzunahme des Vegetationspunktes zusammen.

Phyllotaxis. Mit diesem Begriff bezeichnet man das artspezifische Muster der Blätter an einer Sproßachse. Die Phyllotaxis wird bei der Anlage der Blattprimordien am Vegetationspunkt festgelegt. Auch dieser Vorgang ist durch eine weitgehende Entwicklungshomöostasis gekennzeichnet. Die Unempfindlichkeit gegen Außenfaktoren hat dazu beigetragen, daß bei der Phyllotaxis schon früh eine mathematische Behandlung der Phänomene versucht wurde. Ein Beispiel: Die auf der Abb. 295 wiedergegebene Rosette von *Plantago major* zeigt eine ⅜-Phyllotaxis. Um vom Blatt 1 zu dem nächsten, genau darüberstehenden Blatt (Nummer 9) zu gelangen, muß man die Sproßachse dreimal umfahren und berührt dabei 8 Blätter. Bei einer ⅜-Phyllotaxis beobachtet man demgemäß 8 *Orthostichen* (Längszeilen) und einen *Divergenzwinkel* zwischen zwei aufeinanderfolgenden Blättern von 135°. Das Verhältnis ⅜ nennt man den *Divergenzbruch*. SCHIMPER und BRAUN haben die empirisch gefundenen Divergenzbrüche in einer Hauptreihe geordnet: ½, ⅓, ⅖, ⅜, ⁵⁄₁₃, ⁸⁄₂₁, ¹³⁄₃₄, usw. Das Prinzip dieser Reihe ist, daß sich Zähler und Nenner der aufeinanderfolgenden Divergenzbrüche jeweils aus der Summe der Zähler bzw. Nenner der beiden vorangegangenen Divergenzbrüche ergeben. Sowohl Zähler als auch Nenner bilden somit einen Teil der FIBONACCI-Reihe: 0, 1, 1, 2, 3, 5, 8, 13, 21, 34 ... In dieser Reihe ist jedes Glied die Summe der beiden vorangehenden. Die

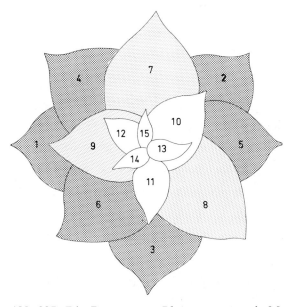

Abb. 295. Die Rosette von *Plantago major* als Modellfall für eine ⅜-Phyllotaxis. (Nach SINNOT, 1963)

Hauptreihe führt schließlich zu einem Grenzwert, den man als *Limitdivergenzwinkel* (137° 30′) bezeichnet. Dieser Grenzwinkel teilt den Kreisbogen nach dem Goldenen Schnitt. Die Bedeutung der Hauptreihe wurde früher vermutlich überschätzt. Genaue Analysen von Vegetationspunkten ergaben nämlich, daß die höheren Divergenzen der Hauptreihe wahrscheinlich gar nicht vorkommen. Jedenfalls konnte man die entsprechende Zahl von Orthostichen am Vegetationspunkt nicht eindeutig identifizieren. Es scheint vielmehr, daß sich alle höheren Divergenzen auf die Limitdivergenz zurückführen lassen. Bei spiraliger (schraubiger) Blattstellung bilden die Blattprimordien am Vegetationspunkt offenbar stets eine *Grundspirale* (*genetische Spirale*), bei der die aufeinanderfolgenden Blätter jeweils durch den Limitdivergenzwinkel (137,5°) voneinander getrennt sind. Man kann die Grundspirale leicht dadurch sichtbar machen, daß man durch die jeweilige Mitte der aufeinanderfolgenden Blattanlagen eine Spirallinie zieht (Abb. 296).

Jede Blattanlage ist in der Knospe an zwei ältere Blattanlagen — ihre „*Kontakte*" — angelehnt. Beispielsweise sind in Abb. 296 die Blattanlagen 4 und 6 die Kontakte der Blattanlage 1. Folgt man mit dem Auge der Abfolge der Kontakte von Blatt zu Blatt, so sieht man ebenfalls Spiralen (Schrägzeilen, *Parastichen*). Da

jedes Blatt zwei Kontakte hat, ergeben sich zwei Sätze von Parastichen. Die oft auffälligen Parastichen, z. B. in den Infloreszenzen der Compositen oder an den Zapfen der Coniferen, lassen sich ebenfalls mit Hilfe der FIBONACCI-Reihe mathematisch analysieren. Das für den Physiologen wichtige Resultat dieser Studien besagt, daß die spiralige Blattstellung am einfachsten mit der Annahme erklärt werden kann, daß jeweils zwei bereits etablierte Blattanlagen (die künftigen Kontakte) die Position eines neuen Blattprimordiums am expandierenden Vegetationskegel festlegen. Die definitive Blattstellung, die sich in der jeweiligen Phyllotaxis der ausgewachsenen Blätter äußert (→ Abb. 295), entsteht auf der Basis der Grundspirale mit einem Divergenzwinkel von 137,5° durch (geringfügige) Bewegungen der jungen Primordien. Die Grundlage für diese Relativbewegung ist vermutlich differentielles Zellwachstum unter einem „Kontaktdruck", der von den älteren Primordien ausgeht, die in ihrer endgültigen Position bereits fixiert sind (ROBERTS, 1977).

Die Kardinalfrage, welche Faktoren es bewirken, daß beim Vorliegen einer genetischen Spirale das nächste Blattprimordium jeweils im Winkelabstand von 137,5° angelegt wird, läßt sich derzeit mit der Hypothese von *Hemmbezirken* am besten erklären (Abb. 297). Die bereits vorhandenen Blattanlagen und das apikale Meristem bilden jeweils Hemmbezirke aus, in denen keine neuen Primordien entstehen können. Die Hemmbereiche sind relativ klein. Rücken durch die Expansion des Vegetationskegels die Hemmbereiche auseinander, so können neue Blattanlagen entstehen. Im Fall der Abb. 297 determinieren die beiden künftigen Kontakte (P_3 und P_5) der neuen Blattprimordie I_1 auf diese Weise — zusammen mit dem apikalen Meristemoid — die Position von I_1.

Mikrochirurgische Experimente an geeigneten Vegetationspunkten (zum Beispiel von *Dryopteris*-Arten) stehen im Einklang mit dieser Auffassung. Die Entfernung einer Blattanlage beeinflußt lediglich die Position der beiden folgenden Primordien, für die die herausoperierte Blattanlage ein Kontakt gewesen wäre. Im Fall der Abb. 296 hätte also die Entfernung der Blattanlage 6 die Lage der Primordien 3 und 1 beeinflußt. Die stoffliche Grundlage für die Ausbildung der Hemmbezirke ist unbekannt. Dies gilt allgemein für die Musterbildung bei der Morphogenese der Pflanzen.

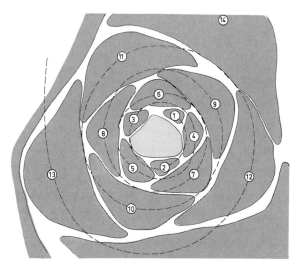

Abb. 296. Querschnitt durch den Sproßvegetationspunkt von *Saxifraga spec.* Die jungen Blattanlagen liegen innen, die älteren außen. Der grau gehaltene Bereich ist das apikale Meristem. Die genetische Spirale ist gestrichelt eingetragen. (Nach CLOWES, 1961)

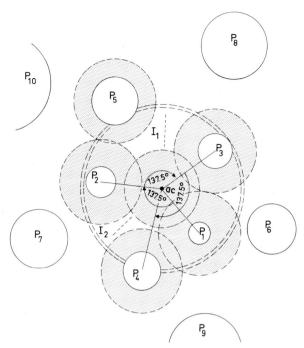

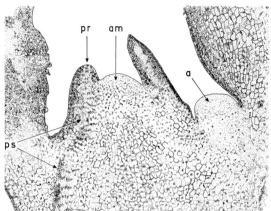

Abb. 297. Eine Anwendung des Konzepts der Hemmbezirke auf den Vegetationspunkt von *Dryopteris spec.* Wir blicken von oben auf den Vegetationspunkt. ac, Apikalzelle; P_1, P_2 usw., Blattprimordien zunehmenden Alters; I_1, I_2, die Orte, an denen die nächsten Primordien entstehen werden (I_1 zuerst). Der große Doppelkreis kennzeichnet die Grenze des eigentlichen Vegetationskegels (Apex). Die hypothetischen Hemmbezirke um die Meristemoide sind grau eingetragen. (In Anlehnung an WAREING und PHILLIPS, 1970)

einer exponentiellen Funktion folgt, an die sich eine Phase abnehmender Wachstumsintensität anschließt (Abb. 299). Der Kurvenzug repräsentiert generell das Wachstum von Organen, die begrenztes Wachstum zeigen ($\rightarrow$ Abb. 261).

Auch das Flächenwachstum der *Xanthium*blätter folgt in den frühen Stadien einer einfa-

Abb. 298. Medianer Längsschnitt durch den Vegetationspunkt von *Xanthium strumarium.* Das jüngste Blattprimordium (pr) ist median getroffen. am, apikales Meristem; ps, Prokambiumstränge; a, Anlage einer Achselknospe. (Nach MAKSYMOWYCH, 1973)

Blattentwicklung. Wir wählen als Beispiel die Blattentwicklung bei *Xanthium strumarium.* Die Blattprimordien entstehen am Vegetationspunkt (Abb. 298) in einer in Raum und Zeit geregelten Abfolge (Muster). Mit dem Begriff *Plastochron* bezeichnet man den Zeitabstand zwischen der Anlage zweier aufeinanderfolgender Blätter. Der *Plastochron-Index* (PI) gibt das Alter einer Pflanze in Plastochroneinheiten an. Die Benützung einer biologischen Zeitskala hat viele Vorteile gegenüber der Altersangabe in chronologischen Zeiteinheiten ($\rightarrow$ S. 272). Beispielsweise kann man Pflanzen, die bei verschiedenen Temperaturen heranwachsen, nur auf einer PI-Basis sinnvoll vergleichen. Auch in der Züchtungsforschung (Wuchsleistung!) ist der Plastochron-Index unentbehrlich.

Am Beispiel von *Xanthium* machen wir uns klar, daß das Blattlängenwachstum zunächst

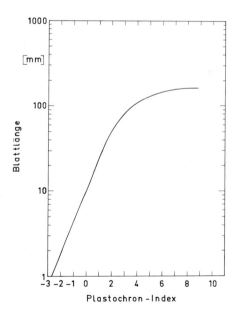

Abb. 299. Die Blattlänge bei *Xanthium strumarium* als Funktion des Plastochron-Index (PI). Das frühe Wachstum ist exponentiell. Per definitionem hat ein Blatt von 10 mm Länge den PI = 0. Das *Xanthium*blatt ist bei etwa PI = 7 ausgewachsen. (Nach MAKSYMOWYCH, 1973)

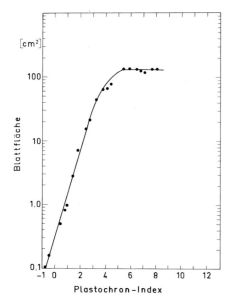

Abb. 300. Die Blattfläche bei *Xanthium strumarium* als Funktion des Plastochron-Index (PI). Das Blattwachstum hört bei PI = 6 auf. Das frühe Wachstum ist offensichtlich exponentiell. (Nach MAKSYMOWYCH, 1973)

chen, exponentiellen Funktion (Abb. 300). Trotzdem ist das Blattwachstum ein komplizierter und physiologisch unverstandener Vorgang. Die genaue Analyse zeigt nämlich, daß die verschiedenen Teile der Lamina verschiedenes Wachstum aufweisen, in Abhängigkeit vom Abstand zur Blattspitze und vom Alter des Blattes. Offensichtlich ist die Wachstumsintensität an der Blattspitze am geringsten und an der Blattbasis am größten (Abb. 301). Dadurch ändert sich die Blatt*gestalt* im Laufe der Entwicklung. Diese Änderungen sind im wesentlichen auf differentielles Wachstum der Blattzellen zurückzuführen. Die Zunahme der Zellzahl pro Blatt geht bereits früh (bei PI = 3) gegen Null (Abb. 302). Die *Entwicklung der Chloroplasten* ist mit der Blattentwicklung korreliert. Mit dem Fluoreszenzmikroskop kann man bereits in den jüngsten Blattprimordien (PI = –6) die Proplastiden identifizieren (Durchmesser 1,5 μm). Die Plastiden wachsen mit dem Blatt heran und erreichen eine Endgröße von etwa 6 μm. Hierbei kommt es zu einem Gestaltwechsel der Plastiden von sphärisch zu ellipsoid. Das Chloroplastenwachstum findet hauptsächlich in den späteren Phasen der Blattentwicklung statt, nachdem die Zellteilungen in der Lamina abgeschlossen sind. Es besteht eine enge Korrelation zwischen Chloroplasten- und Zellwachstum. Dies ist, wie wir später (→ S. 322) sehen werden, verständlich: Beide Vorgänge werden über das Phytochromsystem reguliert. Der Photosyntheseapparat im *Xanthium*blatt hat zum Zeitpunkt PI = 6 seine volle Leistungsfähigkeit erreicht.

Erbgut und Umwelt bei der Blattentwicklung. Die Entwicklung der Blätter ist umweltabhängig. Der maßgebende Umweltfaktor ist das

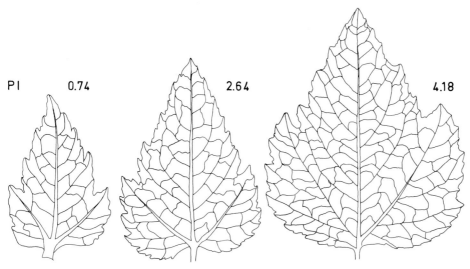

Abb. 301. Die Veränderung der Blattgestalt von *Xanthium strumarium* im Laufe der Entwicklung. Die verschiedenen Teile der Lamina wachsen mit verschiedener Intensität, in Abhängigkeit vom Abstand von der Spitze und vom Alter des Blattes (Plastochron-Index = PI). Ein basipetales Wachstumsmuster ist offensichtlich. (Nach MAKSYMOWYCH, 1973)

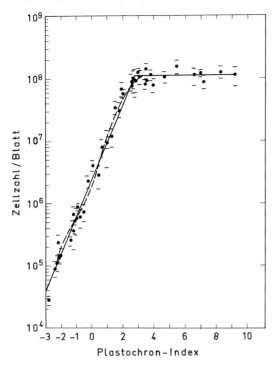

Abb. 302. Die Zunahme der Zellzahl mit dem Plastochron-Index (PI) in den Blättern von *Xanthium strumarium*. Die Zunahme der Zellzahl erfolgt zunächst exponentiell. Beim PI = 3 hören die Zellteilungen auf. Das ausgewachsene Blatt besitzt etwa $116 \cdot 10^6$ Zellen. (Nach MAKSYMOWYCH, 1973)

Licht. Die beiden Kartoffelpflanzen der Abb. 303 sind genetisch identisch. Sie sind insofern in einem verschiedenen Milieu herangewachsen, als die eine Pflanze von der „Augenkeimung" an im Dunkeln, die andere hingegen im Licht gehalten wurde. Alle übrigen Milieufaktoren, insbesondere auch die Ernährungsfaktoren, waren gleich. Die *Photomorphogenese,* die Beeinflussung der Merkmalsausprägung durch Licht, ist der wohl eindrucksvollste Milieueffekt, den man kennt. Der Effekt betrifft, wie wir uns im nächsten Abschnitt noch weiter veranschaulichen werden, die Entwicklung von Mustern, deren Entstehung lichtunabhängig ist. Das Muster der Blattanlagen ist bei der etiolierten Kartoffelpflanze dasselbe wie bei der normalen Pflanze (→ Zahlen in Abb. 303); die Entwicklung der Blattanlagen zu Blättern erfolgt hingegen nur im Licht. Die Abb. 303 zeigt außerdem, daß die Lichtwirkung, welche das Etiolement verhindert, mit der Photosynthese offenbar nichts zu tun hat. Die Kartoffelknolle bietet einen Überfluß an organischen Molekülen. Das Etiolement ist eine „sinnvolle" Reak-

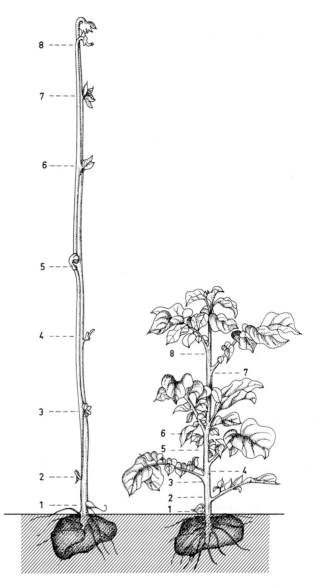

Abb. 303. Dei beiden Kartoffelpflanzen (*Solanum tuberosum*) sind genetisch identisch. *Links:* Eine etiolierte Dunkelpflanze; *rechts:* die normale Lichtpflanze. (Nach PFEFFER, 1904). Als *Etiolement* bezeichnet man die charakteristische Entwicklung einer Pflanze unter Lichtabschluß

tion der Pflanze. Solange sie im Dunkeln wächst, investiert eine Pflanze ihren begrenzten Vorrat an Speicherstoffen in erster Linie im Sproßachsenwachstum. Auf diese Weise ist die Wahrscheinlichkeit am größten, daß die Plumula ins Licht gelangt, bevor die Reserven erschöpft sind.

Ein quantitatives Beispiel, die Bildung von Blattprimordien bei der Gartenerbse (*Pisum sativum*), dokumentiert die Konstanz des Pla-

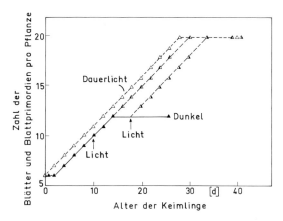

Abb. 304. Die Bildung von Blattprimordien bei der Gartenerbse (*Pisum sativum,* cv. Telephone) im Dunkeln, im Dauerlicht und bei Dunkel → Licht-Transfer nach 10 und 17 d. Die Erbsen enthalten 6 Blattprimordien im Samenzustand. (Nach Low, 1971)

stochrons und die Bedeutung des Lichts. Die Bildung von Blattprimordien erfolgt im Licht und im Dunkeln mit derselben Intensität („Geschwindigkeit"); ohne Licht hört die Bildung von Blattanlagen jedoch mit Blatt 12 auf (Abb. 304), obgleich zu diesem Zeitpunkt die Kohlenhydratreserven in den Speicherkotyledonen noch keineswegs erschöpft sind. Bringt man Dunkelpflanzen ins Licht, so setzen die apikalen Vegetationspunkte die Bildung von Blattprimordien fort (Abb. 304). Bringt man Lichtpflanzen ins Dunkle, so stellen sie die Bildung von Blattprimordien sofort ein, falls

Blatt 12 bereits angelegt ist (Abb. 305). Es ist offensichtlich, daß der Lichtfaktor zwar das Plastochron nicht beeinflußt, wohl aber ab einem bestimmten Zeitpunkt darüber entscheidet, ob überhaupt noch Blattprimordien angelegt werden. Mit anderen Worten: Das Entwicklungsgeschehen ist zwar durch strenge Entwicklungshomöostasis charakterisiert; ob aber Entwicklung stattfindet oder nicht, bestimmt der Lichtfaktor.

Erbgut und Umwelt bei der Blütenentwicklung. Die im letzten Abschnitt bei der Entwicklung vegetativer Blätter abgeleiteten Gesetzmäßigkeiten (*Anlage* von Mustern auf der Basis von Entwicklungshomöostasis; *Entwicklung* von Mustern umweltabhängig) gelten auch für die Blütenbildung (Abb. 306). *Links* sieht man den Blütenstand einer normalen Leinkrautpflanze mit den für diese Art charakteristischen dorsiventralen Blüten. *Rechts* ist der Blütenstand einer mutierten Leinkrautpflanze abgebildet, die radiärsymmetrische Blüten besitzt. Hier ist also durch eine genetische Veränderung der Bauplan der Blüte total verändert. Es ist andererseits unmöglich, durch eine Änderung des Milieus die Blütenmerkmale wesentlich zu beeinflussen. Die linke Pflanze macht unter allen Umständen dorsiventrale Blüten; die rechte Pflanze macht unter allen Umweltbedingun-

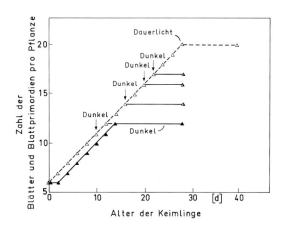

Abb. 305. Die Bildung von Blattprimordien bei der Gartenerbse (*Pisum sativum,* cv. Telephone) im Dunkeln, im Dauerlicht und bei Licht → Dunkel-Transfer nach 10, 16, 20 und 22 d. Die Erbsen enthalten 6 Blattprimordien im Samenzustand. (Nach Low, 1971)

Abb. 306. Blütenstände von *Linaria vulgaris* (Leinkraut). *Links:* Die Normalform mit dorsiventralen Blüten; *rechts:* eine Mutante mit radiärsymmetrischen Blüten

gen, die Blütenbildung zulassen, radiärsymmetrische Blüten.

Wir können davon ausgehen, daß die Merkmale einer Blüte bis in die feinsten Details hinein durch die genetische Information des Organismus bestimmt werden und daß die Merkmale der Blütenregion eine sehr geringe Umweltvariabilität aufweisen. Trotzdem kann auch im Fall der Blütenbildung der Umweltfaktor Licht eine entscheidende Wirkung ausüben: Bei vielen Pflanzen bestimmt das Licht darüber, ob es überhaupt zur Blütenbildung kommt oder nicht (→ S. 394).

Merkmalsspezifität der Reaktionsbreite. Die genetische Information (der Genotyp) bestimmt die *Reaktionsbreite* (*Reaktionsnorm*) der Merkmale. Innerhalb der Reaktionsnorm bestimmen Umweltfaktoren (Außenfaktoren) die tatsächliche Ausprägung der Merkmale (Abb. 307). Die Breite der Reaktionsnorm ist ein Ausdruck für die potentielle Umweltvariabilität eines Merkmals. Von allgemeiner Bedeutung ist die Erkenntnis, daß die Umweltfaktoren nur innerhalb der genetisch vorgegebenen Reaktionsnorm die Ausprägung der Merkmale determinieren können. Kein Lebewesen kann über seinen „genetischen Schatten" springen. Die Möglichkeiten eines jeden Lebewesens werden durch seinen Genotyp definitiv begrenzt. Die Sporophyten der höheren Pflanzen (→ Abb. 250) gelten als besonders „offene", durch die Umwelt besonders stark beeinflußbare Systeme. In der Tat ist die Reaktionsnorm vieler Merkmale bei Pflanzen wesentlich breiter als bei höheren Tieren oder beim Menschen. Pflanzen eignen sich deshalb besonders gut für das Studium der relativen Bedeutung von Um-

Abb. 308. Die Unterschiede zwischen diesen drei Exemplaren der Art *Gentiana campestris* sind durch die verschiedene Meereshöhe des Standorts bedingt. (Nach Kühn, 1961)

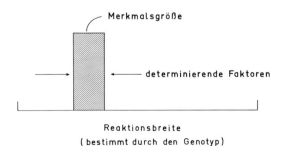

Abb. 307. Eine anschauliche Darstellung des Zusammenhangs von Reaktionsbreite (Reaktionsnorm) und Merkmalsgröße. Mit dem Begriff Merkmalsgröße bezeichnen wir die tatsächliche, meßbare Ausprägung eines Merkmals

welt und Erbgut für die Merkmalsausprägung. Hierzu ein weiteres Beispiel (Abb. 308): Die drei recht verschieden aussehenden Enzianpflanzen sind genetisch weitgehend identisch. Die Variation der Pflanzen beruht also auf Umwelteinflüssen. Die Pflanzen wuchsen von der Samenkeimung an unter stark verschiedenen Umweltbedingungen heran. Man sieht, daß manche Merkmale, zum Beispiel die Blattgröße oder die Internodienlänge, sehr verschieden ausgeprägt sind. Andere Merkmale jedoch, beispielsweise jene im Bereich der Blüte, sind auch unter extrem verschiedenen Umweltbedingungen sehr ähnlich. Anhand der Blütenmerkmale kann man unter allen Umweltbedingungen einen Feldenzian von jeder anderen Enzianart eindeutig unterscheiden.

Aus diesem einfachen Experiment folgt, daß eine weite Reaktionsnorm (hohe Umweltvariabilität) bei einem Merkmal (z. B. Blattgröße) keinen Rückschluß auf die Breite der Reaktionsnorm (Ausmaß der Umweltvariabilität) bei einem anderen Merkmal oder bei einer anderen Merkmalsgruppe (z. B. Blütengestalt) erlaubt.

Korrelationen. Die pflanzlichen Organe besitzen eine weitgehende morphogenetische Autonomie, die sich im Regenerationsexperiment offenbart (→ Abb. 476). Andererseits muß man damit rechnen, daß im intakten System die Entwicklungs- und Funktionsleistungen eines Organs durch die beständige Wechselwirkung mit den übrigen Teilen der Pflanze gezügelt werden. Die Wechselwirkungen innerhalb einer Pflanze nennt man Korrelationen.

1. Beispiel: *Apikale Dominanz.* Mit diesem Ausdruck bezeichnen wir die Tatsache, daß eine intakte Endknospe den Wachstumsmodus des Sprosses entscheidend reguliert. Das übliche Beispiel für apikale Dominanz ist die Hemmwirkung, die von der Endknospe auf die Achselknospen ausgeübt wird (→ Abb. 280). Booth hat den komplizierteren Fall analysiert, daß bei *Solanum andigenum* die Endknospe und die Achselknospen an den oberirdischen Sproßteilen die Entwicklung der Stolone maßgebend beeinflussen. Horizontal wachsende Stolone, die lediglich Schuppenblätter tragen, entwickeln sich dann, wenn die oberirdischen Sproßteile intakt sind (Abb. 309, *links*). Entfernt man alle oberirdischen Knospen, so drehen sich die Spitzen der Stolone nach oben (negativ geotropische Reaktion) und fangen an, normale Blätter zu bilden (Abb. 309, *rechts*). Die apikale Dominanz wird mit Hilfe von Hormonen (Auxin, Gibberellin) ausgeübt.

2. Beispiel: *Korrelative Hemmung.* Dekapitiert man einen Leinkeimling (*Linum usitatissimum*), so bilden sich am Hypokotyl Adventivknospen, deren Entstehung man jeweils auf eine einzige Epidermiszelle zurückführen kann (Abb. 310). Meist entstehen mehrere Knospen; aber nur eine von ihnen bildet einen Sproß. Die anderen stellen ihr Wachstum nach und nach ein. Dieses einfache Experiment zeigt einmal die Omnipotenz von Epidermiszellen des Hypokotyls (→ S. 441), zum anderen zeigt es,

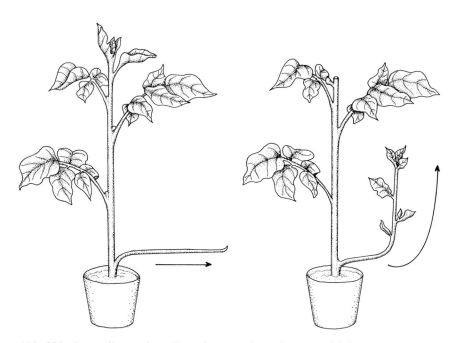

Abb. 309. Darstellung eines Experiments, das zeigt, daß bei *Solanum andigenum* die Sproßknospen das Verhalten der Stolone maßgebend beeinflussen. Ist die Pflanze intakt, so wachsen die Stolone horizontal und bilden nur Schuppenblätter (*links*). Wenn man die Endknospe und die Achselknospen entfernt (*rechts*), wachsen die Stolone aufwärts und bilden Laubblätter. (Nach Booth, 1959)

Abb. 310. Eine junge Adventivknospe an einem dekapitierten Hypokotyl von *Linum usitatissimum* im Längsschnitt. Die Adventivknospe ist aus einer einzigen reembryonalisierten Epidermiszelle hervorgegangen. Man erkennt auf dem Schnitt bereits Zellteilungen im Hypokotyl-Cortex, welche die Grundlage für das Leitgewebe abgeben, das die Knospe mit dem Leitbündel des Hypokotyls verbinden wird. (Nach SINNOT, 1960)

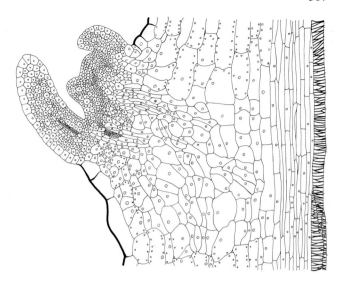

daß die Epidermiszellen im intakten Keimling durch determinierende Faktoren, die offenbar primär aus der apikalen Endknospe stammen, in einem ganz bestimmten Differenzierungszustand (Epidermiszelle) gehalten werden. Durch die Dekapitierung fallen diese Faktoren weg. Manche Epidermiszellen reembryonalisieren und verhalten sich wie die Zellen eines apikalen Vegetationspunktes. Sie gehen also in einen anderen Differenzierungszustand über (→ Abb. 285). Die am meisten fortgeschrittene Adventivknospe hemmt das Wachstum der übrigen wahrscheinlich in derselben Weise, in der die ursprüngliche Endknospe die Entstehung von Adventivknospen blockierte. Formal können wir uns die Phänomene der korrelativen Hemmung mit der Annahme verständlich machen, daß die beteiligten organismuseigenen determinierenden Faktoren (Hormone?) diskrete Differenzierungszustände der omnipotenten Zellen einstellen, indem sie gewisse Gene reversibel inaktivieren.

Umdifferenzierungen. Mit diesem Begriff bezeichnen wir Übergänge von Zellen von einem Zellphänotyp in einen anderen Zellphänotyp (→ Abb. 285). Multiple Umdifferenzierungen kommen in der normalen Entwicklung bei Pflanzen häufig vor; sie können auch durch experimentelle Eingriffe hervorgebracht werden.

1. Beispiel: *Die Bildung des interfasciculären Kambiums* (Abb. 311). Parenchymatische Markstrahlzellen verlassen ihren bisherigen Differenzierungszustand (*Parenchymzelle*) und

Abb. 311. Ausschnitt aus einem Sproßachsenquerschnitt von *Aristolochia spec.* Man erkennt, daß im Markstrahlbereich die Bildung eines interfasciculären Kambiums einsetzt, welches die fasciculären Kambien der beiden teilweise gezeichneten Leitbündel verbindet

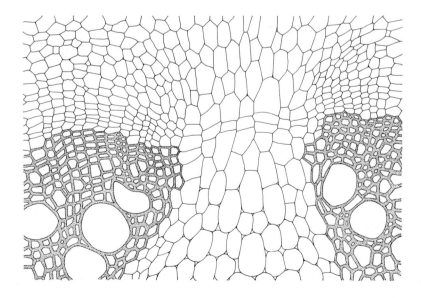

gehen in den Differenzierungszustand *Kambiumzelle* über. Dies schließt die Herstellung einer radiären Polarität ein. Die bipolare Aktivität ist ein Charakteristikum des Kambiums beim sekundären Dickenwachstum. Die Beobachtung der Bildung des interfasciculären Kambiums bei *Aristolochia* führte zu dem Konzept einer „homoiogenetischen Induktion" (Abb. 312 B). Damit bezeichnet man die Um-

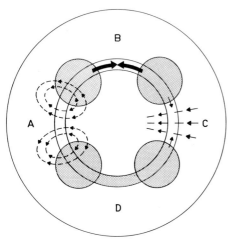

Abb. 312. Eine schematische Illustration von Hypothesen, die entwickelt wurden, um die Bildung des *interfasciculären Kambiums* zu erklären. A, induktiver Einfluß der Leitbündel über einen Protonengradienten; B, induktiver Effekt des fasciculären Kambiums (*homoiogenetische Induktion*); C, induktiver Effekt eines von der Sproßachsenoberfläche abhängigen Gradienten; D, Lage und Polarität der interfasciculären Kambiumschicht bereits auf der Stufe des Prokambiums determiniert. Es ist sehr wahrscheinlich, daß nur die *Hypothese D* den Sachverhalt richtig erklärt. (Nach SIEBERS, 1971)

differenzierung eines Gewebes unter dem induzierenden Einfluß eines benachbarten Gewebes, wobei der neue Differenzierungszustand dem des induzierenden Gewebes entspricht. Eine andere Erklärung des Phänomens geht davon aus, daß in den frühen Entwicklungsstadien eines Sprosses, also nahe beim Vegetationspunkt, ein geschlossener primärer Meristemring vorliegt. Dieser steht (nach der alternativen Erklärung) ontogenetisch nicht nur in Beziehung zu sich entwickelnden Leitbündeln, sondern auch zu den Zellagen, aus denen sich das interfasciculäre Kambium bildet (Abb. 312 D). Untersuchungen von SIEBERS machen es in der Tat sehr wahrscheinlich, daß

die künftigen interfasciculären Kambiumzellen, einschließlich der für sie charakteristischen radiären Polarität, bereits bei der Ausbildung des primären Meristemrings determiniert werden und daß sie diesen Determinationszustand nicht mehr verlieren, obgleich sie vorübergehend das Aussehen von (relativ kleinen) Parenchymzellen annehmen, die sich histochemisch nicht vom übrigen Markstrahlparenchym unterscheiden lassen. SIEBERS hat für die in Richtung Kambiumzellen determinierte Zellpopulation den Begriff *präkambiale Schicht* vorgeschlagen. Der Zeitpunkt, zu dem die präkambiale Schicht tatsächlich Kambiumeigenschaften entfaltet, hängt in der intakten Keimpflanze von einem „Kambiumstimulus" ab, der aus den Kotyledonen stammt. Bei einem isolierten Hypokotyl von *Ricinus communis* kann der Effekt der Kotyledonen durch die kombinierte Applikation von Rohrzucker und Gibberellin (GA_3) weitgehend ersetzt werden.

2. Beispiel: *Regeneration von Xylemsträngen in Sproßachsen von Coleus-Pflanzen* (Abb. 313). Große vacuolisierte Parenchymzellen (Zellphänotyp Parenchymzelle) werden zu retikulaten Xylem-Elementen (Tracheiden) umdifferenziert. Man kann den Vorgang der Umdifferenzierung an der Ausbildung des cytoplasmatischen Netzwerks, das die tracheidalen Wand-

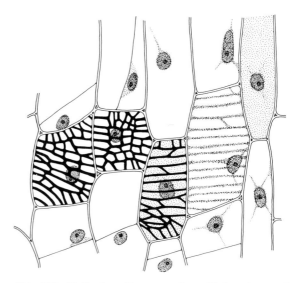

Abb. 313. Teil eines Regenerations-Xylemstrangs in der Sproßachse von *Coleus spec.* Das Muster der Wandverdickungen wird von den Bändern granulären Plasmas vorgezeichnet. Die jüngsten Stadien der Umdifferenzierung sind im Bild rechts sichtbar. (Nach SINNOT, 1960)

verdickungen vorzeichnet, besonders gut verfolgen.

Umdifferenzierungen der eben geschilderten Art gehören bei der Pflanze zum „normalen" Entwicklungsablauf. Man kann aus diesen einfachen Beispielen bereits den Schluß ziehen, daß Zelldifferenzierungen reversibel sein können. Die jeweils wirkenden determinierenden Faktoren bestimmen den jeweiligen Differenzierungszustand einer Zelle oder eines Gewebes innerhalb der genetisch vorgegebenen Reaktionsnorm (→ Abb. 285).

Pathologische Morphogenese. Als *Krebs* bezeichnet man die Bildung von neoplastischem Gewebe, das durch ungehemmtes und ungeordnetes Wachstum charakterisiert ist. *Dem Krebsgeschwür fehlt die Morphogenese.* Wir werden das Phänomen Krebs deshalb an anderer Stelle behandeln (→ S. 455). Es gibt jedoch auch morphogenetische Prozesse, die zwar durch hohe Spezifität und Präzision ausgezeichnet sind, vom Standpunkt der Pflanze aus aber pathologische Prozesse darstellen. Sie gehen auf Faktoren zurück, die in der normalen Entwicklung keine Rolle spielen. Die Bildung von *Gallen* ist ein gutes Beispiel.

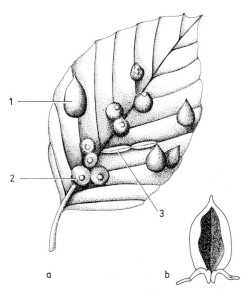

Abb. 314 a und b. Morphogenese von Gallen. (a) Drei verschiedene Beutelgallen auf einem Buchenblatt. Die verschiedenen Gebilde werden von verschiedenen Insekten verursacht (1, von der Buchengallmücke *Mikiola fagi*; 2, von der Gallmücke *Hartigiola annulipes*; 3, von der Milbe *Eriophyes nervisequens*). (b) Längsschnitt durch eine Beutelgalle. (Nach Schumacher, 1962)

Die Abb. 314 zeigt einige Typen histoider Gallen auf einem Buchenblatt. Diese Gallen entstehen unter dem Einfluß von Insekten; in erster Linie sind Gallwespen und Gallmücken beteiligt. Das Insekt legt ein Ei in das Blattgewebe. Die Galle entsteht als Reaktion des pflanzlichen Gewebes auf jene Einflüsse (determinierende Faktoren) hin, die vom stechenden Insekt, vom Ei und von der Larve ausgehen. Auffällig ist die *Spezifität der Gallen;* je nach Insekt entsteht eine spezifische, detailliert organisierte Galle, die der Kenner leicht von anderen unterscheiden kann. Die Gallenbildung ist ein großartiges Naturexperiment. Wir können daraus zum Beispiel folgendes lernen: 1. Die Pflanzenzelle ist zu mehr Differenzierungszuständen (= Zellphänotypen) fähig, als die normale Entwicklung hervorbringt. Die determinierenden Faktoren, die von den Insekten ausgehen, können anstelle normaler Epidermis- oder Mesophyllzellen ganz *bestimmte,* andersartige Differenzierungszustände einstellen. 2. Unter dem Einfluß der vom Insekt stammenden morphogenetischen Faktoren kommt es zu einer völlig anderen Morphogenese, als sie im normalen „Entwicklungsplan" der Pflanze vorgesehen ist. Das Resultat ist ein harmonisches, funktionell optimiertes Gebilde mit spezifischer Organisation, nicht etwa ein Torso oder ein Teratom. 3. Die Auslösung einer Gallenbildung hat *nicht* den Charakter einer Induktion. Es wird vielmehr die vom Parasit ausgehende morphogenetische Wirkung *beständig* gebraucht. Nimmt man im Experiment den Parasiten ab, dann dominiert wieder die normale Morphogenese.

Weiterführende Literatur

Bertalanffy, L. v.: Theoretische Biologie, Bd. II. Berlin: Bornträger, 1942

Cleland, R. E.: The control of cell elargement. Symp. Soc. Exp. Biol. **31,** 101 – 115 (1977)

Heslop-Harrison, J.: Differentiation. Ann. Rev. Plant Physiol. **18,** 325 – 348 (1967)

Kühn, A.: Entwicklungsphysiologie. Berlin-Heidelberg-New York: Springer, 1965

Maksymowych, R.: Analysis of Leaf Development. London: Cambridge University Press, 1973

Mitchison, G. J.: Phyllotaxis and the Fibonacci series. Science **196,** 270 – 275 (1977)

RAGHAVAN, V.: Experimental Embryogenesis in Vascular Plants. New York: Academic Press, 1976

RAY, P. M., GREEN, P. B., CLELAND, R.: Role of turgor in plant cell growth. Nature **239**, 163 – 164 (1972)

SINNOT, E. W.: Plant Morphogenesis. New York: McGraw Hill, 1960

SINNOT, E. W.: The Problem of Organic Form. New Haven: Yale University Press, 1963

STANGE, L.: Plant cell differentiation. Ann. Rev. Plant Physiol. **16**, 119 – 140 (1965)

WILLIAMS, R. F.: The Shoot Apex and Leaf Growth. London: Cambridge University Press, 1975

27. Photomorphogenese

Der Lichtfaktor

Die photoautotrophe höhere Pflanze ist auf den Lichtfaktor hin optimiert. Der Optimierungs- *prozeß* wird einerseits durch endogene Faktoren, letztlich durch die Gene, gesteuert (Entwicklungshomöostasis); andererseits greift der Umweltfaktor Licht ebenfalls in den Optimierungsprozeß ein (positive Rückkopplung). Die normale Entwicklung kann deshalb bei den höheren Pflanzen nur dann vonstatten gehen, wenn der Lichtfaktor zur Verfügung steht (Photomorphogenese). Die Frage ist, *wie* Entwicklungshomöostasis und der Umweltfaktor Licht bei der *Photomorphogenese* zusammenwirken.

Mit dem Ausdruck *Licht* bezeichnet man jenen Bereich des elektromagnetischen Spektrums, der beim Menschen die Lichtempfindung verursacht (etwa 390 bis 760 nm; → Abb. 136). In der Pflanzenphysiologie dehnt man den Bereich des „Lichts" meist bis 320 nm (nahes UV) und 800 nm (nahes Infrarot) aus. Quanten (Photonen) aus diesem Spektralbereich [380 bis 150 kJ · mol Photonen^{-1} bzw. 3,8 bis 1,5 eV · Photon^{-1}; → Gl. (51), S. 135] können in der Pflanze nur von einigen wenigen Molekültypen absorbiert werden, die durch ausgedehnte π-Elektronensysteme (konjugierte Doppelbindungen) ausgezeichnet sind, z. B. Chlorophylle oder Carotinoide (→ Abb. 144, 147). Die meisten Moleküle, die in der Zelle vorkommen — Wasser, Proteine, Nucleinsäuren, Lipide, Kohlenhydrate —, können in dem Spektralbereich zwischen 320 und 800 nm keine Absorption durchführen, die zu einer elektronischen Anregung führte.

Die Frage, welche Moleküle das bei einem photobiologischen Prozeß wirksame Licht absorbieren, kann nur mit Hilfe von *Wirkungsspektren* (gelegentlich auch als „Aktionsspektren" bezeichnet) beantwortet werden.

Wirkungsspektren

Ausarbeitung von Wirkungsspektren unter Induktionsbedingungen. Diese Randbedingung bedeutet, daß das *Reciprocitätsgesetz* (= Reizmengengesetz) gültig ist. Dieses Gesetz besagt, daß eine durch Licht verursachte Reaktionsgröße (= Ausmaß einer durch Licht bewirkten Reaktion, photoresponse) nur von der eingestrahlten *Photonenfluenz* [mol Photonen · m^{-2}] abhängt, nicht aber von dem *Photonenfluß* [mol Photonen · m^{-2} · s^{-1}], mit dem das Licht appliziert wurde. Der Ausdruck *Reciprocitätsgesetz* rührt daher, daß die für die Erzielung einer bestimmten Reaktionsgröße a notwendige Photonenfluenz a entweder mit hohem Photonenfluß und kurzer Bestrahlungszeit t oder mit langer Bestrahlungszeit und niedrigem Photonenfluß appliziert werden kann:

$$\text{Photonenfluenz}_a = \text{Photonenfluß} \cdot t$$

Ist Reciprocität gewährleistet, so bestimmt man bei möglichst vielen Wellenlängen die Abhängigkeit der ins Auge gefaßten Reaktionsgröße von der eingestrahlten Photonenfluenz (Photonenfluenz-Effekt-Kurven, Abb. 315). Dann berechnet man, welche Photonenfluenzen bei den verschiedenen Wellenlängen gebraucht werden, um ein und dieselbe Reaktionsgröße, zum Beispiel dieselbe Anthocyanmenge oder denselben Prozentsatz an Keimung, zu erzielen. Wir nennen diese Größe F_λ. Ihr Kehrwert, F_λ^{-1}, die *Photonenwirksamkeit* als Funktion der Wellenlänge, nennt man das *Wirkungsspektrum* (→ Abb. 315, 469). Es repräsentiert, falls gewisse Annahmen gemacht werden dürfen, das Extinktionsspektrum der wirksam absorbierenden Substanz (Photoreceptorpigment). Außer der Gültigkeit der Reciprocität müssen bei (einfachen) Modellbetrachtungen zur Wirkungsspek-

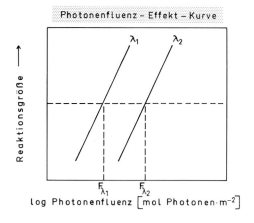

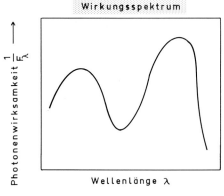

Es gilt: $\dfrac{1}{F_\lambda} \sim \varepsilon_\lambda$

Abb. 315. Die Ausarbeitung eines Wirkungsspektrums vollzieht sich in zwei Stufen. Man bestimmt zunächst experimentell Photonenfluenz-Effekt-Kurven (*oben*), dann berechnet man die Photonenwirksamkeit als Funktion der Wellenlänge (*unten*). Die Photonenfluenz-Effekt-Kurven sind häufig näherungsweise linear, wenn man die Reaktionsgröße gegen log Photonenfluenz aufträgt. Dies besagt indessen noch nichts über den Mechanismus der Lichtwirkung. Auch hyperbolische Funktionen liefern bei logarithmischer Auftragung in erster Näherung Geraden

trometrie einschränkende Annahmen gemacht werden, z. B. kleine Konzentration der funktionellen Pigmente (d. h. *Selbst*beschattung ist zu vernachlässigen), Beschattung durch Fremdpigmente vernachlässigbar, photochemische Wirksamkeit absorbierter Photonen (Quantenausbeute) *nicht* wellenlängenabhängig, homogene Verteilung des Pigments, kein Dichroismus (→ S. 501). Will man sich bei den Modellbetrachtungen keine Einschränkungen bezüglich der Pigmentkonzentration und der Be-

schattungssituation auferlegen, so gestaltet sich die Theorie der Wirkungsspektrometrie kompliziert (→ HARTMANN, 1977). Obwohl in praxi die einschränkenden Bedingungen meist nicht befriedigend erfüllt sind, geben die Wirkungsspektren häufig zumindest die Lage der Absorptionsgipfel der jeweils wirksamen Pigmente richtig wieder.

Ausarbeitung von Wirkungsspektren unter steady state-Bedingungen. In diesem Fall liefert ein bestimmter Photonenfluß während der Bestrahlung eine bestimmte Intensität eines biologischen Prozesses, z. B. Photosyntheseintensität. Man bestimmt die Intensität des Prozesses bei möglichst vielen Wellenlängen als Funktion des stationären Photonenflusses. Liegt diese Information vor, so berechnet man das Wirkungsspektrum, indem man die Steigerung dieser Kurven als Funktion der Wellenlänge aufträgt (→ Abb. 200). Zum selben Resultat gelangt man, wenn man berechnet, welcher Photonenfluß bei den verschiedenen Wellenlängen notwendig ist, um eine bestimmte Intensität des biologischen Prozesses zu erreichen. Wir nennen diese Größe N_λ. Ihr Kehrwert, N_λ^1, als Funktion der Wellenlänge, liefert ebenfalls das Wirkungsspektrum (→ Abb. 181, 200). Auch in diesem Fall geht man aufgrund der oben angedeuteten Modellbetrachtungen davon aus, daß das Wirkungsspektrum das Extinktionsspektrum der wirksam absorbierenden Substanzen repräsentiert. Beim Vorliegen *photochromer* Pigmentsysteme gilt dies jedoch *nicht* (→ Abb. 324).

Einschränkung. Häufig werden „Wirkungsspektren" nur näherungsweise bestimmt, beispielsweise stellt man die Reaktionsgröße fest, wenn bei den verschiedenen Wellenlängen gleiche Photonenmengen bzw. gleiche Photonenflüsse verabreicht werden. Diese Wirkungsspektren geben allenfalls die *Lage* der Wirkungsgipfel richtig wieder (→ Abb. 380); für eine weitergehende Analyse bieten sie aber meist keine Basis.

Farbstoffe

Als *Farbstoffe* (*Pigmente, Photoreceptormoleküle*) bezeichnen wir solche Moleküle, die im Bereich zwischen 320 und 800 nm selektiv Photonen absorbieren. Die Farbstoffe der höheren

Pflanze haben verschiedene Funktionen: 1. Absorption und Übertragung von Energie für den Betrieb des Photosyntheseapparates (→ S. 135); 2. Herstellung der Kommunikation zwischen Pflanze und Tier (Blütenfarbstoffe, Farbstoffe in Früchten); 3. Absorption unerwünschter Strahlung (Lichtfilterfunktion). Die Bedeutung der Jugendanthocyane dürfte zum Beispiel darin bestehen, die Flavine und Cytochrome des Keimlings gegen die photooxidative Wirkung hoher Lichtflüsse zu schützen. Für die genannten drei Funktionen ist eine relativ hohe Konzentration der Pigmente erforderlich. Wir bezeichnen diese Farbstoffe deshalb als *Massenpigmente* (z. B. das grüne Chlorophyll *a* und das rote Anthocyan).

Neben den Massenpigmenten bildet die höhere Pflanze auch *Sensorpigmente* in geringen Konzentrationen. Ihre Funktionen können folgendermaßen charakterisiert werden: 1. Optimierung der pflanzlichen Entwicklung und Reproduktion in dem durch die Entwicklungshomöostasis vorgegebenen Rahmen; 2. Optimale Modulation des pflanzlichen Verhaltens (Photonastien, Phototropismen, intrazelluläre Bewegungen). Zu den Sensorpigmenten rechnen wir zumindest *Phytochrom* und *Cryptochrom*. Wichtige Eigenschaften des Phytochroms werden im nächsten Abschnitt beschrieben, obgleich das Phytochrom nicht nur im Zusammenhang mit der Photomorphogenese von Bedeutung ist (→ S. 397, 433, 501). Das weniger intensiv erforschte Cryptochrom wird erst im nächsten Kapitel eingeführt (→ Abb. 377).

Das Phytochromsystem

Das für die höheren Pflanzen charakteristische Sensorpigment *Phytochrom* ist ein blaugrünes Chromoprotein mit photochromen Systemeigenschaften. Mit empfindlichen Photometern läßt sich das Pigmentsystem im lebenden Gewebe messen.

In seiner einfachsten Form kann man das Phytochrom(system) mit Hilfe von 4 Elementen (Komponenten) und 4 Reaktionskonstanten beschreiben (Abb. 316). Im Dunkeln liegt nur P_r vor. Es entsteht aus einer Vorstufe P_r' mit einer Kinetik 0. Ordnung. P_{fr}, die physiologisch aktive Form des Systems, entsteht nur im Licht, und zwar aus P_r. Die photochemische Reaktion $P_r \rightarrow P_{fr}$ ist photoreversibel. In beiden

Richtungen folgt die Photokonversion einer Kinetik 1. Ordnung. Im Dunkeln ist P_r stabil, P_{fr} hingegen ist instabil. Es zerfällt in den meisten Dikotylenkeimlingen nach einem Reaktionsgeschehen 1. Ordnung mit einer Halbwertszeit im Bereich von 30 – 60 min [z. B. wurde in den Kotyledonen und im Hypokotylhaken des Senfkeimlings (→ Abb. 349) $\tau_{1/2} = 45$ min gemessen; 36 h nach Aussaat, 25° C]. In Gramineenkeimlingen erfolgt die P_{fr}-Destruktion mit einer Halbwertszeit von wenigen Minuten, ist aber bereits bei sehr geringen P_{fr}-Konzentrationen gesättigt und folgt dann einer Kinetik 0. Ordnung. Man sieht aus diesen Angaben, daß die Eigenschaften des Phytochromsystems auch innerhalb der Angiospermen erheblich variieren.

Eine wichtige Frage war, ob die photometrisch gemessene Zunahme von P_r und die Abnahme von P_{fr} auf eine de novo-Synthese bzw. auf einen proteolytischen Abbau des Chromoproteins zurückzuführen sind. Die de novo-Synthese des Proteinanteils von P_r wurde sowohl durch Dichtemarkierung mit ^2H_2O als auch durch immunocytochemische Messungen bewiesen. Durch immunologische Methoden konnte auch die Auffassung bestätigt werden,

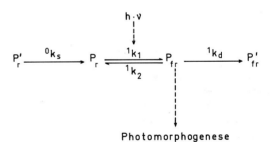

Abb. 316. Ein Modell des Phytochromsystems, wie es in den Kotyledonen und im Hypokotylhaken (→ Abb. 349) des Senfkeimlings (*Sinapis alba*) vorliegt. $P_r' \xrightarrow{^0k_s} P_r$ repräsentiert die de novo-Synthese von P_r, ein Reaktionsgeschehen 0. Ordnung; $P_r \underset{^1k_2}{\overset{^1k_1}{\rightleftharpoons}} P_{fr}$ repräsentiert die Lichtreaktionen (Photokonversionen 1. Ordnung); $P_{fr} \xrightarrow{^1k_d} P_{fr}'$ repräsentiert den Destruktionsprozeß von P_{fr}, ein Reaktionsgeschehen 1. Ordnung. Während die Elemente des Systems und die Reaktionsordnungen in den Kotyledonen und im Hypokotylhaken gleich sind, unterscheiden sich die numerischen Werte für die Reaktionskonstanten in den beiden Organen erheblich. Die sog. Dunkelreversion von $P_{fr} \rightarrow P_r$ ist in dem Modell nicht berücksichtigt, da die Bedeutung und die physiologische Relevanz dieses spektroskopisch feststellbaren Vorgangs unklar sind. (Nach SCHÄFER et al., 1973; SCHÄFER und MOHR, 1974; OELZE-KAROW et al., 1976)

daß der photometrisch gemessene Verlust an P_{fr} mit einer Abnahme des Phytochromproteins korreliert ist. Von PRATT wurde die immuncytochemische Bestimmung von P_{fr} soweit verfeinert, daß er bei Gramineenkeimlingen die spektralphotometrisch ermittelten, *organspezifischen* Werte für ^1k_d immunologisch bestätigen konnte.

Das Phytochromsystem läßt sich, beispielsweise in den Kotyledonen oder im Hypokotylhaken des Senfkeimlings, leicht in den Zustand eines *Fließgleichgewichts* (→ Abb. 133) bringen. Ein solches liegt dann vor, wenn ^0k_s gleich der Destruktionsintensität ist [→ Gl. (50), S. 131]:

$$^0k_s = [P_{fr}] \cdot {}^1k_d \, . \tag{118}$$

Die Konzentration an P_{fr}, die im photo steady state vorhanden ist, $[P_{fr}] = {}^0k_s / {}^1k_d$, hängt also vom Verhältnis zweier Reaktionskonstanten ab, die beide lichtunabhängig sind. Die Größe $[P_{fr}]$ ist deshalb wellenlängenunabhängig. Es muß lediglich sichergestellt sein, daß beide Phytochromformen (P_r und P_{fr}) bei der betreffenden Wellenlänge so intensiv absorbieren, daß es zur Einstellung des Fließgleichgewichts kommen kann. P_r hat seinen Absorptionsgipfel im hellroten Spektralbereich um 665 nm, P_{fr} im dunkelroten Spektralbereich um 735 nm. Die Absorptionsspektren der beiden Phytochromformen überlappen sich im ganzen sichtbaren Bereich (→ Abb. 320). Bei vielen Experimenten stellt man das Fließgleichgewicht mit Standard-Dunkelrot * ein (Abb. 317). Unter diesen Bedingungen enthält das Fließgleichgewicht nur wenige Prozent P_{fr}, bezogen auf Gesamtphytochrom $[P_{tot}] = [P_r] + [P_{fr}]$ (Abb. 318).

Die Wirkung des Lichts auf das Phytochromsystem erfolgt ausschließlich über die Reaktionskonstanten k_1 und k_2. Im Dunkeln sind diese Reaktionskonstanten gleich Null. Die beiden Reaktionskonstanten ^0k_s und ^1k_d sind lichtunabhängig. Weder k_s noch k_d sind zeitlich invariant. Beispielsweise nimmt in den Senfkotyle-

donen ^1k_d mit der Zeit zu, während ^0k_s oberhalb von 60 h nach Aussaat abnimmt. Diese *Änderungen* führen natürlich zu Verschiebungen im Fließgleichgewicht.

Der „Kern" des Phytochromsystems sind die Chromoproteine P_r und P_{fr}, die durch reversible Photokonversion ineinander überführbar sind (Abb. 319). Bei der Umwandlung von P_r nach P_{fr} und umgekehrt hat man mit den Methoden der Blitzlichtphotometrie und der Tieftemperaturspektroskopie mehrere kurzlebige Intermediärprodukte nachgewiesen. Alle biophysikalischen Daten deuten darauf hin, daß

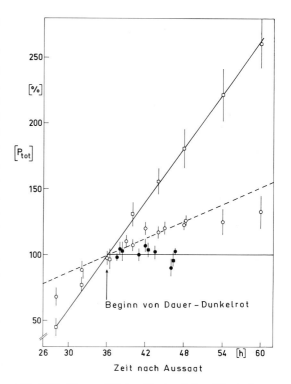

Abb. 317. Der zeitliche Verlauf des Phytochromgehalts ($[P_{tot}] = [P_r] + [P_{fr}]$) in den Kotyledonen und im Hypokotylhaken des Senfkeimlings im Dunkeln und im Dauer-Dunkelrot. Die Abweichungen der Meßpunkte von der Regressionsgeraden (Haken) unterhalb von 30 h und oberhalb von 48 h sind auf Änderungen des Bezugssystems („Haken", → Abb. 349) zurückzuführen. □ Kotyledonen, Dunkel; ■ Kotyledonen, Dunkelrot; ○ Haken, Dunkel; ● Haken, Dunkelrot. In beiden Organen bleibt nach dem Einschalten des Dunkelrots der P_{tot}-Gehalt konstant (schwarze Symbole). ^0k_s muß also gleich $[P_{fr}] \cdot {}^1k_d$ sein. $[P_{tot}]$ zum Zeitpunkt 36 h nach Aussaat ist in beiden Organen = 100% gesetzt. Die Konstante ^0k_s ist, jeweils auf diesen $[P_{tot}]$-Wert bezogen, in den Kotyledonen 3,2mal größer als im Hypokotylhaken. (Nach SCHÄFER et al., 1973)

---

* Als Standard-Dunkelrot wird ein dunkelrotes Wellenband (Halbwertsbreite ca. 100 nm) bezeichnet, das mit dem relativ hohen Energiefluß von $3,5 \text{ W} \cdot \text{m}^{-2}$ eingestrahlt wird. Die physiologische Eichung mit dem Hypokotylhaken des Senfkeimlings ergab, daß dieses Licht wie monochromatisches Licht bei 718 nm wirkt ($\varphi_{718} = 0,023$; → S. 315). Mit „Dunkelrot" ohne nähere Charakterisierung ist immer dieses Standard-Dunkelrot gemeint.

die Molekültransformationen von P_r nach P_{fr} und umgekehrt aus verschiedenen Relaxationsprozessen bestehen, die mit dem durch die Lichtabsorption angeregten Produkt (P_r^* bzw. P_{fr}^*) beginnen und mit P_{fr} bzw. P_r enden.

Die initialen Photoreaktionen

$$P_r \overset{h \cdot \nu}{\to} P_r^*; \quad P_{fr} \overset{h \cdot \nu}{\to} P_{fr}^*$$

betreffen nur den Chromophor. Die Serie der Relaxationsprozesse (Dunkelreaktionen) betrifft hauptsächlich den Proteinanteil. Die molekularen Eigenschaften von P_r und P_{fr} sind noch nicht befriedigend aufgeklärt. Auf jeden Fall handelt es sich um ein Chromoprotein, dessen Chromophor ein mit dem Phycocyanobilin der Blau- und Rotalgen verwandter Gallenfarbstoff (offenkettiges Tetrapyrrol) ist ($\to$ Abb. 159). Der Chromophor ist covalent an das Apoprotein gebunden. Die bisher vorliegenden Daten deuten darauf hin, daß das Molekulargewicht der Phytochrom-Monomeren, die *einen* Chromophor enthalten, etwa 120 000 dalton beträgt. Das Phytochrom wird bei der Extraktion aus der Zelle leicht von proteolytischen Enzymen (Endopeptidasen) angegriffen, die das Chromoprotein bis zu einem Molekulargewicht von 60 000 dalton abbauen. Die photochemischen und spektroskopischen Eigenschaften bleiben bei dieser partiellen Proteolyse weitgehend unbeeinflußt. Neuerdings ist es gelungen, auch sehr großes Phytochrom ($>$800 000 dalton) zu isolieren. Vermutlich handelt es sich hierbei um Aggregate der 120 000 dalton-Monomeren, gebunden an einen (Membran-),,Receptor".

Eine besonders wichtige biophysikalische Systemeigenschaft des Phytochroms ist darauf zurückzuführen, daß beide Phytochromformen im ganzen sichtbaren Spektralbereich absorbieren (Abb. 320). P_r hat einen Absorptionsgipfel bei 665 nm, P_{fr} bei 735 nm (in vitro). Da sich die Absorptionsspektren im ganzen Spektralbereich, der physiologisch interessant ist, überlappen, stellt sich bei saturierender Bestrahlung ein wellenlängenabhängiges Photogleichgewicht zwischen den beiden Formen des Phytochromsystems ein. Man kann es durch den Quotienten

$$\varphi_\lambda = [P_{fr}]_\lambda / [P_{tot}]$$

charakterisieren, wobei

$$[P_{tot}] = [P_r] + [P_{fr}]$$

ist.

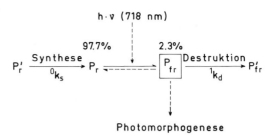

Abb. 318. Ein Modell des Phytochromsystems im Fließgleichgewicht (= photo steady state). Das Fließgleichgewicht wird mit *Standard-Dunkelrot* aufrecht erhalten. Per definitionem ist das Fließgleichgewicht dann eingestellt, wenn $^0k_s = [P_{fr}] \cdot {}^1k_d$ ist. Setzt das Dunkelrot 36 h nach Aussaat (25° C) ein, so stellt sich das Fließgleichgewicht in den Kotyledonen und im Hypokotylhaken des Senfkeimlings ($\to$ Abb. 349) rasch ein und erhält sich über viele Stunden hinweg. Dies bedeutet, daß über einen längeren Zeitraum ein konstanter Gehalt an Effektormolekülen, $[P_{fr}]$, in der Pflanze vorliegt. Der Prozentsatz für den relativen P_{fr}-Gehalt (2,3%) gilt für den Hypokotylhaken ($\to$ S. 316). (Nach Mohr, 1972)

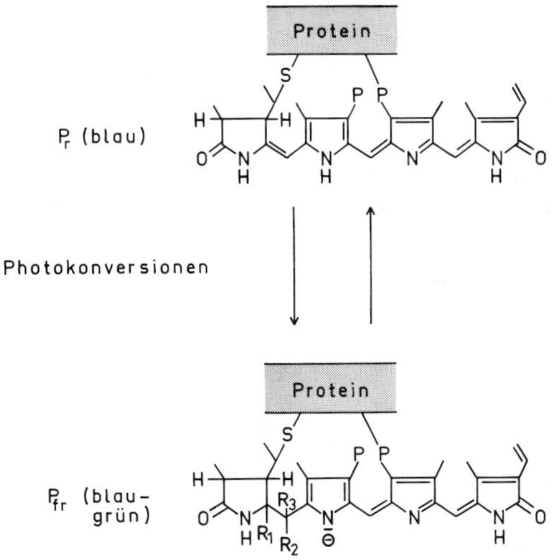

Abb. 319. Ein Strukturvorschlag für die P_r- und P_{fr}-Chromophore und ihre Bindung an das Protein. Der Vorschlag beruht auf spektralen Analysen und Abbaustudien mit Phytochrom aus Haferkeimlingen (*Avena sativa*). Die Proteinbindung und die β-pyrrolischen Substituenten sind bei P_r und P_{fr} gleich. Die bei P_r vorhandene Methinbrücke fehlt dem P_{fr} *spektroskopisch*. Ihr Verschwinden wird auf eine Photooxidation oder Photoaddition an dieser Methinbrücke zurückgeführt. Die Identität der funktionellen Gruppen R_1, R_2, R_3 ist noch unklar. Auch die anionische Struktur von P_{fr} ist noch ein Diskussionspunkt. – S –, Thioätherbindung; – P, Propionsäureseitenketten. (Nach Klein et al., 1977)

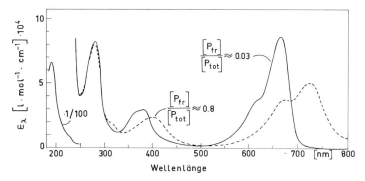

Abb. 320. Extinktionsspektren eines hochgereinigten Phytochrompräparates aus Haferkeimlingen (*Avena sativa*) nach saturierender Bestrahlung mit Hellrot (– – – –) bzw. Dunkelrot (um 720 nm, ———). Im Hellrot bleibt ein beträchtlicher P_r-Anteil (etwa 20%) erhalten, im Dunkelrot liegen etwa 97% des Gesamt-phytochroms als P_r vor. Die ungefähren Photogleichgewichte, die Hellrot bzw. Dunkelrot einstellen, sind eingetragen. Es gilt: $[P_r] + [P_{fr}] = [P_{tot}]$; ε_λ, molarer Extinktionskoeffizient. (Nach MUMFORD und JENNER, 1966)

Die Abb. 321 zeigt das Photogleichgewicht des Phytochromsystems in vivo als Funktion der Wellenlänge. Man sieht, daß z. B. bei 660 nm (Hellrot) etwa 80% des Gesamtphytochroms (P_{tot}) als P_{fr} vorliegen, bei 720 nm (Dunkelrot) hingegen lediglich 2–3%. In Kurzform: $\varphi_{HR} \approx 0,8$; $\varphi_{DR} \approx 0,025$. Die φ_λ-Werte sind organspezifisch, da k_1 und k_2 im Phytochromsystem bei gleicher Belichtung von Organ zu Organ variieren können. Ein Beispiel (→ Abb. 317): Die ^0k_s-Werte (bezogen auf $[P_{tot}]$ zum Zeitpunkt 36 h nach Aussaat = 100%) unterscheiden sich in den Kotyledonen und im Hypokotylhaken des Senfkeimlings um den Faktor 3,2. Da sich in beiden Organen nach

dem Einsetzen von Dunkelrot umgehend ein Fließgleichgewicht ausbildet, gilt für beide Organe:

$$^0k_s = {}^1k_d \cdot [P_{fr}] = {}^1k_d \cdot \varphi_\lambda \cdot [P_{tot}] \tag{119}$$

Da ^1k_d in beiden Organen gleich ist ($\tau_{1/2} = \ln 2 / {}^1k_d$ hat in beiden Organen bei 25° C den Wert 45 min), so müssen sich die φ_{DR}-Werte um den gleichen Betrag unterscheiden: $\varphi_{DR,Haken} = 0,023$; $\varphi_{DR,Kotyledonen} = 0,074$.

Das Photogleichgewicht des Phytochromsystems stellt sich bei älteren Keimpflanzen und bei den üblicherweise verwendeten Photonenflüssen im Hellrot und Dunkelrot

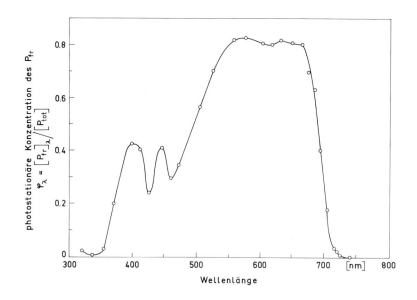

Abb. 321. Der im Photogleichgewicht vorhandene Bruchteil an P_{fr} als Funktion der Wellenlänge. Das Bezugssystem ist Gesamtphytochrom, $[P_{tot}]$. Es handelt sich um in vivo-Messungen, durchgeführt mit dem apikalen Hypokotylbereich von *Sinapis alba* (→ Abb. 349) bei 25° C. Als Randbedingung wird davon ausgegangen, daß im Hellrot (660 nm) ein Photogleichgewicht mit 80% P_{fr} vorliegt. (Daten von HARTMANN und SPRUIT aus HANKE et al., 1969)

Abb. 322. Die Kinetik der Anthocyanakkumulation im Senfkeimling nach ein oder zwei kurzen Belichtungen (jeweils 5 min) mit Hellrot, Dunkelrot oder Hellrot, unmittelbar gefolgt von Dunkelrot. Die Belichtungen wurden zum Zeitpunkt 0 (d. h. 36 h nach Aussaat) durchgeführt. Man erkennt, daß die Anthocyanbildung sehr empfindlich auf kleine P_{fr}-Gehalte reagiert: Dunkelrot wirkt selbst bereits halb so stark wie Hellrot. (Nach LANGE et al., 1971)

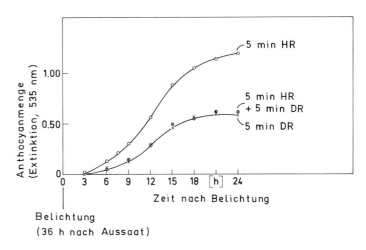

zumindest näherungsweise innerhalb von 5 min ein (*Lichtpulse*). Auf der Basis dieser Information läßt sich das operationale Kriterium für die Beteiligung des Phytochroms an einer durch Licht ausgelösten Reaktion (photoresponse) der Pflanze wie folgt definieren: Wenn die durch einen kurzen Hellrotpuls bewirkte Induktion einer Merkmalsänderung durch einen unmittelbar nachfolgenden Dunkelrotpuls auf das Niveau der Dunkelrotwirkung reduziert werden kann, dann ist die Lichtwirkung auf Phytochrom zurückzuführen (→ S. 433). Ein klassisches Beispiel ist die Induktion der Anthocyansynthese durch Lichtpulse (Abb. 322). Im Dunkeln bildet sich kein P_{fr}, also erfolgt keine Anthocyansynthese. Die Einstellung des Photogleichgewichts durch einen Hellrotpuls führt zu einem relativ hohen Gehalt an P_{fr}. Bestrahlt man jedoch nach dem Hellrot mit einem Dunkelrotpuls, so senkt man den P_{fr}-Gehalt auf den relativ niedrigen Wert ab, der für das Photogleichgewicht des Phytochromsystems im Dunkelrot charakteristisch ist.

Die Hochintensitätsreaktion (HIR)

Bei etiolierten Dikotylenkeimlingen, beispielsweise bei 36 h alten Senfkeimlingen, ist *dunkelrotes Licht* photomorphogenetisch besonders wirksam, falls man *Dauerlicht* verabreicht. Hellrotes Licht hat unter diesen Bedingungen eine geringere Wirkung. Obgleich der P_{fr}-Gehalt im Fließgleichgewicht im Dunkelrot und im Hellrot derselbe ist, $[P_{fr}] = {}^{0}k_{s} / {}^{1}k_{d} = $ konstant (→ S. 314), erweist sich das Ausmaß der photomorphogenetischen Reaktion auch nach der

Einstellung des Fließgleichgewichts als wellenlängen- und photonenflußabhängig (Abb. 323). Dieser Effekt, genannt *Hochintensitätsreaktion* (HIR), wird durch das Phytochrommodell der Abb. 318 nicht erklärt. Ein detailliertes Wirkungsspektrum der HIR wurde von HARTMANN

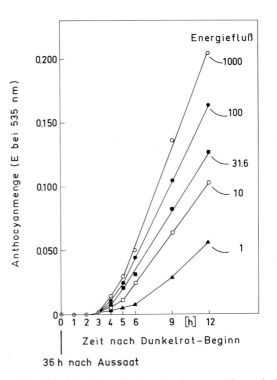

Abb. 323. Die Kinetik der Anthocyanakkumulation im Senfkeimling im Dauerlicht verschiedenen Energieflusses. Verwendet wird Standard-Dunkelrot (→ S. 314). Der Energiefluß 1000 bedeutet den Standard-Energiefluß von 3,5 W · m⁻². Beginn der Belichtung: 36 h nach Aussaat. Bemerkenswert ist, daß die Dauer der initialen lag-Phase (3 h) unabhängig vom Energiefluß ist. (Nach LANGE et al., 1971)

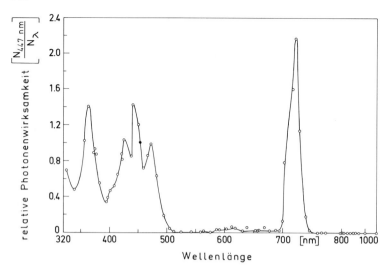

Abb. 324. Wirkungsspektrum für die Hemmung des Hypokotyllängenwachstums von Salatkeimlingen (*Lactuca sativa*, cv. Grand Rapids). Das Wirkungsspektrum wurde für Dauerlicht im Zeitraum zwischen 54 und 72 h nach Aussaat ausgearbeitet. Während dieser Periode beruht das Längenwachstum des Hypokotyls ausschließlich auf Zellwachstum. Es handelt sich hier formal zwar um ein typisches steady state-Wirkungsspektrum (→ S. 312); die Interpretation erfolgt jedoch auf der Basis eines *photochromen Pigmentsystems*. Man kann davon ausgehen, daß die Wachstumsintensität während der 18 h bei allen Wellenlängen konstant blieb. (Nach HARTMANN, 1967a)

an Salatkeimlingen, einem besonders günstigen Objekt, ausgearbeitet (Abb. 324). Darüber hinaus hat HARTMANN bereits 1966 experimentell durch *Dichromatbestrahlung* (2 Wellenlängen, simultan verabreicht) gezeigt, daß die HIR auf ein photochromes Pigmentsystem, sehr wahrscheinlich auf Phytochrom, zurückzuführen ist. Abbildung 325 (*unten*) illustriert eines der betreffenden Experimente. Die Salatkeimlinge werden *gleichzeitig* mit zwei Wellenlängen (768 nm und 658 nm) bestrahlt. Allein gegeben sind beide Wellenlängen unwirksam (→ Abb. 324). Man sieht, daß es ein Photonenflußverhältnis zwischen den beiden Wellenlängen gibt, das zu einer optimalen HIR führt. Diese Art von Resultat deutet darauf hin, daß für den starken photomorphogenetischen Effekt von Dauer-Dunkelrot (λ_{max} bei 720 nm) ausschließlich ein *photochromes* Pigmentsystem verantwortlich ist, sehr wahrscheinlich Phytochrom. Ob der Wirkungsgipfel im Blaubereich ebenfalls *zur Gänze* auf Phytochrom zurückzuführen ist, bedarf noch der Klärung.

SCHÄFER (1976) hat ein theoretisches Modell vorgelegt, das die Dunkelrotbande der HIR auch *quantitativ* auf Systemeigenschaften des Phytochroms (einschließlich Wechselwirkung mit dem primären Reaktanten = „Receptor", Symbol: X) zurückführt. Dieses Modell (Abb. 326) erklärt die Wellenlängen- und Photonenflußabhängigkeit der photomorphogenetischen Reaktion bei konstantem P_{fr}-Gehalt im Prinzip mit der wellenlängen- und photonenflußabhängigen Akkumulation eines kurzlebigen P_{fr}-„Receptor"-Komplexes ($P_{fr}X$), welcher der eigentliche physiologische Effektor des Systems ist, solange das Licht angeschaltet bleibt. $P_{fr}X'$, ein modifizierter „Receptor"-Komplex, tritt unter diesen Umständen als Effektor zurück. Schaltet man das Licht ab, dann geht dem Modell zufolge das vorliegende $P_{fr}X$ rasch in den stabileren Komplex $P_{fr}X'$ über. Im Dunkeln ist $P_{fr}X'$ der einzige physiologische Effektor. Die Destruktion des P_{fr} geht stets von $P_{fr}X'$ aus. Das P_{fr} kann sowohl von $P_{fr}X$ als auch von $P_{fr}X'$ aus nach P_r photokonvertiert werden. Die resultierenden Komplexe P_rX und P_rX' sind relativ kurzlebig.

Die Abb. 325 (*oben*) gibt ein Beispiel dafür, wie genau das Modell die empirischen Daten (*unten*) erklärt.

Die „klassische" HIR (→ Abb. 324) tritt nur dann in Erscheinung, wenn sich im Keimling ein relativ hoher Pegel an P_{tot} akkumuliert hat. Senkt man den P_{tot}-Pegel ab, indem man den Keimling im Weißlicht ($\varphi_{WL} \approx 0,5$) oder im Hellrot ($\varphi_{HR} \approx 0,8$) einer starken P_{fr}-Destruktion aussetzt, so verschwindet die HIR allmäh-

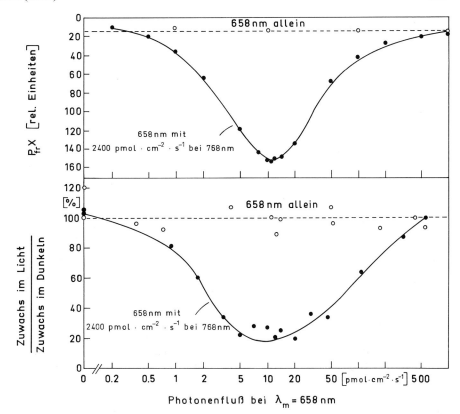

Abb. 325. Theorie und Empirie bei der HIR. *Oben:* Berechnete Daten: Der stationäre Gehalt an $P_{fr}X$ in Abhängigkeit vom Photonenfluß bei Dauer-Simultanbestrahlung mit den Wellenlängen 658 und 768 nm. Die *Berechnung* erfolgte auf der Basis des offenen Phytochrom-Receptor-Modells (→ Abb. 326). Für die Reaktionskonstanten der Lichtreaktionen wurden folgende Werte gewählt:

658 nm, 1000 pmol · cm^{-2} · s^{-1}:

$$k_1 = 3{,}11 \text{ min}^{-1}$$
$$k_2 = 0{,}78 \text{ min}^{-1}.$$

768 nm, 2400 pmol · cm^{-2} · s^{-1}:

$$k_1 = 1{,}6 \cdot 10^{-5} \text{ min}^{-1}$$
$$k_2 = 8{,}97 \cdot 10^{-2} \text{ min}^{-1}.$$

○ Werte bei monochromatischer Bestrahlung mit 658 nm-Licht; ● Werte bei Dichromatbestrahlung mit variablem Photonenfluß bei 658 nm und konstantem Photonenfluß (2400 pmol · cm^{-2} · s^{-1}) bei 768 nm. (Nach GRUBER und SCHÄFER, 1977) *Unten:* Entsprechende empirische Daten: Hypokotylwachstum von Salatkeimlingen (*Lactuca sativa,* cv. Grand Rapids) in Abhängigkeit vom Photonenfluß bei Dauer-Simultanbestrahlung (18 h) mit 658 nm- und 768 nm-Licht. Ordinate: Verhältnis (Zuwachs im Licht/Zuwachs im Dunkel) zwischen 54 und 72 h nach Aussaat. ○ monochromatische Bestrahlung mit 658 nm-Licht; ● Dichromatbestrahlung mit variablem Photonenfluß bei 658 nm und konstantem Photonenfluß (2400 pmol · cm^{-2} · s^{-1}) bei 768 nm. (Nach HARTMANN, 1967 b)

lich. Dies äußert sich z. B. darin, daß Dauer-Dunkelrot seine Wirkung weitgehend verliert, während Hellrot relativ sehr viel wirksamer wird. Die HIR manifestiert sich beispielsweise bei einem 48 h alten Weißlichtkeimling von *Sinapis alba* lediglich noch in einer schwachen Photonenflußabhängigkeit der Dauerlichtwirkung. Das Modell (→ Abb. 326) erklärt auch das Verschwinden der HIR mit fallendem P_{tot}-Gehalt.

Für die Erforschung der Photomorphogenese ist die HIR sehr nützlich. Diese Systemeigenschaft des Phytochroms machte es möglich, die Photomorphogenese etiolierter Keimpflanzen im Dauer-Dunkelrot zu studieren, das im Rahmen der HIR sehr stark photomorphogenetisch wirkt, ohne daß sich erhebliche Mengen an Chlorophyll bilden. Auf diese Weise konnte man auch im Langzeitexperiment Photomorphogenese und Photosynthese elegant trennen.

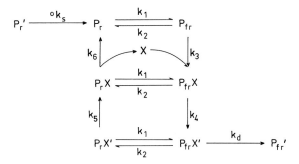

Abb. 326. Offenes Phytochrom-Receptor-Modell. Der Aufstellung dieses Modells lagen immuncytochemische Analysen (→ S. 339), in vitro-Bindungsstudien (→ S. 338) sowie in vivo-spektrophotometrische Messungen am Phytochromsystem (→ z. B. Abb. 317) zugrunde. Daraus ergeben sich als Schätzungen für die lichtunabhängigen Reaktionskonstanten folgende Werte (25° C):

$$^{0}k_s/P_{tot} = 7 \cdot 10^{-4} \text{ min}^{-1}$$
$$k_3 = 8,3 \text{ min}^{-1}, k_4 = 0,7 \text{ min}^{-1}, k_5 = 0,035 \text{ min}^{-1},$$
$$k_6 = 8,3 \text{ min}^{-1}, k_d = 0,015 \text{ min}^{-1}.$$

Diese für die Rechnung (→ Abb. 325) verwendeten Werte sind nicht als „Naturkonstanten" anzusehen. Vielmehr muß man damit rechnen, daß sie von Pflanzensippe zu Pflanzensippe und sogar von Organ zu Organ variieren (→ S. 316). (Nach SCHÄFER, 1976)

Die multiple Wirkung von Phytochrom

Wir behandeln die Photomorphogenese vorwiegend am Beispiel des Senfkeimlings (*Sinapis alba*). Dies hat neben didaktischen Vorteilen vor allem den Grund, daß bisher nur für dieses Objekt umfassende und systematisch gewonnene experimentelle Daten zur Erläuterung des theoretischen Konzepts der Photomorphogenese vorliegen. Es besteht wenig Zweifel, daß die mit dem Senfkeimling gewonnenen Erkenntnisse zumindest im Prinzip auch für andere höhere Pflanzen gelten.

Phänomene der Photomorphogenese. Die Embryonalentwicklung der höheren Pflanzen erfolgt im Embryosack (→ Abb. 251). Das Entwicklungsgeschehen bis hin zum fertigen Samen ist gekennzeichnet durch *Entwicklungshomöostasis*. Mit diesem Begriff bezeichnet man den Sachverhalt, daß der Entwicklungsablauf durch ein endogenes Steuersystem streng determiniert ist und durch Umweltfaktoren nicht

spezifisch beeinflußt werden kann (→ S. 268). Die Analogie zur Embryonalentwicklung der Tiere ist offensichtlich.

Die Situation ändert sich grundlegend bei der Samenkeimung und bei der Sämlings- oder Keimlingsentwicklung (→ Abb. 250). In dieser Phase der Entwicklung übt der Umweltfaktor Licht einen wesentlichen, unentbehrlichen und spezifischen Einfluß auf das normale Entwicklungsgeschehen aus: Wir beobachten *Photomorphogenese*. Die Entwicklung im Dunkeln, das *Etiolement*, weicht von der Entwicklung im Licht erheblich ab. Als Beispiel zeigt die Abb. 327 drei Keimlinge von weißem Senf (*Sinapis alba*), die im Dunkeln oder im Licht herangewachsen sind. Die Photosynthese hat mit der verschiedenartigen Entwicklung der Keimlinge im Licht und Dunkel nichts zu tun. Der mit Standard-Dunkelrot belichtete Keimling (*rechts*) und der im Weißlicht gehaltene Keimling (*Mitte*) entwickeln sich sehr ähnlich, obgleich im Weißlicht die Chlorophyllbildung und die Photosynthese ablaufen, während im Dunkelrot diese Prozesse nicht in erheblichem Umfang vonstatten gehen. Natürlich trägt das Licht keine spezifische morphogenetische Information. Es sind die besonderen Eigenschaften der *Pflanze*, die es dem Licht ermöglichen, als „auswählender Faktor" bei der Genexpression während der Entwicklung zu wirken. Wir wissen heute, daß der Unterschied zwischen Licht- und Dunkelkeimling primär auf die Bildung von aktivem Phytochrom (P_{fr}) im Licht zurückzuführen ist. Der Dunkelkeimling enthält nur inaktives Phytochrom (P_r). P_{fr} ist das morphogenetisch wirksame *Effektormolekül* des Phytochromsystems.

Das photochrome Sensorpigment Phytochrom wird von den höheren Pflanzen nicht nur generell für die Steuerung von Keimung, Entwicklung und Reproduktion verwendet. Vielmehr benützt die Pflanze das Phytochromsystem auch für Photomodulationen des pflanzlichen Verhaltens. Darunter verstehen wir völlig reversible, offensichtlich lichtabhängige Reaktionen von Organen, Geweben, Zellen und Organellen. Das Phytochromsystem spielt in der Tat in *allen* Lebensphasen der höheren Pflanzen eine wesentliche Rolle. Deshalb kommen phytochromabhängige Reaktionen der Pflanze in vielen Kapiteln dieses Buches zur Sprache.

Im Zusammenhang mit der *Photomorphogenese* bezeichnet man im Deutschen die lichtabhängigen Reaktionen als *Photomorphosen*,

Abb. 327. Drei Keimpflanzen vom weißen Senf (*Sinapis alba*), 72 h nach der Aussaat der Samen (25° C). Die Keimlinge sind genetisch weitgehend identisch. Die Unterschiede in der Entwicklung sind ausschließlich auf das Licht zurückzuführen. Die Abbildung betont den wichtigen Punkt, daß das Weißlicht die Kotyledonen dazu veranlaßt, sich aus kompakten Speicherorganen (*links*) in photosynthetisch hochaktive Blätter umzuwandeln (*Mitte*). Die Phototransformation der Kotyledonen erfolgt ohne weitere Zellteilungen. Auch die Menge an DNA pro Organ nimmt nicht signifikant zu. (Nach MOHR, 1972)

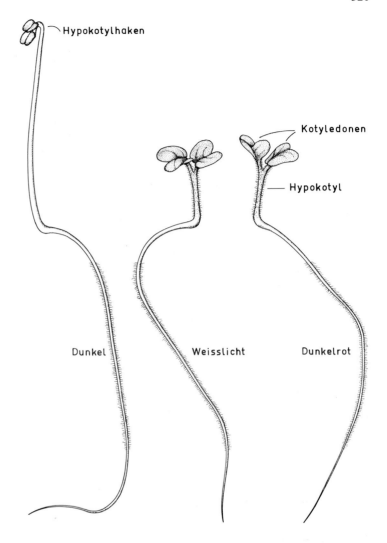

auch wenn sie sich nicht auf der morphologischen, sondern auf der molekularen Ebene abspielen. Für den im angloamerikanischen Sprachgebrauch üblichen, treffenden Begriff *photoresponse* (= „Photoantwort") gibt es kein brauchbares deutsches Äquivalent. Wir verwenden im folgenden den Begriff Photomorphose stets in der Bedeutung von photoresponse.

Die Spezifität der Photomorphosen. Unser Ziel ist die Erklärung der Photomorphogenese (Abb. 328). Am Anfang steht das *logische* Durchdringen der Phänomene. Dieser Prozeß muß dem Versuch einer *molekularen* Analyse der Photomorphogenese vorausgehen. Sonst liefert die molekulare Analyse zwar Daten, aber in der Regel keine Einsicht. Der erste Schritt ist die Definition und Messung einzelner *Photomorphosen*. Mit diesem Begriff bezeichnet man alle definierbaren Merkmalsveränderungen, die der (normale) Lichtkeimling im Vergleich zum entsprechenden (etiolierten) Dunkelkeimling zeigt. Die Photomorphosen werden beobachtet (und gemessen) auf dem Niveau der Organe, Gewebe, Zellen, Organellen und Moleküle mit morphologischen, biophysikalischen und biochemischen Methoden.

Am Senfkeimling wurden eine große Zahl von Photomorphosen studiert. Eine Auswahl bringt die Tabelle 25. Auffällige *positive* Photomorphosen sind zum Beispiel: Wachstum der Kotyledonen, Wachstum der Primär- und Folgeblätter, Bildung von Haaren aus Epidermiszellen des Hypokotyls, Synthese von Anthocyan in Kotyledonen und Hypokotyl. Ein auffälliges Beispiel für *negative* Photomorphosen ist die Hemmung des Hypokotylwachstums.

Wir können davon ausgehen, daß das Phytochrom als ein und dasselbe *Molekül* in allen

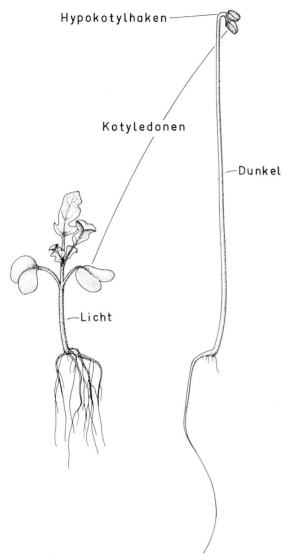

Hypokotylhaken

Kotyledonen

Dunkel

Licht

Abb. 328. Das Phänomen der Photomorphogenese bei *älteren* Senfpflanzen. Der Unterschied zwischen Etiolement (*rechts*) und Normalentwicklung im Weißlicht (Photomorphogenese) verstärkt sich mit zunehmendem Alter, da sich die Plumula im Dunkeln nicht erheblich entwickelt. (Nach MOHR, 1972)

Zellen des Senfkeimlings, in denen es wirkt, vorliegt. Wie die Abb. 328 und die Tabelle 25 anschaulich zeigen, reagieren die verschiedenen Organe und Gewebe des Keimlings aber ganz verschiedenartig auf die Bildung von P_{fr}. Es ist klar, daß die *Spezifität* der Photomorphosen nicht auf das P_{fr} zurückzuführen ist, sondern auf den Zustand der Zellen in dem Moment, wenn P_{fr} in ihnen durch Licht gebildet wird. Dies gilt für alle Phytochromwirkungen. Beispielsweise wird bei Koleoptilsegmenten

($\rightarrow$ Abb. 265) die Reaktion auf einen Hellrot-Lichtpuls von der Herkunft der Segmente bestimmt. Der Lichtpuls stimuliert das Wachstum eines aus der apikalen Region entnommenen Segments, während dasselbe Licht das Wachstum eines aus der basalen Region entnommenen Segments hemmt. Segmente aus der mittleren Region reagieren (bezüglich Wachstum) nicht auf die Belichtung. — Der Einfluß eines Hellrot-Lichtpulses auf die K^+-Aufnahme isolierter Hypokotylsegmente der Mungobohne (Abb. 329) wird auch qualitativ durch die Herkunft der Segmente bestimmt.

Während der Entwicklung einer Keimpflanze kann sich auch die *Richtung* einer bestimmten, durch Phytochrom ausgelösten Reaktion ändern. Ein Beispiel ist die Beeinflussung der CO_2-Abgabe des Senfkeimlings durch

Tabelle 25. Einige durch Licht bewirkte Reaktionen des Senfkeimlings (*Sinapis alba*). Alle diese Photomorphosen können auf die Bildung von P_{fr} zurückgeführt werden. (Ergänzt nach MOHR, 1972)

Hemmung des Hypokotyl-Längenwachstums
Hemmung der Translocation aus den Kotyledonen
Flächenwachstum der Kotyledonen
Entfaltung der Lamina der Kotyledonen
Haarbildung am Hypokotyl
Öffnung des Hypokotyl-Hakens
Entwicklung der Primärblätter
Bildung von Folgeblatt-Primordien
Steigerung der negativ geotropischen Reaktionsfähigkeit des Hypokotyls
Bildung von Xylemelementen
Differenzierung der Stomata in der Epidermis der Kotyledonen
Bildung von Superetioplasten im Mesophyll der Kotyledonen
Änderungen der Intensität der Zellatmung
Synthese von Anthocyan in Kotyledonen und Hypokotyl
Steigerung der Ascorbinsäuresynthese
Steigerung der Carotinoidsynthese
Steigerung der Kapazität der Chlorophyllsynthese
Steigerung der RNA-Synthese in den Kotyledonen
Steigerung der Proteinsynthese in den Kotyledonen
Intensivierung des Abbaus der Speicherfette
Intensivierung des Abbaus der Speicherproteine
Steigerung der Äthylensynthese
Beschleunigung des SHIBATA-shifts in den Kotyledonen
Determination der Kapazität der Photophosphorylierung in den Kotyledonen
Modulation der Enzymsynthese in den Kotyledonen

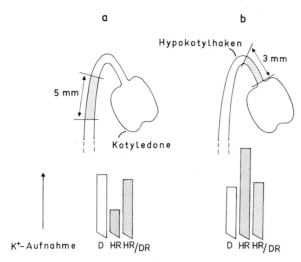

Abb. 329 a und b. Skizzen der oberen Hypokotylregion einer Keimpflanze von *Phaseolus aureus*. (a) Ein 5 mm-Segment wird aus der Region unterhalb des Hypokotylhakens entnommen; (b) ein 3 mm-Segment wird aus der Region oberhalb der Hakenkrümmung entnommen. Untersucht wird die Fähigkeit der isolierten Segmente, K^+ aus einer Lösung aufzunehmen. Bei den Segmenten aus der Region (a) *hemmt* ein Hellrotpuls (HR) die K^+-Aufnahme; bei den Segmenten aus der Region (b) *stimuliert* ein Hellrotpuls die K^+-Aufnahme. In beiden Fällen ist die Hellrotwirkung durch einen Dunkelrotpuls (DR) revertierbar. D, Dunkelkontrolle. Die Herkunft der Segmente bestimmt also die Art der Phytochromwirkung auf diesen Vorgang. (Nach BROWNLEE und KENDRICK, 1977)

Phytochrom (Abb. 330). Wenn das Dunkelrot bereits bei der Aussaat der Samen einsetzt, beobachtet man einen starken Hemmeffekt auf die CO_2-Abgabe bis etwa 55 h nach Aussaat. Erst nach diesem Zeitpunkt steigt die Intensität der CO_2-Abgabe im Licht über die entspre-

chende Dunkelkontrolle. Setzt das Licht hingegen erst 36 oder 64 h nach Aussaat ein, erfolgt sofort eine Steigerung der CO_2-Abgabe.

Wir orientieren uns im folgenden an drei Fragen: 1. Läßt sich die Photomorphogenese auf dem Enzymniveau studieren? 2. Wie lassen sich die diversen Photomorphosen, die multiplen Wirkungen des P_{fr}, logisch ordnen? 3. Wie erfolgt die Integration der Photomorphosen in Raum und Zeit zum harmonischen Gesamtprozeß der normalen pflanzlichen Entwicklung? Erst dann kehren wir zum Phytochrom und zu der Frage nach seinem Wirkmechanismus zurück.

Enzyminduktion und -repression durch Phytochrom

Das experimentelle System. Wir verfolgen die Enzymsynthese in den epigäischen Kotyledonen des Senfkeimlings ($\rightarrow$ Abb. 327). Es handelt sich um entwicklungsphysiologisch bemerkenswerte Organe. Solange sich der Keimling ausschließlich im Dunkeln entwickelt, fungieren die Kotyledonen als kompakte Speicherorgane. Gefüllt mit Fett und Speicherprotein dienen sie den Bedürfnissen des rasch wachsenden Achsensystems. Die Kotyledonen selbst wachsen und entwickeln sich nicht erheblich, solange der Keimling in völliger Dunkelheit bleibt. Wenn man den Keimling jedoch ins Licht bringt, z. B. in Weißlicht von genügend hohem Energiefluß, beobachtet man eine starke Expansion der Kotyledonen und eine rasche Umwandlung in ein Photosyntheseorgan, das in jeder Hinsicht einem normalen photosynthetisch

Abb. 330. Der zeitliche Verlauf der Atmungsintensität (= Intensität der CO_2-Abgabe pro Keimling) bei intakten Senfkeimlingen ($\rightarrow$ Abb. 193). Die Keimlinge wuchsen von der Aussaat an in Küvetten unter Standardbedingungen (25° C). Die Atmungsintensität wurde kontinuierlich durch Ultrarotabsorptions-Messung bestimmt. (Nach Daten von WEISCHET, aus FRIEDERICH und MOHR, 1975)

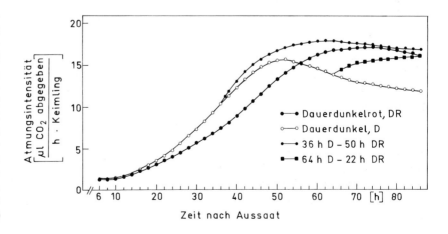

aktiven Blatt entspricht (→ Abb. 328). Da die Kotyledonen für mehrere Tage über einen nicht-limitierenden Vorrat an Speichermolekülen verfügen, kann die durch Phytochrom (P_{fr}) bewirkte Phototransformation der Kotyledonen auch unter Bedingungen studiert werden, die keine signifikante Photosynthese zulassen, z. B. im Dauer-Dunkelrot (→ S. 317). Für *molekulare* Studien bietet die biologische Einheit Kotyledone besondere Vorteile. Zwar nimmt die Frischmasse des Organs unter dem Einfluß von Licht stark zu, die Zellzahl und der DNA-Gehalt bleiben aber weitgehend konstant. Die Phototransformation der Senfkotyledonen von einem Speicherorgan in ein photosynthetisch aktives Blatt mit einer besonders hohen assimilatorischen Kapazität vollzieht sich somit auf der Basis einer Zellpopulation (etwa $5{,}6 \cdot 10^5$ Zellen pro Kotyledone), die bereits im reifen Samen vorliegt.

Der Photoreceptor, der die Phototransformation der Kotyledonen ermöglicht, ist *Phytochrom*, wenn man von der direkten Lichtabhängigkeit der Chlorophyll-Bildung (→ S. 262) absieht. Es gibt keinerlei Hinweise, weder in etiolierten noch in grünen Senfkeimlingen, daß andere Pigmente (z. B. Cryptochrom) ins Spiel kommen, obgleich die Blaulichtwirkung beim Phototropismus (→ Abb. 551) zeigt, daß auch im Senfkeimling Cryptochrom vorhanden ist. Eine starke Phytochromwirkung kann sowohl mit Dauer-Dunkelrot als auch mit Hellrot-Lichtpulsen ausgelöst werden.

Induktion der Phenylalaninammoniumlyase (PAL). Eine Vorbemerkung zur Terminologie: Ursprünglich wurden die Begriffe „Induktion" und „Repression" auch in der Molekularbiologie rein operational verwendet, z. B. um das Auftreten oder Nicht-Auftreten einer Enzymaktivität als Folge der Applikation eines Effektors zu kennzeichnen. Wir verwenden die Begriffe in diesem ursprünglichen Sinn, d. h. ohne Annahmen über den Kontrollmechanismus. Deshalb bedeutet „Enzyminduktion durch Phytochrom", daß ein Enzympegel, gemessen als Enzymaktivität, durch Phytochrom *spezifisch* erhöht wird. Entsprechend bedeutet „Enzymrepression durch Phytochrom", daß der Anstieg eines Enzympegels durch P_{fr} *spezifisch* blockiert wird.

Die PAL ist ein Schlüsselenzym des Sekundärstoffwechsels; sie hat eine entscheidende katalytische Funktion bei der Bildung der sekun-

dären Phenylpropane, einschließlich der Anthocyane (→ Abb. 245). Die PAL in den Senfkotyledonen ist ein relativ kurzlebiges Enzym; die Halbwertszeit (25° C) beträgt etwa 4 h. Die Abb. 331 zeigt die Wirkung von Phytochrom (operational, Dauer-Dunkelrot; → S. 314) auf den PAL-Pegel. Das Enzym ist wie das Anthocyan (→ Abb. 341) in der Epidermis der Kotyledonen lokalisiert. Mit Hilfe der Dichtemarkierung mit Deuterium konnte gezeigt werden,

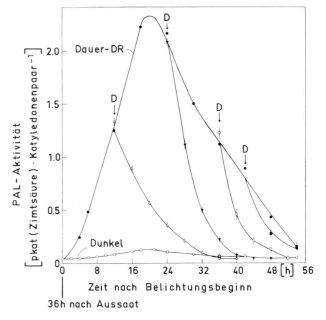

Abb. 331. Die Entwicklung des Enzyms Phenylalaninammoniumlyase (PAL) in den Kotyledonen des Senfkeimlings im Dunkeln (○) und unter dem Einfluß von P_{fr} (operational, Dauer-Dunkelrot; ●). Zusätzlich sind einige Abschaltkinetiken (Licht → Dunkel-Kinetiken) eingetragen (D). Damit meint man solche Kinetiken des Enzympegels, die man beobachtet, wenn man das Dunkelrot abschaltet und mit nachfolgenden 5 min 756 nm-Licht das P_{fr} weitgehend aus dem System eliminiert ($\varphi_{756} < 0{,}1\%$). Die Abschaltkinetik nach 12 h Dunkelrot zeigt unmittelbar, daß das Effektormolekül P_{fr} beständig gebraucht wird, um einen Anstieg des PAL-Pegels zu gewährleisten. Die Abschaltkinetik nach 24 h Dunkelrot zeigt außerdem, daß der PAL-Pegel nach einer Reaktion 1. Ordnung mit einer Halbwertszeit von 3,6 h absinkt (→ Abb. 134). Die scheinbar längere Halbwertszeit nach 12 h Dunkelrot ist darauf zurückzuführen, daß eine erhebliche PAL-Synthese auch nach der Entfernung von P_{fr} erhalten bleibt. Die Abnahme des PAL-Pegels im Dauerlicht nach 20 h ist darauf zurückzuführen, daß die Syntheseintensität selbst in Gegenwart des Effektormoleküls allmählich nachläßt. (Nach Tong, 1975)

daß der durch Phytochrom bewirkte Anstieg der PAL-Aktivität auf die de novo-Synthese von Enzymprotein unter dem Einfluß von Phytochrom zurückzuführen ist (und nicht etwa auf eine Aktivierung bereits vorhandener Proenzymmoleküle). Die Wirkung des Phytochroms betrifft ausschließlich die Syntheseintensität; die Abnahme des PAL-Pegels wird vom Phytochrom nicht beeinflußt. Wahrscheinlich beruht die Abnahme der PAL-Aktivität auf einem proteolytischen Abbau des PAL-Proteins. Jedenfalls konnte dies für die analoge Abnahme des lichtinduzierten PAL-Pegels in Zellsuspensionskulturen von *Petroselinum hortense* (→ S. 330) immunologisch bewiesen werden.

Induktion der Ascorbatoxidase (AO). Die Funktion der AO ist nicht befriedigend aufgeklärt (→ S. 208). Wir wählen die AO als Beispiel für ein relativ langlebiges Enzym (Halbwertszeit etwa 30 h) mit einem verhältnismäßig hohen Dunkelpegel (Abb. 332).

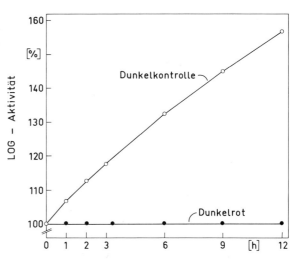

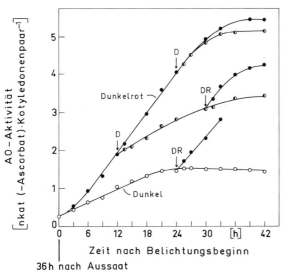

Abb. 332. Die Entwicklung des Enzyms Ascorbatoxidase (AO) in den Kotyledonen des Senfkeimlings im Dunkeln (○) und unter dem Einfluß von P_{fr} (operational, Dauer-Dunkelrot; ●). Die Abschalt-(D) und Anschaltkinetiken (DR) zeigen, daß die Enzymsynthese auf die beständige Anwesenheit von P_{fr} angewiesen ist und rasch auf An- und Abschalten reagiert. Die Regulation der AO-Synthese erfüllt also, wie auch die PAL-Synthese (→ Abb. 331), die Kriterien einer Modulation (→ S. 295). In anderen Fällen löst P_{fr} im Senfkeimling Reaktionen aus, die ohne P_{fr} überhaupt nicht zu beobachten sind. Dies gilt beispielsweise für die Synthese von Anthocyan. (Nach DRUMM et al., 1972)

Abb. 333. Der Anstieg des Enzyms Lipoxygenase (LOG) in den Kotyledonen des Senfkeimlings wird durch Dauer-Dunkelrot (Lichtbeginn 36 h nach Aussaat der Samen) sofort und total gestoppt. Das detaillierte Studium der Repression des LOG-Anstiegs durch P_{fr} hat auf einen Schwellenwertsmechanismus geführt (→ S. 336). (Nach MOHR und OELZE-KAROW, 1976)

Bei der Induktion der AO durch Phytochrom wurde ebenfalls mit Hilfe der Dichtemarkierung der Nachweis geführt, daß die Zunahme der Enzymaktivität auf eine entsprechende Steigerung der Syntheseintensität zurückzuführen ist.

Repression der Lipoxygenase (LOG). Die LOG katalysiert die Oxidation bestimmter, ungesättigter Fettsäuren, z. B. Linolsäure, unter Bildung der entsprechenden Hydroperoxide. Das Enzym scheint allen Indizien nach in dem Experimentierzeitraum zwischen 36 und 48 h nach Aussaat kein signifikantes turnover zu haben. Die Abb. 333 dokumentiert, daß die Zunahme des LOG-Pegels sofort und total gehemmt wird, sobald Dauer-Dunkelrot einsetzt. Die Repression hält über den gesamten Experimentierzeitraum hinweg an.

Verhalten der Isocitratlyase (ICL). Die ICL ist ein Schlüsselenzym des Glyoxylatcyclus, der in den Glyoxysomen lokalisiert ist und bei der raschen Aktivierung und Verarbeitung von Fettreserven eine entscheidende Rolle spielt (→ S. 190). Die Abb. 334 zeigt, daß der ICL-Pegel auf Phytochrom nicht reagiert. Dieses En-

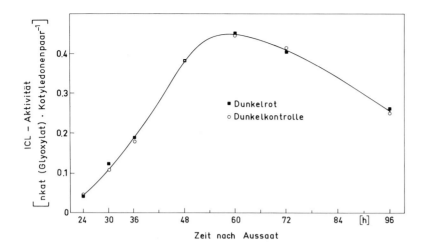

Abb. 334. Die Entwicklung des Enzyms Isocitratlyase (ICL) in den Kotyledonen des Senfkeimlings im Dunkeln und unter dem Einfluß von Dauer-Dunkelrot (Lichtbeginn zum Zeitpunkt der Aussaat). Lichtbeginn 24 oder 36 h nach Aussaat führt zum gleichen Resultat (→ Abb. 100 a). (Nach KAROW und MOHR, 1967)

zym ist somit ein Beispiel für jene in bezug auf P_{fr} konstitutiven Enzyme in den Senfkotyledonen, bei denen der zeitliche Verlauf des Enzympegels durch P_{fr} nicht beeinflußt wird, obgleich das betreffende Enzym eine „große Periode" der Enzymaktivität (starke Zu- und Abnahme des Enzympegels) im Experimentierzeitraum zeigt. Ein zweites Beispiel für denselben Sachverhalt bietet die Citratsynthase, die (mit verschiedenen Isoenzymen) in Mitochondrien und Glyoxysomen vorkommt. Die aus den Senfkotyledonen gewonnene Citratsynthaseaktivität läßt keinen Einfluß des Phytochroms erkennen.

Schlußfolgerungen. Dies waren einige repräsentative Belege dafür, daß P_{fr} im Rahmen der Photomorphogenese *erstaunlich schnell* sowohl *differentielle* Enzyminduktion als auch *differentielle* Enzymrepression bewirkt. Die Existenz von mindestens drei Enzymklassen (hinsichtlich des Verhältnisses Phytochrom — Enzym) dokumentiert abermals die hohe Spezifität der Phytochromwirkung auch in ein und demselben Organ. Jedes Modell, das für die *Primärwirkung* des Phytochroms (P_{fr}) vorgeschlagen wird, muß dieser Spezifität gerecht werden. Die für den Entwicklungsbiologen entscheidenden Fragen bleiben freilich auch am Ende dieses Kapitels offen: 1. Wie kommt es unter dem Einfluß von Phytochrom zur differentiellen Enzymregulation? 2. Wie führt eine differentielle Enzymregulation zur Photomorphogenese; wie ist der Zusammenhang zwischen Enzymaktivität und Organisation (Form, Gestalt)? Wir verfolgen zunächst die Frage nach dem „Mechanismus" der differentiellen Enzymregu-

lation durch Phytochrom. Es geht um die Details der von P_{fr} ausgehenden Signal-Reaktionskette.

Bedeutung von lag-Phasen bei der Phytochromwirkung

Die Schnelligkeit, mit der Phytochrom (P_{fr}) eine Photomorphose auslöst, ist ein wesentlicher Punkt für das Verständnis der Signal-Reaktionskette. Wir wählen als Beispiel die durch P_{fr} ausgelöste Anthocyansynthese des Senfkeimlings (→ Abb. 323). Bei Belichtungsbeginn (36 h nach Aussaat) sind anscheinend alle zur Anthocyansynthese befähigten Zellen in der Lage, auf P_{fr} zu reagieren, d. h. die Zellen sind für P_{fr} *kompetent* (→ S. 331). Unabhängig von Lichtqualität und -fluß dauert es etwa 3 h (bei 25° C), bevor die Anthocyansynthese meßbar wird (initiale oder primäre lag-Phase). Schaltet man das Licht ab (beispielsweise nach 12 h), so hört die Anthocyansynthese allmählich auf (Abb. 335). Eine Zweitbelichtung mit derselben Lichtquelle führt zur erneuten Anthocyansynthese, diesmal ohne erkennbare lag-Phase (eine sekundäre lag-Phase kann allenfalls in der Größenordnung von min liegen; → Abb. 335). Im Prinzip gilt der für Anthocyan dargestellte Sachverhalt auch für die durch P_{fr} bewirkten Enzyminduktionen.

In die Anthocyansynthese des Senfkeimlings kann man leicht mit spezifischen Inhibitoren der RNA- oder Proteinsynthese, beispielsweise *Actinomycin D* oder *Puromycin* (→ Abb. 59), eingreifen (Abb. 336). Appliziert

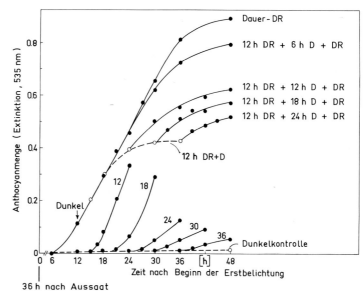

Abb. 335. Primäre lag-Phasen (*unterer Teil der Ab-bildung*) und sekundäre lag-Phasen (*oben*) bei der über P_{fr} induzierten Anthocyansynthese des Senf-keimlings. Um die sekundäre lag-Phase zu bestim-men, wurden die Keimlinge 12 h lang mit Dunkelrot (DR) belichtet, dann ins Dunkle (D) gebracht und nach Dunkelintervallen verschiedener Dauer wieder mit Dauer-Dunkelrot belichtet. Die Zahlen (*unterer Teil der Abbildung*) bezeichnen den Zeitpunkt des ersten Einsetzens von Dunkelrot. Der Senfkeimling bildet im Licht fünf verschiedene Anthocyane. Sie enthalten alle als Aglycon das Cyanidin (→ Abb. 244). Die durch P_{fr} bewirkte Anthocyansynthese ist ein biochemisches Modell für die Photomorphoge-nese, d. h. für die Ausbildung von Photomorphosen schlechthin. (Nach LANGE et al., 1967)

man Actinomycin D vor oder bei Lichtbeginn, erfolgt keine signifikante Anthocyansynthese. Wenn der Transkriptions-Inhibitor jedoch nach Beendigung der lag-Phase zugeführt wird, z. B. 6 h nach Lichtbeginn, verläuft die Anthocyan-synthese im Prinzip wie bei den Kontrollen; le-diglich die Intensität ist reduziert. Hingegen ist der hemmende Einfluß des Proteinsynthese-hemmers Puromycin unabhängig vom Zeit-punkt der Applikation. Wenn man z. B. 12 h nach Lichtbeginn Puromycin ($100\,\mu g \cdot ml^{-1}$) appliziert, geht die Anthocyansynthese mit *un-veränderter* Intensität für einige Stunden weiter (ein Hinweis darauf, daß Puromycin zumindest kurzfristig keinen unspezifischen Einfluß aus-übt!), bevor sie schließlich nachläßt und dann

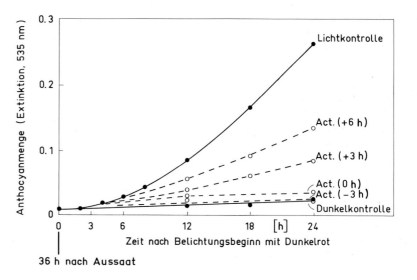

Abb. 336. Die Synthese von An-thocyan im Senfkeimling unter dem Einfluß von P_{fr} und Actino-mycin D ($10\,\mu g \cdot ml^{-1}$). Die Keimlinge sind von der Inhibi-torlösung umgeben. Act. (– 3 h) bedeutet, daß Actinomycin D 3 h vor Einsetzen des Dunkel-rots appliziert wurde. Licht- und Dunkelkontrolle sind ohne Act. D. (Nach LANGE und MOHR, 1965)

rasch aufhört. Diese Befunde weisen darauf hin, daß zumindest *eine* jener Enzymaktivitäten, die für die Anthocyansynthese gebraucht werden, während dieser Zeit soweit abgesunken ist, daß die Biogenese des Anthocyans nicht mehr ablaufen kann. Die spekulative Deutung der vielfältigen, in sich bemerkenswert konsistenten Inhibitordaten lautet, daß während der initialen lag-Phase das P_{fr} die Synthese *stabiler mRNA* bewirkt. Die andauernde Abhängigkeit der Anthocyan- und Enzymsynthese von P_{fr} wird darauf zurückgeführt, daß P_{fr} auch an ein oder mehreren posttrans-

kriptionalen Stellen der Signal-Reaktionskette wirken muß, damit die Bildung aktiver Enzyme und die Akkumulation von Anthocyan zustande kommen. Hierbei handelt es sich um relativ *schnelle* Phytochromwirkungen ($\rightarrow$ S. 335). Aber auch während der initialen lag-Phase ist die Schnelligkeit, mit der die Primärwirkung des P_{fr} zustande kommt, in derselben Größenordnung. Man kann aus Abb. 337 entnehmen, daß bereits 15 min nach Lichtbeginn ein Hellroteffekt durch einen 765 nm-Lichtpuls nicht mehr voll revertierbar ist. Obgleich also die Signal-Reaktionskette für Anthocyansynthese während der 3stündigen initialen lag-Phase noch nicht meßbar durchläuft, erfolgt die Primärwirkung des P_{fr} relativ schnell.

Ein auf Inhibitordaten beruhendes Argument ist unbefriedigend, da alternative Deutungen der Effekte nicht auszuschließen sind. Um so wichtiger ist die Frage nach den Wirkungen des Phytochroms auf dem Niveau der RNA.

Phytochromwirkungen auf dem Niveau der RNA

Bisher war im Rahmen der Photomorphogenese die molekulare Analyse nur im Fall der ribosomalen RNA (rRNA) erfolgreich. Es wurde beispielsweise gezeigt, daß P_{fr} in den Senfkotyledonen die Akkumulation sowohl der cytoplasmatischen als auch der plastidären rRNA steigert (Abb. 338). Bringt man 36 h alte Senfkeimlinge ins Dauer-Dunkelrot, so steigen die cytoplasmatische und die plastidäre rRNA nach einer lag-Phase von etwa 6 h an und erreichen etwa 24 – 36 h später einen maximalen Pegel. Kurzzeit-Markierungsexperimente bestätigten, daß es sich zumindest bei der im Kern synthetisierten cytoplasmatischen rRNA um eine Steigerung der Transkriptionsintensität der rDNA handelt („Genaktivierung") (Abb. 339): Nach einem 15 min-Puls mit ^{3}H-Uridin ist bei der RNA aus belichteten Pflanzen die Markierung in jener Region des Polyacrylamid-Gels stark erhöht, in der die hochmolekulare precursor-r-RNA (pre-rRNA, $2,5 \cdot 10^6$ dalton) lokalisiert ist. Die pre-rRNA ist das direkte Produkt der rDNA-Transkription. Da ein signifikanter Teil der Radioaktivität innerhalb von 15 min bereits die Spaltprodukte ($1,3 \cdot 10^6$ und

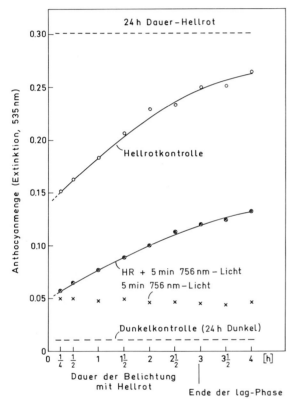

Abb. 337. Ein Test auf Revertierbarkeit während der primären lag-Phase. Objekt: Senfkeimling (*Sinapis alba*), Anthocyansynthese. Nach verschieden langer Hellrotbelichtung (Abszisse, Beginn: 36 h nach der Aussaat) werden die Keimlinge mit einem saturierenden 756 nm-Lichtpuls bestrahlt ($\varphi_{756} < 0,1\%$). Dann kommen sie bis zur Auswertung (24 h nach Lichtbeginn) ins Dunkle. Die Hellrotkontrollen erhielten nur Hellrot verschiedener Dauer, die 756 nm-Lichtkontrollen erhielten nur den 5 min 756 nm-Lichtpuls zu den angegebenen Zeiten. Man sieht, daß bereits nach 15 min die Hellrotinduktion nicht mehr völlig zu revertieren ist. Ein 5 min-Hellrotpuls ist allerdings noch voll revertierbar ($\rightarrow$ Abb. 322). (Nach LANGE et al., 1971)

0,7 · 10⁶ dalton) erreicht hat, muß man auf ein rasches turnover der cytoplasmatischen pre-rRNA schließen. Diese Daten führten zu der Schlußfolgerung, daß P_{fr} in der Tat fähig ist, die Transkription der rDNA-Cistrons zu stimulieren. Das Konzept, daß Phytochrom (P_{fr}) die Transkriptionsintensität an der DNA im Prinzip modulieren kann, erscheint gerechtfertigt. Trotzdem ist die Situation unbefriedigend: Eine Intensivierung der Synthese von rRNA durch P_{fr} kann die *hohe Spezifität* der Phytochromwirkung auf dem Enzymniveau (→ S. 326) nicht erklären. Die durch P_{fr} verursachte Steigerung der rRNA-Synthese kann lediglich als ein Mittel angesehen werden, die Kapazität des proteinbildenden Apparats in den Zellen der Kotyledonen unspezifisch zu erhöhen.

Die eigentliche Frage bleibt offen, ob P_{fr} auch die Synthese spezifischer mRNA induziert. Bisher deuten lediglich Daten, die mit Inhibitoren der RNA-Synthese gewonnen wurden, darauf hin, daß zumindest manche der differentiellen Genexpressionen, die wir auf dem

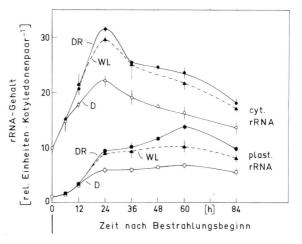

36h nach Aussaat

Abb. 338. Der Gehalt an cytoplasmatischer (*oben*) und plastidärer rRNA (*unten*) ab der 36. Stunde nach Aussaat in den Kotyledonen des Senfkeimlings. D, Dunkel; WL, Weißlicht; DR, Dunkelrot; cyt. rRNA, 1,3 · 10⁶ plus 0,7 · 10⁶ dalton RNA; plast. rRNA, 1,1 · 10⁶ plus 0,56 · 10⁶ dalton RNA (→ S. 446). (Nach THIEN und SCHOPFER, 1975 a)

Abb. 339. Stimulierung der radioaktiven Markierung (³H-Uridin) von precursor-rRNA in den Kotyledonen aseptisch angezogener Senfkeimlinge durch eine Vorbehandlung der Keimlinge mit 12 h Dauer-Dunkelrot (zwischen 36 und 48 h nach der Aussaat der Samen). Die Kotyledonen wurden zum Zeitpunkt 48 h isoliert und für 15 min mit [5–³H]-Uridin inkubiert. Dann wurden die Nucleinsäuren extrahiert und gelelektrophoretisch (2,4% Polyacrylamidgel) aufgetrennt (Abszisse). Die Verteilung der UV-Absorption (RNA-Konzentration) und der Radioaktivität in den Gelen wurde gemessen. Die pre-rRNA (2,5 · 10⁶ dalton) besitzt eine sehr geringe pool-Größe; daher beobachtet man keinen entsprechenden Gipfel im UV-Absorptionsprofil. Die Aufnahme des radioaktiven Uridins in die Kotyledonen wurde durch die Lichtbehandlung nicht beeinflußt. (Nach THIEN und SCHOPFER, 1975 b)

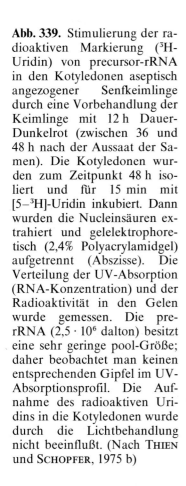

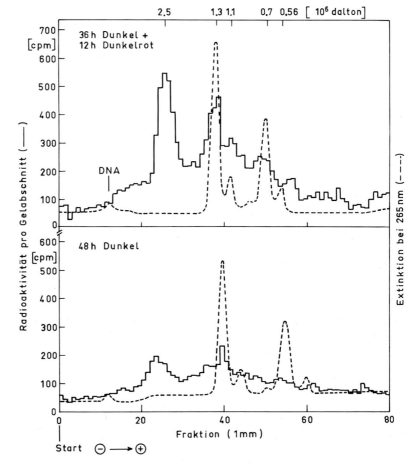

Niveau der Enzyme und der terminalen Merkmalsänderungen (z. B. Anthocyansynthese) beobachten, auf eine *differentielle Genaktivierung* zurückzuführen sind. Ein direkter Hinweis, daß Licht das vermehrte Auftreten einer mRNA bewirkt, konnte bisher nur im Fall der mRNA für Phenylalaninammoniumlyase (PAL; → S. 324) von HAHLBROCK und SCHRÖDER mit Hilfe von Zellsuspensionskulturen (*Petroselinum hortense*) erbracht werden. Diese Zellkulturen sind ein besonders geeignetes System für Untersuchungen zum Mechanismus der Induktion von Enzym- und Produktsynthesen durch Licht. Die Zellkulturen reagieren auf die Bestrahlung mit UV mit einer starken Synthese von Flavonoidglycosiden und mit einem entsprechend starken Anstieg der für diese Produktsynthese notwendigen Enzyme. Die Expression der UV-Induktion wird durch P_{fr} reguliert. Der UV-Effekt kann sich nur in Gegenwart von P_{fr} auswirken (→ S. 352). PAL ist das erste Enzym auf jenem Biosyntheseweg, der vom Grundstoffwechsel zu den Flavonoiden führt (→ Abb. 245). Die Pilotexperimente ergaben, daß die Synthese der PAL auch in den Zellkulturen durch Actinomycin D und Cycloheximid (→ Abb. 59) gehemmt wird. Mit Hilfe von radioaktiver und Dichtemarkierung des Enzyms wurde in weiteren Experimenten gezeigt, daß die lichtinduzierte PAL de novo synthetisiert wird. Die Frage nach der PAL-mRNA wurde in mehreren Schritten experimentell behandelt: 1. Es wurde die Kapazität isolierter Polyribosomen aus induzierten Zellkulturen für die in vitro-Synthese von PAL-Protein geprüft. Die starke Steigerung der Kapazität im Vergleich zu den Kontrollpräparaten aus dunkel gehaltenen Zellkulturen deutete darauf hin, daß der Pegel an PAL-mRNA in den induzierten Zellen erhöht ist. Die Resultate waren aber insofern nicht eindeutig, als die Polyribosomen ihrer Natur nach ein Multifaktorensystem (→ S. 8) darstellen und es somit nicht auszuschließen ist, daß andere Faktoren außer PAL-mRNA die zum PAL-Protein führende Translationsintensität begrenzen. 2. Die aus den Zellkulturen isolierte polyribosomale RNA wurde in einem in vitro-System aus Kaninchenerythrocyten zur Translation gebracht. Lediglich die RNA aus induzierten Zellen, nicht aber RNA aus Dunkelkulturen, stimulierte die Synthese von PAL-Protein im in vitro-System. Der zeitliche Verlauf des auf diese Weise bestimmten Pegels an PAL-mRNA stimmt mit dem zeitlichen Verlauf der in vivo-Syntheseintensität an PAL-Protein überein. Diese Resultate zeigen, daß die Synthese der PAL in den Zellkulturen durch den Gehalt an aktiver PAL-mRNA in der Polysomenfraktion begrenzt wird. Die Auffassung, daß die Induktion auf eine entsprechend gesteigerte *Synthese* der PAL-mRNA zurückzuführen ist, ist damit freilich nicht bewiesen. Der Einwand, das Licht mobilisiere lediglich bereits vorhandene, gespeicherte mRNA, ist noch nicht widerlegt. Unabhängig von diesen Einwänden sind die Induktion der PAL durch UV/Phytochrom und die Induktion der α-Amylase durch GA_3 in den Aleuronschichten des Gerstenkorns (→ S. 376) eindrucksvolle Beispiele für die erfolgreiche Anwendung molekularbiologischer Methoden innerhalb der pflanzlichen Entwicklungsphysiologie.

Musterbildung bei der Photomorphogenese

Die Bedeutung der Musterbildung. Die Entwicklung vielzelliger Organismen wird üblicherweise unter den Gesichtspunkten *Wachstum*, *Differenzierung* und *Morphogenese* behandelt (→ S. 268). In diesem Kapitel betonen wir einen vierten Aspekt: Die *Musterbildung* bei der Entwicklung eines Organismus. Damit soll der Gesichtspunkt herausgestellt werden, daß sich die Zellen bei der Entwicklung des vielzelligen Systems in regelmäßigen, *nicht*-zufallsmäßigen Mustern anordnen, um spezifische Gewebe und Organe zu bilden. *Wie* diese räumlichen Muster entstehen, ist bislang eines der großen Geheimnisse der Biologie geblieben, aber die Untersuchung der Photomorphogenese hat uns zumindest vier Einsichten gebracht: 1. Der Prozeß der Musterbildung vollzieht sich stufenweise. 2. *Musterdetermination* (die latente, aber bereits irreversible Anlage der Muster) und *Musterrealisation* müssen unterschieden werden. 3. Neben den *räumlichen* Mustern müssen auch die *zeitlichen* Muster in Betracht gezogen werden. 4. Der theoretische Rahmen, der aus dem Studium der Photomorphogenese resultiert, gilt im Prinzip auch für die multiple Wirkung der Phytohormone (→ S. 368).

Musterdetermination und Musterrealisation im Hypokotyl. Die Abb. 340 zeigt Ausschnitte aus Querschnitten durch das Hypokotyl des Senfkeimlings. Man sieht, daß unter dem Einfluß von P_{fr} gewisse Zellen der Epidermis (Trichoblasten) lange Haare gebildet haben und daß alle Zellen der subepidermalen Schicht — aber keine anderen Zellen — Anthocyan gebildet haben. Diese einfachen, diskreten Reaktionsmuster zeigen bereits, daß P_{fr} nur als *Aus-*

alle Prozesse ein, die, nach Maßgabe des vorgegebenen Kompetenzmusters, nach der Bildung von P_{fr} zur Anthocyansynthese führen). Der Begriff *„Muster"* ist gerechtfertigt und unentbehrlich: die Zellen, die zur Anthocyansynthese fähig sind, sind niemals zufallsmäßig innerhalb des Organismus verteilt, sondern bilden ein strenges, nicht-zufallsmäßiges, räumliches

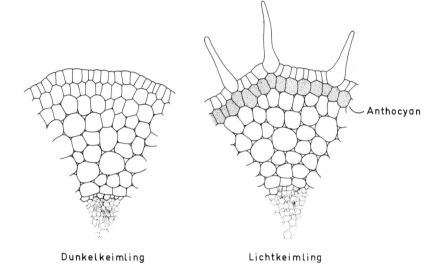

Abb. 340. Ausschnitte aus Querschnitten durch das Hypokotyl des Senfkeimlings. *Links:* Von einem Dunkelkeimling; *rechts:* von einem Keimling, der für einige Zeit im Dunkelrot gehalten wurde. (Nach WAGNER und MOHR, 1966)

Dunkelkeimling

Lichtkeimling

Anthocyan

löser wirkt; die *Spezifität* der Reaktion, z. B. Haarbildung oder Anthocyansynthese, hängt offensichtlich von dem spezifischen Zustand der epidermalen und subepidermalen Zellen ab, den sie besitzen, wenn P_{fr} in ihnen entsteht. Ein vorgegebenes, unsichtbares Muster wird erkennbar, sobald P_{fr} ins Spiel kommt. Die folgende Terminologie hat sich bei der *Beschreibung* der Phänomene als nützlich erwiesen: Alle Zellen, die auf P_{fr} reagieren, sind für diesen Effektor (Auslöser) *kompetent* [„Kompetenz (P_{fr})"]. Die Kompetenz bezüglich P_{fr} ist aber *spezifiziert,* und diese Spezifikation fand *vor* der Bildung von P_{fr} statt. Man kann auch sagen, die einzelne Zelle war strikt determiniert, auf die Bildung von P_{fr} mit Haarbildung zu reagieren; die benachbarte Zelle war strikt determiniert, auf die Bildung von P_{fr} mit Anthocyanbildung zu reagieren. Auf jeden Fall muß man die Haar- oder Anthocyanbildung als einen Zwei-Stufen-Prozeß ansehen: *„Musterdetermination"* (schließt alle Prozesse ein, die z. B. die subepidermalen Zellen dazu determinieren, daß sie auf die Bildung von P_{fr} mit Anthocyansynthese reagieren) und *„Musterrealisation"* (schließt

Muster. Die Musterdetermination geht einher mit einer strikten Musterspezifikation. Beispielsweise zeigen die epidermalen Trichoblasten eine nicht-zufallsmäßige Verteilung innerhalb der Epidermis (spezifisches räumliches Trichoblastenmuster innerhalb einer Zellmatrix von Atrichoblasten). Aus dieser Betrachtung ergeben sich zwei weitere Fragen: 1. Ist die Musterdetermination, also die Anlage des *räumlichen* Kompetenzmusters, ein Prozeß, der mehrere zeitlich getrennte Schritte einschließt? 2. Ist die Determination des räumlichen Kompetenzmusters Licht-(P_{fr}-)abhängig? Diese Fragen ließen sich an den Kotyledonen des Senfkeimlings besonders günstig studieren. Wir gehen dabei von der Annahme aus, daß bezüglich des Phytochroms kein Alles-oder-Nichts-Muster in den Kotyledonen besteht. Anschaulich: Wir rechnen nicht damit, daß eine bestimmte Kotyledonenzelle eine erhebliche Phytochrommenge besitzt und ihre Nachbarzelle keine. Dies ist allerdings ein kritischer Punkt. Die Verteilung des Phytochroms in einer Pflanze ist nicht gleichmäßig. Sowohl photometrische also auch immuncytochemische Bestimmungen führten zu dem Resultat, daß die morphogenetisch besonders aktiven Regionen einer Keimpflanze (beispielsweise der Hypokotylhaken bei Dikotylen und die Koleoptilspitze bei Gramineen) relativ hohe Phytochrommengen enthalten. Es gibt ferner Beobachtungen, wonach das Phytochrom selbst innerhalb anscheinend homogener Gewebe eine diskrete Verteilung aufweist. Allerdings variieren die gefundenen Muster von Pflanze zu Pflanze so stark, daß derzeit keine generalisierende Aussage möglich ist.

Musterbildung bei der Anthocyansynthese der Kotyledonen. In den Kotyledonen des Senfkeimlings (→ Abb. 327) bilden nur die *Epidermis*zellen Anthocyan. Die Induktion durch P_{fr} ist obligatorisch: Ohne P_{fr} gibt es kein Anthocyan. Die Anthocyansynthese setzt erst 27 h nach der Aussaat der Samen ein (25° C), auch wenn P_{fr} vom Zeitpunkt der Aussaat an in den Kotyledonen vorliegt. Der „Startpunkt" der Anthocyansynthese (27 h) kann durch eine Lichtbehandlung oder durch die Zugabe von Nährstoffen (Makroelemente, Mikroelemente; → S. 244) nicht verschoben werden. Bei gegebener Temperatur ist der „Startpunkt" eine Systemkonstante.

Es wurde experimentell gezeigt, daß die Epidermiszellen der Senfkotyledonen bezüglich der Anthocyansynthese frühestens 27 h nach der Aussaat für P_{fr} kompetent werden. Vor diesem Zeitpunkt liegt das Lichtsignal noch in dem Element P_{fr} vor, die *Primärwirkung* von P_{fr} (bezüglich der Anthocyansynthese) hat noch

nicht stattgefunden. Wie läßt sich dies beweisen? — Sogar eine 27 h lange Hellrotbehandlung (Lichtbeginn zum Zeitpunkt der Aussaat) ist völlig unwirksam bezüglich der Anthocyansynthese, wenn man zum Zeitpunkt 27 h das P_{fr} mit einem 756 nm-Lichtpuls (5 min, $\varphi_{756} < 0,1\%$) eliminiert und die Keimlinge dann ins Dunkle bringt (Abb. 341 a → b). Wenn man die Keimlinge 29 h mit Hellrot belichtet, sieht man bereits eine deutliche Pigmentierung in den marginalen Regionen der Kotyledonenlamina (Abb. 341 c). Setzt man die Hellrotbelichtung fort oder bringt die Keimlinge vom Hellrot unmittelbar ins Dunkle, so breitet sich die Pigmentierung homogen über die Epidermis der abaxialen Flanke der Kotyledonen aus (Abb. 341 c → d). Verabreicht man den Keimlingen einen 756 nm-Lichtpuls, bevor man sie nach 29 h Hellrot ins Dunkle bringt, so eliminiert man das P_{fr} so weit wie möglich aus dem System. Trotzdem schreitet die Pigmentierung auch unter diesen Umständen weiter fort (Abb. 341 c → e). Zuvor unpigmentierte Zellen in den marginalen Regionen und in einigen zentralen Bereichen der Lamina akkumulieren Anthocyan nun auch in Abwesenheit von P_{fr}. Diese Beobachtung zeigt, daß die Primärwirkung des P_{fr} (bezüglich der Anthocyansynthese) in diesen Zellen zwischen 27 und 29 h nach Aussaat stattgefunden hat. Das Resultat dieser Primärwirkung wurde offensichtlich gespeichert, bis sich die Fähigkeit zur Anthocyansynthese in diesen Zellen entwickelte. Wenn man die Abb. 341 e und d vergleicht,

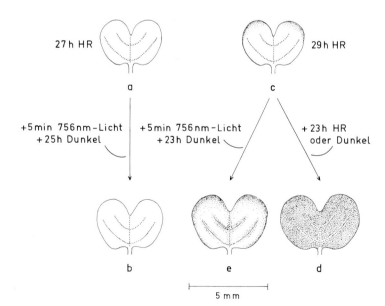

Abb. 341. Abaxiale Ansicht der Lamina einer Kotyledone von *Sinapis alba*. Die Punktierung repräsentiert das Verteilungsmuster des Anthocyans in der Blattepidermis. Die Keimlinge wurden entweder 27 h (a, b) oder 29 h (c, d, e) mit Dauer-Hellrot (HR) vom Zeitpunkt der Aussaat an belichtet. Der Grad der Pigmentierung wurde entweder am Ende der Dauer-HR-Behandlung (a, c) oder 52 h nach der Aussaat registriert (b, d, e). Weitere Erläuterungen im Text. (Nach STEINITZ und BERGFELD, 1977)

sieht man, daß viele Zellen, die potentiell zur Anthocyansynthese fähig sind, unpigmentiert bleiben, wenn praktisch alles P_{fr} zum Zeitpunkt 29 h nach P_r revertiert wird. Diese Zellen waren nicht in der Lage, die Primärwirkung des P_{fr} während der 2 h zwischen 27 und 29 h nach der Aussaat durchzuführen. Offenbar werden sowohl der „Startpunkt" der Anthocyansynthese als auch der Zeitpunkt der Primärwirkung des P_{fr} in den verschiedenen Bereichen der Epidermis zu etwas verschiedenen Zeiten erreicht. Bei der Determination des räumlichen Musters lassen sich also mehrere Schritte unterscheiden: Die Determination der künftigen Epidermiszellen erfolgt bereits während der frühen Embryogenese. Es handelt sich um eine irreversible Determination, da Pflanzenzellen weder wandern noch sich relativ zueinander bewegen. Auf der anderen Seite erscheint die Kompetenz bezüglich P_{fr} und Anthocyansynthese in den Epidermiszellen frühestens 27 h nach der Aussaat. Neben dem räumlichen Muster kommt hier ein *zeitliches* Muster ins Spiel. Die Determination beider Muster wird durch Licht *nicht* beeinflußt, obgleich die Realisation der Muster nur im Licht (mit Hilfe von P_{fr}) geschieht.

Nach den bisherigen Erfahrungen gilt für die Photomorphogenese die folgende Generalisierung: 1. Die Entstehung des spezifischen zeitlichen und räumlichen Kompetenzmusters (Musterdetermination bezüglich der Kompetenz für P_{fr}) ist unabhängig vom Licht. Musterdetermination ist eine Angelegenheit der Entwicklungshomöostase (→ S. 268). 2. Die Realisation des Musters (Ausbildung der Photomorphosen) wird durch P_{fr} ausgelöst, oder zumindest quantitativ moduliert. 3. Die Integration der zahlreichen und vielfältigen Photomorphosen zum harmonischen Gesamtprozeß der Photomorphogenese erfolgt bereits bei der Musterdetermination. Die Vorgänge, die das P_{fr} auslöst oder moduliert, sind bereits im räumlichen und zeitlichen Kompetenzmuster angelegt. Der entwicklungshomöostatische „Mechanismus" der Musterdetermination und -spezifikation bei der Entstehung vielzelliger Systeme ist trotz vieler Versuche ein bislang ungelöstes Problem.

Zeitliche Muster bei der Enzyminduktion durch Phytochrom

Spezifität des zeitlichen Musters. Unter den Enzymen, die in den Senfkotyledonen durch

Phytochrom (P_{fr}) induziert werden, wurden PAL, Ribulosebisphosphatcarboxylase (Carboxylase) und Glutathionreductase (GR) für eine Analyse des zeitlichen Musters der Induzierbarkeit ausgewählt. PAL ist ein im Grundplasma (?) lokalisiertes Schlüsselenzym in der Biogenese der Phenylpropane (→ Abb. 245); Carboxylase ist das Schlüsselenzym des CALVIN-Cyclus, das nur im Plastidenkompartiment vorkommt (→ Abb. 99); GR ist zumindest teilweise ein Stromaenzym der Plastiden. PAL hat einen sehr niedrigen (→ Abb. 331), Carboxylase einen geringen (→ Abb. 99), GR einen relativ hohen Dunkelpegel (→ Abb. 342). Die drei Enzyme unterscheiden sich bezüglich des Zeitpunkts, an dem frühestens eine Induktion möglich ist („Startpunkt"). Sie unterscheiden sich aber auch bezüglich des Zeitpunkts, an dem die volle Revertierbarkeit einer mit Dauer-Hellrot durchgeführten Induktion verlorengeht. Tabelle 26 faßt die Daten über die drei Enzyme, die mit dem zeitlichen Muster der Induzierbarkeit zu tun haben, zusammen. Abbildung 342 zeigt am Beispiel der GR die Bestimmung des Zeitpunkts, bis zu dem die *volle* Revertierbarkeit einer Hellrotwirkung erhalten bleibt. Im Fall

Tabelle 26. Drei Enzyme aus den Kotyledonen des Senfkeimlings werden bezüglich „Startpunkt" und „Zeitpunkt des Verlustes der vollen Revertierbarkeit" verglichen: Phenylalaninammoniumlyase (PAL), sehr niedriger Dunkelpegel; Ribulosebisphosphatcarboxylase (Carboxylase), niedriger Dunkelpegel; Glutathionreductase (GR), relativ hoher Dunkelpegel.

Startpunkt: Der Zeitpunkt, an dem die durch Phytochrom bewirkte Zunahme eines Enzympegels feststellbar wird.

Zeitpunkt des Verlustes der vollen Revertierbarkeit: Der Zeitpunkt, bis zu dem der induktive Effekt von Dauer-Hellrot (gegeben vom Zeitpunkt der Aussaat an) durch einen saturierenden 756 nm-Lichtpuls voll revertierbar bleibt. (Zur Erinnerung: $\varphi_{756} < 0,1\%$). Die Zeitskala beginnt mit der Aussaat der Samen. Temperatur: 25 °C. (Nach MOHR, 1978)

Enzym	Startpunkt [h]	Zeitpunkt des Verlustes der vollen Revertierbarkeit [h]
PAL	27	27
Carboxylase	42	15
GR	48	18

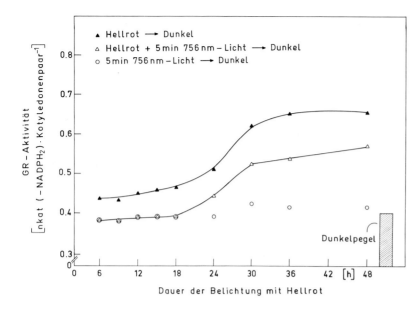

Abb. 342. Die Wirkung von Hellrotlicht verschiedener Dauer (HR, Lichtbeginn bei der Aussaat der Samen) und von 756 nm-Lichtpulsen (5 min) auf den Pegel der Glutathionreductase (= GR) in Senfkotyledonen 72 h nach der Aussaat. Der Dunkelpegel bei 72 h ist durch die Säule angegeben. GR repräsentiert jene Enzyme in den Senfkotyledonen, bei denen sich auch im Dunkeln ein relativ hoher Pegel entwickelt. (Nach Daten von DRUMM)

der GR bleibt der induktive Hellroteffekt bis mindestens 18 h nach der Aussaat (25° C) voll revertierbar. Dies bedeutet (→ S. 335), daß sich das Lichtsignal noch nicht über P_{fr} hinaus fortgepflanzt hat. In Kurzform: Die Primär*wirkung* des P_{fr} (bezüglich der Induktion der GR) hat sich bis zum Zeitpunkt 18 h nach der Aussaat der Samen noch nicht abgespielt.

Folgende Schlüsse lassen sich aus den in Tabelle 26 zusammengefaßten Untersuchungen ziehen: 1. Die Startpunkte sind enzymspezifisch. Sie werden durch Entwicklungshomöostasis determiniert und sind demgemäß licht-(P_{fr}-)*unabhängig*. 2. Es gibt bei Carboxylase und GR offenbar keine Rückkopplung von der Musterrealisation auf die Musterdetermination. Beispielsweise wurde gefunden, daß der Startpunkt *und die Intensität* der Carboxylase- oder GR-Induktion durch die Art der Lichtbehandlung, die der Senfkeimling vor 36 h nach Aussaat erfährt, nicht beeinflußt werden. Da verschiedene Lichtbehandlungen zwischen 0 und 36 h nach Aussaat natürlich zu verschieden intensiver PAL- oder Anthocyansynthese (→ Abb. 341) führen, muß man schließen, daß die *Determination* des zeitlichen Musters der Induzierbarkeit bezüglich Carboxylase oder GR *nicht* davon beeinflußt wird, in welchem Ausmaß bei PAL- oder Anthocyansynthese Muster*realisation* erfolgt.

Die folgende Generalisierung erscheint gerechtfertigt: Die *Determination* des zeitlichen Musters der Induzierbarkeit von Enzymen ist unabhängig vom Licht (P_{fr}). Dieser Prozeß ist völlig unter endogener Kontrolle. Die Muster*realisation*, d. h. die tatsächliche Induktion eines Enzyms durch P_{fr}, hat zumindest in manchen Fällen keinen erkennbaren Effekt auf die weitere Musterspezifikation.

Tabelle 26 zeigt ein weiteres Problem, das sich bei einer Vielzahl von Photomorphosen stellt: Sowohl bei der Carboxylase als auch bei der GR (nicht aber bei der PAL!) ist zwischen dem Zeitpunkt, an dem die volle Revertierbarkeit verlorengeht, und dem Startpunkt ein erheblicher Zeitraum eingeschaltet, der von dem Signal überbrückt werden muß (Transmitterproblem).

Transmitter-Konzept und Kompetenz. Der Begriff *Transmitter* wurde im Zusammenhang mit Studien zur Entwicklung der Peroxidase unter dem Einfluß von Phytochrom eingeführt, um ein *Speicherelement* in der Signal-Reaktionskette zu kennzeichnen. In den Senfkotyledonen erfolgt die Regulation des Peroxidasepegels durch Phytochrom in zwei aufeinanderfolgenden Prozessen, die sich nicht überlappen: Der Anstieg des Peroxidasepegels kann durch Licht (P_{fr}) nur während der ersten 4 d nach der Aussaat irreversibel induziert werden, während der Anstieg des Peroxidasepegels erst *nach* diesem Zeitraum erfolgt. Eine *Induktionsperiode* ist somit von einer *Realisationsperiode* klar getrennt. Sehr wahrscheinlich induziert das P_{fr} während der ersten Periode die Synthese von inaktivem Enzymprotein. Während der zweiten Phase kommt es dann, unabhängig von Phytochrom, zur Aktivierung des inaktiven Proenzyms. Im Fall der Peroxidase scheint also das inaktive Enzymprotein der stabile Transmitter zu sein.

Unabhängig von der molekularen Natur des Transmitters müssen wir zwei Schritte auseinanderhalten, sobald ein Transmitter ins Spiel kommt: 1. Das Auftreten von Kompetenz in den determinierten Zellen für P_{fr} bezüglich der Bildung von Transmitter und 2. das Auftreten von Kompetenz in den determinierten Zellen für den Transmitter bezüglich der in Frage stehenden Zellfunktion.

Überlegungen zur Primärwirkung des Phytochroms bei der Photomorphogenese

Definitionen. Die Bildung von P_{fr} aus P_r im Sinn der Abb. 316 bezeichnet man als *Photokonversion*. Dieser Prozeß führt zum Effektormolekül P_{fr}. Die Reaktion von P_{fr} mit einem (hypothetischen) ersten Reaktanten schreiben wir als $P_{fr} + X \rightarrow P_{fr}X'$ ($\rightarrow$ Abb. 326). Der Prozeß heißt *Primärreaktion*. Das mit X verbundene P_{fr} kann ebenso wie das freie P_{fr} im Sinn der Abb. 316 nach P_r photorevertiert werden. Die *Primärwirkung* von $P_{fr}X'$ führt zu einem Produkt Y, das von P_{fr} insofern völlig unabhängig ist, als eine Erniedrigung oder Eliminierung des Gehalts an P_{fr}, gebunden oder ungebunden, auf das einmal gebildete Y keinen Einfluß mehr hat. Ist Y langlebig, so nennen wir es *Transmitter*. Eine Reversion vom Effektor P_{fr} zum unwirksamen P_r kann sowohl von P_{fr} als auch von $P_{fr}X$ und $P_{fr}X'$ aus erfolgen ($\rightarrow$ Abb. 326). Das Element P_rX' dissoziiert in einer relativ langsamen Reaktion, während die Primärreaktion schnell vonstatten geht ($\rightarrow$ Abb. 326). Abbildung 343 faßt die Definitionen und die Signal-Reaktionskette *für den Fall eines Lichtpulses* zusammen. Unsere Fragen lauten: 1. Gibt es multiple Primärreaktionen? 2. Gibt es multiple Primärwirkungen? Beide Fragen sind mit „Ja" zu beantworten. Die zweite Frage ist experimentell leichter zu behandeln als die erste; wir ziehen sie deshalb vor. Die experimentelle Evidenz, auf die wir uns beziehen, stammt in erster Linie aus Untersuchungen am Senfkeimling (Kotyledonen).

Multiple Primärwirkungen. Die Schnelligkeit, mit der Y entsteht, nachdem P_{fr} durch Photokonversion gebildet wurde, ist bei den verschiedenen Photomorphosen sehr unterschiedlich. Dieser Befund ist mit der Auffassung unverträglich, es gäbe nur *eine* Primärwirkung des Phytochroms und die von P_{fr} ausgehende Reaktionskette verzweigte sich erst *nach* dem Y. Beim Senfkeimling (Kotyledonen) lassen sich nach der *Schnelligkeit,* mit der Y entsteht, zwei Kategorien von Primärwirkungen unterscheiden (25° C): 1. *Schnelle* Primärwirkungen. Die-

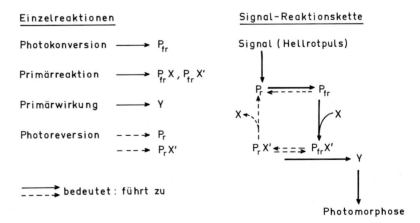

Abb. 343. Zusammenfassung der Definitionen, die für eine Behandlung der Frage nach dem Wirkmechanismus des Phytochroms notwendig sind. Die Elementarreaktionen sind zu der Signal-Reaktionskette (*ausgezogene Pfeile*) zusammengefügt, die man nach einem *Lichtpuls* zu erwarten hat. Da sich der im Phytochrom-Receptor-Modell ($\rightarrow$ Abb. 326) postulierte Übergang von $P_{fr}X$ nach $P_{fr}X'$ rasch vollzieht, ist in die Signal-Reaktionskette lediglich das Element $P_{fr}X'$ aufgenommen. Dieses Element ist als der eigentliche Effektor im Dunkeln (nach einem vorausgegangenen Lichtpuls!) anzusehen

se sind dadurch charakterisiert, daß die Revertierbarkeit einer Hellrotinduktion ($\varphi_{HR} \approx 0,8$) durch einen 756 nm-Lichtpuls ($\varphi_{756} < 0,001$; → Abb. 337) innerhalb von 1–2 min völlig verlorengeht. Die weitgehende Eliminierung von P_{fr} aus dem System beeinflußt den Gang der Reaktionskette nicht mehr. Der Transmitter Y ist also während dieser kurzen Zeit gebildet worden. Zu dieser Kategorie gehören beispielsweise die Primärwirkungen beim Effekt des Phytochroms auf den SHIBATA-shift (→ S. 84) und auf die Kapazität der Granabildung in den Etiochloroplasten der Senfkotyledonen (→ S. 84). Aber auch beim Eingriff des Phytochroms in die Blütenbildung von Kurztagpflanzen (→ S. 397) kann die Primärwirkung sehr rasch erfolgen. Ein Beispiel: Bei der Kurztagpflanze *Pharbitis nil* kann die Blütenbildung in der für Kurztagpflanzen charakteristischen Weise (→ Abb. 417) durch einen Hellrotpuls in der Mitte der Dunkelperiode unterdrückt werden. Der Hellroteffekt ist nur dann durch Dunkelrot revertierbar, wenn das Hellrotsignal innerhalb weniger Sekunden gegeben wird und der intensive, kurze Dunkelrotpuls innerhalb einer halben Minute nach dem Ende des Hellrotsignals beginnt. 2. *Langsame* Primärwirkungen. Diese sind dadurch charakterisiert, daß ein saturierender 756 nm-Lichtpuls ($\varphi_{756} < 0,001$) den Induktionseffekt eines Hellrotpulses ($\varphi_{HR} \approx 0,8$) noch 5 min nach Hellrotbeginn *völlig* aufhebt. Eine signifikante Bildung von Y ist also innerhalb von 5 min noch nicht erfolgt. Zu dieser Kategorie gehört wohl die Mehrzahl der durch Phytochrom im Zusammenhang mit der Photomorphogenese verursachten Primärwirkungen (als Beispiel → Abb. 322).

Multiple Primärreaktionen. Auch die naheliegende Annahme, alle Phytochromwirkungen auf die Photomorphogenese seien auf ein und dieselbe Primärreaktion zurückzuführen, hat sich nicht bestätigt. Es scheint vielmehr, daß sich die Signalketten, die von P_{fr} ausgehen, bereits auf dem Niveau der Primärreaktion verzweigen können. Es sind vor allem die Unterschiede in der *Kooperativität der P_{fr}-Effekt-Kurven*, die sich derzeit nur mit *multiplen* Primärreaktionen erklären lassen.

1. Beispiel: Repression der Lipoxygenase (LOG) in den Senfkotyledonen durch P_{fr} (→ Abb. 333). In diesem Fall hat die P_{fr}-Effekt-Kurve (Abb. 344) den Charakter einer *Schwellenwertsreaktion* (= Alles-oder-Nichts-Reaktion). Überschreitet die Konzentration an P_{fr} einen bestimmten Schwellenwert, so wird der Anstieg der LOG sofort und total gehemmt. Fällt der P_{fr}-Gehalt unter den Schwellenwert, so setzt der Anstieg der LOG sofort und mit voller Kapazität wieder ein. In der repräsentativen Abb. 345 kommt die Symmetrie der Schwellenwertsreaktion unmittelbar zum Ausdruck. Sobald der Schwellenwert an P_{fr} (1,25%, bezogen auf [P_{tot}] zum Zeitpunkt Null = 100%) überschritten wird (Beginn der Hellrotbelichtung zum Zeitpunkt Null), wird der weitere Anstieg der LOG gehemmt. Die Wiederaufnahme des LOG-Anstiegs erfolgt mit entsprechender Schnelligkeit, sobald man den P_{fr}-Pegel unter den Schwellenwert absenkt. Dies geschieht im vorliegenden Experiment durch den

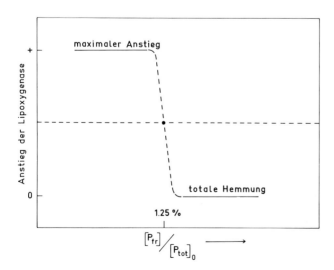

Abb. 344. Eine anschauliche Darstellung der Grundzüge der Schwellenwertsreaktion (Alles-oder-Nichts-Reaktion), über die das P_{fr} den Anstieg des Enzyms Lipoxygenase in den Kotyledonen des Senfkeimlings reguliert. [P_{tot}]$_0$ bedeutet Gesamtphytochrom zum Zeitpunkt Null (= 36 h nach Aussaat). Dieser Phytochromgehalt (100%) dient als Bezugssystem für den Gehalt an P_{fr}. Der Schwellenwert an P_{fr} liegt nahe bei 1,25%. (Nach MOHR und SITTE, 1971)

Transfer des Keimlings nach 90 min Hellrot ins Dunkelrot. Nach den 90 min Hellrot ist durch Destruktion der Gehalt an P_{tot} so niedrig geworden (etwa 32% von [P_{tot}] zum Zeitpunkt Null), daß der Übergang von Hellrot ($\varphi_{HR} = 0,8$) zu Dunkelrot ($\varphi_{DR} = 0,023$) zu einem P_{fr}-Gehalt von 0,74% führt (bezogen auf [P_{tot}] zum Zeitpunkt Null = 100%), und dies ist weniger als der Schwellenwert von 1,25% (→ Abb. 344). Demgemäß setzt der Anstieg der LOG mit dem Hellrot → Dunkelrot Transfer sofort wieder ein. Bringt man die Keimlinge zurück ins Hellrot (beispielsweise nach 3,5 h Dunkelrot), wird der LOG-Anstieg sofort wieder gehemmt. Im Hellrot liegt der P_{fr}-Pegel wieder über dem Schwellenwert. Die Abb. 345 dokumentiert also die wesentlichen Züge der Schwellenwertsregulation: Das Kontrollsystem funktioniert symmetrisch, mit großer Präzision und ohne erkennbare zeitliche Verzögerung.

Die erstaunlich steile Schwelle kann nur verstanden werden, wenn man annimmt, daß irgendwo in der Reaktionskette zwischen P_{fr} und der Photomorphose ein Reaktionsschritt sehr stark *kooperativ* ist (→ Abb. 120). Die relevanten Daten (→ MOHR und OELZE-KAROW,

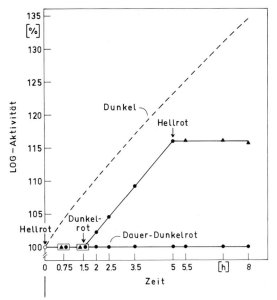

36h nach Aussaat

Abb. 345. Kinetik des Anstiegs der Lipoxygenase-Aktivität in den Kotyledonen des Senfkeimlings im Dunkeln (– – – –; → Abb. 333), im Dauer-Dunkelrot (●) und unter der Belichtungsfolge 1,5 h Hellrot (▲), 3,5 h Dunkelrot (●), 3 h Hellrot (▲). (Nach OELZE-KAROW und MOHR, 1974)

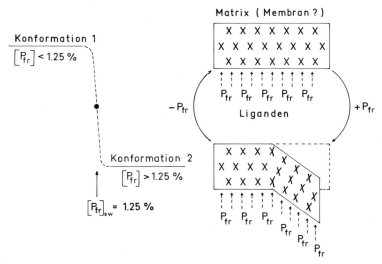

Abb. 346. Diese Skizze dient der Veranschaulichung eines Kooperativitätsmodells, welches geeignet ist, die bei der Regulation der Lipoxygenase beobachtete Alles-oder-Nichts-Reaktion zu erklären. P_{fr} wird als Ligand und der spezifische Reaktionspartner X als integraler Bestandteil einer Reaktionsmatrix angesehen. Diese bereits vor der Belichtung existierende Matrix (Membran?) besitzt die Eigenschaft, reversible Konformationsänderungen mit einem hohen Grad an Kooperativität auszuführen. Die eine Konformation der Matrix (wenn Pegel an P_{fr} unter dem Schwellenwert) erlaubt den Anstieg der LOG-Aktivität; die andere Konformation der Matrix (wenn Pegel an P_{fr} über dem Schwellenwert) erlaubt hingegen keinen Anstieg. (Nach MOHR und OELZE-KAROW, 1973)

in SMITH (ed., 1976) zwingen zu dem Schluß, daß es die *Primärreaktion* (bezüglich der Regulation des LOG-Anstiegs) ist, welche die hohe Kooperativität zeigt. Es gibt keine Hinweise darauf, daß Phytochrom selbst kooperative Eigenschaften hat. Die Kooperativität wird deshalb nicht den P_{fr}-Molekülen zugeschrieben; sie kommt vielmehr der primären „Reaktionsmatrix" (bezüglich der LOG-Reaktion) zu. Nach diesem Konzept (in Abb. 346 qualitativ illustriert) ist P_{fr} ein Ligand und X (der primäre Reaktant) ein integraler Bestandteil einer bereits vor dem Auftreten von P_{fr} existierenden Matrix (Membran?), die fähig ist, reversible Konformationsänderungen hochgradig kooperativ auszuführen.

Die Kooperativität der P_{fr}X-Reaktion ist eine *Systemeigenschaft*. Sie kommt nicht dem P_{fr} zu, sondern nur der *Wechselwirkung* von P_{fr} mit der spezifischen Matrix. Zwar hängt, wie die Abb. 344 illustriert, der Effekt des Systems auf den LOG-Anstieg ausschließlich von dem Gehalt an P_{fr} ab; damit P_{fr} aber wirken kann, muß die spezifische Organisation der Reaktionsmatrix, welche die hohe Kooperativität ermöglicht, vorgegeben sein.

2. Beispiel: Induktion der Anthocyansynthese in den Senfkotyledonen durch P_{fr} (→ Abb. 322). Bei dieser Photomorphose extrapoliert die $[P_{fr}]$-Effekt-Kurve durch den Nullpunkt des Koordinatensystems (Abb. 347). Die Abbildung zeigt darüber hinaus, daß die induzierte Anthocyanmenge in Nullpunktnähe eine lineare Funktion der durch Licht gebildeten P_{fr}-Menge ist. Man muß bezüglich der Reaktion $P_{fr} + X \rightarrow P_{fr}X'$ aus diesem Befund den Schluß ziehen, daß diese Reaktion *im Fall der Anthocyaninduktion* keinerlei Kooperativität aufweist und (im linearen Teil der P_{fr}-Effekt-Kurve) ausschließlich durch die Menge an P_{fr} limitiert wird. Der spezifische Reaktionspartner X ist nicht-limitierend, und a (der metabolische Effizienzfaktor in der Gleichung: Menge an Anthocyan = a · $[P_{fr}]$) ist konstant.

Schlußfolgerungen. Es ist nicht gelungen, die LOG-Regulation und die Anthocyaninduktion auf ein und dieselbe Primärreaktion zurückzuführen. Es könnte zwar sein, daß der primäre Reaktionspartner X als *Molekül* stets derselbe ist. Man muß aber dann postulieren, daß X als integraler Bestandteil in Matrices eingebaut ist, die sich prinzipiell, z. B. im Ausmaß der Kooperativität der Reaktion $P_{fr} + X \rightarrow P_{fr}X'$ unterscheiden. Wir vermuten, daß sich die Reaktionsmatrices (mit X als integralem Bestandteil) in den einzelnen Zellen und wahrscheinlich auch in den verschiedenen Kompartimenten ein und derselben Zelle unterscheiden. Das P_{fr} hingegen als Chromoproteinmolekül dürfte überall in einer Pflanze dasselbe sein. Jedenfalls gibt es bisher keinen zwingenden Hinweis darauf, daß sich die Signal-Reaktionskette (→ Abb. 343) bereits auf der Stufe des P_{fr} verzweigt. Da aber der Proteinanteil des Phytochroms nur unvollständig erforscht ist, kann man die Möglichkeit, daß es in verschieden differenzierten Zellen verschiedene Phytochromtypen gibt, nicht ausschließen.

Die biochemische Natur des Primärreaktanten X und der postulierten multiplen Matrices ist noch ungeklärt. Die Studien zur Bindung von Phytochrom an operational definierte Zellfraktionen haben zwar zur Unterscheidung von löslichem und „pelletierbarem" Phytochrom geführt; sie lassen aber bislang keinen unmittel-

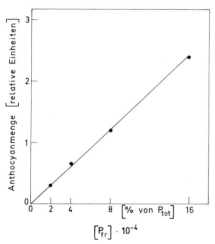

Abb. 347. $[P_{fr}]$-Effekt-Kurve für die durch Licht ausgelöste Anthocyanakkumulation des Senfkeimlings in der Nähe des Nullpunktes. Die minimalen P_{fr}-Mengen wurden durch Lichtblitze bei sehr geringem Photonenfluß eingestellt. Die Belichtung erfolgte 36 h nach Aussaat, die Extraktion des Anthocyans 24 h später. Im Vergleich zu einigen negativen Photomorphosen ist die Anthocyansynthese nicht besonders empfindlich für P_{fr}. Beispielsweise reagiert das Mesokotyl von *Avena sativa* (→ Abb. 272) bereits auf die Bildung von etwa 10^{-7}% P_{fr} mit einer meßbaren Hemmung des Längenwachstums. Die für einen Effekt benötigte Photonenfluenz liegt bei diesem System in der Größenordnung von 10 pmol · m^{-2}, bei der Anthocyansynthese des Senfkeimlings hingegen bei 200 pmol · m^{-2}. (Nach DRUMM und MOHR, 1974)

baren Rückschluß auf das Geschehen in der Zelle zu. Immuncytochemische Lokalisationsexperimente in situ weisen allerdings darauf hin, daß die Umwandlung $P_r \rightarrow P_{ff}$ und umgekehrt die *Verteilung* des Phytochroms in der Zelle stark beeinflußt. Während bei P_r eine weitgehend diffuse Verteilung vorherrscht, ist das P_{ff} auf gewisse diskrete Bereiche der Zelle begrenzt. Die durch eine Photokonversion $P_r \rightarrow P_{ff}$ verursachte intrazelluläre Bewegung des Phytochroms verläuft sehr schnell (z. B. innerhalb 1 min bei 3° C). Nach der Reversion von P_{ff} nach P_r dauert es hingegen längere Zeit (z. B. 2 h bei 25° C), bevor die diffuse Verteilung wieder hergestellt ist. Diese Befunde stehen in Einklang mit den Beobachtungen zur Bindung von P_r und P_{ff} an die oben erwähnten Zellfraktionen (schnelle Bindung von P_{ff}, relativ langsame Lösung des P_r aus der Bindung).

Alternative Modelle. Eine zwar vage, aber durchaus populäre Vorstellung zur Primärwirkung des Phytochroms besagt, daß Phytochrom generell primär auf Cytomembranen wirke. Da auch hier die Tatsache der multiplen Wirkung des Phytochroms nur mit einer Verschiedenartigkeit der Membranen erklärt werden kann, besteht zunächst kein Gegensatz zu dem oben dargestellten Liganden-Matrix-Konzept (→ Abb. 346). Ein von SMITH vorgeschlagenes, detaillierteres Modell geht jedoch weiter. Es lokalisiert sowohl P_r als auch P_{ff} *innerhalb* der Membran (Abb. 348). Phytochrom hat in diesem Modell eine Transportfunktion für einen sekundären messenger (*Transportfaktorhypothese* der Phytochromwirkung). Die Aufspaltung der Signal-Reaktionskette erfolgt hier bei der Wirkung des sekundären messengers auf die verschiedenen Zellfunktionen. Die experimentelle Evidenz spricht gegen die Transportfaktorhypothese: 1. Während eine dichroitische Lokalisation von Phytochrom im Plasmalemma (?) bei einigen niederen Pflanzen (Farnchloronemen, *Mougeotia;* → Abb. 548, 592) sehr wahrscheinlich ist, fehlen analoge Befunde bei den höheren Pflanzen. 2. Es gibt keine Beweise für die Funktion sekundärer messenger in Pflanzen. Das in tierischen Systemen als sekundärer messenger wirksame cAMP kommt in höheren Pflanzen offenbar nicht vor. 3. Immuncytochemische Studien zur Lokalisation des Phytochroms in der Zelle machen es unwahrscheinlich, daß das Phytochrom bevorzugt in Membranen von Organellen lokalisiert ist. Die diesbezüglichen Arbeiten von PRATT haben vielmehr zu dem Ergebnis geführt, daß das Phytochrom (P_r) in der ganzen Zelle vorkommt. Selbst in solchen Zellen, wo P_r in der Kernhülle, im Innern der Mitochondrien oder in Amyloplasten immuncytochemisch nach-

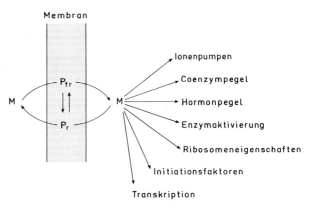

Abb. 348. Ein spekulatives Modell für die primäre Wirkung des Phytochroms auf Stoffwechsel- und Entwicklungsprozesse. Das Phytochromsystem soll nach dieser Vorstellung in einer Membran lokalisiert sein und den Transport eines sekundären messengers (M) von einer Seite auf die andere regulieren. Der sekundäre messenger würde dann in die verschiedenen Prozesse eingreifen. (Nach SMITH, 1975)

weisbar ist, liegt das Chromoprotein auch im Cytoplasma verteilt vor. 4. Die Leichtigkeit, mit der Phytochrom aus pflanzlichem Gewebe isoliert werden kann, spricht nicht dafür, daß das Pigment ein *integraler* Bestandteil von Membranen ist. Die derzeit verfügbare experimentelle Evidenz, einschließlich der in vitro-Bindungsstudien, spricht für das oben ausgeführte Konzept einer spezifischen Wechselwirkung zwischen Phytochrom und Matrices (Membranen?), die Bindungsstellen für Phytochrom enthalten. In diesem Modell ist P_{ff} (und P_r) als *Ligand,* nicht als integraler *Bestandteil* einer Membran aufzufassen (→ S. 338).

Signalübertragung zwischen Organen

Die Photomorphogenese der Pflanze ist ein harmonischer Prozeß. Obgleich die Musterdetermination und -spezifikation die spezifische Reaktion der Zellen, Gewebe und Organe auf Phytochrom festlegt (→ S. 330), muß man damit rechnen, daß bei der Musterrealisation eine Kommunikation zwischen den Organen unerläßlich ist. Die folgenden Beispiele zeigen, daß es diese vermutete Kommunikation in der Tat gibt und daß sie schnell und präzise funktioniert.

1. Beispiel: Repression der *Lipoxygenase* (LOG) (→ Abb. 333, 344). Beim Senfkeimling ist die LOG ausschließlich in den Kotyledonen lokalisiert. Experimente mit isolierten Kotyledonen zeigen, daß das Enzym auch in den Kotyledonen *gebildet* wird. Andererseits führten zwei unabhängige experimentelle Verfahren zu dem Resultat, daß das Phytochrom, welches die Regulation des LOG-Anstiegs in den Kotyledonen bewirkt, im Hypokotylhaken lokalisiert ist. Die experimentellen Befunde lassen sich wie folgt zusammenfassen (Abb. 349): 1. Die unteren Teile des Hypokotyls und die Keimwurzel (also der Restkeimling unterhalb der Schnittführung 4) haben keinen Einfluß auf den Anstieg der LOG. 2. Erfolgt die Trennung von Kotyledonen und Hypokotyl bei der Schnittführung 1 oder 2, hat das Licht keinen Einfluß mehr auf den LOG-Anstieg. Die Zunahme der LOG ist vielmehr in Licht und Dunkel genau gleich. 3. Wenn mehr als die Hälfte des Hypokotylhakens an den Kotyledonen verbleibt (Schnittführung 3), beobachtet man die norma-

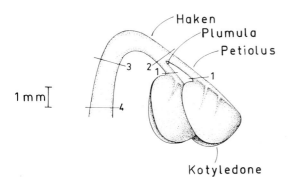

Abb. 349. Der apikale Teil des etiolierten Senfkeimlings, 36 h nach der Aussaat der Samen (25° C). Dem oberen gekrümmten Teil des Hypokotyls, Haken genannt, kommt eine wichtige Funktion bei der Aufnahme und Verarbeitung von Lichtsignalen über das Phytochromsystem zu. Die Bildung von P_{fr} induziert nicht nur eine Öffnung des Hakens; der Haken ist darüber hinaus ein Signalgeber für die Regulation von Vorgängen in den Kotyledonen und wahrscheinlich auch im unteren Teil des Hypokotyls. Die Striche und Zahlen bezeichnen Schnittebenen (→ Text). (Nach OELZE-KAROW und MOHR, 1974)

le (→ Abb. 333) Repression des LOG-Anstiegs durch Phytochrom (mit [P_{fr}] über dem Schwellenwert; → Abb. 344). Wir besprechen ein repräsentatives Experiment im Detail, weil es die besonders wichtige Frage beantwortet, ob das vom Haken kommende Signal in den Kotyledonen gespeichert werden kann (Abb. 350). Verabreicht man dem Senfkeimling 5 min Hellrot zum Zeitpunkt Null ($\varphi_{HR} = 0{,}8$), so dauert es 4,5 h, ehe der LOG-Anstieg wieder einsetzt. Dieser Zeitraum wird benötigt, um den P_{fr}-Pegel von 80% auf 1,25% (Schwellenwert) durch Destruktion von P_{fr} abzusenken (Halbwertszeit der Reaktion $P_{fr} \xrightarrow{1k_d} P_{fr}'$ 45 min, 25° C). Dieser Effekt wurde für das folgende Experiment verwendet: 5 min Hellrot wurden zum Zeitpunkt Null verabreicht. Die Kotyledonen wurden nach 1,5 h am Schnittpunkt 2 vom Restkeimling getrennt. Das Resultat der Operation (Abb. 350): Die isolierten Kotyledonen nehmen den LOG-Anstieg rasch wieder auf. Dieses Resultat weist darauf hin, daß das vom Haken stammende Signal in den Kotyledonen nicht in nennenswertem Umfang gespeichert werden kann. Der Signaltransfer zwischen den Organen vollzieht sich also nicht nur schnell und präzise; es kommt auch zu keiner pool-Bildung des Signalträgers im Empfängerorgan. Es ist unwahrscheinlich, daß für eine Erklärung dieser Kommunikation die bislang etablierten Hormone in Frage kommen.

2. Beispiel: Flächenwachstum (Expansion) der Primärblätter der Gartenbohne (*Phaseolus vulgaris*). Wie bei allen Dikotylen, wird auch bei der Bohne die Expansion der Blätter durch Phytochrom reguliert. Die Phytochromwirkung setzt jedoch eine Wechselwirkung zwischen Primärblättern und Keimachse voraus. Liegt das P_{fr} nur in den Blättern oder nur in der Keimachse vor, bleibt der Phytochromeffekt völlig aus. Wie die Abb. 351 illustriert, kommt es zu keiner Expansion, wenn man lediglich die Blätter im Dauer-Weißlicht hält. Die Blätter ergrünen zwar, wachsen aber nicht. Hingegen erfolgt eine normale Expansion, wenn man zusätzlich auch die Keimachse mit 5 min Hellrot pro Tag belichtet. Der Hellroteffekt ist in der üblichen Weise reversibel. Es ist offensichtlich, daß die normale Blattentwicklung nur erfolgen kann, wenn das P_{fr} nicht nur in den Blättern selber, sondern auch in der Keimachse vorhanden ist. Das für die Reaktion maßgebende P_{fr} der Keimachse ist sehr wahrscheinlich in der Hakenregion lokalisiert (→ Abb. 474).

Abb. 350. Kinetik des Lipoxygenasepegels in Senfkotyledonen (Schnittführung 2; → Abb. 349) nach einem Hellrotpuls (5 min) zum Zeitpunkt Null (= 36 h nach der Aussaat). ▲ Isolierung der Kotyledonen unmittelbar vor der Enzymextraktion; □ Isolierung der Kotyledonen 1,5 h nach dem Zeitpunkt Null; △ Isolierung der Kotyledonen zum Zeitpunkt Null. (Nach OELZE-KAROW und MOHR, 1974)

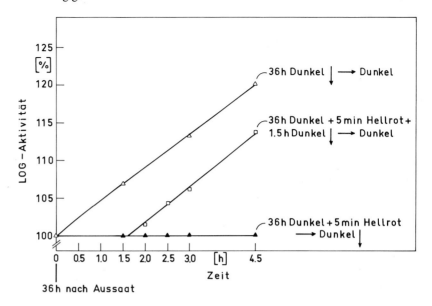

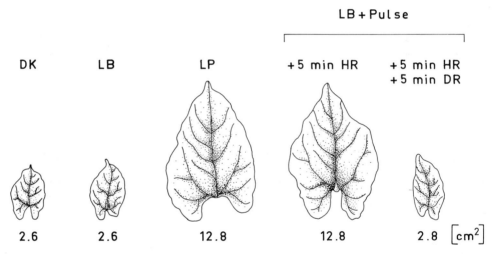

Abb. 351. Der Einfluß einer Belichtung der Keimachse auf das Flächenwachstum der Primärblätter. Objekt: Keimlinge von *Phaseolus vulgaris* (→ Abb. 474). *Obere Reihe:* Art der Belichtung; *mittlere Reihe:* Aussehen der Primärblätter am Ende des Experiments; *untere Reihe:* Blattfläche am Ende des Experiments. DK, Dunkelkontrolle; LB, nur die *Blätter* im Dauer-Weißlicht; LP, die ganze *Pflanze* im Dauer-Weißlicht; LB+Pulse, Blätter im Dauer-Weißlicht plus Lichtpulse (1mal pro Tag auf die Keimachse; HR, Hellrot; DR, Dunkelrot). Lichtpulse auf die Keimachse ohne Belichtung der Primärblätter haben keinen Einfluß auf die Expansion. (Nach DE GREEF et al., 1976)

Phytochromwirkungen auf die Entwicklung grüner Pflanzen

Das Phytochromsystem spielt nicht nur die entscheidende Rolle bei der Photomorphogenese der Keimpflanzen; man hat vielmehr gefunden, daß das Phytochrom den meisten lichtabhängigen Reaktionen bei potentiell grünen Pflanzen zugrunde liegt, von den Algen (z. B. *Chlamydomonas spec.*), Moosen (z. B. *Funaria hygrometrica*) und Farnen (z. B. *Dryopteris filix-mas*) bis herauf zu den Angiospermen. (Mit „potentiell grünen Pflanzen" meint man die Grünalgen und alle Pflanzengruppen, die aus ihnen im Verlauf der Evolution entstanden sind. Häufig ergrünen diese Pflanzen nur im Licht, deshalb *potentiell* grün.) In allen Fällen läßt sich die lichtabhängige Reaktion mit Hellrot induzieren; und stets läßt sich diese Induktion durch eine unmittelbar nachfolgende Belichtung mit Dunkelrot im Sinn des operationalen Kriteriums (→ Abb. 322) revertieren. Mit den nun folgenden Fallstudien soll dokumentiert werden, daß das Phytochromsystem auch in normal herangewachsenen grünen Pflanzen das weitere Wachstum bestimmt. Es darf nicht der Eindruck entstehen, die Bedeutung des Phytochroms für das Leben der Pflanzen sei auf die Phase der frühen Keimlingsentwicklung beschränkt.

An dieser Stelle sei eine historische Reminiszenz eingefügt: Das Phytochromsystem wurde ursprünglich von BORTHWICK und HENDRICKS in der Plant Industry Station des US-Department of Agriculture in Beltsville (USA) im Zusammenhang mit Studien zum Photoperiodismus von Kulturpflanzen entdeckt. Erst in den sechziger Jahren wurde allmählich klar, daß dem Phytochrom als Sensorpigment für Entwicklung, Verhalten und Reproduktion eine universelle und zentrale Bedeutung im Leben der höheren Pflanzen zukommt.

1. Beispiel: Internodienwachstum bei grünen Bohnenpflanzen (*Phaseolus vulgaris*). Die Abb. 352 zeigt das klassische Beispiel für den Nachweis der Funktion des Phytochroms in normal herangewachsenen grünen Pflanzen. Die Änderung des P_{fr}-Gehalts durch einen Lichtpuls unmittelbar vor dem Licht → Dunkel-Übergang („end-of-day treatment") wurde später vielfach analytisch verwendet.

2. Beispiel: Hypokotylwachstum bei grünen Senfkeimlingen (*Sinapis alba*). Die Abb. 353 zeigt, daß das Hypokotylwachstum bei Senfkeimlingen, die nach der Aussaat der Samen 48 h lang im Weißlicht gehalten wurden, nach dem Licht → Dunkel-Übergang wesentlich von dem P_{fr}-Pegel bestimmt wird, der am Ende der Belichtungszeit vorhanden ist. Auch der Unterschied zwischen dem Wachstumsverlauf im Dauer-Weißlicht und beim Programm 48 h Weißlicht + 5 min Hellrot → Dunkel läßt sich auf Phytochrom zurückführen. Der sehr ähn-

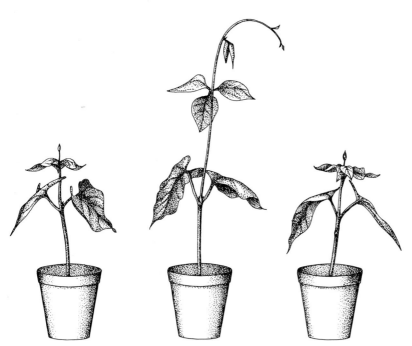

Abb. 352. Klassische Experimente zum Nachweis der Funktion des Phytochroms in grünen Pflanzen. Objekt: *Phaseolus vulgaris,* cv. Pinto. Alle Bohnenpflanzen erhielten eine tägliche Lichtperiode von 8 h Fluoreszenzweißlicht, in dem zwar viel Hellrot, aber praktisch kein Dunkelrot vorhanden ist. Die Pflanze *links* wurde nach diesen täglichen 8 h Weißlicht sofort ins Dunkle gebracht; die Pflanze *in der Mitte* wurde nach dem Weißlicht 4 min mit Dunkelrot bestrahlt und dann ins Dunkle gebracht; die Pflanze *rechts* erhielt nach dem Dunkelrot noch 4 min Hellrot. Die Behandlung mit dem Zusatzlicht erfolgte über 4 d hinweg, dann blieben alle Pflanzen zur weiteren Entwicklung noch 3 Perioden im 8 h Weißlichttag ohne Zusatzlicht. (Nach HENDRICKS, 1964)

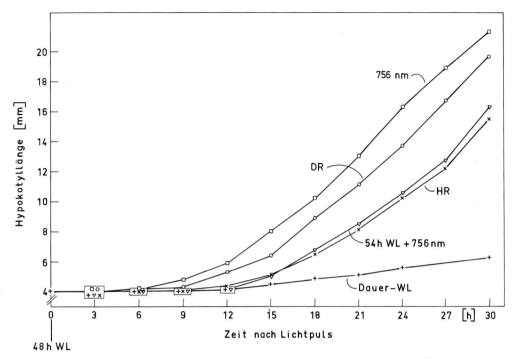

Abb. 353. Das Hypokotyl-Längenwachstum 48 h (bzw. 54 h) alter Weißlicht(WL)-Keimlinge von *Sinapis alba* im Dauerdunkel (D). Vor dem Transfer ins Dunkle erhielten die Keimlinge 5 min-Lichtpulse. Behandlung: □ 48 h WL + 5 min 756 nm-Licht → D; ○ 48 h WL + 5 min Dunkelrot (DR) → D; × 48 h WL + 5 min Hellrot (HR) → D; ▽ 54 h WL + 5 min 756 nm-Licht → D; + Dauer-WL. Durch die Lichtpulse werden die folgenden Photogleichgewichte des Phytochromsystems eingestellt: $\varphi_{HR} \approx 0{,}8$, $\varphi_{DR} \approx 0{,}025$, $\varphi_{756} \approx 0{,}001$. (Nach WILDERMANN et al., 1978)

liche Verlauf des Wachstums bei den Programmen 48 h Weißlicht + 5 min Hellrot → Dunkel und 54 h Weißlicht + 5 min 756 nm-Licht → Dunkel ist darauf zurückzuführen, daß bei beiden Programmen 54 h nach Aussaat etwa gleich viel P_{fr} in dem für die Steuerung des Hypokotylwachstums maßgebenden oberen Hypokotylbereich vorhanden ist. Es ist offensichtlich, daß die Steuerung des Achsenwachstums durch Phytochrom in der Praxis des industriellen Pflanzenbaus verwendet werden kann, wenn es sich darum handelt, das Wachstum der Pflanzen den jeweiligen Zielsetzungen genau anzupassen.

Phytochrom und endogene Kontrollfaktoren

Es gibt bisher nur wenige Hinweise dafür, daß P_{fr} über eine Änderung von Hormonpegeln seine morphogenetische Wirkung entfaltet (→ S. 448). Auch in solchen Fällen, in denen P_{fr} auf Hormonpegel oder auf die Dosis-Effektkurven von Hormonen Einfluß nimmt (z. B. beim Äthylen; → Abb. 400, 401) liegt meist kein Grund zu der Annahme vor, das P_{fr} bewirke die *Photomorphosen* über eine Änderung von Hormonpegeln. In der Regel haben korrekt durchgeführte Mehrfaktorenanalysen eine multiplikative oder numerisch additive Verrechnung der P_{fr}- und Hormonwirkungen ergeben (z. B. → Tabelle 31, S. 386). Dies bedeutet, daß P_{fr} und die endogenen Kontrollfaktoren *unabhängig voneinander* wirken. Offenbar erfolgt die Koordination des Entwicklungsgeschehens auf der Stufe der Musterdetermination, d. h. bei der Herstellung des räumlichen und zeitlichen Kompetenzmusters für P_{fr} und für die endogenen Faktoren.

Das folgende Beispiel dokumentiert die multiplikative Verrechnung bei der simultanen Wirkung von Phytochrom und endogenen Faktoren: Wenn man einem Senfkeimling die Kotyledonen entfernt, bleibt die Fähigkeit des Hypokotyls zum stationären Wachstum (konstante

Tabelle 27. Der Einfluß von Licht und Kotyledonen auf die Intensität des Hypokotylwachstums. Objekt: Senfkeimlinge. Es wird mit diesen Daten gezeigt, daß die Steuerung des Hypokotylwachstums durch P_{fr} (operational, Dunkelrot) *unabhängig* davon ist, ob sich die Kotyledonen am Achsensystem befinden oder nicht. (Nach SCHOPFER, 1967)

Hypokotyl-Längen-wachstum [mm · h⁻¹]	Dunkel	Dauer-Dunkelrot
intakte Keimlinge	0,79 (100%)	0,14 (100%)
Keimlinge ohne Kotyledonen	0,36 (46%)	0,07 (50%)

Wachstumsintensität) für längere Zeit erhalten (→ Abb. 283). Im Dunkeln und im Dunkelrot wird jedoch die Wachstumsintensität jeweils um etwa 50% vermindert (Tabelle 27). Oder anders betrachtet: Die relative Wirkung von Dunkelrot auf die Wachstumsintensität ist mit und ohne Kotyledonen etwa dieselbe, obgleich das Entfernen der Kotyledonen die Wachstumsintensität um rund 50% reduziert. P_{fr} und die aus den Kotyledonen stammenden „Wachstumsfaktoren" zeigen also eine multiplikative Verrechnung, d. h. der eine Faktor hat stets dieselbe relative Wirkung auf die Wachstumsintensität, unabhängig vom Ausmaß der Wirkung des anderen Faktors. Dies schließt eine *Wechselwirkung* zwischen den beiden Faktoren aus (→ S. 10).

Wechselwirkung von Phytochrom und Cryptochrom

Die Erfahrungen mit dem Senfkeimling deuten darauf hin, daß die Photomorphogenese dieses Dikotylenkeimlings ausschließlich auf die Wirkung von Phytochrom zurückzuführen ist. Insbesondere ließen sich weder bei etiolierten noch bei grünen Keimlingen Anzeichen dafür finden, daß neben dem Phytochrom das spezifische, im Pflanzenreich weit verbreitete Blaulichtphotoreceptormolekül (Cryptochrom; → S. 364) ins Spiel kommt. Andererseits gibt es Blütenpflanzen, z. B. Buchweizen (*Fagopyrum esculentum*), Mais (*Zea mays*), Mohrenhirse (*Sorghum vulgare*) oder Gurke (*Cucumis sativus*), bei denen neben der Phytochromwirkung

eine *spezifische* Blaulichtwirkung auf die Photomorphogenese unverkennbar ist. Die Mohrenhirse ist für eine Fallstudie besonders geeignet, da in diesem Fall das Phytochromsystem ohne eine spezifische Blaulichtwirkung überhaupt nicht wirksam werden kann.

Fallstudie: Wechselwirkung von Phytochrom und Cryptochrom bei der Induktion der Anthocyansynthese im Mesokotyl des Sorghumkeimlings. In völliger Dunkelheit bildet das Mesokotyl kein rotes Anthocyan. Eine intensive Anthocyansynthese kann jedoch durch 3 h Weißlicht mit hohem Energiefluß induziert werden. Die lag-Phase ist etwas länger als 3 h. Etwa 24 h nach Lichtbeginn ist die durch 3 h Weißlicht induzierte Anthocyanbildung abgeschlossen. Das Wirkungsspektrum der Reaktion (nur

Tabelle 28. Induktion (oder Nicht-Induktion) der Anthocyansynthese im Mesokotyl (1. Internodium) von *Sorghum vulgare*-Keimlingen durch Licht verschiedener Qualität (Weißlicht: Xenonbogenlicht, ähnlich dem Sonnenlicht, 250 W · m⁻²; Blaulicht: Interferenzfilter, λ_{max} 450 nm, 9 W · m⁻²; UV: λ_{max} 350 nm, 7,5 W · m⁻²). Die Keimlinge wurden nach der 3stündigen Belichtung für 24 h im Dunkeln gehalten. (Nach DRUMM und MOHR, 1978)

Belichtung (Beginn 60 h nach Aussaat)	Anthocyan-menge (Messung 87 h nach Aussaat) [relative Einheiten]
27 h Dunkel	0
27 h Weißlicht	115
27 h Dunkelrot	0
27 h Hellrot	0
3 h Weißlicht	19
3 h Blaulicht	7
3 h UV	19
3 h Weißlicht + 5 min Hellrot	19
3 h Weißlicht + 5 min 756 nm-Licht	6
3 h Weißlicht + 5 min 756 nm-Licht + 5 min Hellrot	20
3 h UV + 5 min Hellrot	19
3 h UV + 5 min 756 nm-Licht	5
3 h UV + 5 min 756 nm-Licht + 5 min Hellrot	19

Licht<520 nm wirksam, Wirkungsgipfel im Sichtbaren um 450 nm) deutet darauf hin, daß Cryptochrom (→ S. 364) das wirksame Photoreceptorpigment ist.

Die Beteiligung von *Phytochrom* an dem Reaktionsgeschehen ergibt sich aus den Daten der Tabelle 28: 1. Hellrot oder Dunkelrot allein haben keinen Effekt. Blaulicht oder UV können Weißlicht im Prinzip ersetzen. 2. Senkt man nach Abschluß der 3stündigen Weißlichtbehandlung mit einem saturierenden 756 nm-Lichtpuls den P_{fr}-Gehalt stark ab (φ_{756}<0,1%; → S. 315), so kann sich die Induktionswirkung des Weißlichts nur noch zu etwa 30% manifestieren. Die Daten zeigen somit, daß Phytochrom ohne eine Blaulichtvorbehandlung keinen Effekt auf die Anthocyansynthese ausüben kann. Andererseits unterliegt die Manifestation der Blaulichtwirkung der Kontrolle durch Phytochrom.

Ob die starke UV-Wirkung ebenfalls auf Cryptochrom zurückgeht, ist noch ungeklärt. Es könnte sein, daß neben Cryptochrom noch ein spezifischer UV-Photoreceptor, der bei Petersilienzellen entdeckt wurde (→ S. 352), ins Spiel kommt. Auf jeden Fall wird die Manifestation der UV-Wirkung ebenfalls durch Phytochrom kontrolliert.

Weiterführende Literatur

HARTMANN, K. M.: Aktionsspektrometrie. In: Biophysik — ein Lehrbuch. Hoppe, W., Lehmann, W., Markl, H., Ziegler, H. (Hrsg.). Berlin-Heidelberg-New York: Springer, 1977, pp. 197 – 222

HARTMANN, K. M., HAUPT, W.: Photomorphogenese. In: Biophysik — ein Lehrbuch. Hoppe, W., Lehmann, W., Markl, H., Ziegler, H. (Hrsg.). Berlin-Heidelberg-New York: Springer, 1977, pp. 449 – 468

KENDRICK, R. E., SPRUIT, C. J. P.: Phototransformations of phytochrome. Photochem. Photobiol. **26**, 201 – 214 (1977)

MITRAKOS, K., SHROPSHIRE, W. (eds.): Phytochrome. New York: Academic Press, 1972

MOHR, H.: Lectures on Photomorphogenesis. Berlin-Heidelberg-New York: Springer, 1972

MOHR, H.: Pattern specification and pattern realization in photomorphogenesis. Bot. Mag. Tokyo *Special Issue* **1**, 199 – 217 (1978)

MOHR, H., SCHOPFER, P.: The effect of light on RNA and protein synthesis in plants. In: Nucleic Acids and Protein Synthesis in Plants. Bogorad, L., Weil, J. H. (eds.). New York: Plenum, 1977

SCHOPFER, P.: Phytochrome control of enzymes. Ann. Rev. Plant Physiol. **28**, 223 – 252 (1977)

SMITH, H. (ed.): Light and Plant Development. London: Butterworths, 1976

28. Wirkungen ultravioletter Strahlung

Licht, Infrarot, Ultraviolett (UV)

Als *Licht* bezeichnet man in der Regel den Spektralbereich zwischen etwa 390 und 760 nm, der beim Menschen die Lichtempfindung auslöst (→ Abb. 136). Im Hinblick auf die Pflanzen müssen wir diese Grenzen nach beiden Seiten etwas erweitern. Wenn wir die zur Photosynthese befähigten Bakterien in die Betrachtung mit einbeziehen, ergibt sich der Bereich zwischen etwa 300 und 1100 nm als der für die Pflanzen bedeutsame Bereich des elektromagnetischen Spektrums. In diesem Bereich absorbieren die spezifischen Pigmente der Pflanzen wie *Chlorophylle, Carotinoide, Flavine, Phycobiline* oder das *Phytochrom.* Die Absorption der Photonen führt zu elektronischen Anregungen der absorbierenden Moleküle.

Wie sind die Grenzen zu verstehen? Strahlung oberhalb 1100 nm bewirkt im allgemeinen keine elektronischen Anregungen mehr; die Quanten sind zu energiearm. Die Absorption von Quanten oberhalb 1100 nm führt lediglich zu Änderungen der Schwingungs- und Rotationsenergie der Moleküle und damit letztlich zu *thermischen Effekten,* nicht aber zu *spezifischen photochemischen Reaktionen.* Demgemäß hat man oberhalb von 1100 nm auch niemals mit Sicherheit spezifische biologische Strahlungseffekte festgestellt. Die Grenze zwischen Licht und langwelligem Ultraviolett (um 390 nm) existiert für die Pflanze nicht, da eine Reihe der für die Pflanze wichtigen Pigmente, z. B. Chlorophylle, Carotinoide und Flavine, sowohl im Licht als auch im langwelligen Ultraviolett absorbieren. Die Pflanze kann also den Bereich des langwelligen Ultraviolett (etwa 390 – 300 nm) für ihre normalen photochemischen Reaktionen ebenso benützen wie das Licht und das nahe Infrarot bis 1100 nm. Entscheidend ist lediglich, ob die physiologisch bedeutsamen Pigmente in einem bestimmten Spektralbereich absorbieren oder nicht.

Bei 300 – 290 nm ist ein scharfer Einschnitt. Strahlung unterhalb 290 nm wirkt in der Regel unphysiologisch, d. h. destruktiv. Dieses frappante Phänomen hängt damit zusammen, daß die Organismen an diesen Spektralbereich nicht angepaßt sind. Um 290 nm endet nämlich das Spektrum der Sonnenstrahlung, welche durch die Atmosphäre auf die Erdoberfläche gelangt. Hier endet also jener Bereich des elektromagnetischen Spektrums, an den sich die Organismen während der Evolution angepaßt haben. Die Sonnenstrahlung unterhalb 290 nm wird bereits in der oberen Atmosphäre total absorbiert, in erster Linie durch eine Ozonschicht in 15 – 30 km Höhe (→ Abb. 136). Man hat den destruktiven Effekt von kurzwelligem UV (290 – 200 nm) häufig untersucht. Diese Strahlung ist technisch relativ leicht herzustellen, z. B. emittieren Hg-Niederdruckbögen bevorzugt die Spektrallinie 253,7 nm. UV unterhalb 200 nm läßt sich nur im Vakuum untersuchen, da es von O_2 absorbiert wird. Der Bereich dieses Vakuum-UV ist deshalb für die Biologie wenig interessant.

Der inaktivierende Effekt des kurzwelligen UV

Trifft kurzwelliges UV auf ein ungeschütztes, lebendiges System (z. B. eine Hefezelle oder ein *Bacterium*), so kann es in diesem System molekulare Veränderungen destruktiver Art verursachen. Physiologische Störungen, die häufig zum Tod führen, sind die Folge. Wenn man z. B. Colibakterien (*Escherichia coli*) mit einer entsprechenden UV-Fluenz (gemessen als

J · m⁻² oder mol Quanten · m⁻²) bestrahlt, sind die Zellen auch auf einem Optimalmedium nicht mehr vermehrungsfähig; sie sind inaktiviert. Wie kommt es zu dieser Inaktivierung, welche Moleküle absorbieren die destruktiv wirkende UV-Strahlung? Auf der Abb. 354 ist das Wirkungsspektrum für die Inaktivierung

von *E. coli* mit einem Nucleinsäure-Absorptionsspektrum verglichen. Man muß aus dieser Gegenüberstellung schließen, daß die Absorption durch Nucleinsäuren die Inaktivierung der Bakterien verursacht. Diese Feststellung gilt allgemein. Die Abb. 355 und 356 zeigen detailliertere Absorptionsspektren von DNA und

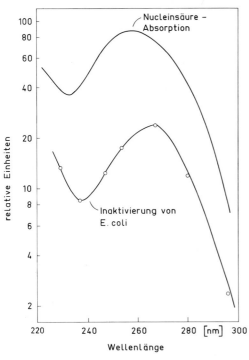

Abb. 354. Das Wirkungsspektrum für die Inaktivierung von *Escherichia coli*-Zellen durch UV im Vergleich mit einem Nucleinsäure-Absorptionsspektrum. (Nach RUPERT, 1960)

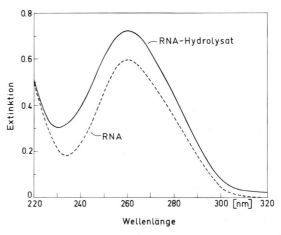

Abb. 356. Absorptionsspektren von gereinigter Hefe-RNA und eines Hydrolysates von gereinigter RNA aus Senfkeimlingen

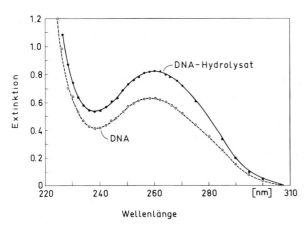

Abb. 355. Das Absorptionsspektrum von Thymus-DNA vor und nach der Hydrolyse mit Desoxyribonuclease. (Nach SINSHEIMER, 1955)

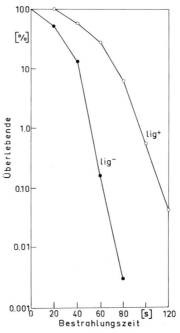

Abb. 357. Die Überlebenschance von *Escherichia coli*-Zellen nach einer Bestrahlung mit UV bei 25° C. lig⁺, normale Zellen mit intakter Ligase; lig⁻, mutierte Zellen mit defekter Ligase. (Nach KONRAD et al., 1973)

RNA, bzw. der Hydrolysate der Makromoleküle. Die wichtigsten Charakteristika sind: Praktisch keine Absorption oberhalb 300 nm, Absorptionsmaximum um 260 nm, Absorptionsminimum um 230 – 240 nm, starke „Endabsorption" unterhalb 230 nm. Die physiologisch wirksame Absorption um 260 nm geht ausschließlich auf die organischen Basen zurück; sie ist also *keine* spezifische Eigenschaft des *Makro*moleküls. Die Zucker- und Phosphatanteile der Nucleinsäuren absorbieren oberhalb von 210 nm nicht nennenswert.

Eine von kurzwelligem UV getroffene Zelle kann unter günstigen Umständen die entstandenen Schäden wieder reparieren. Ein Beispiel: Die *DNA-Ligase* ist ein Enzym, das unter bestimmten Bedingungen DNA-Ketten miteinander verbinden kann. Das Enzym spielt bei der Reparatur von Schäden an der DNA (speziell bei Einzelstrangbrüchen) eine wesentliche Rolle. Eine Mutante von *Escherichia coli*, bei der die DNA-Ligase defekt ist, zeigt deshalb eine abnorm hohe Empfindlichkeit gegenüber UV (Abb. 357). Man sieht an diesem Beispiel, daß die Empfindlichkeit einer Zelle gegenüber UV wesentlich davon abhängt, wie gut die Reparaturmechanismen funktionieren.

Die selektive Inaktivierung der Chloroplastenbildung durch kurzwelliges UV

Dunkeladaptierte Zellen von *Euglena gracilis* (→ Abb. 539), die heterotroph wachsen, besitzen Proplastiden, aber weder Chlorophyll noch Chloroplasten. Bringt man die Zellen ins Licht, setzt die Chloroplasten- und damit die Chlorophyllbildung ein. Diese lichtabhängige Chloroplastenbildung dunkeladaptierter *Euglena*zellen kann durch sehr geringe UV-Mengen verhindert werden. Die sonstige Aktivität der heterotroph lebenden Zellen (z. B. ihre Teilungsfähigkeit) wird dadurch nicht beeinflußt (Abb. 358). Das Wirkungsspektrum für die Hemmung der Chloroplastenbildung (Abb. 359) zeigt den uns schon bekannten Gipfel um 260 nm, dazu einen Gipfel um 280 nm. Dieser Gipfel ist auf die Absorption von Proteinen, die beträchtliche Mengen an aromatischen Aminosäuren enthalten, zurückzuführen (Abb. 360). Man kann aus dem Wirkungsspektrum schließen, daß die Absorption in Nuclein-

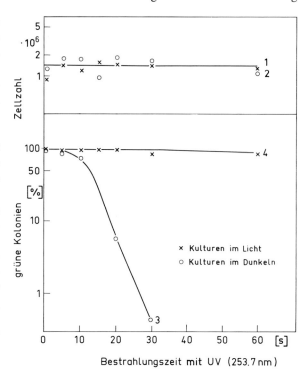

Abb. 358. Hemmung der Chloroplastenbildung durch UV bei *Euglena gracilis,* var. *bacillaris.* Die Kurven 1 und 2 (Kontrollen zu 3 und 4) zeigen, daß die applizierten UV-Mengen die Teilungsfähigkeit der Zellen nicht beeinträchtigen. Kurve 3 zeigt den Prozentsatz an grünen Kolonien, den man erhält, wenn man die Zellen nach der UV-Bestrahlung zunächst für eine Woche im Dunkeln wachsen läßt und dann erst belichtet. Kurve 4 zeigt, daß der UV-Effekt (Unfähigkeit zum Ergrünen) nicht auftritt, wenn das Weißlicht unmittelbar nach der UV-Bestrahlung einsetzt. (Nach LYMAN et al., 1959)

säuren *und* in gewissen Proteinen für den Inaktivierungseffekt verantwortlich ist.

Die Abb. 360 zeigt, daß auch die Proteine oberhalb von 300 nm keine nennenswerte Absorption durchführen. Generell gilt: Proteine, Nucleinsäuren, Kohlenhydrate, die allermeisten Lipide und Wasser können oberhalb von 320 nm praktisch keine Strahlung absorbieren, die zu elektronischen Anregungen führte. Das natürliche Licht wird von diesen Molekültypen also nicht nennenswert absorbiert. Hingegen können z. B. die Proteine und Nucleinsäuren das kurzwellige UV sehr stark absorbieren. Das Resultat sind photochemische Reaktionen, auf die das lebendige System nicht „eingestellt" ist. Es ist deshalb nicht verwunderlich, daß auch bei höheren Pflanzen schwere Störungen auf-

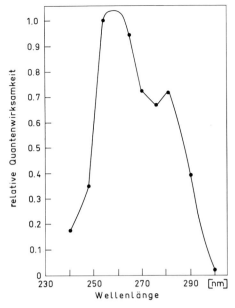

Abb. 359. Das Wirkungsspektrum für die Inaktivierung der Fähigkeit dunkeladaptierter Zellen, im Licht zu ergrünen. Objekt: Zellen von *Euglena gracilis,* var. *bacillaris.* (Nach LYMAN et al., 1961)

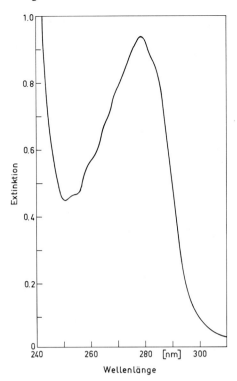

Abb. 360. Das Absorptionsspektrum von Serumalbumin (aus Rinderblut) als Beispiel für die Bedeutung der Absorption *aromatischer* Aminosäuren. Die Absorption im Bereich 250–300 nm ist im wesentlichen auf die Anwesenheit dieser Aminosäuren (Phenylalanin, Tyrosin, Tryptophan) im Protein zurückzuführen. Auch Cystein und Cystin absorbieren schwach zwischen 240 und 290 nm

treten, wenn man kurzwelliges UV in größeren Mengen einstrahlt.

Wirkungen des kurzwelligen UV auf Blütenpflanzen

Wenn man eine Keimpflanze, z. B. einen Dikotylenkeimling, mit erheblichen UV-Mengen bestrahlt, treten folgende, typische Symptome auf: Hemmung des Sproßachsen-Wachstums (Abb. 361), Verdickung der Achsen, Hemmung des Blattwachstums, bräunliche Verfärbung.

Die spektrale Grenze für diesen Effekt liegt um 300 nm; darüber, d. h. mit langwelligem UV, beobachtet man die normale Photomorphogenese. Wegen der starken Absorption dringt das kurzwellige UV nicht tief in die Pflanze ein. Zuerst kommt es vielfach nur zu mehr oder minder reversiblen Schädigungen der Epidermis. Mit steigender UV-Menge werden die Schäden allmählich tödlich.

Der molekulare Mechanismus der destruktiven UV-Wirkung

Die starke Absorption der Nucleinsäuren bei 260 nm geht auf die Absorption der organi-

schen Basen zurück (→ Abb. 355, 356). Die UV-Wirkung dürfte deshalb auf Veränderungen dieser Moleküle beruhen. Zwei mögliche Reaktionen der Pyrimidinbasen — diese sind sehr viel „empfindlicher" für UV als die Purinbasen — sind auf der Abb. 362 skizziert. Bestrahlt man Cytosin in wäßriger Lösung mit UV, so addieren die Moleküle leicht ein H_2O an eine Doppelbindung. Diese Photoreaktion ist indessen leicht reversibel; sie spielt in vivo wohl kaum eine Rolle. Durch UV angeregte Thyminmoleküle können Dimere bilden, falls die angeregten Moleküle in Kontakt zu treten vermögen. Diese Dimerenbildung passiert auch in der nativen DNA bei UV-Bestrahlung. Es bilden sich *Thymin-Dimere* sowohl innerhalb eines DNA-Makromoleküls als auch zwischen den beiden DNA-Makromolekülen, die zur Doppelhelix verbunden sind (Abb. 362). Die Bildung der Thymin-Dimeren hat Folgen: Es kommt zu Störungen bei der DNA-abhängigen

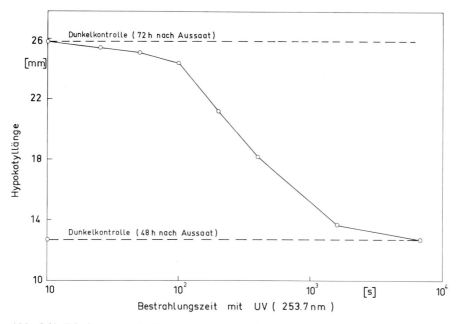

Abb. 361. Die hemmende Wirkung einer relativ kurzen UV-Bestrahlung auf das Hypokotylwachstum des Senfkeimlings (*Sinapis alba*). Die Bestrahlung erfolgte 48 h nach der Aussaat; die Auswertung (Messung der Hypokotyllänge) erfolgte 72 h nach der Aussaat. (Nach GEISER, 1964)

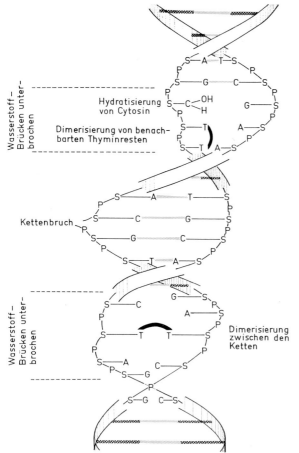

Synthese von RNA (die Dimeren sind Stopstellen der Transkription) und bei der semikonservativen Replication der DNA-Ketten, da die richtige Basenpaarung nicht mehr funktioniert. Es kommt ferner zu Gen-Mutationen. Tatsächlich zeigen die Wirkungsspektren der Mutationsauslösung durch UV bei Bakterien und Pilzen, bei Bryophyten und Angiospermen Gipfel bei 260 nm. Die Bildung von Thymin-Dimeren ist sicherlich nicht das einzige, was bei Einstrahlung von UV mit den Nucleinsäuren geschehen kann. Die Veränderungen an der RNA z. B. sind noch weitgehend unerforscht. Das kurzwellige UV inaktiviert auch Enzyme. Die Strahlung im Bereich von 240 bis 280 nm wird in erster Linie durch die aromatischen Aminosäuren und durch Cystin (Disulfidbrücken) absorbiert. Es sind viele Molekularmodelle für die UV-Inaktivierung von Enzymen aufgestellt worden, z. B. Abb. 363.

Abb. 362. Ein Modell der DNA, in dem Veränderungen, die UV bewirken soll, eingetragen sind. Die Bildung von *Thymin-Dimeren* wird im wesentlichen für die Schäden verantwortlich gemacht, die UV an Zellen und Viren anrichtet. (Nach DEERING, 1962)

Abb. 363. Modelle zur Illustration möglicher Inaktivierungsmechanismen bei Proteinmolekülen nach UV-Absorption. *Oben:* Die Sprengung einer S-S-Brücke. *Unten:* Die Sprengung einer Peptidbindung und die Photooxidation eines Tyrosin-Restes; diese Effekte spielen wahrscheinlich eine geringere Rolle als die Sprengung der S-S-Brücken. (Nach SETLOW und POLLARD, 1962)

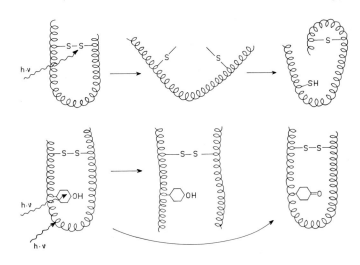

Photoreaktivierung

Das Phänomen. Ein *Bacterium* (z. B. *E. coli*), das durch kurzwelliges UV inaktiviert wurde, kann durch eine anschließende Bestrahlung mit langwelligem UV oder kurzwelligem Licht *reaktiviert* werden. Es verhält sich nach dieser Behandlung wieder so, als sei es niemals mit kurzwelligem UV bestrahlt worden. Der Effekt wurde 1949 an Konidien von *Streptomyces griseus* entdeckt. Er ist im Tier- und Pflanzenreich weit verbreitet. Allerdings hat sich auch herausgestellt, daß manche UV-Effekte nicht photoreaktivierbar sind.

Das Wirkungsspektrum der Photoreaktivierung. Man fand bei den verschiedenen Organismen recht ähnliche Wirkungsspektren. Das Spektrum von *E. coli* (Abb. 364) repräsentiert den allgemeinen Verlauf: Nur langwelliges UV und kurzwelliges Licht sind wirksam. Längerwelliges Licht (etwa Hellrot oder Dunkelrot) ist völlig unwirksam.

Photoreaktivierung von Partialschäden. Auch die selektive UV-Hemmung der Chloroplastenbildung bei *Euglena gracilis* (→ Abb. 359) ist photoreaktivierbar. Das Wirkungsspektrum zeigt den üblichen Verlauf (Abb. 365).

Der molekulare Mechanismus. Die Photoreaktivierung beruht darauf, daß durch die reaktivierende Strahlung ein Enzym aktiviert wird, das Thymin-Dimere zu lösen vermag. Auf diese Weise werden die durch kurzwelliges UV bewirkten Schäden in der DNA *rasch* beseitigt. Es ist gelungen, das betreffende Enzym zu isolieren und die Photoreakti-

vierung der DNA in vitro durchzuführen: Wenn man in Form von Doppelhelices vorliegende DNA (→ Abb. 21) mit 260 nm bestrahlt, trennen sich die DNA-Stränge bei Erwärmung nicht mehr voneinander. Bringt man diese DNA nun aber im Blaulicht mit dem photoreaktivierenden Enzym zusammen, wird die Trennung der Stränge wieder möglich. Offenbar sind die Dimeren zwischen den Strängen gelöst worden. Die Absorption des reaktivierenden Lichts erfolgt durch den Thymin-Dimeren-Enzym-Komplex. Die theoretische Bedeutung dieser Experimente ist groß. Im landläufigen Sinn ist eine Zellpopulation, die mit

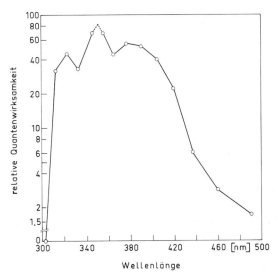

Abb. 364. Das Wirkungsspektrum für die Photoreaktivierung der Fähigkeit von *Escherichia coli* Stamm B/r, Kolonien zu bilden. Temperatur: 37° C. (Nach JAGGER und LATARJET, 1956)

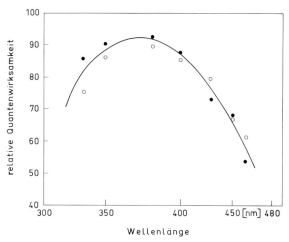

Abb. 365. Das Wirkungsspektrum für die Photoreaktivierung der Fähigkeit von *Euglena gracilis* var. *bacillaris*, grüne Kolonien zu bilden. ● ○ Ergebnisse zweier Versuchsserien. (Nach LYMAN et al., 1961)

260 nm massiv bestrahlt wurde, „tot". Durch das reaktivierende Licht wird sie wieder „lebendig". „Abtötung" und „Wiederbelebung" lassen sich in diesem Fall auf der molekularen Ebene verstehen.

Durch UV verursachte Schäden an der DNA können auch unabhängig von photoreaktivierendem Licht repariert werden. Am besten untersucht ist die *Eliminierung* der Pyrimidin-Dimeren. *Endonucleasen* erkennen die Schadstellen an der DNA-Kette und leiten mit dem Durchtrennen der Nucleotidkette die Reparatur ein. In Zusammenarbeit mit der DNA-Polymerase I („Reparaturenzym") und der Ligase wird der defekte Strangabschnitt durch ein DNA-Stück ersetzt, das entsprechend dem Code des gegenüberliegenden Strangs aufgebaut ist (→ Abb. 21).

Ein positiver UV-Effekt bei der Synthese von Flavonglycosiden

Das Phänomen. Zellsuspensionskulturen (→ Abb. 479), die von Blattstielen der Petersilie (*Petroselinum hortense*) abstammen, bilden Flavonglycoside nur bei Belichtung (z. B. im Fluoreszenz-Weißlicht). Die produzierten Flavonglycoside *Apiin* und *Graveobiosid B* werden in einem ähnlichen Verhältnis auch in den Blättern der intakten Petersilienpflanze vorgefunden. Überraschenderweise zeigen Wirkungsspektren, daß sichtbare Strahlung bei den

Zellsuspensionskulturen völlig unwirksam ist und daß der Wirkungsgipfel unterhalb von 300 nm liegt. Das Fluoreszenzlicht ist deshalb wirksam, weil es mit relativ viel UV „verunreinigt" ist. Das für die Experimente verwendete Standard-UV ($\lambda > 300$ nm) hat auf die Petersiliezellen keinerlei schädigende Wirkung. Es handelt sich bei der UV-Wirkung um einen ausgesprochen *positiven* Effekt. Die Abb. 366 zeigt zum Beispiel, daß die Menge an Flavonglycosiden, die unter dem Einfluß des UV gebildet wird, *linear* mit der applizierten UV-Menge (UV-Fluenz) ansteigt.

Außerdem gilt im ganzen Bereich das *Reciprocitätsgesetz* (→ S. 311). Während des Experimentierzeitraums wurden in den Kulturen die Frischmasse, der Proteingehalt und die Aktivität der Glucose-6-phosphatdehydrogenase verfolgt. Das UV hatte keinerlei Wirkung auf diese Merkmale.

Phytochrom und UV-Wirkung. Ein unerwartetes und faszinierendes Resultat zeigt die Tabelle 29: Nach einer Vorbestrahlung mit UV übt das *Phytochromsystem* einen starken Einfluß auf die Synthese der Flavonglycoside aus. Die Stimulierung der Flavonglycosid-Biogenese durch 60 min Standard-UV wird durch einen nachfolgenden Dunkelrotpuls um etwa 40% reduziert; diese Reduktion wird annulliert, wenn

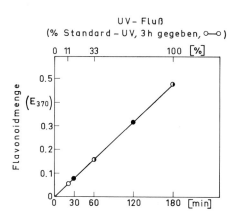

Abb. 366. Die Abhängigkeit der Flavonoidsynthese in Zellsuspensionskulturen der Petersilie (*Petroselinum hortense*) von der eingestrahlten UV-Fluenz. Die Energie-Fluenz wurde entweder durch die Bestrahlungszeit mit Standard-UV (0,2 W · m^{-2}) oder durch eine Reduktion des UV-Flusses von 100 auf 33 und 11% variiert. Der Dunkelpegel an Flavonoiden wurde abgezogen. E$_{370}$, Extinktion des Extrakts bei 370 nm. (Nach WELLMANN, 1975)

Tabelle 29. Die UV-induzierte Bildung von Flavon-glycosiden in einer Zellsuspensionskultur von Petersilie in Abhängigkeit vom Zustand des Phytochromsystems. (Nach WELLMANN, 1971)

Bestrahlungsprogramm	Menge an Flavonglycosiden [a] (E_{380}) [b]
60 min UV, gefolgt von:	
15 h Dunkel	0,36
15 h Dunkelrot	0,41
10 min Hellrot + 15 h Dunkel	0,36
10 min Hellrot + 10 min Dunkelrot + 15 h Dunkel	0,26
10 min Dunkelrot + 15 h Dunkel	0,26
10 min Dunkelrot + 10 min Hellrot + 15 h Dunkel	0,35
Ohne UV-Vorbehandlung:	
16 h Hellrot	0,12
16 h Dunkelrot	0,13
10 min Hellrot + 16 h Dunkel	0,12
10 min Dunkelrot + 16 h Dunkel	0,13
16 h Dunkel	0,13
Anfangswert (vor der Bestrahlung)	0,12

[a] Standard-Extrakt: 1 g Frischmasse/5 ml Puffer.
[b] Extinktion bei 380 nm.

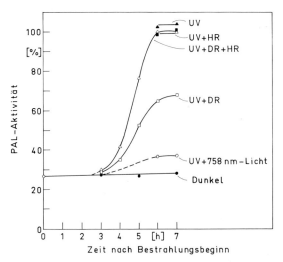

Abb. 367. Die Kontrolle der Phenylalaninammoniumlyase (PAL)-Synthese in Petersilienzellen (Suspensionskultur konstanter Zellzahl; → Abb. 479) durch Phytochrom nach einer Vorbestrahlung mit UV. Die Zellen wurden vom Zeitpunkt Null an für 15 min mit UV bestrahlt; unmittelbar danach wurden 10 min Hellrot (HR), Dunkelrot (DR) oder 758 nm-Licht gegeben. (Nach WELLMANN und SCHOPFER, 1975)

dem Dunkelrotpuls ein Hellrotpuls nachfolgt. Die operationalen Kriterien für die Beteiligung des Phytochromsystems (→ S. 317) sind somit eindeutig erfüllt. Ohne eine UV-Vorbehandlung haben Hellrot- oder Dunkelrotpulse keine Wirkung. Die Beobachtung, daß ein Hellrotpuls, im Anschluß an das UV gegeben, keine weitere Stimulierung bewirkt, kommt nicht unerwartet, da das UV die Bildung eines relativ hohen Pegels an P_{fr} verursacht. Auch die Wirkung von Langzeit-Dunkelrot nach UV-Vorbehandlung ist auf der Basis des Phytochrommodells (→ Abb. 318) verständlich. Offensichtlich wird die Synthese der Flavonglycoside an zwei Stellen durch den Lichtfaktor reguliert. Das P_{fr} kann nur wirken, wenn außerdem UV gewirkt hat. Die UV-Behandlung macht die Zellen sozusagen kompetent für das P_{fr}. Enzyme der Flavonoidbiosynthese, z. B. die Phenylalaninammoniumlyase (PAL; → S. 262), reagieren auf UV- und Hellrot-Dunkelrot-Bestrahlungen ähnlich wie die Pegel der Endprodukte des Biosyntheseweges (Abb. 367). Die Daten liefern zwei bemerkenswerte Resultate: 1. Die etwa

4fache Zunahme des PAL-Pegels, die man nach einer UV(+Hellrot-)Bestrahlung beobachtet, ist völlig unter der Kontrolle von P_{fr}. Der schwache Effekt des Programms UV + 758 nm-Lichtpuls ist darauf zurückzuführen, daß auch die Reversion mit der Wellenlänge 758 nm noch eine kleine Menge an P_{fr} übrig läßt. 2. Die PAL-Synthese der Zellkulturen ist hochempfindlich für P_{fr}. Bereits kleine P_{fr}-Mengen führen zu einem starken Effekt ($\varphi_{HR} \approx 0,8$, $\varphi_{DR} \approx 0,025$, $\varphi_{758\,nm} \approx 0,001$, wobei $\varphi_\lambda =$ Photogleichgewicht des Phytochromsystems = $[P_{fr}]_\lambda / [P_{tot}]$; → Abb. 321).

Weiterführende Literatur

CLAYTON, R. K.: Photobiologie. Physikalische Grundlagen. Weinheim: Verlag Chemie, 1975, Bd. 1

DEERING, R. A.: Ultraviolet radiation and nucleic acid. Sci. American, December 1962, pp. 135–144

JAGGER, J.: Introduction to Research in Ultraviolet Photobiology. Englewood Cliffs: Prentice-Hall, 1967

LOCKHART, J. A., BRODFÜHRER-FRANZGROTE, U.: The effects of ultraviolet radiation on plants. In: Encyclopedia of Plant Physiology. Berlin-Heidelberg-New York: Springer, 1961, Vol. 16

29. Wirkungen ionisierender Strahlung

Anregende und ionisierende Strahlung

Die ultraviolette, sichtbare und nahe infrarote Strahlung führt zu *elektronischen Anregungen* in den absorbierenden Molekülen. Die angeregten Moleküle können bestimmte photochemische Reaktionen durchführen, z. B. haben wir die photochemischen Transformationen des Phytochroms besprochen oder die Dimerenbildung des Thymins.

Die Absorption von Quanten in einem Molekül, die zu Anregungen führt, ist *selektiv.* Es werden nur solche Quanten absorbiert, deren Energiegehalt ($E = h \cdot \nu$) der Energiedifferenz ΔE zwischen zwei Elektronenbahnen (korrekter: der Energiedifferenz zwischen zwei Quantenzuständen des Moleküls) entspricht. Bei der Absorption eines Quants wird also ein Elektron auf eine höhere (d. h. energiereichere) Elektronenbahn gehoben, die im Grundzustand des Moleküls unbesetzt ist ($\rightarrow$ Abb. 150). Der Energiegehalt des Moleküls nimmt um den Betrag $E = h \cdot \nu$ zu. In dem Spektralbereich zwischen 200 und 1000 nm kommen für die Absorption der Quanten nur jene Elektronen in Betracht, die im Grundzustand die äußersten besetzten Elektronenbahnen einnehmen. Auch im angeregten Zustand des Moleküls verbleiben die Elektronen im Molekülverband; daher die *diskrete* Absorption.

In seltenen Fällen kann es indessen dazu kommen, daß die energiereichsten UV-Quanten ein Elektron der äußersten besetzten Elektronenbahn ganz aus dem Molekülverband hinauswerfen. Das Molekül wird dadurch zum geladenen Ion. Den Vorgang nennt man *Ionisation.*

Im UV kommt es nur selten zu Ionisationen. Die Wirkungen des UV sind, wie wir gesehen haben, in erster Linie auf elektronische Anregungen zurückzuführen. Andere Strahlungstypen hingegen führen bevorzugt zu Ionisationen. Man spricht von *ionisierender Strahlung.* Die häufig tödlichen Effekte dieser Strahlung werden in der Öffentlichkeit stark beachtet.

Die Bedeutung ionisierender Strahlung für die experimentelle Biologie

Im Zusammenhang mit der diagnostischen und therapeutischen Verwendung von Röntgenstrahlen und bei der Entwicklung der Atomtechnik ist man sich der Gefährlichkeit ionisierender Strahlung bewußt geworden. Man hat viele Mittel und viel Mühe aufgewendet, um die Wirkung dieser Strahlung zu erforschen. Der wissenschaftliche Ertrag dieser radiologischen Arbeiten ist jedoch gering geblieben. Man hat zwar gelernt, wie leicht man mit ionisierender Strahlung lebendige Systeme stören und vernichten kann; man hat aber — verglichen mit der Photobiologie — nur wenig darüber gelernt, wie lebendige Systeme funktionieren. Dieses Resultat ist gut zu verstehen. Benützen wir folgende Metapher: Eine bestimmte Zelle in einem Dunkelkeimling können wir mit einer vollautomatischen Fabrik vergleichen. Ihr Arbeitsprogramm ist präzis eingestellt. Es kann durch Fernsteuerung modifiziert werden. Auf die Signale der Fernsteuerung ist die Automatik perfekt eingestellt (die Lichtquanten sind Signale, die an bestimmten Stellen aufgenommen werden und auf die die Zelle „richtig", d. h. mit einer *geeigneten* Umsteuerung, reagiert). Die Quanten bzw. Korpuskeln der ionisierenden Strahlung können wir hingegen mit Bomben vergleichen, die irgendwo in der wohlgeordneten Fabrik explodieren und „sinnlose" Verheerungen anrichten. Die Möglichkeiten, wie ionisierende Strahlung in der Zelle wirken kann, sind praktisch unbeschränkt. Im Gegensatz zur diskreten und selektiven Absorption der anregenden Strahlung können Ionisationen überall in der Zelle, wo sich Materie befindet, erfolgen.

Typen ionisierender Strahlung

Man kann die ionisierende Strahlung folgendermaßen aufteilen:

1. Wellenstrahlung (Teilchen mit Ruhemasse Null): Röntgenstrahlen, γ-Strahlen.
2. Korpuskularstrahlung: α-Teilchen, β-Teilchen, Neutronen, Protonen, Deuteronen usw.

Die ohne das Dazutun des Menschen in der Natur vorkommende ionisierende Strahlung — kosmische Strahlung, Strahlung der radioaktiven Elemente — hat seit jeher auf die lebendigen Systeme eingewirkt. An den im allgemeinen äußerst geringen Fluß dieser Strahlung haben sich die Lebewesen im Verlauf der Evolution angepaßt (Evolution von Reparaturmechanismen). Auf *hohe* Dosen ionisierender Strahlung, wie man sie technisch erzeugen kann, sind die Lebewesen aber nicht eingestellt.

Zum Vorgang der Ionisation

Im Gegensatz zu den Anregungen im Infrarot, im sichtbaren Spektralbereich und im UV sind die Ionisationen nicht auf bestimmte Molekültypen beschränkt, sondern können in aller Materie erfolgen. Meist werden die äußersten, am schwächsten gebundenen Elektronen durch die ionisierenden Quanten oder Korpuskeln aus dem Molekülverband hinausgeworfen, also jene Elektronen, die an den chemischen Bindungen beteiligt sind. Deshalb können chemische Bindungen durch ionisierende Strahlung leicht zerbrochen werden. Es entstehen Ionen und Radikale. Wird ein Elektron aus einer tieferen Elektronenschale eliminiert, so rückt ein Elektron von weiter außen in die frei gewordene Quantenbahn ein. Letztlich fällt also auch in diesem Fall ein Bindungselektron aus. Die bei der primären Ionisation aus dem Molekülverband eliminierten Elektronen besitzen häufig eine so hohe kinetische Energie, daß sie ihrerseits wieder Ionisationen veranlassen können: *Sekundäre Ionisationen.* Außerdem ist die beim

Übergang der Elektronen von äußeren in innere Schalen ausgesandte charakteristische Röntgenstrahlung eine Ursache für sekundäre Ionisationen. Nicht nur die primären und sekundären Ionisationen sind für die Schäden, welche die ionisierende Strahlung an den Biomolekülen anrichtet, wichtig, sondern auch die meist „indirekt" genannten Effekte, die zum Beispiel auf die Bildung freier Radikale aus dem allgegenwärtigen Wasser zurückgehen.

Im wäßrigen Milieu der Zelle wird der größte Teil der Strahlungsenergie vom Wasser absorbiert, wodurch primär Wassermoleküle ionisiert werden. Es entstehen die Radikale $H\cdot$, $HO\cdot$ und das solvatisierte Elektron e_{aq}^-. Diese ungemein reaktionsfähigen Teilchen reagieren nun mit den Biomolekülen. Es handelt sich also um einen *indirekten Strahleneffekt.* Beispielsweise kann ein Radikal den Nucleotidstrang der DNA angreifen, was primär zu Einzelstrangbrüchen führt. Der als indirekter Strahleneffekt viel seltenere Doppelstrangbruch in der DNA entsteht nur dann, wenn sich zwei Einzelstrangbrüche auf den beiden Strängen zufällig gegenüberliegen oder nur durch wenige Nucleotidpaare voneinander getrennt sind (→ Abb. 362).

Quantitative Angaben über Strahlung

Bei der Behandlung der Licht- und UV-Wirkungen auf die Pflanze beziehen sich in diesem Buch die quantitativen Angaben stets auf die *applizierte* elektromagnetische Strahlung. Es werden also die Verhältnisse unmittelbar vor einem Flächenelement (in der Regel 1 m²) beschrieben („auffallende Oberflächenenergie"). Ob sich auf der bestrahlten Fläche ein biologisches System (Empfänger) befindet, ist für die Quantifizierung der auffallenden Strahlung irrelevant. Welcher Anteil der applizierten Strahlung im Empfänger tatsächlich absorbiert wird, hängt von den spezifischen Absorptions-, Reflexions- und Streueigenschaften des Empfängers ab. Die pro Einheit Masse *absorbierte* Energiemenge nennt man:

absorbierte Energiedosis, D_{abs} [J · kg^{-1}].

Diese Angabe ist nur sinnvoll, wenn das absorbierende Material gekennzeichnet wird, z. B. $D_{abs}(DNA) = 50$ J · kg^{-1} oder D_{abs}(Virusprotein) $= 10$ J · kg^{-1}.

Auch andere Bezugssysteme sind im Gebrauch, z. B. absorbierte Energie (Photonenzahl) pro Molekül oder pro Chromophor des absorbierenden Materials.

Bei der Quantifizierung ionisierender Strahlung steht die *Dosis,* die *absorbierte* Energiemenge, ganz im Vordergrund. Man wählt für die Quantifizierung der Strahlungsdosis den Energiebetrag dE, der auf die jeweilige, durchstrahlte Substanz von der ionisierenden Strahlung übertragen wird. Die Strahlungsdosis wird also über eine *Energiedosis* D definiert:

$$D = \frac{dE}{dm},$$

wobei: E = Energie, die auf das Material durch die ionisierende Strahlung übertragen wurde; m = Masse, in die sie übertragen wurde. Die Einheit für D ist $1 \, J \cdot kg^{-1}$. Die früher gebrauchte Einheit $1 \, rad = 10^{-2} \, J \cdot kg^{-1}$ ist seit 1. 1. 78 nicht mehr zulässig.

Die Energiedosis ist nicht leicht zu messen. Deshalb wählte man für die Charakterisierung ionisierender Strahlung noch eine andere physikalische Größe, die sich leichter messen läßt, die *Ionendosis:*

$$I = \frac{dQ}{dm_L},$$

wobei: Q = durch die Strahlung gebildete Ladung aller Ionen eines Vorzeichens in Luft; m_L = Masse der Luft, in der sie gebildet wurde. Die Einheit der Ionendosis I ist $1 \, C \cdot kg^{-1}$ (Luft). Die früher gebrauchte Einheit $1 \, Röntgen = 2{,}58 \cdot 10^{-4} \, C \cdot kg^{-1}$ (Luft) ist seit dem 1. 1. 78 nicht mehr zulässig.

Für die Umrechnung wichtig ist der Umstand, daß Energie- und Ionendosis einander proportional sind:

$$D = g \cdot I.$$

Ionisierungsdichte

Den verschiedenen Strahlungsarten kommt eine verschiedene biologische Gefährlichkeit zu. Dies hängt besonders mit der unterschiedlichen Ionisierungs*dichte* zusammen. α-Strahlen erzeugen beispielsweise längs eines bestimmten Weges viel mehr Ionenpaare als β-Strahlen. Die Strahlenbiologen interessieren

sich deshalb für die Zahl der Ionisationen pro Weglängeneinheit. Diese Größe wird meist als LET (*L*inear *E*nergy *T*ransfer) angegeben. Gemeint ist damit die von der ionisierenden Korpuskel abgegebene Energiemenge pro Weglängeneinheit. Wenn man weiß, wieviel Energie

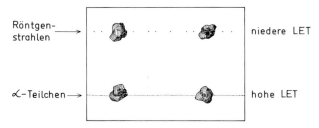

Abb. 368. Eine Illustration für den Unterschied zwischen verschiedenen Typen ionisierender Strahlung (Röntgenquanten bzw. α-Teilchen). Die vier Partikel könnten z. B. gelöste Protein-Makromoleküle sein. Das α-Teilchen produziert viele Ionisationen auf seiner Bahn (hohe LET); das Röntgenquant nur wenige (niedere LET). Jedes α-Teilchen produziert viele Ionisationen innerhalb eines Partikels. Die Röntgenquanten hingegen produzieren in dem angenommenen Beispiel allenfalls eine Ionisation pro Partikel. (Nach EPSTEIN, 1963)

pro Ionisation abgegeben wird, kennt man auch die biologisch bedeutsame Zahl der Ionisationen pro Weglängeneinheit. Die Abb. 368 illustriert den Unterschied zwischen dem wenig gefährlichen Röntgenquant (niedere LET) und dem besonders gefährlichen α-Teilchen (hohe LET).

Zur Treffertheorie

Es war und ist schwierig, die durch ionisierende Strahlung verursachten biologischen Wirkungen *molekular* zu erklären. Zeitweise hat man sich deshalb mit formalmathematischen Deutungen begnügt („Treffertheorie"). Da heutzutage die Tendenz dahin geht, die Effekte ionisierender Strahlung auf der molekularen Ebene zu verstehen, erwähnen wir die Treffertheorie nur kurz an einem einfachen Beispiel. Man bestrahlt eine Bakterien- oder Hefekultur mit verschiedenen Dosen ionisierender Strahlung und trägt den Bruchteil der Überlebenden N/N_0 auf einer logarithmischen Skala als Funktion der verabreichten Strahlendosis D auf. Als Dosiseinheit wählen wir jene Strahlendosis, bei der 37% (e^{-1}) der Population überleben. Handelt man gemäß dieser Vorschrift, so erhält man häufig eine Gerade der Form $\ln N/N_0 = -D$ (Abb. 369). Man kann diesen Kurvenverlauf $N = N_0 \cdot e^{-D}$ (bzw. $N/N_0 = e^{-D}$) so interpretieren, daß *ein* „Treffer" (genauer: *eine* Ionisation) pro Zelle genügt, um die Zelle zu inaktivieren. Allerdings muß dieser Treffer in einer „empfindlichen" Region erfolgen, die viel kleiner ist als das Volumen der Zelle. (Ein makabrer Vergleich: *Eine* Kugel genügt, um einen Menschen für immer zu „inaktivieren", falls sie einen „empfindlichen" Bereich trifft.) Der Kurvenverlauf für n=1 (Abb. 369) wäre eine *Eintreffer-Kurve*. Häufig findet man statt der Eintreffer-Kurve sogenannte *Mehrtreffer-Kurven*, die sich als $\ln N/N_0 = \ln n - D$ oder $N/N_0 = n \cdot e^{-D}$ beschreiben lassen (Abb. 369). Man kann diese Kurven so interpretieren, daß n Treffer in der „empfindlichen" Region ge

braucht werden, um das System zu inaktivieren. *Ein Beispiel:* In mehrkernigen Zellen kann es notwendig sein, alle Kerne zu inaktivieren, wenn man die Zelle inaktivieren will. Man muß also in jeder Zelle mehrere gleichermaßen strahlenempfindliche Regionen (die Kerne, bzw. das eigentlich strahlenempfindliche Material in ihnen) treffen. Der lineare Verlauf der Trefferkurven gestattet eine Extrapolation, die Rückschlüsse auf die Zahl der besonders strahlenempfindlichen Regionen pro Zelle (n) erlaubt (→ Abb. 369). Diese Extrapolation ist möglich, weil $\ln N/N_0 = \ln n - D$ ist. Setzt man D=0, folgt $N/N_0 = n$, d. h. der Schnittpunkt der Extrapolationsgeraden mit der Ordinate ergibt n. Manche Forscher glauben, daß man bei der formalen Behandlung der Trefferkurven sehr zurückhaltend sein muß. Es gibt in der Tat viele Beispiele, die uns zeigen, daß die einfachen Annahmen der Treffertheorie der komplexen Situation in der bestrahlten Zelle nicht gerecht werden, z. B. gibt es Inaktivierungskurven mit polyploiden Hefestämmen, bei denen die n-Zahlen dem Ploidiegrad nicht folgen. Ferner hat man gefunden, daß die Strahlenempfindlichkeit eines lebendigen Systems keineswegs konstant ist. Die Abb. 370

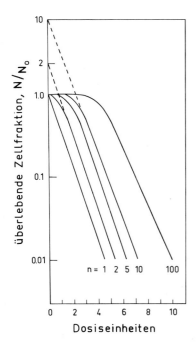

Abb. 369. Theoretische Überlebenskurven für die Annahme, daß pro Zelle n gleichermaßen strahlenempfindliche Orte (z. B. Zellkerne) vorhanden sind. N/N_0 ist logarithmisch gegen die Dosis D für mehrere Werte von n aufgetragen. Die Dosiseinheit D ist diejenige Dosis, bei der 37% der bestrahlten Population überleben, falls n=1. Die gestrichelten Extrapolationen der geraden Abschnitte der Kurven ergeben beim Schnittpunkt mit der Ordinate die Zahl der strahlenempfindlichen Orte (z. B. Zellkerne). (Nach EPSTEIN, 1963)

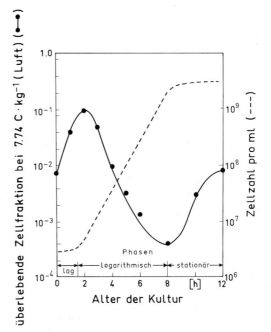

Abb. 370. Die Empfindlichkeit einer Bakterienkultur gegenüber Röntgenstrahlen ändert sich mit dem Alter der Kultur. Die höchste Empfindlichkeit findet man am Ende der logarithmischen Wachstumsphase. (Nach EPSTEIN, 1963)

zeigt z. B., wie sich die Strahlenempfindlichkeit einer Bakterienkultur während des Wachstums ändert. Man kann sich vorstellen, daß sich die Fähigkeit der Zellen, Strahlenschäden zu reparieren, mit der Zeit ändert.

Wirkungen ionisierender Strahlung auf DNA

Die phänomenologisch erfaßte biologische Strahlenwirkung dürfte häufig auf Beschädigungen der DNA zurückgehen. Im wesentlichen führen ionisierende Strahlen an der DNA zu Brüchen der Nucleotidkette und zu chemischen Veränderungen an den Nucleotidbasen. Vernetzungen der Moleküle untereinander und „lokale Denaturierung" (Öffnung von Wasserstoffbrücken im Doppelstrang; → Abb. 362) treten dagegen zurück.

Beim Bruch der DNA-Kette unterscheidet man den Einzelstrangbruch und den Doppelstrangbruch (beide Stränge in der Doppelhelix sind zugleich gebrochen). Die Doppelstrangbrüche machen nur wenige Prozent der Gesamtbrüche aus. Bestrahlt man Zellen und isoliert anschließend die DNA, so findet man bei beiden Bruchtypen eine lineare Zunahme mit der Dosis. Die DNA-Brüche entstehen in situ im wesentlichen beim Angriff der Wasserradikale auf die Desoxyribose (→ Abb. 21). Einer Oxidation am Zucker durch das OH·-Radikal folgt eine Hydrolyse der Phosphodiesterbindung. Neben den strahlenbedingten Brüchen kommt es auch zu Veränderungen der Basenstruktur in der DNA. Die Zerstörung der Basen kann man leicht spektralphotometrisch verfolgen. Beispielsweise nimmt die Absorption einer DNA-Lösung bei 260 nm (→ Abb. 355) mit steigender Dosis exponentiell ab. Für die biologische Funktion der DNA haben diese strahlenbedingten Schäden katastrophale Konsequenzen: 1. Man muß damit rechnen, daß die semikonservative Replication der DNA (→ Abb. 73) gestört ist. (Da sich eine echte semikonservative Replication bislang im Reagenzglas nicht befriedigend nachvollziehen ließ, ist der Zusammenhang zwischen bestimmten Strahlenschäden und der Replication noch nicht erforscht.) 2. Die Gesamtmenge der an DNA synthetisierten RNA nimmt mit steigender Strahlendosis ab. Dies beruht auf abnehmender Kettenlänge der RNA. Es sind die Einzelstrangbrüche, wel-

che Stopstellen für die RNA-Polymerase (→ Abb. 62) bilden. Die Basenschäden hingegen halten die Polymerase wahrscheinlich nicht auf. 3. Es kommt (zumindest im in vitro-System) zum falschen Einbau von RNA-Basen bei der Transkription an bestrahlter DNA.

Reparatur von Strahlenschäden an der DNA

Da die Organismen an die von Natur aus auf sie einwirkende ionisierende Strahlung angepaßt sind, wurde postuliert, daß es Reparaturmechanismen für Strahlenschäden geben müsse. Diese Erwartung hat sich bestätigt. Beispielsweise konnte die Reparatur der strahlenbedingten Einzelstrangbrüche in Bakterien und in Eukaryotenzellen nachgewiesen werden. Die wesentliche Funktion kommt auch hierbei der *Polynucleotid-Ligase* zu. Sie wird von der DNA-Polymerase I und von Exonucleasen unterstützt (→ S. 352).

Strahlenwirkung auf Proteine

Erwartungsgemäß (vom Standpunkt der Treffertheorie) findet man häufig eine exponentielle Abnahme der Enzymaktivität, wenn man Enzyme steigenden Dosen ionisierender Strahlung aussetzt. Dies bedeutet (→ Abb. 369), daß ein einzelner „Treffer" an der richtigen Stelle ausreicht, die katalytische Fähigkeit des Enzymmoleküls zu zerstören. Muß der Treffer das aktive Zentrum selektiv schädigen oder ändert sich durch den Treffer die gesamte Tertiärstruktur? Die Antwort auf diese Frage ist offenbar von Enzym zu Enzym etwas verschieden. Beispielsweise ist bei der *Ribonuclease* eine Konformationsänderung des Proteins der entscheidende Faktor; beim *Papain* hingegen geht die Enzyminaktivierung auf die selektive Oxidation der am aktiven Zentrum beteiligten SH-Gruppe zurück.

Natürlich besteht kein einfacher Zusammenhang zwischen der Wirkung ionisierender Strahlen auf bestimmte Biopolymere und den strahlenbedingten Veränderungen der Zelle (Zelltod, Hemmung der Zellteilung, Strukturschäden an Chromosomen, Mutationen). Wir können zwar davon ausgehen, daß die DNA ein besonders strahlenempfindlicher Bestandteil der Zelle ist und daß auch manche Enzyme leicht durch ionisierende Strahlung inaktiviert werden. Aber auch die höher organisierten Strukturen in der Zelle (z. B. Biomembranen, Chromatin, Zellkern) werden durch ionisierende Strahlung geschädigt, ohne daß man bislang diese Veränderungen präzise beschreiben könnte. Wir haben eingangs betont, daß die Möglichkeiten, wie ionisierende Strahlen in der Zelle wirken können, praktisch unbeschränkt sind. Auf dem Niveau der Zellen und Organismen steht deshalb in der Strahlenbiologie die Beschreibung der Phänomene im Vordergrund.

Einige Phänomene zur Strahlenwirkung auf Organismen

Es sind unübersehbar viele Wirkungen ionisierender Strahlung phänomenologisch beschrieben worden. Wir erwähnen nur einige Beispiele.

Bleibende Effekte. Seit MULLERs berühmten Arbeiten mit Röntgenstrahlen an *Drosophila* weiß man, daß ionisierende Strahlung Mutationen auszulösen vermag, und zwar sowohl Gen- als auch Chromosomenmutationen. Dieser Effekt ist nicht nur für die theoretische Genetik, sondern auch für die praktische Pflanzenzüchtung wichtig, weil ein kleiner Prozentsatz der Mutanten positive Eigenschaften (im Sinn der Züchtungsforschung) zeigt. Meist kommt es freilich zu Störungen oder Zerstörungen der genetischen Information, die z. B. cytologisch als Chromosomenbrüche sichtbar sein können. Diese Störungen werden natürlich vererbt, wenn sie in der „Keimbahn" liegen und das System lebensfähig bleibt. Wenn die Mutationen sich nicht auf die nächste Generation auswirken, nennt man sie bekanntlich somatisch. Zweifellos ist die genetische Information besonders strahlengefährdet, z. B. ergibt sich bei diploiden Pflanzen eine klare Beziehung zwischen dem Kernvolumen in den Zellen des Vegetationspunktes und der Toleranz gegen chronische γ-Strahlung (Abb. 371). Pflanzen mit großen Chromosomen sind strahlenempfindlicher als solche mit kleinen Chromosomen; polyploide Arten sind resistenter als diploide Arten derselben Gattung.

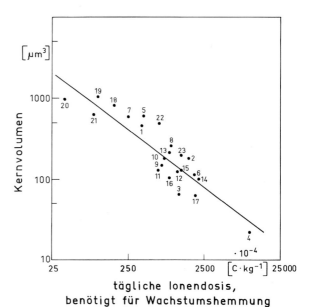

Abb. 371. Der Zusammenhang zwischen Kernvolumen und Strahlenempfindlichkeit (chronische γ-Strahlung von Cobalt-60). Untersucht wurden 23 Angiospermenarten. Das Ergebnis: Je größer das Kernvolumen, um so empfindlicher ist der Organismus. (Nach SPARROW und MISCHKE, 1961)

Mehr oder minder reparable Effekte. Strahleninduzierte somatische Mutationen lassen sich von „plasmatisch" genannten Strahlenwirkungen häufig dadurch unterscheiden, daß die Pflanzen in den Fällen, in denen die genetische Information nicht bleibend verändert wurde, nach Ende der Bestrahlung allmählich wieder zum normalen Wachstum zurückkehren. Die Pflanzen erholen sich, vorausgesetzt, daß die Schäden nicht letal waren. Die „plasmatischen" Schäden, die bei intakter genetischer Information häufig völlig rückgängig gemacht werden können, gehen wohl in erster Linie auf Enzyminaktivierungen und Membranbeschädigungen zurück. Die Erhöhung der Permeabilität und die Erhöhung der Plasmaviscosität sind häufig zu beobachtende zellphysiologische Änderungen nach Bestrahlung. Man hat sich angewöhnt, die phänomenologisch faßbaren Veränderungen der Morphogenese höherer Pflanzen unter dem Einfluß ionisierender Strahlung als „*Radiomorphosen*" zu bezeichnen (z. B. Verzwergung, Mißbildung der Blätter und Blütenorgane, Strahlensukkulenz). Diese Bezeichnung sollte den entscheidenden Unterschied zwischen *Photomorphogenese* und *Radiomorphogenese* nicht verwischen: Die ionisierende

Strahlung verursacht unphysiologische Defekte; die Photomorphogenese hingegen ist ein normaler biologischer Vorgang.

Ein Beispiel für die unterschiedliche Empfindlichkeit verschiedener Gewebe derselben Pflanze. Die Strahlenempfindlichkeit einer Pflanze ist nicht konstant. Es gibt z. B. eine besonders strahlenempfindliche Keimlingsphase. Das auf der Abb. 372 dargestellte Beispiel zeigt ferner, daß die verschiedenen Gewebe ein und derselben Pflanze völlig verschieden empfindlich sein können. Die Stecklinge von *Tradescantia elongata* bilden nur an den abgeschirmten Knoten Adventivwurzeln. Die Bildung von Seitensprossen und sogar die Blütenbildung verlaufen hingegen auch an den bestrahlten Teilen völlig normal.

Gibt es positive Wirkungen ionisierender Strahlung? MOLISCH hat bereits 1912 festgestellt, daß Flieder- und Roßkastanienzweige durch eine Behandlung mit Radon zum frühen Austreiben gebracht werden. Diese Stimulierung mag unter Umständen für den Gärtner ein sehr positiver Effekt sein; ob die Reaktion aber für die Pflanze ein Vorteil ist, bleibt fraglich. In den folgenden Jahrzehnten wurden z. T. phantastische „Ergebnisse" publiziert (→ BRODA, 1973). So berichtete BRESLAVETS (1958), daß durch Bestrahlung von Buchweizen bereits mit $5 \cdot 10^{-4}$ C·kg^{-1} (→ S. 356) pro Tag eine 60%ige Zunahme des Pflanzengewichts erzielt werden konnte. CERVIGNI et al. (1962) teilten sogar mit, daß sie das Gewicht von Weizenpflanzen durch

chronische Bestrahlung mit γ-Strahlen versechsfachen konnten. Leider hielten diese „Ergebnisse" einer seriösen Nachprüfung nicht stand. Das Forschungsgebiet der *positiven* Strahlenwirkungen ist deshalb in Mißkredit gekommen. Dies ist zu bedauern. Wir haben im UV-Kapitel gesehen, daß gerade die *positiven* Effekte des UV in der entwicklungsphysiologischen Forschung neuerdings zu erheblicher Bedeutung gelangt sind.

Verfrühte Differenzierung. In mitotisch aktiven Geweben, z. B. im Endosperm oder in Wurzelspitzen (→ Abb. 288) verursachen Röntgenstrahlen eine „verfrühte Differenzierung". Dies bedeutet im Prinzip, daß sich in den Abstammungslinien die Zahl der mitotischen Cyclen (→ S. 59), die vor der terminalen Differenzierung der Zellen durchlaufen werden, vermindert. Man kann experimentell sogar erreichen, daß die Zellen nach der Bestrahlung sofort in die terminale Differenzierung eintreten. In der Regel sind die verfrüht ausdifferenzierten Zellen völlig normal. Das Phänomen der verfrühten Differenzierung soll darauf zurückgehen, daß die Prozesse des cytoplasmatischen Wachstums und der Differenzierung hochgradig strahlungsresistent sind, während bereits kleine Strahlendosen eine (vorübergehende) Hemmung der Mitose bewirken. Dadurch kommt es zu einem Anstieg der Relation Cytoplasmamenge /Chromatinmenge, was offenbar die Zellen auf die Bahn der Differenzierung zwingt, bevor sie sich von der strahleninduzierten Schädigung des Mitoseapparats erholt haben.

Abb. 372. Stecklinge von *Tradescantia elongata*, 15 d nach einer Röntgenbestrahlung mit 0,8 C·kg^{-1}. Die auf der Abbildung an den Knoten mit Bleispangen bedeckten Stecklinge repräsentieren die Versuchsanordnung während der Bestrahlung. Resultat: An den bestrahlten Knoten unterbleibt die Wurzelbildung, die Seitensproß- und Blütenbildung wird jedoch nicht gehemmt. (Nach BIEBL, 1961)

Weiterführende Literatur

BIEBL, R.: Wirkung ionisierender Strahlung auf die Pflanze. Naturwiss. Rundschau **14,** 127 – 132 (1961)

BRODA, E.: Gibt es biopositive Wirkungen ionisierender Strahlen? Biologie in unserer Zeit **3,** 109 – 115 (1973)

DESSAUER, F.: Quantenbiologie. Berlin-Göttingen-Heidelberg: Springer, 1954

GUNKEL, J. E., SPARROW, A. H.: Ionizing radiations: biochemical, physiological and morphological aspects of their effects on plants. In: Encyclopedia of Plant Physiology. Berlin-Heidelberg-New York: Springer, 1961, Vol. 16

MITZEL-LANDBECK, L., HAGEN, U.: Strahlenwirkung auf Biopolymere. Chemie in unserer Zeit **10,** 65 – 74 (1976)

ZIMMER, K. G.: Studien zur quantitativen Strahlenbiologie. Verlag der Akademie der Wissenschaften und der Literatur in Mainz. Wiesbaden: Franz Steiner Verlag, 1960

30. Photomorphogenese bei Pilzen

Pilze als Untersuchungsobjekte der Entwicklungsphysiologie

Die Auslösung der Blütenbildung bei Spermatophyten durch Licht oder Hormone ist das klassische Beispiel für die Regulation der *reproduktiven* Entwicklung (→ S. 392). Über den molekularen Mechanismus der Blühinduktion (d. h. über die Abfolge der molekularen Einzelschritte) gibt es jedoch — trotz vieler Experimente und Spekulationen — noch keine zuverlässige Theorie (→ S. 399). Dies hängt vor allem mit der Komplexität des Phänomens „Blütenbildung" zusammen. Man hat deshalb einfachere Systeme herangezogen, bei denen die *molekulare* Analyse der reproduktiven Entwicklung eine höhere Erfolgschance verspricht, z. B. Pilze. Ein besonderer Vorzug vieler Pilze besteht darin, daß bei ihnen die reproduktive Entwicklung durch den *Lichtfaktor* gesteuert wird. Diese Photomorphogenese scheint einer präzisen Faktorenanalyse verhältnismäßig leicht zugänglich zu sein, auch auf dem molekularen Niveau.

Repräsentative Fallstudien

Induktion der Konidienbildung durch Licht bei dem imperfekten Pilz Trichoderma viride. Dieser Pilz kann einerseits fast so leicht wie ein *Bacterium* kultiviert werden; andererseits handelt es sich um einen eukaryotischen Organismus, dessen Konidienbildung (auch *Sporulation* genannt) durch einen leicht zu handhabenden Faktor (kurzwelliges Licht) induziert werden kann. Der Entwicklungsprozeß zwischen Lichtinduktion und Konidienbildung läßt sich folgendermaßen skizzieren (→

Abb. 375): Eine nicht-induzierte Kultur bildet nur gelegentlich und zufallsmäßig vertikale Hyphen. Dies ändert sich nach der Belichtung. Ein diffuser Kreis von vertikal wachsenden Hyphenspitzen taucht etwa 3 h nach der Induktion in jenem Bereich auf, der zum Zeitpunkt der Belichtung die Peripherie der Kultur gebildet hat. Durch Partialbelichtung wurde gezeigt, daß die Lichtempfindlichkeit der Kultur auf die peripheren Hyphen beschränkt ist. Nur diese Hyphen sind bezüglich der Konidieninduktion durch Licht „kompetent". Sieben bis acht Stunden nach der Induktion hat sich die Zahl der vertikalen Hyphen stark vermehrt. Außerdem sind diese Hyphen nunmehr verzweigt. Die ersten hyalinen Konidien beobachtet man etwa 12 h nach der Induktion. Die Pigmentbildung beginnt etwa 4 h später. Der aus dunkelgrünen Konidien bestehende Ring auf der Kultur ist etwa 24 h nach der Induktion voll ausgebildet. Das Wirkungsspektrum der Konidieninduktion (Abb. 373) deutet darauf hin, daß ein Flavoprotein die wirksame Strahlung absorbiert (→ Abb. 377). Unabhängig von der molekularen Interpretation des Wirkungsspektrums wollen wir festhalten, daß von den Pilzen für die Steuerung der Entwicklung generell nur Blaulicht und UV benutzt werden. Phytochrom kommt bei den Pilzen nicht vor.

Trichoderma viride ist extrem „lichtempfindlich". Eine Belichtung mit 15 s Blaulicht mittleren Energieflusses löst bereits eine intensive Konidienbildung aus. Die Induktion ist auch bei niedriger Temperatur (z. B. bei − 3° C) möglich. In der Kälte behält der Pilz den Lichtreiz im „Gedächtnis": Kulturen, die bei 0° C belichtet und anschließend für 24 h bei dieser Temperatur (die kein Hyphenwachstum erlaubt) gehalten wurden, beginnen auch im Dunkeln mit den zur Konidienbildung führenden Veränderungen, sobald man die Tempera-

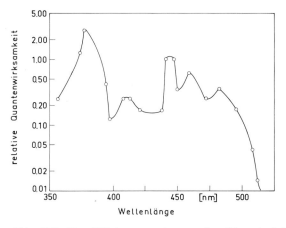

Abb. 373. Das Wirkungsspektrum der Photoinduktion der Konidienbildung bei *Trichoderma viride*. Das Spektrum wurde für die Reaktionsgröße 2/3 der maximalen Merkmalsgröße berechnet (→ Abb. 315). Längerwelliges Licht (>520 nm) hat keinen Effekt. (Nach GRESSEL und HARTMANN, 1968)

verhindert werden. Die neuen Schritte (z. B. Konidiendifferenzierung) verlangen die Bildung neuer mRNA. Wird diese selektiv verhindert, bleiben die neuen Schritte aus, obgleich das Wachstum auf der Basis langlebiger mRNA ungestört weiter läuft.

Trotz dieser Erfolge hat die Arbeit an *Trichoderma* die Lösung des eigentlichen Problems der Morphogenese (Zusammenhang zwischen spezifischer Enzymsynthese und spezifischen Formmerkmalen) bisher nicht entscheidend gefördert. Allerdings sind die Möglichkeiten, die das System bietet, noch nicht ausgeschöpft.

Mycochrom-System und Konidienentwicklung. Wenn der Fungus imperfectus *Helminthosporium oryzae* HA₂ in völliger Dunkelheit auf Nähragar wächst, bilden sich weder Konidien noch Konidiophoren. Eine Bestrahlung mit langwelligem UV (320 – 400 nm), z. B. 12 h lang, indu-

Abb. 374. 5-Fluoruracil (5-FU), ein Analogon des Uracils, wird leicht anstelle der natürlichen Base (Uracil) in die RNA eingebaut

5-Fluoruracil

tur auf 25° C erhöht. Die Temperaturunabhängigkeit der Induktion deutet darauf hin, daß der erste Schritt des Induktionsvorgangs eine *rein* photochemische Angelegenheit ist. 5-Fluoruracil (5-FU), ein Inhibitor der Synthese „richtiger" RNA (Abb. 374), unterdrückt in geeigneten Konzentrationen die Konidienbildung ohne Beeinträchtigung des Wachstums. Diese 5-FU-Hemmung kann durch Zugabe von Uracil zum Medium aufgehoben werden (kompetitive Wirkung). Tastet man den Zeitraum zwischen Induktion und Konidienbildung mit „5-FU-Pulsen" ab, so findet man (Abb. 375), daß die Konidienbildung für mindestens 7 h nach der Induktion gegenüber 5-FU empfindlich ist. Ist die Verzweigung der Konidiophoren jedoch abgeschlossen, läßt sich die Konidienbildung durch 10^{-4} mol 5-FU · l⁻¹ nicht mehr aufhalten. Die Analyse des spezifischen 5-FU-Effektes hat ergeben, daß 5-FU in alle RNA-Sorten des Pilzes, auch in die mRNA, eingebaut wird. Die Interpretation des 5-FU-Effektes geht demgemäß dahin, daß als Folge der Herstellung „falscher" RNA neue morphogenetische Schritte

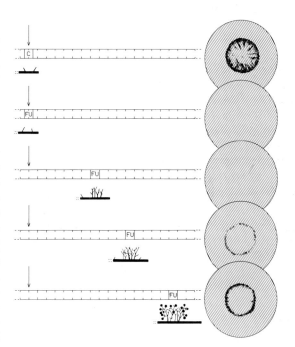

Abb. 375. Die Wirkung einer 5-FU-Applikation auf die Unterdrückung der lichtinduzierten Konidienbildung in Abhängigkeit vom Zeitpunkt der Behandlung. Die Kulturen wurden für 1 h auf ein frisches Medium (*obere Linie*) oder auf ein Medium mit 10^{-4} mol 5-FU · l⁻¹ zu den angedeuteten Zeiten FU überführt. Die Belichtung der Kulturen erfolgte zu dem mit dem Pfeil markierten Zeitpunkt. Das Aussehen der Pilzkultur zum Zeitpunkt der 5-FU-Behandlung ist schematisch angedeutet. Die Kulturen wurden 30 h nach der Belichtung photographiert (*rechts*). (Nach GRESSEL und GALUN, 1967)

Tabelle 30. Konidienbildung am Myzel des Fungus imperfectus *Helminthosporium oryzae* HA$_2$ in Abhängigkeit von der Bestrahlung mit langwelligem UV bzw. Blaulicht (BL). Acht Stunden nach dem Ende einer induktiven Vorbestrahlung wurden die inzwischen gebildeten Konidiophoren alternativ mit UV und BL (jeweils 1 h) bestrahlt. Die Auswertung der Konidienbildung erfolgte 24 h nach dem Ende der letzten Bestrahlung. (Nach KUMAGAI, 1978)

Bestrahlung	Konidienbildung [%]
Kontrolle (nur induktive Bestrahlung)	100
UV	95
BL	11
BL + UV	93
BL + UV + BL	38
BL + UV + BL + UV	86
BL + UV + BL + UV + BL	34
BL + UV + BL + UV + BL + UV	91

ziert in den jungen Teilen des Myzels die Konidienbildung. Die Induktion wird völlig aufgehoben, wenn man nach dem UV mit Blaulicht bestrahlt, z. B. 12 h lang. Mit zweistündigen Blaulichtgaben wurde festgestellt, daß die höchste Empfindlichkeit für Blaulicht 6–8 h nach dem Ende der UV-Bestrahlung vorliegt. Eine erneute UV-Bestrahlung (z. B. 1 h) hebt die Wirkung des Blaulichts wieder auf, usw. (Tabelle 30). Die Wirkungen von Blaulicht und UV sollen auf ein *Mycochrom* genanntes, reversibles Photoreaktionssystem zurückgehen. Die Charakterisierung dieses Systems, das bei den

Fungi imperfecti offenbar weiter verbreitet ist, steht erst am Anfang.

Die beiden ersten Beispiele zeigen, wie unterschiedlich verschiedene Mitglieder der Fungi imperfecti auf Licht reagieren.

Induktion der Perithezienbildung durch Licht bei dem Pyrenomyceten Gelasinospora reticulispora. Bei diesem Pilz kann die Bildung der Perithezien durch eine kurze Belichtung ausgelöst werden, sobald das Myzel für den Lichtfaktor kompetent geworden ist. Das Licht wirkt

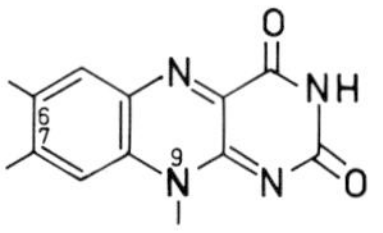

Abb. 377. Ein Strukturvorschlag für die chromophore Gruppe des *Cryptochroms*. Bei den Pilzen ist nur kurzwelliges Licht und UV (<520 nm) photomorphogenetisch wirksam. In der Regel zeigen die Wirkungsspektren 3 Gipfel im Blaubereich und einen weiteren Gipfel im nahen UV bei 370 nm (→ Abb. 373, 376, 380). Aufgrund der Feinstruktur des Wirkungsspektrums geht man heute davon aus, daß die wirksame Strahlung von einem Flavin, das nicht-covalent an Protein gebunden ist, absorbiert wird (→ Abb. 559). Das im Cryptochrom vorliegende Flavin dürfte dem Riboflavin (6,7-Dimethyl-9-ribityl-iso-alloxazin) sehr ähnlich sein; die Natur der Seitenkette am N-9, sowie der funktionellen Seitengruppen an C-6 und C-7 ist jedoch noch unbestimmt. Es ist auch ungeklärt, ob die verschiedenen Blaulicht-abhängigen Reaktionen auf ein und dasselbe Cryptochrom zurückgehen. Die Bezeichnung Cryptochrom weist darauf hin, daß sich der wichtigste pflanzliche Photoreceptor für Blaulicht lange Zeit der Identifizierung entzogen hat. Wahrscheinlich ist ein Cryptochrom auch der Photoreceptor für die phototropischen Reaktionen (→ S. 510). (Nach DELBRÜCK, 1976)

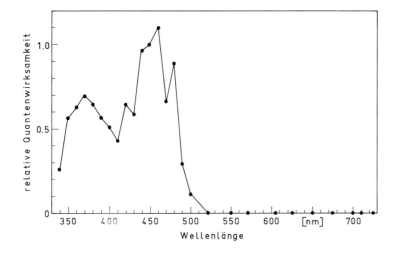

Abb. 376. Das Wirkungsspektrum für die lichtinduzierte Perithezienbildung des Pyrenomyceten *Gelasinospora reticulispora* nach einer Dunkelinkubation von 48 h. Licht oberhalb von 520 nm ist völlig wirkungslos. (Nach INOUE und FURUYA, 1975)

auch in diesem Fall nur auf ganz bestimmte, unterscheidbare Hyphen.

Das Wirkungsspektrum für die Induktion der Perithezienbildung wurde innerhalb des Bereichs, in dem das Reciprocitätsgesetz gilt, bestimmt (Abb. 376). Es zeigt einen Gipfel bei 460 nm, Schultern bei 420 und 480 nm und einen zweiten Gipfel bei 370 nm. Diese Art von Wirkungsspektrum — bei den Pilzen die Regel — deutet darauf hin, daß ein Flavoprotein (Cryptochrom, Abb. 377) die wirksame Lichtabsorption durchführt.

Auch das *Gelasinospora*-System wäre ein geeigneter Kandidat für eine *molekulare* Analyse der photomorphogenetischen Reaktion, von der Lichtabsorption bis hin zur Ausbildung der spezifischen Formmerkmale. *Biochemische Modellsysteme* können als Vorbilder dienen.

Ein biochemisches Modell für die Photomorphogenese bei Pilzen: die Biosynthese von Carotinoiden

Auch bei Pilzen hat es sich als günstig erwiesen, beim Studium der molekularen Grundlagen der Entwicklung von *biochemischen Modellreaktionen* auszugehen. Wir behandeln ein repräsentatives Beispiel: Die lichtabhängige Carotinoid-Biogenese im Myzel des Pilzes *Fusarium aquaeductuum*. Diese Reaktion wird als Prototyp eines durch Licht verursachten Entwicklungsschritts (oder Differenzierungsschritts) angesehen. Allerdings spielt die Ausbildung von Struktur- und Formmerkmalen bei der Reaktion keine Rolle. Da die Chancen für eine molekulare Analyse im Fall der Carotinoid-Biogenese aber sehr viel günstiger sind, als im Fall der lichtabhängigen Sporen-, Konidien- oder Fruchtkörperbildung, hat man die lichtinduzierte Carotinoid-Biogenese vorrangig studiert.

Die Carotinoide gehören zur Klasse der Terpenoide (Isoprenoidlipide). Der biogenetische Stammbaum dieser Naturstoffklasse (→ S. 261) zeigt u. a., daß sich die Carotinoide und die Steroide von gemeinsamen Vorstufen ableiten (Abb. 378). Das Myzel von *Fusarium aquaeductuum* bildet im Dunkeln nur geringe Mengen an Carotinoiden. Als Folge einer Belichtung hingegen steigt der Carotinoidgehalt nach einer 30–60minütigen lag-Phase rasch an (Abb. 379). Das Wirkungsspektrum der Caroti-

Abb. 378. Ein Ausschnitt aus dem biogenetischen Stammbaum der Terpenoide (Isoprenoidlipide). Das Schema betont die für diesen Abschnitt wichtige Tatsache, daß sich die Biosynthesewege zu den *Steroiden* (Triterpene) und *Carotinoiden* (Tetraterpene) auf der Stufe des *Farnesylpyrophosphats* verzweigen. Die *Photoregulation* der Carotinoidsynthese greift sehr wahrscheinlich *hinter* der Verzweigungsstelle an (→ Tabelle 23, S. 261)

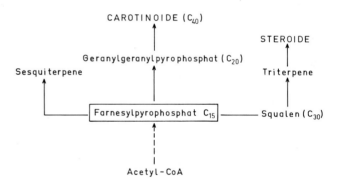

Abb. 379. Carotinoid-Biogenese im Myzel von *Fusarium aquaeductuum:* Die Kinetik der Carotinoid-Akkumulation. (○) im Dauer-Dunkeln; (●) nach 1stündiger Belichtung (Weißlicht, 16 000 lx). (Nach RAU, 1967)

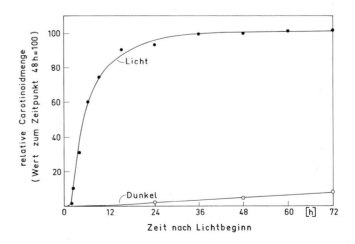

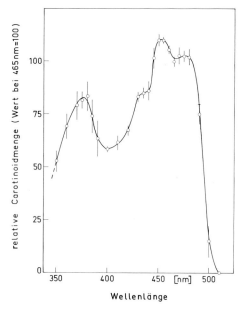

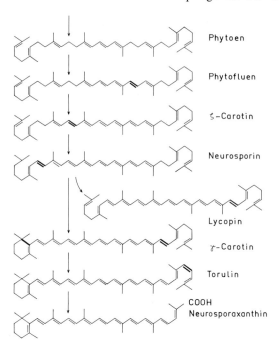

Abb. 380. Carotinoid-Biogenese im Myzel von *Fusarium aquaeductuum:* Das Wirkungsspektrum. Alle Proben wurden mit der gleichen Photonenfluenz $(4,2 \cdot 10^{-3} \text{ mol} \cdot \text{m}^{-2})$ belichtet. Licht oberhalb von 520 nm ist völlig wirkungslos. Zur Beurteilung dieser Art von Wirkungsspektrum → S. 312. *Senkrechte Striche:* Einfacher mittlerer Fehler. (Nach RAU, 1967)

Abb. 382. Wahrscheinlicher Biosyntheseweg der Carotinoide bei *Fusarium aquaeductuum.* Die fettgedruckten Bindungen und Gruppen bezeichnen die jeweilige Änderung am Molekül. (Nach BINDL et al., 1970)

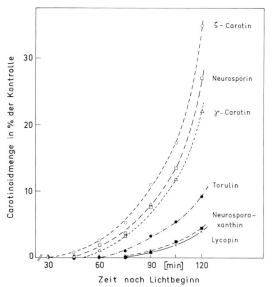

Abb. 381. Anfangsphase der Carotinoidsynthese nach Lichtinduktion. Objekt: Myzel von *Fusarium aquaeductuum.* Belichtung: 10 min Weißlicht, 16 000 lx. Die Pigmentmenge ist jeweils in Prozent einer Kontrolle mit abgeschlossener Carotinoidbildung angegeben. (Nach BINDL et al., 1970)

noid-Induktion zeigt, daß nur kurzwelliges Licht unter 520 nm (Blaulicht) wirksam ist. Die Feinstruktur des Wirkungsspektrums (Abb. 380) weist auch in diesem Fall darauf hin, daß die wirksame Strahlung von einem gelben Flavoprotein („Cryptochrom") absorbiert wird (→ Abb. 377).

Mit Hilfe spezifischer Inhibitoren (z. B. Actinomycin D, Distamycin und Cycloheximid) konnte nachgewiesen werden, daß die lichtinduzierte Carotinoidsynthese nur dann zustandekommt, wenn die RNA- und Proteinsynthese des Myzels intakt ist. Die Vermutung, daß das Licht die Bildung von Enzymen veranlaßt, die für die Carotinoidsynthese gebraucht werden, wird durch alle verfügbaren Daten gestützt. Die Induktion einzelner Enzyme durch Licht konnte allerdings bisher bei der Carotinoidsynthese noch nicht gemessen werden, da bei den Pilzen die zu postulierenden Enzyme biochemisch noch nicht zugänglich sind.

Mißt man die Anlaufphase der lichtinduzierten Carotinoidsynthese (Abb. 381), so findet man, daß die Synthese der einzelnen Carotinoide nicht gleichzeitig, sondern in einer bestimmten zeitlichen Sequenz einsetzt. Aufgrund solcher Ergebnisse läßt sich der wahrscheinliche Biosyntheseweg der Carotinoide in *Fusarium aquaeductuum* rekonstruieren (Abb. 382). Dieser Biogeneseweg stimmt mit den für andere Organismen entworfenen Modellen (PORTER-LINCOLN-pathway) überein. Carotinoide und Steroide haben bis zur C_{15}-Verbindung, dem Farnesylpyrophosphat ($\rightarrow$ Abb. 378; Tabelle 23, S. 261) den gleichen Biosyntheseweg. Im Gegensatz zur Carotinoidsynthese wird die Sterinsynthese (Ergosterin) im Myzel von *Fusarium aquaeductuum* durch Licht nicht gesteigert, sondern reduziert. Bemerkenswert ist, daß die Menge der lichtinduzierten Carotinoide in der gleichen Größenordnung liegt, wie die durch Licht bewirkte Differenz bei den Sterinen. Diese Tatsachen deuten darauf hin, daß der Bereich der Carotinoid-Biogenese, in dem die Photoregulation eingreift, *hinter* der Verzweigungsstelle von Sterin- und Carotinoidsynthese liegt. Experimente mit Cycloheximid sind dahin zu interpretieren, daß alle Enzyme des Biosynthesewegs der Carotinoide von der Bildung des ζ-Carotins bis zu den Endprodukten (Lycopin und Neurosporaxanthin; $\rightarrow$ Abb. 382) unter dem Einfluß des Lichts neu und gleichzeitig synthetisiert werden. Der „Mechanismus" der Lichtwirkung (d. h., die Sequenz der molekularen Einzelschritte) ist zwar im einzelnen noch ungeklärt; am wahrscheinlichsten ist jedoch die Hypothese, daß die Produkte der Belichtung (im Fall von *Fusarium* Photooxidationsprodukte) eine Derepression (Aktivierung) von Genen bewirken. Es gibt direkte Hinweise darauf, daß es bei der lichtinduzierten Carotinoid-Biogenese primär zur Bildung neuer mRNA kommt.

Werden dem Pilzmyzel Redox-Farbstoffe (Methylenblau, Toluidinblau, Neutralrot) zugesetzt, so ist eine Lichtinduktion der Carotinoidbildung auch mit Rotlicht möglich. Diese künstlichen Farbstoffe können also den natürlichen Photoreceptor in situ funktionell ersetzen.

Gelgentlich wurde bei morphogenetischen Lichtreaktionen eine Mittlerrolle von *Acetylcholin* diskutiert („secondary messenger"). Ebensowenig wie beim Senfkeimling ($\rightarrow$ S. 339) kann jedoch diese Substanz bei *Fusarium aquaeductuum* den Lichtfaktor ersetzen oder in seiner Wirkung spezifisch modulieren.

Weiterführende Literatur

GRESSEL, J., GALUN, E.: Sporulation in *Trichoderma:* A model system with analogies to flowering. In: Cellular and Molecular Aspects of Floral Induction. Bernier, G. (ed.). London: Longman, 1970

KUMAGAI, T.: Mycochrome system and conidial development in certain fungi imperfecti (a review). Photochem. Photobiol. **27**, 371 – 379 (1978)

LEACH, C. M.: A practical guide to the effects of visible and ultraviolet light on fungi. In: Methods in Microbiology. Booth, C. (ed.). New York: Academic Press, 1971, Vol. 4

PRESTI, D., M. DELBRÜCK: Photoreceptors for biosynthesis, energy storage and vision. Plant, Cell and Environment **1**, 81 – 100 (1978)

RAU, W.: Photoregulation of carotenoid biosynthesis in plants. Pure a. Appl. Chem. **47**, 237 – 243 (1976)

31. Physiologie der Hormonwirkungen

Ein Überblick

Hormone sind per definitionem Regulatorsubstanzen, die an einer Stelle des Organismus gebildet und auf irgendeine Weise zu anderen Teilen desselben Individuums oder zu anderen Individuen der gleichen Art transportiert werden, wo sie *spezifische* Reaktionen auslösen. Wir beschränken uns in diesem Kapitel auf jene Hormone, die der Integration im vielzelligen Organismus dienen (Abb. 383). Diese Substanzen sind Werkzeuge der Stoffwechsel-

```
Ort(e) der Hormonsynthese
   (glandulär; aglandulär)
              |
              |
       Hormontransport
              |
              |
              ↓
  Ort(e) der Hormonwirkung
(Zielgewebe, Erfolgsgewebe)
              |
              |
              ↓
       Hormonabbau
       (oder -abgabe)
```

Abb. 383. Ein beschreibendes Schema für die Hormonwirkung innerhalb eines vielzelligen Organismus. *Glandulär* bedeutet: in einem diskreten Organ erzeugt; *aglandulär* bedeutet: nicht in einem diskreten Organ erzeugt (Gewebehormone). Bei den Pflanzen ist die Hormonsynthese stets aglandulär. Hormontransport kann sowohl von Zelle zu Zelle (Parenchymtransport) als auch im Xylem und/oder Phloem erfolgen. Beim Äthylen erfolgt der Transport in erster Linie durch Diffusion im innerpflanzlichen Gasraum. Außer Äthylen unterliegen alle Hormone einem Abbau. Beim Äthylen geschieht die Eliminierung der Substanz durch Abdiffusion in den außerpflanzlichen Luftraum

homöostasis und der Entwicklungshomöostasis. Ihre Funktionsweise setzt ein zeitliches und räumliches Kompetenzmuster bereits voraus. Die uns zur Zeit bekannten Hormone wirken alle auf dem Niveau einer *Musterrealisierung* (→ S. 330). Die im Zusammenhang mit der Photomorphogenese entwickelte Logik (räumliche und zeitliche Kompetenzmuster; Trennung von Determination und Realisation bei der Musterbildung) gilt sinngemäß auch für die Hormonwirkungen.

Die zentrale Bedeutung der Hormone für Stoffwechsel- und Entwicklungshomöostasis hat zur Folge, daß Hormonwirkungen in vielen Kapiteln dieses Buches zur Sprache kommen. Im vorliegenden Kapitel verfolgen wir das Ziel, die *allgemein* wichtigen Gesichtspunkte der Hormonphysiologie herauszustellen.

Bei den Phytohormonen steht die *koordinierende Funktion während der Entwicklung* im Vordergrund. Dies hängt damit zusammen, daß die meisten Pflanzen zeit ihres Lebens zum Wachstum befähigt sind. Andererseits dominiert beim *adulten* Tier oder Menschen die homöostatische Funktion der Hormone im Stoffwechsel. Aber dies sind nur Akzentverschiebungen. Das Ecdyson, ein Androgen und ein Gibberellin haben beispielsweise weit mehr physiologische Gemeinsamkeiten als etwa Ecdyson, Androgen und Insulin. Andererseits übt die Abscisinsäure bei der Bewältigung von Wasserstreß in der Pflanze (→ S. 226) eine homöostatische Funktion aus, die man kybernetisch mit der Funktion des Insulins sehr wohl vergleichen kann.

Die Wirkung eines Hormons im Erfolgsgewebe setzt in jedem Fall voraus, daß die Hormonmoleküle von den Zellen spezifisch „erkannt" werden. Dies geschieht durch die Bindung des Hormons an einen spezifischen Receptor (*Primärreaktion*). Von dem Hormon-Receptor-

Komplex geht dann die *Primärwirkung* des Hormons aus. Auch die Pflanzenhormone wirken in sehr geringer Konzentration (10^{-6} mol · l^{-1} und weniger). Relativ wenige Hormonmoleküle pro Zelle sind also in der Lage, die Leistungen der Zelle entscheidend zu verändern. Dies ist offenbar nur möglich, wenn die Hormone an zentralen Schaltstellen ansetzen. In keinem Fall kann man zur Zeit die Primärreaktion oder die Primärwirkung eines pflanzlichen Hormons befriedigend beschreiben. Am weitesten fortgeschritten ist die Analyse des Wirkmechanismus beim auxininduzierten Wachstum ($\rightarrow$ Abb. 274). In der Regel mißt man auch heute noch Gewebe- oder Organ-spezifische *Folgereaktionen*. Das Studium solcher Reaktionen hat das Verständnis für die Funktionsweise pflanzlicher Systeme wesentlich gefördert; die Grundprobleme der Entwicklungsphysiologie:

1. Entstehung des räumlichen und zeitlichen Kompetenzmusters,
2. Zusammenhang von Enzymwirkung und Formbildung

einer Lösung aber kaum näher gebracht.

Vor etwa 45 Jahren wurde das *Auxin* beim Studium des Wachstums der Gramineenkoleoptile physiologisch entdeckt ($\rightarrow$ Abb. 267). Biochemisch handelt es sich um Indol-3-essigsäure (= IES; $\rightarrow$ Abb. 269). Viele Pflanzenphysiologen glaubten, die IES sei der Schlüssel zum Verständnis des pflanzlichen Wachstums schlechthin. Diese (von der heutigen Warte aus gesehen) naive Auffassung ließ sich nicht aufrechterhalten, hauptsächlich aus zwei Gründen: Man entdeckte die *multiple Wirkung des Auxins* (das breite „Wirkungsspektrum"; $\rightarrow$ Abb. 281) und man identifizierte weitere Wachstumshormone. Neben dem Auxin, das wir bereits im Zusammenhang mit dem Wachstum behandelt haben ($\rightarrow$ S. 277), wurden die *Cytokinine*, die *Gibberelline*, die *Abscisinsäure* und das *Äthylen* als Phytohormone etabliert.

Das *Auxin* wird in erster Linie in den Endknospen (jungen Blättern) und sich entwickelnden Samen gebildet. Der Auxintransport in isolierten Segmenten von Koleoptilen, Sproßachsen und Wurzeln ist strikt polar in der basipetalen Richtung (Abb. 384), mit einer Geschwindigkeit in der Größenordnung von $0,5 - 2,0$ cm · h^{-1}. Der *polare Auxintransport* ist in den relativ kurzen Segmenten unabhängig vom Phloem und ist nicht an Leitbündel gebunden.

Er erfolgt von Zelle zu Zelle (Parenchymtransport; $\rightarrow$ Abb. 275). In der intakten Pflanze wird das Hormon auch im Phloem transportiert, z. B. aus den jungen Blättern in die Sproßachse. Dieser Ferntransport wird als nicht-polar und relativ schnell beschrieben (in der Größenordnung von 20 cm · h^{-1}). In anderen Experimenten erwies sich auch der Langstreckentransport von Auxin als streng polar. Ein Beispiel: Erbsenpflanzen, die nach Entfernung des Epikotyls zwei Seitensprosse aus den Blattachseln der Kotyledonen gebildet hatten, erhielten ^{14}C-IES auf *eine* der beiden Sproßspitzen. Es wurde dann der Weg des ^{14}C verfolgt. Gefunden wur-

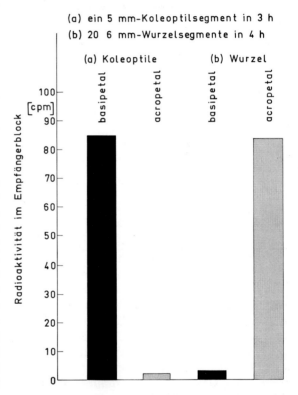

Abb. 384 a und b. Der polare Transport von Auxin (IES). Objekte: Koleoptilsegmente (*links*) und Wurzelsegmente (*rechts*) von *Zea mays*, cv. Giant White Horsetooth. Die radioaktive IES (^{14}C-IES) wurde (in Agarblöckchen; $\rightarrow$ Abb. 573) entweder der apikalen (basipetaler Transport) oder der basalen (acropetaler Transport) Schnittfläche angeboten. Die Menge an Radioaktivität, die in einem Agarblöckchen (Empfänger) am entgegengesetzten Ende des Segments auftrat, wurde gemessen (cpm = counts per minute). Man sieht, daß in den Koleoptilsegmenten der Auxintransport strikt basipetal verläuft, in den Wurzelsegmenten strikt acropetal (jeweils bezogen auf die Organspitze). (Nach WAREING und PHILIPS, 1970)

de ein rascher basipetaler Transport des ^{14}C bis in die Wurzeln, aber selbst nach 48 h konnte keine Spur einer radioaktiven Markierung in dem anderen Sproß entdeckt werden.

Die *Gibberelline* werden ebenfalls in wachsenden Blättern und heranreifenden Samen (besonders im Endosperm) gebildet, aber auch in keimenden Samen, reifenden Früchten und Wurzeln. Der (Fern-)Transport erfolgt in Phloem und Xylem in allen Richtungen. Auch der Parenchymtransport der Gibberelline ist offenbar nicht-polar.

Die *Cytokinine* werden bevorzugt in Wurzeln (wahrscheinlich in den Wurzelspitzen) gebildet. Ihr Transport, z. B. in die Blätter, erfolgt im Xylem- und Phloemsaft. Die anabolische Leistungsfähigkeit der Blätter hängt wesentlich von der Zufuhr an Cytokininen ab.

Abscisinsäure findet man in erster Linie in ruhenden Knospen und unreifen Samen. Aber auch dieses Hormon läßt sich im Xylem- und im Phloemsaft nachweisen.

Das gasförmige *Äthylen* wird in größeren Mengen besonders von Keimpflanzen (hier in erster Linie von der Hakenregion; → Abb. 349) und von reifenden Früchten gebildet. Sein Transport in der Pflanze erfolgt durch Diffusion, bevorzugt im innerpflanzlichen Gasraum.

Dieser kurze Überblick läßt bereits die Schwierigkeiten ahnen, die sich der pflanzlichen Hormonforschung entgegenstellen: 1. Die Hormonsynthese ist stets aglandulär. Die in der Tierphysiologie beliebte Entfernung diskreter Hormondrüsen kommt für den Experimentator also nicht in Betracht. Am ehesten noch kann die Koleoptilspitze als eine „Hormondrüse" angesehen werden (→ Abb. 277). 2. Während tierische Hormone oft eine hohe Wirkungsspezifität besitzen (d. h. sie lösen in einem *bestimmten* Organ oder Gewebe eine *bestimmte* Reaktion aus), besitzen die Phytohormone ein breites „Wirkungsspektrum". Anders ausgedrückt: die Phytohormone sind durch eine *multiple Wirkung* gekennzeichnet (→ Abb. 281). 3. An manchen, vielleicht sogar an den meisten, der durch Hormone gesteuerten Reaktionen der Pflanze sind mehrere Hormone *simultan* beteiligt. Dabei spielt häufig das Mengenverhältnis der Hormone zueinander eine größere Rolle als die absolute Konzentration (→ Abb. 403). Unter diesen Umständen wird eine *exakte* Faktorenanalyse (im Sinn der Abb. 6) unmöglich. 4. Häufig wird in der pflanzlichen Hormonforschung nolens volens mit isolierten Organen oder Organteilen („Segmenten") und mit applizierten Hormonen gearbeitet. Die dabei gewonnenen Daten dürfen nur mit größter Vorsicht auf die Verhältnisse in der intakten Pflanze, an denen der Physiologe natürlich primär interessiert ist, übertragen werden, selbst wenn man den endogenen Hormonpegel im Segment in Rechnung stellen kann. Neben den zu erwartenden Wundeffekten muß der Forscher stets damit rechnen, daß sich ein isoliertes Segment, das dem korrelativen Einfluß des Gesamtsystems entzogen ist, *prinzipiell* anders verhält als dasselbe Segment in der intakten Pflanze. Beispiele: Die Äthylenproduktion eines intakten Senfkeimlings (→ Abb. 400) setzt sich nicht einmal der Größenordnung nach aus der Äthylenproduktion der isolierten Teile (Keimwurzel, Hypokotyl plus Plumula, Kotyledonen) zusammen. Koleoptil- oder Sproßachsensegmente sind von ihrer Auxinquelle abgeschnitten. Sie verarmen aufgrund der endogenen IES-Oxidaseaktivität rasch an Auxin. Entsprechend sensitiv reagieren sie im Testsystem auf exogenes Auxin. Überraschenderweise führt die Applikation von Auxin bei einer *intakten* Pflanze nur selten, z. B. bei Keimpflanzen von *Cucumis sativus*, zu einer Steigerung des Wachstums. In der Regel ist das Auxin im *intakten* System zwar ein Wachstumsfaktor, aber kein Wachstumsregulator (→ S. 280). Die Applikation von Gibberellinen führt hingegen in der Regel bei intakten Pflanzen zu einer mehr oder minder starken Steigerung des Achsenwachstums, besonders ausgeprägt bei Zwergmutanten (→ S. 378). Einige wenige Keimpflanzen, z. B. *Cucumis sativus*, reagieren sowohl auf Gibberellin- als auch auf Auxingaben.

Cytokinine

Allgemeine Charakterisierung. Der namengebende Vertreter dieser Hormonklasse, das *Kinetin* (Abb. 385), wurde selbst nicht aus Pflanzen isoliert. Das Kinetin ist vielmehr ein Artefakt, das sich z. B. bei der Autoklavierung von DNA bildet. In geeigneten Testsystemen fungiert Kinetin als „zellteilungsfördernde Substanz" (→ Abb. 403). Der erste Nachweis eines Cytokinins in Pflanzen erfolgte erst 1964, als LETHAM das *Zeatin* (Abb. 385) aus Maiskaryopsen isolierte. Zeatin wurde später auch in vielen anderen Pflanzen gefunden, zum Teil im Verband eines Nucleotids oder Ribosids. Die bisher bekannten ca. 10 natürlichen Cytokinine sind N^6-substituierte Derivate des Adenins. Sie werden vorwiegend in jungen Wurzeln gebildet. Es gibt Hinweise darauf, daß die oberirdischen Organe der Pflanze, z. B. die Blätter, die notwendigen Cytokinine in erster Linie aus dem Wurzelsystem beziehen. Manche Forscher glauben, daß das Nachlassen der Cytokininzufuhr aus dem Wurzelsystem bei monokarpischen Pflanzen die Seneszenz des Sproßsystems einleitet (→ S. 426).

Auch die Cytokinine werden von der Pflanze bei einem Überangebot durch Glucosylierung „aus dem Verkehr gezogen". Beispielsweise tritt das Dihydrozeatin-0-β-D-glucosid dann in isolierten Blättern von *Phaseolus vulgaris* auf, wenn durch die rasche Bildung von Adventivwurzeln an den Blattstielen ein (vorübergehendes) Überangebot an freiem Cytokinin entsteht. Oberhalb der Primärblätter dekapitierte Bohnenpflanzen akkumulieren das Dihydrozeatinglucosid ebenfalls. Es ist sehr wahrscheinlich, daß die Wurzeln generell die freie Base, im vorliegenden Fall das Dihydrozeatin, liefern. Die Glucosylierung erfolgt dann in der Blattlamina. Die biologische Bedeutung der Glucosidbildung ist noch nicht klar abzuschätzen. Die Vermutung, die Glucosylierung sei ein Schutz gegen den Angriff durch ein abbauendes Enzym („Cytokininoxidase") ist nicht gerechtfertigt, da offenbar auch Cytokininglucoside metabolisiert werden können.

Die physiologischen Wirkungen exogen applizierter Cytokinine (neben Kinetin wurde vor allem das synthetische *6-Benzylaminopurin* experimentell eingesetzt) äußern sich in erster Linie in der Förderung von Zellteilungen, Stimulierung der Dunkelkeimung lichtbedürftiger Samen und Achänen, Stimulierung der DNA-, RNA- und Proteinsynthese, Verzögerung der Alterung von Blüten, Früchten und Blättern (Verzögerung der Seneszenz von Organen mit begrenztem Wachstum). Der molekulare Wirkmechanismus der Cytokinine ist nicht klar. Man hat in allen bisher untersuchten Organismen Cytokinine als Bestandteile gewisser tRNA-Moleküle identifiziert. Außerdem zeigte sich, daß Gewebekulturen, die exogene Cytokinine für ihr Wachstum brauchen, diese bevorzugt in tRNA einbauen. Diese Befunde haben in der Vergangenheit zu einigen naheliegenden, allerdings weitgehend unbegründeten

Spekulationen über den Wirkmechanismus dieser Hormonklasse geführt. Die Vorstellungen liefen darauf hinaus, daß Cytokinine die Proteinsynthese dadurch regulieren, daß sie entweder die Codonerkennung erleichtern, oder durch eine Bindung an ribosomale Prote-

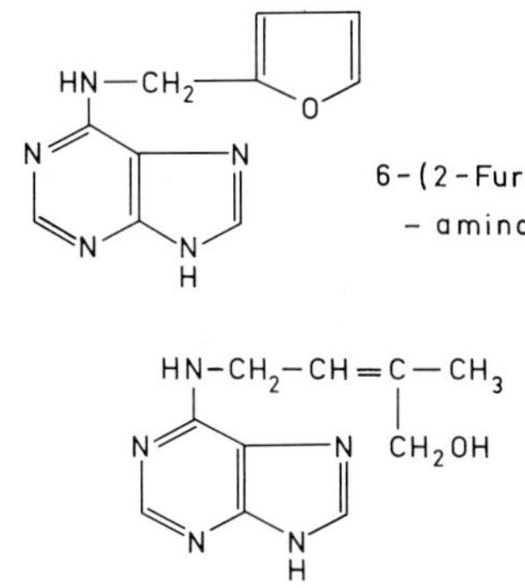

Abb. 385. Struktur der Cytokinine. *Oben: Kinetin,* der Prototyp der Cytokinine. Man kann das Molekül aus gealterten DNA-Präparaten oder aus frischen Nucleinsäurepräparaten, die man autoklaviert oder gekocht hat, isolieren. Im lebendigen System kommt Kinetin wahrscheinlich nicht vor; es ist also eine „pharmakologische" Substanz. *Unten: Zeatin,* ein natürlich vorkommendes Cytokinin. Diese Substanz wurde aus Maiskaryopsen isoliert und kristallin gewonnen. (Nach SHANTZ, 1966)

ine die Effizienz der Translation steigern. Es erscheint heute unwahrscheinlich, daß die multiple Wirkung der Cytokinine mit ihrem Vorkommen in tRNA zu tun hat.

Eine Wirkung der Cytokinine irgendwo im Prozeß der Genexpression erscheint hingegen wahrscheinlich. Es gibt Beispiele dafür, daß Kinetin die RNA- und Proteinsynthese in geeigneten Testsystemen steigert. Außerdem findet man, daß die Hormonwirkungen durch Inhibitoren der Protein- und RNA-Synthese (→ Abb. 59) verhindert werden. Dies bedeutet allerdings lediglich, daß eine intakte Protein- und RNA-Synthese eine *Voraussetzung* für die Hormonwirkung ist. Der Schluß, ein Hormon bewirke primär eine qualitative oder quantitative Änderung der RNA- und Proteinsynthese, läßt sich aus solchen Befunden nicht ziehen.

Auch bei den Cytokininen erhebt sich natürlich die prinzipielle Frage, ob sie in allen kompetenten Zellen in gleicher Weise wirken. Die

Antwort auf diese Frage lautet vermutlich „nein". Man kann sich kaum vorstellen, daß sich die vielfältigen, geradezu verwirrenden physiologischen Effekte dieser Hormongruppe durch einen einzigen Wirkmechanismus erklären lassen. Für eine überzeugende Theorie der Hormonwirkungen benötigt man Information über den Ort innerhalb einer kompetenten Zelle, an dem das Hormon „gebunden" wird (Receptorstelle) und über den Mechanismus der jeweiligen Primärwirkung. Darunter versteht man die Abfolge der ersten molekularen Schritte nach der „Bindung" des Hormons an den Receptor. Im Gegensatz zum Auxin und zu einigen tierischen Hormonen, zum Beispiel Östrogene und Aldosteron, deren Receptorstellen in den Zielgeweben als spezifische Proteine identifiziert wurden, ist es bei den Cytokininen bislang nicht gelungen, entsprechende Receptorproteine zu isolieren. Es gibt aber *Hinweise* auf eine *spezifische*, reversible Bindung auch dieser Hormone in der Pflanzenzelle. Außerdem kann man nach den Erfahrungen mit Bakterien (Isolierung und Charakterisierung des lac-Repressors), mit tierischem Gewebe (Östrogen-Receptor im Uterusgewebe der Ratte) und mit dem Auxin-Receptorprotein davon ausgehen, daß ausschließlich Proteine in der Lage sind, relativ kleine Regulationsmoleküle wie etwa Auxin, Cytokinine oder Gibberelline zu erkennen.

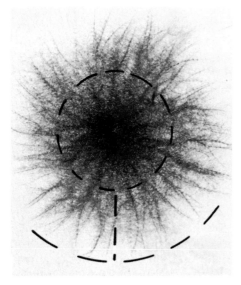

Abb. 386. Ein 18 d altes Protonema von *Funaria hygrometrica*. Die Bereiche von *Chloronema* (*innerer Kreis*) und *Caulonema* (*äußerer Ring*) sind deutlich unterschieden. (Nach ERICHSEN et al., 1977)

Fallstudie: Knospenbildung an Moosprotonemen (Funaria hygrometrica). Aus der keimenden Moosspore entsteht ein fädiges System, das Protonema, welches unter den üblichen experimentellen Bedingungen etwa 15 d nach der Sporenkeimung mit der Bildung von Knospen beginnt. Diese Knospen entstehen nur an bestimmten Zellfäden (Caulonema), die sich von dem frühen Protonema (Chloronema) deutlich unterscheiden (Abb. 386). Von außen zugeführte Cytokinine (z. B. Kinetin oder Benzyladenin) können die Knospenbildung an den reaktionsfähigen (kompetenten) Caulonemazellen auslösen, bevor die „natürliche" Knospenbildung einsetzt (BOPP). Unter natürlichen Bedingungen wird die Knospenbildung durch eine Substanz, die das Protonema in das Medium sezerniert, kontrolliert. Da man aus Kallusgewebe von *Funaria hygrometrica* ein Cytokinin isoliert hat, ist die Annahme berechtigt, daß das Protonema Cytokinin abscheidet, welches die kompetenten Caulonemazellen zur Knospenbildung veranlaßt. Natürlich darf man auch in diesem Fall das Hormon lediglich als Auslöser auffassen; die *Spezifität* der durch das Cytokinin ausgelösten Reaktion (Knospenbildung) hat nichts mit dem Hormon zu tun, sondern ausschließlich mit der *spezifischen* Reaktionsbereitschaft, mit der *spezifischen* Kompetenz der Caulonemazellen, auf die das Hormon wirkt (→ S. 287). Appliziert man ein radioaktiv markiertes Cytokinin, ^{14}C-Benzyladenin, so findet man im autoradiographischen Test die Radioaktivität fast ausschließlich in jenen Zellen, die zur Knospenbildung befähigt sind (kompetente Zellen) und in den Knospen selber. Offensichtlich enthalten lediglich die kompetenten Zellen Bindungsstellen für das Hormon. Wird das Cytokinin dem Caulonema durch Waschen mit Wasser (3 – 5 min) entzogen, so kehren selbst junge Knospen wieder zum fädigen Wachstum zurück. Aus diesem Befund ergibt sich zweierlei: 1. Das Hormon ist lediglich locker (wahrscheinlich über nicht-covalente Bindungen) an die Receptorstelle geknüpft. 2. Die kompetenten Zellen sind langfristig auf das Hormon angewiesen. Der Differenzierungszustand (Zellphänotyp) Knospenzelle wird erst allmählich stabilisiert.

Das Caulonema liefert in der Gelelektrophorese 3 Proteinbanden, die dem Chloronema fehlen („caulonemaspezifische Proteine"). Diese Proteine binden Kinetin oder 6-Benzyladenin etwa zehnmal stärker als die anderen Proteinbanden im Gel. Es wird vermutet, daß die caulonemaspezifischen Proteine mit der spezifischen Bindung der Cytokinine in den kompetenten Zellen zu tun haben.

Fallstudie: Die Wirkung von Cytokininen auf Blattgewebe. CHIBNALL beobachtete vor vielen Jahren, daß abgeschnittene Blätter rapide „altern" und daß dieser Prozeß aufgehalten oder gar revertiert wird, sobald sich Adventivwurzeln an den Blattstielen entwickeln. Er vermutete, daß die Wurzeln ein Hormon an die Blätter liefern, welches für den normalen Proteinstoffwechsel (sowohl im Cytoplasma als auch in den Plastiden) gebraucht wird. Heute weiß man, daß dieses Hormon ein Cytokinin ist. Wird die Cytokinin-Versorgung der Blätter unterbrochen, z. B. durch Abschneiden der Wurzeln, so setzt eine Alterung der Blätter ein, die sich am einfachsten am Abfall des Protein-, RNA- und Chlorophyllgehalts verfolgen läßt (→ S. 424). Ohne die beständige Zufuhr von Cytokinin kann somit in den Blättern die strukturelle und funktionelle Organisation der Chloroplasten nicht aufrechterhalten werden. Darüber hinaus wird auch das *Wachstum* von Blattzellen über Cytokinine reguliert. Stanzt man beispielsweise aus jungen Bohnenblättern Scheibchen aus und läßt sie in vitro wachsen, so fördert Kinetin das ausschließlich auf Zellstrekkung beruhende Wachstum der Blattstücke. Es sei daran erinnert, daß die Cytokinine ursprünglich als Regulatoren der Zell*teilungs*aktivität entdeckt wurden (→ Abb. 403). Die Wirkung des Kinetins auf dem Niveau der Zelle hängt also in erster Linie von dem gewählten Testsystem ab: ein Beispiel für die „multiple Wirkung" der Cytokinine oder, von der Zelle her betrachtet, für die *spezifische* Kompetenz der Zellen bezüglich ein und desselben Hormons.

Gibberelline

Die Entdeckung der Gibberelline. Diese Stoffklasse hat eine eigenartige Entdeckungsgeschichte. Um 1895 entdeckten japanische Reiszüchter, daß in ihren Feldern Riesenkeimpflanzen auftraten, die meist noch vor der Blüte eingingen. Die Krankheit erhielt den Namen Bakanae-Krankheit, was etwa mit „Krankheit der verrückten Keimlinge" zu übersetzen ist. 1926

erst fand ein japanischer Phytopathologe auf Formosa heraus, daß die Symptome der Bakanae-Krankheit dann auftreten, wenn die Reispflanzen von einem bestimmten Ascomyceten, *Gibberella fujikuroi*, befallen sind. Es gelang, den Pilz auf einem synthetischen Nährmedium zu züchten. Dabei zeigte sich, daß der Pilz in das Nährmedium Substanzen abgibt, die — auf eine Reispflanze gebracht — die Symptome der Bakanae-Krankheit hervorrufen. Die aktive Substanz wurde *Gibberellin* genannt. In den 30er Jahren isolierten japanische Wissenschaftler aus dem Medium von *Gibberella fujikuroi* mehrere kristalline Substanzen, die an den Reispflanzen die bekannten Symptome hervorriefen. Die Japaner stellten für die wirksame Substanz, Gibberellin, eine Strukturformel auf, die wenigstens im Prinzip richtig war. Der Krieg verhinderte die weitere Arbeit und die Ausbreitung der Information. Erst um 1950 „entdeckte" man in England und in den USA die japanischen Publikationen. Nunmehr begann eine intensive Erforschung der Gibberelline.

Bereits 1954 konnte das erste reine Präparat, die Gibberellinsäure (GA$_3$) von einer Arbeitsgruppe in England dargestellt werden. WEST und PHINNEY wiesen schließlich nach, daß Gibberelline auch in höheren Pflanzen vorkommen. Heutzutage wird die Vorstellung, daß manche Gibberelline native Pflanzenhormone sind, allgemein akzeptiert.

Die chemische Natur der Gibberelline. Das chemische Grundgerüst der bis heute (1977) isolierten und identifizierten rund 50 Gibberelline ist das tetracyclische Ringsystem *Gibberellan* mit zwei sechs- und zwei fünfgliedrigen Ringen, oft mit zusätzlichem Lactonring. Die Numerierung des Ringsystems erfolgt derart, daß die Gibberelline Teil eines einheitlichen Nomenklatursystems von Diterpenen darstellen, das auch ihre biologischen Vorstufen (z. B. *ent*-Kauren) einschließt (Abb. 387). Verabredungsgemäß werden die Gibberelline in der Reihenfolge ihrer Entdeckung mit Gibberellin A$_n$ (abgekürzt GA$_n$) bezeichnet. Man unterscheidet zwei große Gruppen: Gibberelline mit 20 C-Atomen (*ent*-Gibberellane) und Gibberelline mit 19 C-Atomen (*ent*-20-nor-Gibberellane) (→ Abb. 387). Manche der bekannten Gibberelline sind offenbar physiologisch von geringer Bedeutung, andere dürften biogenetische Zwischenprodukte oder katabolische Produkte der

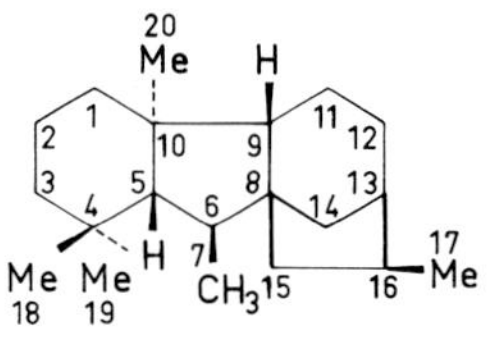

ent – Gibberellan

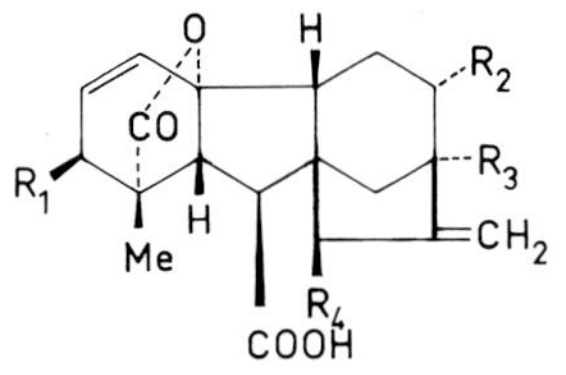

GA₃   R₁=R₃=OH;R₂=R₄=H

GA₇   R₁=OH; R₂=R₃=R₄=H

GA₃₀ R₁=R₂=OH;R₃=R₄=H

GA₃₂ R₁=R₂=R₃=R₄=OH

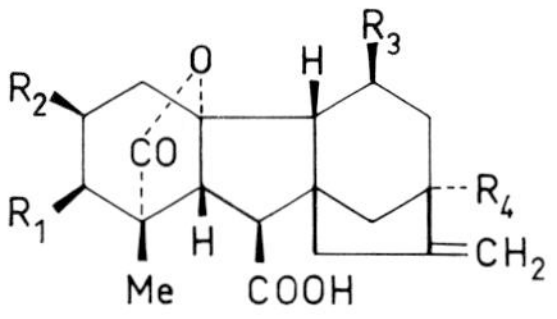

GA₄	R₁=OH;R₂=R₃=R₄=H
GA₈	R₁=R₂=R₄=OH;R₃=H
GA₂₀	R₁=R₂=R₃=H; R₄=OH
GA₂₉	R₁=R₃=H; R₂=R₄=OH
GA₃₄	R₁=R₂=OH;R₃=R₄=H
GA₃₅	R₁=R₃=OH;R₂=R₄=H
GA₈-Glucosid	R₁=R₄=OH;R₂=O–β–glucosyl;R₃=H
GA₂₉-Glucosid	R₁=R₃=H; R₂=O–β–glucosyl;R₄=OH
GA₃₅-Glucosid	R₁=OH;R₂=R₄=H;R₃=O–β–glucosyl

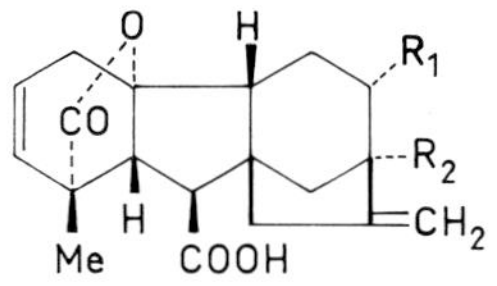

GA₅	R₁=H; R₂=OH
Desoxy – GA₅	R₁=R₂=H
GA₃₁	R₁=OH,R₂=H

Abb. 387. Die Strukturfomeln von *ent*-Gibberellan und von einigen repräsentativen Gibberellinen. In der Regel wird in den pflanzenphysiologischen Experimenten GA₃ (*Gibberellinsäure*) verabreicht. Me, CH₃-Gruppe. (Nach YAMANE et al., 1973)

hormonal wirksamen Gibberelline sein. Von den rund 50 natürlichen Gibberellinen, die man kennt, kommen etwa die Hälfte in höheren Pflanzen vor. Gibberelline findet man in der Pflanze nicht nur als freie Säuren, sondern auch in „konjugierter Form", d. h. covalent an andere niedermolekulare Substanzen gebunden. Die wichtigsten Konjugate sind GA-β-D-Glucopyranoside und GA-β-D-Glucosylester (→ Abb. 387). Die konjugierten Gibberelline müssen als Entgiftungs- oder Speicherformen der aktiven Moleküle angesehen werden. Sie entstehen enzymatisch bei einem Überangebot an GA-Molekülen, beispielsweise werden sie bei exogener Zufuhr freier Gibberelline in den behandelten Pflanzen rasch gebildet. Die Pflanze verfügt natürlich auch über Enzyme, welche die Konjugate hydrolytisch spalten und damit das aktive GA-Molekül wieder freisetzen.

Im biologischen Testsystem (als Beispiel → Abb. 393) ist die Aktivität der verschiedenen Gibberelline natürlich nicht gleich. Außerdem ändert sich die relative biologische Wirksam-

keit bei den verschiedenen Testverfahren. Beispielsweise haben jene Gibberelline, die in der Erbse (*Pisum sativum*) von Natur aus vorkommen, z. B. GA₂₀, nur eine bescheidene Wirkung im Erbsenepikotylwachstumstest. GA₂₉, ein ebenfalls endogenes Gibberellin der Erbse, ist sogar inaktiv. Hingegen zeigen die Gibberelline GA₃ und GA₄, die in der Erbse anscheinend endogen nicht vorkommen, eine relativ sehr starke Wirkung in den üblichen biologischen Testsystemen.

Notiz zur Biogenese. Alle Terpenoide leiten sich vom Mevalonat und vom „aktiven Isopren" ab (→ Tabelle 23, S. 261). Vom Geranylgeranylpyrophosphat führt der Biogeneseweg über das *Kauren* zu den Gibberellinen. Die Synthese aus Mevalonat gelingt auch in zellfreien Systemen. Beispielsweise haben GRAEBE und Mitarbeiter in einem zellfreien System aus unreifen Kürbissamen aus Mevalonat den GA₁₂-Aldehyd und daraus eine Reihe weiterer Gibberelline hergestellt (Abb. 388).

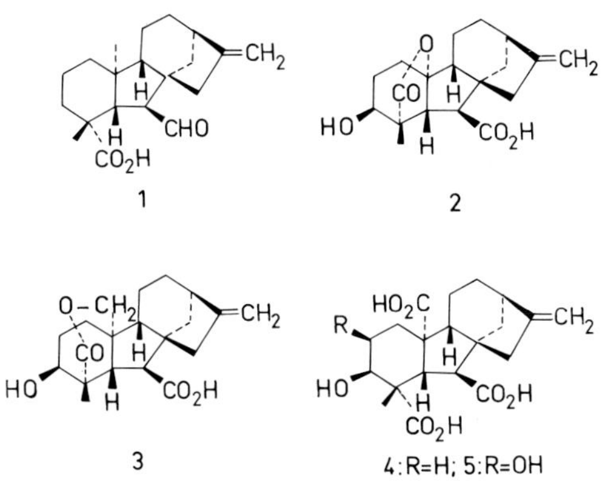

Abb. 388. Die Inkubation eines zellfreien Systems, hergestellt aus dem Endosperm unreifer Samen von *Cucurbita maxima*, mit GA_{12}-Aldehyd (1) liefert das C_{19}-Gibberellin GA_4 (2) und die C_{20}-Gibberelline GA_{37} (3), GA_{13} (4) und GA_{43} (5). Der GA_{12}-Aldehyd wurde im gleichen System aus der Vorstufe Mevalonat gewonnen. (Nach GRAEBE et al., 1974)

Physiologische Wirkungen. Zahlreiche Untersuchungen zur physiologischen Wirksamkeit der Gibberelline bei höheren Pflanzen haben ergeben, daß diese Substanzen, von außen appliziert, eine Vielzahl von Entwicklungsvorgängen (von der Samenkeimung bis zur Blütenbildung) zu beeinflussen vermögen (als Beispiel Abb. 389). Zwar besteht der auffälligste Effekt der Gibberelline in der Steigerung des Wachstums pflanzlicher Sproßachsen und in der Wirkung auf die Blütenbildung (→ Abb. 452); die multiple Wirkung der Gibberelline auf die höhere Pflanze ist jedoch vielfach dokumentiert. Bei vielen Effekten, die man mit der Applikation von Gibberellinen erzielt, ist die physiologische Interpretation schwierig. Man muß damit rechnen, daß manche Effekte pharmakologischer Natur sind und somit nur indirekte Auskunft über die normale hormonale Regulation in der Pflanze geben. Wir behandeln einige Fallstudien, die erhebliche Bedeutung für die Pflanzenphysiologie gewonnen haben.

Fallstudie: Enzyminduktion durch Gibberellin. In den keimenden Karyopsen der Getreide wird die im Endosperm gespeicherte Stärke durch die konzertierte Aktion von α-Glucan-Phosphorylase, α-Amylasen und β-Amylasen abgebaut. Das Scutellum absorbiert Glucose und Maltose aus dem Endosperm und synthetisiert Saccharose, die in die wachsenden Organe des Embryos transportiert wird (Abb. 390). Im

Abb. 389. Die Wirkung von GA_3 auf Schossen und Blühen von Weißkohlpflanzen. *Links:* Kontrollpflanze; *rechts:* die mit GA_3-Lösung behandelte Pflanze. (In Anlehnung an GALSTON, 1961)

keimenden Gerstenkorn (*Hordeum vulgare*) wurde die hormonale Induktion der α-Amylase im Aleurongewebe entdeckt und eingehend studiert. Bei der normalen Keimung wird das Hormon (ein Gibberellin) vom Embryo gebildet. Embryofreie Halbkörner bilden demgemäß kaum α-Amylase. Der Anstieg des Enzyms kann bei ihnen durch die Zugabe von Gibberellin (GA_3) ausgelöst werden (Abb. 391). Nach Applikation des Hormons dauert es mehrere Stunden, bevor der Enzympegel ansteigt. Die molekulare Analyse dieser Enzyminduktion erfolgte in mehreren Stufen:

1. Ist der Anstieg des α-Amylasepegels auf eine de novo-Synthese des Enzyms zurückzuführen? Wenn unter dem Einfluß eines Effektors (Gibberellin, P_{fr} usw.) eine Enzyminduktion erfolgt, kann es sich entweder um Neu-

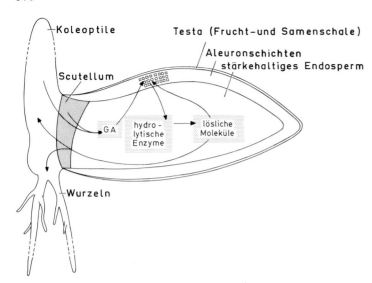

Abb. 390. Schematische Darstellung der Vorgänge, die das Gibberellin (GA) in einem keimenden Gerstenkorn (*Hordeum vulgare*) auslöst. GA wird von Koleoptile und Scutellum produziert. Das Hormon gelangt in die Aleuronschichten. Dort bewirkt es die Synthese und Sekretion hydrolytischer Enzyme. Diese katalysieren den Abbau der Speichermakromoleküle im Endosperm. Dabei entstehen lösliche, niedermolekulare Substanzen (Maltose, Glucose, Aminosäuren), die dem Keimling als Nahrung dienen. Wird der pool der löslichen Moleküle zu groß, erfolgt eine negative Rückkopplung auf die Synthese der Hydrolasen in den Aleuronschichten. (Nach MATILE, 1975)

synthese des Enzyms oder um die Aktivierung eines bereits als Polypeptid vorliegenden, aber inaktiven Proenzyms handeln. Früher wurde der Test auf Neusynthese mit Hilfe spezifischer Inhibitoren der Proteinsynthese (→ Abb. 59)

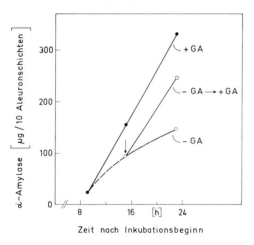

Abb. 391. Kinetik der Induktion der α-Amylase durch Gibberellinsäure (GA₃). Objekt: Isoliertes Aleurongewebe aus Gerstenkaryopsen. Es bedeuten: + *GA*, Gewebe dauernd mit GA₃ inkubiert; – *GA*, GA₃ nach 7stündiger Inkubation ausgewaschen; – *GA* → + *GA*, GA₃ zum Zeitpunkt 15 h wieder zugefügt. Man sieht, daß die Synthese der α-Amylase auf die beständige Anwesenheit von GA₃ angewiesen ist. Bemerkenswert ist, daß die lag-Phase für die Induktion der α-Amylase sehr lang ist (7 bis 9 h). Unter lag-Phase versteht man hier den Zeitraum zwischen der Zugabe des Hormons und dem feststellbaren Einsetzen der Enzymsynthese. (Nach CHRISPEELS und VARNER, 1967)

durchgeführt. Erfolgt in Anwesenheit des Inhibitors keine Zunahme der Enzymaktivität, so interpretiert man die Enzyminduktion als Neusynthese des Enzyms unter dem Einfluß des Effektors. Der Befund erlaubt jedoch lediglich den Schluß, daß eine intakte Proteinsynthese eine Voraussetzung für den Anstieg der Enzymaktivität ist (→ S. 50). Eine Enzymaktivierung läßt sich auf diese Weise nicht ausschließen. Die Neusynthese der α-Amylase unter dem Einfluß von GA₃ konnte mit der wesentlich eleganteren Methode der Dichtemarkierung bewiesen werden (→ S. 324). Die α-Amylase wurde durch GA₃ in den Aleuronschichten in Anwesenheit von H₂¹⁸O induziert. Es ergab sich, daß die gesamte α-Amylaseaktivität, die unter diesen Bedingungen entsteht, auf ein Protein zurückzuführen ist, das bei einer Dichtegradienten-Gleichgewichtszentrifugation eine höhere Dichte zeigt als das Enzym, das im Kontrollexperiment mit H₂¹⁶O entsteht. Der Einbau von schwerem Sauerstoff in das Protein ist deshalb leicht möglich, weil die α-Amylase aus Aminosäuren synthetisiert wird, die aus der Hydrolyse der Aleuronspeicherproteine hervorgehen.

2. Ist die Synthese der α-Amylse auf die Bildung einer entsprechenden mRNA zurückzuführen? VARNER und Mitarbeiter stellten fest, daß GA₃ die Synthese von Poly(A)-haltiger RNA in den Aleuronschichten spezifisch stimuliert. Ein signifikanter Einfluß von GA₃ auf die Synthese von rRNA, 5 S-RNA und tRNA wurde hingegen nicht gefunden. Da die Synthese von α-Amylase etwa 12 h nach der GA₃-Appli-

kation gegenüber *Cordycepin* (→ S. 50) unempfindlich wird, folgerte man, daß die α-Amylase an einer *weitgehend stabilen,* unter dem Einfluß von GA₃ gebildeten mRNA synthetisiert wird (→ Abb. 66).

3. Läßt sich die Bildung von α-Amylase-mRNA unter dem Einfluß von GA₃ direkt nachweisen? JACOBSON und Mitarbeiter haben in ein zellfreies Proteinsynthese-System aus Weizenembryonen die Poly(A)-haltige RNA-Fraktion der Aleuronschichten eingesetzt und gefunden, daß der Pegel an mRNA, die in vitro in α-Amylase übersetzbar ist, in dem GA₃-behandelten Aleurongewebe parallel mit der Intensität der in vivo ablaufenden α-Amylasesynthese ansteigt. Es ist damit gezeigt (wenn man begründeterweise eine hohe Stabilität der mRNA, → oben, zugrundelegt), daß GA₃ die Enzyminduktion dadurch zustande bringt, daß es die Synthese der α-Amylase-mRNA stimuliert.

4. Über welche molekularen Einzelschritte bewirkt GA₃ die *spezifische* Bildung von mRNA? Mit dieser Frage befaßt sich zur Zeit die Forschung.

Beobachtungen von NAGL an pflanzlichen Riesenchromosomen weisen darauf hin, daß GA₃ auch die Synthese anderer RNA-Sorten stimulieren kann. Im Suspensor von Bohnenembryonen (*Phaseolus coccineus* und *Phaseolus vulgaris*) sowie im nucleären Teil des Endosperms findet man Kerne mit polytänen Chromosomen. An diesen Strukturen wurde der Nachweis geführt, daß GA₃ die chromosomale, insbesondere die nucleoläre RNA-Synthese stimuliert.

Die Aleuronschichten der Gerste bilden und sezernieren unter dem Einfluß von GA₃ nicht nur α-Amylase, sondern eine ganze Reihe hydrolytischer, auch proteolytischer Enzyme (Abb. 392). Es scheint, daß Gibberellin in einem strengen zeitlichen Muster die Synthese und Sekretion einer ganzen Gruppe von Hydrolasen auslöst („Musterrealisation"; → S. 330). Auf die *Anlage* des zeitlichen Musters („Musterdetermination"; → S. 330) hat das Gibberellin offensichtlich keinen Einfluß.

Die Erfolge bei der molekularen Analyse der GA₃-induzierten α-Amylase-Synthese in den Aleuronschichten der Gerste haben gelegentlich zu der Hypothese geführt, Gibberellin sei generell der Effektor für die Regulation der Synthese von Amylase. Diese Hypothese läßt sich jedoch nicht halten. In den Kotyledonen des Senfkeimlings zum Beispiel (→ Abb. 327) erhöht exogenes GA₃ den Amylasepegel nicht. In diesem Organ erfolgt die Induktion der Amylase vielmehr durch Licht über Phytochrom. Das Effektormolekül für die Induktion der Amylase in den Senfkotyledonen ist das P_fr, nicht das GA₃. In den embryofreien Halbkörnern der Gerste hat das Licht hingegen keinerlei Einfluß auf die Synthese der Amylase. Man hat auch aus diesen Befunden den Schluß gezogen, daß P_fr seine Wirkung *nicht* durch die Vermittlung von Hormonen entfaltet. Darüber hinaus muß man damit rechnen, daß (funktionell gesehen) ein- und dasselbe Enzymsystem in verschiedenen Pflanzen durch verschiedene Effektormoleküle induziert werden kann.

Was das *Receptorproblem* anbelangt, so hat man gute experimentelle Hinweise dafür erhalten, daß die Aleuronzellen einen spezifischen GA-Receptor enthalten. Bislang ist aber weder die Konstitution noch die funktionale Rolle des GA-Receptor-Komplexes aufgeklärt. Generell

Abb. 392. Das *zeitliche Muster* der Abgabe, vermutlich Sekretion, hydrolytischer Enzyme aus den Aleuronschichten des Gerstenkorns (*Hordeum vulgare*) unter dem Einfluß von Gibberellin (GA₃). Da der Effekt von Gibberellin auf die Glucanase und die Ribonuclease entscheidend auf einer Stimulierung der Sekretion, nicht primär auf einer Stimulierung der Synthese (wie bei α-Amylase und Proteinase) beruht, liegt dem aufgezeigten zeitlichen Muster allerdings kein einheitlicher Mechanismus zugrunde. (Nach MATILE, 1975)

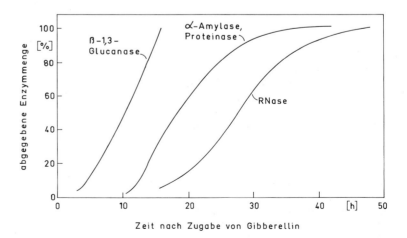

muß man auch bei den Gibberellinen davon ausgehen, daß die relativ kleinen Hormonmoleküle an Proteinmakromoleküle gebunden werden müssen, bevor sie ihre Wirkung entfalten können. Die Art und die Stelle dieser Bindung in der jeweils kompetenten (d. h. auf das jeweilige Hormon eingestellten) Zelle festzustellen, ist von wesentlicher Bedeutung für die molekulare Theorie der Hormonwirkung. Experimentell kann man so vorgehen, daß man radioaktiv markiertes Gibberellin den intakten Pflanzen (z. B. genetisch bedingten, für Gibberellin besonders empfindlichen Zwergerbsen) zuführt und das Schicksal der markierten Moleküle verfolgt. Die bisherigen Daten zeigen, daß sich das von außen applizierte Gibberellin in dem tatsächlich reagierenden Gewebe (also in den kompetenten Zellen) anreichert und daß der Stoffwechselumsatz der Gibberelline sehr gering ist. Der Schluß liegt nahe, daß die Gibberelline *als solche* die biologisch aktiven Moleküle sind. Sie brauchen in der Zelle nicht verändert zu werden, um biologisch aktiv sein zu

können. Außerdem zeigte sich, daß (in Erbsen) die applizierten Gibberelline mit den Receptorstellen lediglich durch nicht-covalente Bindungen verknüpft werden, die sich, z. B. bei den üblichen Extraktionsverfahren, leicht wieder lösen.

Fallstudie: Die Wirkung applizierter Gibberelline auf das Längenwachstum von Sproßachsen. Man kann durch Gibberelline ungemein eindrucksvolle physiologische Effekte an höheren Pflanzen hervorbringen, z. B. genügen einige µg GA$_3$ pro Tag, um die auf der Abb. 389 dargestellten Veränderungen an einer Weißkohlpflanze hervorzurufen. Man braucht das GA$_3$ lediglich in wäßriger Lösung auf die Endknospe zu träufeln. Charakteristisch für die Gibberellinwirkung ist in erster Linie die Steigerung des Längenwachstums (beruhend auf Zellwachstum *und* Zellteilung) pflanzlicher Sproßachsen. Dies gilt sowohl für Dikotylen als auch für Monokotylen. Gewisse Zwergmutanten von *Zea mays* kann man z. B. durch die Zu-

Abb. 393. Die Reaktion einer rezessiven Zwergmutante von *Zea mays* auf die Applikation von Gibberellinsäure (GA$_3$). Jede behandelte Pflanze erhielt eine Gesamtmenge von 250 µg GA$_3$, appliziert in wäßriger Lösung, in 2–5tägigen Intervallen vom Keimlingsstadium an. *Von links nach rechts:* Normale Pflanze, unbehandelt; normale Pflanze, behandelt; Zwergmutante, unbehandelt; Zwergmutante, behandelt. (Nach PHINNEY und WEST, 1960)

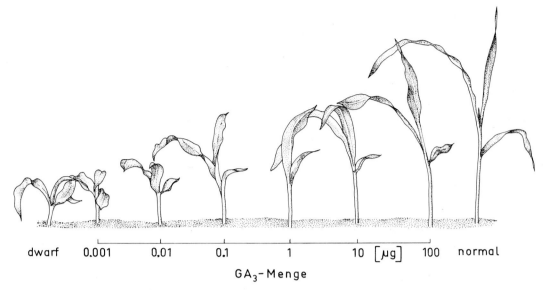

dwarf   0.001   0.01   0.1   1   10 [µg]   100   normal

GA₃-Menge

Abb. 394. Die Wachstumsreaktion von Keimpflanzen einer Zwergmutante (*Zea mays*) auf eine einmalige Applikation von Gibberellinsäure (GA₃). Die Menge ist jeweils angegeben. Die wäßrige GA₃-Lösung (0,1 ml) wurde in die Blattachsel des Primärblatts appliziert, sobald dieses aus der Koleoptile auftauchte. (Nach PHINNEY und WEST, 1960)

gabe von Gibberellinen „normalisieren" (Abb. 393). Der Effekt ist bereits bei den Keimpflanzen festzustellen (Abb. 394). Diese Reaktion eignet sich besonders gut für einen *biologischen Test* auf „Gibberellinaktivität" in Extrakten. Ob das Gibberellin auch molekular den Defekt der Zwergmutanten heilt, oder ob es sich um eine *pharmakologische Substitutionstherapie* handelt, ist trotz eingehender Untersuchungen nicht klar.

Die beiden Fallstudien dokumentieren eindrucksvoll die *multiple* Wirkung der Gibberelline: Im Fall der Aleuronzellen hat das Gibberellin keinerlei Einfluß auf das Zellwachstum; im Fall der Sproßachsenzellen wirken die Gibberelline in erster Linie über eine Steigerung des Zellwachstums und sicherlich nicht über eine de novo-Synthese hydrolytischer Enzyme. Die Frage, ob die multiple Wirkung der Gibberelline auf ein und dieselbe *Primärwirkung* (an Membranen?) zurückzuführen ist, läßt sich derzeit nicht entscheiden, da über Primärwirkungen der Gibberelline kaum Informationen vorliegen.

Abscisinsäure

Allgemeine Charakterisierung. (+)-Abscisinsäure (ABA, Abb. 395) ist ein in pflanzlichen Geweben weit verbreiteter „Wachstumsinhibitor". Die Verbindung wurde zum Beispiel aus Knospen, Blättern, Knollen, Samen und Früchten isoliert. Wahrscheinlich ist ABA ubiquitär in höheren Pflanzen verbreitet. Sie liegt in den einzelnen Pflanzenorganen und in Abhängigkeit vom Entwicklungszustand in unterschiedlicher Menge vor, gelegentlich auch als Glucoseester. Den höchsten, bisher gemessenen Gehalt besitzen Hagebutten (Früchte von *Rosa arvensis*) mit 4,1 mg ABA pro kg Frischmasse.

Biochemisch handelt es sich um ein Sesquiterpen (→ Abb. 378, Tabelle 23, S. 261). Demgemäß dürfte die Biogenese von ABA über Mevalonat, „aktives Isopren" und Farnesylpyrophosphat erfolgen. Es wird jedoch auch die Alternative in Betracht gezogen, daß ABA aus einem C₄₀-Carotinoid, das photolytisch gespalten wird, entsteht. Funktionell muß die Verbindung als ein

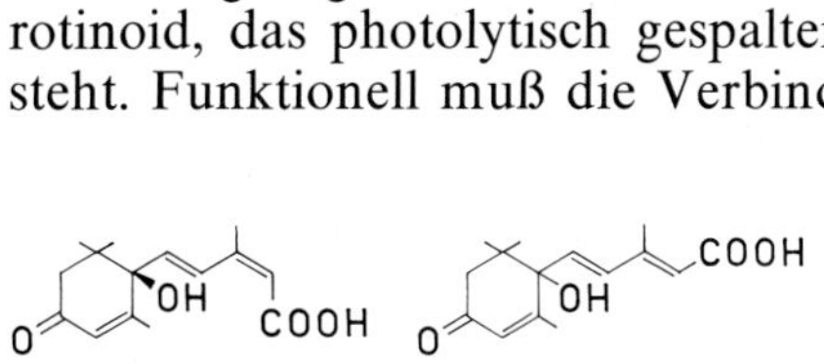

Abb. 395. Strukturformeln der Abscisinsäure. I, die natürlich vorkommende (+)-Abscisinsäure, abgekürzt ABA. II, das Isomere mit trans : transständigen Doppelbindungen, abgekürzt trans-ABA. Unsere Ausführungen beziehen sich auf die natürlich vorkommende ABA

natives Hormon mit multipler Wirkung aufgefaßt werden. Ähnlich wie bei den übrigen Pflanzenhormonen ist die Skala der durch Abscisinsäure bewirkten physiologischen Effekte fast unübersehbar weit (breites und komplexes „Wirkungsspektrum"). In den physiologischen, zum Teil vermutlich „pharmakologischen" Arbeiten wurde in erster Linie der Einfluß applizierter ABA auf die Ruheknospenbildung, auf die Hemmung der Samenkeimung, auf den Blattfall, auf die Knollenbildung, auf den stomatären Spaltenschluß (und damit auf die Transpiration; → S. 226), auf die Nucleinsäure- und auf die Proteinsynthese studiert. Die erhaltenen Ergebnisse deuten darauf hin, daß ABA auch im intakten System an den Regulationsvorgängen der Homöostasis (Wasserstreß führt zu einem höheren Pegel an ABA in den Blättern und damit zum Verschluß der Stomata; → S. 226) und der Entwicklungshomöostasis beteiligt ist und daß häufig eine antagonistische Wechselwirkung mit den übrigen Hormonen besteht. Einige charakteristische Beispiele für die Wirkung auf der Ebene physiologischer Effekte: Abscisinsäure ist ein starker Inhibitor der Keimung von *Lactuca*-Achänen (→ Abb. 396). Zeatin oder Kinetin, gleichzeitig mit Abscisinsäure gegeben, heben diese Hemmung auf. Wahrscheinlich verhindert ABA generell die Samenkeimung in Beeren (beispielsweise in Tomaten). Hier besteht das Problem für die Pflanze darin, in den Samen, die sich die ganze Zeit über in einem feuchten Keimbett befinden, die Keimung des Embryos *spezifisch* zu

blockieren. Ein Versagen dieser Hemmung führt zur *Viviparie*. — Abscisinsäure hemmt *spezifisch* die GA₃-induzierte Enzymsynthese in den Aleuronzellen des Gerstenkorns (→ Abb. 391); die Gesamtproteinsynthese und die Gesamt-RNA-Synthese in den Aleuronzellen werden jedoch nicht meßbar reduziert. — Zwei Beispiele für offensichtlich pharmakologische Effekte: Die hemmende Wirkung von Abscisinsäure auf das Wachstum von *Lemna minor*-Kulturen wird auf eine massive, unspezifische Hemmung der DNA- und RNA-Synthese zurückgeführt. Auch in diesem Fall kann der Hemmung durch ein Cytokinin (Benzylaminopurin), nicht aber durch Auxin oder GA₃ entgegengewirkt werden. Bei Keimwurzeln verhindert Abscisinsäure die Inkorporation von markiertem Thymidin und Uridin in die Wurzelspitzen. Auch hier ist die Hemmwirkung offenbar wenig spezifisch. Insgesamt gewinnt man den Eindruck, daß ABA von der Pflanze als *Werkzeug* verwendet wird, wenn es darum geht, bestimmte Teile der Pflanze metabolisch stillzulegen oder bestimmte Teile des Stoffwechsels vorübergehend auszuschalten. Da ABA leicht wieder aus dem System entfernt werden kann (im Experiment z. B. durch einfaches Auswaschen), bleibt die Hemmung reversibel. Die ABA-Hemmung scheint in der Regel nicht auf dem Niveau der mRNA-Transkription zu erfolgen; man rechnet heute vielmehr damit, daß unter physiologischen Bedingungen die ABA bevorzugt nach der Transkription in die weitere Verarbeitung der RNA *spezifisch* eingreift (→ Abb. 66).

Fallstudie: Die Wirkung von ABA auf die Keimung isolierter Salatembryonen (Lactuca sativa, cv. Grand Rapids). Die Embryonen wurden im photomorphogenetisch unwirksamen „Sicherheitslicht" aus den Achänen herausoperiert und auf Keimpapier bei 25° C ausgelegt. Die isolierten Embryonen keimen auf Wasser hundertprozentig, auch wenn sie nicht belichtet werden. Die Abb. 396 zeigt, daß ABA die Keimung hemmt, falls die Konzentration einen bestimmten *Schwellenwert* übersteigt. Nicht nur der einzelne Embryo reagiert mit einem „Alles-oder-Nichts"-Verhalten (Keimung oder Nicht-Keimung), sondern auch die ganze Population. Dies muß so verstanden werden, daß der Schwellenwert für ABA (um 2 μmol · l⁻¹) bei allen Embryonen sehr ähnlich ist. Ein entsprechendes Verhalten zeigen auch andere Embryo-

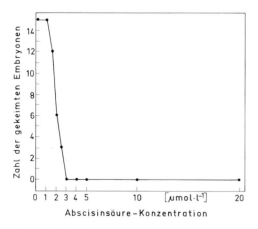

Abb. 396. Die Wirkung von Abscisinsäure auf die Keimung isolierter Salatembryonen (*Lactuca sativa*, cv. Grand Rapids). Bei jeder Konzentration wurden 15 Embryonen benützt. (Nach BLACK et al., 1974)

nen und Samen, z. B. jene von *Sinapis alba* (→ Abb. 473).

Die hemmende Wirkung von ABA wurde auch für den Nachweis herangezogen, daß GA_3 bei der Induktion der α-Amylasesynthese in den Aleuronschichten des Gerstenkorns *nicht* über die Vermittlung des sekundären messengers cAMP (cyclisches 3′,5′-AMP) wirkt. Diese Substanz wirkt im Experiment zwar ähnlich wie GA_3; da jedoch die Konzentration an ABA, die für die Hemmung der Induktion durch cAMP benötigt wurde, um Größenordnungen geringer war als die ABA-Konzentration, die für die Hemmung der GA_3-Wirkung gebraucht wurde, rechnet man nicht mehr mit einer Wirkungskette $GA_3 \longrightarrow$ cAMP $\longrightarrow$ α-Amylasesynthese.

Äthylen (Äthen)

Verhalten in der Pflanze. Nach den üblichen Kriterien (→ S. 368) ist das Äthylen ($CH_2 = CH_2$, ein farbloses Gas, Siedepunkt: $-103°$ C) ein pflanzliches Hormon. Es ist in Wasser etwa fünfmal löslicher als der Disauerstoff (O_2). Seine Diffusionsintensität in Wasser ist um den Faktor 10^4 geringer als in Luft. Äthylen wird wahrscheinlich von allen Angiospermen und von den meisten Gymnospermen, Pteridophyten und Bryophyten gebildet, ebenso von Grünalgen, Cyanophyten, einigen Pilzen und Bakterien. Die höheren Pflanzen bilden das Gas in verhältnismäßig großen Mengen, wobei die Intensität der Produktion [nl · g Frischmasse^{-1} · h^{-1}] während der Entwicklung und von Organ zu Organ variiert: Bei Keimpflanzen ist die Produktion dort besonders hoch (>1 nl · g^{-1} · h^{-1}), wo meristematische oder rasch wachsende Gewebe liegen, beispielsweise im Haken (→ Abb. 349). Eine hohe Äthylenproduktion pflegt auch die Seneszenz von Blüten und Blättern und die Fruchtreifung zu begleiten. In Früchten wurden Produktionsintensitäten bis zu $50 - 100$ nl · g^{-1} · h^{-1} gemessen. Wegen der ungleichen Produktionsintensität für Äthylen bestehen innerhalb der Pflanze und natürlich auch zwischen Pflanze und umgebender Atmosphäre Diffusionsgradienten, deren Steilheit durch das Oberfläche/Volumen-Verhältnis, die Diffusionswiderstände und die lokale Intensität der Äthylenproduktion festgelegt wird. Die Diffusion von Äthylen geschieht sowohl durch lebendes als auch durch totes Gewebe; die

Struktur der Gewebe hat aber einen entscheidenden Einfluß auf die Diffusionsintensität. In Holz zum Beispiel bewegt sich Äthylen etwa 100mal schneller in Richtung der Achse als quer zur Achse. Bei Tomaten und Citrusfrüchten diffundiert das meiste Äthylen durch den Fruchtstiel; bei Äpfeln hingegen erfolgt die Diffusion in die umgebende Luft in erster Linie durch die Schale.

Bei *Vicia faba*-Pflanzen sind die Diffusionsverhältnisse derart, daß Äthylen zwischen den verschiedenen Teilen der Pflanze kaum ausgetauscht wird. Der Diffusionswiderstand in der Längsrichtung (Achsenrichtung) ist so groß, daß der *laterale* Diffusionsverlust die verschiedenen Teile der Pflanze praktisch voneinander isoliert. Wenn man im Experiment die Abgabe von Äthylen aus der Pflanze verhindert, verbreitet sich das Gas innerhalb der Pflanze rasch von Organ zu Organ. Die Beobachtung, daß sich die Permeabilität des Achsengewebes für Äthylen im Laufe der Entwicklung stark vermindert, macht generalisierende Aussagen über die Verbreitung des Hormons Äthylen in einer Pflanze noch schwieriger. Man muß wohl auf jeden Fall damit rechnen, daß das meiste Äthylen, das in einer vegetativen Pflanze an den Orten hoher Äthylenproduktion — beispielsweise im Hypokotylhaken — entsteht, die Pflanze verläßt, ehe es in andere Organe gelangt.

Operationale Kriterien für die Hormonnatur des Äthylens. Seit den 40er Jahren ist C_2H_4 als „Fruchtreife-Hormon" bekannt, da die Äthylenproduktion einer reifenden Frucht erwiesenermaßen den Reifeprozeß ihrer Nachbarn auslösen und beschleunigen kann. Der Effekt wird längst in der Praxis für die Synchronisation und Beschleunigung der Fruchtreife verwendet. Auch bei der Seneszenz von Blüten wurde die Wirkung des Äthylens bereits früh beobachtet (→ S. 428). Man betrachtet heute das Äthylen zwar nicht mehr als *Auslöser* der Alterung, wohl aber als ein Agens, das den Alterungsprozeß des Gesamtorgans *beschleunigt* und (vor allem) *integriert*.

Die Auffassung, C_2H_4 sei *generell* als Pflanzenhormon anzusprechen, stützt sich auf folgende Tatsachen: 1. C_2H_4 wird von den Pflanzen reichlich gebildet (→ oben), bei den höheren Pflanzen in der Regel aus den 3,4-C-Atomen des Methionins,

$$CH_3 \cdot S \cdot \overset{*}{C}H_2 \cdot \overset{*}{C}H_2 \cdot CH(NH_2) \cdot COOH.$$

2. C_2H_4 übt in geringen Konzentrationen ($0,01 - 10\,\mu l \cdot l^{-1}$) eine starke, multiple Wirkung auf die Entwicklung der Pflanzen aus. 3. Es lassen sich für C_2H_4 spezifische Zielgewebe lokalisieren. 4. Die biologische Zweckmäßigkeit der durch physiologische Konzentrationen von C_2H_4 verursachten Effekte läßt sich (in vielen Fällen) nachweisen.

Andererseits hat man keine begründete Vorstellung davon, wie das C_2H_4 in einer kompetenten Zelle erkannt wird; insbesondere gibt es keine experimentelle Evidenz für die spezifische Bindung von C_2H_4 an ein Receptorprotein. Man kann sich diese Wechselwirkung derzeit nur als eine schwache VAN DER WAALS-Interaktion vorstellen. Da Äthylen jedoch bereits in sehr geringer Konzentration wirkt, muß die Wechselwirkung spezifisch sein.

Störend für die Etablierung des Hormonkonzepts war zunächst auch der Befund, daß das Äthylen in vielen pflanzlichen Geweben nicht nennenswert abgebaut wird. Neuerdings konnte zwar in sterilen Erbsenkeimpflanzen und in *Ipomoea*-Blüten ($\rightarrow$ S. 428) ein Abbau von $^{14}C_2H_4$ zu $^{14}CO_2$ nachgewiesen werden; es scheint aber eine Tatsache zu sein, daß sich die meisten Pflanzen den Abbaumechanismus für Äthylen weitgehend ersparen. Für das Hormonkonzept entstehen daraus keine Schwierigkeiten: Die Entfernung von C_2H_4 aus der Pflanze geschieht durch Abdiffusion in den Luftraum. An Stelle des Hormon*abbaus* in Abb. 383 tritt beim C_2H_4 die Hormon*abgabe* an die Umgebung.

Die Physiologie der Äthylenwirkungen ist ungeheuer vielfältig. Wir beschränken uns auf drei Fallstudien.

Fallstudie: Die Wirkung von Auxin auf die Äthylenproduktion. Eine Zeitlang herrschte die Auffassung, Äthylen sei in der intakten Pflanze generell ein Glied in der Kausalkette, die von Auxin ausgeht. Vergleichende Studien zur Regulation der Äthylensynthese durch Auxin widerlegten dieses Konzept. Bei den höheren Pflanzen wurden bislang hauptsächlich zwei Systeme im Bezug auf Äthylenproduktion eingehend studiert: 1. Der unter dem Plumulahaken gelegene Achsenabschnitt des etiolierten Erbsenkeimlings ($\rightarrow$ Abb. 399); 2. Das reife Fruchtgewebe des Apfels (*Malus silvestris*). Während Auxin die Äthylenproduktion im Erbsengewebe mächtig stimuliert (Abb. 397),

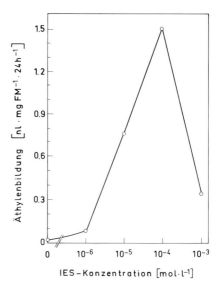

Abb. 397. Die Stimulierung der Äthylenproduktion in etioliertem Erbsengewebe (Segmente aus dem subapikalen Achsenbereich) durch IES. FM, Frischmasse. (Nach LIEBERMAN und KUNISHI, 1975)

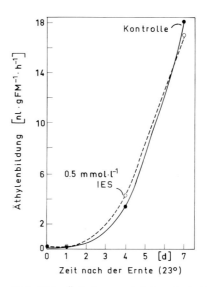

Abb. 398. Äthylenproduktion bei 23° C durch Apfelgewebe von frisch geernteten, reifen Äpfeln (*Malus silvestris*, cv. Golden Delicious) mit und ohne IES. Das Auxin hat keinen signifikanten Effekt. FM, Frischmasse. (Nach LIEBERMAN und KUNISHI, 1975)

wird die Äthylenproduktion im Gewebe frisch geernteter Äpfel durch Auxin überhaupt nicht beeinflußt (Abb. 398). Die starke Äthylenproduktion in gelagerten Äpfeln wird durch Auxin sogar leicht gehemmt. Beide Systeme (Erbse und Apfel) produzieren Äthylen aus Methionin und werden spezifisch durch Rhizobitoxin (ein Analogon von Methionin) gehemmt. Beide Systeme benutzen wahrscheinlich die gleichen Enzyme und die gleichen Substrate für die Äthylenproduktion. Hinsichtlich der *Regulation* der Äthylensynthese durch Auxin unterscheiden sich die beiden Systeme hingegen grundsätzlich.

Fallstudien: Die Wirkung von Äthylen auf die Entwicklung einer Erbsenpflanze (Pisum sativum) und eines Wasserfarns (Regnellidium diphyllum). Wenn eine etiolierende Erbsenpflanze auf ein mechanisches Hindernis trifft (Abb. 399 b), führt der mechanische Druck zu einer stark erhöhten Produktionsintensität an C_2H_4 in der Endknospe. Dies hat zunächst zur Folge, daß das *Längenwachstum* der Zellen in der Sproßachse gehemmt wird. Anschließend kommt es zu einem *Breitenwachstum* der Zellen mit dem Resultat, daß sich der subapikale Teil des Sprosses rasch verdickt. Wird das Hindernis beseitigt, fällt die Äthylenproduktion rasch auf den niedrigen Grundwert (ohne mechanische Stimulierung), und es kommt rasch zu einer Wiederaufnahme des Längenwachstums. Die verbreiterte Region der Sproßachse bleibt dabei erhalten, da das durch Äthylen bewirkte laterale Zellwachstum natürlich nicht rückgängig zu machen ist. Die exogene Applikation von Äthylen führt auch ohne mechanische Beeinflussung des Keimlings zum gleichen Resultat: Innerhalb von 5 min beobachtet man eine Hemmung des Längenwachstums. Dann kommt es zu einer Anschwellung der Achse im subapikalen Bereich. Außerdem bleibt der Plumulahaken geschlossen, und das Blattwachstum unterbleibt. Darüber hinaus ist die geotropische Reaktionsfähigkeit des Keimlings reduziert: Die Pflanzen wachsen nicht mehr in der Vertikalen, sondern bevorzugt horizontal.

Bei dem Wasserfarn ist die Reaktion völlig anders. Hier wird, wie auch bei anderen Wasserpflanzen, z. B. Reiskeimlingen, das Sproßachsen- und Blattstielwachstum durch C_2H_4 *gesteigert* (positive Äthylenwachstumsreaktion in Luft). Die auffälligen Steigerungen der Wachstumsintensität, die man bei untergetauchten Pflanzen beobachtet, lassen sich als positive Äthylenwachstumsreaktionen verstehen. Wegen der niedrigen Diffusionskonstanten für C_2H_4 in Wasser akkumuliert sich das Äthylen innerhalb der Pflanze (Interzellularen) und bewirkt die positive Wachstumsreaktion. Sobald der Sproß die Wasseroberfläche er-

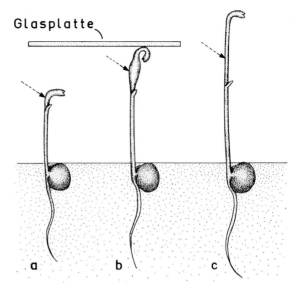

Abb. 399 a – c. Schematische Darstellung der negativen Äthylenwachstumsreaktion einer Erbsenkeimpflanze (*Pisum sativum*). (a) Erbsenkeimling in weitem Abstand vom mechanischen Hindernis; (b) nach dem Auftreffen auf das Hindernis; (c) unbehinderte Kontrollpflanze. Die Pfeile zeigen auf eine Region der Sproßachse, die im Zustand (a) markiert wurde. (Nach OSBORN, 1977)

reicht, sinkt die endogene Äthylenkonzentration ab. Das Resultat ist ein scharfer Abfall der Wachstumsintensität des Organs. Auf diese Weise erzielt der Wasserfarn die günstige Lage der Blätter an der Oberfläche des Wassers. Bemerkenswert sind noch zwei Tatsachen: Die Äthylensynthese des Wasserfarns reagiert nicht auf Auxin. Die Pflanze steigert ihre Äthylenproduktion nicht, wenn man sie mechanisch reizt. Der prinzipielle Unterschied zwischen der Erbse und dem Wasserfarn ist offensichtlich.

Fallstudie: Die Wirkung von Äthylen und Phytochrom auf die Anthocyansynthese des Senfkeimlings (Sinapis alba). Eine Zeitlang hielt sich die Auffassung, das Äthylen wirke bei der Photomorphogenese als „Vermittler" (sekundärer messenger): $P_{fr} \rightarrow$ Äthylen $\rightarrow$ Photomorphosen. Im Fall der durch P_{fr} ausgelösten *Anthocyansynthese* von Keimpflanzen, die durch Äthylen *gehemmt* wird, wurde postuliert, daß P_{fr} die endogene Äthylenproduktion absenke und damit den Ablauf der Anthocyansynthese erlaube. Am Beispiel der Anthocyansynthese des Senfkeimlings wurde diese Auffassung mit der folgenden Evidenz widerlegt:

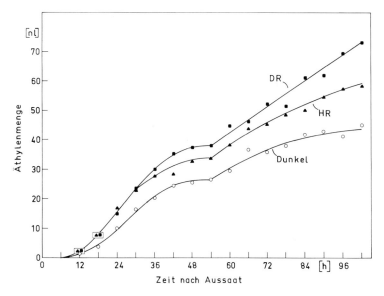

Abb. 400. Die Akkumulation von C_2H_4 in einem gegebenen Gasraum durch intakte Senfkeimlinge (*Sinapis alba*). Die Keimlinge wurden in gasdichten Gefäßen im Dunkeln (○), im Dauer-Hellrot (▲) oder im Dauer-Dunkelrot (■) angezogen. Die Belichtung erfolgte von der Aussaat der Samen an. Zu den auf der Abszisse angegebenen Zeiten wurde die von 25 Keimlingen akkumulierte C_2H_4-Menge gemessen. Es wurde durch das klassische Revertierungsexperiment (→ S. 317) bewiesen, daß die Lichtwirkung über Phytochrom (P_{fr}) erfolgt. Man erkennt, daß das Licht die C_2H_4-Akkumulation lediglich *moduliert*. Auf das 2stufige, *zeitliche Muster* der Äthylenbildung hat das P_{fr} offensichtlich keinen Einfluß. (Nach BÜHLER et al., 1978 a)

1. Die Anthocyansynthese in den Kotyledonen des Senfkeimlings erfolgt nur unter dem induzierenden Einfluß von P_{fr} (→ S. 317). Im Langzeitexperiment nimmt die Wirkung von Hellrot oder Dunkelrot mit dem Energiefluß zu (→ Abb. 323). Die Anthocyansynthese wird durch Äthylen gehemmt (→ Abb. 401). 2. Phytochrom (P_{fr}) bewirkt unter allen Umständen eine *Steigerung* der Äthylenproduktion des Senfkeimlings (Abb. 400). Eine Drosselung der endogenen Äthylenproduktion durch P_{fr} kommt als Erklärung für die Auslösung der Anthocyansynthese durch P_{fr} nicht in Betracht.

Die oben genannte Vermittlerrolle des Äthylens bei der P_{fr}-induzierten Anthocyansynthese ist damit ausgeschlossen. Es bleibt aber die (interessantere) Frage, ob (und gegebenenfalls welche) *Wechselwirkungen* zwischen P_{fr} und Äthylen bei der Anthocyansynthese des Senfkeimlings bestehen. Vorstellungen über die Wechselwirkung zwischen Phytochrom und Hormonen spielen traditionellerweise eine wesentliche Rolle bei der Erklärung der Photomorphogenese. Auch diese Frage konnte im Fall des Äthylens geklärt werden:

1. Äthylen hat in den Senfkotyledonen keinen Einfluß auf die Synthese oder den Abbau von P_{fr} (→ Abb. 316). In dieser Richtung besteht keine Wechselwirkung.

2. P_{fr} steigert die Produktionsintensität an Äthylen (→ Abb. 400). In dieser Hinsicht besteht eine klare Abhängigkeit.

3. P_{fr} verändert die Konzentrations-Effekt-Kurve bei der Hemmung der P_{fr}-induzierten Anthocyansynthese durch Äthylen (Abb. 401). Im Dauer-Dunkelrot ist die Empfindlichkeit für C_2H_4 wesentlich geringer als im Dauer-Hellrot oder nach einem Hellrot-Puls. Die *Intensität der Phytochromwirkung* bestimmt also die *Empfindlichkeit* des Anthocyan bildenden Systems für Äthylen.

Die unter 2. und 3. aufgeführten Wechselwirkungen können dadurch eliminiert werden, daß man bei einer Äthylenkonzentration von $100 \, \mu l \cdot l^{-1}$ im Gasraum um die Keimlinge arbeitet. Unter diesen Umständen ist die hemmende Wirkung des Äthylens auf die Anthocyansynthese saturiert.

Die Frage ist jetzt, ob unter diesen Randbedingungen (erkennbare Wechselwirkungen

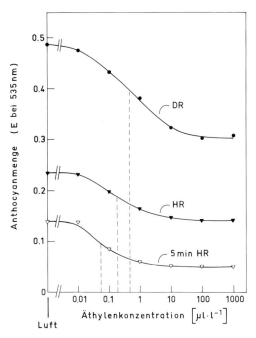

Abb. 401. Die Konzentrations-Effekt-Kurven für die Hemmung der Anthocyansynthese durch Äthylen im Dauer-Dunkelrot (●), im Dauer-Hellrot (▼) und nach Induktion durch einen 5 min-Hellrotpuls (▽). Objekt: Senfkeimlinge (*Sinapis alba*). Abszisse: Äthylenkonzentration im Luftraum um die Keimlinge. Die halbmaximal wirksamen C_2H_4-Konzentrationen sind mit den gestrichelten Lotlinien auf die Abszisse angedeutet. Man sieht, daß mit steigender Lichtwirkung die Empfindlichkeit für Äthylen abnimmt. Diese Wechselwirkung ist auf der Abb. 402 nicht berücksichtigt. (Nach BÜHLER et al., 1978 a)

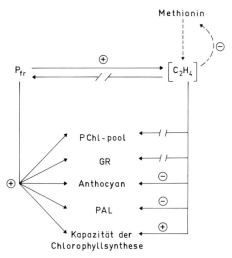

Abb. 402. Der Einfluß der Faktoren P_{fr} und C_2H_4 auf verschiedene Photomorphosen der Kotyledonen des Senfkeimlings (*Sinapis alba*). *Oben rechts* ist angedeutet, daß Äthylen seine eigene Synthese hemmend beeinflußt. Zur *Wechselwirkung* zwischen den Faktoren: Während C_2H_4 keinen erkennbaren Einfluß auf das Phytochromsystem hat, steigert P_{fr} die Produktionsintensität an C_2H_4 (→ Abb. 400). Außerdem wurde im Fall der Hemmung der P_{fr}-abhängigen Anthocyansynthese durch C_2H_4 gezeigt, daß die Empfindlichkeit gegenüber C_2H_4 mit steigender Phytochromwirkung abnimmt (→ Abb. 401). Diese, in dem Schema nicht angedeutete Wechselwirkung kann im Experiment dadurch ausgeschaltet werden, daß man eine unter allen Umständen *saturierende* Konzentration an C_2H_4 (100 µl · l⁻¹) appliziert. Alle aufgeführten Merkmale werden durch P_{fr} induziert bzw. im positiven Sinn stark moduliert (+) („positive Photomorphosen"). Äthylen hat entweder keinen (–/ /–), einen hemmenden (–) oder einen fördernden (+) Einfluß auf die Photomorphosen. PChl, photokonvertierbares Protochlorophyll(id); GR, Glutathionreductase-Pegel; Anthocyan, Anthocyanmenge; PAL, Phenylalaninammoniumlyase-Pegel. (Nach BÜHLER et al., 1978 b)

ausgeschaltet) die beiden Faktoren P_{fr} und Äthylen multiplikativ oder numerisch additiv verrechnen (→ S. 10). *Multiplikative Verrechnung* würde bedeuten, daß die beiden Faktoren auf die gleiche Kausalkette, aber unabhängig voneinander, wirken (→ Abb. 6); *numerisch additive Verrechnung* würde bedeuten, daß die beiden Faktoren auf verschiedenen Wegen unabhängig voneinander wirken (Abb. 6), z. B. könnte Äthylen dadurch seine Wirkung entfalten, daß es bereits fertige Anthocyanmoleküle wieder vernichtet. Tabelle 31 zeigt, daß sich P_{fr} und C_2H_4 unter allen geprüften Lichtbedingungen *multiplikativ* verhalten. Dies bedeutet, daß die beiden Faktoren an verschiedenen Stellen des Biogenesewegs zum Anthocyan wirken, P_{fr} fördernd, C_2H_4 hemmend.

Bei insgesamt 5 untersuchten Merkmalen der Senfkotyledonen, die durch Phytochrom induziert bzw. positiv moduliert werden, war die Wirkung von Äthylen uneinheitlich (Abb. 402): Zwei wurden *reduziert* (Anthocyansynthese, PAL-Pegel); die Kapazität der Chlorophyll *a*-Synthese wurde *gesteigert;* der GR-Pegel und der PChl-pool blieben *unbeeinflußt*. Auch diese Befunde *widerlegen* die Auffassung, das Phytochrom (P_{fr}) wirke bei der Photomorphogenese über Äthylen.

Der Befund, daß Phytochrom die Produktion eines Hormons steigert, ist also keineswegs ein Hinweis darauf, daß dem betreffenden Hor-

Tabelle 31. Hemmung der Anthocyansynthese in den Kotyledonen des Senfkeimlings durch eine konstante C_2H_4-Konzentration ($100\,\mu l \cdot l^{-1}$) im Luftraum um die Keimlinge bei verschiedenen Energieflüssen im Dauer-Dunkelrot (DR) und im Dauer-Hellrot (HR). Die Anthocyanmessung erfolgte 48 h nach Aussaat (25 °C). Energieflüsse: 1/1 DR, 3,5 W · m²; 1/1 HR, 0,675 W · m⁻². Die C_2H_4-Konzentration liegt bei allen Lichtbedingungen im Saturierungsbereich (→ Abb. 401). Bei multiplikativer Verrechnung (→ S. 10) gilt die Beziehung:

$$\text{Anthocyanmenge in Gegenwart von } C_2H_4 = \text{Konstante} \cdot \text{Anthocyanmenge in Luft}$$

Sowohl im Dauer-DR als auch im Dauer-HR ergibt sich für die Konstante derselbe Wert: 0,61. Die Verifizierung der Formel für multiplikative Verrechnung bedeutet, daß P_{fr} und C_2H_4 unter den gewählten Randbedingungen (saturierte C_2H_4-Konzentration) *unabhängig voneinander* auf die Anthocyansynthese wirken. (Nach BÜHLER et al., 1978 a)

Relativer Energiefluß	Anthocyanmenge in Luft (relative Werte)	Anthocyanmenge in C_2H_4-Atmosphäre (relative Werte)	$\dfrac{A_{C_2H_4}}{A_{\text{Luft}}}$
1/1 DR	0,466	0,282	0,61
1/10 DR	0,356	0,225	0,63
1/100 DR	0,231	0,136	0,59
1/1 HR	0,306	0,197	0,64
1/10 HR	0,241	0,145	0,60
1/100 HR	0,198	0,115	0,58

mon eine Vermittlerrolle in den Kausalketten, die im Rahmen der Photomorphogenese von P_{fr} ausgehen, zukommt (→ S. 343). Die Interpretation entsprechender Befunde, die neuerdings mit Gibberellinen und Cytokininen gemacht wurden, muß deshalb offen bleiben.

Regulation der Mitoseaktivität durch Hormone

Mit Hilfe geeigneter Testsysteme, beispielsweise Gewebekulturen (Abb. 403) lassen sich Substanzen identifizieren, welche Zellteilungsaktivität auslösen bzw. erhöhen. Man entnimmt ein steriles Gewebestück aus dem Mark der Sproßachse einer Tabakpflanze und bringt es auf Nähragar (= Agar mit Nährsalzen, gewissen Vitaminen und geeigneten Zuckern als C-Quelle). Es erfolgt kein Wachstum. Fügt man jetzt bestimmte Substanzen zu, zum Beispiel IES (→ Abb. 269) und Kinetin (→ Abb. 385), so stellt sich üppiges Wachstum durch Zellvermehrung ein. Die Richtung der Teilungsebenen ist aber zufallsmäßig; es entsteht, zumindest primär, ein amorphes Gewebe, ein *Kallus*.

Wir machen uns noch einmal klar (→ S. 62), welche Einblicke in den Ursache → Wirkungs-Zusammenhang der Zellteilung man mit Hilfe dieser *Faktorenanalyse* gewinnen kann. Es sind x Faktoren notwendig, damit im isolierten Tabakgewebe die Zellteilung ablaufen kann. Diese x Faktoren sind die „Ursache" für die „Wirkung" Zellteilung (→ Abb. 3). Von den x Faktoren kennen wir zwei, IES und Kinetin. Alle anderen Faktoren sind in unserem Testsystem in solchen Mengen vorhanden, daß sie nicht absolut begrenzend wirken.

Im Sinn der Abb. 3 wären Cytokinin und Auxin als Zellteilungs*regulatoren*, die (x − 2) Faktoren als Zellteilungs*faktoren* oder „Voraussetzungen für Zellteilung" zu bezeichnen. Die letzteren sind für die Zellteilung notwendig, auch wenn sie im Testsystem die Intensität der Zellteilung nicht begrenzen. Im Experiment kann man leicht zeigen, wie aus einem Zellteilungsfaktor ein Zellteilungsregulator wird. Ein Beispiel: Wird die Bildung von ATP spezifisch gehemmt, so wird der ATP-pool zum absolut begrenzenden Faktor der Zellteilungsintensität (→ Abb. 3).

Unter *physiologischen* Bedingungen sprechen wir dann von einem *Regulator*, wenn die Reaktionsgröße von der Faktormenge (erheb-

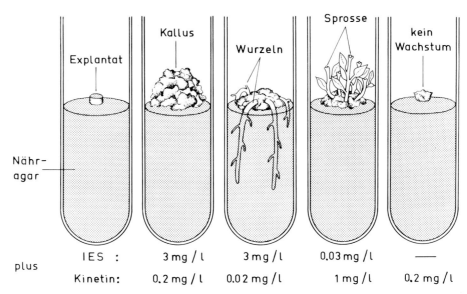

Abb. 403. IES und Kinetin als begrenzende Faktoren für die Mitoseaktivität in einem auf Nähragar gehaltenen Gewebestück (Explantat) aus dem Mark einer Tabakpflanze. Außerdem zeigt das Experiment, daß der Wachstumsmodus einer Gewebekultur und die Art der Organbildung (Wurzeln bzw. Sprosse) vom *Verhältnis* mehrerer Hormone, die im Medium angeboten werden, abhängen kann. (Nach RAY, 1963)

lich) abhängt. Wenn eine physiologisch „vernünftige" Variation der Faktormenge die in Frage stehende Reaktionsgröße nicht signifikant verändert, sprechen wir von einem *nicht-regulierenden* Faktor. Ein *Faktor* kann also entweder ein „Regulator" oder ein „nicht-regulierender Faktor" sein. In diesem Sinn ist ATP vermutlich ein nicht-regulierender Faktor. Die Faktormenge-Reaktionsgröße-Funktion („Dosis-Effekt-Kurve"), die für einen bestimmten Regulator gilt, kann natürlich durch die übrigen Faktoren variiert werden [→ Gl. (1 b), S. 10].

Eine besondere Bedeutung gewinnen die mit Testsystemen gewonnenen Resultate dann, wenn man es wahrscheinlich machen kann, daß die im Testsystem erfaßten Zellteilungsregulatoren („teilungsauslösende Substanzen") auch in situ für die Regulation der Zellteilungsaktivität der Meristeme verwendet werden. Es ist sehr wahrscheinlich, daß die IES, die im Testsystem bereits in sehr geringen Konzentrationen teilungsauslösend wirkt, auch in der Pflanze als Mitosehormon fungiert. Auch einige Beobachtungen mit Cytokininen lassen eine regulierende Funktion dieser Hormongruppe bei der Mitose vermuten. Nach MATTHYSEE und ABRAMS ist das „Cytokinin-aktive" Receptor-

protein an das Chromatin der kompetenten Zellen gebunden. In Gegenwart des aus Pflanzenmaterial gewonnenen „Cytokinin-aktiven" Proteins steigern Kinetin und Zeatin die Matrizen-Aktivität sowohl von Chromatin als auch von gereinigter, „homologer" DNA. (Damit ist solche DNA gemeint, die aus dem gleichen Pflanzenmaterial wie das „aktive" Protein stammt; die in dem Transkriptionssystem verwendete RNA-Polymerase stammte aus *E. coli*.)

Man darf freilich von diesem experimentellen Ansatz keine Antwort auf die *Grundfragen der Hormonphysiologie* erwarten. Eine Antwort auf die Frage nach den molekularen Grundlagen der *spezifischen, multiplen* Wirkung eines Hormons kann derzeit nicht gegeben werden. Wir sind aber immerhin jetzt in der Lage, die Fragen richtig zu stellen.

Sequentielle Wirkung von Hormonen

Wir behandeln diesen wichtigen Aspekt anhand einer Fallstudie. KAZAMA und KATSUMI untersuchten die Wirkung von Auxin und Gibberellin (GA₃) auf das Wachstum von Hypoko-

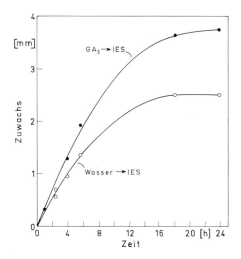

Abb. 404. Das Wachstum von Hypokotylsegmenten, gewonnen aus grünen Gurkenkeimlingen, unter dem Einfluß von Auxin (IES, 0,1 μmol · l⁻¹). Die Segmente wurden entweder mit Gibberellin (GA₃, 0,1 μmol · l⁻¹) oder mit Wasser für 5 h vorinkubiert. Kontrollsegmente (GA₃ → Wasser) zeigen praktisch kein Wachstum, bezogen auf die 0 h-Kontrolle. (Nach KAZAMA und KATSUMI, 1974)

tylsegmenten, die aus grünen Gurkenkeimpflanzen (*Cucumis sativus*) hergestellt wurden. Dabei ergab sich eine sequentielle Wirkung der applizierten Hormone: Gibberellin wirkt nur in den frühen Phasen der Keimpflanzenentwicklung; Auxin wirkt in den späteren Phasen. Darüber hinaus beobachtete man eine Wechselwirkung zwischen Gibberellin und Auxin der Art, daß eine Vorbehandlung mit GA₃ das Auxininduzierte Wachstum steigert (Abb. 404). Die inverse Behandlung (Auxin zuerst, dann GA₃) führt zu keiner Wechselwirkung, ebensowenig die simultane Applikation der beiden Hormone. Entsprechende Beobachtungen wurden auch mit anderem Pflanzenmaterial gemacht, z. B. mit Segmenten aus etiolierten oder grünen Erbsenepikotylen. Es scheint, daß die sequentielle Wirkung der beiden Hormone (GA₃ zuerst) und die GA₃-abhängige „Sensibilisierung" des Gewebes für Auxin generelle Phänomene sind. Dies ist, bei allem Vorbehalt gegen „segmentphysiologische" Daten (→ S. 370) ein wichtiger Befund.

Auch dieses Beispiel zeigt, daß die Hormone auf dem Niveau der *Musterrealisation* wirken. Obgleich GA₃ die Empfindlichkeit des Gewebes für Auxin moduliert, haben die Hormone offenbar keinen Einfluß auf die Abfolge der Phasen (*Musterdetermination*; → S. 330).

Dies gilt im Prinzip auch für die *Gramineenkoleoptile*. Die *Avena*koleoptile erreicht die hohe Empfindlichkeit gegenüber Auxin erst, nachdem sie etwa ⅓ ihrer Endlänge erreicht hat. Es gibt keine Hinweise darauf, daß Auxin das zeitliche Muster der Empfindlichkeit gegenüber Auxin oder den Zeitpunkt der einsetzenden Seneszenz erheblich moduliert.

Hormonelle Integration bei der Samen- und Fruchtentwicklung

Die strenge Koordination bei der Entstehung von Embryonen, Samen und Früchten hat die Pflanzenphysiologen seit jeher fasziniert. In der Regel entwickelt sich ein Fruchtknoten nicht weiter, wenn die Bestäubung und damit die Befruchtung unterbleiben (Abb. 405).

Man kann heute davon ausgehen, daß der Embryo (→ Abb. 251) die Entwicklung der Samenanlagen und die Entwicklung der Frucht hormonell stimuliert. Die klassischen Beobachtungen von MOLISCH (Abb. 406) und von NITSCH (Abb. 407) deuten darauf hin, daß auch bei komplizierten „Früchten" die einzelnen Samen die ihnen zugeordneten Bereiche der „Frucht" hormonell versorgen. Da man bei manchen Arten durch die Applikation von Auxin oder Gibberellin parthenokarpe Früchte er-

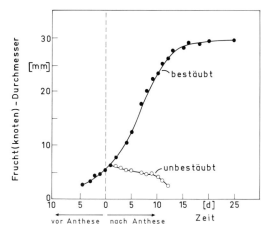

Abb. 405. Der Einfluß der Bestäubung auf das Wachstum eines Fruchtknotens bzw. einer Frucht. Objekt: *Cucumis anguria*. Unbestäubte Fruchtknoten entwickeln sich nach der Anthese nicht mehr weiter; sie schrumpfen sogar. Hingegen zeigen die bestäubten Fruchtknoten einen typisch sigmoiden Wachstumsverlauf. (Nach NITSCH, 1952)

Abb. 406. Ungleiche Entwicklung der Hälften einer Apfelfrucht. *Links:* im Längsschnitt; *rechts:* im Querschnitt. Das Ausmaß der Fruchtentwicklung ist mit der jeweiligen Samenentwicklung korrelliert. (Nach MOLISCH, 1918)

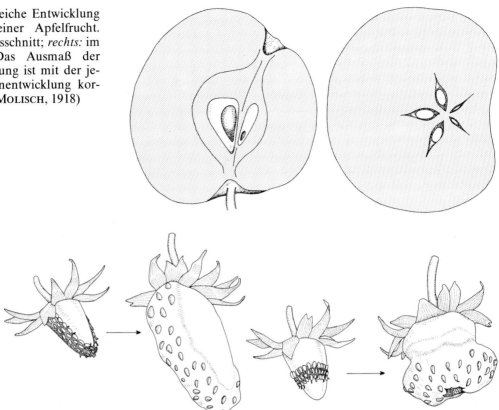

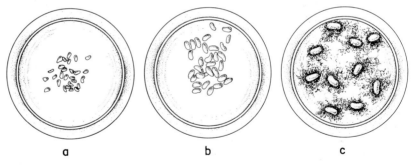

Abb. 407. Die Entwicklung der Blütenachse (Receptaculum) zur fleischigen Sammelfrucht wird bei der Erdbeere von den Nüßchen her lokal reguliert. Alle Nüßchen, außer den eingezeichneten, wurden so früh wie möglich entfernt. Es gibt Hinweise darauf, daß die Nüßchen Auxin produzieren. (Nach NITSCH, 1950)

a   b   c

Abb. 408 a – c. Unbefruchtete Samenanlagen der Baumwolle (*Gossypium herbaceum*) nach einer Kulturdauer von 2 Wochen in: (a) Basalmedium (keine Entwicklung); (b) Basalmedium plus 5 μmol Kinetin · l^{-1}; (c) Basalmedium plus 5 μmol IES · l^{-1} und 5 μmol GA$_3$ · l^{-1}. Kinetin verursacht eine Vergrößerung der Samenanlagen, IES und GA$_3$ bewirken eine weitgehend normale Entwicklung. (Nach BEASLEY, 1973)

zeugen kann, nimmt man an, daß auch normalerweise die Wirkung der Samen auf die Fruchtentwicklung mit Hilfe dieser Hormone geschieht. Neuerdings ist es gelungen, isolierte, unbefruchtete Samenanlagen durch die exogene Zugabe von Hormonen zu einer mehr oder minder normalen Entwicklung zu (natürlich embryolosen) Samen zu veranlassen. Bei entsprechenden Experimenten mit der Baumwolle (*Gossypium herbaceum*) zeigte sich, daß die Entwicklung der Samen, einschließlich der Bildung von Haaren (jeweils aus einer, enorm verlängerten Epidermiszelle bestehend), in Gegenwart von IES und GA$_3$ erzielt werden kann (Abb. 408). Es ist damit natürlich nicht bewiesen, daß der Embryo normalerweise mit Hilfe dieser Hormone die Entwicklung der Samenanlagen zu Samen veranlaßt, aber es spricht nichts dagegen. Die *reine Auslöserfunktion* der Hormone wird bei den Vorgängen der Samen- und Fruchtentwicklung besonders deutlich: die Entwicklung der Samen wird über die *gleichen* Hormone stimuliert wie die Entwicklung der Früchte.

Wechselwirkung zwischen Hormonen und Licht?

Alle uns bekannten Untersuchungen, die den Kriterien der Mehrfaktorenanalyse (→ S. 10) genügen, weisen auf eine *Unabhängigkeit* der Phytochrom- und der Hormonwirkungen (IES, Gibberellin, Kinetin, Äthylen) bei *simultaner Applikation* der exogenen Faktoren hin. Beispiele: Bei Koleoptilsegmenten ist die Wirkung von Rotlicht unabhängig von IES, GA$_3$, und 2,4-D, obgleich diese Substanzen das Wachstum stark beeinflussen. — Beim Öffnungsvorgang des isolierten Hypokotylhakens von Bohnenkeimlingen zeigen Rotlicht und die Hormone IES, GA$_3$ und Kinetin keine Wechselwirkung. Bei Experimenten mit Segmenten aus Erbseninternodien ergab sich, daß das Licht auf eine Komponente des Wachstums wirkt, die unabhängig von IES- oder GA$_3$-induziertem Wachstum ist. Zum selben Resultat (bezüglich P$_{fr}$ und GA$_3$) führten Studien mit dem intakten Senfkeimling (→ Abb. 8). Andererseits kann kein Zweifel sein, daß *Wechselwirkungen* zwischen Licht und Hormonen bestehen. Die experimentellen Befunde, wonach Phytochrom (P$_{fr}$) die endogene Bildung von Gibberellinen, von Abscisinsäure oder von Äthylen beeinflußt, können als gesichert gelten. Beim intakten Senfkeimling z. B. wird die Syntheseintensität für Äthylen durch Phytochrom wesentlich gesteigert (→ Abb. 400). Aber auch in diesem Fall erfolgen die photomorphogenetischen Wirkungen des P$_{fr}$ *nicht* über die Vermittlung des Äthylens. Die durch P$_{fr}$ gesteigerte Äthylensynthese ist eine *terminale Photomorphose*, nicht ein Glied in der Kausalkette zwischen P$_{fr}$ und Photomorphogenese.

Zur praktischen Verwendung der Hormone

Die Erforschung des *Auxins* hat zur Entwicklung von Herbiciden geführt, denen eine überragende Bedeutung in der modernen Agrikultur zukommt. Wir behandeln diesen Aspekt im Kapitel über Ertragsphysiologie (→ S. 560). Die praktische Verwendung der *Gibberelline* blieb bisher im bescheidenen Rahmen. Bei der Braugerste erzielt man mit GA$_3$ eine gleichmäßig hohe Keimgeschwindigkeit während des ganzen Jahres. Außerdem werden Gibberelline eingesetzt zur Erzeugung parthenokarper Früchte, zur Auslösung der Blütenbildung bei Zierpflanzen und zur Gewinnung großer, länglicher Beeren bei Tafelweintrauben. Behandlungen mit exogenen Gibberellinen führen beim Hanf (*Cannabis sativa*) und bei der Salatgurke (*Cucumis sativus*) zu einer Vermehrung von staminaten („männlichen") Blüten oder zumindest zu einer verzögerten Entwicklung der pistillaten („weiblichen") Blüten. Es scheint, daß generell ein hoher endogener Gibberellinpegel die staminate Tendenz fördert. Andererseits begünstigt Äthylen, appliziert in Form von Ethephon (→ *unten*), die Bildung pistillater Blüten. Auch die Anwendung von Auxinen, besonders Naphthalin-1-essigsäure, fördert die weibliche Tendenz.

Cytokinine verzögern den Alterungsprozeß abgeschnittener Blätter, Blumen und Gemüseprodukte. Man kann mit synthetischen Cytokininen unerwünschte Alterungsprozesse beim Transport oder bei der Speicherung dieser Produkte verhindern.

Äthylen wird seit längerer Zeit eingesetzt, um die Reifeprozesse von Früchten in geschlossenen Behältern zu beschleunigen, insbesondere bei Citrusfrüchten und bei Äpfeln. Auch den Blattfall kann man mit Äthylen beeinflussen. Da sich das Gas im Freien schlecht anwenden läßt, hat man lösliche Substanzen entwickelt, die von den Pflanzen leicht aufgenommen und unter Äthylenentwicklung im Gewebe abgebaut werden. Ein Beispiel ist die 2-Chloräthylenphosphonsäure

$$Cl-CH_2-CH_2-\overset{\displaystyle O}{\overset{\|}{P}}-OH$$
$$\underset{\displaystyle OH}{|}$$

Diese Substanz (Handelsname: *Ethephon*) ist ein *Defolians,* mit dem man ebensogut wie mit Äthylen einen vorzeitigen und synchronen Blattfall auslösen kann. Dies ist für die Mechanisierung der Ernte von Baumwolle, Erbsen usw. entscheidend wichtig.

Weiterführende Literatur

ABELES, F. B.: Ethylene in Plant Biology. New York: Academic Press, 1973

GROSS, D.: Chemie und Biochemie der Abscisinsäure. Die Pharmazie **27,** 619 – 630 (1972)

HEDDEN, P. et al.: The metabolism of the gibberellins. Ann. Rev. Plant Physiol. **29,** 149 – 192 (1978)

JACOBSON, J. V.: Regulation of ribonucleic acid metabolism by plant hormones. Ann. Rev. Plant. Physiol. **28,** 237 – 264 (1977)

JONES, R. L., JACOBSEN, J. V.: Membrane and RNA metabolism in the response of aleurone cells to GA. Bot. Mag. Tokyo *Special Issue* **1,** 83 – 99 (1978)

KENDE, H., GARDNER, G.: Hormone binding in plants. Ann. Rev. Plant Physiol. **27,** 267 – 290 (1976)

LANG, A.: Gibberellins: Structure and metabolism. Ann. Rev. Plant Physiol. **21,** 537 – 570 (1970)

LETHAM, D. S.: Chemistry and physiology of kinetin-like compounds. Ann. Rev. Plant Physiol. **18,** 349 – 364 (1967)

OSBORNE, D. J.: Ethylene and target cells in the growth of plants. Sci. Progr. Oxf. **64,** 51 – 63 (1977)

PILET, P. E. (ed.): Plant Growth Regulation. Berlin-Heidelberg-New York: Springer, 1977

SHELDRAKE, A. R.: The production of hormones in higher plants. Biol. Rev. **48,** 509 – 559 (1973)

WAREING, P. F., PHILIPS, I. D. J.: The Control of Growth and Differentiation in Plants. Oxford: Pergamon Press, 1977

32. Blütenbildung und Photoperiodismus

Blütenbildung und Florigen

Die Blütenbildung, der Übergang von der vegetativen in die reproduktive Phase, ist ein Kardinalpunkt in der Entwicklung (Ontogenie) der Pflanze (→ Abb. 250). Die Blütenbildung geht darauf zurück, daß die Sproßvegetations-

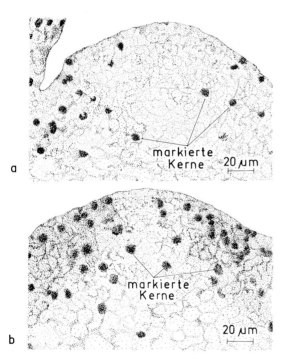

Abb. 409 a und b. Autoradiographische Lokalisierung von teilungsbereiten Zellkernen im Apikalmeristem von *Sinapis alba* (medianer Längsschnitt). Jene Kerne, die nach der Zugabe von ³H-markiertem Thymidin DNA synthetisiert haben, tragen die radioaktive Markierung. (a) Vor der Ankunft des Blühhormons (→ Abb. 412); (b) nach der Ankunft des Blühhormons, zum Zeitpunkt der Steigerung der DNA-Replication; → Abb. 411. (Nach BERNIER, 1973)

punkte anstelle vegetativer Blattanlagen die Mikro- und Megasporophylle und die ebenfalls blatthomologen Strukturen des Perianths bilden. Dieser Übergang von der vegetativen zur reproduktiven Funktion geht mit charakteristischen Veränderungen des apikalen Meristems einher. Wenn man den Vegetationspunkten ³H-markiertes Thymidin zuführt, kann man nach einiger Zeit in mikroskopischen Längsschnitten mit Hilfe der Autoradiographie jene Orte im apikalen Meristem erkennen, in denen in der Zwischenzeit DNA synthetisiert (d. h. ³H-Thymidin eingebaut) wurde (Abb. 409). Auf diese Weise gewinnt man ein Bild von der Verteilung der mitotischen Aktivität über das Meristem.

Wir können davon ausgehen, daß für die Ausbildung der Blüten und Infloreszenzen (Abb. 410) genetische Information benötigt wird, die bei der vegetativen Entwicklung keine Rolle spielt. Man kann sich somit die Umsteuerung des Vegetationspunktes von der Bildung vegetativer Blattanlagen zur Bildung von Blütenorganen mit der Hypothese verständlich machen, daß bestimmte Gene, die im vegetativen Meristem nicht in Funktion waren, nunmehr in Betrieb gesetzt werden (*Blühgene*). Die mit histochemischen Methoden im Meristem meßbaren Veränderungen stehen mit dieser Auffassung im Einklang (Abb. 411). Die Frage ist, wie es kommt, daß in einer bestimmten Phase der Ontogenie die Blühgene aktiv werden. Mit zwei Möglichkeiten muß man von vornherein rechnen:

1. Die autonome Umsteuerung des Vegetationspunktes. Es gibt Pflanzen, z. B. die Gartenerbse (*Pisum sativum*), bei denen die Umstimmung des Vegetationspunktes zur Blütenbildung als eine *autonome* Leistung des Vegetationspunktes anzusehen ist. Der Zeitpunkt der Umschaltung ist genetisch festgelegt (z. B. früh- oder spätblü-

Abb. 410. Entwicklungsstadien der staminaten Infloreszenz-Anlage von *Xanthium strumarium* Spitzklette. *Links oben* der vegetative Apex. (Nach SALISBURY, 1955)

0.0   0.5   1.0 mm

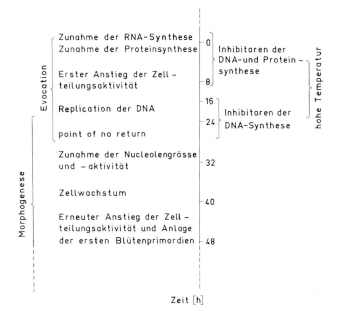

Abb. 411. Die Veränderungen im Apikalmeristem einer Senfpflanze (*Sinapis alba*) beim Übergang zur Blütenbildung. *Rechts* im Bild ist angedeutet, welche Inhibitoren (→ Abb. 59) zu welchem Zeitpunkt besonders wirksam sind. Der Punkt 0 auf der Zeitachse repräsentiert den Zeitpunkt, zu dem das Blühhormon (→ Abb. 412) im Meristem ankommt. Mit dem Begriff *Evocation* bezeichnet man die frühen Phasen bis zum Zeitpunkt der *irreversiblen* Umsteuerung des Vegetationspunktes auf Blütenbildung. (Nach BERNIER, 1973)

hende Sorten). Im Rahmen der Reaktionsbreite ist dieser Zeitpunkt durch Außenfaktoren in bescheidenem Maße beeinflußbar. Faktoren, die aus den Blättern stammen, spielen bei der Umstimmung des Vegetationspunktes keine wesentliche Rolle.

2. Die Umsteuerung des Vegetationspunktes durch ein Blühhormon. Es gibt viele Pflanzen, z. B. die Senfpflanze (→ Abb. 250), bei denen die Umsteuerung des Vegetationspunktes durch einen Stimulus bewirkt wird, der aus den Blättern stammt. Man nennt diesen Blühstimulus *Blühhormon (Florigen)*. Im Prinzip muß man sich die folgende Vorstellung machen (Abb. 412): Das Blühhormon wird in den herangewachsenen Blättern gebildet, in die Sproßachse transportiert und von dort allseitig verteilt. Es gelangt also auch in die Sproßvegetationspunkte, wo es die Blühgene aktiviert. Es ist wahrscheinlich, daß das Blühhormon in den Siebröhren mit dem *Assimilatstrom* transportiert wird. Es gibt allerdings auch Argumente zugunsten der Auffassung, daß sich das Blühhormon unabhängig von den Assimilaten in den Pflanzen bewegt; z. B. ist die Geschwindigkeit des Blühhormonstromes ($1-2$ cm $\cdot$ h^{-1} bei *Lolium temulentum*) viel niedriger als die Translocationsgeschwindigkeit für ^{14}C-markierte Assimilate in derselben Pflanze ($80-100$ cm $\cdot$ h^{-1}).

Die Vegetationspunkte im Sproßbereich sind das Zielgewebe (oder Erfolgsgewebe) für das Blühhormon, falls sie den Zustand der

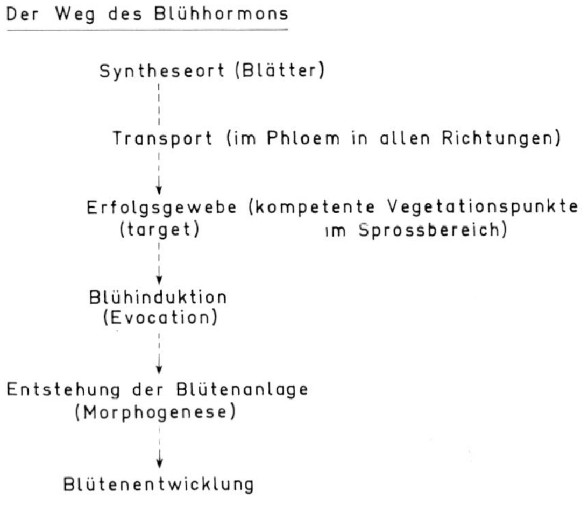

Der Weg des Blühhormons

Syntheseort (Blätter)
|
Transport (im Phloem in allen Richtungen)
|
Erfolgsgewebe (kompetente Vegetationspunkte
(target)   im Sprossbereich)
|
Blühinduktion
(Evocation)
|
Entstehung der Blütenanlage
(Morphogenese)
|
Blütenentwicklung

Abb. 412. Ein Schema, das die Vorstellungen über den Weg und die Wirkungen des Blühhormons zusammenfaßt

Kompetenz *für Florigen* erreicht haben. Es gibt zwar biochemische und histochemische Hinweise darauf, daß das Florigen im kompetenten Meristem tatsächlich Gene aktiviert (→ Abb. 411); auf dem Niveau der Enzyme läßt sich die Blühinduktion aber noch nicht messen. Die biochemische Natur des Florigens ist ebenfalls noch unbekannt. Man kann bislang das Florigen nur *operational* (in erster Linie durch Pfropfexperimente) charakterisieren (→ S. 399).

Photoperiodismus

Wir haben bereits früher (→ S. 304) darauf hingewiesen, daß die Merkmale einer Blüte bis in die feinsten Details hinein durch die genetische Information des Organismus bestimmt werden und daß die Merkmale der Blütenregion keine signifikante Umweltvariabilität aufweisen: Die Entwicklung der Blüten ist durch *Entwicklungshomöostasis* gekennzeichnet. Obgleich eine Entwicklungshomöostasis die Kausalanalyse (genauer, Faktorenanalyse; → S. 8) des ins Auge gefaßten Entwicklungsphänomens sehr erschwert, hat gerade das Studium der Blütenbildung zu Einsichten geführt, die für die gesamte Entwicklungsphysiologie wichtig geworden sind. Dies hängt mit dem sogenannten *Photoperiodismus* zusammen.

Unter Photoperiodismus versteht man die Erscheinung, daß bei vielen Pflanzen die Länge der täglichen Belichtungszeit, die *Tageslänge* oder *Photoperiode,* darüber entscheidet, ob die Vegetationspunkte auf Blütenbildung umschalten oder nicht (Abb. 413). Man kann *Kurztagpflanzen* (KTP) oder *Langtagpflanzen* (LTP) unterscheiden. Außerdem gibt es *tagneutrale Pflanzen,* das sind solche, bei denen die Photoperiode keinen spezifischen Einfluß auf die Blütenbildung hat. Wir betrachten hier lediglich obligatorische KTP und obligatorische LTP. Fakultative KTP und LTP und kompliziertere Typen wie KT-LT-Pflanzen und LT-KT-Pflanzen lassen wir außer Betracht. Die *Phänomenologie des Photoperiodismus* ist überhaupt viel mannigfaltiger als des in diesem kurzen Abschnitt zum Ausdruck kommen kann. Es ist auf diesem Gebiet besonders schwierig, die Gesetzmäßigkeiten herauszustellen und gleichzeitig den erheblichen Unterschieden zwischen den einzelnen Pflanzensippen gerecht zu werden.

Abb. 413. Die Blütenbildung als Funktion der Tageslänge. Objekt: *Ipomoea hederacea*, cv. Scarlett O'Hara. Beide Pflanzen erhielten eine Hauptlichtperiode von 8 h Tageslicht pro Tag. Die Pflanze auf der rechten Seite erhielt zusätzlich 8 h schwaches Glühlampenlicht (400 lx) pro Tag, also eine Photoperiode von 16 h. Das Zusatzlicht verhindert *spezifisch* die Blütenbildung. Die vegetative Entwicklung verläuft ungestört. (Nach einer Photographie aus der Pionierzeit der Photoperiodismusforschung von BORTHWICK)

Kritische Tageslängen. Eine KTP blüht nur dann, wenn eine kritische Tageslänge (z. B. 15 h Licht pro Tag bei der KTP *Pharbitis nil*) unterschritten wird (Abb. 414). Andererseits blüht eine LTP nur dann, wenn eine bestimmte kritische Tageslänge (z. B. 12 h Licht pro Tag bei der LTP *Sinapis alba*) überschritten wird. Die kritischen Tageslängen der beiden Typen können sich natürlich überlappen, z. B. blühen sowohl *Sinapis alba* als auch *Pharbitis nil* bei einer Tageslänge von 14 h. Im Unterschied zu Senf blüht aber *Pharbitis nil* nicht mehr, wenn die tägliche Photoperiode länger ist als 15 h. Die kritische Tageslänge (und damit der Reaktionstyp KTP oder LTP) ist *genetisch* festgelegt. Auch nahe verwandte Sippen können sich grundlegend unterscheiden (Abb. 415). Bei *Chenopodium rubrum* kennt man beispielsweise eine ganze Reihe photoperiodischer Rassen. Allerdings können Umweltfaktoren, vor allem die Temperatur, die kritische Tageslänge etwas verschieben. Auch das Alter der Pflanzen ist von Einfluß: Die kritische Tageslänge von *Pharbitis nil* liegt z. B. bei adulten Pflanzen höher als bei Keimpflanzen. Bei manchen Pflanzensippen ist die *Präzision* der photoperiodischen Reaktion erstaunlich. Ein Experiment mit der KTP *Xanthium strumarium* ergab das Resultat, daß bei einer Photoperiode von 15,75 h alle Pflanzen der Population vegetativ blieben, während bei einer Photoperiode von 15,00 h alle Pflanzen blühten. Die Reaktion der Population folgt also — zumindest deskriptiv — dem Schwellenwertsprinzip (→ S. 336). Wie die Abb. 414 zeigt, ist bei anderen Pflanzensippen der Übergang viel kontinuierlicher: Bei der LTP *Sinapis alba* bleiben bei einer 12 h-Photoperiode alle Pflanzen vegetativ; man muß die Photoperiode jedoch auf 18 h anheben, um alle Pflanzen der Population zum Blühen zu bringen.

Blätter als Receptororgane des Photoperiodismus. Der Vegetationspunkt selbst braucht für eine photoperiodische Blühinduktion nicht be-

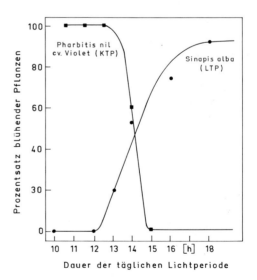

Abb. 414. Die Blühreaktion einer typischen Kurztagpflanze (KTP) und einer typischen Langtagpflanze (LTP) in Abhängigkeit von der Dauer der täglichen Lichtperiode (Photoperiode, Tageslänge). (Nach VINCE-PRUE, 1975). Gelegentlich wird die *kritische Tageslänge* definiert als jene Tageslänge, bei der 50% der Pflanzen einer Population blühen. Für unsere Zwecke genügt es, die kritische Tageslänge aufzufassen als jene Tageslänge, unterhalb oder oberhalb der die Blütenbildung einer Pflanzensippe ausbleibt

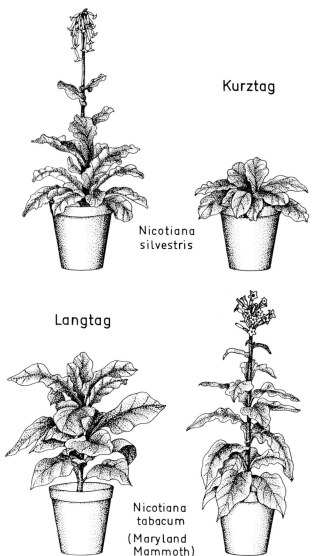

Kurztag

Nicotiana
silvestris

Langtag

Nicotiana
tabacum
(Maryland
Mammoth)

Abb. 415. *Nicotiana silvestris* (eine Langtagpflanze) und *Nicotiana tabacum,* cv. Maryland Mammoth (eine Kurztagpflanze) im Kurz- bzw. Langtag. (In Anlehnung an Bünning, 1953)

lichtet zu werden; eine Belichtung von Blättern genügt (Abb. 416). Bei den KTP *Chenopodium rubrum* und *Pharbitis nil* sind bereits die Kotyledonen hochempfindlich für das photoperiodische Signal; bci der KTP *Xanthium strumarium* hingegen sind die Kotyledonen unempfindlich. Erst die Primärblätter reagieren, nachdem sie sich zur Hälfte entfaltet haben, auf die photoperiodische Situation. Die Pflanzensippen unterscheiden sich nicht nur in der Kompetenz der Blätter für das photoperiodische Signal, sondern auch in der Zahl der photoperiodischen Cyclen, die für eine Blühinduktion erforderlich sind. Im Extremfall genügt ein einziger Tag mit der „richtigen" Photoperiode, um Blütenbildung auszulösen. Dies ist z. B. der Fall

bei den KTP *Xanthium strumarium* und *Pharbitis nil* und bei der LTP *Lolium temulentum.* Diese Arten werden deshalb in der Forschung viel benützt. Auch wenn man die Pflanzen anschließend wieder in die „falsche" Photoperiode bringt, setzt doch die Blütenbildung ein. Offenbar ist während der Zeit, welche die Pflanze in der jeweils „richtigen" Photoperiode verbrachte, das Florigen in den Blättern gebildet worden. In diesen Fällen liegt eine echte, nicht mehr revertierbare Blüh*induktion* vor. Andere Pflanzen brauchen mehrere oder viele photoperiodische Cyclen für eine erfolgreiche Blühinduktion, z. B. die Chrysanthemen (KTP). Außerdem beobachtet man hier eine Reversion der Blühinduktion insofern als die Blütenanla-

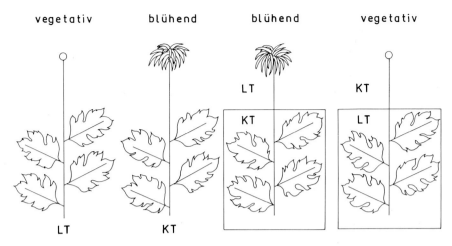

vegetativ   blühend   blühend   vegetativ

LT, Langtagbedingungen
KT, Kurztagbedingungen

Abb. 416. Die Wirkung einer photoperiodischen Behandlung von Blättern und Apex (endständiger Vegetationspunkt) auf die Blühreaktion von *Chrysanthemum morifolium.* (Nach CHAILAKHYAN, 1937). Man weiß heute, daß die Pflanzen generell das photoperiodische Signal über die Blätter aufnehmen und daß es keine Rolle spielt, ob die Vegetationspunkte (die Zielorgane für den photoperiodischen Stimulus!) ebenfalls den induktiven Bedingungen ausgesetzt werden

gen (Blütenknospen) abortieren, wenn die induktiven Kurztagbedingungen zu früh durch Langtag ersetzt werden.

Die Bedeutung des Phytochroms. In manchen Fällen kann die photoperiodische Wirkung eines Langtags durch einen Kurztag plus Zusatzlicht ("Störlicht") ersetzt werden (Abb. 417). Zusätzlich zu einem Kurztag (Hauptlichtperiode mit hohem Lichtfluß zur Saturierung der Photosynthese) gibt man, am besten etwa in der Mitte der zugehörigen Dunkelperiode, einen Lichtimpuls, z. B. ein paar Minuten Fluoreszenz-Weißlicht mittleren Lichtflusses. Damit hat man für die Pflanze Langtagbedingungen geschaffen. Die Wirkungsspektren des Störlichts stimmen bei KTP und LTP überein. Sie zeigen klar die Charakteristika eines Phytochrom-Wirkungsspektrums (→ Abb. 469, Induktion). Man kann also bei beiden photoperiodischen Reaktionstypen mit einem Hellrotpuls (zusätzlich zu einer Kurztag-Hauptlichtperiode) einen Langtageffekt erzielen, und man kann in beiden Fällen den Hellrot-Effekt durch einen unmittelbar nachfolgenden Dunkelrotpuls revertieren (Abb. 418). Wie erklärt man sich diese Reaktion? In der Dunkelzeit nach der Hauptlichtperiode verlieren die Pflanzen rasch das im Licht gebildete P_{fr} durch irreversible Destruktion ($P_{fr} \rightarrow P_{fr}'$) oder Dunkelreversion ($P_{fr} \rightarrow P_r$; → Abb. 316). Gleichzeitig aber wird neues P_r gebildet ($P_r' \rightarrow P_r$; → Abb. 316). Wenn der Hellrotpuls die Pflanzen in der Mitte der Dunkelperiode trifft, erfolgt die Phototransformation ($P_r \rightarrow P_{fr}$). Der anschließend gegebene Dunkelrotpuls bewirkt die Reversion ($P_{fr} \rightarrow P_r$). Die 100%ige Reversion des Hellroteffekts durch den Dunkelrotpuls zeigt an, daß

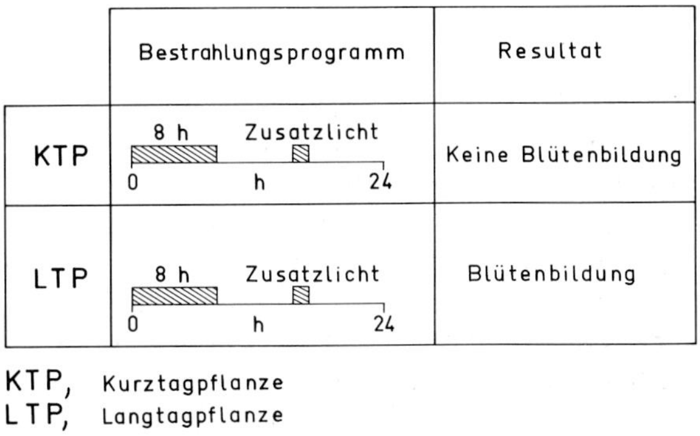

	Bestrahlungsprogramm	Resultat
KTP	8 h Zusatzlicht 0 h 24	Keine Blütenbildung
LTP	8 h Zusatzlicht 0 h 24	Blütenbildung

KTP, Kurztagpflanze
LTP, Langtagpflanze

Abb. 417. In vielen Fällen kann das tägliche Belichtungsprogramm „Kurztag plus Zusatzlicht" einen Langtag bezüglich der Blütenbildung völlig ersetzen. Dies gilt sowohl für KTP als auch für LTP. Bei LTP ist meist ein Störlicht in der Größenordnung von Stunden erforderlich, um den Langtageffekt zu erzielen

 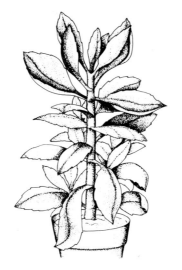 

Abb. 418. Die regulierende Wirkung von Phytochrom auf die Blütenbildung der KTP *Kalanchoe blossfeldiana*. *Links:* Pflanze im Kurztag (8 h Weißlicht · d⁻¹). *Mitte:* Pflanze im Kurztag plus 1 min hellrotes „Störlicht" in der Mitte der Dunkelphase. *Rechts:* Pflanze im Kurztag plus 1 min Hellrot plus 1 min Dunkelrot in der Mitte der Dunkelphase. (Nach HENDRICKS und SIEGELMAN, 1967)

eine Wirksamkeitsschwelle für P_{fr} vorliegt. Das Dunkelrot stellt nämlich ein Photogleichgewicht des Phytochromsystems $\varphi_{fr} = [P_{fr}]/[P_{tot}]$ mit mehreren Prozent P_{fr} ein (→ S. 315). Wie die Experimente zeigen, liegt die Wirksamkeitsschwelle für P_{fr} bei den *Kalanchoe*pflanzen offenbar höher als der P_{fr}-Pegel, den Dunkelrotlicht einstellt.

Die Unterschiede zwischen KTP und LTP lassen sich nunmehr auf einen einfachen Nenner bringen:

LTP: Kurztag + ausreichend P_{fr} (in der Mitte der Dunkelperiode) → Blühhormon

KTP: Kurztag + ausreichend P_{fr} (in der Mitte der Dunkelperiode) – – – kein Blühhormon.

Dieser *qualitative* Unterschied in der Reaktion auf ein und dasselbe P_{fr}-Signal ist *genetisch* festgelegt (→ Abb. 415). *Wie* das P_{fr} in den kompetenten Blättern die Bildung von Florigen stimuliert bzw. unterdrückt, ist noch nicht erforscht.

Photoperiodismus und circadiane Rhythmik. Bereits die klassischen Experimente zum Photoperiodismus haben gezeigt, daß die „Empfindlichkeit" der Pflanzen für Störlicht im Zusammenhang mit der Blühinduktion weder quantitativ noch qualitativ konstant ist. Besonders aufschlußreich sind Experimente mit Stör-

lichtpulsen gewesen, die erwiesenermaßen ausschließlich über Phytochrom (P_{fr}) wirken. Die typischen Reaktionen von KTP und LTP gegenüber Phytochrom (P_{fr}) lassen sich aufgrund dieser Studien folgendermaßen zusammenfassen: Im Fall der KTP ist ein hoher Pegel an P_{fr} zu Beginn der täglichen Dunkelperiode für die Blütenbildung förderlich (manchmal geradezu eine Voraussetzung für die Blühinduktion), während ein hoher Pegel an P_{fr} in der Mitte der Dunkelperiode die Blütenbildung hemmt. Bei LTP ist die tägliche Änderung der Empfindlichkeit gegenüber P_{fr} gerade umgekehrt: Im ersten Teil der Dunkelperiode, die auf eine 12 h-Hauptlichtperiode folgt, begünstigt ein niedriger P_{fr}-Pegel die Blütenbildung. Im zweiten Teil der Dunkelperiode stimuliert ein hoher Pegel an P_{fr} die Blütenbildung.

Es ist sehr wahrscheinlich, daß die rhythmischen, quantitativen und qualitativen Änderungen der Empfindlichkeit der Pflanzen für P_{fr} (operational, für entsprechendes Störlicht) darauf zurückzuführen sind, daß die Pflanzen endogene circadian-rhythmische Aktivitätsänderungen durchmachen, die durch eine „physiologische Uhr" gesteuert werden (→ S. 404).

Ein spezifischer Blaulichteffekt. Aus der fast unübersehbaren Phänomenfülle, die im Zusammenhang mit photoperiodischen Studien erarbeitet wurde, erwähnen wir noch die spezi-

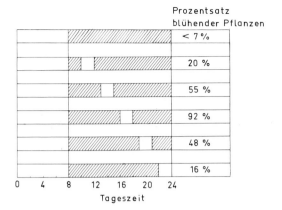

Abb. 419. Der Einfluß von blauem Störlicht auf die Blütenbildung von *Sinapis alba*. Die Pflanzen wurden von der Samenaussaat an 28 d im 8 h Weißlicht-Kurztag gehalten. Vom 29. d an wurden sie für 6 d in der Dunkelperiode zu verschiedenen Zeiten zusätzlich zum Kurztag mit 2 h Blaulicht bestrahlt. Die Auswertung erfolgte 49 d nach der Samenaussaat. (Nach HANKE et al., 1969)

fische Wirkung von Blaulicht bei den Cruciferen. Als Beispiel seien hier die Beobachtungen an der LTP *Sinapis alba* angeführt. Man kann die Blütenbildung z. B. dadurch auslösen, daß man über einige Tage hinweg zusätzlich zu einer Kurztag-Hauptlichtperiode (8 h Weißlicht · d^{-1}), 2 h Zusatzlicht verabreicht, am besten in der Mitte der Dunkelperiode (Abb. 419). Das grobe Wirkungsspektrum dieses Zusatzlichtes (Abb. 420) zeigt, daß das kurzwellige Licht sehr viel wirksamer ist als man es aufgrund der Eigenschaften des Phytochroms erwarten (→ Abb. 469). Während die Wirkung des Hellrots auch hier auf das Phytochrom zurückgeführt werden kann, muß man beim Blaulicht einen weiteren Photoreceptor postulieren, der lediglich im kurzwelligen Teil des sichtbaren Spektrums absorbiert (→ S. 364). Es

scheint, daß die Cruciferen *generell* bei der Blütenbildung auf Blaulicht stark reagieren.

Pfropfexperimente und Florigen

Die wichtige Frage, ob das Florigen in KTP mit dem Florigen der LTP funktionell identisch ist, konnte mit Hilfe von Pfropfexperimenten abgeklärt werden. Pfropft man z. B. von der KTP *Nicotiana tabacum* (cv. Maryland Mammoth) (→ Abb. 415) auch nur ein einziges Blatt auf die LTP *Nicotiana silvestris,* so kommt die LTP auch im Kurztag zum Blühen. Umgekehrt blüht die KTP im Langtag, wenn sie mit einem Blatt der LTP *N. silvestris* bepfropft wurde. Ein zweites Beispiel: Pfropft man die LTP *Sedum spectabile* auf die KTP *Kalanchoe blossfeldiana* und hält das System im Kurztag, so blüht das *Sedum*-Pfropfreis (Abb. 421, *links*). Entblättert man die Unterlage bei der Pfropfung, bleibt das Pfropfreis vegetativ (Abb. 421, *rechts*). Man muß aus diesen Experimenten schließen, das sich das Florigen der KTP und das Florigen der LTP gegenseitig vertreten können. Wahrscheinlich handelt es sich um dieselbe Substanz. Neuere Pfropfexperimente von LANG weisen darauf hin, daß auch die tagneutralen Pflanzen (funktionell) dasselbe Florigen bilden. Bei diesem Pflanzentyp ist die Florigenbildung unabhängig von der Tageslänge.

Welche Rolle spielen Inhibitoren? Bei der KTP *Xanthium strumarium* genügt ⅛ Blatt in der richtigen Photoperiode, um Blütenbildung auszulösen, auch wenn sich die übrige Pflanze im Langtag befindet (Abb. 422, *oben*). Das Pfropfexperiment zeigt, daß das Blühhormon über eine Pfropfstelle von einer Pflanze in die andere übertreten kann (Abb. 421, *unten*). Die Ex-

Abb. 420. Ein grobes Wirkungsspektrum für die durch ein 2stündiges „Störlicht" (in der Mitte der Dunkelperiode) ausgelöste Blütenbildung der LTP *Sinapis alba.* Die Zusatzbestrahlung erfolgte mit relativ breiten Spektralbereichen im Blau, Grün, Gelb, Hellrot und Dunkelrot. Das allgemeine Programm ist in der Legende zur Abb. 419 beschrieben. (Nach HANKE et al., 1969)

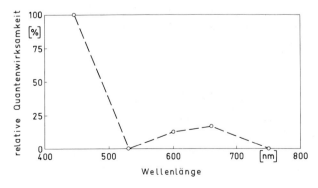

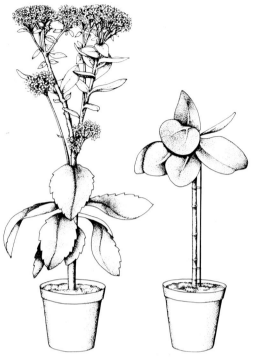

Abb. 421. *Links:* Ein Pfropfreis der LTP *Sedum spectabile* ist auf eine Unterlage der KTP *Kalanchoe blossfeldiana* gepfropft. Die LTP blüht im Kurztag. *Rechts:* Die Unterlage wurde zum Zeitpunkt der Pfropfung entblättert. Das Pfropfreis bleibt im Kurztag vegetativ. (Nach ZEEVAART, 1958)

perimente liefern keinen Anhaltspunkt dafür, daß in der „falschen" Photoperiode irgendwelche Inhibitoren gebildet werden, welche dem Florigen oder seiner Wirkung entgegenarbeiten. Andere Daten deuten hingegen darauf hin, daß nicht nur in der „richtigen" Photoperiode das Florigen in den Blättern entsteht, sondern daß (bei manchen Pflanzen) die Blätter in der „falschen" Photoperiode Inhibitoren der Blütenbildung bilden. Ein erstes Beispiel: Die mit einer Speicherwurzel versehene LTP *Hyoscyamus niger* blüht auch im Kurztag, wenn man sie völlig entblättert. Ein zweites Beispiel: Eine zweisprossige Pflanze von *Perilla crispa* (KTP) wird zur Hälfte im Langtag und zur Hälfte im Kurztag gehalten. Die im Langtag gehaltene Teilpflanze blüht nur, wenn man sie entblättert. Dieses Verhalten ist dem von *Xanthium strumarium* (Abb. 422, *oben*) gerade entgegengesetzt. Eine Erklärung dieses Verhaltens ist allerdings auch ohne die Annahme eines Inhibitors möglich, wenn man davon ausgeht, daß das Florigen gegen den Assimilatstrom, der die „Langtagblätter" verläßt, nicht ankommt. Alle mit KTP erhobenen Befunde lassen sich in der Tat ohne die Annahme eines Inhibitors deuten. Bei den LTP *Nicotiana sylvestris* und *Hyoscyamus niger* scheint man hingegen ohne die An-

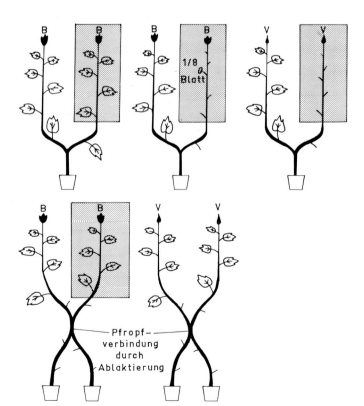

Abb. 422. *Oben:* Zweisprossige Pflanzen von *Xanthium strumarium.* Der hervorgehobene Bereich wurde jeweils Kurztagbedingungen ausgesetzt, der Rest der Pflanze hingegen Langtagbedingungen. Beide Sprosse blühen, falls der Kurztagsproß nicht völlig entblättert ist. Ein Achtel eines Blattes genügt für eine Induktion (*Mitte*). *Unten:* Jeweils zwei *Xanthium*-Pflanzen wurden zusammengepfropft (zur Pfropftechnik → Abb. 490). Der hervorgehobene Bereich erhielt die Kurztagbehandlung. Es ist offensichtlich, daß das Blühhormon über die Pfropfstelle geleitet wurde (*links*). B blühender, V vegetativer Sproß. (Nach HAMNER, 1942)

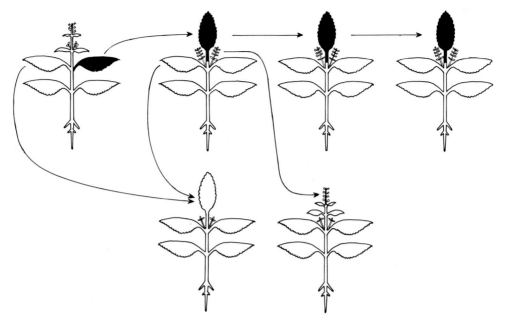

Abb. 423. Schema zur Erläuterung des Verhaltens der KTP *Perilla crispa* bei Pfropfexperimenten. Dunkel gezeichnete Blätter, mit Kurztag zur Florigenbildung induziert; hell gezeichnete Pflanzenteile, nur mit Langtag behandelt. Blätter, die direkt eine Kurztagbehandlung erfahren haben, veranlassen die Blütenbildung auch dann, wenn sie sukzessiv auf mehrere nicht-induzierte Empfängerpflanzen gepfropft werden (*obere Reihe*). Nicht-induzierte Blätter der Ausgangspflanze oder der Empfängerpflanzen haben keine blühinduzierende Wirkung. Auch die blühenden Sprosse der Empfängerpflanzen wirken nicht induzierend, wenn sie verpfropft werden. (Nach LANG, 1965)

nahme eines Inhibitors nicht auszukommen. Beispiele (nach LANG et al., 1977): Die Blütenbildung tagneutraler Pflanzen kann unterdrückt werden, wenn man sie mit *Hyoscyamus niger* oder *Nicotiana sylvestris* zusammenpfropft und das ganze System im Kurztag hält. Außerdem beobachtet man bei diesen Experimenten, daß die tagneutrale Pflanze „versucht", wie eine Rosettenpflanze zu wachsen. Der Schluß liegt nahe, daß die LTP im Kurztag eine „rosettenbildende Substanz" produziert, die über die Pfropfstelle auch in die tagneutrale Pflanze transloziert wird.

Sekundärinduktion. Wenn man ein einzelnes Blatt einer blühenden *Xanthium*pflanze auf eine vegetative Pflanze unter Langtagbedingungen pfropft, wird diese Pflanze blühen („Sekundärinduktion"). Nimmt man von dieser Pflanze andere junge Blätter, die selber nie dem Kurztag exponiert waren und pfropft sie auf im Langtag gehaltene Empfängerpflanzen, so blühen diese ebenfalls. Die Blätter waren also induziert (d. h. in diesem Fall, zur Bildung von Florigen befähigt), obgleich sie selber nie die „richtige" Photoperiode gesehen hatten. Bei der KTP *Perilla crispa* ist es wiederum anders (Abb. 423): Photoperiodisch induzierte Blätter bleiben zwar Lieferanten von Florigen, auch wenn man sie sukzessiv auf mehrere im Langtag gehaltene Empfängerpflanzen pfropft. Nicht-induzierte Blätter der ursprünglichen oder der sekundär induzierten Pflanzen haben aber keine induzierende Wirkung. Induzierte Blätter bleiben also permanent induziert; der Zustand des Induziertseins bleibt aber strikt lokalisiert, breitet sich also (im Gegensatz zu *Xanthium*) nicht über die ganze Pflanze aus.

Blütenbildung und Gibberelline

Man hat gefunden, daß die Applikation von Gibberellinen (besonders gut untersucht wurde die Wirkung von GA$_3$) bei vielen LTP die Blütenbildung auch im Kurztag auslösen kann. Besonders wirksam ist Gibberellin bei solchen LTP, die im vegetativen Zustand eine Rosette bilden, z. B. *Hyoscyamus niger* oder *Daucus carota* (→ Abb. 451).

Man vermutete zunächst, das Florigen sei mit einem Gibberellin identisch. Diese Vorstellung mußte jedoch aufgegeben werden, als sich zeigte, daß die Applikation von Gibberellin die Blütenbildung obligatorischer KTP im Langtag *nicht* ermöglicht. Da durch die Pfropfversuche (→ S. 399) gezeigt ist, daß KTP und LTP zumindest funktionell dasselbe Florigen besitzen, so kann Florigen nicht mit Gibberellin identisch sein. Es ist wohl so, daß Gibberellin das Längenwachstum der Rosettenpflanzen auslöst. Bei manchen LTP scheint das rasche Schossen eine Aktivierung der Blühgene mit sich zu bringen.

Photoperiodische Phänomene unabhängig von der Blütenbildung

Neben der Blütenbildung stehen eine Reihe weiterer physiologischer Prozesse unter photoperiodischer Kontrolle, z. B. Verzweigung, Kambiumaktivität, Knospenbildung (→ S. 430), Zwiebel- und Knollenbildung, photosynthetische CO_2-Fixierung, Crassulaceen-Säurestoffwechsel (→ Abb. 233). Wir beschränken uns hier auf den Photoperiodismus bei der Bildung vegetativer Fortpflanzungskörper. Ein auch für den Pflanzenbau wichtiges Beispiel ist die photoperiodische Steuerung der Bildung von Kartoffelknollen (→ Abb. 526). Bei manchen Kartoffelsorten (*Solanum tuberosum*) setzt die Knollenbildung erst ein, wenn Kurztage und relativ niedrige Nachttemperaturen herrschen. Im Langtag werden zwar Stauden und Blüten gebildet, die Entstehung von Knollen bleibt aber aus. Das photoperiodische Signal wird von den ausgewachsenen Blättern aufgenommen. Manche Forscher glauben, daß die Knollenbildung an der Spitze der Stolone durch ein spezifisches „*knollenbildendes Hormon*" ausgelöst wird, das in den Blättern unter Kurztagbedingungen und bei relativ niedriger Temperatur gebildet wird. Die Steuerung der Knollenbildung dürfte aber komplizierter sein. Zum Beispiel hat man festgestellt, daß Knollen auch unter nicht-induktiven Tageslängen gebildet werden, falls man die jungen Blätter und die apikalen Vegetationspunkte im Sproßsystem entfernt. Man vermutet deshalb, daß an der Steuerung der Knollenbildung neben dem knollenbildenden Hormon noch mindestens ein Inhibitor beteiligt ist.

Untersuchungen mit isolierten Stolonen unterstützen diese Auffassung. An Stolonen, die in vitro auf einem Nährmedium kultiviert werden, kann man die Bildung von Knollen durch Cytokinin auslösen. Gibberellinsäure wirkt dagegen hemmend auf diesen morphogenetischen Prozeß.

Die Bedeutung des Photoperiodismus

Der Photoperiodismus, weit verbreitet bei Pflanzen und Tieren, muß als eine *genetische* Anpassung an den Gang der Jahreszeiten aufgefaßt werden. Es handelt sich also um eine Anpassung der Pflanzen und Tiere an die für ihr Biotop *normalen* jahreszeitlichen Umweltveränderungen. Die Kurztagpflanzen zum Beispiel kommen *zu ihrem Vorteil* erst dann zum Blühen, wenn an ihrem natürlichen Standort Kurztagbedingungen eintreten. Man kann sich die „*selektionistische Wertfunktion*" des Photoperiodismus jeweils plausibel machen. Beispielsweise sind die Fichten an die geographische Breite ihres Standorts durch eine genetisch fixierte Nachtlängenreaktion bezüglich der Knospenbildung im Herbst angepaßt. Arktische Bäume beenden ihr Wachstum, wenn die Dauer der täglichen Dunkelperiode (Nachtlänge) 2 h übersteigt, während zentraleuropäische Fichten erst dann zur Knospenbildung übergehen, wenn die Nachtlänge über 8 h hinausgeht.

Die Studien zum Photoperiodismus haben grundsätzliche Bedeutung für die Theorie der Entwicklung gewonnen. Wir heben einen Aspekt heraus: *die Phänotypisierung genetischer Information als Mehrstufenprozeß*. Mit diesem Ausdruck bezeichnen wir das Phänomen, daß die Umsetzung von Information in Merkmale über mehrere Stufen erfolgt, wobei sich umweltoffene Phasen mit Phasen der Entwicklungshomöostasis abwechseln. Bei der Blütenbildung einer obligatorischen KTP zum Beispiel (→ Abb. 413) bestimmt die Umwelt — das Lichtprogramm — darüber, ob Blüten gebildet werden oder nicht. Das Licht hat aber keinerlei Einfluß auf die *Spezifität* der Blütenentwicklung, nachdem die Blühinduktion einmal erfolgt ist.

Weiterführende Literatur

BERNIER, G. (ed.): Cellular and Molecular Aspects of Floral Induction. London: Longman, 1970

CHAILAKHYAN, M. K.: Internal factors of plant flowering. Ann. Rev. Plant Physiol. **19**, 1 – 36 (1968)

CLELAND, C. F.: The flowering enigma. BioScience **28**, 265 – 269 (1978)

EVANS, L. T. (ed.): The Induction of Flowering. Ithaca: Cornell University Press, 1969

LANG, A.: Physiology of flower initiation. In: Handbuch der Pflanzenphysiologie. Berlin-Heidelberg-New York: Springer, 1965, Bd. 15/1, pp. 1380 – 1536

SALISBURY, F. B.: The Flowering Process. London: Pergamon Press, 1962

VINCE-PRUE, D.: Photoperiodism in Plants. London: McGraw-Hill, 1975

33. Physiologie der circadianen Rhythmen

Photoperiodismus und physiologische Uhr

Bei der Behandlung des Photoperiodismus haben wir das Phänomen kennengelernt, daß Störlicht am stärksten wirkt, wenn es um die Mitte der Dunkelperiode gegeben wird (→ Abb. 419). Diese Empfindlichkeitsänderung setzt sich in rhythmischer Weise über mehrere Tage hinweg fort, auch wenn die Pflanzen unter konstanten Umweltbedingungen im Dauerdunkel gehalten werden (Abb. 424, 425). Man stellte bei dieser Art von Experiment nicht nur quantitative, sondern auch *qualitative* Änderungen der Empfindlichkeit gegenüber Störlicht fest. Aus den Beobachtungen ließ sich der Schluß ziehen, daß (zumindest bei Kurztagpflanzen) im Verlauf eines Tages eine *photophile* und eine *skotophile Phase* aufeinanderfolgen. In einer „lichtliebenden" (photophilen) Phase reagiert die Pflanze bezüglich der Blütenbildung positiv auf weißes oder hellrotes Störlicht; in der darauffolgenden „dunkelliebenden" (skotophilen) Phase reagiert die Pflanze bezüglich der Blütenbildung negativ auf das Störlicht. Die rhythmische Abfolge von photophiler und skotophiler Phase setzt sich auch unter konstanten Umweltbedingungen über eine Reihe von Tagen hinweg fort.

Die periodischen Änderungen der Störlichtempfindlichkeit werden auf eine *endogene*, circadiane (d. h. etwa 24stündige) Rhythmik zurückgeführt. In dieser endogenen Rhythmik manifestiert sich der Gang einer „*physiologischen Uhr*". Diese innere Uhr erlaubt der Pflanze eine Zeitmessung, unabhängig von den Periodizitäten der Umwelt. Endogene, circadiane Rhythmen sind auffällige Phänomene bei Pflanze, Tier und Mensch. Die rhythmischen Änderungen von Eigenschaften (Merkmalsgrößen) im Verlauf eines Tages dürften generell auf die Funktion einer physiologischen Uhr zurückzuführen sein.

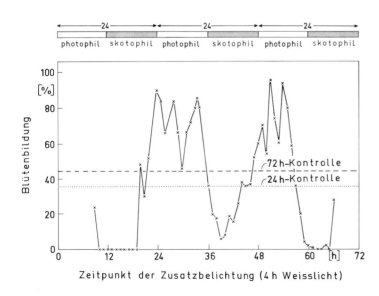

Abb. 424. Die Blühreaktion der Kurztagpflanze *Glycine max* cv. Biloxi auf Störlicht, das zu verschiedenen Zeitpunkten während einer 64 h-Dunkelperiode gegeben wurde (7 Cyclen). Die Meßpunkte sind zu dem Zeitpunkt eingetragen, an dem das 4stündige Störlicht (Weißlicht) einsetzte. Die 72 h-Kontrollen erhielten 7 Cyclen, von denen jeder aus einer 8stündigen Hauptlichtperiode, gefolgt von 64 h Dunkel, bestand. Die 24 h-Kontrolle gibt die Blühreaktion an, die man mit 7 normalen Kurztagcyclen (8 h Licht/16 h Dunkel) erhält. Die vermutete Abfolge von photophilen und skotophilen Phasen ist oben angedeutet. (Nach HAMNER, 1963)

Abb. 425. Die Wirkung eines Störlichts (4 min Hellrot) auf die Blühreaktion der Kurztagpflanze *Chenopodium rubrum.* Das Störlicht wurde zu verschiedenen Zeitpunkten (im 2 h-Abstand) während einer 72 h-Dunkelperiode gegeben. Vor und nach der 72 h-Dunkelperiode wurden die Pflanzen im Dauerweißlicht gehalten. *Horizontale Linie:* Die Blühreaktion jener Pflanzenpopulation, die nur die 72 h-Dunkelperiode (ohne Störlicht) erhielt (57% Blütenbildung). (Nach CUMMING et al., 1965)

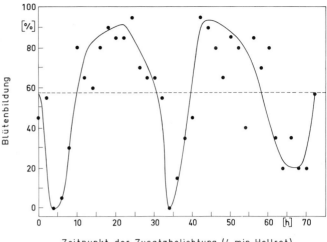

Die *Umwelt* kommt in zweifacher Hinsicht ins Spiel. Sie kann erstens darüber entscheiden, ob die innere Uhr läuft oder nicht; zweitens wird die Präzision, mit der die innere Uhr läuft, von der exogenen Periodizität (zum Beispiel dem natürlichen Licht/Dunkel-Wechsel) bestimmt. Diese beiden wichtigen Aspekte seien mit je einem Beispiel illustriert.

Phytochrom induzierten Enzym gut erkennbar (Abb. 428). Wir ziehen aus diesen Befunden den Schluß, daß im *Chenopodium*keimling bei völlig konstanten Umweltbedingungen die physiologische Uhr nicht läuft, während sie durch starke Schwankungen wichtiger Umweltparameter in Gang gebracht wird. Bei der Behandlung der Photomorphogenese haben wir

Die physiologische Uhr und die Umwelt

Das Enzym Glycerinaldehydphosphatdehydrogenase (NADP-abhängig; Abkürzung: NADP-GPD) im Keimling von Chenopodium rubrum. Hält man den Keimling zunächst unter tagesperiodisch wechselnden Bedingungen und bringt ihn dann ins Dauerdunkel (entsprechend den Experimenten zur Blütenbildung; → Abb. 425), so ergibt sich eine endogene Rhythmik der aus dem Keimling isolierbaren NADP-GPD-Aktivität (Abb. 426). Man zieht aus diesen Daten den Schluß, daß eine physiologische Uhr läuft und daß ein Kontrollsystem, das die jeweilige Menge (oder Aktivität) der NADP-GPD im Keimling festlegt, sich nach der physiologischen Uhr richtet. Frage: Tritt die Rhythmik der NADP-GPD-Aktivität auch auf, wenn man einen *Chenopodium*keimling unter völlig konstanten Bedingungen keimen und heranwachsen läßt? Die Antwort auf diese Frage ist „nein" (Abb. 427). Vollzieht sich die Keimung hingegen bei alternierenden Temperaturen, z. B. 32,5/10° C, so tritt die Rhythmik in Erscheinung, zumindest ist sie bei dem mit

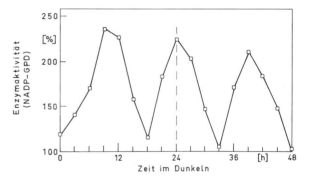

Abb. 426. Die zeitlichen Veränderungen der aus den Keimpflanzen von *Chenopodium rubrum* isolierbaren Glycerinaldehydphosphatdehydrogenase (NADP-abhängig, NADP-GPD) im Dauerdunkel unter konstanten Umweltbedingungen. Die Samenkeimung erfolgte unter tagesperiodisch wechselnden Licht- und Temperaturbedingungen. Während der letzten 24 h vor Einsetzen der Dunkelheit wurden die Keimpflanzen unter konstanten Temperatur- und Lichtbedingungen gehalten. Die Periodenlänge der Oszillation (etwa 15 h) ist erheblich kürzer als die Periodenlänge bei der Blütenbildung (etwa 30 h; → Abb. 425). Man neigt deshalb zu der Annahme, daß sich zwei Schwingungen überlagern und daß die 30 h-Periode die circadiane Rhythmik repräsentiert. (Nach FROSCH et al., 1973)

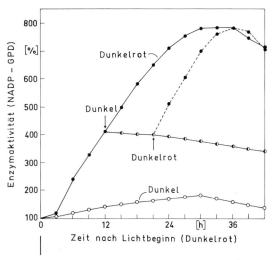

72 h nach Aussaat

Abb. 427. Induktion der NADP-GPD im Keimling von *Chenopodium rubrum* durch Dauer-Dunkelrot. Das Dauer-Dunkelrot wirkt über Phytochrom (P_{fr}; → S. 314). Die Samenkeimung erfolgte im Dunkeln unter konstanten Bedingungen (20° C). 72 h nach der Aussaat (Zeitpunkt Null) wurden die Keimlinge ins Dauer-Dunkelrot gebracht. Verdunklung und Wiederbelichtung sind durch Pfeile gekennzeichnet. (Nach FROSCH und WAGNER, 1973)

uns bereits klargemacht, wie man bei der *Faktorenanalyse der Phytochromwirkung* vorgegangen ist, um die physiologische Uhr aus dem Spiel zu halten. Die Abb. 427 zeigt erneut, daß man im Dauer-Dunkelrot (→ Abb. 318) die Wirkung des Phytochroms ohne den (die molekulare Analyse der Phytochromwirkung) störenden Einfluß der endogenen Rhythmik studieren kann, falls man durch konstante Umweltbedingungen den Start der endogenen Rhythmik verhindert.

Tagesperiodische Blattbewegungen bei der Gartenbohne (Phaseolus multiflorus). Tagesperiodische Bewegungen von Laubblättern unter natürlichem Licht/Dunkel-Wechsel sind seit langem bekannt. Bei der Gartenbohne zum Beispiel (Abb. 429) kann man eine Nachtstellung (*oben*) und eine Tagstellung (*unten*) unterscheiden. Auch die Nachtstellung ist natürlich

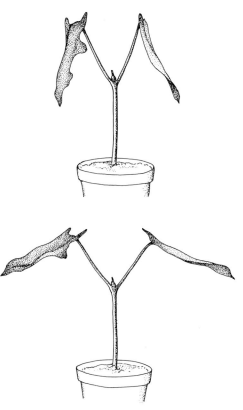

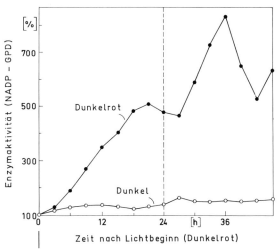

72 h nach Aussaat

Abb. 428. Induktion der NADP-GPD im Keimling von *Chenopodium rubrum* durch Dauer-Dunkelrot. Im Unterschied zu Abb. 427 wurden für diese Experimente die Samen bei alternierenden Temperaturen (32,5/10° C) gekeimt. (Nach FROSCH und WAGNER, 1973)

Abb. 429. Die Primärblätter von *Phaseolus multiflorus* führen tagesperiodische Bewegungen aus. *Oben:* Nachtstellung; *unten:* Tagstellung. Die Nachtstellung ist durch eine Senkung der Blattspreiten und eine Hebung der Blattstiele gekennzeichnet. Der obere Teil des Sprosses wurde entfernt. (Nach BÜNNING, 1953)

eine Anpassung. Es ist wahrscheinlich die verringerte Abstrahlung, also der Schutz vor Wär-
meverlust (→ Abb. 449), der zur genetischen
Evolution dieser Bewegung geführt hat.

Für den Mechanismus der Bewegung ist ein
Gelenk wichtig, das sich am Übergang von der
Blattspreite zum Blattstiel befindet. Die antagonistischen Änderungen der Turgeszenz in der
Ober- und Unterseite des Gelenks führen zu
den Bewegungen der Lamina. Wenn man
durch eine geeignete Anordnung diese Bewegung registriert (indem man etwa die Blattspitze mit einem Schreiber koppelt), erhält man
Kurven, welche die Tagesperiodizität der Bewegung deutlich machen (Abb. 430). Der Abstand von einem Extrempunkt zum entsprechenden nächsten wird als *Periodenlänge* bezeichnet. Man sieht, daß die Periodenlänge
24 h beträgt. Zunächst sieht es so aus, als sei die
Bewegung eine direkte Folge des üblichen
tagesperiodischen   Licht/Dunkel-Wechsels.
Bringt man jedoch die Bohnenpflanze unter
konstante Bedingungen, z. B. in eine Klimakammer ins Dauerdunkel oder ins schwache
Dauerlicht, so läuft die rhythmische Bewegung
ungestört weiter (Abb. 431). Die beobachtete
Rhythmik der Blattbewegung ist eine *endogene
Rhythmik.* Einer der Beweise dafür, daß es sich
tatsächlich um eine *endogene* Rhythmik handelt und nicht um Nachschwingungen einer
durch die vorangegangenen Umweltschwan-
kungen verursachten Periodizität, ist die Tatsache, daß die Periodenlänge der endogenen
Rhythmik erheblich von 24 h abweichen kann.
Anders ausgedrückt: Die physiologische Uhr
geht „falsch", sobald sie von den periodisch sich
ändernden Umweltfaktoren nicht mehr präzise
eingestellt wird. Die Bohnenpflanze z. B., deren Verhalten in der Abb. 431 zum Ausdruck
kommt, zeigt eine endogene Periodenlänge von

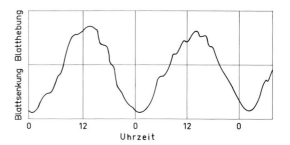

Abb. 430. Die tagesperiodische Bewegung der Lamina eines Primärblattes von *Phaseolus multiflorus* im
natürlichen Licht/Dunkel-Wechsel. (Nach BÜN-
NING, 1953)

etwa 27 h. Diese Größe wird vererbt und während der Ontogenie festgehalten. Die Periodenlänge der Aktivitätsänderung kann jedoch
leicht durch tagesperiodische Umweltfaktoren
auf genau 24 h einreguliert werden (→ Abb.
430). Die *endogene* Periodenlänge kommt aber
sofort wieder zum Vorschein, sobald man die
Pflanze in eine konstante Umwelt bringt. Da
die endogenen Periodenlängen in der Nähe
von 24 h liegen, bezeichnet man diese endogenen Rhythmen auch als *circadiane Rhythmen.*
Man erwartet, daß die Periodenlänge der circadianen Rhythmik weitgehend temperaturunab-
hängig ist ($Q_{10} \approx 1$), da eine starke Temperaturabhängigkeit der Periodenlänge die Existenz
der Pflanze unter natürlichen Bedingungen er-
schweren würde. In der Tat zeigt die Bohnenpflanze in dem physiologisch besonders interessanten Temperaturbereich für die endogene
Periodenlänge $Q_{10} = 1$ (Tabelle 32). Die molekulare Deutung der aus Gründen der optimalen Anpassung verständlichen Temperaturkompensation ist schwierig, da alle biochemischen Reaktionen in dem fraglichen Tempera-
turintervall $Q_{10} \geqq 2$ zeigen (→ S. 115).

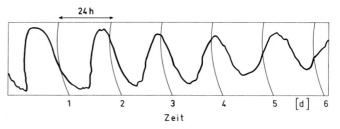

Abb. 431. Die endogene Bewegung der Lamina eines Primärblattes von *Phaseolus multiflorus*. Aufge-
schrieben ist der typische Verlauf tagesperiodischer
Blattbewegungen im schwachen Dauerlicht. Die Periodenlänge beträgt in diesem Fall etwa 27 h. Innerhalb von 6 d erfolgt demgemäß gegenüber dem normalen Tagesablauf eine Phasenverschiebung um
etwa 17 h. (Nach BÜNNING und TAZAWA, 1957)

Tabelle 32. Die Unabhängigkeit der Periodenlänge von der Temperatur. Untersucht wurden die tagesperiodischen Blattbewegungen von *Phaseolus multiflorus*. (Nach LEINWEBER, 1956)

Temperatur [°C]	Periodenlänge [h]
15	28,3 ± 0,4
20	28,0 ± 0,4
25	28,0 ± 0,4

Circadiane Rhythmik und Evolution. Die circadiane Rhythmik ist eine genetische Anpassung an die strenge 24 h-Periodizität in der Natur. Warum geht dann die physiologische Uhr unter konstanten Umweltbedingungen in der Regel erheblich falsch? Eine mögliche Antwort: Die genetische Optimierung der Uhr, die Selektion auf Präzision hörte auf, als die innere Uhr soweit entwickelt war, daß sie sich jederzeit durch eine exogene 24 h-Periodizität präzise einstellen ließ. Da unter natürlichen Bedingungen eine exogene 24 h-Periodizität mit absoluter Zuverlässigkeit gewährleistet ist, bestand kein Selektionsdruck mehr, die physiologische Uhr bezüglich ihrer Präzision zu vervollkommnen. Deshalb ist die Perfektionierung der Uhr in dieser Hinsicht unterblieben.

Weitere ausgewählte Phänomene zur circadianen Rhythmik

Tagesperiodische Bewegung von Blütenblättern. Viele Blüten öffnen sich bekanntlich am

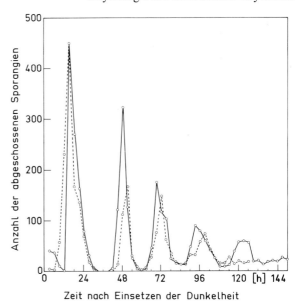

Abb. 433. Abschußrhythmik der Sporangien bei *Pilobolus sphaerosporus. Ausgezogene Kurve:* Sporangienabschuß im Dauerdunkel nach einem 12 : 12 h-Licht/Dunkel-Wechsel; *gestrichelte Kurve:* Sporangienabschuß im Dauerdunkel nach einem 15 : 15 h-Licht/Dunkel-Wechsel. (Nach SCHMIDLE, 1951)

Morgen und schließen sich gegen Abend. Dieses ökologisch sinnvolle Verhalten beruht auf einem antagonistischen Schwanken der Wachstumsintensität von Ober- und Unterseiten der Blütenblätter. Auch diese Bewegungen setzen sich unter konstanten Bedingungen (z. B. im Dauerdunkel) fort und gehen daher auf eine circadiane Rhythmik zurück (Abb. 432).

Tagesperiodischer Sporangienabschuß bei Pilobolus spec. Auch bei verhältnismäßig einfachen

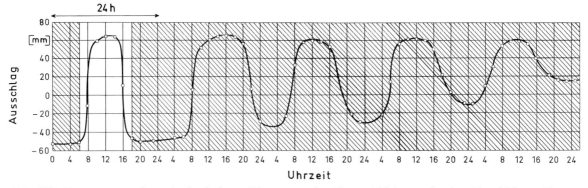

Abb. 432. Fortsetzung der rhythmischen Blütenblattbewegungen im Dauerdunkel (Dunkelzeiten schraffiert). Objekt: *Kalanchoe blossfeldiana.* Kurvenhebung bedeutet Blütenöffnung. (Nach BÜNSOW, 1953)

Pilzen, z. B. bei der Phycomycetengattung *Pilobolus* (→ Abb. 583) finden sich Manifestationen einer endogenen, circadianen Rhythmik, z. B. beim Abschuß der Sporangien (*Turgor-Schleuderbewegung*; → Abb. 584). Wenn man die Pilzkultur im 12 : 12 h-Licht/Dunkel-Wechsel hält, werden die meisten Sporangien im Zeitraum 18 – 24 h nach Lichtbeginn abgeschossen, also in der 2. Hälfte der Dunkelphase. Bringt man das Myzel ins Dauerdunkel, bleibt die Abschuß-Rhythmik erhalten, solange überhaupt Sporangien abgeschossen werden (Abb. 433). Da die Abschußrhythmik nach einer Vorbehandlung im 12 : 12 h-Licht/Dunkel-Wechsel ganz ähnlich ist wie nach einer Vorbehandlung im 15 : 15 h-Licht/Dunkel-Wechsel, kann die Periodizität des Abschusses nicht als Nachschwingung aufgefaßt werden.

Circadiane Rhythmik in Gewebekulturen. Läßt sich eine endogene, circadiane Rhythmik in amorphen Gewebekulturen nachweisen, so ist der Beweis erbracht, daß die Rhythmik von der Organisation der Gewebe und Organe unabhängig ist und deshalb wahrscheinlich als eine Eigenschaft der Zelle aufgefaßt werden muß. An Kallusgewebe, gewonnen aus Blattexplantaten von *Bryophyllum daigremontianum,* konnte gezeigt werden, daß die CO_2-Abgabe der im 12 : 12 h Licht/Dunkel-Wechsel herangezogenen Gewebekultur im Dauerdunkel bei 23° C rhythmisch erfolgt (Abb. 434). Die Gewebekultur zeigt somit eine ganz ähnliche endogene Rhythmik der CO_2-Abgabe wie ein intaktes Blatt von *Bryophyllum,* das unter konstanten Bedingungen ins Dauerdunkel gebracht wurde (Abb. 435).

Endogene Rhythmik und Biolumineszenz. Experimente mit dem marinen Dinoflagellaten *Gonyaulax polyedra* (Abb. 436) zeigen, daß die physiologische Uhr auch den einzelligen Eukaryoten zukommt. Die Uhr ist also nicht nur eine Eigenschaft geordneter oder ungeordneter vielzelliger Systeme. Bei den Experimenten mit *Gonyaulax polyedra* wurde die Eigenschaft dieses Einzellers, auf eine mechanische Reizung hin mit *Biolumineszenz* zu reagieren, ausgenützt.

Ein Einschub: *Biolumineszenz*. Die bei manchen Tieren, Bakterien, Flagellaten und Pilzen vorkommende Lichtemission erfolgt im Zusammenhang mit einer durch das Enzym *Luciferase* katalysierten Oxidation von *Lucife-*

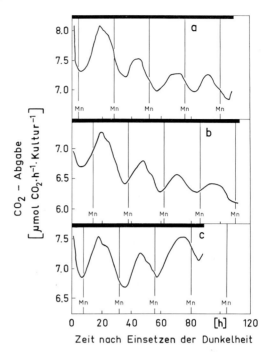

Abb. 434 a – c. Die Rhythmik der CO_2-Abgabe bei Blattkallus-Kulturen von *Bryophyllum daigremontianum*. Die Kulturen wurden entweder um 20 Uhr (a) oder um 16 Uhr (c) ins Dauerdunkel gebracht. Im Fall (b) wurden zwei inverse Licht/Dunkel-Perioden gegeben, bevor die Pflanzen um 10 Uhr ins Dauerdunkel gelangten. Die Phasenlage wird durch den Zeitpunkt der *Verdunklung* festgelegt (→ Abb. 439). Der erste Gipfel der Rhythmik erscheint etwa 20 h nach Beginn der Dunkelheit. Die mittlere Periodenlänge bei 23° C ist 25,5 ± 0,3 h. Die breiten, dunklen Striche bedeuten Dauerdunkel. Mn, Mitternacht. (Nach WILKINS und HOLOWINSKY, 1964)

rin durch molekularen Sauerstoff. Die verschiedenen Typen lumineszierender Organismen besitzen *chemisch* ganz verschiedene Lumineszenzsysteme. „Luciferin" und „Luciferase" sind daher Bezeichnungen für ganze Klassen chemischer Substanzen. In der Regel zeigen weder das isolierte Luciferin noch die jeweilige Luciferase „Kreuzreaktionen" zwischen den verschiedenen lumineszierenden Arten.

Man hat eine Reihe von Luciferinen identifiziert. Das erste, dessen chemische Struktur bekannt wurde, war das Luciferin aus dem Glühwürmchen *Photinus pyralis,* ein Benzothiazol-Derivat. Das Luciferin wird in diesem Fall an die Luciferase gebunden, in Anwesenheit von Mg^{2+} durch ATP adenyliert und dann oxidiert. Das Luciferin der Bakterien hingegen ist redu-

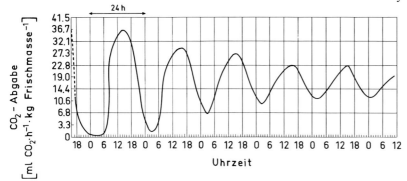

Abb. 435. Die CO$_2$-Abgabe abgeschnittener Blätter von *Bryophyllum calycinum* im Dauerdunkel. Die Meßwerte wurden in Abständen von 1 h ermittelt. (Nach BÜNNING, 1963)

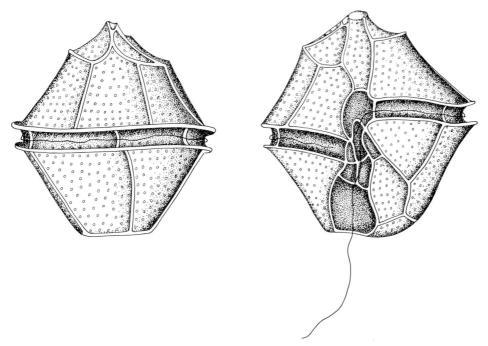

Abb. 436. Dorsal- (*links*) und Ventralansicht (*rechts*) des Dinoflagellaten *Gonyaulax polyedra*. (In Anlehnung an SCHUSSING, 1954, und an elektronenoptische Aufnahmen von HASTINGS)

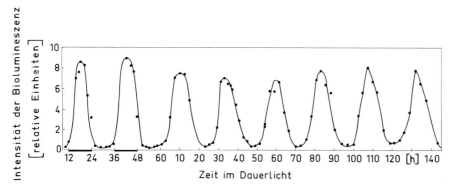

Abb. 437. Die Rhythmik der Biolumineszenz bei *Gonyaulax polyedra*. Dunkle Querbalken = Dunkelperioden. Wenn man die Kulturen ins schwache Dauerlicht (1000 lx) bringt, läuft die Rhythmik weiter. Auf diese Weise erweist sich der *endogene* Charakter der Rhythmik. (Nach HASTINGS und SWEENEY, 1958)

ziertes Flavinmononucleotid. Außerdem ist hier ein aliphatischer Aldehyd an dem Geschehen beteiligt.

Auch das Lumineszenzsystem von *Gonyaulax polyedra* läßt sich isolieren. An der in vitro-Lumineszenz sind sowohl partikuläre (Scintillonen genannte) als auch lösliche Elemente beteiligt, die ein spezifisches Luciferin (chemische Struktur unbekannt), ein Luciferin bindendes Protein (100 000 dalton) und eine Luciferase (130 000 dalton) einschließen.

Gonyaulax polyedra kann an der amerikanischen Westküste in riesigen Populationen auftreten und ein phantastisches Meeresleuchten verursachen, da die Flagellaten auf jede starke mechanische Reizung mit einer Lichtemission reagieren. Die Fähigkeit zur Biolumineszenz ist nicht konstant. Sie verändert sich ausgesprochen periodisch auch dann, wenn man die Kulturen im schwachen Dauerlicht hält (Abb. 437). Die endogenen, tagesperiodischen Änderungen in der Kapazität der Biolumineszenz hängen mit Änderungen in der Aktivität der Komponenten des Biolumineszenz-Systems zusammen. Sowohl die beteiligte Luciferase als auch die Konzentration des Luciferins zeigen entsprechende tagesperiodische Schwankungen.

Die Biolumineszenz-Rhythmik von *Gonyaulax polyedra* zeigt allgemein bedeutsame Charakteristika: Man kann z. B. die Periodenlänge auf 14 h herunterdrücken, wenn man die Zellsuspensionen einem 7 : 7 h-Licht/Dunkel-Wechsel aussetzt. Sobald man jedoch die Zellen unter konstante Bedingungen bringt (z. B. schwaches Dauerlicht) tritt die „natürliche" *circadiane* Periodenlänge (etwa 24 h) wieder in Erscheinung, selbst dann, wenn man eine Kultur viele Monate im 7 : 7 h-Licht/Dunkel-Wechsel gehalten hat. Lernvermögen oder Adaptation gibt es nicht! Auch bei den *Gonyaulax*-Suspensionen zeigt der Q_{10} der Periodenlänge nur eine geringe Abweichung von 1 (Tabelle 33). Diese bereits bei der Gartenbohne behandelte *Temperaturkompensation der Rhythmik* ist also auch eine Eigenschaft des Einzellers.

Ausgewählte Experimente zur Analyse der endogenen Rhythmik

Auslösung der Rhythmik. In arhythmischen *Gonyaulax*zellen, die im Dauerlicht über 3 Jahre hinweg gehalten wurden, konnte mit einer einzigen Änderung des Lichtflusses die charakteristische endogene Rhythmik der Biolumineszenz ausgelöst werden. Entsprechendes gilt auch für Kormophyten: Eine Bohnenpflanze, die von der Samenkeimung an in einer Klimakammer im schwachen Dauerlicht gezogen wird, zeigt keine periodische Blattbewegung. Bringt man die Pflanze für einige Stunden in einen hohen Lichtfluß, so löst man die endogene Rhythmik aus, die sich in der circadianen Blattbewegung im nachfolgenden schwachen Dauerlicht manifestiert (Abb. 438). Die Kapazität des Chlorophyll *a*-bildenden Systems in den Kotyledonen des Senfkeimlings (*Sinapis alba*) zeigt im Dauerlicht und im Dauerdunkel keine periodischen Schwankungen (Konstanz der übrigen Umweltbedingungen vorausgesetzt!). Bringt man den Senfkeimling jedoch vom Licht ins Dunkle, so kommt eine circadiane Rhythmik ins Spiel (Abb. 439). In diesem Fall setzt also der *Licht → Dunkel-Übergang* die physiologische Uhr in Gang. Man kann

Tabelle 33. Die Periodenlänge der Biolumineszenz-Rhythmik bei *Gonyaulax polyedra* zeigt lediglich eine geringe Temperaturabhängigkeit [a]. (Nach HASTINGS und SWEENEY, 1957)

Temperatur [°C]	Periodenlänge [h]
15,9	22,5
19,0	23,0
22,0	25,3
26,6	26,8
32,0	25,5

[a] Es gibt nur wenige Systeme, bei denen der Q_{10}-Wert der Periodenlänge größer als 1,1 ist.

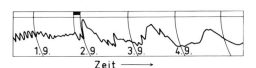

Abb. 438. Bewegungskurve eines Primärblattes von *Phaseolus multiflorus* im schwachen, konstanten Dauerlicht (20° C). Durch die schwarze Marke ist ein Zeitraum von 200 min bezeichnet, während dessen mit hohem Lichtfluß (Starklicht) die Bewegungsrhythmik ausgelöst wurde. Das Datum ist mittags um 12 Uhr eingetragen. Kurvenhebung bedeutet infolge der Hebelübertragung Blattsenkung (und umgekehrt). (Nach LEINWEBER, 1956)

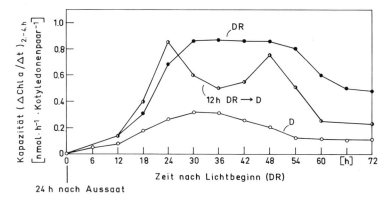

Abb. 439. Die Änderung der Kapazität der Chlorophyll *a*-Synthesebahn im Dauer-Dunkelrotlicht (DR; → S. 314), im Dunkeln (D) oder im Dunkeln nach einer Belichtung mit Dunkelrot von 12 h Dauer (12 h DR → D). Objekt: Kotyledonen von *Sinapis alba* (→ Abb. 327). Die endogene Rhythmik äußert sich sowohl im „overshoot" (12 bis 24 h), als auch in der nachfolgenden circadianen Oszillation der Kapazität. Die „Kapazität" ist operational definiert als die im *saturierenden* Weißlicht erfolgende Zunahme von Chlorophyll *a* pro Zeiteinheit im linearen Teil der Chlorophyll *a*-Akkumulationskinetik nach dem Ende der lag-Phase (→ Abb. 248). (Nach GEHRING et al., 1977)

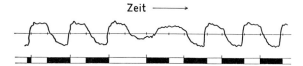

Abb. 440. Tagesperiodische Blattbewegungen bei *Chenopodium amaranticolor*. Die Rhythmik läßt sich durch eine Inversion des Licht/Dunkel-Wechsels (10 : 14 h) schnell umkehren. Kurze senkrechte Striche in Abständen von 24 h. Lichtzeiten hell, Dunkelzeiten dunkel. (Nach BÜNNING, 1963)

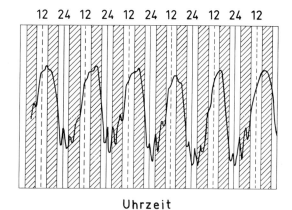

Abb. 441. Tagesperiodische Blattbewegungen bei *Canavalia ensiformis* im 6 : 6 h-Licht/Dunkel-Wechsel. Die physiologische Rhythmik kann dieser raschen Periodizität nicht folgen, sondern zeigt die „Eigenfrequenz". (Nach BÜNNING, 1963)

zwar zeigen, daß das relevante Lichtsignal über Phytochrom aufgenommen wird; es ist aber nicht geklärt, *wie* der Übergang von Licht zu Dunkel die Rhythmik induziert.

Anpassungen der Rhythmik an Programmänderungen. Wenn man das Umweltprogramm ändert, paßt sich eine bestehende Rhythmik mehr oder minder schnell dem neuen Programm an. Bei *Chenopodium amaranticolor* z. B. gehen die entsprechenden Umstellungen der tagesperiodischen Blattbewegungen überraschend schnell vonstatten (Abb. 440). Die Anpassungsfähigkeit der endogenen Rhythmik an andere als 24 h-Perioden ist hingegen nur begrenzt möglich. Unterwirft man z. B. *Canavalia ensiformis* einem 6 : 6 h-Licht/Dunkel-Wechsel, so kann die Pflanze diesem raschen Programm nicht folgen. In den Blattbewegungen manifestiert sich vielmehr die *circadiane* Rhythmik (Abb. 441).

Die Chloroplasten in den Epidermiszellen von *Selaginella serpens* verändern im natürlichen Licht/Dunkel-Wechsel Form und Lage (Abb. 442). In der Lichtphase ist der Chloroplast flächig. Er liegt dem Grund der Zelle an. Während der Dunkelphase ist der Chloroplast kugelförmig. Er liegt in der Mitte der Zelle an der Außenwand. Die Änderungen der Chloroplastenform und -lage erfolgen im 12 : 12 h-Licht/Dunkel-Wechsel perfekt tagesperiodisch

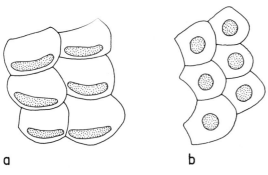
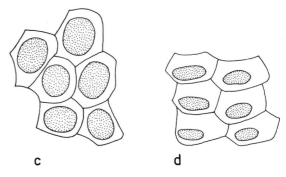

Abb. 442 a – d. Formänderung der Chloroplasten von *Selaginella serpens.* (a) Tagesform; (b) Nachtform der jugendlichen Chloroplasten; (c) Nachtform der alten Chloroplasten; (d) Übergangsformen zwischen Tages- und Nachtform. (Nach Busch, 1953)

(Abb. 443). Im Dauerdunkel ebenso wie im Dauerlicht setzt sich die Formänderung nach diesem Muster für 2 – 3 d fort. Bei der Anwendung von Kurzcyclen (z. B. 6 : 6 h-Licht/Dunkel-Wechsel) verkürzt sich die Periodenlänge entsprechend (Abb. 444). Im nachfolgenden Dauerdunkel erscheinen Maxima und Minima im Abstand von 6 h in wechselnder Amplitudenhöhe. Gleichzeitig aber tritt eine *circadiane* Rhythmik in Erscheinung. Offensichtlich überlagert sich eine Nachschwingung mit der endogenen Rhythmik.

Endogene Rhythmik und Zellatmung. Die endogene Rhythmik der Zelle läuft auch dann weiter, wenn die Manifestationen der Rhythmik unterbunden werden. Hierfür ein Beispiel: Die fädigen Grünalgen der Gattung *Oedogonium* zeigen eine endogene Sporulationsrhythmik. Wenn man mit Cyanid die Zellatmung abstellt (HCN blockiert das Fe-Zentralatom der Cytochromoxidase; → Abb. 179), bleiben die Algen zwar am Leben; es findet aber keine Sporulation mehr statt. Sobald man das Cyanid aus der Kultur entfernt, setzt die Sporulation wieder ein, und zwar mit derselben Phasenlage wie bei den Kontrollen (Abb. 445). Die HCN-Vergiftung hat sich auf den Gang der physiologischen Uhr also nicht ausgewirkt.

Endogene Rhythmik und Zellkern. Bei Studien zur Analyse der endogenen Rhythmik hat man starke tagesperiodische Schwankungen der Kernvolumina beobachtet. Da sich diese Rhythmen unter konstanten Bedingungen (z. B. im Dauerdunkel) fortsetzen, handelt es sich um endogene Rhythmen. Zunächst lag der Schluß nahe, Aktivitätsänderungen des Kerns

seien relativ unmittelbare Manifestationen der „Uhr". Bei Untersuchungen mit Arten der Gattung *Acetabularia* (→ Abb. 82) hat sich diese Auffassung jedoch nicht bewährt. Zwischen Pflanzen mit und solchen ohne Zellkern zeigt sich zum Beispiel kein Unterschied bezüglich der endogenen Rhythmik der Photosynthese-Intensität. Die rhythmische Änderung der Chloroplastengestalt (am längsten in der Mitte der Lichtperiode, nahezu sphärisch in der Mitte der Nacht) geht ebenfalls nach der Entfernung des Kerns ungestört weiter. Der Zellkern ist also offenbar für den *Gang* der physiologischen Uhr *nicht notwendig.* Man hat festgestellt, daß auch Änderungen der endogenen Rhythmik, z. B.

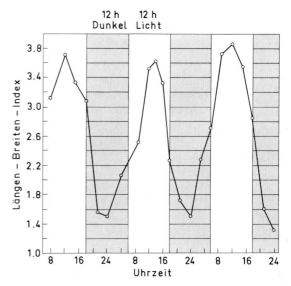

Abb. 443. Formänderung der Chloroplasten von *Selaginella serpens* im 12 : 12 h-Licht/Dunkel-Wechsel. Die Nützlichkeit des Längen-Breiten-Index ist aus Abb. 442 ersichtlich. (Nach Busch, 1953)

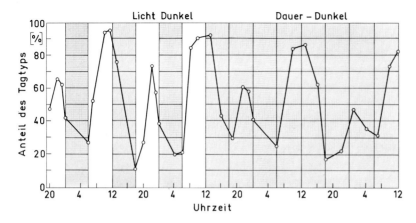

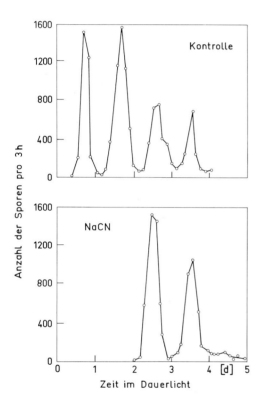

Abb. 445. *Oben:* Sporulationsrhythmik von *Oedogonium spec.* im Dauerlicht. Solange die Sporulation erfolgt, geschieht sie rhythmisch. *Unten:* Unter der Einwirkung von NaCN tritt eine völlige Unterdrükkung der Sporulation ein. Sobald man die Substanz entfernt, kommt es wieder zur rhythmischen Sporulation, und zwar ohne Phasenverschiebung gegenüber der Kontrolle. (Nach BÜHNEMANN, 1955)

die Wiederherstellung der Rhythmik in arhythmisch gemachten, kernlosen *Acetabularia*-Pflanzen, in Abwesenheit des Kerns möglich sind. Anderseits geht die Rhythmik verloren, wenn man intakte, kernhaltige *Acetabularia*-Pflanzen mit Actinomycin D (einem Inhibitor der Transkription; → Abb. 59) behandelt. Bei entkernten Algen hingegen hat der Inhibitor keinen Einfluß auf die Photosynthese- und Chloroplastenrhythmik. Wie ist dieses Paradoxon zu erklären? Eine plausible Erklärung lautet: In entkernten Acetabularien, die über lange Zeit hinweg weiterleben und ihre endogene Rhythmik unverändert beibehalten, ist die mRNA stabilisiert. Dies gilt sowohl für die mRNA, die mit der Rhythmik zu tun hat, als auch für die mRNA, die an der Morphogenese beteiligt ist (→ S. 74). In Anwesenheit des Kerns ist die mit der Rhythmik befaßte mRNA hingegen labil. Der Kern kann jeweils innerhalb kurzer Zeit dem Plasma seine eigene Rhythmik aufprägen, jedenfalls dann, wenn die Transkription intakt ist. Dies zeigen elegante Experimente von SCHWEIGER und Mitarbeitern (Abb. 446). Diese Forscher führten Transplantations- und Implantationsexperimente mit Acetabularien durch (→ S. 72), deren Stiel und Rhizoid (mit Kern) entgegengesetzten Licht/Dunkel-Programmen ausgesetzt waren. Anschließend wurden die Algen ins Dauerlicht gebracht und die Photosyntheseintensität verfolgt. Wie die Abb. 446 zeigt, beobachtet man nach einigen Tagen eine Rhythmik der Photosyntheseintensität, die dem Licht/Dunkel-Programm entspricht, das der Zellkern vor dem Zeitpunkt Null erhalten hatte. Der Kern vermag also relativ rasch das fremde Plasma auf die ihm eigene Rhythmik umzusteuern, falls die Transkription nicht gestört ist. RNA, vermutlich solche vom messenger-Typ, dürfte auch im Fall der Rhythmiksteuerung (Bestimmung der Phasenlage) die Vermittlerrolle zwischen Kern und Plasma spielen.

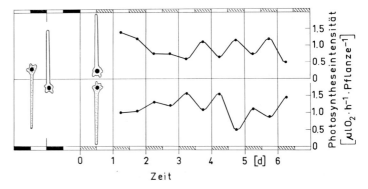

Abb. 446. Experimente, die zeigen, daß der Zellkern die Phasenlage der endogenen Rhythmik der Photosyntheseintensität bei einer *Acetabularia* bestimmt. Rhizoid (mit Primärkern) und Stiel wurden zunächst entgegengesetzten Licht/Dunkel-Wechseln unterworfen (vor dem Zeitpunkt Null). Zum Zeitpunkt Null wurden die Algen unter konstanten Bedingungen ins Dauerlicht gebracht und die Photosyntheseintensität verfolgt. (Nach SCHWEIGER et al., 1964)

Die endogene Rhythmik als Systemeigenschaft

Die endogene Rhythmik ist offensichtlich eine Systemeigenschaft der Eukaryotenzelle. Dies bedeutet, daß die endogene Rhythmik nicht auf die Eigenschaften bestimmter Moleküle (Elemente) zurückgeführt werden kann (z. B. verhalten sich RNA-Moleküle nicht rhythmisch!), sondern als ein Ausdruck der spezifischen Organisation der Eukaryotenzelle angesehen werden muß (→ S. 18). Es ist deshalb wahrscheinlich, daß die Antwort auf die Frage nach der „Natur des zellulären Oszillators" in der Sprache der Systemtheorie erfolgen muß. Ansätze hierfür gibt es. Aber auch die konkreten Modelle, die bisher vorgelegt wurden, z. B. ein „membrane model for the circadian clock" von HASTINGS, können noch nicht als befriedigend angesehen werden. Die zahlreichen Beobachtungen, daß Substanzen, welche die Proteinsynthese hemmen oder Membraneigenschaften verändern, häufig auch die circadianen Rhythmen stören oder aufheben, lassen sich mit einer *Vielzahl* von Modellen vereinbaren.

Die Kopplung zwischen der inneren Uhr und den physiologischen Reaktionen

Der Photoperiodismus hängt zweifellos mit der physiologischen Uhr zusammen. Der Zeitmeß-vorgang beim Photoperiodismus ist ähnlich wie bei den unmittelbar meßbaren circadian-rhythmischen Vorgängen, z. B. den Blattbewegungen. Die dem Photoperiodismus zugrunde liegende endogene Rhythmik und die den unmittelbar meßbaren Phänomenen zugrunde liegende endogene Rhythmik haben wesentliche Gemeinsamkeiten: Temperaturunabhängigkeit der Periodenlänge (sog. Temperaturkompensation), Änderungen der Lichtempfindlichkeit während der circadianen Periode, Möglichkeit der Phasenverschiebung. Auf der anderen Seite zeigen jedoch genaue, vergleichende Messungen, z. B. mit der Kurztagpflanze *Xanthium strumarium,* daß der Zeitmeßvorgang, welcher den Blattbewegungen zugrunde liegt, sich erheblich von dem Zeitmeßvorgang beim Photoperiodismus derselben Pflanze unterscheidet. Die in Abb. 425 und 426 dargestellten Oszillationen bei Keimpflanzen von *Chenopodium rubrum* deuten in die gleiche Richtung. SALISBURY hat aus diesen Diskrepanzen den Schluß gezogen, daß es entweder auch in ein und derselben Pflanze verschiedene physiologische Uhren gibt oder daß die Kopplung zwischen Uhr und physiologischer Reaktion recht labil ist. Auch eine subtile theoretische Analyse von WINFREE hat neuerdings zu der Auffassung geführt, „that multicellular organisms keep time, not by one ‚clock' but by averaging many independent circadian oscillators". Die Theorie der inneren Uhr ist zur Zeit ein noch weit offenes Forschungsgebiet. Der „harte Kern" auf diesem Gebiet sind immer noch die phänomenologischen Daten, nicht die Modelle.

Weiterführende Literatur

ASCHOFF, J. (ed.): Circadian Clocks. Amsterdam: North-Holland, 1965

BÜNNING, E.: Die physiologische Uhr, 3. Aufl. Berlin-Heidelberg-New York: Springer, 1977

CUMMING, B. G., WAGNER, E.: Rhythmic processes in plants Ann. Rev. Plant Physiol. **19,** 381 – 416 (1968)

VAN DEN DRIESSCHE, Th.: Circadian rhythms and molecular biology. BioSystems **6,** 188 – 201 (1975)

WINFREE, A. T.: Unclocklike behaviour of biological clocks. Nature **253,** 315 – 319 (1975)

34. Physiologie der Temperaturwirkungen

Homoio- und Poikilothermie bei Pflanzen

Die Temperatur ist ein besonders wichtiger Faktor im Leben der Pflanzen. Trotzdem sind nur wenige Pflanzengruppen in der Lage, die Temperatur gewisser Organe aktiv zu regulieren. Für den Physiologen sind diese Fälle von *Homoiothermie* bei Pflanzen von großem Interesse. Ein Beispiel: Im Gegensatz zu anderen, nur kurzfristig zur Thermogenese befähigten Araceen, z. B. *Arum maculatum* (→ S. 205) besitzt die Infloreszenz (Spadix) von *Symplocarpus foetidus* (Abb. 447) eine innere Temperatur, die zumindest für einen Zeitraum von 2 Wochen (im Februar – März) 15 bis 35° C über der zwischen − 15 und + 15° C schwankenden Lufttemperatur liegt (Abb. 448). Die Gewebe der Infloreszenz, die nicht frostresistent sind, verhindern auf diese Weise ein Erfrieren. Die Temperaturregulation wird auch hier durch eine entsprechende Regulation der Zellatmung erreicht. Die Atmungsintensität des Spadix entspricht etwa den Werten, die man bei homoiothermen Tieren entsprechender Größe beobachtet (→ Tabelle 15, S. 199). Da die allermeisten Pflanzen poikilotherm sind, müssen sie eine hohe Elastizität gegenüber Temperaturänderungen besitzen. In der Tat zeigen die Pflanzen in der Regel breite Temperatur-Optimumkurven für alle wichtigen Funktionen (→ Abb. 213). Eine physiologische Temperatur-Optimumkurve kann meist nicht eindeutig interpretiert werden, da zu viele Faktoren beteiligt sind. Nach der ARRHENIUS-Gleichung (→ Gl. (39), S. 114), welche die Temperaturabhängigkeit chemischer Reaktionen beschreibt, wird jeder Reaktionsschritt, der auf die Überwindung einer Aktivierungsenergie angewiesen ist, bei Temperaturerhöhung beschleunigt. Bei komplizierten Systemen kann es über die Verminderung von Konzentrationsniveaus leicht dazu kommen, daß sich die Intensität des *Gesamt*vorgangs bei Temperaturerhöhung *vermindert*, obgleich die Reaktionskonstanten gemäß der ARRHENIUS-Gleichung mit der Temperatur ansteigen. Die relative Abnahme der Intensität eines physiologischen Prozesses mit der Temperatur jenseits des Optimums

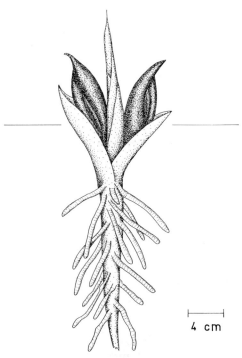

4 cm

Abb. 447. Eine Umrißzeichnung von *Symplocarpus foetidus* (eastern skunk cabbage) während der Blühperiode. Die gezeichnete Pflanze hat zwei Infloreszenzen; jede besteht aus einer Spatha, welche den Spadix umhüllt (→ Abb. 198). Die horizontalen Striche deuten die Bodenoberfläche an. Die permanent hohe Atmungsintensität des Spadix, der selbst keine Stärke speichert, wird durch den nahezu unerschöpflichen Vorrat an Atmungssubstrat in der Speicherwurzel ermöglicht. (Nach KNUTSON, 1974)

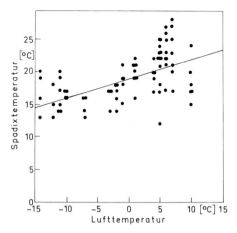

Abb. 448. Die Temperatur in der Infloreszenz (Spadix) von *Symplocarpus foetidus* bei verschiedenen Lufttemperaturen. Die Messungen wurden an intakten Pflanzen am natürlichen Standort vorgenommen. (Nach KNUTSON, 1974)

braucht also nicht notwendigerweise mit einer Inaktivierung von Enzymen erklärt zu werden (→ S. 220). Eine weitere Schwierigkeit, Temperatureffekte zu analysieren, hängt damit zusammen, daß Temperaturänderungen nicht nur unspezifisch die Reaktionskonstanten aller biochemischen Reaktionen beeinflussen können, sondern auch Strukturänderungen in Membranen verursachen (→ S. 470). Eine überzeugende Faktorenanalyse von Temperatureffekten (im Sinn der Abb. 3) ist deshalb in der Regel nicht möglich.

Die Temperatur der Pflanze

Die Temperatur der meisten Pflanzen wird durch ihre Umgebung festgelegt. Wenn die Aufnahme (plus Eigenproduktion) und die Abgabe von Energie durch die Pflanze gleich sind, befindet sich die Pflanze im thermischen Gleichgewicht mit ihrer Umgebung. Überwiegt die Aufnahme die Abgabe, tritt Erwärmung ein, im umgekehrten Fall Abkühlung. Drei Phänomene beherrschen den Energieaustausch der Pflanze mit ihrer Umgebung: Strahlung, Transpiration und Konvektion (Abb. 449). Die Wärmeleitung (Konduktion) spielt in der Regel nur im Zusammenhang mit der Konvektion eine Rolle. Für sie gelten Gesetze, die denen der Diffusion eines Stoffes analog sind.

Strahlung. Alle Körper senden elektromagnetische Strahlung aus. Die spektrale Verteilung dieser Strahlung ist durch das PLANCKsche Strahlungsgesetz gegeben. Die Wellenlänge λ_m des Emissionsmaximums ist umgekehrt proportional der absoluten Temperatur T. Es gilt das WIENsche Verschiebungsgesetz: $\lambda_m \cdot T = \text{konst}$. Da für 0° C ($\approx 273$ K) das Emissionsmaximum λ_m bei 10 μm liegt, läßt sich λ_m für Körper anderer Temperatur leicht berechnen. Anderseits kann man von λ_m auf die Temperatur des Strahlers schließen. Beispielsweise hat die Sonne ihr Emissionsmaximum bei 480 nm. Dem entspricht eine Oberflächentemperatur von rund 5800 K (→ Abb. 136). Die direkte oder indirekte Sonnenstrahlung, die auf die Pflanze fällt, erstreckt sich von etwa 290 nm bis zu etwa 22 μm. Kürzerwellige Strahlung wird bereits in der oberen Atmosphäre durch das Ozon absorbiert; längerwellige Strahlung absorbieren das CO_2 und der H_2O-Dampf der Atmosphäre (→ Abb. 136). Strahlung, die vom Erdboden oder von der Atmosphäre auf die Pflanze fällt, liegt stets im Infrarot; ebenso die Energieabstrahlung der Pflanze selber.

Transpiration. Unter „Energieabgabe durch Transpiration" versteht man den Energieverlust, der bei der Umwandlung von flüssigem Wasser in H_2O-Gas entsteht. Diese Umwandlung findet bei den typischen Kormophyten in erster Linie im Mesophyll der Laubblätter statt (→ Abb. 509). Bei starker Transpiration kann der Kühleffekt beträchtlich sein. Bei der Verdunstung von 1 g Wasser wird dem Pflanzenkörper (in der Regel dem Blatt) eine Wärmemenge von 2,43 kJ entzogen (→ S. 466). Wenn man Blätter mit Substanzen behandelt, die das Öffnen der Stomata verhindern, steigt die Temperatur der behandelten Blätter weit über die der Kontrollblätter.

Konduktion und Konvektion. Die Konduktion überträgt Wärme von einem Bereich höherer Temperatur zu einem Bereich niedrigerer Temperatur durch direkte Molekularbewegung, ohne daß eine Massenbewegung des Mediums stattfindet. Bei der Konvektion hingegen erfolgt die Energieübertragung durch eine kombinierte Wirkung von Konduktion und Massentransport in einem strömenden Medium. Auch bei der Konvektion wird die Wärme von der Oberfläche des Organs auf das strömende Medium durch Konduktion übertragen. Unmittelbar an der Oberfläche eines Organismus oder eines Organs findet nämlich keine Strömung des Mediums statt. Die volle Geschwindigkeit der Strömung wird erst in einigem Abstand von der Oberfläche erreicht. Die Übergangszone nennt man die *Grenzschicht.*

Die Konduktion entfernt also Wärme durch Molekularbewegung über die der Pflanze anliegende Grenzschicht, die in ruhiger Luft bis zu 1 cm dick sein kann. Die Intensität des Energietransfers durch die Grenzschicht hängt von der Dicke der Schicht und von der Temperaturdifferenz zwischen dem Objekt und der Atmosphäre ab. Schon ein geringer Luftzug reduziert oder zerstört die Grenzschicht und erhöht die Intensität des Wärmeaustausches mittels der Konvektion. Bei starker Luftbewegung spielt der Wärmeaustausch über die Konvektion eine wesentliche Rolle.

In der freien Natur ist die Temperatur eines Blattes natürlich nicht langfristig konstant. Auch die Blätter ein- und derselben Pflanze haben gewöhnlich nicht die gleiche Temperatur. GATES hat z. B. gemessen, daß Blätter im vollen Sonnenlicht über 20° C wärmer waren als die Luft; Blätter im Schatten hingegen hatten Lufttemperatur oder gar mehrere Grad Untertemperatur.

Im physiologischen Experiment ist es häufig notwendig, die Temperatur der Pflanze konstant zu halten. Dies ist bei allen Experimenten, die Belichtung einschließen, nicht leicht. Man sollte in diesem Fall die Belastung der Pflanze mit Strahlung so niedrig wie möglich halten, damit eine wesentliche Übertemperatur der Pflanze gegenüber der umgebenden Atmosphäre vermieden wird. Im Prinzip bringt freilich jede Belichtung eine thermische Störung der

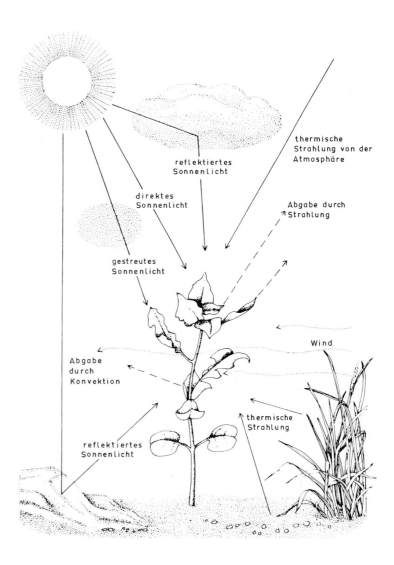

thermische Strahlung von der Atmosphäre

reflektiertes Sonnenlicht

direktes Sonnenlicht

Abgabe durch Strahlung

gestreutes Sonnenlicht

Wind

Abgabe durch Konvektion

thermische Strahlung

reflektiertes Sonnenlicht

thermische Strahlung

Abb. 449. Ein Modell für den Energieaustausch einer Pflanze (Sporophyt einer terrestrischen Angiosperme) mit ihrer Umgebung. (Nach GATES, 1968)

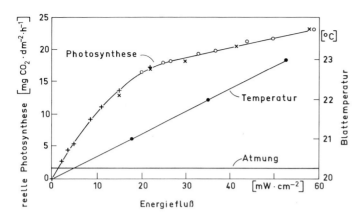

Abb. 450. Licht-Energiefluß und Blatttemperatur. Objekt: Abschnitte eines Maisblattes. Die Meßküvette war auf 20,0° C thermostatisiert. Man erkennt, daß die thermoelektrisch bestimmte *Übertemperatur* der Blattabschnitte *linear* mit dem Licht-Energiefluß zunimmt. x,o, die unter diesen Bedingungen gemessene Lichtkurve der CO_2-Assimilation (verschiedene Meßreihen). „Atmung" bedeutet Dunkelatmung bei 20° C. (Nach RASCHKE, 1966)

Pflanze mit sich. Bei präzisen Experimenten sollte man das Ausmaß der thermischen Belastung (z. B. die Übertemperatur eines Blattes) kennen, um es gegebenenfalls berücksichtigen zu können (Abb. 450).

Physiologische Temperatureffekte

Vernalisation. Eine Vernalisation liegt dann vor, wenn eine mehr oder minder ausgedehnte Kältebehandlung (experimentell i. a. mit Temperaturen etwas über dem Gefrierpunkt) die Blütenbildung einer Pflanze spezifisch und positiv beeinflußt. Gute Beispiele liefern monokarpische Pflanzen, z. B. winterannuelle Pflanzen oder biannuelle Rosettenpflanzen.

 1. Beispiel: *Vernalisation beim Wintergetreide.* Wenn man die gequollenen Karyopsen einer Kältebehandlung unterwirft, wird die Blütenbildung der Pflanzen, die aus diesen Karyopsen hervorgehen, stark beschleunigt. Der „Angriffsort" der Vernalisation ist das Sproßmeristem im Embryo. Die „Prägung", welche diese Zellen erfahren, wird bei der Keimung und beim Heranwachsen der Getreidepflanze über zahllose Zellteilungen weitergegeben, zum Beispiel auch über die Verzweigungen des Achsensystems hinweg. Es scheint in der Tat so zu sein, daß die ontogenetischen Nachkommen der vernalisierten Zellen diese durch die Kältebehandlung geschaffene spezifische Prägung beibehalten. Eine beschleunigte Blütenbildung ist die Folge.

 2. Beispiel: *Vernalisation bei biannuellen Rosettenpflanzen.* Als Beispiel wählen wir eine biannuelle Rasse vom Bilsenkraut, *Hyoscyamus niger.* Diese Pflanze benötigt eine längere Kältebehandlung im Rosettenstadium, damit die

Blütenbildung erfolgen kann. Die Blütenbildung ist aber auch dann nur im Langtag möglich (Abb. 451). In der Natur bilden diese Pflanzen im ersten Jahr eine vegetative Rosette mit Speicherwurzel. Diese überwintert. Im zweiten Jahr entsteht dann, nach Eintritt von Langtagbedingungen, die lange Achse mit dem Blütenstand. Die biannuellen Pflanzen kann man nicht bereits im Samen- oder Keimlingszustand vernalisieren. Die Kältebehandlung hat erst dann Erfolg, wenn die vegetative Rosette angelegt ist. Erst in diesem Entwicklungszustand sind die Vegetationspunkte kompetent für den „Kältereiz". Gibberelline (z. B. GA_3) vermögen die Kältebehandlung zu ersetzen (Abb. 452). Man darf daraus aber nicht ohne weiteres schließen, daß die Kältebehandlung zur Bildung von endogenem Gibberellin führt. Wie leicht man bei derlei Argumentation fehlgehen kann, haben wir uns bei der Blütenbildung (Florigen und Gibberellin; → S. 401) klargemacht.

 Der Vernalisationseffekt ist eine verhältnismäßig spezifische Temperaturwirkung. Dennoch hat man bisher keine molekulare Deutung dieses Phänomens geben können. Dies hängt mit den prinzipiellen Schwierigkeiten zusammen, die einer Faktorenanalyse von Temperaturwirkungen entgegenstehen (→ S. 417).

Thermoperiodismus. Man hat häufig beobachtet, daß Pflanzen bei konstanter Temperatur schlechter wachsen als bei einem periodischen Wechsel der Temperatur (relativ kühl, während der Dunkelperiode, relativ warm während der Photoperiode). Die Abb. 453 zeigt am Beispiel einer Tomatensorte (*Lycopersicum esculentum*), daß unter den vorgegebenen Lichtbedingungen das beste Wachstum — gemessen als Zunahme

Abb. 451. Der Zusammenhang zwischen Vernalisation und Photoperiodismus bei einer biannuellen Rasse der Langtagpflanze *Hyoscyamus niger.* (In Anlehnung an KÜHN, 1955)

nicht vernalisiert

Langtag   Kurztag

vernalisiert

der Sproßachsenlänge pro Tag — dann erzielt wird, wenn bei Tag 26,5° C, bei Nacht 17–20° C herrschen. Der positive Effekt der tieferen Temperatur tritt nur auf, wenn sie während der Nacht (und nicht etwa konstant) gegeben wird. Die günstige Wirkung einer tagesperiodisch wechselnden Temperatur auf die Tomatenpflanzen kommt auch beim Fruchtansatz zum Vorschein. Die beste Fruchtentwicklung beobachtet man bei Nachttemperaturen von 15–20° C.

Offensichtlich haben die während der Lichtphase und die während der Dunkelphase ablaufenden Vorgänge verschiedene Temperaturoptima. Man spricht von einem *Thermoperiodismus.* Es gibt Hinweise, daß die tagesperiodisch sich ändernden Temperaturoptima Manifestationen einer endogenen Rhythmik sind, gesteuert von der „physiologischen Uhr" (→ S. 404).

Thermomorphosen. Spezifische morphogenetische Wirkungen der Temperatur sind immer wieder beschrieben worden (zum Beispiel der Temperatureffekt auf die Morphogenese von Blättern, Abb. 454). Eine befriedigende Erklärung für diese Phänomene gibt es nicht.

Empfindlichkeit und Resistenz gegen Frost. Beim langsamen Abkühlen von Geweben und Organen, wie es unter natürlichen Bedingungen geschieht, beginnt die Eisbildung außerhalb der Protoplasten in der Regel bei −3 bis −5° C. Bei weiterer Temperaturerniedrigung wachsen die Eiskristalle, da das ehedem intra-

Abb. 452. Die Wirkung von Gibberellin auf die Blütenbildung. Objekt: frühblühende Karottenvarietät (*Daucus carota*). Die Anzucht erfolgte im Langtag. *Links:* Kontrolle (weder Kältebehandlung noch Gibberellin); *Mitte:* keine Kältebehandlung, aber Gibberellin (10 µg pro d über 4 Wochen hinweg auf den Sproßvegetationspunkt geträufelt); *rechts:* 6 Wochen Kältebehandlung, kein Gibberellin. (Nach LANG, 1957)

zelluläre Wasser jetzt außerhalb des Protoplasten gefriert. Der Grund hierfür ist, daß der Dampfdruck über Eis niedriger liegt als über einer unterkühlten Lösung. Es besteht also zwischen dem Zellinnern („Innenraum") und dem Raum außerhalb des Plasmalemmas („Außenraum") ein Dampfdruckgefälle. Das intrazelluläre Wasser diffundiert in Richtung des Gefälles, falls die Plasmamembranen dieser Diffusion keinen allzu hohen Widerstand entgegensetzen, und gefriert außerhalb des Plasmalemmas. Genügend resistente Zellen überstehen diesen Prozeß. Bei rascher Abkühlung (im Experiment!) kann der Diffusionswiderstand den Wasserefflux limitieren, und es kommt zum *intrazellulären* Gefrieren. Dies führt selbst bei resistenten Zellen in der Regel zum Tod. Unter natürlichen Frostbedingungen dürfte der Diffusionswiderstand der Plasmamembran den Wasserefflux nicht limitieren. Zu den Faktoren, die unter diesen Bedingungen eine intrazelluläre Eisbildung begünstigen, gehören vor allem Kristallisationskerne und Oberflächeneffekte an intrazellulären „Festkörpern".

Bei der Eisbildung im Außenraum verändern sich die Zellen erheblich. Die starke Entwässerung des Innenraums führt zu einer Schrumpfung des Protoplasten und zu einer Konzentrationserhöhung der im Innenraum gelösten Stoffe. Beim Auftauen hingegen wird im Außenraum Wasser verfügbar, das rasch von der Zelle osmotisch in den Innenraum aufgenommen wird. Bei diesem drastischen Hin und Her sind Schäden an den Zellen zu er-

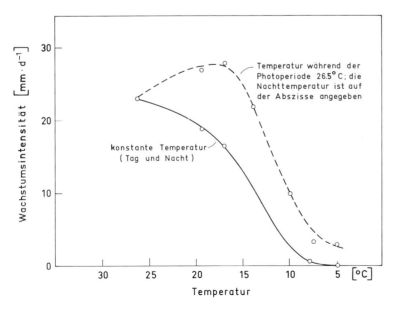

Abb. 453. Thermoperiodizität bei der Tomate. Die *ausgezogene* Linie gibt die Wachstumsintensität der Sproßachse in Abhängigkeit von der konstanten Temperatur wieder; die *gestrichelte* Linie erhält man bei täglichem Temperaturwechsel. (Nach WENT, 1944)

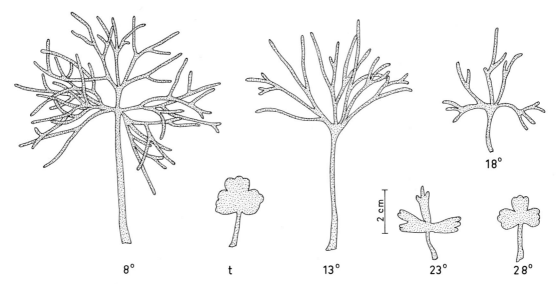

Abb. 454. Umrisse von Blättern von *Ranunculus flabellaris*. Die Blätter stammen von Pflanzen eines Klons. Sie wuchsen entweder in der terrestrischen Phase (t) oder untergetaucht bei Temperaturen von 8, 13, 18, 23 und 28° C. (Nach Johnson, 1967)

warten, die auch zum Tod führen können. Die Fachleute neigen dazu, diese Schäden nicht auf die Temperatursenkung selbst, sondern in erster Linie auf die sie begleitende Entwässerung des Innenraums zurückzuführen. Beschädigungen von Membranen und membrangebundenen Transportsystemen dürften die Hauptrolle spielen.

Verschiedene Pflanzenarten (-sippen) sind unterschiedlich frostresistent. Außerdem zeigen viele Beobachtungen, daß sich die *Frostresistenz* im Lauf eines Jahres wesentlich ändern kann. Manche Pflanzen oder Pflanzenteile, die sich im Spätherbst und im Winter als frostresistent erweisen, sterben, wenn sie im späten Frühjahr den gleichen niedrigen Temperaturen ausgesetzt werden, die sie im Winter ohne erkennbare Defekte überstehen. Die verheerende Wirkung von Spät- oder Frühfrösten auf die Pflanzenwelt ist ein großes Problem für die Landwirtschaft. Die Resistenzzüchtung ist deshalb auch im Hinblick auf die *Frostresistenz der Kulturpflanzen* eine Aufgabe ersten Ranges. Hierbei wirkt sich der Umstand hemmend aus, daß man trotz vieler Bemühungen nicht genau weiß, auf welche Faktoren Frostresistenz zurückzuführen ist.

Weiterführende Literatur

Gates, D. M.: Energy Exchange in the Biosphere. New York: Harper and Row, 1964

Heber, U., Santarius, K. A.: Empfindlichkeit und Resistenz der Zelle gegen Frost. Umschau 71, 930 – 936 (1971)

Raschke, K.: Heat transfer between the plant and the environment. Ann. Rev. Plant Physiol. **11**, 111 – 126 (1960)

Sutcliffe, J.: Plants and Temperature. London: Edward Arnold, 1977

Went, F. W.: The Experimental Control of Plant Growth. New York: The Ronald Press, 1957

35. Physiologie der Seneszenz, der Ruhezustände und der Keimung

Seneszenz

Grundphänomene. Der Lebenscyclus einer Senfpflanze (→ Abb. 250) repräsentiert die Ontogenie vieler krautiger Pflanzen: Die Pflanze blüht, altert und stirbt. Die Bildung von Samen und Früchten ist mit einem irreversiblen Alterungsprozeß der gesamten Pflanze verknüpft. In diesem Zusammenhang wird das N-haltige Material der Mutterpflanze in die Samen verlagert (Abb. 624) (monokarpische Pflanzen). Bei perennierenden Stauden und bei Sträuchern und Bäumen hingegen führt die Blüten- und Samenbildung nicht zu einer Alterung der Gesamtpflanze (polykarpische Pflanzen). Die meisten Bäume werden in der Natur eher getötet als daß sie aus inneren Ursachen sterben. Teile der Bäume jedoch, beispielsweise die Blätter, besitzen prinzipiell nur eine beschränkte Lebensdauer und sind in dieser Hinsicht den monokarpischen Pflanzen vergleichbar.

Monokarpische Pflanzen. Die Alterung oder Seneszenz (gemessen z. B. als Protein- oder Chlorophyllverlust der Blätter, Abb. 455) kann bei diesen Pflanzen hinausgezögert werden, wenn man die Blüten oder die jungen Früchte entfernt. Trotz Anwendung moderner Trennverfahren für lösliche Proteine (Gelelektrophorese) konnte die einsetzende, in der Regel sequentielle Seneszenz der Blätter bisher nicht mit einem *differentiellen* Proteinverlust in Zusammenhang gebracht werden. Es gibt allerdings Hinweise darauf, daß die Chloroplastenproteine (z. B. Ribulosebisphosphatcarboxylase) schneller als die cytoplasmatischen Proteine im Zuge der Seneszenz abgebaut werden. Damit korreliert ist der rasche Abfall der *Photosyntheseleistung* im alternden Blatt (Abb. 456).

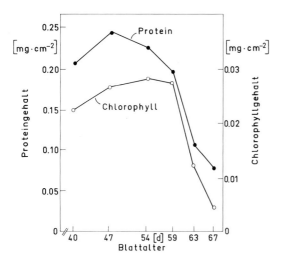

Abb. 455. Chlorophyll- und Proteingehalt in Blättern in Abhängigkeit vom Blattalter. Objekt: *Perilla frutescens*. Die Blätter befinden sich an der Pflanze. (Nach WOOLHOUSE, 1967)

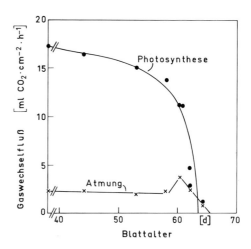

Abb. 456. Photosynthese- und Atmungsintensität in Blättern in Abhängigkeit vom Blattalter. Objekt: *Perilla frutescens*. Die Blätter befinden sich an der Pflanze. (Nach WOOLHOUSE, 1967)

Hinsichtlich der *Zellatmung* findet man im typischen Fall die in Abb. 456 dargestellte Kinetik: Die Atmungsintensität bleibt zunächst ziemlich konstant; erst gegen Ende der Seneszenzperiode erfolgt ein scharfer Anstieg, der vom endgültigen Abfall gefolgt ist. Dieser *klimakterische Gipfel* der Atmungsintensität wird häufig auch bei der Fruchtreife beobachtet (→ S. 207). Es scheint, daß die Blüten und Früchte ihren die Seneszenz fördernden Einfluß nicht nur auf die Blätter, sondern auch auf die Meristeme ausüben. Auf jeden Fall geht die monokarpische Pflanze in den Prozeß der Seneszenz als eine Einheit ein. Der einsetzende Tod ist ein organismisches, autonomes Phänomen, eine *Systemeigenschaft*. Früher übliche Auffassungen, der Tod der Pflanze sei die allmähliche Folge einer nachlassenden photosynthetischen Aktivität der Blätter oder die Folge der „sink"-Wirkung der sich entwickelnden Samen für Aminosäuren, werden dem tatsächlichen Sachverhalt nicht gerecht. Man muß vielmehr davon ausgehen, daß von den reifenden Früchten (Samen) ein „*Seneszenzsignal*" ausgeht, das sich über die Pflanze verbreitet und Blätter, Vegetationspunkte und Wurzelspitzen auf „Tod" umprogrammiert, sobald es die Organe erreicht („Programmtheorie" der Seneszenz).

Blattalterung bei perennierenden Pflanzen. Der jahresperiodische Laubwechsel ist ein Charakteristikum der Laubbäume der gemäßigten Breiten. Dieses Verhalten ist in erster Linie eine genetische Anpassung an die schwierige Wasserversorgung während der kalten Jahreszeit. Der herbstliche Blattfall wird durch einen präzisen Alterungsprozeß vorbereitet, der darauf abzielt, die für die Pflanze wichtigen chemischen Elemente (in erster Linie N, Fe, P, K) in das Speichergewebe des Stammes zurückzuführen und die mit dem Blattverlust verbundene Verwundung minimal zu halten. Die auffälligsten biochemischen Vorgänge bei der Blattalterung sind der Abbau von Stärke, Protein, Chlorophyll und Nucleinsäuren sowie die Biogenese von Anthocyan. Anatomisch wird die Blattalterung bei vielen Holzpflanzen von der Ausbildung einer Trennschicht an der Basis des Blattstiels begleitet (Abb. 457). Die komplizierten anatomischen Veränderungen bei der Ausbildung der Trennschicht (sie erfolgen gelegentlich bereits im noch voll aktiven Blatt) stellen eine hohe Entwicklungsleistung dar, die Zellteilungen und Zelldifferenzierung einschließt. Nachdem die Ablösung des Blattes erfolgt ist, kommt es an der Blattnarbe zu erneuten Zellteilungen und zur Suberinisierung der an der Oberfläche gelegenen Zellen und Interzellularen. Auf diese Weise schützt sich die Pflanze gegen Wasserverlust und gegen die Invasion pathogener Keime.

Physiologie der Blattalterung. An der *Regulation* der Alterungsprozesse bei Blättern sind endogene Faktoren mit Fernwirkung (Hormone)

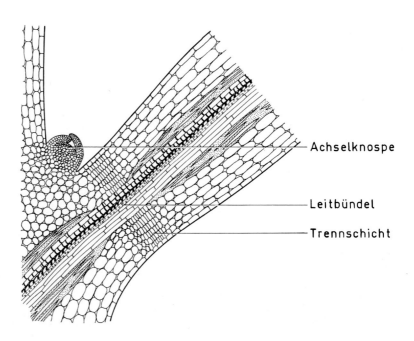

Abb. 457. Eine schematische Darstellung jener Zone des Blattstiels, in der die Trennschicht ausgebildet wird. Man beachte die kleinen Zellen und das Fehlen von Fasern im Bereich der Trennschicht. (Nach ADDICOTT, 1965)

Achselknospe

Leitbündel

Trennschicht

beteiligt. Man kann experimentell zeigen, daß die Alterung eines Blattes nicht auf der Anhäufung zufallsmäßiger Defekte beruht; die Alterung wird vielmehr vom Gesamtorganismus her kontrolliert. Man weiß zum Beispiel seit langem, daß die in der Regel rasche Alterung abgeschnittener Blätter revertiert wird, wenn es zur Regeneration von Wurzeln kommt. Dies wird bei der Herstellung von Blattstecklingen in der gärtnerischen Praxis ausgenutzt. Auch durch eine optimale Zufuhr von *Cytokininen* (Kinetin, Benzylaminopurin, Benzimidazol) läßt sich die Seneszenz abgetrennter Blätter verhindern oder zumindest hinausschieben (Abb. 458). In die Prozesse der Blattalterung und Abscission (Blattfall) sind jedoch mehrere Hormone verwickelt. Außerdem verhalten sich verschiedene Arten recht unterschiedlich. Ein klassisches Experiment, das die komplizierte Beteiligung der *IES* beweist, zeigt die Abb. 459. Die stimulierende Wirkung von *Äthylen* auf den Blattfall, insbesondere auf die Ausbildung der Trennschicht, ist vielfach gezeigt worden.

Die *Abscisinsäure* (ABA) trägt ihren Namen deshalb, weil diese Substanz den Blattfall (Abscission) bei einer Reihe von Pflanzenarten stimuliert. Außerdem stimuliert ABA auch die Seneszenz der Blattlamina bei vielen Arten. ABA fungiert hier (zumindest im Experiment) als Antagonist des Kinetins. Das Hormonsystem, die funktionelle Integration der verschiedenen Regulatorsubstanzen, ist zur Zeit noch unklar. Eine monokausale Betrachtungsweise erscheint aber auf jeden Fall nicht angemessen (→ S. 8).

Wirkung von Außenfaktoren. Der Alterungsprozeß in Blättern wird durch Außenfaktoren (Licht, Temperatur) stark beeinflußt. Unter Langtagbedingungen (künstliches Zusatzlicht zu der natürlichen Hauptlichtperiode) verzögert sich die Blattalterung bei Holzpflanzen. Bei den Blättern der Getreide (Hafer, Weizen, Reis) verzögert eine Belichtung die Seneszenz. Wahrscheinlich erfolgt die Lichtwirkung über *Phytochrom*. Andererseits beschleunigen Stickstoffmangel, Trockenheit und ein versalzter Wurzelraum die Alterung. Der Einfluß der *Temperatur* auf die Seneszenzphänomene ist jedem Naturbeobachter geläufig. Eine rasche Blattalterung und die damit verbundene intensive Herbstfärbung erfolgen nur bei höheren Temperaturen. Am wirksamsten ist die Kombination: niedere Nacht- und relativ hohe Tagestemperaturen. Dies hängt damit zusammen, daß Blattalterung und Herbstfärbung von der Gesamtpflanze her gesteuerte, *aktive* Prozesse sind, die eine hohe allgemeine Stoffwechselaktivität und *spezifische* biogenetische (anabolische) Leistungen der Blätter einschließen. Eine Behandlung von Blättern mit Atmungsgiften oder mit Inhibitoren der Proteinsynthese verhindert deshalb die Blattalterung.

Herbstfärbung. Die leuchtend roten Farben der alternden Blätter gehen auf Anthocyane (in der Regel mit dem Anthocyanidin Cyanidin) zurück (→ Abb. 244). Die Bildung des Anthocyans wird durch höhere Tagestemperaturen und durch Licht gefördert. Die Anthocyanbildung in den alternden Blättern hat keinen erkennbaren „biologischen Sinn". Man muß diese Syntheseleistung als ein Nebenprodukt des auf hohen Touren laufenden klimakterischen Stoffwechsels ansehen (→ Abb. 456). Das Ziel des klimakterischen Stoffwechsels ist die rasche und möglichst vollständige Rückführung der für die Pflanzen schwierig zu beschaffenden Elemente N, Fe, P, K in den Stamm. Dies impliziert einen effektiven Abbau der Proteine, Nucleinsäuren und Porphyrine. Die nur aus C, H und O bestehenden Verbindungen, z. B. die Carotinoide, werden in der Regel nicht abgebaut. Die gelben Herbstfarben gehen auf Carotinoide in den seneszenten Plastiden zurück (→ Abb. 93).

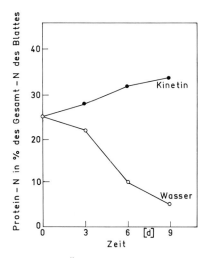

Abb. 458. Änderungen im Proteingehalt der beiden Blatthälften abgetrennter, ungeteilter Blätter von *Nicotiana rustica*. Die Blatthälften wurden entweder mit einer Kinetinlösung (→ S. 370) oder mit Wasser behandelt. (Nach WOLLGIEHN, 1961)

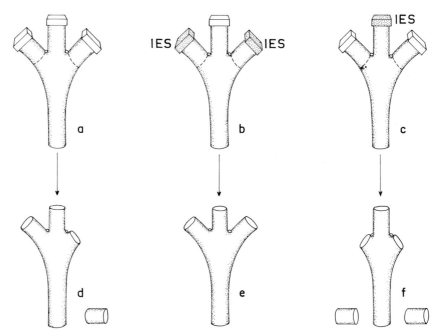

Abb. 459 a – f. Indol-3-essigsäure (IES) kann bei getrimmten Baumwollkeimlingen (*Gossypium hirsutum*) den Abfall der Blattstiele hemmen oder beschleunigen, je nachdem, von welcher Seite das Hormon auf die Trennschicht (*gestrichelte Linie*) trifft. Man entfernt von Baumwollkeimlingen die Wurzel, die Sproß-Spitze und die Laminae (Blattflächen) der Kotyledonen. Mit dem Restsystem kann man in einer feuchten Kammer arbeiten, indem man Agarblöckchen, die Auxin (IES) enthalten, auf die Schnittstellen setzt (*obere Reihe*) und den Abfall der Petioli der Kotyledonen beobachtet. Diese lösen sich an der Trennschicht (*gestrichelt angedeutet*) von der Achse. Wenn die Agarblöckchen nur Wasser enthalten, setzt der Blattfall nach einer bestimmten Zeit ein (a → d). Enthalten die Agarblöckchen, welche die Stümpfe der Petioli bedecken, IES, so wird der Blattfall lange hinausgezögert (b → e). Gibt man die IES aber lediglich in das Agarblöckchen, das den Epikotylstumpf bedeckt, so wird der Blattfall gegenüber der Kontrolle stark beschleunigt (c → f). Das Beispiel zeigt, daß ein und dieselbe Konzentration eines Hormons (IES) gegenteilige Effekte hervorbringen kann, je nachdem, von welcher Seite das Hormon auf das „Erfolgsgewebe" (die Trennschicht) trifft. Es ist offensichtlich, daß der *Zustand des Erfolgsgewebes* (in diesem Fall die Zell- und Gewebepolarität) darüber entscheidet, welche Wirkung das Hormon auszuüben vermag. (Nach ADDICOTT et al., 1955)

Die Eigenfarbe der Carotinoide kommt nach dem Abbau der Chlorophylle zum Vorschein. Eine Neusynthese von Carotinoiden erfolgt im Herbstlaub nicht.

Die Ursachen für die Farbenpracht des nordamerikanischen Indianersommers kann man sich ebenfalls verständlich machen. Maßgebend sind einmal günstige Umweltbedingungen: relativ hohe Tagtemperaturen, hohe Lichtflüsse. Andererseits zeigen aber auch die in Europa angepflanzten nordamerikanischen Laubholzarten eine prächtigere Färbung als die bei uns einheimischen Arten. Eine Erklärung für die genetische Komponente der intensiven Herbstfärbung lautet: Unter den Bedingungen im östlichen Nordamerika (rascher Übergang vom warmen, sonnenreichen Klima auf winterliche Witterung) hatten solche Sippen einen Selektionsvorteil, die in der Lage waren, die Blattalterung möglichst lange hinauszuzögern, sie aber dann rasch (z. B. innerhalb von zwei Wochen) durchzuführen. Auf diese Weise kann die Photosynthese lange aufrechterhalten werden, ohne daß Gefahr besteht, daß der hereinbrechende Winter die Blätter zum Erfrieren bringt, bevor die wichtigen chemischen Elemente in den Stamm zurücktransportiert sind. Die rasche Blattalterung geht mit einer besonders hohen klimakterischen Stoffwechselintensität einher. Entsprechend hoch ist die Syntheseleistung für Anthocyan.

Alterung bei Blütenblättern. Das Verblühen ist ein besonders auffälliger, bei manchen Sippen

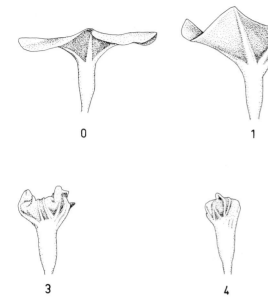

Abb. 460. Der Verwelkungsprozeß bei der Blüte von *Ipomoea tricolor*, cv. *rubro-coerulea praecox*. Stadium 0 repräsentiert die voll geöffnete Krone, die Stadien 1 – 4 markieren die progressive Seneszenz. Unter natürlichen Lichtbedingungen öffnen sich die Blüten morgens um 6 Uhr und bleiben bis etwa 15 Uhr geöffnet (0). Dann krümmt sich die Krone aufwärts und ändert ihre Farbe von Blau nach Purpur. Die Phasen 1 – 4 werden in wenigen Stunden durchlaufen. (Nach KENDE und BAUMGARTNER, 1974)

rasch ablaufender, präzise kontrollierter Prozeß. Die Blüten sind auf relativ rasche Seneszenz „programmiert". Ihr Alterungsprozeß ist von der Gesamtpflanze weitgehend unabhängig. *Äthylen* scheint bei der Seneszenz der Blüten (ähnlich wie bei der Reifung der Früchte) eine wesentliche Rolle zu spielen. Ein Beispiel (Abb. 460): Die Blüten von *Ipomoea tricolor* öffnen sich am frühen Morgen und verblühen am Nachmittag des gleichen Tages. Die Seneszenz (gemessen als Einkrümmung und Verfall der Blütenkrone und Zunahme der RNase-Aktivität) kann durch eine Behandlung mit Äthylen vorverlegt werden. Andererseits läßt sich der Alterungsprozeß durch eine Behandlung mit CO_2 oder durch eine Absorption des endogen produzierten Äthylens mit Quecksilberperchlorat hinauszögern. Bei den unbehandelten Blüten fällt das Verblühen der Blütenkrone mit einem scharfen Anstieg der endogenen Äthylensynthese zusammen. Die endogene Äthylenbildung wird nach Art einer autokatalytischen Reaktion (positive Rückkopplung) geisteigert: C_2H_4 steigert die C_2H_4-Synthese. Auch bei der Reifung von Früchten (Äpfel, Bananen, Citrusfrüchte), die durch Äthylen gefördert wird, dürfte eine derartige positive Rückkopplung vorkommen, die man vertriebstechnisch ausnutzt (→ S. 390). MATILE und seine Mitarbeiter haben die katabolischen Vorgänge bei der Seneszenz der *Ipomoea*-Blüte eingehend studiert. Der zeitliche Verlauf des DNA-, RNA- und Proteingehalts (Abb. 461, *oben*) weist darauf hin, daß in der welkenden Blüte dramatische, katabolische Prozesse ablaufen, die mit dem Auftreten der Hydrolasen für DNA und RNA korreliert sind (Abb. 461, *unten*). Der Proteinabbau hingegen wird offensichtlich nicht durch die Menge an proteolytischer Enzymaktivität kontrolliert, sondern durch jene Prozesse, die das Zellprotein mit den Proteasen in Kontakt bringen. Nach MATILE nennt man die kontrollierten Abbauprozesse, während derer das *lytische Kompartiment* (Vacuole und Tonoplast) noch voll intakt ist, *Autophagie*. Erst wenn das lytische Kompartiment zusammenbricht (Zerreißen des Tonoplasten), mischen sich die Hydrolasen des Zellsaftes mit dem Rest des Cytoplasmas, und die zellinterne Verdauung gerät außer Kontrolle. Diese Endstufe der Seneszenz wird *Autolyse* genannt. Sie geht mit dem Zelltod einher (Abb. 462).

Das Konzept, die Vacuole der ausgewachsenen Pflanzenzelle fungiere als ein riesiges Lysosom, wird neuerdings kritisiert. SIEGELMAN et al. ist es gelungen, aus den Petalen von *Hippeastrum*-Hybriden intakte Vacuolen zu isolieren und ihren Enzymgehalt zu messen. Die geringen hydrolytischen Aktivitäten, die gefunden wurden, rechtfertigen die Auffassung nicht, die Zentralvacuole dieser Zellen entspreche einem Lysosom. Die Befunde sprechen vielmehr dafür, daß die (sauren) Hydrolasen im *Cytoplasma* kompartimentiert oder inaktiviert vorliegen. Die Autolyse dürfte dadurch eingeleitet werden, daß der Tonoplast zerreißt und

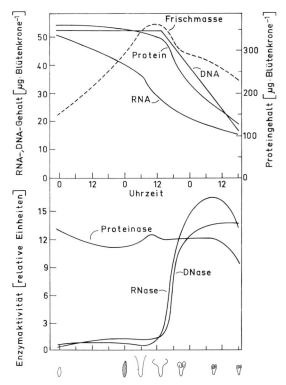

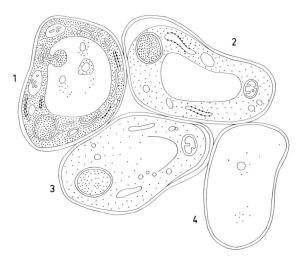

Abb. 462. Alterung und Autolyse von Mesophyllzellen aus den Blütenblättern von *Ipomoea tricolor.* 1 – 4, verschiedene Stadien von der einsetzenden *Autophagie* über die *Autolyse* bis zum *Zelltod.* Die Autolyse kommt dadurch zustande, daß der Tonoplast zerreißt und sich die Hydrolasen des Zellsaftes mit dem Cytoplasma mischen. Erst nach dem Zusammenbruch des *lytischen Kompartiments* beobachtet man eine Degradation der Zellkerne. Die Abnahme der DNA in dem Blütengewebe (→ Abb. 461) ist ein Maß für das Einsetzen und Fortschreiten der Autolyse. (Nach MATILE und WINKENBACH, 1971)

Abb. 461. Molekulare Veränderungen während der Seneszenz der Blütenblätter von *Ipoea tricolor.* Die Angaben beziehen sich jeweils auf eine Blütenkrone. Die Skizzen unterhalb der Zeitachse deuten die jeweilige Gestalt der Krone an (→ Abb. 460). Die starke Zunahme der *RNase-Aktivität* ist typisch für die Blattseneszenz. Im Fall von *Ipomoea* wurde durch Dichtemarkierung mit Deuterium (→ S. 324) bewiesen, daß der RNase-Aktivitätsanstieg auf eine Neusynthese des Enzyms zurückzuführen ist. (Nach MATILE und WINKENBACH, 1971)

der austretende Zellsaft im Cytoplasma ein günstiges pH für die Aktivität der sauren Hydrolasen schafft.

Ruhezustände und Keimung

Knospen. Mit diesem Begriff bezeichnet man endständige, gestauchte Sproßabschnitte, die (von Knospenschuppen umhüllt) eine größere Zahl von Blatt- oder Blütenanlagen enthalten und sich in einem vorübergehenden Ruhezustand befinden. Die Knospenbildung hat die Funktion, einem Meristem samt Blatt- oder Blütenanlagen das Überleben ungünstiger Umweltbedingungen (Frost, Trockenheit) zu ermöglichen. Knospen sind artspezifisch. Oftmals sind sie auch innerhalb derselben Gattung bei sehr ähnlicher Phyllotaxis auffällig verschieden (Abb. 463). Die *Seitenknospen* bilden sich nur in den Blattachseln. Ihr Muster ist also durch die Phyllotaxis determiniert (→ S. 299). Die morphogenetischen Umsteuerungen im Vegetationspunkt bei der Bildung einer *Endknospe* sind gravierend. Zunächst erfolgt eine Umsteuerung von Blatt- auf Schuppenbildung, dann eine abermalige Umsteuerung auf Blattbildung. Außerdem wird die Internodienlänge drastisch reduziert. Der Eintritt in die Knospenruhe ist also ein besonders *aktiver* Prozeß, der mit grundlegenden Änderungen der Morphogenese verknüpft ist. Wir gehen davon aus, daß die morphogenetischen Änderungen das Resultat einer geänderten Genexpression darstellen. Auch *Wurzelspitzen* können in den Ruhezustand übergehen. Sie werden dabei häufig braun, da sich die äußeren Zellagen suberinisieren. Diese Reaktion kann z. B. durch Bodentrockenheit ausgelöst werden.

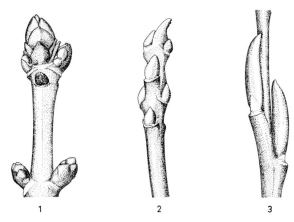

Abb. 463. End- und Seitenknospen bei Bergahorn (*Acer pseudoplatanus,* 1) und Eschenahorn (*Acer negundo,* 2). Die Weiden (*Salix spec.,* 3) haben wechselständige Seitenknospen. Die Position der abgefallenen Blätter ist an den Blattnarben zu erkennen. (Nach AICHELE, 1974)

Physiologie der Knospenbildung. Für die perennierenden Pflanzen der gemäßigten Breiten ist es wichtig, sich auf die ungünstige (kalte, trokkene) Jahreszeit einzustellen, *bevor* die ungünstigen Umweltbedingungen tatsächlich eintreten. Die Pflanze ist in der Lage, sich durch die

Abb. 464. Douglasien (*Pseudotsuga menziesii*) nach 12 Monaten Wachstum unter den folgenden photoperiodischen Bedingungen: *links:* 12 h Lichtperiode; *Mitte:* 12 h Hauptlichtperiode plus 1 h Zusatzlicht in der Mitte der Dunkelperiode; *rechts:* 20 h Lichtperiode. (Nach DOWNS, 1962)

Messung der relativen Tageslänge über den Gang der Jahreszeiten zu informieren und entsprechend „sinnvoll" zu reagieren. Die Tageslänge (tägliche Photoperiode) kann also nicht nur darüber bestimmen, ob ein Vegetationspunkt auf Blütenbildung umschaltet; auch die Entscheidung darüber, ob ein endständiger Vegetationspunkt im steady state Laubblätter bildet oder zur Knospenbildung übergeht, wird häufig von der Photoperiode gefällt. (Daneben können Kälte und Wasserstreß eine Rolle spielen.) In der Regel gehen die Holzpflanzen nicht zur Knospenbildung über, wenn Langtagbedingungen aufrechterhalten werden. Die Umsteuerung auf Knospenbildung ist also in vielen Fällen eine Reaktion auf eintretende Kurztagbedingungen. Ähnlich wie beim *Photoperiodismus* der Blütenbildung (→ S. 392) kann auch im Zusammenhang mit der Knospenbildung ein Langtag durch das Programm Kurztag plus Zu-

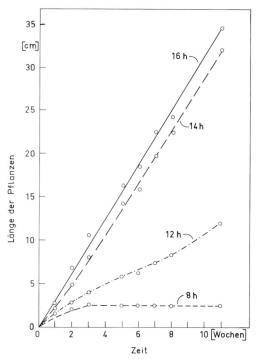

Abb. 465. Das Wachstum junger Pflanzen von *Catalpa bignonioides* bei vier verschiedenen Photoperioden (16, 14, 12 bzw. 8 h Licht pro Tag). Obgleich sich im Kurztag sehr rasch Knospen bilden, behalten die bereits vorhandenen Laubblätter über Wochen hinweg ihre grüne Farbe und ihre photosynthetische Aktivität. Die Kurztagbedingungen *allein* führen also nicht zu einer raschen Alterung der Blätter. Dies ist für das Verständnis der Blattalterung bei Holzpflanzen wichtig. (Nach DOWNS und BORTHWICK, 1956)

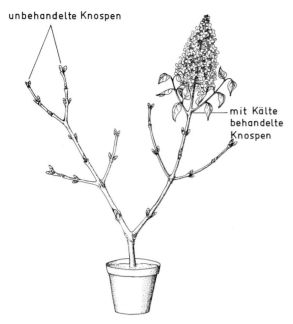

unbehandelte Knospen

mit Kälte
behandelte
Knospen

Abb. 466. Aufhebung der Knospenruhe bei *Syringa vulgaris* durch eine lokale Kältebehandlung. Ohne Kältebehandlung können die Knospen ihr Wachstum nicht wieder aufnehmen. (Nach KIMBALL, 1965). Eine Kältebehandlung (am besten zwischen 0 und 5° C) ist nicht nur für das Brechen der Knospenruhe wichtig, sondern auch für die Keimung vieler Samen. Es gibt eine ganze Reihe von Analogien zwischen Knospenruhe und Samenruhe

satzlicht ersetzt werden (Abb. 464). Als zweites Beispiel wählen wir *Catalpa bignonioides,* einen amerikanischen Baum (Abb. 465). Bei gleichmäßig günstigen Temperaturen geht im Langtag das Wachstum stetig weiter; im Kurztag hingegen werden schnell Ruheknospen gebildet. Nach 1 Jahr waren die im Kurztag gehaltenen Pflanzen etwa 5 cm, die im Langtag gehaltenen etwa 300 cm groß. Es ist sehr wahrscheinlich, daß auch die photoperiodischen Reaktionen bei der Knospenbildung von Holzpflanzen generell über das *Phytochromsystem* erfolgen. Da das photoperiodische Signal über die Blätter aufgenommen wird, muß man eine Signalübertragung von den Blättern auf die Vegetationspunkte postulieren („*dormancy hormone*"). Im Bereich der Vegetationspunkte hat die Abscisinsäure (ABA) etwas mit dem Eintritt und der Aufrechterhaltung des Ruhezustandes zu tun. Man kann, z. B. bei Birken, die Knospenbildung auch im Langtag erzielen, wenn man die Vegetationspunkte mit ABA behandelt. Dies gilt wohl generell für Laubhölzer. Wahrscheinlich löst das „dormancy hormone" in den Meristemen die Bildung von ABA aus. ABA seinerseits veranlaßt die Knospenbildung und hält den Knospenzustand aufrecht.

Eine durch Kurztagbehandlung bewirkte Knospenruhe kann nur in seltenen Fällen durch eine Überführung in Langtagbedingungen gebrochen werden. In der Regel ist eine Periode tiefer Temperatur die Voraussetzung für das Brechen der Knospenruhe. Die niedere Temperatur muß lokal auf die Knospen wirken (Abb. 466). Eine Behandlung von Knospen mit Gibberellinen führt bei Holzpflanzen häufig zum Brechen der Knospenruhe. Es ist aber nicht erwiesen, daß Kältebehandlung plus Langtag tatsächlich über die Bildung von Gibberellinen die Knospenruhe beenden. Die pharmakologische Wirkung von Gibberellinen haben wir bereits im Zusammenhang mit der Blütenbildung kennengelernt. Auf der Abb. 467 sind die Elemente zusammengefaßt, die im Zusammenhang mit der Knospenbildung und mit der Beendigung der Knospenruhe für wichtig gehalten werden.

Samen. Mit dem Begriff Samen bezeichnet man in der Botanik Gebilde, die einen jungen, ruhenden Sporophyten (Embryo) enthalten, der mit Speicherstoffen ausgestattet und von einer Samenschale umgeben ist. Die Samen dienen sowohl der Verbreitung als auch der Überdauerung ungünstiger Perioden. Die „Erfindung" von Samen war eines der wichtigsten Ereignisse in der genetischen Evolution. Die Produktion von Samen für den menschlichen Verzehr ist

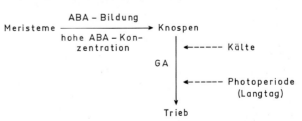

Photoperiode (Kurztag)

Abb. 467. Die (postulierten) Zusammenhänge bei der Bildung und beim Brechen von Knospen an Holzpflanzen

Blätter ⟶ Signal ("dormancy hormone") ⟶ Meristeme ⟶ ABA – Bildung hohe ABA – Konzentration ⟶ Knospen ⟵ Kälte

GA

Photoperiode (Langtag)

Trieb

seit dem Neolithikum eine der Grundlagen der kulturellen Evolution. Die stärkereichen Karyopsen der Gramineen und die relativ proteinreichen Samen der Leguminosen (Samenglobuline) spielen hierbei eine hervorragende Rolle.

Samen sind genetisch heterogene Gebilde. Während das Erbgut des Embryos aus der Verschmelzung der haploiden Eizelle mit einem haploiden Spermakern resultiert, geht das triploide Endosperm auf einen Kern zurück, der zwei Chromosomensätze vom weiblichen Gametophyten und einen Chromosomensatz von einem Spermakern erhielt. Die Samenschale schließlich (2 n) leitet sich von den Integumenten, also vom Sporophytengewebe der vorangegangenen Generation (Mutterpflanze) ab. Diese entwicklungsgeschichtlichen Zusammenhänge muß man kennen, wenn man die Physiologie der Samen ins Auge faßt. Die für die landwirtschaftliche Praxis grundlegend wichtige Samenphysiologie ist ungeheuer umfangreich. Wir können lediglich auf sechs Aspekte hinweisen.

Nachreife und Jahresrhythmik. Viele Samen sind, wenn sie sich von der Mutterpflanze lösen, noch nicht keimfähig, obgleich der Embryo voll ausgebildet ist. Sie benötigen eine Periode der (trockenen) Nachreife. In anderen Fällen entwickelt sich der Embryo erst während einer Nachreife im feuchten Zustand zu seiner vollen Größe (Abb. 468). Viele Samen bleiben zwar jahrelang keimfähig, können aber nur zu bestimmten Jahreszeiten keimen (Jahresrhythmik der Keimfähigkeit). Ein Beispiel: Die Samen von *Rhinanthus alectorolophus*

(Klappertopf) werden etwa 5 Monate nach der Samenreife im Herbst keimfähig. Die Keimfähigkeit erlischt im April des nächsten Jahres und kehrt 5 Monate später, also zu Beginn der nächsten Winterperiode, wieder zurück. Der Anpassungswert (oder Selektionsvorteil) dieser Jahresrhythmik ist leicht einzusehen: Die auf die Monate Oktober bis April beschränkte Keimfähigkeit verhindert, daß die Hauptwachstumsperiode der Pflanze in den Winter fällt, oder — positiv gewendet — es wird erreicht, daß jeweils zu Beginn des Sommerhalbjahres die jungen Pflanzen vorliegen. Der Umstand, daß Jahresrhythmen bei Samen auch dann auftreten können, wenn die Samen unter konstanten Bedingungen (Temperatur, Luftfeuchtigkeit) gelagert werden, erschwert dem Physiologen, der für seine quantitativen Experimente konstant reagierendes Samenmaterial benötigt, die Arbeit.

Lichtkeimung. Die Keimung der für die Verbreitung der Pflanzen wichtigen Partikel (Gonosporen bei Moosen und Farnen, → Abb. 615; Samen bei den Spermatophyten, → Abb. 250) ist häufig vom Licht abhängig. Wir zeigen das Prinzip dieser Lichtwirkung am Beispiel der Keimung von Salat (Achänen von *Lactuca sativa*, cv. Grand Rapids, lichtbedürftige Population) (→ Abb. 10). Bei der Lichtkeimung dieser Achänen wurde das *Phytochromsystem* entdeckt (→ S. 313). Wenn man die Achänen auf einem geeigneten Keimmedium aussät und bei 25° C im weißen Fluoreszenzlicht hält, haben nach 24 h alle Achänen gekeimt. Bringt man jedoch die Achänen nach der Aussaat ins Dunk-

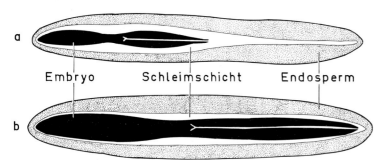

Abb. 468 a und b. Embryoentwicklung während der Nachreife bei *Fraxinus excelsior*. (a) medianer Längsschnitt durch einen von der Mutterpflanze abgefallenen, reifen Samen. (b) der gleiche Samen nach 6monatiger Lagerung in feuchter Erde. Die Schleimschicht ist aus der inneren Endospermschicht her-

vorgegangen. (Nach RUGE, 1966). Erst im Zustand (b) sind die Eschensamen empfindlich für eine *Vernalisation*. Damit meint man eine obligatorische Behandlung mit tiefer Temperatur (0 – 5° C), die bei dieser Art eine Voraussetzung der Samenkeimung ist

Abb. 469. Die Wirkungsspektren für die Induktion einer Photomorphose durch *Hellrot* und für die Reversion dieser Induktion durch unmittelbar nachfolgendes *Dunkelrot*. Diese besonders genauen Spektren wurden von WITHROW et al. (1957) für die lichtabhängige Öffnungsbewegung des Hypokotylhakens bei Bohnenkeimlingen (→ Abb. 474) bestimmt. Sie repräsentieren allgemein die Wirkungsspektren von Photomorphosen, die vom *Phytochromsystem* unter Induktionsbedingungen (→ S. 311) bewirkt werden, z. B. das der Keimung von *Lactuca*-Achänen (→ Abb. 10)

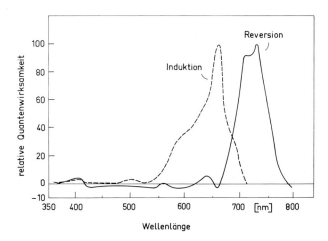

le, so tritt keine Keimung ein. Eine kurze Belichtung der gequollenen Achänen (z. B. 1 min mit weißem Fluoreszenzlicht mittleren Lichtflusses) kann die Keimung induzieren. Bringt man die Achänen nach dem Lichtpuls wieder ins Dunkle, setzt vollständige Keimung ein (→ Abb. 10). Man kann nun das *Wirkungsspektrum* dieser Keiminduktion bestimmen, also die relative Quantenwirksamkeit im Hinblick auf die Keimung einer Achänenpopulation als Funktion der Wellenlänge (→ S. 311). Man findet (Abb. 469), daß insbesondere Wellenlängen zwischen etwa 500 und 700 nm die Keimung induzieren. Die höchste Quantenwirksamkeit findet man um 660 nm. Den besonders wirksamen Spektralbereich zwischen etwa 620 und 680 nm nennt man *Hellrot*. Strahlung oberhalb 700 nm induziert keine Keimung. Zunächst scheint es, als ob diese Strahlung ohne Wirkung auf die Keimung sei. Induziert man aber die Keimung mit einem Hellrotpuls und bestrahlt unmittelbar danach mit einer Wellenlänge oberhalb 700 nm, zum Beispiel 730 nm, so tritt keine Keimung ein. Mit anderen Worten: Die Induktion der Keimung durch Hellrot kann durch eine unmittelbar nachfolgende Bestrahlung mit der Wellenlänge 730 nm annulliert werden. Die Keiminduktion mit Hellrot ist also reversibel. Das Wirkungsspektrum des Revertierungseffektes (→ Abb. 469) zeigt, daß in erster Linie Strahlung zwischen etwa 700 und 800 nm wirksam ist. Die höchste Quantenwirksamkeit findet man um 730 nm. Den Spektralbereich zwischen etwa 700 und 760 nm nennt man *Dunkelrot*.

Man kann also die Keimung der *Lactuca*-Achänen mit Hellrot induzieren, und man kann diese Keiminduktion durch eine unmit-

telbar nachfolgende Bestrahlung mit Dunkelrot annullieren. Geben wir nach dem Dunkelrot wieder Hellrot, so keimen alle Achänen; geben wir nach diesem Hellrot wieder Dunkelrot, so erfolgt keine Keimung, usw. Kurz: Ob Keimung eintritt oder nicht, wird durch die Lichtqualität bestimmt, die man zuletzt verabreicht, bevor man die Achänen ins Dunkle bringt. Die Funktion eines „reversiblen Hellrot-Dunkelrot-Photoreaktionssystems" ist evident. Das beteiligte Pigmentsystem nennt man heutzutage *Phytochrom*, das unter dem Einfluß des Lichts entstehende Effektormolekül P_{fr}. Die Wirkung des Außenfaktors Licht auf die Entwicklung der Pflanzen erfolgt meist über Phytochrom (P_{fr}) (→ S. 311). Ein wichtiger Punkt: Bezüglich der einzelnen Achäne ist der lichtabhängige Keimvorgang eine Alles-oder-Nichts-Reaktion; die Population hingegen reagiert quantitativ (→ Abb. 10). Der Umstand, daß die mit einem Hellrotpuls durchgeführte Keiminduktion mit einem nachfolgenden Dunkelrotpuls völlig ausgelöscht werden kann, weist darauf hin, daß der Schwellenwert für P_{fr} auch bei den sensitivsten Achänen recht hoch liegt. Immerhin stellt das Dunkelrot ein Photogleichgewicht mit mehreren Prozent P_{fr} ein (→ Abb. 321). Auch die Keimung vieler Sporen erfolgt nur im Licht, z. B. können die haploiden Meiosporen des Farns *Dryopteris filix-mas* (→ Abb. 615) nur keimen, wenn sie im gequollenen Zustand belichtet werden. Auch in diesem Fall wird die Keimung über das Phytochromsystem (P_{fr}) induziert.

Der Mechanismus der Keimungsauslösung durch P_{fr}, d. h. die Abfolge der molekularen Einzelschritte, ist trotz vieler Bemühungen nicht voll aufgeklärt. Die vorliegenden Daten ergeben folgendes Bild: Als morphologisches Kriterium für die erfolgte Keimung betrachtet man den Austritt der Radicula (Keimwurzel) aus der Mikropyle. Dieser Prozeß ist auf das Wachstum der Keimachse (Radicula plus Hypokotyl; → Abb. 10) zurückzuführen. Das Achsenwachstum beruht ausschließlich auf Zellwachstum. Zellteilungen spielen während der ersten Phase der Keimung keine Rolle. Damit in Einklang steht die Beobachtung, daß *Lactuca*-Achänen, deren Chromosomen durch ionisierende Strahlung schwer geschädigt sind, normal keimen, obgleich Zellteilungen nicht mehr stattfinden. Es gibt Hinweise darauf, daß die Auslösung der Lichtkeimung mit der Ausbildung eines Quellungsdrucks zusammenhängt. Jedenfalls ist das osmotische System der Zellen in der Keimachse beteiligt.

Die Synthese von RNA ist keine Voraussetzung für die Keimung. Hingegen verhindert die völlige Blockierung der Proteinsynthese die Keimung der Achänen. Die „endogene" Proteinsynthese-Aktivität der Ribosomen, die aus *Lactuca*-Achänen präpariert wurden, nimmt nach der Aussaat (Quellung) rasch zu. Licht, das die Keimung auslöst, steigert diese Aktivi-

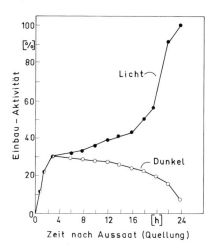

Abb. 470. Kinetik der „endogenen Einbau-Aktivität" der Ribosomen aus belichteten und unbelichteten *Lactuca*-Achänen. „Einbau-Aktivität" bedeutet: Intensität des Einbaus von Aminosäuren im in vitro-System in Säure(TCA)-unlösliches Material durch Ribosomenfraktionen, die zu den angegebenen Zeiten aus keimenden Achänen isoliert wurden; „endogen" bedeutet: Es wurden bei der Bestimmung der „Aktivität" keine synthetischen Polynucleotide (z. B. Poly-U) dem in vitro-System zugefügt. TCA, Trichloressigsäure. (Nach EFRON et al., 1971)

tät der Ribosomen (Abb. 470). Dies gilt indessen nur, wenn den Ribosomen keine exogenen Polynucleotide (synthetische Poly-Uridylsäure) angeboten werden. Mit Poly-U als synthetischer mRNA ist die Aktivität der Ribosomen unter allen Umständen (trockene Achänen, Quellungsstadien, Keimungsstadien) gleich. Man schließt aus diesen Daten, daß nach der Quellung und vor allem während der Keimung (*oberer Kurvenast*) die bereits vorhandene mRNA für die Proteinsynthese verfügbar gemacht wird. Wasseraufnahme und Atmung (O_2-Aufnahme) zeigen ähnliche Kinetiken wie die endogene Ribosomenaktivität.

Die lichtbedürftigen *Lactuca*-Achänen können im Dauerdunkel keimen, wenn man ihnen Gibberellin (GA_3) verabreicht. Das Gibberellin kann also P_{fr} in diesem Fall völlig ersetzen. Es ist aber unwahrscheinlich, daß P_{fr} über eine Erhöhung des GA-Gehalts die Keimung auslöst.

Fallstudie: Molekulare Vorgänge bei der Bildung und Keimung von Baumwollsamen (Abb. 471). DURE und seine Mitarbeiter haben zwei Enzyme studiert, die von den Kotyledonen der Baumwollsamen während der *Keimung* neu synthetisiert werden (Isocitratlyase und eine Carboxypeptidase). Die *Transkription* der mRNA für diese Enzyme erfolgt zu einem Zeitpunkt der Embryogenese, an dem die Embryonen etwa ⅔ ihrer Endgröße erreicht haben. Die *Translation* dieser mRNA wird während der weiteren Embryogenese durch das Hormon Abscisinsäure (ABA; → Abb. 395) verhindert, welches von den Geweben in der Nachbarschaft des Embryos gebildet und von diesem aufgenommen wird. Die Transkription der mRNA für die beiden Enzyme kann vorzeitig in jüngeren Kotyledonen induziert werden, wenn man den Embryo von der Mutterpflanze trennt. Dieser Eingriff hemmt auch die weitere DNA-Synthese und die weiteren Zellteilungen. Normalerweise hören mRNA-Synthese, DNA-Synthese und Zellteilungen erst dann auf, wenn die Leitbündelverbindung zwischen der Mutterpflanze und dem reifenden Samen degeneriert. Man glaubt deshalb, daß Faktoren, die über die Leitbahnen von der Mutterpflanze hereinkommen, für die genannten Vorgänge unentbehrlich sind. Die Synthese der beiden Enzyme während der Keimung erfolgt derart koordiniert, daß die Hypothese berechtigt erscheint, die beiden Enzyme repräsentierten je-

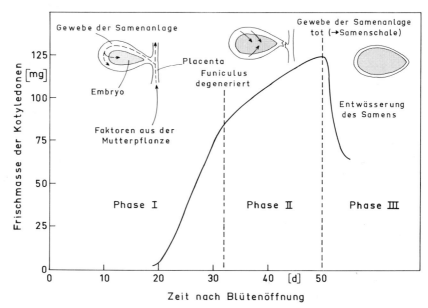

Abb. 471. Schematische Darstellung der wichtigsten Ereignisse bei der Samenbildung (Embryogenese) der Baumwolle (*Gossypium hirsutum*). *Phase I:* Die von der Mutterpflanze stammenden Faktoren werden einmal für die Aufrechterhaltung von DNA-Synthese und Zellteilung benötigt; zum anderen hemmen sie die Transkription der Cistrons, welche die „Keimenzyme" codieren. Eine Abtrennung der Samenanlage von der Mutterpflanze während dieser Phase führt nicht nur zum Aufhören von DNA-Synthese und Zellteilung, sondern auch zur Einleitung von Transkription und Translation der für die Keimung relevanten mRNA. Die so erhaltenen „frühreifen" Samen sind keimfähig; die Keimung wird jedoch durch den RNA-Syntheseinhibitor Actinomycin D gehemmt. *Phase II:* Die allmähliche Degeneration des Funiculus stoppt die Zufuhr der Fak-toren. Dies hat zur Folge: 1. Aufhören von DNA-Synthese und Zellteilung. 2. Transkription der für die Keimung relevanten mRNA. 3. ABA-Synthese im Gewebe der Samenanlage, Aufnahme der ABA in den Embryo. 4. Hemmung der Translation der für die Keimung relevanten mRNA durch ABA. Dies verhindert Viviparie, ein lethales Ereignis. Isolierte Samen sind keimfähig, selbst in Gegenwart von Actinomycin D. *Phase III:* Übergang zum Ruhestadium. Durch Entwässerung verliert der Same an Frischmasse. Die metabolische Aktivität geht infolge der Dehydratisierung stark zurück; die Zufuhr der nicht mehr benötigten ABA hört auf, da die Integumente absterben. In der Phase III kann durch Rehydratisierung jederzeit eine normale Keimung ausgelöst werden, auch in Gegenwart von Actinomycin D. (Nach Ihle und Dure, 1972)

nes Enzymkollektiv, das für die Keimung erforderlich ist und dessen Synthese einer koordinierten Regulation unterliegt.

Abscisinsäure (ABA) und Samenkeimung. Im vorangegangenen Beispiel haben wir die ABA bereits als ein Werkzeug kennengelernt, mit dessen Hilfe die Pflanze einen Embryo in den Ruhezustand versetzen kann. Es ist deshalb nicht verwunderlich, daß man im Experiment die Keimung von Samen durch applizierte ABA blockieren kann (Abb. 472). Die Konzentrations-Effekt-Kurve für ABA zeigt einen scharfen Schwellenwert bei etwa $1 \, \mu g \cdot ml^{-1}$. Ähnliche Kurven wurden auch mit anderem Samenmaterial gefunden (z. B. *Chenopodium album*; isolierte (und dadurch nicht mehr licht-bedürftige) *Lactuca sativa*-Embryonen; → Abb. 396). Entfernt man die ABA durch Auswaschen, so verschwindet die Keimhemmung völlig. Die ABA kann die Keimung nur in den ersten Phasen des Prozesses blockieren. Ist dieser „point of no return" überschritten, so vollzieht sich der weitere Keimvorgang auch in Gegenwart von ABA (Abb. 473). Bei der Entwicklung des Keimlings spielt ABA aller Wahrscheinlichkeit nach keine Rolle. Beispielsweise ist ABA an der Photomorphogenese (→ S. 390) nicht beteiligt.

Die Bedeutung des Hakens bei der Keimung. Findet der Keimvorgang im Boden (und damit praktisch im Dunkeln) statt, so bildet bei Dikotylenkeimlingen der apikale Teil einen *Haken* aus, der im Fall eines Bohnenkeimlings (*Pha-*

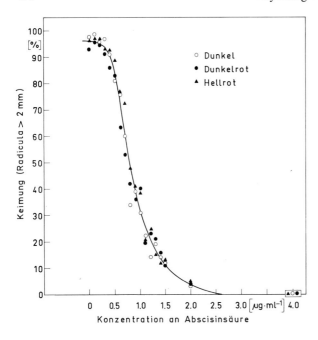

Abb. 472. Die Hemmung der Samenkeimung durch Abscisinsäure. Objekt: *Sinapis alba.* Keimkriterium: Austritt der Radicula aus der Testa > 2 mm. Trockene Senfsamen wurden in ABA-Lösungen der angegebenen Konzentrationen im Dunkeln, Dauer-Dunkelrot und Dauer-Hellrot (Standardfelder; → S. 314) zur Keimung ausgelegt (25° C). Die Auswertung erfolgte nach 72 h. Die Belichtung der Samen hat keinen Einfluß auf den Verlauf der Konzentrations-Effekt-Kurve. (Nach Daten von MÜNZER und SCHOPFER)

seolus vulgaris) auf einer Krümmung des Hypokotyls beruht (Abb. 474). Mit dem Haken voran durchbricht die Keimpflanze die Erdoberfläche. Der Haken enthält besonders viel Phytochrom. Licht, das auf den Haken fällt, bildet das physiologisch aktive Phytochrom, das Effektormolekül P_{fr}. Die Bildung von P_{fr} im Haken führt zu Reaktionen, die darauf abzielen, das Etiolement zu beenden und die noch vorhandenen Speicherstoffe für die Photomorphogenese verfügbar zu machen (→ S. 340). Durch

ein vom Haken ausgehendes Signal wird zum Beispiel beim Senfkeimling (→ Abb. 349) das Hypokotylwachstum reduziert und die Synthese des Enzyms *Lipoxygenase* in den Kotyledonen angehalten (→ Abb. 350). Eine Signalübertragung vom Haken in die benachbarten Organe erfolgt auch bei der Bohnenpflanze (→ Abb. 351). Der Haken selbst öffnet sich unter dem Einfluß von P_{fr}. Der makroskopische Vorgang beruht auf einem gesteigerten Wachstum der Zellen auf der konkaven Flanke

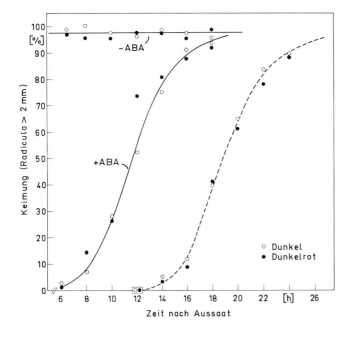

Abb. 473. Der zeitliche Verlauf der *ABA-Empfindlichkeit* bei der Samenkeimung. Objekt: *Sinapis alba.* Keimkriterium: Austritt der Radicula aus der Testa >2 mm. *Ausgezogene Kurve:* die Samen wurden für die auf der Abszisse angegebenen Zeiten in Wasser und Dunkelheit angekeimt und anschließend auf ABA-Lösung (2,5 µg · ml⁻¹) übertragen und für 48 h weiter im Dunkeln oder im Dunkelrot gehalten. Die Kurve zeigt das Verschwinden der ABA-Empfindlichkeit in den ungekeimten Samen an (-ABA: Wasserkontrollen). *Unterbrochene Kurve,* Kinetik der Keimung in Wasser im Dunkeln bzw. Dunkelrot. Man sieht auch hier, daß bei den Senfsamen das Licht keinen Einfluß auf das Keimungsgeschehen ausübt. (Nach Daten von MÜNZER und SCHOPFER)

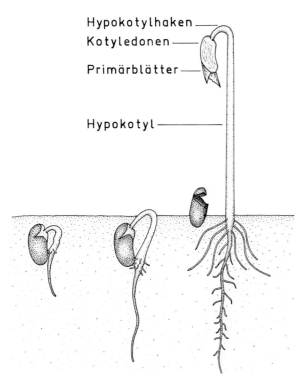

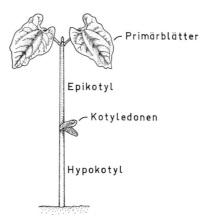

Abb. 475. Eine im Licht herangewachsene Keimpflanze von *Phaseolus vulgaris* nach Entfaltung der Primärblätter, mit denen zugleich das Epikotyl stark heranwächst. Der Hypokotylhaken ist nicht mehr erkennbar. (Nach TROLL, 1954)

Abb. 474. Entwicklung einer Keimpflanze von *Phaseolus vulgaris* (Buschbohne) im Dunkeln. Der Hypokotylhaken bleibt geschlossen

des Organs. Der Haken ist also ein Organ, das sich während des Etiolements vom basalen Teil des Hypokotyls funktionell unterscheidet; während der Photomorphogenese wandelt sich die Hakenregion jedoch zu einem „normalen" Abschnitt des Hypokotyls (bzw. des Epikotyls bei hypogäisch keimenden Arten) um (Abb. 475). In der Hakenregion wird besonders viel Äthylen gebildet. Die funktionelle Bedeutung dieser Erscheinung ist noch nicht überzeugend erforscht.

Der Informationsaspekt. Sporen und Samen speichern nicht nur Baustoffe und Energie, sie speichern auch Information. Diese Partikel enthalten die Information für die gesamte Entwicklung der Pflanze, für alle biochemischen Leistungen, für alle während der Entwicklung in Erscheinung tretenden morphologischen, physiologischen und verhaltensphysiologischen Merkmale. Die Entwicklung ist in der Regel ein in Raum und Zeit perfekt organisierter Prozeß (→ S. 268). Die Modalitäten der Prozeßsteuerung sind ebenfalls im Informationsspeicher der Sporen und Samen vorprogrammiert. Es ist

offensichtlich, daß die Leistung der technischen Datenspeicher immer noch weit hinter denen der biologischen Datenspeicher zurückbleibt. Dies gilt auch hinsichtlich der Empfindlichkeit der Datenspeicher. Der Speicher eines Elektronenrechners braucht für ein einwandfreies Funktionieren konstante Temperatur, konstante Luftfeuchtigkeit und eine staubfreie Luft. Eine keimende Spore oder ein keimender Same stellen viel bescheidenere Ansprüche.

Weiterführende Literatur

BEWLEY, D., BLACK, M.: Physiology and Biochemistry of Seeds in Relation to Germination. Berlin-Heidelberg-New York: Springer, 1977

DURE III, L. S.: Seed formation. Ann. Rev. Plant Physiol. **26**, 259 – 278 (1975)

KENDRICK, R. E.: Photocontrol of seed germination. Sci. Progr. Oxf. **63**, 347 – 367 (1976)

KHAN, A. A. (ed.): The Physiology and Biochemistry of Seed Dormancy and Germination. Amsterdam: Elsevier, 1977

MATILE, PH.: The Lytic Compartment of Plant Cells. Wien-New York: Springer, 1972

TAYLORSON, R. B., HENDRICKS, S. B.: Aspects of dormancy in vascular plants. BioScience **26**, 95 – 101 (1976)

THIMANN, K. V.: Senescence. Bot. Mag. Tokyo *Special Issue* **1**, 19 – 43 (1978)

WAREING, P. F., SAUNDERS, P. F.: Hormones and dormancy. Ann. Rev. Plant Physiol. **22**, 261 – 288 (1971)

WOOLHOUSE, H. W.: The nature of senescence in plants. Symp. Soc. Exp. Biol. **21**, 179 – 213 (1976)

36. Physiologie der Regeneration

Grundphänomene

Mit dem Begriff *Regeneration* bezeichnet man das Phänomen, daß sich ein Organismus wieder vervollständigt, nachdem ihm Teile verlorengegangen sind. Neuerdings wird der Begriff auch dann gebraucht, wenn sich aus isolierten Teilen eines Organismus der ganze Organismus entwickelt. Die isolierten Teile können auch somatische Einzelzellen sein. Regeneration ist bei Pflanzen weit verbreitet. Sie spielt in der Landwirtschaft, im Gartenbau und in der Forstwirtschaft seit jeher eine hervorragende Rolle (z. B. Stecklingsvermehrung, Klonierung, Niederwaldbetrieb). Die Bedeutung von Regenerationsexperimenten für die theoretische Pflanzenphysiologie kann man kaum überschätzen.

Ergebnisse von Organkulturen

Man entnimmt Teile einer Pflanze und versucht, sie isoliert wachsen zu lassen (Abb. 476). Eine Organkultur kann in zweierlei Hinsicht Information liefern: 1. Man kann feststellen, ob jedes Organ einer autotrophen Pflanze alle organischen Moleküle, die es braucht, selber bilden kann oder ob eine mehr oder minder ausgeprägte Heterotrophie besteht. 2. Man kann feststellen, inwieweit die einzelnen Organe bezüglich ihrer Entwicklungsleistung autonom sind. Eine isolierte Wurzelspitze kann in vitro nur wachsen, wenn ihr außer Nährsalzen und einer Energie- und Kohlenstoffquelle (z. B. Saccharose) noch gewisse Vitamine in ausreichenden Mengen zur Verfügung gestellt werden. Die Erbsenwurzel z. B. benötigt Thiamin und Nicotinsäure. Dies bedeutet, daß der Erbsenwurzel Enzyme für die Synthese dieser Vitamine fehlen, obgleich die Wurzelzellen die genetische Information für diese Enzyme besitzen. Die Erbsenpflanze als Ganzes ist ja autotroph. In der intakten Pflanze werden die von der Wurzel benötigten Vitamine in den Blättern synthetisiert und über die Siebröhren in die Wurzel transportiert. *Morphogenetisch* hingegen ist die Wurzel autonom (Abb. 476). Isolierte Wurzelspitzen bilden artgemäße Wurzelsysteme. Diese Sequenz (Wurzelspitze → Wurzel) läßt sich über beliebig viele Passagen wiederholen. Bei manchen Pflanzen (z. B. *Convolvulus*-Arten) bilden die isolierten Wurzeln auch adventive Sproßknospen, aus denen schließlich normale ganze Pflanzen entstehen. Dies bedeutet, daß die Wurzelzellen noch die gesamte genetische Information der Pflanze besitzen, obgleich in der Organkultur in der Regel aus Wurzeln lediglich Wurzeln entstehen. Auf alle Fälle ist die Wurzelspitze morphogenetisch autonom. Dasselbe gilt für den apikalen Vegetationspunkt, der im isolierten Zustand zuerst Wurzeln und dann eine normale Pflanze regeneriert. Auch Blattprimordien pflegen morphogenetisch autonom zu sein. Isoliert man sie und hält sie in Organkultur, so wachsen sie in der Regel zu zwar kleinen, aber durchweg artgemäßen Blättern heran. Man hat zum Beispiel Blattanlagen verschiedener Größe aus Vegetationspunkten von Farnsporophyten (*Osmunda*- und *Dryopteris*-Arten) herausoperiert und in Sterilkultur auf einem komplexen Medium zu normalen Trophophyllen heranwachsen lassen (Abb. 477). Aus diesen Befunden geht hervor, daß bereits die jungen Blattanlagen hinsichtlich der Differenzierung autonome Systeme sind. Der korrelative Zusammenhang mit der Sproßachse ist ähnlich locker wie bei der Wurzel. Wenn man sehr junge Primordien isoliert, erhält man häufig keine Blätter, sondern radiärsymmetrische Regenerate, die Sproßachsen

Abb. 476. Zusammenfassung der prinzipiellen Resultate von Organkulturen. Man isoliert die Pflanzenteile aseptisch und studiert ihr Verhalten (insbesondere Wachstum und Morphogenese) auf einem vollsynthetischen, sterilen Medium. Auf diese Weise gewinnt man Information über das Ausmaß an Autonomie, das die einzelnen Pflanzenteile besitzen. (Nach TORREY, 1967)

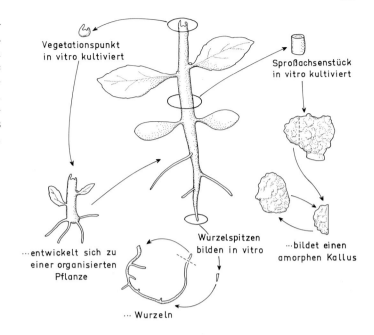

Vegetationspunkt in vitro kultiviert

Sproßachsenstück in vitro kultiviert

...entwickelt sich zu einer organisierten Pflanze

Wurzelspitzen bilden in vitro

...bildet einen amorphen Kallus

··· Wurzeln

und schließlich ganze Pflanzen bilden. Die jüngsten Primordien verhalten sich im Regenerationsexperiment also weitgehend wie isolierte Vegetationspunkte. Wenn man junge Farnblattprimordien (weniger als 1 mm lang) median längs spaltet, pflegt jede Spalthälfte ein ganzes Blatt zu regenerieren (Abb. 478). Handelt es sich um sehr junge Primordien, so pflegen in der Organkultur jedoch zwei Sproßachsen und schließlich zwei ganze Pflanzen zu entstehen. Aus diesen Beobachtungen kann man folgendes lernen: Die jüngsten Blattprimordien regenerieren wie Vegetationspunkte; sie sind also noch nicht auf den Differenzierungsablauf „Blatt" determiniert. Die älteren Blattprimordien hingegen bilden normale Blätter; der autonome Differenzierungsablauf ist also bereits „programmiert". Die Regeneration von zwei ganzen Blättern nach medianer Längsspaltung der Primordien zeigt, daß das autonome Differenzierungssystem nicht als starr angesehen werden darf. Und schließlich hat man guten Grund für die Auffassung, daß alle lebenden Zellen der untersuchten Farnblätter omnipotent bleiben. Diese Blätter sind nämlich potentielle Sporophylle, und die Omnipotenz der Sporenmutterzellen kann wohl nur dadurch gewährleistet werden, daß generell Omnipotenz besteht. Isolierte Blütenteile entwickeln sich in vitro normal; bestäubte isolierte Blüten entwickeln sich in vitro zu normalen ganzen Früchten. Die hormonale und morphogenetische Autonomie der einzelnen Organe ist also erstaun-

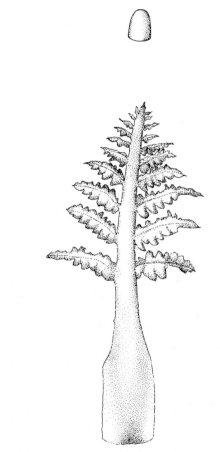

Abb. 477. Das explantierte Blattprimordium (*oben*) entwickelt sich auf einem komplexen Agarmedium zu einem Gebilde, welches die typische Form eines Farnblattes zeigt. Objekt: *Osmunda cinnamomea*. (In Anlehnung an STEEVES und SUSSEX, 1957)

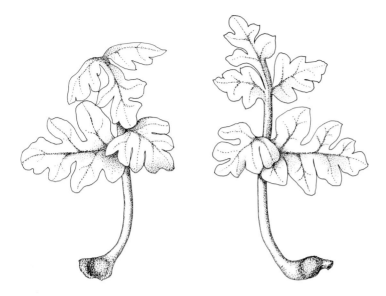

Abb. 478. Blattregeneration in vitro. Objekt: *Osmunda cinnamomea.* Ein junges Blattprimordium wurde explantiert und sagittal gespalten. Die beiden Hälften haben sich zu jeweils einem Blatt entwickelt. Die ursprüngliche Dorsiventralität des Primordiums hat dabei eine Reorientierung erfahren. Die beiden Blätter sind in der Zeichnung so orientiert, daß die Wundstelle des die beiden Primordienhälften trennenden Schnitts dem Beschauer zugekehrt ist. (Nach KUEHNERT und STEEVES, 1962)

lich groß. Offenbar müssen wir das Problem der Integration der einzelnen Organe beim vegetativen Wachstum in erster Linie unter dem Gesichtspunkt einer *quantitativen Koordination* sehen, die man — zumindest bei geeigneten Systemen — mit relativ einfachen Formeln (z. B. der allometrischen Gleichung; → S. 277) beschreiben kann. Die Bedeutung der hormonalen Wurzel-Sproß-Wechselwirkungen für die *Spezifität* der Morphogenese der Organe darf man nicht hoch einschätzen. Auch diese Wechselwirkungen dienen bevorzugt der *quantitativen* Koordination.

Entnimmt man ein Stück der Sproßachse, an dem sich keine organisierte meristematische Struktur (also kein Vegetationspunkt) befindet, so erhält man — unter geeigneten Ernährungsbedingungen — eine amorphe Gewebekultur, aus der man wiederholt Subkulturen gewinnen kann (→ Abb. 476). Im Gegensatz zu den Organkulturen benötigen die Gewebekulturen für ihr Wachstum neben Zucker, Nährsalzen und Vitaminen auch ein oder mehrere Hormone (z. B. Auxin und ein Cytokinin). Läßt man die Hormone weg, kommt kein Wachstum zustande (→ Abb. 403). Die Erklärung für diesen Sachverhalt lautet: Bei den *Organ*kulturen werden organisierte meristematische Zentren (Vegetationspunkte) weitergegeben. Diese sind Zentren der Hormonproduktion. Die isolierten Organe sind deshalb bezüglich der Hormonversorgung autonom („hormonautotroph"). Den *Gewebe*kulturen fehlen die organisierten meristematischen Zentren. Sie sind deshalb „hor-

monheterotroph". Dies darf nicht so verstanden werden, als hätten die Zellen in der Gewebekultur die genetische Information für die Hormonsynthese verloren. Die Zellen sind lediglich unfähig, diese genetische Information zu benützen.

Ein technischer Einschub: Gewebekulturen

Man unterscheidet heutzutage Kalluskulturen und Zellsuspensionskulturen (Abb. 479). In den Suspensionskulturen findet man außer Einzelzellen häufig auch Zellhaufen. Trotzdem lassen sich die Zellsuspensionskulturen in der Regel sowohl praktisch als auch theoretisch wie Bakterien- oder Hefekulturen behandeln. Weitgehend synchronisierte Suspensionskulturen eignen sich zum Studium der Vorgänge beim Zellcyclus. Steady state-Kulturen eignen sich besonders für eine *Faktorenanalyse von Regulationsvorgängen* (→ S. 8) oder für das Studium von *Biotransformationen.* Hierzu ein Beispiel: REINHARD konnte zeigen, daß Suspensionskulturen von *Digitalis lanata* bei Zugabe geeigneter Vorstufen bestimmte Glycoside bilden, die medizinisch wichtig und deshalb von der pharmazeutischen Industrie besonders begehrt sind. Die Zellsuspensionskultur kann als Transformator der Vorstufen in die gewünschten Verbindungen aufgefaßt werden.

Abb. 479. Entstehung der verschiedenen Typen pflanzlicher Gewebekulturen. *Oben:* Es entsteht ein mehr oder minder kompakter Kallus auf einem festen Agar-Medium; *unten:* es entsteht eine Zellsuspensionskultur (Einzelzellen und Zellaggregate) in einem flüssigen Kulturmedium. (Nach STECK und CONSTABEL, 1974)

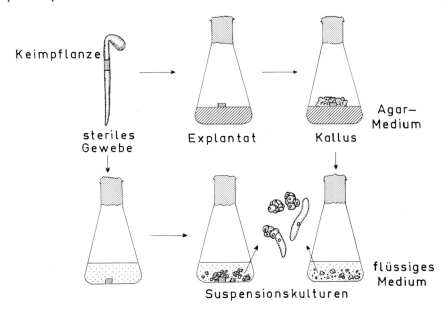

Beweisführung für die Omnipotenz spezialisierter Zellen

Die Bedeutung dieser Frage. Die Befunde, die in diesem Kapitel dargestellt werden, gehören zu den wichtigsten Resultaten der Entwicklungsbiologie. Wenn man zeigen kann, daß bei der Differenzierung die Omnipotenz (d. h. die volle Reaktionsbreite) der betreffenden Zellen erhalten bleibt (→ Abb. 285), scheidet eine ganze Reihe von zunächst möglichen Modellen der Differenzierung aus der generellen Betrachtung aus, z. B. alle Vorstellungen, die eine inäquale Teilung der genetischen Information bei inäqualen Zellteilungen annehmen, oder jene „Mechanismen", die Gensegregation, Genverlust oder irreversible Genblockierung postulieren. Es ist ferner für jedwede Theorie über die Wirkungsweise der determinierenden Faktoren (→ Abb. 69) von entscheidender Bedeutung, ob der Nachweis gelingt, daß die Omnipotenz bei der Bildung spezialisierter Zellen erhalten bleibt. Wir besprechen zunächst einige Beispiele, aus denen folgt, daß sowohl bei Thalluspflanzen als auch bei den Kormophyten die Erhaltung der Omnipotenz die Regel ist. Bei Tieren konnte bisher aus technischen Gründen nur die Omnipotenz von Zellkernen experimentell geprüft werden.

Regenerationsexperimente an Farnprothallien. Ein Farnprothallium (= Farngametophyt) ist ein haploider Thallus von relativ einfacher Organisation. Es entsteht aus einer Gonospore über ein Protonemastadium (→ Abb. 615). Wir fragen uns, ob die Assimilationsparenchymzellen des Prothalliums noch omnipotent sind, ob sie also noch die gesamte genetische Information der Farnspore besitzen. Man isoliert einzelne Zellen, indem man alle Nachbarzellen mit feinen Glasnadeln abtötet. Die isolierten Zellen bilden auf einem geeigneten Medium zuerst ein Rhizoid, dann teilt sich die Zelle inäqual. Es entsteht zunächst ein fädiges Chloronema und bald ein zweidimensionales Prothallium (Abb. 480). Nach einigen Wochen ist das herzförmige *Regenerationsprothallium* fertig. Es bildet Archegonien und Antheridien. Von dem ursprünglichen Prothallium unterscheidet es sich nicht. Man lernt aus diesen Experimenten, daß bei den Zelldifferenzierungen im Verband eines Prothalliums die Omnipotenz erhalten bleibt.

Regenerationsexperimente an Begonienblättern. Es handelt sich hier um das Paradebeispiel für Regeneration bei Kormophyten. Man kann aus diesem Beispiel lernen, daß auch extrem spezialisierte Zellen — in diesem Fall Epidermiszellen — omnipotent geblieben sind. Schneidet man ein Begonienblatt mitsamt dem Blattstiel ab und legt es auf ein geeignetes Substrat (z. B. feuchte Erde), kommt es zur Bildung von Adventivwurzeln und Adventivknospen. Diese entstehen nicht nur an der Basis der Lamina, sondern auch am äußeren Schnittrand durchtrennter Leitbündel (Abb. 481). Aus den

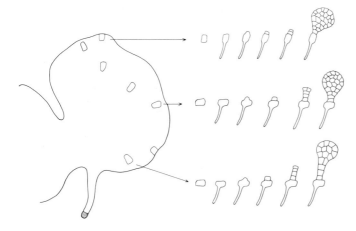

Abb. 480. Beliebige Zellen im marginalen und mittleren Teil eines Prothalliumlappens wurden durch Abtötung ihrer Nachbarn isoliert. Einige Tage nach der Operation beginnen die isolierten Einzelzellen mit der Regeneration. Die Zellen verhalten sich dabei ähnlich wie eine keimende Gonospore (Rhizoidbildung, Protonemabildung, zweidimensionales Prothallium). Objekt: Prothallien von *Pteris vittata.* (Nach ITO, 1962)

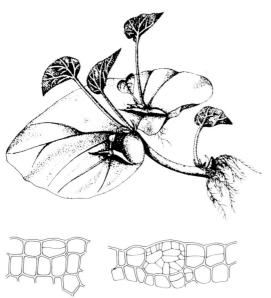

Abb. 481. Ein Blattsteckling von *Begonia spec.* mit Regeneraten (*oben*). *Unten:* Anfang der Bildung eines Adventivsprosses aus einer Epidermiszelle. *Links:* die betreffende Epidermiszelle hat sich geteilt; *rechts:* aus der Epidermiszelle ist ein embryonales Gewebe (Meristemoid) entstanden. (Nach SCHUMACHER, 1962)

Adventivknospen können normale Begonienpflanzen hervorgehen. Wie die histologische Untersuchung zeigt, lassen sich die Regenerate auf eine einzige Epidermiszelle zurückführen, die eine *Entspezialisierung* und *Reembryonalisierung* durchmacht und unter vielfachen Teilungen eine Adventivknospe bildet.

Regeneration in vitro aus isolierten Einzelzellen. Man entnimmt Gewebestücke aus der Speicherwurzel von *Daucus carota,* am besten

aus einem Bereich des sekundären Phloems, der bereits so weit vom Kambium entfernt ist, daß sich die Phloemparenchymzellen normalerweise nicht mehr teilen. Man bringt nun diese Explantate in ein flüssiges Medium [Standard-Medium für Gewebekulturen plus Cocosnußmilch (= flüssiges Endosperm)]. Unter diesen Bedingungen fangen die Zellen wieder an, sich zu teilen, und es beginnt eine starke Proteinsynthese. Man erhält eine rasch wachsende Gewebekultur. Läßt man die Kulturbehälter langsam rotieren, lösen sich häufig Einzelzellen von dem Gewebe (Abb. 482). Sie schwimmen frei in der Suspension und können sich teilen. Nicht selten entstehen dabei organisierte Zellverbände (Embryoide), die wurzelähnliche Strukturen ausbilden. Bringt man diese Gebilde auf ein geeignetes festes Agar-Medium, so wächst die Wurzel positiv geotropisch in den Agar hinein, und es bildet sich ein Sproßvegetationspunkt. Die heranwachsenden „Keimpflanzen" werden ausgetopft. Sie wachsen zu normalen Karottenpflanzen heran, die sich nicht von der Mutterpflanze unterscheiden. Die eben geschilderte Prozedur kann man wiederholen und modifizieren (→ Abb. 482).

Später hat man gefunden, daß für die Regeneration von Embryonen aus freien Karottenzellen Cocosnußmilch oder anderes Endosperm nicht unbedingt notwendig ist. Die Regeneration gelingt auch in einem vollsynthetischen Medium (Abb. 483). Aus isolierten, vegetativen Tabakzellen lassen sich normale Tabakpflanzen heranziehen, wenn man der auf der Abb. 483 angedeuteten Prozedur folgt. Man kann also heutzutage die Entstehung normaler Kormophyten aus isolierten vegetativen Zellen unter völlig durchschaubaren Kulturbedingungen ablaufen lassen. Dieses Ergebnis ist nicht

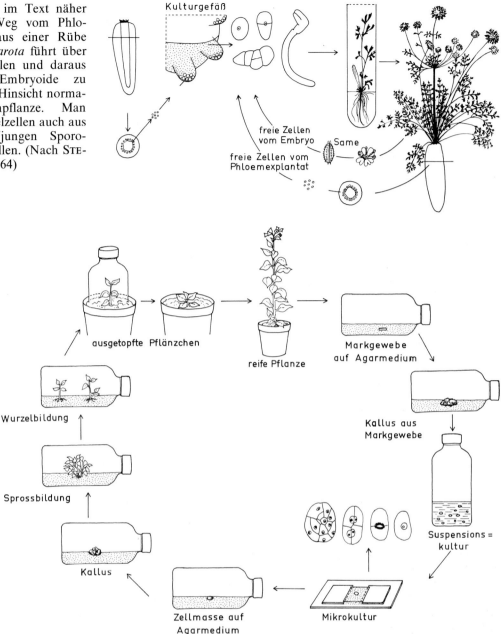

Abb. 482. Der im Text näher geschilderte Weg vom Phloemexplantat aus einer Rübe von *Daucus carota* führt über freie Einzelzellen und daraus entstehende Embryoide zu einer in jeder Hinsicht normalen Karottenpflanze. Man kann die Einzelzellen auch aus Embryonen (jungen Sporophyten) herstellen. (Nach STEWARD et al., 1964)

Abb. 483. Eine diagrammatische Darstellung der Entwicklung einer normalen Tabakpflanze (Hybride aus *Nicotiana glutinosa* × *N. tabacum*) aus einer isolierten Einzelzelle. Als Ausgangsmaterial diente frisch entnommenes Markgewebe der Sproßachse (*oben rechts*). (Nach VASIL und HILDEBRANDT, 1967)

nur für die Theorie der Entwicklung von größter Bedeutung, es ergeben sich aus diesen Resultaten auch praktische Konsequenzen, z. B. für die Züchtungsforschung. Aus der Abb. 483 geht unmittelbar hervor, wie man eine durch Kreuzung oder Mutation erzielte, für die Belange des Menschen geeignete Genkombination rasch und praktisch unbegrenzt vermehren

kann. Man gewinnt auf diese elegante Art genetisch identische Populationen (Klone), ohne daß man auf die Organe der vegetativen Fortpflanzung oder auf die traditionelle Stecklingsvermehrung angewiesen wäre.

Bildung („Regeneration") haploider Sporophyten aus Pollenkörnern. Die Pollenkörner der

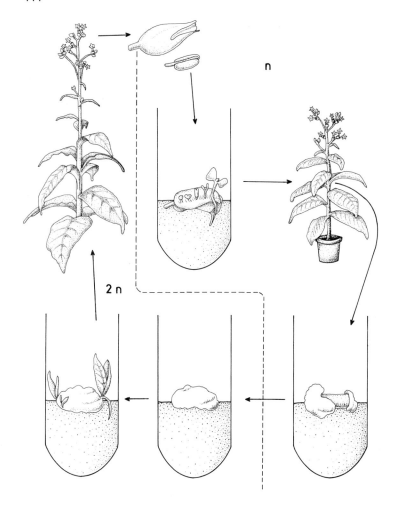

Abb. 484. *Oben:* Diagramm für die Herstellung haploider Sporophyten aus unreifen Pollenkörnern (Androgenese); *unten:* Diagramm für die Herstellung diploider völlig homozygoter Pflanzen über eine Kallusbildung. Die haploide Kalluskultur wird mit Colchizin behandelt. Dies führt (bei manchen Zellen) zur Diploidisierung und zur Regeneration diploider Sporophyten (*links*). (Nach einer Vorlage von NITSCH, 1970)

Spermatophyten sind Mikrosporen homolog. Normalerweise entsteht aus einem Pollenkorn ein haploider männlicher Gametophyt. Unter bestimmten Bedingungen gelingt es im Experiment, aus *unreifen* Pollenkörnern haploide Sporophyten hervorgehen zu lassen (Androgenese). Aus Pollenkörnern von *Nicotiana*-Arten (z. B. *Nicotiana tabacum, N. silvestris*) wurden Hunderte von haploiden Tabakpflanzen erzeugt, die wie normale Sporophyten heranwachsen und blühen. Erwartungsgemäß bilden sie keine Samen. In der Regel sind die haploiden Pflanzen und ihre Blüten etwa um ein Drittel kleiner als die diploiden Kontrollen. Im Prinzip ist die Erzeugung der haploiden Sporophyten nicht schwierig (Abb. 484, *oben*). Man entnimmt die Antheren zu einem Zeitpunkt aseptisch aus der Blüte, zu dem sich die Mikrosporen zwar bereits aus der Gonentetrade freigemacht haben, aber noch stärkefrei sind. Die Regeneration erfolgt in der Regel aus der vegetativen Zelle, während die generative Zelle

degeneriert. Eine Streßbehandlung (Kälte, Chemikalien) fördert die Androgenese. Wenn man die isolierten Antheren auf ein relativ einfaches, mit Agar verfestigtes Nährmedium bringt, treten nach drei bis vier Wochen Embryonen und Keimlinge auf, die man nun einzeln weiterzüchten kann. Während der ersten Regenerationsstadien spielt das Antherenmaterial (Aminosäuren, Glutamin) eine wesentliche Rolle bei der Entwicklung der Regenerate. Sobald sich aber ein Wurzelsystem gebildet hat, lassen sich die Jungpflanzen in Blumentöpfe versetzen und wie normale Tabakpflanzen heranziehen. Chromosomenzählungen (sie werden in erster Linie an Präparaten von Wurzelspitzen durchgeführt) zeigen, daß die experimentell gewonnenen Pflanzen haploid sind. Gelegentlich treten zwar auch höhere Ploidiegrade auf, aber in der Regel bleiben die Produkte der Antherenkultur haploid.

Die eben skizzierten Resultate sind aus mehreren Gründen wichtig: 1. Sie beweisen die

Omnipotenz der Pollenkörner und damit, cum grano salis, die Omnipotenz der Sporophylle, Pollensäcke, usw. Sie beweisen gleichzeitig, daß der männliche Gametophyt in den ersten Phasen seiner Entwicklung (vor der Stärkebildung im Pollenkorn) durchaus in der Lage ist, allein einen Sporophyten hervorzubringen (*Androgenese*). Die Sporophyten der Spermatophyten müssen also nicht notwendigerweise diploid sein und aus einer befruchteten Eizelle hervorgehen. 2. Es ist wahrscheinlich, daß Androgenese von Sporophyten auch in der normalen (d. h. experimentell nicht beeinflußten) Ontogenie zuweilen vorkommt. Auf diese Weise erklären sich die bereits Jahrzehnte alten Befunde, wonach bei gewissen Kreuzungen (z. B. *Nicotiana diguta* × *N. tabacum*) haploide Pflanzen entstehen, die ausschließlich Merkmale des Pollen-liefernden Elters zeigen. 3. Auch solche

Mutationen, die bei diploiden Systemen rezessiv sind, treten an den haploiden Sporophyten phänotypisch in Erscheinung, so daß man züchterisch geeignete Pflanzen ohne Umweg selektieren kann. 4. Durch Verdoppelung der Chromosomenzahl, etwa mit Hilfe einer Colchizinbehandlung, gelangt man direkt zu völlig homozygoten, diploiden Pflanzen (Abb. 484, *unten*).

Die Entwicklung von Pflanzen aus Pollenkörnern in Antherenkulturen kann auf verschiedenen Wegen erfolgen, die sich schon hinsichtlich der ersten Zellteilungen im Pollenkorn unterscheiden (Abb. 485). Während die aus einzelnen Pollen-Embryonen herangewachsenen Pflanzen stets haploid sind, weisen die aus embryogenem Pollen-Kallus hervorgegangenen Individuen unterschiedliche Ploidiestufen (von haploid bis triploid) auf. Wahrscheinlich

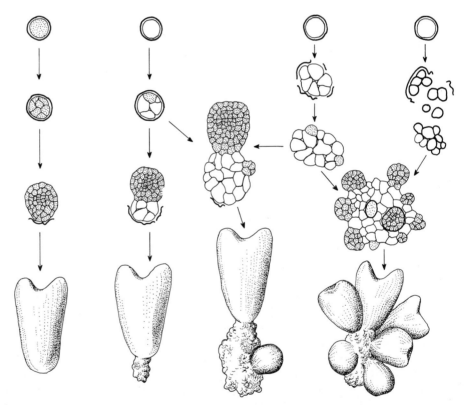

Abb. 485. Schematische Darstellung der verschiedenen Möglichkeiten zur Bildung androgenetischer Embryonen von *Datura meteloides* und *Datura innoxia*. Die punktierten Zellen nehmen jeweils an der Bildung der Embryonen teil. Mitosen ohne erhebliches Zellwachstum führen unmittelbar zu Einzelembryonen (*links*); Mitosen in Kombination mit stärkerem Zellwachstum führen zunächst zu Verbänden aus Kalluszellen, an denen sich früher oder später mehr oder minder viele Adventivembryonen (punktiert hervorgehoben) bilden (*Mitte*); embryogener Kallus kann sich auch dadurch bilden, daß beim Platzen der Pollenwand teilweise oder ganz voneinander isolierte, dickwändige Zellen entstehen (*rechts*). (Nach GEIER und KOHLENBACH, 1973)

spielt eine endomitotische Chromosomenver-
dopplung eine wesentliche Rolle.

Zusammenfassung dieses Kapitels. Sowohl bei
Thallophyten als auch bei Kormophyten beweisen uns viele Beispiele, daß in der Regel bei
der Differenzierung einer Zelle die gesamte genetische Information (Genom, Plasmon, Plastom, Chondrom) erhalten bleibt. Solche Fälle,
in denen die Spezialisierung der Zelle mit einem irreversiblen Verlust an genetischer Information einhergeht (z. B. bei Siebröhrenelementen),

dürften Ausnahmen sein. In der Regel gilt, daß
die Einstellung eines vom Embryonalzustand
verschiedenen Zellphänotyps *nicht* mit einem
Genverlust oder mit einer irreversiblen Genblockierung verbunden ist. Das in der Abb. 285
dargestellte Modell ist also gerechtfertigt.

Parasexuelle Hybridisierung

WINKLER hat sich schon um 1910 im Rahmen
seiner Studien zur Chimärenbildung ($\rightarrow$ S. 451)

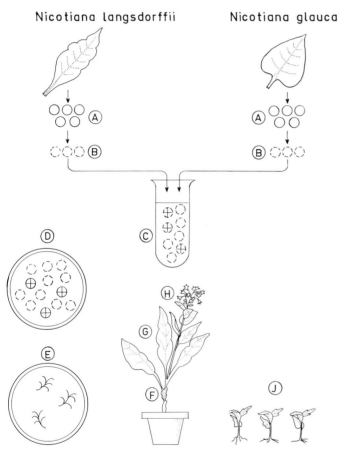

Abb. 486. Schematische Darstellung der Verfahren,
die zur parasexuellen Hybridisierung führen. A, Mesophyllzellen der beiden Ausgangsarten (*Nicotiana
glauca* und *N. langsdorffii*) werden mit Enzymen behandelt, die die Zellwand „verdauen"; B, die resultierenden „nackten" Protoplasten; C, die Protoplasten werden in einem Medium suspendiert und zusammen zentrifugiert; D, die Suspension wird auf
ein Agarmedium ohne Auxinzusatz ausplattiert; E,
nur die durch Fusion entstandenen, *auxinautotro-
phen* Hybridzellen ($\oplus$) wachsen („regenerieren") zu
Pflänzchen heran; F, diese Regenerationspflänzchen
werden auf eine Elternpflanze gepfropft; G, das

„Hybridreis" wächst heran und bildet fertile Blüten
(H) und Samen; J, die Samen keimen, und es bilden
sich Keimpflanzen, die in jeder Hinsicht mit solchen
übereinstimmen, die aus Samen eines sexuell hergestellten Amphidiploiden hervorgehen. (Nach SMITH,
1974). MELCHERS und Mitarbeiter haben neuerdings
den Selektionsfaktor *Auxinautotrophie* ($\rightarrow$ S. 457) der
Tabakhybriden durch den geeigneteren Selektionsfaktor *Lichtempfindlichkeit* ersetzt. Sie konnten von
zwei Tabakvarietäten, die beide chlorophylldefekt
und lichtempfindlich sind, zum Wildtyp komple-
mentierte *Fusionshybriden* gewinnen, die den *sexuellen Hybriden* in jeder Hinsicht entsprechen

intensiv mit der Frage beschäftigt, ob Zell- und Kernverschmelzung („Befruchtung") auch zwischen somatischen Zellen möglich ist. Es war das Ziel seiner Experimente, „die Verschmelzung zweier artfremder Körperzellen zu erzwingen und die so erhaltene Bastardzelle zum Ausgangspunkt für ein neues *Individuum* zu machen". Den „Verschmelzungspfropfbastard" nannte er kurz „Burdo" (lat. *burdo* = Maulesel). WINKLER war der Auffassung, daß bei einigen der von ihm erzeugten Periklinal-Chimären zwischen Tomate und Nachtschatten das Dermatogen Burdonencharakter habe. Die Arbeiten WINKLERs wurden seinerzeit von den maßgebenden Fachvertretern nicht ernstgenommen. Erst kürzlich hat sich das Bild gewandelt. Um 1970 gelang es erstmals, aus somatischem Gewebe (Mesophyll) des Tabaks mit Hilfe von Enzymen (Pektinase, Zellulase) Protoplasten zu isolieren und aus ihnen ganze Pflanzen zu regenerieren. Ähnliche Erfolge wurden inzwischen auch mit anderen Pflanzengattungen (Möhre, Petunien, Stechapfel, Raps) erzielt. Die *Fusion* von Protoplasten wurde erstmals um 1970 von COCKING beobachtet. CARLSON berichtete 1972 über die Gewinnung einer reifen, interspezifischen Hybridpflanze aus *Nicotiana glauca* und *Nicotiana langsdorffii*. Diese Pflanze war aus einer Hybridzelle hervorgegangen, die durch die Fusion von Mesophyllprotoplasten entstanden war (Abb. 486). Die beiden beteiligten Tabakarten sind auch sexuell kreuzbar. *Parasexuelle* Bildung von Hybridzellen und deren erfolgreiche Regeneration zu reifen Pflanzen ist bisher noch nicht mit Pflanzensippen erzielt worden, die sich nicht auch sexuell kreuzen lie-

ßen. Die Bedeutung der parasexuellen Hybridisierung für die Pflanzenzüchtung sollte deshalb nicht überschätzt werden. Bei den wirtschaftlich besonders wichtigen Fabaceen und Gramineen ist selbst die Grundlagenforschung auf dem Gebiet der Parasexualität noch kaum in Gang gekommen.

Physiologische Prozesse bei der Regeneration

Wir wählen als experimentelles System die Kartoffelknolle (→ Abb. 526). Schneidet man eine Knolle in Scheiben, so führen die spezialisierten, normalerweise nicht mehr teilungsbereiten Stärkespeicherzellen, die an der Peripherie der Gewebescheiben liegen, wieder Zellteilungen durch. Außerdem kommt es zu einer Umdifferenzierung in Zellen mit Abschlußfunktion (Abb. 487). Die ersten Anzeichen einer physiologischen Aktivierung (Erhöhung von Enzymaktivitäten, Stärkeabbau, Anstieg der Zellatmung) lassen sich bereits 2 bis 3 h nach dem Zerschneiden messen; die mikroskopisch erfaßbaren Änderungen (Verkorkung der wundnahen Zellwände, Mitosen) beginnen 12 bis 15 h nach der Verwundung und sind nach 6 bis 8 d abgeschlossen. Die Regeneration geht nur dann vonstatten, wenn die RNA- und Proteinsynthese intakt ist. Aus zahlreichen Untersuchungen von KAHL und Mitarbeitern darf geschlossen werden, daß in der ruhenden Kartoffelknolle (geringe Proteinsynthese, reduzierter Stoffwechsel) nur wenig mRNA verfügbar ist.

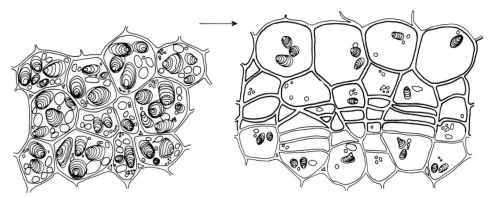

Abb. 487. Cytologische Vorgänge an der Schnittfläche von Kartoffelscheiben bei der Regeneration eines Abschlußgewebes. *Links:* Stärkespeicherzellen aus der intakten Knolle; *rechts:* Zellteilungen und Suberinisierung der peripheren Zellwände 96 h nach der Verletzung. Die Suberinisierung ist durch die verdickte Linienführung angedeutet. (Nach KAHL, 1973)

Nach dem Zerschneiden in Gewebescheiben findet eine mRNA-Synthese statt, die sich in der folgenden Sequenz manifestiert: Verstärkte Polysomenbildung, gesteigerte Proteinsynthese, Aktivierung bestimmter Biogeneseketten, biochemische und cytologische Differenzierung. Während die differentielle Genaktivierung beim Vorgang der Regeneration auch durch Studien mit isoliertem Chromatin gut belegt ist, kann die Frage, *wie* die Verwundung die immensen Regenerationsleistungen der Speicherparenchymzellen hervorbringt, nicht beantwortet werden. Auch in diesem Fall ist der „Mechanismus", d. h. die Abfolge der molekularen Einzelschritte, nicht klar.

z. B. die Kotyledonen des Senfkeimlings (*Sinapis alba*). Die Isolierung der Kotyledonen ist eine notwendige, aber keineswegs hinreichende Bedingung für die Regeneration von Adventivwurzeln. Die Abb. 488 illustriert den Befund, daß *Phytochrom* (P_{fr}) die Adventivwurzelbildung auslöst. Der Lichteffekt tritt auch auf, wenn die Belichtung vor der Abtrennung der Kotyledonen erfolgt. Alle Daten deuten darauf hin, daß unter dem Einfluß von Phytochrom in den Kotyledonen ein hormonaler Faktor („*Bewurzelungshormon*") entsteht, der sich erst manifestiert, wenn eine Regenerationsleistung tatsächlich erforderlich ist. Das Bewurzelungshormon kann durch exogenes Auxin, Gibberellin, Kinetin oder Äthylen *nicht* ersetzt werden.

Zusammenwirken mehrerer Faktoren bei der Regeneration

Einige Systeme eignen sich für eine Faktorenanalyse der Regeneration im Sinn der Abb. 13,

Regenerationsexperimente mit Blütenbildung

TRAN THANH VAN hat die Regenerationsleistung kleiner Explantate (direkte Organogenese

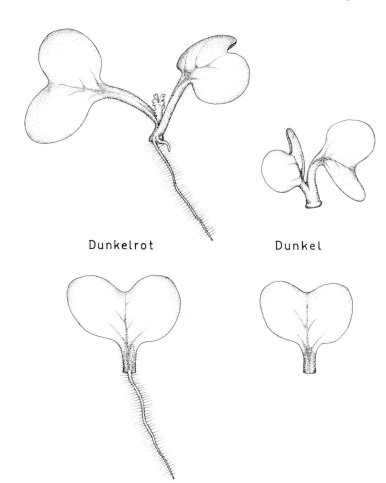

Dunkelrot   Dunkel

Abb. 488. Bildung von Adventivwurzeln an isolierten Kotyledonen (*unten*) oder an Restkeimlingen (*oben*) von *Sinapis alba*. Die Restkeimlinge bestehen aus Kotyledonen, Kotyledonarknoten und Plumula. Die Keimlinge wurden im Dunkeln angezogen. 36 h nach der Aussaat erfolgte die Isolierung der Kotyledonen bzw. Restkeimlinge. Die Isolate wurden im Dunkeln (*rechts*) bzw. im Dauer-Dunkelrot (*links*) zur Regeneration ausgelegt. Das Dunkelrot wirkt ausschließlich über Phytochrom (P_{fr}); → S. 314. (Nach PFAFF und SCHOPFER, 1974)

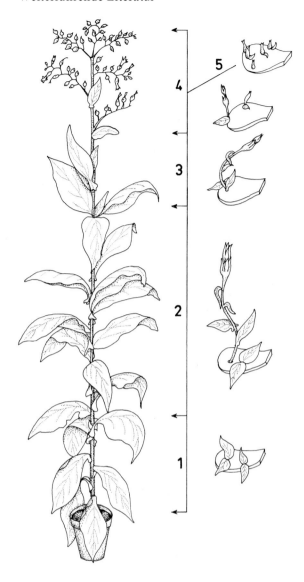

Abb. 489. Regenerationsleistung kleiner Explantate (3 – 6 Zellagen dick) in Abhängigkeit von der Entnahmestelle an der Sproßachse. Objekt: *Nicotiana tabacum,* cv. Wisconsin 38. Man findet: 100% vegetative Knospen, wenn die Explantate aus der Zone 1 stammen; 75% vegetative Knospen und 25% Knospen, die zu blühenden Sprossen mit 4 Internodien auswachsen, falls die Explantate aus der Zone 2 stammen; 60% vegetative Knospen und 40% Knospen, die zu blühenden Sprossen mit 3 Internodien auswachsen, falls die Explantate aus der Zone 3 stammen; 38% vegetative Knospen und 62% Knospen, die zu blühenden Sprossen mit 2 Internodien auswachsen, falls die Explantate aus der Zone 4 stammen. Werden die Explantate aus den Achsen der Infloreszenz entnommen, so bilden sich 100% Blütenknospen direkt an der Oberfläche des Explantats aus Epidermiszellen (5). (Nach TRAN THANH VAN, 1973)

ohne Kallusbildung) in meisterhaften Experimenten untersucht. Das Explantat (3 – 6 Zellagen dick, stets mit Epidermis) wurde aus der Oberfläche der Sproßachse von Tabakpflanzen entnommen, auf ein Agarmedium (mit IES und Kinetin; → Abb. 403) übertragen und die Regenerationsleistung in Abhängigkeit von der ursprünglichen Lage der Explantate am Gesamtorganismus festgestellt. Dabei ergaben sich die in Abb. 489 dargestellten, faszinierenden Resultate, die in dreifacher Hinsicht von besonderem Interesse sind: 1. Sie zeigen, daß die spezifische Regenerationsleistung eines Gewebes von seiner Herkunft im Gesamtsystem abhängt. 2. Die Explantate aus dem Infloreszenzbereich stellen eine relativ kleine, homogene Zellpopulation dar, die cytologisch aus extrem spezialisierten Zellen besteht. Diese Zellen sind in der Lage, direkt (d. h. ohne die Vermittlung eines Kallus) das komplexe Organ, das man Blüte nennt, zu bilden. 3. Der Determinationszustand von Zellen und Geweben kann eine Regenerationsleistung überdauern. Es kommt bei der Regeneration also *nicht notwendigerweise* zur völligen Reembryonalisierung und Entspezialisierung der Zellen; man muß vielmehr damit rechnen, daß beim Regenerationsgeschehen auch der bereits einmal erreichte Determinations- oder Differenzierungszustand eine maßgebende Rolle spielt.

Weiterführende Literatur

GRISEBACH, H., HAHLBROCK, K.: Pflanzliche Zellkulturen zur Aufklärung von Biosynthesewegen. Biologie in unserer Zeit **7**, 170 – 177 (1977)

HESS, D.: Isolierte Protoplasten — Objekte der genetischen Manipulation bei Pflanzen. Biologie in unserer Zeit **5**, 129 – 138 (1975)

KAHL, G.: Genetic and metabolic regulation in differentiating plant storage tissue cells. Bot. Rev. **39**, 274 – 299 (1973)

MELCHERS, G.: Genetik und Pflanzenzüchtung mit mikrobiologischen Methoden. Planta Medica, Supplement 1975, pp. 5 – 34

MELCHERS, G., LABIB, G.: Die Bedeutung haploider, höherer Pflanzen für Pflanzenphysiologie und Pflanzenzüchtung. Ber. Dtsch. Bot. Ges. **83**, 129 – 150 (1970)

NITSCH, J. P.: Experimental androgenesis in *Nicotiana.* Phytomorphology **19**, 389 – 404 (1969)

STEWARD, F. C., MAPES, M. O., KENT, A. E., HOLSTEIN, R. D.: Growth and development of cultured plant cells. Science **143**, 20 – 27 (1964)

37. Physiologie der Transplantationen

Mit dem Ausdruck *Transplantation* bezeichnet man nach MOLISCH „jede künstliche Vereinigung und darauffolgende Verwachsung eines Pflanzenteils mit einem anderen". Die wichtigste Technik der Transplantation ist das *Pfropfen.* Davon spricht man, wenn mit Knospen besetzte Teile einer Pflanze abgetrennt und auf eine andere Pflanze übertragen werden und dort zur Verwachsung gelangen.

Das Pfropfen als Technik der Pflanzenphysiologie

Es sind zahlreiche (nach MOLISCH mindestens 137 verschiedene) Techniken entwickelt worden, um das *Pfropfreis* mit der *Unterlage* in Verbindung zu bringen. Diese Techniken spielen vor allem bei der „Veredelung" von Kulturpflanzen eine entscheidende Rolle (Abb. 490); sie sind aber auch für die theoretische Pflanzenphysiologie (von *Acetabularia* bis *Perilla*) unentbehrlich. Sowohl das Reis als auch die Unterlage bilden Wundkallus, d. h. ein zu-

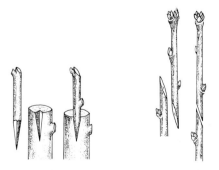

Abb. 490. Zwei häufig verwendete Pfropftechniken. *Links:* Pfropfen mit dem Geißfuß (Unterlage mit dreieckigem Einschnitt; Reis entsprechend zugespitzt); *rechts:* Kopulieren. (Nach MOLISCH, 1918)

nächst amorphes Gewebe aus ziemlich großen, locker miteinander verbundenen, parenchymatischen Zellen. Dieses Kallusgewebe entsteht aus den Kambien der Pfropfpartner. Es lassen sich deshalb bei den Kormophyten nur solche Pflanzen mit Erfolg pfropfen, die Kambium besitzen. Die beiden Kallusgewebe verwachsen allmählich miteinander, insbesondere bilden sich Leitbahnen zwischen Unterlage und Reis aus. Die Pfropfpartner arbeiten zwar soweit zusammen, daß beide existieren können. Die Wechselwirkung zwischen Reis und Unterlage ist aber unerwartet gering. Im allgemeinen werden lediglich Wasser, Ionen (Nährsalze), Assimilate (besonders Saccharose), gewisse sekundäre Pflanzenstoffe und Hormone von einem Pfropfpartner in den anderen befördert. Als Differenzierungssysteme bleiben die Pfropfpartner strikt getrennt. Jeder entwickelt sich gemäß seiner eigenen genetischen Information. Darauf beruht natürlich die praktische Verwendung der Pfropfung in Landwirtschaft und Gartenbau.

Erfolgreiche Pfropfungen sind im allgemeinen nur zwischen relativ nahe verwandten Sippen möglich. Meist gelingen nur Pfropfungen innerhalb einer Familie. Wahrscheinlich müssen die Pfropfpartner hormonal und vielleicht auch hinsichtlich des sekundären Stoffwechsels fein aufeinander abgestimmt sein. Mit Hilfe von Pfropfexperimenten zwischen Crassulaceen wurde bewiesen, daß Lang- und Kurztagpflanzen zumindest funktionell dasselbe Florigen besitzen (→ Abb. 421). Es erscheint uns selbstverständlich, daß bei dieser Pfropfung das Reis ausschließlich Blüten von *Sedum spectabile* bildet. Dieser Befund ist aber keineswegs trivial. Er zeigt vielmehr, daß dem Hormon keine andere Eigenschaft als die eines Auslösers (Alles-oder-Nichts-Signal) zukommt. Das Florigen aus der Unterlage trägt keine *spezifische* Information. Man kann ohne weiteres auch zwei oder noch mehr genetisch verschiedene Reiser auf ein und dieselbe Unterlage pfropfen. Sofern die allgemeine Verträglichkeit gewährleistet ist (z. B. gleiche Familienzugehörigkeit der Pfropfpartner), pflegen die genetisch verschiedenen Teile miteinander zu kooperieren. Sie bleiben aber als Entwicklungssysteme strikt verschieden, z. B. hinsichtlich der Spezifität der Morphogenese.

Chimären

Chimären sind Organismen, die, obgleich sie aus genetisch verschiedenen Zellen (bzw. Geweben) bestehen, sich zu einem einheitlichen, harmonischen Individuum entwickeln. Die Chimärenbildung zeigt, daß auch genetisch verschiedenartige Zellen und Gewebe im Prinzip derart harmonisch miteinander zu kooperieren vermögen, daß ein einheitlicher Organismus entsteht. Da die höheren Pflanzen kein *spezifisches* Immunsystem besitzen, kann man bei ihnen die Chimärenbildung relativ leicht studieren.

Das klassische Beispiel für die Entstehung einer *Sektorialchimäre* ist auf der Abb. 491 dargestellt. Wenn man auf eine Tomatenunterlage (*Solanum lycopersicum*) ein Reis des Nachtschattens (*Solanum nigrum*) pfropft und die Verwachsungsstelle in der angedeuteten Weise durchschneidet, so bilden sich an der Verwachsungsstelle Adventivsprosse, von denen ein kleiner Teil Chimärencharakter hat. Die auf der Abb. 491 d dargestellte Sektorialchimäre kommt dadurch zustande, daß ein Teil (ein Sektor) des Adventivvegetationspunktes aus Zellen des Nachtschattens, das übrige Gewebe aus Zellen der Tomate besteht (Abb. 492).

Bei *Periklinalchimären* (Abb. 493) hingegen sind die einzelnen Schichten des Vegetationspunktes genetisch verschieden. Wir haben lediglich den einfachsten Fall dargestellt, daß nur die äußerste Schicht des Vegetationspunktes, das Dermatogen, von der einen Art, alles übrige hingegen von der anderen Art stammt.

Man sieht, daß sich der Aufbau des Vegetationspunktes aus verschiedenartigen Schichten

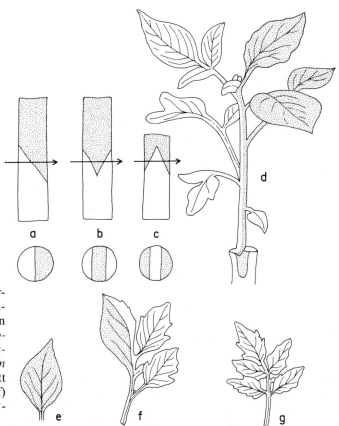

Abb. 491 a – g. Schematische Darstellung verschiedener Pfropfungsarten (a, b, c) mit den zugehörigen Querschnitten der Pfropfstellen in Höhe der Pfeile. *Punktiert:* das Pfropfreis, *Solanum nigrum* (Nachtschatten); *nicht punktiert:* die Unterlage, *Solanum lycopersicum* (Tomate). (d) eine Sektorialchimäre; (e) Blatt vom Nachtschatten; (g) Blatt der Tomate; (f) Chimärenblatt. (Nach WINKLER aus BÜNNING, 1953)

(*Solanum nigrum* und *Solanum lycopersicum*) in der fertigen Blattgestalt widerspiegelt. Erwartungsgemäß überwiegt der Habitus des Innenpartners, da das Dermatogen lediglich die Epidermis des Blattes liefert. Die harmonische Mitwirkung des andersartigen Dermatogens bei der Blattbildung ist aber unverkennbar. Für uns ergeben sich aus dem Studium der Chimären zwei grundlegend wichtige Resultate: 1. Zellen und Gewebe, die sich genetisch erheblich unterscheiden, können auch bei der Entwicklung komplizierter Organe harmonisch kooperieren; 2. ein Austausch genetischer Information zwischen den genetisch verschiedenartigen Zellen einer Chimäre erfolgt nicht. WINKLER erwähnt z. B., daß aus dem Samen

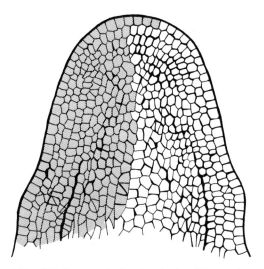

Abb. 492. Längsschnitt durch den Vegetationspunkt einer Sektorialchimäre. *Dunkel* und *Hell* kennzeichnen die genetisch verschiedenen Gewebe. Objekt: *Pelargonium zonale*. Den Gärtnern ist seit langem eine „Rasse" von *Pelargonium zonale* bekannt, die weiß geränderte Laubblätter hat oder solche, die zur Hälfte oder gänzlich weiß sind. BAUR hat gefunden, daß diese Pelargonien Vegetationspunkte besitzen, die etwa zur Hälfte grünlich, zur Hälfte weiß sind. Entstehen Blätter aus dem grünen Sektor, so sind sie normal grün; entstehen sie aus dem weißen Sektor, so sind sie rein weiß. Entstehen die Blattanlagen an der Grenze zwischen Grün und Weiß, so bilden sich weiß-grüne Blätter. BAUR nannte diese Chimären *Sektorialchimären*. Die beiden verschiedenen Gewebearten müssen aber nicht immer nebeneinander, sie können auch übereinander gelagert sein (→ Abb. 493). BAUR nannte diese Chimären *Periklinalchimären*. Beide Chimärentypen faßt man neuerdings unter dem Begriff „intraapikale Heterohistonten" zusammen (BERGANN). (Nach MOLISCH, 1918)

der Monektochimäre *Solanum tubingense* [Abb. 493(2)] „natürlich reine Individuen des Innenpartners *Solanum nigrum* hervorgehen".

In die Chimärenforschung wurden eine Zeitlang große wirtschaftliche Hoffnungen gesetzt. „Die Chimärenforschung hat gelehrt, daß man einer Pflanze eine artfremde Haut verschaffen kann, und damit eröffnet sich die Aussicht, die Pflanze gegen pilzliche und tierische Feinde zu schützen, vorausgesetzt, daß die neue Haut widerstandsfähiger wäre als die alte. Dies wäre namentlich für Kartoffel, Tabak, Tomate, Weinstock und andere Kulturpflanzen, die viel unter Pilzen und Tieren zu leiden haben, von großem Wert" (MOLISCH, 1918). Die hochgesteckten Erwartungen haben sich bislang nicht erfüllt.

Experimentell hergestellte Chimären gibt es auch bei Tieren. Besonders bekannt sind die erfolgreichen Transplantationen, die SPEMANN und seine Schüler zwischen gattungsverschiedenen Larven bei Amphibien vorgenommen haben. Neuerdings ist es gelungen, durch Transplantation von Gehirnteilen zwischen den Larven von *Xenopus* und *Hymenochirus* ganze Verhaltensmuster vom Spender auf den Wirt zu übertragen. Es stellt sich die Frage, weshalb im Larvenzustand keine Abstoßung der Implantate durch den Empfänger erfolgt. Offensichtlich ist die spezifische Immunabwehr in dieser Phase der Ontogenie noch unentwickelt. Aber selbst bei Kaninchen ist es gelungen, Chimären zwischen schwarzen und weißen Rassen herzustellen. Die Mischung der Zellen erfolgte auf dem Blastocystenstadium (4 d). Die Entwicklung der Chimären erfolgte weitgehend normal. Kürzlich wurden Chimären zwischen Ratte und Maus auf ähnliche Weise hergestellt (Insertion innerer Zellmassen von 4,5 d alten Rattenblastocysten in das Blastocoel von 3,5 d alten Mausblastocysten). Die Entwicklung dieser interspezifischen Chimären konnte allerdings nur für etwa 7 d verfolgt werden.

Anhang: Endotrophe Mykorrhiza

Einen Extremfall im engen, harmonischen Zusammenleben genetisch verschiedener Systeme bildet die endotrophe Mykorrhiza, die besonders bei den Orchideen und Pirolaceen vorkommt. Wir wählen als Beispiel die Moderorchidee *Neottia nidus avis* (Abb. 494). Die Pilzhyphen dringen anfangs aus dem perirhizalen

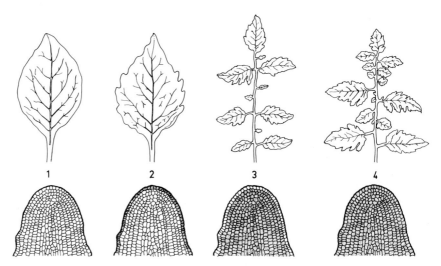

Abb. 493. Blattgestalt (*obere Reihe*) und Schichtenbau des Vegetationspunktes (*untere Reihe*) der reinen Arten (*Solanum nigrum,* 1; *Solanum lycopersicum,* 4) und der Monektochimären *Solanum tubingense,* (2) und *Solanum koelreuterianum* (3). Der Begriff Monektochimäre bedeutet, daß lediglich die äußerste Schicht des Vegetationspunktes, das Dermatogen, andersartig ist. WINKLER hat den Schichtenbau des Vegetationspunktes der Periklinalchimären bei Solanaceen durch Chromosomenuntersuchungen bewiesen (*Solanum nigrum:* 2 n = 72; *Solanum lycopersicum:* 2 n = 24). Er fand beispielsweise, daß bei *Solanum tubingense* die Chromosomenzahl in der äußersten Schicht des Vegetationspunktes 24 betrug, in allen anderen Schichten hingegen 72. Bei *Solanum koelreuterianum* ist es umgekehrt. (Nach WINKLER, 1935)

Raum in die Zellen der Wurzelrinde (→ Abb. 25) ein und breiten sich über einige Zellagen aus. In diesen *Pilzwirtszellen* bleibt der Pilz offenbar ungestört. Sein weiteres Vordringen wird jedoch in den angrenzenden Zellschichten der Wurzelrinde aufgehalten, da diese *Pilzverdauungszellen* die Fähigkeit besitzen, die Hyphen bis auf kleine Chitinreste abzubauen (Abb. 494). Es bildet sich schließlich ein *Fließgleichgewicht* aus, in dem die Intensität, mit der das Myzel in die Verdauungszone vorrückt, der Verdauungsintensität die Waage hält. Man spricht von einer *Symbiose,* weil nach allgemeiner Auffassung beide Partner aus dem Zusammenleben einen Vorteil ziehen. Mit der Isotopentechnik kann man in der Tat leicht nachweisen, daß ein gegenseitiger Stoffaustausch zwischen Pilz und Wurzel besteht. Bei der heterotrophen *Neottia nidus avis* ist indessen die Symbiose zum *Schmarotzertum* gewor-

Abb. 494. Querschnitt durch eine Pilzwurzel von *Neottia nidus avis* (Nestwurz). Der Name „Nestwurz" rührt davon her, daß die kurzen, dicken und derben Wurzeln, die ihre ursprüngliche Funktion fast völlig verloren haben, einen dichten Knäuel bilden, der an ein Vogelnest erinnert. *Links* im Bild sind die *Pilzwirtszellen* der Wurzelrinde getroffen, in denen der Pilz ungestört bleibt; *rechts* sieht man *Pilzverdauungszellen,* in denen das eindringende Myzel bis auf Chitinreste abgebaut wird. In den Verdauungszellen sind die Zellkerne stark vergrößert

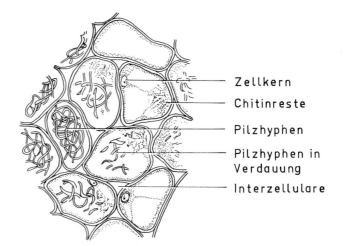

Zellkern

Chitinreste

Pilzhyphen

Pilzhyphen in Verdauung

Interzellulare

den. Die Blütenpflanze lebt ausschließlich von jenen Stoffen, die ihr der Pilz über die endotrophe Mykorrhiza zuführt.

Weiterführende Literatur

BERGANN, F.: Einige Konsequenzen der Chimärenforschung für die Pflanzenzüchtung. Z. Pflanzenzüchtung **34**, 113 – 124 (1955)

MELIN, E.: Mycorrhiza. In: Handbuch der Pflanzenphysiologie. Berlin-Heidelberg-New York: Springer, 1959, Band XI, pp. 605 – 638

MOLISCH, H.: Pflanzenphysiologie als Theorie der Gärtnerei. Jena: Gustav Fischer, 1918

WINKLER, H.: Chimären und Burdonen. Der Biologe, Heft 9, 279 – 290 (1935)

38. Physiologie der Tumorbildung

Als *maligne Tumoren* oder „*Krebs*" bezeichnet man in der Medizin neoplastisches Gewebe, das durch ungeordnetes und ungehemmtes Wachstum gekennzeichnet ist. Die *Hyperplasie,* d. h. die unkontrollierte Proliferation von Zellen, ist ein Charakteristikum des Krebses. Offensichtlich sind diese amorphen Tumorgewebe der korrelativen Kontrolle durch den Organismus weitgehend entzogen. Für die Entwicklungsphysiologie sind die Tumoren aus zwei Gründen von großem Interesse:

1. Das Studium der Tumorentstehung liefert vielleicht einen Beitrag zu der Frage, wie jene Faktoren zu verstehen sind, die bei der normalen Entwicklung des vielzelligen Systems die korrelative Integration der Zellen, Gewebe und Organe bewirken.

2. Man studiert die Tumoren, weil man lernen möchte, wie diese korrelative Integration aufgehoben werden kann. Mit anderen Worten: Wie können normal spezialisierte Zellen auf den Zellphänotyp „Tumorzelle" umdifferenziert werden?

Es gibt verschiedene Typen pflanzlicher Tumoren. Wir behandeln die durch ein Virus ausgelösten *Wundtumoren,* die durch virulente Bakterienstämme von *Agrobacterium tumefaciens* an höheren Pflanzen verursachten *Wurzelhals-„Gallen"* (englisch „crown galls") und die *genetischen Tumoren,* die nicht auf Infektionen zurückgeführt werden können.

Wundtumoren, verursacht durch ein Pflanzenvirus

Das pflanzliche Wundtumorvirus hat die Gestalt eines Polyeders mit einem Durchmesser von 60 bis 70 nm. Der „Kern" besteht aus doppelsträngiger RNA, die in 12 Untereinheiten vorliegt. Die Proteinhülle soll aus 92 Capsomeren aufgebaut sein. Nach Auffassung von BLACK, dem maßgebenden Forscher auf diesem Gebiet, enthält die RNA (eines Stranges) etwa 50mal mehr Information als für die Synthese des Hüllproteins benötigt wird. Da ein Einzelstrang der RNA für etwa 7500 Aminosäuren codiert, liegt (wenn man die Möglichkeit multipler RNA-Sequenzen außer acht läßt) genügend genetische Information für etwa 20 Proteine vor. Die „*Virusfunktionen*" sind zwar molekular noch nicht erforscht; die physiologischen Eigenschaften der Tumorzellen helfen uns jedoch einen Schritt weiter. Die Tumorzelle ist in Gewebekultur bedeutend weniger anspruchsvoll als ihr normales Gegenstück: Die Tumorzellen wachsen üppig auf einem einfachen, chemisch definierten Medium, das lediglich Mineralsalze, Saccharose und drei Vitamine enthält. Die normalen Zellen, die nicht mit dem Virus infiziert sind, können auf diesem Minimalmedium nicht wachsen (→ Abb. 403). Mit der *Transformation* (Umdifferenzierung einer normalen Zelle in eine Krebszelle) hat also die Zelle die Fähigkeit erworben, eine Reihe von Substanzen, die für Zellwachstum und Zellteilung notwendig sind, wieder bilden zu können: Auxin, Cytokinin, Inosit, Glutamin usw. Das normale, in bestimmter Weise differenzierte Gegenstück der Tumorzelle benötigt diese Substanzen im Medium für die Aufrechterhaltung von Zellwachstum und Zellteilung. Es ist im höchsten Maße unwahrscheinlich, daß das Virus die genetische Information für die Synthese von Auxin, Cytokinin, Inosit usw. in die „autonom" gewordene Tumorzelle importiert hat. Vielmehr liegt die Deutung nahe, daß die Transformation mit einer bleibenden Aktivierung eines Teils des Wirtszellengenoms verbunden ist. Es werden jene Gene wieder aktiviert, welche die Infor-

mation für die Synthese der genannten, für
Zellwachstum und Zellteilung essentiellen Faktoren tragen. Unter den normalen Bedingungen in situ (*korrelative Hemmung*) begrenzen
diese Faktoren Zellwachstum und Zellteilung.
Die bezüglich der Synthese dieser Faktoren re-
primierte Zelle fügt sich demgemäß in den Gesamtorganismus ein.

Wurzelhalsgallen

Der Begriff ist irreführend. Es handelt sich bei
den Wurzelhals-„Gallen" nicht um wohlorgani-
sierte Gallen (→ S. 309), sondern um amorphe
Wucherungen, die bei vielen Dikotylen im
Freiland besonders im Übergangsbereich Sproß-
achse-Wurzel auftreten. Experimentell lassen

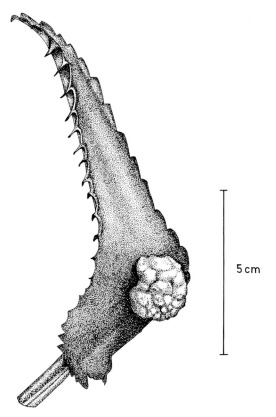

Abb. 496. Ein durch *Agrobacterium tumefaciens* an
einem Blatt von *Kalanchoe daigremontianum* be-
wirkter Tumor. (Nach BERGMANN, 1964)

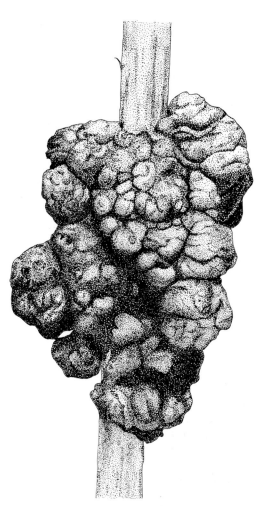

Abb. 495. Eine Wurzelhalsgalle an der Sproßachse
einer Sonnenblume. (Nach SINNOTT, 1960)

sich die Auswüchse aber an praktisch allen Organen der „empfindlichen" (besser wohl: *kompetenten*) Pflanzen hervorrufen, wenn man sie
nach einer Verwundung mit einem virulenten
Stamm von *Agrobacterium tumefaciens* infiziert
(Abb. 495, 496). Die in die Wunde eingebrach-
ten Bakterien dringen nicht in die Zellen ein.
Sie geben offenbar von den Interzellularen aus
ein „tumorinduzierendes Prinzip" an die Zellen
ab. Da nur solche Stämme von *Agrobacterium
tumefaciens*, die ein oder mehrere große Plas-
mide ($90 \cdot 10^6 - 160 \cdot 10^6$ dalton) enthalten, in-
fektiös sind, vermutete man, daß ein Plasmid
die genetische Information für das „tumorindu-
zierende Prinzip" trägt. In der Tat ist ein Teil
der Plasmid-DNA mit der Virulenz korreliert.
DNA-Hybridisierungsstudien (→ Abb. 287) weisen darauf hin, daß nur ein kleiner Teil des
Plasmids (etwa $3,7 \cdot 10^6$ dalton) das eigentliche
Oncogen darstellt, welches in das Chromatin
der Pflanzenzelle integriert wird. Auf welche
Weise die Plasmid-DNA die Entartung der
Pflanzenzellen bewirkt, ist im einzelnen noch

nicht bekannt. Es gibt aber experimentelle Evidenz dafür, daß die Bakterien-DNA nicht nur repliziert, sondern auch in RNA umgeschrieben und in Protein übersetzt wird. Beispielsweise bilden die Zellen der Wurzelhalsgallen ungewöhnliche Derivate der Aminosäure Arginin (Octopin, Napalin), die man im normalen Pflanzengewebe nicht findet. Man führt diese biogenetische Fähigkeit des Tumorgewebes auf neue genetische Information zurück, welche die Bakterien-DNA in die Pflanzenzelle gebracht hat. Insgesamt ist die Zelltransformation, die zur Bildung der Wurzelhalsgallen führt, den Vorgängen sehr ähnlich, die bei der Induktion tierischer Tumoren durch Viren ablaufen.

Die *histologischen Vorgänge* im Bereich der Wunde entsprechen zunächst völlig den üblichen Wundreaktionen: Die Zellen an den Wundflächen werden größer, reembryonalisieren und machen Mitosen durch. Die neuen Zellwände werden etwa parallel zur Wundfläche eingezogen. Bald aber geht diese Ordnung verloren, und gleichzeitig steigert sich die Teilungsaktivität. Die Folge ist ein amorpher Gewebekomplex, der aus dem Muttergewebe hervorbricht (Abb. 495, 496). Die beständige Anwesenheit der Bakterien ist für die Tumorbildung nicht erforderlich. Auch das Wachstum bakterienfreier Tumoren ist potentiell unbegrenzt. Man kann Tumoren auf andere Pflanzen transplantieren, und man kann isolierte Tumoren in vitro auf geeigneten Medien als Gewebekulturen beliebig lange züchten. Cytologisch zeigen die Tumorzellen keine wesentliche Abweichung von den parenchymatischen Zellen der Wirtspflanze, physiologisch jedoch unterscheidet sich der Zellphänotyp *Tumorzelle* grundsätzlich von dem Zellphänotyp *Parenchymzelle*. Die Tumorzelle ist nicht nur durch die hohe Mitoseaktivität charakterisiert; auch ihre sonstigen synthetischen Leistungen sind größer als die Leistungen der Parenchymzellen, von denen sie abstammt. Die crown gall-Tumoren gehören zu der Klasse der *autonomen* Tumoren, da sie, wenn man sie als Gewebekulturen in Abwesenheit des Pathogens wachsen läßt, weder Auxin noch Cytokinine im Medium für ihr Wachstum brauchen. Normale Pflanzenzellen wachsen auf diesem Minimalmedium nicht (→ Abb. 403).

Gewöhnlich bleiben die Wurzelhalsgallen (oder aus ihnen gewonnene Gewebekulturen) amorph. In seltenen Fällen aber bilden sich an ihnen *Teratome*, d. h. mißgestaltete Organanlagen. In Regenerationsexperimenten mit solchen Teratomen hat man zeigen können, daß zumindest einige der Tumorzellen noch die ganze genetische Information der Zellen besitzen, aus denen sie ursprünglich entstanden sind.

Die tumorinduzierenden Agrobakterien finden neuerdings großes Interesse, da sie die ersten Organismen sind, von denen man weiß, daß sie *„genetic engineering"* (Übertragung und stabile Inkorporation fremder DNA in eine Eukaryotenzelle) ausführen. Die neueren Studien über die Genese der Wurzelhalsgallen zeigen erstmals, daß die DNA aus einer Prokaryotenzelle in einer Eukaryotenzelle nicht nur repliziert, sondern auch in RNA umgeschrieben und in Protein übersetzt werden kann. Dies läßt die Versuche, genetic engineering mit *nif*-Genen (→ S. 568) auszuführen, in einem günstigeren Licht erscheinen.

Genetische Tumoren

Genetische Tumoren hat man bei gewissen interspezifischen Bastarden beobachtet, zum Beispiel in den Gattungen *Brassica* (an Wurzeln), *Datura* (an Samenanlagen), *Lilium* (an Keimlingen), *Nicotiana* (an allen Pflanzenteilen). Stets ist die Tumorbildung auf die interspezifischen Hybriden beschränkt; die Ausgangsarten sind frei von Tumoren. Am intensivsten hat man die genetischen Tumoren der F_1 innerhalb der Gattung *Nicotiana* studiert, auf die wir uns deshalb beschränken. Die Tumoren erscheinen morphologisch zuerst als kleine Papillen, die schließlich verschiedene Form und Größe annehmen (Abb. 497). An den Sproßachsen ähneln die genetischen Tumoren bei *Nicotiana*-Hybriden sowohl äußerlich als auch im histologischen Bild den Wurzelhalsgallen (→ Abb. 495). Auch die genetischen Tumoren sind auxinautotroph (*autonom*) (→ Abb. 486). Die Tumorbildung geht stets von parenchymatischen Zellen aus, zum Beispiel von Phloemparenchymzellen, nicht etwa vom Meristem. Die Tendenz zur Organisation ist bei den genetischen Tumoren stärker als bei den meist völlig amorphen Wurzelhalsgallen.

Die Tumoren der *Nicotiana*-Hybriden sind meist durch Anthocyan tiefrot gefärbt, während die Individuen der Ausgangsarten im Sproßbereich kein Anthocyan bilden. Aus den amorphen Tumoren regenerieren häufig einigermaßen normale Sproßachsen (Teratome). An ih-

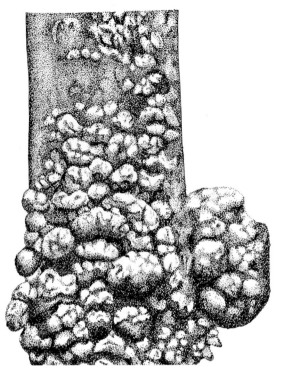

Abb. 497. Internodiale Sproßachsentumoren des amphidiploiden Bastards von *Nicotiana glauca* × *N. langsdorffii*. (Nach STEITZ und ANDERS, 1966)

nen bleibt die Anthocyanbildung aus. Offenbar wird beim normalen Wachstum die Anthocyansynthese unterdrückt (korrelative Hemmung); bei der Tumorbildung hingegen, die mit einem Zusammenbruch der normalen korrelativen Hemmung einhergeht, wird die Anthocyansynthese dereprimiert.

Cytogenetische Untersuchungen deuten darauf hin, daß die Unverträglichkeit der Genome, die zur Tumorbildung führt, an einzelne Chromosomen gebunden ist, zum Beispiel ergab die interspezifische Kreuzung der amphidiploiden *Nicotiana debneyi-tabacum* (4 n = 96) mit *N. longiflora* (n = 10) ausnahmslos tumoröse F_1-Nachkommen. Bei wiederholten Rückkreuzungen der Hybriden mit *N. debneyi-tabacum* stellte sich heraus, daß die Tumorbildung auf ein einziges *longiflora*-Chromosom (auf dem Hintergrund *debneyi-tabacum*) zurückzuführen war. Die Tumorbildung an genetisch instabilen Hybriden wird sowohl durch exogene Streßbedingungen (z. B. Verwundung, Röntgenbestrahlung, mechanische Behandlung, chemische Beeinflussung) als auch durch endogene Belastungen (z. B. bei der Bildung von Seitenwurzeln, bei verringerter apikaler Dominanz,

beim Blattfall, aber auch bei zu dichter Aussaat) gefördert. Man kann sich vorstellen, daß gewisse Zellphänotypen an den Hybriden eine besonders hohe Instabilität zeigen und unter Streßbedingungen auf den Zellphänotyp Tumorzelle umschalten. Ein physiologisch besonders interessanter Streßfaktor ist offenbar die Erniedrigung des Auxinpegels. Ein Befund: Die Substanz 2,3,5-Trijodbenzoesäure (TIBA) hemmt spezifisch den polaren Transport von Auxin. Die Applikation von TIBA steigert bei *Nicotiana*-Hybriden die Tumorbildung. Diese Beobachtung und weitere Indizien lassen den Schluß zu, daß die Auslösung der Tumorbildung mit einer Abnahme des endogenen Auxinpegels in einem kausalen Zusammenhang steht. Dies gilt indessen nur für die Hybriden. Die gesunden Ausgangssippen, die spontan niemals Tumoren bilden, reagieren auf TIBA-Applikation *nicht* mit Tumorbildung.

Auch im Fall der genetischen Tumoren hat man in Regenerationsexperimenten Hinweise gefunden, daß die genetische Information der Tumorzellen nicht verändert ist gegenüber den Ausgangszellen (d. h. gegenüber den „normalen" Zellen, von denen sie abstammen).

Tumorbildungen, die unmittelbar mit der genetischen Konstitution des Organismus zusammenhängen, sind auch bei Tieren beschrieben worden (*Drosophila melanogaster; Poeciliidae*). Bei den letztgenannten Zahnkarpfen, speziell bei *Platypoecilus-Xiphophorus*-Bastarden, treten Tumoren regelmäßig in Form von *Melanomen* auf. Die genetische Analyse der tumorbildenden Zahnkarpfenbastarde ist bereits weit vorangetrieben worden.

Zur Theorie der Krebsentstehung

Es gibt viele „Theorien" über die „Ursachen" der Krebsentstehung (vgl. hierzu das Kapitel über Faktorenanalyse; → S. 8). Einige Krebse werden sicher durch Viren oder Bakterien verursacht. Andere maligne Tumoren, die durch Chemikalien und Strahlung ausgelöst werden oder mit autosomalen, dominanten Genen in Verbindung stehen, entwickeln sich unabhängig von Viren oder Bakterien. Chromosomale Abberrationen, die in Tumorzellen häufig vorkommen, sind in der Regel sekundäre Phänomene; der oft betonte Zusammenhang zwischen Mutagenen und Carcinogenen ist in

Wirklichkeit unklar, ebenso die Bedeutung somatischer Mutationen.

Eine allgemeine Hypothese der Carcinogenese, die D. E. COMINGS vorgeschlagen hat, besitzt einen hohen *heuristischen* Wert. Die zentralen Punkte dieser Hypothese sind: 1. Alle Zellen besitzen multiple Strukturgene (T_r), die einen Transformationsfaktor codieren, der die Zelle aus der normalen korrelativen Hemmung befreit. 2. Die T_r-Gene werden normalerweise durch ein diploides Paar von Regulatorgenen reprimiert. Unter gewissen Bedingungen (z. B. ungünstige Genbalance bei Hybriden in Kombination mit Streß) können die T_r-Gene aktiv werden. 3. Spontane Tumoren oder solche die durch Chemikalien oder Strahlung ausgelöst werden, entstehen als das Resultat einer Doppelmutation der Regulatorgene. Dadurch wird die Repression der T_r-Gene aufgehoben. 4. Oncogene Viren entstanden in der Evolution aus T_r-Genen, die nicht mehr auf die Regulatorgene reagieren. (Ähnlich könnte man sich wohl auch die oncogene Wirkung der Plasmid-DNA bei *Agrobacterium tumefaciens* verständlich machen.)

Weiterführende Literatur

AHUJA, M. R.: Genetic control of tumor formation in higher plants. Quart. Rev. Biol. **40**, 329 – 340 (1965)

BAYER, M. H.: Phytohormone und pflanzliche Tumorgenese. Beitr. Biol. Pflanzen **53**, 1 – 54 (1977)

BEIDERBECK, R.: Pflanzentumoren. Stuttgart: Ulmer, 1977

BERGMANN, L.: Pflanzliche Tumoren und das Krebsproblem. Naturwiss. **51**, 325 – 332 (1964)

BRAUN, A. C.: The Cancer Problem: A Critical Analysis and Modern Synthesis. New York: Columbia University Press, 1969

CHILTON, M., DRUMMOND, M. H., MERLO, D. J., SCIAKY, D., MONTOYA, A. L., GORDON, M. P., NESTER, E. W.: Stable incorporation of plasmid DNA into higher plant cells: the molecular basis of crown gall tumorigenesis. Cell **11**, 263 – 271 (1977)

COMINGS, D. E.: A general theory of carcinogenesis. Proc. Nat, Acad. Sci. USA **70**, 3324 – 3328 (1973)

39. Physiologie des Wasserferntransports

Die beiden Transportsysteme der Pflanze

Die höhere Pflanze nimmt mit Hilfe der Wurzeln aus dem Boden Wasser und Ionen (Nährsalze) auf. Der Transport dieser Substanzen in Sproßachsen und Blätter, von denen aus das Wasser in die umgebende Atmosphäre verdunstet, führt notwendigerweise zu einem aufwärts gerichteten *Stofftransport* (*Transpirationsstrom*). Andererseits finden bei der höheren Pflanze die Vorgänge der Photosynthese in erster Linie in den Blättern statt, also in jenen Organen, die am weitesten in den Lichtraum hineinragen. Da die Produkte der Photosynthese (organische Moleküle) von allen Teilen der Pflanze benötigt werden (z. B. auch von den Wurzeln) müssen wir bezüglich der organischen Moleküle mit einem bevorzugt abwärtsgerichteten Stofftransport rechnen (*Assimilatstrom*). Die Tatsache, daß die Pflanze Wasser und Nährsalze aus dem Boden, organische Moleküle hingegen aus den Blättern bezieht, impliziert also zwangsläufig zwei einander entgegengesetzte „*Saftströme*", die sich in verschiedenen Bahnen vollziehen müssen. Der Transpirationsstrom benützt das Xylem der Leitbündel (bzw. das Holz im Fall von sekundärem Dickenwachstum); der Assimilatstrom benützt das Phloem der Leitbündel (bzw. den Bast im Fall von sekundärem Dickenwachstum; → S. 480). Der Transpirationsstrom fließt also im Apoplasten, der Assimilatstrom dagegen im Symplasten. In der Regel erfolgen die Stoffbewegungen in den beiden Leitsystemen in entgegengesetzter Richtung; es ist aber bemerkenswert, daß auch gleichgerichtete Bewegungen möglich sind: Vegetationspunkte, Sproßknollen, Samen und Früchte müssen simultan und in gleicher Richtung von beiden Leitsystemen versorgt werden.

Im Gegensatz zu früheren Auffassungen wissen wir heute, daß sich Analogien zwischen dem Blutkreislauf der Tiere und den beiden Stofftransportsystemen der Pflanzen nicht herstellen lassen. Sowohl die Leitbahnen als auch die Transportmechanismen sind in jeder Hinsicht verschieden.

Wasserbilanz

Die höheren Landpflanzen nehmen das Wasser in der Regel mit den jungen Teilen der Wurzeln aus dem Boden auf. Aber auch ältere Wurzelteile, die bereits ein Periderm oder zumindest eine verkorkte Endodermis ausgebildet haben, sollen noch zur Wasseraufnahme fähig sein. Die Quantität des aufgenommenen Wassers ist erstaunlich groß. Die auf Abb. 498 dargestellte Maispflanze hat in den wenigen Wochen seit der Keimung etwa soviel Wasser aus dem Boden aufgenommen, wie in dem Faß Platz hat. Nur ein bescheidener Bruchteil des Wassers ist jedoch in der Pflanze verblieben; entweder als H_2O in den Vacuolen, im Symplasten und in den Zellwänden, oder es wurde als Rohstoff der Photosynthese oder als Reaktionspartner im intermediären Stoffwechsel verbraucht. Das meiste Wasser (99%) wurde von der Pflanze in Gasform (als H_2O-Dampf) wieder abgegeben. Diesen Vorgang nennt man *Transpiration*.

Die Wasserbilanz einer bestimmten Pflanze hängt zu jedem Zeitpunkt von den beiden folgenden Größen ab: *Intensität der Wasserabgabe* ($-$ g $H_2O/\Delta t$), *Intensität der Wasseraufnahme* (g $H_2O/\Delta t$). Bei ausgeglichener Wasserbilanz müßten die beiden Größen absolut gleich sein. Dieser stationäre Zustand ist jedoch selten realisiert. Meist überwiegt unter natürlichen Bedingungen bei Tag die Abgabe, bei Nacht die

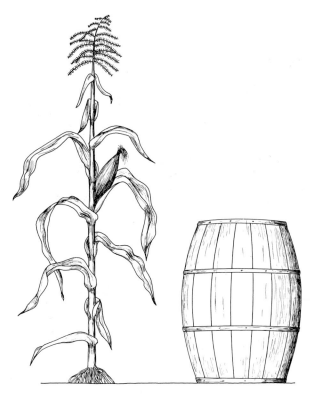

Abb. 498. Eine Illustration zur Intensität der Wasseraufnahme. Die Wassermenge, welche die Maispflanze während ihres Wachstums aufgenommen hat, würde etwa das Faß füllen. (Hierbei sind „normale" Wachstumsbedingungen vorausgesetzt). (Nach SINNOTT und WILSON, 1963)

Aufnahme (Abb. 499). Bei einer wachsenden Pflanze übersteigt die Aufnahme natürlich die Abgabe, da stets ein großer Teil des neu gewonnenen Volumens von Wasser eingenommen wird.

Es ergeben sich zwei Fragen: 1. Welche Beschaffenheit haben die Leitbahnen? 2. Welche Kräfte treiben das Wasser durch den Pflanzenkörper?

Die Leitbahnen

Der Ferntransport des Wassers in der Pflanze geschieht im Xylem der Leitbündel (Abb. 500) bzw. im Holz. Die leitenden Elemente bezeichnet man als *Gefäße* (Tracheen, Tracheiden). Sie haben die Dimension von *Kapillaren*. Von den Zellen, welche die Gefäße bilden, sind im funktionsfähigen Zustand lediglich die mehr oder minder kompliziert verdickten Zellwände erhalten. Bei den Tracheen werden während der Zelldifferenzierung auch die Querwände aufgelöst, so daß sie im fertigen Zustand lange Röhren kapillarer Dimension darstellen (Abb. 501), die von den Wurzelspitzen bis in die letzten Verzweigungen der Leitbündel der Blätter un-

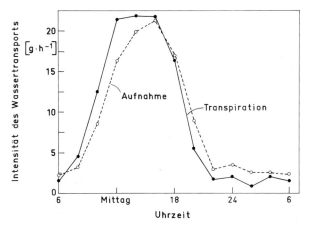

Abb. 499. Die Intensität von Wasseraufnahme und Transpiration bei einer Sonnenblume (*Helianthus annuus*) im Freiland im Verlauf eines Sommertages, einschließlich der dazugehörigen Nacht. (Nach RAY, 1963)

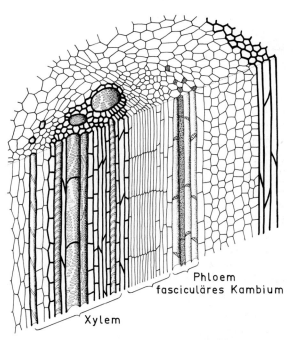

Abb. 500. Ausschnitt aus der Sproßachse von *Aristolochia spec.* zu Beginn des sekundären Dickenwachstums. Es soll vor allem die Struktur eines offenen kollateralen Leitbündels demonstriert werden

unterbrochene Wasserleitungsbahnen bilden (Abb. 502). Die ununterbrochenen Wasserfäden in den Tracheen sind durch eine hohe *Zerreißfestigkeit* (Zugfestigkeit) in der Größenordnung von 30 – 50 bar gekennzeichnet. Diese Eigenschaft ist auf die *Kohäsion* der Wassermoleküle (intermolekulare Wasserstoffbrücken (→ Abb. 239)) zurückzuführen. Auch die *Adhäsion* der Wasserfäden an die Tracheenwand ist so groß, daß selbst bei starkem Sog (= negativer Druck = hydrostatische Spannung) die kapillaren Wasserfäden in den Gefäßen nicht kol-

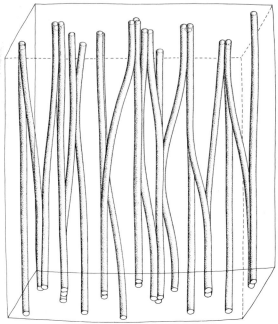

Abb. 502. Ausschnitt aus dem Tracheennetz einer Pappel (*Populus*-Sektion *Aigeiros*). Das Modell soll die Vernetzung sowohl in tangentialer als auch in radialer Richtung veranschaulichen. (Nach BRAUN, 1959)

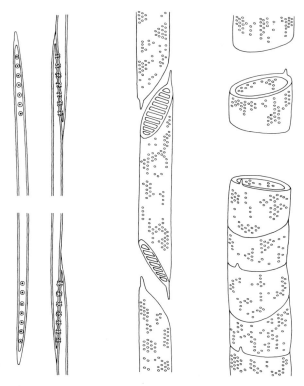

Abb. 501. *Links:* Bei der Kiefer (Repräsentant der Gymnospermen) führen in der Längsrichtung des Stammes angeordnete Tracheiden (spindelförmige, mit verbindenden Hoftüpfeln versehene tote Zellen) die Wasserleitung durch. Der innere Durchmesser der Tracheiden liegt in der Größenordnung von 10 μm. *Mitte:* Bei der Birke (Angiospermen; Repräsentant der zerstreutporigen Hölzer) erfolgt die Wasserleitung durch tote Tracheen mit teilweise aufgelösten Endwänden. *Rechts:* Bei der Eiche (Angiospermen; Repräsentant der weit- oder ringporigen Hölzer) sind im fertigen Zustand die Endwände der Tracheenelemente völlig verschwunden. Das Wasser strömt durch eine lange, stabile Kapillare, die aus vielen toten Elementen zusammengesetzt ist. Die lichte Weite der Tracheen (Gefäße) liegt in diesem Fall in der Größenordnung von 100 – 500 μm. (In Anlehung an ZIMMERMANN, 1963)

labieren. Die versteiften Wände der Gefäße können einen starken Sog in den Gefäßen aushalten. Sie geben lediglich dem Sog elastisch ein wenig nach. Da der stärkste Sog in den Gefäßen während der Zeit höchster Transpiration (→ Abb. 499) auftritt, ist es verständlich, daß die Stämme der Bäume um die Mittagszeit den geringsten, gegen Ende der Nacht den größten Durchmesser haben (Abb. 503). Die feinen Änderungen des Stammdurchmessers repräsentieren die entsprechenden Änderungen im Durchmesser der Gefäße *.

Die Adhäsion des Füllwassers an die Gefäßwand führt zu einem relativ starken *Strömungswiderstand*. Bei mittlerer Strömungsgeschwindigkeit (einige Meter pro Stunde) müssen etwa 0,1 bis 0,2 bar · m^{-1} aufgewendet werden, um diesen Widerstand zu überwinden.

---

* Eine modifizierte Erklärung der Abb. 503 lautet, daß sich die hydrostatische Spannung innerhalb der Xylemelemente dem Wasser in den Zellwänden und allmählich dem Wasser im ganzen Stamm mitteilt. Der negative hydrostatische Druck kann somit über die Kohäsion der Wassermoleküle den ganzen Stamm zur Kontraktion bringen.

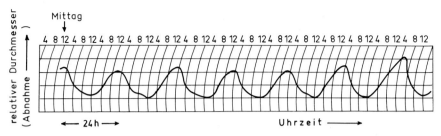

Abb. 503. Die täglichen Schwankungen im Stammdurchmesser einer Monterey-Kiefer (*Pinus radiata*). Diese Messungen erfolgten mit einem Dendrograph, → Abb. 506. (Nach MEYER et al., 1960)

Die Gefäße wurden im Laufe der Evolution der Landpflanzen nach verschiedenen Kriterien optimiert. Die reine *Kapillarkraft*, die zum Aufsteigen einer benetzenden Flüssigkeit in einer offenen Kapillare führt, wirkt sich um so stärker aus, je kleiner der Radius r der Kapillare ist (die kapillare Steighöhe h ist proportional r^{-1}). Beispielsweise steigt reines Wasser bei $r = 20 \, \mu m$ 75 cm hoch. Eine Optimierung auf größtmögliche Wirksamkeit der Kapillarität würde also dahin tendieren, die Leitbahnen möglichst eng zu machen. Dieser Tendenz steht aber die starke Zunahme des Reibungswiderstands beim Volumenfluß in enger werdenden Gefäßen entgegen. Stephen HALES hat bereits um 1725 experimentell gezeigt, daß Kapillarkräfte allein keine Erklärung für den aufsteigenden Saftstrom in der Pflanze abgeben. Er erkannte bereits die entscheidende Bedeutung der *Transpiration* für den Volumenstrom des Wassers in der Pflanze.

Für den Volumenstrom (= Strömungsintensität) in den Gefäßen gilt in erster Näherung das HAGEN-POISEUILLEsche Gesetz:

$$\frac{dV}{dt} = -\frac{\pi \, r^4}{8 \, \eta} \cdot \frac{dP}{dx}, \qquad (120)$$

wobei $\pi = 3{,}1416$, η die Viskosität des Wassers, r der Radius der Kapillare und $- dP/dx$ das Druckgefälle entlang der Kapillare sind. Für den mittleren Volumenfluß (Volumenstrom pro Kapillarenquerschnitt) ergibt sich daher (vgl. 1. FICKsches Gesetz; → Gl. (45), S. 121):

$$J_v = -\frac{r^2}{8 \, \eta} \cdot \frac{dP}{dx}. \qquad (121)$$

Man erkennt, daß sowohl der *Strom* als auch der *Fluß* des Wassers um so kleiner werden, je geringer der Radius der Gefäße ist. Eine Verringerung von r muß also durch eine unverhältnismäßig große Steigerung der Zahl der Gefäße pro Achsenquerschnitt kompensiert werden. Im Lauf der Evolution der Landpflanzen hat sich ein Kompromiß zwischen *Gefäßradius* und *Gefäßzahl* herausgebildet: $r = 20$ bis 200 $(-500) \, \mu m$. Die weitesten Gefäße findet man erwartungsgemäß bei Lianen.

Die treibende Kraft für den Wasserstrom in den Gefäßen, das Druckgefälle $- dP/dx$, geht in der Regel auf die Transpiration zurück. Da unter diesen Bedingungen ein negativer Druck (Sog) in den Gefäßen herrscht, ist die bereits betonte hohe *Zerreißfestigkeit* der kapillaren Wasserfäden eine wichtige Voraussetzung für den Wasserstrom. Experimentell wurden bei $20°$ C bis zu 300 bar Zerreißfestigkeit in Kapillaren gefunden. In der Regel können wir in den Gefäßen jedoch nur mit $30 - 50$ bar Zerreißfestigkeit rechnen. Der tatsächliche Wert hängt nicht nur von der Beschaffenheit der Gefäße ab, sondern auch von der Reinheit des Wassers. Verunreinigungen (auch Ionen!) beeinträchtigen die optimale Ausbildung der intermolekularen Wasserstoffbrücken. Gasblasen im Wasser können leicht zu einem Zerreißen der unter negativem Druck stehenden Wasserfäden führen. Dadurch können Gefäße auch auf die Dauer funktionsunfähig werden. Zumindest bei den ringporigen Hölzern scheinen die Gefäße nur in der ersten Vegetationsperiode nach ihrer Bildung für den Wassertransport in Frage zu kommen. Später dürften sie in der Regel durch Gasblasen verstopft sein.

Klassische Experimente

Bruno HUBER hat 1935 das in der Abb. 504 dargestellte Verfahren entwickelt, um die *Ge-*

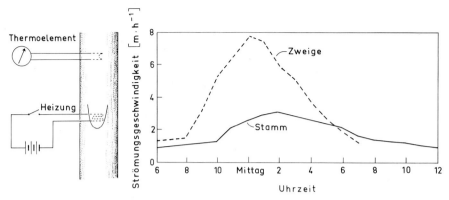

Abb. 504. *Links:* Die Geschwindigkeit des Saftstroms im Holz läßt sich mit Hilfe der skizzierten Apparatur messen. Ein kleines Heizelement, das man in die Wasser führenden Bereiche des Holzes eingebracht hat, erwärmt den aufsteigenden Saft für einige Sekunden. Ein oberhalb der Heizstelle plaziertes Thermoelement registriert die warme Welle. Der zeitliche Abstand zwischen den beiden Ereignissen ist ein Maß für die Geschwindigkeit des aufsteigenden Saftstroms. Man kann durch zusätzliche Thermoelemente unterhalb und neben der Heizstelle prüfen, ob Diffusion und Konvektion von Wärme bei diesen Experimenten eine wesentliche Rolle spielen. *Rechts:* Ein Vergleich der beiden Kurvenzüge ergibt, daß am Morgen die Geschwindigkeit des Saftstroms zuerst in den Zweigen zunimmt und erst später im Stamm. Gegen Abend hingegen vermindert sich die Geschwindigkeit des Saftstroms zuerst in den Zweigen. (Nach ZIMMERMANN, 1963)

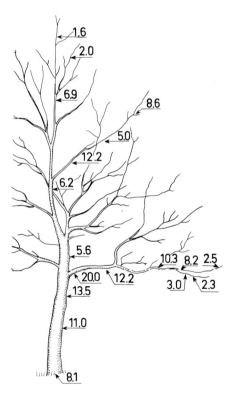

Abb. 505. Geschwindigkeitsverteilung des aufsteigenden Saftstroms in einer Eiche. Die eingetragenen Maßzahlen [m · h⁻¹] sind Mittelwerte der mittäglichen Höchstgeschwindigkeiten. (Nach HUBER, 1956)

schwindigkeit des aufsteigenden Saftstroms zu messen. Besonders wichtig war sein Befund (Abb. 504, *rechts*), daß am Morgen der aufsteigende Saftstrom zuerst in den Zweigen beschleunigt wird. Erst später greift die Wasserbewegung auch auf den Stamm über. Am Nachmittag, wenn die Photosyntheseaktivität der Blätter nachläßt und sich die Stomata schließen, läßt der Transpirationsstrom zuerst in den Zweigen nach und erst später auch im Stamm. Dieser Befund zeigt, daß der „Motor" des aufsteigenden Saftstroms in der *Krone* eines Baumes lokalisiert ist und nicht etwa im Wurzelsystem. Aufgrund dieser Daten lag es nahe, den Transpirationssog, den die nicht mit Wasserdampf gesättigte Atmosphäre auf die Blätter ausübt, für den aufsteigenden Saftstrom verantwortlich zu machen.

Mit der thermoelektrischen Methode HUBERs ließ sich auch die besonders interessante Geschwindigkeitsverteilung des aufsteigenden Saftstroms innerhalb eines Baumes bei stationärer Transpiration messen (Abb. 505). Im Gegensatz zum Blutkreislauf (Schlagadern, Kapillaren) ist das Wasserleitungssystem der Pflanzen auf der ganzen Strecke aus annähernd gleichartigen Elementen aufgebaut (→ Abb. 501). Im Prinzip gilt, daß an jeder Astgabel die Querschnittssumme der ableitenden Gefäße

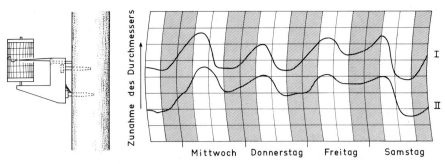

Abb. 506. Ein *Dendrometer* (*links*) registriert die täglichen Schwankungen im Dickenwachstum eines Baumstamms. Diese Schwankungen sind auf reversible Volumenkontraktionen der wasserleitenden Elemente zurückzuführen. Wenn man gleichzeitig an verschiedenen Höhen am Baumstamm Dendrometermessungen ausführt (*rechts*), so findet man Anzeichen dafür, daß die am Vormittag einsetzende Kontraktion des Stammes im oberen Stammbereich (I) etwas früher einsetzt als im unteren Bereich (II). Dies ist darauf zurückzuführen, daß die am Morgen mit der Öffnung der Blattstomata einsetzende Transpiration das Wasser aus dem oberen Stammbereich rascher abzieht als es von den Wurzeln her nachgeliefert werden kann. Die aus der Transpiration resultierende *hydrostatische Spannung* (ein negativer Druck) ist vorübergehend im oberen Stammbereich stärker als weiter unten. (Nach ZIMMERMANN, 1963)

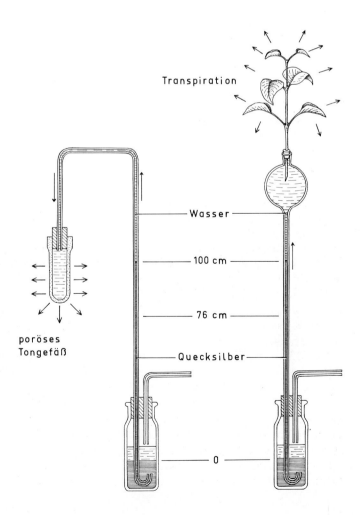

Abb. 507. Demonstrationsexperimente für *Kohäsion* und *Adhäsion* in wassergefüllten Kapillaren. Die Verdunstung von Wasser (aus dem Tonzylinder, *links,* oder aus den Blättern, *rechts*) bewirkt, daß das Wasser in der Kapillare hochsteigt. Es zieht das Quecksilber mit und zwar wesentlich höher als 76 cm. Bis zu dieser Höhe würde der äußere Luftdruck das Quecksilber im Vacuum hochtreiben. (Es sei daran erinnert, daß Quecksilber eine (schwache) Kapillar*depression* zeigt. Das Aufsteigen der Quecksilbersäule beruht also *nicht* auf Kapillarität.) Bilden sich irgendwo im System Luftblasen, so fällt die Quecksilbersäule sofort auf den normalen Barometerstand (ca. 76 cm) zurück. Deshalb sind die Experimente, insbesondere mit dem Zweig und bei höheren Spannungen, nicht leicht auszuführen. Auf jeden Fall sollte man abgekochtes Wasser verwenden, das nur noch sehr wenig Luft enthält. (Zum Teil nach ZIMMERMANN, 1963)

gleich der Querschnittssumme der leitenden Gefäße ist (Querschnittsregel). Meist beobachtet man aber spitzenwärts eine leichte Zunahme der Querschnittssumme, so daß die Geschwindigkeiten spitzenwärts langsam abnehmen („Eichentyp"; der „Birkentyp", bei dem die Geschwindigkeiten vom Stamm über die Äste zu den Zweigen immer größer werden, ist selten verwirklicht).

Das folgende Experiment, das Josef FRIEDRICH 1897 zum ersten Mal durchführte, bestätigte seinerzeit die Auffassung, daß der Wasserferntransport im Boden-Pflanze-Atmosphäre-Kontinuum von der Transpiration angetrieben wird (Abb. 506). Mit Hilfe eines Dendrometers (dies ist ein empfindliches Instrument zur Messung des Dickenwachstums eines Baumstammes) konnte er zeigen, daß sich die oberen Bereiche eines Baumstamms am Morgen, wenn die Photosynthese beginnt und die Stomata sich öffnen, etwas früher zusammenziehen als die tiefer gelegenen Bereiche. Dies läßt sich mit der Hypothese erklären, daß der Wasserverlust durch Transpiration etwas intensiver erfolgt als der Nachschub, so daß in den wassergefüllten Leitbahnen starke hydrostatische Spannungen (negative Drucke) auftreten, die von oben nach unten fortschreitend zu einer Volumenkontraktion des Stammes führen (→ Abb. 506).

Josef BÖHM und H. H. DIXON führten kurz vor der Jahrhundertwende das auf der Abb. 507 im Prinzip dargestellte Experiment durch. Wenn man Wasser aus einem porösen Tonzylinder oder aus einem Zweig verdunsten läßt, so wird in einem mit dem verdunstenden System verbundenen Kapillarrohr der Quecksilberfaden sehr viel höher gesaugt (z. B. 100 cm), als dies ein Vacuum vermag (ca. 76 cm). Damit ist experimentell bewiesen, daß in der Kapillare die Kohäsion zwischen den Wassermolekülen und die Adhäsion zwischen Wasser und Glaswand bzw. Wasser und Quecksilber ausreicht, um den unter dem Transpirationssog stehenden Wasserfaden nicht abreißen zu lassen. Josef BÖHM hat aus diesen Experimenten bereits um 1900 den richtigen Schluß gezogen: „An den verdunstenden Blattzellen hängen kontinuierliche Wasserfäden, die mit dem Bodenwasser in Verbindung stehen." Böhms „Kohäsionstheorie" besagt, daß die Kapillarität der Leitbahnen und die Kohäsions- und Adhäsionsfähigkeit der Wassermoleküle aus rein physikalischen Gründen zu einem Wasserstrom aus dem Boden durch die Pflanze

in die Atmosphäre führen, solange die Transpiration funktioniert.

Transpiration

Die kontinuierliche Wasserbewegung vom Boden über die Pflanze in die Atmosphäre geschieht teils in der flüssigen, teils in der Gasphase. Angetrieben wird der Vorgang durch die Wasserpotentialdifferenz zwischen dem perirhizalen Boden und der Atmosphäre, welche durch die Sonnenenergie aufrechterhalten wird (Abb. 508). Normalerweise herrscht im Boden

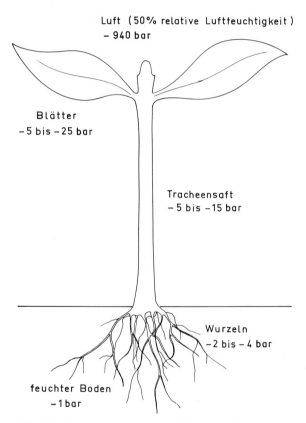

Abb. 508. Einige repräsentative Werte für das Wasserpotential entlang der Wasserbahn im Boden-Pflanze-Atmosphäre-Kontinuum (25° C). Die jeweiligen Werte können natürlich je nach den Bedingungen stark variieren. Auf jeden Fall hat aber die nicht mit Wasserdampf gesättigte Luft stets ein niedriges Wasserpotential. Selbst bei feuchter Luft (90% relative Luftfeuchtigkeit) beträgt die Wasserpotentialdifferenz zwischen einem feuchten Boden und der Atmosphäre rund 140 bar. Das Wasserpotential in einem wassergesättigten Boden („Feldkapazität") liegt in der Regel zwischen 0 und − 1 bar. (In Anlehnung an PRICE, 1970)

und in der Pflanze ein im Vergleich zur Atmosphäre hohes Wasserpotential. Die aus der Erniedrigung des Wasserpotentials (Ψ) resultierende „Saugkraft" der Pflanzenzellen kann maximal die Höhe des osmotischen Potentials der Vacuolenfüllung (einschließlich Matrixpotential) erreichen [$\Psi_{min} = -(\pi + \tau) = -10$ bis -100 bar; $\to$ S. 469]. Die „Saugkraft" der nicht wasserdampfgesättigten Atmosphäre ist hingegen enorm hoch; eine relative Wasserdampfspannung (= relative Luftfeuchtigkeit) von etwa 47% entspricht $\Psi = -1000$ bar (20° C). Zwischen dem Boden und der Pflanze einerseits und der Atmosphäre andererseits herrscht also ein starkes Ψ-Gefälle (oder — anders herum betrachtet — ein Saugkraftgefälle). Die Pflanze stellt gewissermaßen eine Verlängerung des hohen Wasserpotentials des Bodens in den Luftraum hinein dar. Es ist deshalb von vornherein zu erwarten, daß von der Pflanze Wasser in Dampfform in die umgebende Atmosphäre übertritt. Üblicherweise setzt die Pflanze diesem Transpirationsstrom an der Grenze zur Atmosphäre einen hohen Diffusionswiderstand r entgegen. Für den Transpirationsstrom (Volumenstrom $dV/dt = J_v \cdot F$) durch die Oberfläche F wird häufig folgende Formel benutzt:

$$\frac{dV}{dt} = \frac{F}{r} \cdot (c_{außen} - c_{innen}) = -\frac{F}{r} \cdot \Delta c, \qquad (122)$$

wobei:

$c_{außen}$ = Wasserdampfkonzentration außerhalb des Blattes;
c_{innen} = Wasserdampfkonzentration in den Interzellularen (Atemhöhlen) des Blattes;
r = Strömungswiderstand;
F = Blattfläche.

Diese allgemeine Formulierung, die sich aus dem 1. FICKschen Gesetz ($\to$ S. 122) herleitet, beschreibt die Permeation von Wassermolekülen durch eine homogene Diffusionsbarriere unbegrenzter Fläche. Der Widerstand r (= Permeabilitätskoeffizient $^{-1}$) hat die Dimension $s \cdot m^{-1}$ [$\to$ Gl. (47), S. 122] und ist somit unabhängig von c. In diesem Fall ist der Widerstand analog dem OHMschen Widerstand eines elektrischen Leiters.

Ein Argument gegen die Verwendung der Gl. (122) lautet: Der Transpirationsstrom aus dem Blatt ist — zumindest bei bewegter Luft — vor allem durch die Wegsamkeit der über die Blattfläche verteilten Stomata begrenzt, welche jeweils Poren in der Dimension von Kapillaren darstellen. Daher ist theoretisch das HAGEN-POISSEUILLEsche Gesetz [$\to$ Gl. (120), S. 463] für die quantitative Beschreibung des Wasserdampfstromes durch ein Stoma eher angemessen als Gl. (122). Der wesentliche Unterschied zwischen beiden Gleichungen liegt einmal in der Antriebskraft (Druckdifferent ΔP gegenüber Konzentrationsdifferenz Δc) und zum anderen in der Bedeutung des Strömungswiderstandes, welcher beim laminaren Strom durch eine Kapillare durch $8\eta/r^2$ (Dimension: $bar \cdot s \cdot m^{-2}$) gegeben ist [$\to$ Gl. (120), S. 463]. Wir gehen im folgenden davon aus, daß für eine hinreichend große Blattfläche der stomatäre Widerstand in guter Näherung als reziproker Permeabilitätskoeffizient beschrieben wird ($\to$ Abb. 511).

Die Abgabe von H_2O-Dampf erfolgt in erster Linie aus den Blättern, da die Diffusionswiderstände suberinisierter Zellschichten (z. B. bei der Borke) für H_2O sehr hoch sind. Am Blatt selber kann man zwei Typen von Transpiration beobachten, die *stomatäre Transpiration* (>90% der Gesamttranspiration) und die *cuticuläre Transpiration* (<10% der Gesamttranspiration). Das meiste Wasser verläßt die Pflanze also über die Stomata, obgleich diese häufig nur etwa 1% der Blattfläche ausmachen (dies sind beim Maisblatt immerhin etwa 10^4 Stomata/cm² Blattfläche). Die Cuticula der Epidermis setzt dem Wasserdurchtritt einen hohen Diffusionswiderstand entgegen.

Der Weg der Wassermoleküle im Blatt läßt sich folgendermaßen beschreiben (Abb. 509): Die Interzellularräume im Blatt einer turgeszenten Pflanze enthalten eine hohe Wasserdampfkonzentration, da sie an die Mesophyllzellen grenzen, die ihrerseits ein hohes Ψ (in der Größenordnung von -8 bar) haben. Die an das Blatt grenzende Atmosphäre hat hingegen ein viel niedrigeres Ψ und besitzt demgemäß eine niedrige Wasserdampfkonzentration. Die Differenz der Wasserdampfkonzentrationen zwischen den Interzellularen und der äußeren Atmosphäre kann sich wegen der Cuticula praktisch nur über die Stomata ausgleichen. Der Diffusionswiderstand der Stomata ist nicht konstant, da die Schließzellen beweglich sind ($\to$ S. 226). Bei ruhiger Luft (stabile Grenzschichten) wirkt sich die Spaltenweite jedoch erst bei kleinen Werten gravierend auf den Diffusionswiderstand aus (Abb. 510). Nur bei starker Luftbewegung, d. h. bei beständiger Störung der Grenzschichten am Blatt, ist die Stomaweite über einen weiten Bereich hinweg ein begrenzender Faktor der Transpirationsintensität. Für eine gegebene Luftbewegung findet man, daß [entsprechend Gl. (122)] der Transpirationsfluß umgekehrt proportional zum stomatären Diffusionswiderstand ansteigt (Abb. 511).

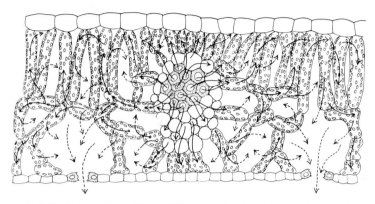

Abb. 509. Diese Darstellung (Querschnitt durch ein bifaciales, hypostomatisches Laubblatt) soll den Weg des Wassers vom Xylem des Leitbündels bis in die äußere Atmosphäre veranschaulichen. *Ausgezogene Pfeile*, flüssiges Wasser; *gestrichelte Pfeile*, Wasserdampf. Die meist nur geringe cuticuläre Transpiration ist vernachlässigt. Es wird angenommen, daß der Wasserdampf lediglich über Atemhöh-le und Stomata das Blatt verlassen kann. Im Blatt der Angiospermen gibt es keine CASPARYschen Streifen. Das Wasser kann sich also ungehindert im freien Diffusionsraum nach Maßgabe der Wasserpotentialdifferenzen fortbewegen (*ausgezogene Pfeile*). (In Anlehnung an SINNOT und WILSON, 1963)

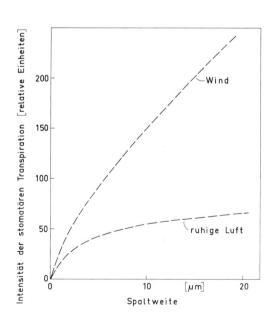

Abb. 510. Der Zusammenhang zwischen stomatärer Transpiration und Stomaweite. Parameter: Intensität der Luftbewegung. Objekt: Blatt von *Zebrina spec.* (Nach STRAFFORD, 1965)

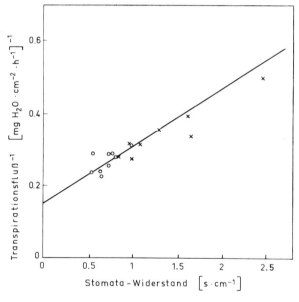

Abb. 511. Die Beziehung zwischen dem Kehrwert des Transpirationsflusses und dem stomatären Widerstand. Objekt: Tabakblätter. ○ unbehandelte Blätter; × Blätter besprüht mit Phenylmercuriacetat. Diese Verbindung bewirkt eine Reduktion der Stomaweite. Die gefundenen Diffusionswiderstände (0,5 – 2,5 s · cm^{-1}) sind typisch für die Blätter der Mesophyten. (Nach WAGGONER und ZELITCH, 1965)

Obere Grenze für die Höhe von Bäumen

Bis zu welchen Dimensionen eines Pflanzenkörpers kann der Wasserstrom im Sinn der BÖHMschen „Kohäsionstheorie" günstigenfalls funktionieren?

Nehmen wir an, die Zugfestigkeit des Gefäßwassers betrage 35 bar. Diese Zerreißfestigkeit genügt, um eine Wassersäule von 350 m Höhe zusammenzuhalten (für h = 10 m ist das Gravitationspotential etwa 1 bar; → S. 95). Eine solche Höhe erreicht kein Baum, da bei Wasserströmung in den Gefäßen ein beträchtlicher Teil der 35 bar für die Überwindung der Reibung eingesetzt werden muß. Bei einem 120 m hohen Baum müssen wir etwa 20 bar für die Überwindung des Reibungswiderstandes beim POISEUILLEschen Fluß abziehen. Es bleiben etwa 15 bar der Zugfestigkeit für die Überwindung der Schwerkraft. Man kann also voraussagen, daß Bäume mit einer Höhe von über 150 m unwahrscheinlich sind. Tatsächlich hat man auch nie höhere Bäume beobachtet. Der zur Zeit höchste Baum der Welt, eine *Sequoia sempervirens* in Kalifornien, mißt etwa 120 m.

Permanenter Welkepunkt

Bei einer Sonnenblume (→ Abb. 512) ist die Grenze des Wachstums erreicht, wenn das Wasserpotential im Boden auf etwa – 15 bar abgesunken ist. Unter diesen Umständen bleibt die Pflanze auch in feuchter Atmosphäre welk (*permanenter Welkepunkt*). Sie kann sich aber erholen und das Wachstum wieder aufnehmen, sobald man dem Boden Wasser zuführt, d. h. das Wasserpotential im Boden weniger negativ macht. Die Erklärung für diesen wichtigen Befund lautet: Das osmotische Potential π in den Blattzellen krautiger Pflanzen liegt in der Größenordnung von 15 bar (Abb. 512). Bei manchen Pflanzen, z. B. Wüstenpflanzen kann π allerdings über 100 bar betragen. Das osmotische Potential ist keine Konstante, sondern in erheblichem Umfang regelfähig (z. B. kann beim Weizen in Trockenjahren π bis auf 25 bar ansteigen). Die Gleichung $\Psi = P - (\pi + \tau)$ (→ S. 99) zeigt, daß beim Absinken von Ψ_{Zelle} bis zum zellphysiologisch vorgegebenen Extremwert $\Psi_{min} = -(\pi + \tau)$ die Zellen ihren Tur-

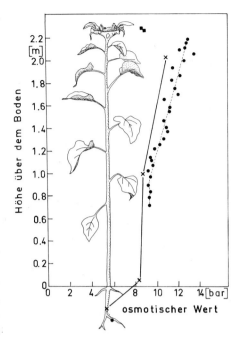

Abb. 512. Die Höhe des osmotischen Potentials π (→ S. 95) in den verschiedenen Teilen einer Sonnenblume. Abszisse, osmotisches Potential des Gewebepressaftes. × Werte aus der Hauptachse; ● Werte aus Seitenwurzeln und Laubblättern (14. bis 45. Blatt); ■ Werte aus Hüllblättern und Blüten. Das osmotische Potential (π) wird meist über die Gefrierpunktserniedrigung des Gewebepressaftes bestimmt. Untersucht man in dieser Hinsicht die verschiedenen Organe einer Pflanze, so findet man, daß in der Regel die Wurzel das kleinste osmotische Potential besitzt und die oberen Blätter das höchste. Bei Holzpflanzen, die eine Krone ausbilden, ist die Abhängigkeit des osmotischen Potentials von der Insertionshöhe der Zweige und Blätter meist gering. (Nach WALTER, 1947)

gordruck verlieren ($P_{Zelle} = 0$). Damit kommt es zum definitiven Spaltenschluß (→ S. 226). Ist Ψ_{Boden} (in der Regel praktisch gleich $-\tau_{Boden}$) negativer als $-(\pi + \tau)_{Zelle}$, so fließt das Wasser theoretisch aus der Pflanze in den Boden. In Trockenwüsten kann Ψ_{Boden} bis auf < – 90 bar absinken. Der *permanente Welkepunkt* einer Pflanze ist durch $(\pi + \tau)_{Zelle}$ im Blatt vorgegeben. Normalerweise bewegt sich das Wasserpotential in den Landpflanzen im Bereich $0 \geqq \Psi \geqq -15$ (bis – 40) bar. Gegen das meist sehr niedrige Wasserpotential der Atmosphäre schützt sich die Pflanze durch extrem hohe Diffusionswiderstände an der Cuticula bzw. Borke und durch die hydroaktiven und -passiven Kontrollsysteme der stomatären Transpiration

($\rightarrow$ S. 222). Xerophyten können auch an der Rhizodermis ein wasserundurchlässiges Abschlußgewebe ausbilden. Unter extremen Bedingungen können Pflanzen sich auch dadurch gegen Austrocknung vom Boden her schützen, daß sie ihr Wurzelsystem reduzieren (Kakteen).

Für das Leben der Pflanze kommt es darauf an, daß das Wasserpotential in den Interzellularen der Blätter nicht unter das negativste Wasserpotential absinkt, das die Blattzellen ohne Plasmolyse ertragen können [Ψ_{min} = $-(\pi + \tau)$]. Fällt bei trockener Luft und unvollständigem Spaltenschluß das Wasserpotential in den Interzellularen (Atemhöhlen) unter das Ψ_{min} der Blattzellen, so trocknen die Blätter aus, auch wenn unter diesen prämortalen Bedingungen noch ein Wasserstrom vom Boden über die Pflanze in die Atmosphäre läuft. Entscheidend für das Überleben der Pflanze ist nicht der Transpirationsstrom, der durch sie hindurchfließt; entscheidend ist vielmehr, ob sich die Blattzellen mit ihrem osmotisch vorgegebenen Ψ_{min}-Wert aus diesem Wasserstrom versorgen können. Dies ist natürlich nur solange möglich, wie das Wasserpotential der Blattzellen negativer ist als das in den Interzellularen.

Analogiemodell für den Wassertransport in einer Pflanze

Der Wassertransport in einer Pflanze kann durch ein Analogiemodell repräsentiert werden, in dem Potentiale, Kapazitäten, Widerstände und Ströme eine Rolle spielen (Abb. 513). Der Vorteil eines Analogiemodells liegt in erster Linie darin, daß es die Systemeigenschaften deutlich macht und wenigstens näherungsweise eine Berechnung des Systemverhaltens erlaubt. Wir richten unser besonderes Augenmerk auf die Vielzahl der Widerstände. Beim *Transport in der flüssigen Phase* liegt der Hauptwiderstand in der Wurzel (Abb. 514). Die Wasserpotentialdifferenz ($\Delta\Psi$) zwischen den Gefäßen des Zentralzylinders und dem perirhizalen Raum beträgt einige bar. Nach der gängigen Auffassung blockieren die suberinisierten CASPARYschen Streifen der radialen Wände der Endodermis den Wasserdurchtritt im freien Diffusionsraum der Zellwände. An dieser Zellschicht soll der gesamte Wasserstrom gegen einen relativ hohen Widerstand durch

das Plasmalemma und den Protoplasten (Symplast) laufen. Der *Widerstand im Boden* ist natürlich nicht konstant. Wenn bei starker Transpiration der perirhizale Bodenraum austrocknet, nimmt der Widerstand zu, den der Boden der kapillaren, durch Matrixpotentialdifferenzen angetriebenen Wasserbewegung entgegensetzt.

Temperaturänderungen im Boden wirken sich erheblich auf den Widerstand aus. Man nimmt heute zwar allgemein an, daß Temperaturunterschiede *innerhalb* der Pflanze den Wasserpotentialgradienten nur minimal beeinflussen. Andererseits ist aber bekannt, daß eine Abkühlung des Wurzelraums auf wenige Grad über Null zu einem Wasserstreß in den oberirdischen Teilen der Pflanze führt, der sich in einem Stomaverschluß mit entsprechender Transpirationsverminderung äußert. Dabei steigt der Gehalt an Abscisinsäure in den Blättern stark an ($\rightarrow$ S. 226). Die Erklärung lautet: Bei niedrigen Temperaturen erhöhen sich die

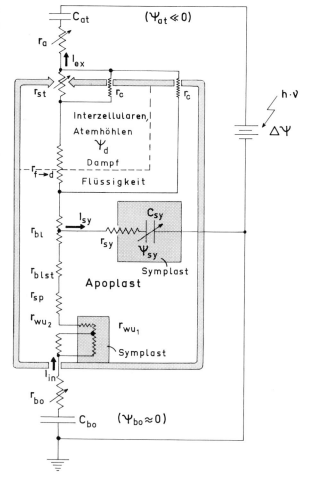

Viskosität des Wassers und (vermutlich) auch der Permeationswiderstand der Membranen für Wasser erheblich. Der Widerstand der Wurzel gegen die Aufnahme von Wasser wird dadurch erhöht; der Wassereinstrom bei konstanter Wasserpotentialdifferenz wird entsprechend reduziert. Mit dieser einfachen Erklärung steht auch in Einklang, daß der Wasserstreß rasch wieder verschwindet, sobald man die Temperatur im Wurzelraum erhöht.

Auch *metabolische Inhibitoren* (→ Abb. 179) können die Permeabilität der Wurzel für Wasser reduzieren. Dieser Befund wird dahin interpretiert, daß die relativ hohe Wasserpermeabilität der Zellmembranen (Plasmalemma, Tonoplast) nur bei intaktem (Energie-)Stoffwechsel gewährleistet bleibt. Er wird auch als Beleg dafür herangezogen, daß der Wasserstrom durch die Wurzel tatsächlich Membranen zu permeieren hat und nicht nur im freien Diffusionsraum verläuft.

Beim *Wassertransport in der Gasphase* (Transpirationsstrom) liegt der Hauptwiderstand im Bereich der Stomata (→ Abb. 511). Der Widerstand, der sich für ein Blatt mit den üblichen Spaltöffnungen (Abb. 515) leicht berechnen läßt, enthält zwei Terme. Der erste ist ein äußerer Widerstand, der von der Windgeschwindigkeit und der Blattgeometrie abhängt (r_a). Der zweite Term ist ein innerer Widerstand (Stomatawiderstand r_{st}). Er ist eine Funk-

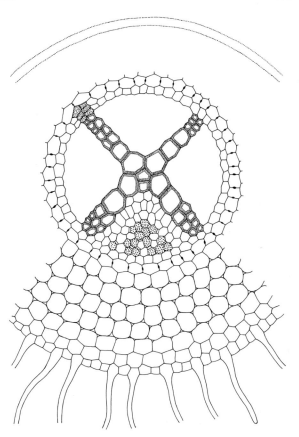

Abb. 514. Modellartige Darstellung einer Dikotylenwurzel im Querschnitt. Der Weg des Wassers vom perirhizalen Raum in die Gefäße des Zentralzylinders wird im Text erläutert

Abb. 513. Ein (Analogie-)Modell für den Wassertransport in einer Pflanze (beispielsweise in einer Sonnenblume; → Abb. 512). *Kapazitäten:* C_{bo}, Wasserkapazität im (perirhizalen) Boden; C_{sy}, variable Kapazität des wachsenden Symplasten (Blattmesophyll); C_{at}, Kapazität der Atmosphäre. Die Wasserkapazitäten des Apoplasten und des Symplasten der Wurzelrinde sind nicht eigens symbolisiert. Kapazität ist definiert als Aufnahmefähigkeit für Wasser pro bar Druckänderung ($\Delta V \cdot \Delta P^{-1}$). *Widerstände im Symplasten:* r_{wu_1}, Widerstand des Wurzelcortex, einschließlich Endodermis; r_{sy}, Widerstand von Plasmalemma und Tonoplast. *Widerstände im Apoplasten:* r_{wu_2}, Wurzel; r_{sp}, Sproß; r_{blst}, Blattstiel; r_{bl}, Blatt; $r_{f \to d}$, Übergang flüssig → dampfförmig; r_{st}, Widerstand der Stomata; r_c, Cuticula. *Äußere Widerstände:* r_{bo}, Widerstand des Bodens gegen Wasserbewegung; r_a, äußerer Widerstand gegen den Transpirationsstrom. Die *schrägen* Pfeile deuten an, welche Widerstände *variabel* sind. *Potentiale:*

Ψ_{bo}, Wasserpotential im Boden; Ψ_{sy}, im Symplasten; Ψ_d, in den Interzellularen des Blattes; Ψ_{at}, in der Atmosphäre.

Das Symbol h · v soll andeuten, daß die Wasserpotentialdifferenz $\Delta\Psi$ zwischen Boden und Atmosphäre letztlich von der Sonnenenergie aufrecht erhalten wird. *Ströme:* I_{in}, Aufnahmestrom; I_{sy}, Wasserstrom in den wachsenden Symplasten (einschließlich Vacuolen); I_{ex}, Wasserdampfstrom in die Atmosphäre (Transpirationsstrom). Es gilt: I = J · F, wobei F = Querschnitt. Bei gegebenem $\Delta\Psi$ ist bei niedrigen Strömen der Gesamtwiderstand natürlich höher als bei hohen Strömen. Die Widerstandsänderung geschieht in erster Linie am Teilwiderstand r_{st}. Der Widerstand r_{sy} ist stets hoch. Nimmt r_{st} ab, so tritt die Wasserbewegung durch die Zellen hindurch zurück gegenüber der Wasserbewegung im apoplastischen Raum, dessen Widerstand viel geringer ist. Bei hohem I_{in} spielt also der Strom I_{sy} kaum noch eine Rolle im Vergleich zu I_{ex}

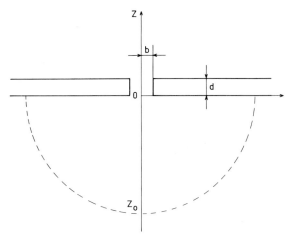

Abb. 515. Das den Widerstandsberechnungen zugrunde gelegte Modell einer Spaltöffnung (Stoma) im Querschnitt. Die Weite des Spalts ist 2 b, die Tiefe ist d. Die Länge des Spalts (im Querschnitt nicht erkennbar) ist 2 a. Die Entfernung vom Spalt (0) bis zu den Mesophyllzellen (Z_0) (und damit das Ausmaß der Atemhöhle) ist sehr viel größer als die Dimensionen des Spalts. Z bezeichnet die Entfernung vom Punkt 0 gegen die Atmosphäre. Für die Berechnung des Widerstandes r der Stomata interessiert lediglich der Bereich von Z = 0 bis Z = d. (Nach PARLANGE und WAGGONER, 1970)

tion der Dichte der Stomata und der Stomageometrie. Liegen die Stomata im Durchschnitt mehr als drei Spaltlängen auseinander, spielt die Wechselwirkung zwischen den Stomata keine Rolle mehr. Wenn man die übliche längliche Spaltöffnung zugrundelegt und die cuticuläre Transpiration vernachlässigt, ergibt sich der Stomatawiderstand aus der Geometrie der Spalten (Abb. 515):

$$r_{st} = \frac{\dfrac{d}{\pi \cdot a \cdot b} + \dfrac{\ln(4a/b)}{\pi \cdot a}}{D \cdot n} = \frac{d + b \cdot \ln(4a/b)}{D \cdot n \cdot a \cdot b \cdot \pi},$$

wobei: a = halbe Länge des Spalts;
       b = halbe Weite des Spalts;
       d = Tiefe des Spalts;
       n = Dichte der Stomata (Zahl pro cm²
            Blattfläche);
       D = Diffusionskoeffizient für Wasser-
            dampf;
       π = 3,1416.

Die cuticuläre Transpiration wird bei diesen Rechnungen vernachlässigt. Da b nicht konstant ist, ist auch r_{st} variabel. Die Transpirationsintensität wird durch die Öffnungsweite

der Spalten entscheidend bestimmt, falls durch Luftbewegung dafür gesorgt wird, daß sich an der Epidermis keine Grenzschichten aufbauen (→ Abb. 510). Der Faktor b wird durch das *hydroaktive Regelsystem* des Stomaapparats unter Beteiligung des Hormons Abscisinsäure geregelt; nur bei extremem Wasserstreß tritt das *hydropassive Regelsystem* in Funktion (→ S. 225). Da die Stomata gleichzeitig den Ausstrom von H_2O und den Einstrom von CO_2 für die Photosynthese regeln, muß die jeweils günstige Abstimmung zwischen den beiden gegenläufigen Gasströmen angestrebt werden (→ S. 222). Der Diffusionswiderstand der Stomata ist jene Größe, über die der Transpirationsstrom von der Pflanze in weiten Bereichen reguliert werden kann, auch wenn die Wasserpotentialdifferenz zwischen Boden und Atmosphäre unverändert bleibt.

Mit Hilfe der Gleichung läßt sich der stomatäre Widerstand r_{st} eines Blattes gegen den Durchtritt von Wasserdampf berechnen (D für Wasserdampf ist 0,25 cm² · s⁻¹ bei 20° C). Bei den meisten Mesophyten liegt r_{st} im Bereich von 0,5 – 5 s · cm⁻¹. Während unsere Kulturpflanzen in der Regel relativ niedrige Widerstände aufweisen (und deshalb viel Wasser verbrauchen), zeigen manche Xerophyten selbst bei geöffneten Stomata noch Widerstände bis

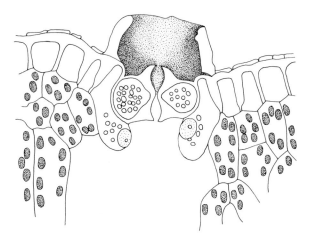

Abb. 516. Spaltöffnung von *Euphorbia tirukalli*. In diesem Fall ist die Spaltöffnung zwar nur schwach eingesenkt; durch die Ausbildung eines Wachszylinders über der Spaltöffnung entsteht jedoch ein Hohlraum, der funktionell einer *äußeren Atemhöhle* entspricht. GRADMANN hat bereits 1923 durch Modellversuche gezeigt, daß die Einsenkung der Spaltöffnungen bzw. die Ausbildung äußerer Atemhöhlen die Wasserdampfabgabe sehr viel stärker herabsetzt als die CO_2-Aufnahme. (Nach HABERLANDT, 1924)

20 s · cm^{-1}. Diese Anpassung an arides Klima wird noch verstärkt, wenn die Stomata eingesenkt sind oder in anderer Weise eine äußere Atemhöhle zustande kommt (Abb. 516). Durch diese Hilfsstrukturen kommt ein weiterer Widerstand in Serie mit r_{st} dazu, wodurch sich der Gesamtwiderstand gegen den Austritt von Wasserdampf aus dem Blattinnern erheblich erhöht.

Die *Schwächen des elektrischen Analogiemodells* sind offensichtlich. Es vernachlässigt beispielsweise den wichtigen Umstand, daß beim Wassertransport (*Volumenfluß*) in den Gefäßen das HAGEN-POISEUILLEsche Gesetz [→ Gl. (120), S. 463] die angemessene Beschreibungsart darstellt, während der durch Diffusion getriebene *Wassertransport* in Anlehnung an das 1. FICKsche Gesetz zu beschreiben ist [→ Gl. (45), S. 121]. Dies hat zur Folge, daß sowohl die treibenden Kräfte des Wasserflusses als auch die Bedeutung der Widerstände in verschiedenen Bereichen des Modells verschieden sind. Es gilt beispielsweise für den Transport im Xylem (flüssige Phase):

$$J = \frac{\Delta V}{\Delta t \cdot F} = -\frac{\Delta P}{r}, \qquad (123)$$

wobei r die Dimension [bar · s · m^{-1}] hat. Für den Transport an der Blattoberfläche gilt hingegen:

$$J = \frac{N}{\Delta t \cdot F} = -\frac{\Delta c}{r}, \qquad (124)$$

wobei: r [s · m^{-1}], N [mol H$_2$O].

Da in beiden Fällen der Widerstand jedoch unabhängig von J bzw. Δc oder ΔP ist, kann r stets analog dem OHMschen Widerstand eines elektrischen Leiters aufgefaßt werden.

Verteilung des Wasserpotentials in einem Baum

Wir erinnern uns, daß die *maximale* Erniedrigung des Wasserpotentials in der Pflanzenzelle (Ψ_{min}) durch ihre osmotischen Eigenschaften vorgegeben ist, $\Psi_{min} = -(\pi + \tau)$, → S. 469. Das osmotische Potential ist in der Regel in allen Zweigen eines Baumes sehr ähnlich. Die Abb. 517 zeigt die Ψ_{min}-Werte für das Wasserpotential in Stamm und Endzweigen eines Nadelbaums unmittelbar vor dem Einsetzen des Spaltenschlusses (P → 0). Im Wipfel eines Baumes wird Ψ_{min} infolge der langen Leitwege (höhere Widerstände) früher ausgelastet als an den Seitenzweigen. Nur bei höchster Transpiration (trockene Luft, hohe Insolation) wird auch in den unteren Zweigen der Zustand Ψ_{min} (P → 0)

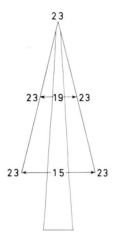

Abb. 517. Die Verteilung des Wasserpotentials in Stamm und Endzweigen eines Nadelbaums (*Sequoiadendron giganteum*) bei extremer Transpiration. Die Zahlen bedeuten *negative* Wasserpotentialwerte in bar. (Nach RICHTER, 1972)

näherungsweise erreicht. Die Endtriebe hoher Bäume sind deshalb häufig gegenüber den anderen Teilen der Pflanze mit Wasser unterversorgt. Dies hat zur Folge, daß der Spaltenschluß bereits am Vormittag eintritt und somit diesen Pflanzenteilen nur der frühe Morgen für die Photosynthese zur Verfügung steht. Damit ist eine positive Assimilationsbilanz der Endtriebe in Frage gestellt. Dies ist einer der Gründe, weshalb „die Bäume nicht in den Himmel wachsen". Man versteht jetzt auch, weshalb viele Bäume die Kugelform der Krone „anstreben", sobald ein allseitiger Lichtgenuß gewährleistet ist, z. B. einzeln stehende Eichen oder Buchen. Im Bestand kommt es solange wie möglich zu einem Kompromiß zwischen Lichtgenuß und Wasserversorgung. Der Optimierung sind aber Grenzen gesetzt. Hierzu ein Beispiel aus dem Schwarzwald: Am buschigen, abgeflachten Wipfel, den der Forstmann „Storchennest" nennt, erkennt man die alte Weißtanne (*Picea abies*) von weitem. Das auffällige Gebilde entsteht dadurch, daß der Gipfeltrieb im Alter das Wachstum einstellt, während die Seitenzweige weiterwachsen. Es ist sehr wahrscheinlich, daß die oben geschilderten Schwierigkeiten der Wasserversorgung dieser Wuchsform zugrunde liegen.

Ein Blick auf die Wurzel

Der Verzweigungs- und Wachstumsmodus im Wurzelsystem der Holzpflanzen ist kompliziert. Die verholzten *Hauptwurzeln* mit großen Wurzelspitzen wachsen in der Regel horizontal (plagiotropische Orientierung). Die sogenannten *Pfahlwurzeln* sind selten. Die kleinen, kurzen *Nebenwurzeln* wachsen üblicherweise in allen Richtungen, einige auch nach unten. Zur Orientierung der Hauptwurzeln müssen neben der Erdbeschleunigung noch weitere Faktoren beitragen, z. B. bleiben diese Wurzeln auch an Steilhängen in der Erde, obgleich ein horizontales Wachstum sie an die Oberfläche bringen müßte (→ S. 522). Über die Bedeutung der Wurzelhaare (→ Abb. 522) für die Wasseraufnahme besteht keine einheitliche Auffassung. Das übliche Argument, die Wurzelhaare vergrößerten die Wurzeloberfläche, wäre nur dann gültig, wenn ein wesentlicher Teil des Widerstandes gegen den Einstrom von Wasser in den Zentralzylinder in der Epidermis lokalisiert wäre. Dies ist aber wahrscheinlich nicht der Fall. Eine plausiblere Erklärung für die Existenz der Wurzelhaare lautet, daß sie den Kontakt zwischen Wurzel und Boden verbessern. Sie verhindern beispielsweise, daß bei Wasserentnahme aus dem Boden lufterfüllte Hohlräume zwischen Wurzeln und Bodenpartikeln entstehen (→ Abb. 522). Solche Hohlräume würden eine Barriere für die Wasserbewegung zur Wurzel darstellen.

Guttation und Wurzeldruck

Man fragt sich, ob die Pflanze auch bei fehlender Transpiration Wasser aufnehmen und transportieren kann. Dies ist im bescheidenen Maße möglich. In diesem Fall steht das Gefäßwasser unter einem *positiven* Druck. Es erfolgt offensichtlich eine aktive Aufnahme von Wasser in die Gefäße der Wurzel. Der positive Druck in den Leitbahnen läßt sich bei geeigneten Pflanzen unmittelbar nachweisen, z. B. bei der *Guttation* (Abb. 518). Bei diesem Vorgang erfolgt eine Abgabe flüssigen Wassers aus *Hydathoden*. Diese sind Öffnungen an Blattzipfeln, wo aus den Gefäßen unter Druck Wasser austritt (Abb. 519). Der positive Druck in den Gefäßen wird in der Wurzel erzeugt. Bei manchen Pflanzen kann man leicht zeigen, daß

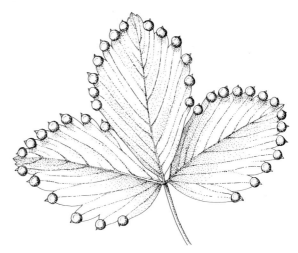

Abb. 518. Ein Beispiel für Guttation. Die Tropfen von Guttationswasser an den Blattzähnen eines Erdbeerblattes wurden während der Nacht aus Hydathoden ausgeschieden. (Nach SINNOTT und WILSON, 1963)

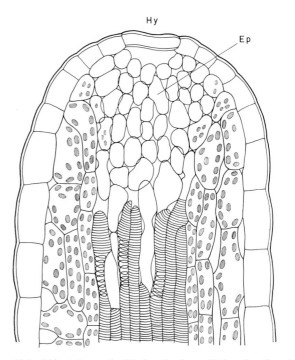

Abb. 519. Längsschnitt durch einen Zahn des Spreitenrandes mit Hydathode (Hy), Leitbündelendigung und Epithem (Ep). Objekt: Blatt von *Primula sinensis.* (Nach HABERLANDT, 1896)

nach Dekapitation hart oberhalb des Wurzelansatzes aus dem Stumpf unter Druck Gefäßwasser austritt. Dieser *Wurzeldruck* ist im allgemeinen <1 bar. Er kann besonders im Frühjahr bei vielen Pflanzen nachgewiesen werden. Der Wurzeldruck kommt wahrscheinlich dadurch zustande, daß von den lebenden Zellen des Zentralzylinders ($\rightarrow$ Abb. 514) aktiv Ionen in die Gefäße sezerniert werden. Die entstehende Salzlösung besitzt ein so niedriges Wasserpotential, daß Wasser aus den lebenden Zellen in die toten Gefäße eingesaugt wird. Auf diese Weise kommt das Gefäßwasser unter einen positiven Druck.

In der Regel ist die Transpiration die Basis für den Wasserferntransport in den auf dem Festland lebenden Kormophyten. Wurzeldruck und Guttation dürften dann eine Rolle spielen, wenn bei fehlender Transpiration die Wasserbewegung *und damit auch der Ionenferntransport* in der Pflanze stagniert.

Weiterführende Literatur

Böhm, J.: Capillarität und Saftsteigen. Ber. Deutsch. Bot. Ges. **11**, 203 – 212 (1893)

Dainty, H.: The water relations of plants. In: Wilkins, M. B. (ed.): The Physiology of Plant Growth and Development. London: McGraw-Hill, 1969, pp. 421 – 452

Huber, G.: Die Saftströme der Pflanzen. Berlin-Heidelberg-New York: Springer, 1956

Lange, O. L., Kappen, L., Schulze, E. D. (eds.): Water and Plant Life. Berlin-Heidelberg-New York: Springer, 1976

Meidner, H., Sheriff, D. W.: Water and Plants. Glasgow: Blackie, 1976

Nobel, P. S.: Biophysical Plant Physiology. San Francisco: Freeman, 1974

Slatyer, R. O.: Plant-Water Relationships. London: Academic Press, 1964

Zimmermann, M. H.: How sap moves in trees. Sci. American, March 1963, pp. 1 – 10

40. Physiologie des Ionentransports

Wir behandeln diese Frage im Zusammenhang mit dem Wasserferntransport, da der *Ferntransport von Ionen* in der Regel im Gefäßwasser erfolgt, also mit dem Transpirationsstrom. Da sich die Ionen im apparenten freien Diffusionsraum der Zellwand nahezu uneingeschränkt durch Diffusion bewegen können, sind die Protoplasten (z. B. jene der Mesophyllzellen in Abb. 509) stets von einer anorganischen „Nährlösung" umspült, aus der sie Ionen aktiv aufnehmen können. Bemerkenswert ist, daß Ionen zuweilen auch in den Siebröhren transportiert werden. Dies ist zum Beispiel bei Bäumen zu beobachten, wenn vor dem Blattfall das Kalium und das Phosphat aus den Blättern in die Zweige oder in den Stamm zurücktransportiert werden. Überhaupt ist die Verteilung der Nährstoffe innerhalb der Pflanze durchaus der Regulation unterworfen. Beispielsweise verteilt sich das Kalium in der Pflanze nach dem jeweiligen Bedarf („sink"-Kapazität der einzelnen Organe und Gewebe).

Die optimale Aufnahme von Ionen aus dem Bodenwasser in die Pflanze ist aus zwei Gründen ein schwieriges physiologisches Problem: 1. An den meisten Standorten stellt die Bodenlösung eine sehr verdünnte Salzlösung dar. Außerdem variieren die Konzentrationen der einzelnen Ionen und die Gesamtionenstärke erheblich. Die Pflanzen müssen also in der Lage sein, aus einem sehr bescheidenen und variablen Reservoir ihren Ionenbedarf zu decken. 2. An manchen Standorten dominieren einzelne Salze, z. B. NaCl, derart, daß sie die relativ hohe Gesamtionenstärke im Bodenwasser weitgehend bestimmen. Wir stellen uns zunächst die Frage, wie die Pflanzen unter diesen Umständen reagieren.

Salzresistenz

Gegenüber erhöhten Salzkonzentrationen im Boden sind die Pflanzen sehr verschieden empfindlich (*Halophyten*, salzresistent; *Glycophyten*, salzempfindlich). Die ökologisch und ertragsphysiologisch besonders wichtige *Salzresistenz* mancher Pflanzensippen gegenüber NaCl läßt sich auf folgende physiologische Mechanismen zurückführen:

1. Die Pflanzen pumpen — so vermutete man — das Natrium aktiv aus den Zellen (der Einstrom ist passiv). Zu dieser Gruppe von Pflanzen gehört die in bescheidenem Maße salzresistente Gerste (*Hordeum vulgare*). Neuerdings erscheint es wahrscheinlicher, daß die Pflanzen die Cl^--Ionen aktiv transportieren, während das Na^+ passiv cotransportiert wird. Auf jeden Fall haben die Pflanzen sehr niedrige Na^+- und Cl^--Konzentrationen in ihren Zellen.

2. Aktive Exkretion von Salz durch spezifische *Salzdrüsen*, z. B. verbreitet in der Gattung *Atriplex* oder in der Mangrovengattung *Avicennia* (→ S. 248).

3. Verdünnung der Salzkonzentration in den Zellen durch die Ausbildung von Sukkulenz im Verlauf der Entwicklung (als Prototyp für diese Gruppe kann *Sueda maritima* gelten).

Das physiologische Problem der Salzresistenz ist von besonderer praktischer Relevanz. Allein in den USA ist der Pflanzenbau auf 20 – 30% der landwirtschaftlich nutzbaren Fläche durch hohe Salzkonzentrationen begrenzt. Die sich immer noch ausbreitende künstliche Bewässerung in weiten Teilen der Welt birgt die Gefahr der irreversiblen Versalzung weiterer landwirtschaftlicher Nutzflächen in sich.

Wir kehren zurück zur Physiologie und behandeln kurz die Frage, wie unter normalen Bedingungen (sehr verdünnte Bodenlösung) die Ionen aus dem perirhizalen Raum in die Gefäße der Wurzel gelangen (→ Abb. 514).

Ionenaufnahme

Ionentransport vom Außenmedium in die Wurzel. Dies ist ein Problem des Parenchymtransports. Wir gehen von dem experimentellen Befund aus, daß abgeschnittene Wurzeln (z. B. Gerstenwurzeln) Ionen gegen einen starken Gradienten des elektrochemischen Potentials im Gefäßwasser zu akkumulieren vermögen. Dieses Phänomen bezeichnet man als *aktive Ionenaufnahme* (→ S. 124). Wenn man die Ionenbewegung in eine Wurzel hinein mit Hilfe eines radioaktiven Ions, beispielsweise ^{86}Rb, verfolgt, findet man im typischen Fall zunächst eine rasche Aufnahme, die einer Kinetik 1. Ordnung folgt. An diese Phase schließt sich eine langsamere, lineare Aufnahme an (Abb. 520). Man interpretiert diese Kinetik der Ionenaufnahme folgendermaßen: Während der ersten, schnellen Phase füllt sich durch reine Diffusion der „Außenraum" (→ Abb. 42). Während der zweiten, langsameren Phase erfolgt die aktive Aufnahme in den „Innenraum" (innerhalb des Plasmalemmas). Diese Interpretation kann durch chase-Experimente mit nicht-markierten Ionen auf elegante Art gerechtfertigt werden (→ Abb. 125). Im einzelnen hat man über die Ionenbewegung durch die Wurzel die folgenden Vorstellungen (Abb. 521): Die Ionen können das Gewebe bis hin zu den Gefäßen auf zwei Bahnen durchqueren: 1. Im apparenten freien Diffusionsraum, d. h. in den Zellwänden (→ Abb. 42). Dieser *apoplastische Transportweg* endet allerdings an der Endodermis, da nach der üblichen Auffassung die CASPARYschen Streifen die freie Diffusion zwischen Cortex und Zentralzylinder unterbinden. 2. Im Symplasten (→ S. 32), nachdem die Ionen aktiv oder passiv durch das Plasmalemma in das Binnenplasma gelangt sind. Die Aufnahme von Ionen in das Plasma wurde bereits auf S. 124 dargestellt. Der Mechanismus des verhältnismäßig schnellen Ionentransports *innerhalb* des Symplasten ist nicht klar. Vielleicht spielt ein „katalysierter Transport" (→ S. 123) im Bereich der Plasmodesmen die entscheidende Rolle. Von den lebenden Zellen des Zentralzylinders werden die Ionen wieder in den Außenraum (Zellwände) abgegeben. Man stellt sich vor, daß vor

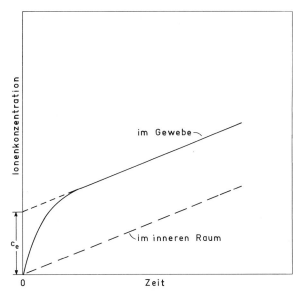

Abb. 520. Die Kinetik der Bewegung eines Ions vom Außenmedium in ein Gewebe (z. B. in eine Gerstenwurzel) bei konstanter Ionenkonzentration im Außenmedium. Die Kinetik kann durch die folgende Gleichung beschrieben werden:

$$c_t = c_i + c_e \left(1 - e^{-k_d \cdot t}\right) + v \cdot t,$$

wobei: c_t, Ionenkonzentration im Gewebe zur Zeit t; c_i, Ionenkonzentration im Gewebe zur Zeit $t = 0$ (in der Abbildung ist $c_i = 0$ gesetzt, da *radioaktive* Ionen zugrunde gelegt werden); c_e, Gleichgewichtskonzentration austauschbarer Ionen im Außenraum; k_d, Diffusionskonstante für die Ionenbewegung in den Außenraum; v, Intensität der Ionenaufnahme in den Innenraum (die Größe v wird mit der Funktion von carriern in Zusammenhang gebracht).
Es gibt Hinweise darauf, daß die aktive Ionenaufnahme in ein Gewebe sowohl am Plasmalemma als auch (bei höheren Konzentrationen in der Außenlösung) am Tonoplasten erfolgen kann (→ S. 124). (Nach PRICE, 1970)

allem die an Gefäße grenzenden, lebenden Zellen des Leitbündels in der Plasmamembran *„reverse carriers"* besitzen, welche die Ionen in die Zellwände (Außenraum) pumpen. Von hier aus können die Ionen durch Diffusion in die Gefäße gelangen.

Wurzelsystem und Wurzelhaare. Es ist eine *Funktion der Wurzel*, aus der extrem verdünnten (Konzentration in der Größenordnung von 10^{-6} mol $\cdot$ l^{-1}) und weitgehend immobilen *Bodenlösung* mineralische Ionen aufzunehmen und zu akkumulieren. Das Wurzelsystem der Pflanze besitzt deshalb eine riesige Oberfläche.

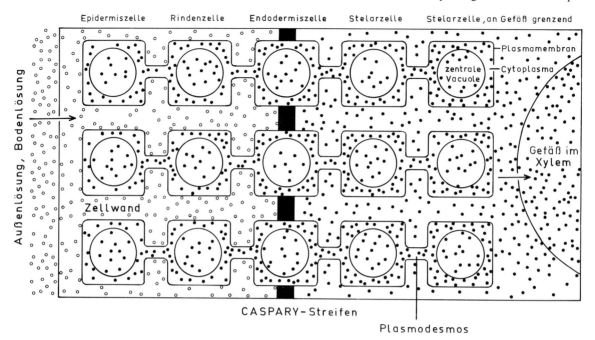

Abb. 521. Ein Modell zur Illustration der Vorstellungen, die man sich gegenwärtig über den Ionentransport vom Bodenwasser (Außenmedium) in die Gefäße des Zentralzylinders der Wurzel macht. Bis zur Endodermis können sich die Ionen im *apparenten freien Diffusionsraum* der Wurzelrinde frei bewegen (*Kreise*). Die treibende Kraft für den Nettotransport ist das Konzentrationsgefälle. Nach der üblichen Vorstellung endet der freie Diffusionsraum an der Endodermis, da der CASPARYsche *Streifen* die Ionen daran hindert, durch Diffusion in den Zentralzylinder einzudringen. Der CASPARYsche Streifen, der die Wände der Endodermiszellen durchsetzt, ist undurchlässig für Wasser und gelöste Ionen. Dies ist auf eine Art Imprägnierung mit wachsähnlichen Substanzen zurückzuführen. Die Existenz des CASPARYschen Streifens gibt der Wurzel die Möglichkeit, den Eintritt von Ionen in den Zentralzylinder zu kontrollieren, da alle Ionen spätestens an der Endodermis über das Cytoplasma laufen müssen. Die Aufnahme in das Cytoplasma (*Punkte*) erfolgt *aktiv* und *akkumulativ* über carrier (→ Abb. 122). Bei dem raschen Transport im *Symplasten* spielen vermutlich die *Plasmodesmen* eine besondere Rolle. Jenseits der Endodermis können die Ionen mit Hilfe von *„reverse carriers"* wieder in die Zellwände gepumpt werden. Durch Diffusion gelangen sie dann in das Lumen der Gefäße. (Nach EPSTEIN, 1973)

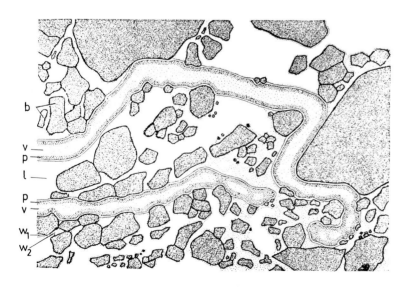

Abb. 522. Wurzelhaare im Boden. Die Wurzelhaare sind im optischen Längsschnitt mit Plasmaschlauch (p) und Zellsaftraum (Vacuole, v) dargestellt. b, feste Bodenteilchen; w_1, Hydratationswasser; w_2, Kapillarwasser; l, Lufträume. Auf der linken Seite der Abbildung ist das der Wurzel zugängliche Wasser fast völlig aufgenommen, auf der rechten Seite befinden sich noch Wasservorräte. (Nach STOCKER, 1952)

Eine besondere Rolle spielen hierbei die *Wurzelhaare:* lang ausgewachsene Epidermiszellen, die im rechten Winkel von der Wurzel abstehen und einen engen Kontakt mit der Bodenlösung herstellen (Abb. 522). Die Wurzelhaare sind es auch, die eine aktive H^+-Sekretion durchführen (Protonenpumpen) und auf dem Weg des Ionenaustausches solche Kationen, die an die Bodenkolloide elektrostatisch gebunden sind, verfügbar machen.

Einige Zahlen sollen die Oberflächenentwicklung des Wurzelsystems veranschaulichen: H. J. DITTMER hat in den 30er Jahren das Wurzelsystem einer einzeln wachsenden, 4 Monate alten Roggenpflanze (*Secale cereale*) ausgemessen. Die gesamte Länge, Wurzelhaare eingeschlossen, betrug mehr als 10 000 km, die gesamte Oberfläche etwa 1000 m².

Der enge und ausgedehnte Kontakt zwischen Boden und Wurzeln — durch die Funktion des Wurzelsystems diktiert — ist der Grund dafür, daß die Landpflanzen stationär sind. Die mobilen Organismen können auf dem Festland die Ionenversorgung aus dem Boden nicht leisten. Die Aufgabe der Ionenaufnahme und -akkumulation aus einer sehr verdünnten Bodenlösung verlangt die *stationäre Pflanze.* Das auf dem Festland lebende *mobile Tier* ist somit auch bezüglich der Versorgung mit mineralischen Ionen ganz auf die Akkumulationsleistung der stationären Pflanze angewiesen.

Weiterführende Literatur

ANDERSON, W. P. (ed.): Ion Transport in Plants. London: Academic Press, 1973

BOWLING, D. J. F.: Uptake of Ions by Plant Roots. London: Chapman and Hall, 1976

EPSTEIN, E.: Mineral nutrition of Plants. Principles and Perspectives. New York: Wiley, 1972

HIGINBOTHAM, N.: The mineral absorption process in plants. Bot. Rev. **39**, 15 – 69 (1973)

LÜTTGE, U.: Stofftransport der Pflanzen. Berlin-Heidelberg-New York: Springer, 1973

41. Physiologie des Ferntransports organischer Moleküle

Das Problem

Einige Laubbäume transportieren im Frühjahr erhebliche Mengen an Zucker in den Gefäßen. Wenn man zum Beispiel einen Zuckerahorn noch vor dem Knospentreiben anbohrt, fließt ein zuckerreicher „Blutungssaft" aus dem Holz. Wie kommt das? Eine über *Kontaktzellen* erfol-

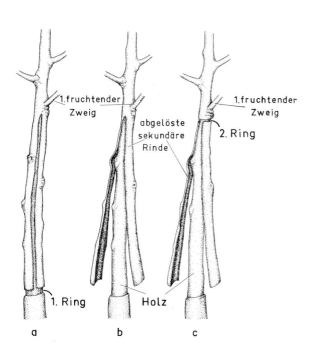

Abb. 523 a – c. Mit diesem Experiment wurde seinerzeit bewiesen, daß die sekundäre Rinde (Bast) das Gewebe ist, in dem sich der Ferntransport der Kohlenhydrate bei einer Holzpflanze vollzieht. Die basipetale Bewegung der Kohlenhydrate in die sekundäre Rinde oberhalb des 1. Rings (a) erfolgte auch nach der Ablösung der sekundären Rindenteile vom Holzkörper (b) mit unverminderter Intensität. Der Einstrom der Kohlenhydrate hörte aber völlig auf, sobald die 2. Ringelung ausgeführt wurde (c). (Nach MASON und MASKELL, 1928)

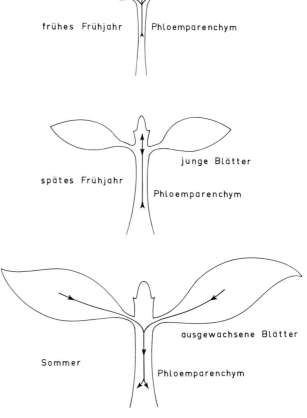

Abb. 524. Die Pfeile kennzeichnen die Richtung des Phloemtransports an der Zweigspitze eines laubwerfenden Baums während einer Vegetationsperiode. Die Transportrichtung für organische Moleküle ist stets von den Orten der Produktion (bzw. den Orten der Speicherung) zu den Orten des Verbrauchs. *Oben:* Im Phloemparenchym gespeicherte Kohlenhydrate fließen in die sich entfaltenden Knospen. *Mitte:* In diesem Zustand erfolgt kein Nettotransport von oder zu den Blättern. *Unten:* Kohlenhydrate strömen von den photosynthetisch aktiven Blättern in das Speichergewebe der Achsen (Phloemparenchym). (In Anlehnung an PRICE, 1970)

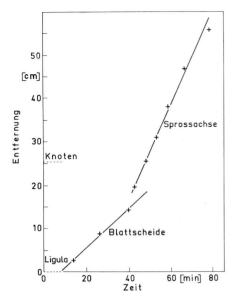

Abb. 525. Die Bewegung von ^{14}C-markierten Assimilaten vom Fahnenblatt bis zur Ähre einer Weizenpflanze. Der Pflanze wurde an den oberen 19 cm der Spreite des Fahnenblattes $^{14}CO_2$ verabreicht. Dann wurde die Bewegung des ^{14}C in der Blattscheide des Fahnenblatts und in der zur Ähre führenden Sproßachse (Halm) gemessen. Der Zeitpunkt $t = 0$ ist der Zeitpunkt der $^{14}CO_2$-Applikation. Die Geschwindigkeit, mit der die ^{14}C-Front vorrückt, beträgt in der Blattscheide etwa 30 cm · h^{-1} und im Halm etwa 60 cm · h^{-1}. (Nach Canny, 1973)

gende Absonderung von Zucker (besonders Saccharose) aus den *Speicherzellen* des Holzes in die *Tracheen* hat zur Folge, daß das Wasserpotential des Tracheeninhalts stark abnimmt. Dies wiederum führt zu der Konsequenz, daß Wasser aus dem Boden, in dem ein relativ hohes Wasserpotential herrscht, in das Tracheensystem osmotisch eingesaugt wird. Diese interessanten Effekte — Transport organischer Moleküle in den Tracheen — sind jedoch auf kurze Phasen im Jahrescyclus der Bäume beschränkt. Im allgemeinen transportiert der Transpirationsstrom keine nennenswerten Mengen an organischen Molekülen. Der Transport organischer Substanz erfolgt vielmehr im *Phloem*, bei sekundärem Dickenwachstum im *Bast* (Abb. 523). Die Analyse des Phloemtransports war und ist eine besonders schwierige Aufgabe der Pflanzenphysiologie. — Warum?

Die *Richtung des Phloemtransports* ist nicht konstant. Sie wird vielmehr durch die jeweilige Bedarfssituation festgelegt. In der Regel erfolgt zumindest der Transport der Kohlenhydrate

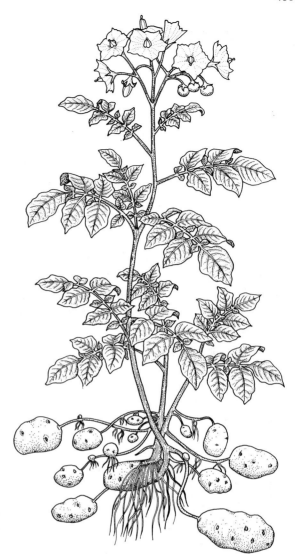

Abb. 526. Eine Kartoffelpflanze (*Solanum tuberosum*) mit unterirdischen Sproßknollen. Die Speichermoleküle, die in den Knollen mit hoher Intensität akkumuliert werden (z. B. Stärke), gehen auf Photosyntheseprodukte zurück. Das Phänomen eines *Massentransports organischer Substanz* über weite Strecken ist evident. Dixon und Ball haben bereits 1922 festgestellt, daß der spezifische Massentransport in eine einzelne Kartoffelknolle hinein etwa 4,5 g Trockenmasse · h^{-1} · cm^{-2} Phloemquerschnitt beträgt. Dies entspricht dem Strom einer 10%igen Saccharose-Lösung in der Größenordnung von 40 cm · h^{-1} durch denselben Querschnitt. (Daten nach Canny, 1973)

von den *Orten der Produktion* (*sources*) zu den *Orten des Verbrauchs* (*sinks*) (Abb. 524). Da die Transportgeschwindigkeit in der Größenordnung von 20 – 100 cm · h^{-1} liegt (Abb. 525), entfällt die Diffusion als Motor des Transports (die würde allenfalls 2 – 3 cm · d^{-1} leisten). Der Massentransport bei der Translocation ist sehr hoch. Der Saccharosefluß in einem Blattstiel liegt zum Beispiel in der Größenordnung von 2,5 μmol · cm^{-2} · s^{-1}. Thermoelektrische Messungen des Wärmetransports in Siebröhren weisen darauf hin, daß eine *Massenströmung* in den Siebröhren stattfindet.

Wir machen uns anhand der Abb. 526 klar, daß die Leitung organischer Moleküle *über weite Strecken* im Leben der Pflanze eine wesentliche Rolle spielt. Die organischen Moleküle, die in den unterirdischen Sproßknollen der Kartoffelpflanze gespeichert werden, sind auf Moleküle zurückzuführen, die in erster Linie im Assimilationsparenchym der Blätter entstanden sind. Es muß also zwischen dem oberirdischen Assimilationsgewebe und den unterirdischen Speicherorganen eine kontinuierliche Stoffleitung möglich sein. Auch der Stofftransport im Achsensystem erfolgt von den Orten der Produktion (bzw. Bereitstellung) zu den Orten des Verbrauchs. Solange sich Knollen bilden, geht der Transport organischer Moleküle in der Kartoffelpflanze bevorzugt basipetal. Wenn hingegen aus der keimenden Knolle eine Sproßachse auswächst, geht die Stoffleitung fast ausschließlich akropetal (→ Abb. 303). Die Orte des Bedarfs, die den Strom der organischen Moleküle im Kormus „anziehen", sind in erster Linie: Vegetationspunkte, junge Blätter, vegetative Speicherorgane, Samen und Früchte.

Die Leitbahnen

Dem *Ferntransport* organischer Moleküle dienen bei den Angiospermen die Siebröhren, bei den Gymnospermen die Siebzellenstränge und bei den großen Braunalgensporophyten die Siebschläuche. Wir beschränken unsere Behandlung auf die Siebröhren. Diese verlaufen im Phloem der Leitbündel (→ Abb. 500) bzw. im Bast (sekundäre Rinde) bei Pflanzen mit sekundärem Dickenwachstum. Der jeweils aktive Bast stellt nur eine hauchdünne Zone von meist weniger als 0,5 mm Dicke dar („Safthaut"). Die Siebröhren bilden ein verzweigtes, kommunizierendes System, das die ganze Pflanze durchzieht. In den üblichen Abbildungen, z. B. Abb. 500, werden nur die Bahnen in den Internodien abgebildet. In den Knoten ist die Ana-

tomie viel komplizierter. Aber auch zwischen den primären Leitbündeln von Internodien bilden sich bei vielen Pflanzenarten *Phloemanastomosen* aus (Abb. 527). Man darf davon ausgehen, daß über diese Anastomosen die azimutale Verteilung von Transportmolekülen in der Sproßachse erfolgt. Die langen Siebröhren bestehen aus *Siebröhrengliedern* (*Siebelementen*), die über *Siebporen* miteinander verbunden sind (Abb. 528). Die Siebporen lassen sich phylogenetisch und ontogenetisch auf Plasmodesmen bzw. Plasmodesmenaggregate zurückführen. Die Frage ist, inwieweit die Funktion der Siebporen noch mit der von Plasmodesmen übereinstimmt. (Physiologisch stellt sich die Frage so: Inwieweit ist der Transport organischer Moleküle im Symplasten vergleichbar mit dem Transport in den Siebröhren?) Die Siebröhrenglieder sind auch im funktionsfähigen Zustand *lebende* Zellen. Sie sind turgeszent (Turgordrucke bis 20 bar) und plasmolysierbar, also von einer semipermeablen Membran umhüllt. Allerdings machen die Siebröhrenglieder bei der Differenzierung charakteristische, irreversible Veränderungen durch (selektive Autophagie), die mit einem Verlust an genphysiologischer Omnipotenz verbunden sind: *Der Zellkern der Siebröhrenglieder zerfällt.* Zuerst desintegrieren die Chromosomen, dann die Kernhülle. Am längsten ist der Nucleolus noch nachweisbar. Das Cytoplasma geht bei diesem eigenartigen Reifungsprozeß nicht zugrunde, wohl aber zerfallen die Plastiden und die für die jungen Siebröhrenglieder typischen „Schleimkörper". Auch die Mitochondrien zeigen Anzeichen von Destruktion. Der Tonoplast ist nicht mehr lückenlos vorhanden. Er fehlt auf jeden Fall stets an den Querwänden. Eine klare Grenze zwischen Plasma und Vacuole ist somit nicht mehr gegeben. Man spricht deshalb besser von „*Lumen*" statt von „Vacuole". Das semipermeable Plasmalemma bleibt bei der Reifung der Siebröhrenglieder erhalten (und damit die Fähigkeit zur Turgeszenz); ebenso bleibt das endoplasmatische Reticulum, welches den Protoplasten bevorzugt in Längsrichtung durchzieht, nachweisbar.

Zu jedem Siebröhrenglied gehören eine oder mehrere *Geleitzellen* (Abb. 528). Im typischen Fall entstehen die Siebröhrenglieder und die Geleitzellen aus einer gemeinsamen Mutterzelle durch eine inäquale Teilung. Die Siebröhrenglieder sind durch viele, verzweigte Plasmodesmen mit den Geleitzellen eng ver-

Abb. 527. Phloemanastomosen in ausgewachsenen Internodien von *Coleus blumei.* 1, eine Siebröhre zweigt zwar ab, kehrt aber zum gleichen Leitbündel zurück; 2, einfache Anastomose; 3, verzweigte Anastomose; 4, zwei sich ohne Kontakt überkreuzende Anastomosen; 5, komplexe Anastomosen. (Nach ALONI und SACHS, 1973)

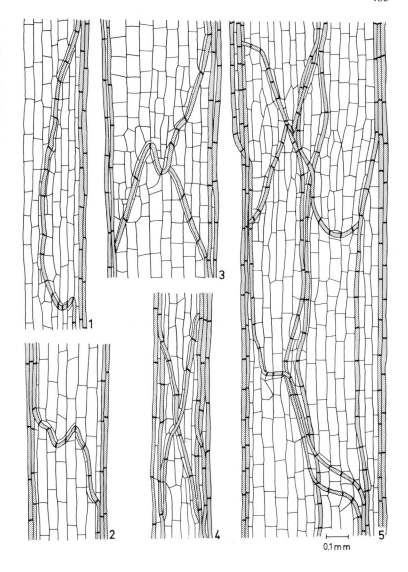

0,1 mm

bunden. Der symplastische Zusammenhang mit den Phloemparenchymzellen soll hingegen nur gering sein oder ganz fehlen. Offensichtlich bilden Siebröhrenglieder und Geleitzellen eine funktionelle Einheit. Zwar dürfte die eigentliche Transportleistung in den Siebröhren erfolgen; die Geleitzellen scheinen aber für die Funktion der Siebröhrenglieder unentbehrlich zu sein. Die enge symplastische Verbindung mit den Siebröhrengliedern zeigt dies bereits strukturell an. Die Struktur der Geleitzellen deutet auf ihre hohe Aktivität hin. Sie haben einen großen, stark färbbaren Zellkern mit hohem Endopolyploidiegrad. Ihr Plasma ist dicht, es enthält viel RNA (Ribosomen) und viele Mitochondrien (die Mitochondriendichte ist etwa 10mal höher als in meristematischen Zel-

len). ATPase, Peroxidase und saure Phosphatase lassen sich in den Geleitzellen in der Regel in besonders hoher Konzentration nachweisen. Da die Geleitzellen keine Längskontinuität zeigen, können sie selbst keine Leitfunktion besitzen.

Meist arbeitet eine bestimmte Siebröhre auch bei Holzpflanzen nur über eine Vegetationsperiode hinweg. Dann geht sie zugrunde und wird in der Regel zerdrückt. Bei der alternden Siebröhre werden die Siebporen durch die Anlagerung von Callose verengt und schließlich geschlossen. Die *Callose* ist ein Makromolekül aus D-Glucose-Einheiten, die in β-1,3-glycosidischer Bindung vorliegen. Diese Callose soll die Siebporen auch schon im funktionsfähigen Zustand auskleiden.

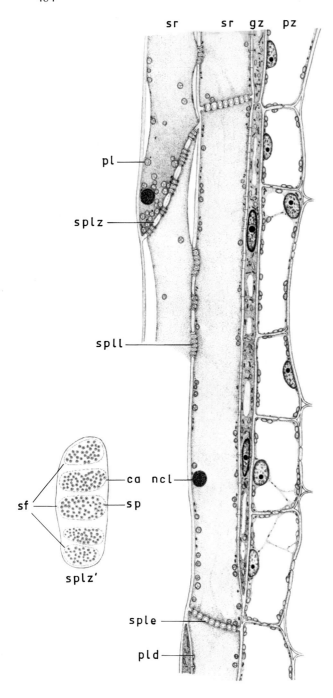

Abb. 528. Längsschnitt durch das Phloem eines Leitbündels von *Passiflora coerulea.* sr, Siebröhrenglieder; gz, Geleitzellen; pz, Parenchymzellen; sple, einfache Siebplatte; splz, zusammengesetzte Siebplatte mit 5 Siebfeldern im Längsschnitt; splz', zusammengesetzte Siebplatte (frühes Differenzierungsstadium) mit 5 Siebfeldern (sf) in Aufsicht; sp, plasmatische Verbindungsstränge in den Siebporen; ca, Calloseauflage; spll, laterale Siebplatten; pld, Plasmabrükken zwischen Siebröhrenglied und Geleitzelle; ncl, freier Nucleolus; pl, Plastiden mit Stärke. Die *linke* Siebröhre zeigt ein beim Anschneiden der Zellelemente regelmäßig auftretendes Artefakt: Abhebung des wandständigen Protoplasten und Ansammlung des Zellinhalts (Plasma, Nucleolus, Plastiden) vor der Siebplatte (splz). In der *rechten*, unverletzten Siebröhre sind die Protoplasten (nach Rückbildung des Tonoplasten) in den Zellumina gleichmäßig verteilt; die Zellorganellen sind im wandnahen Plasmabereich angeordnet. Bemerkenswert ist ferner die unterschiedliche Dichte des Zellplasmas und die unterschiedliche Organellenverteilung bei Siebröhrengliedern und Geleitzellen bzw. Phloemparenchymzellen. Neuerdings wurden die sog. „freien Nucleoli" (ncl) als Proteinkörper identifiziert. (Originalzeichnung von KOLLMANN)

Transportmoleküle

Um die *Natur der Transportmoleküle* festzustellen, benötigt man reinen Siebröhrensaft. Man gewinnt ihn am besten mit Hilfe von *Blattläusen,* die mit ihrem haarfeinen Saugrüssel das Lumen einzelner Siebröhrenglieder anzustechen vermögen. Betäubt man eine saugende Blattlaus und trennt das Insekt mit einem Schnitt vom Saugrüssel, so läuft durch den isolierten Rüssel, der eine Mikrokanüle darstellt, der Siebröhreninhalt (eine wäßrige Lösung) über Stunden oder gar Tage hinweg aus. Der Antrieb erfolgt durch den Turgordruck des Siebröhrenglieds. In dem derart gewonnenen Saft überwiegen die *Kohlenhydrate.* Sie repräsentieren in der Regel mehr als 90% der organischen Moleküle. Das Hauptkohlenhydrat ist *Saccha-*

rose. Seltener sind die Oligosaccharide *Raffinose*, *Stachyose* und *Verbascose* (diese Zucker bestehen aus Saccharose mit ein oder mehreren D-Galactosemolekülen). Noch seltener kommen Zuckeralkohole wie *Mannit* oder *Sorbit* vor. Die N-haltigen Moleküle sind hauptsächlich *Aminosäuren* und *Amide*. Aber auch ATP und Nucleotide hat man im Phloemsaft identifiziert. Bemerkenswert ist, daß weder Hexosen noch Makromoleküle als Transportsubstanzen eine Rolle spielen. Allerdings können Viruspartikel relativ rasch in den Siebröhren verfrachtet werden. Nach allgemeiner Auffassung können auch Hormone in den Siebröhren geleitet werden. Auch Kationen (K^+, Mg^{2+}, aber nur Spuren von Ca^{2+} und Na^+) hat man im Siebröhrensaft gefunden. Charakteristisch für den Phloemsaft ist sein *hoher pH-Wert* (7,4 – 8,7) und der relativ hohe Kaliumgehalt. Man vermutet, daß diese Eigenschaften des Phloemsaftes mit dem aktiven Ladevorgang für Zucker zusammenhängen (Hypothese eines Protonen-Cotransports der Zucker beim Ladevorgang einer Siebröhre, getrieben von einer gekoppelten Protonenefflux/Kaliuminflux-Pumpe). Was die Natur der Zucker angeht, so gibt es Hinweise darauf, daß jene Pflanzen, die bevorzugt die Oligosaccharide der Raffinosefamilie transportieren, diese Verbindungen im Zusammenhang mit der Photosynthese bilden. Das Ladesystem für das Phloem benützt vermutlich einfach jene Zucker, die ihm angeboten werden.

Zum Mechanismus des Siebröhrentransports

Dieses Problem ist noch nicht gelöst. Eine entscheidende Voraussetzung für jede Theorie des Siebröhrentransports ist eine zuverlässige Kenntnis der *Feinstruktur der Siebplatten*. Hierüber gibt es zur Zeit bei den Experten noch keine einhellige Meinung. Einige nehmen an, daß die Siebporen offen sind und daß das Lumen jedes Siebelements mit den Lumina der benachbarten Elemente unmittelbar verbunden ist. Andere hingegen sind der Auffassung, daß die Siebporen auch im Leben mit fibrillär strukturiertem Material mehr oder minder dicht erfüllt sind (→ Abb. 528). In jedem Fall wird davon ausgegangen, daß lange Plasmastränge, die in erster Linie aus dem sog. *P-Protein* bestehen, von einem Siebelement in das

andere ziehen und daß sich in diesem Plasma, das möglicherweise eine Ähnlichkeit mit Actinfilamenten hat, der Stofftransport vollzieht. Da die Siebröhren ATP enthalten, könnte der Stofftransport mit der Kontraktion von Proteinfilamenten zusammenhängen.

Wir skizzieren zwei Modelle für den Siebröhrentransport: Die Druckstromtheorie und die aktivierte Massenströmung.

Die Druckstromtheorie. Bereits 1930 postulierte MÜNCH einen Mechanismus der Translocation, bei dem der Fluß durch das Phloem aus einer Differenz im osmotischen Potential an den Enden des Translocationssystems resultiert. Die Differenz im osmotischen Potential führt durch den Einstrom von Wasser zu einem entsprechenden Druckgradienten, welcher einen POISEUILLEschen Fluß [→ Gl. (120), S. 463] in den Siebröhren antreibt. Dem Einstrom von Wasser an den Orten hohen osmotischen Potentials entspricht ein Ausstrom von Wasser aus dem Phloem an den Orten niederen osmotischen Potentials.

Nach diesem Modell führt die Synthese von Zucker im grünen Blatt zu einem hohen osmotischen Potential (source), während die Entnahme von Zucker in Verbrauchs- oder Speicherorganen die Zuckerkonzentration erniedrigt (sink). Man weiß heute, daß die Zuckerkonzentration in den Siebröhren eines Blattes in der Tat *höher* ist als in den Mesophyllzellen. Das Postulat, ein aktives Transportsystem pumpe die Zuckermoleküle gegen einen Konzentrationsgradienten aus dem Assimilationsparenchym über die „Sammelzellen" in die Siebröhren, läßt sich nicht umgehen (Abb. 529). Der *aktive Ladevorgang* (phloem loading), an dem die Geleitzellen beteiligt sind, arbeitet bei hohen Flüssen und benötigt entsprechend viel Energie. So erklärt sich die hohe Empfindlichkeit gegenüber Inhibitoren der ATP-Bildung (→ Abb. 179). Das Material für den Ladevorgang soll nach neuerer Auffassung bevorzugt aus dem Apoplasten stammen (*Apoplasttheorie der Phloembeladung*). Die Mesophyllzellen, so glaubt man, sezernieren die Kohlenhydrate in den Apoplasten. Sowohl die Sekretion in den Apoplasten als auch der aktive Ladevorgang sind selektiv.

Was die Translocation innerhalb der Siebröhren anbelangt, tendiert die derzeitige Auffassung dahin, daß die Massenströmung in den Siebröhren (im Sinn von MÜNCH) letztlich

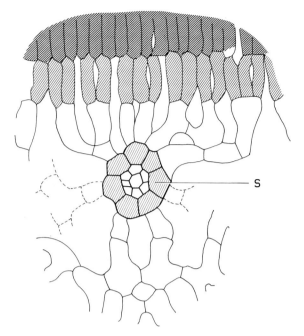

Abb. 529. Partie aus dem Blattquerschnitt von *Ficus elastica*. Die Zahl der Zellen nimmt von der ersten zur zweiten Palisadenschicht (*schraffiert*) und weiter zu den Sammelzellen (*leer*) ab. Die Sammelzellen, die zum Schwammparenchym zählen, sitzen der parenchymatischen Leitbündelscheide (S) auf. (Nach HABERLANDT, 1924)

durch die aktiven Ladevorgänge im Blatt und durch die ebenfalls *aktive Entnahme von Zukker* in den Verbrauchsorganen angetrieben wird. Der Fluß von Wasser bzw. Lösung innerhalb des Siebröhrenkontinuums ist passiv. Die zentrale Frage bleibt, ob der hydrostatische Druckgradient zwischen source und sink ausreicht, um den Widerstand der Siebplatten gegen eine Massenströmung zu überwinden. Der kritische Punkt hierbei ist, ob und inwieweit die Siebporen „wegsam" sind. In der Tat muß das Modell der Druckstromtheorie davon ausgehen, daß die Siebporen praktisch offen sind und daß die Leitfähigkeit jeder Siebplatte und der Siebröhre insgesamt nach dem POISEUILLEschen Gesetz (→ S. 463) berechnet werden kann. Die von manchen Untersuchern für sicher gehaltene Existenz von *dichtem*, transzellulärem Material in den Siebporen der Angiospermen ist mit der Druckstromtheorie nicht verträglich.

Aktivierte Massenströmung. Dieses Modell geht davon aus, daß die Siebröhre etwa zur Hälfte mit Strängen aus röhrenförmigen Plas-

mafilamenten (Durchmesser 20 – 60 nm) erfüllt ist. Der durch metabolische Energie beschleunigte Transport soll sich innerhalb der Filamente (oder Filamentaggregate) abspielen. Die Siebporen sind nach diesem Modell von transzellulären, axialen Plasmafilamenten erfüllt. Neue Modelle (Abb. 530) favorisieren ein zweifaches Transportsystem: „aktivierte Massenströmung" und „Pulsströmung". Die Massenströmung wird (diesem Modell zufolge) durch undulierende Proteinfilamente zustande gebracht, unterstützt von einer mikroperistaltischen Komponente innerhalb der röhrenförmigen Filamentaggregate. Während diese detaillierten Vorstellungen noch hochgradig spekulativ sind, kann (zumindest bei Dikotylen) die

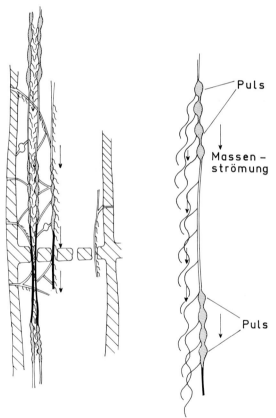

Abb. 530. Dieses Diagramm einer Siebröhre mit Siebplatte soll das Konzept der *aktivierten Massenströmung plus Pulsströmung* illustrieren. Die *Mikrofilamente* (Proteinfilamente) sollen an den transzellulären, axialen Filamentaggregaten („Fibrillen") verankert sein, die mikroperistaltische Bewegungen ausführen können. *Links:* Ausschnitt aus einer Siebröhre im Bereich der Siebplatte; *rechts:* eine einzelne axiale „Fibrille" mit assoziierten Mikrofilamenten. (Nach FENSOM und WILLIAMS, 1974)

Existenz von fibrillärem Protein (P-Protein) und von transzellulären Strängen in den Siebröhren wohl nicht mehr bezweifelt werden. Man sollte auch betonen, daß „aktivierte Massenströmung" in Form der *Protoplasmaströmung* als Phänomen wohl bekannt und bei *Nitella* (→ Abb. 593) und bei dem Schleimpilz *Physarum* eingehend analysiert ist. Eine wesentliche Schwierigkeit für das Modell der aktivierten Massenströmung besteht darin, daß die Translocation auch bei niedrigen Temperaturen, bei denen die Verfügung über metabolische Energie sehr begrenzt ist, nahezu ungestört vonstatten geht, z. B. beim Weizen.

Bidirektionelle Translocation

Die erste Frage lautet: Kann *in ein und demselben Phloemstrang* der Stofftransport gleichzeitig in beiden Richtungen erfolgen? Die Frage ist mit ja zu beantworten. Es gibt zum Beispiel gute Evidenz für bidirektionelle Translocation in den Blattspuren (→ Abb. 531) von *Vicia faba.*

Die zweite Frage lautet: Können gelöste Stoffe gleichzeitig *innerhalb derselben Siebröhre* in entgegengesetzten Richtungen geleitet werden? Diese schwierige Frage ist nach Meinung der Fachleute experimentell noch unentschieden. Wir beschreiben trotzdem ein klassisches Experiment von ESCHRICH, um aufzuzeigen, wie man im Prinzip dieses heikle Problem experimentell angreifen kann. Für die Experimente wurden Sproßachsen von *Vicia faba* verwendet, an denen Blattläuse angesetzt wurden. Den „Honigtau" der Läuse konnte man auffangen und analysieren. Wurde das Blatt unterhalb der Saugstelle mit K-Fluorescein und das darüber inserierte Blatt mit ^{14}C-Verbindungen versorgt, so wanderten beide „Tracer" (die Fluoreszenz und das ^{14}C) in den gleichen Leitbündeln gegeneinander und aneinander vorbei (Abb. 531). Die Auffassung, der bidirektionelle Transport erfolge auch in ein und derselben Siebröhre, stützt sich auf folgenden Befund: 42% der angesetzten Blattläuse lieferten vom Beginn ihrer Saugtätigkeit an über lange Zeit hinweg doppelt markierten Honigtau (Radioaktivität und Fluoreszenz). Falls die Tiere nur eine Siebröhre anstechen, ist der Schluß gerechtfertigt, daß eine bidirektionelle Translocation in ein und derselben Siebröhre möglich ist.

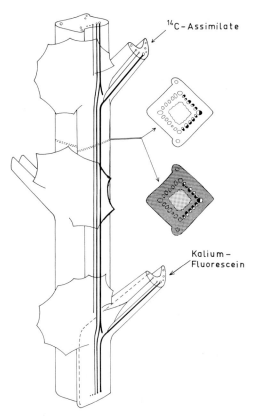

Abb. 531. Modellhafte Darstellung des Leitbündelverlaufs in der Sproßachse und in zwei Blattstielen einer jungen *Vicia faba*-Pflanze. Stengelquerschnitte: *Oben:* Darstellung einer Historadiographie bei vierstündiger Versorgung des oberen Blattes mit ^{14}C-Verbindungen. Schwarze Phloemteile führen Radioaktivität; *unten:* im Fluoreszenzmikroskop zeigen die weiß gelassenen Phloemteile fluoreszierende Siebröhren, wenn das untere Blatt 4 h zuvor mit Kalium-Fluorescein behandelt wurde. (Nach ESCHRICH, 1967)

Ein Blick auf die Wurzel

Die Wurzel ist ein typischer sink (→ S. 481) und damit ein Organ, in dem die Siebröhren entladen werden (phloem unloading). Auch der Entladevorgang wird von metabolischer Energie (ATP) angetrieben. Bezüglich der Kohlenhydratversorgung ist die wachsende Wurzel einer höheren Pflanze auf die Zufuhr von *Saccharose* aus den oberirdischen Teilen angewiesen. Für die weitere Verwendung muß das Disaccharid durch *Invertase* (*β*-Fructofuranosidase) hydrolytisch in Fructose und Glucose zerlegt werden. Daneben kann Saccharose aber auch durch die

Saccharose-Synthase gespalten werden. Dieses Enzym (UDP-glucose:D-fructose 2-glucosyltransferase) katalysiert sowohl die Synthese als auch die Spaltung der Saccharose. Die Spaltung durch Saccharose-Synthase ist energetisch vorteilhafter als die Hydrolyse, da statt Glucose *Uridindiphosphatglucose* (UDPG) entsteht. Diese Substanz ist das unmittelbare Substrat für die Synthese der Zellulose. Außerdem kann UDPG in UDP-Glucuronsäure, UDP-Galactose, UDP-Galacturonsäure und in andere Glucosylnucleotide umgewandelt werden, die für den Aufbau von Wandsubstanzen benötigt werden.

Regulation der Translocations-Intensität durch Phytochrom

Alle Trockensubstanz, die beim Wachstum eines Senfkeimlings (→ Abb. 327) in das Hypokotyl eingebaut wird, stammt aus den Kotyledonen. Die Trockensubstanz-Zunahme des Hypokotyls ist deshalb ein Maß für die Intensität der Translocation aus den Kotyledonen in das Gewebe des Hypokotyls. Wie die Abb. 532 zeigt, wird die Intensität der Translocation durch das aktive Phytochrom (P_{fr}) schnell und nachhaltig gedrosselt. Eine entsprechend präzise Kontrolle der Translocation durch Hormone ist nicht bekannt.

Ein kurzer Vergleich der Transportsysteme

Im Gegensatz zum Wirbeltier haben die höheren Pflanzen kein einheitliches Transportsystem für den Ferntransport von Wasser, Ionen, organischen Molekülen und Gasen. Man muß vielmehr beim Kormus funktionell und strukturell zumindest drei Ferntransportsysteme unterscheiden:

Ferntransport von Gasen: Diffusion in Interzellularen.

Ferntransport von Wasser und Ionen. In den toten Gefäßen (Tracheen, Tracheiden); Antrieb durch hydrostatische Druckdifferenzen.

Ferntransport organischer Moleküle: In den lebenden Siebröhren; Mechanismus noch nicht aufgeklärt.

Für den Kurzstreckentransport (Parenchymtransport) läßt sich die folgende summarische Übersicht geben:

Parenchymtransport von Gasen: Diffusion in Interzellularen und in den wäßrigen Phasen der Zellen.

Parenchymtransport von Wasser: Von Zelle zu Zelle nach Maßgabe des Wasserpotentials.

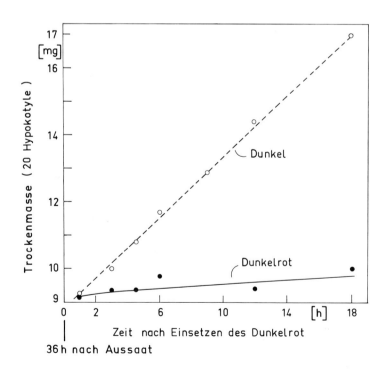

Abb. 532. Aktives *Phytochrom* (operational, dunkelrotes Licht) bewirkt eine Drosselung der Trockensubstanz-Translocation von den Kotyledonen in das Hypokotylgewebe von *Sinapis alba.* Die Extrapolation zeigt, daß die lag-Phase der Drosselung nur kurz ist. (Nach HOCK und MOHR, 1965). Zur Erinnerung: Das verwendete Standard-Dunkelrot stellt innerhalb von Minuten eine zwar niedrige, aber langfristig nahezu optimale und stationäre Konzentration an P_{fr} ein; → Abb. 318)

Parenchymtransport von Ionen: Im freien Diffusionsraum (durch Diffusion) und im Symplasten (aktiv).

Parenchymtransport organischer Moleküle: Im Symplasten (aktiv).

Weiterführende Literatur

ARONOFF, S., DAINTY, J., GORHAM, P. R., SRIVASTAVA, L. M., SWANSON, C. A. (eds.): Phloem Transport. New York: Plenum, 1975

LÜTTGE, U.: Stofftransport der Pflanzen. Berlin-Heidelberg-New York: Springer, 1973

SPANNER, D. C.: Sieve-plate pores, open or occluded? A critical review. Plant, Cell and Environment **1**, 7 – 20 (1978)

WARDLAW, I. F.: Phloem transport: Physical, chemical, or impossible. Ann. Rev. Plant Physiol. **25**, 515 – 539 (1974)

WARDLAW, I. F., PASSIAURA, J. B. (eds.): Transport and Transfer Processes in Plants. New York: Academic Press, 1976

ZIMMERMANN, M. H., MILBURN, J. A. (eds.): Transport in Plants I. In: Encyclopedia of Plant Physiology, New Series. Berlin-Heidelberg-New York: Springer, 1975, Vol. 1

42. Physiologie der Bewegungen I: Freie Ortsbewegungen

Wir verstehen unter „Bewegungen" aktive, auffällige Orts- oder Lageveränderungen pflanzlicher Organismen oder Organe. Die Bewegungen dienen der Orientierung im Raum. Es handelt sich um biologisch „sinnvolle" Reaktionen. Damit meint man solche Reaktionen, welche geeignet sind, die jeweilige Situation der Organismen zu verbessern. Die Bewegungen werden oft durch Außenfaktoren (Faktoren aus der Umwelt des biologischen Systems) ausgelöst oder hinsichtlich ihrer Richtung gesteuert (Reize, Signale). Die Signal-Reaktionskette (die Signalwandlung) ist nicht starr, sondern durch die jeweilige innere Situation des biologischen Systems wesentlich mitbestimmt. Viele bewegungsphysiologischen Signal-Reaktionsketten bei Pflanzen sind hochgradig elastisch.

Man findet bei den Pflanzen eine Vielzahl von Bewegungstypen. Wir analysieren einige Typen anhand von Fallstudien.

Die Bewegung der Rhizome

Rhizome, d. h. mehr oder minder horizontal wachsende, unterirdische Sproßachsen, führen *freie Ortsbewegungen* aus. Wie das monopodiale Rhizom von *Paris quadrifolia* zeigt (Abb. 533), treten die als Blütentriebe in Erscheinung tretenden Seitenachsen von Jahr zu Jahr an verschiedenen Stellen auf. Das Rhizom stirbt im Laufe der Jahre hinten ab; vorne — mit dem apikalen Vegetationspunkt also —

Abb. 533. Das monopodiale Rhizom von *Paris quadrifolia* als Beispiel für eine Ortsbewegung. Das Rhizom ist über drei Vegetationsperioden hinweg dargestellt. (In Anlehnung an TROLL, 1959)

wächst es weiter. Analoge „Wandervorgänge" beobachtet man auch bei anderen Pflanzengruppen, z. B. bei manchen Lebermoosen. Diese freien Ortsbewegungen sind physiologisch kaum untersucht.

Die freie Ortsbewegung begeißelter monadoider Zellen

Diese Bewegungsform findet man — abgesehen von tierischen Zellen — bei manchen Bakterien, bei den Flagellaten, bei Zoosporen und Gameten vieler Algen und Pilze, bei den ♂ Gameten der Bryophyten und Pteridophyten und bei den ♂ Gameten einiger Gymnospermen. Dem Studium der freien Ortsbewegung einzelliger Organismen kommt eine allgemeine, über die Aufklärung des speziellen Problems hinausgehende Bedeutung zu, da sie sich für die *systemtheoretische Analyse von Reiz-Reaktionsketten* besonders eignen (→ Abb. 540).

Die Feinstruktur der Geißel. Geißeln und Cilien sind durch distinkte Strukturen (Basalkorn; Basalkörper) in der Zelle verankert (→ Abb. 539). Da der Durchmesser der Geißeln in den Grenzbereich der Auflösungskraft des Lichtmikroskops fällt, konnte der Feinbau der Geißeln und Basalkörper nur mit Hilfe des Elektronenmikroskops studiert werden. Dabei hat sich gezeigt, daß der Feinbau des aus der Zelle herausragenden, freien Teils der Geißel (oder der Cilie) im ganzen Tier- und Pflanzenreich (abgesehen von den Bakterien) weitgehend derselbe ist. Die Gene, welche die Information für den Geißelbau tragen, sind also im ganzen Tier- und Pflanzenreich weitgehend gleich. Wir halten uns an den Feinbau der Geißeln bei den Zoosporen der Grünalge *Stigeoclonium spec.* (Abb. 534). Der Querschnitt im freien Teil der Geißel zeigt 2 zentrale Fibrillen, die von 9 Doppelfibrillen umgeben sind. Diese Anordnung — *2 zentrale, 9 (oder 9×2) periphere Fibrillen* — findet man bei allen Geißeln. Man erkennt, daß die Geißel *bilateral-symmetrisch* (nicht radiärsymmetrisch!) gebaut ist. Die peripheren Fibrillen verlaufen parallel zur Geißellängsachse. Die Geißel wird von einer zarten Doppelmembran abgegrenzt; die Materie zwischen den Fibrillen und der Außenmembran zeigt keine spezifische Struktur. Der Längsschnitt (Abb. 534 a) zeigt, daß ein *Septum*

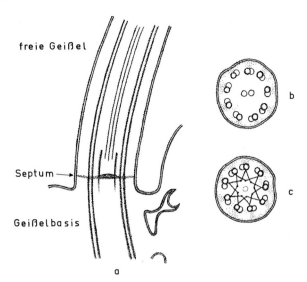

Abb. 534. (a) Medianer Längsschnitt durch Geißel und Geißelbasis der Zoospore von *Stigeoclonium spec.* (b) Querschnitt durch eine Geißel im freien Bereich. (c) Querschnitt durch eine Geißel im Übergangsbereich zwischen freier Geißel und Geißelbasis. (Nach MANTON, 1963)

in dem Bereich ausgebildet zu sein scheint, wo die eigentlich freie Geißel und der Basalkörper der Geißel (Geißelbasis) zusammenstoßen (Übergangsregion). Die beiden zentralen Fibrillen treten in die Übergangsregion ein, enden aber vor dem Septum. Ein Querschnitt durch die Übergangsregion zeigt ein charakteristisches Sternmuster (Abb. 534 c). Es könnte sein, daß man hier strukturelle Elemente vor sich hat, die für eine Koordination der Leistung der peripheren Fibrillen wichtig sind. Man muß nämlich davon ausgehen, daß die sinnvolle Bewegung der Geißel durch eine periodische Kontraktion der peripheren Fibrillen zustande kommt, während die zentralen Fibrillen elastische Eigenschaften aufweisen. Im Prinzip dürfte die Kontraktion der peripheren Fibrillen ähnlich vonstatten gehen wie die Kontraktion der Muskelfibrillen. Die Kontraktion fibrillärer Proteine ist die Grundlage für die Längskontraktion der elektronenmikroskopisch sichtbaren Fibrillen. Die für die Kontraktion der fibrillären Proteine nötige freie Enthalpie liefert das ATP. Die peripheren Fibrillen enthalten eine hohe Aktivität an Adenosintriphosphatase (=ATPase). In dem der Geißelbasis benachbarten Cytoplasma (Kinoplasma) findet man ungewöhnlich viele Mitochondrien. Bei Zugabe

von ATP kann auch die isolierte Geißel noch
Bewegungen ausführen.

Die äußere Mechanik der Geißelbewegung. Die
Geißelbewegung treibt die Zelle vorwärts. Es
muß also aus der Geißelbewegung ein Impuls
in der Bewegungsrichtung resultieren. Sowohl

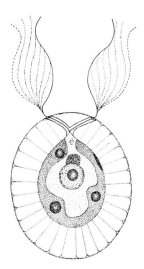

Abb. 535. Ein Flagellat der Gattung *Haematococcus*
als Beispiel für einen zweigeißeligen Flagellaten, bei
dem die beiden Geißeln strukturell und funktionell
gleich sind (*isokonte* Flagellaten). Die Geißeln bilden jeweils einen *dreidimensionalen Schwingungsraum*, dessen Form vom Zellkörper her beeinflußt
werden kann

die äußere Mechanik der Geißelbewegung als
auch die Bewegungen der Zellen sind ungeheuer vielfältig und kompliziert. Die Bewegung der
Geißel erfolgt entweder in einer Ebene (manche Geißeln, alle Cilien) oder im Raum. Formal kann man sich den *dreidimensionalen
Schwingungsraum* (Abb. 535) aus Schwingungs-
ebenen zusammengesetzt vorstellen. Den Ru-
derschlag einer *Monas*zelle gibt die Abb. 536
als ein Beispiel für eine einfache, *uniplane Geißelbewegung* wieder. Die Mechanik des Geißelschlags ist auch in diesem einfachen Fall nicht
starr; sie kann vielmehr vom Zellkörper her
nach Schwingungsbereich und Schlagfrequenz
reguliert werden.

Viel komplizierter als die Geißelbewegung
in einer Ebene ist die Geißelbewegung im
Raum. Einmal vollführen die Geißeln in diesem Fall komplizierte, schwer zu analysierende,
räumliche Bahnen; zum andern dreht sich im
allgemeinen der ganze Flagellat, weil durch die
Geißelbewegung für die Zelle ein Drehimpuls
resultiert. Die Bahn, die der Flagellat beschreibt, hängt in erster Linie von der Schlag-
weise der Geißel, von der äußeren Zellform
und von der Insertionsstelle der Geißel ab. Sind
zwei und mehr Geißeln vorhanden, müssen
noch weitere Faktoren bei der Analyse in Betracht gezogen werden. Als Beispiel gibt die
Abb. 537 die *Bewegungsschrauben von Dinoflagellaten* wieder, die mit zwei verschiedenartigen

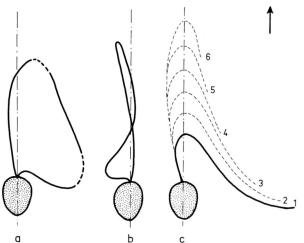

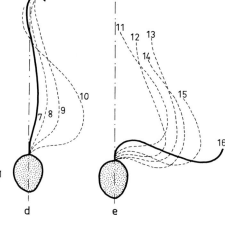

Abb. 536 a – e. Der Geißelschlag von *Monas spec.*
bei einer Vorwärtsbewegung mit maximaler Geschwindigkeit. (Dieser Flagellat besitzt zwar neben
der großen, terminal inserierten Geißel noch eine
kleine; für das Zustandekommen der Bewegung
spielt jedoch lediglich die große Geißel, auf die wir

uns hier beziehen, eine Rolle.) (a) der Schwingungs-
bereich der Geißel in Flächenansicht; (b) die
Schwingungsebene von der Seite [gegenüber (a) um
90° gedreht]; (c) Zurückführen der Geißel in die
Schlagstellung; (d, e) aktiver Geißelschlag. (Nach
Pohl, 1962)

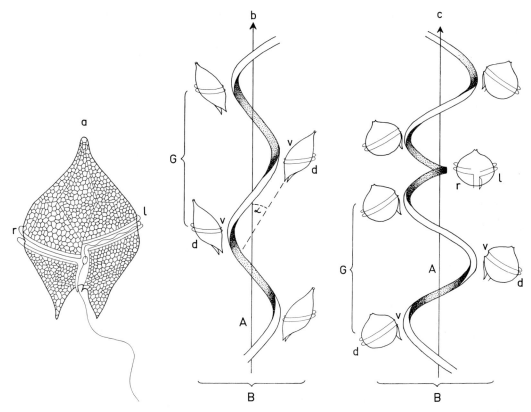

Abb. 537 a – c. Bewegungsschrauben bei *Peridinium*-Arten. (a) *Peridinium claudicans* in Ventralansicht; (b) die Bewegungsschraube von *P. claudicans;* (c) die Bewegungsschraube von *P. oratum* mit Änderung der Rotationsrichtung; B, Breite der Bewegungsschraube; G, Ganghöhe der Bewegungsschraube; d, Neigungswinkel der Längsachse der Zelle gegen die Bewegungs-(Schrauben-)achse, A; v, ventral; d, dorsal; r, rechts; l, links. (Nach POHL, 1962)

Geißeln ausgestattet sind. Solche Flagellaten schwimmen in einer weiten Schraube bei gleichzeitiger Rotation des Zellkörpers. Die Körperachse ist dabei gegen die Achsenrichtung der Fortbewegung geneigt. Die Bahnkurve läßt sich im einfachen Fall (b) durch drei Größen quantitativ beschreiben: B, G und α in Abb. 537.

Die freie Ortsbewegung begeißelter Zellen unter dem Einfluß von Licht

Das Verhalten der zur Photosynthese befähigten Pflanzen ist auf den Lichtfaktor hin optimiert. Dies gilt auch für die monadoide Organisationsstufe der Algen (Flagellaten) und für die photosynthetisch aktiven Bakterien.

Machen wir uns zunächst verständlich, wie es zu einer Akkumulation frei beweglicher Zellen in einer Region hohen Lichtflusses kommen kann:

1. durch *Photokinese.* Darunter versteht man eine lichtabhängige Änderung der *Bewegungsintensität.* Wenn begeißelte Zellen bei niedrigem Lichtfluß schneller schwimmen als bei hohem Lichtfluß, so werden sie sich im hellsten Teil des Lichtfeldes anreichern. Man nennt diese Reaktionsweise negativ (oder invers) photokinetisch, da die Zellen mit steigendem Lichtfluß ihre Bewegungsintensität *herabsetzen.* (Im Fall einer positiven oder direkten Photokinese bewegen sich die Zellen im hellen Teil des Lichtfeldes schneller. Sie verbringen deshalb im Durchschnitt mehr Zeit im dunkleren Teil ihres Lebensraumes.)

2. durch eine *photophobische Reaktion.* Darunter versteht man eine Änderung in der Bewegungsrichtung, die durch einen plötzlichen Wechsel des Lichtflusses verursacht wird. Falls die Zellen ihre Richtung ändern, wenn sie auf

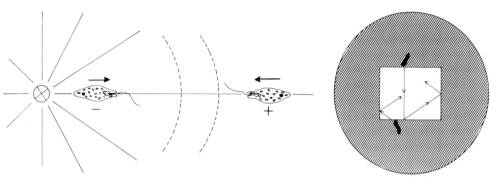

Abb. 538. Eine prinzipielle Darstellung der Phototaxis (Beispiel: *Euglena spec.*, *links*) und der photophobischen Reaktion (Beispiel: *Rhodospirillum spec.*, *rechts*). Bei der Phototaxis wird die Richtung der Ortsbewegung durch die Lichtrichtung bestimmt. Wie die Abbildung andeutet, kann man eine positive (auf die Lichtquelle zu) und eine negative (von der Lichtquelle weg gerichtete) Phototaxis unterscheiden. Der Indifferenzbereich, in dem sich die Flagellaten schließlich ansammeln werden, ist gestrichelt angedeutet. Die Einstellung der Bewegungsrichtung in die Lichtrichtung erfolgt durch entsprechende Änderungen des Geißelschlags. Bei der photophobischen Reaktion schwimmen die

Zellen (z. B. *Rhodospirillum spec.*) glatt vom Dunkeln in den Lichtfleck hinein. Beim Übergang Licht → Dunkel jedoch kommt es zu einer „Schreckreaktion". Die Zellen ändern ihre Schwimmrichtung. Das Resultat ist eine Ansammlung der Zellen in der „Lichtfalle". Bei der Auslösung der phobischen Reaktion der Purpurbakterien scheinen alle photosynthetisch wirksamen Pigmente beteiligt zu sein. Bei den begeißelten Algen hingegen besteht kein unmittelbarer Zusammenhang zwischen der Lichtabsorption in den Photosynthesepigmenten und phototaktischen oder photophobischen Reaktion (Rotlicht ist als Stimulus unwirksam, die Zellen reagieren nur auf Blaulicht und UV)

eine *Lichtflußabnahme* stoßen, so werden sie sich im helleren Teil des Lichtfeldes ansammeln („Lichtfalle") (Abb. 538). Erfolgt die photophobische Reaktion auf eine *Lichtflußerhöhung* hin, so meiden die Zellen den helleren Teil des Lichtfeldes.

3. durch *Phototaxis*. In diesem Fall orientiert sich die Bewegung an der *Lichtrichtung*. Wenn die Zellen auf die Lichtquelle zuschwimmen (*positive Phototaxis*), so werden sie sich im Bereich höchsten Lichtflusses ansammeln. Kommt es bei überoptimalem Lichtfluß zu einem qualitativen Umschlag des Verhaltens (*negative Phototaxis*), so sammeln sich die Zellen in einem Indifferenzbereich an (Abb. 538). Die Phototaxis tritt bei den begeißelten Algen besonders klar in Erscheinung. Die verschiedenen Reaktionstypen können jedoch bei den hochorganisierten Flagellaten nebeneinander vorkommen.

Im Fall der photokinetischen und photophobischen Reaktion müssen die Zellen lediglich die Fähigkeit besitzen, zeitliche Änderungen des Lichtflusses registrieren zu können; bei der phototaktischen Reaktion muß die Zelle hingegen auch in der Lage sein, die Lichtrichtung festzustellen — ein viel schwierigeres Problem.

Die Phototaxis von Euglena gracilis

Dem Studium der Phototaxis kommt eine allgemeine, über die Aufklärung des speziellen Problems hinausgehende Bedeutung zu. Einzellige Organismen eignen sich besonders gut für die auf Prinzipien abzielende Analyse sinnesphysiologischer Reiz-Reaktionsketten, da sich bei ihnen das ganze Geschehen *innerhalb einer Zelle* abspielt und somit die komplexen Wechselwirkungen *zwischen Zellen* keine Rolle spielen. Bei Verwendung von Licht als Signal (Reiz, input) ist die Analyse verhältnismäßig einfach, da man Änderungen der Reaktion (output) leicht messen kann und sich Änderungen des Signals leicht bewerkstelligen lassen. Beispielsweise verschwindet das Signal sofort und total, sobald man das Licht abschaltet. Derart rasche Änderungen des inputs sind bei chemischen Signalen nicht möglich. Das input-output-System der Phototaxis (die Signalwandlung) ist bei dem grünen Flagellaten *Euglena gracilis* bereits gut analysiert (Abb. 539). Das output-System für lichtinduzierte Reaktionen der freischwimmenden *Euglena*zelle wird stets durch die Geißel (Flagellum) repräsentiert. Die Organelle ist am Vorderende inseriert. Eine zweite, kurze Geißel ragt nicht aus dem Kanal

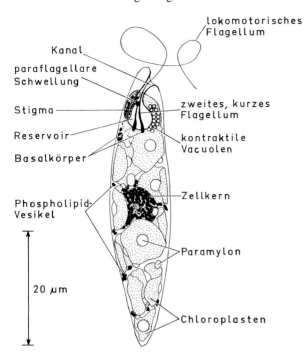

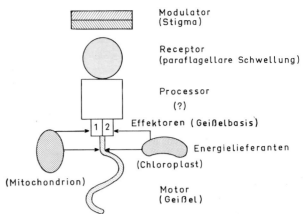

Abb. 539. Die Struktur einer Zelle von *Euglena gracilis*. Die Flagellaten der Gattung *Euglena* wurden für viele sinnesphysiologische Experimente verwendet. Sie sind typische Repräsentanten der monadoiden Organisationsstufe der Algen. (In Anlehnung an DIEHN, 1973)

Abb. 540. Eine modellhafte Wiedergabe der Komponenten des Reiz-Reaktionssystems, das die positiv phototaktische Reaktion der *Euglena*zelle ermöglicht. Die Kombination von Signalreceptor (Photoreceptor) und Modulator führt zu einem „Irrtumsignal", sobald die Zelle von der „richtigen" Orientierung gegenüber dem Lichtfaktor abweicht (→ Abb. 538). Der motorische Teil des Reiz-Reaktionssystems reagiert dann in der Art, daß das Irrtumsignal minimiert wird. Diese negative Rückkopplung ermöglicht eine Art von Homöostasis, nämlich eine optimale Einstellung des Organismus auf den Lichtfaktor. Die Abfolge der Einzelschritte zwischen Receptor und Motor ist noch weitgehend unbekannt. Beim reizverarbeitenden System (Processor) ist das morphologische Äquivalent noch nicht identifiziert. Als die Effektoren, von denen aus die Antwortreaktion erfolgt, muß der Bereich der beiden Geißelbasen angesehen werden. Die Geißelkörper selbst können als Motoren aufgefaßt werden. Eine andere Rückkopplung zwischen dem Photosyntheseapparat und dem motorischen System sei wenigstens angedeutet. Sie ist maßgebend für die *Photokinese*, also für die Änderungen der linearen Schwimmgeschwindigkeit bei Änderungen des Lichtflusses. Von positiver (direkter) Photokinese spricht man, wenn die Schwimmgeschwindigkeit mit dem Lichtfluß zunimmt; nimmt die Schwimmgeschwindigkeit mit dem Lichtfluß ab, spricht man von negativer (inverser) Photokinese. Photokinese ist *kein* homöostatischer Prozeß, da negative Rückkopplungen keine Rolle spielen. (Das photokinetische System reagiert *nicht* mit korrigierenden Maßnahmen, wenn eine Abweichung von dem „gewünschten" Zustand eintritt). Immerhin erlaubt die Photokinese eine Ansammlung von Zellen in bestimmten Zonen (→ Text). (Nach DIEHN, 1973)

heraus. Sie spielt für die Lokomotion keine Rolle. Der Schlag der lokomotorischen Geißel ist schraubenförmig. Er veranlaßt die Zelle zu einer Rotation um ihre Längsachse. Darüber hinaus ist der Schub der Geißel unsymmetrisch, so daß die Zelle gegen die Bewegungsrichtung geneigt ist. Deshalb bewegt sich die um ihre Achse rotierende *Euglena*zelle auf einer schraubenförmigen Bahn durch das Wasser. Die Richtung der Vorwärtsbewegung ist durch die Schraubenachse definiert (→ hierzu die Schraubenbahnen der Dinoflagellaten, Abb. 537). Die Abb. 540 zeigt jene Elemente der *Euglena*zelle, die für ein Verständnis der phototaktischen Reaktion benötigt werden. Das Lichtsignal (die Photonen) wird in der *Photoreceptorstruktur* (*paraflagellare Schwellung*) absorbiert. Dies ist eine winzige Verdickung in der Nähe der Geißelbasis. Eine Modulation der Lichtabsorption wird über das *Stigma* bewerkstelligt. Dies ist ein chromoplastenähnliches, orangerotes Gebilde am Vorderende der Zelle, das hauptsächlich Carotinoide enthält. Kommt das Licht von der Seite, so be-

schattet das Stigma intermittierend den Photoreceptor, da die *Euglena*zelle bei der Rotation um ihre Längsachse die Orientierung zum Licht ändert (Abb. 541). Allerdings tritt eine erhebliche Schattenwirkung nur im Blaulicht auf,

da die Carotinoide des Stigmas das längerwellige Licht (>550 nm) nicht absorbieren.

 Wie kommt es zur *positiven Phototaxis?*
Wenn das Stigma in den Lichtstrahl eintritt,
führt die *Euglena*zelle eine leichte Kursände-
rung zur stigmahaltigen Seite hin durch
(Abb. 541). Eine rasche Folge solcher Kursänderungen führt zur positiv phototaktischen Reaktion. Kursänderungen unterbleiben erst
dann, wenn das Licht direkt von vorne auf die
Zelle trifft (→ Abb. 538).

 Wie kommt es zur *negativen Phototaxis* der
Euglenazelle? Wenn der Fluß des von vorne
oder von der Seite kommenden Lichts *über*
dem für die Zelle optimalen Lichtfluß (Adapta-
tionsniveau) liegt, so führt die Zelle eine entsprechende photophobische Reaktion aus. Die
*Euglena*zelle wird somit im überoptimalen
Licht solange ihre Bewegungsrichtung ändern,
bis der Photoreceptor ständig intensiv beschattet ist. Die „gewünschte" Beschattung wird am
besten durch den mit Chloroplasten erfüllten
Zellinhalt erreicht. Maximale Beschattung des
Photoreceptors liegt vor, wenn die Zelle von
der Lichtquelle wegschwimmt (→ Abb. 538,
oben). Das Stigma spielt also bei der negativ
phototaktischen Reaktion keine Rolle.

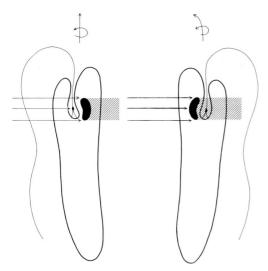

Abb. 541. Zum Mechanismus der positiven Phototaxis. Eine *Euglena*zelle wird von links beleuchtet. Infolge der Rotation der Zelle um die Längsachse
(*Pfeil!*) ändert sich die Belichtung der Photoreceptorstruktur (*Verdickung in der Nähe der Geißelbasis*). Der „Augenfleck" (Stigma), der im Bild nieren-
förmig dargestellt ist, beschattet die Photoreceptorstruktur in der rechten Stellung. Ergebnis: Kursab-
weichung nach links (*Pfeil!*). (Nach HAUPT, 1965)

Wirkungsspektren der Phototaxis

Wir stellen zwei Fragen: 1. Erfolgt die Lichtabsorption bei der positiven und bei der negativen Reaktion tatsächlich durch dasselbe Pigment? 2. Um welches Pigment handelt es sich?
Beide Fragen lassen sich nur beantworten,
wenn genaue Wirkungsspektren (→ S. 315) der
positiven und der negativen Phototaxis vorliegen.

 Wir wählen als Beispiel den von HALLDAL
beispielhaft untersuchten Flagellaten *Platymonas subcordiformis*. Dieser marine, viergeißelige
Flagellat, der zu den Chlamydomonaden gehört, reagiert bevorzugt negativ oder positiv
phototaktisch, je nach dem Mengenverhältnis
der Ionen Ca^{2+}, Mg^{2+} und K^+ im Medium (bei
konstanter Ionenstärke und bei konstantem
pH). Man kann also die gewünschte Reaktions-
art durch das Ionenverhältnis einstellen. Die
Abb. 542 zeigt die beiden Wirkungsspektren.
Sie sind ihrer Form nach ähnlich, lediglich auf
der Ordinate gegeneinander verschoben. Bezüglich der positiven Phototaxis ist der Flagellat erwartungsgemäß viel empfindlicher.

 Aus HALLDALs Arbeit lassen sich folgende
Schlüsse ziehen: 1. Eine phototaktische Reaktion ist nur im kurzwelligen Licht (Blaulicht)
und im UV möglich. 2. Positive und negative
Phototaxis benützen die Lichtabsorption im
gleichen Pigment (-gemisch?). Wenn man das
Wirkungsspektrum dahin interpretiert, daß es
in erster Linie das *Absorptionsspektrum des
Photoreceptors* repräsentiere (und nicht in erster Linie das Absorptionsspektrum des „Schattenspenders"), so kommt man zu dem Schluß,
das Photoreceptorpigment sei ein Chromoprotein mit einem Carotinoid als chromophorem
Anteil. Dafür sprechen (→ Abb. 147) die drei
Wirkungsgipfel im Blaubereich, die *geringe*
Wirksamkeit zwischen 400 und 300 nm und der
Verlauf des Wirkungsspektrums zwischen 300
und 250 nm. Unterhalb 250 nm dürfte die wirksame Strahlung in erster Linie von dem Protein-
anteil des Chromoproteins absorbiert werden
(→ Abb. 360). Neuerdings wird der alternativen
Auffassung, das Photoreceptorpigment sei ein
Flavoprotein (→ Abb. 377) aus guten Gründen
der Vorrang gegeben. Beispielsweise zeigt das
Fluoreszenzspektrum der paraflagellaren
Schwellung bei *Euglena* die Charakteristika
eines *Flavin*emissionsspektrums.

 Obgleich der Geißelschlag bei der viergei-
ßeligen Chlamydomonade *Platymonas subcor-*

Abb. 542. Wirkungsspektren der positiven und negativen Phototaxis auf der Basis von Schwellenwertsbestimmungen. Objekt: der grüne Flagellat *Platymonas subcordiformis*. Auf der Ordinate ist derjenige Photonenfluß aufgetragen, der gerade zu einer erkennbaren Reaktion führt. Wellenlängen >550 nm verursachen keine phototaktische Reaktion. (Nach HALLDAL, 1961)

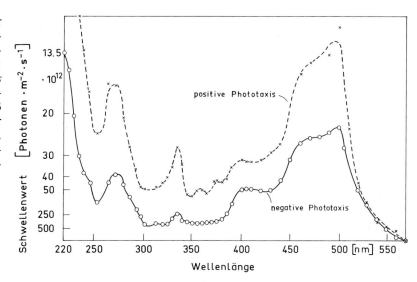

diformis anders erfolgt als bei *Euglena gracilis,* kommt die Einstellung in die Lichtrichtung hier im Prinzip ebenso zustande wie bei *Euglena:* Wenn sich der grüne Flagellat beim Schwimmen um die eigene Achse dreht, wird durch die „Schattenspender" Stigma und Chloroplasten die Photoreceptorstruktur periodisch verdunkelt. Diese Modulation ist auch bei *Platymonas* die Grundlage der positiv phototaktischen Reaktion (→ Abb. 542).

Theorie der Phototaxis?

Eine umfassende Theorie der Phototaxis steht immer noch aus. In der Sprache der Abb. 540: Die Vorgänge zwischen Receptor und Motor sind noch weitgehend unbekannt. Eine Computersimulierung hat bislang nicht wesentlich weitergeführt. Wo ist das reizverarbeitende System (Processor) lokalisiert? Wie erfolgt die Signalwandlung in diesem aneuralen System? Zeigt das System „Lernfähigkeit" und „Gedächtnis"? Wie wir bereits bei *Platymonas* gesehen haben, läßt sich das reizverarbeitende System durch Umweltfaktoren (z. B. das Ionenverhältnis) manipulieren. Der *Processor* richtet sich auch nach dem *Lichtfaktor.* Beispielsweise wurde bei *Chlamydomonas reinhardii* festgestellt, daß das phototaktische Verhalten gegenüber einer gegebenen Lichtquelle von dem Lichtfluß abhängt, dem die Zellen *vor* Beginn des Experiments ausgesetzt waren. Das Resultat: Dieselbe Flagellatenpopulation kann auf denselben Lichtstrahl einmal positiv (licht-adaptiert) und einmal negativ (dunkeladaptiert) reagieren.

Simultaner oder sukzedaner Vergleich von Lichtsignalen?

Wir haben in der bisherigen Betrachtung die Frage: Wie kann eine Flagellatenzelle die Lichtrichtung feststellen? mit der Vorstellung beantwortet, daß die Zelle Lichtsignale vergleicht, die sie *nacheinander* an ein und derselben Stelle aufnimmt. Die Zelle könnte die Lichtrichtung jedoch auch feststellen, indem sie *gleichzeitig* an zwei verschiedenen Stellen der Zelle Lichtsignale aufnimmt und vergleicht. Es wurde in der Tat gefunden, daß *Chlamydomonas reinhardii* auf einen einzigen Lichtpuls (240 µs) mit einer Orientierung reagiert. Man muß damit rechnen, daß beide Mechanismen, der simultane und der sukzedane Vergleich von Lichtsignalen, bei der phototaktischen Orientierung der Flagellaten verwendet werden.

Weiterführende Literatur

CHECCUCCI, A.: Molecular sensory physiology of *Euglena*. Naturwiss. **63,** 412 – 417 (1976)
DIEHN, B.: Phototaxis and sensory transduction in *Euglena*. Science **181,** 1009 – 1015 (1973)
HAUPT, W.: Bewegungsphysiologie der Pflanzen. Stuttgart: Thieme, 1977
NULTSCH, W.: Movements. In: Algal Physiology and Biochemistry. Stewart, W. D. P. (ed.). London: Blackwell, 1974

43. Physiologie der Bewegungen II: Phototropismen

Erscheinungsformen des Phototropismus

Die meisten Pflanzen können keine freie Ortsbewegung durchführen. Um so wichtiger sind
für die Orientierung dieser stationären Pflanzen
die Bewegungen der Organe im Raum. In diesem Kapitel behandeln wir die vielfach untersuchten Wachstumsbewegungen von Organen
oder von Zellen, bei denen der Lichtfaktor die
entscheidende Rolle spielt. Wenn die Wachstumsbewegungen eine klare Beziehung zu der
Richtung des steuernden Außenfaktors besit-

zen, nennt man sie *Tropismen* (Einzahl: Tropismus). Beim *Phototropismus* legt also der Lichtfaktor die Richtung der Bewegung fest. Da die
Pflanzen in der Regel auf den Lichtfaktor hin
optimiert sind, ist der Phototropismus weit verbreitet. Wir betrachten die Grundphänomene
an zwei wesentlich verschiedenen Systemen, an
einem *Dikotylenkeimling* und an einem *Farnchloronema*. In beiden Fällen gilt, daß eine unsymmetrische Belichtung (beispielsweise nur von
einer Seite oder einseitig stärker) zu einer phototropischen Krümmung führt, die eine Wachstumsbewegung darstellt.

Der Dikotylenkeimling (Abb. 543). Das *Hypokotyl* reagiert *positiv phototropisch*, krümmt sich
also zum Licht hin. Die Reaktion ist darauf
zurückzuführen, daß die Zellen auf der lichtabgewandten Flanke des Hypokotyls (Schattenflanke) schneller wachsen als auf der dem Licht
zugewandten Flanke (Lichtflanke) (Abb. 544).
Da das Hypokotyl (ebenso wie die Internodien)
eine ausgedehnte Wachstumszone aufweist, bildet sich bei der phototropischen Reaktion ein
weiter Bogen. Die *Radicula* hingegen, die —
wenn überhaupt — *negativ phototropisch* reagiert, macht einen ziemlich scharfen Knick,
weil ihre Wachstumszone bekanntlich nur kurz
ist. Auch im Fall der Keimwurzel ist die phototropische Reaktion des Organs auf verschieden
intensives Zellwachstum der beiden Flanken
zurückzuführen.

Es gibt auch die Erscheinung, daß ein und
dasselbe System je nach Photonenfluß positiv
oder negativ phototropisch reagiert. Ein Beispiel: Die Keimpflanzen der tropischen Aracee
Monstera gigantea zeigen bei geringen Lichtflüssen positiven Phototropismus, bei höheren
Lichtflüssen reagieren sie negativ phototropisch. Die teleologische Erklärung dieses Verhaltens ist relativ einfach: Die Keimlinge dieser

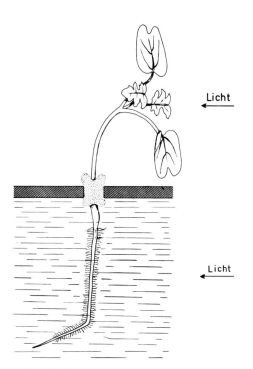

Abb. 543. Die phototropischen Wachstumsbewe-
gungen einer repräsentativen dikotylen Keimpflanze
(*Sinapis alba*). Das Hypokotyl reagiert *positiv*, die
Wurzel reagiert *negativ* phototropisch. (Nach BOY-
SEN-JENSEN, 1939)

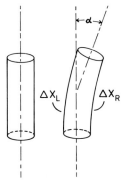

Abb. 544. Modellhafte Darstellung der phototropischen Reaktion des Hypokotyls. *Links:* Bei symmetrischer Belichtung oder im Dunkeln wachsen beide Flanken des Achsenzylinders gleich schnell entlang der Längsachse (keine Krümmung). *Rechts:* Nach einem Lichtreiz von rechts wächst die Schattenflanke schneller als die Lichtflanke ($\Delta X_L > \Delta X_R$). Dies führt zu einer Verschiebung der Längsachse um den Winkel α. Das Problem besteht darin, zu verstehen, wie das vielzellige System es fertig bringt, auf einen Lichtreiz hin das Wachstum in der angedeuteten Weise umzustellen. Man muß dabei berücksichtigen, daß bereits kleine Unterschiede der Wachstumsintensität auf den beiden Flanken zu starken Krümmungen führen. Außerdem muß man stets im Auge behalten, daß Pflanzenzellen nur wachsen, sich aber nicht gegeneinander verschieben können. Wachstum ist deshalb *stets* eine *Systemleistung*, die eine hohe Koordination im Verhalten der Einzelzellen voraussetzt

Windepflanze sind darauf programmiert, den *dunklen* Wirtsbaum zu erreichen. Allerdings dürfen die Keimlinge dem Licht nicht allzu sehr ausweichen, da sie auf Photosynthese angewiesen sind.

Das Farnchloronema (Abb. 545). Im längerwelligen Licht (Rotlicht) wachsen die jungen Gametophyten vieler leptosporangiater Farne als Zellfäden ($\rightarrow$ Abb. 293). Das Chloronema zeigt *Spitzenwachstum*. Das Wachstum ist auf die äußerste Spitze der Apikalzelle beschränkt; wahrscheinlich findet der Einbau von Wandsubstanz überhaupt nur in der apikalen Kalotte ($5 - 10\,\mu$m) statt. Wie erfolgt hier die phototropische Krümmung? Die Krümmung erfolgt *nicht* durch ein verstärktes Wachstum auf der Schattenflanke der apikalen Kalotte, sondern durch eine Vorwölbung auf der dem Licht zugewandten Flanke. Besonders elegant kann man diese Auffassung verifizieren, indem man die Verlagerung von Reisstärkekörnern verfolgt. Man legt die Körner auf die apikale Kalotte und beobachtet ihre Verlagerung nach Drehung der Lichtrichtung um 90° (Abb. 546). Das Studium der *polarotropischen* Reaktion der Chloronemen hat diese Auffassung vom Krümmungsmechanismus bestätigt.

Abb. 545 a und b. Phototropismus von Farnchloronemen. Objekt: Sporenkeimlinge von *Dryopteris filix-mas*, 5 d (a) bzw. 7 d (b) nach der Sporenkeimung. Der Pfeil gibt die jeweilige Lichtrichtung an. Die Änderung der Lichtrichtung um 90° erfolgte 5 d nach der Sporenkeimung. Die phototropische Krümmung des Chloronemas erfolgt mit einem scharfen Knick. Zur Terminologie: Der aus der haploiden Gonospore entstehende Sporenkeimling besteht aus dem chloroplastenhaltigen *Chloronema* und dem farblosen *Rhizoid*. (Nach MOHR, 1956)

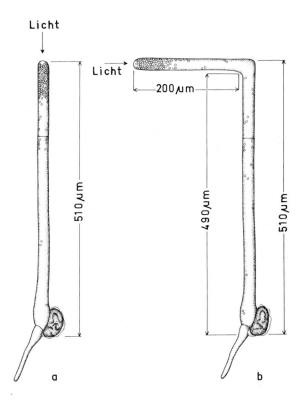

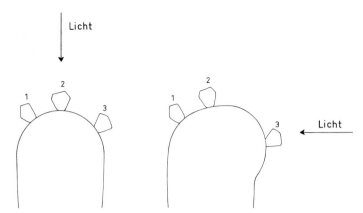

Abb. 546. Die Position von Reisstärke-körnern als Marken auf den Chlorone-maspitzen von *Dryopteris filix-mas*, vor (*links*) und nach (*rechts*) dem Einsetzen der phototropischen Krümmung. Es ist offensichtlich, daß die phototropische Krümmung mit einer Verlagerung des Wachstumszentrums von der Spitze an die Flanke der apikalen Kalotte zusammenhängt. (Nach ETZOLD, 1965)

Der Polarotropismus

Farnchloronemen. Verabreicht man horizontal wachsenden Farnchloronemen linear polarisiertes hellrotes Licht von oben, so wachsen sie strikt senkrecht zur Schwingungsebene des **E**-Vektors (Abb. 547, Lage des **E**-Vektors mit ⟷ angedeutet). Dreht man die Schwingungsebene (Abb. 547, ⟵–→), so stellen die Chloronemen die Richtung des fädigen Spitzenwachstums sofort auf die neue Lage des **E**-Vektors ein. Es bildet sich, genau wie beim Phototropismus bei Änderung der Lichtrichtung (→ Abb. 545), ein scharfer Knick.

Wie ist die polarotropische Reaktion im Prinzip zu deuten? Die wirksame Hellrot-Strahlung — so besagt die Theorie — wird von langgestreckten Photoreceptormolekülen absorbiert, die im peripheren Plasma (vermutlich im Bereich der Plasmamembran) oberflächenparallel orientiert liegen. Im Modell (Abb. 548) bedeutet ein Strich die Achse der stärksten Absorption der Photoreceptormoleküle; ein Punkt bedeutet, daß man auf diese Achse vom Ende her blickt. Die Photoreceptormoleküle sind also nach diesem Modell in einer dichroitischen Struktur oberflächenparallel angeordnet. In erster Näherung können wir annehmen, daß die Photoreceptormoleküle das polarisierte Hellrotlicht nur absorbieren, wenn ihre Dipolachse in der Schwingungsebene des **E**-Vektors liegt. Nach diesem Modell würde sich also der Wachstumspol jeweils dort befinden, wo am meisten Hellrot absorbiert wird. Dreht man den **E**-Vektor, so wird die Absorption an den *Flanken* der apikalen Kalotte stärker als ganz vorne. Der Wachstumspol wandert an die eine oder andere Flanke.

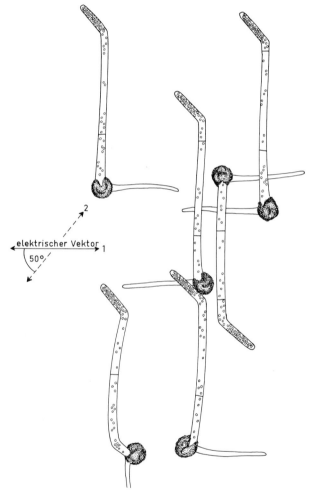

Abb. 547. Grundphänomene des Polarotropismus. Objekt: Sporenkeimlinge von *Dryopteris filix-mas*. Linear polarisiertes Licht, von oben — also senkrecht auf die Wachstumsebene — eingestrahlt, bestimmt die Wachstumsrichtung von Chloronema und Rhizoid. Die Chloronemen wachsen normal zur Schwingungsebene des **E**-Vektors. (Nach ETZOLD, 1965)

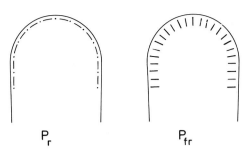

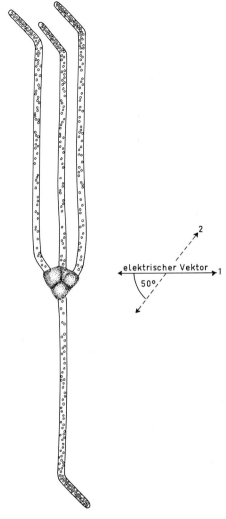

Abb. 548. Dieses Modell (Spitze eines Farnchloronemas im optischen Längsschnitt) soll die Orientierung der Achsen maximaler Absorption der Photoreceptormoleküle (Dipolachse) illustrieren. Die Photoreceptormoleküle sind mit Phytochrom zu identifizieren. *Links:* Nur P_r vorhanden. Die Photoreceptormoleküle sind zwar strikt oberflächenparallel, innerhalb der dichroitischen Schicht aber zufallsmäßig angeordnet. Dieser Verteilung wird durch die Anordnung von Strichen und Punkten Rechnung getragen. *Rechts:* Nur P_{fr} vorhanden. Die Photoreceptormoleküle (genauer: ihre Achse maximaler Absorption) stehen im Fall von P_{fr} also *senkrecht* auf der Oberfläche der Zelle. Der Übergang $P_r \rightleftarrows P_{fr}$ ist somit mit einer Drehung der Achse maximaler Absorption um 90° verbunden. Wir werden später sehen (→ S. 535), daß eine entsprechende, dichroitische Anordnung von Phytochrommolekülen auch in den Zellen der Grünalge *Mougeotia* entdeckt wurde. (Nach ETZOLD, 1965)

Das Photoreceptorpigment für das polarotropisch wirksame Hellrotlicht ist das *Phytochrom* (→ S. 313). Beim Polarotropismus und beim normalen Phototropismus der Farnchloronemen bestimmt also das Phytochrom den Ort des stärksten Wachstums in der apikalen Kalotte. Der Ort stärksten Wachstums befindet sich jeweils dort in der Zelle, wo das P_r seine höchste Absorptionswahrscheinlichkeit besitzt und somit die lokale P_{fr}-Konzentration am größten ist. Beim normalen Phototropismus der Farnchloronemen ist dies die *Lichtflanke* der apikalen Kalotte (→ Abb. 545).

Lebermooschloronemen. Die fädigen Sporenkeimlinge des Lebermooses *Sphaerocarpus donnellii* zeigen ebenfalls das Phänomen des Polarotropismus (Abb. 549). In diesem Fall kann die polarotropische (und phototropische) Reaktion jedoch *nicht* mit dem Phytochrom in Zusammenhang gebracht werden.

Genau wie die Farnchloronemen wachsen die Lebermooskeimlinge normal (d. h. in einem Winkel von 90°) zu der Schwingungsebene des

Abb. 549. Grundphänomene des Polarotropismus bei Lebermooschloronemen. Objekt: Sporenkeimlinge aus Gonosporen von *Sphaerocarpus donnellii*. (Nach Photographien von STEINER)

$\mathfrak{E}$-Vektors des linear polarisierten Lichtes, das von oben (d. h. senkrecht zur Wachstumsebene) eingestrahlt wird. Dreht man den $\mathfrak{E}$-Vektor, ändern die Keimlinge ihre Wachstumsrichtung entsprechend. Die Studien zum Wirkungsspektrum des Polarotropismus der *Sphaerocarpus*-keimlinge ergaben, daß in diesem Fall nur *kurzwelliges Licht* wirksam ist. Die Details des Wirkungsspektrums (Abb. 550) lassen vermuten, daß ein *Flavoprotein* als Photoreceptorpigment fungiert. Auch in diesem Fall muß man annehmen, daß die Photoreceptormoleküle hochgradig orientiert in einer dichroitischen Struktur in der Nähe der Zelloberfläche angeordnet sind. Drei Gesichtspunkte sind noch zu erwähnen:

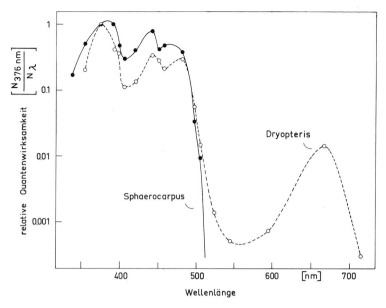

Abb. 550. Wirkungsspektren für den Polarotropismus bei Sporenkeimlingen eines Farns (*Dryopteris filix-mas*) und eines Lebermooses (*Sphaerocarpus donellii*). Das Wirkungsspektrum wurde bei *Dryopteris* für den Reaktionswinkel 17,5°, bei *Sphaerocarpus* für den Reaktionswinkel 22,5° berechnet. Beide Winkel repräsentieren 50% des maximalen Reaktionswinkels. Wellenlängen oberhalb 520 nm haben bei *Sphaerocarpus* keine polarotropische oder phototropische Wirkung. (Nach STEINER, 1967). Die Hellrotwirkung beim Farnchloronema ist auf *Phytochrom* zurückzuführen. Beim Lebermooschloronema fehlt die Phytochromwirkung auf Polaro- und Phototropismus völlig, obgleich das System Phytochrom enthält

1. Die *Sphaerocarpus*-Keimlinge enthalten, wie Messungen in vivo und nach Extraktion zeigen, relativ viel Phytochrom. In diesem System steht das Phytochrom aber nicht mit dem Polarotropismus in Beziehung. 2. In den Farnchloronemen dürfte neben dem Phytochrom auch ein Flavoprotein (→ Abb. 559) polarotropisch wirksam sein. Das Wirkungsspektrum für *Dryopteris*-Keimlinge (Abb. 550) läßt sich unterhalb 500 nm auf der Basis von Phytochrom allein nicht verstehen. 3. Der Vergleich von Farn- und Lebermooschloronemen liefert ein Beispiel für *physiologische Konvergenz*. Ein und dasselbe Problem, die optimale phototropische Reaktion des Systems, wird von verschiedenen Organismen mit Hilfe *verschiedenartiger* Elemente in sehr ähnlicher Weise gelöst.

Das Wirkungsspektrum beim Phototropismus des Dikotylenkeimlings

Die phototropische Reaktion des Dikotylenkeimlings kann nur durch Blaulicht und UV ausgelöst werden. Die Empfindlichkeit für diesen Spektralbereich ist sehr hoch. Einseitiges Hellrot oder Dunkelrot bewirkt, obgleich diese Strahlung das Hypokotylwachstum stark hemmt, keine phototropische Krümmung (Abb. 551). Die phototropische Reaktion hat also direkt nichts mit dem *Phytochrom* zu tun. Allerdings kann die Empfindlichkeit für Blaulicht über Phytochrom modifiziert werden. Keimpflanzen, welche die Photomorphogenese (→ S. 341) hinter sich haben, sind phototropisch weniger empfindlich als etiolierte Keimlinge. Im übrigen aber sind *Photomorphogenese* (Phytochrom) und *Phototropismus* (vermutlich Cryptochrom; → Abb. 377) bei den Spermatophyten völlig getrennte Phänomene.

Die Geschwindigkeit der phototropischen Bewegung

Moderne photographische Verfahren, beispielsweise die *holographische Interferometrie,* erlauben eine präzise, weitgehend störungsfreie Messung pflanzlicher Wachstumsbewegungen auch bei normalen grünen Pflanzen. Dabei hat

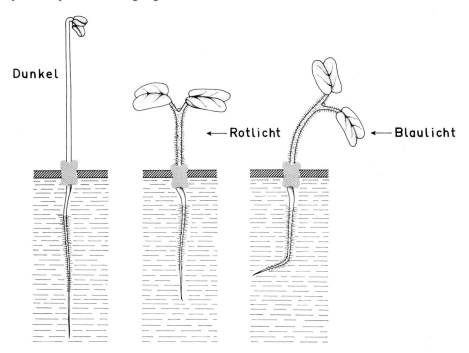

Abb. 551. Einseitiges Rotlicht (>550 nm) bewirkt beim Senfkeimling keine phototropische Krümmung, obgleich das Wachstum des Hypokotyls stark gehemmt wird und im Hypokotyl auch für Rotlicht ein Lichtflußgradient besteht. Gegenüber Blaulicht (< 520 nm) besteht eine hohe phototropische Emp-findlichkeit. Die beiden Fragen „Wie bewirkt das Blaulicht eine phototropische Krümmung?" und „Weshalb bewirkt das einseitig verabfolgte Rotlicht *keine* phototropische Krümmung?" müssen als gleich bedeutsam betrachtet werden. Sie werden am Ende dieses Kapitels aufgegriffen

Abb. 552. Phototropische Experimente mit grünen Pflanzen, die unter natürlichen Lichtbedingungen herangewachsen sind. Objekt: *Stapelia variegata*. Die seitliche Belichtung erfolgte mit 450 nm-Licht (Energiefluß 0,2 W · m^{-2}). Das Licht setzte zum Zeitpunkt t = 5 min ein und endete zum Zeitpunkt t = 50 min. *Oben:* Phototropische Ablenkung eines Punktes (senkrecht zur Längsachse der Pflanze), der 3,5 cm von der Basis einer 4,2 cm hohen Pflanze entfernt ist; *unten:* Geschwindigkeit der Ablenkung. Vor dem Zeitpunkt t = 5 min führte die Pflanze eine geringe, konstante Bewegung durch. Die Analyse erfolgte mit Hilfe der *holographischen Interferometrie*. Diese Technik erlaubt eine bisher unerreichte Präzision der Beobachtung von Wachstumsbewegungen. Die eingetragenen Punkte sind experimentell bestimmt, die ausgezogenen Kurven repräsentieren den „best fit" unter der Annahme, daß die Geschwindigkeitsdaten nach Einsetzen des Blaulichts der Formel $v = 1 - e^{-0,2t}$ und nach Abschalten des Lichts der Formel $v = e^{-0,2t}$ gehorchen. (Nach Fox und Puffer, 1976)

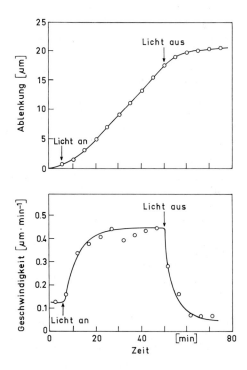

sich die Vermutung der klassischen Physiologen bestätigt, daß die phototropischen Reaktionen nicht nur schnell erfolgen, sondern auch mit verhältnismäßig einfachen, exponentiellen Funktionen beschrieben werden können (Abb. 552). Auch diese Resultate deuten darauf hin, daß die phototropische Reaktion eine *Systemeigenschaft* ist, die eine strenge Koordination im Verhalten der einzelnen Zellen in der vielzelligen Sproßachse voraussetzt. Es ist zu befürchten, daß die konventionellen biochemischen Versuche, in den Mechanismus der Reiz-Reaktionskette des Phototropismus einzudringen, diesen Systemeigenschaften nicht gerecht werden.

Der Phototropismus der Gramineen-Koleoptile

Als Prototyp verwenden wir auch hier die *Avena*koleoptile (→ Abb. 265). Man muß in diesem Zusammenhang beachten, daß die *Koleoptile* einem *Keimblatt* (und nicht einem Achsenorgan!) homolog ist. Trotzdem hat man die Reiz-Reaktionskette beim Phototropismus der Koleoptile über Jahrzehnte hinweg als ein Modellbeispiel für den Phototropismus schlechthin aufgefaßt. Dies macht die Intensität verständlich, mit der sich viele Forscher bemüht haben, den phototropischen Mechanismus (d. h. die Abfolge der Einzelschritte) bei der *Avena*koleoptile zu verstehen. Trotz dieses Engagements ist eine überzeugende, quantitative Theorie der Reiz-Reaktionskette auch beim Phototropismus der *Avena*koleoptile noch nicht in Sicht. Unsere Darstellung bleibt deshalb auch in diesem Kapitel weitgehend phänomenologisch.

Grundlegende Phänomene. Von der phototropischen Reaktionsfähigkeit der Koleoptile gibt die Abb. 554 einen Eindruck. Auch diese Organkrümmung geht ausschließlich darauf zurück, daß die Zellen auf der Schattenflanke schneller wachsen als die Zellen auf der Lichtflanke (→ Abb. 544). Das verschieden intensive Zellwachstum auf Licht- und Schattenflanke ist darauf zurückzuführen, daß die Lichtflanke eine stärkere Lichtabsorption durchführt als die Schattenflanke (Abb. 553, *unten*). Durch Absorption und Streuung (z. B. im Primärblatt) kommt es zu einer Reduktion des Lichtflusses beim Durchtritt durch das Organ. Die Strichlänge in der Abb. 553 (*unten rechts*) repräsentiert das Ausmaß der Absorption durch die als schwarze Punkte (*unten links*) angedeuteten Photoreceptormoleküle. Diese Auffassung läßt sich durch Halbseitenbeleuchtung experimentell bestätigen (Abb. 553, *oben*): Die Koleoptile wächst in der Zeichenebene. Wir strahlen Licht von vorne senkrecht auf die Zeichenebene. Die rechte Hälfte der Koleoptile wird verdunkelt. Unter diesen Bedingungen krümmt sich die Koleoptile nicht in der Lichtrichtung, sondern senkrecht zur Lichtrichtung ins Licht hinein, also nach der beleuchteten Flanke hin. Man sieht, daß es bei der phototropischen Krümmung nicht auf die Lichtrichtung als solche ankommt, sondern ausschließlich auf die Verteilung der Lichtabsorption in dem betreffenden Organ. Damit im Einklang steht die Beobachtung, daß die Koleoptilen im Rahmen der 1. positiven Krümmung (→ unten) stärker reagieren, wenn man sie von der Schmalseite anstatt von der breiten Flanke her belichtet (→ Abb. 266). Der steilere, innere Gradient des Lichtflusses führt zu einer entsprechend stärkeren Reaktion. Man hat zunächst den Eindruck, die Koleoptile als histologisch relativ einfaches Organ sei der weiteren Analyse des phototropi-

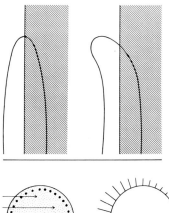

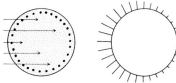

Abb. 553. *Oben:* Prinzip der Halbseitenbeleuchtung und der entsprechenden Reaktion bei der *Avena*koleoptile. *Unten:* Prinzip der Lichtrichtungsmessung bei der *Avena*koleoptile. *Dicke Punkte:* Photoreceptormoleküle; *Pfeile:* Strahlengang. Die Striche (*rechte Figur*) repräsentieren die Intensität der Absorption rings um den Querschnitt. (Nach HAUPT, 1965)

Abb. 554 a – c. Typische phototropische Krümmungen der *Avena*koleoptile. (a) Basiskrümmung, verursacht durch 10 min Blaulicht bei mittlerem Photonenfluß (436 nm); (b) Basiskrümmung, verursacht durch 10 s UV (254 nm); (c) Spitzenreaktion verursacht durch 1 s Blaulicht [Photonenfluß und Wellenlänge gleich wie bei (a)]. Das Licht kommt von rechts. Die Koleoptilen wurden bei Lichtbeginn und 90 min später photographiert. (Nach CURRY und THIMANN, 1961)

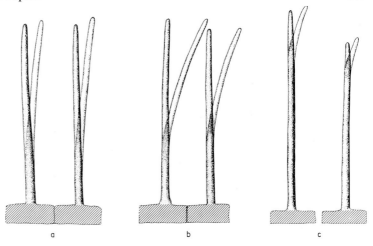

schen Effektes leicht zugänglich. Der Phototropismus der Gramineen-Koleoptile ist jedoch in Wirklichkeit ein sehr komplexes Phänomen.

Spitzenreaktion und Basiskrümmung. Man kann zwei Krümmungstypen der Koleoptile unterscheiden (Abb. 554), eine Spitzenreaktion und eine Basiskrümmung. Im Fall der Spitzenreaktion erfolgt die Krümmung im subapikalen Bereich, bei der Basiskrümmung erfolgt die Reaktion über die ganze Länge der Koleoptile hinweg. Eine weitere Komplikation illustriert die Abb. 555. Die phototropische Krümmung einer *Avena*koleoptile (Abweichung von der Lotrechten), die man etwa 90 min nach Belichtung beobachtet, ist sowohl dem Ausmaß als auch dem Vorzeichen nach eine Funktion der eingestrahlten Photonenfluenz (hier als Lichtfluenz angegeben). Die Experimente der Abb. 555 illustrieren auch, daß die phototropische Reaktion der etiolierten Koleoptile ein typisches *Induktionsphänomen* ist. Man braucht nur kurz, z. B. wenige Sekunden, zu belichten. Etwa 20 min später (unter den meist gewählten Standardbedingungen) setzt die Reaktion ein und erreicht etwa 60 – 90 min nach der Belichtung den maximalen Wert. In der Abb. 555 kann man wenigstens drei Krümmungsarten unterscheiden: Die 1. positive, die 1. negative und die 2. positive Krümmung. Welche Krümmungsart auftritt, hängt von der Photonenfluenz ab, die man bei der Induktion einseitig appliziert.

Wir beschränken uns im folgenden auf die am besten untersuchte *1. positive Krümmung.* Für diese Reaktion gilt bei kurzfristiger Belichtung das Reciprocitätsgesetz (Reizmengenge-

setz), d. h. die Reaktionsgröße, im vorliegenden Fall das Ausmaß der Krümmung, hängt nur von der Photonenfluenz (mol · m^{-2}) ab, nicht von dem Photonenfluß (mol · m^{-2} · s^{-1}), mit dem eine bestimmte Photonenfluenz appliziert wird. Die Gültigkeit des Reciprocitätsgesetzes weist darauf hin, daß die photochemische Primärreaktion beim Phototropismus verhältnismäßig einfach ist. Jedenfalls braucht man bei dem System, auf das die applizierten Photonen wirken, während der Belichtungszeit mit keinen anderen als den *photochemischen* Veränderungen zu rechnen.

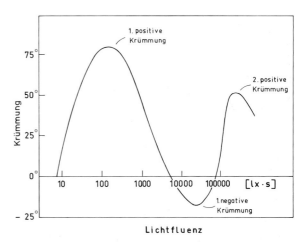

Abb. 555. Der Zusammenhang zwischen dem Ausmaß der phototropischen Krümmung der *Avena*koleoptile und der einseitig verabreichten Lichtfluenz [lx · s]. Das Licht wird im Sekundenbereich verabreicht. Die Messung der phototropischen Krümmung erfolgt 90 min nach der Belichtung. (In Anlehnung an DU BUY und NUERNBERGK, 1934)

Die 1. positive Krümmung. Sie ist praktisch identisch mit der Spitzenreaktion (Abb. 554 c). Die Krümmung erfolgt also im subapikalen Bereich. Die äußerste Spitze der Koleoptile (etwa 250 μm) ist extrem lichtempfindlich. Unterhalb der Spitze nimmt die Lichtempfindlichkeit rasch ab. Wenn man nur die äußerste

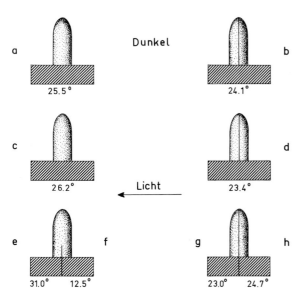

Abb. 556 a – h. Auxin-Diffusionsexperimente, ausgeführt mit Koleoptilspitzen. Objekt: *Zea mays*, cv. Burpee Snowcross. Die Diffusionszeit war stets 3 h. (a) Intakte Spitzen, Dunkel; (b) gespaltene Spitzen, Dunkel; (c) intakte Spitzen, Licht; (d) gespaltene Spitzen, Licht; (e) teilweise gespaltene Spitzen, Schattenflanke; (f) teilweise gespaltene Spitzen, Lichtflanke; (g) völlig gespaltene Spitzen, Schattenflanke; (h) völlig gespaltene Spitzen, Lichtflanke. Die Zahlen (Krümmungswinkel im *Avena*-Krümmungstest; → Abb. 277) repräsentieren die Auxinmenge, die in die Agarblöckchen diffundiert ist. In den Fällen (e – h) wurde die doppelte Zahl von Spitzen verwendet. (Nach BRIGGS et al., 1957)

argumentieren, zu einer „Querpolarisierung" der Koleoptile, unter den üblichen Versuchsbedingungen also zu einer *Querpolarisierung* in der Lichtrichtung. Unter dem Einfluß dieser *Querpolarität* wird der von der Koleoptilspitze ausgehende, basipetale Auxinstrom mehr oder minder stark auf die Schattenflanke abgelenkt. Das Auxin strömt also auf der Schattenflanke in größerer Konzentration basipetal als auf der Lichtflanke. Da das Wachstum der Koleoptilzellen über Auxin reguliert wird (→ Abb. 277), kommt es zu einem stärkeren Wachstum auf der Schattenflanke und damit zu der phototropischen Krümmung.

Für diesen simplistisch wirkenden Erklärungsversuch gibt es experimentelle Evidenz: 1. Wenn man Koleoptilspitzen auf Agarblöckchen setzt, wird das transportfähige Auxin an der Schnittfläche sezerniert (→ Abb. 267). Es diffundiert von der Schnittfläche aus in den Agar hinein. Die Agarblöckchen können dann im Krümmungstest (→ Abb. 277) quantitativ auf den Auxingehalt („diffusionsfähiges Auxin") geprüft werden. Die Krümmungswinkel der Testkoleoptilen sind ein relatives Maß für das von den Koleoptilspitzen an den Agar abgegebene Auxin. Da man die abgeschnittenen Koleoptilspitzen ohne wesentliche Schwierigkeiten mit dünnen Glas- oder Glimmerplättchen

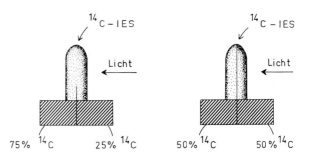

Abb. 557. Die Verteilung von exogen applizierter 1-^{14}C-IES zwischen der Licht- und Schattenflanke von Mais-Koleoptilspitzen. Die radioaktive IES wurde an der äußersten Koleoptilspitze zugeführt, dann wurde einseitig mit 100 lx · s (1. positive Krümmung, → Abb. 555) belichtet. Angegeben ist das Verhältnis der Radioaktivität, die in Empfänger-Agarblöckchen transportiert wurde. Diese wurden unter die Licht- bzw. Schattenflanke gesetzt. Die Koleoptilspitzen waren entweder teilweise (*links*) oder ganz (*rechts*) gespalten. (In Anlehnung an PICKARD und THIMANN, 1964)

Spitze belichtet, erhält man die typische Spitzenreaktion, auch wenn die Zellen in der reagierenden subapikalen Zone der Koleoptile gar nicht belichtet wurden. Die Reiz-Reaktionskette schließt also eine in der Längsrichtung der Koleoptile erfolgende Kommunikation zwischen den Koleoptil-Zellen ein („Reizleitung").

Wie kann man sich die Spitzenreaktion erklären? Der Absorptionsgradient, der zustande kommt (→Abb. 553), führt, so pflegt man zu

längsspalten kann, wird der experimentelle Ansatz der Abb. 556 möglich. Das Experiment zeigt: Die Spaltung der Koleoptilspitze hat keinen Einfluß auf die Auxinsekretion im Dunkeln. Die pro Koleoptilspitze abgegebene Auxinmenge wird durch Licht nicht verändert. Bei unversehrter Koleoptilspitze kommt es unter dem Einfluß von Licht zu einer starken *Querverschiebung des Auxins.* Die Spaltung der Koleoptilspitze verhindert diese Querverschiebung völlig. 2. Gibt man ^{14}C-markierte IES auf die Spitze der Koleoptile, findet man die in der Abb. 557 aufgeführten Daten. Aus der Schattenflanke wird sehr viel mehr Radioaktivität in den Agar abgegeben als aus der Lichtflanke. Es kommt also zu einer Querverschiebung der applizierten ^{14}C-IES. Man erkennt ferner, daß eine Photodestruktion des Auxins keine Rolle beim Phototropismus spielt. Dies bestätigen auch Messungen der Decarboxylierungsintensität: Lichtfluenzen (Weißlicht, Blaulicht), die eine phototropische Krümmung auslösen, haben keinen Einfluß auf die Decarboxylierungsintensität von IES in vivo. Die Frage ist, ob das mysteriöse Konzept einer „Querpolarisierung" der Koleoptile wirklich notwendig ist. Nach einer von HAGER entwickelten Vorstellung soll bei der Koleoptile die Ablenkung des Auxinstroms zur Schattenflanke dadurch zustande kommen, daß ein Photooxidationsprodukt des Auxins (3-Methylenoxindol) in den Zellen der Lichtflanke den Auxintransport hemmt. Der Auxinstrom auf der Lichtflanke wäre demnach geringer als auf der Schattenflanke. Die Photooxidation würde nur einen sehr kleinen Teil des Gesamtauxins betreffen. Es ist offensichtlich, daß dieses Konzept mit einigen Daten, beispielsweise denen der Abb. 556 h, nur schwer zu vereinbaren ist. Neuere Arbeiten aus dem Laboratorium von WILKINS stellen den engen Zusammenhang zwischen phototropischer Krümmung und lateralem Auxintransport wieder in Frage. Es wurden die üblichen phototropischen Krümmungen auch unter solchen Bedingungen beobachtet, die weder zu einem lateralen Transport exogener 5-^{3}H-IES noch zu einer Hemmung des longitudinalen Transports in intakten Mais- oder Haferkoleoptilen führten. Trotz aller Bemühungen ist somit die Frage immer noch offen, inwiefern ein lateraler Transport von IES an dem differentiellen Wachstum, das zur phototropischen Krümmung von Koleoptilen und Sproßachsen führt, tatsächlich beteiligt ist.

Das Wirkungsspektrum beim Phototropismus der Gramineen-Koleoptile

Das Wirkungsspektrum der 1. positiven Krümmung (Spitzenreaktion) ist insofern kompliziert als die Energiefluenz-Effekt-Kurven für die verschiedenen Wellenlängen nicht parallel verlaufen. Es ergeben sich somit etwas verschiedene Wirkungsspektren, je nachdem, welche Reaktionsgröße man wählt (Abb. 558). Klar ist, daß lediglich *kurzwelliges Licht und UV* wirksam sind. Dies gilt generell für phototropische Reaktionen, die auf differentielles Wachstum von Licht- und Schattenflanke zurückgehen. (Bei Farn- und Mooschloronemen, die auch auf längerwelliges Licht reagieren, liegt, wie wir gesehen haben, ein völlig anderer Reaktionsmechanismus vor, nämlich eine Verlagerung von Wachstumsschwerpunkten; → Abb. 546). Die Wirkungsspektren der Abb. 558 zeigen drei Gipfel im Blaubereich und einen mit zunehmender Reaktionsgröße immer mehr sich ausprägenden Gipfel im nahen UV. Für die richtige Interpretation muß man sich klar machen, daß für die Herstellung eines Absorptionsgradienten in der Koleoptilspitze zwei Voraussetzungen gegeben sein müssen: Der aktive Photoreceptor und ein Lichtgradient. Dieser Gradient wird durch zwei Faktoren bewirkt, durch die Absorption physiologisch inaktiver Pigmente („Abschirmpigmente", „Schattenspender") und durch die Lichtstreuung im Gewebe.

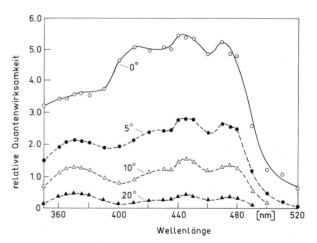

Abb. 558. Wirkungsspektren für die 1. positive Krümmung (Spitzenreaktion) der *Avena*koleoptile. Die Wirkungsspektren sind für die Reaktionsgrößen 0, 5, 10 und 20° Krümmung berechnet. (Nach SHROPSHIRE und WITHROW, 1958)

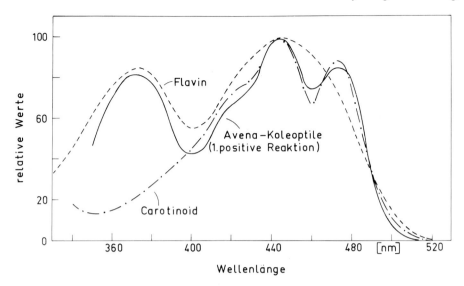

Abb. 559. Eine Gegenüberstellung des phototropischen Wirkungsspektrums der *Avena*koleoptile (bezüglich der 1. positiven phototropischen Krümmung) und der Absorptionsspektren von Carotinoiden und Flavinen. Es kommt hier nur auf die allgemeine Charakteristik an. (Nach SHROPSHIRE und WITHROW, 1959)

Das für die Reaktionsgröße 0° extrapolierte Wirkungsspektrum repräsentiert nach Auffassung einiger Forscher in erster Linie das Absorptionsspektrum des aktiven Photoreceptors. Nach dieser Interpretation wäre das Photoreceptorpigment als Carotinoid aufzufassen (Abb. 559), vielleicht gebunden an Protein. Die Wirkungsspektren für steigende Reaktionsgrößen dürften auch die Absorption der „Abschirmpigmente" mehr oder minder stark widerspiegeln. Man kann annehmen, daß der Gipfel um 370 nm auf Flavoproteine, die in diesem Fall als physiologisch inaktive Abschirmpigmente anzusehen wären, zurückzuführen ist (→ Abb. 559). Bei diesen Überlegungen muß man beachten, daß nach den bisherigen Erfahrungen bei den höheren Pflanzen *Carotinoide nur in Plastiden* vorkommen. Da der vermutlich universelle Blaulicht-UV-Photoreceptor in manchen Systemen auch in einer dichroitischen Anordnung im Bereich der Plasmamembran vorliegen kann (→ Abb. 550), kommen Carotinoide dafür schwerlich in Frage. Auf jeden Fall kann der Photoreceptor der 1. positiven Krümmung der *Avena*koleoptile nicht als identifiziert angesehen werden. Die meisten Forscher neigen derzeit wohl der Auffassung zu, der Wirkungsgipfel bei 370 nm repräsentiere einen Absorptionsgipfel des aktiven Photoreceptorpigments (und nicht des „Schattenspenders"). In diesem Fall könnte man das Wirkungsspektrum als Flavoprotein-Spektrum (*Cryptochrom*-Spektrum; → Abb. 377) interpretieren. Da manche Flavoproteine im Blaubereich mehrere Absorptionsgipfel zeigen, ist diese Auffassung durchaus möglich (→ S. 365).

Der Umstand, daß Rotlicht bei der Koleoptile phototropisch unwirksam ist, bedeutet nicht, daß die phototropische Reiz-Reaktionskette phytochromunabhängig wäre. Man hat im Gegenteil gefunden, daß die Empfindlichkeit der Koleoptile für phototropisch wirksames Blaulicht durch eine Hellrotbestrahlung stark erhöht wird. Das Rotlicht wirkt über *Phytochrom*. Die *Verarbeitung des phototropischen Reizes* wird also vom Phytochrom kontrolliert, obgleich jene Photonen, die das Phytochrom absorbiert, selber nicht als Reiz wirken.

Der Phototropismus von Sporangiophoren

Grundphänomene. Die Sporangiophoren des Phycomyceten *Phycomyces blakesleeanus* reagieren positiv phototropisch auf einseitiges Blaulicht (Abb. 560). Die phototropische Krümmung beruht auf einem unterschiedlichen Wachstum von Licht- und Schattenflanke in der subsporangialen Wachstumszone. Gegenüber Blaulicht (400 bis 500 nm) ist die phototropische Reaktion positiv; benützt man jedoch als Reizlicht kürzere Wellenlängen, so krümmt sich die Sporangiophore vom Licht weg. Diese negativ phototropische Reaktion ist darauf zurückzuführen, daß die zylindrische, größtenteils von einer Zentralvacuole eingenommene Zelle als eine *Zylinderlinse* fungiert (Abb. 561). Den Linseneffekt kann man an der durchsichtigen, mit einem randständigen Plasmaschlauch und einer großen Zentralvacuole

ausgestatteten Sporangiophore direkt nachweisen. Man kann zeigen, daß durch die Lichtbrechung des Sporangiophoreninhalts das Licht auf der Schattenflanke derart konzentriert wird, daß im mittleren Bereich der Schattenflanke ein besonders hoher Photonenfluß entsteht. Bei Wellenlängen größer als 300 nm ist der Photonenfluß auf der lichtabgewandten Seite des Zylinders so groß, daß es zu einer positiv phototropischen Reaktion kommt. Bei Wellenlängen kleiner als 300 nm verhindert die intensive Lichtabsorption durch *Gallussäure*, die in erheblicher Konzentration in der Zentralvacuole gelöst vorliegt, daß der Lichtreiz auf der Schattenflanke wirksam werden kann. Auf jeden Fall ist unter diesen Umständen die Lichtwirkung auf der Lichtflanke stärker, und es kommt zu einer negativen Reaktion. Diese Erklärung des phototropischen Verhaltens der

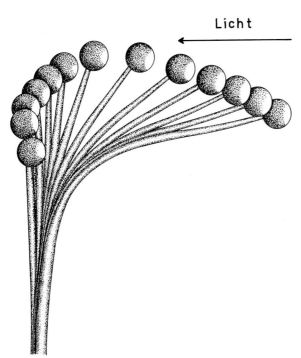

Abb. 560. Abfolge der positiv phototropischen Krümmung einer Sporangiophore (Entwicklungsstadium IV) von *Phycomyces blakesleeanus*. Die einzelnen Stadien liegen 5 min auseinander. Das einseitige Blaulicht kommt von rechts. Die Sporangiophore wächst mit $3 \text{ mm} \cdot \text{h}^{-1}$ in die Länge. Sie ist fast durchsichtig und trägt ein kugeliges Sporangium von 0,5 mm Durchmesser an ihrer Spitze. Der Bereich 0,5 bis 3 mm unterhalb des Sporangiums ist lichtempfindlich. Auch die streng lokalisierten Wachstumsreaktionen spielen sich in dieser Wachstumszone ab. *Reiz- und Reaktionsort fallen also zusammen.* Eine Reizleitung tritt nicht in Erscheinung. Auch der Adaptationszustand (→ Legende Abb. 562) bleibt streng lokalisiert. Der Adaptationszustand einer belichteten Region der Wachstumszone breitet sich also nicht aus, obgleich es sich bei der Sporangiophore um ein nicht zellulär gegliedertes System handelt (Nach SHROPSHIRE, 1974)

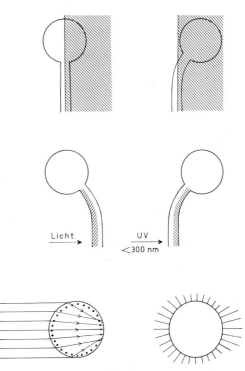

Abb. 561. *Oben:* Halbseitenbelichtung einer *Phycomyces*-Sporangiophore; *Mitte:* die phototropische Reaktion der reifen Sporangiophore im Licht (positiv) und im kurzwelligen UV (negativ); *unten:* auf der linken Seite ist der Strahlengang in der Sporangiophore im einseitigen Blaulicht dargestellt. Die dicken Punkte repräsentieren die Photoreceptor-Moleküle. Auf der rechten Figur stellen die Striche das Ausmaß der Absorption rings um den Sporangiophorenquerschnitt dar. (Nach HAUPT, 1965)

Sporangiophore setzt voraus, daß im Gegensatz zu Koleoptile oder Dikotylenhypokotyl das Wachstum innerhalb der Wachstumszone der Sporangiophore dort am stärksten ist, wo am *meisten* Photonen absorbiert werden. Diese Annahme kann in eleganter Weise durch die Technik der *Halbseitenbelichtung* geprüft und bestätigt werden (Abb. 561). Die Krümmung im Bereich der subsporangialen Wachstumszo-

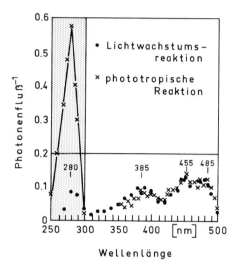

Abb. 562. Die Wirkungsspektren der Lichtwachstumsreaktion und der phototropischen Reaktion bei Sporangiophoren von *Phycomyces blakesleeanus.* Unter *Lichtwachstumsreaktion* versteht man die Änderung des Längenwachstums der Sporangiophore unter dem Einfluß von *symmetrisch* verabreichtem Licht. Die Lichtwachstumsreaktion der Sporangiophore ist stets *positiv,* d. h. es kommt zu einer vorübergehenden *Steigerung* der Wachstumsintensität. Die Lichtwachstumsreaktion ist auch dann nur von kurzer Dauer, wenn man die Sporangiophore im Licht beläßt. Dies ist darauf zurückzuführen, daß sich die Sporangiophore an die jeweils herrschenden Lichtflüsse adaptiert. Es läßt sich ein *Adaptationszustand der Sporangiophore* definieren, der dem jeweils herrschenden Lichtfluß proportional ist. Die Wirkungsspektren wurden mit der *Nullmethode* bestimmt. Experimentell geht man dabei so vor, daß man bei den verschiedenen Wellenlängen den Photonenfluß bestimmt, der benötigt wird, um die Wirkung eines konstanten Standardlichtes zu ersetzen bzw. zu kompensieren. Der Kehrwert dieses Photonenflusses ist als Funktion der Wellenlänge aufgetragen. Unterhalb von 300 nm ist die phototropische Reaktion *negativ* (durch Raster hervorgehoben). Dies kann durch einen internen Abschirmeffekt von Gallussäure erklärt werden. Das Wirkungsspektrum zeigt 4 deutliche Gipfel. (Nach DELBRÜCK und SHROPSHIRE, 1960)

ne erfolgt vom Licht weg. Man muß aus diesem Befund schließen, daß das Licht das Wachstum der belichteten Flanke *steigert.* Dies deckt sich mit der oben gegebenen Erklärung für die positiv phototropische Krümmung, wonach im einseitigen Blaulicht die Zylinderlinsenwirkung zu einer *positiven Lichtwachstumsreaktion* auf der Schattenflanke führt. Ultraviolette Strahlung unterhalb 300 nm führt bei Halbseitenbelichtung ebenfalls zu einer *positiven* Lichtwachstumsreaktion, obgleich dieses Licht eine *negativ* phototropische Krümmung verursacht. Auch dieser Effekt ist verständlich: Da der Vacuoleninhalt viel UV absorbiert, ist die Lichtwachstumsreaktion auf der Lichtflanke stärker als auf der Schattenflanke.

Das Wirkungsspektrum. Die Wirkungsspektren für die (stets positive) Lichtwachstumsreaktion und für die phototropische Reaktion der *Phycomyces*-Sporangiophore sind identisch, wenn man den internen Abschirmeffekt der Gallussäure berücksichtigt (Abb. 562). Das Wirkungsspektrum zeigt Maxima bei 485, 455, 385 und 280 nm. Das Wirkungsspektrum für die 1. positive Krümmung der *Avena*koleoptile (→ Abb. 558) zeigt eine ähnliche Feinstruktur. Es ist wahrscheinlich, daß die meisten spezifischen Blaulichtwirkungen sowohl bei den Pilzen als auch bei den Algen, Moosen, Lebermoosen, Farnen und Samenpflanzen auf das gleiche, universell verbreitete Photoreceptorpigment zurückzuführen sind. Was die chemische Natur des Pigments anbelangt, sprechen die Indizien für ein Flavin (Flavoprotein) (→ Abb. 377). Da das angeregte Flavin meist vom Triplettzustand aus reagiert, wurde von DELBRÜCK vermutet, daß Licht einer Wellenlänge, die direkt vom Grundzustand zum Triplettzustand führt, zu einem Nebengipfel im Wirkungsspektrum führen müßte. Tatsächlich konnte mit Hilfe eines Farbstofflasers dieser Nebengipfel zwischen 595 und 600 nm gefunden werden. Dieses Ergebnis bestätigt (zusammen mit den Befunden an Mehrfachmutanten von *Phycomyces*) die Flavinnatur des Cryptochroms. Es gibt auch bei *Phycomyces* Hinweise darauf, daß die Photoreceptormoleküle dichroitisch im Bereich der Plasmamembran angeordnet sind.

Ungelöste Probleme. Der Mechanismus, über den die Auswertung der Photonenflußverteilung in der Sporangiophore erfolgt, ist unbekannt. (Dieselbe negative Feststellung gilt auch für die vielzelligen, phototropisch reagierenden Systeme wie Koleoptilen und Hypokotyle). Über die molekularen Einzelschritte in der Reiz-Reaktionskette beim Phototropismus der Pilze gibt es keine begründeten Hypothesen. Auxin ist nicht beteiligt. Die Rolle von cyclischem AMP, das in der Wachstumszone von *Phycomyces* gefunden wurde und dessen Pegel auf Licht reagiert, bleibt unklar. Die kybernetische (bzw. systemtheoretische) input-output-Analyse von Lichtwachstumsreaktion und Phototropismus stand bisher bei *Phycomyces* im Vordergrund. Trotz intensiver Bemühungen kann jedoch die Grundfrage, ob der Phototropismus der *Phycomyces*-Sporangiophore tatsächlich eine funktionelle Konsequenz aus der positiven Lichtwachstumsreaktion ist, nicht eindeutig beantwortet werden.

Der Phototropismus von Sproßachsen, ein Rückblick

Kann man sich vom Phototropismus der Koleoptile her die Reiz-Reaktionskette beim Phototropismus der Dikotylensproßachse (→ Abb. 551) verständlich machen? Es gibt in der Tat einige Übereinstimmungen: 1. Phototropisch wirksam sind nur Blaulicht und UV. Es ist wahrscheinlich, daß das phototropisch wirksame Licht in beiden Fällen von einem universell verbreiteten Pigment (Cryptochrom; → Abb. 377) absorbiert wird. 2. Die charakteristischen Lichtfluenz-Effekt-Kurven (→ Abb. 555) findet man bei Koleoptilen ebenso, wie bei etiolierten Dikotylenkeimlingen. Allerdings traten *negative* Krümmungen bei den geprüften Hypokotylen nicht auf. Im Bereich der 1. positiven Krümmung gilt das Reciprocitätsgesetz (Reizmengengesetz) beim Epikotyl von *Lens culinaris* ebenso wie bei der *Avena*-Koleoptile. Grüne (de-etiolierte) Dikotylenkeimlinge reagieren phototropisch erst im Bereich der 2. positiven Krümmung. Man muß also verhältnismäßig große Lichtflüsse über einen längeren Zeitraum hinweg verabreichen, um bei diesen Keimlingen eine phototropische Krümmung von 20 – 30° (→ Abb. 552) auszulösen. 3. Das phototropisch wirksame Licht wird auch beim Dikotylenkeimling von der Achse selber absorbiert, z. B. vom Hypokotyl. Die simulierten „phototropischen" Krümmungen, die man durch differentielle Verdunkelung der

Kotyledonen de-etiolierter Keimlinge im Weißlicht erzielen kann, haben mit dem „echten" Phototropismus nichts zu tun. Die Krümmungen sind vielmehr auf eine *über Phytochrom* bewirkte Hemmung zurückzuführen, die von den lichtexponierten Kotyledonen ausgeht.

Differenzen zwischen Koleoptilen und Sproßachsen bestehen in folgender Hinsicht: 1. Die Koleoptile wird vorübergehend in ihrem Wachstum durch Phytochrom (P_{fr}) stark gefördert (→ Abb. 271). Das Hypokotyl hingegen wird unter allen Umständen durch Phytochrom in seinem Wachstum gehemmt (→ Abb. 291). Da die phototropische Krümmung bei vielzelligen Organen in jedem Fall auf differentielles Wachstum der Organflanken zurückgeht (→ Abb. 544), werden Phytochromwirkung und Blaulichtwirkung in den beiden Systemtypen eine *verschiedenartige* Wechselwirkung zeigen. 2. Bei älteren grünen Pflanzen ist die phototropische Reaktion offensichtlich kein Induktionsphänomen mehr. Ein Vergleich der Abb. 552 und 555 zeigt den *prinzipiellen* Gegensatz zwischen dem Verhalten der etiolierten Koleoptile und der normalen pflanzlichen Sproßachse. 3. Es ist zweifelhaft, ob dem Auxin (IES) für Wachstum und Phototropismus der Sproßachsen eine ähnliche Bedeutung zugemessen werden kann, wie dies bei der Koleoptile (noch) geschieht. In neueren Arbeiten mit Hypokotylen von *Helianthus annuus* konnten weder eine Querverschiebung von Auxin noch ein erheblicher basipetaler Transport endogener IES gefunden werden. Es scheint sich eine Rückkehr zu der Auffassung anzubahnen, die phototropische Krümmung beruhe auf einer relativen Wachstums*hemmung* auf der lichtexponierten Flanke des Organs. 4. Wir haben bereits früher betont (→ S. 504), daß die phototropische Reaktion ein *Systemverhalten* darstellt, das eine strenge azimutale und longitudinale Koordination im Verhalten der einzelnen Zellen in der vielzelligen Sproßachse voraussetzt. Es erscheint fraglich, ob man dieses Systemverhalten aufklären kann, wenn sich die Argumentation nur in dem Zirkel von „Auxin" und „Inhibitor" bewegt. Auf eine besondere Schwierigkeit, die Sproßachsen und Koleoptilen gleichermaßen betrifft, sei nochmals hingewiesen (→ Abb. 551): Längerwelliges Licht (>520 nm) übt einerseits durch Phytochrom (P_{fr}) einen starken Einfluß auf das Längenwachstum der Organe aus. Die Lichtwirkung erfolgt ausschließlich über eine Regulation des Zellwachstums. Andererseits ist erwiesen, daß Licht oberhalb 520 nm *phototropisch* völlig unwirksam ist. Diese Unwirksamkeit kann *nicht* auf eine Transparenz der Organe für längerwelliges Licht zurückgeführt werden. Man konnte beweisen, daß bei seitlicher Belichtung eines Hypokotyls mit Hellrot ein starker Photonenflußgradient im Organ besteht. Es wurde bei diesen Experimenten dafür gesorgt, daß das Längenwachstum nur teilweise gehemmt wurde, um genügend Spielraum für differentielles Wachstum der Organflanken zu gewährleisten. (Für eine Krümmung um 30° genügen beim Buchweizenkeimling etwa 3% Unterschied in der Wachstumsintensität der beiden Flanken; → Abb. 544.) Auch der Einwand, das Rotlicht (allein oder doch weit überwiegend verabreicht) blockiere die phototropische Reiz-Reaktionskette, kann leicht entkräftet werden: Gibt man zusätzlich zum Rotlicht einen niedrigen Photonenfluß mit Blaulicht, beispielsweise 0,1% des Gesamtphotonenflusses, so kommt es rasch zu der üblichen Krümmung (→ Abb. 551). Die Kapazität für differentielles Wachstum von Licht- und Schattenflanke ist also voll vorhanden.

Warum sind Photonen bei λ>520 nm phototropisch unwirksam? Eine plausible Erklärung für diesen Sachverhalt lautet: Das von P_{fr} ausgehende Signal wird so rasch über den Querschnitt des Organs *gleich* verteilt, daß es bezüglich des Längenwachstums der Zellen zu keinen Unterschieden zwischen Licht- und Schattenflanke kommt. Bezüglich anderer Reaktionen des Hypokotyls, z. B. Anthocyansynthese, wirkt P_{fr} hingegen auf Licht- und Schattenflanke durchaus verschieden. Beim Buchweizenkeimling (*Fagopyrum esculentum*) z. B. führt einseitige Belichtung mit Hellrot oder Dunkelrot zu einer stärkeren Anthocyansynthese auf der Lichtflanke des Hypokotyls. Eine auch nur vorübergehende phototropische Krümmung wurde unter keinen Umständen beobachtet.

Die Tatsache, daß längerwelliges Licht phototropisch unwirksam ist, hat vermutlich mit der strengen azimutalen und longitudinalen Integration in der Achse zu tun, die auch in der Schwellenwertsregulation des Hypokotylwachstums (→ S. 294) zum Ausdruck kommt. Die *Signalwandlung im Blaulicht* ist offensichtlich völlig anders. Hier kommt es gerade *nicht* zu einer rapiden azimutalen Gleichverteilung des Signals. Vielmehr bildet der Photonenflußgradient im Organ die Grundlage für das differentielle Wachstum der beiden Flanken.

Weiterführende Literatur

BERGMAN, K. et al.: *Phycomyces.* Bacteriological Review **33**, 99 – 157 (1969)

BRUINSMA, J.: Hormonal regulation of phototropism in dicotyledonous seedlings. In: Plant Growth Regulation. Pilet, P. E. (ed.). Berlin-Heidelberg-New York: Springer, 1977

DARWIN, C.: The Power of Movements in Plants. London: Murray, 1880

GARDNER, G., SHAW, S., WILKINS, M. B.: IAA transport during the phototropic responses of intact *Zea* and *Avena* coleoptiles. Planta **121**, 237 – 257 (1974)

HAGER, A.: Das differenzielle Wachstum bei photo- und geotropischen Krümmungen. Ber. Dtsch. Bot. Ges. **84**, 331 – 350 (1971)

HAUPT, W.: Bewegungsphysiologie der Pflanzen. Stuttgart: Thieme, 1977

MOHR, H.: Lectures on Photomorphogenesis (Chapter: The problem of phototropism). Berlin-Heidelberg-New York: Springer, 1972

STEYER, B.: Die Dosis-Wirkungsrelationen bei geotroper und phototroper Reizung: Vergleich von Mono- und Dicotyledonen. Planta **77**, 277 – 286 (1967)

44. Physiologie der Bewegungen III: Geotropismen

Die festgewachsene autotrophe Pflanze kann sich im Raum orientieren. Ihre Organe nehmen eine der Funktion gemäße Lage ein, z. B. wachsen bei einem normalen Kormus die Wurzeln in den Boden hinein, die Sproßachse mit den Blättern aber wächst dem Licht entgegen.

Wie erfolgt die Orientierung im Raum? Sie erfolgt in erster Linie mit Hilfe phototropischer und geotropischer Wachstumsbewegungen. *Geotropismen* sind Wachstumsbewegungen pflanzlicher Organe, die bezüglich ihrer Richtung durch die Richtung der Erdbeschleunigung *↙* (Betrag **g** = 9,81 m · s⁻²) bestimmt sind. Jedermann weiß, daß Fichtenstämme an einem Steilhang genau in der Gegenrichtung von *↙* wachsen, unabhängig von der Steigung des Hangs. Es erfolgt nicht etwa eine Orientierung senkrecht zur jeweiligen Erdoberfläche. Diese Beobachtung kann man verallgemeinern. Die Orientierung an *↙* spielt im Leben der Kormophyten eine entscheidende Rolle. Die Art und Weise, wie die höheren Pflanzen die Erdoberfläche bedecken, wird somit wesentlich durch die Erdbeschleunigung bestimmt.

Grundphänomene

Wenn man einen Dikotylenkeimling, der bisher normal gewachsen ist, um 90° dreht, beobachtet man die in Abb. 563 dargestellten Phänomene. Die Sproßachse zeigt einen *negativen* Geotropismus (d. h. sie orientiert sich *entgegen* der Richtung der Erdbeschleunigung), die Keimwurzel hingegen zeigt einen *positiven* Geotropismus (d. h. sie orientiert sich *in* Richtung der Erdbeschleunigung). Dies sind die Grundphänomene des *Orthogeotropismus*. Seitenwurzeln 1. Ordnung (auf der Abbildung nicht dargestellt) wachsen häufig in einem be-

stimmten Winkel schräg nach unten. Ihre Wachstumsrichtung wird in einer etwas komplizierten Weise ebenfalls durch *↙* mitbestimmt (*Plagiogeotropismus*).

Die geotropischen Bewegungen vielzelliger Organe sind auf verschieden starkes Zellwachstum auf den beiden Flanken der Organe zurückzuführen. Sie treten also nur dort auf, wo das Zellwachstum noch nicht erloschen ist bzw. wieder aufgenommen werden kann.

Wie läßt sich zeigen, daß die pflanzlichen Organe tatsächlich auf *↙* (also auf eine *Beschleunigung*) reagieren? Antwort: Die Erdbeschleunigung kann hinsichtlich ihrer Wirkung auf die Wachstumsrichtung durch eine Zentrifugalbeschleunigung ersetzt werden. Es kommt

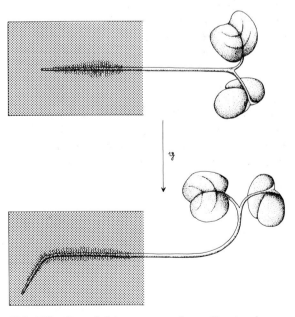

Abb. 563. Grundphänomene des Geotropismus. *Oben:* Ein Senfkeimling (*Sinapis alba*) unmittelbar nach der Drehung um 90°. *Unten:* Derselbe Senfkeimling einen Tag später

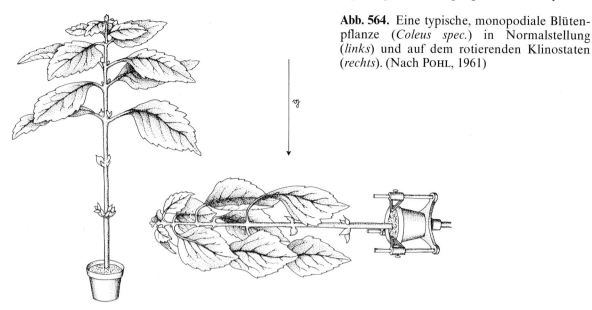

Abb. 564. Eine typische, monopodiale Blütenpflanze (*Coleus spec.*) in Normalstellung (*links*) und auf dem rotierenden Klinostaten (*rechts*). (Nach Pohl, 1961)

also beim geotropischen Reiz tatsächlich nur auf Richtung und Betrag einer Beschleunigung an. Die *einseitige* Beschleunigung γ̇ kann man ausschalten, indem man eine bisher normal herangewachsene Pflanze horizontal legt und mit Hilfe eines *Klinostaten* (Abb. 564, *rechts*) langsam um ihre Längsachse dreht (etwa 1 Umdrehung/10 min). Die geotropischen Bewegungen bleiben aus, da die Schwerkraft nunmehr *allseitig* auf die Pflanze einwirkt. Auf dem Klinostaten zeigt sich also, welche Bewegungen Geotropismen sind und welche nicht.

Die Ausschaltung der einseitig wirkenden Schwerkraft hat zur Folge, daß die Blattstiele sich zur Sproßachse hin krümmen (Abb. 564, *rechts*). Dieses Phänomen ist formal folgendermaßen zu deuten: Der dorsiventral gebaute Blattstiel wird durch den Antagonismus von zwei Wachstumstendenzen in seiner normalen Position gehalten: 1. Eine Wachstumstendenz der Oberseite, die ihn nach unten krümmen „will" (*Epinastie*). 2. Eine Wachstumstendenz der Unterseite, die ihn nach oben krümmen „will" (*Hyponastie*). Die Blattstellung der normal wachsenden *Coleus*-Pflanze (Abb. 564, *links*) resultiert aus einem Gleichgewicht von Epi- und Hyponastie. Die Hyponastie kann sich nur manifestieren, wenn die einseitige

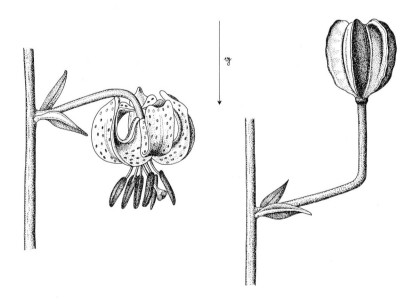

Abb. 565. Ein Beispiel für geotropische Umstimmung. Der Blütenstiel von *Lilium martagon* reagiert positiv geotropisch, der Fruchtstiel hingegen negativ geotropisch. (Nach Pohl, 1961)

Schwerkraft einwirkt; auf dem Klinostaten tritt sie also nicht in Erscheinung. Die Epinastie hingegen ist von ⤴ unabhängig.

Die jungen Blütenstiele des Türkenbunds (*Lilium martagon*) sind durch eine positiv geotropische Krümmung ausgezeichnet (Abb. 565). Das nach dem Fruchtansatz wieder aufgenommene Wachstum der Fruchtstiele hingegen führt zu einer strikt negativen geotropischen Krümmung. Man muß also damit rechnen, daß sich die geotropische Reaktionsfähigkeit eines Organs während der Entwicklung radikal ändert. Dasselbe Phänomen beobachtet man auch beim *Phototropismus* mancher Organe, z. B. reagieren die Blütenstiele von *Linaria cymbalaria* positiv phototropisch, die Fruchtstiele hingegen negativ phototropisch. Die ökologische Bedeutung dieser Phänomene ist evident; physiologisch sind sie nicht analysiert.

Diese Beispiele mögen genügen, um die Fülle der geotropischen *Phänomene* anzudeuten. Im folgenden beschränken wir uns auf solche Systeme, die sich bei der *physiologischen Analyse* des Geotropismus als besonders geeignet erwiesen haben.

Das Chararhizoid

Das Rhizoid der sessilen Grünalge *Chara foetida* (→ Abb. 593) ist ein *einzelliges*, etwa 30 μm breites und mehrere cm lang werdendes Organ, das sehr empfindlich positiv geotropisch reagiert. Es krümmt sich also, wenn man es quer legt, nach unten. Die verhältnismäßig rasche, geotropische Bewegung beruht auf dem verschieden starken Wachstum der Ober- und Unterseite der Zelle (Abb. 566). Das Chararhizoid kann als ein verhältnismäßig einfaches System für die Analyse der geotropischen Reiz-Reaktionskette angesehen werden. In der Spitzenregion der Zelle (Apex) erfolgen sowohl die *Suszeption* des Schwerereizes als auch die geotropische Reaktion: *Reizort* und *Reaktionsort* fallen zusammen. Das System wurde seit der Jahrhundertwende intensiv studiert, vor allem von GIESENHAGEN, BUDER und neuerdings von SIEVERS.

Die Fähigkeit zur geotropischen Reaktion ist an die Wachstumsfähigkeit des Rhizoids und an die Anwesenheit von *Glanzkörpern* im Apikalbereich gebunden. Die Glanzkörper

(etwa 30 bis 60 pro Apex) sind dichte, große Partikel (Durchmesser 1 – 2 μm), die im Schwerefeld auch innerhalb der Zelle rasch sedimentieren. BUDER konnte die Glanzkörper aus der Wachstumszone wegzentrifugieren, ohne das Wachstum ernsthaft zu beeinträchtigen. Mit diesem Eingriff verschwindet die geotropische

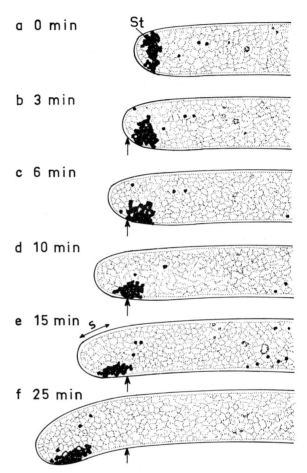

Abb. 566 a – f. Serienaufnahmen eines Rhizoids von *Chara foetida* nach Horizontallegung zum Zeitpunkt t = 0. Gezeigt ist die Initialphase und der Beginn der Krümmungsbewegung. Die *Pfeile* weisen auf identische Punkte der Zellwand hin. Die Krümmung erfolgt im Neuzuwachs der Zellspitze. Der Beginn der Reaktion wird durch eine Wachstumshemmung der unteren Flanke (d und e, *Pfeile*) markiert. Die obere Flanke (e, *Bereich S*) flacht zu Beginn der Krümmungsbewegung ab. St, Statolithen. (Nach SIEVERS und SCHRÖTER, 1971).

Weitere deskriptive Information: Bei Zimmertemperatur wächst das Rhizoid mit einer Geschwindigkeit von etwa $120 \, \mu\text{m} \cdot \text{h}^{-1}$. Der Zellkern liegt etwa 250 μm von der Spitze entfernt. Die mehr basalen, älteren Teile des Rhizoids enthalten die übliche große Zentralvacuole

Empfindlichkeit. Durch weitere, subtile Experimente dieser Art wurde die Auffassung begründet, die Glanzkörper seien *Statolithen* (Schwerkraftsensoren). Im normal (d. h. senkrecht nach unten) wachsenden Rhizoid liegen die Glanzkörper 10–20 μm oberhalb des Zellscheitels über den Querschnitt verteilt (Abb. 567). Sie fallen relativ rasch nach Horizontallegung des Rhizoids auf die nunmehr untere Zellflanke (Abb. 567).

Das Rhizoid wächst wie andere Zellen mit *Spitzenwachstum* durch Einbau von Golgivesikeln in die apikale Zellwand (Abb. 567). In elektronenmikroskopischen Untersuchungen konnte SIEVERS zeigen, daß 10 min nach Horizontallegung in der physikalisch oberen, leicht subapikalen Zellwand weit mehr Golgivesikel inkorporiert werden als in der entsprechenden unteren (Abb. 567). Während der etwa 10minütigen Initialphase sinken die Glanzkörper (Statolithen) ab, und das Rhizoid wächst weiter geradeaus, ohne daß schon eine Krümmung sichtbar wäre (Abb. 566). Aufgrund dieser Befunde wurde das Konzept entwickelt, daß der Statolithen-Komplex an der unteren Zellflanke den Vesikelnachschub in den vor dem Komplex liegenden Apexbereich ver- oder zumindest behindert. Deshalb erhält die obere Flanke ein vermehrtes Angebot von Vesikeln. Entsprechend vermehrt wird Wandmaterial eingebaut. Es entsteht eine Wachstumsdifferenz zugunsten der oberen Flanke, wobei die äußerste Spitzenwand, die von der Transversalverschiebung der Vesikel nicht erfaßt wird, ungestört weiterwächst. Das Resultat ist die Abwärtsneigung der Rhizoidspitze (Abb. 566).

Die Reiz-Reaktionskette der geotropischen Krümmung des *Chara*rhizoids läßt also die folgenden Phasen erkennen:

1. *Suszeption des Schwerereizes:* Verlagerung der Statolithen nach unten (physikalische Phase)
2. *Perception:* Die Statolithen blockieren die untere Zellflanke für den Einbau von Golgivesikeln (physiologische Phase)
3. *Reaktion:* Die Vesikel werden bevorzugt zur oberen Zellflanke umgeleitet. Dies führt zu einer Wachstumsdifferenz in der subapikalen Region und damit zur Krümmung.

Diese von SIEVERS vorgeschlagene Erklärung des Geotropismus der *Chara*rhizoide ist wohl dokumentiert.

Die Frage ist, ob und inwieweit die Einsicht in das Verhalten der *Chara*rhizoide uns hilft, die Reiz-Reaktionskette beim *Geotropismus vielzelliger Organe* (Wurzeln, Sproßachsen und Koleoptilen) besser zu verstehen.

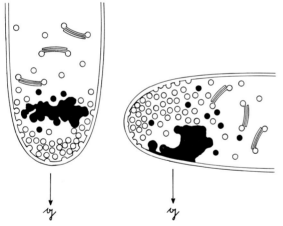

Abb. 567. Die Spitze eines *Chara*rhizoids (etwa 50 μm) in vertikaler Position (Zeitpunkt t = 0) und 10 min nach Drehung in die horizontale Lage. Die nach licht- und elektronenmikroskopischen Bildern angefertigten Schemata zeigen drei *Dictyosomen*, zahlreiche *Golgivesikel (offene Kreise)* und die *Glanzkörper (Statolithen, gefüllte Kreise und dunkle Masse)*. Die hier zusammengefaßten Beobachtungen haben zu der These geführt, daß die Ablenkung der Golgivesikel an die Oberseite ein wesentliches Glied in der geotropischen Reiz-Reaktionskette des *Chara*rhizoids ist. (Nach SIEVERS, 1971)

Das Statolithen-Konzept

Die Kausalanalyse des Geotropismus ist deshalb so schwierig, weil *γ* auf alle Zellen eines Organs gleich wirkt. Man kann nicht mit einem Gradienten der Wirkung im Organ rechnen wie beim Phototropismus. Die Vorstellung liegt nahe, daß unter dem Einfluß von *γ* Masseteilchen in den geotropisch empfindlichen Zellen verschoben werden. Die *Amyloplasten*, die man in den zentralen Columellazellen der Wurzelhaube häufig findet (Abb. 568), verlagern sich in der Tat unter dem Einfluß von *γ*. Man kann sich vorstellen, daß die Stärkekörner den Zellen jeweils anzeigen, wo *unten* ist („Statolithenstärke"). Dabei dürfte nicht die Translocation der Stärkekörner (ein relativ langsamer Prozeß) die entscheidende Rolle spielen, sondern die Veränderung der Druckwirkung an dem Ort, an dem die Stärkekörner zum Zeitpunkt der

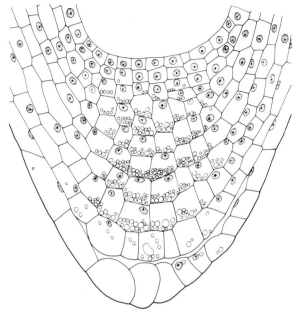

Abb. 568. Ein medianer Längsschnitt durch die Wurzelspitze (Kalyptra) von *Rorippa amphibia*. Man erkennt in der Columella die *Statolithenstärke* (*Amyloplasten*). (Nach BRAUNER, 1962).
Eine Reihe von Experimenten weisen darauf hin, daß die positiv geotropische Reaktion der Primärwurzel von der Kalyptra aus reguliert wird. Die zentralen Columellazellen werden *Statocyten* genannt, das Gewebe *Statenchym*. In ihm erfolgt die Perception der Schwerkraft. Als *Statolithen* fungieren die Amyloplasten

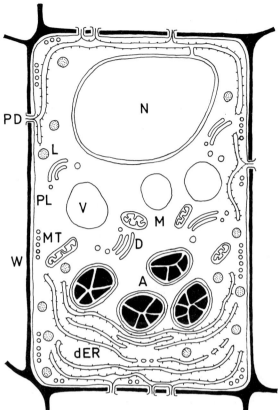

Abb. 569. Längsschnitt durch eine Statocyte aus dem zentralen Statenchym (Columella) der Wurzelhaube von Primärwurzeln. Objekt: *Lepidium sativum*. Die Statocyte ist polar gebaut. Die *Amyloplasten* (A) liegen auf dem distalen ER-Komplex (dER). Der *Zellkern* (N) ist nahe dem proximalen Pol der Zelle lokalisiert. *Mitochondrien* (M), *Dictyosomen* (D) und einige kleine *Vacuolen* (V) sind offenbar zufallsmäßig im Plasma verteilt; sie kommen aber zwischen den ER-Cisternen nicht vor. *Mikrotubuli* (MT) verlaufen senkrecht zur Wurzelachse. W, Zellwand; L, Lipidtropfen; PD, Plasmodesmos; PL, Plasmalemma. (Nach SIEVERS und VOLKMANN, 1977)

geotropischen Induktion liegen. Ob Amyloplasten tatsächlich die gesuchten Statolithen sind, war lange Zeit eine vieldiskutierte Frage. Sie dürfte heute entschieden sein. Die neueren, im wesentlichen mit Wurzeln von *Lepidium sativum* erzielten Ergebnisse lassen sich wie folgt zusammenfassen: Die Schwerkraft-recipierenden Columellazellen (Statocyten) in der Kalyptra von *Lepidium*-Primärwurzeln zeichnen sich durch eine *polare* Anordnung der Organellen aus (Abb. 569). Insbesondere wurde gezeigt, daß die Amyloplasten auf einem vielschichtigen, rauhen endoplasmatischen Reticulum (ER-Komplex) liegen, das seine Lage nahe der distalen periklinen Zellwand auch bei Abweichung der Wurzel von der Senkrechten nicht verändert. Dieser stationäre ER-Komplex stellt also bei geotropischem Gleichgewicht die Unterlage für die relativ schweren Amyloplasten dar. In geotropischer Reizlage soll ein *differentieller* Druck der Amyloplasten auf den

ER-Komplex die Georeception verursachen (Abb. 570).

Unabhängig von den mechanistischen Details kann man heute wohl davon ausgehen, daß innerhalb der Statocyten der Kontakt zwischen Amyloplasten und einem ER-Komplex die Voraussetzung für die Reception des Schwerereizes bei Primärwurzeln und plagiotropen Seitenwurzeln darstellt. Schafft man im Experiment eine räumliche Trennung von Amyloplasten und ER-Komplex, so bleibt die geotropische Reaktion aus. Erst wenn sich

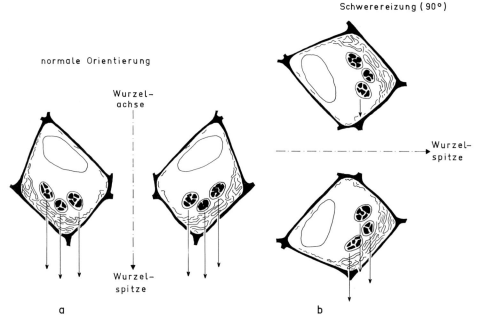

Abb. 570 a und b. Modell für die Georeception im Statenchym einer Primärwurzel von *Lepidium sativum*. Es sind zwei periphere *Statocyten* dargestellt, die sich bezüglich der geometrischen Lage (Radialsymmetrie) entsprechen. Es wird angenommen, daß der Kontakt zwischen Amyloplasten und distalem ER-Komplex die Reception des Schwerereizes ermöglicht. (a) Normales, vertikales Wachstum der Wurzel. Es herrscht ein labiles Gleichgewicht, da sich die Signale, die von der Gesamtheit der ER-Komplexe ausgehen, gerade aufheben. Jede Abweichung von der Senkrechten verursacht ein Ungleichgewicht. (b) In der horizontalen Lage ist das Ungleichgewicht besonders groß: Auf der physikalischen Unterseite bleibt der Druck, den die Amyloplasten auf das ER ausüben, erhalten, auf der physikalischen Oberseite hört der Druck völlig auf. Ein an Ober- und Unterseite unterschiedliches Signal ist die Folge. (Nach SIEVERS und VOLKMANN, 1972)

unter den Amyloplasten ein neuer ER-Komplex gebildet hat und damit ein funktionsfähiges Georeceptorsystem regeneriert ist, setzt die geotropische Empfindlichkeit der Wurzel wieder ein.

Mit dem *Georeceptorsystem* ist das erste Glied in der Reiz-Reaktionskette des Geotropismus vielzelliger Organe identifiziert. Für eine Behandlung der weiteren Glieder eignet sich wiederum die Gramineen-Koleoptile besonders gut.

Die geotropische Reiz-Reaktionskette in der Gramineen-Koleoptile

Die Koleoptile, ein vielzelliges Organ (→ Abb. 265), reagiert *negativ* geotropisch. In horizontaler Lage strecken sich die Zellen der Organunterseite schneller als die der Oberseite.

Die resultierende geotropische Wachstumsbewegung ist Auxin-kontrolliert (Abb. 571). Die Koleoptile wird, obgleich sie einem *Blatt* homolog ist, als Prototyp eines negativ geotropisch reagierenden Organs angesehen. Demgemäß überträgt man gelegentlich die mit Koleoptilen erzielten Resultate auch auf die geotropische Reiz-Reaktionskette von Sproßachsen. Innerhalb von 30 min nach Horizontallegen einer vertikal gewachsenen Koleoptile (oder eines mit Auxin versorgten Koleoptilsegments) lassen sich folgende Vorgänge beobachten:

1. In vielen Zellen sedimentieren Amyloplasten (Durchmesser ca. 5 μm) zur nunmehr unteren Zellwand hin.
2. Der Auxin-Transportstrom wird zur unteren Organhälfte abgelenkt (Abb. 572, 573). Es kommt außerdem zu einer Beschleunigung des basipetalen Auxinstroms in der unteren Organhälfte.

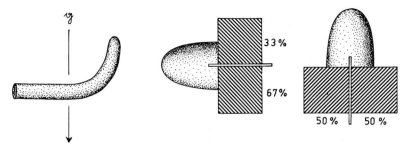

Abb. 571. Der Zusammenhang der geotropischen Reaktion mit der Querverschiebung von Auxin in einem Organ. Mit Hilfe der „Agarabfang-Methode" (→ Abb. 556) kann man beweisen, daß horizontal gelegte Koleptilspitzen aus ihrer unteren Hälfte mehr Auxin sezernieren als aus der oberen Hälfte. *Links:* Die horizontal gelegte Koleptile krümmt sich negativ geotropisch nach oben. *Mitte:* eine horizontal gelegte Koleptilspitze sezerniert an ihrer unteren Flanke mehr Auxin als an der oberen Flanke. *Rechts:* Die Koleptilspitze in Normalstellung sezerniert in die beiden Agarteilblöckchen dieselbe Menge an „diffusionsfähigem Auxin" (Kontrollexperiment). (Nach GORDON, 1963).

Analoge Resultate wurden auch mit diffusiblen *Gibberellinen* erzielt (Koleptilspitzen von *Zea mays*). Das Verhältnis zwischen Ober- und Unterseite war hier sogar extremer (20 : 80)

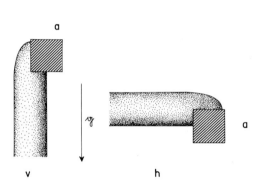

Abb. 572. Versuchsanordnung zur Messung der seitlichen Auxinabgabe bei vertikal (v) bzw. horizontal (h) orientierten Koleptilen. Man entfernt an der Koleptilspitze eine symmetrische Hälfte und fügt an ihrer Stelle einen Agarblock (a) ein. Die Agarblöckchen werden im Krümmungstest (→ Abb. 277) auf ihren Auxingehalt geprüft. Resultat: In der Position v empfängt der Agarwürfel praktisch kein Auxin; in der Position h empfängt der Agarwürfel während 60 min beträchtliche Auxinmengen. (Nach BRAUNER und APPEL, 1960)

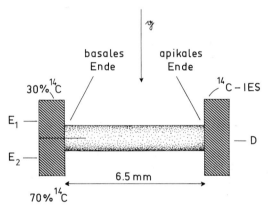

Abb. 573. Beweis für die Querverschiebung exogener IES in der Mais- oder Haferkoleptile. ^{14}C-IES wird am apikalen Ende horizontal liegender, 6,5 mm langer Koleptilsegmente mittels eines Donator-Agarblocks (D) appliziert. Die Koleptilzellen der apikalen Schnittfläche nehmen die markierte IES auf und transportieren sie polar weiter. Am basalen Ende kann man die IES mit Agar „abfangen". Die Radioaktivität gelangt unsymmetrisch in die Empfänger-Agarteilblöckchen (E_1, E_2), die am basalen Ende den sezernierten Wuchsstoff aufnehmen. (In Anlehnung an GILLESPIE und THIMANN, 1963)

3. Die Koleptile krümmt sich nach oben (Abb. 571). Dieser Vorgang beginnt etwa 30 min nach dem Horizontallegen.
4. Zwischen der Ober- und Unterseite des Organs tritt eine elektrische Potentialdifferenz (unten positiv) auf.

Es wird allgemein akzeptiert, daß der Vorgang 2 für den Vorgang 3 nicht nur notwendig, sondern auch hinreichend ist. Auch eine kausale Verbindung von 1 und 2 wird kaum noch bezweifelt. Die elektrophysiologisch feststellbaren Veränderungen gelten hingegen als Epiphänomene, die aus 2 resultieren.

Neuerdings hat sich ergeben, daß die Vorgänge in der Koleptile während der ersten 20 min nach dem Horizontallegen komplexer sind als es eben dargestellt wurde. Es kommt nämlich zwischen 5 und 15 min nach Beginn der Reizung zu einer vorübergehenden *Abwärts*krümmung der Koleoptile. Da es uns lediglich darum geht, die starke geotropische Aufwärtskrümmung zu erklären, verzichten wir auf eine Analyse der transitorischen Initialphasen.

Wie läßt sich der Vorgang 2 (die Ablenkung des Auxin-Transportstromes zur unteren Organhälfte) auf dem Niveau der Zellen verständlich machen? Die Abb. 275 zeigt eine parenchymatische Koleoptilzelle in drei Lagen. Die strikte Längspolarität der Zelle ist angedeutet. Sie äußert sich z. B. darin, daß Auxin lediglich am basalen Zellpol (breit gezeichnet) sezerniert wird. Die Kugeln seien die verschiebbaren Masseteilchen (Statolithen). Wird die Koleoptile — und damit die von uns betrachtete Zelle — horizontal gelegt (→ Abb. 275), kommt es unter dem Einfluß der Statolithen zu einer zusätzlichen Querpolarität in der Zelle. Es resultiert eine Auxinabscheidung in Richtung des Pfeils. Nimmt man an, daß alle parenchymatischen Koleoptilzellen sich so verhalten, so muß es in der horizontal gelagerten Koleoptile zu einer gewissen *Querpolarisierung des Organs* und als eine Folge davon zu einer gewissen *Querverschiebung des Auxinstroms* kommen. Der von der Koleoptilspitze ausgehende Auxinstrom sollte an der Organunterseite stärker sein als oben. Da in der Koleoptile das Auxin ein begrenzender Faktor beim Längenwachstum der Zellen ist, wird die negativ geotropische Reaktion der Koleoptile verständlich.

Die Induktion der geotropischen Reaktion

Auch die geotropische Reaktion kann man *induzieren*. Wenn man z. B. eine Keimpflanze von *Helianthus annuus* 3 min horizontal legt und sie dann auf den Klinostaten bringt, kann man — bei Zimmertemperatur — etwa 90 min später eine Krümmung des Hypokotyls beobachten. Entsprechend, nur etwas schneller, reagiert auch die Gramineen-Koleoptile. Man kann auch einfach so vorgehen, daß man die Organe für einige Minuten in der Horizontalen hält und sie dann wieder in die vertikale Normallage zurückbringt. Es erfolgt nach einiger Zeit eine Krümmung im Sinn der durchgeführten geotropischen Induktion. Induktion und geotropische Reaktion lassen sich zeitlich weit trennen. Die Abb. 574 (*oben*) zeigt den Ablauf und das prinzipielle Resultat eines entsprechenden Experiments mit Keimlingen von *Helianthus annuus*. Man legt die Keimlinge bei 4° C waagrecht (Induktion). Da bei dieser Temperatur kein Wachstum erfolgt, beobachtet man nach der Aufrichtung in die Vertikale keine Krümmung. Sobald man aber die Temperatur erhöht (z. B. 12 h nach der Induktion), setzt die geotropische Krümmung ein. Wir lernen aus diesem Experiment zweierlei: 1. Die Induktion erfolgt auch bei der tiefen Temperatur. 2. Die Induktion kann lange Zeit gespeichert werden. Die Induktion ist auch in *Abwesenheit* von Auxin möglich. Auch die Konservierung der In-

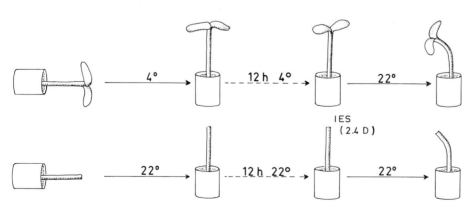

Abb. 574. Geotropische Experimente mit *Helianthus annuus. Oben:* Konservierung einer bei 4° C durchgeführten geotropischen Induktion über einen langen Zeitraum (12 h bei 4° C) hinweg. *Unten:* Durch Dekapitierung (Entfernung von Kotyledonen und Plumula) an „Wuchsstoff" verarmte Hypokotyle

können geotropisch induziert werden. Sie krümmen sich aber erst nach Auxinzufuhr. Die geotropische Induktion kann auch in diesem Fall über viele Stunden hinweg gespeichert werden. (In Anlehnung an BRAUNER und HAGER, 1958)

duktion ist nicht auf Auxin angewiesen. Läßt man dekapitierte Keimlinge von *Helianthus annuus* mehrere Tage im Dunkeln, sind sie so weitgehend an Auxin verarmt, daß sie keine geotropischen Krümmungen mehr ausführen können, auch wenn man sie für Stunden in der Horizontalen hält. Bringt man die horizontal gehaltenen Hypokotyle in die Vertikale zurück und verabreicht ihnen über die apikale Schnittfläche Auxin, so führen sie starke geotropische Krümmungen aus (→ Abb. 574).

Geotropische Experimente mit Wurzeln

Die Reiz-Reaktionskette bei der positiv geotropischen Reaktion der Wurzeln ist noch weitgehend ungeklärt. Die Perception des Schwerereizes geschieht in den Statocyten der Columella mit Hilfe von Amyloplasten und ER-Komplex (→ Abschnitt über das Statolithen-Konzept); die weiteren Glieder der Reaktionskette liegen aber noch weitgehend im Dunkeln. Nach der geotropischen Reizung beobachtet man bei einer Primärwurzel insgesamt eine *Reduktion* der Wachstumsintensität. Diesen Befund hat bereits SACHS (1874) erhoben und publiziert. Die Abwärtskrümmung (→ Abb. 563) rührt daher, daß das Wachstum der Unterseite stärker gehemmt wird als das Wachstum der Oberseite. Die Frage ist, wie es in der horizontal gelegten Wurzel zu dem differentiellen Wachstum von oberer und unterer Flanke kommt. Es gibt Hinweise darauf, daß ein Wachstums*inhibitor,* der in der Wurzelhaube gebildet wird, basipetal durch den Wurzelvegetationspunkt (Apex) in die Wachstumszone der Wurzel gelangt. Die positiv geotropische Reaktion der Wurzel soll nach WILKINS darauf zurückzuführen sein, daß der basipetale Inhibitorstrom bevorzugt in die untere Hälfte der Wurzel gelangt. Es scheint, daß in der Tat der geotropische Reaktionsmechanismus der Wurzel in *Analogie* zu dem Reaktionsgeschehen aufgefaßt werden muß, das wir bei der Koleoptile kennengelernt haben. Es kommt auch in der Wurzel zur Ablenkung eines Hormonstroms in die jeweils untere Hälfte des Organs. Das Hormon ist aber in der Wurzel nicht Auxin, sondern ein Inhibitor des Wachstums. Chemisch handelt es sich um Abscisinsäure (→ Abb. 395). Die entscheidende Bedeutung der *Wurzelhaube* für die geotropische Reaktion der Wurzel ist schon früh erkannt wor-

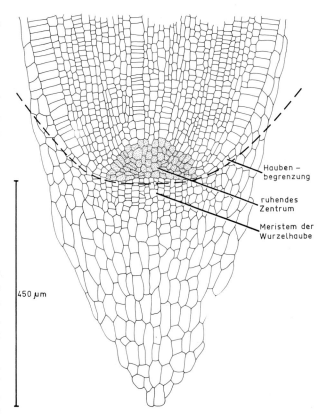

Abb. 575. Ein medianer Längsschnitt durch eine Wurzelspitze von *Zea mays*. Die gestrichelte Linie gibt an, wo die Wurzelhaube sich vom Rest der Wurzelspitze ablöst. Das Wurzelmeristem wird bei der mechanisch bewirkten Ablösung der Haube nicht geschädigt. (Nach JUNIPER et al., 1966)

den. Bei Gramineen, z. B. *Zea mays,* ist es möglich, die Wurzelhaube ohne Schaden für die Wurzel abzuziehen (Abb. 575). Die Entfernung der Haube hat keinen bleibenden Einfluß auf das *Längenwachstum* der Wurzel. Die bei der intakten Wurzel so stark ausgeprägte geotropische Reaktionsfähigkeit ist aber durch die Entfernung der Haube völlig aufgehoben. Enthaubte, horizontal gelegte Maiswurzeln wachsen bis zu 30 h horizontal, ohne sich zu krümmen. Erst wenn aus dem „ruhenden Zentrum" heraus eine neue Wurzelhaube wenigstens partiell regeneriert ist, setzt die geotropische Reaktionsfähigkeit wieder ein. Es scheint, daß in den Maiswurzeln der geotropische Reiz die Inhibitorproduktion der Wurzelhaube steigert. Dies würde die Beobachtung eher verständlich machen, daß eine Entfernung der Haube das Längenwachstum der Maiswurzeln nicht signifikant beschleunigt.

Geotropismus und Phytochrom

Die geotropische Reaktion von Thalli, Koleoptilen, Sproßachsen und Wurzeln ist nicht unabhängig vom Licht. Beispielsweise wachsen die Wurzeln von *Convolvulus arvensis* im Dunkeln horizontal; erst eine Belichtung induziert eine positiv orthogeotropische Reaktion. Das Licht wirkt über Phytochrom (P_{fr}). Das wirksame Phytochrom ist in der Wurzelspitze, wahrscheinlich in der Wurzelhaube, lokalisiert. Das Verhalten der Statolithen ist mit und ohne Licht genau gleich. Das Phytochrom dürfte somit weniger die Perception des Schwerereizes als vielmehr seine Verarbeitung beeinflussen.

Die negativ geotropische Reaktion des Hypokotyls von *Sinapis alba* ($\rightarrow$ Abb. 563) wird durch Belichtung verstärkt. Das Licht wirkt auch hier über Phytochrom. Leider sind diese faszinierenden Effekte nicht weiter analysiert worden, obgleich sie geeignete Ansatzstellen für eine Systemanalyse des pflanzlichen Verhaltens bieten.

Die Thalli des Lebermooses *Marchantia polymorpha* wachsen normalerweise horizontal auf dem Substrat. Deskriptiv handelt es sich um eine *diageotropische Orientierung*. Die Analyse zeigt, daß in Wirklichkeit zwei antagonistische Komponenten die normale Gleichgewichtslage bestimmen: ein *negativer Orthogeotropismus* und eine *epinastische Tendenz*. Die Epinastie funktioniert nur in Anwesenheit von aktivem Phytochrom (P_{fr}). Beseitigt man mit einem Dunkelrotpuls vor Beginn der täglichen Dunkelperiode das P_{fr} weitgehend aus dem System, so wächst der *Marchantia*-Thallus aufwärts. Auf dem Klinostaten zeigt sich, daß diese Wachstumsreaktion als negativer Geotropismus aufgefaßt werden muß.

Schlußbemerkung

Die Pflanzenphysiologen haben in der Vergangenheit immer wieder versucht, *allgemein* gültige Mechanismen der geotropischen Krümmung zu formulieren. Heute gehen wir davon aus, daß wesentliche Unterschiede in der Reiz-Reaktionskette nicht nur zwischen verschiedenen Organen existieren, sondern möglicherweise auch zwischen homologen Organen bei verschiedenen Pflanzengruppen (-sippen). Auch der an Generalisierungen interessierte Physiologe muß sich damit abfinden, daß im Laufe der Evolution die verschiedenen Pflanzentypen ein und dasselbe Problem, die *optimale Orientierung im Schwerefeld der Erde*, mehr oder minder verschiedenartig gelöst haben. Es ist deshalb auch nicht angebracht, die Vorstellungen über den Geotropismus der Gramineen-Koleoptile auf Sproßachsen, besonders jene dikotyler Pflanzen, zu übertragen, ohne daß entsprechende Experimente dies rechtfertigen. Derzeit läßt sich die Reiz-Reaktionskette beim Geotropismus der Sproßachse noch nicht überzeugend darstellen. Allem Anschein nach kommen *mehrere* Hormone ins Spiel.

Weiterführende Literatur

HERTEL, R., FLORY, R.: Auxin movement in corn coleoptiles. Planta **82**, 123 – 144 (1968)

SIEVERS, A., SCHRÖTER, K.: Versuch einer Kausalanalyse der geotropischen Reaktionskette im Chara-Rhizoid. Planta **96**, 339 – 353 (1971)

SIEVERS, A., VOLKMANN, D.: Ultrastructural aspects of georeceptors in roots. In: Plant Growth Regulation. Pilet, P. E. (ed.). Berlin-Heidelberg-New York: Springer, 1977

WILKINS, M. B.: Geotropism. Ann. Rev. Plant Physiol. **17**, 379 – 408 (1966)

WILKINS, M. B.: Gravity and light-sensing guidance systems in primary roots and shoots. Soc. Exptl. Biol. Symposium **31**, 275 – 335 (1977)

WILKINS, M. B.: Gravity-sensing guidance mechanisms in roots and shoots. Bot. Mag. Tokyo *Special Issue* **1**, 255 – 277 (1978)

45. Physiologie der Bewegungen IV: Weitere Bewegungsvorgänge

Der Chemotropismus der Pollenschläuche

Seit der Entdeckung, daß bei den meisten Gymnospermen und bei allen Angiospermen der Pollenschlauch die ♂ Geschlechtszellen transportiert und in den Embryosack geleitet (→ Abb. 614), hat man sich darum bemüht, herauszufinden, welche Faktoren den Pollenschlauch bei seinem Wachstum steuern. *Zur Erinnerung:* Das Drüsengewebe der Narbe ist mit dem Hohlraum des Fruchtknotens durch ein Gewebe verbunden, das ebenfalls den Charakter eines Drüsengewebes hat. Durch dieses *stigmatoide Gewebe* wachsen die Pollenschläuche. Hat der Griffel einen Kanal, so kleidet das stigmatoide Gewebe den *Stylarkanal* aus, ist der Griffel solide, so bildet das stigmatoide Gewebe einen oder mehrere Stränge, die in das Grundgewebe eingebettet oder mit den Leitbündeln verbunden sind. Die Pollenschläuche durchdringen in diesem Fall das stigmatoide Gewebe in den Interzellularen. Stylarkanal oder Interzellularen sind von einer viscosen Flüssigkeit erfüllt, die hauptsächlich *Pektine* und *Proteine* enthält. Diese *Interzellularsubstanz*, besonders der Kohlenhydratanteil, dient der Ernährung des Pollenschlauchs. Die Proteine sind, so glaubt man, auch an der Inkompatibilitätsreaktion beteiligt (→ S. 552). Wie wird ein Pollenschlauch auf seiner Bahn gehalten? Experimente deuten darauf hin, daß man sich das stigmatoide Gewebe nicht als ein mechanisches Leitsystem vorstellen darf; man muß vielmehr annehmen, daß die typischen Drüsenzellen des stigmatoiden Gewebes (dichtes Cytoplasma, große Zellkerne) Substanzen sezernieren, die chemotropisch die Pollenschläuche lenken. Eine *chemotropische Wachstumsbewegung* liegt dann vor, wenn die Wachstumsrichtung eines Organs oder einer Zelle (wie im vorliegenden Fall) durch einen stofflichen Konzentrationsgradienten bestimmt wird. Im Testsystem kann gezeigt werden (z. B. mit Gewebe von *Lilium regale*), daß Pistillgewebe, das stigmatoides Gewebe einschließt, die Pollenschläuche „anzieht" (*positiv chemotropische Reaktion*), während Pistillgewebe ohne stigmatoide Zellen diesen Effekt nicht ausübt. Die chemotropisch aktiven Moleküle, die das stigmatoide Gewebe sezerniert, sind biochemisch noch nicht identifiziert. Das weitere zielsichere Wachstum des Pollenschlauchs zu Mikropyle und Embryosack muß ebenfalls chemotropisch gelenkt sein. Vermutlich stammen die chemotropisch wirksamen Stoffe aus dem *Eiapparat*. Da der Pollenschlauch eine Zelle mit Spitzenwachstum darstellt, muß man davon ausgehen, daß der zwischen den beiden Flanken der apikalen Kalotte bestehende Konzentrationsunterschied an chemotropisch aktiver Substanz zu einer Verlagerung der Wachstumszone führt (analog zu den Vorgängen beim Photo- und Polarotropismus der Farnchloronemen; → Abb. 546).

Im in vitro-Experiment mit keimenden Pollenkörnern wurde gezeigt, daß durch den wachsenden Pollenschlauch (*Lilium longiflorum*) ein *elektrischer Strom* fließt, der innerhalb des Schlauchs eine erhebliche Stromdichte ($0{,}1$ mA · cm^{-2}) erreichen kann. Der Strom kommt im wesentlichen dadurch zustande, daß Kaliumionen in den Pollenschlauch eintreten und Protonen im Bereich des Pollenkorns das System verlassen. Die Abgabe der Protonen ist aktiv (*Protonenpumpe*), während Kaliumionen in die Zelle ohne Arbeitsleistung einströmen. Die Bedeutung der Protonenpumpe ist zur Zeit noch nicht klar; die Frage ist, ob die eindrucksvollen elektrischen Eigenschaften des Pollenschlauchs mit seinen immensen Leistungen als *Chemodetektor* beim Chemotropismus in Zusammenhang zu bringen sind oder ob es sich um ein Epiphänomen der Strukturpolarität des Systems handelt (→ S. 68).

Rankenbewegungen

Die Wachstumsbewegungen von *Ranken,* die man bei vielen *Kletterpflanzen* beobachten kann, sind auffällige, von der klassischen Pflanzenphysiologie häufig untersuchte Phänomene. Trotz der Faszination, die von diesen Organleistungen für den Physiologen ausgeht, fehlt eine umfassende biophysikalische Theorie der Rankenbewegungen. Wir benützen deshalb bei der Darstellung von Fallstudien die klassische reizphysiologische Terminologie.

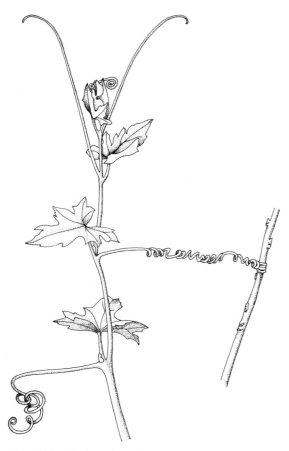

Abb. 576. Ein Sproßstück von *Bryonia dioica* (Zaunrübe) mit Blattranken in verschiedenen Entwicklungsstadien. Die oberste Ranke ist noch eingerollt. Die nächsten Ranken sind im Stadium der *autonomen Circumnutationsbewegungen.* In der *Mitte* hat eine Ranke eine geeignete Stütze gefaßt. Die Ranke *unten links,* die nicht an eine Stütze gelangte, hat bereits eine Alterseinrollung durchgeführt

Die Blattranken von Bryonia dioica (Abb. 576). Es gibt vielerlei Ranken; sie können Sproßachsen, Wurzeln, Blättern oder Blatteilen homolog sein. Wir betrachten in erster Linie die Blattranken der Cucurbitacee *Bryonia dioica.* Die Ranken dieser Pflanze sind, wie die Blätter, dorsiventral gebaut. Auch morphologisch kann man Oberseite und Unterseite unterscheiden. Die jungen Ranken sind eingerollt. Mit der Zeit strecken sich die Ranken, bleiben aber meist leicht gekrümmt. In diesem Zustand führen die Ranken kreisende autonome „Suchbewegungen" durch. Der neutralere, aber rein deskriptive Begriff für diesen Vorgang ist *Circumnutation.* Es handelt sich um autonome Nutationsbewegungen, die von der Pflanze aus „inneren Ursachen" heraus durchgeführt werden. Ein steuernder Einfluß von Außenfaktoren ist nicht erkennbar. Auch viele *Keimpflanzen* und die *Windepflanzen* führen solche *Nutationsbewegungen* durch.

Diese Art von Bewegung kommt im Prinzip dadurch zustande, daß eine Zone erhöhter Wachstumsintensität cyclisch um die Ranke bzw. Sproßachse kreist. Die Details der Wachstumsmechanik sind nicht einfach, wie die folgenden Beobachtungen zeigen: Während der Circumnutationen beschreibt die Spitze der Ranke eine Ellipse, die ganze Ranke einen Kegelmantel. Am Schnittpunkt mit der Hauptachse der Ellipse ist die Geschwindigkeit der Ranke am geringsten, die Krümmung am größten. Am Schnittpunkt mit der Nebenachse ist das Gegenteil der Fall. Sobald die Ranke anstößt, oder sich an einem rauhen Gegenstand reibt, erfolgt die *haptotropische Wachstumsbewegung.* Im Fall von *Bryonia dioica* krümmt sich die Rankenspitze rasch gegen die morphologische Unterseite ein und umwächst die Stütze. Die Einkrümmung beruht in erster Linie auf einem verstärkten Längenwachstum der morphologischen Oberseite der Ranke. Hat die Ranke gefaßt, bilden die basalen Teile der Ranke — ebenfalls durch einseitig verstärktes Längenwachstum — Schraubenfedern aus. Dabei werden *Umkehrpunkte* eingelegt, wodurch die Ranke Torsionen vermeidet (→ Abb. 576). Die Ranke ist bald fest und doch federnd verankert. Jetzt erfolgt im Rankengewebe eine rasch fortschreitende Zelldifferenzierung, gekennzeichnet in erster Linie durch die Bildung verholzter Festigungselemente. Ältere Ranken sind kaum abzulösen; sie sind eminent stabil und doch hochgradig elastisch. Ihre Morpholo-

Abb. 577 a – c. Drei verschiedene Rankentypen (a, b, c) sollen durch diese Skizze bezüglich des Zusammenhangs von *Reizort* und *Reaktionsort* beschrieben werden. *Gestrichelte Pfeile* bezeichnen den Reizort; *ausgezogene Pfeile* markieren die Richtung der Krümmung. Die 3 Typen sind im Text näher behandelt

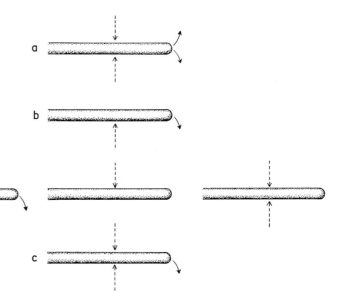

gie ist ihrer Funktion in jeder Hinsicht angemessen.

Wenn die nutierenden Ranken keine Stütze zu fassen bekommen, rollen sie sich nach einiger Zeit autonom ein (→ Abb. 576). Man spricht von einer autonomen „Altersbewegung" der Ranke. Sie beruht auf einem verstärkten Wachstum der morphologischen Oberseite. Diese Ranken, die nicht fassen, gehen vorzeitig zugrunde. Ihre Entwicklung, z. B. die Zelldifferenzierung, schreitet nicht so weit fort, wie jene der funktionierenden Ranken. Genphysiologisch bedeutet dies wohl, daß in den Geweben der funktionierenden Ranken mehr Gene aktiviert werden als in den Geweben der inaktiven Ranken.

Wir erwähnen noch ein Detail der haptotropischen Reaktion. Berührt („reizt") man eine Ranke mit einem rauhen Stäbchen, z. B. an der morphologischen Unterseite, so setzt nach kurzer Zeit plötzlich ein starkes Wachstum auf der gegenüberliegenden Flanke ein, auf der morphologischen Oberseite also. Die „gereizte" Flanke stellt ihr Wachstum ein. Hat man nur kurz berührt, so erfolgt zwar auch eine Einkrümmung; die gereizte Ranke streckt sich aber bald wieder durch ein verstärktes Wachstum der Unterseite. Man nennt dies eine *autotropische Streckung.* Nur wenn ein Dauerreiz einwirkt, erfolgt eine fortschreitende Krümmung. Der Sinn und Zweck dieser Reaktionen leuchtet unmittelbar ein; von einer *physiologischen Erklärung* der Reiz-Reaktionskette sind wir aber weit entfernt.

Einige Rankentypen. Wenn man die Ranken nach dem Zusammenhang von Reizort und Reaktionsmodus gruppiert, lassen sich einige Typen aufstellen. Die drei wichtigsten seien kurz skizziert (Abb. 577). *Typ a:* Die Ranke ist allseitig reiz- und krümmungsfähig. Es erfolgt stets eine positiv haptotropische Reaktion. *Typ b:* Die Ranke kann sich nur gegen die morphologische Unterseite hin krümmen. Sie ist auch nur von unten her reizbar. So verhalten sich wohl die meisten Ranken. Unter b_1 ist angedeutet, daß der Typ b als etwas komplizierter aufgefaßt werden muß. Ein Reiz von oben bewirkt zwar keine Reaktion, er ist aber nicht unwirksam. Reizt man nämlich gleichzeitig von unten und oben, so unterbleibt die Krümmung. Offenbar wird der Reiz von unten durch den Reiz von oben aufgehoben. *Typ c:* Die Reizung der Unterseite und die Reizung der Oberseite führen beide zu einer Krümmung nach der Unterseite hin. Die Ranken von *Bryonia dioica* gehören zu diesem Typ. Eigentlich handelt es sich bei diesem Typ nicht mehr um eine tropistische, sondern um eine *nastische Reaktion.* Nastische Reaktionen sind solche, die zwar durch Außenfaktoren ausgelöst werden können, deren Reaktionsablauf aber durch die Struktur des Systems (und nicht durch die Richtung des wirksamen Außenfaktors!) festgelegt ist.

Reizaufnahme und Reizleitung. Die Reizung der Ranken kann nur durch eine Art „Kitzelreiz" erfolgen, z. B. mit einem rauhen Holzstab oder mit einem Wollfaden. Ein Wasserstrahl oder auch ein glatter Glasstab bewirken keine Reaktion. Die Details der *Reizaufnahme* sind nicht klar. Bei manchen Ranken (z. B. *Bryonia dioica*) sollen mikroskopisch sichtbare „Fühltüpfel" in der Epidermisaußenwand eine Rolle spielen. Eine Zeitlang hatte man die Vorstellung, die Aufnahme des Berührungsreizes erfolge generell über Ectodesmen. Damit bezeichnete man seit etwa 1956 feine Röhrchen in den Außenwänden der Epidermiszellen, die — mit beweglichen Fortsätzen des Protoplasten erfüllt — bis an die Cuticula reichen sollten. Neuere Untersuchungen machen es zweifelhaft, ob Ectodesmen als spezifische Zellwandstrukturen überhaupt existieren.

Reizort und Reaktionsort sind meist getrennt, z. B. führt bei den *Bryonia*ranken eine Reizung der Unterseite zu einer Wachstumsbeschleunigung der Oberseite. Man muß also eine Reizleitung quer durch die Ranke postulieren, die mit beträchtlicher Geschwindigkeit (z. B. hat man $4 \text{ mm} \cdot \text{min}^{-1}$ berechnet) vonstatten geht. Bei manchen dorsiventralen Ranken ist die erste Reaktion, die auf eine Reizung hin erfolgt, eine *Kontraktion* der ventralen Flanke. Das ungleiche Wachstum der beiden Flanken setzt erst danach ein. Früher führte man die erste *thigmonastische Phase* der Rankenbewegung auf einen ventralen Turgorverlust und auf eine dorsale Turgorzunahme zurück. Untersuchungen an den dorsiventralen Blattranken der Erbse haben jedoch Hinweise darauf ergeben, daß die ventrale Kontraktion in erster Linie auf die Funktion einer kontraktilen ATPase zurückzuführen ist.

Turgorbewegungen

Die Seismonastie von Mimosa pudica. Es gibt eine Vielzahl, z. T. recht auffälliger Bewegungsvorgänge bei Pflanzen, die auf Turgoränderungen an Zellen oder Geweben beruhen. Diese *Turgorbewegungen* laufen meist schnell ab und sind oft total reversibel. Wir behandeln drei repräsentative Beispiele. Als *Nastie* bezeichnet man eine durch einen Außenfaktor bewirkte Bewegung, bei der die Richtung des wirksamen Außenfaktors keine Rolle für den Ablauf der Reaktion spielt. Bewegungsart und Bewegungsrichtung sind vielmehr durch die Struktur des reagierenden Organs vorgeschrie-

ben. Viele, aber nicht alle, Nastien sind Turgorbewegungen. Die „Sinnpflanze" *Mimosa pudica* ist eine aus Südamerika stammende, heutzutage in den ganzen Tropen als Unkraut verbreitete Mimosacee. Die Pflanze hat doppelt gefiederte Blätter. Blattstiel, Fiederblättchen 1. Ordnung und Fiederblättchen 2. Ordnung tragen an der Basis Gelenke (*Pulvini*) (Abb. 578). Im ungereizten Zustand sind die Fiederblättchen 2. Ordnung in einer Ebene ausgebreitet. Die für diese Situation charakteristische Lage der Fiederblättchen 1. Ordnung und des Blattstiels sind auf der Abb. 578 (*links*) angedeutet. Wenn man die Pflanze (oder ein Blatt) kräftig erschüttert, beobachtet man die folgenden, sehr rasch ablaufenden seismonastischen Reaktionen (Abb. 578, *rechts*): 1. Fiederblättchen 2. Ordnung legen sich schräg nach oben zusammen. 2. Die vier Fiederblätter 1. Ordnung nähern sich einander. 3. Der Blattstiel senkt sich.

Diese erste Phase der seismonatischen Reaktion erfolgt innerhalb von Sekunden (Abb. 579 a). Die sich anschließende Erholungsphase nimmt viel mehr Zeit in Anspruch,

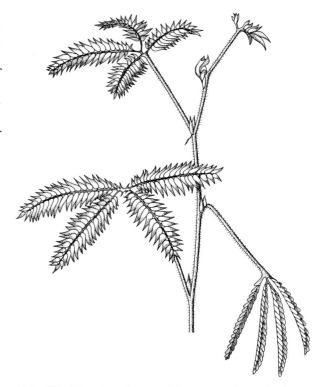

Abb. 578. Ein Sproß von *Mimosa pudica. Links:* Zwei Blätter im ungereizten Zustand; *rechts:* ein Blatt nach erfolgter seismonastischer Reaktion im Zustand des „Kollaps". (In Anlehnung an Schumacher, 1962)

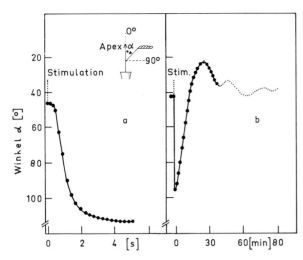

Abb. 579 a und b. Der zeitliche Verlauf der seismonastischen Reaktion des Blattstiels von *Mimosa pudica*. Die zum sichtbaren Reaktionsverlauf führenden Vorgänge spielen sich in dem Gelenk an der Basis des Blattstiels ab (*primärer Pulvinus*). (a) Die in Sekundenschnelle ablaufende 1. Phase der seismonastischen Reaktion (der Kollaps); (b) die Erholungsphase, die etwa eine halbe Stunde in Anspruch nimmt und Oszillationen einschließt. (Nach ROBLIN, 1976)

bei Zimmertemperatur etwa 20 bis 30 min (Abb. 579 b).

Um die zellphysiologischen Voraussetzungen für die seismonastische Reaktion zu verstehen, betrachten wir einen medianen Längsschnitt durch das Gelenk an der Basis des Blattstiels (Abb. 580).

In dem Gelenk (angeschwollener basaler Teil des Stiels) finden wir anstelle des in Blattstielen sonst üblichen Leitbündelrings einen relativ dünnen zentralen Leitbündelstrang, der von zartwandigem Parenchymgewebe umgeben ist. Während der ersten Phase der seismonastischen Reaktion verlieren die Zellen der Gelenkunterseite weitgehend ihren Turgor. Es tritt hier Zellsaft aus den Vacuolen in die Interzellularen aus. Offenbar wird bei der Reizung der Plasmaschlauch plötzlich auch für Ionen, *insbesondere K⁺*, permeabel.

Damit geht der Turgor verloren. Da die Zellen der Gelenkoberseite ihren Turgor behalten und der Druckantagonist an der Gelenkunterseite nunmehr fehlt, dehnt sich die Oberseite des Gelenks aus. Die Folge ist eine Abwärtsbewegung des Blattstiels. An der Unterseite des Gelenks bilden sich dabei „Hautfalten", da die

turgeszente Oberseite die schlaffe Unterseite zusammenpreßt.

Während der Erholungsphase werden die semipermeablen Eigenschaften des Protoplasten wieder regeneriert, und durch aktiven Ioneninflux werden die osmotischen Eigenschaften der Vacuole wieder hergestellt. Die Zellen der Gelenkunterseite werden wieder turgeszent, und das ursprüngliche Druckgleichgewicht im Gelenk stellt sich wieder ein.

Die seismonastischen Bewegungen des primären Pulvinus von *Mimosa pudica* sind häufig mit tierischen Muskelbewegungen verglichen worden. Obgleich die *molekularen* Mechanismen der seismonastischen Reaktion und der tierischen Muskelkontraktion sicherlich verschieden sind, erweisen sich die Kraft-Geschwindigkeits-Charakteristika des primären Pulvinus und des tierischen Muskels als erstaunlich ähnlich. Einige Forscher glauben, daß bei dem schnellen Turgorverlust der ventralen motorischen Zellen des Gelenks *kontraktile Proteine* eine entscheidende Rolle spielen. Als Folge einer Konformationsänderung dieser Proteine, die zu einer Erhöhung des Drucks in der Vacuole führt, soll sich die Permeabilität von Tonoplast und Plasmalemma derart ändern, daß es zu einem raschen *Efflux von Kaliumionen* kommt. Dies hätte den oben geschilderten Wasser- und Turgorverlust zur Folge.

Wenn man ein Fiederblättchen intensiv reizt, z. B. schüttelt, mechanisch verwundet, anbrennt, oder mit Säure benetzt, bleibt die nasti-

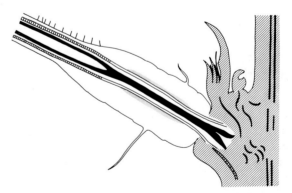

Abb. 580. Medianer Längsschnitt durch das Blattstielgelenk von *Mimosa pudica*. Die Leitbündel sind *schwarz* eingetragen. Die motorischen Zellen umgeben als zartwandiges Parenchym den zentralen Leitbündelring. Der jeweilige Turgordruck der motorischen Zellen an der Ober- bzw. Unterseite des Gelenks bestimmt die Lage des Blatts. (In Anlehnung an SCHUMACHER, 1962)

sche Reaktion nicht auf diese Fiederblättchen beschränkt; man beobachtet vielmehr eine Reizleitung. Die Reaktion pflanzt sich von der gereizten Stelle nach allen Seiten über eine mehr oder minder große Strecke (je nach der Intensität des Reizes) fort. An den sekundär reagierenden Blättern senkt sich zuerst der Blattstiel, dann reagieren die Fiederblättchen 1. Ordnung und dann die Fiederblättchen 2. Ordnung.

Die Geschwindigkeit der Reizleitung hängt von der Temperatur und vom allgemeinen physiologischen Zustand der Pflanze ab. Unter günstigen Bedingungen (bei 28° C, der optimalen Temperatur) hat man eine Geschwindigkeit bis zu $10 \ cm \cdot s^{-1}$ gemessen. Trotz vieler Untersuchungen gibt es keine zuverlässige Theorie der Reiz- (bzw. Erregungs-)leitung bei *Mimosa pudica*. Man kann verhältnismäßig leicht feststellen, daß *Aktionspotentiale* nicht nur mit der seismonastischen Reaktion, sondern auch mit der Reizleitung einhergehen (→ S. 540). Andernseits hat man gefunden, daß manche Aminosäuren, z. B. Alanin, Serin und Glutaminsäure bei den Mimosenblättern starke nastische Reaktionen auslösen, wenn man sie abgeschnittenen Sprossen zuführt. Vielleicht ist der Schnelltransport solcher organischer Moleküle das biochemische Korrelat der Reizleitung. Gewisse direkte Daten deuten ebenfalls darauf hin, daß eine organische Säure als „Erregungssubstanz" in Frage kommt.

Die Photonastie von Mimosa pudica. Die Bewegung der Fiederblättchen wird auch durch Licht reguliert. Die Fiederblättchen 2. Ordnung, die während der Photoperiode (Tageslicht oder Fluoreszenz-Weißlicht) ausgebreitet sind (Abb. 578, *links*) falten sich innerhalb von 30 min nach Beginn der Dunkelperiode in der auf Abb. 578 (*rechts*) angedeuteten Weise über den tertiären Gelenken. Belichtet man die Pflanzen (oder die abgeschnittenen Fiederblättchen 1. Ordnung) zu Beginn der Dunkelperiode kurz mit Dunkelrot, so bleiben die Fiederblättchen für viele Stunden ausgebreitet. Gibt man nach dem Dunkelrot einen Hellrotpuls, schließen sich die Blättchen innerhalb von 30 min (Abb. 581). Es kann kein Zweifel sein, daß P_{fr} das Zusammenklappen der Fiederblättchen 2. Ordnung veranlaßt.

Offensichtlich ist der Einfluß des Lichts auf die Bewegungen der Fiederblättchen aber komplizierter. Man fragt sich beispielsweise, weshalb die Fiederblättchen während der Photoperiode offen bleiben; es ist im Licht ja stets P_{fr} vorhanden. Offenbar ist ein weiteres Photoreaktionssystem aktiv, welches während der Photoperiode die Fiederblättchen offenhält, obgleich das Phytochromsystem bevorzugt als P_{fr} vorliegt. Bei dieser Photoreaktion, die der Wirkung des Phytochroms (P_{fr}) entgegengerichtet ist, erweist sich kurzwelliges Licht (Blaulicht) als wirksam.

Sowohl bei der Blaulicht-abhängigen Öffnungsbewegung als auch bei der P_{fr}-abhängigen Schließbewegung erfolgt die wirksame Lichtabsorption *ausschließlich in den tertiären Gelenken* an der Basis der Fiederblättchen 2. Ordnung (Abb. 582). Eine Fortleitung des

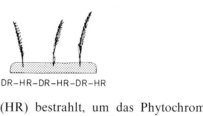

Abb. 581. Abgeschnittene Fiederblättchen 1. Ordnung von *Mimosa pudica* 30 min nach dem Übergang vom intensiven weißen Fluoreszenzlicht zu Dunkelheit. Unmittelbar nach Abschalten des Weißlichts wurden die Fiederblättchen für jeweils 2 min mit einer Folge von Dunkelrot (DR) und Hellrot (HR) bestrahlt, um das Phytochromsystem bevorzugt in die Stellung P_{fr} oder P_r zu bringen (→ S. 317). Die Fiederblättchen 2. Ordnung bleiben offen, wenn praktisch nur P_r vorliegt (nach DR). Sie schließen sich, wenn viel P_{fr} vorhanden ist (nach HR). (Nach FONDEVILLE et al., 1966)

Stimulus gibt es also nicht. Dies ist ein wichtiger Unterschied gegenüber der Seismonastie.

Eingehende Studien an nyctinastischen Pflanzen (d. h. Pflanzen mit nastischen Tag/Nacht-Bewegungen der Fiederblättchen 2. Ordnung; neben *Mimosa pudica* beispielsweise *Albizzia julibrissin* und *Samanea saman*) haben ergeben, daß die gepaarten Fiederblättchen unter normalen Bedingungen bei Tag offen (horizontal) und bei Nacht geschlossen (vertikal) sind. Hält man die Pflanzen im Dauerdunkel, so oszillieren die Blättchen innerhalb von 24 h zwischen den extremen Positionen. Maßgebend für die *circadiane Bewegung der Blättchen* ist die *physiologische Uhr,* der sich die bereits angedeuteten Lichtwirkungen überlagern. Auch bei den Fiederblättchen wird die jeweilige Lage durch den relativen Turgor der motorischen Zellen an den entgegengesetzten Flanken eines Gelenks (*Pulvinulus*) bestimmt. Ähnlich wie bei der Stomabewegung (→ S. 227) hat man auch im Fall der Fiederblättchen nachweisen können, daß Zunahme und Abnahme des Turgordrucks der motorischen Zellen mit einer Bewegung von *Kaliumionen* im Gelenk zusammenhängen. In den jeweils turgeszenten motorischen Zellen findet man viel, in den jeweils schlaffen motorischen Zellen wenig K^+. Da Inhibitoren der oxidativen Phosphorylierung und niedrige Temperaturen den Öffnungsvorgang hemmen und den Schließvorgang beschleunigen, geht man davon aus, daß bei der Öffnung ein aktiver Transport von K^+ die wesentliche Rolle spielt, während beim Schließvorgang die Diffusion von K^+ dominiert. Die Verlagerungen von K^+ sind von (nahezu) entsprechenden Verlagerungen von Cl^- begleitet. Man findet erwartungsgemäß, daß physiologische Uhr und Licht auch das *Membranpotential* in den motorischen Zellen beeinflussen. Vermutlich sind in diesem Fall die Potentialänderungen Folgeerscheinungen (Epiphänomene) der Ionenverschiebungen. Damit ist gemeint, daß es bei den Turgorbewegungen primär auf Verschiebungen osmotisch wirksamer Substanz ankommt. Da es sich bei dieser Substanz um Ionen (K^+, Cl^-, usw.) handelt, kommt es *zwangsläufig* auch zur Verlagerung von Ladungen und zu Potentialänderungen (ΔE_M). Obgleich natürlich ΔE_M als eine energetische Komponente der Turgorbewegung aufgefaßt werden muß, erscheint es wenig wahrscheinlich, daß Potentialänderungen unmittelbar zum *Mechanismus* der Turgorbewegungen

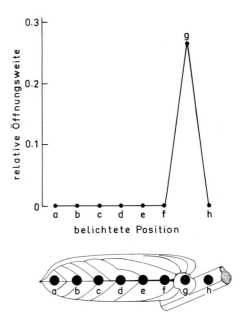

Abb. 582. Experimente zur Lokalisation der lichtempfindlichen Region bei der photonastischen Öffnungsbewegung der Fiederblattpaare 2. Ordnung. Objekt: *Mimosa pudica. Unten:* Für die Experimente wurde ein Fiederblatt 1. Ordnung mitsamt einem Stück Rhachis verwendet. Vor der Belichtung wurden die Fiederblättchen 2. Ordnung seismonastisch völlig geschlossen. Der Weißlichtstrahl (●) fällt entweder auf ein tertiäres Gelenk (g), auf die Rhachis (h) oder auf die Laminateile der Fiederblättchen 2. Ordnung. *Oben:* Öffnungszustand der Fiederblättchenpaare 20 min nach Lichtbeginn. Definition der relativen Öffnungweite: Entfernung zwischen den Spitzen der jeweils paarweise zusammengehörigen Fiederblättchen 2. Ordnung/(Länge eines Blättchens)×2. Die Experimente zeigen, daß eine Öffnungsreaktion nur dann erfolgt, wenn das tertiäre Gelenk abaxial getroffen wird. Eine Reizleitung gibt es nicht. (Nach WATANABE und SIBAOKA, 1973)

gehören (Mechanismus: Abfolge der molekularen bzw. biophysikalischen Einzelschritte in der Reiz-Reaktionskette).

Ein Beispiel für Turgorschleuderbewegungen. Der Turgordruck von Pflanzenzellen wird auch für Schleudervorgänge benützt, die in erster Linie der Ausbreitung von Fortpflanzungskörpern dienen. Wir behandeln ein Beispiel, bei dem die Schleuderbewegung durch das Platzen einer einzelnen, turgeszent gespannten Zelle zustande kommt.

Die coprophilen Phycomyceten der Gattung *Pilobolus* (Abb. 583) sind aus zwei

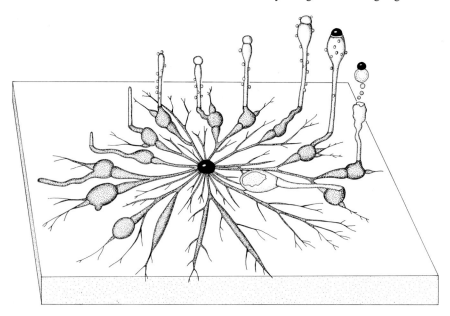

Abb. 583. Ein Modell für die ungeschlechtliche Ontogenie von *Pilobolus crystallinus,* ein Repräsentant der Phycomyceten. Die Trophocysten und Sporangien entwickeln sich in dem Modell im Uhrzeigersinn an Hyphen, die von einem Sporangium ausgehen. (In Anlehnung an PAGE, 1962)

Gründen für die Pflanzenphysiologie wichtig. 1. Wegen ihres *Phototropismus:* Reife Sporangiophoren reagieren auf unsymmetrische Belichtung mit einer positiv phototropischen Krümmung im Bereich knapp unterhalb der subsporangialen Blase. 2. Mit Hilfe der subsporangialen Blase, die bei Erreichen eines bestimmten Turgordrucks platzt, wird das Sporangium mit einer hohen Anfangsgeschwindigkeit abgeschossen. Wir betrachten diesen Vorgang jetzt genauer (Abb. 584). Der Sporangienträger ist unterhalb des Sporangiums zu einer Blase angeschwollen. Die nicht verbreitete Spitze des Sporangienträgers, die von dem umgekehrt becherförmigen Sporangium umschlossen wird, nennt man die *Columella.* Die Sporangiophore wird deshalb durch den Turgordruck (etwa 5,5 bar) zur subsporangialen Blase aufgetrieben, weil im Blasenbereich die Wand sehr elastisch ist. An der Stelle jedoch, wo die Columella anfängt bzw. das Sporangium der Blase aufsitzt, befindet sich ein schmaler, starrer Streifen, der nicht nachgibt. An diesem dünnen Wandring reißt der Turgordruck die Blase auf. Der mit mehreren bar Überdruck austretende Zellsaft schleudert Columella und Sporangium weg, häufig bis zu 2 m. Das Sporangium pflegt bereits vor dem Abschuß durch Quellung aufzuplatzen, so daß unter Umständen bereits während des Flugs Sporen ausgestreut werden.

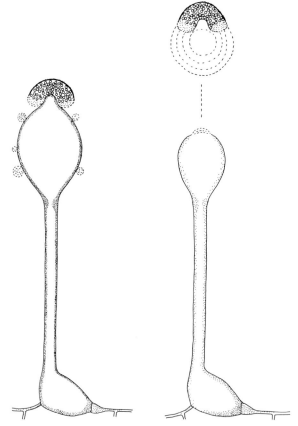

Abb. 584. Der Abschußvorgang für das Sporangium bei *Pilobolus kleinii.* (Nach INGOLD, 1963)

Aktive und auffällige intrazelluläre Bewegungen

Plasmaströmung. Viele Eukaryotenzellen zeigen, wenn man sie unter dem Lichtmikroskop betrachtet, das Phänomen der *Plasmaströmung.* In ihnen rotiert oder zirkuliert das Plasma aktiv und in einer für den jeweiligen Zelltyp charakteristischen Weise (Abb. 585). Die Partikel des Protoplasten, z. B. der Kern, die Mitochondrien, die Plastiden, werden häufig passiv von dieser Strömung mitgetragen (Abb. 585). An der Translocationsgeschwindigkeit der Partikel läßt sich auch die Geschwindigkeit der Strömung näherungsweise ablesen (z. B. mehrere mm · min^{-1} in den großen Internodialzellen der *Nitella*-Arten). Drei Charakteristika der Plasmaströmung sind besonders wichtig:

1. Plasma geringer Viskosität (Solzustand) strömt in mehr oder minder breiten Kanälen, die von Plasma hoher Viskosität (Gelzustand) gebildet werden.
2. Trotz der Plasmaströmung bleibt die spezifische Struktur des Protoplasten, z. B. seine Polarität, erhalten. Man nimmt an, daß die wandnahen, im Gelzustand befindlichen Bereiche des Grundplasmas an der Bewegung nicht teilnehmen.
3. Die Plasmaströmung kann in manchen Zellen durch Licht oder durch Zugabe bestimmter organischer Moleküle (besonders wirksam ist L-Histidin) ausgelöst oder beschleunigt werden. Auch in solchen Zellen, die eine autonome Plasmaströmung aufweisen, kann diese durch Außenfaktoren beeinflußt werden.

Die Plasmaströmung geht auf bestimmte Eigenschaften des Grundplasmas zurück. Es gibt im Grundplasma kontraktile Faserproteine (*Mikrofilamente*), die dem Actomyosin der Muskelfasern sehr ähnlich sind und die durch ihre Kontraktion die Voraussetzung für die Plasmaströmung schaffen. Actin-ähnliche Mikrofilamente wurden nicht nur aus den hierfür besonders geeigneten Myxomycetenplasmodien isoliert, sondern beispielsweise auch in den Internodialzellen von *Chara* und *Nitella* (→ Abb. 593), in Pollenschläuchen und in den Endospermzellen von *Haemanthus* nachgewiesen. Diese Zelltypen sind durch intensive Plasmaströmung gekennzeichnet. Im Cytoplasma der Characeen sind die Mikrofilamente auch

mit dem Lichtmikroskop verhältnismäßig leicht auszumachen. Neueste Untersuchungen mit ausgepreßten Plasmatropfen von *Nitella flexilis* haben die Auffassung bestätigt, daß es sich um Actinfilamente handelt und daß der Mechanismus der Plasmaströmung eng mit dem Verhalten dieser Filamente verbunden ist.

Die Energie, die für die Kontraktion der Actinfilamente gebraucht wird, stellt das ATP zur Verfügung. Die freie Enthalpie der ATP → ADP + Ⓟ-Reaktion tritt uns unter dem Mikroskop als kinetische Energie des strömenden Plasmas entgegen. Die Kraft, die hinter der Plasmaströmung steckt, ist enorm. Mit Hilfe des Zentrifugalmikroskops fand VIRGIN, daß bei Blattzellen von *Elodea densa* eine Zentrifugalbeschleunigung von 200 – 360 g notwendig ist, um die Verlagerung von Partikeln durch die Plasmaströmung aufzuhalten. Ähnliche Werte fand man auch bei Myxomycetenplasmodien.

Chloroplastenbewegungen. Die Chloroplasten werden im Cytoplasma nicht nur passiv durch die Plasmaströmung bewegt; vielmehr kommt es im Plasma vieler Pflanzenzellen zu einer *spezifischen, aktiven* Orientierung der Chloroplasten unter dem Einfluß des Lichts. Schon lange

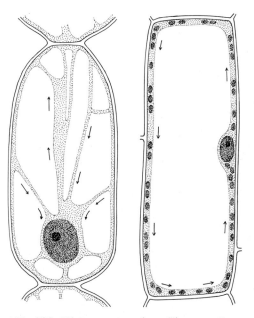

Abb. 585. Phänomene der Plasmaströmung (die Pfeile deuten die Bewegungsrichtung an). *Links:* Eine Blattzelle (Assimilationsparenchym) von *Vallisneria spiralis* (Rotation); *rechts:* eine Zelle aus einem Staubfadenhaar von *Tradescantia virginiana* (Zirkulation)

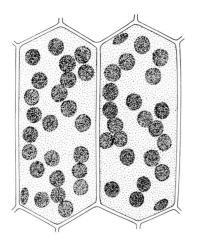

Abb. 586. Schwachlichtstellung (*links*) und Starklichtstellung (*rechts*) der Chloroplasten in den Zellen eines Moos-„Blättchens" (*Funaria hygrometrica*). *Links* sind die Zellen in Aufsicht; *rechts* sind die Zellen im optischen Schnitt gezeichnet. Lichtrichtung: senkrecht zur Zeichenebene

ist bekannt, daß bei vielen Zellen die jeweilige Lage der Chloroplasten durch den Lichtfluß bestimmt wird. Recht gut kann man diese Phänomene in den Zellen von Moos-„Blättchen" beobachten (Abb. 586). Es lassen sich eine *Schwachlichtstellung* der Chloroplasten (Diastrophe; maximale Lichtabsorption) und eine *Starklichtstellung* (Parastrophe; verringerte Lichtabsorption) unterscheiden. Bringt man die Moospflanzen vom Schwachlicht in Starklicht und umgekehrt, wandern die Chloroplasten schnell in die entsprechende Position. Die Chloroplasten führen also unter dem Einfluß des Lichts zwei verschiedene Bewegungen aus: Eine Bewegung in die Schwachlichtstellung und eine Bewegung in die Starklichtstellung. Der Anpassungswert der Bewegungen ist offensichtlich; die *teleologische* Erklärung des Phänomens ist also einfach. Die *kausale* Erklärung ist hingegen nicht weit fortgeschritten. Klar ist folgendes: Die Chloroplasten werden im Cytoplasma gerichtet transportiert. Die Formulierung „Die Plastiden bewegen sich in der Zelle" wird dem tatsächlichen Sachverhalt nicht ge

recht. Die für den Transport maßgebende Lichtabsorption geschieht im Cytoplasma, nicht in den Chloroplasten. In den meisten Fällen ist nur Blaulicht wirksam, so auch bei *Funaria hygrometrica.* Relativ weit fortgeschritten ist die Analyse der Chloroplastenbewegung in *Spirogyra*- und *Mougeotia*zellen (*Conjugales*, unverzweigte Fäden, alle Zellen gleichgestaltet).

Manche *Spirogyra*-Arten haben nur einen bandförmigen Chloroplasten (Chromatophor) pro Zelle (Abb. 587). Wird eine Zelle lokal belichtet, erfolgt eine *Chloroplastendeformation*, die einen möglichst großen Teil des Chloroplasten in die belichtete Zone bringt. Die Lageveränderung geschieht in der Nähe der Licht/ Dunkel-Grenze. Nur Blaulicht, im Plasma absorbiert, verursacht die lokale Deformation. Durch Zentrifugierung kann man zeigen, daß in dem belichteten Zellbereich die Viskosität sehr viel höher ist als in den dunkel gehaltenen, benachbarten Teilen der Zelle.

Die zylindrischen Zellen der Grünalgengattung *Mougeotia* (jeweils *ein* plattenförmiger Chloroplast pro Zelle) haben sich als ein beson-

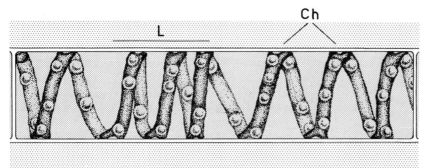

Abb. 587. Eine partiell belichtete Zelle von *Spirogyra spec.* Ch, bandförmiger Chloroplast; L, die Breite der senkrecht zur Zellachse belichteten Zone. Das Bild zeigt die Situation nach 3,5 h Belichtung. Nur kurzwelliges Licht ($\lambda < 530$ nm) ist wirksam. (Nach OHIWA, 1977)

Abb. 588. Zellen von *Mougeotia spec. Links:* Chloroplast (= Chromatophor) in Schwachlichtstellung; *rechts:* Chloroplast in Starklichtstellung; *Mitte:* Übergang von der Schwachlicht- in die Starklichtstellung (oder umgekehrt). Lichtrichtung: Senkrecht zur Zeichenebene. Wir behandeln bei *Mougeotia* lediglich die zur Flächenstellung führende Schwachlichtbewegung. (In Anlehnung an OLTMANNS, 1922)

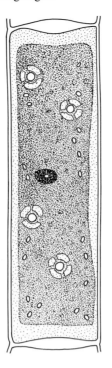
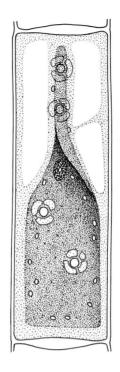
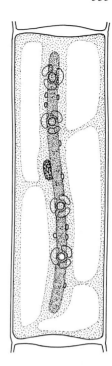

ders günstiges Objekt für die biophysikalische Untersuchung der Chloroplastenbewegung erwiesen.

Die Flächenstellung des Chloroplasten ist die Schwachlichtstellung, die Kantenstellung ist die Starklichtstellung (Abb. 588). Die Bewegung in die Schwachlichtlage läßt sich induzieren. Verabreicht man einer dunkeladaptierten Zelle, deren Chloroplast in Kantenstellung liegt (Abb. 588, *rechts*), von oben einen kurzen Lichtpuls, z. B. 1 min Weißlicht, und verdunkelt dann wieder, so läuft die Bewegung in die Flächenstellung nach einer lag-Phase (Verzögerungsphase) von wenigen Minuten innerhalb von 30 – 60 min ab (Abb. 588, *Mitte* und *links*). Die wirksame Strahlung wird vom *Phytochrom* absorbiert; man kann demgemäß die Bewegung in die Schwachlichtlage mit Hellrot induzieren und diese Induktion mit einer unmittelbar anschließenden Dunkelrotbelichtung revertieren (Abb. 589).

Durch *Partialbelichtungen* der *Mougeotia*zellen konnte gezeigt werden, daß die einzelnen Regionen der Zelle recht autonom reagieren (Partialdrehung des Chloroplasten) und daß die Chloroplastendrehung auf einen Phytochromgradienten in der zylindrischen Zelle zurückzuführen ist. Das aktive Phytochrom (P_{fr}) muß an der Peripherie der Zelle lokalisiert sein, und der Chloroplast reagiert auf die Bil-

dung von P_{fr} stets dadurch, daß er sich von den Orten hoher P_{fr}-Konzentration wegbewegt (Abb. 590).

Durch *Partialbelichtung* der *Mougeotia*zellen mit *polarisiertem* Licht (Abb. 591) konnten HAUPT und seine Mitarbeiter zeigen, daß die

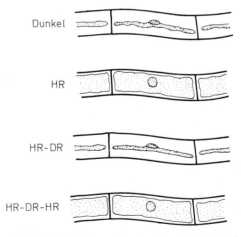

Abb. 589. Ein Experiment, das die Beteiligung des Phytochroms an der Schwachlichtbewegung (Kantenstellung → Flächenstellung) des *Mougeotia*-Chloroplasten demonstriert. Dunkel, Ausgangsposition; HR, HR-DR, HR-DR-HR, Orientierung des Chloroplasten etwa 30 min nach einem Lichtpuls (1 min) mit hellrotem und dunkelrotem Licht. (Nach HAUPT, 1970)

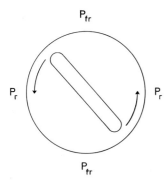

Abb. 590. Modell eines Querschnitts durch eine *Mougeotia*zelle. Die Richtung der Chloroplastenbewegung (Rotation) unter dem Einfluß einer ungleichen Verteilung von P_{fr} in der Zelle ist durch die Pfeile angedeutet. Im Prinzip gilt, daß sich der Chloroplast stets von den Orten höchster P_{fr}-Konzentration wegbewegt. (Nach HAUPT, 1970)

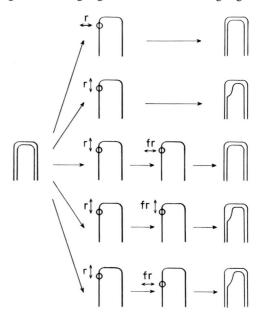

Abb. 591. Experimente an der *Mougeotia*zelle mit einem Mikrolichtstrahl polarisierten Lichts. Benutzt wurde ein Mikrospektralphotometer, um kleine Ausschnitte der *Mougeotia*zelle mit polarisiertem Hellrot (r) oder Dunkelrot (fr) zu belichten. Gegeben wurden Lichtpulse (1 min). Die *Doppelpfeile* kennzeichnen die jeweilige Lage des elektrischen Vektors des von oben gegebenen, linear polarisierten Lichts. *Links* und *Mitte:* Die Situation während der Belichtung mit dem Mikrostrahl (Chloroplast in *Flächenstellung*); *rechts:* die Reaktion des Chloroplasten 30 min später. Bei den Experimenten war bereits bekannt, daß die Kante des Chloroplasten sich stets von den Orten hoher P_{fr}-Konzentration wegbewegt (→ Abb. 590) und daß nur ein kleiner Teil des Chloroplasten reagiert, wenn man nur einen kleinen Teil der Zelle belichtet.

1. Experiment (obere beiden Reihen): Der Chloroplast dreht sich nur, wenn die Schwingungsebene des Lichts (€-Vektor) parallel zur Zellachse ist. Schluß: Die P_r-Form des Phytochroms (genauer: die Dipolachse des P_r-Moleküls) ist parallel zur Zelloberfläche orientiert.

2. Experiment (untere drei Reihen): Hier folgte dem induktiven Hellrot-Lichtpuls (r) ein Lichtpuls mit polarisiertem Dunkelrot (fr). Der Effekt des Hellrot wird nur dann annulliert, wenn die Schwingungsebene des Dunkelrot mit der Zellachse einen rechten Winkel bildet. Dies weist darauf hin, daß die Dipolachse der P_{fr}-Form des Phytochroms senkrecht auf der Zelloberfläche steht. Die *untere Reihe* zeigt ein Kontrollexperiment, in dem der Hellrot- und der Dunkelrotpuls *nicht* auf die gleiche Stelle gesetzt wurden. Der Erwartung entsprechend erhält man keine Revertierung des Hellroteffekts durch den Dunkelrotpuls, trotz der „richtigen" Lage des €-Vektors. (Nach HAUPT, 1970)

Phytochrommoleküle im peripheren Plasma, wahrscheinlich an der Plasmamembran, in einer streng dichroitischen Orientierung verankert sind. Beim Übergang $P_r \rightleftarrows P_{fr}$ dreht sich der Dipol des Phytochrommoleküls um 90° (Abb. 592). Eine entsprechende Orientierung und Drehung der Phytochrommoleküle haben wir bereits beim Photo-(bzw. Polaro-)tropismus der Farnchloronemen kennengelernt (→ Abb. 548).

Die weiteren Schritte in der Reiz-Reaktionskette der Chloroplastenbewegung sind auch bei *Mougeotia* noch nicht überzeugend aufgeklärt. *Cytochalasin B*, ein Inhibitor der Aktivität kontraktiler Proteinfibrillen, hemmt reversibel die Chloroplastenbewegung bei *Mougeotia;* die Lichtperception bleibt unbeeinflußt. Die Bewegung des *Mougeotia*-Chloroplasten dürfte in der Tat von ähnlichen Proteinfibrillen bewerkstelligt werden, wie sie auch der Plasmaströmung zugrunde liegen. Elektronenoptische Untersuchungen haben ferner bei *Mougeotia* gezeigt, daß der Chloroplast netzartig von endoplasmatischem Reticulum (ER) umgeben ist. Es wurde die Vermutung geäußert, daß das ER an der *Steuerung* der Chloroplastenbewegung beteiligt ist, möglicherweise über eine gezielte Freisetzung bzw. Resorption von Ca^{++}-Ionen. Die Vermutung, die Chloroplastendrehung in der *Mougeotia*zelle sei mit elektrophysiologischen Reaktionen korreliert, hat sich bisher nicht bestätigt. Die intrazellulären Potentialänderungen, die sich mit Mikroelektroden bei Belichtung messen lassen, sind auf die

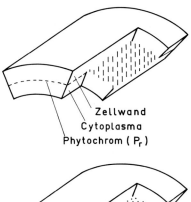

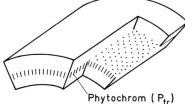

Abb. 592. Dieses Modell eines Teils der zylindrischen *Mougeotia*zelle bringt die dichroitische Orientierung von P_r (*oben*) und P_{fr} (*unten*) zum Ausdruck. Während P_r *parallel* zur Oberfläche der Zelle orientiert ist, ist die P_{fr}-Form des Phytochroms *normal* zur Oberfläche der Zelle orientiert. (Nach HAUPT, 1970)

Photosynthese des Chloroplasten zurückzuführen und nicht auf Veränderungen im Phytochromsystem.

Weiterführende Literatur

BÜNNING, E.: Entwicklungs- und Bewegungsphysiologie der Pflanze. Berlin-Heidelberg-New York: Springer, 1953

DARWIN, C.: The Power of Movements in Plants. London: Murray, 1880

GALSTON, A. W., SATTER, R. L.: Light, clocks and ion flux: an analysis of leaf movement. In: Light and Plant Development. Smith, H. (ed.). London: Butterworths, 1976

HAUPT, W.: Role of light in chloroplast movement. BioScience **23**, 289–296 (1973)

HAUPT, W.: Bewegungsphysiologie der Pflanzen. Stuttgart: Thieme, 1977

KAMIYA, N.: Protoplasmic streaming. Protoplasmatologia **8**, pt. 3 a (1959)

46. Physiologie elektrischer Phänomene

Ausgangslage

Wenn man die Meßverfahren der Neurophysiologie auf Pflanzen anwendet, stellt man fest, daß auch pflanzliche Zellen und Organe elektrische Felder und Ströme erzeugen. Die Frage ist, ob elektrische Erscheinungen im Leben der Pflanze eine wesentliche Rolle spielen, oder ob sie lediglich zwangsläufige Begleiterscheinungen von Ionenverschiebungen, also Epiphänomene, darstellen. Da auch die *höhere* Pflanze kein Nervensystem besitzt, pflegt man nicht davon auszugehen, daß die Pflanze elektrische Signale für die Koordination ihrer Teile einsetzt. Es ist aber auffällig, daß die der Elektrophysiologie zugänglichen großen Pflanzenzellen und viele pflanzliche Organe auf elektrische, elektromagnetische, thermische oder mechanische Reizung ganz ähnlich reagieren wie Nervenzellen.

Nach SCHILDE ist es das „Ziel der Elektrophysiologen, die an der Zellwand, dem Plasmalemma und dem Tonoplasten meßbaren elektrischen Spannungen und ihre Veränderungen aus der Struktur und Funktion der Membranen, der Wand und aus den Ionenverhältnissen zu erklären. Von den weiteren Membranen der Zelle ist nur das endoplasmatische Reticulum in Form der doppelten Kernmembran der elektrophysiologischen Forschung zugänglich". Die für elektrische Phänomene wichtigsten Ionen sind Na^+, K^+, Ca^{2+} und Cl^-. In der Regel bildet sich an den Zellen kein elektrochemisches Gleichgewicht aus. Dies ist darauf zurückzuführen, daß die Zellen elektrochemische Potentialdifferenzen aktiv aufrechterhalten, indem *Ionenpumpen (→ S. 123)*, die von der Zelle mit hohem Energieaufwand betrieben werden, Ionen entgegen dem thermodynamischen Gefälle durch die Membranen treiben.

Die Ionenpumpen sitzen wahrscheinlich im Plasmalemma und (in geringerem Ausmaß) im Tonoplasten. Als Kriterium für das Vorliegen eines aktiven Ionentransports gilt eine Differenz zwischen dem berechneten Gleichgewichtspotential (NERNST-Potential) und dem gemessenen Membranpotential (→ S. 103).

Geeignete Objekte

Die meisten Einzelzellen sind zu klein für elektrophysiologische Untersuchungen. Glücklicherweise gibt es aber einige Pflanzen, z. B. die im Süßwasser lebenden Grünalgengattungen *Chara* und *Nitella* (→ Abb. 110) und die marine siphonale Grünalge *Halicystis,* deren große Zellen experimentell leichter zugänglich sind. Manche Internodialzellen der Characeen werden bis zu 15 cm lang bei einem Durchmesser von 1,5 mm (Abb. 593). Natürlich muß man sich fragen, ob die mit solchen Riesenzellen erzielten elektrophysiologischen Resultate auch für normale Zellen gelten. Auf jeden Fall haben die Riesenzellen jedoch den Elektrophysiologen einen Einstieg ermöglicht. Eine ähnliche Funktion kam dem Riesenaxon von *Loligo* bei der Entwicklung der Neurophysiologie zu.

Elektrische Potentialdifferenzen an Einzelzellen

Durchsticht eine Mikroglaselektrode das Plasmalemma, so wird das gegen eine in die umgebende Lösung tauchende Bezugselektrode gemessene elektrische Potential sprunghaft negativer. Aufgrund von Austauscheigenschaften der Zellwand (→ Abb. 42) kann auch bereits

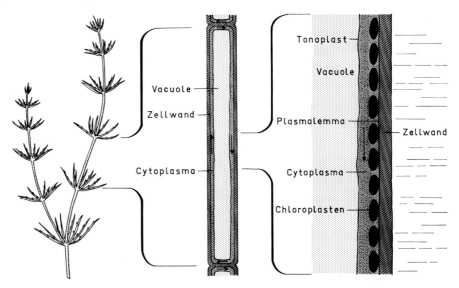

Abb. 593. Eine prinzipielle Darstellung von Habitus und Zellaufbau bei den Characeengattungen *Chara* und *Nitella. Links:* Ende eines Haupttriebes; der Thallus ist aus Knoten und Internodien aufgebaut. Die an den Knoten entspringenden Kurztriebe sind entsprechend aufgebaut. Bei *Nitella* bestehen die Internodien nur aus einer Internodialzelle; bei den meisten *Chara*-Arten hingegen ist die Internodialzel-

le umrindet (→ Abb. 110). Die Rindenzellen entstehen im Bereich der Knoten. Bei *Chara australis,* die dieser Abbildung zugrunde gelegt wurde, fehlt die Berindung. Dies ist für elektrophysiologische Untersuchungen besonders günstig. *Mitte:* Internodialzelle; *rechts:* Ausschnitt aus der Internodialzelle. (In Anlehnung an SCOTT, 1962)

beim Durchstich der Zellwand eine negative Spannung vorliegen. Bei *Nitella flexilis* wurde beispielsweise in 10^{-4} mol · l^{-1} KCl-Lösung eine Potentialdifferenz zwischen Zellwand und Lösung von – 90 mV und ein Potentialsprung von etwa – 80 mV beim Stich durch das Plasmalemma gemessen. Die elektrische Potentialdifferenz zwischen Cytoplasma und Medium betrug in diesem (repräsentativen) Fall also – 170 mV. Die Summe der Potentialdifferenzen von Zellwand und Plasmalemma wird oft *Membranpotential* genannt. Stößt die Mikroelektrode durch den Tonoplasten in die Vacuole, so springt bei *Nitella* die gegen die Bezugselektrode im Medium gemessene Spannung um einige mV in Richtung Null. Bei *Halicystis* hingegen konnte keine elektrische Potentialdifferenz am Tonoplasten beobachtet werden (→ Tabelle 7, S. 104). Wegen der Schwierigkeiten, die Meßelektrode in den dünnen Protoplasmaschlauch zu stecken — sie stößt meist gleich in die Vacuole vor —, wird in der Regel das *Vacuolenpotential* gegen die Bezugselektrode im Medium gemessen: Es ist die Summe der Potentialdifferenzen an Wand, Plasmalemma und Tonoplast. Auch das Vacuolenpotential

wird in der Regel „Membranpotential" genannt. Aus Änderungen des Vacuolenpotentials wird häufig auf das Verhalten des Plasmalemmas geschlossen. Dies ist nur berechtigt, wenn die Spannungsänderungen an Wand und Tonoplast tatsächlich zu vernachlässigen sind.

Erklärung des Membranpotentials (Ruhepotential)

Bei der Süßwasseralge *Nitella translucens* war es möglich, das Cytoplasma der Internodialzellen zu gewinnen und auf Ionen hin zu analysieren (Tabelle 34). Für das Membranpotential zwischen Cytoplasma und Medium (eine dem natürlichen Süßwasser entsprechende Nährlösung) wurden bei der Alge – 138 mV gemessen. Man kann auf die mit *Nitella translucens* gewonnenen Daten die sogenannte GOLDMAN-Gleichung (→ Lehrbücher der Biophysik) anwenden, die im Fall eines Multiionensystems das Diffusionspotential über eine Membran hinweg beschreibt. Man findet einen Wert von – 140 mV. Dies ist ein starker Hinweis darauf,

Tabelle 34. Konzentrationen von Na^+, K^+ und Cl^- im Cytoplasma aus den Internodialzellen von *Nitella translucens*. Die Alge wuchs im synthetischen Süßwasser bekannter Zusammensetzung. (Nach BOWLING, 1976)

Ion	Konzentration im Süßwasser [mmol · l^{-1}]	Konzentration im Cytoplasma [mmol · l^{-1}]	Relativer Permeabilitätskoeffizient	NERNST-Potential [a] [mV]
Na^+	1,0	14	0,18	− 67
K^+	0,1	119	1	−179
Cl^-	1,3	65	0,003	+ 99

[a] Diese Spalte zeigt, daß die Ionen, einzeln betrachtet, vom Gleichgewicht weit entfernt sind (gemessenes Membranpotential −138 mV). Es ist die Gesamtheit der Ionen, die sich im Gleichgewicht befindet.

daß in diesem Fall das Membranpotential ein *Diffusionspotential* ist. Die Anwendung der GOLDMAN-Gleichung hat auch in anderen Fällen zu dem Resultat geführt, daß der Hauptbestandteil des Membranpotentials ein Diffusionspotential ist. Der durch aktive Ionenpumpen geleistete Beitrag zum Membranpotential ist stets relativ bescheiden (< 20 mV pro Ion). Das NERNST-Kriterium für aktiven Transport (→ S. 104) kann nur angewendet werden, wenn die beteiligten Ionen im Fließgleichgewicht

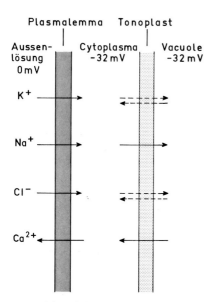

Abb. 594. Aktiver und passiver Transport verschiedener Ionen durch Plasmalemma und Tonoplast. Objekt: Wurzel-Rindenzellen von *Allium cepa*. *Ausgezogene Pfeile:* aktiver Transport; *gestrichelte Pfeile:* passive Ionenbewegung. Die theoretische Analyse beruht auf der Messung von *Ionenflüssen*, die mit radioaktiven Isotopen von MACKLON bestimmt wurden. (Nach BOWLING, 1976)

sind. USSING und TEORELL haben ein Theorem abgeleitet, das auch beim Vorliegen eines Nettoflusses verwendet werden kann, falls die Ionenflüsse durch die Membran bekannt sind. Diese werden in der Regel mit radioaktiven Isotopen bestimmt. Das USSING-TEORELL-*Theorem* wird heute allgemein benützt, um Hinweise auf aktiven Transport (Ionenpumpen) zu erhalten. Aufgrund der Messung von Ionenflüssen und bei Anwendung des USSING-TEORELL-Theorems gelangte beispielsweise MACKLON zu dem Schluß (Abb. 594), daß K^+, Na^+ und Cl^- aktiv durch das Plasmalemma in das Cytoplasma der Rindenzellen der Zwiebelwurzel gepumpt werden, während Ca^{2+} offenbar passiv in das Cytoplasma eintritt und aktiv zurückgepumpt wird. Am Tonoplasten befinden sich K^+ und Cl^- im Gleichgewicht, während Na^+ aktiv in die Vacuole gepumpt wird. Das Ca^{2+} wird auch an dieser Membran aktiv nach außen, von der Vacuole in das Cytoplasma, befördert. Dem *Plasmalemma* kommt nach dieser Interpretation eine überragende Bedeutung für den aktiven Ionentransport zu. Es ist nicht klar, ob diese Ergebnisse verallgemeinert werden dürfen. Immerhin weisen aber diese Analysen darauf hin, daß die Zellen der höheren Pflanzen aktive Transportmechanismen besitzen, die sich erheblich von denen unterscheiden, die man bei tierischen Zellen und bei einigen Algenzellen entdeckt hat.

Lichtabhängige Ionenpumpen

In photosynthetisch aktiven Geweben höherer Pflanzen wurde häufig gefunden, daß bei Be-

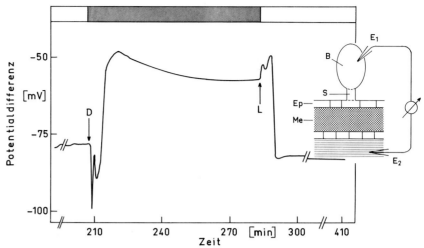

Abb. 595. Lichtabhängigkeit des Elektropotentials zwischen Zellvacuole und Umgebung bei der Salzakkumulation. Objekt: Epidermale Blasenzelle am Blatt von *Atriplex spongiosa* (→ Abb. 238). D, Verdunklung; L, Belichtung. Die Skizze verdeutlicht die Versuchsanordnung: B, Blasenzelle; S, Stielzelle; Ep, Epidermis; Me, Mesophyll; E_1, Meßelektrode; E_2, Bezugselektrode im Kontakt mit der Außenlösung, auf der das Blatt schwimmt. (Nach Osmond et al., 1969)

lichtung das Membranpotential nicht ausschließlich als Diffusionspotential erklärt werden kann; das gemessene Membranpotential ist erheblich negativer, als es die GOLDMAN-Gleichung voraussagt. Man zieht daraus den Schluß, daß in der Membran elektrogene Pumpen existieren, die unter Energieverbrauch in der Membran Ladungen vektoriell trennen, so daß die Membran über das Diffusionspotential hinaus elektrisch polarisiert wird. Ein Beispiel (Abb. 595): Die Epidermisblasen mehrerer *Atriplex*arten enthalten hohe Ionenkonzentrationen. Elektrische Potentialmessungen zeigen, daß die Vacuole der Blasenzellen gegenüber der umgebenden Lösung stark elektronegativ ist. Bei Belichtung nimmt die Potentialdifferenz zu, bei Verdunklung ab. Die Potentialänderungen werden darauf zurückgeführt, daß die Aufnahme von Cl⁻ in die Blase ein aktiver Prozeß ist, der vom Licht angetrieben wird. Elektronenmikroskopische Untersuchungen zeigen, daß die Stielzelle die Charakteristika einer Salzdrüse besitzt (→ S. 248). Da die Stielzelle mit der Blasenzelle und mit den Epidermiszellen durch Plasmodesmen verbunden ist, sind die strukturellen Voraussetzungen dafür gegeben, daß die Stielzelle Ionen vom Symplasten des Blattes in die Blasenzelle sezernieren kann. Da die isolierte Epidermis kein lichtabhängiges Signal mehr zeigt, führt man die lichtbedingten Änderungen des Membranpotentials auf die Photosynthese der Mesophyllzellen

zurück. Zwischen den Mesophyllzellen und den Epidermiszellen (einschließlich Stielzellen) dürfte eine enge symplastische Verbindung über Plasmodesmen bestehen.

Aktionspotentiale

Aktionspotentiale bei Chara. Werden die Internodialzellen der Characeen elektrisch, chemisch oder mechanisch gereizt, so wird das Zellinnere momentan weniger negativ. Übersteigt die Reizintensität einen bestimmten *Schwellenwert*, so erholt sich das Membranpotential nicht sofort. Es steigt vielmehr weiter gegen Null hin an und kehrt dann langsam zum Ruhepotential zurück (Abb. 596). Dies geschieht an einer durch den Reiz bestimmten Stelle der Zelle. Darüber hinaus kommt es jedoch zu einer *Aktionspotentialwelle*, die sich entlang der Zelle fortpflanzt („Erregungsleitung"). Im Prinzip sieht eine Aktionspotentialwelle (ein *Spike*) bei einer *Chara*zelle ganz ähnlich aus wie bei einem Tintenfischaxon. Ein wesentlicher Unterschied liegt in der Dauer. Ein Spike dauert bei *Chara* etwa 20 s, verglichen mit ein paar ms beim Nerven. Entsprechend verhalten sich die Fortpflanzungsgeschwindigkeiten der Aktionspotentialwellen. Die Ionenbewegungen im Zusammenhang mit dem Aktionspotential bei der *Chara*zelle sind noch nicht genügend erforscht.

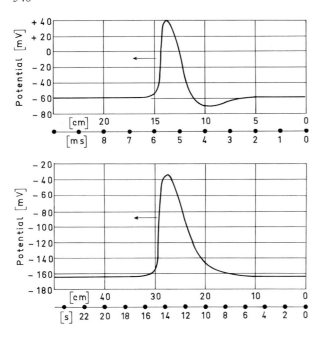

Abb. 596. Die Wirkungen einer Reizung auf ein Tintenfischaxon (*oben*) und auf eine *Chara*-Internodiumzelle (*unten*). In beiden Fällen macht die Reizung das Zellinnere weniger negativ und es bildet sich eine *Aktionspotentialwelle* aus, die sich entlang der Zelle fortpflanzt. In beiden Fällen ist die Aktionspotentialwelle auf Änderungen der Membranpermeabilität zurückzuführen. Der *Spike* beginnt in beiden Fällen mit einer raschen positiven Potentialänderung, dem *Aufstrich*. Während dieser Phase verliert die Zelle ihr negatives *Ruhepotential* (Depolarisation). Deshalb wird der Aufstrich auch *Depolarisationsphase* genannt. Von der Spitze des Spikes kehrt das Potential allmählich wieder zum Ruhepotential zurück. Man bezeichnet diese Phase als *Repolarisation*. Ein auffälliger Unterschied zwischen den beiden Systemen besteht hinsichtlich der Geschwindigkeit, mit der sich die Aktionspotentialwelle (*in Pfeilrichtung*) fortpflanzt. (Nach SCOTT, 1962)

Die Anfang der 60er Jahre vorherrschende Annahme, die aufsteigende Phase des Aktionspotentials der Characeenzelle beruhe auf einer Erhöhung der Plasmalemmapermeabilität für Ca^{2+}, konnte nicht bestätigt werden. Man neigt heute eher zu der Auffassung, daß das Aktionspotential mit einer vorübergehenden Erhöhung der Plasmalemmapermeabilität für Anionen und damit mit einem Cl^--Ausstrom beginnt. Der Efflux von K^+ spielt dann eine wesentliche Rolle bei der Restauration des Ruhepotentials.

Die Bedeutung von Aktionspotentialwellen für die Erregungsleitung in Nervenfasern ist uns heute geläufig. Im Fall der Characeenzel-len konnte dem Aktionspotential bisher keine biologische Bedeutung beigelegt werden.

Bei *Nitella*-Arten (→ Abb. 593) kann in Anwesenheit von Ca^{2+} im Medium eine Depolarisation mit Rotlicht ausgelöst werden. Die Lichtwirkung erfolgt über Phytochrom (→ S. 313). Es scheint, daß Phytochrom (P_{fr}) einen Ca^{2+}-Einstrom am Plasmalemma auslöst (WEISENSEEL und RUPPERT, 1977).

Aktionspotentiale bei vielzelligen Organen. Aus technischen Gründen ist es in der Regel nicht möglich, die elektrischen Erscheinungen an normalen Einzelzellen zu verfolgen. An Orga-

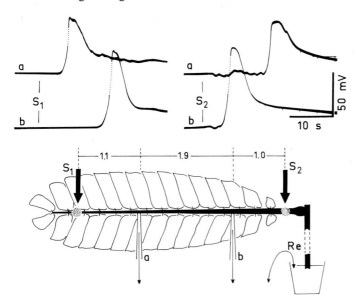

Abb. 597. Fortgeleitete Aktionspotentiale wurden simultan mit zwei Elektroden (a, b) in der Blattachse (Rhachis) eines Fiederblattes von *Biophytum spec.* gemessen. *Oben:* Aktionspotentiale; *unten:* die experimentelle Anordnung. S_1, S_2, die mit Eiswasser gereizten Stellen für die basipetale Leitung (*links oben*) und für die akropetale Leitung (*rechts oben*). Re, Bezugselektrode. Die Zahlen in der *Mitte* bezeichnen die Dimensionen der betreffenden Blatteile (in cm). Entsprechende fortgeleitete Aktionspotentiale wurden auch an den Blütenstielen von *Biophytum* gemessen. (Nach SIBAOKA, 1973)

nen hingegen lassen sich diese Untersuchungen verhältnismäßig leicht ausführen. Klassische Objekte sind die zur rapiden Blattbewegung und „Erregungsleitung" (→ Abb. 578) befähigte *Mimosa pudica* (*Mimosaceae*) und die ähnlich leistungsfähigen *Biophytum*-Arten (*Oxalidaceae*). *1. Beispiel:* Durch Abkühlung mit Eiswasser oder durch elektrische Reizung läßt sich ein fortgeleitetes Aktionspotential in der Blattrhachis oder im Blütenstiel von *Biophytum spec.* erzielen (Abb. 597). Die Fortleitung des Aktionspotentials endet jeweils an der Basis der Organe. Die Geschwindigkeit der Fortleitung beträgt unter günstigen Bedingungen etwa $2 \text{ mm} \cdot \text{s}^{-1}$ (bei der *Charazelle* etwa $2 \text{ cm} \cdot \text{s}^{-1}$). Die Leitungsgeschwindigkeit in den Organen der Mimose liegt in der gleichen Größenordnung wie bei *Biophytum*. Bei *Mimosa pudica* wurde gefunden, daß sich die „erregungsleitenden" Zellen in Rhachis und Blattstiel ausschließlich im Bereich des Protoxylems und Phloems befinden. *2. Beispiel:* Am Hypokotylhaken etiolierter Keimlinge von *Phaseolus vulgaris* (→ Abb. 474) wurden Potentiale (interpretiert als Membranpotentiale) mit Hilfe von *Oberflächenelektroden* gemessen (Abb. 598). Hierbei ergab sich, daß durch Belichtung *negative* Potentialänderungen (Hyperpolarisation) hervorgerufen werden, die den Charakter von Aktionspotentialen haben (Abb. 599). Lediglich kurzwelliges Licht (Blaulicht) löst den Effekt aus. Rotlicht (und damit das Phytochromsystem) ist wirkungslos. Bemerkenswert ist, daß ein zweiter Blaulichtstimulus während der Potentialänderung keinen Effekt hat („Refraktärzeit").

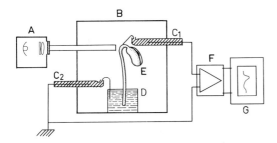

Abb. 598. Die experimentelle Anordnung für die Messung von lichtinduzierten, bioelektrischen Potentialen am *Hypokotylhaken* etiolierter Bohnenkeimlinge (→ Abb. 474) mit Oberflächenelektroden. A, Projektor mit Interferenzfilter und Lichtleiter; B, lichtdichter Kasten; C_1, Ag-AgCl-Elektroden (C_2 als geerdete Bezugselektrode); D, Nährlösung; E, die oberen 5 cm eines Bohnenkeimlings; F, Elektrometer; G, Recorder. (Nach HARTMANN, 1975)

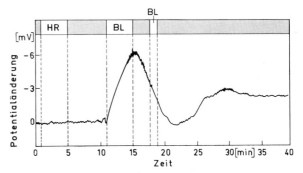

Abb. 599. Vorübergehende Potentialänderungen bei etiolierten Bohnenkeimlingen als Folge einer Belichtung. Das Ruhepotential zu Versuchsbeginn wurde gleich Null gesetzt. Der Hakenbereich der Keimlinge (zur experimentellen Anordnung → Abb. 598) wurde mit einem Lichtpunkt von etwa 8 mm² Ausdehnung „gereizt". Die Dauer der Lichtperioden (HR = Hellrot, BL = Blaulicht) ist oben auf der Abbildung angegeben (Dunkelzeiten *schraffiert*). Während Hellrot unwirksam ist, löst ein Blaulichtpuls eine *Hyperpolarisation* aus. Ein zweiter Blaulichtpuls ist unwirksam, solange der Effekt der ersten „Reizung" noch nicht abgeklungen ist. (Nach HARTMANN, 1975)

Schluß

Man darf vermuten, daß auch bei den höheren Pflanzen die elektrischen Phänomene nicht nur Epiphänomene ohne physiologische Relevanz sind. Die Vorstellung, daß auch die höheren Pflanzen elektrische Signale für die Koordination ihrer Teile einsetzen, ist heutzutage nicht mehr abwegig. Es ist wahrscheinlich, daß die verhältnismäßig schnelle Ausbreitung der elektrischen Signale von Zelle zu Zelle über die Plasmodesmen erfolgt.

Weiterführende Literatur

BENTRUP, F.-W.: Lichtabhängige Membranpotentiale bei Pflanzen. Ber. Deutsch. Bot. Ges. **87,** 515 – 528 (1974)

PICKARD, B. G.: Action potentials in higher plants. Bot. Rev. **39,** 172 – 201 (1973)

SCHILDE, C.: Zellphysiologie, Elektrophysiologie der Zelle. Fortschritte der Botanik **30,** 44 – 56 (1968)

SCOTT, B. I. H.: Electricity in plants. Sci. American, October 1962, pp. 1 – 10

UMRATH, K.: Der Erregungsvorgang. Handb. Pflanzenphysiol. Berlin-Heidelberg-New York: Springer, 1959, Band 17/1, pp. 24 – 110

47. Physiologie der Sexualität

Sexualvorgänge (im Sinn der Biologie) sind Meiosis und Befruchtung. Wir beschränken uns in diesem Kapitel auf die *Physiologie der Befruchtung*. Dies schließt die *Bildung der Geschlechtsorgane*, die *Bildung der Gameten* und die *Verschmelzung von Gameten* (Zygotenbildung) ein. Die Vielfalt der Phänomene erfordert eine Darstellung anhand von Fallstudien.

1. Beispiel: Gametogenese bei Chlamydomonas

Die grünen Flagellaten der Gattung *Chlamydomonas* (*Volvocales*) sind oft benützt worden, um die Grundvorgänge der Gametenbildung und -verschmelzung zu studieren. Unter experimentellen Bedingungen ist eine Verarmung des Mediums an Stickstoff ein geeignetes Verfahren, die Gametenbildung einzuleiten. Seit den klassischen Untersuchungen von KLEBS (1896) ist aber auch bekannt, daß dem *Lichtfaktor* eine wichtige Funktion bei der Gametogenese von

Chlamydomonas zukommt. Der zur Zygotenbildung führende Prozeß läßt sich bei *Chlamydomonas* in die folgenden Teilprozesse aufgliedern: Induktion der Gametogenese (für die Einzelzelle offenbar eine Alles-oder-Nichts-Reaktion), Entwicklung der Gameteneigenschaften, Agglutination (sofern man plus- und minus-Stämme, also geschlechtlich verschiedene Gameten, zusammenbringt), Paarbildung, Zellfusion und Zygotenreifung. Der Lichtfaktor wirkt auf die Induktion der Gametogenese. Bei 20° C z. B. ist das Licht unentbehrlich für die Induktion der Gametogenese, auch nachdem die Zellen in ein stickstofffreies Medium übertragen sind.

Bei der Art *Chlamydomonas eugametos* braucht nur *ein* Geschlecht Licht für die Induktion der Gametogenese. FÖRSTER hat hier das Wirkungsspektrum für die Induktion der Gametogenese bestimmt (Abb. 600). Spätere Untersuchungen mit *Chlamydomonas moevusii*, wo beide Geschlechter Licht für die Gametogenese brauchen, ergaben dasselbe Wirkungsspek-

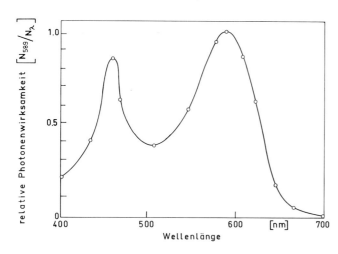

Abb. 600. Das Wirkungsspektrum des Lichteinflusses auf die Gametogenese bei *Chlamydomonas eugametos.* [N_{589}/N_λ] ist die relative Quantenwirksamkeit bei der Wellenlänge λ, bezogen auf die Quantenwirksamkeit bei $\lambda = 589$ nm, die gleich 1 gesetzt ist. (Nach FÖRSTER, 1957)

trum. Die Abb. 600 wird dahin interpretiert, daß die wirksame Strahlung von einem Cytochrom (Fe-Porphyrin) absorbiert wird. Die Photosynthese spielt keine Rolle. Der Mechanismus der Lichtwirkung, d. h. die Abfolge der molekularen Einzelschritte bis zur Entwicklung der Gameteneigenschaften, ist trotz eingehender Studien noch nicht aufgeklärt.

2. Beispiel: Gametenlockstoffe bei Braunalgen

Die Lockstoffe (oder *Sirenine*) werden von weiblichen (–) Gameten abgegeben und locken die männlichen (+) Gameten an. Es sind im Wasser schwer lösliche, leicht flüchtige, lipophile

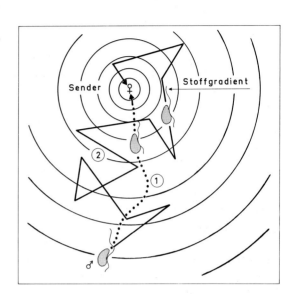

Abb. 601. Beantwortung eines chemotaktischen Signals. Der männliche Gamet erkennt einen zeitlichen oder räumlichen Unterschied der Lockstoffkonzentration durch spezifische Empfängerstellen. Er kann entweder (1) direkt dem Konzentrationsgradienten zum Ziel [weiblicher (♀) Gamet, Sender] folgen (*Chemotaxis*) oder mit einer *Schreckreaktion* auf eine Verminderung der Lockstoffkonzentration reagieren (*chemophobische* Reaktionsweise). Die Schreckreaktion äußert sich in einer Änderung der Bewegungsrichtung. Auf diese Weise nähert sich der ♂ Gamet allmählich dem Sender (♀ Gamet). Die Bahn des ♂ Gameten wird dadurch kompliziert, daß auch in der Vorwärtsrichtung, d. h. in Richtung des Gradienten, sprunghafte Änderungen der Bewegungsrichtung möglich sind. (Nach JAENICKE, 1975)

Abb. 602. *Ectocarpus siliculosus* (Herkunft Neapel). *Oben:* Teil des diploiden *Sporophyten* mit plurilokulären Sporangien. *Unten:* Teil des haploiden *Gametophyten* mit plurilokulären Gametangien. Da sich Sporophyten und Gametophyten im Verzweigungsmodus unterscheiden, liegt ein *heterothallischer Generationswechsel* vor. Es gibt männliche und weibliche Gametophyten, die sich aber dem Aussehen nach nicht unterscheiden. Auch ihre Gameten sehen völlig gleich aus (*Isogamie*). Der Geschlechtsunterschied ist nur im Verhalten der Gameten festzustellen. Die weiblichen Gameten verlieren rasch ihre Beweglichkeit und setzen sich am Substrat fest, die männlichen Gameten schwimmen längere Zeit mit Hilfe ihrer Geißeln umher und sammeln sich in großer Zahl um einen festgehefteten weiblichen Gameten (→ Abb. 603). (Nach MÜLLER, 1972)

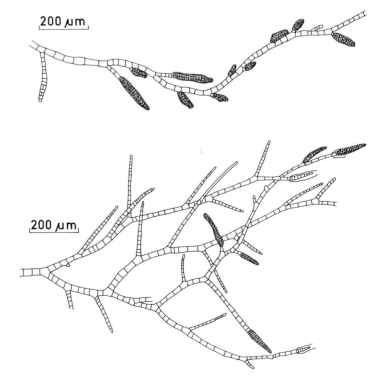

200 μm

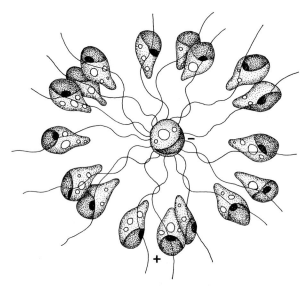

Abb. 603. Ausschnitt aus dem isogamen Befruchtungsprozeß bei *Ectocarpus siliculosus.* Männliche (+) Gameten haben Kontakt mit einem festgesetzten weiblichen (–) Gameten aufgenommen. Mit der langen Geißel verankern sich die (+) Gameten an dem (–) Gameten. Die erfolglosen (+) Gameten lösen sich nach einigen Minuten wieder. Nach Beginn der Verschmelzung des (–) Gameten mit dem erfolgreichen (+) Gameten hört die Gamonbildung auf. Das vorher freigesetzte Gamon wird von den (+) Gameten völlig abgebaut (→ Abb. 605). (Nach OLT-MANNS, 1899, und JAENICKE, 1975)

Substanzen. Die Lockstoffe sind ihrer Funktion nach *Gamone.* Darunter versteht man Substanzen, die chemischen Wechselwirkungen zwischen Sexualpartnern dienen. Die Reaktion der (+) Gameten ist eine chemotaktische Reaktion. Es lassen sich zwei Reaktionstypen unterscheiden (Abb. 601): Bei der eigentlichen *Chemotaxis* schwimmt der (+) Gamet mehr oder minder direkt auf den Lockstoff produzierenden (–) Gameten zu; bei der *chemophobischen Reaktionsweise* reagiert der (+) Gamet mit einer *Schreckreaktion* (Änderung der Bewe-

Abb. 604. Die Struktur von *Ectocarpen.* Es handelt sich um All-cis-1-(cycloheptadien-2',5'-yl)-buten-1. Ectocarpen ist optisch aktiv, da sich an der Ansatzstelle der Seitenkette (1') ein asymmetrisches C-Atom befindet. Die natürlich gebildete Substanz ist rechtsdrehend. (Nach MÜLLER, 1972)

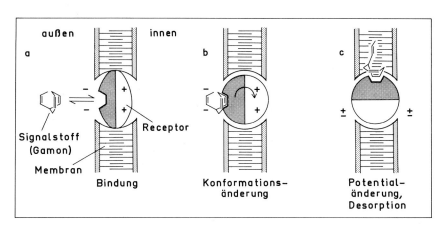

Abb. 605 a – c. Hypothetisches Modell zur Wirkungsweise eines *Gamons,* dargestellt am Beispiel des *Ectocarpens.* (a) Das Gamon (Signalstoff) bindet spezifisch an die Bindungsstelle eines Receptorproteins, das in die Plasmamembran des (+) Gameten eingebaut ist und eine Pore verschließt, die den Ausgleich des elektrochemischen Potentials zwischen innen und außen verhindert. (b) Der *Ligand-Protein-Komplex* ändert seine Konformation und öffnet dadurch die Pore. (c) Die Ionenkonzentrationen gleichen sich aus. Es kommt zu einem elektrochemischen Membraneffekt, den die Zelle registriert (Messung der Gamon-Konzentration im Außenraum). Das Gamon wird rasch abgebaut (vernichtet). Daraufhin kehrt der Receptor in seine Ausgangslage zurück; das elektrochemische Potential baut sich wieder auf. Das Modell ist zwar weitgehend spekulativ, hat aber einen hohen *heuristischen* Wert. (Nach JAENICKE, 1975)

gungsrichtung) auf eine *Abnahme* der Konzentration des Lockstoffs. Diese Art von Reaktion führt ebenfalls zu einer Annäherung an den (−) Gameten. Die Abb. 602 zeigt Ausschnitte aus Gametophyten und Sporophyten der marinen Braunalge *Ectocarpus siliculosus* (*Ectocarpales*); die Abb. 603 zeigt den Kontakt zwischen männlichen (+) Gameten und dem festgesetzten weiblichen (−) Gameten. Die Frage ist, wie die weiblichen und die männlichen Gameten zusammengeführt werden. Bei Arten, die männliche und weibliche Gametophyten ausbilden („diözisch"), muß gewährleistet sein, daß die auf verschiedenen Pflanzen entstehenden (+) und (−) Gameten in genügend großer Zahl zueinanderfinden. Auch *Ectocarpus siliculosus* ist auf diesen Gesichtspunkt hin optimiert, z. B. wird die Freisetzung der Gameten tagesperiodisch gesteuert und erfolgt in der Regel kurz nach Lichtbeginn. Durch diese Synchronisation wird die Wahrscheinlichkeit, daß (+) und (−) Gameten aufeinandertreffen, wesentlich erhöht. Der entscheidende Punkt ist aber, daß die (+) Gameten auf die (−) Gameten chemotaktisch oder chemophobisch zuschwimmen.

Männliche und weibliche Gametophyten sind morphologisch nicht zu unterscheiden. Sie lassen sich aber *am Geruch* unterscheiden: von den fertilen weiblichen Pflanzen sowie von den (−) Gameten geht ein charakteristischer, fruchtartiger Duft aus. Die (−) Gameten produzieren eine leicht flüchtige Substanz, auf die (+) Gameten in der bereits geschilderten Weise chemophobisch reagieren. Der Lockstoff wurde in seiner Konstitution aufgeklärt. Er erhielt den Namen *Ectocarpen* (Abb. 604).

Wie wirkt das Gamon? Im Prinzip hat man zur Zeit die folgende Vorstellung (Abb. 605): In der Plasmamembran des (+) Gameten gibt es in begrenzter Zahl Proteine mit hoher Affinität für das Gamon (*Receptorstellen*). Nach der Bindung des Gamons an den Receptor kommt es zu einer Strukturänderung des Receptorproteins, durch welche die Membraneigenschaften (Permeabilität für Ionen) verändert werden. Die resultierende Potentialänderung kann die Zelle registrieren und daraufhin reagieren. Ein wichtiger Punkt bei dieser Hypothese ist, daß die Gamonmoleküle nur eine kurze Verweilzeit an der Membran haben. Das Gamon muß rasch abgebaut oder desorbiert werden. Nur auf diese Weise ist gewährleistet, daß ein Gamet die *jeweilige* Konzentration des Lockstoffs

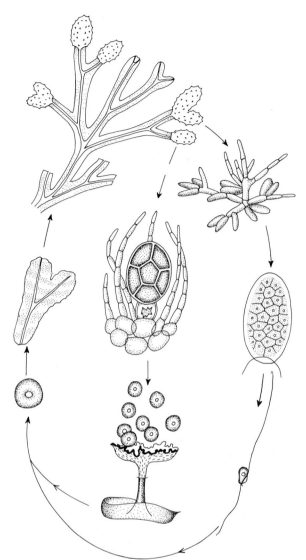

Abb. 606. Modell der Ontogenie einer zwittrigen *Fucus*-Art. Die Thalli von *Fucus* müssen als Sporophyten aufgefaßt werden. Sie bilden in den Konzeptakeln Mikro- und Makrosporangien. In diesen bilden sich unter Meiosis Tetraden von Mikro- und Makrosporen. Jede Spore führt dann Mitosen durch. Dadurch entsteht jeweils ein Gametophyt. Jede *Mikrospore* bildet einen 16zelligen Mikrogametophyten; jede *Makrospore* einen 2zelligen Makrogametophyten. Jede Zelle der Gametophyten fungiert als Gamet (64 Spermatozoen pro Mikrosporangium; 8 Eizellen pro Makrosporangium). (Nach CAPLIN, 1968)

genau messen und chemophobisch reagieren kann (→ Abb. 601).

Die als Tang an der Atlantikküste weit verbreitete Braunalge *Fucus serratus* (*Fucales*) ist (deskriptiv gesehen) ein zwittriger Diplont (Abb. 606). Sie bildet auf dem Thallus Eier und

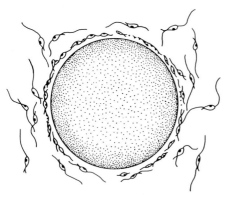

Abb. 607. *Fucus*-Spermatozoen umschwärmen ein *Fucus*-Ei. Die *positive Chemotaxis* führt zu einer Anhäufung von ♂ Gameten um die Eizelle. Die großen Eizellen bilden offenbar viel Gamon. Dies ist funktional verständlich: Werden nur relativ wenige Eizellen gebildet, so müssen diese einen starken Anlokkungseffekt ausüben. (Nach THURET, 1854)

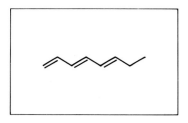

Abb. 608. Die Struktur von *Fucoserraten*. Es handelt sich um ein All-trans-1,3,5,-octatrien. (Nach MÜLLER und MÜLLER, 1974)

Spermatozoen, die im Wasser kopulieren (*Oogamie*). Auch bei *Fucus* werden die ♂ Gameten (Spermatozoen) von den ♀ Gameten (große unbewegliche Eizellen) durch ein Gamon chemotaktisch angelockt (Abb. 607). Der *Fucus*-Lockstoff wurde kürzlich in seiner Konstitution aufgeklärt. Es handelt sich um ein Octatrien mit 3 konjugierten Doppelbindungen. Es erhielt den Namen *Fucoserraten* (Abb. 608).

3. Beispiel: Hormonale Integration bei der geschlechtlichen Fortpflanzung von Oedogonium

Wir verwenden die folgende Definition für ein *Hormon:* Ein Hormon ist eine Substanz, die an einer Stelle des Organismus gebildet und auf irgendeine Weise zu anderen Teilen desselben Individuums *oder zu anderen Individuen der gleichen Art* transportiert wird, wo sie *spezifische* Reaktionen auslöst. Deshalb nennen wir auch solche Substanzen Hormone, die von einer Pflanze in das Medium abgegeben werden und an anderen Pflanzen oder Zellen ganz *bestimmte* Vorgänge auslösen. In diesem Sinn fassen wir auch die Gamone als eine Hormonklasse auf.

Wir betrachten nunmehr die Zwergmännchen-bildenden Grünalgen der Gattung *Oedogonium*. Hier hat man im physiologischen Experiment mindestens 4 verschiedene Hormone fassen können, die eine Rolle bei der geschlechtlichen Fortpflanzung dieser Algen spielen.

Das Objekt (Abb. 609). Die Algen der Gattung *Oedogonium* bilden unverzweigte, geschlechtlich differenzierte Zellfäden (♀ und ♂). Unter günstigen Bedingungen werden gewisse Zellen der ♀ Fäden zu großen Oogonienmutterzellen; auf den ♂ Fäden hingegen bilden sich Reihen aus kurzen Zellen aus, die man *Androsporangien* nennt. Sie bilden jeweils eine grüne, begeißelte *Androspore* aus. Sind ♀ Fäden erreichbar, so heften sich die Androsporen an die Oogonienmutterzellen und entwickeln sich dort zu einzelligen *Zwergmännchen*, die apikal ein oder mehrere *monogone Spermangien* ausbilden. Inzwischen hat sich die Oogonienmutterzelle geteilt, in ein fast rundes Oogonium mit einer Eizelle und in eine Trägerzelle, auf der die Zwergmännchen sitzen. Nach der Befruchtung bildet die Zygote eine dicke Wand und färbt sich rötlich (*Oospore*). Bei der Keimung der Oospore erfolgt die Meiosis mit haplogenotypischer Geschlechtsbestimmung: 2 von 4 Gonen bilden ♀, 2 bilden ♂ Fäden. Die *Oedogonium*-Arten lassen sich trotz der Komplikation durch die Androsporenbildung unter die vielzelligen Haplonten einreihen.

Hormonwirkungen. Die Oogonienmutterzellen sezernieren eine Substanz (ein *Sirenin*), die bewirkt, daß Androsporen sich an diesen Zellen ansammeln und festheften. Wenn man das wäßrige Medium, in dem sich Fäden mit Oogonienmutterzellen eine Zeitlang befunden haben, in eine Kapillare füllt und diese in ein Medium hält, in dem Androsporen schwimmen, so sammeln sich die Androsporen an der Spitze an und dringen in die Kapillare ein. Dieser Effekt ist offensichtlich auf das *Androsporen-Sire-*

Abb. 609. Modell der Ontogenie einer heterothallischen, Zwergmännchen-bildenden Art der Gattung *Oedogonium*. (Nach MACHLIS, 1961)

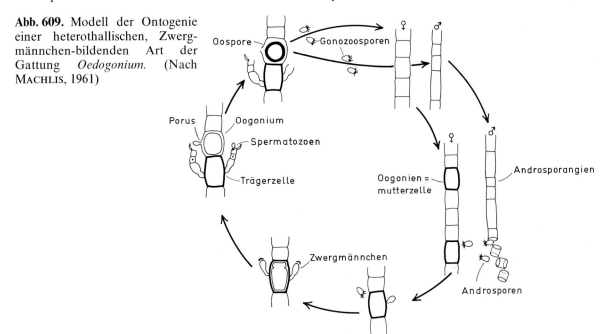

nin, das die Oogonienmutterzellen abgegeben haben, zurückzuführen. Die komplexen Vorgänge bei der Teilung der Oogonienmutterzellen können nur ablaufen, wenn sich Androsporen an der Oogonienmutterzelle festgesetzt haben. Experimentelle Resultate sprechen dafür, daß die Zwergmännchen durch ein Hormon die inäquale Zellteilung der Oogonienmutterzelle auslösen.

Die Entwicklung der Androsporen zu reifen Zwergmännchen ist unabhängig von den weiblichen Fäden. Wenn sich die Zwergmännchen aber an den Oogonienmutterzellen entwickeln, dann wird ihre Wachstumsrichtung von der weiblichen Pflanze so reguliert, daß die Spitze des Zwergmännchens zum Oogonium hin gerichtet ist und schließlich in die Gallerte eintaucht, die das Oogonium umgibt. Das hierbei wirksame Hormon stammt offenbar von der Oogonienmutterzelle.

Die Spermatozoen, die aus den Spermangien austreten, werden von der Gallerte, welche die Oogonien umgibt, festgehalten. Sie bewegen sich langsam, aber gerichtet, auf den Porus zu, der in das Oogonium führt. Ein Spermatozoon dringt schließlich ein und vollzieht die Befruchtung. An dieser Stelle ist also ein weiteres Anlockungshormon wirksam, das zweite *Sirenin* in dieser Ontogenie. Es stammt offenbar aus der Eizelle.

Mit physiologischen Methoden konnten also mindestens 4 Hormone nachgewiesen wer-

den, die bei der geschlechtlichen Fortpflanzung von *Oedogonium*-Arten eine Rolle spielen. Am weitesten fortgeschritten ist die biochemische Bearbeitung des Sirenins, welches die Androsporen an die Oogonienmutterzellen lockt.

Es ist offensichtlich, daß es im Pflanzenreich eine große Zahl von Vorgängen gibt, die in ähnlicher Weise hormonal integriert werden wie die Ontogenie von *Oedogonium*-Arten, z. B. spielt die Anlockung beweglicher Zellen bei allen Befruchtungsvorgängen eine entscheidende Rolle.

4. Beispiel: Ein Sexualhormon bei der Bierhefe, Saccharomyces cerevisiae

Die Ontogenie eines heterothallischen Stamms von *Saccharomyces cerevisiae* (Abb. 610) ist durch einen einfachen Sexualmechanismus charakterisiert, der unter der Kontrolle des Paarungstypen-Gens steht. Die beiden alternativen Allele bezeichnet man mit den Symbolen a und α. Haploide Zellen, die verschiedenen Paarungstypen angehören, können konjugieren und eine diploide Zygote bilden, aus der über mitotische Kernteilungen ein Klon diploider Zellen hervorgeht, die bezüglich des Paarungstypen-Gens heterozygot sind (a/α). Unter gewissen Bedingungen führen die diploiden Zellen eine Meiose durch, bei der 4 haploide Go-

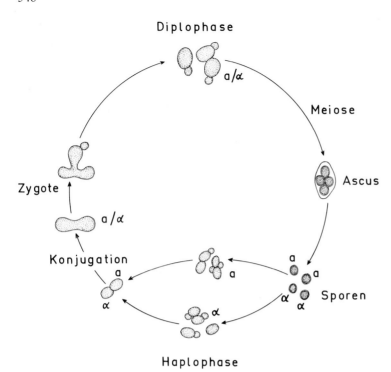

Diplophase

a/α

Meiose

Ascus

Zygote

a/α

Konjugation

a

α

Sporen

a

a

α

α

Haplophase

Abb. 610. Modell der Ontogenie eines heterothallischen Stammes der Hefe *Saccharomyces cerevisiae.* Erklärung im Text. (Nach einer Vorlage von DUNTZE)

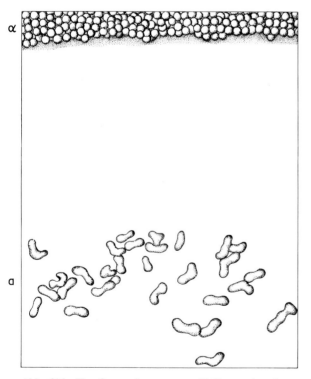

α

a

Abb. 611. Konfrontation von a-Zellen mit einem dichten Inoculum von α-Zellen auf Minimal-Agar. Verwendet wurden isogene haploide Wildtypstämme. Die Zeichnung beruht auf einer Photographie, die 8 h nach Beginn der Inokulation gemacht wurde. (Nach DUNTZE et al., 1970)

nen (Ascosporen) entstehen, zwei mit dem a-Gen, zwei mit dem α-Gen.

Wir richten unser Augenmerk auf den Vorgang der *Konjugation.* Die genaue Beobachtung ergibt, daß sich die beiden Paarungstypen bei diesem Vorgang nicht gleich verhalten: die Zellen des Paarungstyps a entwickeln „Kopulationsfortsätze", jene des Typs α nicht. Diese *morphogenetische Reaktion* der a-Zelle wird durch einen Faktor ausgelöst, der von den α-Zellen stammt und durch Agar diffundieren kann. Wenn man a-Zellen auf einem Agarmedium hält und in der Nähe einen dichten Rasen von α-Zellen aufimpft, kann man beobachten (Abb. 611), daß die Teilung der a-Zellen gehemmt wird und daß die Zellen Auswüchse bilden, die „Kopulationsfortsätzen" entsprechen. Der Hemmeffekt und das Auswachsen sind besonders ausgeprägt, wenn relativ wenige a-Zellen einer großen Übermacht von α-Zellen gegenüberstehen. Wenn die a-Zellen numerisch überwiegen, tritt der Effekt nicht auf. Da außerdem a/α-Zellen den Effekt an den a-Zellen nicht hervorbringen, a/a- und α/α-Zellen aber genau so wie die entsprechenden haploiden Zellen reagieren, kann man davon ausgehen, daß Zellen, die ausschließlich das α-Allel enthalten, einen diffusionsfähigen Faktor (α-Faktor) abgeben, auf den Zellen, die ausschließlich das a-Allel enthalten, mit Hemmung der Zellteilung und Bildung der Fortsätze reagieren. Der aktive Faktor, den die α-Zellen abgeben, ist nach den bisherigen Erfahrungen ein Oligopeptid. Der α-Faktor hemmt in den a-Zellen die DNA-Synthese; die RNA- und die Proteinsynthese hingegen laufen weiter. Auf diese Weise erklärt sich die Hemmung der Mitose und die Förderung der Bildung von Zellfortsätzen.

Die Grundfragen der Hormonphysiologie bleiben auch in diesem Fall unbeantwortet; das System ist aber wegen seiner Einfachheit besonders geeignet, diese Fragen noch einmal zu stellen: In welcher Weise bewirkt das α-Allel die Bildung des α-Faktors? Weshalb reagiert die α-Zelle nicht auf den α-Faktor? Weshalb reagiert die a-Zelle auf den α-Faktor? Wie bewirkt das a-Allel diese Empfindlichkeit? usw. Es ist klar, daß auch der α-Faktor auf dem Niveau einer „sekundären Differenzierung" (→ S. 330) wirkt. Der molekulare Mechanismus der „Primärdifferenzierung" (der Herstellung der Kompetenz in den a-Zellen für den α-Faktor) ist unbekannt. Immerhin kann man aber bei dem Hefesystem davon ausgehen, daß die primäre Verschiedenheit der Zellen mit dem a- bzw. α-Allel zu tun hat. Bei der *intraorganismischen* Hormonwirkung im vielzelligen System besteht die zusätzliche Schwierigkeit ja darin, daß die „Primärdifferenzierung" (die Herstellung der spezifischen Kompetenz) auf der Basis identischer genetischer Information erklärt werden muß.

5. Beispiel: Antheridiol, ein Sexualhormon von Achlya

Die Gattung *Achlya* gehört zu einer Gruppe aquatischer Pilze, die man in der Familie *Saprolegniaceae* („Wasserschimmel") zusammenfaßt. Ein Großteil der *Saprolegniaceae* ist zwittrig und homothallisch, d. h. es werden miteinander reagierende Geschlechtsorgane („Antheridien" und Oogonien) am selben Myzel (Thallus) gebildet. Es gibt aber auch zwei diözische Arten, die zwei Individuen, ein männliches und ein weibliches, für die sexuelle Fortpflanzung brauchen (*Achlya bisexualis* und *A. ambisexualis*). Mit diesen Arten hat RAPER in klassischen Experimenten gezeigt, daß die sexuelle Reproduktion bei *Achlya* von diffusionsfähigen Sub-

stanzen, die von den Sexualpartnern in das Medium (z. B. Agar) sezerniert werden, eingeleitet und gesteuert wird (Abb. 612). Die männlichen und die weiblichen Pflanzen sezernieren in einem Wechselspiel mindestens 4 Hormone, von denen das vom Weibchen stammende Hormon A in den letzten Jahren isoliert und identifiziert wurde. *Antheridiol*, wie die Substanz genannt wird, ist ein Sterin, welches dasselbe Kohlenstoffskelett wie das altbekannte Stigmasterin aufweist (Abb. 613). Die Wirkungen, welche diese Substanz am männlichen Myzel hervorrufen kann, seien nochmals zusammengefaßt: Das Antheridiol löst die Bildung der Antheridienhyphen aus und macht (zusammen mit dem Hormon C) diese chemotropisch reaktionsfähig. Darüber hinaus fungiert es als essentieller Faktor bei der Bildung der Antheridien (Ausbildung der Trennwand; zusammen mit dem Hormon C) und stimuliert das männliche Myzel zur Sekretion des Hormons B, welches die Bildung von Oogonieninitialen veranlaßt.

Das wachsende weibliche Myzel sezerniert beständig Antheridiol. Die „Empfindlichkeit" des männlichen Myzels ist enorm hoch: Die Wirkung einer Konzentration von 10^{-10} mol·l^{-1} (24 pg·ml^{-1}) ist noch gut nachweisbar. Die Fragen, die wir im Zusammenhang mit dem Hefesystem gestellt haben, ließen sich auch im Hinblick auf das *Achlya*-System formulieren. Es sei lediglich betont, daß für die molekularbiologische Erklärung der Antheridiol-Wirkung die Antwort auf die Frage, weshalb das Weibchen nicht auf Antheridiol reagiert, ebenso wichtig ist, wie die Antwort auf die Frage weshalb (und wie) das Männchen auf Antheridiol reagiert. Der molekulare Mechanismus dieser „Primärdifferenzierung" (Kompetenz der männlichen Hyphen für Antheridiol; keine Kompetenz der weiblichen Hyphen für Antheridiol) ist ein entscheidender Aspekt des Gesamtproblems.

Ein terminologischer Nachsatz

KARLSON und LÜSCHER haben jene leicht flüchtigen Wirkstoffe, die eine humorale „Verständigung" zwischen den Individuen einer Population ermöglichen, als *Pheromone* bezeichnet. Als klassisches Beispiel gelten die Sexuallockstoffe der Insekten, die vom Weibchen ab-

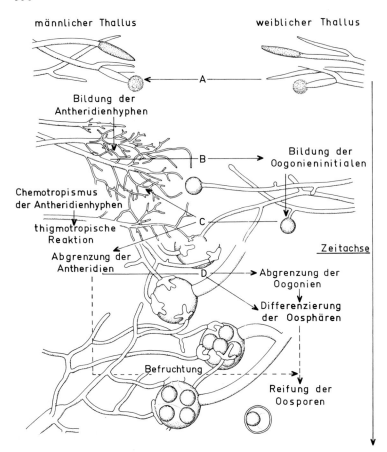

männlicher Thallus   weiblicher Thallus

Bildung der
Antheridienhyphen

Bildung der
Oogonieninitialen

Chemotropismus
der Antheridienhyphen

thigmotropische
Reaktion

Abgrenzung der
Antheridien

Zeitachse

Abgrenzung der
Oogonien

Differenzierung
der Oosphären

Befruchtung

Reifung der
Oosporen

Abb. 612. Ein Modell für die hormonale Steuerung der sexuellen Fortpflanzung bei einer heterothallischen *Achlya*-Art. Die männlichen und weiblichen Thalli sezernieren in einem Wechselspiel mindestens 4 Hormone. Die Sekretion der vegetativen Hyphen des Weibchens (Hormon A) startet die Sexualreaktion, indem das Hormon A die Bildung der Antheridienhyphen „induziert". Das hiermit sexuell aktivierte Männchen sezerniert ein Hormon B, welches beim Weibchen die Bildung von Oogonieninitialen auslöst. Diese Gebilde produzieren ihrerseits ein Hormon C, welches eine doppelte Funktion ausübt: Es löst die chemotropische Reaktionsfähigkeit der Antheridienhyphen aus und bewirkt die Bildung der Trennwand, welche das endständige Antheridium gegen die Hyphe abgrenzt. Die Abgrenzung der Antheridien durch eine Trennwand erfolgt allerdings erst bei der Berührung der Oogonien in Gegenwart der Hormone A und C. Die Abgrenzung der Oogonien durch eine Querwand und die Differenzierung der Oosphären beruht auf der Sekretion einer vierten Substanz (Hormon D), die von den Antheridien abgegeben wird. (Nach RAPER, 1955; HAWKER et al., 1962)

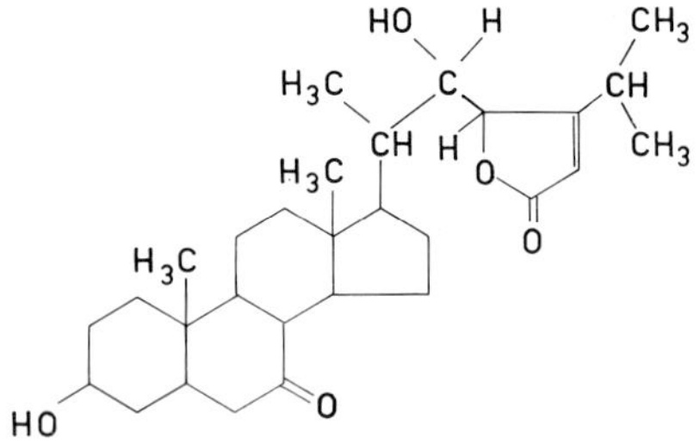

Abb. 613. Die Struktur von Antheridiol. (Nach BARKSDALE, 1969)

gegeben und vom Männchen perzipiert werden. Da der Begriff *Pheromon* sehr weit gefaßt ist, können wir auch die interorganismischen Entwicklungshormone der Pilze, der Algen und der Archegoniatengametophyten hier einreihen. Andererseits hat sich (zumindest im deutschen Sprachgebiet) die allgemeinere Bezeichnung *Gamon* für Substanzen eingebürgert, die chemische Wechselwirkungen zwischen Sexualpartnern auslösen. Auf jeden Fall können wir alle diese Wirkstoffe als *Hormone* bezeichnen, wenn wir die im 3. Beispiel gegebene Definition des Hormonbegriffs zugrunde legen. Auffällig ist, daß die Gamone ganz verschiedenen Stoffklassen angehören. Dies ist verständlich: Die von den einzelnen Arten verwendeten Gamone *müssen* verschieden sein, wenn die *Spezifität* des innerartlichen Sexualkontaktes im natürlichen Biotop gewährleistet sein soll.

Befruchtung bei den Blütenpflanzen

Der weibliche Gametophyt (Inhalt des Embryosacks) und der männliche Gametophyt (Pollenschlauch) entwickeln sich bei den höheren Pflanzen innerhalb des Sporophyten. Die physiologische Erforschung der Befruchtung hat sich auf die Fragen konzentriert, wie eine falsche Befruchtung verhindert wird und wie bei der *Siphonogamie* der Pollenschlauch mit den Spermazellen seinen Weg zum Eiapparat findet. Die folgenden Fragen stehen derzeit im Vordergrund des Interesses: 1. Wie wird erreicht, daß die Gameten (Eizelle, Spermazelle) zur gleichen Spezies gehören? Die Art der Bestäubung erlaubt in der Regel ja keine Diskriminierung zwischen erwünschtem und unerwünschtem Pollen. 2. Wie kann Selbstbefruchtung auch bei solchen zwittrigen Blüten verhindert werden, in denen Pistille und Stamina gleichzeitig reifen? 3. Welche Faktoren lenken den Pollenschlauch auf seinem Weg zur Eizelle?

Die Fragen 1. und 2. betreffen den Mechanismus der *Inkompatibilität* (Unverträglichkeit). Man hat zwei Typen von Mechanismen unterschieden. Beim ersten Typ kommt es zur Hemmung der Pollenkeimung oder des Pollenschlauchwachstums auf oder in der Narbe (Stigma) (Abb. 614). Diesen Typ, der besonders bei Cruciferen (*Brassicales*) und Compositen (*Asterales*) vorkommt, nennt man *sporophytische Inkompatibilität,* da die Reaktion durch den Genotyp des diploiden Sporophyten bestimmt wird. Obgleich die molekulare Wechselwirkung zwischen Pollenkorn und Stigmaoberfläche noch nicht voll verstanden ist, kann man davon ausgehen, daß Proteine, die das Pollenkorn sofort nach seiner Ankunft auf dem Stigma aus der Exine entläßt, mit *spezifischen* Komponenten der Narbenoberfläche (wahrscheinlich Glycoproteinen) reagieren, die in einem dünnen Proteinfilm auf der Cuticula lokalisiert sind. Diese Wechselwirkung entschei-

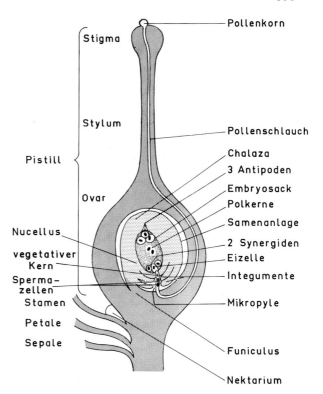

Abb. 614. Schematischer Längsschnitt durch den pistillaten Teil einer zwittrigen Blüte. Unser Augenmerk gilt dem Weg des Pollenschlauchs von der Oberfläche des Stigmas bis hin zur Eizelle. Das *Stigma* ist die expandierte Spitze des Stylums, an dem die Pollenkörner haften bleiben. In der Regel ist die Oberfläche des Stigmas mit Papillen besetzt und mit einer Cuticula überzogen. Meist liegt über der Cuticula noch ein dünner Proteinfilm. In vielen Fällen sezerniert die Stigmaoberfläche eine Flüssigkeit, welche die rasche Hydratisierung der Pollenkörner ermöglicht und die Pollenkeimung auch enzymatisch fördert. Nach der Befruchtung hört die Sekretion dieser Flüssigkeit auf. Im *Stylum* findet man oft eine Zone drüsenähnlichen Gewebes, die das Stigma mit dem Ovar verbindet: das *stigmatoide Gewebe.* Wenn das Stylum hohl ist, z. B. bei der viel untersuchten Lilie, kleidet das stigmatoide Gewebe den *Stylarkanal* aus. Bei kompakten Styla wachsen die Pollenschläuche durch die Interzellularen, ebenfalls in Kontakt mit dem sekretorisch aktiven stigmatoiden Gewebe. Einige Forscher vertreten die These, daß das stigmatoide Gewebe für die *Orientierung* des Pollenschlauchwachstums maßgebend ist (→ S. 523). (Nach LINSKENS, 1969)

det darüber, ob ein Pollenkorn Wasser aufnehmen und damit keimen kann oder nicht.

Bei den meisten Pflanzen kommt ein 2. Typ von Inkompatibilität vor: Eine inhibitorische Wechselwirkung zwischen dem Griffelgewebe

(Stylargewebe) und dem Pollenschlauch. Dieser Typ wird *gametophytische Inkompatibilität* genannt, da er nicht nur vom Genotyp des Sporophyten, sondern maßgeblich vom Genotyp des Pollenkorns bzw. des männlichen Gametophyten abhängt. In diesem Fall kommt es zu keiner Hemmung der Pollenkeimung, und der Pollenschlauch durchdringt die Narbe ungestört. Erst wenn der Pollenschlauch das Stylargewebe erreicht, manifestiert sich die Inkompatibilität: Das Wachstum des Pollenschlauchs vermindert sich und hört schließlich auf. Dabei kommt es zu Stoffwechselstörungen und zu Mißbildungen des Pollenschlauchs. Erwartungsgemäß ist die Genexpression, beispielsweise ablesbar am Proteinmuster nach Gelelektrophorese (→ S. 75), bei kompatiblen und bei inkompatiblen Kombinationen wesentlich verschieden. Die erklärenden Modelle, die für die Pollenschlauch-Griffel-Wechselwirkung vorgeschlagen wurden, gehen entweder von einer Antikörper-Antigen- oder von einer Enzym-Substrat-Wechselwirkung aus. Es kann kein Zweifel bestehen, daß der Pollenschlauch, dessen Wachstumszone auf die oberen 5 – 10 µm der Spitze beschränkt ist, auf seinem Weg zum Embryosack gesteuert wird (→ Abb. 614). In der Regel geht man davon aus, daß die Spitze des Pollenschlauchs chemotropisch auf Konzentrationsgradienten von Pistillsubstanzen reagiert. Wir haben darauf in einem eigenen Abschnitt über *Chemotropismus* hingewiesen (→ S. 523). An dieser Stelle sei aber betont, daß neuerdings von MASCARENHAS ein Alternativkonzept entwickelt wurde, das auf die Annahme eines Chemotropismus der Pollenschläuche verzichtet. Er geht vielmehr davon aus, daß die drü-

senartigen, stigmatoiden Zellen im Pistillgewebe stoffliche Faktoren sezernieren, die für das Längenwachstum der Pollenschläuche notwendig sind, und auf diese Weise die Wachstumsrichtung bestimmen. Die Annahme eines spezifisch chemotropischen Steuermechanismus wird damit entbehrlich, abgesehen vielleicht vom Eintritt des Pollenschlauchs in Mikropyle und Embryosack. Vermutlich beruht die präzise Anlockung der Spitze des Pollenschlauchs durch den Eiapparat (Eizelle plus Synergiden) tatsächlich auf einer chemotropischen Reaktion des Pollenschlauchs auf ein vom Eiapparat oder von der Eizelle ausgesandtes Gamon.

Weiterführende Literatur

BARKSDALE, A. W.: Sexual hormones of *Achlya* and other fungi. Science **166**, 831 – 837 (1969)

ISHIURA, M., ISAWA, K.: Gametogenesis in *Chlamydomonas*. Plant and Cell Physiol. **14**, 911 – 939 (1973)

JAENICKE, L.: Signalstoffe und Chemoreception bei niederen Pflanzen. Chemie in unserer Zeit **9**, 50 – 58 (1975)

KOCHERT, G.: Sexual pheromones in algae and fungi. Ann. Rev. Plant Physiol. **29**, 461 – 486 (1978)

MACHLIS, L.: The coming of age of sex hormones in plants. Mycologia **64**, 235 – 247 (1972)

MASCARENHAS, J. P.: Pollen tube chemotropism. In: Behaviour of Microorganisms. Peres-Miravete, A. (ed.). New York: Plenum Press, 1973, pp. 62 – 69

MÜLLER, H., MÜLLER, D. G.: Sexuelle Fortpflanzung und Gametenlockstoffe bei Braunalgen. Biologie in unserer Zeit. **4**, 97 – 105 (1974)

VAN DEN ENDE, H.: Sexual Interactions in Plants. London: Academic Press, 1976

48. Physiologie des Generationswechsels

Das Problem

Die Ontogenie der höheren Pflanzen (Pteridophyten und Spermatophyten) ist generell durch einen heterophasischen Generationswechsel (Sporophyt/Gametophyt) charakterisiert. Wenn man diesen Generationswechsel entwicklungsphysiologisch studieren will, muß man solche Systeme wählen, bei denen beide Generationen experimentell leicht zugänglich sind, etwa Farne. Die Spermatophyten sind nicht günstig, weil sich bei ihnen die extrem reduzierten Gametophyten experimentell kaum bearbeiten lassen (→ Abb. 614). Die Abb. 615 zeigt uns Stadien aus der Ontogenie von *Dryopteris filix-mas,* einem charakteristischen Vertre-

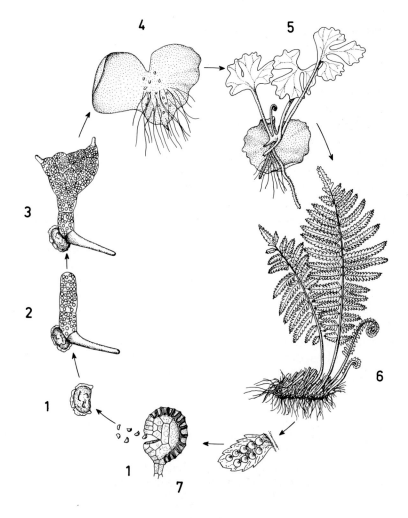

Abb. 615. Repräsentative Stadien aus der Ontogenie des leptosporangiaten Farns *Dryopteris filix-mas.* Das *Protonema* (2) entsteht aus der haploiden *Gonospore* (1). Die Sporenkeimung erfolgt nur in Gegenwart von aktivem Phytochrom (P_{fr}; → S. 313). Unter normalen Lichtbedingungen (d. h. Weißlicht mit erheblichem Lichtfluß) wird das fädige Protonemastadium (2) rasch von einem flächigen *Prothallium* (3, 4) abgelöst. Der Übergang von 2 nach 3 geht nur vonstatten, wenn das eingestrahlte Licht genügend *Blaulicht* enthält. Der Übergang 2 → 3 ist reversibel und somit der Prototyp einer *Modulation* (→ Abb. 290)

ter der leptosporangiaten Farne. Bei diesen Organismen sind sowohl der *Gametophyt* als auch der *Sporophyt* selbständige, autotrophe Generationen, die sich wesentlich unterscheiden: Der Gametophyt ist ein Thallus (4), der Sporophyt ein *Kormus* (6). Die Organisation (der „Bauplan") der beiden Generationen ist also fundamental verschieden. Wir fragen, ob der prinzipielle Unterschied in der Organisation von Gametophyt und Sporophyt etwas zu tun hat mit einem Unterschied in der *Kernphase* (haploid — diploid). Eine solche Annahme liegt nahe, weil üblicherweise Gametophyt (n) und Sporophyt (2 n) sich in der Kernphase unterscheiden. Daß eine solche Annahme nicht berechtigt ist, beweisen indessen bereits vergleichend-entwicklungsgeschichtliche Daten.

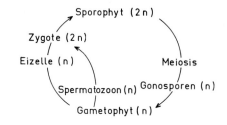

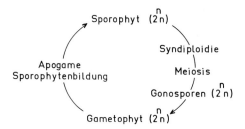

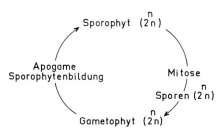

Abb. 616. Drei Typen des Farn-Generationswechsels. Die Beschreibung erfolgt im Text. (Nach EVANS, 1964)

Vergleichend-entwicklungsgeschichtliche Daten

Die Abb. 616 (*oben*) zeigt diagrammatisch den normalen, mit Befruchtung und Meiosis verbundenen Generationswechsel der Farne. Im allgemeinen gehen 16 Sporenmutterzellen (2 n) aus einer Archesporzelle (2 n) mitotisch hervor. Jede Sporenmutterzelle bildet meiotisch 4 Gonosporen (Meiosporen, 1 n). Die Abb. 616 (*Mitte*) zeigt den nicht seltenen Generationswechsel mit *obligatorischer Apogamie*. Hierbei entstehen die Sporophyten aus vegetativen Zellen des Prothalliums ohne Geschlechtszellen und Befruchtung. Die Meiosis tritt aber ein. Die Chromosomenzahl wird dadurch in Ordnung gehalten, daß bei der Bildung der Sporenmutterzellen eine Verdopplung der Chromosomen auftritt. Es entstehen aus einer Archesporzelle (2 n) acht Sporenmutterzellen (4 n). Die Meiosis liefert 32 Gonosporen (2 n). Bei diesem Typ von Generationswechsel sind also alle Zellen, die während der Ontogenie auftreten, diploid, abgesehen von den Sporenmutterzellen. Die Abb. 616 (*unten*) gibt den Extremfall wieder, wo auch die Meiosis entfällt. Es gibt in der ganzen Ontogenie nur noch Mitosen. Die Teilungen der Sporenmutterzellen sind mitotisch. Die entstehenden Sporen sind keine Gonosporen. Die Sexualität ist völlig aufgehoben, eine Umkombination des Erbguts findet nicht mehr statt. Bezüglich des Ploidiegrads (n oder 2 n) bestehen verschiedene Auffassungen. Dies ist für den Schluß, den wir aus der

Abb. 616 ziehen wollen, irrelevant, da auf jeden Fall die *apogame Sporophytenbildung* den *gleichen* Ploidiegrad von Sporophyt und „Gametophyt" zur Folge hat. Die für uns wichtige Beobachtung ist, daß selbst in diesem Fall der morphologische Unterschied zwischen Sporophyt und Gametophyt genauso ausgeprägt ist, wie bei der normalen, mit Befruchtung und Meiosis verknüpften Ontogenie. Ohne Experimente haben wir somit gelernt, daß der *Generationswechsel nicht* ursächlich mit dem *Kernphasenwechsel* zusammenhängt.

Wenn die Gametophyten aus vegetativen Zellen des Sporophyten entstehen, spricht man von *Aposporie*. Apospore Gametophyten gehen in der Regel aus lokalen Zellproliferationen an den Blatträndern hervor. Manche Farnsippen, z. B. *Athyrium filix-femina*, var. *clarissima*, bilden zumindest unter Kulturbedingungen regelmäßig apospore Gametophyten. Da die Bildung der „Sporophyten" bei diesen Sippen apogam erfolgt, läuft der Generationswechsel ohne Sporenbildung und Gametenbildung ab.

Ob dieser Typ von Generationswechsel auch unter natürlichen Bedingungen vorkommt, ist nicht bekannt.

Experimentelle Daten

Es gelingt, Farne (z. B. *Todea barbara* und *Osmunda cinnamomea*) aseptisch auf Agarmedien zu züchten, und zwar haploide, diploide und tetraploide Gametophyten und Sporophyten. Man kann z. B. folgendermaßen vorgehen: Normale Gonosporen liefern haploide Prothallien (→ Abb. 615). Diese ergeben durch Befruchtung diploide Sporophyten und selten durch Apogamie haploide Sporophyten. Wenn man aus den „Jugendblättern" der diploiden Sporophyten Teile entnimmt und auf ein passendes Medium bringt, kommt es leicht zu einer apsoporen Regeneration von diploiden Prothallien. Die auf diesen Prothallien durch Befruchtung entstehenden Sporophyten sind dann tetraploid. Deren Jugendblätter regenerieren experimentell tetraploide Prothallien.

Auch diese experimentellen Daten zeigen, daß der Generationswechsel nicht auf einen Kernphasenwechsel zurückgeführt werden darf. Wie kommt es dann, daß ein und dieselbe genetische Information einmal einen Gametophyten hervorbringt und einmal einen Sporophyten? Dies hängt offensichtlich damit zusammen, daß in den verschiedenen Phasen der Ontogenie verschiedene Anteile der genetischen Information verwendet werden. Die Frage ist, welche Faktoren jeweils darüber bestimmen, welcher Anteil der genetischen Information aktiv zu sein hat und welcher nicht. Eine „molekulare" Antwort auf diese Frage ist noch

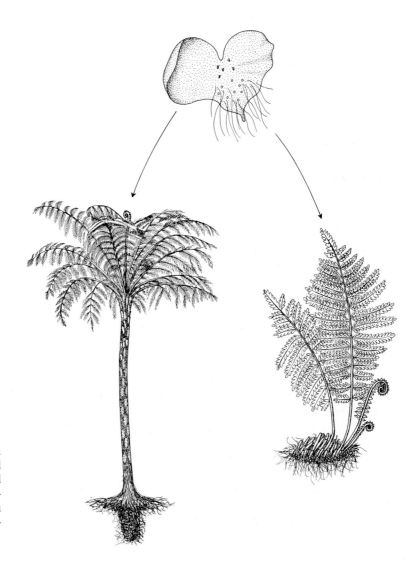

Abb. 617. Die Sporophyten von *Alsophila australis* (*links*) und *Dryopteris filix-mas* (*rechts*) sind sehr verschieden. Die Gametophyten hingegen unterscheiden sich praktisch nicht. (In Anlehnung an MOHR und BARTH, 1962)

nicht möglich. Einige Hinweise seien kurz behandelt.

Der Baumfarn *Alsophila australis* und der Rhizomfarn *Dryopteris filix-mas* unterscheiden sich in der Sporophytengeneration grundlegend (Abb. 617). Die Gametophyten der beiden Arten hingegen lassen sich nur mit Mühe unterscheiden. Sie reagieren auch im physiologischen Experiment (z. B. bei photomorphogenetischen Beeinflussungen) sehr ähnlich. Wie soll man dies interpretieren? Wir wollen hier zwei Antworten einander gegenüberstellen, die den Wandel in der Betrachtungsweise entwicklungsphysiologischer Probleme zum Ausdruck bringen, der sich in den letzten Jahrzehnten vollzogen hat. GOEBEL schrieb 1930: „Es ist zunächst klar, daß, selbst wenn alle Farnprothallien äußerlich einander gleich erscheinen würden, dies nur auf der Unvollkommenheit unserer Untersuchungsmethoden beruhen kann. Denn das Prothallium einer *Gleichenia* muß innerlich eine ganz andere Beschaffenheit haben als das eines *Aspidium*, sonst könnte nicht aus der befruchteten Eizelle des ersteren eine so ganz andere Pflanze hervorgehen als aus der des letzteren. Die Eizelle aber ist nur eine besonders ausgebildete Prothalliumzelle, nicht etwas von den anderen Zellen fundamental Verschiedenes." Unsere Antwort hingegen lautet: Die große Ähnlichkeit der Prothallien bei den leptosporangiaten Farnen bleibt auch bei noch so verfeinerten analytischen Methoden erhalten. Dies hängt damit zusammen, daß während der Gametophytenentwicklung der Farne in erster Linie solche Gene in Funktion treten, die zum phylogenetisch alten Bestand gehören, die also sehr vielen Farnarten, z. B. *Alsophila australis*, *Gleichenia pectinata* und *Dryopteris filix-*

mas gemeinsam sind. Erst bei der Sporophytenentwicklung werden dann auch jene Gene in Funktion gesetzt, welche die Verschiedenheit der Sporophyten bedingen. Nach dieser Ansicht haben alle leptosporangiaten Farne einen Grundstock gemeinsamer Gene. die in erster Linie die Prothallienentwicklung bestreiten.

Ein ontogenetisches Modell

Die Frage, an welcher Stelle der Ontogenie die jeweilige Umsteuerung der Genaktivität (Gametophytenentwicklung *oder* Sporophytenentwicklung) stattfindet, beantwortet die Abb. 618. Die Auffassung, daß bei der *Oogenese* und bei der *Sporogenese* (und nicht bei der Zygotenkeimung und bei der Sporenkeimung) die genphysiologische Umstellung erfolgt, gründet sich in erster Linie auf die elektronenmikroskopische Analyse der Oogenese. BELL, der diese Hypothese vorgeschlagen und begründet hat, geht davon aus, daß die subzellulären Entwicklungsvorgänge bei Oogenese und Apogamie einerseits und Sporogenese und Aposporie andererseits sehr ähnlich verlaufen, so daß jeweils Zellen entstehen, die auf Sporophyten- bzw. Gametophytenentwicklung hin determiniert („programmiert") sind.

Genetische Variabilität bei homosporen Farnen

Auf der Abb. 619 sind eine *Samenpflanze* und eine *homospore Farnpflanze* mit zwittrigem

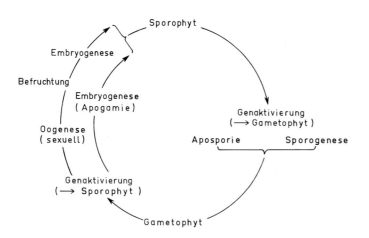

Abb. 618. Der ontogenetische Cyclus (Lebenscyclus) einer Farnpflanze, interpretiert als eine Folge alternierender, *differentieller* Genexpression. Das Schema kann sowohl auf den sexuellen als auch auf den apogamen Lebenscyclus angewendet werden. (Nach BELL, 1970)

Abb. 619. Genetischer Vergleich von Sporophytenpopulationen, die aus einem einzelnen *Samen* oder einer einzelnen *Meiospore* im Fall von Selbstbestäubung bzw. Selbstbefruchtung hervorgehen. Während die Samenpflanze ihre Heterozygotie aufrecht erhalten kann, wird die homospore Farnpflanze bereits innerhalb einer Generation völlig homozygot. (Nach KLEKOWSKI, 1972)

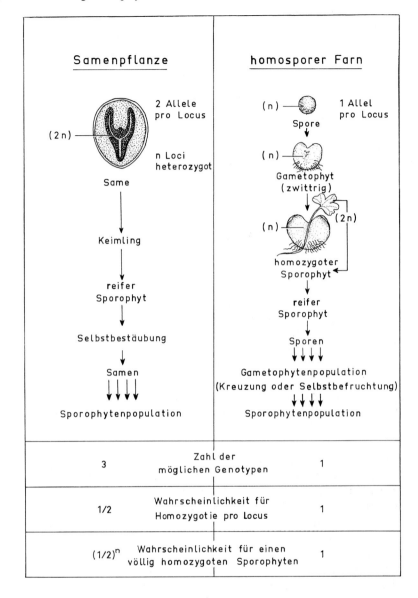

Prothallium einander gegenübergestellt. Man sieht, daß bei der Farnpflanze bereits innerhalb einer Generation mit Selbstbefruchtung komplette Homozygotie auftritt. Nach einer wohlbegründeten Hypothese von KLEKOWSKI haben die homosporen Farne im Lauf der Evolution auf diese Schwierigkeit mit einer Modifikation der Meiosis reagiert, die es der homozygoten Sporenmutterzelle erlaubt, genetisch *ungleiche* Meiosporen hervorzubringen. Im Prinzip ist die Modifikation derart, daß die Paarung der homologen Chromosomen ersetzt ist durch eine *Paarung innerhalb homöologer Chromosomensätze,* die durch Polyploidisierung entstanden sind.

Die obligatorische Photomorphogenese der Farngametophyten

Als Repräsentanten wählen wir wieder den leptosporangiaten Wurmfarn *Dryopteris filix-mas* (→ Abb. 615). Wir richten unser Augenmerk auf die Entwicklung des jungen Gametophyten, die unter natürlichen Lichtverhältnissen durch den raschen Übergang vom fädigen Protonema zum flächigen Prothallium charakterisiert ist. Diese normale Entwicklung kann nur vonstatten gehen, wenn der Keimling (=junger Gametophyt) genügend kurzwelliges Licht („Blaulicht") erhält. Es handelt sich also um eine *obli-*

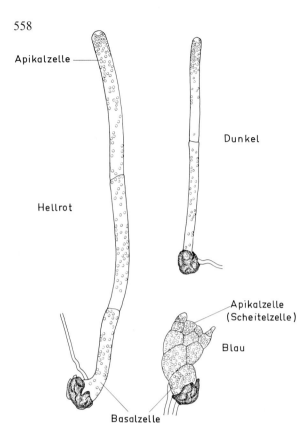

Abb. 620. Typische Sporenkeimlinge von *Dryopteris filix-mas* nach 6tägiger Kultur auf mineralischer Nährlösung. Die Keimung wurde mit hellrotem Licht induziert. (Bildung von aktivem Phytochrom, P_{fr}.) Die Kultur erfolgte im Hellrot- und Blau-Dauerlicht bei praktisch gleichem Quantenfluß (etwa $1\,W \cdot m^{-2}$ im Blaulicht). (Nach MOHR und OHLENROTH, 1962)

gatorische Photomorphogenese (Abb. 620). Man sieht, daß die Entwicklung im Dunkeln und die Entwicklung im Hellrot recht ähnlich vonstatten gehen: Es entsteht ein Zellfaden. Im Blaulicht hingegen bildet sich — wie im Weißlicht — das normale zweidimensionale Prothallium. Diese Unterschiede in der Morphogenese bleiben in der Regel auch erhalten, wenn man die Kultur über längere Zeit fortsetzt (Abb. 621 und Abb. 622). Diese beiden Abbildungen demonstrieren wohl besonders gut, was mit dem Ausdruck *obligatorische Photomorphogenese* gemeint ist. Dem *Genbestand* nach sind das fädige System der Abb. 621 und das Prothallium der Abb. 622 praktisch identisch.

Die Photosynthese spielt, wie man experimentell zeigen kann, bei der Photomorphogenese der Farnvorkeime keine *spezifische* Rolle. (Sie ist natürlich, wie bei allen photoautotrophen Pflanzen, eine *Voraussetzung* für das Wachstum.) Es stellt sich deshalb die Frage, welcher Photoreceptor das *morphogenetisch* wirksame Licht absorbiert.

Das Wirkungsspektrum der Abb. 623 dokumentiert die starke morphogenetische Wirkung des Blaulichts. Die leichte Vertiefung im Hellrot (viel Phytochrom) und der Gipfel im Dunkelrot (wenig Phytochrom) sind auf das Phytochrom zurückzuführen; die morphogenetische Wirkung des Blaulichts ist hingegen unabhängig vom Phytochrom. Vermutlich ist der Photoreceptor ein Flavoprotein (→ S. 364). Die

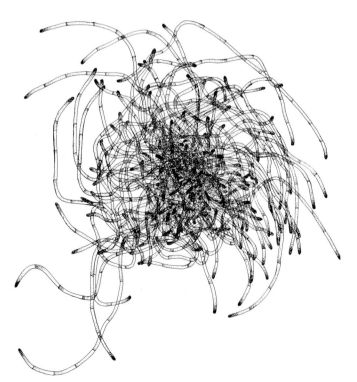

Abb. 621. Ein vielfach verzweigtes Protonema von *Dryopteris filix-mas*, etwa 2½ Monate nach der Sporenkeimung. Das Protonema geht auf *eine* Spore zurück. Es ist im Hellrot-Dauerlicht herangewachsen. (Nach einer Aufnahme von MAY)

Abb. 622. Ein typisches Blau-licht-Prothallium von *Dryopteris filix-mas,* etwa 2 Monate nach der Sporenkeimung. Die Anzucht erfolgte im Blau-Dauerlicht. (Nach einer Aufnahme von MAY)

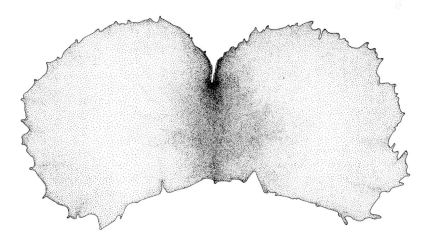

Abb. 623. Der morphogenetische Index L/B (Länge des Protonemas geteilt durch maximale Breite) in Abhängigkeit von der Wellenlänge. Objekte: Proto-nemen von *Dryopteris filix-mas.* Die Auswertung erfolgte nach 6tägiger Kultur im monochromatischen Dauerlicht bei niedrigem Energiefluß (0,2 W · m^{-2}). Mit dem Index L/B läßt sich an den Protonemen die *morphogenetische Wirkung des Lichts* quantitativ gut erfassen, weil sich die morphogenetische Wirkung an den Manifestationen „Hemmung des Längen-wachstums" und „Förderung des Breitenwachstums" besonders leicht messen läßt. Ein *niedriger* morpho-genetischer Index bedeutet eine *starke* morphogene-tische Wirkung der betreffenden Strahlung. (Nach MOHR, 1956). Durch Simultanbestrahlung mit 2 Wellenlängen (→ S. 318) konnte später gezeigt wer-den, daß die (leichte) morphogenetische Wirkung *im Hellrot* auf Phytochrom zurückzuführen ist (Depres-sion bei 650 – 670 nm). Die starke Wirkung des *Blau-lichts* ist hingegen völlig unabhängig von Phytochrom. Die *generelle* Steigerung des Längenwachstums zwi-schen 520 und 730 nm beruht auf Photosynthese

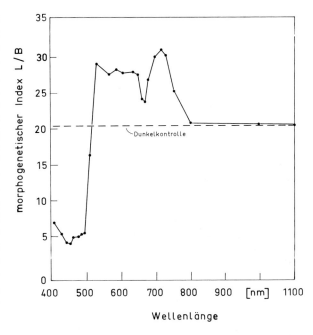

Frage, *wie* das Blaulicht die Umsteuerung der Vorkeime vom fädigen zum flächigen Wachs-tum bewirkt, wird durch die Hypothese der *dif-ferentiellen Genaktivierung* beantwortet. Die Absorption von Blaulicht durch ein Flavopro-tein führt letztlich dazu, daß bestimmte Gene aktiviert werden, deren Funktion für die nor-male, flächige Morphogenese gebraucht wird. Alle verfügbaren Daten stehen zwar im Ein-klang mit dieser Hypothese; eine überzeugende Bestätigung wäre aber nur möglich, wenn es gelänge, 1. die blaulichtabhängige Photoreak-tion und die sich unmittelbar anschließenden molekularen Vorgänge zu identifizieren und 2. eine *differentielle* Synthese von mRNA durch Blaulicht nachzuweisen.

Weiterführende Literatur

BELL, P. R.: The archeogoniate revolution. Sci. Progr. Oxf. **58,** 27 – 45 (1970)

FURUYA, M.: Photocontrol of developmental proces-ses in fern gametophytes. Bot. Mag. Tokyo *Speci-al Issue* **1,** 219 – 242 (1978)

KLEKOWSKI, E. J.: Sexual and subsexual systems in homosporous pteridophytes: a new hypothesis. Amer. J. Bot. **60,** 535 – 544 (1973)

MILLER, J. H.: Fern gametophytes as experimental material. Botanical Rev. **34,** 361 – 440 (1968)

MOHR, H.: Die Steuerung der Entwicklung durch Licht am Beispiel der Farngametophyten. Ber. Dtsch. Bot. Ges. **78,** 54 – 68 (1965)

MOHR, H.: Lectures on Photomorphogenesis (Chap-ter 21: Examples of blue-light-mediated photo-morphogenesis). Berlin-Heidelberg-New York: Springer, 1972

49. Physiologie und Ertragsbildung

Zur Situation

Zur Zeit werden etwa 3% der Erdoberfläche intensiv kultiviert. Dieser Prozentsatz läßt sich ohne gewaltige Investitionen an Kapital, technischer Innovation und Energie nicht mehr erheblich steigern. Die riesigen Areale, die von Wüsten, Savannen, Buschwäldern und tropischen Regenwäldern eingenommen werden, eignen sich kaum für ertragfähiges Ackerland. Darüber hinaus werden überall auf der Welt beträchtliche Flächen potentiellen Agrikulturlandes den menschlichen Siedlungen und den Einrichtungen der Infrastruktur (Straßen, Eisenbahnlinien) geopfert. Noch größere Flächen gehen durch falsche Behandlung (Entwaldung, Überweidung, Versalzung, Erosion) für die Land- und Forstwirtschaft irreversibel verloren. Der Bedarf der zur Zeit noch exponentiell wachsenden Erdbevölkerung an Nahrungsmitteln, Holz und anderen pflanzlichen Rohstoffen muß also im wesentlichen durch *Ertragssteigerung* befriedigt werden. Der Ertragssteigerung sind jedoch natürliche Grenzen gesetzt. Auch aus diesem Grunde gibt es keine *technische* Lösung für die Schwierigkeiten, die eine dauernde Vermehrung der Erdbevölkerung mit sich bringt.

Zur Terminologie

Unter *biologischem Ertrag* versteht man die gesamte, pro Flächeneinheit und pro Vegetationsperiode gebildete Pflanzenmasse einschließlich der Wurzeln (*Biomasse*). Der *ökonomische Ertrag* zieht nur jene Pflanzenorgane oder Inhaltsstoffe in Betracht, um derentwegen die Pflanze angebaut wird ("Ertragsgut", z. B.

Körner, Knollen, Drogen). In der Regel ist ein hoher biologischer Ertrag die Grundlage für einen hohen ökonomischen Ertrag.

Der ökonomische Ertrag hängt entscheidend von den jeweiligen Interessen des Menschen ab. Ein Beispiel: In jüngster Zeit hat das Interesse an verbrennbarer Biomasse als Substitution für Erdöl plötzlich zugenommen. Es könnte sein, daß in absehbarer Zeit aus der Biomasse von Sonnenblumen, aus Zuckerrohr oder aus dem Stroh der Getreide ebenso billig Primärenergie erzeugt werden könnte wie aus dem teuer gewordenen Erdöl oder aus Kohle. Das Pflanzenmaterial wird vor der Verbrennung trocken destilliert, wobei wertvolle Nebenprodukte gewonnen werden und der aktuelle Heizwert gesteigert wird. Die Beheizung von Kraftwerken mit Pflanzenmaterial hätte den Vorteil, daß hierbei umweltfreundliche Verbrennungsabgase entstehen. Allerdings müßte man für eine rationelle, technische Anwendung die Biomasse auf großen, zusammenhängenden Arealen produzieren, die für die Gewinnung von konventionellem Ertragsgut (z. B. Nahrung) weitgehend verloren wären.

Systemsynthese, Produktsynthese

Unter *Systemsynthese* verstehen wir nach LINSER die Bildung des Ertragsgut bildenden Systems, unter *Produktsynthese* die Bildung des eigentlichen Ertragsguts. Ein Beispiel (→ Abb. 250): Das Ertragsgut beim Senf (*Sinapis alba*) sind die Senfkörner (Samen); die Systemsynthese umfaßt die vegetative Entwicklung und die Blütenbildung. Der Proteingehalt (Protein pro Trockenmasse) gilt als Maß für die Leistungsfähigkeit des Systemsynthese betreibenden Systems. Es ist evident, daß in der Regel eine hohe Systemsynthese die Voraussetzung für eine hohe Produktsynthese ist; die Zusammenhänge sind aber nicht einfach und müssen individuell (d. h. für jede Pflanzensippe) erforscht werden. Generell gilt, daß die Syntheseleistung des Systems für *System* im Verlauf der Ontogenie abnimmt, während die Syntheseleistung des Systems für *Produkt* eine Optimumkurve durchläuft. Die Umsteuerung des systemproduzierenden Stoffwechsels auf einen produktproduzierenden Stoffwechsel, die in der Regel mit dem Übergang von der vegetativen in die reproduktive Entwicklung zusammenfällt, ist gekennzeichnet durch ein *rapides Absinken des Proteingehalts* in den vegetativen Organen der Pflanze (Abb. 624).

Physiologie der Speicherung

Ein integraler Bestandteil der Produktsynthese ist die zur Speicherung führende Translocation organischen Materials (→ Abb. 526). Maßgebend für die Richtung und für die Intensität der Translocation von Assimilaten ist der „Sog", der von den Senken (sinks) ausgeht (z. B. Meristeme, junge Blätter, Samen, Früchte, vegetative Speichergewebe). Die diversen Senken konkurrieren um das organische Material der Quellen (sources) (photosynthetisch aktive Blätter). Eine Verkürzung der Halme beim Getreide durch die Anwendung von CCC oder von Morphaktinen (→ S. 572) hat den Nebenef-

Abb. 624. Die Änderung des relativen Proteingehalts (Protein pro Trockenmasse) in den vegetativen Organen von Weizen (*Triticum aestivum; links*) und Ölrettich (*Raphanus sativus*, var. *oleiformis; rechts*) im Verlauf der Vegetationsperiode (6. April bis 4. August). (Nach LINSER et al., 1968)

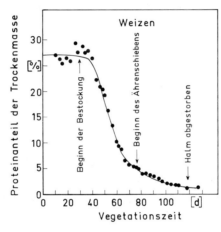
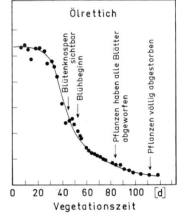

Der Zeitpunkt der Umsteuerung kann durch Außenfaktoren beeinflußt werden, z. B. bewirkt beim Sommerweizen eine Erhöhung der Stickstoffversorgung eine Verzögerung. Die Aufnahme von Ionen (z. B. NO_3^-, HPO_4^{2-}, K^+, Ca^{2+}, Mg^{2+}) ist mit der Systemsynthese gekoppelt, nicht mit der Produktsynthese. Bei manchen Pflanzen führt ein hohes Stickstoffangebot im Boden zu einer exzessiven Systemsynthese (vegetatives Wachstum) mit wenig Produktsynthese (Samen, Früchte, Knollen). Die Düngung hat in diesen Fällen so früh wie möglich zu erfolgen, um das Systemwachstum (und damit die Photosynthesekapazität und die anabolische Kapazität insgesamt) zu fördern. Beim Übergang zur Produktsynthese muß der Stickstoffpegel im Boden soweit erniedrigt sein, daß ein hemmender Effekt auf die Produktsynthese nicht mehr auftritt.

fekt, daß sich die sink-Kapazität der Halmregion verringert und deshalb mehr Material für die Produktsynthese (Getreidekorn) zur Verfügung steht.

Die Assimilationsintensität während der Periode der Speicherung ist der entscheidende Faktor für das Ausmaß der Speicherung. Diese *Assimilationsintensität* (gemessen als mol CO_2, assimiliert pro Zeiteinheit und pro Einheit Trockenmasse) hängt maßgeblich vom Ausmaß der Systemsynthese ab, insbesondere von der Ausbildung der Blattmasse während der vegetativen Phase. Es ist darüber hinaus notwendig, daß die einmal erreichte Assimilationsintensität während der Periode der Speicherung möglichst lange erhalten bleibt. Ein Beispiel: Bei reichlichem Stickstoffangebot bleiben die vegetativen Pflanzenteile der Getreidepflanzen, besonders der obere Teil des Halms

(Fahnenblatt und Ähre), länger grün. Die in diesen Teilen während der Kornausbildung synthetisierten Kohlenhydrate werden zum großen Teil für die Stärkebildung im Endosperm der Körner verwendet. Deshalb hat eine reichliche Stickstoffgabe einen *positiven* Effekt auf das Korngewicht (Trockenmasse). Wahrscheinlich ist der Stickstoffeffekt in erster Linie indirekter Natur. Es gibt Hinweise darauf, daß die Synthese von Cytokininen (→ S. 370) und ihr Transport aus der Wurzel in die oberirdischen Pflanzenteile von der Stickstoffernährung der Pflanzen abhängt. Das Grünbleiben von Fahnenblatt und Ähre dürfte primär mit dem Antiseneszenzeffekt, den die Cytokinine auf die Blätter ausüben, zusammenhängen (→ Abb. 458).

Der beim Getreide nachgewiesene positive Zusammenhang zwischen Stickstoffangebot und Produktsynthese gilt nicht generell. Bei Hackfrüchten, z. B. bei der *Kartoffel* (→ Abb. 526), *reduziert* ein hohes Stickstoffangebot das Knollenwachstum und damit den ökonomischen Ertrag. Offenbar werden in diesem Fall die Assimilate von den oberirdischen Pflanzenteilen bevorzugt für die Ausbildung weiterer Blatt- und Stengelmasse verwendet und nicht in die Stolone transportiert. Bei *Zuckerrüben* hat man ähnliche Beobachtungen gemacht. Eine reichliche Stickstoffversorgung in den letzten Wochen vor der „technischen Reife" stimuliert das Blattwachstum, hält die Blätter länger grün und behindert die Translocation der Assimilate in den Rübenkörper. Bei der Zuckerrübe ist der Zuckergehalt des Speichergewebes umgekehrt proportional dem zum Zeitpunkt der Produktsynthese im Boden verfügbaren Nitratgehalt.

Produktionsfaktoren

Der Ertrag hängt (im Sinn der Abb. 3) von vielen Faktoren ab (*Produktionsfaktoren*), falls sich nicht ein begrenzender Faktor im absoluten Minimum befindet.

Die wichtigsten Produktionsfaktoren sind: Genotyp, Makroelemente, Mikroelemente, Bodenstruktur (Bodenbearbeitung), pH des Bodens, Wasser, Licht, Temperatur, CO_2-Konzentration. In der Praxis sind die klimatischen Faktoren (Licht, Temperatur, CO_2-Konzentration) am wenigsten zu beeinflussen (Parameter,

konstante Faktoren). Eine Ausnahme macht die *Gewächshauskultur* (künstliches Zusatzlicht, Warmhäuser, CO_2-Düngung). Die Voraussetzung für rentable Gewächshauskultur ist billige Primärenergie.

Als *wichtigste Antagonisten der Produktionsfaktoren* gelten *Schädlinge* (d. h. Lebewesen, die den gewünschten Ertrag durch Befall oder Fraß reduzieren) und *Unkräuter* (d. h. Pflanzen, die in Kulturen nicht erwünscht sind). Neben den grundlegenden biologischen Produktionsfaktoren spielen technische Faktoren (z. B. Mechanisierung der Ernte und optimale Lagerung des Ertragsguts) und ökonomische Faktoren (z. B. der Preis von Energie, Wasser und Düngemitteln) eine oft entscheidende Rolle. Eine Steigerung des ökonomischen Ertrags (Menge an Ertragsgut pro Fläche) geht nicht immer mit *Wirtschaftlichkeit* (Ertrag pro Arbeitskraft oder Ertrag pro eingesetzte Kapitalmenge) einher. Ertragsstudien zielen deshalb in der Regel auf eine wirtschaftlich vertretbare Optimierung des ökonomischen Ertrags, nicht

Tabelle 35. Durchschnitts-, Spitzen- und Rekorderträge der wichtigsten Kulturpflanzen in den USA (nach WITTWER, 1974). Die Zahlen sind *bushel pro acre*. Bushel ist das im Getreidegeschäft in den USA noch immer übliche Hohlmaß. Ein *standard bushel* in den USA ist gleich 35 239,07 cm³. Ein *acre* (statute acre) ist das übliche Flächenmaß in England, den USA und in Kanada. Ein Hektar (10^4 m²) ist gleich 2,47 acres. Eine Umrechnung der Zahlen in $t \cdot ha^{-1}$ ist nicht ohne weiteres möglich, da die Umrechnungsfaktoren (Durchschnittsgewicht pro bushel im Jahr 1973) nicht mitgeteilt sind

Frucht	Ökonomische Erträge 1973		
	Durchschnitt	Spitze	Rekord
Mais	94	230	306
Weizen	32	135	216
Soyabohne	28	80	110
Sorghum	63	200	320
Reis	28	130	350
Kartoffeln	385	1000	1400
Bataten (Süßkartoffeln)	180	600	900
Gerste	41	150	212
Hafer	49	150	296
Zuckerrüben	20 [a]	40 [a]	54 [a]

[a] t pro acre.

auf eine Maximierung. Die Zielgrößen und Randbedingungen sind dabei in hohem Maße variabel. Die abrupte Erhöhung der Erdölpreise im Jahre 1973 steigerte nicht nur die Kosten von Düngemitteln und Dieselöl, sondern gelegentlich auch den Erlös pro Einheit Ertragsgut (z. B. bei Ölsaaten oder Baumwolle). Der Unterschied zwischen den üblichen und den möglichen Erträgen ist selbst in den USA erheblich (Tabelle 35).

Der Beitrag der theoretischen Pflanzenphysiologie zur Ertragsphysiologie betrifft in erster Linie die folgenden Punkte: 1. Formulierung von Ertragsgesetzen, einschließlich der Formulierung theoretischer Modellsysteme zur Mehrfaktorenanalyse. 2. Unkonventionelle Verfahren der Pflanzenzüchtung (→ S. 443). 3. Empirische Untersuchungen zur Ertragssteigerung über die Optimierung einzelner oder mehrerer Produktionsfaktoren. 4. Physiologie der Bildung von Speicherorganen. Dieser Aspekt hängt eng zusammen mit der Physiologie des Stofftransports (→ S. 480).

Ertragsgesetze

Ursprünglich ging die Ertragsphysiologie davon aus (LIEBIG, um 1850), daß der Ertrag von einem *Minimumfaktor* bestimmt wird, d. h. von dem in ungenügender Menge vorhandenen Faktor. Dieses „Minimumgesetz" erwies sich als unbefriedigend, da sich in den angestellten Experimenten ergab, daß bei höheren Faktordosen der Ertrag nicht mehr linear mit dem Minimumfaktor ansteigt. Das Minimumgesetz wurde deshalb (LIEBSCHER, 1895) zum „Optimumgesetz" modifiziert: Der Minimumfaktor ist um so stärker ertragswirksam, je mehr die anderen Faktoren im Optimum sind. MITSCHERLICH (1906) schließlich formulierte das *Gesetz vom abnehmenden Ertragszuwachs:* Der Pflanzenertrag ist abhängig von einem jeden Wachstumsfaktor (heute besser: Produktionsfaktor) mit einer ihm eigenen Intensität, und zwar ist er proportional zu dem am Höchstertrag fehlenden Ertrag. In dieser Formulierung werden zwei wichtige Gesichtspunkte klar herausgestellt (→ S. 9): 1. *Jeder* Produktionsfaktor begrenzt den Ertrag. 2. Die Zunahme eines jeden Produktionsfaktors steigert grundsätzlich den Ertrag, falls das jeweilige Optimum nicht erreicht (oder überschritten) ist. Das MIT-

SCHERLICHsche Ertragsgesetz läßt sich für einen bestimmten Wachstumsfaktor (Testfaktor), z. B. für ein Makroelement, folgendermaßen formulieren:

$$\frac{dy}{dx} = c\,(A_x - y), \tag{125}$$

wobei:

A_x = Höchstertrag (Testfaktor),
$A_x - y$ = Differenz zum Höchstertrag,
y = aktueller Ertrag (Testfaktor suboptimal),
x = Dosis des Testfaktors,
c = Wirkungskoeffizient.

Diese Funktion paßt sich den experimentell gefundenen Daten in der Regel recht gut an (Abb. 625). Je größer c, um so steiler steigt die exponentielle Funktion an. Der *Wirkungskoeffizient* ist eine *empirische Größe,* die z. B. für einen gegebenen Boden und gegebene klimatische Faktoren für verschiedene Makroelemente vergleichend festgestellt werden kann. Bei einer genauen Kenntnis des Höchstertrags A_x erhält man gemäß Gl. (125), die gelöst $y = A_x (1 - e^{-c \cdot x})$ oder $\ln (A_x - y)/A_x = -c \cdot x$ ergibt, bei einer halblogarithmischen Auftragung von $(A_x - y)/A_x$ gegen x eine Gerade. Aus der Stei-

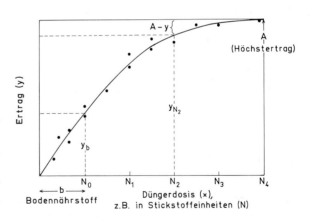

Abb. 625. Der Ertrag (y) als Funktion der Düngermenge. Der experimentell gefundene Punkteschwarm (●) wird durch die theoretische Funktion hervorragend repräsentiert. Die Angabe in Stickstoffeinheiten (N) soll illustrieren, wie sich eine Erhöhung dieses Faktors über den im Boden bereits vorhandenen Pegel hinaus auswirkt. Der Ertrag y_b ist auf die Bodennährstoffe zurückzuführen, der Ertrag y_{N_2} beispielsweise auf die Düngerdosis N_2. (Nach FINCK, 1975)

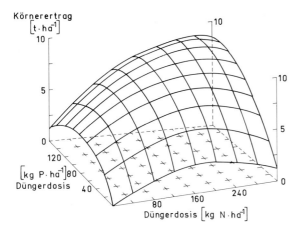

Abb. 626. Der ökonomische Ertrag (Maiskörner pro Fläche) als Funktion der Stickstoff- und Phosphatdüngung. Für zwei Faktoren ist eine anschauliche Darstellung der erhaltenen Daten als „Ertragsoberfläche" möglich. (Nach FINCK, 1975)

Die prinzipielle Schwierigkeit bei der Interpretation der für einzelne Produktionsfaktoren aufgestellten Ertragsfunktionen (als Prototyp → Abb. 625) rührt daher, daß man die (möglicherweise dosisabhängige) *Wechselwirkung* (Interaktion) zwischen den verschiedenen Produktionsfaktoren theoretisch nicht im Griff hat (→ S. 12). Andererseits darf man nicht davon ausgehen, daß die einzelnen Faktoren unabhängig voneinander den Ertrag bestimmen. Die Annahme einer *Nicht-Wechselwirkung* in der Theorie muß empirisch begründet werden. Ein Modellfall hierfür wurde bereits auf Seite 11 dargestellt.

Das *empirische* Resultat eines *Zwei*faktorenexperiments läßt sich als (gekrümmte) *Ertragsoberfläche* anschaulich darstellen (Abb. 626). Die empirischen Ergebnisse von *Mehr*faktorenexperimenten lassen sich zwar nicht mehr bildlich wiedergeben, aber mit Hilfe von Computern nach den Verfahren multifaktorieller statistischer Analyse verhältnismäßig leicht auswerten. Man darf nicht erwarten, daß man bei diesen Analysen auf Gesetzmäßigkeiten stößt, da die Wechselwirkung zwischen den Produktionsfaktoren (zumal im Freiland) für die jeweilige Situation spezifisch ist.

gung der Geraden läßt sich direkt der Wirkungskoeffizient ablesen. Man findet dann in der Regel ein kleines c für Stickstoff, ein großes für Schwefel; die anderen wichtigen Makroelemente liegen dazwischen ($c_N < c_K < c_P < c_{Mg} < c_S$).

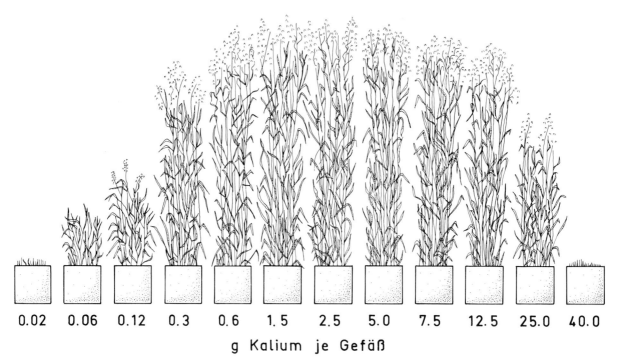

Abb. 627. Illustration der Optimumkurve für die Düngung. Objekt: Haferpflanzen, die mit verschiedenen Kaliummengen gedüngt wurden. Jedes Kulturgefäß erhielt als Grunddüngung 1,34 g Stickstoff. (Nach RUGE, 1966)

Bisher sind wir davon ausgegangen, daß Ertragskurven im Prinzip exponentielle Funktionen sind, die sich mit steigender Faktordosis asymptotisch einem Grenzwert nähern (→ Abb. 625). Diese Annahme ist nicht immer berechtigt. Nicht selten müssen wir mit *Optimum*kurven rechnen, z. B. führt die *Überdüngung* mit einer bestimmten Ionensorte in der Regel zu einer relativen Minderung des Ertrags (Abb. 627). Da die *optimale Menge eines Faktors* in der Regel von den Mengen, in denen die anderen Produktionsfaktoren vorhanden sind, abhängt, ergeben sich für die theoretische und praktische Ertragsphysiologie schwierige Probleme.

Ein ökonomischer Aspekt: Rentabilität der Düngung

Düngemittel sind für den Landwirt Faktoren der Ertragssteigerung. Hierbei muß man sowohl den *ökonomischen Ertrag* (Menge an Ertragsgut pro Fläche) als auch die *Wirtschaftlichkeit* (Ertrag pro Arbeitskraft oder Ertrag pro eingesetzte Kapitalmenge) in Betracht ziehen. In der Abb. 628 ist die Rentabilitätsfunk-

tion für den Ertragsfaktor *Düngung* im Prinzip dargestellt. Düngung verursacht fixe Kosten (Maschinen und Arbeitslohn für die Ausbringung) und variable Kosten (Düngemittel) und führt im Normalfall zu einem Gewinn (Geld pro Fläche) durch Mehrertrag. Zu geringe Düngergaben sind auf alle Fälle unrentabel, da die Kosten höher sind als der Gewinn (untere Grenze der Rentabilität); aber auch bei hohen Düngergaben können die Kosten den Mehrertrag übersteigen. Im Bereich rentabler Düngung hängt es von den Gegebenheiten eines Betriebs ab, ob der Landwirt oder Gärtner die Düngung auf eine *maximale Kapitalverzinsung* (bei Geldknappheit) oder auf einen *maximalen Reingewinn* (bei Bodenknappheit) anlegt.

Fixierung von atmosphärischem Stickstoff (N₂)

Der Gehalt an Stickstoff im Boden ist in vielen Teilen der Welt der begrenzende Faktor für den Ertrag (→ S. 255). Stickstoffhaltige Düngemittel sind deshalb eine wesentliche Voraussetzung für akzeptable Erträge (→ Abb. 625). Der Stickstoff in den Düngemitteln stammt heutzu-

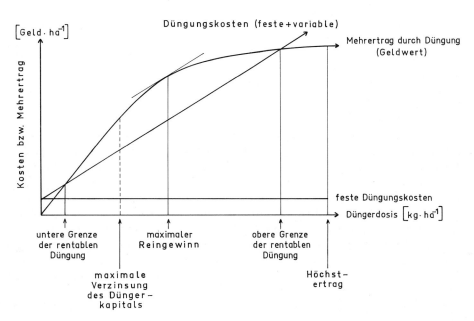

Abb. 628. Eine prinzipielle Darstellung der *Rentabilitätsfunktion* für den Ertragsfaktor *Düngung*. Die *Pfeile* bezeichnen die für den Praktiker besonders wichtigen Düngerdosen, beispielsweise jene Düngerdosis, die einen maximalen Reingewinn verspricht.

Diese für einen wirtschaftlichen Ertrag günstige Düngerdosis liegt stets niedriger als die für den Höchstertrag erforderliche Dosis (→ Tabelle 35, S. 562). Die weitere Erklärung erfolgt im Text. (Nach FINCK, 1975)

Abb. 629. Eine Gegenüberstellung von technischer und biologischer Stickstoff-Fixierung. In beiden Fällen ist der Aufwand an arbeitsfähiger Energie sehr hoch. Der benötigte Wasserstoff leitet sich in beiden Fällen von Photosyntheseprodukten (fossil oder rezent) ab. Sowohl an der technischen als auch an der biologischen Katalyse sind Eisen- und/oder Molybdänatome beteiligt. Die katalytische Leistungsfähig- keit des Enzyms ist allerdings sehr viel besser als die des technischen Katalysators. Während das HABER-BOSCH-Verfahren recht extreme Reaktionsbedingungen benötigt (200 bar, 400° C), arbeitet das Metalloenzym *Nitrogenase* bei den in der Natur vorherrschenden Normalbedingungen (1 bar, 20 bis 30° C)

tage aus dem Luftstickstoff. Der Beitrag der Salpeterlagerstätten zur Stickstoffversorgung der Landwirtschaft fällt nicht mehr ins Gewicht. Ein wichtiges Ziel pflanzenphysiologischer Forschung ist derzeit die Steigerung der biologischen Stickstoff-Fixierung (Reduktion von atmosphärischem Stickstoff [N_2] zu Ammoniak) durch Mikroorganismen (Bakterien und Cyanophyceen; Abb. 629). Dies ist ein Aspekt der weltweiten Bemühungen, die Lebensmittelproduktion ohne erheblichen Mehraufwand an fossiler Energie zu steigern. Das HABER-BOSCH-Verfahren, der wichtigste Prozeß der technischen Ammoniak-Synthese (Abb. 629) benötigt große Mengen an Energie, da er Wasserstoffgas und extreme Reaktionsbedingungen erfordert. In diesem Prozeß reagiert 1 mol N_2 mit 3 mol H_2 bei relativ hoher Temperatur (etwa 400° C) und hohem Druck (etwa 200 bar). Etwa ein Drittel der Energie, die in den USA für die Maisproduktion aufgewendet wird, fließt in die Herstellung von Wasserstoffgas für das HABER-BOSCH-Verfahren.

Die Rhizobium-Fabaceen-Symbiose. Die wichtigste Alternative zum HABER-BOSCH-Verfahren ist die N_2-Fixierung durch die Knöllchen- bakterien der Gattung *Rhizobium,* die in den Wurzelknöllchen von Papilionaceen (Fabaceen) in einer Symbiose mit der Blütenpflanze leben (Abb. 630). Die *Rhizobium*-Fabaceen-Symbiose leistet zwar nur etwa die Hälfte der gesamten biologischen Stickstoff-Fixierung; bei Kulturpflanzen fällt jedoch bislang nur dieser Prozeß ins Gewicht. Nach einer Schätzung aus dem Jahr 1975 werden auf der Erde pro Jahr $80 \cdot 10^6$ t N_2 in Fabaceen fixiert, gegenüber $30 \cdot 10^6$ t, die technisch fixiert wurden. Die Lehrmeinung ist, daß die Rhizobien außerhalb des Wirts keinen N_2 fixieren, obgleich die komplette genetische Information für die Stickstofffixierung im Bakterium selbst vorliegt. Dies wird auf die Sauerstoffempfindlichkeit des N_2-fixierenden Systems (Nitrogenase; → S. 567) zurückgeführt. Einige Laboratorien haben allerdings kürzlich berichtet, daß Rhizobien unter günstigen Bedingungen auch auf einem Nährboden in Abwesenheit von Pflanzenzellen zur N_2-Fixierung fähig werden. Es handelt sich um wohl definierte Stämme von *Rhizobium japonicum,* die bezüglich Nitrogenase dereprimiert sind.

Die einzelnen Fabaceen-Arten sind jeweils mit bestimmten *Rhizobium*-Arten assoziiert.

Diese erstaunliche Spezifität ist darauf zurück-zuführen, daß die Bakterien von der Oberflä-che der Wurzelhaare ihrer prospektiven Wirts-pflanzen spezifisch erkannt werden. Beispiels-weise tritt bei der Soyabohne (*Glycine soja*) an der Oberfläche der Wurzelhaare ein Protein auf, das nur an die Zellen von *Rhizobium japo-nicum* bindet. Dies ist jene *Rhizobium*-Art, die Sojawurzeln infiziert. Beim Klee findet man an der Oberfläche der Wurzelhaare ein bestimm-tes Protein (Trifoliin), das an ein Polysaccharid der Oberfläche des für Klee spezifischen *Rhizo-bium trifolii* bindet, hingegen nicht an Oberflä-chenpolysaccharide anderer *Rhizobium*-Arten. Da die Wurzelhaare die Orte der Primärinfek-tion sind, dürfte das Trifoliin die „gewünschte" spezifische Verbindung zwischen der Klee-pflanze und dem Bacterium herstellen.

Für die Ertragsphysiologie hat es sich als Hemmschuh erwiesen (→ Abb. 638), daß die bio-logische N$_2$-Fixierung der Fabaceen unter-drückt wird, wenn Nitrat oder Ammonium in der Umgebung der Rhizobien vorliegt. Verab-reicht man beispielsweise einer Sojapflanze Stickstoffdünger, so vermindert sich die Zahl der Wurzelknöllchen und entsprechend die Menge an biologisch fixiertem N$_2$. Man be-müht sich, *Rhizobium japonicum* genetisch so abzuwandeln, daß dieser Regulationsmechanis-mus nicht mehr funktioniert. Das Forschungs-ziel sind Stämme, die N$_2$ auch in Gegenwart von Nitrat fixieren.

Das Schlüsselmolekül bei der biologischen N$_2$-Fixierung ist das Enzym *Nitrogenase* (→ Abb. 629). Es besteht aus zwei eisenhaltigen Proteinen, die jeweils allein unwirksam sind. Außer dem Eisen werden auch Molybdän-atome als Cofaktoren gebraucht. Der an der Ni-trogenase ablaufende Prozeß, die Reduktion N$_2$ → NH$_3$, erfordert arbeitsfähige Energie (in Form von ATP) und die Bereitstellung von Wasserstoff (e$^-$ + H$^+$). Die Elektronen stam-men (abgesehen von N$_2$-fixierenden, photo-synthetischen Bakterien; → S. 172) letztlich aus Kohlenhydraten. Als Elektronenüberträger fungieren bevorzugt *Ferredoxine,* die von Pyru-vat reduziert werden. Der Energiebedarf der biologischen N$_2$-Fixierung ist unerwartet hoch. Für die Reduktion eines N$_2$-Moleküls werden 12 bis 15 ATP-Moleküle gebraucht. Der ener-getische Wirkungsgrad ist niedrig. Vermutlich liegt dies an den Eigenschaften der Nitrogen-ase. Eine bemerkenswerte Eigenschaft der sehr leicht inaktivierbaren Nitrogenase besteht dar-

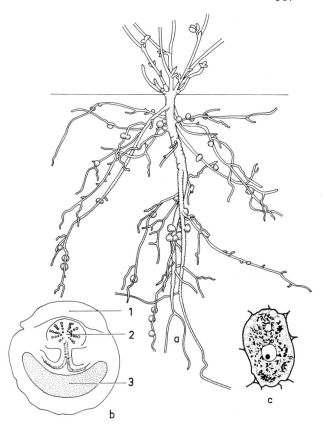

Abb. 630 a – c. Illustrationen zur *Rhizobium*-Fab-aceen-Symbiose. (a) Wurzelknöllchen am Wurzelsy-stem der Fabacee *Tetragonolobus siliquosus.* (b) Schematischer Querschnitt durch ein Wurzelknöll-chen von *Lupinus luteus:* 1, Wurzelrinde; 2, Zentral-zylinder; 3, bakterienhaltiges Gewebe. (c) Einzelne Zelle aus einem Wurzelknöllchen der Mimosacee *Neptunia oleracea* mit zahlreichen Bakterien („Bac-terioide") im Cytoplasma. (Nach SCHUMACHER, 1958)

in, daß beide Proteinkomponenten des Enzyms durch den Kontakt mit O$_2$ denaturiert werden. Die N$_2$-fixierenden Organismen haben Strate-gien dafür entwickelt, dieser Schwierigkeit zu begegnen. Beispielsweise binden die Fabaceen in den Wurzelknöllchen das O$_2$ mit Hilfe von *Leghämoglobin,* bevor es die Bakterien er-reichen kann. Dieses rote Hämoprotein ist ein Symbioseprodukt, zu dem der Wirt die Protein-komponente und die Bakterien das Porphyrin beisteuern.

Wahrscheinlich ist es auf die O$_2$-Empfind-lichkeit der Nitrogenase und auf den geringen energetischen Wirkungsgrad des Gesamtpro-zesses zurückzuführen, daß die biologische N$_2$-Fixierung im Verlauf der Evolution auf relativ wenige Taxa beschränkt blieb. Wichtige Fragen, mit denen sich die Forschung zur Zeit befaßt, sind die folgenden: 1. Wie lassen sich die Erträge bei solchen Pflanzen (im wesentlichen Fabaceen) steigern, die bereits in Symbiose mit N$_2$-fixierenden Mikroorganismen (*Rhizobium*) leben? 2. Lassen sich N$_2$-fixierende Bakterien zu einer Symbiose mit Getreidepflanzen, besonders Mais und Weizen, vereinigen? 3. Lassen sich chemische Systeme der N$_2$-Fixierung entwickeln, die mit weniger Energieaufwand auskommen als das konventionelle HABER-BOSCH-Verfahren?

Neue Wege? Man hat tropische Gräser gefunden, z. B. *Digitaria decumbens*, die mit N$_2$-fixierenden Bakterien (*Spirillum lipoferum*) eine Symbiose bilden. Die Spirillen leben in der Wurzelrinde in der Nähe des Leitbündels. Sie bilden aber keine Wurzelknöllchen und fixieren N$_2$ auch außerhalb des Wirts. Das Beispiel *Digitaria decumbens/Spirillum lipoferum* zeigt, daß die von den Fabaceen her bekannte Symbiose im Prinzip auch bei Gramineen (Poaceen) vorkommt. Es erscheint deshalb möglich, Bakterien zu züchten, die als N$_2$-fixierende

Symbionten für die etablierten Getreidepflanzen geeignet wären. Das wissenschaftliche Nahziel ist, N$_2$-fixierende Bakterien in einen Kontakt (Symbiose, Assoziation in der Rhizosphäre) mit Mais oder Weizenpflanzen zu bringen. Bisher ist es nicht gelungen, den Ertrag von Mais durch die Inokulation mit *Spirillum lipoferum* zu steigern.

Man versucht deshalb, die für N$_2$-Fixierung notwendigen *nif*-Gene (*n*itrogen *f*ixing *genes*) in Bodenbakterien zu transferieren, die sie von Natur aus nicht besitzen. Ein solcher Gentransfer ist kürzlich auf dem Weg der Konjugation von *Klebsiella pneumoniae* (freilebend, N$_2$-fixierend) auf *Escherichia coli* gelungen (Abb. 631). Das Darmbacterium *E. coli* erwarb auf diese Weise die Fähigkeit, den Nitrogenase-Komplex zu bilden.

Einige Forscher glauben, sie könnten in absehbarer Zeit mit Hilfe von *Plasmiden* die *nif*-Gene auch direkt in Protoplasten höherer Pflanzen einführen (Abb. 631). Von solchen Spekulationen bis zur Ertragssteigerung ist aber noch ein weiter Weg. Selbst wenn es gelingen sollte, die *nif*-Gene in den Zellen einer Maispflanze zu verankern, bliebe beispiels-

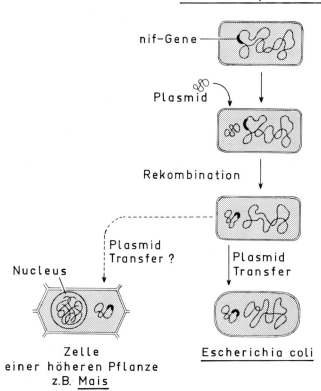

Abb. 631. Modell für den Transfer von *nif*-Genen von einem N$_2$-fixierenden Bakterium (*Klebsiella pneumoniae*) in andere, ertragsphysiologisch unmittelbar interessante Zellen, z. B. Mais. Die erste Stufe dieser Genübertragung ist experimentell bereits durchgeführt worden: *nif*-Gene von *Klebsiella pneumoniae* wurden in ein Plasmid (ringförmige extrachromosomale DNA) inkorporiert und in das Darmbakterium *Escherichia coli*, das von Natur aus keine Nitrogenase besitzt, implantiert. Ein ähnlicher Transfer von *nif*-Genen in die Zellen höherer Pflanzen dürfte sehr viel schwieriger sein. Außerdem wäre der Besitz von *nif*-Genen allein noch keine Gewähr, daß tatsächlich N$_2$-Fixierung erfolgen kann. Die *nif*-enthaltenden *E. coli*-Zellen bilden zwar Nitrogenase; sie fixieren aber kein N$_2$, da sie das Enzym nicht gegen den destruktiven Einfluß von O$_2$ schützen können. Die N$_2$-fixierende Getreidepflanze liegt noch in weiter Ferne. (Nach BRILL, 1976)

weise das Problem, die Nitrogenase gegen O_2 zu schützen. Außerdem würde eine Umstellung des Stoffwechsels der Maispflanze auf effiziente N_2-Fixierung auch andere Gene tangieren, nicht nur die *nif*-Gene.

Erfolgversprechender sind wahrscheinlich Studien mit Mutanten des im Boden freilebenden Bakteriums *Azotobacter*, die selbst in Gegenwart von Nitrat N_2 fixieren und sogar Ammoniak ausscheiden. Es wird versucht, diese Stämme genetisch so zu adaptieren, daß sie im Boden in der Nähe von Mais- oder Weizenwurzeln gedeihen. Die Mais- oder Weizensorten müssen ebenfalls züchterisch abgewandelt werden, damit sie reichlich organisches Material (Kohlenhydrate) aus dem Wurzelsystem ausscheiden, das den Bakterien als Kohlenstoffquelle dienen kann.

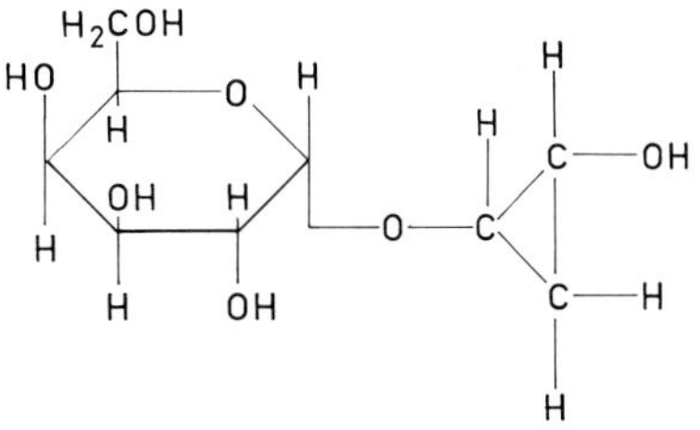

Abb. 632. Helminthosporosid, ein Toxin aus dem Pilz *Helminthosporium sacchari*, ist ein α-Galactosid. Die Galactose (*links*) ist über eine α-galactosidische Bindung an einen Hydroxycyclopropyl-Ring gebunden. (Nach STROBEL, 1975). Alpha-Galactoside gibt es auch im normalen pflanzlichen Stoffwechsel, z. B. Melibiose (Galactose-Glucose) oder Raffinose (Galactose-Glucose-Fructose) (→ S. 485)

Resistenz der Pflanzen gegen Anti-Produktionsfaktoren

Die autotrophe Pflanze ist in der Natur ständig von pathogenen Viren, Bakterien und Pilzen umgeben. In der Regel gelingt es der Pflanze, die drohende Invasion abzuwehren (*Resistenz*). Warum kann ein bestimmter Parasit nur eine oder wenige „empfindliche" Arten oder Varietäten befallen? Warum wird selbst eine empfindliche Pflanze nur von ein oder zwei Parasiten gleichzeitig befallen? Man muß sich bei diesen Fragen stets vor Augen halten, daß Resistenz die Regel, Empfindlichkeit (*Suszeptibilität*) die Ausnahme ist. Es ist wahrscheinlich, daß empfindliche Pflanzen durch Mutationen aus resistenten hervorgehen, nicht umgekehrt.

Wir betrachten einen Infektionsmechanismus am Beispiel der Wirkung von *Helminthosporosid* und einen Abwehrmechanismus, die Bildung von *Phytoalexinen*.

Helminthosporosid (Abb. 632). Diese Substanz wird von dem Pilz *Helminthosporium sacchari* (Formfamilie *Moniliaceae*) gebildet, der empfindliche Stämme des Zuckerrohrs (*Saccharum officinarum*) angreift und dort die Augenfleckenkrankheit (eyespot disease) verursacht. Das Toxin Helminthosporosid findet sich bereits in den Konidien des Pilzes. Es wird bei der Keimung freigesetzt. Das Toxin ist für die Pathogenität des Pilzes entscheidend wichtig: Es bahnt dem Myzel den Weg für die Besiedelung

eines „empfindlichen" Zuckerrohrblattes. Warum sind einige Zuckerrohrpflanzen empfindlich, andere nicht? Eine Pflanze ist nur dann empfindlich, wenn sie im Plasmalemma der Blattzellen ein Receptorprotein für das α-Galactosid Helminthosporosid besitzt. Die Bindung des Toxins an das Protein führt zu einer Störung des Ionengleichgewichtes, an der die Zelle schließlich zugrunde geht. Resistente Pflanzen haben kein Receptorprotein. Sie machen zwar ein sehr ähnliches Protein (Molekulargewicht 48 000 dalton; 4 Untereinheiten), das aber das Toxin nicht bindet. Neuere Untersuchungen deuten darauf hin, daß der kultivierte Pilz auf die Dauer das Toxin nur produzieren kann, wenn man ihm Zuckerrohrextrakt bietet. Die biochemische Natur der induzierenden Verbindung (Molekulargewicht etwa 1500 dalton) ist noch nicht klar. Resistente Pflanzen enthalten die Verbindung nicht.

Phytoalexine. Mit diesem Begriff bezeichnet man *fungitoxische Substanzen,* die von der Pflanze nur dann schnell und in größeren Mengen gebildet werden, wenn ihre Zellen in Kontakt mit dem Parasiten kommen. Die Bildung von Phytoalexinen ist ein Teil des „Immunsystems" der höheren Pflanze. Die fungitoxischen Eigenschaften der Phytoalexine verhindern das weitere Wachstum des Pilzes und beschränken die Infektion auf die primäre Befallsstelle. In manchen Fällen wird der Parasit sogar zerstört. Da die Phytoalexine von der Wirtspflanze gebildet werden, zeigen sie eine *Wirtspezifität*. Die Phytoalexine der einzelnen Pflanzensippen unterscheiden sich demgemäß in ihrer chemischen Struktur. Als Beispiel betrachten wir das *Pisatin* (Abb. 633), das ursprünglich aus dem Endokarp von Erbsenhülsen isoliert wurde, die mit dem nicht-pathogenen Pilz *Monilia fructicola* infiziert waren. Der Pilz ist deshalb nicht-pathogen, weil er gegenüber dem Phytoalexin

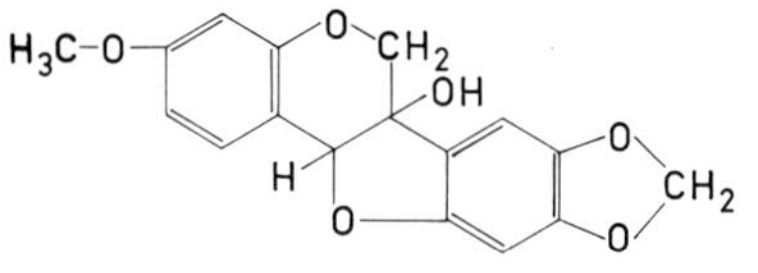

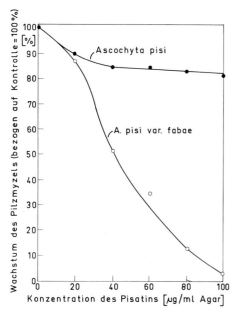

Abb. 633. Die Struktur des Phytoalexins Pisatin. Die Verbindung entstammt dem Flavonoidstoffwechsel (→ S. 260)

Abb. 634. Der für die Erbsenpflanze pathogene Pilz, *Ascochyta pisi*, wird von dem von der Erbse gebildeten *Pisatin* in seinem Wachstum nur wenig beeinträchtigt. Hingegen reagiert eine bestimmte Varietät des Pilzes, *A. pisi* var. *fabae*, sehr empfindlich auf Pisatin. Dies ist der Grund, weshalb Erbsen gegenüber *A. pisi* var. *fabae* resistent sind. (Nach GALSTON und DAVIS, 1970)

hochgradig empfindlich ist. Die Eigenschaft der Resistenz beruht also nicht nur auf der Fähigkeit der Pflanze zur raschen Bildung eines Phytoalexins; sie beruht darüber hinaus auf der konstitutionellen Schwäche des Parasiten, sich durch das von der Wirtspflanze gebildete Fungitoxin hemmen zu lassen (Abb. 634).

Bei dem Phytoalexin *Glyceollin*, einem Isoflavonoid, das Sojakeimpflanzen (*Glycine max*) als Reaktion auf die Infektion durch *Phytophthora megasperma*, var. *sojae*, bilden, ließ sich die induzierende Wirkung des Pilzmyzels auf ein bestimmtes *Glucan* der pilzlichen Zellwand zurückführen. Solche Moleküle, die eine Phytoalexinbildung in der Wirtspflanze auslösen, nennt man *Elicitoren*. Die Wirkung der Elicitoren dürfte in der Regel über Enzyminduktionen erfolgen. In unserem Beispiel bewirkt der Elicitor einen starken Anstieg der Pegel an Phenylalaninammoniumlyase und Flavanonsynthase in den Sojakotyledonen. Es ist wahrscheinlich, daß diese Enzyme die Intensität der Glyceollinbiosynthese bestimmen.

Die Phytoalexinbildung kann auch durch unspezifische Streßfaktoren wie Verletzung, Schwermetallionen oder UV-Bestrahlung ausgelöst werden. Dies kann man als eine Abwehrreaktion gegen eine *potentielle* Pilzinfektion auffassen. Eine verletzte oder durch UV geschädigte Pflanze ist der Gefahr einer Pilzinfektion besonders ausgesetzt.

Herbicide

Diese Substanzen werden angewendet, um unerwünschte Pflanzen (die jeweiligen „Unkräuter") zu vernichten. Sie sind für die moderne Landwirtschaft unentbehrlich. Die unnötige oder fahrlässige Anwendung von Herbiciden in Land- und Forstwirtschaft sollte aber vom Gesetzgeber verhindert werden. Wie funktionieren Herbicide? Diese Frage sollte für jedes Herbicid möglichst *vor* der Anwendung in der Praxis beantwortet werden. Die Frage läßt sich für die Forschung folgendermaßen operationalisieren: Wie werden die Herbicide aufgenommen? Wie erfolgt die Translocation in der Pflanze? Welche molekularen Veränderungen erfahren die Substanzen in der Pflanze?

Wo und wie *wirken* die Herbicide? Diese Frage betrifft das Problem des *Wirkmechanismus* im engeren Sinn.

Die meisten Herbicide sind Produkte der letzten drei Jahrzehnte. Trotzdem gibt es bereits eine riesige Literaturfülle über morphologische, physiologische und biochemische Effekte, die von Herbiciden erzeugt werden und die für Antworten auf die oben gestellten Fragen relevant sind. Die Frage nach dem Wirkmechanismus ist indessen in der Regel nur unbefriedigend gelöst. Am einfachsten ist die Situation bei *nicht-selektiven* Herbiciden, z. B. bei den *Nitrophenolen* (Abb. 635). Sie wirken sehr wahrscheinlich vor allem als *Entkoppler der oxidativen Phosphorylierung* ($\rightarrow$ Abb. 179). Das andere Extrem sind die mit dem nativen Auxin ($\rightarrow$ Abb. 282) vergleichbaren *Phenoxyessigsäuren* (Abb. 635), die eine große Zahl von biochemischen Veränderungen verursachen und ausgesprochen *selektiv* wirken. Trotz intensiver Forschung wissen wir nichts Sicheres über ihren Wirkmechanismus. Die Herbicide zeigen, wenn überhaupt, nur eine geringe Wirkspezifität. Selektivität beruht entweder auf relativ groben Mechanismen wie unterschiedliche Benetzbarkeit von Blattflächen und unterschiedliche Schnelligkeit der Aufnahme und Translocation oder auf der unterschiedlichen Fähigkeit der Pflanzen, das Herbicid abzubauen. Eine molekulare Wirkspezifität, wie sie etwa im Fall einiger antibakterieller Antibiotica nachgewiesen ist, hat man bislang bei Herbiciden nicht finden können. Ein Beispiel: *Die 2,4-Dichlorphenoxyessigsäure* (Abb. 635) bewirkt eine Steigerung der DNA-, RNA- und Proteinsynthese, besonders im meristematischen Gewebe. Die unspezifische Steigerung der anabolischen Aktivität stört das ausbalancierte System des Stoffwechsels (die Homöostasis) und führt zum Tode. Das 2,4-D hat eine selektive Wirkung: Breitblättrige Pflanzen (Dikotylen) sind in der Regel sehr empfindlich; die schmalblättrigen Gräser sind ziemlich resistent. Deshalb können Pflanzen wie *Bellis perennis, Taraxacum officinale, Plantago major, Trifolium spec.* mit 2,4-D selektiv abgetötet werden, ohne daß die Gräser Schaden erleiden. Die Gründe für diese Selektivität sind nicht befriedigend bekannt. Sie hängt vermutlich auch hier in erster Linie zusammen mit der verschiedenartigen Aufnahme, Translocation und Entgiftung durch empfindliche und resistente Pflanzensippen. Natürlich ist die Selektivität nicht absolut. Bei relativ hohen Konzentrationen tötet 2,4-D auch Weizen und Mais. Obgleich man nicht genau weiß, wie 2,4-D „funktioniert", wird die Substanz in der Praxis in großem Umfang und mit großem Erfolg als Herbicid verwendet (Analogie zur Humanpharmakologie und Medizin!). Die Entfernung von Unkraut mit mechanischen Verfahren ist äußerst arbeitsintensiv und kostspielig. Die Entdeckung, daß man durch Besprühen eines Feldes mit 2,4-D denselben Effekt erzielen kann, hat sich als ein wichtiger ökonomischer Faktor erwiesen. Die Vorteile von 2,4-D sind die folgenden: Es wirkt auf sensitive Pflanzen bereits bei niedrigen Konzentrationen toxisch. Es wird in der Pflanze ähnlich schnell und po-

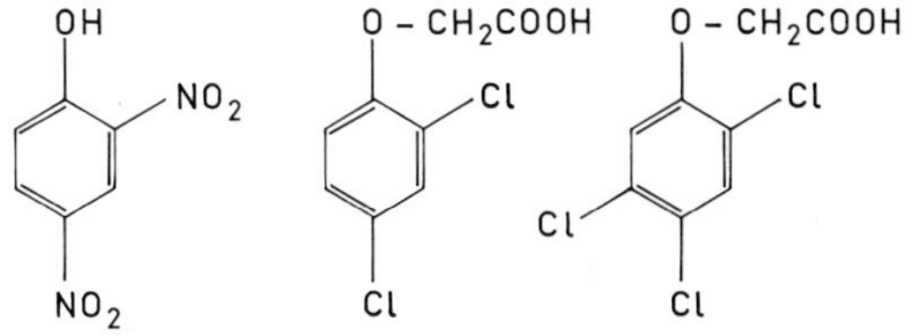

Abb. 635. Wichtige Herbicide. *Links:* Dinitrophenol; *Mitte:* 2,4-Dichlorphenoxyessigsäure; *rechts:* 2,4,5-Trichlorphenoxyessigsäure

lar transportiert wie das native Auxin. Dies hat zur Folge, daß auch die Wurzeln der Unkräuter absterben (*systemisches Herbicid*). Es wird durch Bodenbakterien leicht abgebaut. Es ist harmlos für Mensch und Tier. Diese Aussage wird zwar gelegentlich angezweifelt, es dürfte aber bislang keinen Nachweis dafür geben, daß 2,4-D bei den üblichen Konzentrationen schädliche oder toxische Wirkungen auf Tier oder Mensch ausübt. Die 2,4,5-Trichlorphenoxyessigsäure (Abb. 635) ist sehr toxisch für Holzgewächse. Die Verbindung wird deshalb bei der chemischen Bekämpfung von unerwünschten Holzgewächsen und „Unkräutern" in Forstkulturen oder auf Kahlschlägen, zur Niederwaldumwandlung und zur besseren Naturverjüngung in Altholzbeständen eingesetzt. Die gesetzlichen Vorschriften schließen eine Gefährdung von Mensch und Tier durch den hochtoxischen Begleitstoff Dioxin weitgehend aus.

Kenntnisse über den Transport eines Herbicids innerhalb einer Pflanze sind für die richtige Verwendung der Substanz besonders wichtig. Der Weg einer applizierten Verbindung in der Pflanze läßt sich mit Hilfe der Autoradiographie verhältnismäßig leicht verfolgen. Man stellt ein radioaktiv (z. B. ^{14}C-) markiertes Herbicid her und appliziert eine bestimmte, kleine Menge den Blattspitzen von Versuchspflanzen. Nach verschieden langer Zeit tötet man jeweils einen Teil der Pflanzen rasch ab, trocknet sie und legt sie auf einen Röntgenfilm, auf dem sich die getrocknete Pflanze durch die radioaktive Ausstrahlung selbst photographiert („Autoradiographie"). Die Schwärzung des Films erlaubt zumindest eine halbquantitative Abschätzung des Verteilungsschlüssels und der Wanderungsgeschwindigkeit des Präparats in der Pflanze.

Wachstumsregulatoren

Eine Reihe synthetischer Substanzen (also Produkte der organischen Chemie) spielen als *exogene* „Wachstumsregulatoren" in der Pflanzenphysiologie sowie in Horti- und Agrikultur eine erhebliche Rolle. Besonders wichtig sind für die Praxis solche Substanzen geworden, die das Achsenwachstum ohne Schädigungen der Pflanze hemmen und somit die Standfestigkeit von Kulturpflanzen oder die Dauerhaftigkeit von Zierpflanzen verbessern (growth retardants). Einige Beispiele (Abb. 636): 1. Seit einigen Jahren spielen *substituierte Choline*, die das Längenwachstum von Getreidepflanzen beeinflussen, eine große Rolle. Die Substanzen werden auf die Pflanzen gesprüht. Sie bewirken bereits in geringen Konzentrationen eine Halmverdickung und -verkürzung und damit eine er-

höhte Standfestigkeit. Dadurch wird dem Umfallen („Lagern") der Getreidepflanzen (besonders beim Weizen) entgegengewirkt. Als wichtigste Verbindung in dieser Hinsicht gilt das *Chlorcholinchlorid* (CCC). Man glaubt, daß es als „*Antigibberellin*" wirkt, da es die Synthese von Gibberellinen (z. B. GA$_3$) hemmt. 2. Auch *quarternäre Ammoniumsalze* sind als Wachstumsregulatoren im Gebrauch. Der wichtigste Vertreter dieser Gruppe ist das (2-Isopropyl-5-methyl-4-trimethylammoniumchlorid)-phenyl-1-piperidin-carboxylat (*AMO 1618*). Die Substanz hemmt die Biosynthese von Gibberellinen. Bei Zierpflanzen (z. B. Chrysanthemen) wird AMO 1618 wegen seiner Hemmwirkung auf das Sproßwachstum verwendet. Die Pflanzen werden dadurch gedrungener und buschiger. Eine andere quarternäre Verbindung, die gelegentlich als Wachstumsregulator verwendet wird, enthält ein Phosphoniumkation. Es handelt sich um das 2,4-Dichlorbenzyl-tri-n-butyl-phosphonium-chlorid (*Phosfon D*). 3. Die *Morphaktine* sind hochwirksame, synthetische Derivate der Fluoren-(9)-carbonsäure (Abb. 636), die Wachstum und Formbildung von Pflanzen in drastischer Weise hemmen oder modifizieren. Besonders bekannt wurden die 9-Hydroxy-fluoren-(9)-carbonsäure (Flurenol) und die hochwirksame 2-Chlor-9-hydroxyfluoren-(9)-carbonsäure (Chlorflurenol).

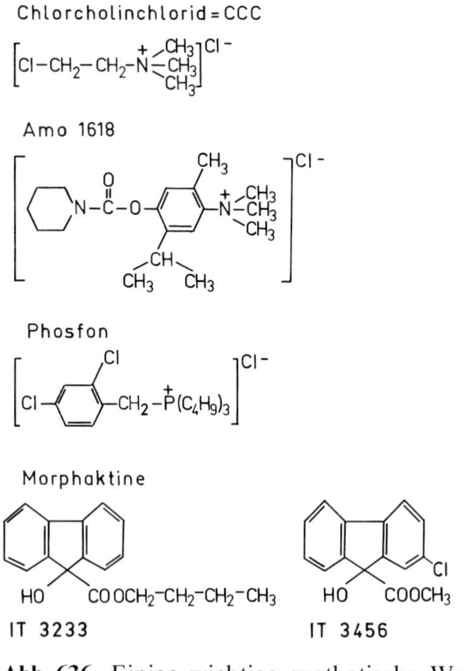

Charakteristisch für die *Wirkung der Morphaktine* ist eine Wuchshemmung über einen weiten Konzentrationsbereich ohne phytotoxische Nebenwirkungen. Beispielsweise bleiben Zellatmung und Photosynthese weitgehend unbeeinflußt. Die physiologischen Wirkungen sind jedoch vielfältiger und auch spezifischer Art. Neben der allgemeinen Hemmwirkung (Verzwergung) beobachtet man eine Aufhebung der Apikaldominanz (kompakt-buschiger Wuchshabitus), Verkürzung der Internodien, Beeinflussung von Geo- und Phototropismus, Parthenokarpie, Beeinflussung der Bildung von Frucht- und Staubblättern. Eine gravierende Veränderung der Morphogenese, eine Art „Atavismus" zeigt die Abb. 637. Die morphogenetischen Effekte der Morphaktine sind zum Teil darauf zurückzuführen, daß sie nicht nur die Mitoseintensität und die Zellteilung in den Meristemen stören, sondern auch die Orientierung der Teilungsspindel beeinflussen. Man ging eine Zeitlang davon aus, daß die Morphaktine auf das endogene Auxin (IES) wirken. In der Tat hemmen die Morphaktine den pola-

Abb. 636. Einige wichtige synthetische Wachstumsregulatoren (synthetic growth retardants). (Nach Jung, 1967)

Produktivität und Photorespiration

Abb. 637. Veränderung des Wuchshabitus bei Kakteen durch die Behandlung mit Morphaktinen. *Links:* Unbehandelte Kontrolle; *rechts:* mit *Flurenol* (9-Hydroxyfluoren-(9)-carbonsäure) behandelte Pflanze (50 µg, Injektion von 2 ml Lösung in das Sproßparenchym). Es bilden sich zahlreiche Seitentriebe aus, die zur Stecklings-(Ableger-)vermehrung dienen können. (Nach SCHNEIDER, 1969)

ren IES-Transport (→ Abb. 384) und sie wirken ähnlich wie N-2-Naphthylphthalaminsäure (NPA) und 2,3,5-Trijodbenzoesäure (TIBA) als antitropistische Substanzen. Damit ist gemeint, daß sie die geotropische und phototropische Reaktion bei Keimpflanzen spezifisch blockieren, vermutlich über die Wirkung auf den IES-Transport. Während man sich die Hemmwirkung der Morphaktine auf die Apikaldominanz auf diese Weise verständlich machen kann, ist es nicht gerechtfertigt, die Morphaktine einfach als IES-Antagonisten aufzufassen. Die meisten Morphaktinwirkungen lassen sich *nicht* rückgängig machen, wenn man den Versuchspflanzen IES zuführt. Es scheint, daß der Eingriff der Fluorenderivate in den Stoffwechsel nicht *unmittelbar* mit den bekannten Pflanzenhormonen zu tun hat.

Eine Kombination von Morphaktinen mit Phenoxyessigsäurederivaten (→ Abb. 635) liefert *Mischherbicide*, die für die Unkrautbekämpfung in Getreidefeldern und auf Grünland eingesetzt werden. Mit einer geeigneten Dosierung läßt sich erreichen, daß die Unkräuter in ihrem Wachstum so beeinträchtigt werden, daß die Kulturpflanzen sie überwachsen können. Infolge Lichtmangels gehen die Unkräuter langsam zugrunde. Bis dahin aber schützen sie den Boden vor dem Austrocknen und vor der Erosion.

Die sogenannte *Grüne Revolution* der Dekade 1960 – 1970 ist im wesentlichen darauf zurückzuführen, daß der ökonomische Ertrag einiger wichtiger Kulturpflanzen durch eine genetische Änderung der Pflanzenstatur und der Fähigkeit der Pflanzen, auf vermehrte Düngergaben mit starker Ertragssteigerung zu reagieren, zumindest verdoppelt werden konnte (Mais-, Reis-, Weizenvarietäten). Zur Zeit richtet sich das Augenmerk der Pflanzenzüchter in erster Linie auf eine *Verbesserung der Photosyntheseleistung*. Dies hängt damit zusammen, daß lediglich 5 – 10% der Trockensubstanz einer Pflanze auf die aus dem Boden aufgenommenen Nährsalze zurückzuführen sind. Eine weitere Steigerung der Produktivität muß deshalb in erster Linie über jene 90 – 95% der Trockensubstanz erfolgen, die aus der Assimilation des CO_2 im Rahmen der Photosynthese resultiert.

Für die Produktivität einer Pflanze (biologischer Ertrag) ist die Nettoassimilation von CO_2 maßgebend (Brutto-CO_2-Assimilation minus CO_2-Abgabe durch Atmungsvorgänge). Bei vielen Pflanzen spielt hier die sogenannte Photorespiration (→ S. 194) eine wesentliche Rolle. Dieser Prozeß „verpulvert" bei den meisten Pflanzen einen erheblichen Teil (zuweilen bis zu 50%) des frisch assimilierten Kohlenstoffs. Die C_4-Pflanzen (→ S. 230) verfügen über spezielle Mechanismen zur Ausschaltung des photorespiratorischen Kohlenstoffverlustes. Außer *Mais, Sorghum* und *Zuckerrohr* gehören jedoch die wichtigsten Kulturpflanzen nicht zu dieser Gruppe. Wenn es gelingen würde, die Photorespiration durch entsprechende Pflanzenzüchtung und/oder durch biochemische Eingriffe stark zu reduzieren, so könnte man bei manchen Kulturpflanzen mit erheblichen Ertragssteigerungen rechnen. Hierzu ein Beispiel: In der Abb. 638 wird die Entwicklung des durchschnittlichen ökonomischen Ertrags beim Mais (C_4-Pflanze) und bei der Sojabohne (C_3-Pflanze) über eine Periode von mehr als 20 Jahren in den USA verglichen. Die Nettoassimilation bei hohem Photonenfluß ist beim Mais mindestens zweimal so hoch wie bei der Sojabohne. Dies spiegelt sich entsprechend im ökonomischen Ertrag wider. Die Durchschnittserträge beim Mais haben sich in den 20 Jahren seit 1950 verdreifacht, während die Durchschnittserträge bei Soja nur um rund 20% gestiegen sind. Wie

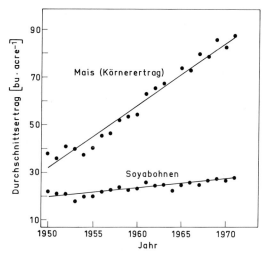

Abb. 638. Die durchschnittlichen ökonomischen Erträge von Mais und Soja in den USA seit 1950. Wegen bushel (bu) und acre → Tabelle 35, S. 562. (Nach ZELITCH, 1975)

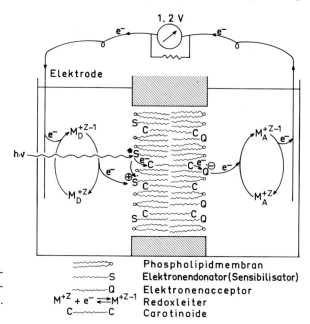

Abb. 639. Eine photoelektrochemische Zelle, die im Prinzip der photosynthetischen Membran (Thylakoidmembran) nachgebaut ist. Es handelt sich um eine noch weitgehend theoretische Konstruktion, die das *Problem der Ladungstrennung* technisch lösen soll. Weitere Erläuterungen im Text. (Nach CALVIN, 1974)

kommt das? Es wurden Maissorten gezüchtet, die auf eine starke Stickstoffdüngung mit hohen Erträgen reagieren. Offenbar halten diese Varietäten eine hohe Nettoassimilation auch während der Kornbildung aufrecht. Sojabohnen andererseits reagieren nicht positiv auf eine hohe Stickstoffgabe im Dünger, da sie den Luftstickstoff mit Hilfe der Knöllchenbakterien fixieren (→ S. 567). Selbst die Anwendung der zur Zeit besten Agrikulturtechnik hat die Sojaerträge nicht wesentlich steigern können, da die relativ niedrige Nettoassimilationsrate der C_3-Pflanze eine biologische Barriere darstellt. Der für die Barriere maßgebende Faktor ist die Photorespiration.

Eine photoelektrochemische Zelle

Der photosynthetische Primärprozeß in den Thylakoiden kann in der Begrifflichkeit der Festkörperphysik als ein Vorgang beschrieben werden, bei dem das einfallende Licht negative und positive Ladungen trennt, Elektronen und „Löcher". Von diesem empirisch begründeten Konzept ausgehend, haben CALVIN und seine Mitarbeiter künstliche Systeme für Ladungstrennung durch Lichtquanten entwickelt. In der Abb. 639 ist eine Konstruktion wiedergegeben, die der photosynthetischen Membran

nachgebaut ist. Diese photoelektrochemische Zelle enthält einen Sensibilisator (S) auf der einen Seite der synthetischen Membran, der nach Absorption eines Lichtquants das angeregte Elektron auf ein Carotinoid (C) überträgt, das einem Draht innerhalb der Membran entspricht. Das in den Carotinoiden dislokalisierte Elektron bewegt sich durch die Membran und wird von einem Elektronenacceptor (Q) auf der anderen Seite der Membran aufgenommen. Über ein Redoxsystem (M_A) gelangt das Elektron an die Elektrode. Ein entsprechender Vorgang spielt sich auf der anderen Seite der Membran ab: Das positive Loch (S^+) erhält ein Elektron von einem Redoxsystem M_D, das ein anderes Redoxpotential als M_A besitzt. Bei Belichtung entsteht eine elektrische Spannung, und ein Strom kann abgenommen werden. Die Stromstärke ist eine Funktion des Photonenflusses, der auf die Membran fällt.

Die technischen Probleme, insbesondere die *Stabilität der Membran*, sind bei der skizzierten Konstruktion noch nicht befriedigend gelöst. Es besteht aber immerhin die Möglichkeit, daß technische Geräte dieser Art, die die *Thyla-*

koidmembran simulieren, in ferner Zukunft auch im technischen Maßstab für die direkte Umwandlung von Lichtenergie in elektrische Energie Verwendung finden werden.

Weiterführende Literatur

ASHTON, F. M., CRAFTS, A. S.: Mode of Action of Herbicides. London: Wiley Interscience, 1973

BOTHE, H.: Die biologische Stickstoffixierung. Naturw. Rdsch. **29**, 316 – 324 (1976)

EVANS, L. T. (ed.): Crop Physiology. London: Cambridge University Press, 1975

FINCK, A.: Pflanzenernährung in Stichworten, 2. Auflage. Kiel: Ferdinand Hirt, 1975

INGRAM, J. L.: Phytoalexins and other natural products as factors in plant disease resistance. Bot. Rev. **38**, 343 – 424 (1972)

MILTHORPE, F. L., MOORBY, J.: An Introduction to Crop Physiology. London: Cambridge University Press, 1974

MOHR, H.: Pflanzliche Wuchsstoffe und Wachstumsregulatoren. Chemiker-Zeitung **97**, 409 – 416 (1973)

POSTGATE, J.: Nitrogen Fixation. London: Edward Arnold, 1978

RUGE, U.: Angewandte Pflanzenphysiologie. Stuttgart: Ulmer, 1966

SCHAEDE, R.: Die pflanzlichen Symbiosen. Stuttgart: Gustav Fischer, 1962

ZIEGLER, H.: Morphaktine. Endeavour **29**, 112 – 116 (1970)

Anhang

Basisgrößen, Basiseinheiten und Einheitenzeichen des SI (Système International d'Unités)

Länge (l):	Meter [m]
Masse (m):	Kilogramm [kg]
Zeit (t):	Sekunde [s]
elektrischer Strom (I):	Ampere [A]
Temperatur (T):	Kelvin [K]
Lichtstärke:	Candela [cd]
Stoffmenge (N):	Mol [mol]

Wichtige abgeleitete SI-Einheiten

Kraft:	Newton [N]; $1 \text{ N} = 1 \text{ kg} \cdot \text{m} \cdot \text{s}^{-2}$
Energie:	Joule [J]; $1 \text{ J} = 1 \text{ W} \cdot \text{s} = 1 \text{ kg} \cdot \text{m}^2 \cdot \text{s}^{-2}$
	Elektronenvolt [eV]; $1 \text{ eV} = 1{,}602 \cdot 10^{-19} \text{ J}$
Leistung:	Watt [W]; $1 \text{ W} = 1 \text{ kg} \cdot \text{m}^2 \cdot \text{s}^{-3}$
Druck:	Pascal [Pa]; $1 \text{ Pa} = 1 \text{ N} \cdot \text{m}^{-2} = 1 \text{ kg} \cdot \text{m}^{-1} \cdot \text{s}^{-2}$
elektrische Ladung:	Coulomb [C]; $1 \text{ C} = 1 \text{ A} \cdot \text{s} = 1 \text{ J} \cdot \text{V}^{-1}$
elektrische Spannung:	Volt [V]; $1 \text{ V} = 1 \text{ J} \cdot \text{A}^{-1} \cdot \text{s}^{-1} = 1 \text{ W} \cdot \text{A}^{-1}$
Radioaktivität:	Becquerel [Bq]; $1 \text{ Bq} = 1 \text{ s}^{-1}$
Lichtstrom:	Lumen [lm]; $1 \text{ lm} = 1 \text{ cd} \cdot \text{sr}^{-1}$ (sr = Steradiant)
Lichtfluß (= Beleuchtungsstärke):	Lux [lx]; $1 \text{ lx} = 1 \text{ lm} \cdot \text{m}^{-2}$

Außerdem werden in diesem Buch folgende
Einheiten für **photochemisch wirksame Strahlung** verwendet (Einheiten für **ionisierende Strahlung** → S. 355):

Lichtmenge [lm · s]
Lichtfluenz [lm · m^{-2} · s]
Quanten-(Photonen-)menge [mol]
Quanten-(Photonen-)strom [mol · s^{-1}]
Quanten-(Photonen-)fluenz [mol · m^{-2}]
Quanten-(Photonen-)fluß [mol · m^{-2} · s^{-1}]
Energiemenge [J]
Energiestrom [J · s^{-1}]
Energiefluenz [J · m^{-2}]
Energiefluß [J · m^{-2} · s^{-1}] = [W · m^{-2}]

Transportvorgänge werden charakterisiert durch den

Strom (I) $[mol \cdot s^{-1}]$ oder $[m^3 \cdot s^{-1}]$, bzw. den
Fluß (J) $[mol \cdot m^{-2} \cdot s^{-1}]$ oder $[m^3 \cdot m^{-2} \cdot s^{-1}]$.

Sonstige Prozesse (z. B. chemische Reaktionen, Wachstum) werden charakterisiert durch die

Intensität, z. B. $[mol \cdot s^{-1}]$, $[m \cdot s^{-1}]$
(bei Enzymreaktionen: katalytische Aktivität $[mol \cdot s^{-1}] = [kat]$;
bei Bewegungsvorgängen: Geschwindigkeit $[m \cdot s^{-1}]$).

Weiterhin werden folgende in der Physiologie kaum ersetzbaren (jedoch nicht im SI enthaltenen) Einheiten verwendet:

Volumen (V):	Liter [l]; $1\,l = 10^{-3}\,m^3$
Masse (m):	Tonne [t]; $1\,t = 10^3\,kg$
Druck (P):	Bar [bar]; $1\,bar = 10^{-5}\,Pa = 10^{-5}\,N \cdot m^{-2}$
Zeit (t):	Minute [min]; Stunde [h]; Tag [d]
Temperatur (T):	Grad Celsius [°C]; $0°\,C \triangleq 273,15\,K$
Molmasse („Molekulargewicht"):	Gramm pro Mol $[10^{-3}\,kg \cdot mol^{-1}]$; numerisch äquivalent ist die
Teilchenmasse:	Dalton [dalton]. $1\,dalton = 1,6605 \cdot 10^{-27}\,kg$
Stoffmengenkonzentration (c):	Mol pro Liter $[mol \cdot l^{-1}]$ (anstelle der SI-Einheit $mol \cdot m^{-3}$)
Stoffmengenaktivität (a):	Mol pro Liter $[mol \cdot l^{-1}]$
hierbei sind folgende Unterscheidungen wichtig:	
Molarität:	Mol pro Liter Lösung
Molalität:	Mol pro kg Lösungsmittel
Osmolalität:	Mol osmotisch wirksamer Teilchen pro kg Lösungsmittel (Wasser)
Extinktion (E): (englisch: *absorbance, A*)	$\log I_0/I$ (I_0, auffallender Quantenfluß; I, transmittierter Quantenfluß)
Absorption (A): (englisch: *absorptance*)	$(I_0 - I)/I_0$

Der Begriff „Absorption" wird häufig auch als Überbegriff für E und A verwendet.

Umrechnungsfaktoren für bisher gebräuchliche, jedoch nicht mehr zulässige Einheiten

1 Kalorie [cal]	$= 4,1868\,J$
1 Atmosphäre [at] ($= 760$ mm Hg)	$= 1,013\,bar$
1 Curie [Ci]	$= 3,77 \cdot 10^{10}\,Bq\,(= s^{-1})$
1 Röntgen [R]	$= 2,58 \cdot 10^{-4}\,C \cdot kg^{-1}$
1 Rad [rd]	$= 0,01\,J \cdot kg^{-1}$

Dezimale Teile von Einheiten, ausgedrückt durch Vorsetzen von Vorsilben (Vorsätze)

10^{-1}:   Dezi- (d), z. B. dm
10^{-2}:   Zenti- (c), z. B. cm
10^{-3}:   Milli- (m), z. B. mm
10^{-6}:   Mikro- (μ), z. B. μm
10^{-9}:   Nano- (n), z. B. nm
10^{-12}:   Pico- (p), z. B. pm

Einige Naturkonstanten. (Nach CORDES, 1972)

Lichtgeschwindigkeit (im Vakuum)	$c = 2{,}998 \cdot 10^8 \ m \cdot s^{-1}$
LOSCHMIDTsche Zahl	$N = 6{,}022 \cdot 10^{23} \ mol^{-1}$
PLANCKsche Konstante	$h = 6{,}626 \cdot 10^{-34} \ J \cdot s$
Gaskonstante	$R = k \cdot N = 8{,}314 \ J \cdot mol^{-1} \cdot K^{-1}$
BOLTZMANNsche Konstante	$k = R \cdot N^{-1} = 1{,}381 \cdot 10^{-23} \ J \cdot K^{-1}$
FARADAYsche Konstante	$F = e \cdot N = 9{,}649 \cdot 10^4 \ C \cdot mol^{-1}$
	$(= A \cdot s \cdot mol^{-1} = J \cdot V^{-1} \cdot mol^{-1})$
elektrische Elementarladung	$e = F \cdot N^{-1} = 1{,}602 \cdot 10^{-19} \ C \ (= A \cdot s)$
Gravitationsbeschleunigung (Meeresniveau, 45° Breite)	$g = 9{,}806 \ m \cdot s^{-2}$

Weitere wichtige Konstanten (0° C, 1,013 bar)

Molarität von Wasser:	$55{,}509 \ mol \cdot l^{-1}$
normales Molvolumen von Wasser:	$18{,}015 \ ml \cdot mol^{-1}$
normales Molvolumen idealer Gase:	$22{,}415 \ l \cdot mol^{-1}$

Weiterführende Literatur

BENDER, D., PIPPIG, E.: Einheiten Maßsysteme SI.
    Braunschweig: Vieweg + Sohn, 1973

Zitierte Literatur

Quellenverzeichnis für Abbildungen und Tabellen

ADDICOTT, F. T.: In: Encyc. Plant Physiol. Berlin-Heidelberg-New York: Springer, 1965, Vol. 15 (2), pp. 1094 – 1126

ADDICOTT, F. T., LYNCH, R. S., CARNS, H. R.: Science 155, 644 – 645 (1955)

AICHELE, D.: Kosmos 70, 505 – 511 (1974)

AKITA, S., MOSS, D. N.: Crop Sci. 12, 789 – 793 (1972)

ALONI, R., SACHS, T.: Planta 113, 345 – 353 (1973)

ARNON, D. I., HOAGLAND, D. R.: Soil Sci. 50, 463 – 484 (1940)

BAJER, A., ALLEN, R. D.: Science 151, 572 – 574 (1966)

BAJRACHARYA, D., FALK, H., SCHOPFER, P.: Planta 131, 253 – 261 (1976)

BAKER, J. J. W., ALLEN, G. E.: Hypothesis, Prediction, and Implication in Biology. Reading, Mass.: Addison-Wesley, 1968

BALEGH, S. E., BIDDULPH, O.: Plant Physiol. 46, 1 – 5 (1970)

BARKSDALE, A. W.: Science 166, 831 – 837 (1969)

BASSHAM, J. A.: Science 172, 526 – 534 (1971)

BASSHAM, J. A., BENSON, A. A., KAY, L. D., HARRIS, A. Z., WILSON, A. T., CALVIN, M.: J. Amer. Chem. Soc. 76, 1760 – 1770 (1954)

BASSHAM, J. A., KIRK, M.: Biochim. Biophys. Acta 43, 447 – 464 (1960)

BASSHAM, J. A., KIRK, M.: In: Comparative Biochemistry and Biophysics of Photosynthesis. SHIBATA, K., TAKAMIYA, A., JAGENDORF, A. T., FULLER, R. C. (eds.). Tokyo: University Tokyo Press, 1968, pp. 365 – 378

BASSHAM, J. A., KIRK, M.: Plant Physiol. 52, 407 – 411 (1973)

BEASLEY, C. A.: Science 179, 1003 – 1005 (1973)

BELL, P.: Sci. Progr., Oxf. 58, 27 – 45 (1970)

BENTRUP, F. W.: Umschau 10, 335 – 339 (1971)

BERGMANN, L.: Naturwiss. 51, 325 – 332 (1964)

BERNIER, G.: Can. J. Bot. 49, 803 – 819 (1971)

BERNIER, G.: Meristem, apical. In: Yearbook Science and Technology. New York: McGraw-Hill, 1973

BERRY, J. A.: Science 188, 644 – 650 (1975)

BERRY, L. J., NORRIS, W. E.: Biochim. Biophys. Acta 3, 593 – 606 (1949)

BERTALANFFY, L. von: Biophysik des Fließgleichgewichts. Braunschweig: Vieweg, 1953

BIEBL, R.: Naturw. Rdsch. 14, 127 – 132 (1961)

BIENGER, I., SCHOPFER, P.: Planta 93, 152 – 159 (1970)

BINDL, E., LANG, W., RAU, W.: Planta 94, 156 – 174 (1970)

BIRKY, C. W.: BioScience 26, 26 – 33 (1976)

BJÖRKMAN, O.: In: Photophysiology. GIESE, A. C. (ed.). New York: Academic Press, 1973, Vol. VIII, pp. 1 – 63

BJÖRKMAN, O., GAUHL, E., NOBS, M. A.: Carnegie Inst. Year Book 68, 620 – 633 (1970)

BJÖRKMAN, O., HIESEY, W. M., NOBS, M., NICHOLSON, F., HART, R. W.: Carnegie Inst. Year Book 66, 228 – 232 (1968)

BJÖRKMAN, O., MOONEY, H. A., EHLERINGER, J.: Carnegie Inst. Year Book 74, 743 – 748 (1975)

BJÖRKMAN, O., PEARCY, R. W.: Carnegie Inst. Year Book 70, 511 – 520 (1971)

BLACK, M., BEWLEY, J. D., FOUNTAIN, D.: Planta 117, 145 – 152 (1974)

BONNER, J.: J. Gen. Physiol. 17, 63 – 76 (1933)

BONNER, J.: The Molecular Biology of Development. Oxford: Clarendon Press, 1965

BONNER, J., GALSTON, A. W.: Principles of Plant Physiology. San Francisco: Freeman, 1952

BOOTH, A.: J. Linnean Soc. (Bot.) 56, 166 – 169 (1959)

BOPP, M., s. ERICHSON, J., et al.

BOWLING, D. J. F.: Uptake of Ions by Plant Roots. London: Chapman and Hall, 1976

BOYSEN-JENSEN, P.: Die Elemente der Pflanzenphysiologie. Jena: Fischer, 1939

BRAUN, H. J.: Z. Bot. 47, 421 – 434 (1959)

BRAUNER, L.: In: Handbuch der Pflanzenphysiologie. Berlin-Heidelberg-New York: Springer, 1962, Bd. 17 (2), pp. 74 – 102

BRAUNER, L., APPEL, E.: Planta 55, 226 – 234 (1960)

BRAUNER, L., HAGER, A.: Planta 51, 115 – 147 (1958)

BREIDENBACH, R. W., KAHN, A., BEEVERS, H.: Plant Physiol. 43, 705 – 713 (1968)

BRIGGS, W. R., TOCHER, R. D., WILSON, J. F.: Science 126, 210 – 212 (1957)

BRILL, W. J.: Sci. Amer. **236**, March 1977, pp. 68 – 81

BROWNLEE, C., KENDRICK, R. E.: Planta **137**, 61 – 64 (1977)

BRÜNING, K., DRUMM, H., MOHR, H.: Biochem. Physiol. Pflanzen **168**, 141 – 156 (1975)

BÜHLER, B., DRUMM, H., MOHR, H.: Planta **142**, 109 – 117 (1978 a)

BÜHLER, B., DRUMM, H., MOHR, H.: Planta **142**, 119 – 122 (1978 b)

BÜHNEMANN, F.: Biol. Zbl. **74**, 691 – 705 (1955)

BÜNNING, E.: Entwicklungs- und Bewegungsphysiologie der Pflanze. Berlin-Göttingen-Heidelberg: Springer, 1953

BÜNNING, E.: Polarität und inäquale Teilung des pflanzlichen Protoplasten. Protoplasmatologia VIII/9 a. Wien: Springer, 1958

BÜNNING, E.: Die physiologische Uhr. Berlin-Heidelberg-New York: Springer, 1963

BÜNNING, E., TAZAWA, M.: Planta **50**, 107 – 121 (1957)

BÜNSOW, R.: Planta **42**, 220 – 252 (1953)

BUSCH, G.: Biol. Zbl. **72**, 598 – 629 (1953)

BUTCHER, H. C., WAGNER, G. J., SIEGELMAN, H. W.: Plant Physiol. **59**, 1098 – 1103 (1977)

BUY, H. G. DU, NUERNBERGK, E.: Ergebn. Biol. **10**, 207 – 322 (1934)

CALVIN, M.: Science **184**, 375 – 381 (1974)

CANNY, M. J.: Phloem Translocation. Cambridge: University Press, 1973

CAPLIN, S. M.: BioScience **18**, 193 – 200 (1968)

CARLSON, P. S., SMITH, H., DEARING, R. D.: Proc. Natl. Acad. Sci. USA **69**, 2292 – 2294 (1972)

CASTOR, L. N., CHANCE, B.: J. Biol. Chem. **217**, 453 – 465 (1955)

CHAILAKHYAN, M. K.: Hormonal Theory of Plant Development. Moscow: Akad. Naukk. SSSR, 1937

CHRISPEELS, M. J., VARNER, J. E.: Plant Physiol. **42**, 1008 – 1016 (1967)

CLELAND, R.: Planta **104**, 1 – 9 (1972)

CLOWES, F.: Apical Meristems. Oxford: Blackwell, 1961

COCKING, E.: Ann. Rev. Plant Physiol. **23**, 29 – 50 (1972)

CORDES, J. F.: Naturwiss. **59**, 177 – 182 (1972)

CRIDDE, R. S., SCHATZ, G.: Biochemistry **8**, 322 – 334 (1969)

CROSS, J. W., BRIGGS, W. R., DOHRMANN, U., RAY, P. M.: Plant Physiol. **61**, 581 – 584 (1978)

CUMMING, B. G.: In: Methods in Developmental Biology. WILT, F. H., WESSELLS, N. K., CROWELL, T. Y. COMPANY (eds.). New York: Crowell Comp., 1967, pp. 277 – 299

CUMMING, B. G., HENDRICKS, S. B., BORTHWICK, H. A.: Can. J. Bot. **43**, 825 – 853 (1965)

CURRY, G. M., THIMANN, K. V.: In: Progress in Photobiology. CHRISTENSEN, B. C., BUCHMANN, B. (eds.). Amsterdam: Elsevier, 1961, pp. 127 – 134

CZYGAN, F. C.: Planta Medica, Supplement, 1975, pp. 169 – 185

DARLINGTON, C. D., COUR, L. F.: The Handling of Chromosomes. London: Allen and Unwin, 1942

DAVIES, D. D.: Intermediary Metabolism in Plants. Cambridge: University Press, 1961

DAVIES, P. J.: Bot. Rev. **39**, 139 – 171 (1973)

DEERING, R. A.: Sci. Amer. **207**, December 1962, pp. 135 – 144

DEGREEF, J., CAUBERGS, R., VERBELEN, J. P., MOEREELS, E.: In: Light and Plant Development. SMITH, H. (ed.). London: Butterworths, 1976, pp. 295 – 314

DELBRÜCK, M.: Photochemie und Evolution. Vortrag, Halle, 21. 9. 1976

DELBRÜCK, M., SHROPSHIRE, W.: Plant Physiol. **35**, 194 – 204 (1960)

DICKSON, R. C., ABELSON, J., BARNES, W. M., REZNIKOFF, W. S.: Science **187**, 27 – 35 (1975)

DIEHN, B.: Science **181**, 1009 – 1015 (1973)

DITTMER, H. J.: Amer. J. Bot. **24**, 417 – 420 (1937)

DOWNS, R. J.: In: Tree Growth. KOZLOWSKI, T. T. (ed.). New York: Ronald, 1962, pp. 133 – 148

DOWNS, R. J., BORTHWICK, H. A.: Bot. Gaz. **117**, 310 – 326 (1956)

DRUMM, H., BRÜNING, K., MOHR, H.: Planta **106**, 259 – 267 (1972)

DRUMM, H., MOHR, H.: Photochem. Photobiol. **20**, 151 – 157 (1974)

DRUMM, H., MOHR, H.: Photochem. Photobiol. **27**, 241 – 248 (1978)

DUNTZE, W., MACKAY, V., MANNEY, T. R.: Science **168**, 1472 – 1473 (1970)

DYER, A. F.: In: Cell Division in Higher Plants. YEOMAN, M. M. (ed.). London: Academic Press, 1976, pp. 50 – 110

EFRON, D., EVENARI, M., DE GROOT, N.: Life Sciences **10** (2), 1015 – 1019 (1971)

ELLIS, R. J.: Phytochem. **14**, 89 – 93 (1975)

ELZAM, O. E., RAINS, D. W., EPSTEIN, E.: Biochem. Biophys. Res. Comm. **15**, 273 – 276 (1964)

EMERSON, R., LEWIS, C. M.: Amer. J. Bot. **30**, 165 – 178 (1943)

EPSTEIN, E.: In: Plant Biochemistry. BONNER, J., VARNER, J. E. (eds.). New York: Academic Press, 1965, pp. 438 – 466

EPSTEIN, E.: Mineral Nutrition of Plants: Principles and Perspectives. New York: Wiley, 1972

EPSTEIN, E.: Sci. Amer. **228**, May 1973, pp. 48 – 58

EPSTEIN, H. T.: Elementary Biophysics. Selected Topics. Reading, Mass.: Addison-Wesley, 1963

ERICHSON, J., KNOOP, B., BOPP, M.: Planta **135**, 161 – 168 (1977)

ESCHRICH, W.: Planta **73**, 37 – 49 (1967)

ETKIN, W.: BioScience **23**, 652 – 653 (1973)

ETZOLD, H.: Planta **64**, 254 – 280 (1965)

EVANS, A. M.: Science **143**, 261 – 263 (1964)

EVENARI, M.: In: Perspectives of Biophysical Ecology. GATES, D. M., SCHMERL, R. B. (eds.). Ecological Studies 12. New York: Springer, 1975, pp. 120 – 143

FAIZ-UR-RAHMAN, A. T. M., TREWAWAS, A. J., DAVIES, D. D.: Planta 118, 195 – 210 (1974)

FENSOM, D. S., WILLIAMS, E. J.: Nature 250, 490 – 492 (1974)

FIDELAK, K.-H.: Staatsexamensarbeit. Universität Freiburg i. Br., 1973

FINCK, A.: Pflanzenernährung in Stichworten. Kiel: Hirt, 1976

FOARD, D. E.: Ph. D. THESIS. North Carolina State University. Ann Arbor: University Microfilms, 1960

FÖRSTER, H.: Z. Naturforsch. 12 b, 765 – 770 (1957)

FONDEVILLE, J. C., BORTHWICK, H. A., HENDRICKS, S. B.: Planta 69, 357 – 364 (1966)

FOX, M. D., PUFFER, L. G.: Nature 261, 488 – 490 (1976)

FRANKE, W.: Z. Zellforsch. 105, 405 – 429 (1970)

FREDERICK, S. E., NEWCOMB, E. H.: J. Cell Biol. 43, 343 – 353 (1969)

FRENCH, C. S.: In: This is Life. JOHNSON, W. H., STEERE, W. C. (eds.). New York: Holt, Rinehart and Winston, 1962, pp. 3 – 38

FRENCH, C. S., BROWN, J. S., LAWRENCE, M. C.: Plant Physiol. 49, 421 – 429 (1972)

FRIEDERICH, K. E., MOHR, H.: Photochem. Photobiol. 22, 49 – 53 (1975)

FROSCH, S., WAGNER, E.: Can. J. Bot. 51, 1529 – 1535 (1973)

FROSCH, S., WAGNER, E., CUMMING, B. G.: Can. J. Bot. 51, 1355 – 1367 (1973)

GABRIELSEN, E. K.: Nature 161, 138 – 139 (1948)

GALSTON, A. W.: The Life of the Green Plant. Englewood Cliffs: Prentice-Hall, 1961

GALSTON, A. W., DAVIES, P. J.: Control Mechanisms in Plant Development. Englewood Cliffs: Prentice-Hall, 1970

GANTT, E., CONTI, S. F.: J. Cell Biol. 29, 423 – 434 (1966)

GANTT, E., LIPSCHULTZ, C. A.: Biochemistry 13, 2960 – 2966 (1974)

GANTT, E., LIPSCHULTZ, C. A., ZILINSKAS, B.: Biochim. Biophys. Acta 430, 375 – 388 (1976)

GATES, D. M.: BioScience 18, 90 – 95 (1968)

GAUHL, E.: Carnegie Inst. Year Book 67, 482 – 487 (1969)

GEHRING, H., KASEMIR, H., MOHR, H.: Planta 133, 295 – 302 (1977)

GEIER, T., KOHLENBACH, H. W.: Protoplasma 78, 381 – 396 (1973)

GEISER, N.: Staatsexamensarbeit. Universität Freiburg i. Br., 1964

GIBOR, A.: Sci. Amer. 215, November 1966, pp. 118 – 124

GILLESPIE, B., THIMANN, K. V.: Plant Physiol. 38, 214 – 225 (1963)

GOEBEL, K.: Organographie der Pflanzen, Teil 2, Bryophyten-Pteridophyten. Jena: Gustav Fischer, 1930

GORDON, S. A.: In: Space Biology, Proceedings of the 24th Biology Colloquium, Oregon State University. Corvallis: Oregon State Univ. Press, 1963

GORINI, L.: Sci. Amer. 214, April 1966, pp. 102 – 109

GRADMANN, H.: Jahrb. f. wiss. Bot. 62, 449 – 527 (1923)

GRAEBE, J. E., HEDDEN, P., GASKIN, P., MACMILLAN, J.: Planta 120, 307 – 309 (1974)

GRAHL, H., WILD, A.: Z. Pflanzenphys. 67, 443 – 453 (1972)

GRAHL, H., WILD, A.: Ber. Deutsch. Bot. Ges. 86, 341 – 349 (1973)

GRAY, C. J.: Enzyme-catalyzed reactions. London: Van Nostrand Reinhold, 1971

GRESSEL, J., GALUN, E.: Dev. Biology 15, 575 – 598 (1967)

GRESSEL, J. B., HARTMANN, K. M.: Planta 79, 271 – 274 (1968)

GRUBER, R., SCHÄFER, E.: In: Book of Abstracts. European Symposium on Photomorphogenesis, Bet Dagan (Israel), 1977

GUNNING, B. E. S., STEER, M. W.: Plant Cell Biology. An Ultrastructural Approach. London: Arnold, 1975

HABERLANDT, G.: Physiologische Pflanzenanatomie. Leipzig: Wilh. Engelmann, 1924

HÄMMERLING, J.: Naturwiss. 22, 829 – 836 (1934)

HAGER, A., MENZEL, H., KRAUSS, A.: Planta 100, 47 – 75 (1971)

HAHLBROCK, K., s. SCHRÖDER, J.

HALLDAL, P.: Physiol. Plant. 14, 133 – 139 (1961)

HAMNER, K. C.: Cold Spring Harbor Symp. 10, 49 – 60 (1942)

HAMNER, K. C.: In: Environmental Control of Plant Growth. EVANS, L. T. (ed.). New York: Academic Press, 1963, pp. 215 – 230

HANKE, J., HARTMANN, K. M., MOHR, H.: Planta 86, 235 – 249 (1969)

HARTMANN, E.: Physiol. Plant. 33, 266 – 275 (1975)

HARTMANN, K. M.: Z. Naturforsch. 22 b, 1172 – 1175 (1967 a)

HARTMANN, K. M.: In: Book of Abstracts. European Photobiology Symposium, Hvar (Jugoslavien), 1967 b

HASTINGS, J. W., SWEENEY, B. M.: Proc. Nat. Acad. Sci. USA 43, 804 – 811 (1957)

HASTINGS, J. W., SWEENEY, B. M.: Biol. Bull. 115, 440 – 458 (1958)

HATCH, M. D.: In: Photosynthesis and Photorespiration. HATCH, M. D., OSMOND, C. B., SLATYER, R. O. (eds.). New York: Wiley Interscience, 1971, pp. 139 – 152

HAUPT, W.: Ergebn. Biol. 25, 1 – 32 (1962)

HAUPT, W.: Naturw. Rdsch. 18, 261 – 267 (1965)

HAUPT, W.: Physiol. vég. 8, 551 – 563 (1970)

HAWKER, L. E., LINTON, A. H., FOLKES, B. F., CAR-
LILE, M. J.: Einführung in die Biologie der Mikroorganismen. Stuttgart: Thieme, 1962
HAXO, F. T.: In: Comparative Biochemistry of Pho-
toreactive Systems. ALLEN, M. B. (ed.). New
York: Academic Press, 1960, pp. 339 – 360
HENDRICKS, S. B.: In: Photophysiology. GIESE, A. C.
(ed.). New York: Academic Press, 1964, Vol. 1,
pp. 305 – 331
HENDRICKS, S. B., SIEGELMAN, H. W.: In: Compre-
hensive Biochemistry. FLORKIN, M., STOTZ, E. H.
(eds.). Amsterdam: Elsevier, 1967, Vol. 27,
pp. 211 – 234
HERTEL, R.: Dissertation. Universität München,
1962
HERTEL, R. s. JACOBS, M., HERTEL, R.
HESS, D.: Umschau 64, 758 – 762 (1964)
HESS, O.: Naturw. Rdsch. 19, 176 – 184 (1966)
HIGHFIELD, P. E., ELLIS, R. J.: Nature 271, 420 – 424
(1978)
HIGINBOTHAM, N.: Bot. Rev. 39, 15 – 69 (1973)
HINCHMAN, R. R.: Amer. J. Bot. 59, 805 – 817 (1972)
HOAGLAND, D. R., DAVIS, A. R.: Protoplasma 6,
610 – 626 (1929)
HOCH, G., KOK, B.: Arch. Biochem. Biophys. 101,
160 – 170 (1963)
HOCH, G., OWENS, O. v. H., KOK, B.: Arch. Bio-
chem. Biophys. 101, 171 – 180 (1963)
HOCK, B., MOHR, H.: Planta 61, 209 – 228 (1964)
HOCK, B., MOHR, H.: Planta 65, 1 – 16 (1965)
HOLLDORF, A. W.: In: Biochemisches Taschenbuch.
RAUEN, H. M. (ed.). Berlin-Göttingen-Heidel-
berg: Springer, 1964, Bd. 2, pp. 121 – 150
HOLLDORF, A., FÖRSTER, E.: In: Die Zelle, Struktur
und Funktion. METZNER, H. (Hrsg.). Stuttgart:
Wiss. Verlagsgesellschaft, 1966, pp. 189 – 259
HOLMAN, R. M., ROBBINS, W. W.: A Textbook of
General Botany. New York: Wiley, 1939
HUBER, B.: Die Saftströme der Pflanzen. Berlin-Hei-
delberg-New York: Springer, 1956
HULBARY, R. L.: Amer. J. Bot. 31, 561 – 580 (1944)
HUMBLE, G. D., RASCHKE, K.: Plant Physiol. 48,
447 – 453 (1971)
IHLE, J. N., Dure, L. S.: J. Biol. Chem. 247,
5048 – 5055 (1972)
IKUMA, H.: Ann. Rev. Plant Physiol. 23, 419 – 436
(1972)
INGOLD, C. T.: Dispersal in Fungi. Oxford: Claren-
don, 1963
INOUE, Y., FURUYA, M.: Plant Physiol. 55,
1098 – 1101 (1975)
ITO, M.: Bot. Mag. Tokyo 75, 19 – 27 (1962)
JACOB, F., MONOD, J.: J. Mol. Biol. 3, 318 – 356
(1961)
JACOB, F., MONOD, J.: Cold Spring Harbor Sympo-
sia on Quantitative Biology 26, 193 – 212 (1961)
JACOBS, M., HERTEL, R.: Planta 142, 1 – 10 (1978)
JAENICKE, L.: Chemie in unserer Zeit 9, 50 – 58
(1975)

JAFFE, L.: Exp. Cell Res. 15, 282 – 299 (1958)
JAGGER, J., LATARJET, R.: Ann. Inst. Pasteur 91,
858 – 873 (1956)
JAMES, W. O., BEEVERS, H.: New Phytol. 49,
353 – 374 (1950)
JOHNSON, M. P.: Nature 214, 1354 – 1355 (1967)
JOLIOT, P., JOLIOT, A., KOK, B.: Biochim. Biophys.
Acta 153, 635 – 652 (1968)
JUNG, J.: Naturwiss. 14, 356 – 360 (1967)
JUNIPER, B. E., GROVES, S., LANDAU-SCHACHAR, B.,
AUDUS, L. J.: Nature 209, 93 – 94 (1966)
KADOURI, A., ATSMON, D., EDELMAN, M.: Proc. Nat.
Acad. Sci. USA 72, 2260 – 2264 (1975)
KAHL, G.: Bot. Rev. 39, 274 – 299 (1973)
KARLSON, P.: Kurzes Lehrbuch der Biochemie.
Stuttgart: Thieme, 1963
KARLSON, P.: Kurzes Lehrbuch der Biochemie.
9. Aufl. Stuttgart: Thieme, 1974
KAROW, H., MOHR, H.: Planta 72, 170 – 186 (1967)
KASEMIR, H., OBERDORFER, U., MOHR, H.: Photo-
chem. Photobiol. 18, 481 – 486 (1973)
KAZAMA, H., KATSUMI, M.: Plant a. Cell Physiol. 15,
307 – 314 (1974)
KEEGSTRA, K., TALMADGE, K. M., BAUER, W. D.,
ALBERSHEIM, P.: Plant Physiol. 51, 188 – 196
(1973)
KENDE, H., BAUMGARTNER, B.: Planta 116, 279 – 289
(1974)
KIMBALL, J. W.: Biology. Palo Alto: Addison-Wes-
ley, 1965
KIRK, J. T. O.: Ann. Rev. Biochem. 40, 161 – 196
(1971)
KLEIN, G., GROMBEIN, S., RÜDIGER, W.: Hoppe-
Seyler's Z. Physiol. Chem. 358, 1077 – 1079
(1977)
KLEKOWSKI, E. J.: Ann. Missouri Bot. Garden 59,
138 – 151 (1972)
KLEKOWSKI, E. J.: Amer. J. Bot. 60, 535 – 544 (1973)
KNUTSON, R. M.: Science 186, 746 – 747 (1974)
KOHLENBACH, H. W., SCHMIDT, B.: Z. Pflanzenphy-
siol. 75, 369 – 374 (1975)
KOK, B.: Biochim. Biophys. Acta 21, 245 – 258
(1956)
KOMOR, E., TANNER, W.: J. Gen. Physiol. 64,
568 – 581 (1974)
KONRAD, E. B., MODRICH, P., LEHMAN, I. R.: J. Mol.
Biol. 77, 519 – 529 (1973)
KOSKI, V. M., FRENCH, C. S., SMITH, J. H. C.: Arch.
Biochem. 31, 1 – 17 (1951)
KREUTZ, W.: Umschau 66, 806 – 813 (1966)
KÜHN, A.: Vorlesungen über Entwicklungsphysiolo-
gie. Berlin-Heidelberg-New York: Springer, 1955
KÜHN, A.: Grundriß der Vererbungslehre. Heidel-
berg: Quelle und Meyer, 1961
KUEHNERT, C. C., STEEVES, T. A.: Nature 196,
187 – 189 (1962)
KULL, U.: Naturw. Rdsch. 25, 65 – 68 (1972)
KUMAGAI, T.: Photochem. Photobiol. 27, 371 – 379
(1978)

LAING, W. A., OGREN, W. L., HAGEMAN, R. H.: Plant Physiol. **54**, 678 – 685 (1974)

LANCE, C.: Ann. Sc. nat., Bot. (Paris) 12, Sér., Tome XIII, 477 – 495 (1972)

LANG, A.: Proc. Natl. Acad. Sci. USA **43**, 709 – 717 (1957)

LANG, A.: In: Encyc. Plant Physiol. Berlin-Heidelberg-New York: Springer, 1965, Vol. 15 (1), pp. 1380 – 1536

LANG, A., CHAILAKHYAN, M. KH., FROLOVA, I. A.: Proc. Natl. Acad. Sci. USA **74**, 2412 – 2416 (1977)

LANGE, H., BIENGER, I.: zitiert in MOHR, H.: Beilage zu: Naturw. Rdsch., Stuttgart, Heft 7/1970

LANGE, H., BIENGER, I., MOHR, H.: Planta **76**, 359 – 366 (1967)

LANGE, H., MOHR, H.: Planta **67**, 107 – 121 (1965)

LANGE, H., SHROPSHIRE, W., MOHR, H.: Plant Physiol. **47**, 649 – 655 (1971)

LARCHER, W.: Ökologie der Pflanzen, 2. Aufl. Stuttgart: Ulmer, 1974

LEA, P. J., MIFLIN, B. J.: Nature **251**, 614 – 616 (1974)

LEGUAY, J. J., GUERN, J.: Plant Physiol. **56**, 356 – 359 (1975)

LEINWEBER, F. J.: Z. Bot. **44**, 337 – 364 (1956)

LEMASSOU, C., DEMARSAC, N. T., COHEN-BAZIRE, G.: Proc. Natl. Acad. Sci. USA **70**, 3130 – 3133 (1973)

LEVAN, A.: Hereditas **26**, 456 – 462 (1940)

LEWITT, J.: Introduction to Plant Physiology. Saint Louis: Mosby, 1969

LIEBERMAN, M., KUNISHI, A. T.: Plant Physiol. **55**, 1074 – 1078 (1975)

LINSER, H., LACH, G., TITZE, L.: Z. Pflanzenernährung und Bodenkunde **121**, 199 – 211 (1968)

LINSKENS, H. F.: In: Fertilization. METZ, C. B., MONROY, A. (eds.). New York: Academic Press, 1969, Vol. 2, pp. 189 – 253

LOW, V. H. K.: Aust. J. biol. Sci. **24**, 187 – 195 (1971)

LÜTTGE, U.: Stofftransport der Pflanzen. Berlin-Heidelberg-New York: Springer, 1973

LYMAN, H., EPSTEIN, H. T., SCHIFF, J. A.: J. Protozool. **6**, 264 – 265 (1959)

LYMAN, H., EPSTEIN, H. T., SCHIFF, J. A.: Biochim. Biophys. Acta **50**, 301 – 309 (1961)

MACHLIS, L.: In: Physiology of Reproduction. Proceedings of the 22nd Biology Colloquium, Oregon State University. Corvallis: Oregon State Univ. Press, 1961, pp. 79 – 91

MAHLER, H. R., CORDES, E. H.: Biological Chemistry. New York: Harper & Row, 1967

MAKSYMOWYCH, R.: Analysis of Leaf Development. Cambridge: Univ. Press, 1973

MANTON, I.: J. Roy. Microscop. Soc. **82**, 279 – 285 (1963)

MASON, T. G., MASKELL, E. J.: Ann. Bot. **42**, 189 – 253 (1928)

MASONER, M., KASEMIR, H.: Planta **126**, 111 – 117 (1975)

MATILE, P.: The Lytic Compartment of Plant Cells. Wien-New York: Springer, 1975

MATILE, P., WINKENBACH, F.: J. Exp. Bot. **22**, 759 – 771 (1971)

MAY, R.: Staatsexamensarbeit. Universität Freiburg i. Br., 1964

McELROY, W. D.: Cellular Physiology and Biochemistry. Englewood Cliffs: Prentice-Hall, 1961

MENKE, W.: Experientia **16**, 537 – 538 (1960)

MEYER, B. S., ANDERSON, D. B., BÖHNING, R. H.: Introduction to Plant Physiology. Princeton, N. J.: Van Nostrand, 1960

MOHR, H.: Planta **47**, 127 – 158 (1956)

MOHR, H.: Beilage zu: Naturwiss. Rdsch., Stuttgart, Heft 7/1970

MOHR, H.: Lectures on Photomorphogenesis. Berlin-Heidelberg-New York: Springer, 1972

MOHR, H.: Endeavour, New Series **1**, 107 – 114 (1977)

MOHR, H.: Lectures on Structure and Significance of Science. Berlin-Heidelberg-New York: Springer, 1977

MOHR, H.: In: Bot. Mag. Tokyo Special Issue **1**, 189 – 198 (1978)

MOHR, H., APPUHN, U.: Planta **59**, 49 – 67 (1962)

MOHR, H., BARTH, C.: Planta **58**, 580 – 593 (1962)

MOHR, H., HOLDERRIED, C., LINK, W., ROTH, K.: Planta **76**, 348 – 358 (1967)

MOHR, H., OELZE-KAROW, H.: Biologie in unserer Zeit **5**, 137 – 147 (1973)

MOHR, H., OELZE-KAROW, H.: In: Light and Plant Development. SMITH, H. (ed.). London: Butterworths, 1976, pp. 257 – 284

MOHR, H., OHLENROTH, K.: Planta **57**, 656 – 664 (1962)

MOHR, H., SITTE, P.: Molekulare Grundlagen der Entwicklung. München: BLV, 1971

MOLISCH, H.: Pflanzenphysiologie als Theorie der Gärtnerei. Jena: Fischer, 1918

MOOR, H.: Balzers Hockvakuum-Fachbericht, April 1965

MÜLLER, D. G.: Ber. Deutsch. Bot. Ges. **85**, 363 – 369 (1972)

MÜLLER, H., MÜLLER, D. G.: Biologie in unserer Zeit **4**, 97 – 105 (1974)

MUMFORD, F. E., JENNER, E. L.: Biochemistry **5**, 3657 – 3662 (1966)

NARAYAN, R. K. J., REES, H.: Chromosoma **54**, 141 – 154 (1976)

NILSEN, K. N.: HortScience **6**, 26 – 29 (1971)

NITSCH, J. P.: Amer. J. Bot. **37**, 211 – 215 (1950)

NITSCH, J. P.: Quart. Rev. Biol. **27**, 33 – 57 (1952)

NOBEL, P. S.: Introduction to Biophysical Plant Physiology. San Francisco: Freeman, 1974

O'CARRA, P., O'hEOCHA, C.: In: Chemistry and Biochemistry of Plant Pigments. GOODWIN, T. W. (ed.), 2nd edition. New York: Academic Press, 1976, Vol. 1, pp. 328 – 376

OEHLKERS, F.: Das Leben der Gewächse. Berlin-Heidelberg-New York: Springer, 1956

OELZE-KAROW, H., MOHR, H.: Photochem. Photobiol. **20,** 127 – 131 (1974)

OELZE-KAROW, H., SCHÄFER, E., MOHR, H.: Photochem. Photobiol. **23,** 55 – 59 (1976)

OESTERHELT, D.: In: Biochemistry of Sensory Functions. JAENICKE, L. (ed.). Berlin-Heidelberg-New York: Springer, 1974, pp. 55 – 77

OHIWA, T.: Planta **136,** 7 – 11 (1977)

OLTMANNS, F.: Flora Allg. Bot. Ztg. **86,** 86 – 99 (1899)

OLTMANNS, F.: Morphologie und Biologie der Algen. Jena: Fischer, 1922

OSBORNE, D.: Sci. Progr., Oxf. **64,** 51 – 63 (1977)

OSMOND, C. B., LÜTTGE, U., WEST, K. R., PALLAGHY, C. K., SACHER-HILL, B.: Aust. J. biol. Sci. **22,** 797 – 814 (1969)

OSMOND, C. B., ZIEGLER, H.: Naturw. Rdsch. **28,** 323 – 328 (1975)

PAGE, R. M.: Science **138,** 1238 – 1245 (1962)

PAOLILLO, D. J.: J. Cell Sci. **6,** 243–255 (1970)

PARK, R. B., PFEIFHOFER, A. O.: J. Cell Sci. **5,** 299 – 311 (1969)

PARLANGE, J. Y., WAGGONER, P. E.: Plant Physiol. **46,** 337 – 342 (1970)

PEDERSEN, T. A., KIRK, M., BASSHAM, J. A.: Physiol. Plantar. **19,** 219 – 231 (1966)

PFAFF, W., SCHOPFER, P.: Planta **117,** 269 – 278 (1974)

PFEFFER, W.: Pflanzenphysiologie. Leipzig: Wilh. Engelmann, 1904

PHINNEY, B. O., WEST, C. A.: In: Developing Cell Systems and their Control. RUDNICK, D. (ed.). New York: Ronald, 1960, pp. 71 – 92

PICKARD, B. G., THIMANN, K. V.: Plant Physiol. **39,** 341 – 350 (1964)

POHL, R.: Studium generale **14,** 450 – 465 (1961)

POHL, R.: In: Handbuch der Pflanzenphysiologie. Berlin-Heidelberg-New York: Springer, 1962, Bd. 17 (2), pp. 843 – 875

PRATT, L. H., COLEMAN, R. A., MACKENZIE, J. M.: In: Light and Plant Development, SMITH, H. (ed.). London: Butterworths, 1976, pp. 75 – 94

PRICE, C. A.: Molecular Approaches to Plant Physiology. New York: McGraw-Hill, 1970

PTASHNE, M., GILBERT, W.: Sci. Amer. **222,** June 1970, pp. 36 – 55

RAMSAY, J. A.: The Experimental Basis of Modern Biology. Cambridge: University Press, 1965

RAPER, J. R.: In: Biological Specificity and Growth. BUTLER, E. G. (ed.). Princeton: Princeton Univ. Press, 1955, pp. 119 – 140

RASCHKE, K.: Planta **68,** 111 – 140 (1966)

RASCHKE, K.: Ann. Rev. Plant Physiol. **26,** 309 – 340 (1975)

RAU, W.: Planta **72,** 14 – 28 (1967)

RAY, P. M.: The living Plant. New York: Holt, Rinehart and Winston, 1963

RAYLE, D. L., EVANS, M. L., HERTEL, R.: Proc. Natl. Acad. Sci. USA **65,** 184 – 191 (1970)

REES, H.: TIBS, November 1976, N 250 – N 251

REZNIK, H.: Ber. Deutsch. Bot. Ges. **88,** 179 – 190 (1975)

RICHTER, H.: Ber. Deutsch. Bot. Ges. **85,** 341–351 (1972)

ROBARDS, A. W.: Protoplasma **72,** 315 – 323 (1971)

ROBERTS, D. W.: J. theor. Biol. **68,** 583 – 597 (1977)

ROBERTSON, R. N., TURNER, J. S.: Austral. J. Exp. Biol. Med. Sci. **23,** 64 – 73 (1945)

ROBLIN, G.: Nature **261,** 437 – 438 (1976)

ROTH, K., LINK, W., MOHR, H.: Cytobiologie **1,** 248 – 258 (1970)

RUGE, U.: Angewandte Pflanzenphysiologie. Stuttgart: Ulmer, 1966

RUHLAND, W.: Jahrbuch wiss. Bot. **55,** 408 – 498 (1915)

RUPERT, C. S.: In: Comparative Effects of Radiation. BURTON, M., KIRBY-SMITH, J. S., MAGEE, J. L. (eds.). New York: Wiley, 1960, pp. 49 – 71

RUTISHAUSER, A.: Embryologie und Fortpflanzungsbiologie der Angiospermen. Wien-New York: Springer, 1969

SALISBURY, F. B.: Plant Physiol. **30,** 327 – 334 (1955)

SCHÄFER, E.: In: Light and Plant Development. SMITH, H. (ed.). London: Butterworths, 1976, pp. 45 – 59

SCHÄFER, E., MOHR, H.: J. Math. Biol. **1,** 9 – 15 (1974)

SCHÄFER, E., SCHMIDT, W., MOHR, H.: Photochem. Photobiol. **18,** 331 – 334 (1973)

SCHERRER, K., MARCAUD, L.: J. Cell Physiol. **72,** Supplement 1, 181 – 212 (1967)

SCHMIDLE, A.: Arch. Mikrobiol. **16,** 80 – 100 (1951)

SCHNEIDER, G.: Dtsch. Bot. Ges. Neue Folge, Nr. 3, 19 – 41 (1969)

SCHOPFER, P.: Planta **72,** 306 – 320 (1967)

SCHOPFER, P.: Experimente zur Pflanzenphysiologie. Freiburg: Rombach, 1970

SCHOPFER, P., BAJRACHARYA, D., BERGFELD, R., FALK, H.: Planta **133,** 73 – 88 (1976)

SCHOPFER, P., BAJRACHARYA, D., FALK, H., THIEN, W.: Ber. Deutsch. Bot. Ges. **88,** 245 – 268 (1975)

SCHOPFER, P., OELZE-KAROW, H.: Planta **100,** 167 – 180 (1971)

SCHOPFER, P., SIEGELMAN, H. W.: Plant Physiol. **43,** 990 – 996 (1968)

SCHRÖDER, J.: Arch. Biochem. Biophysics **182,** 488 – 496 (1977)

SCHUMACHER, W.: In: Lehrbuch der Botanik für Hochschulen. Stuttgart: Fischer, 1962

SCHWEIGER, E., WALRAFF, H. G., SCHWEIGER, H. G.: Science **146,** 658 – 659 (1964)

SCHWEIGER, H. G., MASTER, W., WERZ, G.: Nature **216,** 554 – 557 (1967)

SCOTT, B. I. H.: Sci. Amer. **107,** October 1962, pp. 3 – 10

SETLOW, R. B., POLLARD, E. C.: Molecular Biophysics, Reading, Mass.: Addison-Wesley, 1962

SHANTZ, E. M.: Ann. Rev. Plant Physiol. **17**, 409 – 438 (1966)

SHROPSHIRE, W.: In: Progress in Photobiology. SCHENK, G. O. (ed.), paper No. 024. Frankfurt: Deutsche Gesellschaft für Lichtforschung, 1974

SHROPSHIRE, W., WITHROW, R. B.: Plant Physiol. **33**, 360 – 365 (1958)

SHROPSHIRE, W., WITHROW, R. B.: personal communication, 1959

SIBAOKA, T.: Bot. Mag. Tokyo **86**, 51 – 61 (1973)

SIEBERS, A. M.: Acta Bot. Neerl. **20**, 211 – 220 (1971)

SIEGELMAN, H. W., s. BUTCHER, H. C., et al.

SIEVERS, A.: In: Sekretion und Exkretion. WOHL-FARTH-BOTTERMANN, K. E. (Hrsg.). Berlin-Heidelberg-New York: Springer, 1965, pp. 89 – 118

SIEVERS, A.: In: Gravity and the Organism. GORDON, S. A., COHEN, M. J. (eds.). Chicago: Univ. Chicago Press, 1971, pp. 51 – 63

SIEVERS, A.: In: Grundlagen der Cytologie. HIRSCH, G. C., RUSKA, H., SITTE, P. (Hrsg.). Jena: Fischer, 1973, pp. 281 – 296

SIEVERS, A., SCHRÖTER, K.: Planta **96**, 339 – 353 (1971)

SIEVERS, A., VOLKMANN, D.: Planta **102**, 160 – 172 (1972)

SIEVERS, A., VOLKMANN, D.: In: Plant Growth Regulation. PILET, P. E. (ed.). Berlin-Heidelberg-New York: Springer, 1977, pp. 208 – 217

SINGER, S. J., NICOLSON, G. L.: Science **175**, 720 – 731 (1972)

SINNOT, E. W.: Plant Morphogenesis. New York: McGraw-Hill, 1960

SINNOT, E. W.: The Problem of Organic Form. New Haven: Yale Univ. Press, 1963

SINNOT, E. W., WILSON, K. S.: Botany: Principles and Problems. New York: McGraw-Hill, 1963

SINSHEIMER, R. L.: In: Radiation Biology. HOLLAENDER, A. (ed.). New York: McGraw-Hill, 1955, Vol. 2, pp. 165 – 201

SITTE, P.: Ber. Deutsch. Bot. Ges. **74**, 177 – 206 (1961)

SITTE, P.: Bau und Feinbau der Pflanzenzelle. Jena-Stuttgart: Fischer, 1965

SITTE, P.: In: Grundlagen der Cytologie. HIRSCH, G. C., RUSKA, H., SITTE, P. (Hrsg.). Jena: Fischer, 1973, pp. 391 – 412

SITTE, P.: Biologie in unserer Zeit **7**, 65 – 74 (1977)

SLATYER, R. O.: Planta **93**, 175 – 189 (1970)

SMITH, H.: Phytochrome and Photomorphogenesis. London: McGraw-Hill, 1975

SMITH, H. H.: BioScience **24**, 269 – 276 (1974)

SOLOMOS, T., LATIES, G. G.: Plant Physiol. **58**, 47 – 50 (1976)

SPARROW, A. H., MISCHKE, J. P.: Science **134**, 282 – 283 (1961)

SPIEGELMAN, S.: Sci. Amer. **210**, May 1964, pp. 48 – 65

STAEHELIN, L. A.: J. Cell Biol. **71**, 136 – 158 (1976)

STECK, W., CONSTABEL, F.: Lloydia **37**, 185 – 191 (1974)

STEEVES, T. A., SUSSEX, J. M.: Amer. J. Bot. **44**, 665 – 673 (1957)

STEIN, G. S., STEIN, J. S., KLEINSMITH, L. J.: Sci. Amer. **233**, February 1975, pp. 46 – 57

STEINER, A. M.: Naturwiss. **54**, 497 – 498 (1967)

STEINITZ, B., BERGFELD, R.: Planta **133**, 229 – 235 (1977)

STEITZ, E., ANDERS, F.: Verh. dtsch. Zool. Ges. Göttingen **30**, 422 – 431 (1966)

STEWARD, F. C.: Plants at Work. A Summary of Plant Physiology. Reading, Mass.: Addison-Wesley, 1964

STEWARD, F. C., MAPES, M. O., KENT, A. F., HOLSTEIN, R. D.: Science **143**, 20 – 27 (1964)

STEWARD, F. C., MÜHLETHALER, K.: Ann. Bot. **17**, 295 – 316 (1953)

STEWART, G. R.: Phytochem. **7**, 1139 – 1142 (1968)

STOCKER, O.: Grundriß der Botanik. Berlin-Heidelberg-New York: Springer, 1952

STRAFFORD, G. A.: Essentials of Plant Physiology. London: Heinemann, 1965

STROBEL, G. A.: Sci. Amer. **232**, January 1975, pp. 81 – 88

TAYLOR, D. L.: Amer. J. Bot. **29**, 721 – 738 (1942)

THIEN, W., SCHOPFER, P.: Plant Physiol. **56**, 660 – 664 (1975 a)

THIEN, W., SCHOPFER, P.: Planta **124**, 215 – 217 (1975 b)

THURET, G.: Ann. Sci. Nat. Bot. Ser. IV, **2**, 197 – 214 (1854)

TOLBERT, N. E.: Ann. Rev. Plant Physiol. **22**, 45 – 74 (1971)

TONG, W. F.: Dissertation. Universität Freiburg i. Br., 1975

TORREY, J. G.: Development in Flowering Plants. New York: Macmillan, 1967

TORREY, J. G.: Physiol. Plant. **35**, 158 – 165 (1975)

TRAN THANH VAN: Planta **115**, 87 – 92 (1973)

TREBST, A., HAUSKA, G.: Naturwiss. **61**, 308 – 316 (1974)

TREHARNE, R. W., MELTON, C. W., ROPPEL, R. M.: J. Mol. Biol. **10**, 57 – 62 (1964)

TROLL, W.: Vergleichende Morphologie der höheren Pflanzen. Berlin: Borntraeger, 1937, Bd. 1, 1. Teil

TROLL, W.: Praktische Einführung in die Pflanzenmorphologie. Jena: Fischer, 1954

TROLL, W.: Allgemeine Botanik. Stuttgart: Ferdinand Enke, 1959

VASIL, V., HILDEBRANDT, A. C.: Planta **75**, 139 – 151 (1967)

VIGIL, E. L.: J. Cell Biol. **46**, 435 – 454 (1970)

VINCE-PRUE, D.: Photoperiodism in Plants. London: McGraw-Hill, 1975

WAGGONER, P. E., ZELITSCH, I.: Science **150**, 1413 – 1420 (1965)

WAGNER, E., BIENGER, I., MOHR, H.: Planta **75**, 1 – 9 (1967)

WAGNER, E., MOHR, H.: Planta **71**, 204 – 221 (1966)

WALTER, H.: Grundlagen des Pflanzenlebens. Stuttgart: Ulmer, 1947

WAREING, P. F., PHILLIPS, I. D. J.: The Control of Growth and Differentiation in Plants. Oxford: Pergamon, 1970

WATANABE, S., SIBAOKA, T.: Plant a. Cell Physiol. **14**, 1221 – 1224 (1973)

WEHRMEYER, W.: Planta **63**, 13 – 30 (1964)

WEISENSEEL, M. H., RUPPERT, H. K.: Planta **137**, 225 – 229 (1977)

WEISS, P.: The Science of Biology. New York: McGraw-Hill, 1967

WEISSENBÖCK, G.: Biologie in unserer Zeit **6**, 140 – 147 (1976)

WELLMANN, E.: Planta **101**, 283 – 286 (1971)

WELLMANN, E.: FEBS Letters **51**, 105 – 107 (1975)

WELLMANN, E., SCHOPFER, P.: Plant Physiol. **55**, 822 – 827 (1975)

WENT, F. W.: Amer. J. Bot. **31**, 135 – 150 (1944)

WIDHOLM, J. M., OGREN, W. L.: Proc. Natl. Acad. Sci. USA **63**, 668 – 675 (1969)

WILDERMANN, A., DRUMM, H., SCHÄFER, E., MOHR, H.: Planta **141**, 211 – 216 (1978)

WILKINS, M. B., HOLOWINSKY, A. M.: Plant Physiol. **40**, 907 – 909 (1965)

WINKLER, H.: Der Biologe, Heft 9, 1935, pp. 279 – 290

WITHROW, R. B., KLEIN, W. H., ELSTAD, V.: Plant Physiol. **32**, 453 – 462 (1957)

WITT, H. T.: Quart. Rev. Biophys. **4**, 365 – 477 (1971)

WITT, H. T.: In: Excited States of Biological Molecules. BIRKS, J. B. (ed.). London: Wiley-Interscience, 1976, pp. 245 – 261

WITTWER, S. H.: BioScience **24**, 216 – 224 (1974)

WOLLGIEHN, R.: Flora **151**, 411 – 437 (1961)

WOOLHOUSE, H. W.: Symp. Soc. Exp. Biol. **21**, 179 – 214 (1967)

YAMANE, H., YAMAGUSHI, I., YOCOTA, T., MUROFUSHI, N., TAKAHASHI, N.: Phytochem. **12**, 255 – 261 (1973)

ZABKA, G. G., CHATURVEDI, S. N.: Plant Physiol. **55**, 532 – 535 (1975)

ZEEVAART, J. D. A.: Mededel. Landbouwhogeschool Wageningen **58**, 1 – 88 (1958)

ZELITCH, I.: Science **188**, 626 – 633 (1975)

ZIMMERMANN, M. H.: Sci. Amer. **208**, March 1963, pp. 132 – 142

Sachverzeichnis

A

ABA, → Abscisinsäure
abgeschlossenes System, Energetik 91
abgestufte Reaktionen 17
Abschußrhythmik Sporangien, *Pilobolus sphaerosporus* 408
Abscisinsäure, allgemeine Charakterisierung 379
—, Geotropismus der Wurzel 521
—, Ruhezustände 430
—, Samenkeimung 434
—, Schwellenwert 380
—, Stomaregulation 225, 226
—, Terpenoide 261
—, Vorkommen 370
—, Wasserstreß 470
—, Wirkung auf Keimung 380
Abscission (Blattfall) 426
Acer platanoides, Strukturmodell Primärwand 35
Acer pseudoplatanus, Zellsuspensionskultur 63
Acetabularia, endogene Rhythmik der Photosyntheseintensität 413
—, Grundfragen der Morphogenese 70
—, Lebensdauer der mRNA 49
Acetabularia calyculus, Enzymbildung 74
Acetabularia cranulata, heterologe Kerntransplantationen 75
Acetabularia mediterranea, Isoenzymmuster 75
—, Ontogenie 70
—, Wirkung des Plasmas auf Primärkern 72
Acetabularia wettsteinii, Transplantationen 72
Acetatverwertung, Grünalgen 192
Acetylcholin, secondary messenger? 367
Achlya, sexuelle Fortpflanzung 549
Acicularia schenkii, Kerntransplantationen 74
Aconitase, Citratcyclus 180
Acridin-Alkaloide, *Ruta graveolens* 298
Actinomycin D 50, 73, 326, 366, 414, 435

Acyldehydrogenase, Fettsäureabbau 190
Adaptation, Blattmorphologie 219
—, CAM-Pflanzen 240
—, chromatische 157
—, Photosyntheseapparat 218
adaptive Enzymbildung 51, 132
additive Interaktion 12
Adeninnucleotid-carrier, Mitochondrion 186
Adenosin-3',5'-monophosphat, → cAMP
Adenosintriphosphat, → ATP
Adenylate, Rolle beim PASTEUR-Effekt 204
—, shuttle-Transport Chloroplast 168
Adenylatpool, Chloroplast 164
Adenylatsystem, aktiver Ionentransport 129
—, Energiewährung 107
—, Enzymmodulation 133
—, homöostatische Regelung 204
—, Kontrolle der oxidativen Phosphorylierung 185
Adenylattransport, Mitochondrion 186
Adhäsion, Wasser 251, 465
Adhäsion des Füllwassers, Gefäßwand 462
ADP-Glucose, Stärkesynthese 168
Adventivembryonen 445
Adventivknospen 306
Adventivwurzelbildung, IES 287
Aerenchym, Wasserpflanzen 200
aerobe Dissimilation, Kohlenhydratabbau 178
aerobe Fermentation 204
—, Auslösung durch HCN 207
Agave deserti, CAM-Adaptation 241
Agrobacterium tumefaciens, Wurzelhalsgallen 455, 456
Ailanthus glandulosa, Oberflächen Parenchymzellen 37
Akklimatisation, Photosyntheseapparat 219
Aktionspotential, *Chara* 539
Aktionspotentialwelle 540
—, vielzellige Organe 540
Aktivatoren, Enzymaktivität 118

aktive H^+-Sekretion, Protonenpumpe 479
aktive Ionenaufnahme 477
aktiver Ionentransport 538
aktiver Ladevorgang, phloem loading 485
aktiver Transport, Anelektrolyten 123
—, Biomembran 123
—, Elektrolyten 123
—, K^+-Ionen 529
—, NERNST-Kriterium 126
aktiver Wasserstoff, Redoxreaktionen 108
aktives Isopren, chemische Struktur 261
aktives Sulfat, Photosynthese 171
aktives Zentrum, Enzym 116, 118
aktivierte Aminosäuren 48
aktivierte Massenströmung 486
Aktivierungsenergie, apparente Photosynthese 220
—, ARRHENIUS-Gleichung 114
Aktivierungsenthalpie, ARRHENIUS-Gleichung 114
—, Katalasereaktion 115
Aktivierungsentropie, ARRHENIUS-Gleichung 114
Aldolase, CALVIN-Cyclus 167
—, Glycolyse 178
Aleurongewebe, Enzyminduktion durch Gibberellin 375
Aleuronkörper, Samen 188
Alkaloide 261
—, Biogenese 263
Alkoholdehydrogenase, Kohlenhydratabbau 178
alkoholische Gärung, freie Enthalpie 177, 179
—, Kohlenhydratabbau 178
—, RQ 202
Alkoholoxidase, $K_m(O_2)$ 208
—, Peroxisom 86
Alles-oder-Nichts-Mechanismus, allosterisches Enzym 119
—, Reaktionen 17
Allgemeine Physiologie 3
Allium cepa, Atmung Wurzelspitze 201
—, inäquale Zellteilung 65
—, Ionenflüsse 538

Allium porrum, Meiosechromosomen 42
Allometrie 276
allometrisches Wachstum 275
Allophycocyan, Absorptions- und Fluoreszenzspektrum 157
—, in vivo-Absorption 158
allosterische Modulation, Enzymregulation 133
allosterische Regulation, Photosyntheseenzyme 168
allosterischer Effektor, Enzymaktivität 119
allosterisches Enzym, Regulation 118
allosterisches Zentrum, Enzym 118
Allsätze 1, 3, 4
Alocasia macrorrhiza, photosynthetische Lichtkurve 214
—, stomatäre Leitfähigkeit 224
Alsophila australis, Generationen 555
Alternativmerkmale 13
Alterung, Blütenblätter 427
α-Amanitin 50
Aminoacyl-tRNA-Synthetase 48
5-Aminolävulinat, Biogenese 262
5-Aminolävulinatsynthese, Phytochromeffekt 265
D-Aminosäureoxidase, $K_m(O_2)$ 208
Aminosäureoxidase, Peroxisom 86
Aminosäuresynthese, Chloroplast 171
Aminotransferasen, N-Stoffwechsel 247
Ammoniak-Synthese, technische 566
Amo 1618 572
amphistomatisches Blatt 223
α-Amylase, Induktion durch Gibberellin 376
Amylopektin, Kohlenhydratspeicherung 176
Amyloplast, Stärkeablagerung 81
Amyloplasten 516
Amylose, Kohlenhydratspeicherung 176
Anabaena azollae, N_2-Fixierung 172
anabolischer Stoffwechsel 174, 259
—, RQ 202
Anacystis nidulans, Nitratreductase 170
—, photosynthetische O_2-Abgabe 215
anaerobe Dissimilation, Kohlenhydratabbau 178
—, O_2-Abhängigkeit 202
Analogiemodell, Wassertransport 471
Ananas sativus, CAM-Pflanze 230
Anaphase, Mitose 61
—, Zellcyclus 60
Androgenese 444
Anelektrolyten, Aufnahme 128
Anelektrolytentransport, Ionenpumpe 129
Aneuploidie 269
angeregtes Chlorophyll, Redoxpotential 151
Anionenaufnahme, Zelle 127
Annona cherimola, HCN-Effekt Atmung 207

anorganische Ionen, Stoffwechsel 244
Antagonisten der Produktionsfaktoren 526
Antennenpigmente, Photosyntheseapparat 149
Antheraxanthin, Epoxidcyclus 154
Antheridiol 549
Anthocyan 9
—, chemische Struktur 260
—, Herbstfärbung 426
Anthocyanbildung, Senfkeimling 317
Anthocyaninduktion, P_{fr}-Effekt-Kurve 338
Anthocyansynthese, HIR 317
—, Induktion über Phytochrom 317
—, Merkmalsgröße bei Zweifaktoren-Analyse 10
—, Musterbildung 332
—, Senfkeimling 11, 326
Antiauxine 289
Anticodon 48
Antikörper, molekulare Sonden 143
Antimycin A, Hemmung Atmungskette 182
—, Hemmung cyclische Photophosphorylierung 161
Antiport, Membrantransport 124
antitropistische Substanzen 573
Aphanocapsa, Extinktions- und Wirkungsspektrum 158
apikale Dominanz 288, 306
—, IES 287
apogame Sporophytenbildung 554
Apoplast 470, 471
Apo-Repressor 52
Aposporie 554
apparente MICHAELIS-Konstante 117
apparente Photosynthese 213, 214
—, Aktivierungsenergie 220
—, C_4-Pflanzen 227
—, Lichtfluß-Effektkurve 215
—, O_2-Effekt 222
—, Temperaturabhängigkeit 220
apparenter freier Diffusionsraum 36, 478
—, Zellwand 125
Appendix, Araceen-Spadix 205
Apposition 33
AQ, → Assimilatorischer Quotient
äquale Zellteilung 65
—, morphologisch 59
Arabinan, Zellwand 35
Arabinogalactan, Zellwand 35
Arabinosyltetrasaccharide, Zellwand 35
Araceen-Inflorescenz, Thermogenese 205
arbeitsfähige Energie 91
Arginase, N-Stoffwechsel 248
Aristolochia 307
—, Leitbündel 461
arithmetisches Mittel 14, 15, 16
ARNON, D. I. 161
Aromaten, Biogenese 262
ARRHENIUS-Diagramm 115

—, apparente Photosynthese 220
ARRHENIUS-Gleichung 114, 417
Arum, Infloreszenzentwicklung 206
Arum maculatum Spadix, Atmungsintensität 199
—, Thermogenese 205
Ascorbat-Atmungskette 208
Ascorbatoxidase, Induktion 325
—, $K_m(O_2)$ 208
Aspartat, N-Speicherung 247
Aspartattransport, C_4-Dicarboxylatcyclus 235
Assimilationsstärke, Synthese 166
assimilatorische Nitratreduktion, N-Kreislauf 255
Assimilatorischer Quotient, Photosynthese 212
Assimilatstrom 460
asymmetrische Verteilungsfunktion 15
Atemhöhle, äußere 472
Äthanol, Hexoseabbau 176
ätherische Öle, Terpenoide 261
Äthylen 370, 381, 426
—, Bildung im Haken 437
—, Diffusion 381
—, Hormonnatur 381
—, klimakterische Atmung 206
—, Permeabilität des Achsengewebes 381
—, praktische Anwendung 390
—, Seneszenz bei Blüten 428
—, Wirkung auf Anthocyansynthese 383
—, Wirkung auf Entwicklung 383
Äthylenproduktion 381, 428
—, Stimulierung durch Auxin 382
—, Stimulierung durch Phytochrom 384
Äthylenwachstumsreaktion, *Pisum sativum* 383
Atmung, *Arum*-Spadix 206
—, Cyanid-resistente 183
—, Definition 175, 199
—, Große Periode 200, 202
—, klimakterische 206
—, Regulation 198
Atmungshemmung, Licht 215
Atmungsintensität, pflanzliche Gewebe 199
– und Körpermasse 16
Atmungskette, Energieprofil 177
—, extramitochondriale 209
—, $NADH_2$-Oxidation 179
—, Schema 181
—, Summengleichung 175
Atmungskettenphosphorylierung, Summengleichung 184
Atmungsregulation, Phytochrom 200
ATP, Energiewährung 107, 108
—, photosynthetischer Export 164
ATPase 284, 526
—, Mitochondrion 77
—, Photophosphorylierung 137
—, Plastide 81
ATP-Hydrolyse 252

ATP-Synthase, Biomembran 129
—, cyclische Photophosphorylierung 161
—, *Halobacterium* 137
Atriplex, C₄-Pflanzen 230
—, Kreuzung von C₃- und C₄-Arten 237
—, Photosynthese und Transpiration 238
—, Temperaturabhängigkeit Photosynthese 221
Atriplex hastata, photosynthetische Lichtkurve 214
Atriplex patula, CO₂-Kompensationspunkt 222, 232
—, stomatäre Leitfähigkeit 224
Atriplex sabulosa, CO₂-Konzentrations-Effektkurve 232
Atriplex spongiosa, Lichtabhängigkeit Elektropotential 539
—, Salzhaare 249
Auflösungskraft, optische 23
ausgewachsene Pflanzenzelle 32
—, Vergleich mit embryonaler Zelle 34
Austausch-Adsorption, Zellwand 36
Autolyse 428
autonome Tumoren, Klassifizierung 457
autonome Tumorzelle 455
Autonomie, morphogenetische 439
Autophagie 428
autosynthetischer Zellcyclus 59, 60
Auxin 369
—, biologische Testverfahren 285
—, Hormonnatur 279
—, multiple Wirkung 288
—, praktische Anwendung 390
—, primäre Wirkung 282
—, Querverschiebung 507
—, Regulation des Zellwachstums 277
—, und Gibberellin, sequentielle Wirkung 387
—, Wuchshormon 277
—, Zellteilung 63
Auxinautotrophie, Tabakhybride 446
Auxinpegel, Streßfaktor 458
Auxintransport 279
—, Polarität 369
Auxinwirkung, LINEWEAVER-BURK-Diagramm 283
*Avena*koleoptile 286
—, Beschreibung 278
—, empirische Formel für stationäres Wachstum 283
—, Phototropismus 504
Avena sativa, Koleoptile 278
—, MICHAELIS-MENTEN-Formalismus der Auxinwirkung 282
—, Phytochrom 315
—, Phytochromspektren 316
Azid, Cytochromoxidasehemmung 182
Azolla caroliniana, N₂-Fixierung 172
Azotobacter, N₂-Fixierung 569

B

Bacillus cereus, intrazelluläre Morphogenese (Sporenbildung) 53
Bacillus subtilis, intrazelluläre Morphogenese (Sporenbildung) 53
Bacteriochlorophyll 172
Bacteriorhodopsin, *Halobacterium* 136
—, photochemische Bleichung 136
Bacterioide, Wurzelknöllchen 567
Bakanae-Krankheit 373
bakterielle Photosynthese 172
Bakterienzelle, Aufbau 18, 21
Baum, maximale Höhe 469
—, Verteilung Wasserpotential 473
Baumwolle, Samenbildung 434
Befruchtung, Blütenpflanzen 551
Begonienblätter, Regenerationsexperimente 441
begrenzende Faktoren, Photosynthese 2, 14, 217
Benzolringsystem, Biogenese 262
6-Benzylaminopurin (= N⁶-Benzyladenin) 371
Bernsteinsäure, → Pyruvat
BERTALANFFY, Ludwig von 6, 93
Betalaine, chemische Struktur 260
Beta-Oxidation Fettsäuren, Glyoxysom 190
Bewurzelungshormon, Phytochrom 448
Bezugssystem, Bezugsgröße 8
bidirektionelle Translocation, Phloem 487
bilayer, Biomembran 25
Biliproteine, Rot-, Blaualgen 156
Biochemie und Physiologie 6
biochemische Modellsysteme, Zelldifferenzierung 298
Bioenergetik 90
biologische Katalyse 114
biologische Testverfahren, Auxin 285
—, Gibberellinaktivität 379
biologische Zeit, Definition 272
biologischer Ertrag, Definition 560
Biolumineszenz 409
Biomasse 560
Biomembran 25
Biophytum, fortgeleitete Aktionspotentiale 540
Biosphäre, Stoffumsatz 253
Biotransformation 440
BLACKMAN, F. F. 217
BLAKESLEE, A. F. 269
Blasenzelle, Salzhaar 249
Blatt, in vivo-Absorptionsspektrum 146
—, photosynthetisches System 210
Blatt-Peroxisom 86, 196
Blatt, Weg des Wassers 467
Blattalterung 425
Blattchlorosen, Mangelsymptome 246
Blattentwicklung 301
Blattfall 426
Blattläuse 484, 487
Blattranken, *Bryonia dioica* 524

Blattregeneration in vitro 440
Blattstellung 299
Blattstielgelenk, motorische Zellen 527
Blattemperatur 419
Blaulicht, Mychromsystem 364
—, Photomorphogenese 296
—, Phototropismus von Sporangiophoren 509
Blaulicht-UV-Photoreceptorpigment, Cryptochrom 344, 508
Blaulichtwirkung 558
Blausäure, → HCN
BLINKS-Effekt, Photosynthese 153
Blitzlichtspektroskopie, Photosyntheseapparat 152
Blühhormon, Florigen 394, 399
Blütenbildung 392
—, Gibberelline 401
Blütenblattbewegungen, endogene Rhythmik 408
Blütenentwicklung, Erbgut und Umwelt 304
Blütenpflanzen, Befruchtung 551
Blütenregeneration, *Nicotiana* 448
Blutungssaft 480
Bodenlösung, Ionenaufnahme 244, 476
Bodennährstoffe 563
BÖHM, Josef 466
Bohne, → *Phaseolus*
BONNER, James 285
Borat, metabolische Funktion 248
Bor-Mangelsymptome 246
BORTHWICK, H. A. 342
BRAUN, Alexander 299
Braunalgen, Gametenlockstoffe 543
Brenztraubensäure, → Succinat
Bryonia dioica, Blattranken 524
Bryophyllum daigremontianum, circadiane Rhythmik CO₂-Abgabe 409
Bryophyllum tubiflorum, CO₂-Gaswechsel 239
BUCHNER, Eduard 179
BUDER, Johannes 515
Burdonen 447

C

C₃-Pflanzen, CO₂-Gaswechsel 239
—, Isotopendiskriminierung 242
—, O₂-Effekt 222
—, Temperaturkurve apparente Photosynthese 221
C₄-Dicarboxylatcyclus, Adaptation an Wasserstreß 240
—, Beziehung zum CALVIN-Cyclus 236
—, CAM-Pflanzen 239
—, Energiebilanz 236
—, Reaktionsschema 235
C₄-Pflanze/C₃-Pflanze, Vergleich 231
C₄-Pflanzen 230
—, Blattanatomie 227
—, CO₂-Kompensationspunkt 213
—, CO₂-Konzentrations-Effektkurven 232

C_4-Pflanzen
—, Isotopendiskriminierung 242
—, Stomatawiderstand 224
—, Temperaturkurve apparente Photosynthese 221
C_4-Syndrom 230
—, genetische Festlegung 237
—, ökologische Aspekte 236
—, Wasserkonservierung 237
$^{13}C/^{12}C$-Verhältnis, C_3- und C_4-Pflanzen 231
$\delta^{13}C$-Wert, C_3-, C_4- und CAM-Pflanzen 242
—, Definition 231
Callose 483
CALVIN, Melvin 164, 574
CALVIN-Cyclus, CAM-Pflanzen 239
—, C_4-Pflanzen 234
—, Glycolatbildung 197
—, metabolische Verknüpfung 168
—, Photosynthese 165
—, Schema 167
CAM (= crassulacean acid metabolism) 238
CAM-Pflanzen 230, 238
—, CO_2-Gaswechsel 239
—, endogene Rhythmik 240
—, Isotopendiskriminierung 242
—, photoperiodische Steuerung 241
cAMP (= cyclisches Adenosin-3'-5',monophosphat) 53, 339, 511
—, sekundärer messenger 381
Canavalia ensiformis, N-Speicherung 247
Canavanin, N-Speicherung 247
Candida boidinii, Microbodies 86
CANNON, W. B. 268
CAP (= catabolite gene activator protein) 53
Capsella bursa-pastoris, Embryonalentwicklung 269
Carboxypeptidase 434
CARLSON, P. S. 447
α-Carotin, Chloroplast 142
β-Carotin, in vitro-Absorptionsspektrum 146
—, Strukturformel 142
Carotinoid-Biogenese, Photoregulation 365
—, Wirkungsspektrum 366
Carotinoide, Biosyntheseweg 367
—, Chromoplasten 81
—, in vitro-Absorptionsspektrum 146
Carotinoidsynthese, Merkmalsgröße bei Zweifaktorenanalyse 12
carrier, Funktionsmodell 123
carrier-Hypothese, Biomembran 122
CASPARYscher Streifen 22, 26, 470, 477, 478
catabolite gene activator protein, → CAP
Catechol-3-O-Methyltransferase 39
CCCP, Photosynthesehemmung 160
Chara, Aufbau 537
—, Internodienzelle 104
—, Membranpotential 127

—, Plasmaströmung 531
Chara foetida, geotropische Reaktion des Rhizoids 515
Chararhizoid 515
chemiosmotische Hypothese, ATP-Synthese 130
—, oxidative Phosphorylierung 185
—, Photophosphorylierung 137
chemisches Potential 94
—, Ionen 102
—, Wasser 95
Chemoautotrophie 256
chemophobische Reaktionsweise 543
Chemosynthese 256
Chemotaxis 543
Chemotaxonomie, sekundäre Pflanzenstoffe 260
Chemotropismus, Pollenschlauch 523, 552
Chenopodium rubrum, Blühreaktion auf Störlicht 405
—, photoperiodische Rassen 395
Cherimoya-Frucht, klimakterische Atmung 207
Chimären 451
Chimärenbildung 446
Chinonmethid, Ligninsynthese 39
Chl a_I, Reaktionszentrum 152
Chl a_{II}, Reaktionszentrum 152
Chlamydomonas, Gametogenese 542
Chloramphenicol 50
—, Faktor bei Zweifaktoren-Analyse 10
Chlorcholinchlorid (= CCC) 572
Chlorella, aktive Hexose-Aufnahme 128
—, Chlorophyll-Protein-Komplexe 147
—, Chloroplast 139
—, photosynthetische Quantenausbeute 150, 153
Chlorella pyrenoidosa, Atmungsintensität 199
—, Metabolitenfluß Photosynthese 169
—, Photosynthesekinetiken 166
—, Photosyntheseprodukte 165
—, Photosynthese von Glycolat 195
—, Photosynthesewirkungsspektrum 147
—, Regulation des ATP-Gehaltes 162
Chlorella vulgaris, Ontogenie 267
Chlorid, → Cl^-
Chlorobium-Chlorophyll 172
Chlorophyll, Biogenese 262
—, Desaktivierung 153
—, Energietransfer 148
—, Lichtanregung 148
—, photochemische Reaktion 148
Chlorophyll a, in vitro-Absorptionsspektrum 146
—, Strukturformel 142
Chlorophyll a-Bildung, Kapazität 411
Chlorophyll b, in vitro-Absorptionsspektrum 146
—, Strukturformel 142

—, Wirkungsspektrum 154
Chlorophyllkollektive, Photosyntheseapparat 149
Chlorophyll-Protein-Komplexe 146
Chlorophyllsynthesekapazität, Phytochromeffekt 266
Chloroplast, ATP-Synthese 130
—, biosynthetische Kapazität 168
—, Codierung der Organellenproteine 57
—, Feinstruktur 139
—, Glycolatweg 197
—, Hüllmembranen 37
—, Morphogenese 87
—, Photosynthese 139
—, regressive Differenzierung 81
—, Spinacia oleracea 140
Chloroplasten 34
—, Form- und Lageänderungen 412
—, Peroxisomenanlagerung 196
Chloroplastenbewegungen 531
Chloroplastendimorphismus, C_4-Pflanzen 232
—, Entwicklung 237
—, biosynthetische Kapazität 164
Chloroplastenentwicklung 82
Chloroplastenhülle, Feinstruktur 140
Chloroplastenhüllmembran, selektiver Transport 164
Chloroplasten-Matrix, Feinstruktur 140
Chloroplastenmembran, Dicarboxylat-carrier 171
Chlorosen, Blatt 246
p-Chlorphenoxyisobuttersäure 289
Chlorsilber-Elektrode, Standardpotential 109
Chondriogene 41
Chondrom 41, 55
Chromatiaceae, Photosynthese 172
Chromatidenreplication 61
Chromatin 41, 42, 44, 60
—, Struktur 45
—, Zusammensetzung 43
chromatische Adaptation, Blaualgen 157
Chromatophoren, Bakterienphotosynthese 172
Chromomeren 42
Chromonemen 42
—, Längskontinuität der DNA 44
—, Längszusammenhalt 45
Chromoplasten, Typen 81, 83
Chromosom 41, 45
—, DNA 43
—, DNA-Segregation 63
—, Replication 44
—, Transportform 61
—, uninemische Grundstruktur 44
Chromosomencyclus 60
Chromosomensatz, Entwicklung 269
Chromosomenstruktur, molekulare 44
Chrysanthemum morifolium, Photoperiodismus 397
Cilien, Feinstruktur 491

circadiane Bewegung, Fiederblätt-
  chen 529
circadiane Rhythmik 404
—, Gewebekulturen 409
—, Temperaturkompension 407, 411
Circumnutation 524
Cistron 54
Citratcyclus, Energieprofil 177
—, Fett → Kohlenhydrat-Transforma-
  tion 190
—, Reaktionsschema 180
—, Summenformel 179
Citratsynthase, Senfkotyledonen 180,
  326
Cladonia rangiferina, Atmungsintensi-
  tät 199
Cl⁻-Aufnahme, Konzentrationsab-
  hängigkeit 126
Clivia miniata, Plasmalemma 26
CO, Cytochromoxidasehemmung 182
CO_2, Konzentration im Wasser 223
CO_2-Abgabe, Atmung 199
—, O_2-Abhängigkeit 201
—, Temperaturabhängigkeit 201
CO_2-Antenne, C_4-Dicarboxylat-
  cyclus 236
CO_2-Aufnahme, CAM-Pflanzen 240
—, Konkurrenz C_3- und C_4-Pflan-
  zen 234
—, Photosynthese 212
CO_2-Austausch, Stomata 222
Codierung Organellenproteine, Chlo-
  roplast 57
Codon 49
CO_2-Fixierung, CALVIN-Cyclus 165
—, CAM-Pflanzen 239
—, C_4-Dicarboxylatcyclus 236
—, Isotopendiskriminierung 241
—, photoperiodische Steuerung 241
—, Photosynthese 164
CO_2-Kompensationspunkt, C_3- und
  C_4-Pflanzen 232
—, O_2- und Temperatur-
  abhängigkeit 222
—, Photosynthese 212
CO_2-Konzentrations-Effektkurven,
  Photosynthese 216
Colchizin, antimitotische Wirkung 30
Colchizinbehandlung 445
Coleus, Xylemregeneration 308
Coleus blumei, Phloemanastomosen in
  Internodien 483
Coniferylalkohol, Lignin 37, 39
CO_2-Partialdruck, Atmosphäre 253
CO_2-pool, Atmosphäre 253
Cordycepin 50, 377
core-DNA, Nucleosomen 45
CO_2-Reduktion, Photosynthese 164
Co-Repressor, JACOB-MONOD-Mo-
  dell 51
Cornus mas, asymmetrische Vertei-
  lungsfunktion Blattgewicht 15
Cortex, Wurzel 22
Cotransport, Biomembran 124
crassulacean acid metabolism,
  → CAM

Cristae, Mitochondrion 29, 80
Crossover-Theorem, Glycolyseregulation 205
crown galls 455
Cryptochrom (Blaulicht-Photorecep-
  tormolekül, → Blaulicht-UV-Photoreceptorpigment) 344, 364,
  510, 511
CsCl-Dichtegradienten 57
Cucumis sativus, Nachweis plastidärer
  und mitochondrialer DNA 57
—, Wachstum von Hypokotylseg-
  menten 388
Cucurbita pepo, Wachstumsfunktion
  der Frucht 275
—, Cumarsäure, Ligninsynthese 39
p-Cumarylalkohol, Lignin 37
Cuticula, CO_2-Durchlässigkeit 223
cuticuläre Transpiration 467
Cyanid, → HCN
cyclische Photophosphorylierung 161
—, Bakterien 172
cyclisches AMP, → cAMP
cyclisches System, photosynthetischer
  Elektronentransport 161
Cycloheximid, Hemmung Protein-
  synthese 50, 54, 366
Cytochalasin B 534
Cytochrom *b* 77
Cytochrom *c*, Absorptionsspek-
  tren 112
—, Struktur 182
Cytochrome, Absorptionsmaxima 181
—, Atmungskette 180, 181
—, in vivo-Absorptionsspektrum 79
—, Mittelpunktpotentiale 181
—, photosynthetischer Elektronen-
  transport 158
Cytochromoxidase, Affinität für
  O_2 200, 208
—, Atmungskette 181, 182
—, Hemmstoffe 182
—, Phytochromeffekt 79
—, Untereinheiten 77
—, Wirkungsspektrum 184
Cytochromoxidase-CO-Komplex, Ab-
  sorptionsspektrum 183
Cytokinese, mitotische Zellteilung 60,
  61
Cytokinin, Bildung von Kartoffelknol-
  len 402
Cytokinine 370
—, Antiseneszenzeffekt 562
—, Blattentwicklung 373
—, Effekt auf Blattalterung 426
—, Knospenbildung Moosprotonema
  372
—, praktische Anwendung 390
—, Struktur 371
Cytokininglucoside 371
Cytomembranen 25
Cytoplasma, Definition 24
Cytoplasmon 41

D

Daucus carota, Entstehung von Em-
  bryoiden 442
—, Gibberellin und Blütenbil-
  dung 422
—, Glycolyseregulation 205
Datura 269
DCMU, Hemmung Nitritreduk-
  tion 170
—, Hemmung Stomabewegung 225
—, Photosynthesehemmung 160
DCPIP, Elektronendonator Photo-
  synthese 160
De-Epoxidation, Xanthophylle 154
Deduktion, Hypothesenbildung 7
Degradation, Protein 56
DELBRÜCK, Max 510
Delta-^{13}C-Wert, Definition 231
Dendrograph (Dendrometer) 463, 465
Denitrifikation, N-Kreislauf 256
Deplasmolyse 100
Depolarisation 540
Depolarisation durch Rotlicht 540
Depotstärke, Photosynthese 166
Desaktivierung, Chlorophyll 153
Desmotubulus 32
Determination, Entwicklung 293
—, Begriff (philosophisch) 8
Determinationszustand, Einfluß auf
  Regenerationsleistung 449
Diageotropismus 522
Dicarboxylat-carrier, Chloroplasten-
  membran 171
Dichlorophenyl-1,1-dimethylharn-
  stoff, → DCMU
2,4-Dichlorphenoxyessigsäure 571
—, Regulation Zellwachstum 289
—, kompetitive Hemmung 12
—, Zellteilung 63
Dichroismus, Photoreceptormo-
  leküle 67, 500, 501
dichroitische Orientierung, Phyto-
  chrom 535
Dichromatbestrahlung 318
Dichtemarkierung, Synthese von
  α-Amylase 376
Dictyosom 25, 28, 31
—, räumliches Modell 30
differentielle Genaktivierung 43, 53,
  291
—, IES 285
Differenzierung 268, 295
—, Begriff 290
—, Faktorenanalyse 298
—, Mechanismen 297
—, Modulation 296
—, Wechselwirkung von Zellen 291
Differenzspektrum, Cytochrom *c* 112
Diffusion, freier Raum 121
Diffusionsgesetze 121
Diffusionsintensität in Lösung 119
Diffusionskoeffizient, FICKsches Ge-
  setz 121
Diffusionspotential 103, 538
Diffusionsraum, freier 125
Diffusionswiderstände, Blatt 223

Digitalis lanata, Zellsuspensionskulturen 440
Dihydroxyacetonphosphat, Transportmetabolit Chloroplast 166
Dikotylenkeimling, Phototropismus 498
Dikotylenwurzel, Modell 471
—, Querschnitt 22
Dilignole, Ligninsynthese 39
2,4-Dinitrophenol, Entkopplung oxidative Phosphorylierung 185
—, Entkopplung Photosynthese 163
Dinoflagellaten, Bewegungsschrauben 492
Dioxin 571
Dissimilation, Energiegewinnung 174
—, Grundgleichung 174
—, Kohlenhydrate 176
dissimilatorischer Gaswechsel, O_2-Abhängigkeit 203
—, Regulation 199
—, Respiratorischer Quotient 202
dissimilatorische Nitratreduktion, N-Kreislauf 256
dissipative Raummuster, Embryogenese 299
diurnaler Säurerhythmus, CAM-Pflanzen 238
Divergenzbruch 299
Divergenzwinkel 299
DIXON, H. H. 466
DONNAN-Potential 103
Dosis-Effekt-Kurve, Faktorenanalyse 216
DNA 42, 43, 48
—, Kern 57
—, Ligase 348
—, Menge pro Genom 42, 44
—, Mitochondrion 57, 77
—, Plastide 57, 80
—, Reparatur von Schäden 348
—, Reparaturenzyme 351
—, Replication 42, 45, 60
—, Segregation 62
—, Synthese Zellcyclus 60
—, WATSON-CRICK-Konzept 20
Druckpotential 94
Druckstromtheorie, MÜNCH 485
Dryopteris filix-mas, allometrisches Wachstum der Gametophyten 276
—, Ontogenie, Generationswechsel 553
—, Photomorphogenese 297, 558
—, Polarotropismus der Chloronemen 502
Düngung, anorganische 246
—, Rentabilitätsfunktion 562
Dünnschichtchromatographie 286
Dunkelatmung 194, 214
—, Lichthemmung 222
Durchschnittserträge 562

E
Ectocarpen 544
Ectocarpus siliculosus, Generationswechsel 543

Effektor, JACOB-MONOD-Modell 51
Effektormolekül 6
Effektormolekül P_{fr}, Phytochromsystem 320, 335
Einfaktorenanalyse 9
Eintreffer-Kurve 357
Eisen-Mangelsymptome 246
Elatine alsinastrum, Aerenchym 200
elektrisches Feld, Thylakoidmembran 162
elektrochemisches Gleichgewicht 104
elektrochemisches Potential, Ionen 102
—, Photophosphorylierung 137
—, Protonengradient 129
elektrochemische Zelle, Redoxpotential 109
elektrogene Ionenpumpe 103, 539
elektrogener Ionentransport 104
Elektronenacceptoren, Photosynthese 160
Elektronendichte, Biomembran 143
Elektronendonatoren, Photosynthese 160
Elektronenpumpe, Phosphorylierung 130
—, Photosynthese 152
Elektronenstrahl-Mikrosonde, Elementanalyse Stomata 228
Elektronentransport, photosynthetischer 83, 158
—, respiratorischer 181, 182
—, Thylakoidmembran 162
Elektronentransportkette, Modell 111
Elektrophysiologie 536
Elementarfibrille 32, 35
Elementarmembran 25
—, biochemische Zusammensetzung und Funktion 27
Elongation, Polypeptidkette 56
Elicitoren 570
EMBDEN-MEYERHOF-Weg, Kohlenhydratabbau 178
Embryogenese 299
Embryoide, *Daucus carota* 442
embryonale Zelle, Vergleich ausgewachsene Zelle 34
Embryonalentwicklung, Angiospermen 270
—, *Capsella bursa-pastoris* 269
EMERSON-Effekt, Photosynthese 147, 153
—, Rot-, Blaualgen 157
—, Wirkungsspektren 154
EMERSON-ARNOLD-Experiment, Photosynthese 149
endergonische Reaktion 92
Endochromosomen 42
Endodermis 22, 477, 478
endogene Rhythmik 404, 421
—, Biolumineszenz 409
—, Zellatmung 413
—, Zellkern 413
—, Photosyntheseintensität 414
—, messenger-RNA 414
—, Systemeigenschaft 415

Endomembransystem, Eucyte 27
Endomitose 42
endoplasmatisches Reticulum (= ER) 25, 27, 30
—, Feinstruktur 189
—, Microbodybildung 87
—, Plasmodesmos 32
Endopolyploidie 42, 269
endotherme Reaktion 92
endotrophe Mykorrhiza 452
Endosperm, *Ricinus* 189
—, Samenaufbau 188
Endospermspeicherung, Reservestoffe 188
Endprodukthemmung, Enzymregulation 134
Endprodukt-Repression 51
Energetik, biochemische Reaktionen 105
—, Elektronentransport 108
—, Ionentransport 102
—, Phosphatübertragung 107
—, Wassertransport 95
Energetik 90
Energie, arbeitsfähige 91
—, entwertete 92
—, freie 91
—, innere 91
—, ungeordnete 91
—, Wärme- 91
Energieabgabe, Transpiration 418
Energieaustausch, Transpiration 418
Energieaustausch, Pflanze und Umgebung 419
Energiedosis 356
Energiefalle, Pigmentkollektiv 151
Energiefluß-Effektkurve, apparente Photosynthese 218
Energieladung, Adenylatsystem 108
Energieprofil, Fermentation 177
—, Kohlenhydratdissimilation 177
Energiestoffwechsel 259
Energietransfer, Pigmentkollektive 148, 151
Energietransformation, Biomembranen 129
Energiewandlung, Photosynthese 135
Enoylhydratase, Fettsäureabbau 190
Enthalpie 92
Entkoppler, oxidative Phosphorylierung 182
—, oxidative Phosphorylierung 130, 182, 185
—, Photophosphorylierung 130, 137
Entropie 4, 5, 91
Entspezialisierung 442
entwertete Energie 92
Entwicklung, Definition 268
—, intrazelluläre 77
—, Systemeigenschaft 4
Entwicklungshomöostasis 268, 320
—, Embryogenese 299
Entwicklungsphysiologie, Kardinalfrage 298
Enzyme, adaptive 50
—, aktives Zentrum 116

—, Aktivierungsenergie 115
—, Degradation 56, 131
—, Halbwertszeit 132
—, Lebensdauer 49, 132
—, Kompartimentierung 28
—, konstitutive 50
—, Substratspezifität 116
—, Wirkungsspezifität 116
Enzymabbau 49
Enzymaktivität, Messung 117
—, Regulation 131
Enzymaktivitätsmodulation, CALVIN-Cyclus 167
enzymatische Katalyse 115
Enzymdestruktion, Regulation 131
Enzyminduktion, Definition 131
—, Phytochrom 324
Enzymkaskade 132
Enzymkinetik 116
Enzymrepression, Definition 131
—, Phytochrom 324
Enzym-Substrat-Komplex, MICHAELIS-MENTEN-Beziehung 116
Enzymsynthese 49
—, Acetabularia 74
—, adaptive 132
—, Induktion 51
—, Repression 51
—, Regulation 53, 131
Enzymsynthese und Formmerkmale 75
Enzym-turnover, Regulation 132
Epinastie 514
Epoxidcyclus, Xanthophylle 154
Equisetum, inäquale Zellteilung 59
Equisetumspore, Polarität 66
ER, → endoplasmatisches Reticulum
Erbgut und Umwelt 302
Erbsensegmenttest, Auxin 287
Erbsenwurzel, Vitaminbedarf 438
Erkenntnisprogreß 7
Erregungsleitung, Chara 539
Ertrag, Funktion der Düngermenge 563
Ertragsbildung 560
Ertragsgesetze 563
Ertragsgut, Definition 560
Ertragsoberfläche 564
Ertragsphysiologie, Beitrag der theoretischen Pflanzenphysiologie 563
Escherichia coli, Inaktivierung durch UV 347
—, Regulation der Enzymsynthese 50, 51
essentielle Mikroelemente 246
Ethephon, Defolians 390
Etiolement 303, 320
Etioplast 82, 84
Etioplast → Chloroplast-Umwandlung 82, 84
euchromatischer Chromatinbereich 42
Eucyte 23
—, Kompartimentierung 25, 26
Euglena gracilis, Phototaxis 494
—, UV-Wirkungen 348

Eukaryoten 18, 23
Euphorbia tirukalli, Spaltöffnung 472
Evocation 393
Evolution 24
exergonische Reaktion 92
exotherme Reaktion 92
exponentielles Wachstum 13
exponentielle Wachstumsgleichung, junge Bäume 274
Extensibilität, Zellwand 284
Extinktionspunkt, Gärung 201
extramitochondriale Atmungskette 209
Extrapolation, Problematik 17

F
Fagopyrum esculentum, Anthocyansynthese 512
Faktorenanalyse, Dosis-Effekt-Kurve 216
—, Mitose 62
—, Physiologie 8
—, Wachstum 280
FARADAY-Konstante 94, 102
Farbstoff 312
Farnchloronema, Phototropismus 499
—, Polarotropismus 500
Farngametophyt, allometrisches Wachstum 276
—, Photomorphogenese 296, 557
Farn-Generationswechsel, Typen 554
feedback, Enzymregulation 134
Feldkapazität, Definition 466
Fermentation, aerobe 204
—, Extinktionspunkt 204
—, Hexoseabbau 176
—, Kohlenhydratabbau 178
—, O₂-Abhängigkeit 202
—, PASTEUR-Effekt 204
Ferntransport 488
—, Kohlenhydrate 480
—, organische Moleküle 480, 482
Ferredoxin, N₂-Fixierung 171, 567
—, Nitratreduktion 170
—, photosynthetischer Elektronentransport 158
—, Redoxpotential 151
Ferredoxin-NADP-Oxidoreductase, photosynthetischer Elektronentransport 158
Ferulasäure, Ligninsynthese 39
Fett → Kohlenhydrat-Transformation, Reaktionsschema 190
—, RQ 202
Fettspeichergewebe, Samen 188
Fettveratmung, RQ 202
FIBONACCI-Reihe, Phyllotaxis 299
FICKsches Diffusionsgesetz, CO₂-Diffusion Blatt 223
—, erstes 121, 467
—, zweites 122
Ficus elastica, Sammelzellen 486
Flavanonsynthase 570
Flavonglykoside, UV-Effekt auf Synthese 352

Flavonoide, Biogenese 262
—, chemische Struktur 260
—, Induktion durch Licht 330
Flavoprotein, Photoreceptorpigment 496, 501
—, Atmungskette 181, 182
Fließgleichgewicht 5, 92, 453
—, Regulation 131
Florideenstärke, Kohlenhydratspeicherung 176
Florigen, → Blühhormon
fluidmosaic-Membranmodell, Thylakoidmembran 142
—, Zellmembranen 27
Fluoreszenz, Chlorophyll 148
—, Halbwertszeit 148
Fluoreszenzausbeute, Chlorophyll 149
—, Photosynthese 153
Fluoreszenzemissionsspektrum, Chlorophyll a 148
Fluß, stationärer 93
Fraktion-I-Protein 81, 164
Fraxinus excelsior, Nachreife der Samen 434
freie Aktivierungsenthalpie, ARRHENIUS-Gleichung 114
—, Diagramm 115
freie Energie, Definition 91
freie Enthalpie, Definition 4, 92
—, aktiver Transport 123
—, alkoholische Gärung 177, 179
—, Ausbeute oxidative Phosphorylierung 185
—, Diagramm 115
—, ΔG°'-Werte 107
—, Gleichgewichtskonstante 105
—, Glucosedissimilation 177
—, Konzentrationsabhängigkeit 106
—, Milchsäuregärung 177, 179
—, photosynthetische Lichtreaktion 158
—, Protonengradient 129
—, Redoxreaktionen 111
freie Ortsbewegungen 490
freier Diffusionsraum 34, 36, 125
FRIEDRICH, Josef 466
Frostresistenz 423
Fructosan, Kohlenhydratspeicherung 176
Fucoserraten 546
Fucus, Ontogenie 545
Fucus serratus, Oogamie 545
—, Polaritätsausbildung 67
Fucus-Zygote, Polaritätsinduktion 68
Fühltüpfel 526
Fumarase (= Fumarathydratase), Phytochromeffekt 79
Fumarathydratase, Citratcyclus 180
Funaria hygrometrica, Chloroplastenbewegung 532
—, Knospenbildung am Caulonema 372
Fungi imperfecti, Lichteffekt 364
fungitoxische Eigenschaften, Phytoalexine 569

Fusarium aquaeductuum, Carotinoid-Biogenese 365
—, Derepression von Genen 367
Fusicoccin 285
Fusion, Protoplasten 447
Fusionshybride 446

G
G_1-Phase, Zellcyclus 60
G_2-Phase, Zellcyclus 60
GA, → Gibberellin
Galactolipide, Plastidenmembran 141
β-Galactosidase, Induktion 51
Galactosid-Permease 51
D-Galacturonsäure 31
Gallen 309
Gallussäure, Abschirmeffekt 510
Gametogenese, *Chlamydomonas* 542
Gametophyt 554
Gamon, Definition 544, 550
—, Wirkungsweise 544
Gärung, Kohlenhydratabbau 178
Gaskonstante 94
GAUSSsche Verteilung 14, 15
Gefäßbündelscheidenzellen, C_4-Pflanzen 235
Gefäße (Tracheen, Tracheiden) 461
Gefrierätzung, Thylakoidmembran 143
Gegentransport, Biomembran 124
Geißel, Feinstruktur 491
Geißelbewegung, äußere Mechanik 492
gekoppelte Reaktionen, Reaktionsrichtung 107
Geleitzellen 482
Gen, Definition 2, 48
—, Lebensdauer 49
Genaktivierung, rDNA 328
Generationswechsel 553
genetic engineering 457
genetische Tumoren 455, 457
genetischer Code 48
Genexpression, Weg der 56
Gendosis-Effekt-Funktion 9
Gen-Merkmal-Beziehung 9
Genom 41, 55
Genotyp 48
Gentiana campestris, Reaktionsbreite 305
Georeception, Statenchym 518
geotropische Orientierung, Regenerate 66
geotropische Reaktion der Wurzel, Reiz-Reaktionskette 521
Geotropismus, *Chara*rhizoid 516
—, Gramineen-Koleoptile 518
—, Grundphänomene 513
—, Kausalanalyse 516
Geotropismus und Phytochrom 522
Geranylgeraniol, Chlorophyllsynthese 265
Gerste, → *Hordeum*
geschlossenes System, Energetik 90
Geschwindigkeit des Saftstroms, Holz 464

Gesetzesaussagen 3
Gesetz vom abnehmenden Ertragszuwachs 563
Geum urbanum, Embryonalentwicklung 270
Gewächshauskultur 562
Gewebekultur 62, 386, 440
Gibberella fujikuroi 373
Gibberellan 373
Gibberellin, α-Amylase-Induktion 376
—, Biogenese 374
—, biologischer Test 379
—, Blütenbildung 422
—, Brechen der Knospenruhe 431
—, Enzyminduktion 375
—, Faktor bei Zweifaktoren-Analyse 12
—, Glyoxysomenbildung 192
—, induzierte Enzymsynthese, Hemmung durch ABA 380
—, multiple Wirkung 379
—, physiologische Wirkungen 375
—, praktische Anwendung 390
—, Receptor 377
—, sequentielle Wirkung mit Auxin 387
—, Terpenoide 261
—, Wirkung auf Keimung 434
—, Wirkung auf Längenwachstum 378
Glanzkörper 515
glattes ER 28
Gleichgewicht, elektrochemisches 104
—, thermodynamisches 91
Gleichgewichtskonstante, biochemische Reaktionen 107
—, freie Enthalpie 105
gleitende (= abgestufte = quantitative) Merkmale 13
Glucobrassicin 287
Gluconatphosphat, Metabolismus Photosynthese 169
Gluconeogenese 192
—, Fett → Kohlenhydrat-Transformation 190
—, Photorespiration 196
Glucose-Effekt, Kohlenhydratkatabolismus 132
Glucoseoxidase, $K_m(O_2)$ 208
Glucose-6-phosphatdehydrogenase, Chloroplast 167
—, oxidativer Pentosephosphatcyclus 186
Glucosephosphatisomerase, oxidativer Pentosephosphatcyclus 186
Glutamat, N-Speicherung 247
Glutamatdehydrogenase, Chloroplast 170
—, N-Stoffwechsel 247
Glutamat-Oxalacetat-Aminotransferase, Glycolatweg 197
Glutamat-Glyoxylat-Aminotransferase (= Glutamat-Oxalacetat-Transaminase), Glycolatweg 190, 197

Glutamatsynthase, Chloroplast 170
Glutaminsynthese, N-Stoffwechsel 247
Glutaminsynthetase, Chloroplast 170
—, N-Stoffwechsel 247
Glutathionreductase 333
—, Ascorbat-Atmungskette 208
Glyceollin 570
Glyceratphosphat, Metabolismus Photosynthese 169
—, Photosyntheseprodukt 165
—, pool-Änderungen Photosynthese 166
—, Transportmetabolit Chloroplast 168
Glycerinaldehydphosphatdehydrogenase 405
—, CALVIN-Cyclus 165
—, Glycolyse 178
—, Phytochromeffekt 87
Glycine max, Blühreaktion auf Störlicht 404
—, Konkurrenz mit C_4-Pflanze 234
—, Verteilungsfunktion für Blattgröße 15
Glycine soja, Stickstoff-Fixierung 567
Glycogen, Kohlenhydratspeicherung 176
Glycolat, Metabolisierung 196
—, Photosynthese 194
—, Transportmetabolit Chloroplast 168
Glycolatdehydrogenase, Algen 198
Glycolatoxidase, Glycolatweg 197
—, $K_m(O_2)$ 208
—, Peroxisom 87
—, Phytochromeffekt 88
Glycolatphosphat, Photorespiration 195
Glycolatstoffwechsel, Blaualgen 198
—, Grünalgen 198
Glycolatweg, metabolische Funktion 197
Glycolyse, Hexoseabbau 177
—, homöostatische Regelung 204
—, Reaktionsschema 178
—, Summengleichung 177
—, Verbindung CALVIN-Cyclus 166
Glycophyten 476
Glycoprotein, Samenspeicherproteine 188
Glycoproteine 30
Glyoxylatcyclus, Glyoxysom 190
Glyoxysom 86
—, Dichtegradientenzentrifugation 191
—, Enzyme 191
—, Feinstruktur 189
—, metabolische Funktion 190
—, Oleosomenassoziation 88
Glyoxysomen → Peroxisomen-Transformation 88
GOEBEL, Karl 556
GOLDMAN-Gleichung, Ionentransport 537
Golgi-Apparat 25, 28

Golgi-Vesikel 29
—, Cytokinese 61
Gonyaulax polyedra, Biolumineszenz 409
Gossypium hirsutum, IES und Trennschicht 427
Gramicidin, Entkoppler ATP-Synthese 130
—, Entkopplung oxidative Phosphorylierung 182
—, Entkopplung Photosynthese 163
Gramineen-Koleoptile, Geotropismus 518
—, Phototropismus 504
Grana, Chloroplast 34, 139
Granabildung, Chloroplast 82
Granathylakoid 37
—, Feinstruktur 140
—, Lokalisierung Photosystem II 161
Gravitationskonstante 94
Gravitationspotential 94, 96
Grenzplasmolyse 100
Große Periode der Atmung 200
Grundatmung, Cyanideffekt 127
Grundfunktionen, Zelle 269
Grundplasma, operationale Definition 25
Grundstoffwechsel 259
Grüne Revolution 573
Guttapercha, Terpenoide 261
Guttation 474

H
H⁺, → Proton
H₂-Produktion, Photosynthese 171
HABER-BOSCH-Verfahren, NH₃-Herstellung 257, 566
HABERLANDT, Gottlieb 233
Haemanthus katharinae, Mitose Endosperm 61
Hafer, → *Avena*
HAGEN-POISEUILLEsches Gesetz 463, 467
Halbseitenbelichtung 510
Halbwertszeit, Enzym 132
HALES, Stephen 463
Halicystis, Elektrophysiologie 536
Halobacterium halobium, Photosynthese 136
Halophyten 476
—, Salzexkretion 248
Hammada scoparia, Temperaturabhängigkeit Photosynthese 221
HÄMMERLING, Joachim 70
HARDER, Richard 217
Harnstoff, N-Speicherung 247
HATCH-SLACK-Cyclus, C₄-Pflanzen 235
Häufigkeitsverteilung, Hypokotyllänge 14
Häufigkeitsverteilung, Merkmal 13
Hauptsatz der Thermodynamik, erster 90
—, zweiter 91
Hauptwurzel, plagiotropische Orientierung 474

HCN, Atmungsgift 127
—, Cytochromoxidasehemmung 182
—, Hemmung klimakterische Atmung 206
HCN-resistente Atmung 183
—, klimakterische Früchte 207
—, Thermogenese 205
HCN-resistenter Elektronentransport, Atmungskette 181, 182, 183
Helianthus annuus, geotropische Induktion 520
—, Querverschiebung von Auxin 511
—, Wasserbilanz 461
Helleborus purpurescens, Blattanatomie C₃-Pflanzen 233
Helminthosporium oryzae, Mycochrom-System 363
Helminthosporium sacchari, Augenfleckenkrankheit 569
Helminthosporosid, Toxin 569
Hemizellulose 32
—, Sekundärwand 37
Hemmbezirke, Vegetationspunkt 300
Hemmstoffe, Atmungskette 182
—, oxidative Phosphorylierung 182
—, photosynthetischer Elektronentransport 160
HENDRICKS, S. B. 342
Herbicide 390
—, Aufnahme und Translocation 570
—, systemische 571
—, Wirkmechanismus 570
Herbstfärbung 426
Herbstlaubchromoplasten 83
Heterochromatin 41, 42, 44
Heterocyste, N₂-Fixierung 171
heterogener Resonanztransfer, Phycobiliproteine 157
heterologe Transplantation, Zellkern 75
heterotroper Effekt, allosterisches Enzym 119
Heterotrophie, pflanzliche Gewebe 174
Hexokinase, Glycolyse 178
—, PASTEUR-Effekt 204
Hexoseaufnahme, *Chlorella* 128
Hexosedissimilation, freie Enthalpie 177
Hexosetransport, Protonen-Cotransport 129
Hierarchie der Komplexität 18
HILL-Reaktion, Photosynthese 160
Histone 42, 43, 60
—, Chromosomenstruktur 45
—, Replication 61
H1-Histonfraktion 63
HnRNA (= heterogene nucleäre RNA) 47, 56
—, polycistronische 54, 55
HOAGLANDsche Nährlösung, Rezeptur 244
Hochintensitätsreaktion (HIR), Phytochrom 281, 317
—, Wirkungsspektrum 318
holographische Interferometrie 502

Holzfaserzelle, Querschnitt 38
homogenes System 18
homoiogenetische Induktion 308
Homoiothermie 417
homöologe Chromosomensätze 557
Homöostasis 130, 268, 495
—, Enzymregulation 134
homöostatischer Regelkreis, Stomabewegung 226
homotroper Effekt, allosterisches Enzym 119
Hordeum vulgare, Cl⁻-Aufnahme Wurzel 126
—, Enzyminduktion Aleurongewebe 375
—, Salzresistenz 476
Hormon, Auslöserfunktion 390
—, Definition 279, 368, 546, 550
—, Regulation Mitoseaktivität 386
hormonelle Integration, Samen- und Fruchtentwicklung 388
Hormonphysiologie, Grundfragen 549
HUBER, Bruno 463
Hüllmembranen, Chloroplast 37
Hydathoden 474
Hydratisierung 251
hydraulischer Leitfähigkeitskoeffizient 122
hydraulisches Wachstum, Zelle 99
hydroaktives Regelsystem, Stomaapparat 225, 472
Hydrogenase, Chloroplast 171
hydropassive Öffnung, Stomata 226
hydropassive Rückkopplung, Stomaregulation 225
hydropassives Regelsystem, Stomaapparat 225, 472
hydroponische Kultur, Nährlösung 244
Hydroxyacyldehydrogenase, Fettsäureabbau 190
5-Hydroxyferulasäure 39
Hydroxyprolin, Zellwand 35
Hydroxypyruvatreductase, Glycolatweg 197
—, Peroxisom 87
—, Phytochromeffekt 88
Hyoscyamus niger, Inhibitoren 400
—, rosettenbildende Substanz 401
—, Vernalisation 420
hyperexponentielles Wachstum 275
Hyperplasie 455
Hypokotylhaken, Keimung 435
—, Regulation Lipoxygenase 340
Hypokotylwachstum 271
—, *Lactuca sativa* 319
—, *Sinapis alba* 10, 11, 12, 342
Hyponastie 514
hypostomatisches Blatt 223
Hypothesenbildung, Induktion 7

I
identische Chromatidenreplication 61
Idioblasten 293
—, Blatt 294

IES (Indol-3-essigsäure) 62, 279, 369, 426
—, Anionencarrier 284
—, differentielle Genaktivierung 285
—, Kompetenz 287
—, kompetitive Hemmung 12
—, Konzentrations-Effekt-Beziehung 285
—, Mitoseaktivität 287
—, multiple Wirkung 287
—, Oxidasen 288
—, polare Sekretion 284
inäquale Zellteilung 59, 65, 66
Inaktivierung durch UV, Wirkungsspektrum 347
Indianersommer 427
Individualentwicklung, Komplexität 22
Indol-3-acetaldehyd 287
Indol-3-acetonitril 287
Indol-3-essigsäure, → IES
Indolylessigsäure, → IES
Induktion, Enzymsynthese 51
—, geotropische Reaktion 520
—, Hypothesenbildung 7
Induktor, JACOB-MONOD-Modell 51
Informofere 56
Informosomen 54
Infrarot 346
Inhibitoren, Atmungskette 182
—, Blütenbildung 400
—, Enzymaktivität 118
—, oxidative Phosphorylierung 182
—, Transkription 49
—, Translation 49
Initialen 293
Initiation, Translation 56
Inkompatibilität 550
—, gametophytische 552
—, sporophytische 551
immunologische Lokalisierung, Membranbestandteile 143
innere Energie 90
interfasciculäres Kambium, Bildung 307
Intermediärstoffwechsel 259
Internodienwachstum, Phaseolus vulgaris 342
Interphase 60
intrazelluläre Bewegungen 531
intrazelluläre Morphogenese, Bacillus subtilis 53
intrazellulärer Effektor 53
intrazelluläres Gefrieren 422
Inulin, Kohlenhydratspeicherung 176
inverser PASTEUR-Effekt 204
Invertase 487
in vitro-Proteinsynthese 434
in vitro-Translation, PAL-Protein 330
Ionen, Ferntransport 476
—, Stoffwechsel 245
Ionenakkumulation, Energetik 127
—, Karottenwurzel 127
Ionenaufnahme 477
—, Lichtabhängigkeit 127
—, Salzatmung 127

—, Zelle 124
Ionenbalance, Nährlösung 245
Ionendosis 356
Ionengradient, ATP-Synthese 129
Ionenkonzentrationen, Vacuolensaft 126
Ionenpumpe 536
—, Biomembran 127
—, elektrogene 103
—, Energiebedarf 104
—, lichtabhängige 538
—, Salzexkretion 249
Ionenspeicherung, Boden 244
Ionentransport, elektrogener 104
—, im Symplasten 477
—, Stomata 227
Ionisation 354
ionisierende Strahlung 354
—, mutagene Wirkung 359
—, positive Wirkungen 360
Ionisierungsdichte 356
Ipomoea tricolor, Verwelkungsprozess Blüte 428
irreversible Thermodynamik 92
Isocitratdehydrogenase, Citratcyclus 180
Isocitratlyase, Glyoxysom 87
—, Glyoxylatcyclus 190
—, Phytochromeffekt 88
—, Senfkotyledonen 88, 325
—, Synthese 434
Isoenzyme 74
—, Definition 120
Isogamie 543
isoliertes System, Energetik 91
isosbestischer Punkt, Absorptionsspektren 112
Isotopenauswaschkinetik, K$^+$-Efflux-Maiswurzel 125
Isotopendiskriminierung, CO_2-Fixierung 241

J
JABLONSKI-Diagramm, Chlorophyll 148
JACOB, F. 50
JACOB-MONOD-Modell, Anwendung auf Eukaryoten 55
—, Regulation 50, 51, 52
—, Regulation der Proteinsynthese 54
jahresperiodischer Laubwechsel 425

K
K$_m$, MICHAELIS-Konstante 116
K$^+$-Akkumulation, Vacuole 126
K$^+$-Aufnahme, Einfluß von Phytochrom 323
K$^+$-Transport, Nitella flexilis 127
—, Stomata 227
Kaffeesäure, Ligninsynthese 38
Kalanchoe blossfeldiana, Isotopendiskriminierung 242
—, photoperiodische CAM-Induktion 241
—, rhythmische Blütenblattbewegungen 408

—, Wirkung von Störlicht 398
Kalum, → K$^+$
Kallus 62, 386
Kalluskultur 440
Kalomel-Elektrode, Standardpotential 109
Kältebehandlung, Aufhebung der Knospenruhe 431
Kapillarkraft 463
Kapitalverzinsung, Ertrag 565
Kardinalpunkte, Sporophytenentwicklung 268
Kartoffel, Photomorphogenese 303
—, Stickstoffangebot und Produktsynthese 562
Kartoffelknolle, Atmungsintensität 199
Kaskadenmodell, Regulation der Proteinsynthese 54
katabolische Enzyme 51
katabolischer Stoffwechsel 174, 259
Katabolitrepression 53
katal, Definition 117
Katalase, dissimilatorischer Elektronentransport 206
—, Fettsäureabbau 190
—, Glycolatweg 197
—, Microbodies 86
Katalasereaktion, Aktivierungsenthalpie 115
Katalyse, biologische 114
katalysierte Permeation, Biomembran 123
katalysierter Transport, Biomembran 122
Kausalforschung, Beschreibung 8
Kausalitätsprinzip, Beschreibung 8
Kausalkette 10
Kautschuk, Terpenoide 261
Keimachse, Samenaufbau 188
Keiminduktion, Licht 433
Keimung, O_2-Abhängigkeit 203
—, Ricinus 189
Kerngene 41
Kernhülle 25, 27, 29
Kernphasenwechsel 554
Kern-Plasma-Wechselwirkungen, Acetabularia 70
Kernporen 25, 28
Kernreplication, Zellcyclus 60
Kerntransplantation, Acetabularia 71
Kernvolumen und Strahlenempfindlichkeit 359
Ketoacyl-Thiolase, Fettsäureabbau 190
Keto-Verbindungen, → Oxo-Verbindungen
Kinetik, Enzymreaktion 117
Kinetin 62, 370
Klassenhäufigkeit 14
KLEBS, Georg 542
klimakterische Atmung 206, 425
klimakterische Stoffwechselintensität 427
Klinostat 514
Klonierung 438

Klonkultur 443
Knöllchenbakterien 566
—, N_2-Fixierung 171
KNOPsche Nährlösung, Rezeptor 244
Knospenbildung 430
—, Holzpflanzen 430
Knospenruhe 429
Kohäsion, Wasser 251, 462, 465
Kohäsionstheorie, BÖHM 466, 469
Kohlendioxid, → CO_2
Kohlenhydrat, Biosynthese Chloroplast 164
Kohlenhydratabbau, Regulation 202
Kohlenhydratveratmung, RQ 202
Kohlenmonoxid, Cytochromoxidasehemmung 182
Kohlenstoffkreislauf, Biosphäre 254
KOK-Effekt, Photosynthese 214
Koleoptile 278
—, Querpolarisierung 506
—, Spitzenreaktion und Basiskrümmung 505
Kompartiment, Definition 25
Kompartimentierung 18, 25, 26
—, Enzyme 28, 120
—, metabolische 119
—, Substrate 120
Kompensationspunkt, CO_2 222
—, Licht- 218
—, Temperatur- 220
Kompetenz, IES 287
—, Phytochrom 331
kompetitive Hemmung 12
—, Enzymaktivität 118
Konidienbildung, Induktion durch Licht 362
Konjugation 548
Konstanz des Chromosomensatzes 269
konstitutive Enzyme 50
Konstrukt, Zelle 23
Kontaktzellen 481
Kontrollsysteme, metabolische 133
Konvektion 418
Konzentrationspotential 94
—, freie Enthalpie 105
Kooperativität, allosterisches Enzym 119
—, P_{fr} als Ligand 337
Koordination, Organe 440
Kopplungsfaktor, ATP-Synthese 129
—, mitochondrialer 77
—, oxidative Phosphorylierung 185
—, Photophosphorylierung 81, 163
—, Thylakoidmembranmodell 145
Körpergrundgestalt 268
Körpermasse und Atmungsintensität 16
Korrelationen 306
korrelative Hemmung 306, 456
Kotyledonen, Ricinus 189
—, Samenaufbau 188
Kotyledonenspeicherung, Reservestoffe 188
Kranztyp, C_4-Pflanzen 232

Krebs, Tumorbildung 309, 455, 458
KREBS-Cyclus, Reaktionsschema 180
Kreislauf, Kohlenstoff 254
—, Sauerstoff 254
—, Stickstoff 255
kritische Tageslänge, Photoperiodismus 395
Krümmungstest, Auxinbestimmung 506
—, Avenakoleoptile 285
KTP, → Kurztagpflanzen
künstliches Zusatzlicht 426
Kurztagpflanzen, Blühinduktion 394
kurzwelliges UV, inaktivierende Wirkung 346, 348

L

lac-Operon 52, 53
—, positive Kontrolle 53
lac-Repressor 52
—, chemische Identifizierung 53
Lactat, Hexoseabbau 176
Lactatdehydrogenase, Kohlenhydratabbau 178
Lactuca sativa, Embryonalentwicklung 270
—, Keimhemmung durch ABA 380
—, Keimung/Nichtkeimung 14
—, cv. Grand Rapids, Lichtkeimung 432
Ladungspotential, elektrisches 94
Lagenaria, allometrisches Wachstum Frucht 276
lag-Phase, Phytochromwirkung 326
Laminarin, Kohlenhydratspeicherung 176
LANG, Anton 401
langlebige messenger, Acetabularia 74
langlebige mRNA 75
Langtagpflanzen, → LTP 394
langwelliges UV, Wirkung auf Konidienbildung 363
Lathyrus, DNA-Menge pro Genom 42
—, Arten mit unterschiedlicher DNA-Menge pro Genom 44
lebendiges System 4, 18
— als offenes System 19
Lebermooschloronemen, Polarotropismus 501
Leghämoglobin 567
Leitbündel, Struktur 461
Leitbündelscheide, C_4-Pflanzen 232
Leitfähigkeitskoeffizient, hydraulischer 122
Lemna minor, Induktion der Nitratreductase 54
—, Wachstumshemmung durch ABA 380
—, Wachstumsverlauf 13
Leukoplast 87
Lepidium sativum, Statocyte 517
leptosporangiate Farne, gemeinsame Gene 556
LET (Linear Energy Transfer) 356
Licht, Definition 311, 346

Lichtabhängigkeit, Elektropotential 539
Lichtabsorption, quantenmechanische Grundlagen 147
Lichtatmung, Definition 194
—, Photosynthese 214
Licht/Dunkel-Übergang und physiologische Uhr 411
Lichtfluß-Effektkurve, apparente Photosynthese 215
—, quantitative Analyse 217
Lichtförderung, O_2-Aufnahme 215
Lichthemmung, O_2-Aufnahme 215
Lichtkeimung 432
Lichtkompensationspunkt, Photosynthese 213, 218
Lichtreaktionen der Photosynthese, Modell 154
Lichtsättigung, Photosynthese 214
Lichtschutzfunktion, Carotinoide 154
Lichtwandler, Photosynthese 136
LIEBIG, Justus von 217, 563
Lignifizierung, Tracheidenwand 40
Lignin 37
—, Biogenese 263
—, Konstitutionsschema 39
—, Monomeren 38
Lilium-Pollen, Atmungsintensität 199
Lilium martagon, geotropische Umstimmung 514
Limitdivergenzwinkel 300
limitierende Faktoren, Photosynthese 214
limitierte Proteolyse 56
limitierender Faktor, Photosynthese 217
Limonium, Salzdrüse 249
Linaria vulgaris, Blüten 304
linearer Wachstumstest 285
LINEWEAVER-BURK-Diagramm, MICHAELIS-MENTEN-Beziehung 117
Linum usitatissimum, Adventivknospen 307
Lipase, Fettabbau 190
Lipid-Filter-Theorie, Membranpermeation 122
Lipidkörper, Glyoxysomenassoziation 88
—, Oleosomen 25
Lipolyse, Fettabbau 190
Lipoxygenase, Repression 325, 336, 340
logarithmisches Wachstum 274
logistische Wachstumsfunktion 275
LTP, → Langtagpflanzen
Luciferase 409
Luciferin 409
LUDWIG, Carl 1
Lutein, in vitro-Absorptionsspektrum 146
—, Strukturformel 142
Lycopersicum esculentum, Thermoperiodismus 420
Lysosom 24, 482
—, Leitenzyme 37
lytisches Kompartiment, Vacuole 428

M

Mais, → *Zea mays*
Makroelemente, metabolische Funktion 246
—, Pflanzenernährung 244
Malatabbau, CAM-Pflanzen 239
Malatakkumulation, Stomata 228
Malatbildung, CAM-Pflanzen 238
Malatdehydrogenase, C_4-Dicarboxylatcyclus 235
—, CAM-Pflanzen 239
—, Citratcyclus 180
—, Glycolatweg 197
—, Glyoxylatcyclus 190
—, shuttle-Transport 124
Malatenzym, C_4-Dicarboxylatcyclus 235
Malat/Oxalacetat, shuttle-Transport 124
Malat-Speicher, CAM-Pflanzen 239
Malatsynthase, Glyoxylatcyclus 190
—, Glyoxysom 87
Malat-Synthese, C_4-Pflanzen 230
Malattransport, C_4-Dicarboxylatcyclus 235
—, C_4-Pflanzen 234
maligne Tumoren 455
Maltose, N_2-Fixierung Heterocyste 172
Mangan-Mangelsymptome 246
Mangelkrankheiten 246
Mangelsymptome, Pflanzenernährung 246
Mannan, Kohlenhydratspeicherung 176
Marchantia polymorpha, diageotropische Orientierung 522
maskierte mRNA 56
Massenpigment 313
Massenströmung, Siebröhren 482
Massentransport, organische Substanz 481
Massenwirkungsgesetz 105
Matrixdruck, potentieller 99
Matrixpotential, Zelle 99
Median 16
MEHLER-Reaktion, photosynthetischer Elektronentransport 161
Mehrfaktorenanalyse 10
Mehrfaktorenexperiment 564
Mehrtreffer-Kurven 357
Meiosechromosomen 42
Melanine, Phenoloxidase-Reaktion 208
Melanin, Biogenese 262
Melanome 458
MELCHERS, G. 446
Membran, ATP-Synthese 129
—, Energietransformation 129
—, katalysierter Transport 122
—, Kompartimentierung 121
—, Permeation 122
—, selektive Permeabilität 122
Membranbestandteile, immunologische Lokalisierung 143
Membranfluß 29

—, endoplasmatisches Reticulum 87
Membranmodell 25
Membranpotential 529, 537
—, aktiver Transport 126
—, coenoblastische Algenzellen 104, 127
—, Polaritätsinduktion 68
—, Thylakoidmembran 162
—, Zelle 103
Membrantransport, Energetik 123
—, Spezifität 122
—, Stoffwechselabhängigkeit 124
meristematische Pflanzenzelle 24
—, Feinbau-Schema 25
Merkmal, Definition 9
—, Variabilität 13
Merkmalsgröße 9
Mesembryanthemum crystallinum, CAM-Adaptation 240
Mesokotyl, Wachstum 282
Mesophyllwiderstand, Blatt 224
Mesophyllzellen, C_4-Pflanzen 234
messenger-RNA, → mRNA
Meßgrößen 8
metabolische Regulation 130
metabolisches Kompartiment 120
Metaphase, Mitose 61
Metaphasenplatte 41
metastabiler Zustand 114, 115
Methionyl-tRNA 56
MICHAELIS-Konstante, Cl^--Aufnahme 126
—, Enzymkinetik 116
MICHAELIS-MENTEN-Beziehung, Enzymkinetik 116
—, Transportkatalyse 123
MICHAELIS-MENTEN-Formalismus, Auxinwirkung 282
MICHAELIS-MENTEN-Gleichung, Photosyntheseintensität 217
Microbodies 25
—, Blatt-Peroxisom 196
—, Definition 86
—, Differenzierung 87
—, Glyoxysomen 189
—, Morphogenese 86
—, Oxidasen 208
Mikroeinstichelektroden 103
Mikroelemente, essentielle 246
—, metabolische Funktion 248
—, operationale Definition 246
—, Pflanzenernährung 244
Mikrofibrillen 32, 34
Mikrokompartimente, Multienzymkomplex 120
Mikrotubuli 25, 30
Milchsäuregärung, freie Enthalpie 177, 179
—, Kohlenhydratabbau 178
Mimosa pudica, Erregungsleitung 541
—, Photonastie 528
—, Seismonastie 526
Mineraldüngung 246
Mineralernährung 244
Minimumfaktor 563
Minimumgesetz 563

Mischherbicide 573
MITCHELL-Hypothese, ATP-Synthese 130
—, oxidative Phosphorylierung 185
—, Photosynthese 163
Mitochondrien-DNA, Codierung 77
Mitochondrienentwicklung, O_2-Regulation 203
Mitochondrienmatrix, Citratcyclusenzyme 179
Mitochondrienmembran, Atmungskette 179
—, shuttle-Transport 124
Mitochondrien-Polymorphismus 78, 79
Mitochondrion 25, 28
—, ATPase 77
—, ATP-Synthese 130
—, Citratcyclus 179
—, Cytochrom *c*-Oxidation in vitro 183
—, dissimilatorischer Stoffwechsel 176
—, Feinstruktur 189
—, Glycolatweg 197
—, DNA 77
—, Metabolitentranslokation 185
—, Morphogenese 77
—, shuttle-Transport 124
—, Strukturmodell 29
—, Zellcyclus 61
Mitose 60
—, Auslösung 63
—, Stadien 61
Mitoseaktivität, IES-Effekt 287
Mitosehormon 62
Mitoseintensität, Regulation 62
MITSCHERLICHsches Ertragsgesetz 563
Mittellamelle 30, 31, 32
—, Lignifizierung 37
Mittelpunktpotential, Redoxsystem 112
Mittelwert 14, 15, 16
Modell, Anpassungsfähigkeit 6
—, Definition 5
Modifikation, Photosyntheseapparat 218
modifizierende Faktoren 291
Modulation 293
—, Enzymaktivität 118, 131, 132
—, Stoffwechselbahnen 296
Modus 16
MOHL, Hugo von 227
MOLISCH, Hans 388
Molybdän-Mangelsymptome 246, 248
MONOD, J. 50
Monogalactosyllipid-Molekül, Struktur 19
monolayer 25
Morphaktine 561, 572
—, polarer IES-Transport 573
Morphogenese 63, 77, 267, 268, 299
—, *Acetabularia* 72
—, intrazelluläre 77
—, Microbodies 86

—, Mitochondrien 77
—, Plastiden 80
morphogenetische Autonomie 439
morphogenetisches Muster 268
morphogenetische Substanzen, *Acetabularia* 72
motorische Zellen, Blattstielgelenk 526
Mougeotia, Chloroplastenbewegung 532
—, Partialbelichtungen 533
mRNA (= messenger-RNA) 45, 47, 52
—, Sporenbildung (*Bacillus subtilis*) 53
—, Lebensdauer 49
—, Notwendigkeit der Poly(A)-Sequenz 56
Multienzymkomplex, Mikrokompartimente 120
multiple Primärreaktionen, Phytochrom 336
multiple Primärwirkungen, Phytochrom 335
multiple Wirkung, IES 287
multiplikative Verrechnung 10, 11, 344, 385
MÜNCH, E. 485
Muster 331
Musterbildung 293
—, Anthocyansynthese 332
—, Photomorphogenese 330
Musterdetermination 330, 388
Musterrealisation 330, 388
mutagene Wirkung, ionisierende Strahlung 395
Mycobacterium marinum, Carotinoidsynthese 12
Mycochrom-System 363

N
N_2-fixierende Bodenbakterien 568
N_2-Fixierung, Photosynthese 171
N-Kreislauf, Biosphäre 255
N_2-pool, Atmosphäre 257
Nachreife, Samen 432
NaCl-Exkretion, Salzdrüsen 248
$NADH_2$-Dehydrogenase, Mitochondrienmembran 186
NAD(P), NAD(P)H_2, Enzymmodulation 133
—, Redoxsystem 111
$NADPH_2$, oxidativer Pentosephosphatcyclus 187
Nährelemente, metabolische Funktion 246
—, Pflanzenernährung 244
Nährlösungen, anorganische 244
Napalin, Wurzelhalsgallen 457
Nastie 526
negative Photomorphosen 321
neoplastisches Gewebe 309, 455
Neottia nidus-avis, Pilzwurzel 453
Neoxanthin, Chloroplast 142
NERNST-Kriterium, aktiver Transport 126, 538

NERNST-Potential 103
—, aktiver Transport 126
—, K^+, coenoblastische Algenzellen 127
NERNSTsche Gleichung 102
— Redoxsystem 109
nichtcyclische Photophosphorylierung 158
Nicht-Histone 42, 43
Nicht-Histonproteine (= NHP) 60
—, Replication 61
nicht-plasmatische Kompartimente 26
nicht-repetitive DNA 44
nicht-selektive Herbicide 571
Nicotiana, Entwicklung aus isolierten Einzelzellen 443
—, interspezifische Hybriden 457
—, parasexuelle Hybridisierung 446
Nicotiana rustica, Blattseneszenz 426
Nicotiana silvestris, Rosettenpflanze, LTP 396
Nicotiana tabacum, cv. Maryland Mammoth, KTP 396
—, Peroxisomenfeinstruktur 196
nif-Gene (nitrogen fixing genes) 568
Nigericin, Entkoppler (ATP-Synthese) 130
Nitella, Aufbau 537
—, Depolarisation durch Rotlicht 540
—, Formel für das stationäre Wachstum 283
—, Internodienzelle 104
—, Ionenkonzentrationen 126
—, Membranpotential 127
—, Plasmaströmung 531
Nitratatmung, N-Kreislauf 256
Nitratfixierung, Photosynthese 168
Nitratreductase, Induktion 54, 132
—, Chloroplast 170
—, Photosynthese 169
Nitratreduktion 54
—, C_4-Pflanzen 236
—, N-Kreislauf 255
—, Photosynthese 168
Nitrifikation, N-Kreislauf 256
Nitrobacter, N-Kreislauf 256
Nitrogenase, N_2-Fixierung 567
—, O_2-Empfindlichkeit 567
—, Photosynthese 171
Nitrophenole, Entkoppler oxidative Phosphorylierung 182, 571
Nitrosomas, N-Kreislauf 256
NITSCH, J. P. 388
Normalwasserpotential 96
Normalverteilung 14, 15
Nucleolus 25
—, Ribosomen 47
Nucleoprotein-Komplex, Kern-DNA 45
Nucleosomen, Chromatin 45
Nucleus 24, 25
numerisch additive Verrechnung 11, 385
nyctinastische Pflanzen 529

O
O_2, Effekt auf apparente Photosynthese 222
O_2-Abgabe, Photosynthese 212
O_2-Aufnahme, Atmung 199
—, O_2-Abhängigkeit 201
—, Steuerung durch Phytochrom 199
—, Temperaturabhängigkeit 201
O_2-Konzentration im Wasser 208
O_2-Kreislauf, Biosphäre 254
O_2-pool, Atmosphäre 255
O_2-Steuerung, Dissimilation 203
obligatorische Apogamie 554
Octopin, Wurzelhalsgallen 457
Oedogonium, geschlechtliche Fortpflanzung 546
—, Sporulationsrhythmik 413
—, Zwergmännchen 547
ökologische Kreisläufe 253
ökonomischer Ertrag 560, 562
—, Funktion der Stickstoff- und Phosphatdüngung 564
—, Mais (C_4-Pflanze) 573
—, Sojabohne (C_3-Pflanze) 573
Ökosystem, Stoffumsatz 253
Ökotypen, Photosyntheseadaptation 219
offenes System, Energetik 92
—, lebendige Systeme 19
offenkettiger Elektronentransport, Bakterien 172
offenkettiges System, photosynthetischer Elektronentransport 158
Oleosom, Feinstruktur 189
Oleosom, Glyoxysomenassoziation 88
—, Lipidkörper 25
—, metabolische Funktion 190
Omnipermeabilität, Zellwand 97
Omnipotenz, spezialisierte Zellen 441
Oncogen, Wurzelhalsgallen 456
Ontogenie 267
Ontogenese 298
Operator, JACOB-MONOD-Modell 51
—, Repressorbindung 53
Operatorregion 52
Operon 52
Optimierung, ökonomischer Ertrag 562
Optimumgesetz 563
Optimumkurve, Düngung 564
Opuntia, CAM-Adaptation 240
Organisation 4, 267
Organismus 267, 268
Organkultur 438
—, hormonautotroph 440
—, hormonheterotroph 440
Organpolarität 65, 66
Orthogeotropismus 513
Orthostichen 299
Ortsbewegung 490
Oryza sativa, dissimilatorischer Stoffwechsel 203
—, Gärungsstoffwechsel 203
—, Mitochondrienmorphogenese 80
Osmolalität 95
Osmometer 95, 97, 98

Osmoregulation, Stomata 227
Osmose 96
Osmoticum 95
osmotische Zustandsgrößen, Zelle 99
osmotisches Potential 96, 99, 469
—, Bestimmung 98, 101
— von Lösungen 95
—, Osmometer 98
osmotischer Wert von Lösungen 95
—, Zelle 99
osmotisches Zustandsdiagramm, Zelle 99, 101
Osmunda cinnamomea, Blattregeneration in vitro 439
Oxalacetat/Malat, shuttle-Transport 124
Oxalatoxidase, $K_m(O_2)$ 208
Oxidasen, pflanzliche 207
β-Oxidation Fettsäuren, Glyoxysom 190
oxidative Dissimilation, Energietransformation 174
oxidative Phosphorylierung, chemiosmotische Hypothese 130
—, Energieausbeute 184
—, Mechanismus 185
oxidativer Pentosephosphatcyclus, Reaktionsschema 186
Oxygenasen, pflanzliche 209
Ozonschicht, Atmosphäre 255, 346
—, UV-Filter 135

P
P_{680}, Absorptionsspektrum 152
—, photosynthetisches Reaktionszentrum 152
P_{700}, Absorptionsspektrum 152
—, Bleichung 151
—, photosynthetisches Reaktionszentrum 151
PAL, → Phenylalaninammoniumlyase
Paramylon, Kohlenhydratspeicherung 176
parasexuelle Hybridisierung 446
Parenchymtransport 488
—, Ionen 477
Parenchymzelle, Assimilationsparenchym 21
—, dreidimensionale Oberfläche 37
Paris quadrifolia, Bewegung des Rhizoms 490
partielle Proteolyse, Enzymregulation 132
partielles Molalvolumen, Definition 94
partikuläre Allsätze 1, 3, 4, 274
partition, Lokalisierung Photosystem II 161
—, Thylakoidsystem 143
Passiflora coerulea, Längsschnitt durch das Phloem 484
passive Akkumulation, Membrantransport 124
passiver Transport, Biomembran 123
PASTEUR-Effekt, inverser 204

—, Kohlenhydratdissimilation 204
—, *Pisum sativum* 207
pathologische Morphogenese 309
Pektine 31
—, Sekundärwand 37
Pektinpolysaccharide, Zellwand 35
Pektinsäure 31
Pelargonium zonale, Sektorialchimäre 452
Pentosephosphatcyclus, dissimilatorischer; Zusammenspiel CALVIN-Cyclus 169
—, oxidativer 186
—, reduktiver 165, 167
Pentosephosphatisomerase, CALVIN-Cyclus 167
Pericykel 22
Periklinalchimäre 447, 451
Perilla crispa, Pfropfexperimente zur Blütenbildung 401
Perinuclearzisterne 26
Periodenlänge, Unabhängigkeit von der Temperatur 408
Perithezienbildung, Induktion durch Licht 364
permanenter Welkepunkt 469
Permeabilität, Ionen 103
—, Selektivität bei Biomembranen 122
Permeabilitätskoeffizient, Biomembranen 122
Permeation, Definition 122
—, Membran 122
Peroxidase, Ligninsynthese 39
—, Phytochromeffekt 334
Peroxisom 35
—, Feinstruktur 196
—, Glycolatweg 197
—, Hefe 86
—, metabolische Funktion 198
—, Phytochromeffekt 88
—, Plastidenassoziation 88
petite-Mutanten, extrachromosomale 78
Petroselinum hortense, Zellsuspensionskulturen 330, 352
PFEFFER, Wilhelm 3, 123
PFEFFERsche Zelle 97
Pflanze, Vergleich mit Tier 22
Pflanzenernährung, anorganische 245
Pflanzenzelle, ausgewachsene 32
—, räumliche Erscheinung 35
—, verholzte 37
—, Zahl der Flächen pro Zelle 36
Pfropfen 450
Pfropfexperimente, Übertragung von Florigen 399
Phänotyp 48
phänotypische Variabilität 15
Phänotypisierung genetischer Information, Mehrstufenprozeß 402
Pharbitis nil, kritische Tageslänge 395
—, Phytochrom und Blütenbildung 336
Phaseolus aureus, Segmentphysiologie 323

Phaseolus multiflorus, tagesperiodische Blattbewegungen 406
Phaseolus vulgaris, Aktionspotential 541
—, Flächenwachstum der Primärblätter 340
—, Hypokotylhaken 437
—, O_2-Effekt auf Wachstum 234
—, Photosynthesewirkungsspektrum 210
—, Protochlorophyllid-Photokonversion 85
Phenolase (= Phenoloxidase) 39
Phenole, Biogenese 262
Phenoloxidase, $K_m(O_2)$ 208
Phenylalanin, Biogenese 262
—, Ligninsynthese 38
Phenylalaninammoniumlyase (= PAL) 38, 333, 353, 570
—, de novo-Synthese 330
—, Induktion 324
—, in vitro-Translation 330
—, mRNA 330
—, Phytochrominduktion 133
—, Zimtsäuresynthese 262
Phenylpropane, Ligninsynthese 38
Pheromon, Definition 549
pH-Gradient, *Halobacterium* 136
—, Thylakoidmembran 162
Phloem, Wurzel 22
Phloemanastomosen 482
Phloembeladung, Apoplasttheorie 485
Phloemsaft, pH 485
Phloemtransport, Richtung 480
Phosfon 572
Phosphatasen, CALVIN-Cyclus 167
Phosphattranslocator, Chloroplast 168
Phosphatübertragung, Energetik 107
Phosphoenolpyruvatbildung, CAM-Pflanzen 238
Phosphoenolpyruvatcarboxykinase, Gluconeogenese 190
Phosphoenolpyruvatcarboxylase, CAM-Pflanzen 239
—, C_4-Dicarboxylatcyclus 235
—, Isotopendiskriminierung 242
—, MICHAELIS-Konstante 236
—, Regulation CAM-Pflanzen 240
—, Stomata 228
6-Phosphofructokinase, Glycolyse 178
—, PASTEUR-Effekt 204
Phosphogluconat, → Gluconatphosphat
Phosphogluconatdehydrogenase, oxidativer Pentosephosphatcyclus 186
Phosphoglycerat, → Glyceratphosphat
Phosphoglyceratkinase, CALVIN-Cyclus 167
—, Glycolyse 178
Phosphoglycolat, → Glycolatphosphat

Phosphoglycolatphosphatase, Glycolatweg 197
Phospholipid 25
Phospholipid-Doppelschicht 26, 27
Phosphoreszenz, Chlorophyll 148
Phosphorylierung, oxidative 184
Phosphorylierungspotential 107
photoaktive Rückkopplung, Stomare-
  gulation 225
photoautotrophes Wachstum, Grün-
  algen 193
photochemische Reaktion, Chloro-
  phyll 149
photochemische Redoxreaktion 148
photoelektrochemische Zelle 574
photoheterotrophes Wachstum, Grün-
  algen 193
Photokinese 493, 495
Photolyse des Wassers, Photosynthese
  138
Photomodulation 320
Photomorphogenese 311
—, Farngametophyten 296, 558
—, Musterbildung 330
—, Pilze 362
—, Solanum tuberosum 303
—, Zellorganellen 77
Photomorphogenese und Phototropis-
  mus 502
Photomorphosen 320
Photonastie 528
photonastische Stomaöffnung 225
Photonenfluenz 311
Photonenfluenz-Effekt-Kurven 312
Photonenwirksamkeit 312
Photoperiodismus 394, 430
—, CAM-Induktion 241
—, selektionistische Wertfunktion 402
Photoperiodismus und circadiane
  Rhythmik 398
photophile Phase 404
photophobische Reaktion 493
Photophosphorylierung 83
—, chemiosmotische Hypothese 130
—, cyclische 161
—, Halobacterium 137
—, Mechanismus 162
—, nicht cyclische 158
Photoreaktivierung 351
Photoreceptormolekül 312
—, dichroitische Struktur 501
Photoreceptorstruktur (paraflagellare
  Schwellung) 495
Photoreduktion, Photosynthese 171
Photorespiration, Anacystis 215
—, CO$_2$-Freisetzung 196
—, C$_4$-Pflanzen 227, 236, 238
—, Definition 194
—, metabolische Funktion 198
—, Photosynthese 214, 573
—, Temperaturabhängigkeit 221
photorespiratorischer Kohlenstoffver-
  lust 573
photoresponse 321
photo steady state, Phytochrom 314
Photosynthese, apparente 213, 214

—, begrenzende Faktoren 214
—, Energiewandlung 135
—, Reaktionszeiten 138
—, reelle 213, 214
Photosyntheseapparat, ökologische
  Anpassung 211
Photosyntheseintensität, Messung 211
Photosynthesepigmente, in vivo-Absorptionsspektrum 146
Photosyntheseprodukte, Kurzzeitmarkierung 165, 227
Photosynthese/Transpiration-Verhält-
  nis, C$_4$-Pflanzen 238
Photosynthesewirkungsspektrum,
  Chlorella 147
photosynthetische Glycolatbildung
  194
photosynthetische Leistungsfähigkeit
  230
—, C$_4$-Pflanzen 234
photosynthetische O$_2$-Abgabe, Messung 215
photosynthetische Pigmentkollektive
  150
photosynthetische Quantenausbeute
  149, 150, 161, 210, 211
photosynthetischer CO$_2$-Transport,
  Modell 223
photosynthetischer Elektronentransport, cyclisches System 161
—, Halbwertszeiten 160
—, Hemmstoffe 160
—, offenkettiges System 158
—, Schema 159
photosynthetischer Gasfluß 212
photosynthetisierende Bakterien 172
Photosystem I, II; Photosynthese 152
—, Wirkungsspektren 154
phototaktische Reaktion, Reiz-Reak-
  tionssystem 495
Phototaxis 495
—, Signalwandlung 495
—, Wirkungsspektren 496
phototropische Bewegung, Geschwin-
  digkeit 502
phototropische Reaktion, ältere grüne
  Pflanzen 511
—, Systemeigenschaft 504
phototropischer Reiz, Verarbeitung
  508
Phototropismus 498
—, Bedeutung des Phytochroms 501
—, Sporangiophoren 508
—, Sproßachsen 511
Phragmoplast 12
Phycobiline, Rot- und Blaualgen 156
Phycobilisom, Modell 156
—, Rotalgen 155
Phycocyan, Absorptions- und
  Fluoreszenzspektrum 157
—, in vivo-Absorption 158
Phycocyanobilin, chemische Struk-
  tur 156
Phycoerythrin, Absorptions- und Flu-
  oreszenzspektrum 157
—, in vivo-Absorption 158

Phycoerythrobilin, chemische Struk-
  tur 156
Phycomyces blakesleeanus, Phototro-
  pismus 509, 510
Phycomyces-Sporangiophore, Halbsei-
  tenbelichtung 509
Phyllotaxis 299
Physiologie, Allsätze 4
—, Faktorenanalyse 8
—, Heterogenität 1
—, Objekte der 1
—, Selbstverständnis 1, 7
—, Systemwissenschaft 5
—, Terminologie 2
—, theoretische Grundlagen 7
—, Zielsetzung 1
Physiologie und Biochemie 6
physiologische Konvergenzen 502
physiologische Standardbedingung,
  Redoxpotential 110
physiologische Temperatureffekte
  420
physiologische Uhr 398, 404, 421, 529
—, CAM-Pflanzen 240
—, Photoperiodismus 415
Phytinsäure, Ionenspeicherung 247
Phytoalexinbildung, unspezifische
  Streßfaktoren 570
Phytoalexine, Wirtspezifität 569
Phytochrom 289
—, Äthylensynthese 383
—, Auslösung orthogeotropische Re-
  aktion 522
—, Bedeutung beim Photoperiodis-
  mus 397
—, Bewurzelungshormon 448
—, Chloroplastenbewegung 533
—, Chloroplastenbildung 85
—, Depolarisation 540
—, dichroitische Anordnung 501
—, Einfluß auf phototropische Emp-
  findlichkeit 502, 508
—, Einfluß auf Translocation 488
—, Einfluß auf Wachstum 511
—, Enzyminduktion und -repression
  323
—, Faktor bei Zweifaktoren-Analyse
  10, 11
—, grüne Pflanzen 341
—, Hochintensitätsreaktion (HIR)
  281
— im Haken 426
—, immuncytochemische Bestim-
  mung 314
—, immuncytochemische Lokalisa-
  tion 339
—, Induktion von Amylase 377
—, Induktion von Glycerinaldehyd-
  phosphatdehydrogenase 406
—, Knospenbildung 430
—, Kontrolle der Atmungsintensität
  323
—, Microbody-Differenzierung 87
—, Microbody-Transformation 88
—, Mitochondrienmorphogenese 79
—, Monomer 315

Phytochrom
—, morphogenetische Wirkung bei
   Farngametophyten 558
—, operationales Kriterium 317
—, P_{fr}-Destruktion 313
—, Peroxidase 334
—, Photokonversion 313
—, Photonastie 528
—, Plastidenenzyme 87
—, Regulation Aminolävulinatsyn-
   these 265
—, Regulation Chlorophyllsynthese-
   kapazität 266
—, Regulation Wachstum 272
—, Samenkeimung 432
—, Sporenkeimung 433, 553
—, Struktur 315
— und Hormonwirkungen 343
— und UV-Wirkung 352
—, Verteilung in der Zelle 339
—, Verzögerung der Seneszenz 426
—, Wachstumsmodulation 295
—, Wachstumsregulator 281
—, Wirkungsspektren 433
Phytochromgehalt, Senfkeimling 314
Phytochrommoleküle, dichroitische
   Orientierung 534
Phytochrom-Receptor-Modell 319,
   320
Phytochromsystem 313
—, Fließgleichgewicht 314
—, Photogleichgewicht 315
Phytochromwirkung, lag-Phase 326
Phytochromwirkungen, RNA 328
Phytohormone, koordinierende Funk-
   tion 368
Phytol, Chlorophyllsynthese 265
Phytolkette, Chlorophyll 142
Picea abies, „Storchennest" 473
Pi (= π)-Elektronensysteme, Pigment-
   moleküle 147
Pigment 312
—, Lichtanregung 148
Pigmentsysteme, Rotalgen, Blaualgen
   155
Pilobolus, Phototropismus 530
—, Sporangienabschuß 530
Pinus radiata, dendrographische Mes-
   sungen 463
—, Lignifizierung der Tracheiden 40
Pisatin 570
Pisum sativum, Bildung von Blattpri-
   mordien 304
—, Blütenbildung 392
—, HCN-Effekt Atmung 207
—, Segmenttest IES 287
— (trockener Same), Atmungsintensi-
   tät 199
Plagiogeotropismus 513
PLANCKsche Konstante 135
Plasmagene 41
Plasmalemma (= Plasmamembran)
   25, 31, 32
—, Struktur 26
Plasmamembran, → Plasmalemma
Plasmaströmung 531

plasmatische Kompartimente 26
Plasmid 568
Plasmid-DNA, Wurzelhalsgallen 456
Plasmodesmen 25, 27
—, primäre Tüpfelfelder 32
Plasmodesmos, Modell 32
Plasmolyse 100
Plasmolyticum 100
Plasmon 41, 55, 57
Plastiden 34
—, Differenzierung 81
—, DNA 80
—, DNA, Codierung 80
—, Microbodyassoziation 88
—, Morphogenese 80
—, Ribosomen 140
—, Ribosomen, Acetabularia 76
—, Zellcyclus 61
Plastochinon, photosynthetischer
   Elektronentransport 158, 163
Plastochron 301
Plastochron-Index 301
Plastocyan, photosynthetischer Elek-
   tronentransport 158
Plastogene 41
Plastoglobuli, Carotinoide 83
—, Proplastide 84
Plastom 41, 55
Poikilothermie 417
polarisiertes Licht 533
—, Polaritätsinduktion 67
Polarität, autonome Stabilisierung 67
—, Auxintransport 369
—, bioelektrisches Feld 68
—, IES-Sekretion 284
—, Signalsubstanz 68
—, stabile 66
—, Zelle 65
Polaritätsinduktion 68
—, Equisetumspore 66
polarotropischer Effekt 67
Polarotropismus 67, 500
—, Beitrag zur Membranstruktur 27
Pollenschlauch, Chemotropismus 552
—, stigmatoides Gewebe 523
Poly(A)-RNA, Synthesestimulierung
   durch GA₃ 376
Poly(A)-Sequenz, RNA 47
Poly(A)-synthetisierendes Enzym 50
Polygalacturonsäure 31
Polypeptidsynthese 48
Polysom (= Polyribosom) 28, 49
—, Feinstruktur 189
Polytaenie 61
polytäne Chromosomen 42
pool, metabolischer 120
Population 13
P/O-Quotient, oxidative Phosphory-
   lierung 185
Porometer, Messung Stomatawider-
   stand 225
Porphyridium, Biliproteine 157
—, Feinstruktur des Photosyntheseap-
   parats 155
Porphyringerüst, Chlorophyll 142
PORTER, George 22

positive Chemotaxis 546
positive Kontrolle, lac-Operon 53
positive Krümmung, Koleoptile 505
positive Photomorphosen 321
positive Phototaxis, Mechanismus 496
Potential, chemisches 94
—, Diffusions- 103
—, DONNAN- 103
—, Druck- 94
—, elektrochemisches 102
—, Gravitations- 94, 96
—, Konzentrations- 94
—, Ladungs- 94
—, Matrix- 99
—, Membran- 103
—, NERST- 103
—, osmotisches 95, 98
—, Wasser- 95
Potentialdifferenz, Biomembranen
   104
potentieller Matrixdruck 99
potentieller osmotischer Druck
   (Wert) 95
—, Osmometer 98
P-Protein, Siebröhren 485
praemessenger-RNA, heterogene
   nucleäre RNA 56
precursor-rRNA (= pre-rRNA) 47,
   328
PRIGOGINE, I. 5, 93
PRIGOGINEsches Theorem 5
primäre lag-Phase 327
primäre Phenylpropane, Ligninsyn-
   these 38
primäre Tüpfelfelder 32
Primärkern, Acetabularia 71
Primärreaktion, Phytochrom (P_{fr}) 335
Primärstoffwechsel 259
Primärthylakoide 83
Primärwand 31, 32, 33
—, Anordnung in Primärwand 34
—, Lignifizierung 37
Primärwirkung, Phytochrom 328,
   332, 335
Primordialwand (= Zellplatte) 30
Primula sinensis, Hydathode 474
Produktionsfaktoren 562
Produktsynthese 560
Proenzym → Enzym-Umwand-
   lung 132
Prokaryoten 23
Prolamellarkörper 82
—, Feinstruktur 84
Promitochondrion, Hefe 79
—, ruhende Samen 79
—, Zellcyclus 61
Promotorregion 52
Prophase, Mitose 61
—, Zellcyclus 60
Proplastide 25
—, Feinstruktur 84
—, ruhende Samen 81
—, Zellcyclus 61
Protein, Inaktivierung durch UV 351
Proteinsynthese 47, 52
—, beteiligte RNA-Sorten 46

—, Inhibition 50
—, Regulationsmodelle 54
—, Wachstum 290
Proteolyse, limitierte 56
Protochlorophyllid, Biogenese 262
—, Etioplast 82
—, Photokonversion 84, 85
Protochlorophyllid-Holochrom 82
—, Chlorophyll-Biosynthese 265
—, in vitro-Absorptionsspektrum 86
—, in vivo-Absorptionsspektrum 85
—, Prolamellarkörper 84
Protochlorophyllid-Photokonversion, Wirkungsspektrum 86
Protocyte 23
Protonencotransport, aktive Hexose-Aufnahme 128
Protonengradient, ATP-Synthese 129
—, freie Enthalpie 129
—, Halobacterium 136
—, oxidative Phosphorylierung 185
—, Thylakoidmembran 162
Protonenpumpe 127, 284, 479, 523
—, aktive Hexoseaufnahme 129
—, oxidative Phosphorylierung 185
—, Photophosphorylierung 137
—, Stomata 228
Protonentransport, Photophosphorylierung 137
—, Thylakoidmembran 162
Protopektine 31
Protoplasmaströmung 487
Protoplast, ausgewachsene Pflanzenzelle 33
Protoplasten, Fusion 447
Pumpe, aktiver Transport 123
Puromycin 50, 73, 326
Purpurmembran, Halobacterium 136
Pyridinnucleotide, Chloroplast 164
Pyridinnucleotide, shuttle-Transport 124
Pyridinnucleotid-shuttle, Mitochondrion 186
Pyruvat-Phosphat-Dikinase, C_4-Dicarboxylatcyclus 235
—, Stoffwechsel 176
Pyruvatdecarboxylase, Kohlenhydratabbau 178
Pyruvatdehydrogenase, Citratcyclus 180
Pyruvatkinase, Glycolyse 178
—, Regulation durch Adenylate 204
Pyruvat-Translocator, Mitochondrion 179
Pyruvattransport, C_4-Dicarboxylatcyclus 235

Q
Q_{10}-Wert, apparente Photosynthese 220
—, Definition 115
—, Membrantransport 124
Quadrivalente 42
Quantenausbeute, Photosynthese 149, 150, 153, 161, 210, 211, 217, 236
Quantenenergie, Berechnung 135

quasi-stationäres System, Ökologie 253
Quencher, photosynthetischer Elektronentransport 158
quenching, Fluoreszenz 149
Querschnittsregel 466
Querverschiebung exogener IES, Haferkoleoptilsegment 519
Querverschiebung von Auxin, Geotropismus 518

R
Radiomorphosen 359
Raffinose, Siebröhrensaft 485
Ranken, Reizaufnahme und Reizleitung 525
Rankenbewegungen 524
Rankentypen 525
Ranunculus aquatilis, Aerenchym 200
Raphanus sativus, var. oleiformis, Proteingehalt 561
rauhes ER 29
—, Feinstruktur 189
räumliche Muster, Acetabularia 75
—, Determination 333
rDNA-Transkription 328
Reaktion, endergonische, exergonische 92
—, endotherme, exotherme 92
Reaktionsbreite, Merkmalsspezifität 305
—, Reaktionsnorm 305
Reaktionsenthalpie 92
Reaktionsgrößen 9, 10
Reaktionsketten, Reaktionsrichtung 107
Reaktionskonstante, Temperaturabhängigkeit 114
Reaktionsnorm, Zelle 291
Reaktionszentren, Photosyntheseapparat 149
Reaktionszentrum, Totzeit 150
Receptorstellen, Gamon 545
Reciprocitätsgesetz 311, 352, 511
—, Phototropismus 505
Redoxpotential 108
—, Konzentrationsabhängigkeit 110
—, pH-Abhängigkeit 111
Redoxsystem 108
—, Absorptionsänderungen 112
—, E'_0-Werte 111
Reduktionismus, Begriff 2
Reduktionsäquivalent, Redoxreaktionen 108
reduktiver Pentosephosphat-Cyclus, Photosynthese 165
—, Schema 166
reelle Photosynthese 213, 214
Reembryonalisierung 442
Reflexionsspektrum, Blatt 210
Regelkreis, Enzymregulation 134
Regeneration 297, 438
—, Abschlußgewebe 447
—, Farnblätter 438
—, haploide Sporophyten 443
—, isolierte Einzelzellen 442

—, Organpolarität 66
—, Xylemstränge 308
Regenerationsexperimente, Farnprothallien 441
Regenerationsfähigkeit, Acetabularia 71
Regulation, Enzymaktivität 130
—, Enzymsynthese 53
—, metabolische 130
—, Proteinsynthese 54
Regulatorenzym 131
Regulatorgen 52
—, JACOB-MONOD-Modell 51
REICHARDT, Werner 1
Reingewinn 565
Reis, → Oryza sativa
—, Mitochondrienmorphogenese 80
Reizmengengesetz 311
Reiz-Reaktionskette, Geotropismus des Chararhizoids 515
—, Phototropismus der Dikotylensproßachse 511
Rekorderträge 562
Rentabilität, Düngung 565
repetitive DNA 43
Replication, DNA 42, 48, 60, 62
Repolarisation 540
Repression, Enzymsynthese 51
Repressor, JACOB-MONOD-Modell 51
Repressorgen 52
Reservefett, Mobilisierung 188
Reservestoffe, Samen 188
Resistenz gegen Anti-Produktionsfaktoren 569
Resonanztransfer, Pigmentkollektive 151
Respiration, Definition 175
respiratorische Kontrolle, ATP-Synthese 185
respiratorischer Elektronentransport, Hemmstoffe 182
—, Schema 181, 182
Respiratorischer Quotient, Definition 201
—, O_2-Abhängigkeit 201
—, Temperaturabhängigkeit 201
Retinal-Proteinkomplex, Halobacterium 136
reverse carrier 477
reversible ATPase, ATP-Synthese 129
reversible Desaggregation, Ribosomen 51
reversible Thermodynamik 90
Rhamnogalacturonan, Zellwand 35
Rhizobium, N-Kreislauf 257
Rhizobium japonicum, Spezifität für prospektive Wirtspflanze 567
Rhizobium Fabaceen-Symbiose 566
Rhizodermis 22
Rhizom, freie Ortsbewegungen 490
Rhodoplasten, Rotalgen 155
Rhodopseudomonas palustris, Struktur der Zelle 21
Rhodospirillaceae, Photosynthese 172
Rhodospirillum, photophobische Reaktion 494

Rhythmik, CO_2-Fixierung 240
—, endogene 404
Rhythmik Stomaregulation, CAM-
  Pflanzen 240
Ribonucleoproteinpartikel (= RNP) 56
Ribosephosphatisomerase, oxidativer
  Pentosephosphatcyclus 186
Ribosom 28, 46, 48, 49
—, Feinstruktur 196
—, JACOB-MONOD-Modell 51
ribosomale Proteine 47
ribosomale RNA (rRNA) 46, 47
Ribulose-1,5-bisphosphat, Glycolat-
  bildung 195
—, pool-Änderungen Photosynthese
  166
Ribulose-1,5-bisphosphatcarboxylase,
  Aktivierungsenergie 220
—, CALVIN-Cyclus 167
—, CO_2-Fixierung 166
—, Erbgang 57
—, Fraktion-I-Protein 164
—, Glycolatweg 197
—, Isotopendiskriminierung 242
—, kompetitive Hemmung durch O_2
  195
—, MICHAELIS-Konstante 223
—, Oxygenasefunktion 194
—, Photosyntheselimitierung 220
—, Phytochromeffekt 87, 333
—, Repression durch Acetat 193
—, Thylakoidmembranmodell 145
—, Untereinheiten 89
Ribulose-1,5-bisphosphatcarboxylase/
  -oxygenase, Temperaturabhängig-
  keit 195
Ribulose-1,5-bisphosphatoxygenase,
  kompetitive Hemmung durch CO_2
  195
—, Photorespiration 194
Ribulosephosphat-3-epimerase, oxi-
  dativer Pentosephosphatcyclus
  186
Ribulosephosphatkinase, CALVIN-
  Cyclus 167
Ricinus communis, Keimung 189
—, präkambiale Schicht 308
—, Samen, Fettmobilisierung 191
Ricinus-Endosperm, RQ 189
Riesenchromosom 42
Riesenmitochondrion 78
Rifampicin 76
ringporige Hölzer 462
RNA, Lebensdauer 40
—, morphogenetische Substanzen 73
—, Nucleolus 47
—, Phytochromwirkung 328
—, Sorten 45, 46
RNA/DNA-Hybridisierungstechni-
  ken 291
RNA-Polymerase 52
RNA-Synthese, Inhibitoren 50
—, Wachstum 290
—, Zellcyclus 60
RNP-Partikel, Acetabularia 74

Röntgenkleinwinkelstreuung, Thyla-
  koidaufbau 143
Röntgenstrahlen 354
—, Effekt auf Differenzierung 360
RQ, → Respiratorischer Quotient
rRNA, → ribosomale RNA
Rückkopplung, Enzymregulation 134
Ruhepotential 537, 540
Ruhezustände 429
Ruta graveolens, Alkaloidsynthese
  298

S
Saccharomyces, alkoholische Gä-
  rung 179
Saccharomyces cerevisiae, Atmungsin-
  tensität 199
—, Cytochromoxidase, Wirkungs-
  spektrum 184
—, in vivo-Absorptionsspektrum 79
—, Kernhülle 28
—, Mitochondrienmorphogenese 79
—, petite-Mutanten 78
—, Sexualhormon 547
Saccharose, Faktor bei Zweifaktoren-
  Analyse 10
—, Kohlenhydratspeicherung 176
—, Siebröhrensaft 485
Saccharosephosphatsynthase, Gluco-
  neogenese 190
Saccharose-Synthase, Saccharosespal-
  tung 487
—, Gluconeogenese 192
Saccharum officinale, Photosynthese-
  produkte 231
Saccoderm 38
Sacculi, Mitochondrion 29, 78, 80
SACHS, Julius 244, 271, 521
Safthaut 482
Salzakkumulation, Lichtstimulation
  250
Salzatmung, Cyanideffekt 127
—, Ionenaufnahme 127
Salzdrüsen 476
—, anatomischer Aufbau 248
Salzexkretion, Halophyten 248
—, Lichtabhängigkeit 249
Salzhaare, Atriplex 249
Salzresistenz 476
Salztransport, aktiver 249
Sambucus nigra, CO_2-Kompensations-
  punkt 212
Samenbildung, Gossypium hirsutum
  435
Samenglobuline 432
Samenkeimung 432
—, Abscisinsäure 435
—, Bedeutung des Haken 435
Samenruhe 431
Satelliten-DNA, nucleäre 44
Sätze, Formulierung 13
Sauerstoff, → O_2
Saugkraft 467
—, Zelle 99
Scenedesmus, photosynthetische H_2-
  Produktion 171

Scenedesmus obliquus, Photosynthese-
  kinetiken 166
Schattenpflanzen, Lichtkompensa-
  tionspunkt 213
Scheidenzellen, C_4-Pflanzen 234
SCHIMPER, C. F. 299
Schleimkörper, Siebröhrenglieder
  482
Schließzellen, → Stomata
Schmarotzer 453
SCHOLANDER-Bombe 101
Schwachlichtpflanzen, genetische 220
—, Photosynthese 218
Schwachlichtstellung, Chloroplasten
  532
Schwellenwert, allosterisches Enzym
  119
Schwellenwertsmechanismus, 2,4-D-
  Wirkung 63
Schwellenwertsreaktion 17
—, Lipoxygenase-Repression 336
Schwerereiz, Perception 516
Segregation, DNA 62
Seismonastie 526
Sektorialchimäre 451
sekundäre Ionisationen 355
sekundäre lag-Phase 327
sekundäre Pflanzenstoffe 259
sekundäre Phenylpropane, Lignin-
  synthese 263
sekundärer messenger, Transportfak-
  torhypothese Phytochromwir-
  kung 339
Sekundärinduktion, Blütenbildung
  401
Sekundärkerne, Acetabularia 71
Sekundärstoffwechsel 259
Sekundärwand 37
—, Holzfaserzelle 38
Selbstorganisation (self assembly) 4
selektive Herbicide 571
selektive Permeabilität, Biomembran
  122
semikonservative Replication, DNA
  und Chromatiden 62
Semipermeabilität, Protoplast 97
semipermeable Membran, Osmo-
  meter 98
Seneszenz 424
—, Blüte 428
Senf, → Sinapis alba
Sensorpigment 313
Sequoiadendron giganteum, Verteilung
  Wasserpotential 473
Serinbildung, Photorespiration 197
Serin-Glyoxylat-Aminotransferase,
  Glycolatweg 197
Sexualhormon, Saccharomyces cerevi-
  siae 547
Sexualität 542
SHIBATA-shift, in vivo-Absorptions-
  spektren 85
Shikimatweg, Reaktionsschema 263
shuttle-Transport, Biomembran 124
—, Pyridinnucleotide Mitochondrien-
  hülle 124, 179

Siebplatten, Feinstruktur 485
Siebporen 482
—, Wegsamkeit 486
Siebröhren 482
—, Entladevorgang 487
Siebröhrenglieder (Siebelemente) 482
Siebröhrensaft 484
Siebröhrentransport, Mechanismus 485
Siebschläuche 482
Siebzellenstränge 482
Signalübertragung zwischen Organen 339
Sinapinsäure, Ligninsynthese 39
Sinapis alba, Adaptation Photosynthese 218
—, Aminolävulinatsynthese 265
—, Anthocyansynthese 11
—, Apikalmeristem 392
—, Atmungsintensität 199
—, Atmungssteuerung durch Phytochrom 200
—, Bildung von Adventivwurzeln 448
—, biologische Zeit 272
—, Chlorophyllsynthese 266
—, Cytochromoxidase 79
—, Grundphänomene Geotropismus 513
—, Hemmung Samenkeimung durch ABA 436
—, Hemmung Hypokotylwachstum durch UV 350
—, Hypokotylwachstum 10, 11, 12, 271, 289, 295
—, Kapazität Chlorophyll *a*-Synthesebahn 412
—, Kardinalpunkte der Entwicklung 268
—, Keimpflanzen 321
—, kritische Tageslänge 395
—, Microbody-Enzyme 88
—, Mitochondrienmorphogenese 80
—, morphogenetische Adaptation Blatt 219
—, Photogleichgewicht Phytochromsystem 316
—, Photomorphogenese 320
—, Phototropismus 498
—, Phytochromgehalt 314
—, phytochrominduzierte Phenylalaninammoniumlyase 133
—, Phytochromsystem 313
—, Plastidenenzyme 87
—, Plastidenmorphogenese 82, 84
—, Proteingehalt beim Wachstum 290
—, Spezifität Photomorphosen 322
—, Translocation 488
—, Wechselwirkung Phytochrom und Äthylen 383
—, Wirkungsspektrum Blühinduktion 399
—, Verteilungsfunktion Hypokotyllänge 14
Sinapylalkohol, Lignin 37
Singulettanregung, Chlorophyll 148

sink-Kapazität, Organe 561
Sirenin, *Oedogonium* 546
Sirenine 543
Sklereid, *Camellia japonica* 291
—, Blatt 294
skotophile Phase, Photoperiodismus 404
Sog (hydrostatische Spannung), Gefäße 462
Solanum andigenum, Wachstum Stolone 306
Solanum dulcamara, photosynthetische Adaptation 219
Solanum lycopersicum, Chimärenbildung 451
Solanum tuberosum, → Kartoffel
—, Atmungsintensität 199
—, Massentransport organischer Substanz 481
—, Photomorphogenese 303
—, photoperiodische Steuerung Knollenbildung 402
Solarkonstante 135
Sonnenpflanzen, Lichtkompensationspunkt 213
—, photosynthetische Leistungsfähigkeit 230
Sonnenspektrum, spektrale Energieverteilung 135
Sorghum vulgare, Wechselwirkung Phytochrom und Cryptochrom 344
Spadix (Araceeninfloreszenz), Thermogenese 205
Spaltöffnung, → Stomata
—, Modell 472
Spaltöffnungsmutterzelle, Bildung 65
Sphaerocarpus donnellii, Polarotropismus 501
Speicherproteine, Samen 188
Speicherstoffe, Samen 188
Speicherung, Assimilate 561
Spermatophyten, Grundgesetz 13
spezialisierte Zelle, Omnipotenz 441
spezielle Physiologie 3
spezifische Kompetenz, Herstellung 549
S-Phase, Mitose 44
—, Zellcyclus 60
Spike 539
Spinacia oleracea, Atmungsintensität 199
—, Chlorophyll-Protein-Komplexe 147
—, Chloroplast 140
Spirogyra, Chloroplastendeformation 532
Spitzenerträge 562
Sporenkeimung, Phytochrom 433
Sporogen, *Bacillus cereus* 53
Sporophyt 554
sporophytische Inkompatibilität 551
stabile Polarität 66
Stachyose, Siebröhrensaft 485
Standardabweichung 15

Standardbedingungen, freie Enthalpie 105
—, physikalische 94
—, physiologische 105
—, Redoxpotential 109
—, Wasserpotential 95
Standard-Dunkelrot 314
Standardredoxpotential, E_0 109
Standardtemperatur 94
Standard-Wasserstoffelektrode, Redoxpotential 109
Standardzustand, energetischer 94
Stärke, Kohlenhydratspeicherung 176
—, Photosynthese 168
—, Plastidenlokalisierung 87
Stärkekorn, Feinstruktur Chloroplast 140
Starklichtpflanzen, Photosynthese 218
Starklichtstellung, Chloroplast 532
Startpunkt, Musterrealisation 332
Statenchym, Georeception 517
Statice gmelini, Salzdrüse 249
stationäre Konzentration 93
stationärer Fluß 93
stationärer Zustand 92
Statocyten, Georeception 517
Statolithen 516
Statolithenstärke 516
steady state, → Fließgleichgewicht
Stecklingsvermehrung 438
Steroide, Terpenoide 261
Stickstoff, → N
Stickstoffangebot und Produktsynthese 562
Stickstoff-Fixierung, Photosynthese 171, 565
—, technische 566
Stickstoffversorgung, Ertrag 561
Stigeoclonium, Geißelbau 491
Stigma (Augenfleck) 496
Stigma (Narbe) 551
stigmatoides Gewebe 551
Stoffaufnahme, Zelle 124
Stoffspeicherung, Samen 188
stoffwechselabhängiger Transport, Biomembran 124
Stolone, *Solanum andigenum* 306
Stomaapparat 226
—, hydroaktives Regelsystem 472
—, hydropassives Regelsystem 472
Stomabewegung, Hydraulik 226
Stomata, CO_2-abhängiger Regelkreis 224
—, CO_2-Austausch 222
—, Formveränderung 227
—, H_2O-abhängiger Regelkreis 226
—, Osmoregulation 227
—, osmotisches Potential 227
—, Turgor 226
Stomataöffnung, CAM-Pflanzen 240
stomatäre Leitfähigkeit, Regulation 224
stomatäre Transpiration 467
—, C_3 und C_4-Pflanzen 237
stomatärer Gastransport, Modell 225

Stomataregulation, C_4-Pflanzen 237
Stomatawiderstand 468, 471
—, Beziehung zur Spaltweite 227
—, Blatt 223
—, C_4-Pflanzen 238
—, Regulation 224
Störlicht, Wirkung auf
    Blütenbildung 399
Strahlenschäden, DNA 358
Strahlenwirkung, Organismen 358
—, Proteine 358
Streß, genetische Tumoren 458
Strom, stationärer 93
Strom der Energie, Biosphäre 257
Stroma, Matrixraum 37
—, Photosyntheseenzyme 164
Stromathylakoid 34, 37
—, Feinstruktur 140
—, Lokalisierung Photosystem I 161
Strömungswiderstand, Gefäße 462
—, Transpiration 467
Strukturgene, JACOB-MONOD-Modell
    51
Strukturpolarität 66
Stylum (= Griffel) 551
Succinatdehydrogenase, Citratcyclus
    180
—, kompetitive Hemmung 118
—, Mitochondrienmembran 179
—, Phytochromeffekt 79
Substrataktivierung, ATP 108
Substratkettenphosphorylierung, Gly-
    colyse 177
Sukkulenten, CAM 238
Sulfatfixierung, Photosynthese 168
Sulfatreductase, Chloroplast 171
Sulfatreduktion, Photosynthese 168
Summenprozentkurve 115
Super-Etioplast, Phytochrom 85
Suszeptibilität 569
SVEDBERG-Konstante 46
Symbiontenhypothese 45
Symbiose 453
Symplast 36, 470
Symplocarpus foetidus, Temperaturre-
    gulation im Spadix 417
Symport, Membrantransport 124
synthetische Auxine 287
System, Definition 5
—, Typen 18
System I und II, Cl^--Aufnahme 126
systemisches Herbicid 571
Systemsynthese 560
Systemtheorie 5

T
tagesperiodische Blattbewegungen
    406
tagneutrale Pflanzen 394
Tannine, „Fermentation" 208
Teilungsebene, Determination 63
Teilungsspindel 61
Telophase, Mitose 61
—, Zellcyclus 60
Temperaturabhängigkeit, apparente
    Photosynthese 220

—, biochemische Reaktionen 114
—, CO_2-Kompensationspunkt 232
Temperatur, Pflanze 418
Temperatureffekte 417, 420
Temperaturkompensation, circadiane
    Rhythmen 407
Temperatur-Kompensationspunkt,
    Photosynthese 220
Temperaturoptimum, Photosynthese
    220
Temperaturquotient, $\rightarrow Q_{10}$
Temperaturregulation, Spadix 417
Teratome 457
Termschema, Chlorophyllanregung
    148
Terpenoide, chemische Struktur
    261
Testa, Samenaufbau 188
Theorie, Beschreibung der Struktur 7
thermische Belastung, Pflanze 419
Thermodynamik 4, 5, 90
Thermodynamik irreversibler
    Vorgänge 5
thermodynamisches Gleichgewicht 4,
    91, 93
Thermogenese, Dissimilation 204
Thermomorphosen 421
Thermoperiodismus 420
Thiokinase, Fettsäureabbau 190
Thylakoide, Absorptionsspektren 147
—, Chloroplast 34
Thylakoidmembran, Chloroplast 141
—, Funktionsmodell 145
—, Photophosphorylierung 166
—, Pigmentkollektive 149
—, Protonengradient 162
Thylakoidsystem, Strukturmodelle
    141, 145
Tidestromia oblongifolia, CO_2-Kon-
    zentrations-Effektkurve
—, photosynthetische Lichtkurve 214
—, Temperaturoptimum apparente
    Photosynthese 237
Tillandsia usneoides, CAM-Pflanze
    230
Tod, Definition 4
Tolypothrix tenuis, chromatische
    Adaptation 157
Tonoplast 25
Tracheeninitiale, Lignifizierung 40
Tracheennetz 462
Tracheidenwand, *Pinus radiata* 40
Tradescantia virginiana, Meiosis Pol-
    lenmutterzelle 41
Trans-Acetylase 51
Transaldolase, oxidativer Pentose-
    phosphatcyclus 186
Transaminierung, Aminosäuren 247
transfer-RNA (= tRNA) 45, 47
Transformation, Umdifferenzierung
    normale Zelle in Krebszelle 455
Transformationsfaktor, Krebsentste-
    hung 459
transitorische Stärke, Photosynthese
    166

Transketolase, CALVIN-Cyclus 167
— oxidativer Pentosephosphat-
    cyclus 186
Transkription, DNA 41, 42, 45, 48,
    53, 56
—, Mitochondrion 78
—, Plastide 80
—, Regulation 49
—, Strukturgene 52
Transkriptionseinheiten 44
Translation 48, 49, 56
—, Mitochondrion 78
—, Plastide 80
Translocase, Transportkatalyse 27,
    123
Translocation, Assimilate 561
Translocations-Intensität, Regulation
    durch Phytochrom 488
Transmitter-Konzept und Kompetenz
    334
Transpiration 460, 466
—, C_3-, C_4-Pflanzen 237
—, CAM-Pflanzen 240
—, cuticuläre 226
—, stomatäre Regulation 224
—, Photosynthese-Verhältnis, C_4-
    Pflanzen 238
Transpirationsstrom 460, 467
Transpirationsfluß 468
Transplantation 450
—, *Acetabularia* 71
Transport, Pyridinnucleotid-shuttle
    124
Transportkatalyse, Biomembran 123
Transportmoleküle, Phloem 484
Transportsysteme, Pflanze 460
Transportsysteme der Pflanze, Ver-
    gleich 488
Treffertheorie 356
Trennschicht, Blattstiel 425, 427
Tricarbonsäurecyclus, Reaktionssche-
    ma 180
2,4,6-Trichlorphenoxyessigsäure 289,
    571
Trichoderma viride, lichtinduzierte
    Konidienbildung 362
2,3,5-Trijodbenzoesäure (= TIBA)
    458, 573
Triolein, Transformation in Saccha-
    rose 192
—, vollständige Dissimilation, RQ
    202
Triosephosphatisomerase, CALVIN-
    Cyclus 167
—, Glycolyse 178
Triplettanregung, Chlorophyll 148
Triplettcode 48
Tris, Photosynthesehemmung 160
Trisomie 269
Triticum aestivum, Proteingehalt 561
—, Transpiration 237
Triticum vulgare, dissimilatorischer
    Stoffwechsel 203
tRNA, $\rightarrow$ transfer-RNA
Trockenmasseproduktion, Photosyn-
    these 212

Tropismen, Definition 498
Tryptophan, Biogenese 262
Tubuli, Mitochondrion 29
Tubulin 30
Tumorbildung 455
tumorinduzierendes Prinzip, Wurzel-
    halsgallen 456
Tumorzelle 455, 457
Tunnelproteine, Biomembran 25
Turgorbewegungen 526
Turgordruck, Rolle beim Zellwachs-
    tum 283
—, Zelle 99
Turgorschleuderbewegungen 529
turnover, Fließgleichgewicht 93
—, stationäres System 114
Tyrosin, Biogenese 262
—, Ligninsynthese 38
Tyrosinammoniumlyase 38

U
Überlebenskurven, ionisierende
    Strahlung 357
Ubichinon, Atmungskette 181, 182
Ultraviolett, → UV
Umdifferenzierung 292, 307
—, Acetabularia 71
Umsatz, stationäres System 114
Umsatzzahl, Enzym 116
Umweltvariabilität, Merkmalsausprä-
    gung 305
Unkräuter 570
Uratoxidase, $K_m(O_2)$ 208
—, Peroxisom 86
Urease, N-Stoffwechsel 248
Uricosom 86
Uridindiphosphatglucose 488
USSING-TEORELL-Beziehung, aktiver
    Transport 126, 538
UV, biologische Wirkung 346
UV-Bestrahlung, Thymindimere 349
UV-Wirkung und Phytochrom 352

V
Vacuole 24, 33
— als Lysosom 36
—, osmotisches Potential 98
Vacuolenpotential, coenoblastische
    Algenzellen 104
—, Meßanordnung 103
Valonia, Membranpotential 127
Valonia ocellata, Mikrofibrillen in der
    Zellwand 34
Vallisneria spiralis, Zelle 21
VAN NIELsche Beziehung 172
VAN'T HOFFsche Beziehung 95
Variabilität, Merkmalsgröße 13, 14
Variation 13
Verbascose, Siebröhrensaft 485
Veredelung, Kulturpflanzen 450
Vererbung, intermediäre 10
—, rezessiv-dominante 10
Verholzung, Definition 37
Vernalisation 420, 432
—, Photoperiodismus 421
Verteilungsfunktionen 15

— für Merkmal in einer Population
    14
Vicia faba, CO_2-Gaswechsel 239
—, Diffusion von Äthylen 381
—, DNA-Replication 62
—, Ionenakkumulation Stomata 228
—, Leitbündelverlauf 487
—, Schließzellen 227
Violaxanthin, Chloroplast 142
—, Epoxidcyclus 154
Virusfunktionen 455
Vivitparie, Hemmung durch ABA 380
Volumenarbeit 91
Volumenkontraktion, Stamm 466

W
Wachstum 268, 270, 271
—, Faktorenanalyse 280
—, Frucht von Cucurbita pepo 274
—, hydraulisches 99
—, O_2-Abhängigkeit 203
—, Proteinsynthese 290
—, RNA-Synthese 290
—, Zellsuspension 273
Wachstumsbewegung, chemotropi-
    sche 523
—, haptotropische 524
—, Ranken 524
Wachstumsfaktor 280, 290
Wachstumsfunktion 272
Wachstumsinhibitor, Wurzelhaube
    521
Wachstumskurve 13
Wachstumsregulator 280, 290, 572
Wärmeenergie 91
Wärmeleitung (Konduktion) 418
Wärmestrahlung 418
Wanddruck, Zelle 98
WARBURG, Otto 182
WARBURG-Effekt, C_4-Pflanzen 231
—, Photosynthese 222
Wasser, physikalisch-chemische Ei-
    genschaften 251
—, Stoffwechsel 251
Wasserausbeute, Photosynthese 226
Wasserbilanz 460
Wasserferntransport 460
Wassermoleküle, Wechselwirkung 18
Wasserpermeabilität Wurzel, metabo-
    lische Inhibitoren 471
Wasserpflanzen, Aerenchym 200
Wasserpotential 96, 466, 468
—, Bestimmung 101
—, Komponenten 100
—, Regulation CAM 241
—, Stoffwechselregulation 252
—, Stomaregulation 226
Wasserpotential Boden, Wachstums-
    regulator 280
Wasserstoffbrückenbindung 18, 251
Wasserstoffproduktion, Photosyn-
    these 171
Wasserstofftransportkette, Modell
    111
Wasserstoffübertragung, Redoxreak-
    tionen 108

Wasserstreß 470
—, Photosyntheseregulation 252
—, Stomaregulation 226
Wassertransport 470, 471
—, Analogie-Modell 471
WATSON-CRICK-Konzept, DNA 20
Wechselwirkung, Hormone und
    Licht 390
—, mehrere Faktoren 12, 564
Wechselwirkung von Zellen, Differen-
    zierung 291
Weizen, → Triticum
Welwitschia mirabilis, CAM-Pflanze
    230
Windepflanzen 524
WINKLER, H. 447
Wirkungsspektrum 311
—, Blütenbildung, Sinapis alba 399
—, Induktionsbedingungen 311
—, Lichtwachstumsreaktion Phycomy-
    ces 510
—, Photoinduktion Konidienbildung
    363
—, Photosynthese 154, 210
—, Phototaxis 496
—, phototropische Reaktion Phyco-
    myces 510
—, Phototropismus Gramineen-Ko-
    leoptile 507
—, Phototropismus Dikotylenkeim-
    ling 502
—, steady state-Bedingungen 312
—, Stomaöffnung 225
Wirtschaftlichkeit 562, 565
WITT, Horst 162
Wuchshormon, Auxin 277
—, physiologischer Nachweis 279
Wundatmung, HCN-Resistenz 184
Wundtumoren 455
Wundtumorvirus 455
Wurzel, apoplastischer Transport-
    weg 477
—, geotropische Experimente 521
—, Modell Querschnitt 22
—, Zoneneinteilung 293
Wurzeldruck 474
Wurzelendodermis, Plasmalemma 26
Wurzelhaare 474, 477
Wurzelhalsgallen 455
Wurzelhaube, Entfernung 521
Wurzelknöllchen 567
Wurzelspitze (Kalyptra) 517
Wurzel-Sproß-Polarität 65
Wurzelsystem, Oberflächenentwick-
    lung 479

X
Xanthium strumarium, Blattentwick-
    lung 301
—, Entwicklungsstadien der Inflores-
    zenzanlage 393
—, Pfropfexperimente zur Blütenbil-
    dung 400
Xanthophylle, Chloroplast 142
Xerophyten 470, 472

Xylem, Wurzel 22
Xyloglucan 284
—, Bindung an Zellulose 35

Z

Zea mays, Blattanatomie C$_4$-Pflanze
     233
—, Chloroplastendimorphismus 233
—, K$^+$-Effluxkinetik Wurzel 125
—, Konkurrenz mit C$_3$-Pflanze 234
—, O$_2$-Effekt auf Wachstum 234
—, Protochlorophyllidphotokonver-
     sion 86
—, rezessive Zwergmutante 378
—, Segmentphysiologie 282
—, Stomaregulation 225
—, Transpiration 237
—, Wachstum 272
—, Wasseraufnahme 461
—, Wurzelspitze 521
—, (Wurzelspitze), Atmungsinten-
     sität 199
Zeatin 370
Zeaxanthin, Epoxidcyclus 154
Zebrina, Transpiration und Stoma-
     weite 468
zeitliche Muster, Spezifität 333
Zellcyclus 59, 60

Zellcyclus und Zelldifferenzierung 64
Zelldifferenzierung 291
Zelle als Konstrukt 23
— als morphologisches System 24
— als osmotisches System 97
—, Eukaryoten 18
—, osmotisches Zustandsdiagramm 99
—, Stoffaufnahme 124
Zellkern, Hülle 28
—, Nucleus 24
Zellkompartiment, metabolisches 119
Zellängenwachstum, Zunahme Wand-
     substanz 272
Zellphänotypen 291
Zellplatte 30, 31
Zellpolarität 59, 63, 65
Zellreplication 59
Zellsaft, Osmolalität 97
Zellsaftraum, Zentralvacuole 36
Zellsuspensionskultur 440
—, *Petroselinum hortense* 330
—, Studium Zellteilung 63
Zellteilung 59
Zellteilungsfaktoren 386
Zellteilungsregulatoren 386
Zellulose 32
—, Bindung an Xyloglucan 35
— in Sekundärwand 37

Zellulosemikrofibrillen 284
Zellvacuole, Stoffspeicherung 120
Zellwachstum 32, 277
—, Rolle des Turgordrucks 283
Zellwand 24, 25, 30, 33, 34
—, Extensibilität 284
—, freier Diffusionsraum 36
—, Holzfaserzelle 38
—, Stoffspeicherung 120
—, Strukturmodell 35
—, verholzte Zelle 40
zentrales Dogma der Molekularbiolo-
     gie 47
Zentralvacuole 33
Zentralzylinder, Wurzel 22
Zerreißfestigkeit von Wasserfäden, in
     Kapillaren 462, 463
zerstreutporige Hölzer 462
Zickzack-Schema, photosynthetischer
     Elektronentransport 158
Zimtaldehyd, Ligninsynthese 37
Zimtsäure, Ligninsynthese 37, 39
Zimtsäurehydroxylase 38
Zink-Mangelsymptome 246
Zuckerahorn 480
Zuckerrübe, Stickstoffangebot und
     Produktsynthese 562
Zweifaktoren-Analyse 10, 11, 12, 564

Biophysik

Ein Lehrbuch

Herausgeber: W. Hoppe; W. Lohmann; H. Markl;
H. Ziegler
Mit Beiträgen zahlreicher namhafter Wissenschaftler
1977. 604 Abbildungen. XVI, 720 Seiten
Gebunden DM 98,–; US $ 49.00
ISBN 3-540-07474-0

Biophysik ist eines der wichtigsten Grenzgebiete zwischen Physik, Chemie und Biologie. Das Sammelwerk führt den Leser in einem weitgespannten Rahmen von der Molekularbiologie über die Kybernetik zu einer physikalisch fundierten Evolutionstheorie und weist ihm den Weg zu einem tieferen Verständnis der Lebensvorgänge.

G. Adam; P. Läuger; G. Stark

Physikalische Chemie und Biophysik

Hochschultext

1977. 217 Abbildungen. IX, 465 Seiten
DM 38,–; US $ 19.00
ISBN 3-540-08419-3

Das Buch vermittelt Grundlagen in physikalischer Chemie und Biophysik, die für ein vertieftes Verständnis moderner biologischer Arbeitsgebiete notwendig sind; hierzu gehören Thermodynamik, Elektrochemie, Grenzflächenerscheinungen, Transportvorgänge in Lösungen und Membranen, Kinetik und Strahlen-Biophysik. Inhalt und Umfang des Buches decken sich weitgehend mit einer zweisemestrigen Vorlesung, die von den Autoren an der Universität Konstaz für Biologie-Studenten im zweiten und dritten Semester gehalten wird. Übungsbeispiele, die zu einem gründlichen Durchdenken des Stoffes anregen, ergänzen die einzelnen Kapitel des Buches.

Preisänderungen vorbehalten

Springer-Verlag
Berlin
Heidelberg
New York

H. Remmert

Ökologie

Ein Lehrbuch

1978. 158 Abbildungen, 12 Tabellen.
VII, 296 Seiten
DM 39,–; US $ 19.50
ISBN 3-540-08607-2

Dieses Lehrbuch bietet dem Studierenden
der Biologie einen umfassenden Überblick
über das Gesamtgebiet der Ökologie. Das
Buch spricht jedoch jeden an, der sich
ernsthaft mit seiner Umwelt auseinander-
setzt, und sollte für ihn verständlich sein.
Unter besonderer Berücksichtigung der
physiologischen Grundlagen der Ökologie
analysiert das Werk die lebensbe-
dingenden Faktoren, die Wechselbeziehungen zwischen verschiedenen Faktoren
und die Anpassungen von Pflanzen und
Tieren an ihren Lebensraum. Es analysiert
die Frage, welche Mechanismen Pflanzen-
und Tierpopulationen auf bestimmten
Niveaus erhalten und untersucht die
Wechselbeziehungen in Ökosystemen, die
durch Co-evolution von vielen verschiedenen Mikroorganismen, Pflanzen und
Tieren entstanden sind.

Aufbauend auf den theoretischen Grundlagen werden in den einzelnen Haupt-
kapiteln die verschiedenen Problemkreise
durch Einzelanalysen und Fallstudien anschaulich erläutert und an Hand besonders
gut untersuchter Einzelbeispiele modellhaft zusammengefaßt.

H. Kindl; G. Wöber

Biochemie der Pflanzen

Ein Lehrbuch

1975. 271 Abbildungen, X, 364 Seiten
Gebunden DM 78,–; US $ 39.00
ISBN 3-540-06880-5

Im Mittelpunkt dieses Lehrbuches steht
die eukaryontische Pflanzenzelle, die im
Vergleich zu anderen Organismen auf der
Ebene ihrer subzellularen Organisation
und ihrer Stoffwechselkapazität eine Sonderstellung einnimmt. Ein dynamisches
Konzept von den Vorgängen in der pflanzlichen Zelle liegt der Gliederung zugrunde: Die Zelle und ihre Kompartimente, Enzyme als Katalysatoren, Infor-
mationsfluß, Energiefluß und Substanz-
fluß im Stoffwechsel.

Preisänderungen vorbehalten

Springer-Verlag
Berlin
Heidelberg
New York